최신 KS 기계제도 규격에 따른

기계제도실무
SOLIDWORKS + AUTOCAD

일반기계기사
기계설계산업기사
작업형 실기

한홍걸 편저

SOLIDWORKS & AUTOCAD

미래가치

머리말

기계 제도 실무

  CAD가 기계계열에 필수과목이 된 지 오래지만 대부분의 CAD책자가 일반적이고 공통적인 내용을 다루며, 페이지가 너무 많아 단기간에 준비하기엔 어려움이 많았다.
  이 책은 기계계열 학생들이나 기계분야의 종사자들에게 CAD의 기초부터 3차원 도면을 작도하고 투상을 하기까지 짧은 기간 내에 숙달하도록 하여, 기계제도설계에 적용할 수 있도록 정리하였다.
  이 책의 특징은 다음과 같다.

이 책의 특징

1. 국내의 여러 서적을 참고로 하였으며, 도면을 그릴 때 최소한의 명령어를 사용, 도면화할 수 있도록 하였다.
2. 명령어를 반복하여, 도면을 그리다 보면 명령어를 숙지하도록 하였으며, 도면에서 중요한 부분은 별도로 설명하였다.
3. 도면에 제도의 개념을 도입하여 기계제도 도면을 예제로 하여 부품도를 그리도록 하였다.
4. 3차원 프로그램은 SolidWorks를 사용하여 작도하였으며 2차원 프로그램은 AutoCAD를 사용하여 출력하도록 구성하였다.
5. 일반(건설)기계기사, 산업기사, 기계설계산업기사의 실기(도면해독) 문제를 부록으로 첨부하여 시험에 대비할 수 있도록 하였다.

  준비하는 과정 중 다소 미비한 점이 있으리라고 생각하며 계속적으로 보완해 나가겠으며, 불필요한 부분이나 부족한 내용은 연락을 주시면 최대한 좋은 책을 만들도록 노력하겠다.

  끝으로 본 책이 완성되기까지, 도움을 준 선생님들과 편집에 수고한 출판사 관계자 여러분께 깊이 감사를 드리는 바이다.

저자 일동

차 / 례

제1장 » 기계 제도 기본 이론

1-1. 도면 ··· 2
1-2. 글자 ··· 5
1-3. 척도(scale) ·· 6
1-4. 선의 종류 ·· 7
1-5. 선의 용도 및 투상도 ··· 8
1-6. 도면을 작도하는 방법 ··· 18
1-7. 단면 도법 ·· 20
1-8. 기타 정투상도를 보조하는 여러 가지 투상도들 ···························· 28
1-9. 치수 ··· 30

제2장 » 표면거칠기

2-1. 표면거칠기의 종류 ··· 44
2-2. 표면거칠기 기호 표시방법 ··· 45
2-3. 표면거칠기 기호의 뜻 ··· 45
2-4. 표면거칠기 표시방법 ··· 46
2-5. 표면거칠기 작성방법 ··· 47
2-6. 베어링 ·· 50
2-7. 끼워맞춤과 치수공차 ··· 52
2-8. 치수 기입과 공차 기입방법 ··· 58
2-9. 치수공차 ·· 58
2-10. 형상공차(기하공차) ·· 59
2-11. 공차역의 정의 도시보기와 그 해석 ··· 63
2-12. 형상 공차 이해하기 ·· 78
2-13. 나사의 도시와 표시 방법 ·· 92
2-14. 기어 제도 ·· 93

기계 제도 실무

제3장 » AutoCAD

- 3-1. AutoCAD에 맞게 작업환경을 설정하기 ······ 96
- 3-2. AutoCAD의 Window 구성 ······ 100
- 3-3. NEW 명령문 ······ 101
- 3-4. OPEN 명령문 ······ 103
- 3-5. SAVE 명령문 ······ 103
- 3-6. QUIT 명령문 ······ 104
- 3-7. TOOLBAR(도구모음) ······ 104
- 3-8. 단축키 ······ 108

제4장 » DRAW(2D)

- 4-1. SETTING 및 좌표 ······ 112
- 4-2. Circle ······ 123
- 4-3. Offset ······ 124
- 4-4. OSNAP 명령문 ······ 126
- 4-5. Trim ······ 129
- 4-6. Arc(호 그리기) ······ 137
- 4-7. Xline ······ 139
- 4-8. 명령어 연습하기 ······ 141
- 4-9. Polygon(다각형) ······ 163
- 4-10. Array(배열) ······ 169
- 4-11. Text(글자) ······ 177
- 4-12. 선의 종류 ······ 183
- 4-13. Spline(곡선 그리기) ······ 191
- 4-14. Break(절단) ······ 193

4-15. Hatch(해치) ·· 203
4-16. 치수기입 ·· 206
4-17. Rotate(회전) ·· 208
4-18. 치수기입 방법 ·· 210
4-19. LAYER(계층) ·· 227
4-20. 축척 및 배척 ·· 233
4-21. 나사산 그리는 방법 ·· 241
4-22. 스퍼어 기어 작성법 ·· 247
4-23. 조립도 이해하기 (1) ·· 248
4-24. 조립도 이해하기 (2) ·· 259

제5장 » PLOT 명령문

- PLOT 명령문 ·· 270

제6장 » 국가기술자격검정 채점 기준

6-1. 국가기술자격검정 채점 기준표 〈추정〉 ······················ 274
6-2. 국가기술자격검정 실기시험문제 ·································· 275
6-3. 국가기술자격검정 실기시험문제 ·································· 277

제7장 » 국가기술자격검정 예상실기시험문제 및 해답

- 7-1. 예상문제 (1) ··· 280
- 7-2. 예상문제 (2) ··· 282
- 7-3. 예상문제 (3) ··· 284
- 7-4. 예상문제 (4) ··· 286
- 7-5. 예상문제 (5) ··· 289
- 7-6. 예상문제 (6) ··· 291
- 7-7. 예상문제 (7) ··· 293

제8장 » SolidWorks를 사용한 동력전달장치 모델링 & AutoCAD 도면화 작업

- SolidWorks 시작하기 ··· 298
- 사용자 인터페이스 ·· 300
- 명령어 입력 방법 ··· 301
- 마우스의 기능 ·· 302
- 키보드의 기능 ·· 302
- 용어 설명 ··· 303
- 스케치 정의 ··· 304
  - 작품명 : 동력전달 장치 ·· 305
- 도면화 작업 ··· 343
- AutoCAD에서의 도면화 작업 ··· 358
  - 작품명 : 드릴 지그 ·· 406
- 도면화 작업 ··· 433
- AutoCAD에서의 도면화 작업 ··· 442
  - 작품명 : 편심 구동장치 ·· 476
- 3차원 도면화 작업 ··· 517
- 2차원 도면화 작업 ··· 518

차 / 례

부록 》 예제도면 및 해설

예제도면 1. 바이스 ··· 562
예제도면 2. 래칫기어장치 ·· 571
예제도면 3. 래크와 피니언 ·· 580
예제도면 4. 펀칭머신(B) ·· 589
예제도면 5. 공기압 클램프(F) ··· 598
예제도면 6. 텐션바(G) ··· 608

기계 제도 실무

CHAPTER 01

기계 제도 기본 이론

기계 제도 실무

Chapter 01 | 기계 제도 기본 이론

1-1 도면

(1) 도면 크기의 종류

A열치수					연장치수				
호칭 방법	치수 a×b	c (최소)	d(최소)		호칭 방법	치수 a×b	c (최소)	d(최소)	
			철하지 않을 때	철할 때				철하지 않을 때	철할 때
–	–	–	–	–	A0×2	1189×1682	20	20	25
A0	841×1189	20	20	25	A1×3	841×1783			
A1	594×841				A2×3	594×1261			
					A2×4	594×1682			
A2	420×594				A3×3	420×891			
					A3×4	420×1189			
A3	297×420	10	10		A4×3	297×630	10	10	
					A4×4	297×841			
					A4×5	297×1051			
A4	210×297				–	–	–	–	–

※ 제도용지의 세로와 가로의 비는 $1 : \sqrt{2}$ 이다.
※ 산업인력관리공단 CAD 시험에서 도면 작도할 때는 배치를 편리하게 하기 위해 A2로 하며, 출력은 A3로 하여 제출한다.

(2) 도면의 치수

① d부분은 도면을 접었을 때 *표제란의 좌측에 나오도록 하며 도면번호나 도면명칭이 접은 최상면에 나오도록 하며 일반적으로 철할 때와 여러 장을 묶어 보관한 경우 묶을 수 있는 여유공간으로 도면의 왼쪽에만 적용한다.
② c부분은 종이의 가장자리가 찢어져서 도면의 내용이 훼손하지 않도록 하기 위해 긋는다.
  *복사한 도면을 접었을 때의 크기는 A4(210×297mm) 크기로 하는 것이 원칙이며 표제란이 위쪽에 보이게 하여 접은 도면을 펼치지 않아도 그 도면이 어떤 용도에 쓰는 도면인지 알 수 있도록 하여야 한다. 단, 원도는 접지 않고 말아서 보관하는 것이 보통이며 안지름이 40mm 이상이 되게 말아 구겨지지 않게 하여야 한다.

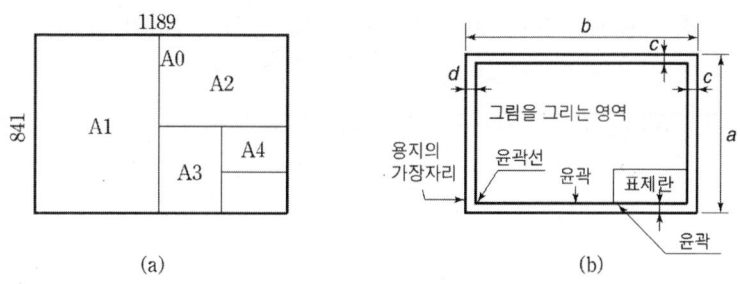

(3) 도면에 반드시 기입해야 할 것들

① 도면의 윤곽 ② 표제란 ③ 부품란 ④ 중심마크

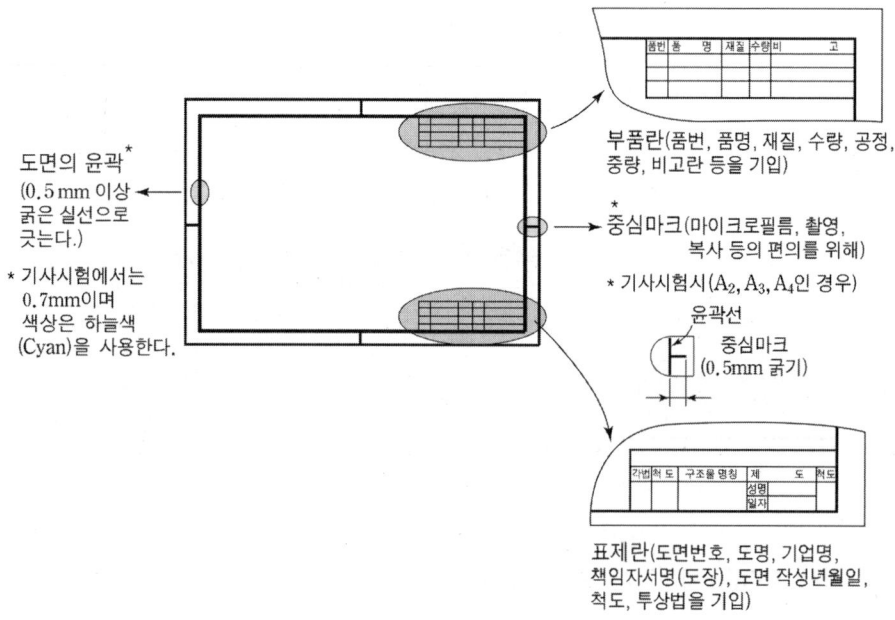

* 부품란은 표제란 위로 표시하나 도면의 오른쪽 상단에도 표시가 가능하다.

(4) 그 밖에 기입하는 것들(생략할 수도 있다)

① 비교 눈금 ② 도면의 구역을 구분하는 구분선 ③ 구분 기호 ④ 재단 마크

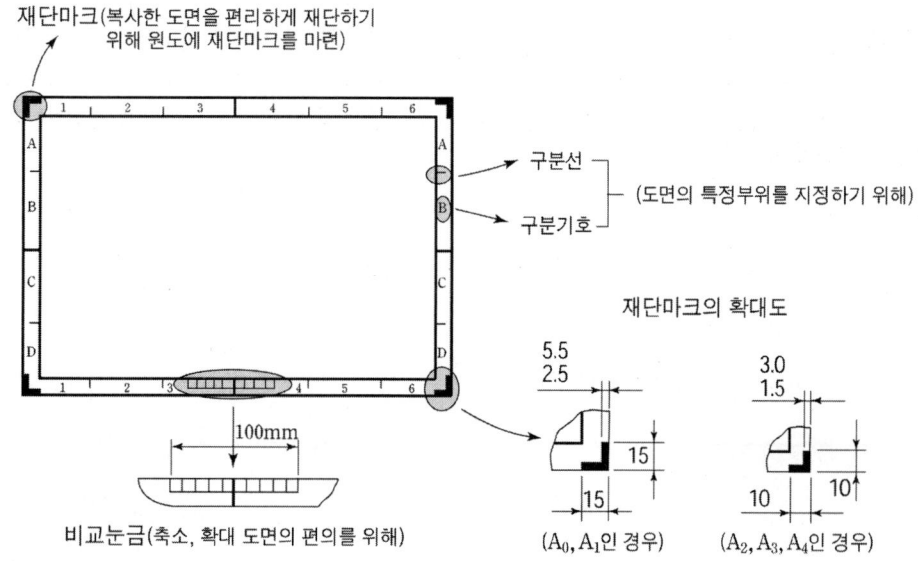

 **참조 1** 기사자격증 시험에서 표제란과 부품란의 형식(A2, A3, A4인 경우)

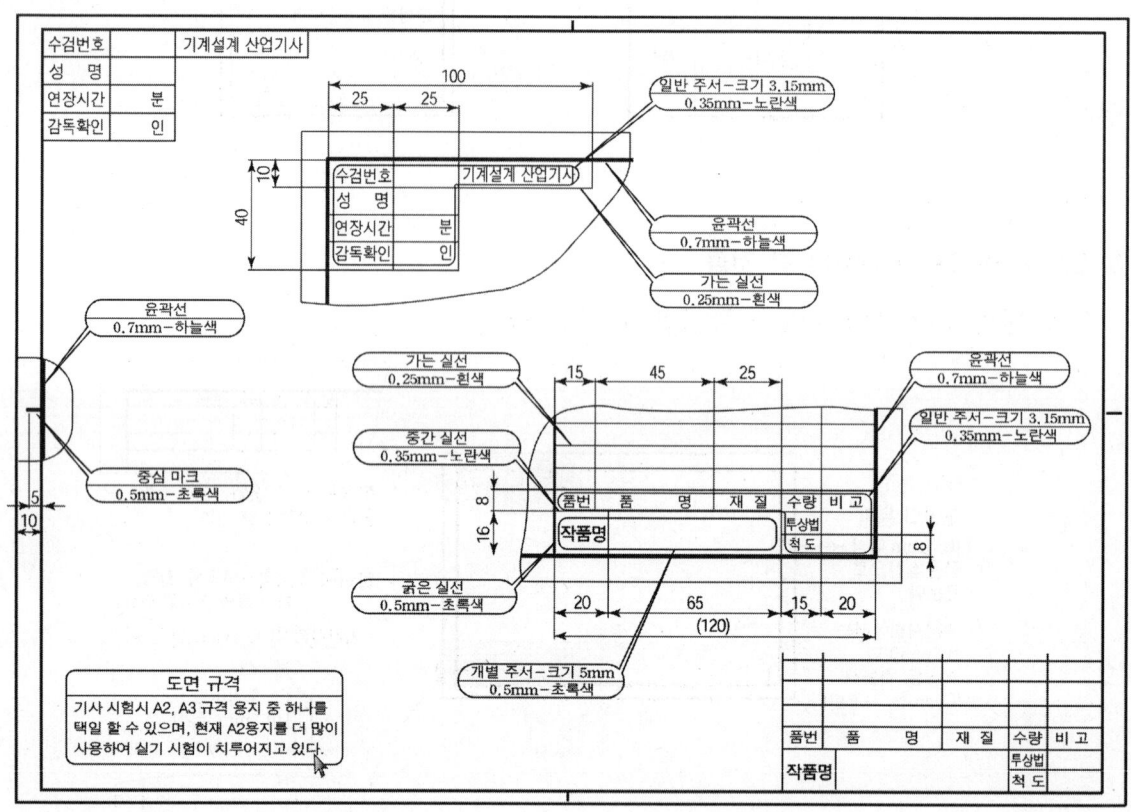

참조 2 기사 자격증 시험에서 용도에 따른 선의 굵기(A2, A3, A4인 경우)

선 굵기	문자 크기	색상	용도
0.7mm	7mm	하늘색(Cyan)	윤곽선
0.5mm	5mm	초록색(Green)	외형선, 개별주서 등
0.35mm	3.5mm	노란색(Yellow)	숨은선, 치수문자, 일반주서 등
0.25mm	2.5mm	흰색(White) 빨강(Red)	해칭선, 치수선, 치수보조선, 중심선, 가상선 등

※ 자격증 시험에서는 시험장에서 주는 주의사항에 따라서 선의 굵기를 색상(Color)으로 나타내고 프린터할 때 색상마다 굵기를 지정하여 출력한다.

1-2 글자

도면에 도형을 그린 후 글자를 사용하여 치수, 재료, 정밀도, 가공법 등을 기입하여야 한다. 도면에 사용되는 글자는 한글, 한자, 숫자, 영자의 4종류를 주로 사용하며, 이들 글자들은 혼동되지 않고 명확히 읽을 수 있도록 쓰여져야 한다.

일반 다른 글자와 구별하여 다음과 같은 규정에 따라 쓴다.

① 글자는 명백히 쓴다(약간 굵게 쓰고 혼동할 염려가 없어야 하며 높이, 축선 방향, 선의 굵기를 고르게 하여 균형있고 안정된 글자일 것).
② 문장은 왼쪽으로부터 오른쪽으로 가로쓰기를 원칙으로 한다.
③ 글자체는 고딕체로 하고 수직 또는 15° 오른쪽으로 경사지게 쓰는 것을 원칙으로 한다.

(1) 한글·숫자·영자 서체

▶ 글자의 크기 : 2.24, 3.15, 4.5, 6.3, 9mm의 5종으로 하며, 필요한 경우에는 다른 치수를 사용하여도 좋다.

```
크기  9mm    1234567890
크기  4.5mm  1234567890
크기  6.3mm  ABCDEFGHHIJKLMNOPQ
             RSTUVWXYZ    abcdefg
             hijklmnopqrstuvwxyz
```

(2) 문자의 크기에 따른 사용부위

문자의 크기(mm)	사용부위
2.24~4.5	한계치수, 공차기호 등
3.15~6.3	일반치수, 기술문자(일반주서) 등
6.3~12.5	부품번호, 명칭, 개별주서 등
9~12.5	도면번호 및 문자 등
12.5~20	도면 명칭, 문자 등

1-3 척도(scale)

척도란 원도를 작성할 때 사용하는 것으로서 축소 확대한 복사도에는 사용하지 않는다.

▌척도의 종류

척도의 종류	뜻	란	값
실척(현척)	실물과 동일한 크기		1 : 1
축척	실물보다 작게 그린다.	1	1 : 2, 1 : 5, 1 : 10, 1 : 20, 1 : 50, 1 : 100, 1 : 200
축척	실물보다 작게 그린다.	2	1 : $\sqrt{2}$, 1 : 2.5, 1 : 2$\sqrt{2}$, 1 : 3, 1 : 4, 1 : 5$\sqrt{2}$, 1 : 25, 1 : 250
배척	실물보다 크게 그린다.	1	2 : 1, 5 : 1, 10 : 1, 20 : 1, 50 : 1
배척	실물보다 크게 그린다.	2	$\sqrt{2}$: 1, 5$\sqrt{2}$: 1, 100 : 1

[주의] 1란의 척도를 우선으로 사용하며 배척에는 3 : 1은 없다.

▶ 척도의 표시 방법

A : B
- A : 도면에서의 물체 크기
- B : 실제 물체의 크기

- 현척인 경우에는 A와 B를 다같이 1로 표시
- 축척인 경우에는 A를 1로 표시
- 배척인 경우에는 B를 1로 표시

축척과 배척의 경우에도 치수의 변화는 없다.

※ 특별한 경우로서 비례하지 않을 때는 'NS(none scale)'로 표시한다.

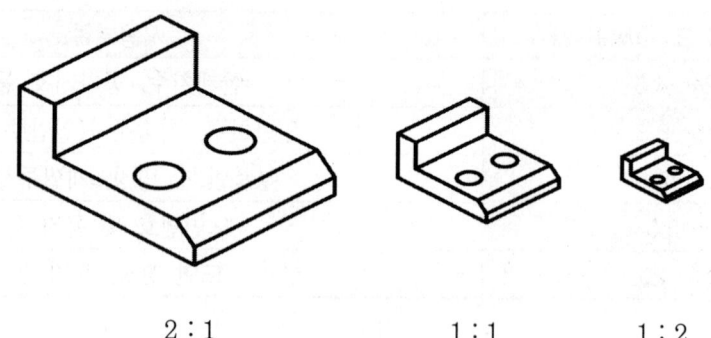

2 : 1   1 : 1   1 : 2

1-4 선의 종류

■ 모양에 따른 선의 종류

명칭	선모양	설명
실선	———————	연속으로 그어진 선
파선	··················	일정한 길이로 반복되어 그어진 선(선길이 3~5mm)
일점 쇄선	—·—·—·—	길고 짧은 길이로 반복되어 그어진 선
이점 쇄선	—··—··—··	긴 길이, 짧은 길이, 짧은 길이로 반복되어 그어진 선

※ 일점 쇄선 및 이점 쇄선은 긴쪽 선의 요소에서 시작하고 끝나야 한다.

■ 굵기에 따른 선의 종류

명칭	선모양	설명	굵기의 비율
가는선	———————	굵기가 0.18~0.5mm인 선(0.25)	1
굵은선	———————	굵기가 0.35~1mm인 선(0.5)	2
아주 굵은선	━━━━━━━	굵기가 0.7~2mm인 선(1)	4

※ 선 굵기의 기준은 0.18, 0.25, 0.35, 0.5, 0.7, 1mm이며, 단 0.18mm는 가급적 사용하지 않는다.

■ 선의 종류 및 굵기와 용도

명칭	형상과 굵기	단위(mm)	용도
외형선 (굵은 실선)	———————	0.5~0.7	물체가 보이는 부분의 형상을 나타낸 선
중심선 (은선, 파선)	- - - - - - -	0.35	물체의 보이지 않는 부분을 나타내는 선
중심선 (가는 1점쇄선)	—·—·—·—	0.25	도형의 중심을 표시하는 선
특수지정선 (굵은 1점쇄선)	━·━·━·━	0.8~1.0	특수한 가공을 하는 부분, 혹은 특별한 요구사항을 적용할 수 있는 범위를 표시하는 데 사용하는 선
가상선 (가는 2점쇄선)	—··—··—	0.1~0.25	인접부분을 나타내는 선으로서 물체가 이동하는 운동 범위를 참고로 표시하는 선
파단선 (자유실선)	～～～	0.1~0.25	대상물의 일부를 파단하는 곳을 표시하는 선
절단선 (가는 실선)	——┐_┘——	0.1~0.25	단면도를 그리는 경우, 그 절단 위치를 대응하는 그림에 표시하는 선
해칭선 (가는 실선)	/////////	0.1~0.25	도형의 특정부분을 다른 부분과 구별하는 데 나타내는 선으로, 특히 단면도의 절단된 부분을 나타내는 선
가는 실선	———————	0.1~0.25	치수선이나 지시선 및 치수보조선 등을 나타내는 선
중간선	———————	0.3~0.4	치수문자, 문자, 주석문 등을 나타내는 선

※ 겹치는 선의 우선 순위(굵은선을 먼저 쓴다.)
　도면에서 2종류 이상의 선이 같은 곳에 중복될 경우에는 다음 순위에 따라 우선된 선만 그린다.
　외형선 > 숨은선 > 절단선 > 중심선 > 무게중심선 > 치수 보조선

1-5 선의 용도 및 투상도

▶ 선의 용도에 따른 명칭

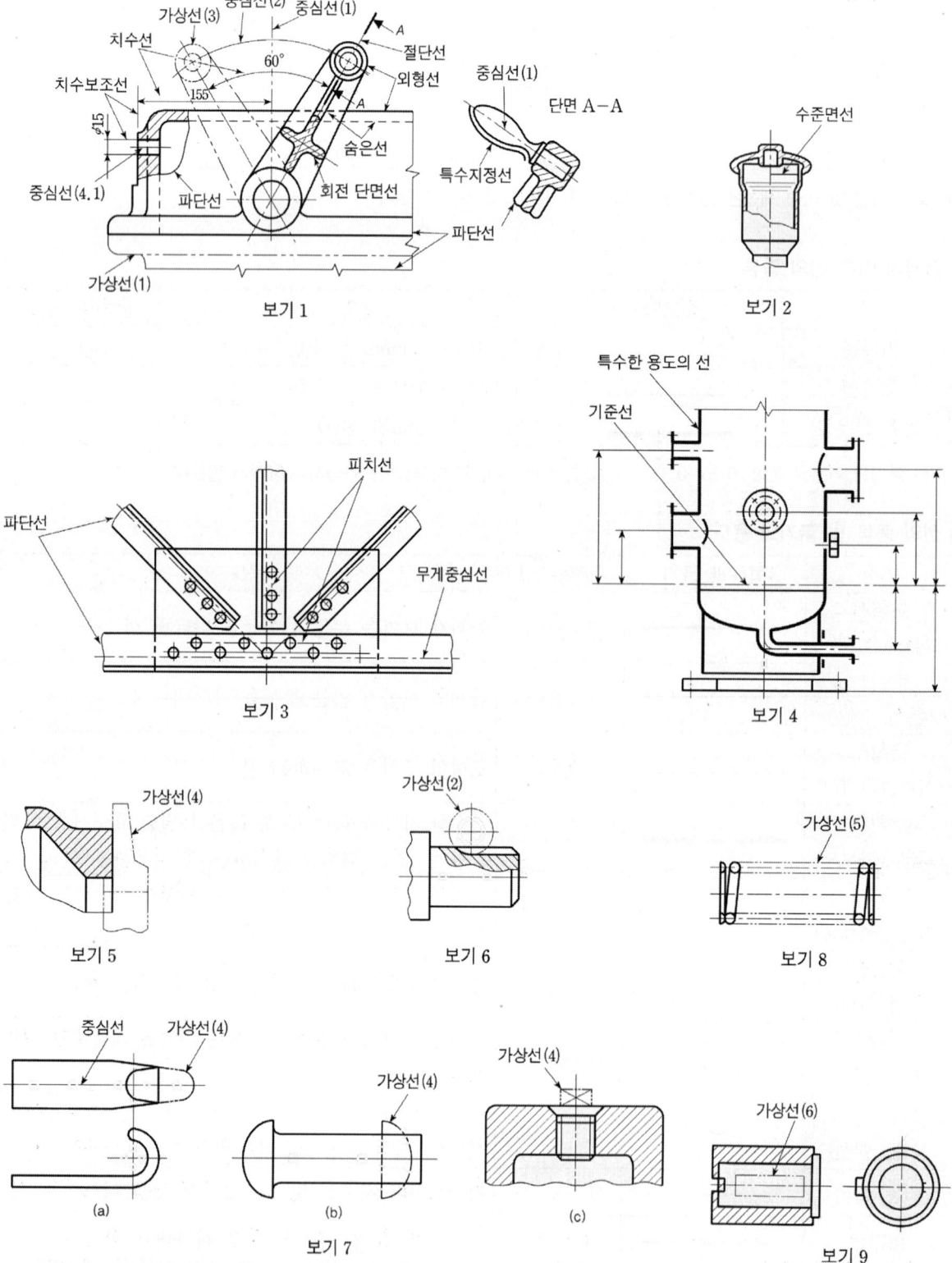

▶ 투상도법

투상법이란, 물체의 형상, 크기, 위치 등을 일정한 규격에 따라 입체적인 형상을 평면적으로 그릴 수 있는 기술이 필요하다. 또한 읽을 때에는 평면적인 도면을 입체적으로 상상해 낼 수 있는 능력도 함께 가져야 한다.

다음의 [그림 1-1]과 [그림 1-2]를 보며 각 부품이 표현되어지는 부분과 투상법의 차이를 비교해 보자.

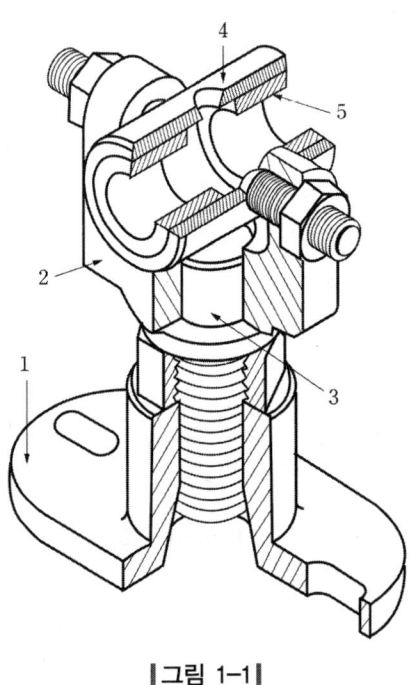

|그림 1-1|

|그림 1-2|

(1) 정투상도

대상물의 주요 면을 투상면에 평행한 상태로 놓고 투상하므로 투상선은 서로 나란하게, 투상면에 수직으로 닿게 한 것을 말한다. 다시 말해, 정투상법에 의하여 물체의 형상 및 특징이 가장 잘 나타나는 부분을 정면도로 선정하고 정면도를 기준으로 위에는 평면도, 우측에는 우측면도를 그린다. 이러한 3개의 그림을 조합하면 입체적인 물체의 형태를 완전히 평면적인 도면으로 나타낼 수 있다. 이것을 정투상도라 한다.

[그림 1-3(a)]와 [그림 1-3(b)]는 투상도의 명칭을 말한다.

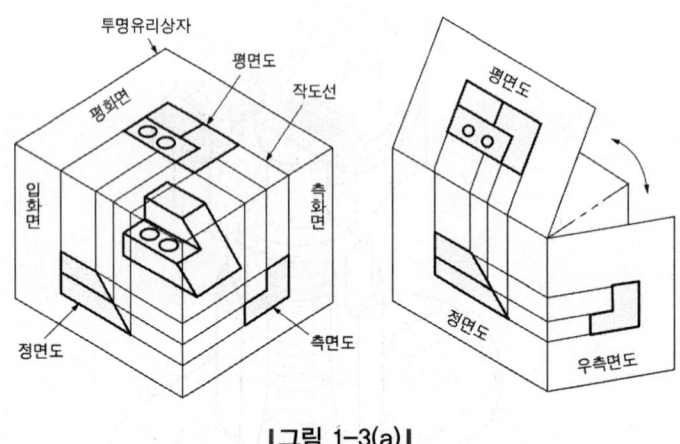

|그림 1-3(a)|

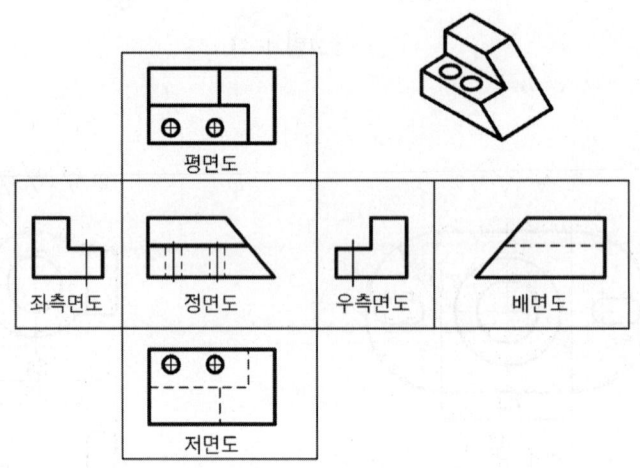

|그림 1-3(b)|

(2) 제1각법과 제3각법

다음의 [그림 1-4]와 같이 수직, 수평의 두 개의 평면이 직교할 때 한 공간을 4개로 구분한다. 오른쪽 수평한 면의 윗쪽의 공간을 1상한이라 한다. 1상한을 기준으로 반시계 방향으로 2상한, 3상한, 4상한이라 한다. 이때 수직한 면과 수평한 면이 이르는 각을 투상각이라 한다.

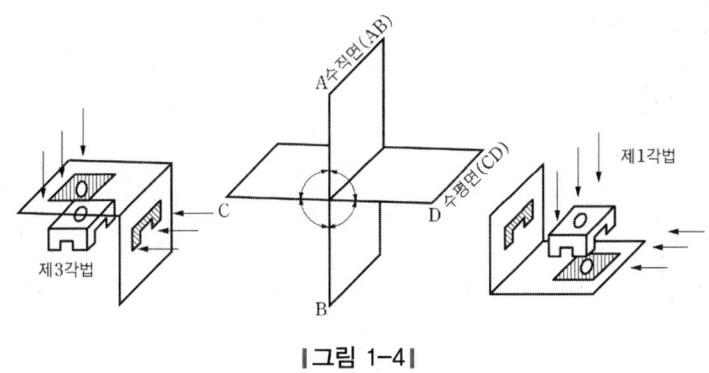

|그림 1-4|

1상한, 즉 대상물을 투상면의 앞쪽에 놓고(눈 → 투상면 → 물체) 투상한 도면을 3각법이라 하고, (눈 → 물체 → 투상면) 대상물을 투상면 뒤쪽에 놓고 투상한 도면을 1각법이라 한다.
다음의 [그림 1-5]는 이러한 방법들을 투상면에 정투상하여 그리는 방법을 말한다.

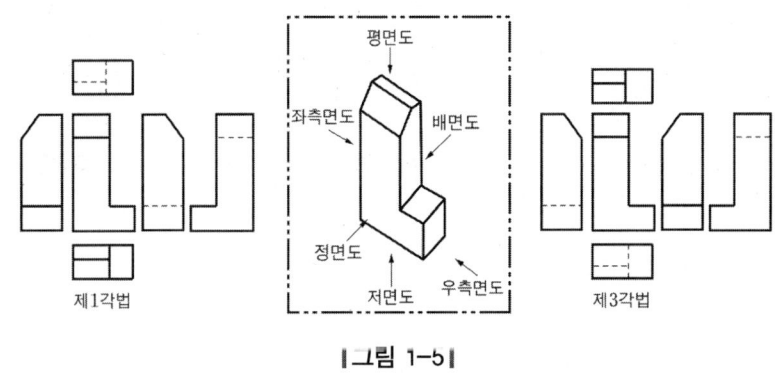

|그림 1-5|

다음 표와 [그림 1-6]은 제도에 사용되어지는 투상법과 투상법의 기호이다.

투상법의 종류	사용하는 그림의 종류	특성	용도
정투상	정투상도	도형의 모양을 엄밀하고, 정확히 표현할 수 있다.	일반 도면
등각투상	등각도	세 면을 주된 면으로 선정해 그려진 도면 세 면의 정도가 같다.	설명용 도면
사투상	캐비닛도	하나의 면을 중점적으로 선정해 엄밀하고, 정확히 표현	

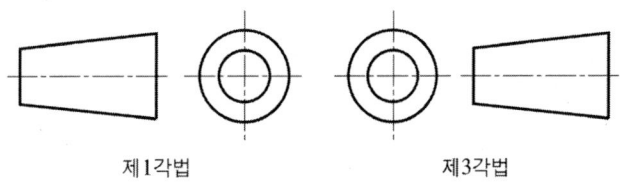

|그림 1-6|

▶ 3면도의 정의 및 표시방법

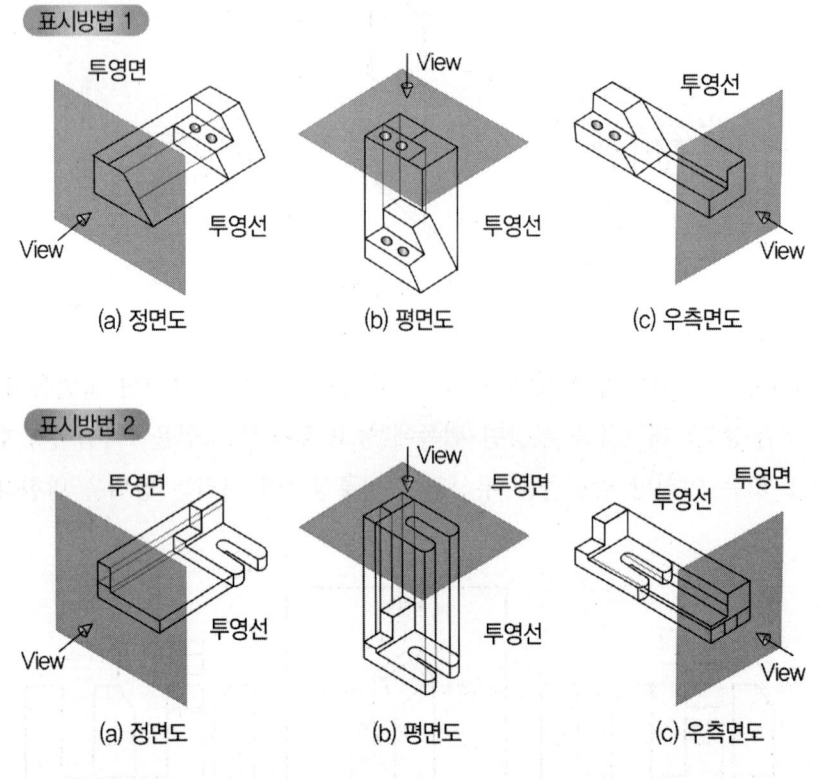

▶ 올바른 투상도 선택방법

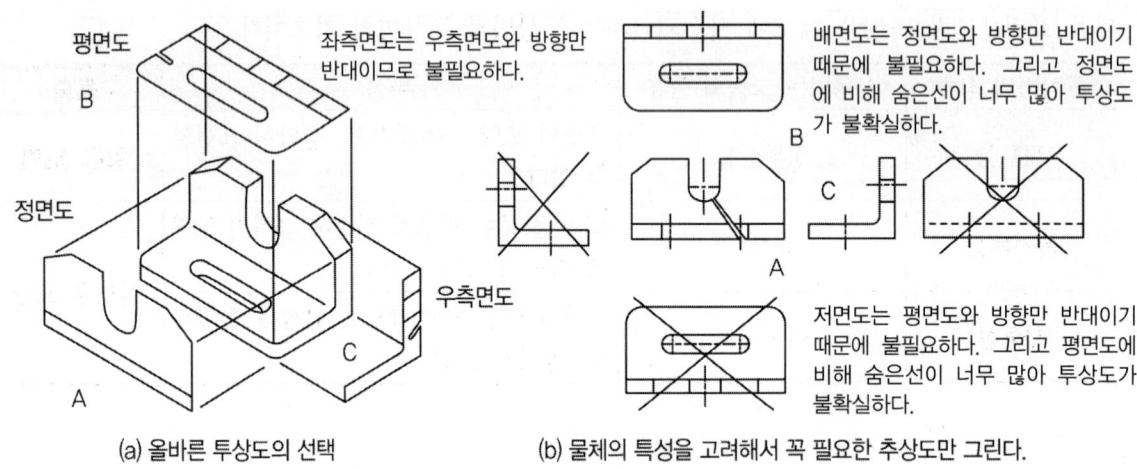

(a) 올바른 투상도의 선택 (b) 물체의 특성을 고려해서 꼭 필요한 추상도만 그린다.

▶ 3면도 배치 시 주의사항

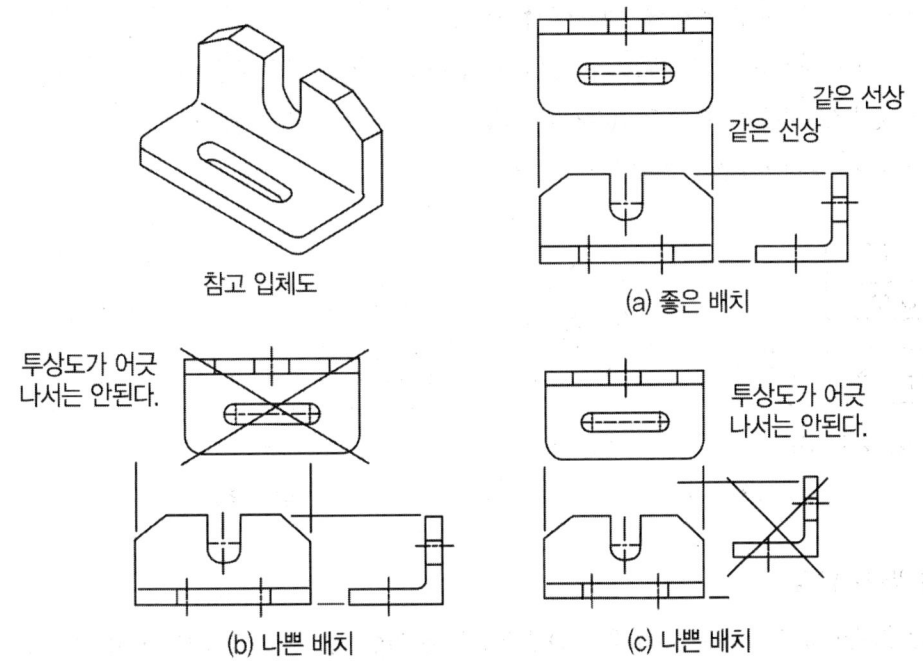

적용 예

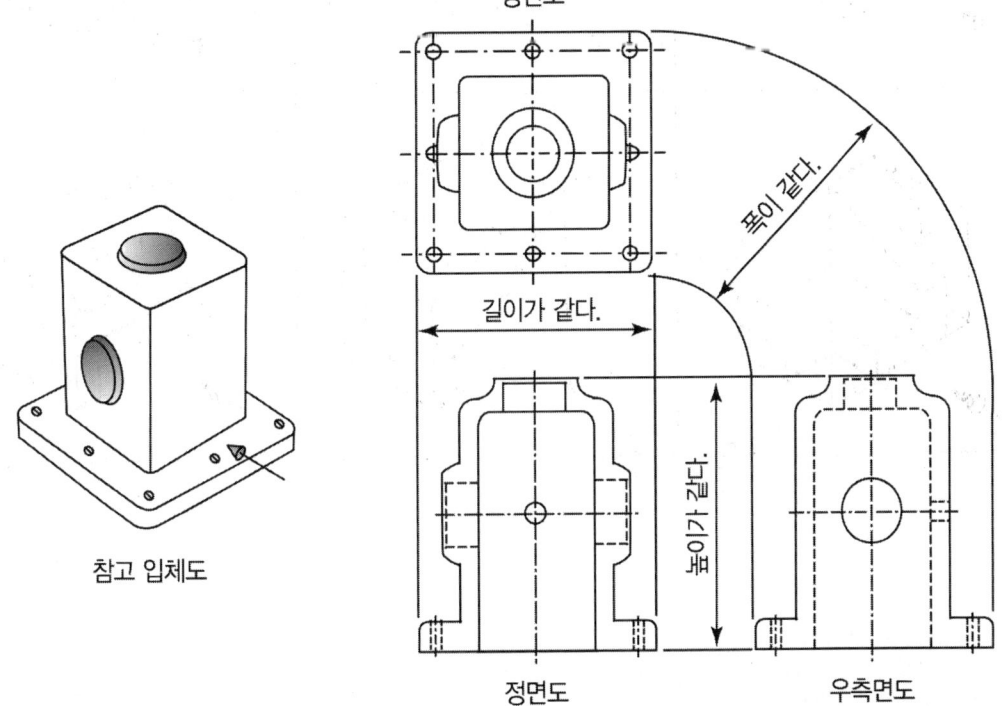

제1장 기계 제도 기본 이론

(3) 주투상도 배치 시 주의사항

주투상도는 반드시 같은 선상에 배치해야 한다.

[그림 1-7]의 (a)와 같이 투상도가 어긋나지 않도록 도면을 작도하고 물체의 특성과 치수 기입을 고려하여 충분한 공간을 확보한 다음 투상도를 그리는 것이 바람직하다.

[그림 1-8]의 (b)와 (c)는 나쁜 배치의 예이다.

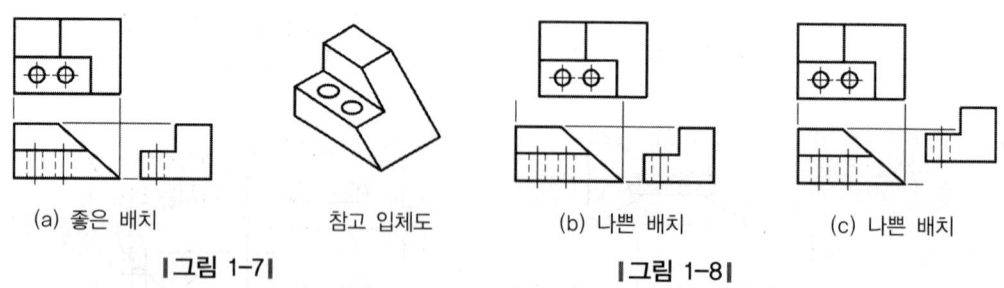

(a) 좋은 배치   참고 입체도   (b) 나쁜 배치   (c) 나쁜 배치

|그림 1-7| |그림 1-8|

(4) 제3각법 배치 연습

▶ 주어진 입체도의 한 눈금을 5mm로 하여 정투상법에 의한 제3각법으로 기본 3면도를 투상 배열하시오.

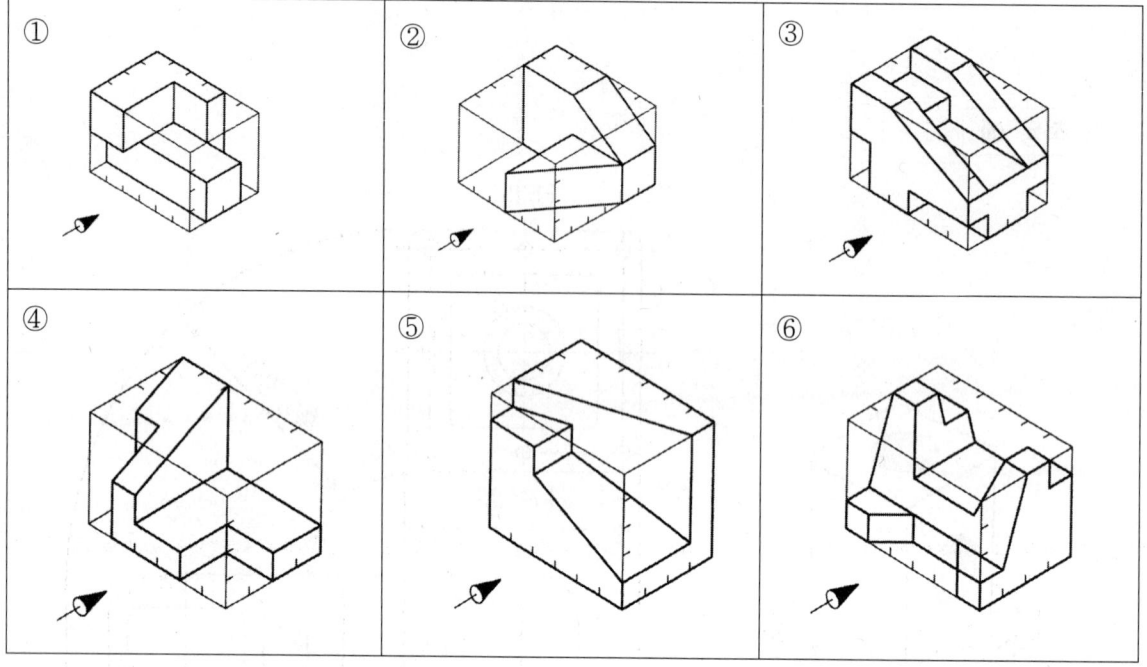

▶ 해답도면

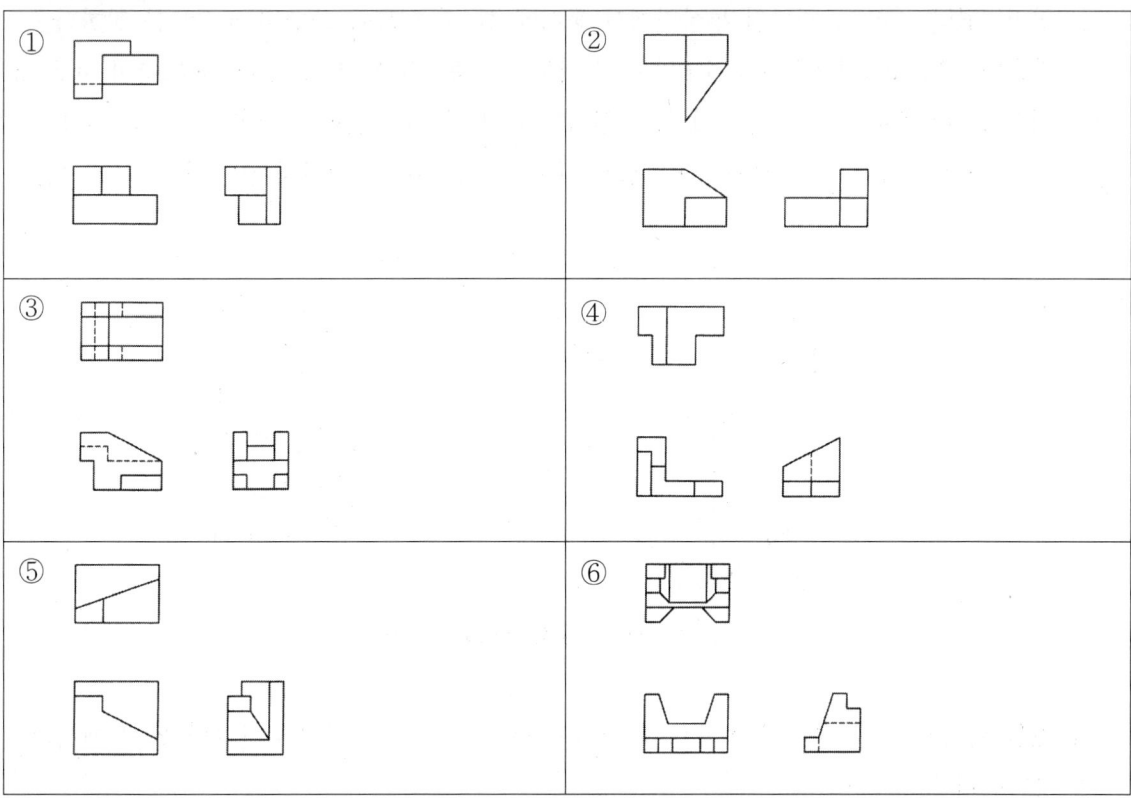

(5) 축측 투상법

정투상도법으로 대상물을 표현하기 위해서는 일반적으로 3개의 투상면을 필요로 하지만 1개의 투상면을 이용하여 대상물에 일정한 각도를 주어 사물의 모양을 쉽게 이해할 수 있도록 표현할 수 있다. (즉, 한 개의 투상면에 나타내어 표현한 것을 축측 투상이라 한다.)

이러한 방법들에는 각도에 따라 세 가지로 구분한다. 등각 투상도, 이등각 투상도, 부등각 투상도가 있다.

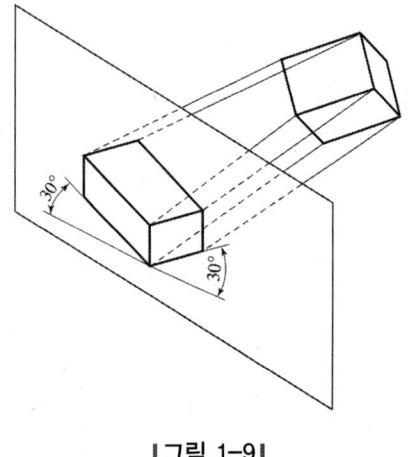

|그림 1-9|

▶ 등각 투상도(1:1:1)

① 정면, 평면, 측면을 하나의 투상면에서 동시에 볼 수 있도록 표현된 투상도를 말한다. 다음의 [그림 1-10]과 같이 a와 b의 각이 서로 같은 30°로 되어 있다. 세 개의 축이 서로 120°가 되도록 입체도로 투상한 것을 말한다. 입체도 중에서는 대상물을 실제의 길이로 표현할 수 있다는 이점으로 가장 널리 사용된다. (실제로는 82%의 길이로 나타나지만 편의상 그린다.)

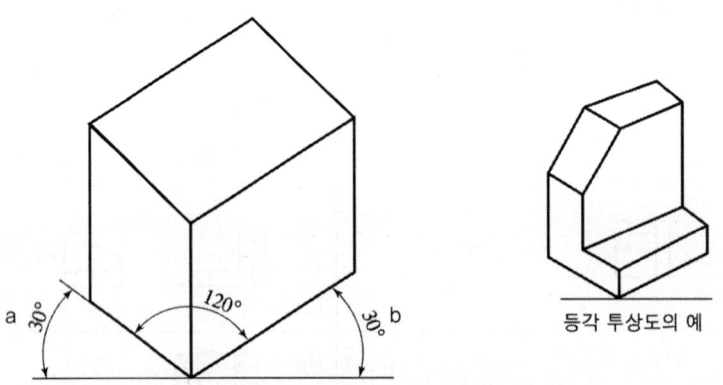

|그림 1-10| 등각 투상도 그리는 법

② 원을 다음과 같이 등각 투상도로 나타내면 다음과 같이 표현된다. [그림 1-11]에서와 같이 나타난다.

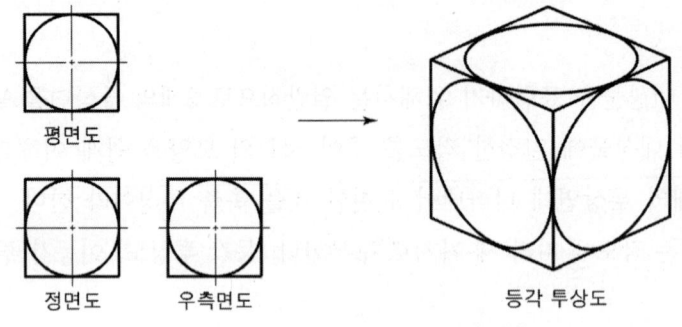

|그림 1-11|

▶ 이등각 투상도, 부등각 투상도

세 개의 각 중에서 2개의 각이 같고 하나의 각이 다른 경우를 2등각 투상이라 하며, 세 개의 각이 모두 다른 경우를 부등각 투상이라 한다.

이와 같은 방법들은 원을 그리기가 어려운 이유로 잘 사용하지 않는다. 다음의 [그림 1-12]와 같다.

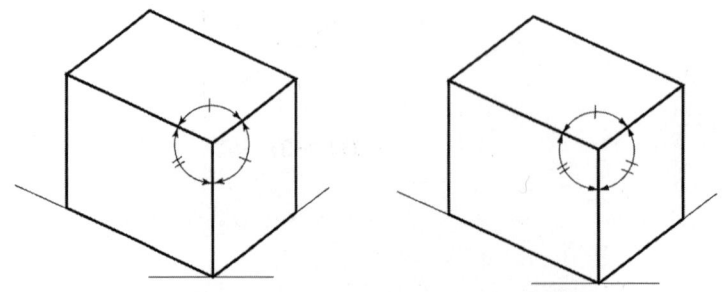

|그림 1-12| 이등각 투상도와 부등각 투상도

(6) **사투상도**

일반적으로 하나의 투상면을 주된 면으로 선정하여 그려진 그림을 말한다. 하나의 면만을 주된 면으로 선정하기 때문에 정면도를 주로 주된 면으로 선정한다.

수평축에 대하여 일정한 각도만큼을 기울여 나타내는데 어느 각도에서 바라보느냐에 따라 캐비닛도(1 : 1 : 1/2)와, 카발리에도(1 : 1 : 1)로 구분한다. 다음의 [그림 1-13]의 각도는 이러한 차이점을 나타낸 것이다.

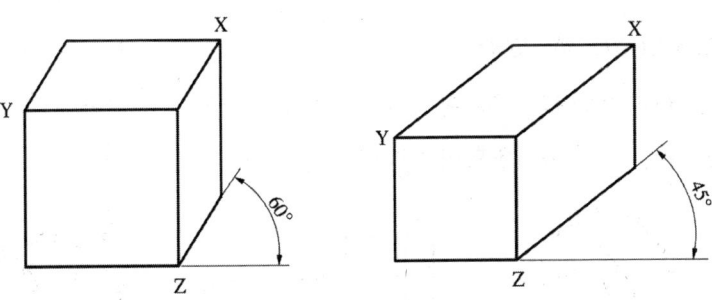

|그림 1-13| 캐비닛도와 카발리에도

(7) **투시 투상법(원근감을 갖게 표현된 것)**

투명한 투상면에(유리와 같은) 물체의 형상을 그리는 방법으로 물체가 멀리 있고, 가까이 있는 느낌을 받는다. 이렇게 그려진 그림을 투시도법이라고도 한다.

아래와 같은 [그림 1-14]와 같다.

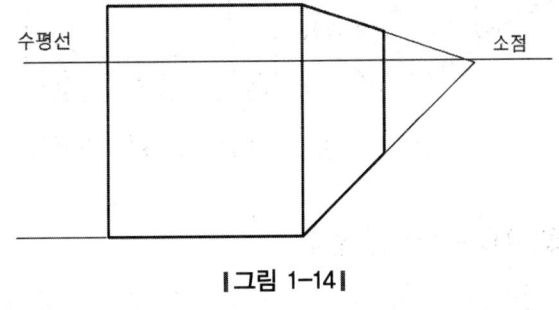

|그림 1-14|

1-6 도면을 작도하는 방법

▶ 투상도의 순위를 정하는 방법

주투상도에서 정면도만으로 물체의 형태를 완전하게 표시할 수 없을 경우에는 주투상도를 보충하는 다른 투상도를 사용한다. 그러나 가급적이면 보충하는 투상도의 수는 적게 하는 것이 바람직하다.

(1) 정면도만으로 표현이 가능한 경우

물체의 형상이 원형인 경우에는 하나의 투상도만으로도 표현이 가능한 경우가 있다. 투상도 하나만으로 도형을 나타내는 기법을 1면도라 한다([그림 1-15]과 [그림 1-16]).

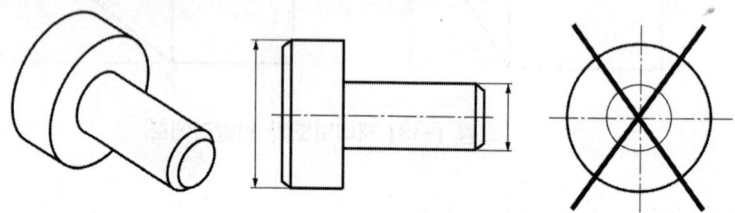

|그림 1-15| 정면도만으로 나타내는 1면도법

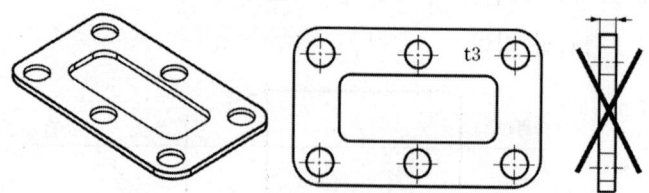

|그림 1-16| 정면도만으로 나타내는 1면도법

(2) 정면도와 평면도만으로 표현이 가능한 경우

[그림 1-17]은 정면도 외에 평면도와 우측면도를 투상한 것인데 그 중 물체의 형상을 잘 표현하고 있는 그림은 정면도와 평면도이고 각 부의 치수도 이 두 투상만으로 충분히 이해하는 데 무리가 없기 때문에 우측면도는 필요치 않다.

다음과 같이 2개의 투상면만으로 표현하는 방법을 2면도법이라 한다.

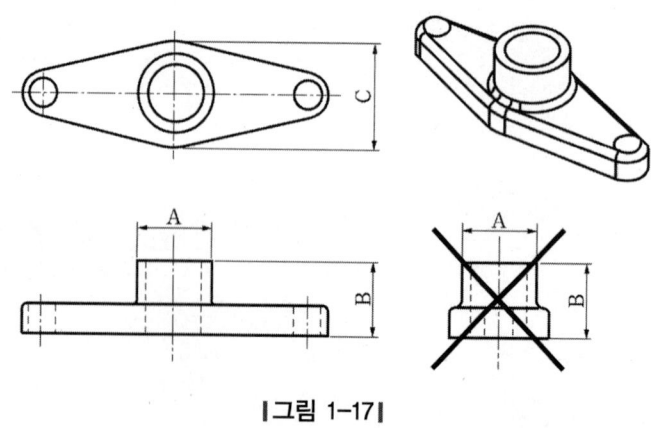

|그림 1-17|

(3) 정면도와 측면만으로 표현이 가능한 경우

[그림 1-18]은 평면도 외에 평면도와 우측면도를 투상한 것인데 그 중 물체의 형상을 잘 표현하고 있는 그림은 정면도와 우측면도이고 각 부의 치수도 이 두 투상만으로 충분히 이해하는 데 무리가 없기 때문에 평면도는 필요치 않다.

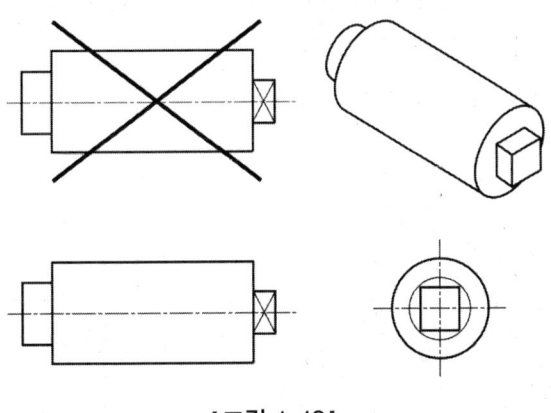

|그림 1-18|

1-7 단면 도법

대상물의 보이지 않는 부분을 도시하는 데에는 숨은 선을 사용하여 [그림 1-19(a)]와 같이 표현해도 좋으나 복잡한 도면의 경우에는 실선과 파선이 엇갈려 이해하는 데 불편을 주기 때문에 이런 경우에는 (b)와 같이 대상물의 가운데를 평면으로 잘랐다고 가정하고 절단면(단면)으로 표시하게 되면 가려서 보이지 않던 부분까지 쉽게 이해할 수 있다. 이와 같이 가상의 절단면을 정투상법에 의하여 나타낸 투상도를 단면도라 한다.

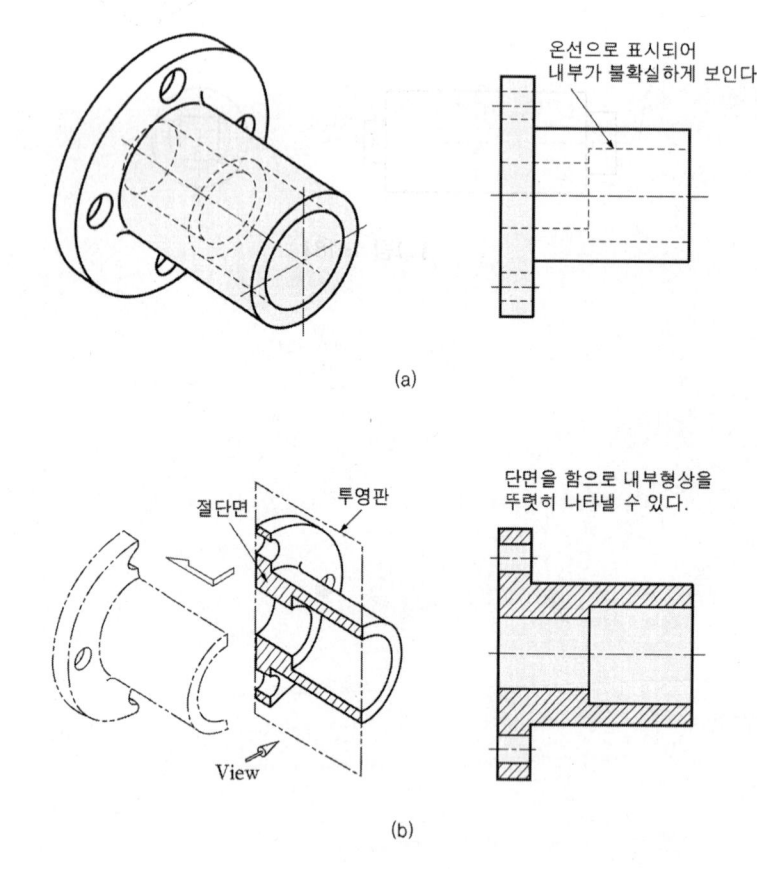

|그림 1-19|

(1) 단면부분의 표시

단면을 나타내는 데 있어서 단면 부분 및 그 앞쪽에서 보이는 부분은 모두 외형선으로 긋는다. 단면 부위는 이곳이 단면된 부위를 표현하기 위해 해칭 또는 스머징을 해야 한다.

[그림 1-20]은 단면도의 올바른 방법과 옳지 않은 단면법의 비교이다.

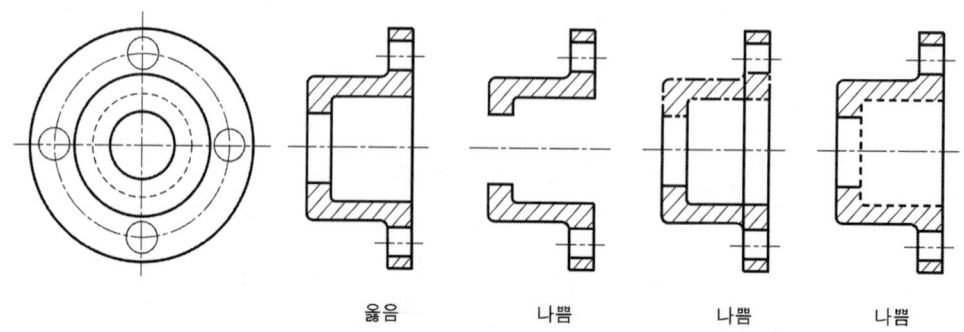

|그림 1-20| 단면도의 도시 올바른 방법과 그렇지 않은 단면도의 예이다.

❖ 단면을 나타낼 때는 절단 자리에 해칭 또는 스머징을 한다.
  ① 일반적인 해칭은 주된 외형선, 중심선에 대하여 45°의 가는 실선으로 간격은 2~3mm로 한다. (단, 간격은 해칭하는 단면의 크기에 따라 다르게 표현될 수 있다.) [그림 1-21]은 해칭의 유형을 나타낸 것이다.

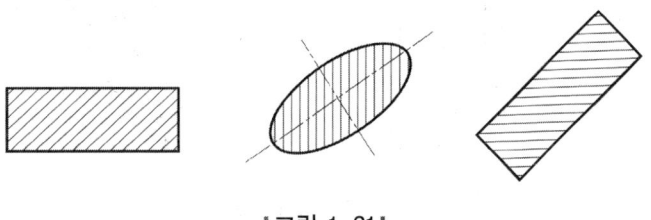

|그림 1-21|

  ② 단면 부위가 넓게 분포할 때는 해칭 대신에 스머징을 한다. 스머징이란 외형선을 따라 연필 또는 흑색 연필로 연하게 칠해 주는 방법이다.
  ③ 한 물체의 인접 부분이 단면된 경우에는 해칭선의 간격을 다르게 표현한다([그림 1-22]).

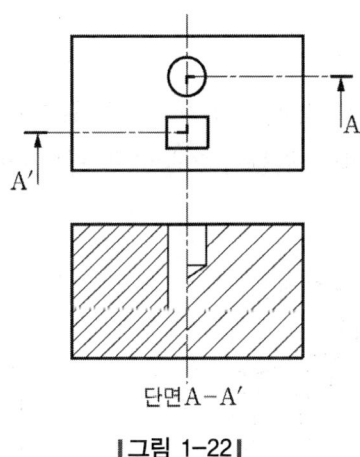

|그림 1-22|

  ④ 서로 다른 물체가 인접해 있다. 이때 단면이 단면된 경우에는 서로 다른 물체이기 때문에 해칭의 각도를 서로 반대로 표현한다.

(2) **온단면도(전단면도)**

물체의 기본 중심선을 기준으로 모두 절단하고, 절단면을 수직 방향으로 투상한 기법으로 가장 기본적인 단면법이다. (1/2 단면이라고도 한다.)
원칙적으로 대상물의 기본적인 모양을 가장 잘 표시하도록 절단면을 결정하여 그린다([그림 1-23]).
필요의 경우에는 특정 부분의 모양을 잘 표현하도록 절단면을 정의하여 표시하는 것이 좋다. (이때 양단의 가는 실선은 대칭의 기호 표기이다.)

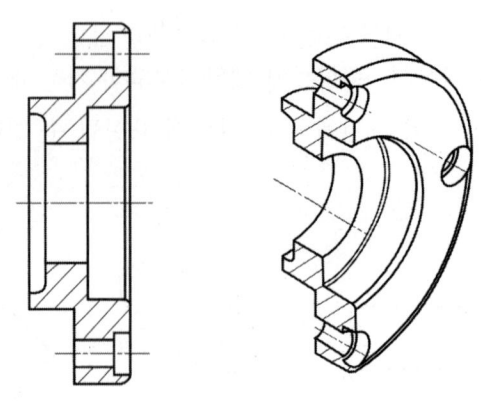

|그림 1-23|

(3) 반단면도(한쪽 단면도)

대칭형의(상, 하, 좌, 우) 대상물을 대칭 중심선을 경계로 하여 물체의 외형과 단면부위를 동시에 표현이 가능한 단면도이다. 1/4단면도이다([그림 1-24]). 그림과 같이 상단부 단면이 KS 규격이다.

(4) 부분 단면도

도형의 대부분을 외형도로 하고, 필요로 하는 요소의 일부분을 단면도로 나타낸다. 특징으로 물체가 대칭이건 대칭이 아니건 모두 적용이 가능하고 단면 한 부위는 파단선으로 표기한다([그림 1-25]).

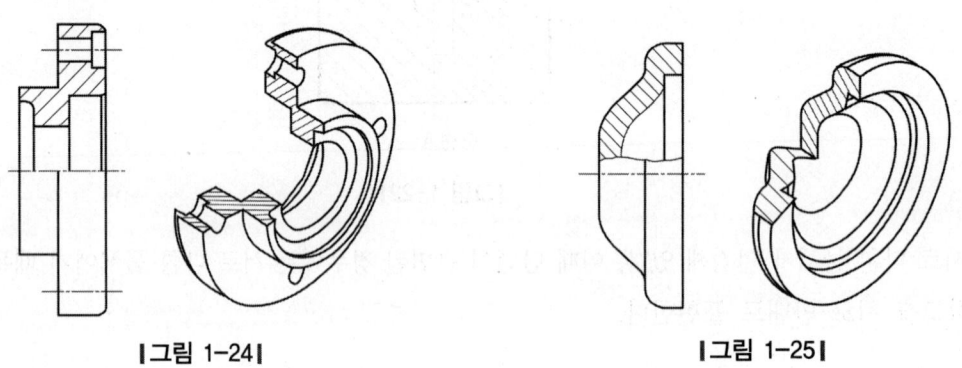

|그림 1-24| |그림 1-25|

(5) 회전 단면도

핸들이나 바퀴 등의 암, 리브, 훅, 축, 형강 등의 구조물의 절단면을 90°로 회전하여 그린 단면도이다. [그림 1-26]을 말한다. [그림 1-27]은 절단한 곳의 연장선 위 그리는 방법과 도형 내부, 또는 외부에 그려지는 차이를 표현한 것이다.

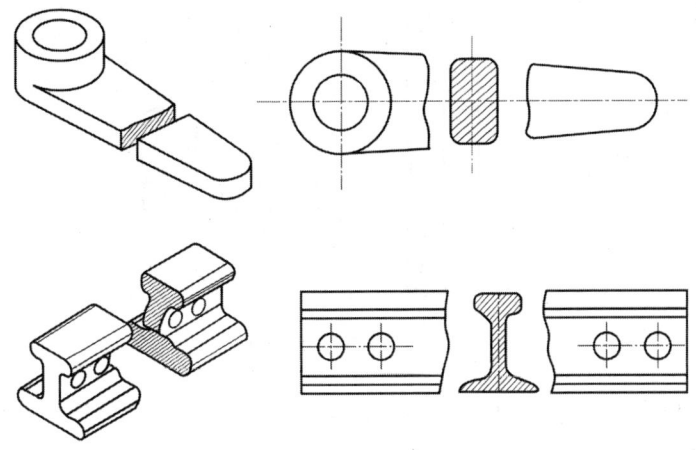

| 그림 1-26 |

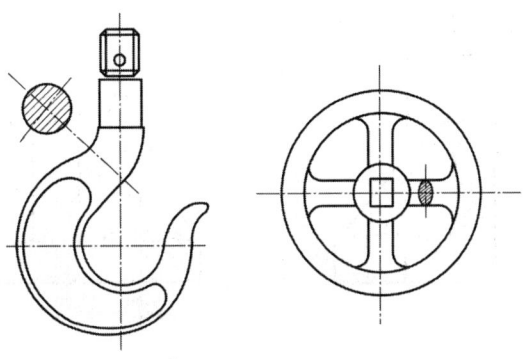

| 그림 1-27 |

(6) 조합에 의한 단면도

다수의 절단면에 의한 단면도를 조합하여 단면을 표시할 때의 표기법

① **예각 단면도** : 대칭의 중심선을 경계로 하여 그 한쪽을 투상면에 평행하게 절단하고 다른쪽은 투상면에 경사지게 나타낸다. 단면도 작성시 절단선을 펼쳐놓은 형상으로 작도한다([그림 1-28]).

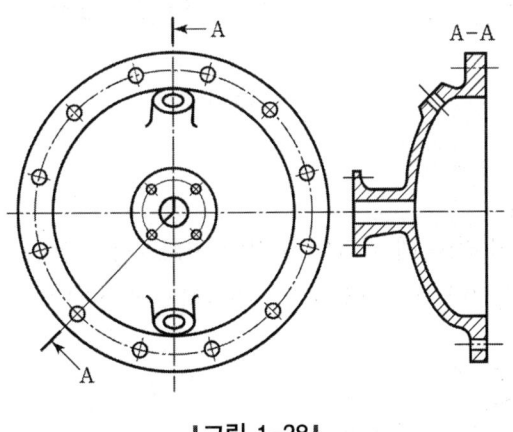

| 그림 1-28 |

② **직각 단면도** : 한쪽 단면도와 같이 1/4을 절단하여 나타낸다. 하지만 절단선을 따라 펼쳐놓은 형상이므로 양쪽 모두 단면형상으로 표현한다.

주의 한쪽 단면도와 구별에 주의

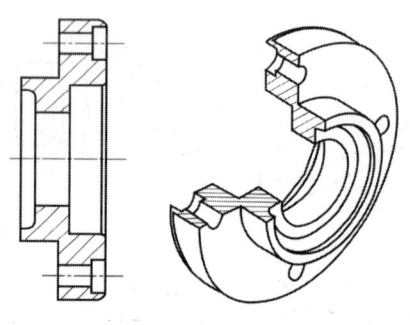

|그림 1-29|

③ 계단 단면도 : 단면부위가 평행한 두 평면으로 있는 경우 가능한 절단이다. (형상이 어떠한 단을 가진다.)

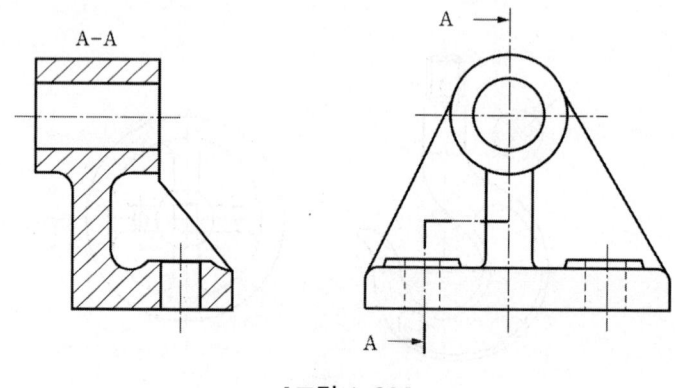

|그림 1-30|

④ 곡면 단면도 : 구부러진 관 등의 단면도는 그 구부러진 중심선을 따라 나타낸다.

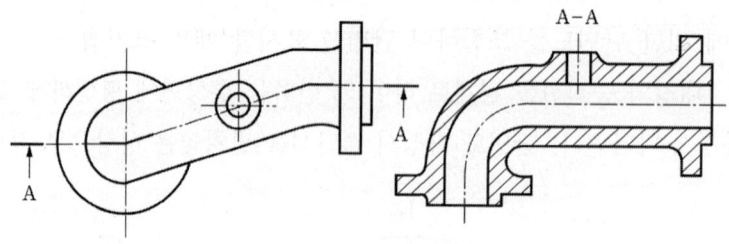

|그림 1-31|

(7) 다수에 의한 단면도

부품의 단면도를 나타내려 하는데 각각의 구간이 서로 다른 형태를 갖는다면 그 구간 구간을 따로 따로 단면하여 나타낸다. (단, 이 경우 같은 중심선상의 일반적인 배치이다.)

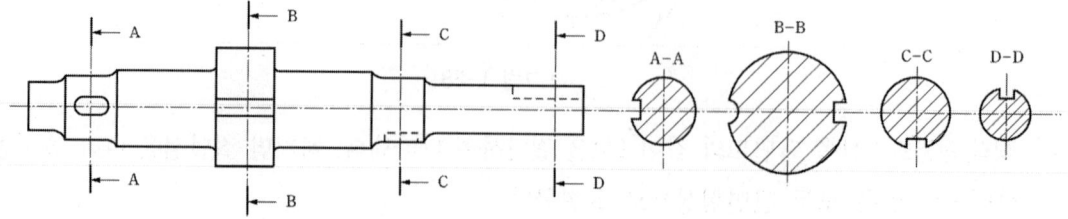

|그림 1-32|

⑻ **얇은 부분의 단면**

박판, 가스킷, 형강 같은 얇은 물체는 절단 자리가 너무 좁기 때문에 해칭을 하기 어렵기 때문에 이 경우 아주 굵은 실선으로만 표기한다. (이 경우 선과 선이 겹치는 경우에는 선과 선 사이의 간격은 0.7mm 이상 간격을 띄워준다.)

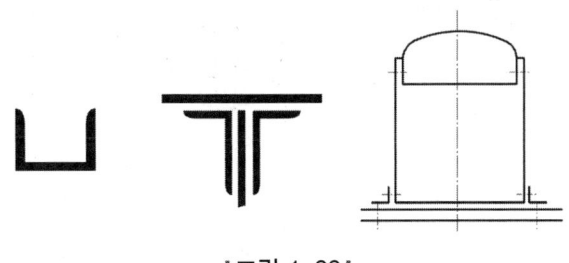

|그림 1-33|

⑼ **대칭 도면의 생략도면**

도형이 대칭인 경우 중심선을 기준으로 한쪽을 생략할 수 있다. 이런 경우 한쪽 도형만 그리고 그 대칭중심선의 양끝에는 가는 실선 2개를 나란히 긋는다.

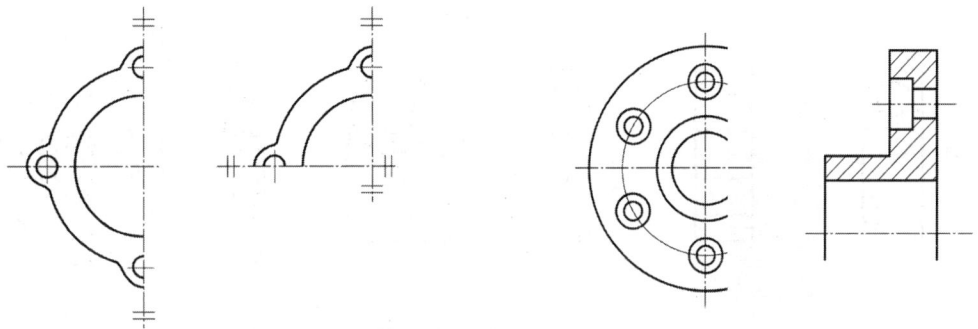

|그림 1-34| 대칭인 투상도가 중심선을 넘지 않은 경우 도시 예

|그림 1-35| 대칭인 투상도가 중심선을 넘을 경우 도시 예

⑽ **단면을 해서는 안 되는 경우**

아래의 [그림 1-36]의 각 부 명칭은 원칙적으로 단면하지 않는 것을 기본으로 한다. 축, 리브, 바퀴의 암, 기어의 이, 볼트, 너트, 와샤, 강구 등과 같은 경우의 부품들은 단면을 하지 않는다.

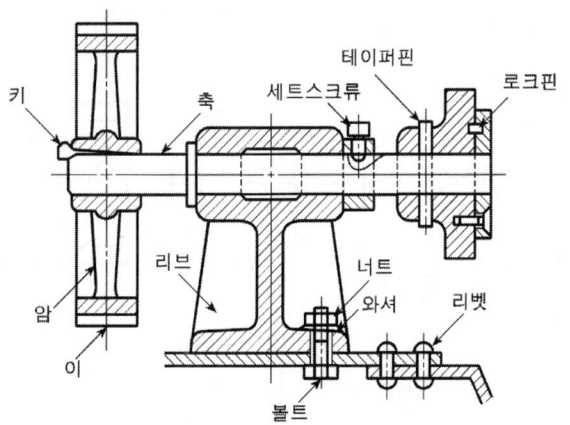

|그림 1-36| 절단하지 않는 부품의 예

단면을 함으로써 도형을 이해하는 데 방해만 되고, 단면을 한다고 하더라도 별 의미를 갖지 않는다. 오히려 잘못 해석할 수 있기 때문이다.

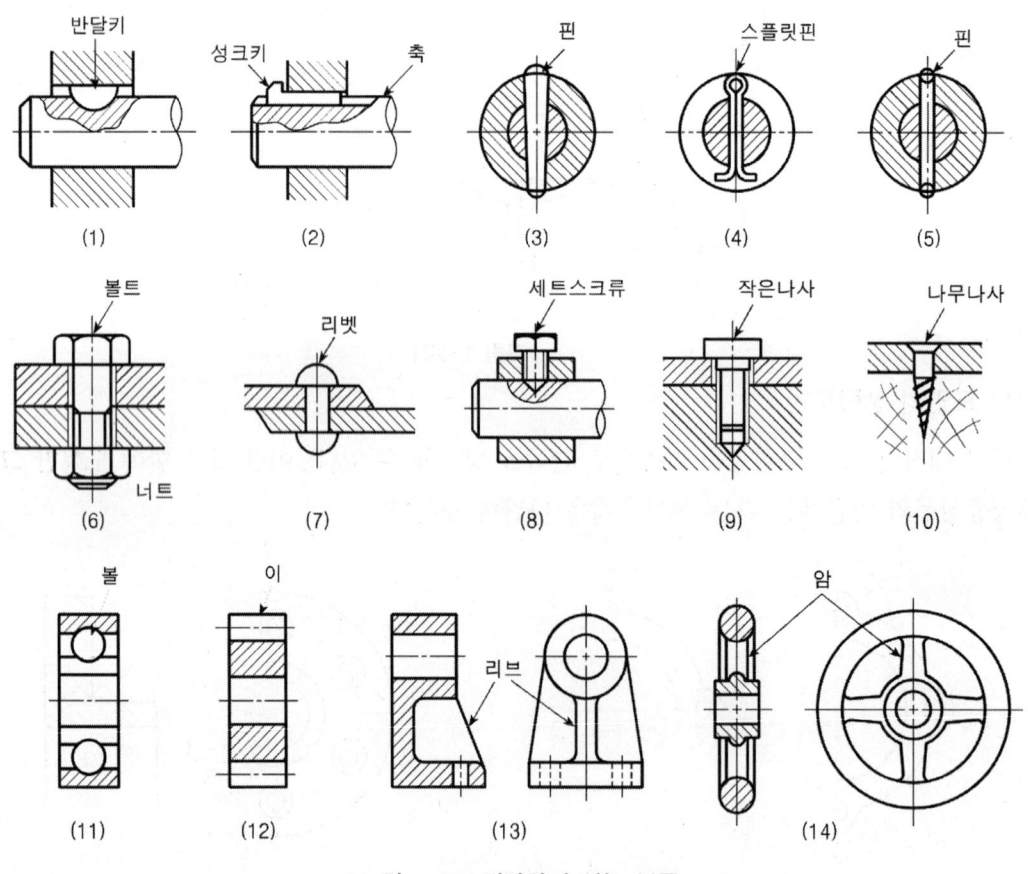

|그림 1-37| 절단하지 않는 부품

(11) **특수한 경우의 도시방법**

단면도법이나 생략도법 이외에 특수한 경우, 도형을 여러 가지 방법으로 표현할 수 있다.

① 일부분이 평면인 도시방법 : 도형 내에 특정 부위가 평면일 때 이것을 표시해야 될 경우 평면인 부분에 가는 실선으로 X자(대각선)를 긋는다([그림 1-38]).

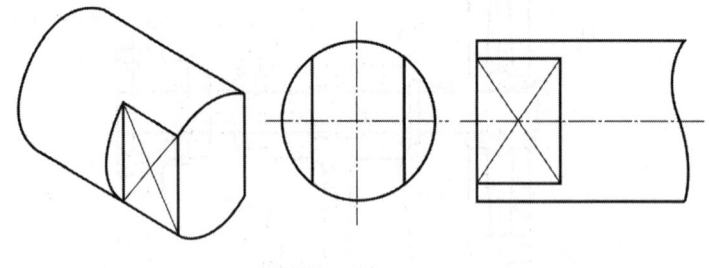

|그림 1-38|

② 2개의 면이 교차되는(구부러진) 경우의 도시방법 : 2개의 면의 교차부분이 구부러져 라운드가 있을 경우 선의 처리방법. 교차부분이 만나는 위치에 라운드가 없는 것으로 간주하고 굵은선으로 직선 처리한다.

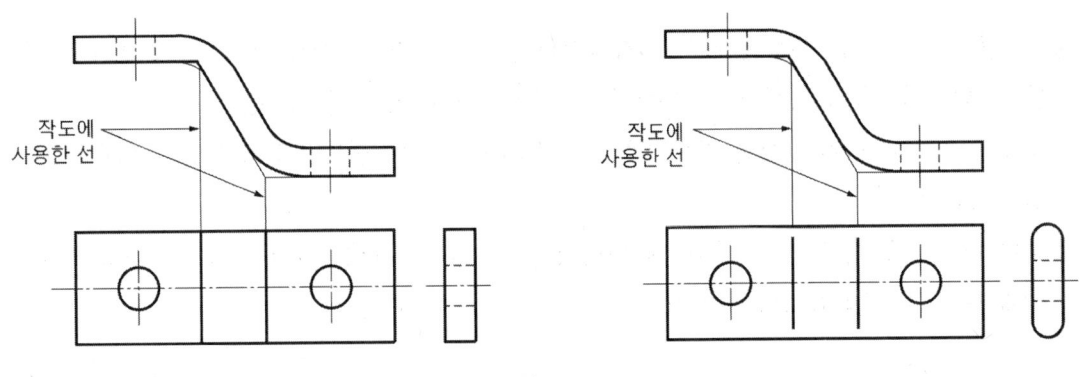

|그림 1-39|

③ 리브의 끝을 도시하는 방법 : 리브의 끝부분에 라운드 표시를 할 때는 크기에 따라 직선, 안쪽 또는 바깥쪽으로 라운드를 가지는 경우가 있다. [그림 1-40]은 여러 경우의 라운드 처리법이다.

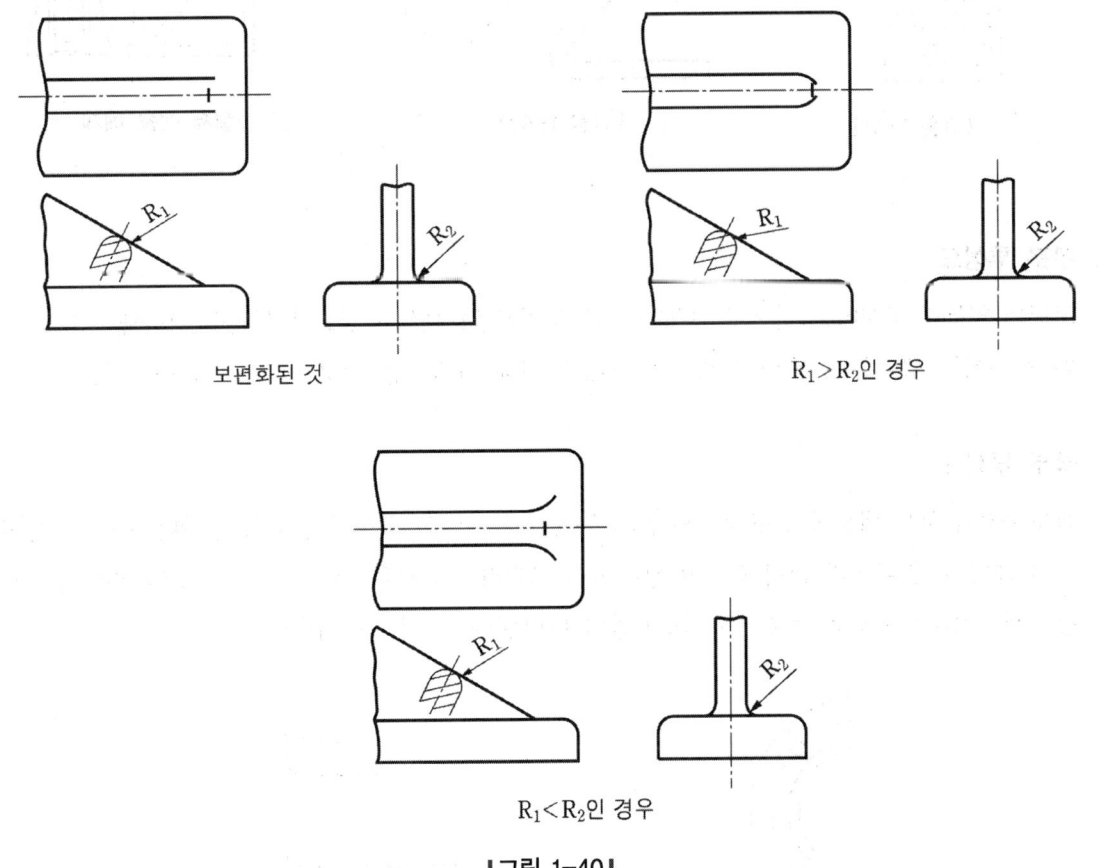

|그림 1-40|

1-8 기타 정투상도를 보조하는 여러 가지 투상도들

(1) 보조 투상도법

경사부를 가지고 있는 대상물에서 그 경사면의 실형을 나타낼 필요가 있는 경우에 주로 사용하는 투상법이다. 대상물의 경사면을 실형으로 표현할 필요가 있을시 사용한다.

① [그림 1-41]과 같이 대상물 경사면을 표현하고자 할 때는 경사면과 마주 보는 위치에 보조 투상도를 그린다.

② 경사면을 서로 마주 보는 위치에 배치하기가 어려운 경우에는 그 표현을 화살표의 끝과 영문자 대문자로 표기한다([그림 1-42]).

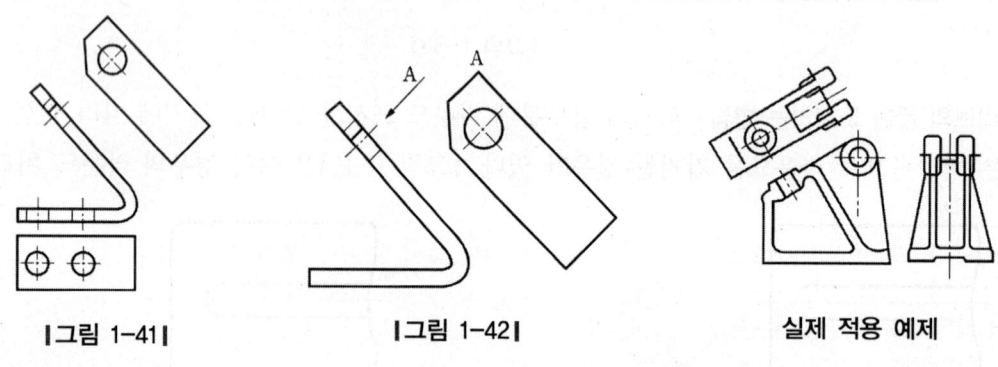

|그림 1-41|　　　|그림 1-42|　　　실제 적용 예제

(2) 부분 투상도

그림의 일부를 도시하는 것으로 이해하는 데 무리가 없다면 그 필요 부분만을 나타내는 투상도이다. 이 경우에는 생략한 부분과 경계를 나타내기 위해 파단선을 사용한다([그림 1-43]).

(3) 국부 투상도

작도하고자 하는 대상물에 구멍·홈 등의 특정한 국부만을 도시하는 것을 말한다. 특정 부분만으로도 이해하는 데 무리가 없다면 필요 부분만을 그린다. 이 경우 주된 그림으로부터 국부 투상도까지 중심선·기준선·치수 보조선 등을 연결해 나타낸다([그림 1-44]).

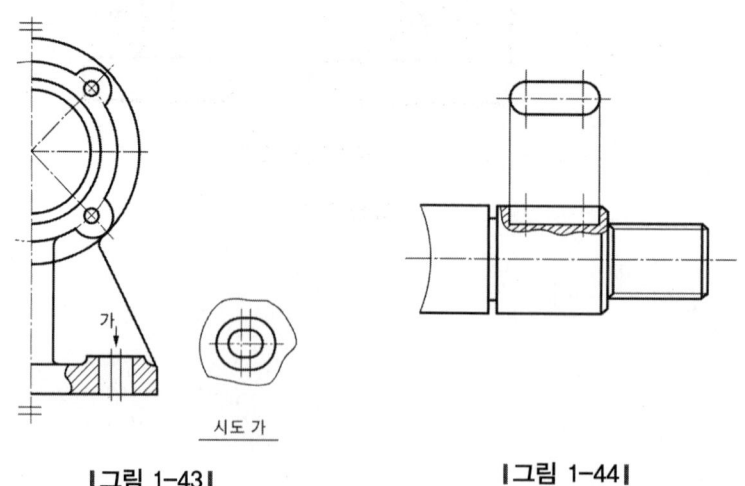

|그림 1-43|　　　|그림 1-44|

(4) 회전 투상도

작도하고자 하는 대상물의 일부가 특정 각도를 가지고 있는 경우에 투상면에 그 실형이 나타나지 않는다면 그 부분만을 회전시켜 그리는 투상도이다. 이때 잘못 이해하는 경우가 생길 수 있기 때문에 작도에 사용한 선을 남겨둔다([그림 1-45]).

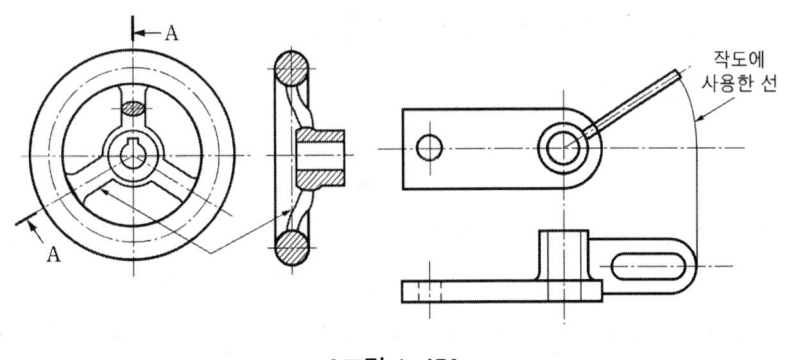

|그림 1-45|

(5) 부분 확대도(상세도)

작도하는 투상도의 특정 부분의 모양이 작거나 규격집을 보며 작도를 해야 할 필요성이 있을 때 그 부분의 상세한 도시나 치수 기입이 곤란한 경우 그 부분을 가는 실선으로 둘러싸며 영문자 대문자로 표시하고 그 부위를 다른 장소에 확대하여 그린다. 이때 표시하는 문자 및 척도를 표기한다([그림 1-46]). 일반적으로 (NS)를 주로 사용한다.

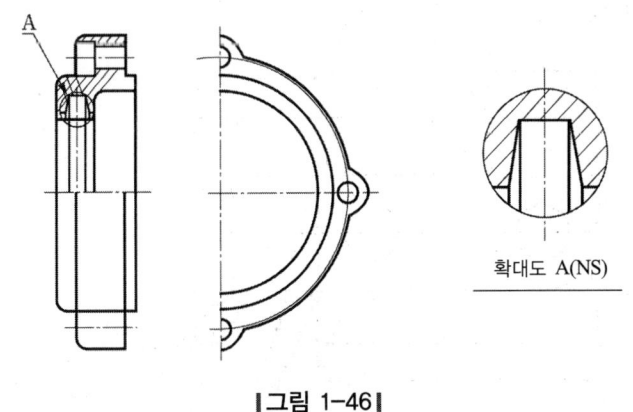

|그림 1-46|

1-9 치수

도형에 치수(dimension)가 기입되어야 비로소 물품의 형상이나 크기를 정확히 할 수 있다. 치수는 물품을 제작하는 데 중요한 것이기 때문에 단순히 물품의 크기를 표시하는 것만이 아니고 정밀도, 가공방법, 순서 등도 알 수 있도록 기입하지 않으면 안된다.
치수는 척도에 관계없이 실제 치수를 기입한다.

(1) 치수의 단위

도면에 기입하는 치수는 모두 mm 단위이며 수치만을 기입하고 단위 기호는 기입하지 않는다. 소수점은 숫자와 숫자 사이를 반자 정도 간격을 두고 그 중간 밑에 확실하게 기입하며 자릿수가 많아져도 콤마(comma)로 구분하지 않는다. 각도는 일반적으로 도(°)로 표시하고 필요에 따라 분(′), 초(″)를 사용하고 다음 예와 같이 기입한다.

예 125.35　　12780　　90°　　22.6　　3′21″　　6°48′5″

(2) 치수 표시

치수를 기입하는 데는 [그림 1-47]과 같이 치수 보조선과 치수선 및 치수 숫자를 사용해서 기입한다.

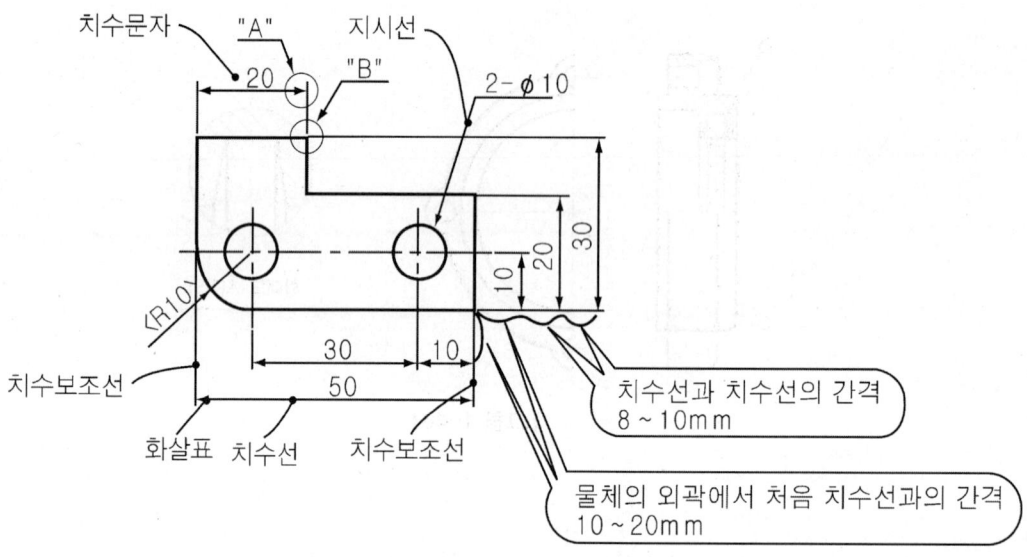

① **치수선** : 치수를 표시하려고 하는 부분에 가는 실선을 긋고 양 끝에 화살표를 붙인다. 화살표는 [그림 1-48]과 같이 벌어진 화살 또는 닫혀진 흑색 화살을 사용한다.

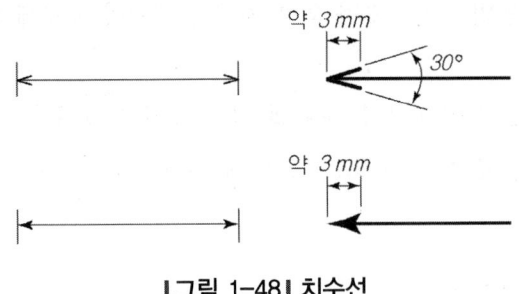

|그림 1-48| 치수선

② **치수 보조선** : 치수 보조선(extension line)은 치수선에 직각으로 긋고 치수선을 약간 넘을 때까지(2~3[mm] 정도) 연장한다. 테이퍼부의 치수나 [그림 1-49]와 같이 풀리 암부의 치수를 표시할 때, 치수선에 직각으로 긋기 어려운 경우에는 치수선에 약 60° 정도로 경사지게 그으면 좋다. 치수 보조선을 길게 인출하면 오히려 알기 어려운 경우가 있는데 이때에는 [그림 1-50]과 같이 직접 도형 안에 치수선을 그어서 표시한다.

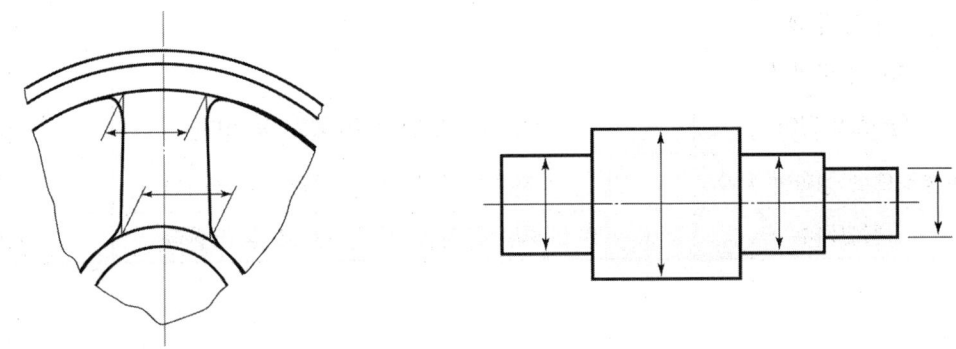

|그림 1-49| 치수선에 경사진 치수 보조선　　|그림 1-50| 도형 안의 치수선

③ **치수 숫자** : 치수 숫자는 수평 치수선 및 경사 치수선에 대해서는 상향으로, 수직 치수선에 대해서는 좌향으로, 치수선에 따라 그 위쪽으로 약간 떼어서 기입한다. 치수 숫자의 크기는 도형의 대소에 따라 구분해서 사용하고 대개 높이 3.2mm, 4mm 정도를 사용한다. 또한 동일 도면 내에서는 치수 숫자는 동일한 크기로 기입한다.

④ **인출선** : 치수·가공 방법·부품 번호·주기 등을 물품의 그 부분에 기입하지 못하는 경우에는 인출선을 사용한다. 인출선은 [그림 1-51(a)]와 같이 수평선에 대해 가능한 한 60°의 경사로 하고 인출쪽에 화살표를 붙이며 다른 끝에서 수평선을 긋고 그 수평선의 위쪽에 필요한 사항을 기입한다. 형상을 표시하는 선의 안쪽에서 인출되는 경우에는 화살표 대신에 흑색 둥근점을 인출되는 쪽에 붙인다([그림 1-52(b)]).

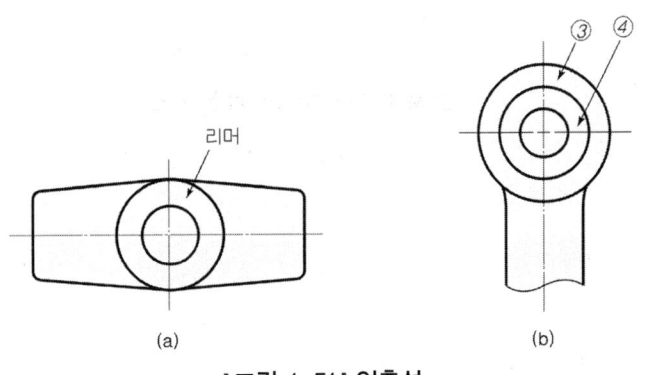

|그림 1-51| 인출선

⑤ **치수 보조기호 및 기입방법** : 치수 숫자 외에 기호를 병기하는 것에 의하여 그 부분의 형상을 명시할 수가 있다.

이들의 기호는 치수 숫자 앞에 치수 숫자와 같은 크기로 그린다. 예를 들면 판의 두께를 표시하지 않고 표시하는 데는 관의 근처 또는 그 면에 두께를 표시하는 치수 숫자 앞에 t라고 기입한다 (아래 표).

▎**치수기입에 사용하는 기호**

구분	기호	사용법	예
지름	φ	치수보조기호는 치수문자 앞에 붙이고, 치수문자와 같은 크기로 쓴다.	φ10
반지름	R		R10
구의 지름	Sφ		Sφ10
구의 반지름	SR		SR10
정사각형의 변	□		□10
관의 두께	t		t10
45°의 모떼기	C		C10
원호의 길이	⌒	치수문자 위에 원호를 붙인다.	⌒10
이론적으로 정확한 치수	□	치수문자를 직사각형으로 둘러싼다.	10
참고치수	( )	치수문자를 괄호기호로 둘러싼다.	(10)

(I) 지름의 치수 기입

지름의 치수를 기입하는 데는 [그림 1-52(a)]와 같이 치수 숫자 앞에 φ를 기입하여 표시하지만 명확히 원의 경우에는 [그림 1-52(b)], [그림 1-52(c)]와 같이 아무것도 기입하지 않아도 된다. 대칭도형의 경우에는 [그림 1-52(d)]와 같이 표시한다. 이 경우에는 원의 중심 위치를 명확히 표시하지 않으면 안된다.

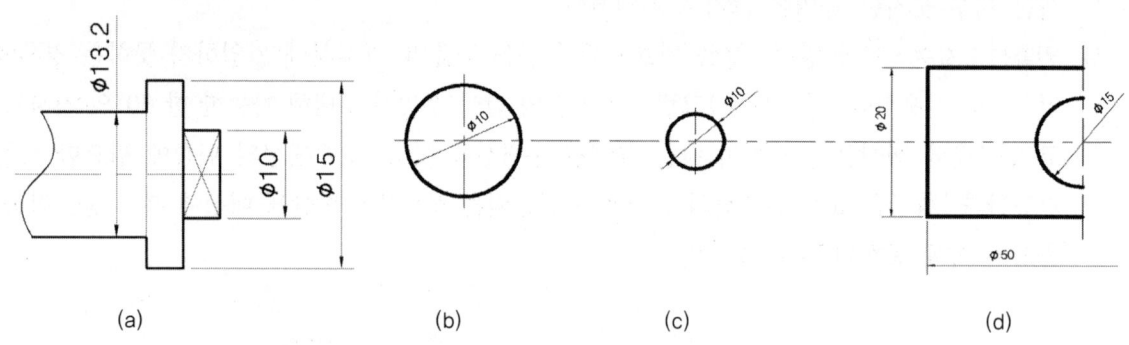

▎그림 1-52▎지름의 치수 기입

※ 지름 치수 기입시 주의사항

1. 일반적으로 원형인 투상도는 대칭도에 치수기입을 할 때 반드시 치수선이 대칭중심선을 넘어 ϕ를 붙여 지름치수를 기입해야 한다.

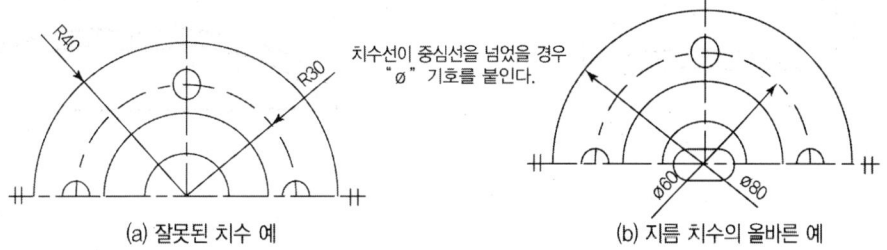

(a) 잘못된 치수 예   (b) 지름 치수의 올바른 예

2. 주투상도의 형상이 원형이고 볼트구멍이 등간격일 경우 1면도만으로 나타낼 수 있으며, 명확한 투상도를 나타내기 위해서는 측면도에 그릴 수 있다.

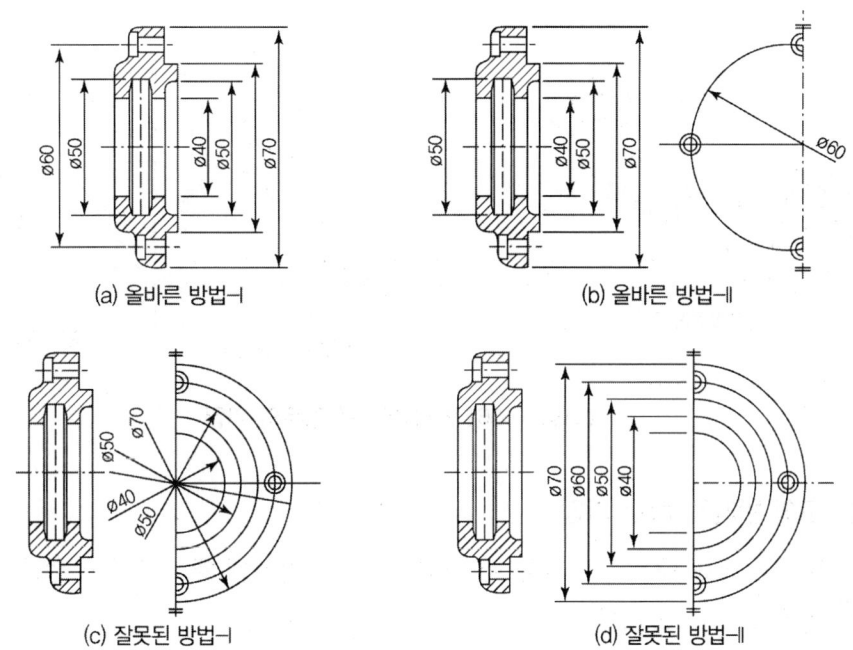

(a) 올바른 방법-ㅣ   (b) 올바른 방법-ㅔ

(c) 잘못된 방법-ㅣ   (d) 잘못된 방법-ㅔ

(2) 반지름의 치수 기입

반지름의 치수를 기입하는 데는 [그림 1-53(a)]와 같이 치수 숫자 앞에 R을 기입하여 표시하지만 치수선을 원호의 중심까지 긋는 경우에는 [그림 1-53(b)]와 같이 R을 생략해도 된다. 이 경우에 중심 위치를 명시할 필요가 있을 때에는 [그림 1-53(c)]와 같이 중심에 흑색 둥근 점을 찍거나 [그림 1-53]과 같이 +자 표시를 한다. 화살표나 치수 숫자를 기입할 여백이 없는 경우에는 [그림 1-53(d)]와 같이 한다. 또한 원호의 중심이 먼 때에는 [그림 1-53]과 같이 표시한다. 구면을 표시하는 경우에는 파이 또는 R 기호 앞에 그리고 기입한다([그림 1-54]).

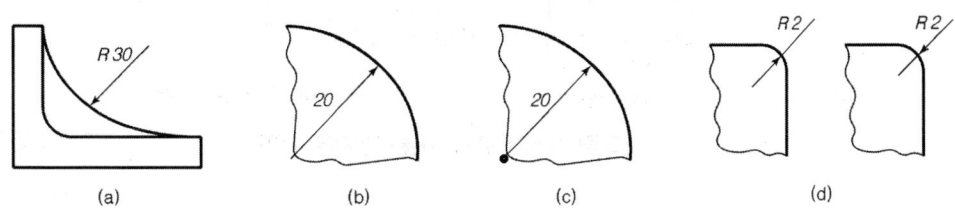

(a)   (b)   (c)   (d)

|그림 1-53| 반지름의 치수 기입

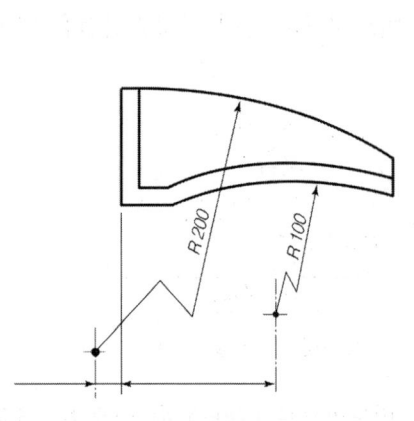
| 그림 1-54 | 원호의 중심이 먼 때에 반지름 기입

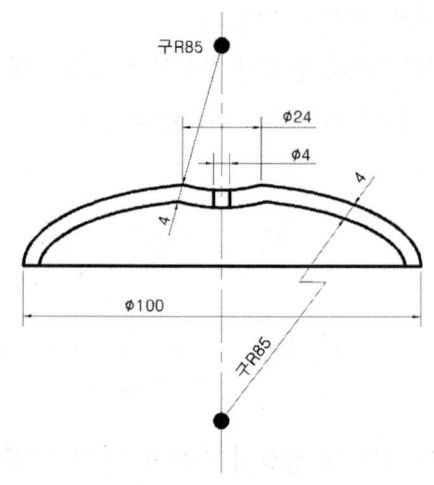
| 그림 1-55 | 구면 반지름의 기입

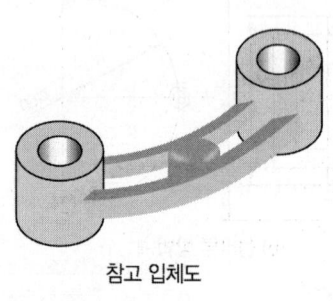

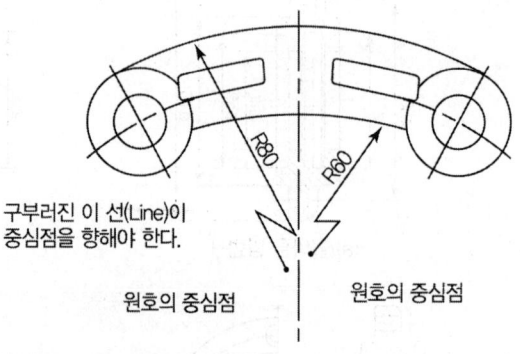

| 그림 1-56 | 반지름이 큰 경우의 기입

(3) 구의 지름, 구의 반지름 치수 기입

구(sphere)의 지름 또는 구의 반지름을 나타내는 치수를 기입할 때 치수문자 앞에 각각 Sϕ, SR을 치수문자와 같은 크기로 표시한다.

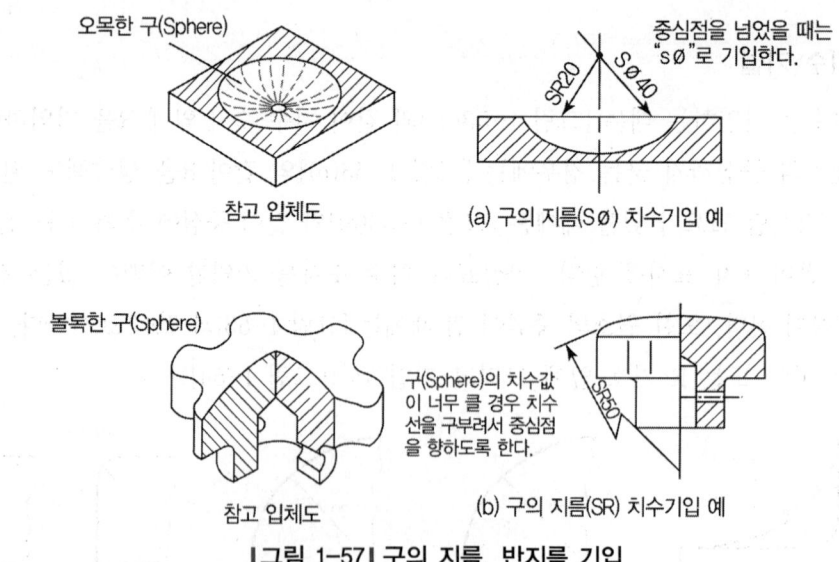

| 그림 1-57 | 구의 지름, 반지름 기입

(4) 정사각형과 두께의 치수기입

정사각형의 경우 네모(□)기호를 치수문자 앞에 치수문자와 같은 크기로 표시하고 두께의 경우에는 치수와 함께 "t"기호를 쓰고 해당하는 두께 치수값을 기입한다. 이때 우측면도는 생략한다.

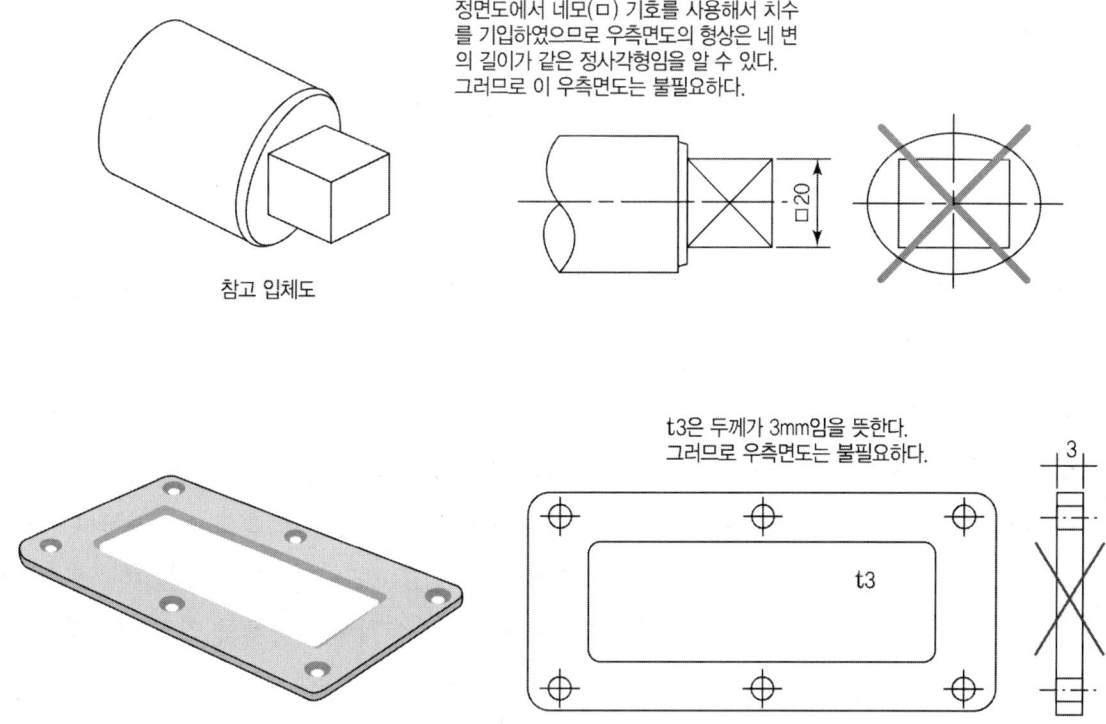

|그림 1-58| 네 변의 길이가 같은 정사각형과 두께 기입

(5) 현·호의 치수 기입

현의 치수는 [그림 1-59(a)]와 같이 현에 평행인 치수선에 기입하고, 원호의 길이를 표시하는 데는 [그림 1-59(b)]와 같이 그 원호와 동심인 원호의 치수선을 그려서 기입한다. 이와 같이 현과 호의 길이는 확실히 구별해서 도시한다.

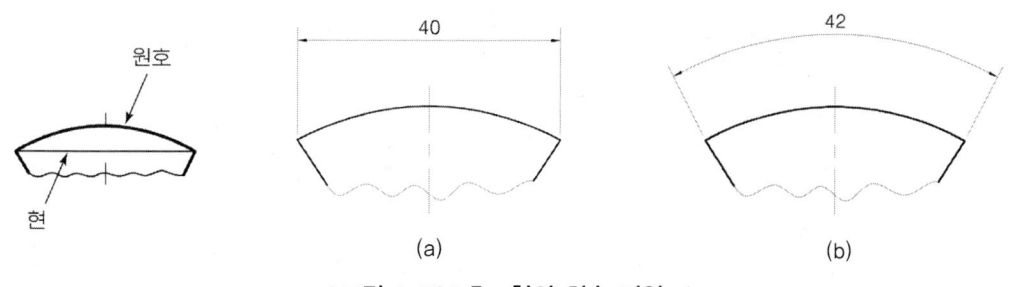

|그림 1-59| 호·현의 치수 기입

(6) 각종 구멍의 치수 기입

드릴 구멍(drill hole), 펀칭 구멍(punching hole) 등의 구별을 표시할 필요가 있는 경우에는 원칙적으로 [그림 1-60]과 같이 치수에 그 구별을 기입하여 표시한다. 동일한 치수의 구멍 및 동일한 간격으로 연속하는 동일한 치수의 구멍에 대한 치수 기입은 [그림 1-61]과 같이 한다.

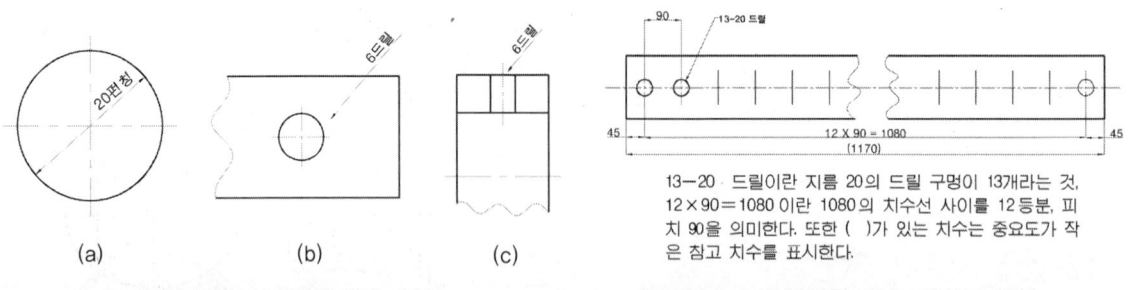

| 그림 1-60 | 구멍의 치수 기입

| 그림 1-61 | 동일한 치수 구멍의 기입

(7) 각도의 치수 기입

각도를 기입하는 치수선은 [그림 1-62]와 같이 각도를 구성하는 2변 또는 그 연장선의 교점을 중심으로 하여 2변 또는 그 연장선 사이에 원호를 그리고 양 끝에 화살표를 붙혀서 표시한다. 각도를 표시하는 숫자는 일반적으로 치수선의 위쪽에 따라서 [그림 1-63(a)]와 같이 기입한다. 또한 필요가 있는 경우에는 [그림 1-63(b)]와 같이 각도를 표시하는 숫자를 상향으로 기입해도 좋다.

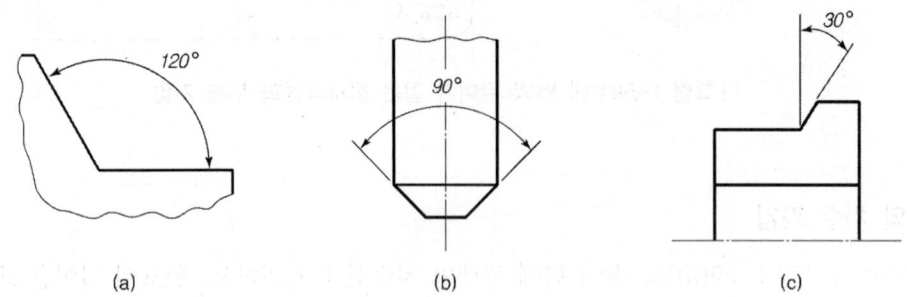

| 그림 1-62 | 각도를 기입하는 치수선

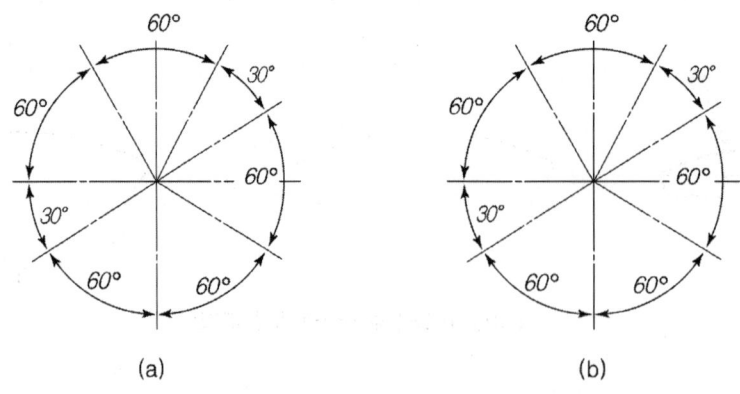

| 그림 1-63 | 각도의 치수 기입 방향

(8) 테이퍼와 기울기의 치수 기입

테이퍼(taper)의 치수는 [그림 1-64(a)]와 같이 중심선에 따라 기입하고 기울기의 치수는 [그림 1-64(b)]와 같이 변을 따라 기입한다. 테이퍼 또는 기울기의 비율(또는 정도)과 방향을 명확히 표시하는 데는 [그림 1-64(c)]와 같이 기입한다.

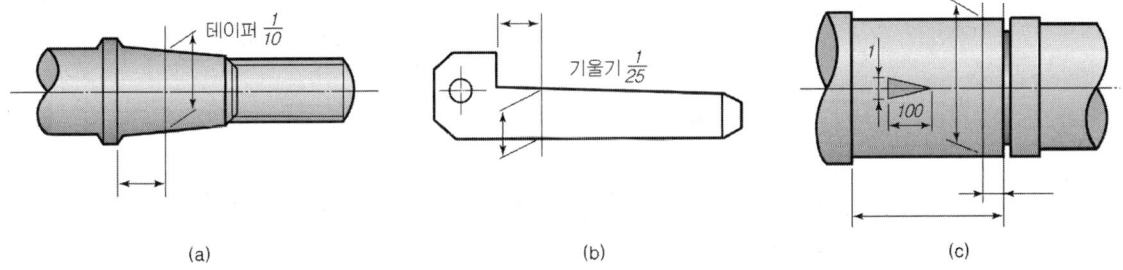

|그림 1-64| 테이퍼와 기울기의 치수 기입

(9) 모따기의 치수 기입

물품의 모서리를 경사지게 절삭하는 모따기(chamfering) 치수의 기입은 [그림 1-65(a)]와 같이 하는데 45°모따기에 한하여 기호 C를 사용해서 [그림 1-65(b)], [그림 1-65(c)]와 같이 기입한다.

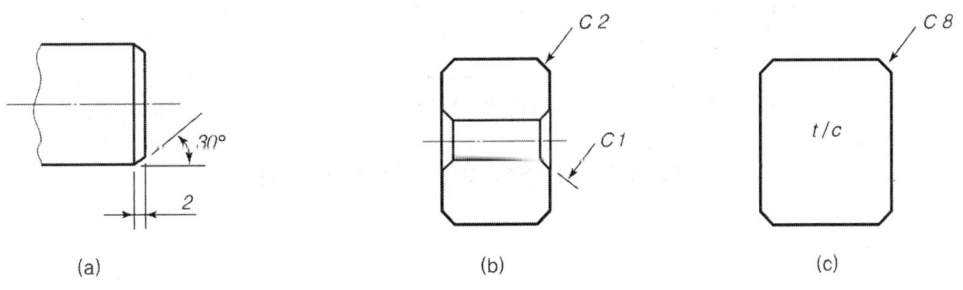

|그림 1-65| 모따기 치수의 기입

⑽ 카운터보링 및 스폿페이싱 치수 기입

볼트나 너트의 머리를 공작물에 묻히게 하기 위해서는 카운터보링(Counter Boring)이나 스폿페이싱(Spot Facing) 가공이 필요한데, 일반적으로 [그림 1-66]과 같은 6각 구멍 붙이볼트 또는 [그림 1-67]과 같은 6각머리 볼트, 너트의 자리파기를 하기 위해서는 먼저 드릴(Drill) 작업을 해야 한다.

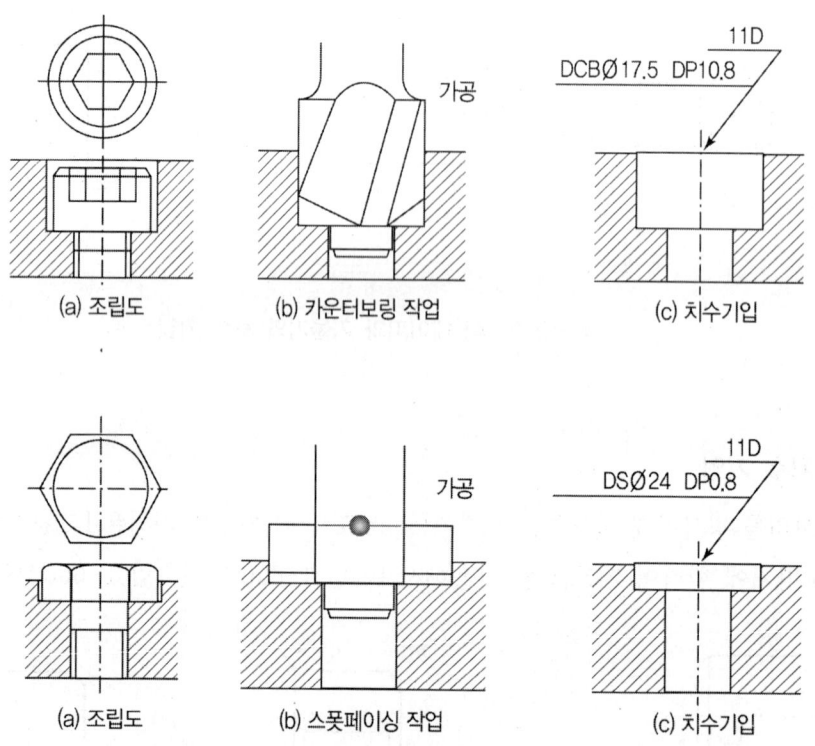

|그림 1-66| 카운터보링 가공 및 치수 기입

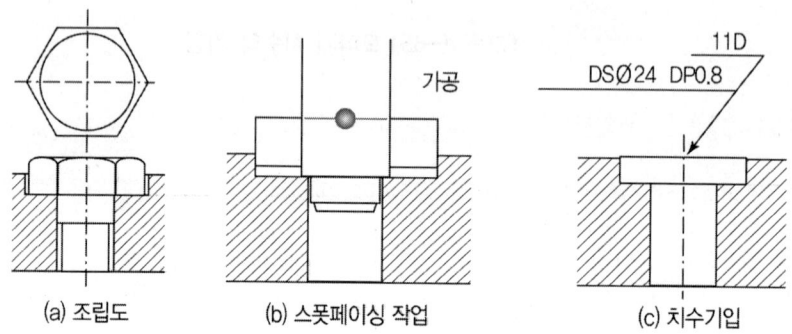

|그림 1-67| 스폿페이싱 가공 및 치수 기입

(11) 대칭된 도형의 치수 기입

생략도법에 의해 작도된 투상도에서는 치수기입을 할 때 [그림 1-68]과 같이 중심선을 약간 넘도록 치수선을 연장시켜 전체치수를 기입한다. 이때 연장시킨 치수선 끝에 화살표는 붙이지 않는다.

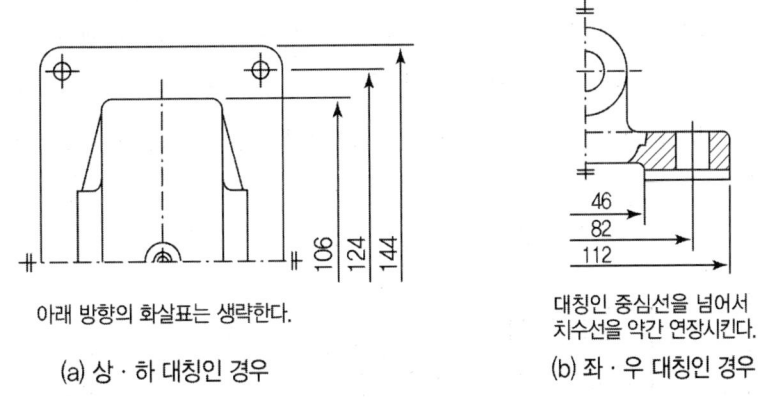

|그림 1-68| 대칭도형의 치수 기입

(12) 같은 구멍이 여러 개 있을 때 치수 기입

중심선상에 지름이 같은 구멍이 여러 개 나열되어 있을 경우에는 치수 기입을 모두 기입할 필요없이, 구멍의 개수와 함께 치수를 한 곳에 기입할 수 있다.

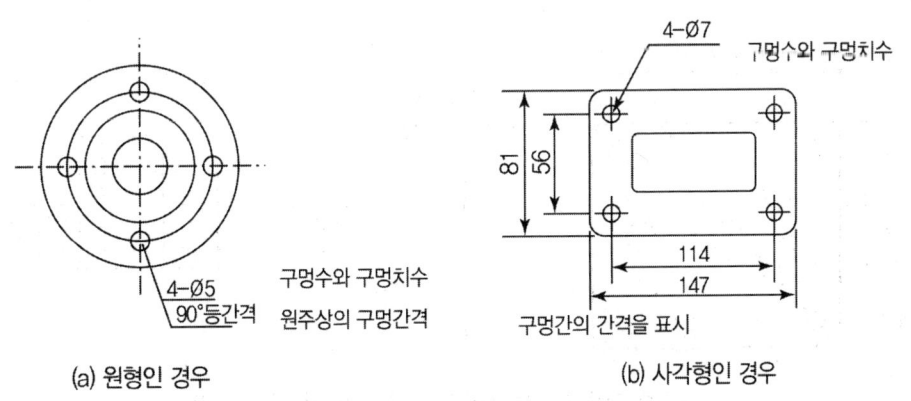

|그림 1-69| 같은 구멍이 여러 개 있을 때 치수 기입하는 방법

⒀ 기준이 되는 개소를 기준으로 한 치수 기입

가공 또는 조립할 때에 기준이 되는 개소가 있는 경우에는 [그림 1-70(a)]와 같이 치수는 그 개소를 기준으로 하여 기입한다. 특히 기준인 것을 명시하는 데는 [그림 1-70(b)]와 같이 그 면에 기준이라고 기입한다. 또한 기준면에서 여러 개의 치수선을 인출하는 대신에 [그림 1-70(c)]와 같이 간략화된 기입법을 사용할 수가 있다. 이 경우에 기준 위치를 표시하는데 흑색 원점을 사용하고 그 곳을 0으로 하여 각각의 숫자는 치수 보조선 옆에 방향을 맞추어서 그린다. [그림 1-71(a)]와 같이 평면상에 여러 개의 구멍을 만드는 경우에는 이것을 그림과 기호를 사용하여 [그림 1-71(b)]와 같이 간단하게 표시할 수 있다.

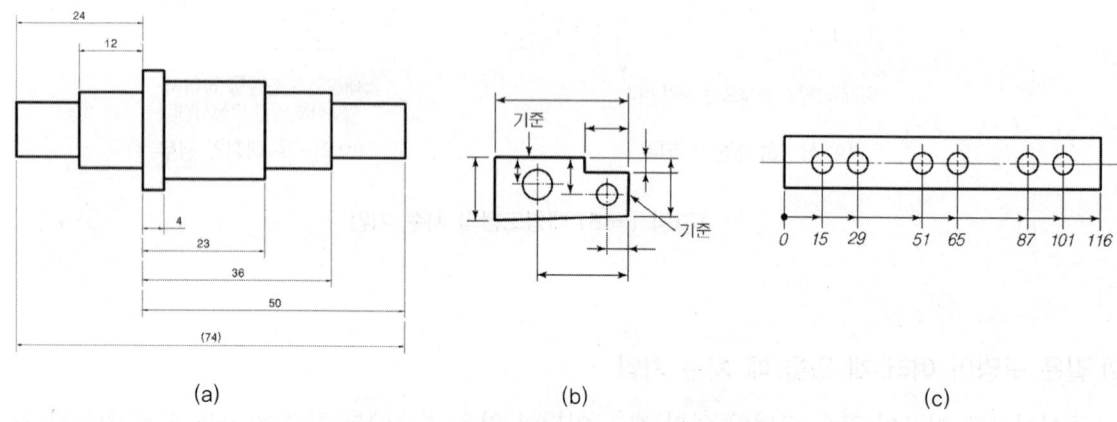

|그림 1-70| 기준 개소를 기준으로 한 기입

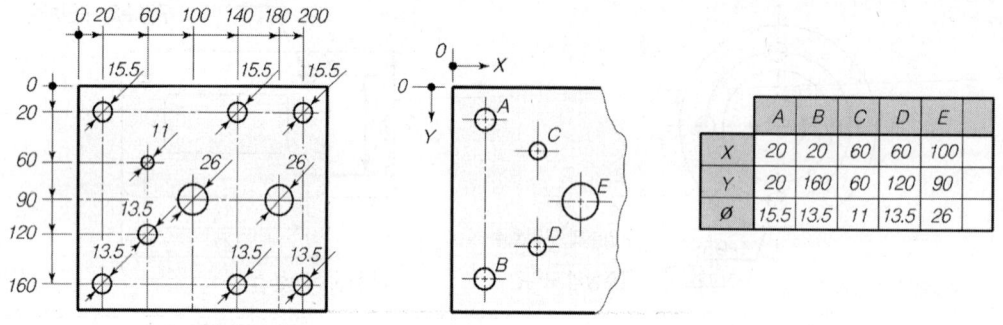

|그림 1-71| 기준 개소를 기준으로 한 치수 기입

⑭ **좁은 개소의 치수 기입**

치수 보조선의 간격이 좁아서 치수를 기입할 여백이 없는 경우에는 [그림 1-72(a)]와 같이 화살표 대신에 흑색 검은 점을 사용하거나 [그림 1-72(b)]와 같이 치수선의 위쪽과 아래쪽에 교대로 기입한다. 또한 [그림 1-72(c)]와 같이 인출선을 사용하여 기입하거나 [그림 1-72(d)]와 같이 그 개소의 상세도를 그려서 표시한다.

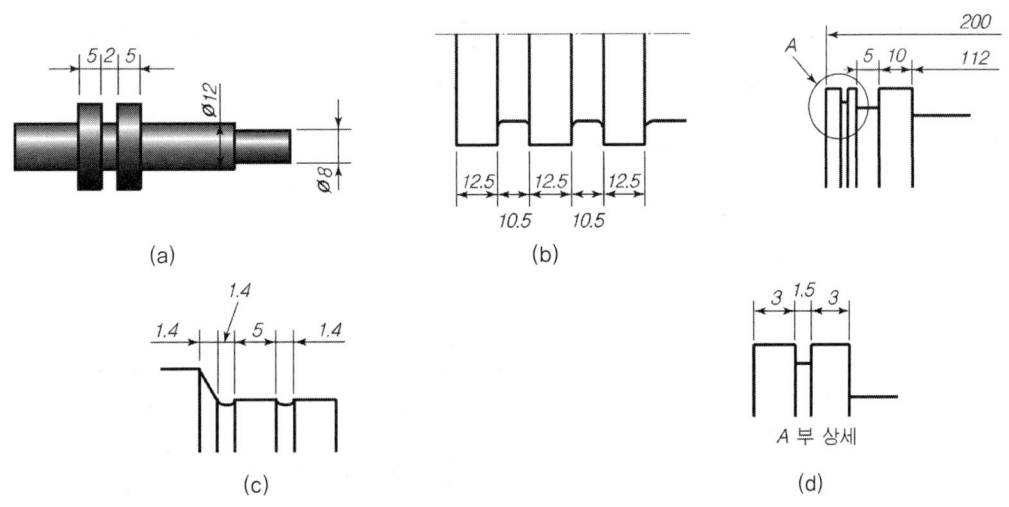

|그림 1-72| 좁은 개소의 치수 기입

⑮ **기호 문자에 의한 치수 기입**

일부분의 치수만이 다른 비슷한 물품을 하나의 그림으로 표시하는 데는 [그림 1-73(a)]와 같이 기호 문자를 사용해서 그 수치를 별도로 표시한다. 또한 동일한 물품에서 지름이 다른 구멍이 많은 경우에는 [그림 1-73(b)]와 같이 기호를 사용해서 표시한다.

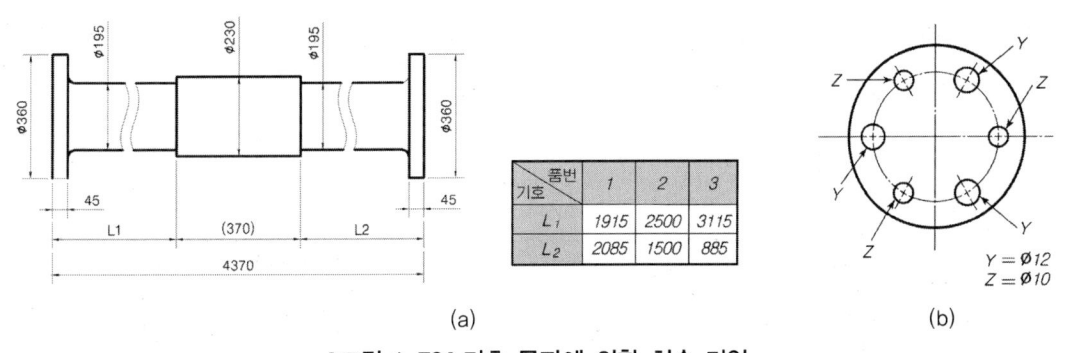

|그림 1-73| 기호 문자에 의한 치수 기입

(16) 기타 치수 기입상의 주의

① 치수는 가능한 한 정면도에 기입하고 정면도에 표시할 수 없는 것만을 평면도나 측면도 등에 비교 대조하기 쉽도록 기입하여 동일한 치수의 중복은 가능한 한 피한다.

② 전체의 치수는 개개 치수의 외측에 기입하고 가공 또는 검사에 필요한 치수 등은 계산하지 않아도 구할 수 있도록 기입한다. 또한 중요도가 적은 치수를 참고로 기입하는 경우에는 치수 숫자에 ( )를 붙여서 표시한다([그림 1-61], [그림 1-71(a)], [그림 1-73(a)]).

③ 면이 교차하는 부분의 치수 기입은, 예를 들면 서로 경사하고 있는 두 개의 면 사이에 둥글기(round) 또는 모따기를 해야 하는 경우에는 두 개의 면을 표시하는 외형선의 연장선 교점을 기준으로 하여 기입한다([그림 1-74(a)]). 교점을 명백히 할 때에는 선을 서로 교차시키든가 또는 교점에 흑색 둥근 점을 붙여서 표시한다([그림 1-74(b), (c)]).

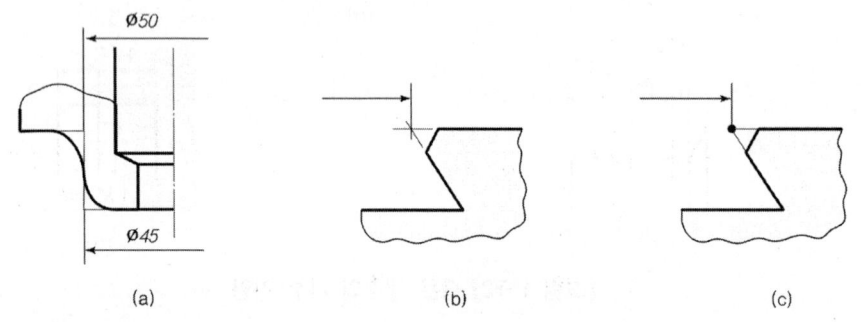

|그림 1-74| 면의 교차 부분 치수 기입

④ 관련되는 치수의 기입은, 예를 들면 [그림 1-75]와 같이 볼트 구멍의 중심원에 대한 치수와 구멍의 치수 및 구멍의 배치와는 관련이 있으므로 중심원이 그려져 있는 쪽의 그림에 모아서 기입한다.

⑤ 가공을 달리하는 부분의 치수 기입은 [그림 1-76]과 같이 동일한 공정에 속하는 치수가 가능한 한 동일측에 있도록 그 배열을 나누어서 기입한다.

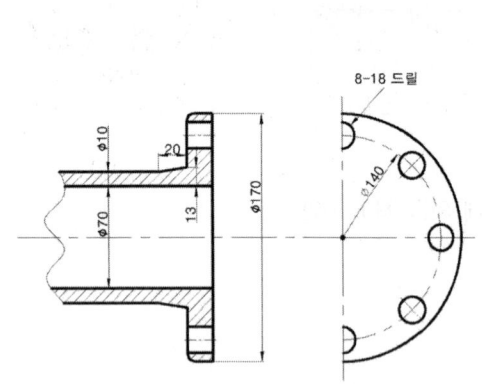

|그림 1-75| 관련되는 치수의 기입

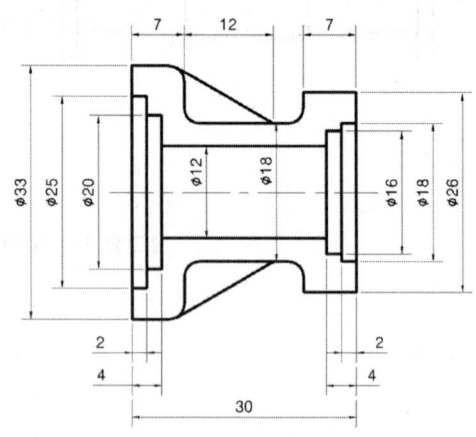

|그림 1-76| 가공을 달리하는 부분의 치수 기입

기계 제도 실무

CHAPTER 02

표면거칠기

기계 제도 실무

Chapter 02 | 표면거칠기

표면거칠기 표시는 가공된 표면의 거칠기를 기호로서 표시하는 것을 말한다(가공 정도에 따라 제품의 거칠기가 다르게 나타난다). 어느 부분에는 어느 정도 매끄럽고 또 어떤 부분은 어느 정도의 매끄럽다는 것을 가공자에게 기호로서 지시하는 것이다.

표면거칠기의 표시는 공차와 밀접한 관계를 가진다. 표면거칠기 기호가 기입되어 있고 끼워맞이 있는 가공부는 그 정도에 따른 공차값도 지시되기 마련이다.

2-1 표면거칠기의 종류

(1) **Rmax** : 최대높이

단면 곡선에서 기준길이만큼 채취한 부분의 평균선에 평행한 2직선의 간격을 단면 곡선의 세로 배율 방향으로 측정하여 이 값을 mm로 표시한 곳을 말한다(중앙을 기점으로 제일 높은 곳과 낮은 곳까지를 나타낸다).

(2) **Rz** : 10점 평균 거칠기

단면 곡선에서 기준 길이만큼 채취한 부분에 있어서 평균선에 평행 또는 단면 곡선을 가로지르지 않는 직선에서 세로 배율의 방향으로 측정한 가장 높은 곳으로부터 5번째까지와 가장 낮은 곳의 5번째까지 골밑까지의 차를 μm로 나타낸 것

$$R = \frac{(R_1, R_3, R_5, R_7, R_9) - (R_2, R_4, R_6, R_8, R_{10})}{5}$$

(3) **Ra** : 중심선 평균 거칠기

단면 곡선에서 그 중심선의 방향으로 측정길이 L의 부분을 채취하고 이 채취부분의 중심선을 X축, 세로 배율의 방향을 Y축으로 하였을 때 윗부분을 S2로 하고 아랫부분을 S1으로 할 때 S1+S2의 합을 S라 할 때 나타내면 이것을 Ra라 한다.

2-2 표면거칠기 기호 표시방법

다듬질 기호(예 ▽) 대신 되도록이면 표면지시 기호(예 ✓)를 사용하고 반복해서 기입할 경우에는 알파벳의 소문자 부호(예 ʷ✓)와 함께 사용하도록 한다.

또한 그 뜻은 주투상도 곁에나 혹은 주서에 반드시 표시하고 지시값은 KS B 0161에 의거 중심선 평균거칠기(Ra)의 표준수열 중에서 선택하도록 한다([그림 2-1]).

$$\overset{}{\triangledown}\!\!\!/ = \overset{}{\triangledown}\!\!\!/, \quad \overset{w}{\triangledown}\!\!\!/ = \overset{12.5}{\triangledown}\!\!\!/, \quad \overset{x}{\triangledown}\!\!\!/ = \overset{3.2}{\triangledown}\!\!\!/, \quad \overset{y}{\triangledown}\!\!\!/ = \overset{0.8}{\triangledown}\!\!\!/$$

|그림 2-1| 표면거칠기 기호

2-3 표면거칠기 기호의 뜻

[그림 2-2]는 제거가공을 금하는 부분에 표시하는 기호이다. 즉, 일반 절삭가공을 해서는 안 된다는 표부분에 표시하는 기호이다(예 주물과 같은 것의 표면).

[그림 2-3]은 [그림 2-2]와 반대로 공작기계로서 절삭가공 혹은 연삭가공 및 각종 정밀입자가공의 표면 부분에 표시하는 기호이다(예 선반, 밀링, 드릴 등의 가공이 이루어진 부분을 표현).

그리고 (ʷ✓, ˣ✓, ʸ✓, ᶻ✓) 등과 같이 문자와 함께 쓰는 기호들은 절삭가공을 한 표면 중에서 정밀도 문자기호가 필요할 시 표시한 것이다.

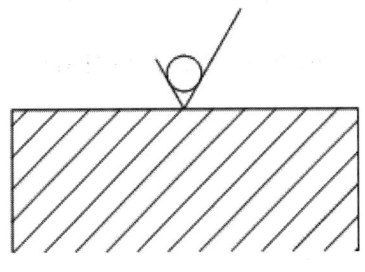

|그림 2-2| 제거가공을 금할 때

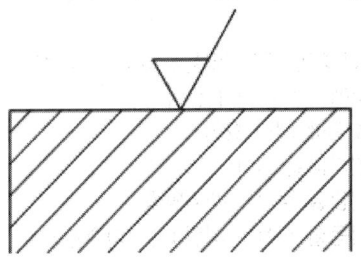

|그림 2-3| 제거가공을 할 때

2-4 표면거칠기 표시방법

명칭	다듬질 기호 (종래의 심벌)	표면 거칠기호 (새로운 심벌)	가공 방법 및 표시하는 부분
	∼	∀	• 절삭가공 및 기타 제거가공을 하지 않는 부분으로서 특별히 규정은 않는다. (예 주물의 표면부가 대표적이다.)
거친다듬질	▽	w/∀	• 밀링, 선반, 드릴링 기타 여러 가지 공작기계로 일반 절삭가공만 하고 끼워맞춤은 없는 표면에 표시한다. (예 드릴구멍, 각종 공작 기계에 의한 선삭 가공부 등) • 평균 거칠기값(약 25μm∼100μm) • 절삭가공이 거칠다.
중다듬질	▽▽	x/∀	• 가공된 부분으로서 단지 끼워맞춤만 있고 마찰운동은 하지 않는 표면에 표시한다. (예 커버와 몸체와의 끼워맞춤부, 키홈, 기타 축과 회전체와의 결합부 등) • 평균 거칠기값(약 6.3μm∼25μm)
상다듬질	▽▽▽	y/∀	• 끼워맞춤이 있고 마찰이 되어 서로 회전운동이나 직선왕복 운동을 하는 표면에 표시한다. 단, 베어링과 같은 정밀 다듬질된 축계기계 요소 등이 끼워지는 부위는 x로 표기한다. • 평균 거칠기값(약 0.8μm∼6.3μm)
정밀다듬질	▽▽▽▽	z/∀	• 각종 정밀 가공이 요구되는 가공 표면으로 대단히 매끄럽고 각종 게이지류, 피스톤, 실린더 등이 이러한 부품이 아니고서는 잘 사용하지 않는다. (예 호닝 등 각종 정밀업자 가공) • 평균 거칠기값(약 0.1μm∼0.8μm)

※ 참고
1. 가공면이 정밀하면 정밀할수록 가공 공정이 많이 가고, 또한 불필요한 정밀도를 요구하게 되면 그만큼의 예산이 낭비된다는 것에 유의하여야 한다.
2. 각 거칠기에 대한 요약
   ① 거친다듬질 절삭
   ② 중다듬질 절삭 = 끼워맞춤
   ③ 상다듬질 절삭 = 끼워맞춤, 마찰운동

2-5 표면거칠기 작성방법

다음의 도형의 (품번 ① 축, ② 하우징, ③ V벨트풀리, ④ 커버) 표면거칠기 기호를 표시해보도록 한다.

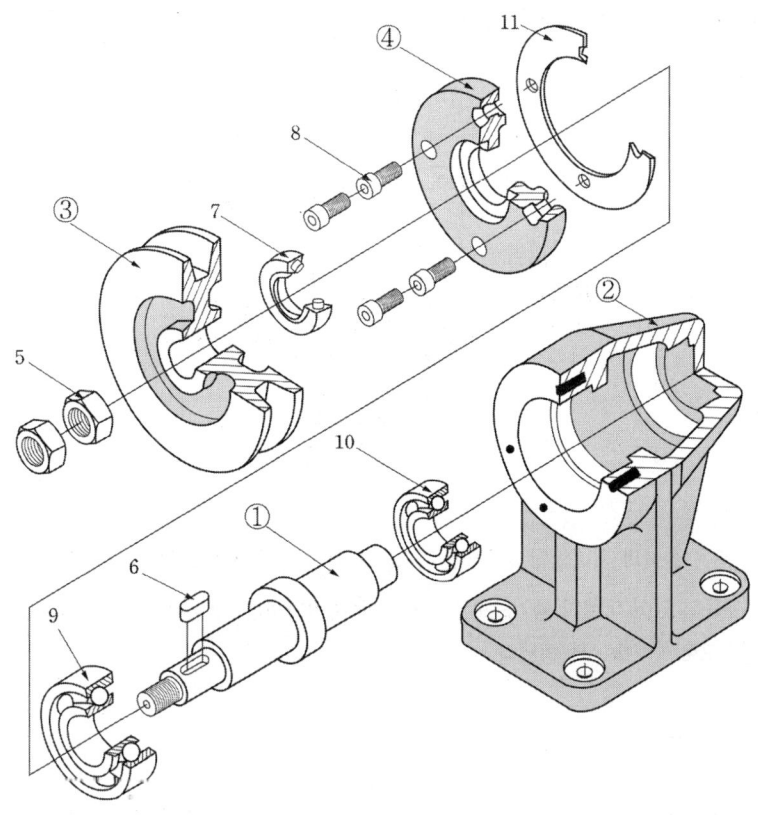

① 축	② 하우징	③ V벨트풀리	④ 커버
5. 너트	6. 키	7. 오일링	8. 볼트
9. 베어링	10. 베어링	11. 가스켓	

① 축 ∇x/(∇y)

∇x 를 사용하여 전체가 중다듬질이라는 것을 표현하였으며, ∇y 는 상다듬질 가공이 필요한 부분이 있다는 것이다.

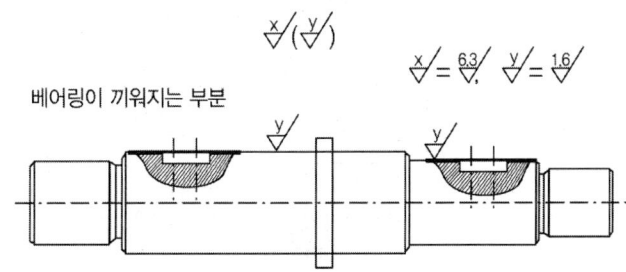

※ 해설
　축은 하우징, 베어링 등과 결합이 되는 부분이 많으므로 ∇x 의 기호를 사용하여 절삭과 끼워맞춤이 있는 표면거칠기를 사용하였고, 특히 베어링이 결합되는 부분은 회전운동으로 인해 마찰이 생기므로 ∇y 를 사용하였다.

② 하우징 ∇(ᵂ∇, ˣ∇, ʸ∇)

"∇"는 전체가 제거가공을 허용하지 않는 제품으로서 주물로 표현된다. 하지만 "ᵂ∇, ˣ∇, ʸ∇"는 일반 절삭가공 및 정밀가공이 요구되는 거칠기 표시이므로 하우징에 따로 표시되지 않는 부분은 주물이며 따로 표시된 부분은 가공을 한 부분이다.

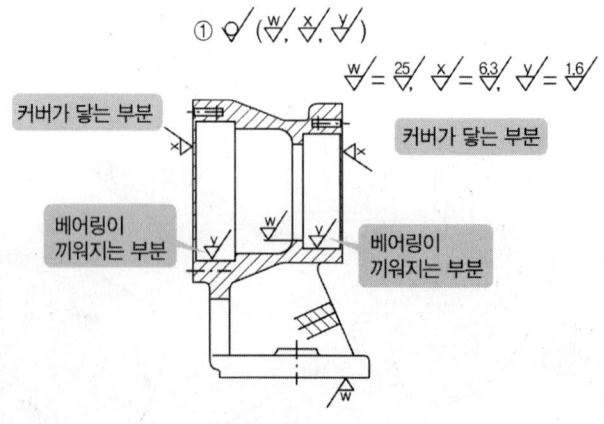

① ∇(ᵂ∇, ˣ∇, ʸ∇)

ᵂ∇ = 25∇, ˣ∇ = 6.3∇, ʸ∇ = 1.6∇

※ 해설
커버가 닿는 부분은 절삭과 커버와의 끼워맞춤이 있으므로 ˣ∇ 를 사용하였고, 베어링이 끼워지는 부분은 베어링과 하우징의 회전운동이 있어 마찰이 생기므로 ʸ∇ 를 사용하였다. 바닥부분은 거칠기가 어느 정도 깔끔해야 축이 일직선상으로 고정되므로 ᵂ∇ 를 사용하였다.

③ V벨트풀리 ∇(ᵂ∇, ˣ∇, ʸ∇)

"∇"는 전체가 제거가공을 허용하지 않는 제품으로서 주물로 표현된다. 하지만 "ᵂ∇, ˣ∇, ʸ∇"는 일반 절삭가공 및 정밀가공이 요구되는 거칠기 표시이므로 하우징에 따로 표시되지 않는 부분은 주물이며 따로 표시된 부분은 가공을 한 부분이다.

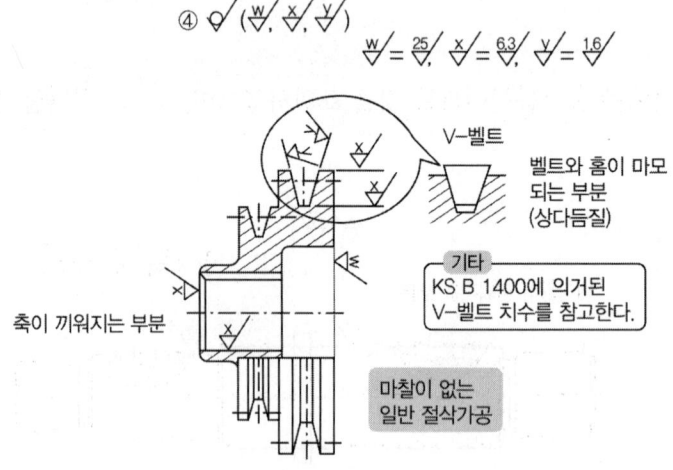

④ ∇(ᵂ∇, ˣ∇, ʸ∇)

ᵂ∇ = 25∇, ˣ∇ = 6.3∇, ʸ∇ = 1.6∇

※ 해설
축이 끼워지는 부분에 ʸ∇ 를 사용하지 않고 ˣ∇ 를 사용한 이유는 키 때문이다.
축이 직접적으로 벨트풀리의 구멍과 마찰을 하는 게 아니라 키를 통하여 운동을 하므로 ˣ∇ 를 사용하여도 무방하다.
V벨트풀리와 커버가 닿는 부분은 끼워맞춤과 마찰이 없으므로 ˣ∇ 를 사용하였고, V벨트가 들어가는 홈은 끼워맞춤과 마찰운동이 있으므로 ʸ∇ 를 사용하여야 한다.

④ 커버 ∇ (ᵂ∇ , ˣ∇)

"∇"는 전체가 제거가공을 허용하지 않는 제품으로서 주물로 표현된다. 하지만 "ᵂ∇ , ˣ∇"는 일반 절삭가공 및 정밀가공이 요구되는 거칠기 표시이므로 하우징에 따로 표시되지 않는 부분은 주물이며 따로 표시된 부분은 가공을 한 부분이다.

⑤ ∇ (ᵂ∇ , ˣ∇)

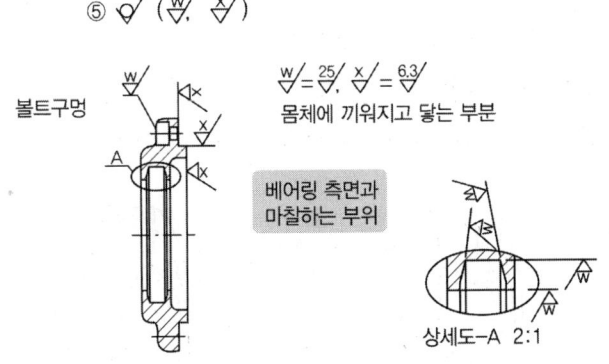

ᵂ∇ = 25/∇, ˣ∇ = 6.3/∇
몸체에 끼워지고 닿는 부분

상세도-A 2:1

※ 해설
베어링 측면과 닿는 부분은 베어링과의 끼워맞춤은 있지만 마찰운동이 있지는 않으므로 ˣ∇ 를 사용한다. 그리고 볼트구멍의 경우 절삭만 하고 결합은 둥근머리나사를 이용하여 결합하기 때문에 ᵂ∇ 를 사용해도 무방하다.

2-6 베어링

- 회전이나 왕복운동을 하는 축을 받쳐 하중을 받는 구실을 하는 기계요소를 베어링(bearing)이라 한다.
- 레이디얼 베어링 : 축에 직각 방향으로 하중이 작용할 때
- 드러스트 베어링 : 축 방향으로 하중이 작용할 때
- 외륜 구동은 내륜(축이 닿는 부분)이 정지하고 외륜(하우징이 닿는 부분)이 회전하는 것을 말한다.
- 내륜 구동은 외륜이 정지하고 내륜(축)이 회전하는 것을 말한다.

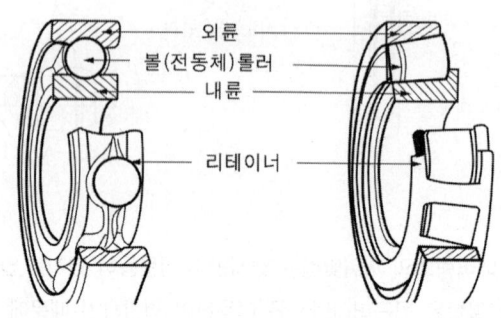

|베어링의 구조|

베어링 호칭법

| 형식 번호 | 치수기호(너비의 지름기호) | 안지름 번호 | 등급 기호 |

① 첫 번째 숫자 : 형식 번호 → 1 : 복렬 자동 조심형, 2·3 : 복렬 자동 조심형(큰 너비 경우), 6 : 단열 홈형, N : 원통 롤러형, 7 : 단열 앵귤러 콘택트형(경사 접촉형)

② 두 번째 숫자 : 치수기호(폭 기호 + 직경 기호) → 0·1 : 특별 경하중, 2 : 경하중, 3 : 중간형, 4 : 중하중형

③ 세 번째 숫자와 네 번째 숫자 : 안지름 기호 → 00 : $\phi 10$, 01 : $\phi 12$, 02 : $\phi 15$, 03 : $\phi 17$, 04부터는 ×5 한다.

④ 다섯 번째 이후 기호 : 베어링 등급 기호 무기호 : 보통급, H : 상급, P : 정밀급, SP : 초정밀급

예 6 2 03일 때
-6 : 베어링 계열 번호(형식 번호 6, 단열 깊은 홈 베어링)
-2 : 지름 기호(경하중형)
-03 : 안지름 번호(호칭 베어링 안지름 $\phi 17mm$)
(만약 : 위와 같은 베어링이 축에 결합된다면 내륜 구동시 공차표에서 보면 $\phi 18$ 이하이므로 h5가 된다.)

[표 2-1] 레이디얼 베어링

구멍				축				
구분	조건	공차	비고	구분	조건	볼	로울러	공차
외륜 구동	경하중	M7	커버 h6	외륜 구동		내륜이동 필요시		g6
	중하중	N7				내륜이동 불필요시		h6
내륜 구동	경하중 (0, 1, 2)	H8	커버 g6	내륜 구동	경하중 (0, 1, 2)	$\phi 18$ 이하		h5
						$\phi 18 \sim \phi 100$	$\phi 40$ 이하	js6
	중하중 (3, 4)	H7			중하중 (3, 4)	$\phi 18$ 이하		js5
						$\phi 18 \sim \phi 100$	$\phi 40$ 이하	k5

[표 2-2] 드러스트 베어링

구분	조건	구분	조건	축경	공차
전 하우징	H8	볼베어링	전축경		js6
			내륜정지		js6
			내륜회전	d < 200	k6

2-7 끼워맞춤과 치수공차

(1) 끼워맞춤

기계제도 학습자들은 ϕ50H7이니 하는 공차치수들을 공개도면을 통해 많이 봐 왔을 것이다. 여기서 ϕ50은 기준치수이고, 알파벳 대문자 H는 구멍, 소문자 h는 축을 뜻하는 구멍과 축의 치수공차 기호이다.

[표 2-3] 구멍과 축의 기호 및 상호 관계

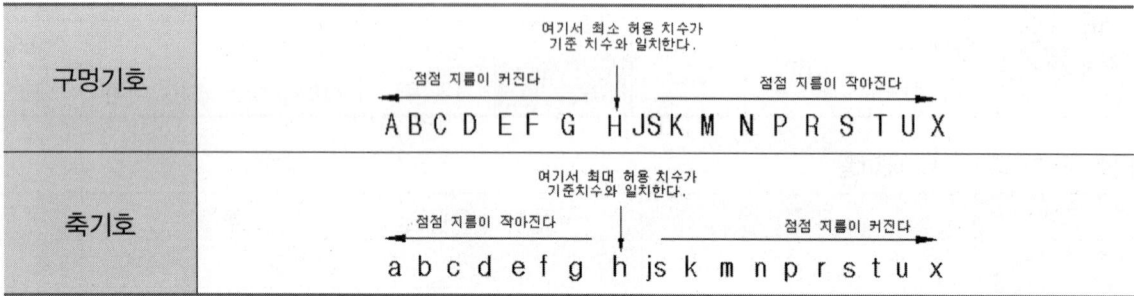

이 기호들의 역할은 구멍과 축의 크기를 표시하고 표시방법은 [표 2-3]과 같이 한다. 또 알파벳 뒤에 붙은 숫자 7과 6은 ISO 공차 방식에 따른 IT 기본공차등급을 표시하는 것으로 등급이 낮을수록 정밀하다([표 2-4]). 정밀도를 말하는 것이다.

(2) IT 기본공차

KS에서는 구멍·축의 치수를 몇 개로 구분하여 그것을 기준치수의 구분으로 정하고, 그 구분에 대응시켜 각각 치수공차가 정해져 있다. 그 치수공차의 수치 대소(정밀 또는 거칠음)에 따라서 01급부터 18급까지의 20등급으로 나뉘어져 있다. 이 치수공차를 IT 기본공차(ISO Tolerance)라 하고 표시한다.

[표 2-4] IT 기본공차 등급

용도	게이지 제작 공차	일반 끼워맞춤 공차	끼워맞춤이 없는 부분의 공차
구멍	IT 01 – IT 5	IT 6 – IT 10	IT 11 – IT 18
축	IT 01 – IT 4	IT 5 – IT 9	IT 10 – IT 18

(3) 끼워맞춤의 종류

- 헐거운 끼워맞춤
  - 구멍이 축보다 클 경우 발생하는 끼워맞춤
  - 미끄럼운동이나 회전운동이 있을 때
  - 크랭크 축의 미끄럼 베어링이나 키, 키홈 등은 헐거운 끼워맞춤으로 되어 있다.

- 중간끼워맞춤
  - 구멍과 축이 서로 크거나 같을 때 발생하는 끼워맞춤
  - 제품 간의 결합이 있을 때 부분겹치는 경우

- 억지끼워맞춤
  - 축이 구멍보다 클 경우 발생하는 끼워맞춤
  - 분해가 필요없는 경우
  - 단, 기준치수는 구멍이나 축이나 항상 같아야 한다.
  - 축과 축이름, 차량의 축과 차륜, 차륜과 외륜 등은 억지끼워맞춤으로 되어 있다.

(4) 구멍기준식 끼워맞춤

일반적으로 기준구멍 H7을 기준하여 축을 맞추는 경우가 가장 많이 이용된다.

[표 2-5] 구멍기준식 끼워맞춤

기준구멍	축의 공차역 클래스														
	헐거운 끼워맞춤							중간 끼워맞춤			억지끼워맞춤				
	b	c	d	e	f	g	h	js	k	m	n	p	r	s	t	u	x
H5						g4	h4	js4	k4	m4							
H6						g5	h5	js5	k5	m5							
					f6	g6	h6	js6	k6	m6	n6*	n6*					
H7					f6		h6	js6	k6	m6	n6	p6*	r6*	s6	t6	u6	x6
				e9	f7		h7	js7									
H8					f7		h7										
				e8	f8		h8										
H9				d9	e9												
			d8	e8			h8										
		c9	d9	e9			h9										
H10	b9	c9	d9														

• H7의 기준구멍이 제일 많은 축의 공차역 클래스 (f6-x6, e7-js7)가 규정되어 이용범위가 넓다.

- 일반적으로 구멍이 축보다 가공하기가 힘이 든 경우가 많다. 구멍의 경우 비교적 형태가 복잡한 공작물이 많지만, 축의 경우는 편심을 제외하고는 일반적으로 쉽게 깎을 수 있고 깎다가 실수가 있더라도 더 작은 것으로 활용이 가능하기 때문이다. 구멍의 경우는 다시 활용하기가 어렵기 때문이다.
- H7은 구멍기준식에서 적용 범위가 가장 넓다. 다른 것들도 얼마든지 사용 가능하다.

(5) 표기법

끼워맞춤 방식에 의한 구멍·축 치수의 허용 한계는 다음과 같이 표시한다.
- 구멍은 구멍의 지름을 나타내는 기준 치수 다음에 구멍의 치수공차 기호 또는 치수 허용차의 값을 붙여서 표시한다.

보기   φ40H7
　　　└ 구멍의 등급을 나타내는 수치(공차 등급)
　　　└ 구멍의 종류를 표시하는 기호(구멍의 치수 공차 기호)
　　　└ 기준 치수

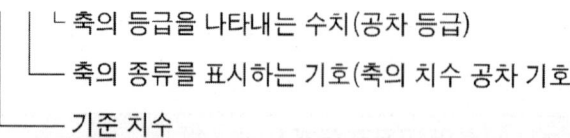
$\phi 40 \,^{+0.025}_{0}$ ······ 위치수 허용차
　　　　　　　　　　　　　　　　 ······ 아래치수 허용차

- 축은 축의 지름을 나타내는 기준 치수 다음에 축의 치수공차 기호 또는 치수허용차의 값을 붙여서 표시한다.

보기   φ40h6
　　　└ 축의 등급을 나타내는 수치(공차 등급)
　　　└ 축의 종류를 표시하는 기호(축의 치수 공차 기호)
　　　└ 기준 치수

$\phi 40 \,^{0}_{-0.016}$ ······ 위치수 허용차
　　　　　　　　　　　　　　　　 ······ 아래치수 허용차

※ 구멍기준식 끼워맞춤의 예

φ50H7 / φ50g6

해설 : 구멍 H7을 기준으로 축 g6가 끼워지는 헐거운 끼워맞춤

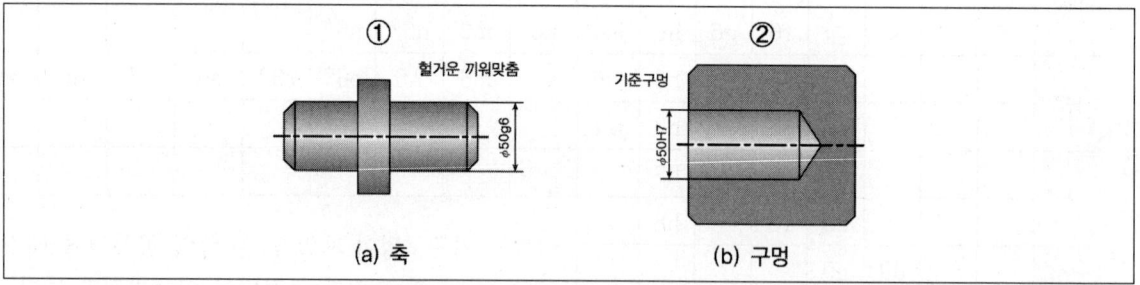

φ50H7 / φ50js6

해설 : 구멍 H7을 기준으로 축 js6가 끼워지는 중간 끼워맞춤

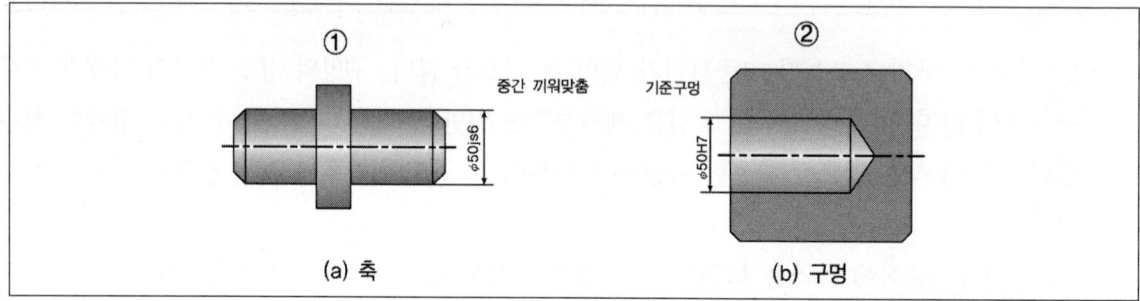

φ50H7 / φ50p6

해설 : 구멍 H7을 기준으로 축 p6가 끼워지는 억지 끼워맞춤

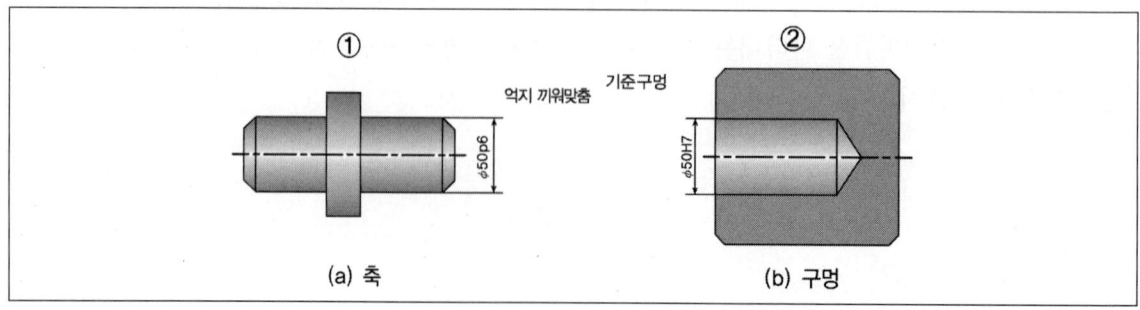

(6) 축기준식 끼워맞춤

일반적으로 기준축 h을 기준하여 구멍을 맞추는 경우가 가장 많이 이용된다.

[표 2-6] 축기준식 끼워맞춤

기준 구축	구멍의 종류와 등급													
	헐거운 끼워맞춤						중간 끼워맞춤			억지끼워맞춤				
	B	C	D	E	F	G	H	JS	K	M	N	P	R	S	T	U	X
h4							H5	JS5	K5	M5							
h5							H6	JS6	K6	M6	N6*	N6					
					F6	G6	H6	JS6	K6	M6	N6	P6*	R6				
h6					F7	G7	H7	JS7	K7	M7	N7	P7*	R7	S7	T7	U7	X7
				E7	F7		H7										
h7							F8	H8									
			D8	E8	F8		H8										
h8				D9	E9			H9									
			D8	E8			H8										
h9		C9	D9	E9			H9										
	B10	C10	D10														

(7) 틈새와 죔새

① **틈새** : 주로 헐거운 끼워맞춤일 때 발생한다. 구멍의 치수가 축의 치수보다 클 때의 구멍과 축의 치수의 차

㉠ 최대 틈새 : 구멍의 최대 허용치수 – 축의 최소 허용치수

㉡ 최소 틈새 : 구멍의 최소 허용치수 – 축의 최대 허용치수

② **죔새** : 주로 억지끼워맞춤일 때 발생한다. 축의 치수가 구멍의 치수보다 클 때의 구멍과 축의 치수와의 차

㉠ 최대 죔새 : 축의 최대 허용치수 – 구멍의 최소 허용치수

㉡ 최소 죔새 : 축의 최소 허용치수 – 구멍의 최대 허용치수

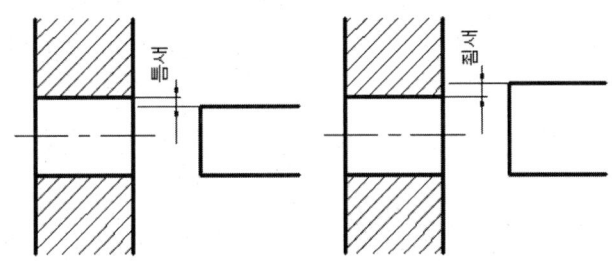

[표 2-7] 상용하는 끼워맞춤에서 사용하는 구멍의 치수허용차

(단위: μm)

기준치수의 구분(mm)		B10	C9	C10	D8	D9	D10	E7	E8	E9	F6	F7	F8	G6	G7	H6	H7	H8	H9	H10	JS6	JS7	K6	K7	M6	M7	N6	N7	P6	P7	R7	S7	T7	U7	X7
초과	이하																																		
—	3	+180 +140	+85 +60	+100 +60	+34 +20	+45 +20	+60 +20	+24 +14	+28 +14	+39 +14	+12 +6	+16 +6	+20 +6	+8 +2	+12 +2	+6 0	+10 0	+14 0	+25 0	+40 0	±3	±5	0 -6	0 -10	-2 -8	-2 -12	-4 -10	-4 -14	-6 -12	-6 -16	-10 -20	-14 -24	—	-18 -28	-20 -30
3	6	+188 +140	+100 +70	+118 +70	+48 +30	+60 +30	+78 +30	+32 +20	+38 +20	+50 +20	+18 +10	+22 +10	+28 +10	+12 +4	+16 +4	+8 0	+12 0	+18 0	+30 0	+48 0	±4	±6	+2 -6	+3 -9	-1 -9	0 -12	-5 -13	-4 -16	-9 -17	-8 -20	-11 -23	-15 -27	—	-19 -31	-24 -36
6	10	+208 +150	+116 +80	+138 +80	+62 +40	+76 +40	+98 +40	+40 +25	+47 +25	+61 +25	+22 +13	+28 +13	+35 +13	+14 +5	+20 +5	+9 0	+15 0	+22 0	+36 0	+58 0	±4.5	±7	+2 -7	+5 -10	-3 -12	0 -15	-7 -16	-4 -19	-12 -21	-9 -24	-13 -28	-17 -32	—	-22 -37	-28 -43
10	14	+220 +150	+138 +95	+165 +95	+77 +50	+93 +50	+120 +50	+50 +32	+59 +32	+75 +32	+27 +16	+34 +16	+43 +16	+17 +6	+24 +6	+11 0	+18 0	+27 0	+43 0	+70 0	±5.5	±9	+2 -9	+6 -12	-4 -15	0 -18	-9 -20	-5 -23	-15 -26	-11 -29	-16 -34	-21 -39	—	-26 -44	-33 -51
14	18																																		-38 -56
18	24	+244 +160	+162 +110	+194 +110	+98 +65	+117 +65	+149 +65	+61 +40	+73 +40	+92 +40	+33 +20	+41 +20	+53 +20	+20 +7	+28 +7	+13 0	+21 0	+33 0	+52 0	+84 0	±6.5	±10	+2 -11	+6 -15	-4 -17	0 -21	-11 -24	-7 -28	-18 -31	-14 -35	-20 -41	-27 -48	—	-33 -54	-46 -67
24	30																																-33 -54	-40 -61	-56 -77
30	40	+270 +170	+182 +120	+220 +120	+119 +80	+142 +80	+180 +80	+75 +50	+89 +50	+112 +50	+41 +25	+50 +25	+64 +25	+25 +9	+34 +9	+16 0	+25 0	+39 0	+62 0	+100 0	±8	±12	+3 -13	+7 -18	-4 -20	0 -25	-12 -28	-8 -33	-21 -37	-17 -42	-25 -50	-34 -59	-39 -64	-51 -76	—
40	50	+280 +180	+192 +130	+230 +130																													-45 -70	-61 -86	—
50	65	+310 +190	+214 +140	+260 +140	+146 +100	+174 +100	+220 +100	+90 +60	+106 +60	+134 +60	+49 +30	+60 +30	+76 +30	+29 +10	+40 +10	+19 0	+30 0	+46 0	+74 0	+120 0	±9.5	±15	+4 -15	+9 -21	-5 -24	0 -30	-14 -33	-9 -39	-26 -45	-21 -51	-30 -60	-42 -72	-55 -85	-76 -106	—
65	80	+320 +200	+224 +150	+270 +150																											-32 -62	-48 -78	-64 -94	-91 -121	—
80	100	+360 +220	+257 +170	+310 +170	+174 +120	+207 +120	+260 +120	+107 +72	+126 +72	+159 +72	+58 +36	+71 +36	+90 +36	+34 +12	+47 +12	+22 0	+35 0	+54 0	+87 0	+140 0	±11	±17	+4 -18	+10 -25	-6 -28	0 -35	-16 -38	-10 -45	-30 -52	-24 -59	-38 -73	-58 -93	-78 -113	-111 -146	—
100	120	+380 +240	+267 +180	+320 +180																											-41 -76	-66 -101	-91 -126	-131 -166	—
120	140	+420 +260	+300 +200	+360 +200	+208 +145	+245 +145	+305 +145	+125 +85	+148 +85	+185 +85	+68 +43	+83 +43	+106 +43	+39 +14	+54 +14	+25 0	+40 0	+63 0	+100 0	+160 0	±12.5	±20	+4 -21	+12 -28	-8 -33	0 -40	-20 -45	-12 -52	-36 -61	-28 -68	-48 -88	-77 -117	-107 -147	—	—
140	160	+440 +280	+310 +210	+370 +210																											-50 -90	-85 -125	-119 -159	—	—
160	180	+470 +310	+330 +230	+390 +230																											-53 -93	-93 -133	-131 -171	—	—
180	200	+525 +340	+355 +240	+425 +240	+242 +170	+285 +170	+355 +170	+146 +100	+172 +100	+215 +100	+79 +50	+96 +50	+122 +50	+44 +15	+61 +15	+29 0	+46 0	+72 0	+115 0	+185 0	±14.5	±23	+5 -24	+13 -33	-8 -37	0 -46	-22 -51	-14 -60	-41 -70	-33 -79	-60 -106	-105 -151	—	—	—
200	225	+565 +380	+375 +260	+445 +260																											-63 -109	-113 -159	—	—	—
225	250	+605 +420	+395 +280	+465 +280																											-67 -113	-123 -169	—	—	—
250	280	+690 +480	+430 +300	+510 +300	+271 +190	+320 +190	+400 +190	+162 +110	+191 +110	+240 +110	+88 +56	+108 +56	+137 +56	+49 +17	+69 +17	+32 0	+52 0	+81 0	+130 0	+210 0	±16	±26	+5 -27	+16 -36	-9 -41	0 -52	-25 -57	-14 -66	-47 -79	-36 -88	-74 -126	—	—	—	—
280	315	+750 +540	+460 +330	+540 +330																											-78 -130	—	—	—	—
315	355	+830 +600	+500 +360	+590 +360	+299 +210	+350 +210	+440 +210	+182 +125	+214 +125	+265 +125	+98 +62	+119 +62	+151 +62	+54 +18	+75 +18	+36 0	+57 0	+89 0	+140 0	+230 0	±18	±28	+7 -29	+17 -40	-10 -46	0 -57	-26 -62	-16 -73	-51<"br>-87	-41 -98	-87 -144	—	—	—	—
355	400	+910 +680	+540 +400	+630 +400																											-93 -150	—	—	—	—
400	450	+1010 +760	+595 +440	+690 +440	+327 +230	+385 +230	+480 +230	+198 +135	+232 +135	+290 +135	+108 +68	+131 +68	+165 +68	+60 +20	+83 +20	+40 0	+63 0	+97 0	+155 0	+250 0	±20	±31	+8 -32	+18 -45	-10 -50	0 -63	-27 -67	-17 -80	-55 -95	-45 -108	-103 -166	—	—	—	—
450	500	+1090 +840	+635 +480	+730 +480																											-109 -172	—	—	—	—

[비고] 표중의 각단에서 2단씩나 있는 치수는 위치수허용차, 아래쪽의 수치는 아래 치수허용차를 표시한다.

[표 2-8] 상용하는 끼워맞춤의 축에서 사용하는 치수허용차

(단위: μm)

기준치수의 구분(mm)		축의 공차역 클래스																											
초과	이하	b9	c9	d8	d9	e7	e8	e9	f6	f7	f8	g5	g6	h5	h6	h7	h8	h9	js5	js6	js7	k5	k6	m5	m6	n6	p6	r6	s6	t6	u6	x6
—	3	−140 −165	−60 −85	−20 −34	−20 −45	−14 −24	−14 −28	−14 −39	−6 −12	−6 −16	−6 −20	−2 −6	−2 −8	0 −4	0 −6	0 −10	0 −14	0 −25	±2	±3	±5	+4 0	+6 0	+6 +2	+8 +2	+12 +6				+16 +10	+20 +14			+24 +18	+26 +20
3	6	−140 −170	−70 −100	−30 −48	−30 −60	−20 −32	−20 −38	−20 −50	−10 −18	−10 −22	−10 −28	−4 −9	−4 −12	0 −5	0 −8	0 −12	0 −18	0 −30	±2.5	±4	±6	+6 +1	+9 +1	+9 +4	+12 +4	+16 +8	+20 +12	+23 +15	+27 +19			+31 +23	+36 +28
6	10	−150 −186	−80 −116	−40 −62	−40 −76	−25 −40	−25 −47	−25 −61	−13 −22	−13 −28	−13 −35	−5 −11	−5 −14	0 −6	0 −9	0 −15	0 −22	0 −36	±3	±4.5	±7	+7 +1	+10 +1	+12 +6	+15 +6	+19 +10	+24 +15	+28 +19	+32 +23			+37 +28	+43 +34
10	14	−150 −193	−95 −138	−50 −77	−50 −93	−32 −50	−32 −59	−32 −75	−16 −27	−16 −34	−16 −43	−6 −14	−6 −17	0 −8	0 −11	0 −18	0 −27	0 −43	±4	±5.5	±9	+9 +1	+12 +1	+15 +7	+18 +7	+23 +12	+29 +18	+34 +23	+39 +28			+44 +33	+51 +40
14	18																															+56 +45
18	24	−160 −212	−110 −162	−65 −98	−65 −117	−40 −61	−40 −73	−40 −92	−20 −33	−20 −41	−20 −53	−7 −16	−7 −20	0 −9	0 −13	0 −21	0 −33	0 −52	±4.5	±6.5	±10	+11 +2	+15 +2	+17 +8	+21 +8	+28 +15	+35 +22	+41 +28	+48 +35		+54 +41	+61 +48	+67 +54
24	30																														+54 +41		+77 +64
30	40	−170 −232	−120 −182	−80 −119	−80 −142	−50 −75	−50 −89	−50 −112	−25 −41	−25 −50	−25 −64	−9 −20	−9 −25	0 −11	0 −16	0 −25	0 −39	0 −62	±5.5	±8	±12	+13 +2	+18 +2	+20 +9	+25 +9	+33 +17	+42 +26	+50 +34	+59 +43	+64 +48			
40	50	−180 −242	−130 −192																											+70 +54			
50	65	−190 −264	−140 −214	−100 −146	−100 −174	−60 −90	−60 −106	−60 −134	−30 −49	−30 −60	−30 −76	−10 −23	−10 −29	0 −13	0 −19	0 −30	0 −46	0 −74	±6.5	±9.5	±15	+15 +2	+21 +2	+24 +11	+30 +11	+39 +20	+51 +32	+60 +41	+72 +53	+85 +66	+54 +41			
65	80	−200 −274	−150 −224																										+62 +43	+78 +59	+94 +75	+64 +48			
80	100	−220 −307	−170 −257	−120 −174	−120 −207	−72 −107	−72 −126	−72 −159	−36 −58	−36 −71	−36 −90	−12 −27	−12 −34	0 −15	0 −22	0 −35	0 −54	0 −87	±7.5	±11	±17	+18 +3	+25 +3	+28 +13	+35 +13	+45 +23	+59 +37	+73 +51	+93 +71	+113 +91	+70 +54			
100	120	−240 −327	−180 −267																									+76 +54	+101 +79	+126 +104				
120	140	−260 −360	−200 −300	−145 −208	−145 −245	−85 −125	+85 +148	−85 −185	−43 −68	−43 −83	−43 −106	−14 −32	−14 −39	0 −18	0 −25	0 −40	0 −63	0 −100	±9	±12.5	±20	+21 +3	+28 +3	+33 +15	+40 +15	+52 +27	+68 +43	+88 +63	+117 +92	+147 +122				
140	160	−280 −380	−210 −310																									+90 +65	+125 +100					
160	180	−310 −410	−230 −330																									+93 +68	+133 +108					
180	200	−340 −455	−240 −355	−170 −242	−170 −285	−100 −146	−100 −172	−100 −215	−50 −79	−50 −96	−50 −122	−15 −35	−15 −44	0 −20	0 −29	0 −46	0 −72	0 −115	±10	±14.5	±23	+24 +4	+33 +4	+37 +17	+46 +17	+60 +31	+79 +50	+106 +77	+151 +122					
200	225	−380 −495	−260 −375																									+109 +80	+159 +130					
225	250	−420 −535	−280 −395																									+113 +84	+169 +140					
250	280	−480 −610	−300 −430	−190 −271	−190 −320	−110 −162	−110 −191	−110 −240	−56 −88	−56 −108	−56 −137	−17 −40	−17 −49	0 −23	0 −32	0 −52	0 −81	0 −130	±11.5	±16	±26	+27 +4	+36 +4	+43 +20	+52 +20	+66 +34	+88 +56	+126 +94						
280	315	−540 −670	−330 −460																									+130 +98						
315	355	−600 −740	−360 −500	−210 −299	−210 −350	−125 −182	−125 −214	−125 −265	−62 −98	−62 −119	−62 −151	−18 −43	−18 −54	0 −25	0 −36	0 −57	0 −89	0 −140	±12.5	±18	±28	+29 +4	+40 +4	+46 +21	+57 +21	+73 +37	+98 +62	+144 +108						
355	400	−680 −820	−400 −540																									+150 +114						
400	450	−760 −915	−440 −595	−230 −327	−230 −385	−135 −198	−135 −232	−135 −290	−68 −108	−68 −131	−68 −165	−20 −47	−20 −60	0 −27	0 −40	0 −63	0 −97	0 −155	±13.5	±20	±31	+32 +5	+45 +5	+50 +23	+63 +23	+80 +40	+108 +68	+166 +126						
450	500	−840 −995	−480 −635																									+172 +132						

[비고] 표중의 각 단에서 위측의 치수는 위치수허용차, 아래측의 수치는 아래치수허용차를 표시한다.

2-8 치수 기입과 공차 기입방법

치수의 기입과 공차 기입은 규격집의 규격에 의해서 한다.

A → 묻힘키의 경우인데 이때 보편적으로 폭 부분은 N9를 사용한다(중간 끼워맞춤). 알파벳의 대문자를 사용하는 이유는 구멍공차이기 때문이다.

B → 베어링 공차표를 참고한다.
　　베어링 공차표에서 내륜 구동시 축 지름이 ϕ35일 경우, 축 부분에서 찾을 경우 js6이 나온다.

C → ϕ25이기 때문에 위와 같이 js6이 같이 쓰인다.

D → 베어링 공차표가 아닌 일반적으로 H7/h6인 일반 끼워맞춤인 h6이 이용된다(주로 기어, 풀리의 결합부에 이용).

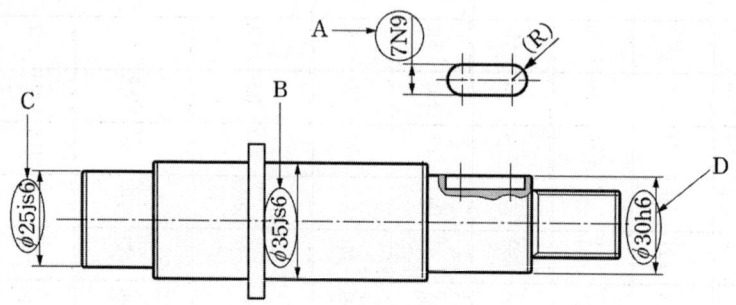

2-9 치수공차

제품에 기록되어 있는 치수를 제품의 완성치수라 한다. 그러나 제품을 제작할 때는 도면에 기록된 치수대로 가공하기란 어려운 일이다. 오차 없는 가공은 매우 어렵기 때문이다. 각각의 부품마다 약간의 크고 작은 오차가 있어도 사용하는데 무리가 없는 경우도 있기 때문에 치수공차가 필요하다.

① **기준치수** = 허용한계치수의 기준이 되는 치수
② **실제치수** = 기준치수를 기본으로 한 제품의 치수
③ **최대 허용치수** = 기준치수 + 위치수 허용차
④ **최소 허용치수** = 기준치수 + 아래치수 허용차
⑤ **위치수 허용차** = 최대 허용치수 − 기준치수
⑥ **아래치수 허용차** = 최소 허용치수 − 기준치수
⑦ **공차** = 최대 허용치수 − 최소 허용치수
⑧ **치수허용차** = 허용한계치수 − 기준치수

2-10 형상공차(기하공차)

도면에 있어서 대상물의 모양, 자세, 위치 및 흔들림의 공차. 어떤 방법을 이용해도 이론적으로 정확한 치수나 형상을 만들어 낼 수는 없다. 따라서 도면에 규제된 조건에 따라서 얼마나 그대로 치수나 형상에 접근시키느냐가 문제이다. 이때 치수공차로만 규제된 도면은 확실한 정의가 곤란하다. 치수공차만으로 제품의 형상이나 위치에 대한 기하학적 특성을 규제할 수 없을 때 이를 규제하기 위하여 사용되며, 특히 다음과 같은 경우에 사용된다.
① 부품과 부품 간의 기능 및 호환성이 중요할 때
② 기능적인 검사방법이 바람직할 때
③ 제조와 검사의 일관성을 위해 참조기준이 필요할 때
④ 표준적인 해석 또는 공차가 미리 암시되어 있지 않은 경우이다.

(1) 용어의 풀이

① 기하공차 : 기하편차의 허용값
② 형체 : 기하편차에 대상이 되는 점, 선, 축선, 면 또는 주심을 말한다.
③ 단독형체 : 데이텀에 관련없이 그 편차만을 정하는 것
④ 관련형체 : 데이텀에 관련하여 그 편차를 정하는 것
⑤ 데이텀 : 관련 형체에 기하공차를 지시할 때, 그 공차 영역을 규제하기 위하여 설정한 이론적으로 정확한 기하학적 기준(가상의 "0"점)이 점, 직선, 축 직선, 평면 및 중심 평면인 경우에는 각각 데이텀 점, 데이텀 직선, 데이텀 축 직선, 데이텀 평면 및 데이텀 중심 평면이라고 부른다.
⑥ 공차역 : 기하공차에 의하여 규제되는 형체 기하학적으로 바른 모양, 자세, 위치로부터 벗어나는 것이 허용되는 구간

(2) 기하공차의 종류와 기호

적용하는 형체	공차의 종류		기호	뜻
단독 형체	모양 공차	진직도 (straightness)	―	직선부분이 기하학적 이상직선으로부터 어긋남의 크기
		평면도 (flatness)	▱	평면부분이 기하학적 이상평선으로부터 어긋남의 크기
		진원도 (roundness)	○	원형부분이 기하학적 이상원으로 어긋남의 크기
		원통 (cylinkricity)	⌭	원통부분이 기하학적 이상원통으로부터 어긋남의 크기
단독 형체 또는 관련 형체		선의 윤곽도 (line profile)	⌒	이론적으로 정확한 치수에 의하여 정해진 기하학적 윤곽으로부터 선의 윤곽이 어긋나는 크기
		면의 윤곽도 (surface profile)	⌓	이론적으로 정확한 치수에 의하여 정해진 기하학적 윤곽으로부터 면의 윤곽이 어긋나는 크기
관련 형체	자세 공차	평행도 (parallelism)	∥	평행을 이루고 있는 직선부분과 직선부분, 직선부분과 평면부분, 평면부분과 평면부분의 조합에 있어서 그 가운데 하나를 기하학적 이상직선 또는 평면으로 생각하고 이를 기준으로 다른 직선 또는 평면이 어긋나는 크기
		직각도 (squareness)	⊥	직각을 이루고 있는 직선부분과 직선부분, 직선부분과 평면부분, 평면부분과 평면부분의 조합에 있어서 그 가운데 하나를 기하학적 이상직선 또는 평면으로 생각하고 이를 기준으로 다른 직선 또는 평면이 어긋나는 크기
		경사도 (angularity)	∠	이론적으로 정확한 각도를 이루고 있어야 할 직선부분, 직선부분과 평면부분, 평면부분과 평면부분이 짝지어 있을 때 그 가운데 하나를 기준으로 하고 이 기준직선 또는 기준평면에 대하여 이론적으로 정확한 각도를 이루고 있는 기하학적 직선 또는 기하학적 평면으로부터 다른 한쪽의 직선부분 또는 기하학적 평면부분이 벗어나는 어긋남의 크기
	위치 공차	위치도 (position)	⊕	점, 선, 직선 또는 평면부분 중 기준이 되는 부분 또는 다른 부분과 관련이 되어 이론적으로 정확한 위치로부터 어긋나는 크기
		동축도, 동심도 (concentricity)	◎	기분축선과 동일직선상에 있어야 할 축선의 기준축선으로부터 어긋남의 크기
		대칭도 (symmetry)	⚌	기준축선 또는 기준평면에 대하여 서로 대칭이어야 할 부분의 대칭위치로부터 어긋남의 크기
	흔들림 공차	원둘레, 흔들림	↗	기준축선 또는 둘레로 기계부품을 회전시켰을 때 고정점에 대하여 그 표면이 지정된 방향으로 변화되는 크기
		온 흔들림	↗↗	

(3) 기하공차의 부가 기호

표시하는 내용		기호
공차 붙이형체	직접 표시하는 경우	↓
	문자기호에 의하여 표시하는 경우	A
데이텀	직접 표시하는 경우	▲ △
	문자기호에 의하여 표시하는 경우	[A]▲ [A]△
데이컴 타켓 기호의 틀		⌀4 / A1
이론적으로 정확한 치수		60
돌출 공차역		Ⓟ
최대 실체 공차 방식		Ⓜ
최소 실체 공차 방식		Ⓛ

(4) 데이텀 선정방법

데이텀을 선정하는 데는 다음과 같은 원칙을 준수해야 한다.

① 베어링과 같은 기능적인 부품이 끼워맞춤되는 형체를 데이텀으로 선정한다.

② 끼워맞춤되는 상대 부품과의 기준이 되는 형체를 데이텀으로 선정한다.

③ 가공, 검사 및 측정상 기준을 데이텀으로 선정한다.

(5) 공차의 도시방법

① 공차의 종류를 나타내는 기호
② 공차값을 나타낸다.
③ 데이텀을 지시한다.

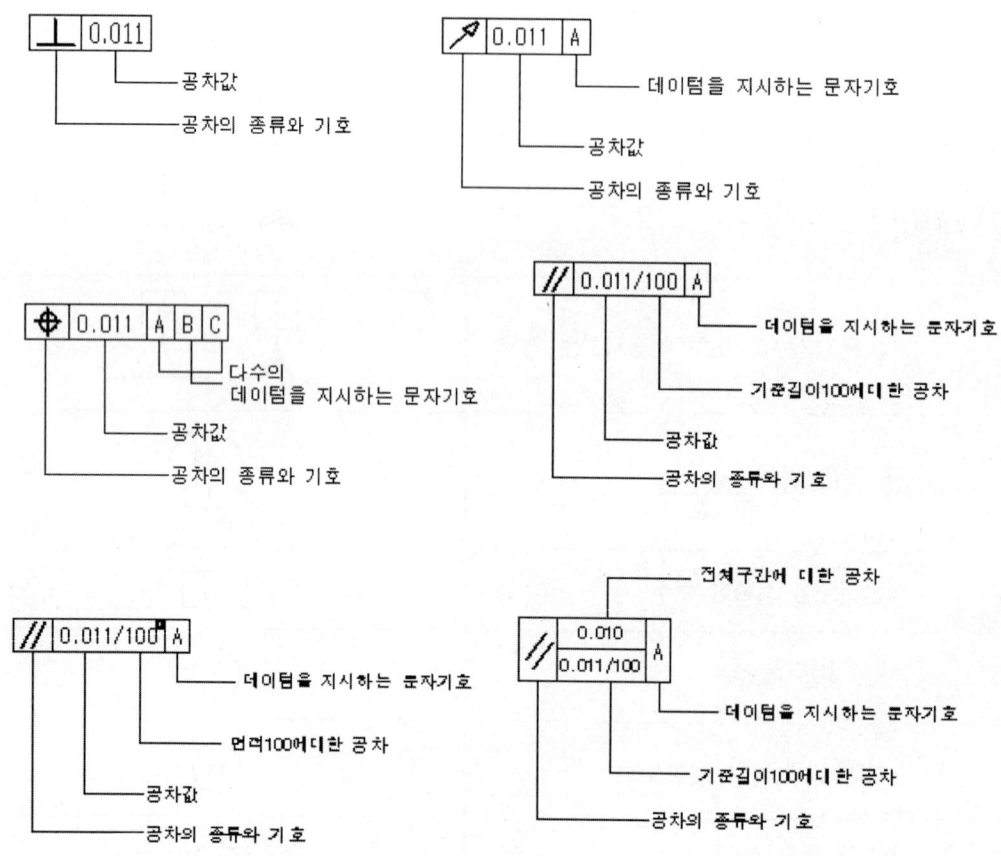

2-11 공차역의 정의 도시보기와 그 해석

기하공차의 공차역의 정의, 도시 보기 및 그 해석을 [표 2-9]에 나타낸다.

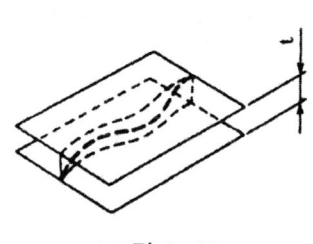

|그림 2-4| |그림 2-5|

[표 2-9] 기하공차의 공차역의 정의 및 도시보기와 그 해석(KS B 0608 부표)

공차역의 정의란에서 사용하고 있는 선은 다음의 뜻을 나타내고 있다.
굵은 실선 또는 파선 : 형체
굵은 1점 쇄선 : 데이텀
가는 실선 또는 파선 : 공차역
가는 1점 쇄선 : 중심선
가는 2점 쇄선 : 보충하는 투상면 또는 절단면
굵은 2점 쇄선 : 보충하는 투상면 또는 절단면에서의 투상

공차역의 정의	도시보기와 그 해석
1. 진직도 공차	
1.1 선의 진직도 공차	
공차역은, 한 개의 평면에 투상되었을 때는, t만큼 떨어진 두 개의 평행한 직선 사이에 끼인 영역이다. 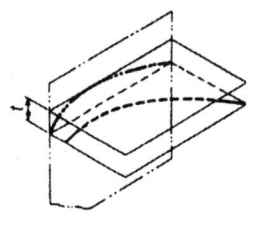	지시선의 화살표로 나타낸 직선은, 화살표 방향으로 0.1mm만큼 떨어진 두 개의 평행한 평면 사이에 있어야 한다. 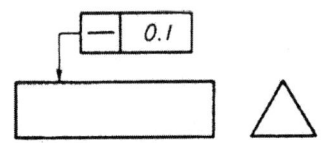
1.2 표면의 요소로서의 선의 진직도 공차	
공차역은, 지정된 방향의 절단면 내에서 t만큼 떨어진 두 개의 평행한 직선 사이에 끼인 영역이다. 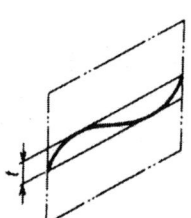	지시선의 화살표로 나타낸 면을 공차 기입틀을 표시한 도형의 투상면에 평행한 임의의 평면으로 절단했을 때, 그 절단면에 나타난 선이, 화살표 방향으로 0.1mm만큼 떨어진 두 개의 평행한 직선 사이에 있어야 한다. 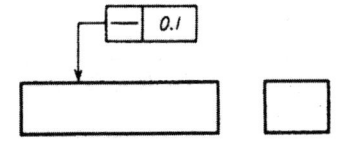

[표 2-9] 계속

공차역의 정의	도시보기와 그 해석
1. 진직도 공차 (계속)	
1.2 표면의 요소로서의 선의 진직도 공차 (계속)	
특히 축 대칭물의 형체에 대하여는, 그 축선을 포함하는 평면 위에 있어서의 것이다. 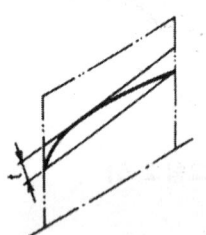	지시선의 화살표로 나타내는 원통면 위의 임의의 모선은, 그 원통의 축선을 포함하는 평면 내에 있어서 0.1mm만큼 떨어진 두 개의 평행한 직선 사이에 있어야 한다. 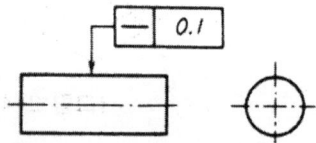 지시선의 화살표로 나타내는 원통면의 임의의 모선 위에서 임의로 선택한 길이 200mm의 부분은 축선을 포함하는 평면 내에 있어서 0.1mm만큼 떨어진 두 개의 평행한 직선 사이에 있어야 한다. 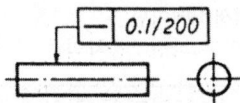
1.3 축선의 진직도 공차	
공차역의 지정이 서로 직각인 두 방향에서 실시되고 있는 경우에는, 이 공차역은 단면 t_1, t_2의 직6면체 안의 영역이다. 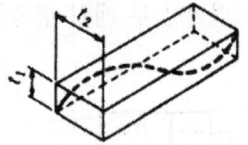	이 각봉의 축선은, 지시선의 화살표로 나타내는 방향으로 각각 0.1mm 및 0.2mm의 너비를 갖는 직6면체 내에 있어야 한다. 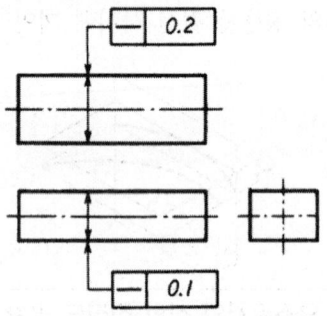
공차역을 표시하는 수치 앞에 기호 ϕ가 붙어 있는 경우에는 이 공차역은 지름 t의 원통 안의 영역이다. 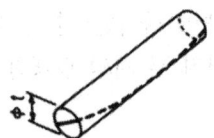	원통의 지름을 나타내는 치수에 공차 기입틀이 연결되어 있는 경우에는, 그 원통의 축선은 지름 0.08mm의 원통 내에 있어야 한다. 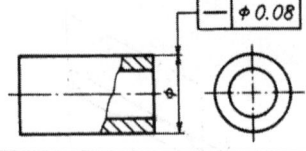
2. 평면도 공차	
공차역은, t만큼 떨어진 두 개의 평행한 직선 사이에 끼인 영역이다. 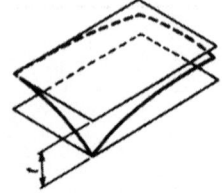	이 표면은 0.08mm만큼 떨어진 두 개의 평행한 평면 사이에 있어야 한다. 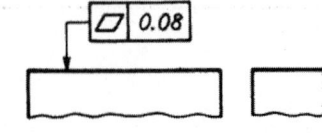

[표 2-9] 계속

공차역의 정의	도시보기와 그 해석
3. 진원도 공차	
대상으로 하고 있는 평면 내에서의 공차역은 t만큼 떨어진 두 개의 동일 평면 동심원 사이의 영역이다. 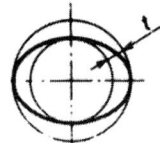	바깥지름면의 임의의 축직각 단면에 있어서의 바깥둘레는, 동일 평면 위에서 0.03mm만큼 떨어진 두 개의 동심원 사이에 있어야 한다. 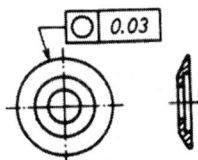 임의의 축직각 단면에 있어서의 바깥둘레는 동일 평면 위에서 0.1mm만큼 떨어진 두 개의 동심원 사이에 있어야 한다. 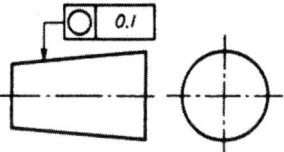
4. 원통도 공차	
공차역은 t만큼 떨어진 두 개의 동축원통면 사이의 영역이다. 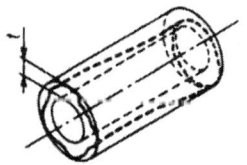	대상으로 하고 있는 면은, 0.1mm만큼 떨어진 두 개의 동축원통면 사이에 있어야 한다. 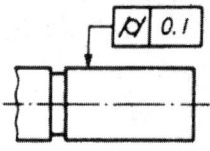
5. 선의 윤곽도 공차	
5.1 관련 형체의 선의 윤곽도 공차	
공차역은, 이론적으로 정확한 윤곽선 위에 중심을 두는 지름 t의 원이 만드는 두 개의 포락선 사이에 끼인 영역이다. 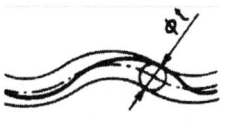	투사면에 평행한 임의의 단면에서 대상으로 하고 있는 윤곽은, 이론적으로 정확한 윤곽을 갖는 선 위에 중심을 두는 지름 0.04mm의 원이 만드는 두 개의 포락선 사이에 있어야 한다. 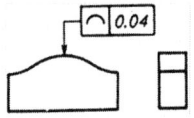
5.2 관련 형체의 선의 윤곽도 공차	
공차역은 데이텀에 관련하여 이론적으로 정확한 윤곽선 위에 중심을 두는 지름 t의 원이 만드는 두 개의 포락선 사이에 끼인 영역이다. 	투상면에 평행한 임의의 단면에서 대상으로 하고 있는 윤곽은, 데이텀 평면 A에 관련하여 이론적으로 정확한 윤곽을 갖는 선 위에 중심을 두는 지름 0.04mm의 원이 만드는 두 개의 포락선 사이에 있어야 한다. 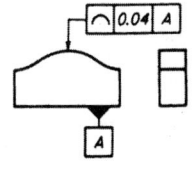

[표 2-9] 계속

공차역의 정의	도시보기와 그 해석
6. 면의 윤곽도 공차	

6.1 단독 형체의 면의 윤곽도 공차

공차역은 이론적으로 정확한 윤곽면 위에 중심을 두는 지름 t의 구가 만드는 두 개의 포락면 사이에 끼인 영역이다. 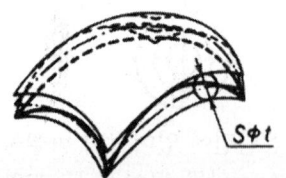	대상으로 하고 있는 면은, 이론적으로 정확한 윤곽을 갖는 면 위에 중심을 두는 지름 0.02mm의 구가 만드는 두 개의 포락면 사이에 있어야 한다. 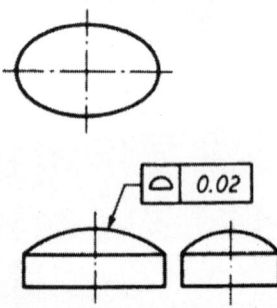

6.2 관련 형체의 면의 윤곽도 공차

공차역은 데이텀에 관련하여 이론적으로 정확한 윤곽면 위에 중심을 두는 지름 t의 구가 만드는 두 개의 포락면 사이에 끼인 영역이다. 	대상으로 하고 있는 면은, 데이텀 A에 관련하여 이론적으로 정확한 윤곽을 갖는 면 위에 중심을 두는 지름 0.02mm의 구가 만드는 두 개의 포락면 사이에 있어야 한다. 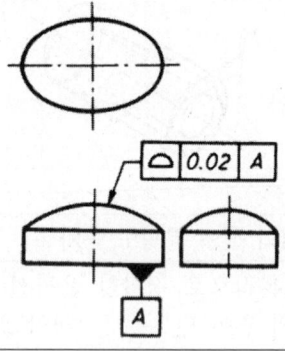

7. 평행도 공차	

7.1 데이텀 직선에 대한 선의 평행도 공차

공차역은, 한 개의 평면에 투상되었을 때에는 데이텀 직선에 평행하고 t만큼 떨어진 두 개의 평행한 직선 사이에 끼인 영역이다. 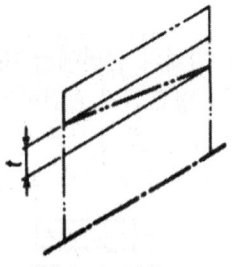	지시선의 화살표로 나타내는 축선은, 데이텀 축직선 A에 평행하고, 또한 지시선의 화살표 방향(수직선 방향)에 있는 0.1mm만큼 떨어진 두 개의 평면 사이에 있어야 한다. 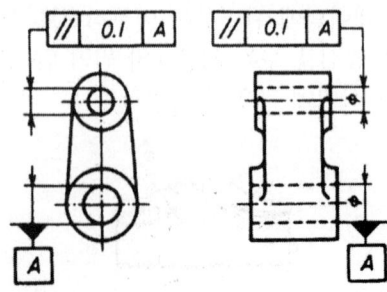

[표 2-9] 계속

공차역의 정의	도시보기와 그 해석
7. 평행도 공차 (계속)	

7.1 데이텀 직선에 대한 선의 평행도 공차 (계속)

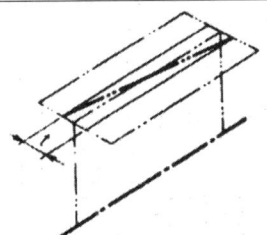	지시선의 화살표로 나타내는 축선은, 데이텀 축직선 A에 평행하고, 또한 지시선의 화살표 방향(수평한 방향)에 있는 0.1mm만큼 떨어진 두 개의 평면 사이에 있어야 한다. 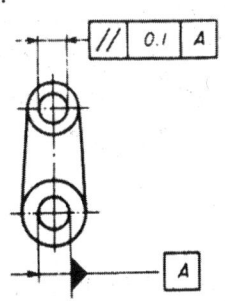
공차의 지정이 서로 직각인 두 개의 평면에서 실시되고 있는 경우에는 이 공차역은 단면이 $t_1 \times t_2$이고, 데이텀 직선에 평행한 직6면체 안의 영역이다. 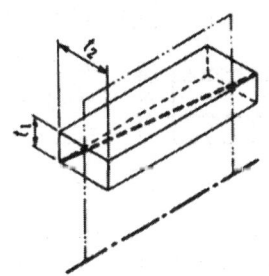	지시선의 화살표로 나타내는 축선은 각각의 지시선의 화살표 방향, 즉 수평방향으로 0.2mm, 수직방향으로 0.1mm의 너비를 갖고 데이텀 축직선 A에 평행한 직6면체 내에 있어야 한다. 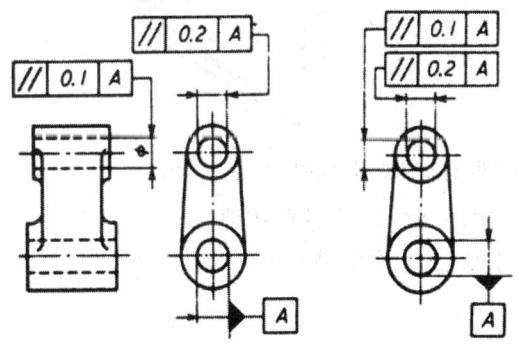
공차를 나타내는 수치 앞에 기호 ϕ가 붙어 있는 경우에는 이 공차역은 데이텀 직선에 평행한 지름 t의 원통 안의 영역이다. 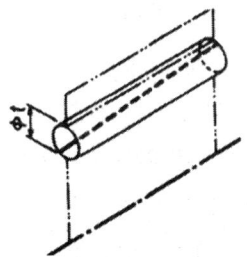	지시선의 화살표로 나타내는 축선은 데이텀 축직선 A에 평행한 지름 0.03mm의 원통 내에 있어야 한다. 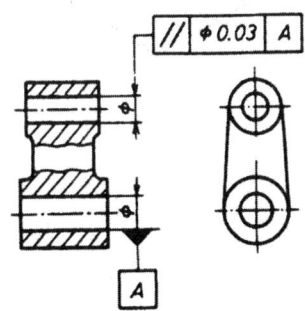

[표 2-9] 계속

공차역의 정의	도시보기와 그 해석
7. 평행도 공차 (계속)	

7.2 데이텀 평면에 대한 선의 평행도 공차

공차역은 데이텀 평면에 평행하고 서로 t만큼 떨어진 두 개의 평행한 평면 사이에 끼인 영역이다. 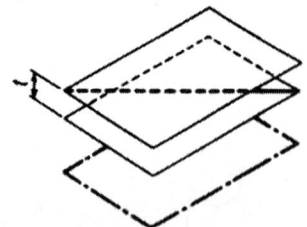	지시선의 화살표로 나타내는 축선은 데이텀 평면 B에 평행하고, 또한 지시선의 화살표 방향으로 0.01mm만큼 떨어진 두 개의 평면 사이에 있어야 한다. 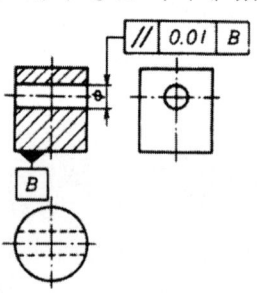

7.3 데이텀 직선에 대한 면의 평행도 공차

공차역은 데이텀 직선에 평행하고 t만큼 떨어진 두 개의 평행한 평면 사이에 끼인 영역이다. 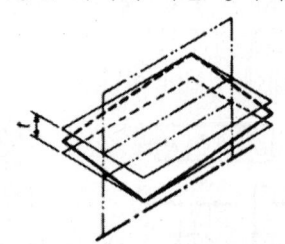	지시선의 화살표로 나타내는 면은 데이텀 축직선 C에 평행하고, 또한 지시선의 화살표 방향으로 0.1mm만큼 떨어진 두 개의 평면 사이에 있어야 한다. 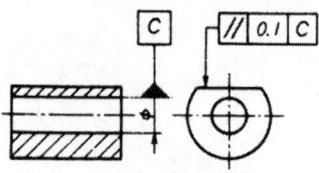

7.4 데이텀 평면에 대한 면의 평행도 공차

공차역은 데이텀 직선에 평행하고 t만큼 떨어진 두 개의 평행한 평면 사이에 끼인 영역이다. 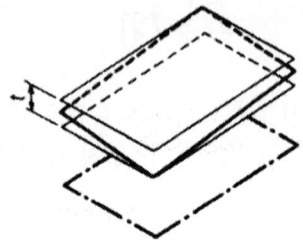	지시선의 화살표로 나타내는 면은 데이텀 평면 A에 평행하고, 또한 지시선의 화살표 방향으로 0.1mm만큼 떨어진 두 개의 평면 사이에 있어야 한다. 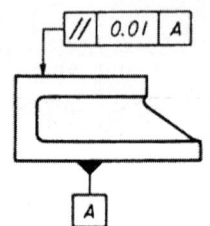 지시선의 화살표로 나타내는 면 위에서 임의로 선택한 길이 100mm 위의 모든 점은 데이텀 평면 A에 평행하고, 또한 지시선의 화살표 방향으로 0.01mm만큼 떨어진 두 개의 평면 사이에 있어야 한다. 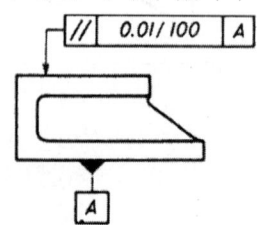

[표 2-9] 계속

공차역의 정의	도시보기와 그 해석
8. 직각도 공차	

8.1 데이텀 직선에 대한 선의 직각도 공차

공차역은 한 평면에 투상되었을 때에는 데이텀 직선에 수직하고 t만큼 떨어진 두 개의 평행한 직선 사이에 끼인 영역이다. 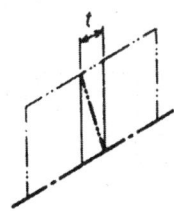	지시선의 화살표로 나타내는 경사진 구멍의 축선은, 데이텀 축직선 A에 수직하고, 또한 지시선의 화살표 방향으로 0.06mm만큼 떨어진 두 개의 평행한 평면 사이에 있어야 한다. 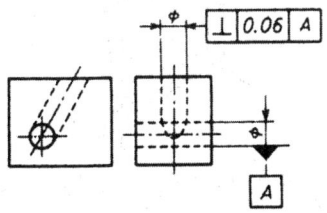

8.2 데이텀 평면에 대한 선의 직각도 공차

공차의 지정이 한 방향에만 실시되어 있는 경우에는, 한 평면에 투상된 공차역은 데이텀 평면에 수직하고 t만큼 떨어진 두 개의 평행한 직선 사이에 끼인 영역이다. 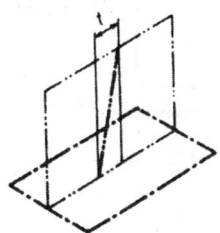	지시선의 화살표로 나타내는 원통의 축선은 데이텀 평면에 수직하고, 또한 지시선의 화살표 방향으로 0.2mm만큼 떨어진 두 개의 평행한 평면 사이에 있어야 한다. 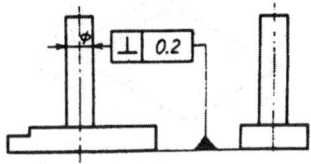
공차의 지정이 서로 직각인 두 방향으로 실시되어 있는 경우에는, 이 공차역은 단면이 $t_1 \times t_2$이고 데이텀 평면에 수직한 직6면체 안의 영역이다. 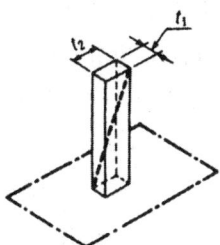	지시선의 화살표로 나타내는 원통의 축선은, 각각의 지시선의 화살표 방향으로 각각 0.2mm, 0.01mm의 너비를 가지고 데이텀 평면에 수직한 직6면체 내에 있어야 한다. 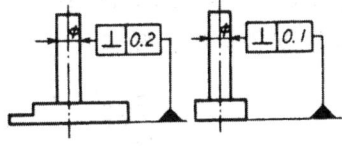
공차를 나타내는 수치 앞에 기호 ϕ가 붙어 있는 경우에는, 이 공차역은 데이텀 평면에 수직한 지름 t의 원통 안의 영역이다. 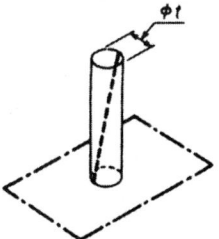	지시선의 화살표로 나타내는 원통의 축선은 데이텀 평면 A에 수직한 지름 0.01mm의 원통 내에 있어야 한다. 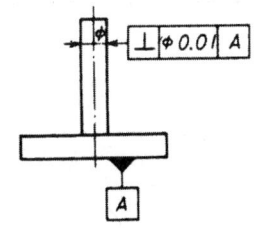

[표 2-9] 계속

공차역의 정의	도시보기와 그 해석
8. 직각도 공차 (계속)	

8.3 데이텀 직선에 대한 면의 직각도 공차

공차역은 데이텀 직선에 수직하고 t만큼 떨어진 두 개의 평행한 평면 사이에 끼인 영역이다. 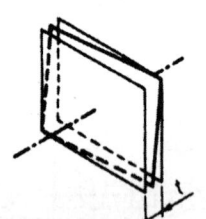	지시선의 화살표로 나타내는 면은 데이텀 축직선 A에 수직하고, 또한 지시선의 화살표 방향으로 0.08mm만큼 떨어진 두 개의 평행한 평면 사이에 있어야 한다. 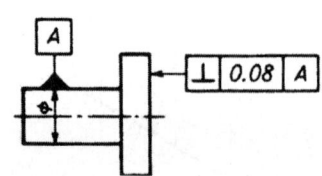

8.4 데이텀 평면에 대한 면의 직각도

공차역은 데이텀 평면에 수직하고 t만큼 떨어진 두 개의 평행한 평면 사이에 끼인 영역이다. 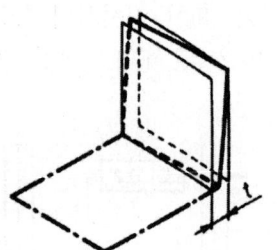	지시선의 화살표로 나타내는 면은, 데이텀 평면 A에 수직하고 또한 지시선의 화살표 방향으로 0.08mm 만큼 떨어진 두 개의 평행한 평면 사이에 있어야 한다. 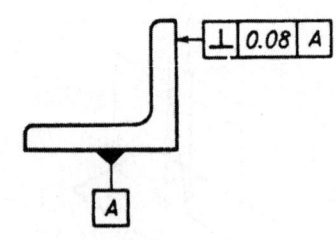

9. 경사도 공차	

9.1 데이텀 직선에 대한 선의 경사도 공차

(a) 동일 평면 내의 선과 데이텀 직선 : 한 평면에 투상되었을 때의 공차역은 데이텀 직선에 대하여 지정된 각도로 기울고, t만큼 떨어진 두 개의 평행한 직선 사이에 끼인 영역이다. 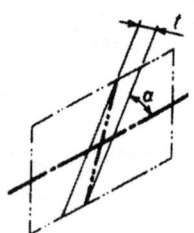	지시선의 화살표로 나타낸 구멍의 축선은, 데이텀 축직선 A-B에 대하여 이론적으로 정확하게 60° 기울고, 지시선의 화살표 방향으로 0.08mm만큼 떨어진 두 개의 평행한 평면 사이에 있어야 한다. 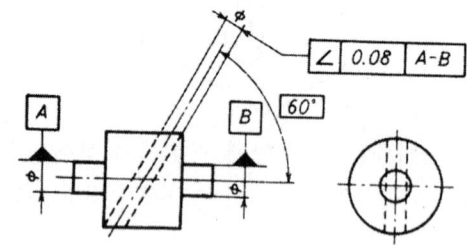

[표 2-9] 계속

공차역의 정의	도시보기와 그 해석
9. 경사도 공차 (계속)	

9.1 데이텀 직선에 대한 선의 경사도 공차 (계속)

(b) 동일 평면 내에 있지 않는 선과 데이텀 직선 : 대상으로 하고 있는 선과 데이텀 직선이 동일 평면 위에 있지 않는 경우에는, 이 공차역은 데이텀 직선을 포함하고 대상으로 하고 있는 선에 평행한 평면에 대상으로 하고 있는 선을 투상했을 때, 데이텀 직선에 대하여 지정된 각도로 기울고 t만큼 떨어진 두 개의 평행한 직선 사이에 끼인 영역이다.

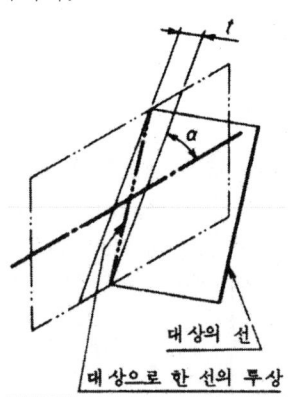

데이텀 축직선 A-B를 포함하고 지시선의 화살표로 나타낸 구멍의 축선에 평행한 평면에의 구멍의 축선의 투상은, 데이텀 축직선 A-B에 대하여 이론적으로 정확하게 60° 기울고, 지시선의 화살표 방향으로 0.08mm만큼 떨어진 두 개의 평행한 직선 사이에 있어야 한다.

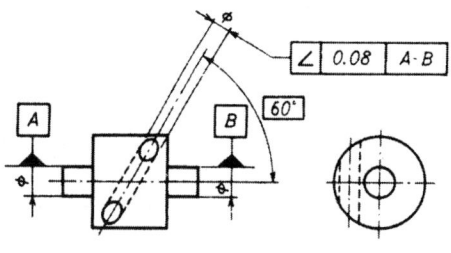

9.2 데이텀 평면에 대한 선의 경사도 공차

한 평면에 투상된 공차역은, 데이텀 평면에 대하여 지정된 각도로 기울고, t만큼 떨어진 두 개의 평행한 직선 사이에 끼인 영역이다.

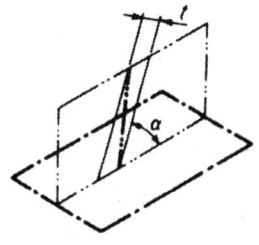

지시선의 화살표로 나타내는 원통의 축선은, 데이텀 평면에 대하여 이론적으로 정확하게 80° 기울고, 지시선의 화살표 방향으로 0.08mm만큼 떨어진 두 개의 평행한 평면 사이에 있어야 한다.

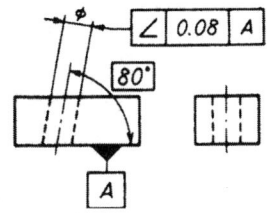

9.3 데이텀 직선에 대한 면의 경사도 공차

공차역은 데이텀 직선에 대하여 지정된 각도로 기울고, t만큼 떨어진 두 개의 평행한 평면 사이에 끼인 영역이다.

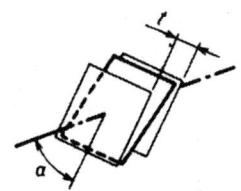

지시선의 화살표로 나타내는 면은 데이텀 축직선 A에 대하여 이론적으로 정확하게 75° 기울고, 지시선의 화살표 방향으로 0.1mm만큼 떨어진 두 개의 평행한 평면 사이에 있어야 한다.

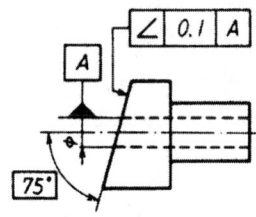

[표 2-9] 계속

공차역의 정의	도시보기와 그 해석
9. 경사도 공차 (계속)	
9.4 데이텀 평면에 대한 면의 경사도 공차	
공차역은, 데이텀 평면에 대하여 지정된 각도로 기울고, 서로 t만큼 떨어진 두 개의 평행한 직선 사이에 끼인 영역이다. 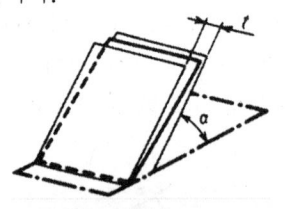	지시선의 화살표로 나타내는 면은 데이텀 평면 A에 대하여 이론적으로 정확하게 40° 기울고, 지시선의 화살표 방향으로 0.08mm만큼 떨어진 두 개의 평행한 평면 사이에 있어야 한다. 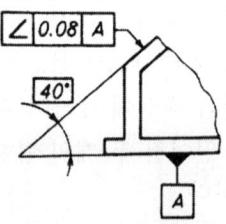
10. 위치도 공차	
10.1 점의 위치도 공차	
공차역은 대상으로 하고 있는 점의 이론적으로 정확한 위치(이하 진위치라 한다)를 중심으로 하는 지름 t의 원 안 또는 구 안의 영역이다.  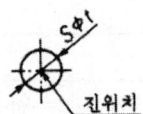	지시선의 화살표로 나타낸 점은, 데이텀 직선 A로부터 60mm, 데이텀 직선 B로부터 100mm 떨어진 진위치를 중심으로 하는 지름 0.03mm의 원 안에 있어야 한다. 또한, 이 그림 보기의 경우는 데이텀 직선 A, B의 우선 순위는 없다. 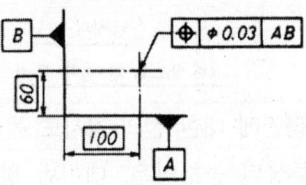 ▶ 그림에 나타나 있는 면에 수직 방향의 두께를 고려할 때는 여기에서 설명한 원은 원통이 되고, 점은 선이 된다. 지시선의 화살표로 나타낸 구의 중심은, 데이텀 축직선 A의 선 위에 서 데이텀 평면 B로부터 14mm 떨어진 진위치에 중심을 갖는 지름 0.3mm의 구 안에 있어야 한다. 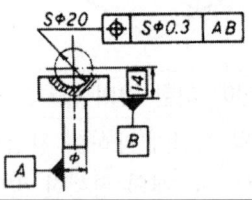
10.2 선의 위치도 공차	
공차의 지정이 한 방향에만 실시되어 있는 경우의 선의 위치도의 공차역은, 진위치에 대하여 대칭으로 배치하고 t만큼 떨어진 두 개의 평행한 직선 사이 또는 두 개의 평행한 평면 사이에 끼인 영역이다. 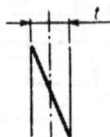	지시선의 화살표로 나타낸 각각의 선은, 그들 직선의 진위치로서 지정된 직선에 대하여 대칭으로 배치되고 0.05mm의 간격을 갖는 두 개의 평행한 직선 사이에 있어야 한다. 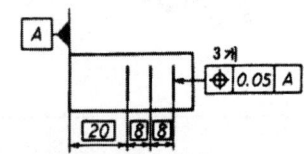

[표 2-9] 계속

공차역의 정의	도시보기와 그 해석
10. 위치도 공차 (계속)	

10.2 선의 위치도 공차 (계속)

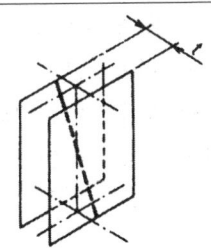

지시선의 화살표로 나타낸 축선은, 데이텀 평면 A로부터 100mm만큼 떨어진 진위치에 있어서 지시선의 화살표로 나타낸 방향에 대칭으로 0.08mm의 간격을 갖는 평행한 두 개의 평면 사이에 있어야 한다.

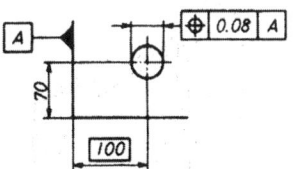

공차역의 지정이 서로 직각인 두 방향으로 실시되어 있는 경우의 선의 위치도의 공차역은, 진위치를 축선으로 하는 단면 $t_1 \times t_2$인 직6면체 안의 영역이다.

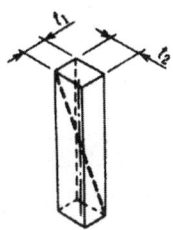

지시선의 화살표로 나타낸 축선은 데이텀 평면 A로부터 100mm, 데이텀 평면 B로부터 85mm 떨어진 진위치에 있어서 지시선의 화살표로 나타낸 방향에 대칭으로 0.05mm 및 0.02mm의 간격을 갖는 두 쌍의 평행한 두 개의 평면으로 둘러싸인 직6면체 안에 있어야 한다.

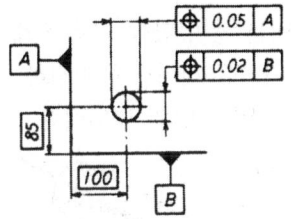

공차를 나타내는 수치 앞에 기호 ϕ가 붙어 있는 경우의 선의 위치도의 공차역은 진위치를 축선으로 하는 지름 t인 원통 안의 영역이다.

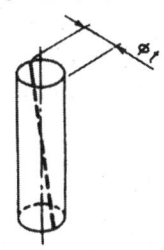

지시선의 화살표로 나타낸 축선은 데이텀 평면 A 위에 있어서, 데이텀 평면 B로부터 85mm, 데이텀 평면 C로부터 100mm의 진위치를 지나고 데이텀 평면 A에 수직한 직선을 축선으로 하는 지름 0.08mm인 원통 안에 있어야 한다.

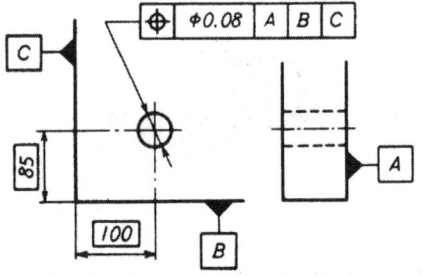

지시선의 화살표로 나타낸 8개의 구멍의 축선 상호 간의 관계위치는 서로 30mm 떨어진 진위치를 축선으로 하는 지름 0.08mm인 원통 안에 있어야 한다.

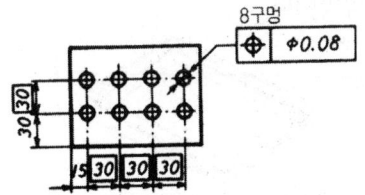

[표 2-9] 계속

공차역의 정의	도시보기와 그 해석

10. 위치도 공차 (계속)

10.3 면의 위치도 공차

공차역은 대상으로 하고 있는 면의 진위치에 대하여 대칭으로 배치되고 t만큼 떨어진 두 개의 평행한 평면 사이에 끼인 영역이다. 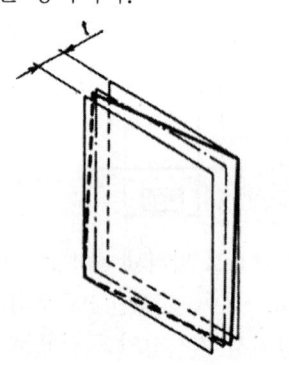	지시선의 화살표로 나타낸 평면은, 데이텀 축직선 B의 선 위에서 데이텀 평면 A로부터 35mm 떨어진 위치에 있어서 데이텀 축직선 B에 대하여 105° 기울어진 진위치에 대하여 지시선의 화살표 방향에 대칭으로 0.05mm의 간격을 갖는 평행한 두 개의 평면 사이에 있어야 한다. 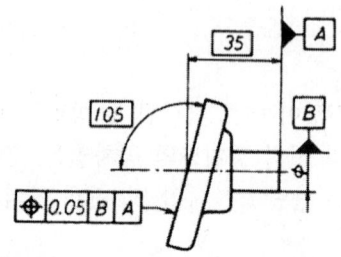

11. 동축도 공차 또는 동심도 공차

11.1 동축도 공차

공차를 나타내는 수치 앞에 기호 ϕ가 붙어 있는 경우에는 이 공차역은 데이텀 축직선과 일치한 축선을 갖는 지름 t의 원통 안의 영역이다. 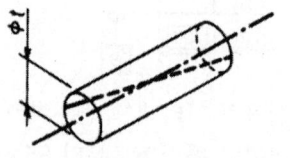	지시선의 화살표로 나타낸 축선은 데이텀 축직선 A−B를 축선으로 하는 지름 0.08mm인 원통 안에 있어야 한다. 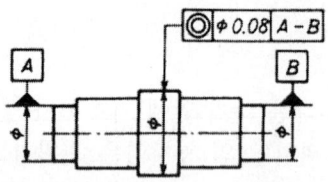

11.2 동심도 공차

공차역은 데이텀 점과 일치하는 점을 중심으로 한 지름 t인 원 안의 영역이다. 	지시선의 화살표로 나타낸 원의 중심은 데이텀 점 A를 중심으로 하는 지름 0.01mm인 원 안에 있어야 한다. 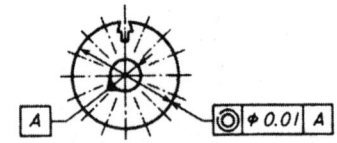

12. 대칭도 공차

12.1 데이텀 중심 평면에 대한 면의 대칭도 공차

공차역은 데이텀 중심 평면에 대하여 대칭으로 배치되고, 서로 t만큼 떨어진 두 개의 평행한 평면 사이에 끼인 영역이다. 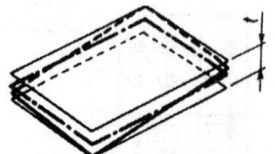	지시선의 화살표로 나타낸 중심면은 데이텀 중심 평면 A에 대칭으로 0.08mm의 간격을 갖는 평행한 두 개의 평면 사이에 있어야 한다. 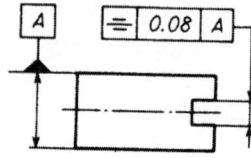

[표 2-9] 계속

공차역의 정의	도시보기와 그 해석

12. 대칭도 공차 (계속)

12.2 데이텀 중심 평면에 대한 선의 대칭도 공차

공차의 지정이 한 방향에만 실시되어 있는 경우에는, 이 공차역은 데이텀 중심 평면에 대하여 대칭으로 배치되고 서로 t만큼 떨어진 두 개의 평행한 평면 사이에 끼인 영역이다. 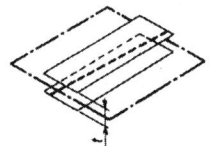	지시선의 화살표로 나타낸 축선은 데이텀 중심 평면 A-B에 대칭으로 0.08mm의 간격을 갖는 평행한 두 개의 평면 사이에 있어야 한다. 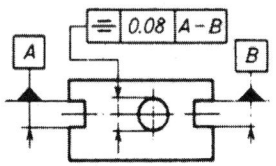

12.3 데이텀 직선에 대한 면의 대칭도 공차

공차역은 데이텀 직선에 대하여 대칭으로 배치되고, t만큼 떨어진 두 개의 평행한 평면 사이에 끼인 영역이다. 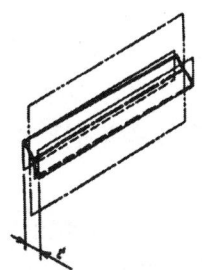	지시선의 화살표로 나타낸 중심면은, 데이텀 축직선 A에 대칭으로 0.1mm의 간격을 갖는 평행한 두 개의 평면 사이에 있어야 한다. 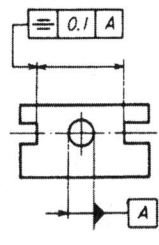

12.4 데이텀 직선에 대한 선의 대칭도 공차

공차의 지정이 서로 직각인 두 방향으로 실시되어 있는 경우에는, 이 공차역은 데이텀 직선(보기를 들면 두 개의 데이텀 평면의 교선)과 일치하는 선을 축선으로 한 단면 $t_1 \times t_2$의 직6면체 안의 영역이다. 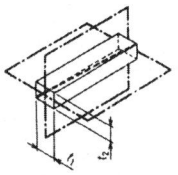	지시선의 화살표로 나타낸 축선은 데이텀 중심 평면 A-B에 대칭으로 0.08mm, 데이텀 중심 평면 C에 대칭으로 0.1mm의 간격을 갖는 두 쌍의 평행한 두 개의 평면으로 둘러싸인 직6면체 안에 있어야 한다. 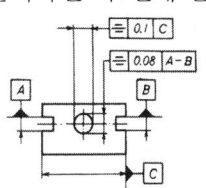

13. 원주 흔들림 공차

13.1 반지름 방향의 원주 흔들림 공차

공차역은 데이텀 축직선에 수직한 임의의 측정 평면 위에서 데이텀 축직선과 일치하는 중심을 갖고, 반지름 방향으로 t만큼 떨어진 두 개의 동심원 사이의 영역이다. 흔들림은 일반적으로는 축선의 둘레의 완전한 1회전에 대하여 적용되나, 1회전 중의 일부분에 적용을 한정할 수도 있다.	지시선의 화살표로 나타내는 원통면의 반지름 방향의 흔들림은, 데이텀 축직선 A-B에 관하여 1회전시켰을 때, 데이텀 축직선에 수직한 임의의 측정 평면 위에서 0.1mm를 초과해서는 안된다. 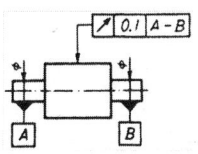

[표 2-9] 계속

공차역의 정의	도시보기와 그 해석
13. 원주 흔들림 공차 (계속)	

13.1 반지름 방향의 원주 흔들림 공차 (계속)

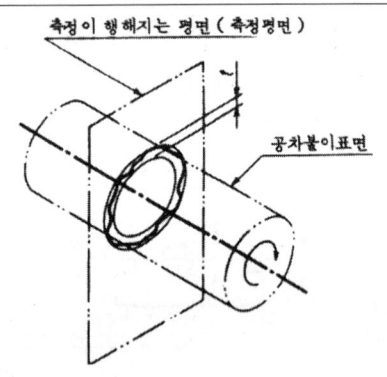

지시선의 화살표로 나타내는 원통면의 일부분 그림 (a)에서는 굵은 1점 쇄선으로 나타내는 범위, 그림 (b)에서는 부채꼴의 원통부분]의 반지름 방향의 흔들림은, 공차붙이 형체부분을 데이텀 축직선 A에 관하여 회전시켰을 때, 데이텀 축직선에 수직한 임의의 측정 평면 위에서 0.2mm를 초과해서는 안된다.

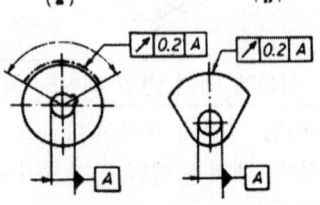

13.2 축방향의 원주 흔들림 공차

공차역은 임의의 반지름 방향의 위치에 있어서 데이텀 축직선과 일치하는 축선을 갖는 측정 원통 위에 있고, 축방향으로 t만큼 떨어진 두 개의 원 사이에 끼인 영역이다.

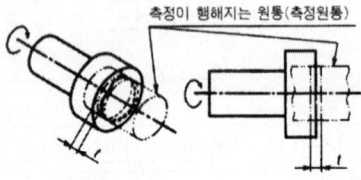

지시선의 화살표로 나타내는 원통측면의 축방향의 흔들림은, 데이텀 축직선 D에 관하여 1회전시켰을 때, 임의의 측정위치(측정 원통면)에서 0.1mm를 초과해서는 안된다.

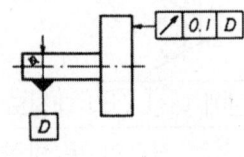

13.3 경사진 법선방향의 원주 흔들림 공차

공차역은 데이텀 축직선과 일치하는 축선을 가지며, 그 원추면이 공차붙이 형체면과 직교하는 임의의 측정 원추면 위에 있고, 면에 따라 t만큼 떨어진 두 개의 원 사이에 끼인 영역이다.

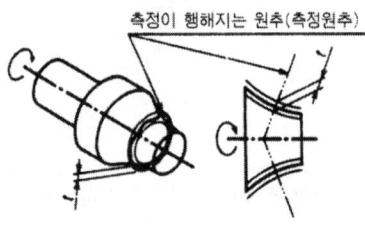

▶ 특별히 지시선에 의하여 측정방향의 지정이 없는 경우에 적용하며, 측정방향은 표면에 대하여 수직방향이다.

지시선의 화살표로 나타내는 방향의 이 원추면의 흔들림은, 데이텀 축 직선 C에 관하여 1회전시켰을 때, 임의의 측정 원추면 위에서 0.1 mm를 초과해서는 안된다.

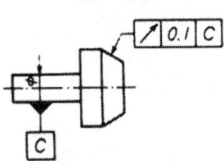

곡면 위의 모든 점의 접선에 수직한 방향의 이 곡면의 흔들림은 데이 텀 축직선 C에 관하여 1회전시켰을 때, 임의의 측정 원추면 위에서 0.1mm를 초과해서는 안된다.

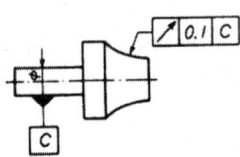

[표 2-9] 계속

공차역의 정의	도시보기와 그 해석
13. 원주 흔들림 공차 (계속)	
13.4 지정방향의 원주 흔들림 공차	
공차역은 데이텀 축직선과 일치하는 축선을 가지며, 그 원추면이 지정된 방향을 갖는 임의의 측정 원추면 위에 있고, 면에 따라 t만큼 떨어진 두 개의 원 사이에 끼인 영역이다.	데이텀과 축직선과 a의 각도를 이루는 방향의 이 곡면의 흔들림은 데이텀 축직선 C에 관하여 1회전시켰을 때, 임의의 측정 원추면 위에서 0.1mm를 초과해서는 안된다. 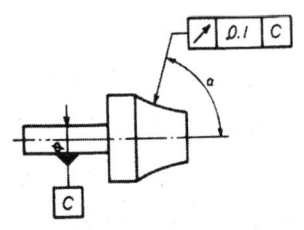
14. 온 흔들림 공차	
14.1 반지름 방향의 온 흔들림 공차	
공차역은 데이텀 축직선과 일치하는 축선을 갖고, 반지름 방향으로 t만큼 떨어진 두 개의 동축 원통 사이의 영역이다. 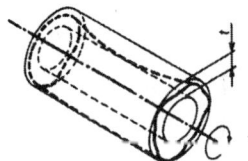	지시선과 화살표로 나타낸 원통면의 반지름 방향의 온 흔들림은, 이 원통 부분과 측정기구 사이에서 축선방향으로 상대 이동시키면서, 데이텀 축직선 A-B에 관하여 원통 부분을 회전시켰을 때, 원통 표면 위의 임의의 점에서 0.1mm를 초과해서는 안된다. 측정기구 또는 대상물의 상대 이동은, 이론적으로 정확한 윤곽선에 따르고, 데이텀 축직선에 대하여 정확한 위치에서 실시되어야 한다. 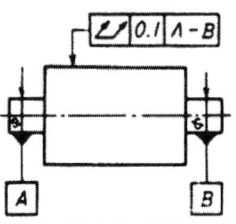
14.2 축 방향의 온 흔들림 공차	
공차역은 데이텀 축직선에 수직하고, 데이텀 축직선 방향으로 t만큼 떨어진 두 개의 평행한 평면 사이에 끼인 영역이다. 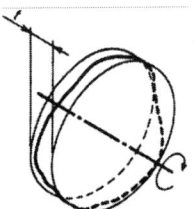	지시선의 화살표로 나타낸 원통 측면의 축 방향의 온 흔들림은, 이 측면과 측정기구 사이에서 반지름 방향으로 상대 이동시키면서, 데이텀 축직선 D에 관하여 원통 측면을 회전시켰을 때, 원통 측면 위 임의의 점에서 0.1mm를 초과해서는 안된다. 측정기구 또는 대상물의 상대 이동은 이론적으로 정확한 윤곽선에 따르고, 데이텀 축직선에 대하여 정확한 위치에서 실시되어야 한다. 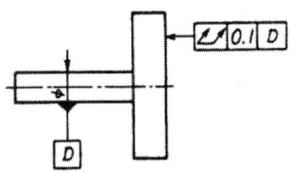

2-12 형상 공차 이해하기

다음 도면은 가공 제품의 도면이다. 도면에는 전장(160), 내경(ϕ70), 단차(60), 단차(30), 내경(ϕ80) 등으로 기준 치수에 치수공차가 부여되어 있고 치수 공차 이외의 기하공차가 표기되어 있다.

우선 데이텀 A는 직경이 ϕ70이고 깊이 60인 원기둥의 축선을 기준으로 한다.

제일 처음의 기하공차는 형체의 가장 위쪽부분의 평면이다. 첫 번째 공차기호는 A(축선)를 기준으로 제일 윗부분의 평면부가 직각도 0.02mm 이내에 들어야 한다는 의미이다.

축선에 대하여 완벽한 직각 자세에 얼마나 접근시키는가를 규정하는 것이다.

다음 그림의 가장 아래 위치한 형상공차는 가장 아랫분분의 평면 부를 말한다.

하자만 데이텀 기준이 B로 설정되어 있기에 형상공차 중 동심도(동축도)를 이해하고 기입해야 한다. 동심도부분은 직경이 ϕ80이고 깊이는 30인 원기둥의 축선을 기준으로 한다는 것이다. 기호의 의미는 윗면의 축선을 기준으로 아래쪽 부분의 축선에 대해 동축도가 0.012mm 이내에 들어와야 한다는 의미이며, 동심도라는 것은 평면도를 그리듯 윗면에서 바라보았을 때 윗면의 축선과 아랫면의 축선이 얼마나 일치하였는가를 나타내는 것이다. 동심도가 서로 어긋나게 되면 반지름 방향으로 서로 멀어지게 된다. 축심의 변화이기에 ϕ를 사용하는 것이 바람직하다.

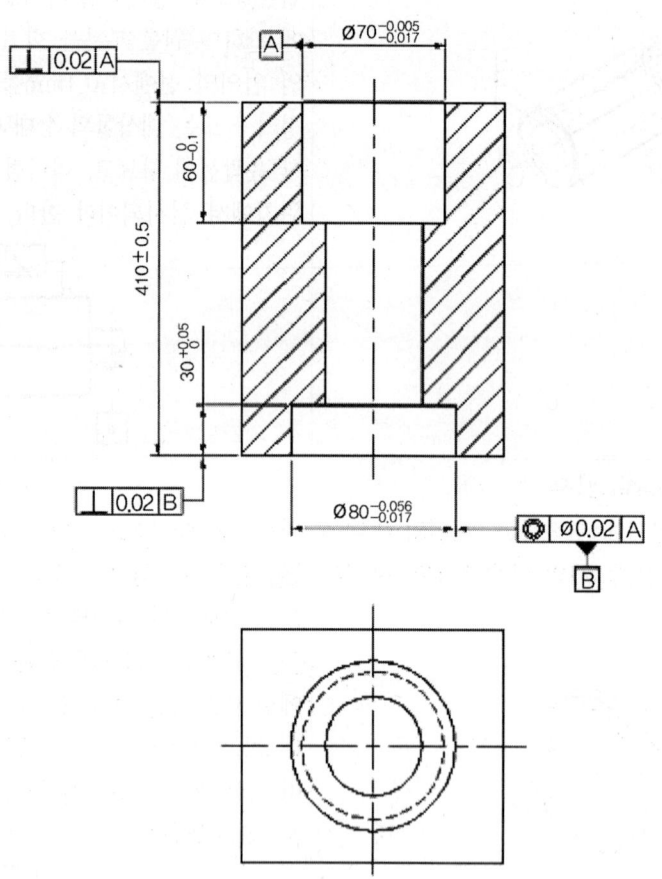

공차 밑의 데이텀 기준 B는 아랫부분의 축선을 기준(데이텀)으로 지정한다는 것을 의미한다. 그림 직각도를 마저 분석해보자. 축선 B를 기준(데이텀)으로 아래쪽 부분의 평면부분이 직각도 0.02mm 이내에 들어와야 한다는 의미이다.

▶ **기어작도방법**

기어 작도 시는 정면도만을 그린다. 이때는 국부 투상도를 같이 작도한다.
작도순서는 다음과 같다.

1) **피치원** : M×Z   M : 모듈, Z : 잇수
2) **이끝원** : 그림 참조
3) **뿌리원** : 그림 참조
4) 기어의 재질은 표제란에 기입하되 치형, 모듈, 압력각, 피치원지름 등 제작에 사용되는 공구 등은 따로 요목 표에 작성한다. (요목 표는 위의 도면과 같이 작성한다.)
5) **기어와 축 부위의 끼워맞춤** : 베어링과 같은 치수이다. (6206이므로 φ30이다.)
    공차 등급은 아래 표를 참조한다. (H7 사용) 구멍이므로 대문자 사용

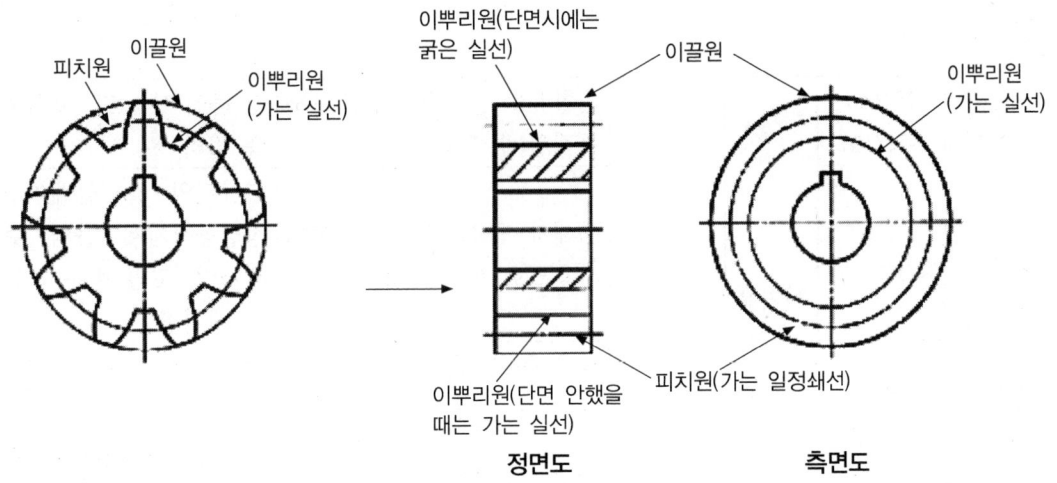

정면도   측면도

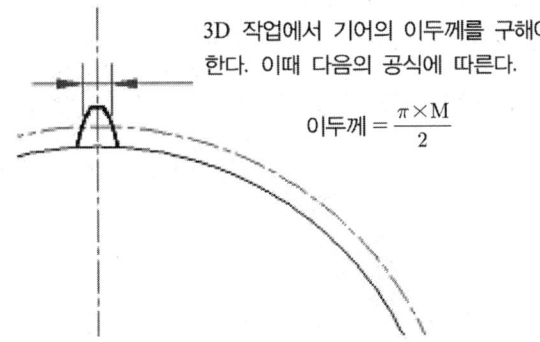

3D 작업에서 기어의 이두께를 구해야 한다. 이때 다음의 공식에 따른다.

$$이두께 = \frac{\pi \times M}{2}$$

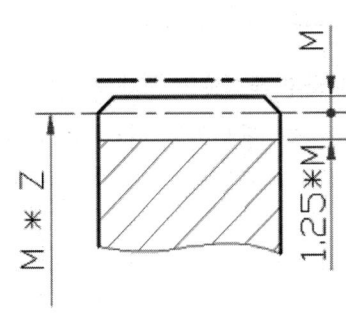

7·8급 구멍	H6/h5 H6/h6	헐거운 끼워 맞춤		윤활유의 사용으로 쉽게 이동시킬 수 있다.	
	H7/u6 ~H7/r6	억지 끼워 맞춤		수압기 등에 의한 강력한 압입, 수축 끼워맞춤	철도차량의 차륜과 타이어, 축과 바퀴, 대형발전기의 회전체와 축 등의 결합 부분
	H7/t7 ~H7/r7				
	H7/r6 ~H7/p6 (H7/p7)			수압기, 프레스 등의 가벼운 압입	주철 차륜에 청동부시 또는 베어링용 라이닝을 끼울 때
	H7/m6 ~H7/n6	중간 끼워 맞춤	연삭 또는 정밀공작	쇠망치로 때려 박음, 뽑아내기	자주 분해하지 않는 축과 기어, 핸들차, 플랜지 이음, 플라이 휠, 볼베어링 등의 끼워맞춤
	H7/j6			나무망치, 납망치 등으로 때려 박는다.	키 또는 고정나사로 고정하는 부분의 끼워맞춤, 볼베어링의 끼워맞춤, 축 컬러, 변속기어의 축
	H7/h6 ~H7/h7	헐거운 끼워 맞춤		윤활유를 공급하면 손으로도 움직일 수 있다.	긴 축에 끼는 키, 고정풀리와 축 컬러
	H7/g6 ~(H7/g7)			틈새가 근소하고, 윤활유의 사용으로 서로 운동	연삭기의 스핀들베어링 등 정밀공작기계 등의 주축과 베어링, 고급 변속기의 주축과 베어링
	H7/t7			작은 틈새, 윤활유의 사용으로 서로 운동 가능	크랭크 축, 크랭크 핀과 그들의 베어링
	H8/e8			조금 큰 틈새	다소 하급인 베어링과 축, 소형 엔진의 축과 베어링
	H8/h8			쉽게 끼고 미끄러질 수 있다.	축, 컬러, 풀리와 축, 소형 엔진의 축과 베어링

6) 국부 투상도의 공차 기입하기 : 아래 그림과 책의 공차표를 참조하여 기입한다. 끼워맞춤의 경우 아래 명시하는 대로 표기한다.

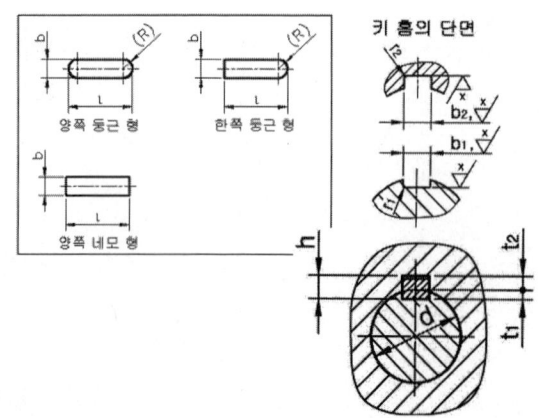

b_1 및 b_2의 기준치수	키 홈의 치수					t_1의 기준치수	t_2의 기준치수	t_1 및 t_2의 허용차	적용하는 축지름 d (초과~ 이하)
	활동형			보통형					
	b_1 허용차	b_2 허용차		b_1 허용차	b_2 허용차				
2	H9	D10		N9	Js9	1.2	1.0	+0.1 0	6~8
3						1.8	1.4		8~10
4						2.5	1.8		10~12
5						3.0	2.3		12~17
6						3.5	2.8		17~22
7						4.0	3.3	+0.2 0	20~25
8						4.0	3.3		22~30
10						5.0	3.3		30~38

7) 형상공차는 위의 도면에서의 설명과 같이 기입한다. 외경을 기준 길이로 사용하여 IT 5급을 적용시킨다. 공차 등급은 IT 01, IT 0, IT 1, IT 2, …, IT 18까지 20등급으로 되어 있다. 공차 등급을 나타내는 수치 앞에 IT(International Tolerance)를 붙이기 때문에 IT 기본 공차라 부른다.

▌IT 공차 등급

기준 치수 (mm)		공차 등급											
		1	2	3	4	5	6	7	8	9	10	11	12	13
초과	이하	공차(μm)										공차(mm)	
	3	0.8	1.2	2	3	4	6	10	14	25	40	60	0.10	0.14
3	6	1	1.5	2.5	4	5	8	12	18	30	48	75	0.12	0.18
6	10	1	1.5	2.5	4	6	9	15	22	36	58	90	0.15	0.22
10	18	1.2	2	3	5	8	11	18	27	43	70	110	0.18	0.27
18	30	1.5	2.5	4	6	9	13	21	33	52	84	130	0.21	0.33
30	50	1.5	2.5	4	7	11	16	25	39	62	100	160	0.25	0.39
50	80	2	3	5	8	13	19	30	46	74	120	190	0.30	0.46
80	120	2.5	4	6	10	15	22	35	54	87	140	220	0.35	0.54
120	180	3.5	5	8	12	18	25	40	63	100	160	250	0.40	0.63
180	250	4.5	7	10	14	20	29	46	72	115	185	290	0.46	0.72
250	315	6	8	12	16	23	32	52	81	130	210	320	0.52	0.81
315	400	7	9	13	18	25	36	57	89	140	230	360	0.57	0.89
400	500	8	10	15	20	27	40	63	97	155	250	400	0.63	0.97

표는 공차 등급별 공차의 일부를 나타낸 것이다. 기준 치수가 클수록, 공차 등급이 높을수록 공차가 커진다. 도면에서 외경이 ϕ104이면 IT5번의 15를 사용한다.

∅ | 0.015 | 축기준

(참고 : 구멍과 축을 제작할 때 공차 등급을 적용하는 기준과 세부항목이다. 우리가 논의할 부분은 끼워맞춤용이다. 구멍의 공차 등급은 축의 공차 등급보다 한 등급 위의 것을 적용한다. 예를 들어, 축이 IT 5면 구멍은 IT 6을 적용한다. 이것은 구멍이 축보다 가공하기 어렵기 때문이다.)

▶ 축작도방법

축은 길이 방향으로 단면도를 도시하지 않는다. 허나 부분 단면도는 가능하다. 축의 전장이 긴 경우는 파단하여 짧게 표현한다. 단, 치수는 실치수가 들어가야 한다. 축을 가공하기 위한 센터의 도시는 센터구멍 규격을 참조한다. (가는 실선으로 대각선 방향으로 지시한다.)

축에 가공되어 있는 키홈은 부분단면도와 국부투상도를 이용하여 표기한다. 축에 키홈을 작도할 때는 축에 맞는 키와 그 홈의 깊이를 규격집에 의거하여 표기한다.

1) 센터 자리규격 표기법(센터를 내는 경우는 축 가공 시 변형 방지와 가공 완료 시 측정을 하기 위함이다.)은 일반적으로 A형을 많이 사용한다.

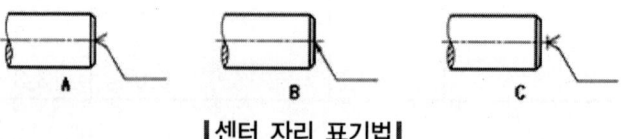

|센터 자리 표기법|

A형 : 센터 구멍 자리를 반드시 남겨둔다.
B형 : 센터 구멍 자리를 남겨 두어도 된다.
C형 : 센터 구멍 자리가 남겨져 있어서는 안된다.

2) 키에 대한 규격은 위의 기어 작도법과 동일하게 기입한다.
   - 국부 투상도의 공차 기입하기 : 아래 그림과 책의 공차표를 참조하여 기입한다. 끼워맞춤의 경우 아래 명시하는 대로 표시한다.

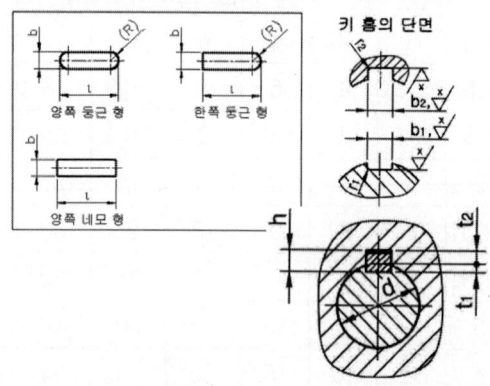

키 홈의 치수								적용하는 축지름 d (초과~이하)
b_1 및 b_2의 기준치수	활동형		보통형		t_1의 기준치수	t_2의 기준치수	t_1 및 t_2의 허용차	
	b_1 허용차	b_2 허용차	b_1 허용차	b_2 허용차				
2	H9	D10	N9	Js9	1.2	1.0	+0.1 0	6~8
3					1.8	1.4		8~10
4					2.5	1.8		10~12
5					3.0	2.3		12~17
6					3.5	2.8		17~22
7					4.0	3.3	+0.2 0	20~25
8					4.0	3.3		22~30
10					5.0	3.3		30~38

길이 1의 표준
6, 8, 10, 12, 14, 16, 18, 20, 22, 25, 28, 32, 36, 40

3) 베어링 부의 규격은 6206, 6205(φ30, φ25)두 가지를 가지고 표를 참고하여 끼워맞춤과 치수를 기입한다. φ30k5, φ25k5 축이므로 소문자 사용

┃ 레이디얼 베어링의 축의 끼워맞춤

하중조건		축지름(mm)			축의 종류와 허용차 등급	비고	적용보기
		볼 베어링	원통 롤러 베어링, 테이퍼 롤러 베어링	자동 조심 롤러 베어링			
원통 구멍의 베어링							
외륜 회전 하중	내륜이 축 위를 쉽게 움직일 필요가 없다.	온(모든) 축지름			g6	정밀을 요하는 경우에는 g5, h5를 사용한다.	정치축의 차륜
	내륜이 축 위를 쉽게 움직일 필요는 없다.	온(모든) 축지름			h6		텐션풀리, 광산용 차량의 정지축
내륜 회전 하중 또는 방향 부정 하중	경하중 및 변동하중	18 이하	-	-	h6	경하중이란 원칙적으로 기본정격하중의 6~7% 이하의 하중을 말한다. 정밀을 요하는 경우에는 j6, k6, m6 대신 j5, k5, m5를 사용한다.	전기기구 공작기계, 펌프 송풍기, 운반차
		18 초과 100 이하	40 이하	-	j6		
		100 초과 200 이하	40 초과 140 이하	-	k6		
			140 초과 200 이하	-	m6		
	보통하중 및 중하중	18 이하	-	-	j5	단열의 테이퍼 롤러 베어링 및 앵귤러 볼 베어링의 경우에는 끼워맞춤에 의한 틈새의 변화를 고려할 필요가 없으므로 k5, m5 대신에 k5, m6를 사용할 수 있다.	일반베어링, 부분전동기, 터빈, 펌프, 내연기관, 목공기계
		18 초과 100 이하	40 이하	40 이하	k5		
		100 초과 200 이하	40 초과 100 이하	40 초과 65 이하	m5		
		-	100 초과 140 이하	65 초과 100 이하	m6		
		-	140 초과 200 이하	100 초과 140 이하	n6		
		-	200 초과 400 이하	140 초과 280 이하	p6		
		-	-	280 초과	r6		
	대단히 큰 중하중 및 충격하중	-	50 초과 140 이하	50 초과 100 이하	n6	보통 틈새보다 더 큰 틈새의 베어링을 필요로 한다.	기관차 및 철도 차량의 차축 베어링, 트랙션 모터
		-	140 초과 200 이하	100 초과 140 이하	p6		
		-	200 초과	140 초과	r6		

중심 드러스트 하중	250 이하	j6	—
	250 초과	js6=j6	
테이퍼 구멍의 베어링(슬리브 붙임)			
각종 하중	모든 축지름	h9/IT5	전동 축 등에는 h10/IT7으로 해도 좋다. IT5/IT7은 축의 형상 오차(진원도, 원통도 등)가 각각 IT5, IT7의 공차 범위 내에서 있어야 한다는 것을 나타낸다.

4) 형상공차는 φ30k5와 φ25k5를 이용하여 IT규격표에서 5급을 적용한다. 다이얼 게이지의 바늘의 흔들림 양으로 측정. IT공차 등급은 위의 표를 참조한다.

5) 나사의 제도법과 치수 기입하기

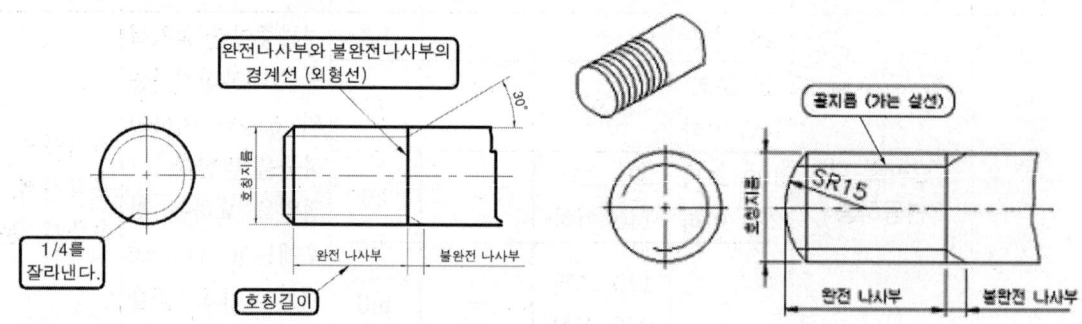

(1) 끝이 모서리진 수나사제도   (2) 끝이 둥근 수나사제도

나사의 피치	dg		g_1	g_2	r_g
	기준 치수	허용차	최소	최대	약
0.5	d−8	호칭지름이 3mm 이하는 h12, 호칭지름이 3mm 초과는 h13 적용	0.8	1.5	0.2
0.7	d−1.1		1.1	2.1	0.4
0.8	d−1.3		1.3	2.4	0.4
1	d−1.6		1.6	3	0.6
1.25	d−2		2	3.75	0.6
1.5	d−2.3		2.5	4.5	0.8
1.75	d−2.6		3	5.25	1
2	d−3		3.4	6	1

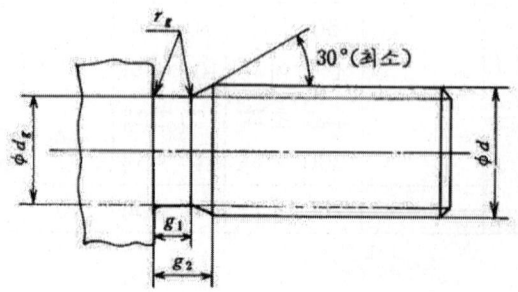

▶ 커버작도방법

1) 나사 자리의 규격을 찾아 표기한다. 그림 참조하며 형태를 이해하고 규격집을 보며 기입하자.
   (위의 도면에서와 같이 M4를 기준으로 찾는다.)
   아래 표를 보며 4-4.5D, DCBφ8 DP4.4를 찾아 기입한다.

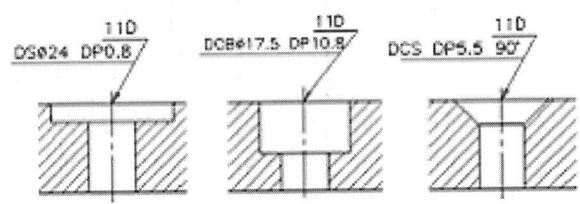

호칭		DS		DCB		DCS	
BOLT TAP	DRILL d	D	DP	D	DP	DP	ANGLE
M3	3.4	3.6	9	0.2	6	3.3	1.75	
M4	4.5	4.8	11	0.3	8	4.4	2.8	
M5	5.5	5.8	13	0.2	9.5	5.4	2.9	90°
M6	6.6	7	15	0.5	11	6.5	3.4	
M8	9	10	20	0.5	14	8.6	4.4	

예) DSφ24 DP0.811D
 DS : 스폿페이싱 지름 24 깊이 0.8
 11D : 드릴 지름

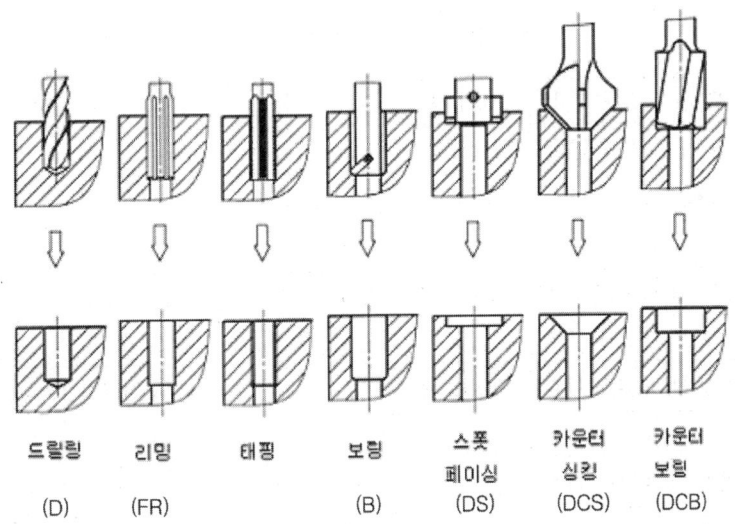

드릴링 (D) 리밍 (FR) 태핑 보링 (B) 스폿페이싱 (DS) 카운터싱킹 (DCS) 카운터보링 (DCB)

2) 커버가 하우징-4와 결합하는 부위는 헐거운 끼워맞춤을 이용하여 조립한다. 커버가 하우징과 결합하는 부분은 베어링의 외경과 일치하므로 베어링 규격집을 참조하여 6206일 때의 치수로 기입한다.
   φ62g6 끼워맞춤은 위의 규격을 참조한다.

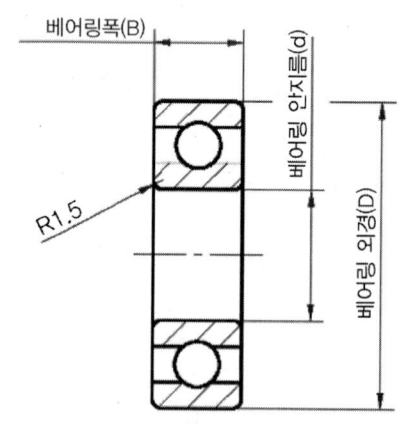

베어링 계열 62 치수 계열 02									
호칭번호								치수		
원통구멍					테이퍼 구멍	바퀴 홈붙이 원통 구멍	d	D	B	r
개방형	한쪽시일	양쪽시일	한쪽시일드	양쪽시일드	개방형					
6233	—	—	—	—	—	—	3	10	4	
										0.3
624	—	—	—	—	—	—	4	13	5	
625	—	—	—	—	—	—	5	16	5	0.4
626	—	—	—	—	—	—	6	19	6	0.5
										0.5
627	627 U	627 U U	627 Z	627 Z Z	—	—	7	22	7	
628	628 U	628 U U	628 Z	628 Z Z	—	—	8	24	8	0.5
629	629 U	629 U U	629 Z	629 Z Z	—	—	9	26	8	0.5
										1
6200	6200 U	6200 U U	6200 Z	6200 Z Z	—	6200 N	10	30	9	
6201	6201 U	6201 U U	6201 Z	6201 Z Z	—	6201 N	12	32	10	1
6202	6202 U	6202 U U	6202 Z	6202 Z Z	—	6202 N	15	35	11	1
										1
6203	6203 U	6203 U U	6203 Z	6203 Z Z	—	6203 N	17	40	12	
6204	6204 U	6204 U U	6204 Z	6204 Z Z	—	6204 N	20	47	14	1
62/22	—	—	—	—	—	62/22N	22	50	14	1.5
										1.5
6205	6205 U	6205 U U	6205 Z	6205 Z Z	—	6205 N	25	52	15	
62/28	—	—	—	—	—	62/28N	28	58	16	1.5
6206	6206 U	6206 U U	6206 Z	6206 Z Z	—	6206 N	30	62	16	1.5
										1.5

3) 플러머 블록 규격 찾기는 [일반적으로 분할 베어링 케이스에 실(Seal)이 들어갈 수 있는 블록이며 회전운동을 주로 하는 전동장치의 커버 부분에 이물질의 경로를 차단하는 역할을 한다.] 규격을 찾을 때 축을 기준으로 하는 것인가 부시를 기준으로 하는 것인가를 결정해야 한다. 아래 표를 보고 각도, d2, d3, f1과 끼워맞춤 기입한다.

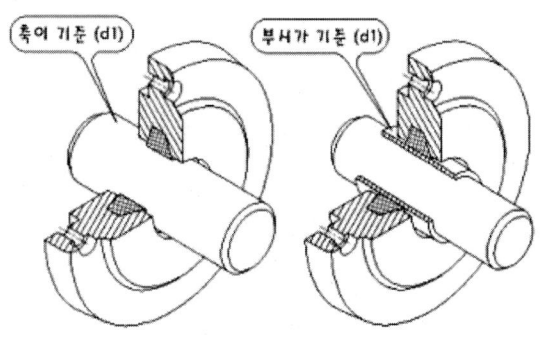

|기준 선정을 하기 위한 방법|

4) 형상공차 커버의 단차가 하우징과 결합하므로 끝단에 형상공차를 지시한다 원통의 형체이며 측면 측정시는 흔들림을 지시한다. 기준길이는 직경을 사용하여 IT표의 5급, 6급을 지시한다(아래 표 참조). 이때 데이텀은 축기준을 사용한다.

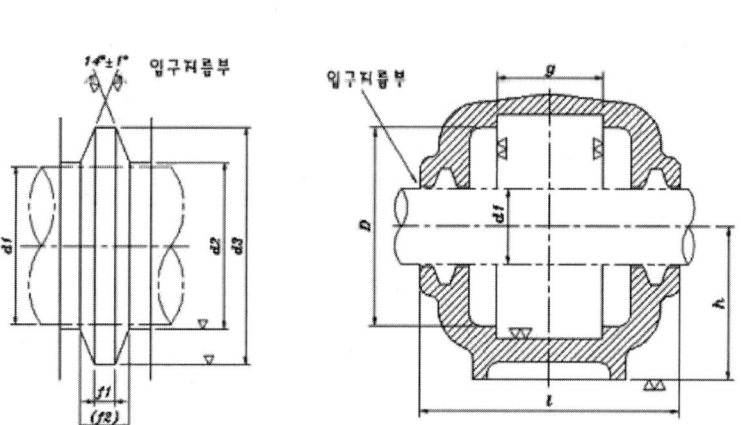

호칭번호	축지름 (참고) d_1	D H8	a	b	c	g H13	h H13	ℓ	w	m	u	v	d_2 H12	d_3 H12	f_1 H13	참고 f_2 (약)	고정보 볼트의 호칭 s	중량 kg
SN 504	17	47	150	45	19	24	35	66	70	115	12	20	18.5	28	3	4.2	M10	0.88
SN 505	20	52	165	46	22	25	40	67	75	13C	15	20	21.5	31	3	4.2	M12	1.1
SN 506	25	62	185	52	22	30	50	77	90	13C	15	20	26.8	38	4	5.4	M12	1.6
SN 507	30	72	185	52	22	33	50	82	95	15C	15	20	31.5	43	4	5.4	M12	1.9
SN 508	35	80	205	60	25	33	60	85	11C	17C	15	20	36.5	48	4	5.4	M12	2.6
SN 509			205	60	25	31	60	85	11C				36.5	53	4	5.4	M12	2.8

▶ V-벨트풀리 작도방법

그림과 규격집을 참조해 가며 작업해야 하며 끼워맞춤에서 형상공차까지 규격에서 명시하고 있다.

1) V-벨트풀리의 형별 파악 후 호칭경을 이용하여 규격을 찾는다.

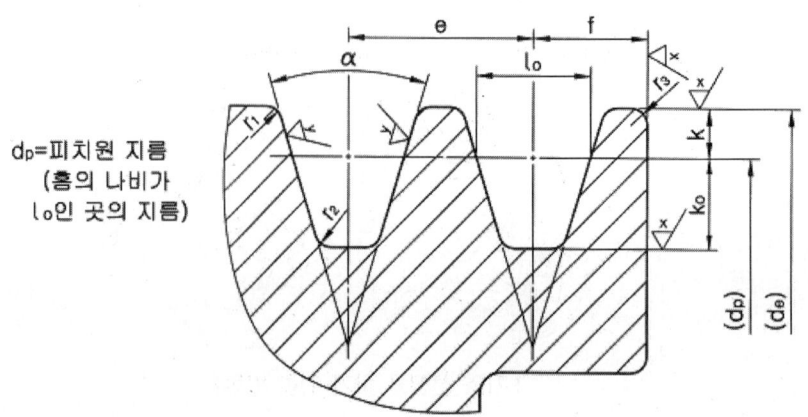

KS B 1400

형별	호칭경	a^+	l_0	k	k_0	e	f	r_1	r_2	r_3	V벨트의 두께
M	50 이상 71 이하 71 이상 90 이하 90 이상인 것	34 36 38	8.0	2.7	6.3	—	9.5	0.2~ 0.5	0.5~ 1.0	1~2	5.5
A	71 이상 100 이하 100 이상 125 이하 125 이상인 것	34 36 38	9.2	2.7	8.1	15.0	10.0	0.2~ 0.5	0.5~ 1.0	1~2	9
B	125 이상 160 이하 160 이상 200 이하 200 이상인 것	34 36 38	12.5	2.7	9.5	19.0	12.5	0.2~ 0.5	0.5~ 1.0	1~2	11
C	200 이상 250 이하 250 이상 315 이하 315 이상인 것	34 36 38	16.9	2.7	12.0	25.5	17.0	0.2~ 0.5	1.0~ 1.6	2~3	14
D	355 이상 450 이하 450 이상인 것	36 38	24.6	2.7	15.5	37.0	24.0	0.2~ 0.5	1.6~ 2.0	3~4	19
E	500 이상 630 이하 630 이상인 것	36 38	28.7	2.7	19.3	44.5	29.0	0.2~ 0.5	1.6~ 2.0	4~5	25.5

2) 상세도(확대도)를 도면과 같이 작도하고 규격을 기입한다.

홈부의 치수허용차　　　　　　　　　　　　　　　　　　　　　　　　　　　KS B 1400

V벨트의 형별	a의 허용차(a)	k의 허용차	e의 허용차	f의 허용차
M	±0.5	+0.2 0	—	+2 −1
A		+0.3 0	±0.4	
B				
C		+0.4 0	±0.5	+3 −1
D				
E		+0.5 0		+4 −1

주 : k의 허용차는 외경 de를 기준으로 하여 홈 폭의 1이 되는 dp의 위치의 허용차를 표시한다.

V벨트풀리 외경의 허용차　　　　　　　　　　　　　　　　　　　　　　　　KS B 1400

호칭경	외경 de의 허용차
75 이상 11B 이하	±0.6
125 이상 30D 이하	±0.8
315 이상 36D 이하	±1.2
71D 이상 90D 이하	±1.6

V벨트풀리 외주 및 림 측면의 진동 허용값　　　　　　　　　　　　　　　　KS B 1400

호칭경	외주의 흔들림 허용치	림 측면 흔들림 허용치
75 이상 11B 이하	0.3	0.3
125 이상 30D 이하	0.4	0.4
315 이상 36D 이하	0.6	0.6
71D 이상 90D 이하	0.8	0.8

3) 국부 투상도 부분은 기어에서의 방법과 동일하게 작업한다.

4) 형상공차 부분은 규격집에서 명시하고 있으므로 지정된 값을 사용한다. 데이텀 역시 중심이 축과 일치하므로 축기준을 사용하자. 만약 축을 작도하지 않아 축의 기준을 사용할 수 없는 경우에는 새로운 데이텀을 지정하여야 한다.

　　　　$\boxed{\nearrow\ |\ 0.3\ |\ C\text{-}D}$ → V-벨트 림측면 공차

　　　　$\boxed{\nearrow\ |\ 0.3\ |\ C\text{-}D}$ → V-벨트 외주 공차

▶ 하우징 작도방법

1) 먼저 베어링이 하우징에 결합하기 때문에 베어링 규격을 이용하여 치수, 끼워맞춤, 형상공차를 기입할 수 있다. 베어링 치수는 아래의 표를 참조한다.

▌레이디얼 베어링과 하우징의 끼워맞춤

하중조건			구멍의 종류와 등급	적용 보기	
일체 하우징	외륜 회전 하중	큰 하중이 두께가 얇은 베어링 하중에 적용할 때 및 충격 하우징	P7	외륜은 이동되지 않는다.	롤러베어링을 장치한 차량 보스, 크랭크부의 베어링을 장치한 차량보스
		보통 및 큰 하우징	N7		컨베이어롤러, 텐션풀리
		가볍고 변동 하우징	M7		트랙션 모터
	방향 부정 하중	큰 충격 하중	N7		
		중 및 보통 하중 : 외륜이 축방향으로 이동할 필요가 없을 때	K7	외륜은 원칙적으로 이동되지 않는다.	전동기, 펌프, 크랭크축의 볼베어링
일체 또는 분할 하우징	내륜 회전 하중	보통 및 경하중 : 외륜의 축방향 이동을 원하지 않을 때	J7	외륜은 원칙적으로 이동된다.	전동기, 펌프, 크랭크축의 볼베어링
		충격하중 : 일시적으로 무부하상태에 있을 때			철도차량
		모든 종류의 하중	H7	외륜은 쉽게 이동된다.	일반 베어링 창치, 철도차량 베어링 상자
		보통 및 작은 하중	H8		전동장치
		축을 통해 열전도가 있을 때	G7		건도 실린더
일체 하우징	특별히 정밀도를 필요로 하는 베어링장치		N7	외륜은 이동되지 않는다.	공작기계 추축용 롤러베어링, 베어링 외경 125mm 이상
			M6		공작기계 추축용 롤러베어링, 베어링 외경 125mm 이상
			K6	외륜은 원칙적으로 이동되지 않는다.	연삭기 추축용 원통 롤러베어링, 고속도 원심압축기의 공정축베어링
			J6	외륜은 이동된다.	연삭기 추축용 원통 롤러베어링, 고속도 원심압축기의 공정축베어링

φ62H7, φ52H7을 기입한다. 구멍 역할이기 때문에 대문자를 사용하였다. 형상공차는 내경 측정부이므로 실린더 게이지를 사용한다는 가정하에 흔들림 공차를 부여하자. H7이라고 지시하고 있기 때문에 IT표를 찾아 기입한다.

| ⌱ | 0.030 | C-D |

바닥면에서부터 조립되어지는 부분의 거리에 구멍 가공이 이루어지므로 거리 공차인 위치도를 부여한다. 이때 바닥면부터 중심까지이므로 면/중심이 사용되었다. 당연히 파이를 사용한다. 기준길이는 바닥부터 중심까지의 거리이다. IT공차표의 5급을 지시한다. (데이텀은 바닥면 기준 사용)

| ⌖ | ⌀0.015 | A |

형상공차 직각도를 부여 바닥면을 기준으로 한 양면의 직각도 부여한다. 기준은 당연히 바닥이 된다. 기준길이는 전장으로 한다. 이때 공차 등급은 IT의 5급을 사용한다.

| ⊥ | 0.015 | A |

2-13 나사의 도시와 표시 방법

나사의 도시는 나사 제도(KS B 0003-1974)에 의하여 원칙적으로 그림과 같이 약도로 표시한다.

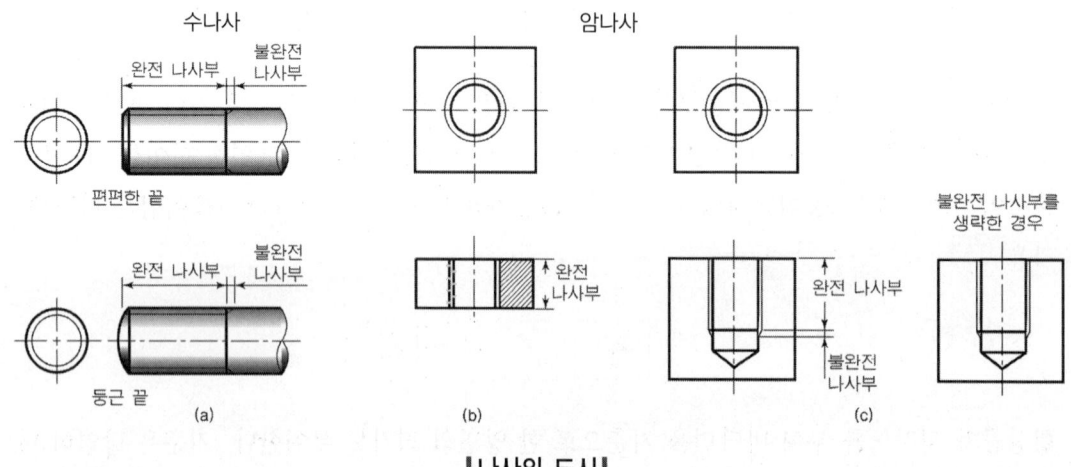

| 나사의 도시 |

- 수나사는 바깥지름을 표시하는 선은 굵은 실선으로 그리고 골밑을 표시하는 선은 가는 실선으로 그린다.
- 암나사를 단면으로 표시할 때에는 안지름을 표시하는 선은 굵은 실선, 골밑을 표시하는 선은 가는 실선으로 그린다. 단면으로 하지 않을 때에는 은폐선으로 표시한다.
- 완전 나사부와 불완전 나사부의 경계를 표시하는 선은 굵은 실선(보이지 않을 때에는 중간 굵기의 파선)으로 한다.
- 불완전 나사부의 골밑을 표시하는 선은 축선에 대하여 30°사선으로 한다.
- 암나사의 나사 아래 구멍 고정부는 120°로 그린다.
- 수나사와 암나사의 끼워맞춤 부분은 수나사로 표시한다.

나사를 표시하는 방법을 그림으로 나타내는 데는 그림과 같이 수나사의 경우에는 산봉우리(top of screw)를 표시하는 선에서 인출선을 내서 기입하고 암나사의 경우에는 골밑을 표시하는 선에서 인출선을 내서 기입한다.

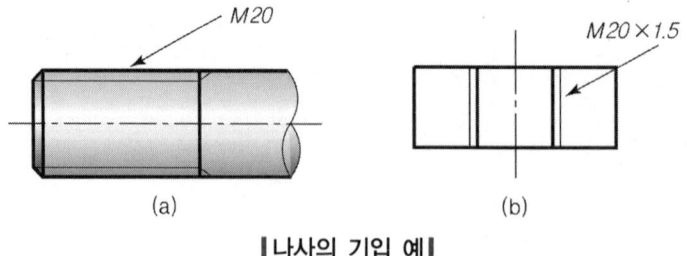

| 나사의 기입 예 |

2-14 기어 제도

기계로 가공하는 기어의 그림은 치형의 실형을 그리지 않고 기어 제도(KS B 0002-1974)에 의하여 약도로 그린다. 기어의 부품도는 그림 및 요목표로 된다([그림 2-4]).

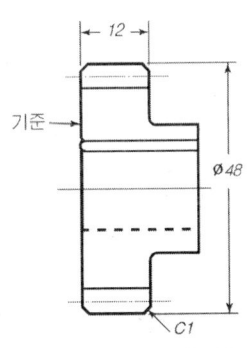
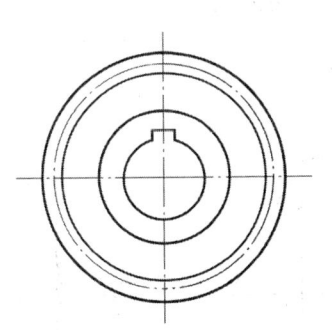

요목표	
스퍼 기어	
기어 치형	표준
공구 치형	보통치
공구 모듈	1.5
공구 압력각	
치수	
기준 피치 원지름	

|그림 2-4| 스퍼 기어의 제작도

요목표에는 기어 절삭과 조립 및 검사 등에 필요한 사항을 기입한다.

그림은 주로 기어 소재(기어 절삭하기 전에 기계 가공을 끝낸 상태로 된 것)를 제작하는데 필요한 형상과 치수를 나타내고 다음 요령으로 그린다.

- 치끝 원(addendum circle)은 굵은 실선으로 그린다.
- 피치 원(pitch circle)은 가는 1점 쇄선으로 그린다.
- 치뿌리 원(deddendum circle)은 가는 실선으로 그린다. 정면도(축과 직각인 방향에서 본 그림)를 단면도시할 때에 치뿌리(deddendum)의 선은 굵은 실선으로 그린다.
- 치줄의 방향을 표시하는 데는 대개 3개의 가는 실선으로 그린다([그림 2-5]).
- 서로 물리는 한 쌍의 기어를 도시하는 데는 물리는 부분의 치끝 원을 함께 굵은 실선으로 그린다. 정면도를 단면 도시할 때에는 물리는 부분의 한쪽 치끝에 대한 선은 모두 굵은 실선으로 그린다. 정면도를 단면 도시할 때에는 물리는 부분의 한쪽 치끝에 대한 선은 중간 굵기의 파선으로 그린다([그림 2-5]).

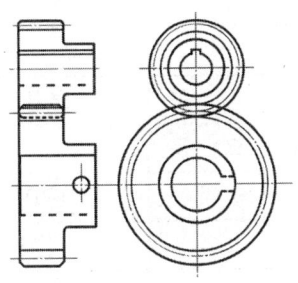

|그림 2-5| 물리는 기어의 도시

조립도 등에 기어를 그리는 경우에는 [그림 2-6]과 같이 간략하게 된 약도를 사용하는 일이 있다. 간략한 정도는 도면의 사용 목적에 따라 선정한다.

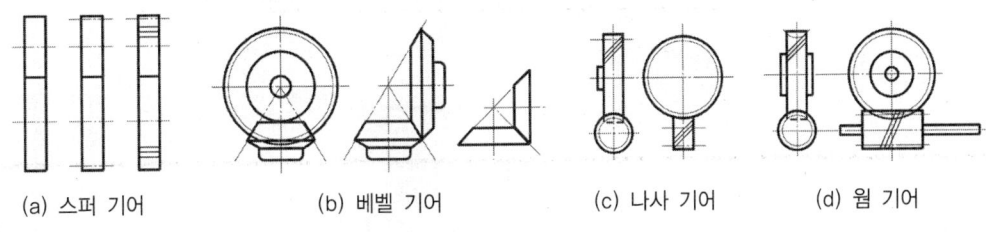

(a) 스퍼 기어   (b) 베벨 기어   (c) 나사 기어   (d) 웜 기어

|그림 2-6| 각종 기어의 약도법

④

치부 고주파 경화 HRC 36-44

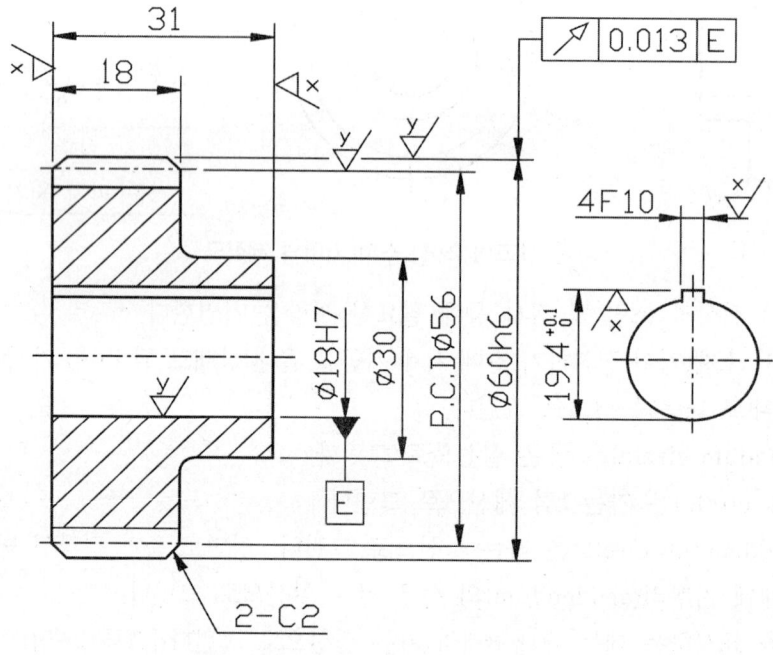

스퍼기어 요목표	
기어치형	표준
공구	치형	보통이
	모듈	2
	압력각	20°
잇 수	28
피치원지름	Ø56
전체이높이	4.5
다듬질방법	호브절삭
정 밀 도	KS B 1405, 5급

기계 제도 실무

CHAPTER 03

AutoCAD

기계 제도 실무

Chapter 03 | AutoCAD

3-1 AutoCAD에 맞게 작업환경을 설정하기

오토캐드가 여러 버전으로 업그레이드되면서 기존의 작업환경과 맞지 않아 적지않이 불편한 점이 있었는데 범용적으로 사용할 수 있도록 하였다.

(1) "Startup" 대화상자

❖ AutoCAD를 처음 실행시 "new"(Ctrl+N) 명령어 실행시 나오는 대화상자 나타내기
명령어 입력창(Command :)에 "startup"을 입력하고 그림과 같이 "1"을 입력한다.

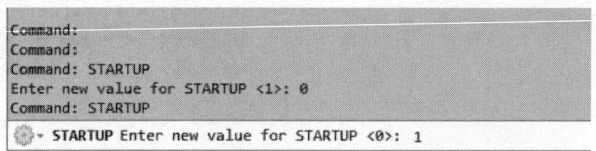

Tip startup은 명령어가 아닌 오토캐드 시스템변수이다.

이제 "new"(Ctrl+N) 명령어를 입력하면 다음과 같은 대화상자가 나타난다.

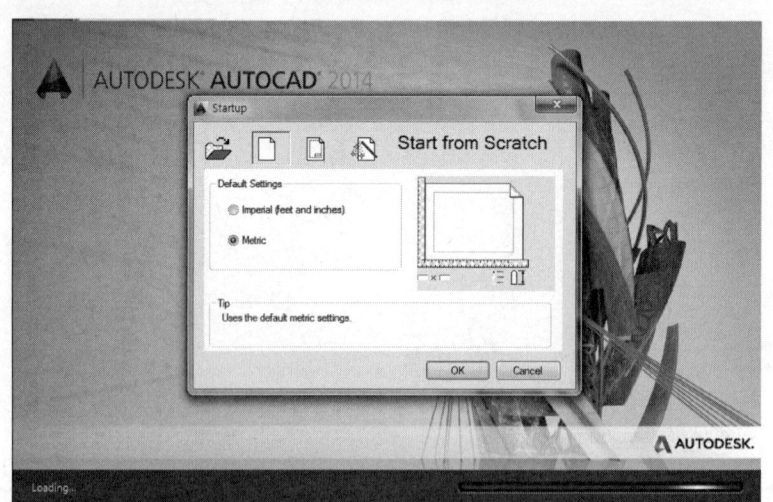

Metric으로 설정해준다.

(2) **Automatic Save File Location 설정하기**

Tools → Options → Files에서 Automatic Save File Location을 선택하여 자동으로 저장되는 곳을 지정해준다.

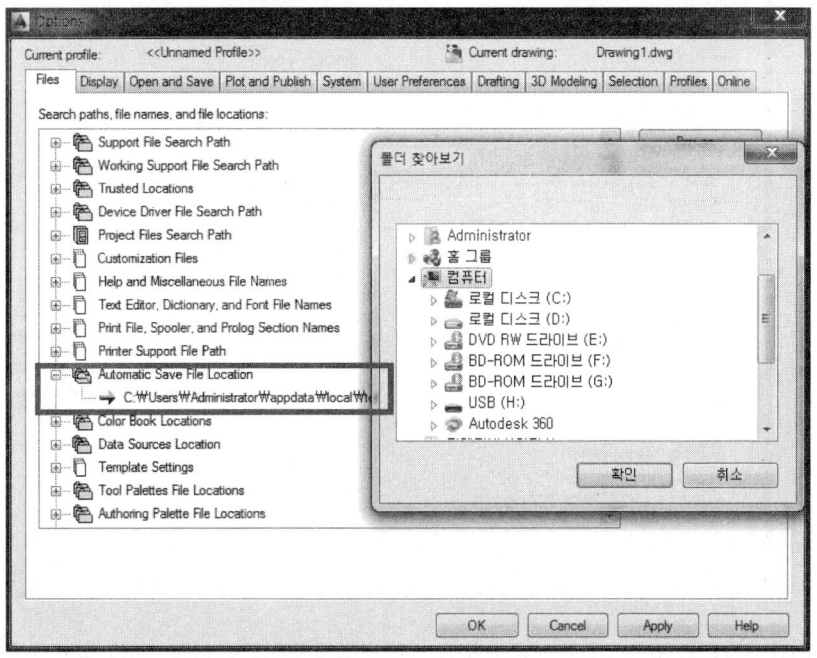

(3) **Window Color 설정하기**

Tools → Options → Display → Colors에 들어가서 색상을 Black으로 바꿔준다. 윈도우화면을 Black으로 해야 나머지 선들이 더욱 명확하게 보인다.

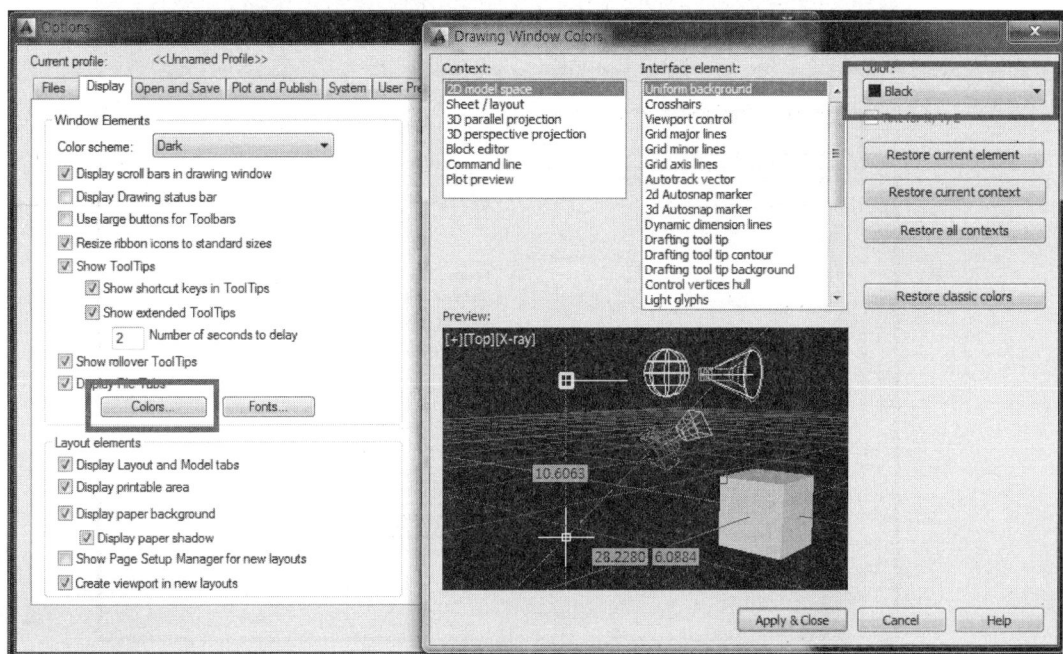

(4) Crosshair size 설정하기

Tools → Options → Display에서 Crosshair size를 100으로 해준다.

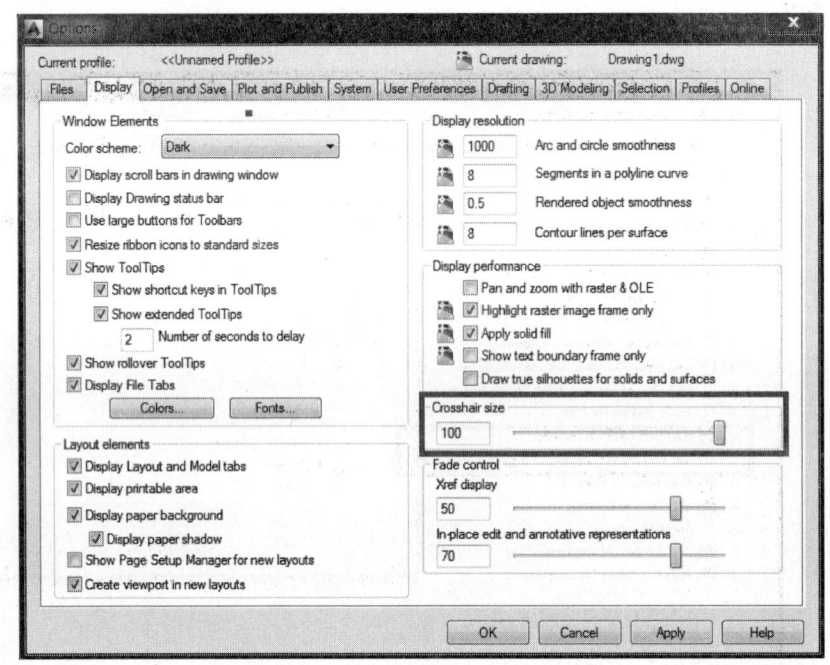

❖ 십자선 크기를 100으로 해주는 이유는 치수를 재보지 않고 간략적으로 동일선상에 있는지 확인하기 위해서이다.

(5) **Save as 버전 설정하기**

Tools → Options → Open and Save → Save as에서 버전을 2007Drawing버전으로 바꿔준다.

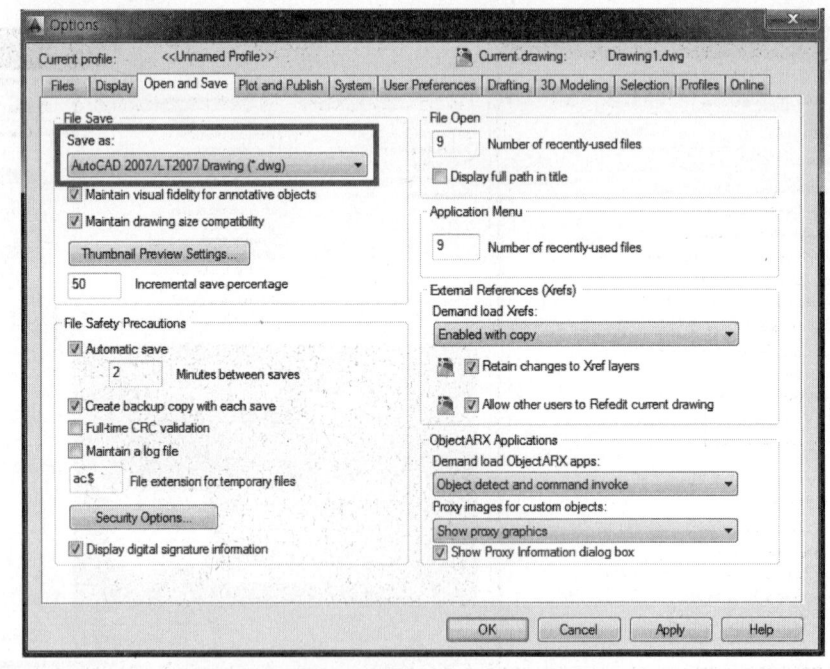

❖ 2007Drawing버전으로 저장하는 것은 지금 현재 2008Drawing 버전 이상의 AutoCAD를 사용하는 사용자가 많기 때문에 2008Drawing버전 이상의 사용자와도 파일이 호환이 될 수 있도록 함이다.

(6) File Safety Precautions 설정하기

Tools → Options → Open and Save → File Safety Precautions에서 Automatic save를 2 Minutes between save로 해준다.

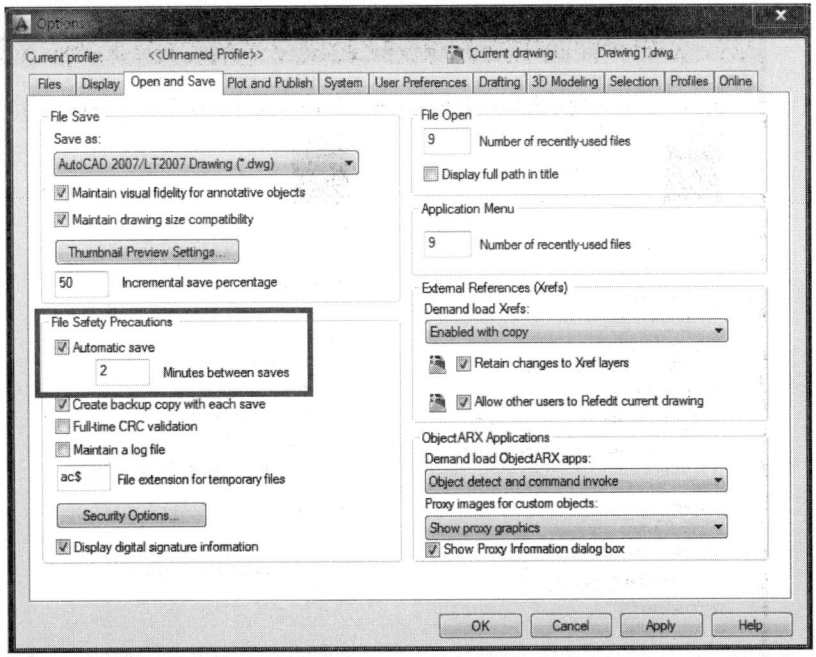

❖ Automatic save란 정해진 시간마다 AutoCAD에서 자동으로 지정한 위치로 저장하는 것으로 앞에서 자동저장파일위치를 설정해준 곳으로 2분마다 저장을 한다. 작업 중 사고가 발생하여도 안전하게 저장해주는 시스템이다.
컴퓨터의 사양이 안 좋은 사용자는 저장시 끊김이 발생하므로 Automatic save의 시간을 10분으로 해야 한다.

(7) AutoSnap Color 설정하기

Tools → Options → Drafting → AutoSnap Settings → Colors에서 색상을 Yellow로 해준다.

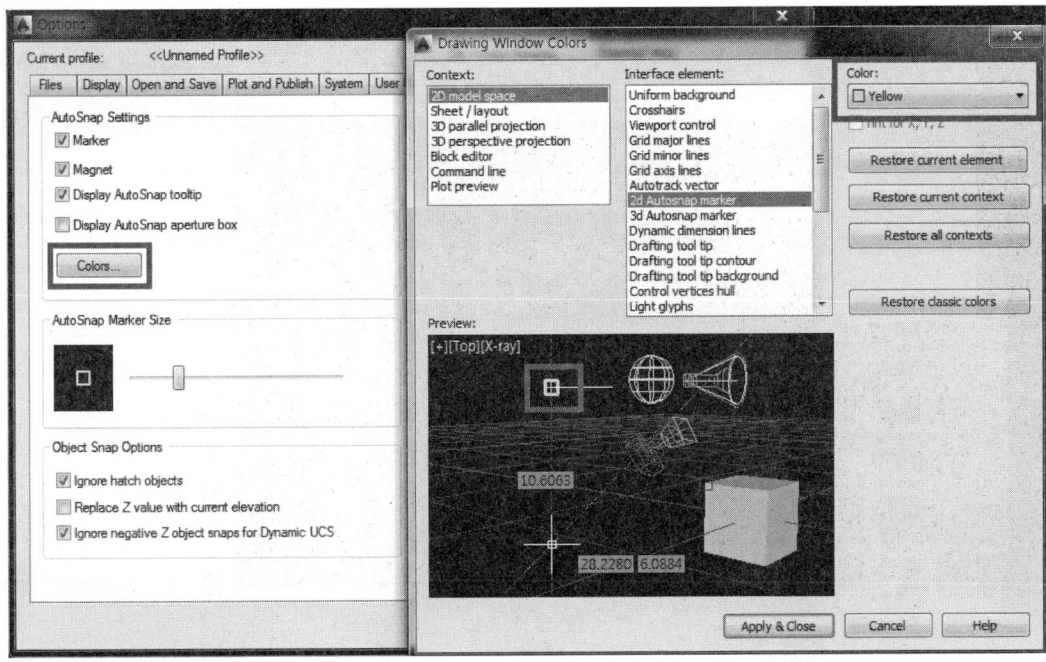

❖ AutoSnap의 색상을 Yellow로 해주는 것은 다른 표식기와의 구분을 하기 위해서이다.

(8) Pickbox size 설정하기

Tools → Options → Selection → Pickbox size의 크기를 밑의 그림에 표시한 화살표위치로 설정한다.

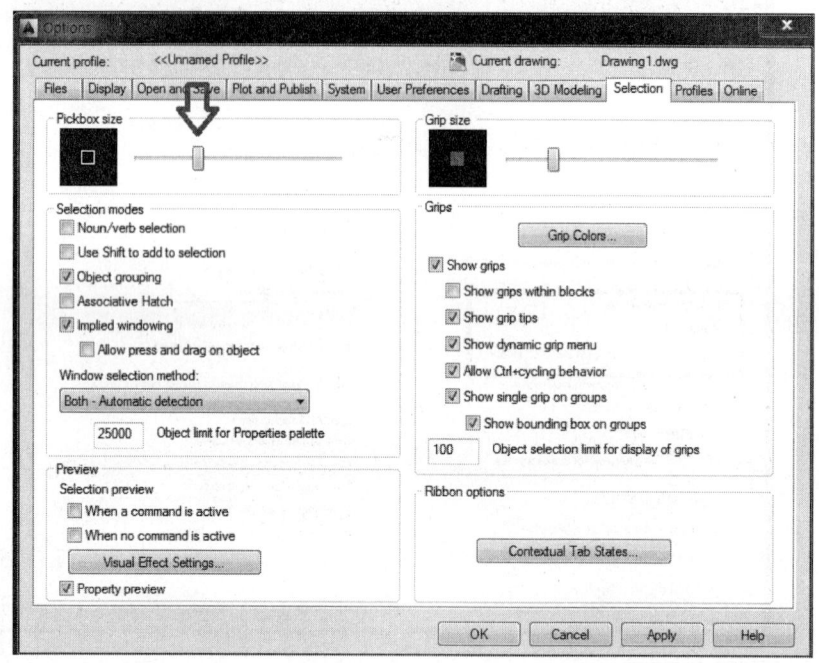

❖ 확인란크기를 위의 그림처럼 맞춘 이유는 다른 그림들과의 크기를 맞추기 위함이다.

3-2 AutoCAD의 Window 구성

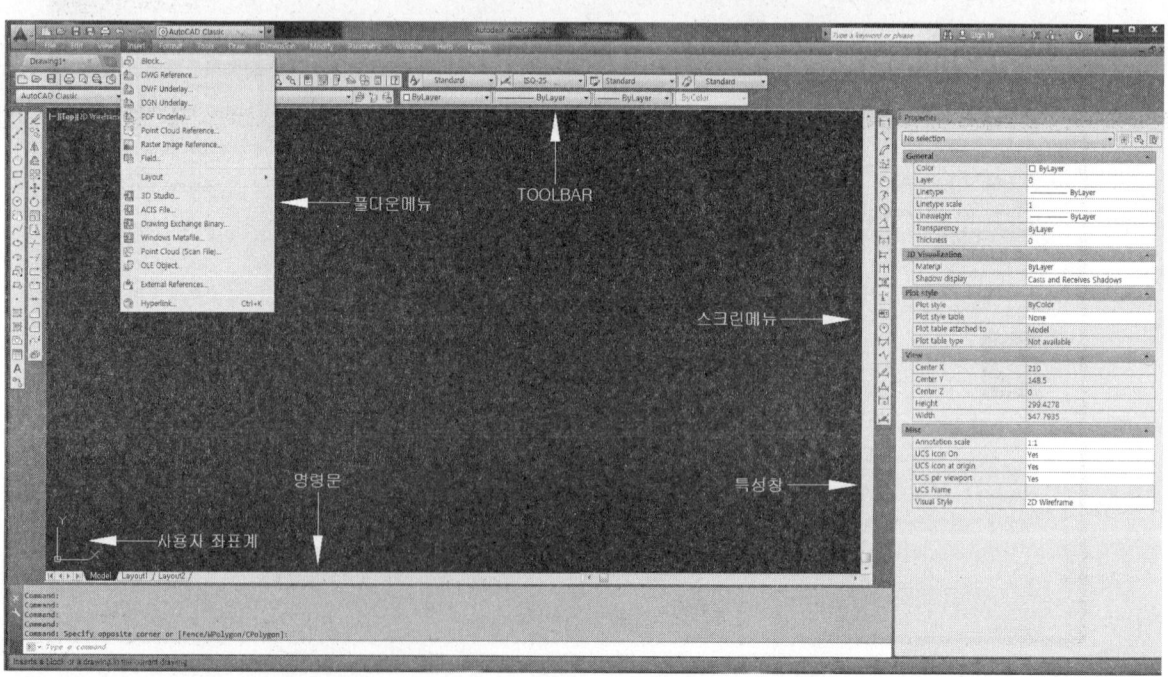

3-3 NEW 명령문

새로운 도면 작업시에 사용된다. 새 도면을 시작하기 전에 3가지 구성을 이루고 있다.

첫째 : Imperial(인치법)과 Metric(미터법) 두 가지의 유형으로 시작하게 된다.

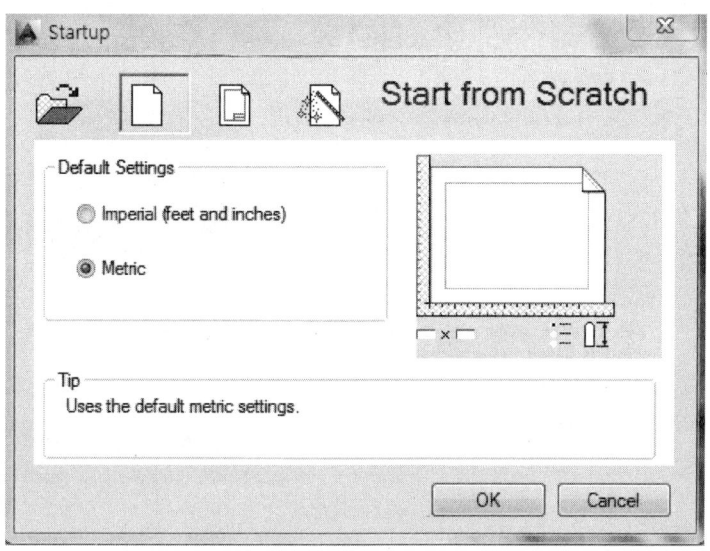

둘째 : 템플릿 주석문(STYLE, LAYER, 치수변수 등)을 미리 달아 사용자가 쉽게 그 내용을 확인할 수 있다. 형성은 SAVEAS에서 확장자를 .dwt로 설정하면 된다.

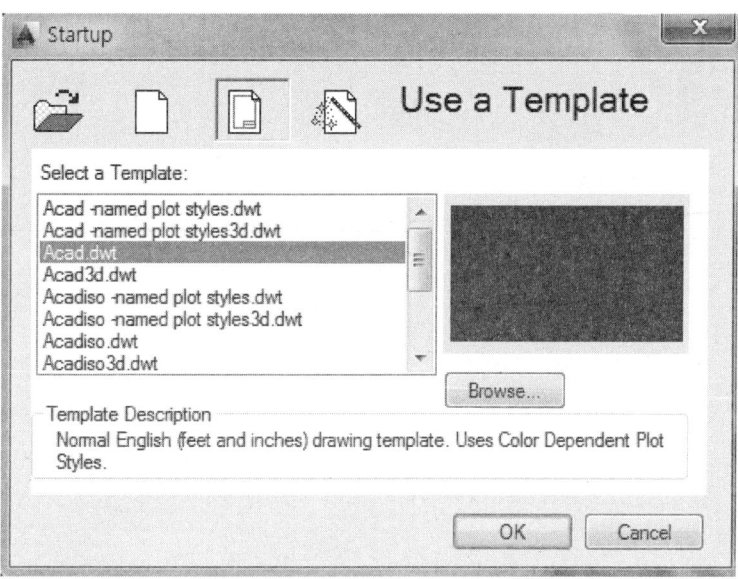

셋째 : 마법사 사용은 빠른설정과 고급설정으로 나누어진다.

- Qucik Setup : 치수의 단위, 도면의 LIMITS만을 설정한다.
- Advanced Setup : 단위, 각도, 각도방향, 각도측정, LIMITS, 제목블록, 배치 등을 정의할 수 있다.

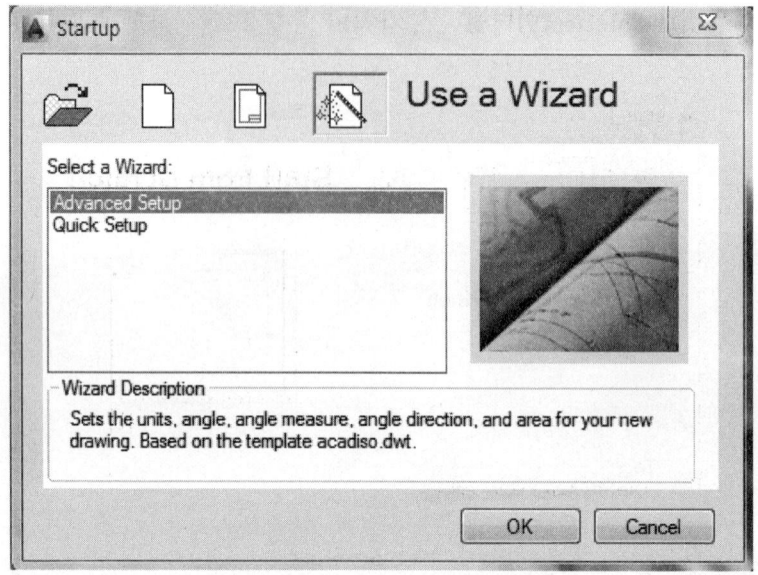

3-4 OPEN 명령문

이미 저장된 도면 파일을 AUTOCAD의 도면을 편집 화면으로 불러와 수정 및 편집 작업이 가능하다. 파일 선택시 불러오기 전의 파일 내용을 미리 확인할 수 있다.

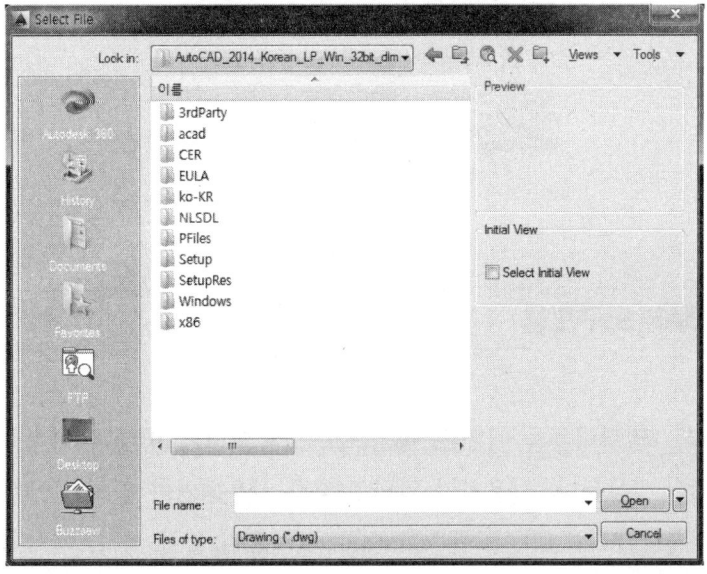

3-5 SAVE 명령문

파일의 이름을 주지 않는 경우에는 SAVEAS 대화 상자가 나타난다. 이때 저장하고자 하는 파일명을 주면 된다.

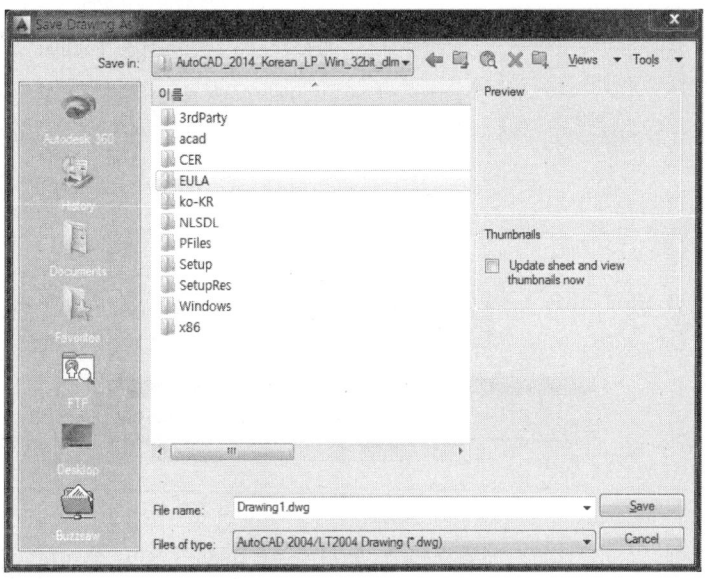

3-6 QUIT 명령문

작업을 끝낼 때 사용한다. 작업 중인 파일이 저장되어 있지 않다면 저장할 것인지 안 할 것인지 선택창이 나타난다.

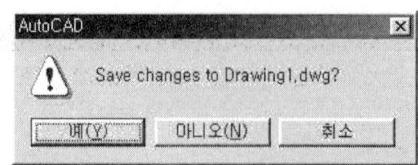

3-7 TOOLBAR(도구모음)

AutoCAD에서 사용되는 명령어들을 아이콘 형식으로 그룹화시켜 명령어 입력줄(Command Line)에 명령어를 입력하는 대신 사용된다. 사용자가 임의로 자주 사용되거나 원하지 않는 아이콘 그룹을 캐드 화면상에 올리거나 제거시킬 수 있다. 또한 "Customize(사용자 툴바 생성)"에서 사용자가 자주 사용하는 아이콘들을 선택하여 새로운 Toolbar를 생성할 수 있다.

▶ Main Menu : View/Toolbars...
▶ Command : TOOLBAR

Toolbar 대화상자가 나타난다.

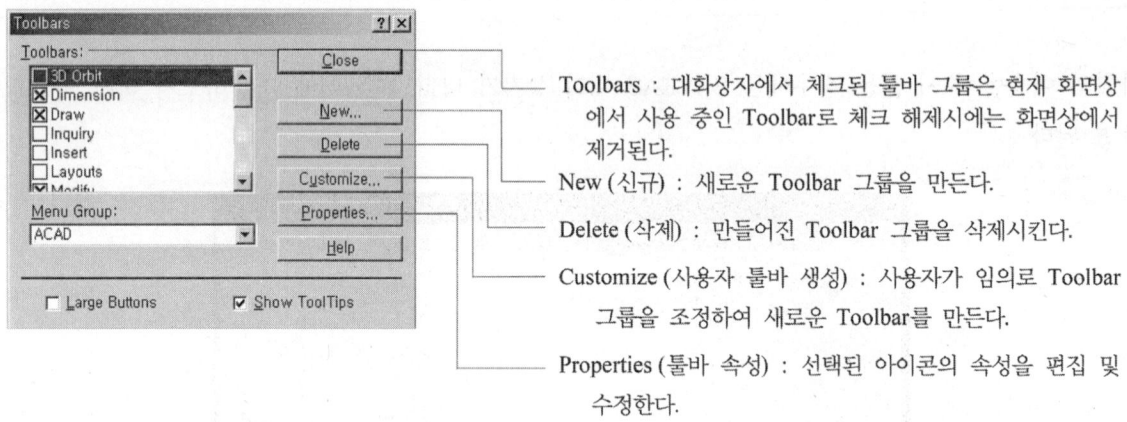

Toolbars : 대화상자에서 체크된 툴바 그룹은 현재 화면상에서 사용 중인 Toolbar로 체크 해제시에는 화면상에서 제거된다.
New (신규) : 새로운 Toolbar 그룹을 만든다.
Delete (삭제) : 만들어진 Toolbar 그룹을 삭제시킨다.
Customize (사용자 툴바 생성) : 사용자가 임의로 Toolbar 그룹을 조정하여 새로운 Toolbar를 만든다.
Properties (툴바 속성) : 선택된 아이콘의 속성을 편집 및 수정한다.

선택하고자 하는 아이콘 위에 마우스 커서를 잠시 동안 위치시키면 ToolTip(풍선 도움말)이 나타난다.

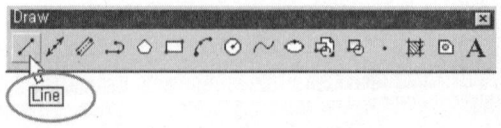

마우스 커서를 화면상에 생성된 도구 그룹으로 이동시킨 후 마우스 오른쪽 단추를 누르면 Toolbar 명령어를 사용하지 않고 Toolbar를 화면상에 생성하거나 제거시킬 수 있다.

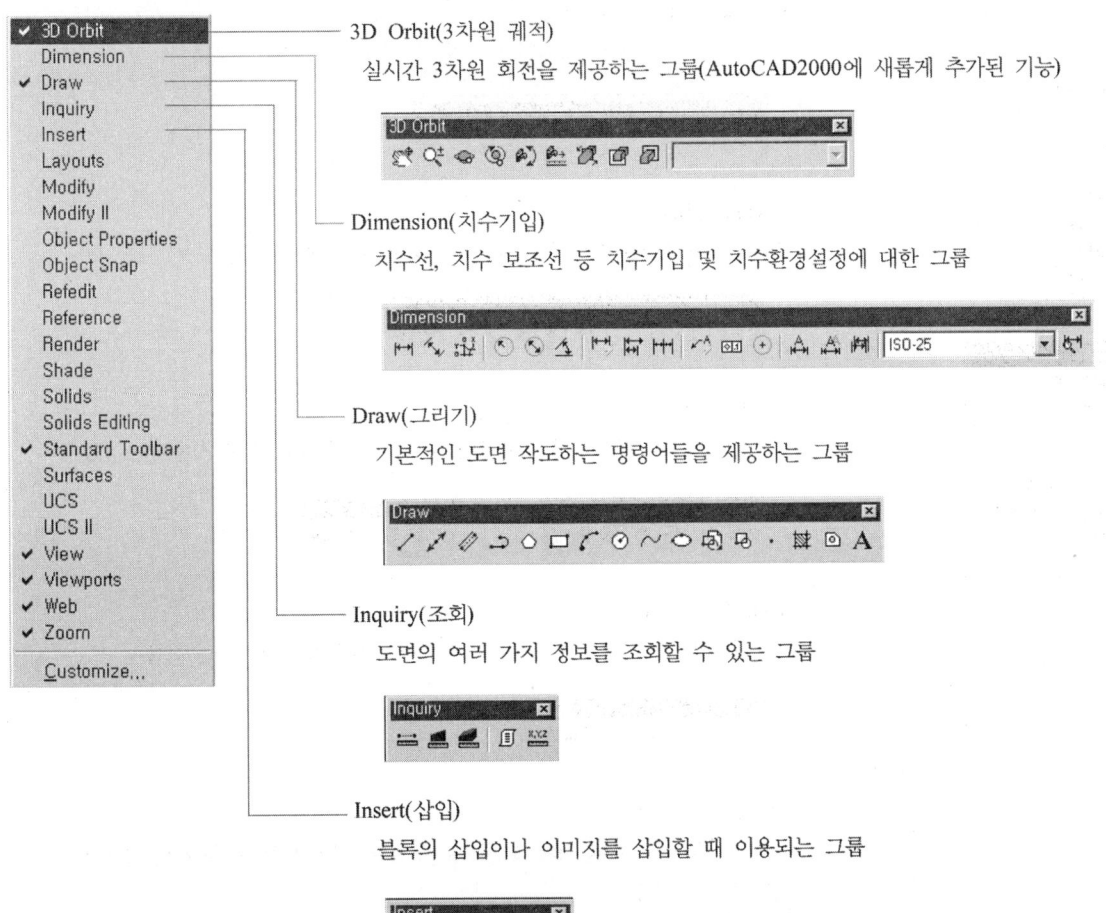

- 3D Orbit(3차원 궤적)
  실시간 3차원 회전을 제공하는 그룹(AutoCAD2000에 새롭게 추가된 기능)

- Dimension(치수기입)
  치수선, 치수 보조선 등 치수기입 및 치수환경설정에 대한 그룹

- Draw(그리기)
  기본적인 도면 작도하는 명령어들을 제공하는 그룹

- Inquiry(조회)
  도면의 여러 가지 정보를 조회할 수 있는 그룹

- Insert(삽입)
  블록의 삽입이나 이미지를 삽입할 때 이용되는 그룹

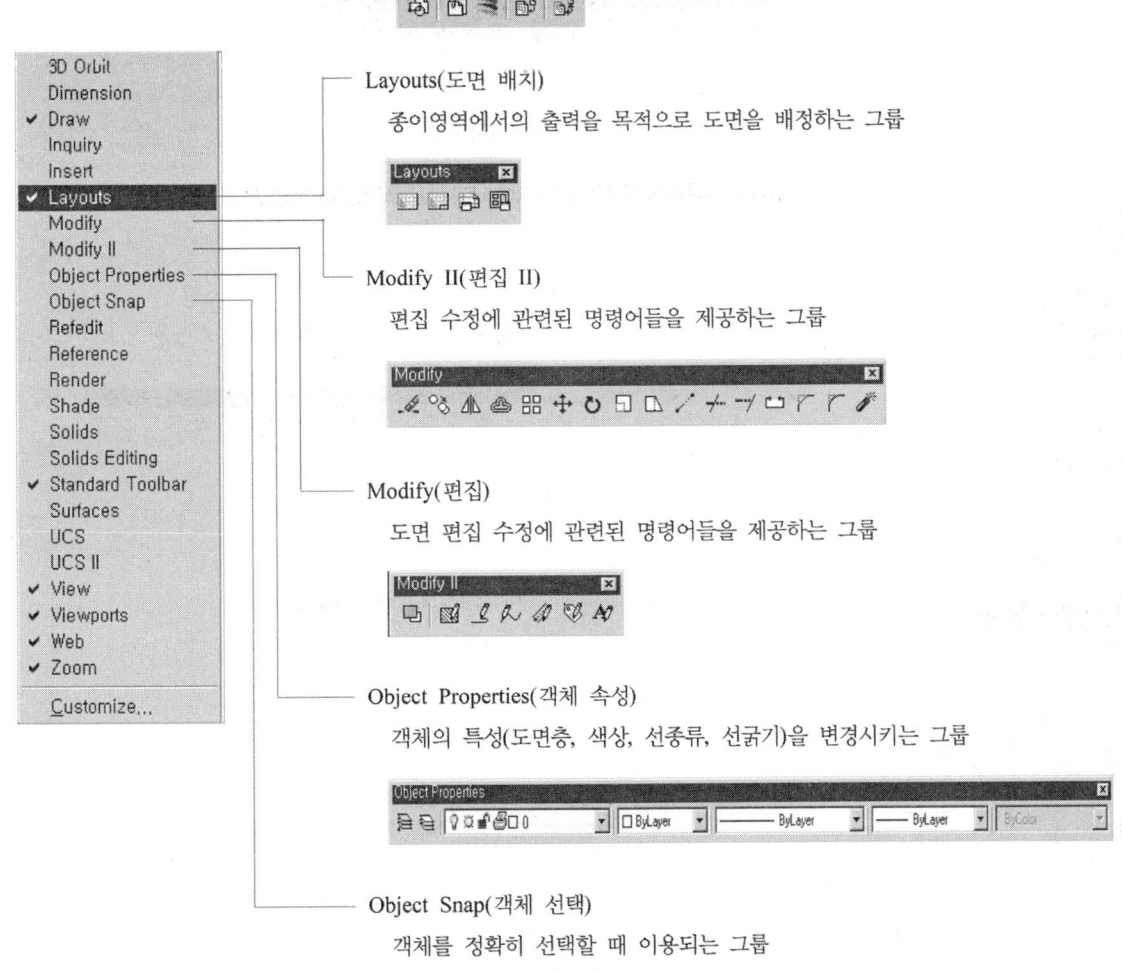

- Layouts(도면 배치)
  종이영역에서의 출력을 목적으로 도면을 배정하는 그룹

- Modify II(편집 II)
  편집 수정에 관련된 명령어들을 제공하는 그룹

- Modify(편집)
  도면 편집 수정에 관련된 명령어들을 제공하는 그룹

- Object Properties(객체 속성)
  객체의 특성(도면층, 색상, 선종류, 선굵기)을 변경시키는 그룹

- Object Snap(객체 선택)
  객체를 정확히 선택할 때 이용되는 그룹

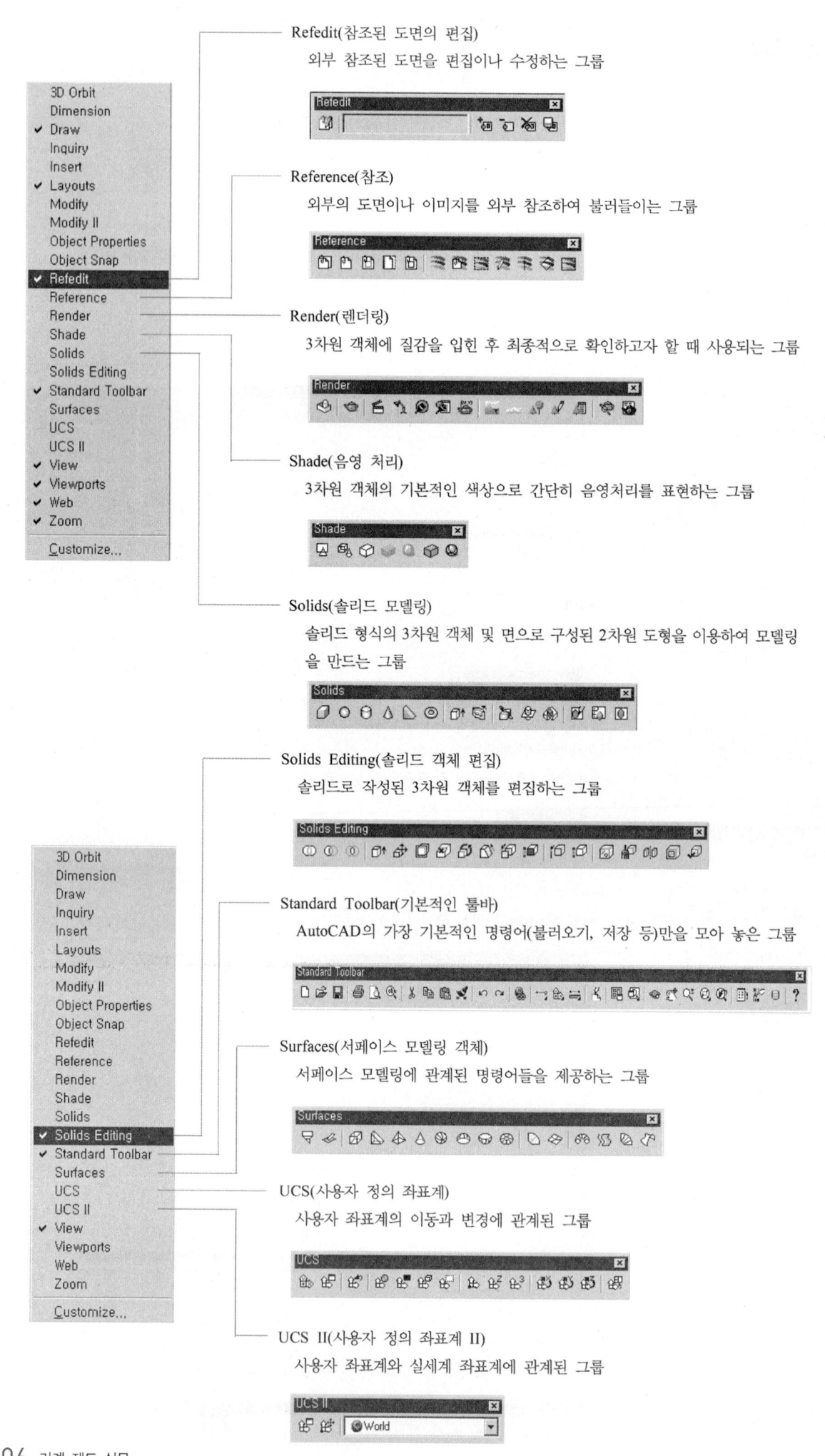

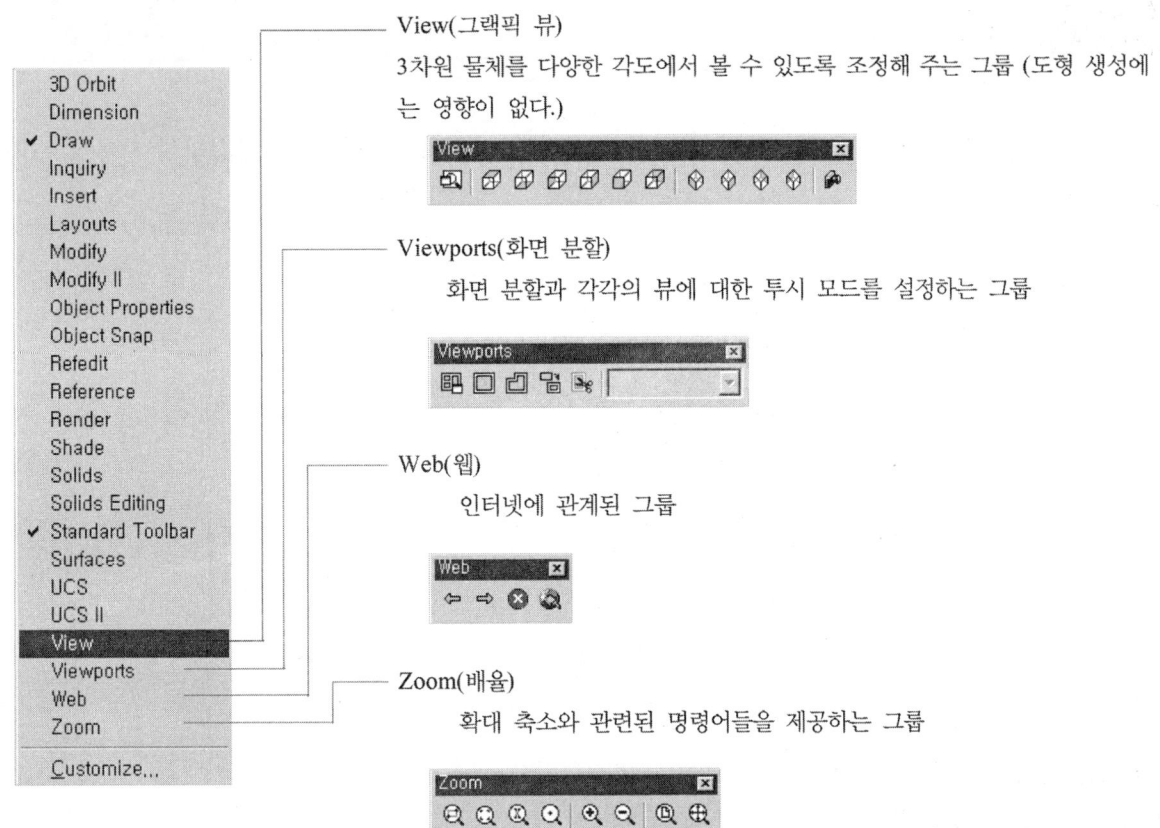

- View(그래픽 뷰)
  3차원 물체를 다양한 각도에서 볼 수 있도록 조정해 주는 그룹 (도형 생성에는 영향이 없다.)

- Viewports(화면 분할)
  화면 분할과 각각의 뷰에 대한 투시 모드를 설정하는 그룹

- Web(웹)
  인터넷에 관계된 그룹

- Zoom(배율)
  확대 축소와 관련된 명령어들을 제공하는 그룹

3-8 단축키

단축키는 'CAD.PGP' 파일에 정의되어 있으며 사용자가 임의로 수정하거나 편집하여 사용할 수가 있다.

▶ **경로** C:\Program Files\ACAD2000\SUPPORT\acad.pgp

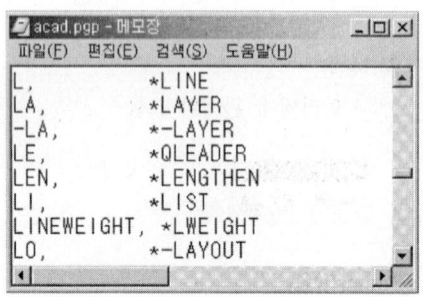

▶ **단축키 형식** 단축키, *명령어

  예) 'LINE' 명령어의 단축키
    L, *LINE

단축키를 정의하고 나서 저장한 후 '로드(LOAD)'를 시켜야만 정의된 단축키를 사용할 수가 있다.

'로드(LOAD)'하는 방법은 두 가지가 있다.

첫 번째는 오토캐드를 종료하고 다시 오토캐드를 재시작하는 것이다.

두 번째는 'REINIT' 명령어를 입력한 후 나타난 대화상자내의 'PGP File'를 체크한 후 'OK' 단추를 클릭하면 된다.

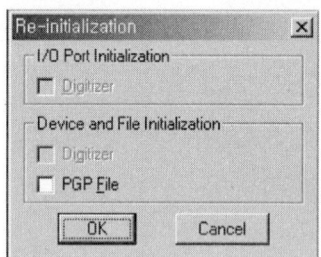

도면을 그리는 데 자주 사용되는 도구 그룹의 명령어와 단축키를 알아보자.

▶ Draw(그리기)

- Multiline Text(Mtext=MT, T) 문장 단위의 글을 쓴다.
- Region(=REG) 영역을 설정하여 솔리드 물체로 만든 후 연산을 적용한다.
- Hatch(=BH, H) 도형 단면에 해칭을 넣는다.
- Point(=PO) 점을 찍는다.
- Make Block(Block=B) 블록을 만든다.
- Insert Block(Insert=I) 블록을 불러온다.
- Ellipse(=EL) 타원을 그린다.
- Spline(=SPL) 자유곡선(스플라인)을 그린다.
- Circle(=C) 원을 그린다.
- Arc(=A) 호를 그린다.
- Rectangle(=RECTANG, REC) 폴리선 속성인 사각형을 그린다.
- Polygon(=POL) 폴리선 속성인 정다각형을 그린다.
- Polyline(Pline=PL) 폴리선을 그린다.
- Multiline(Mline=ML) 다중선을 그린다.
- Construction Line(Xline=XL) 무한 연장선을 그린다.
- Line(=L) 선을 그린다.

▶ Modify(편집)

- Explode(=X) 폴리선 속성의 객체를 분해한다.
- Fillet(=F) 객체의 모서리 부분을 라운딩 처리한다.
- Chamfer(=CHA) 객체의 각진 모따기를 한다.
- Break(=BR) 객체를 자른다.
- Extend(=EX) 객체의 연장선을 그린다.
- Trim(=TR) 객체를 자른다.
- Lengthen(=LEN) 객체의 길이를 조정한다.
- Stretch(=S) 객체를 늘리거나 줄인다.
- Scale(=SC) 객체의 척도를 조절한다.
- Rotate(=RO) 객체를 회전한다.
- Move(=M) 객체를 이동한다.
- Array(=AR) 객체를 배열한다.
- Offset(=O) 객체의 간격 띄우기를 한다.
- Mirror(=MI) 객체를 대칭으로 만든다.
- Copy Object(Copy =CO, CP) 객체를 복사한다.
- Erase(=E) 객체를 지운다.

기계 제도 실무

CHAPTER 04

DRAW(2D)

기계 제도 실무

Chapter 04 | DRAW(2D)

4-1 SETTING 및 좌표

명령어 : LIMITS, MVSETUP ↵
작업 도면의 영역을 설정한다.

LIMITS → A2의 경우 0,0 ↵ → 594,420 ↵
     A3의 경우 0,0 ↵ → 420,297 ↵

◆ 형식 : limits ↵

[ON/OFF]	On 적용시 사용자가 정한 Limits 안에서만 도면 작업을 할 수가 있으며, Off 적용시는 Limits 밖에서도 도면 작업을 할 수가 있다(기본값은 Off가 적용).
lower left corner	사용자가 정하고자 하는 Limits 좌측 하단의 모서리 부분을 "X, Y"값으로 설정한 것으로서 작업 도면의 원점으로 사용된다.
upper right corner	사용자가 정하고자 하는 Limits 우측 상단의 모서리 부분을 "X, Y"값으로 설정한 것으로서 여기에서 도면의 크기가 결정된다.

♣ "lower left corner"는 항상 "0,0"으로 놔두는 것이 좋다. 그래야 "upper right corner"에서 적용된 설정값으로 도면 크기를 정할 수가 있으며 작업 원점도 "lower left corner"에서 시작되기 때문에 도면을 작성하는데 편하게 이용할 수 있다.

♣ Limits를 설정하고 나서 꼭! "Zoom ↵ All ↵"를 해주어야 사용자가 설정한 Limits값으로 현재 화면을 디스플레이를 해준다.

♣ "Grid"를 이용하면 사용자가 설정한 Limits값 안에 모눈종이처럼 점들이 나와서 쉽게 도면 영역을 시각적으로 확인할 수 있다. "Grid"는 키보드의 "F7"를 이용하여 on/off시킬 수 있다.

1. 도면 설정

MVSETUP → A2의 경우 N → M → 1 → 594 → 420

A3의 경우 N → M → 1 → 420 → 297

```
Command:
Command:
Command: _qsave
Command: MVSETUP
Initializing...
>_ -Enable paper space? [No Yes] <Y>: N
```

(a)

```
Command:
Command: _qsave
Command: MVSETUP
Initializing...
Enable paper space? [No/Yes] <Y>: N
>_ -Enter units type [Scientific Decimal Engineering Architectural Metric]: M
```

(b)

```
Initializing...
Enable paper space? [No/Yes] <Y>: N

Enter units type [Scientific/Decimal/Engineering/Architectural/Metric]: M

Metric Scales
==================

(5000) 1:5000
(2000) 1:2000
(1000) 1:1000
(500)  1:500
(200)  1:200

(100)  1:100
(75)   1:75
(50)   1:50
(20)   1:20
(10)   1:10
(5)    1:5
(1)    FULL

Enter the scale factor: 1
```

(C)

```
Enable paper space? [No/Yes] <Y>: N

Enter units type [Scientific/Decimal/Engineering/Architectural/Metric]: M

Metric Scales
==================

(5000) 1:5000
(2000) 1:2000
(1000) 1:1000
(500)  1:500
(200)  1:200

(100)  1:100
(75)   1:75
(50)   1:50
(20)   1:20
(10)   1:10
(5)    1:5
(1)    FULL

Enter the scale factor: 1

Enter the paper width: 420
```

```
AutoCAD Text Window - Drawing1.dwg
Edit
Enter units type [Scientific/Decimal/Engineering/Architectural/Metric]: M

Metric Scales
==================

(5000)  1:5000
(2000)  1:2000
(1000)  1:1000
(500)   1:500
(200)   1:200

(100)   1:100
(75)    1:75
(50)    1:50
(20)    1:20
(10)    1:10
(5)     1:5
(1)     FULL

Enter the scale factor: 1

Enter the paper width: 420

Enter the paper height: 297
```

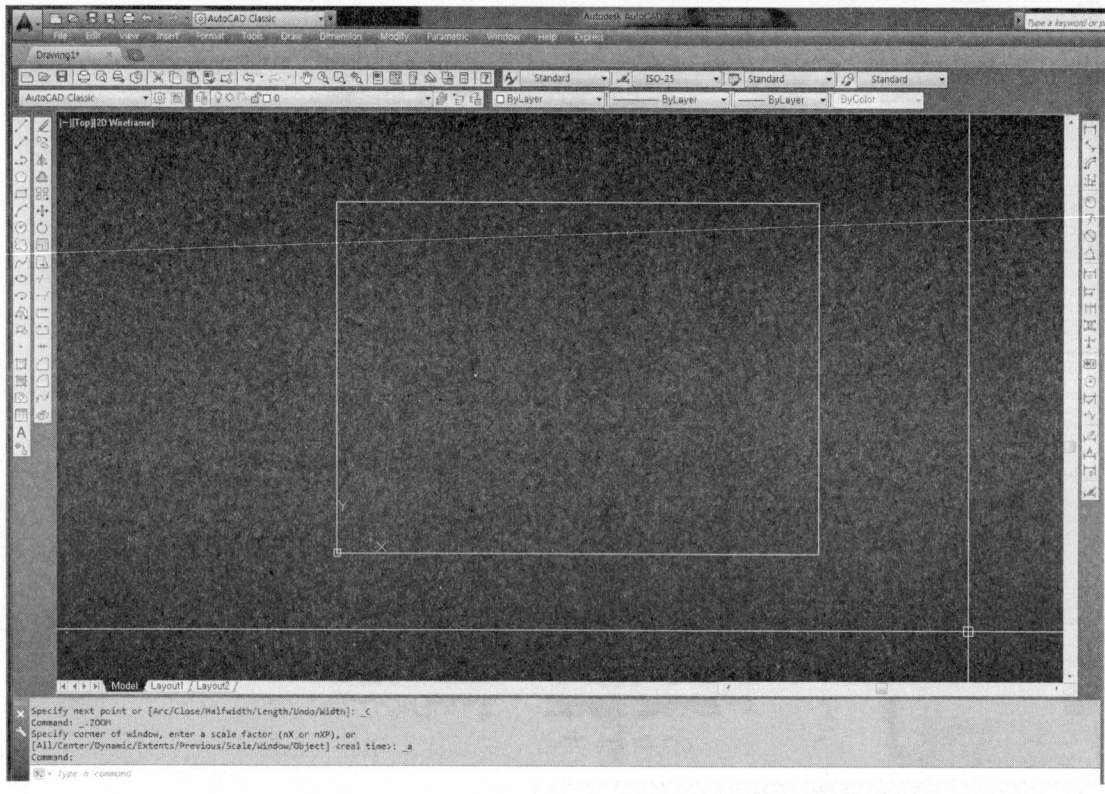

2. 도면층(레이어) 설정

명령어 : LA, LAYER ↵

LAYER로 작성한 도면은 편집 및 수정을 쉽게 할 수가 있고, 또한 도면을 효율적으로 관리할 수가 있다.

1) 새로운 도면층을 생성한다.

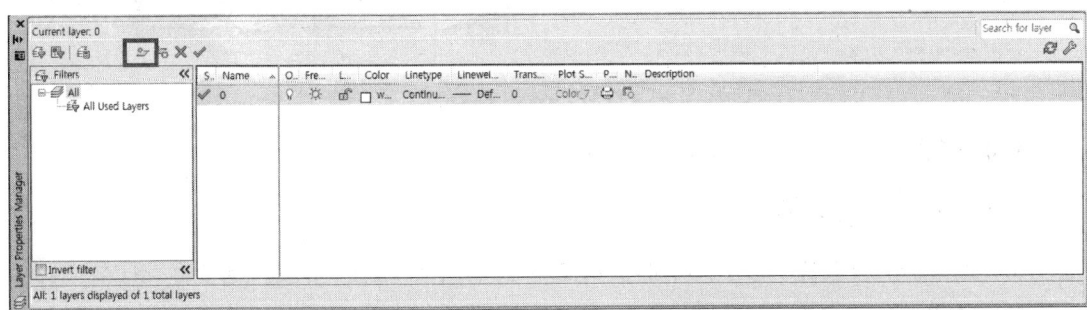

2) 도면층마다 Color, LineType, Lineweight를 설정해준다.

가상선 : RED, PHANTOM, 0.25

문자기호 : YELLOW, CONTINUOUS, 0.35

숨은선 : YELLOW, HIDDEN, 0.35

외형선 : GREEN, CONTINUOUS, 0.5

중심선 : RED, CENTER, 0.25

해칭선 : WHITE, CONTINUOUS, 0.25

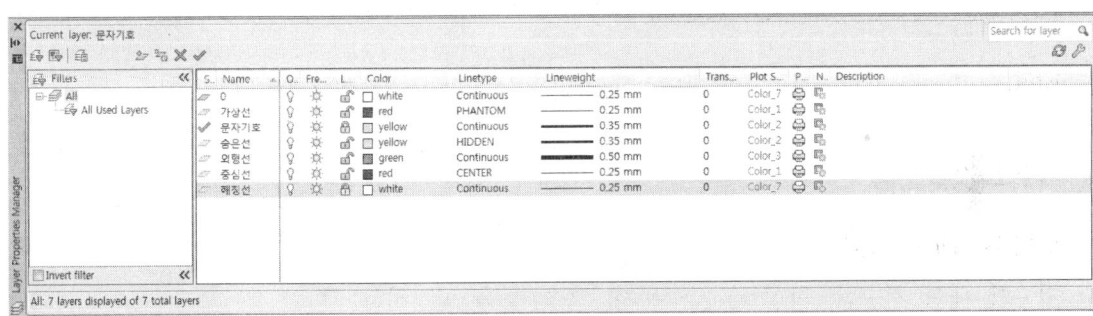

※ LINETYPE의 LOAD에서 CENTER, HIDDEN, PHANTOM을 가져온다.

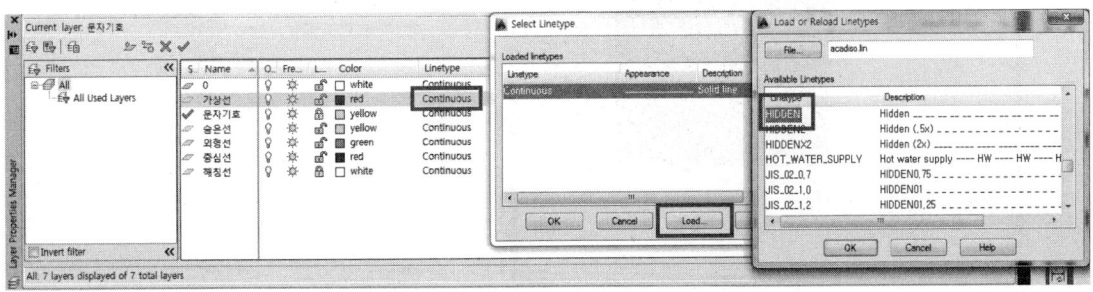

CENTER, HIDDEN, PHANTOM을 선택 후 확인을 눌러 선종류에 추가시킨 후 적용시킨다.

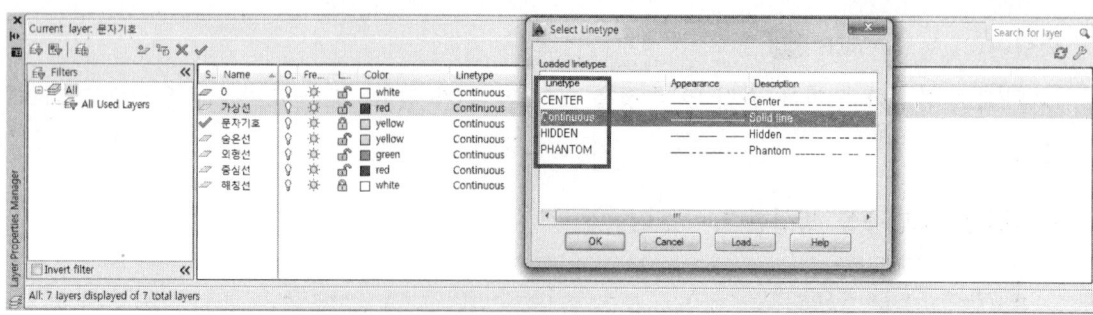

3. OSNAP 설정

명령어 : OS, OSNAP ↵

객체스냅으로서 작업을 더욱 편리하게 하고자 포인트에 대한 지정을 해주는 것

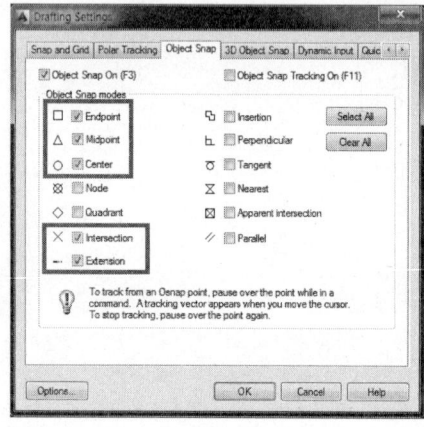

Endpoint, Midpoint, Center, Intersection, Extension만 체크해준다.

4. 치수스타일 설정

명령어 : DDIM ↵

치수에 대한 치수선, 화살표, 치수문자, 축척 등을 설정하는 것

1) Dimension Style Manager의 Modify를 클릭한다.

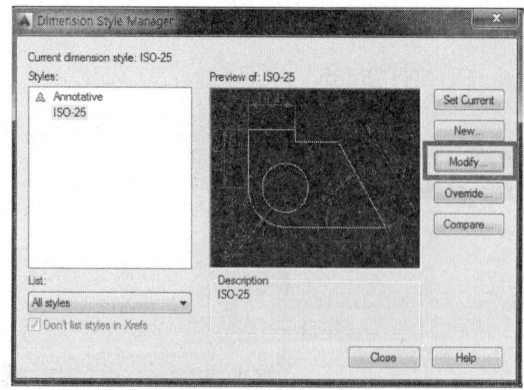

2) Line에서 Dimension lines과 Extension lines의 Color는 Red로 하며 Lineweight를 0.25로 바꿔준다.

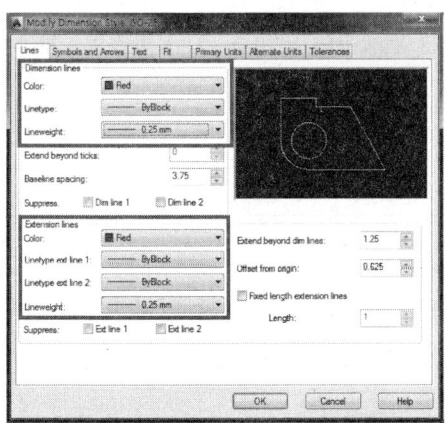

3) Text에서 Text height는 3.5, Color는 Yellow, Text alignment는 ISO standard로 바꿔준다.

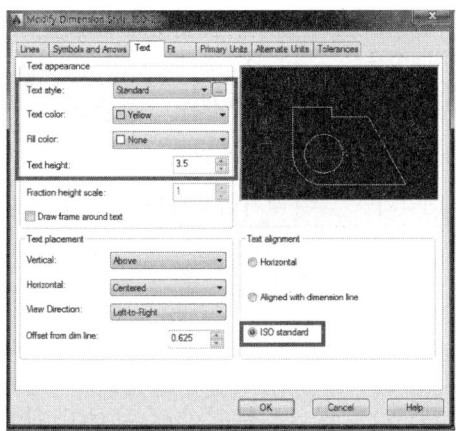

▶ 명령어 : Zoom [Z] : 작업 화면 내의 도면을 가까이 보거나 멀리 보고자 할 때 적용된다.

◆ 형식 : zoom ↵

⟨Real time⟩	실시간으로 화면을 확대 또는 축소, 이동
All	설정된 limits 값만큼 화면 크기를 조정. Limits 영역 밖으로 요소가 나갈 경우 모든 도면요소를 화면에 디스플레이한다.
Dynamic	동적으로 화면범위를 고정 후 화면이동
Extend	Limits영역과 상관없이 도면요소가 화면에 꽉 차도록 해준다.
Previous	이전의 화면 크기로 복귀
Window	대각선으로 코너를 지정하여 특정영역을 확대

♣ "Zoom" 명령에서 옵션 'Window'를 이용시에는 'Window'를 지정하지 않고 "Zoom" 명령 안에서 곧바로 사용할 수 있다.

▶ 명령어 : Grid [G] : Limits 영역 내에 모눈종이처럼 디스플레이 해주는 점들의 X, Y 간격값을 설정한다.

◆ 형식 : grid ↵

▶ 명령어 : Line [L] : 생성될 선의 시작점과 끝점을 입력함으로써 두께가 없는 직선을 생성한다.

◆ 형식 : Line ↵ /

C(Close)	3개 이상 좌표 입력시 시작점과 끝점을 연결하여 닫아준 후 명령종료. 폐다각형을 만들고자 할 때 사용한다.
↵	Line 명령을 종료한다.
u	가장 최근에 입력한 좌표를 취소한다(단축키 = ^+Z).
F8 (On/Off)	커서를 직교모드로 전환시킨다(단축키 = ^+L).

✤ 직선이 생성되기 위해서는 최소한 2개 이상의 좌표가 필요하고 좌표값 입력 방법은 마우스로 작업영역(Drawing Area)을 클릭하거나 Command 영역에서 키보드로 x와 y 좌표값을 입력하면 된다.

▶ 좌표계

✤ 마우스나 디지타이저로 좌표값을 입력하지 않고 keyboard로 직접 좌표값을 입력해야 할 경우 원하는 좌표를 입력하기 위하여는 좌표계를 알아야 한다.

절대좌표	x, y, z
상대좌표	@x증감분, y증감분
절대극좌표	거리<각도
상대극좌표	@거리<각도

▶ 절대좌표

◆ 형식 : x좌표, y좌표

✤ AutoCAD상의 Drawing 영역은 모눈종이와 같이 x(가로)축과 y(세로)축으로 구성이 되어 있다.

• 예제를 보고 따라하십시오.

Command : line ↵

Specify first point : 2,2 ↵

Specify next point or [Undo] : 5,2 ↵

Specify next point or [Undo] : 5,3.5 ↵

Specify next point or [Undo] : 3.5,3.5 ↵

Specify next point or [Undo] : 3.5,5 ↵

Specify next point or [Undo] : 2,5 ↵

Specify next point or [Undo] : c ↵

Command : ↵

LINE Specify first point : 2,6 ↵

Specify next point or [Undo] : 5,6 ↵

Specify next point or [Undo] : 5,8 ↵

Specify next point or [Undo] : 2,8 ↵

Specify next point or [Undo] : c ↵

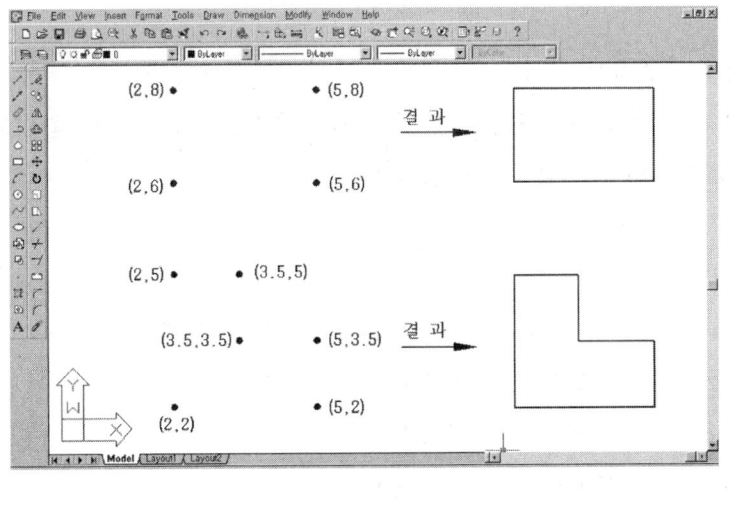
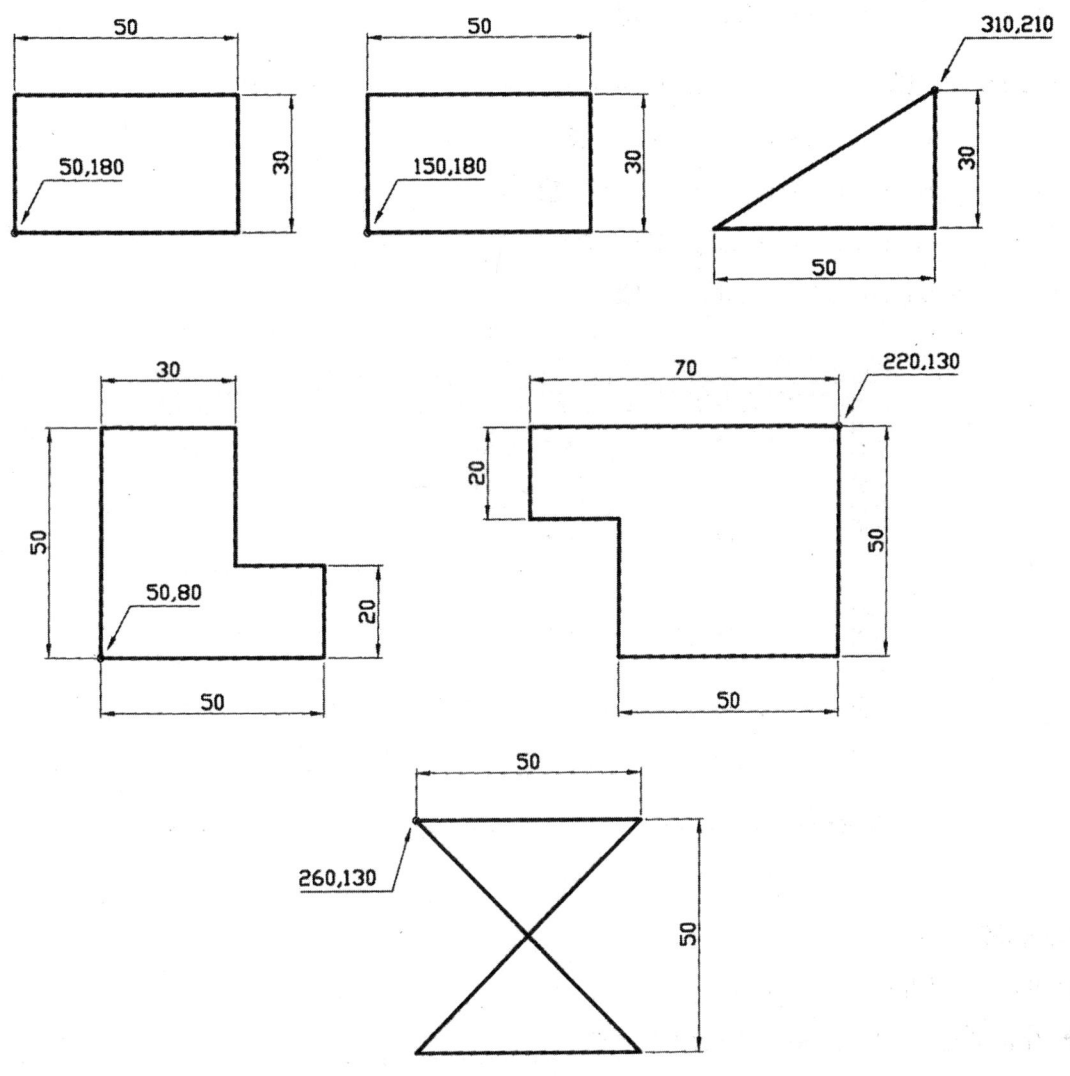

▶ 상대좌표

◆ 형식 : @x증감분, y증감분

✤ 가장 최근에 입력된 좌표값에 대해 x축 또는 y축의 증분값만을 입력하여 원하는 좌표를 얻어낸다(상대좌표 앞에는 반드시 @를 쳐야 한다).

- 예제를 보고 따라하십시오.

  Command : line　　　　　　　Specify first point : P1 클릭 ↵

  Specify next point or [Undo] : @3,0 ↵

  Specify next point or [Undo] : @0,2 ↵

  Specify next point or [Undo] : @-3,0 ↵

  Specify next point or [Undo] : c ↵

  Command : ↵　　　　　　　LINE Specify first point : P2 클릭 ↵

  Specify next point or [Undo] : @3,0 ↵

  Specify next point or [Undo] : @-3,3 ↵

  Specify next point or [Undo] : @3,0 ↵

  Specify next point or [Undo] : c ↵

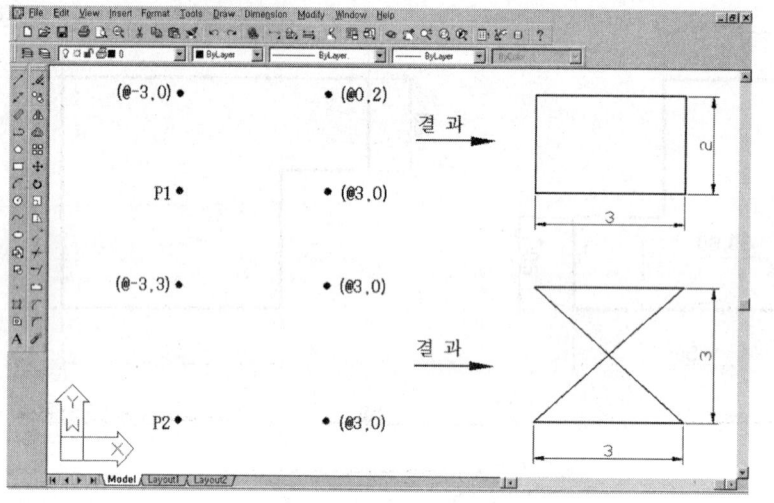

▶ 상대극좌표

◆ 형식 : @거리에 대한 절대치 < 각도

✤ 가장 최근에 입력된 좌표값에 대해 절대값(거리)과 각도를 입력하여 원하는 좌표를 얻어낸다. 가장 많이 쓰이는 좌표 입력 방식으로 사용법이 간편하다.

✤ 각도는 3시방향이 0도이며 반시계방향은 +로 시계방향은 -로 입력한다.

• 예제를 보고 따라하십시오.

Command : line　　　　　　　　Specify first point : P1 클릭 ⏎

Specify next point or [Undo] : @3 < 0 ⏎

Specify next point or [Undo] : @3 < 90 ⏎

Specify next point or [Undo] : @3 < 180 ⏎

Specify next point or [Undo] : c ⏎

Command :　　　LINE Specify first point : @6 < -90 ⏎

Specify next point or [Undo] : @3 < 0 ⏎

Specify next point or [Undo] : @3 < 120 ⏎

Specify next point or [Undo] : c ⏎

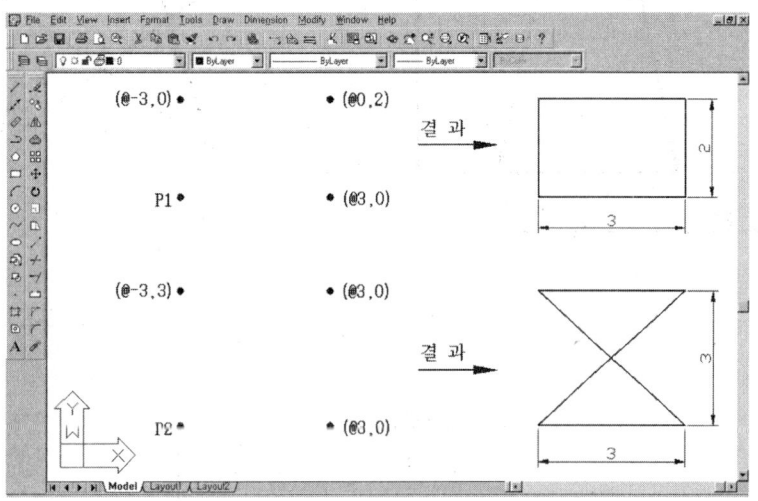

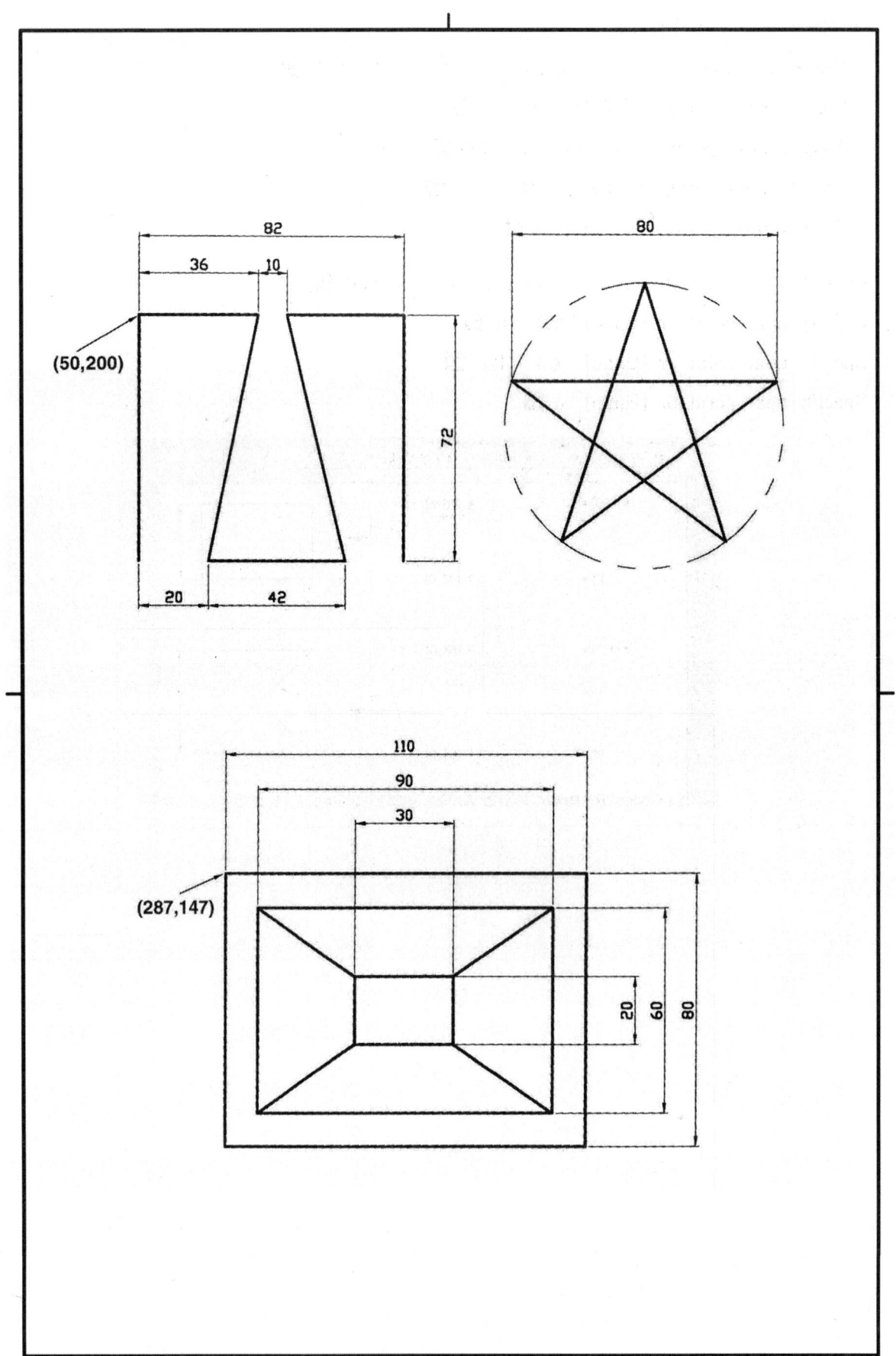

4-2 Circle

▶ 명령어 : Circle [C] : 원을 생성시키는 명령어이다.

◆ 형식 : circle ⏎

⟨Center point⟩	원의 중심점 "Diameter/⟨Radius⟩ : "의 하부 옵션을 갖는다.
⟨Radius⟩	원의 반지름값을 입력한다.
Diameter	원의 지름값을 입력한다.
3P	3점을 통과하는 원을 그린다.
2P	2점을 통과하는 원을 그린다. 즉, 2점은 지름의 양끝점이 된다.
TTR	두 개의 요소에 접하면서 입력된 반지름을 갖는 원을 그린다.

♣ 위와 같은 circle의 명령어 중 예제에서는 TTR이용에 주의하자! (가장 많이 사용함)

▶ 명령어 : Osnap [OS] : 도면상에 존재하는 모든 객체로부터 특정지점을 찾는다.

◆ 형식 : osnap ⏎

♣ osnap은 osnap명령에 의해서 미리 설정해 놓고 사용하는 방법과 다른 명령어 사용 중 필요할 때마다 1회용으로 사용(팝업메뉴 이용)할 수 있도록 사용자에게 편의를 제공한다.

CENter	원 또는 호의 중심점을 찾는다.
FROm	입력된 점(Base point)으로부터 지정된 좌표만큼 떨어진 좌표⟨Offset⟩를 찾는다. 정확한 좌표를 입력시에는 상대좌표나 상대극좌표를 이용한다.

♣ 키보드를 이용하여 1회용으로 osnap을 사용해서 원의 정확한 중심을 선택하고자 할 때에는 circle명령어 입력 후 "CEN"을 키보드로 입력하여 사용하거나 키보드의 'Shift'키나 'Ctrl'키를 누른 상태에서 마우스 오른쪽 버튼을 누르면 나타나는 팝업메뉴의 Center를 선택하면 된다.

4-3 Offset

▶ 명령어 : Offset [O] : 하나의 요소(한 객체)를 지정된 다른 공간으로 평행하게 복사한다. Offset은 선택된 대상을 지정되어지는 임의의 지정점(Through point) 및 고정 간격(Distance)으로 평행 이동시켜 복사물을 생성시키는 명령이다.

◆ 형식 : offset ↵

♣ 고정 간격(Distance)을 사용할 때에는 이동량(거리)을 입력한 후 옵셋 방향을 마우스 왼쪽 버튼으로 선택하여 준다.

Offset distance	수직 이동복사 거리를 미리 입력한다.
Trough	사용자가 임의의 거리로 osnap을 이용하여 평행 이동하여 복사시킨다.

▶ 명령어 : Circle [C] : 도면상에 존재하는 모든 객체로부터 특정지점을 찾는다.

◆ 형식 : circle ↵

▶ 명령어 : Osnap [OS] : 도면상에 존재하는 모든 객체로부터 특정지점을 찾는다.

◆ 형식 : osnap ↵

CENter	원 또는 호, 타원의 중심점을 찾는다.
QUAdrant	원 또는 호, 타원의 정확한 사분점(0도, 90도, 180도, 270도)을 찾는다.
TANgent	도형 요소의 접점을 찾아 접선이나 접원을 그릴 수 있다.

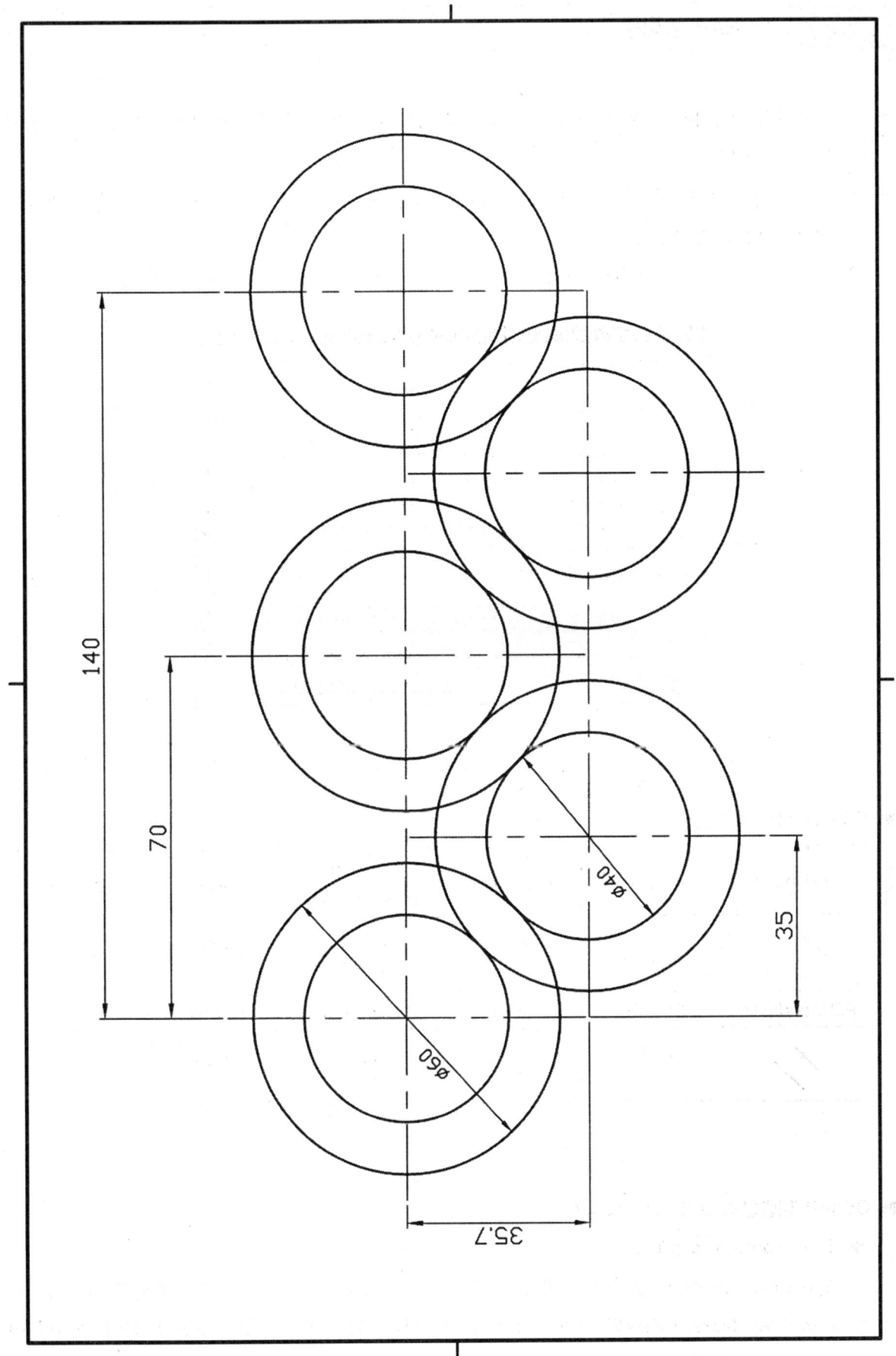

4-4 OSNAP 명령문

✤ 명령어 대기 상태에서 사용할 수 있는 방법으로 동일의 객체 POINT를 여러 번 지정할 경우 많은 시간이 소모된다.
✤ 이러한 경우에 OSNAP을 이용하여 미리 object snap mode를 미리 지정하여 원하는 동일 작업을 반복해서 사용할 수 있다.
✤ OSNAP 명령어의 대화 상자로 지정하려고 하는 OSNAP을 선택해 사용할 수 있다.

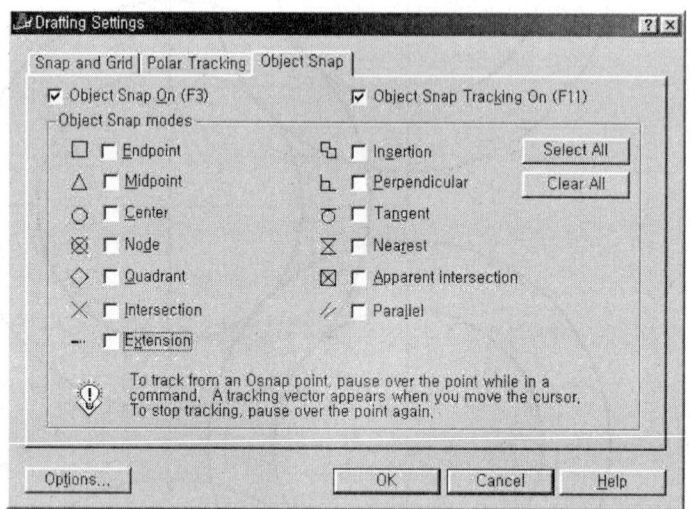

▶ OSNAP 명령문 적용예

ENDpoint	MIDpoint	INTersection	APParent INTersection	CENter	QUAdrant
PERpendicular	TANgent	NODe	INSsertion	NEArest	
			LINE		

▶ OSNAP 명령문의 OPTION 대화상자

✤ Tools-option-drafting

Aperture size에서 슬라이드 바를 선택하여 Aperture box의 크기를 조절할 수 있으며 AutoSnap Marker Size의 크기도 조절이 가능하다. 기본 색상은 노란색으로 되어 있지만 이 색은 사용자가 원하는 색으로 바꿀 수 있다.

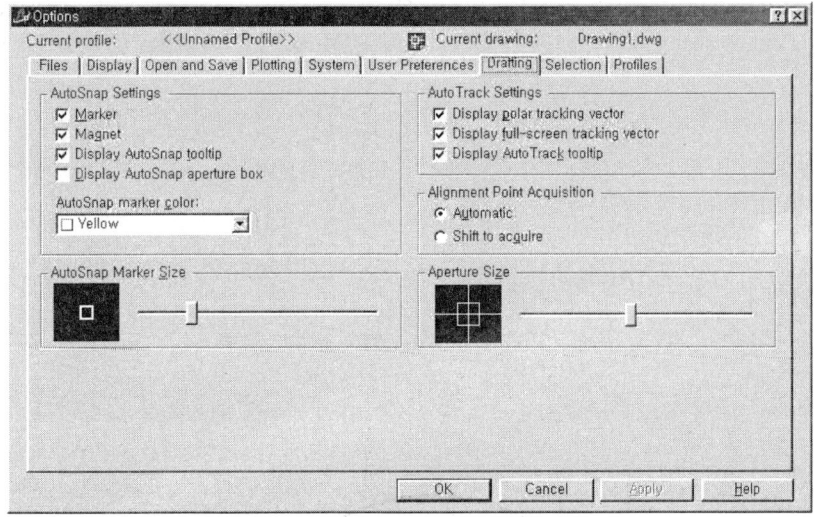

❖ Option 대화 상자의 Selection탭에서는 선택 도구와 객체선택 방법을 조정할 수 있다.
❖ 다음의 탭에서는 변경할 수 있는 기능은 맞물림 동작과 특성 누른 채로 끌기 선택, 명사/동사 선택, 객체그룹화 선택, 연관 해치 선택 등이다.

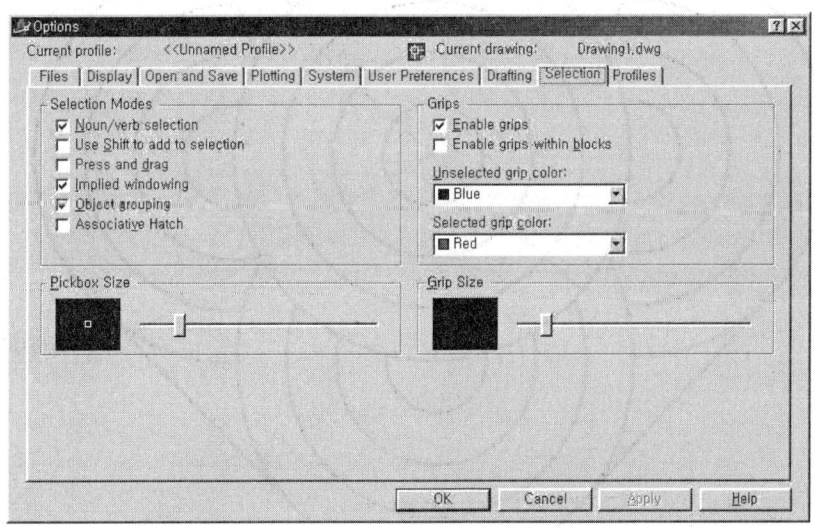

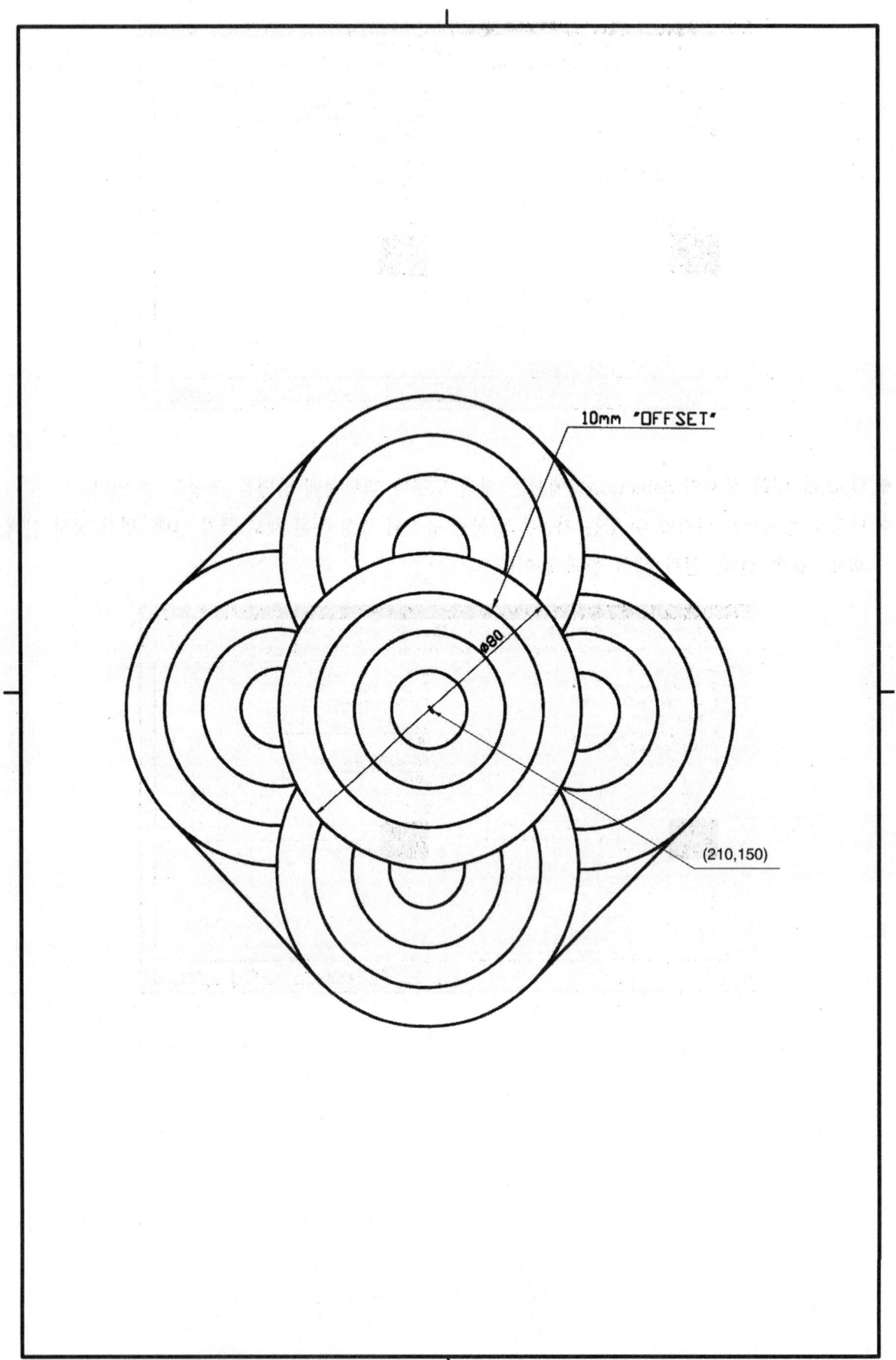

4-5 Trim

▶ 명령어 : Trim [TR] : Trim은 경계를 선택하고 그 경계선에 교차되어 있는 대상물(필요치 않은 부위)의 어느 한 방향의 부분을 정확하게 잘라서 제거하는 명령이다.

◆ 형식 : trim ↵

❖ Select objects : 자를 부분의 기준이 되는 요소를 마우스로 지정한다.

〈Select object to trim〉	잘려 나갈 요소 선택
Project	대상물을 자를 때 사용하는 투영 모드를 선택한다.
Edge	Extend(연장해 자름)/No extend(연장 안함) 모드를 따른다.
Undo	가장 최근에 자른 요소를 취소한다.

❖ Edge 모드 옵션 선택시

Extend	선택된 기준 경계선을 잘라질 요소까지 가상으로 연장한다.
No extend	선택된 기준 경계선을 잘라질 요소까지 가상으로 연장하지 않는다.

▶ 명령어 : Osnap [OS]

◆ 형식 : osnap ↵

INTersection	요소의 교차점을 찾는다.
PERpendicular	요소의 수직점을 찾는다.

▶ Point Style

❖ Pull down menu의 format(형식)을 보면 point style(점 유형)…이란 메뉴가 있다. 이 메뉴를 선택하면 다음과 같은 대화상자가 나타난다.

이 대화상자에서는 Point Size와 Point Style 시스템 변수를 보면서 설정해 줄 수 있다. 마음에 드는 점의 모양을 선택하고… Point Size를 보면 5%라고 되어 있는데 화면 전체 비율로 봤을 때 5%정도의 크기라는 뜻이다.

Set Size in Absolute Units(절대 단위로 크기 설정)를 선택하게 되면, 절대적인 값으로 Point의 크기를 결정하게 된다. Aperture는 포인트 스타일의 크기를 결정하는 명령어이다.

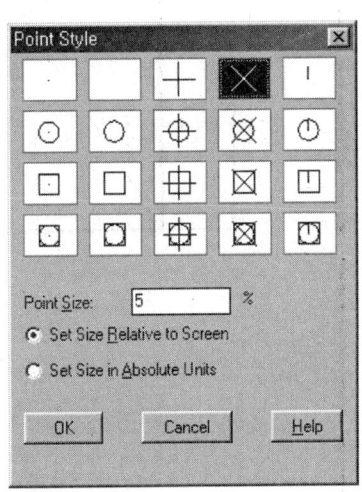

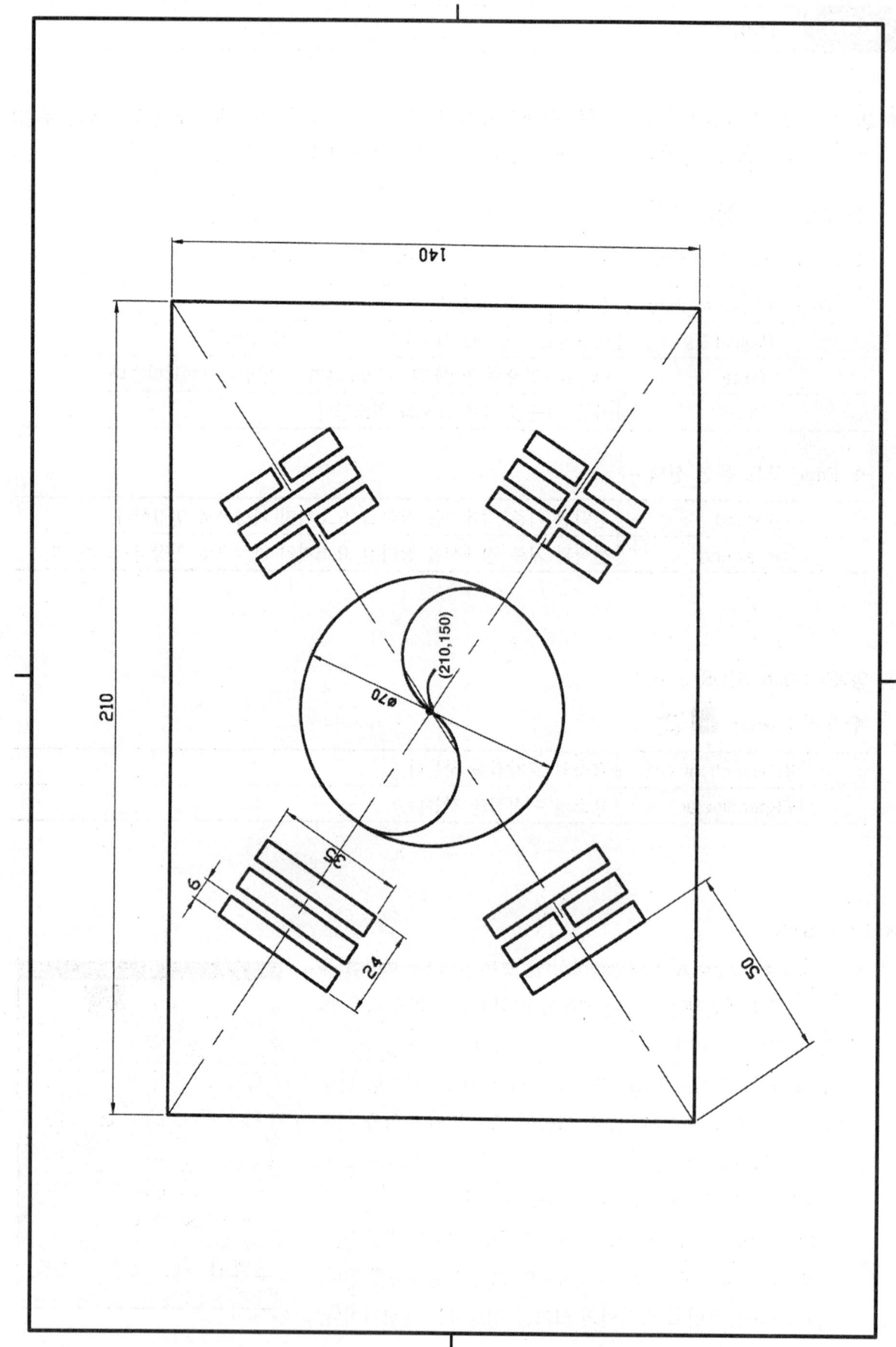

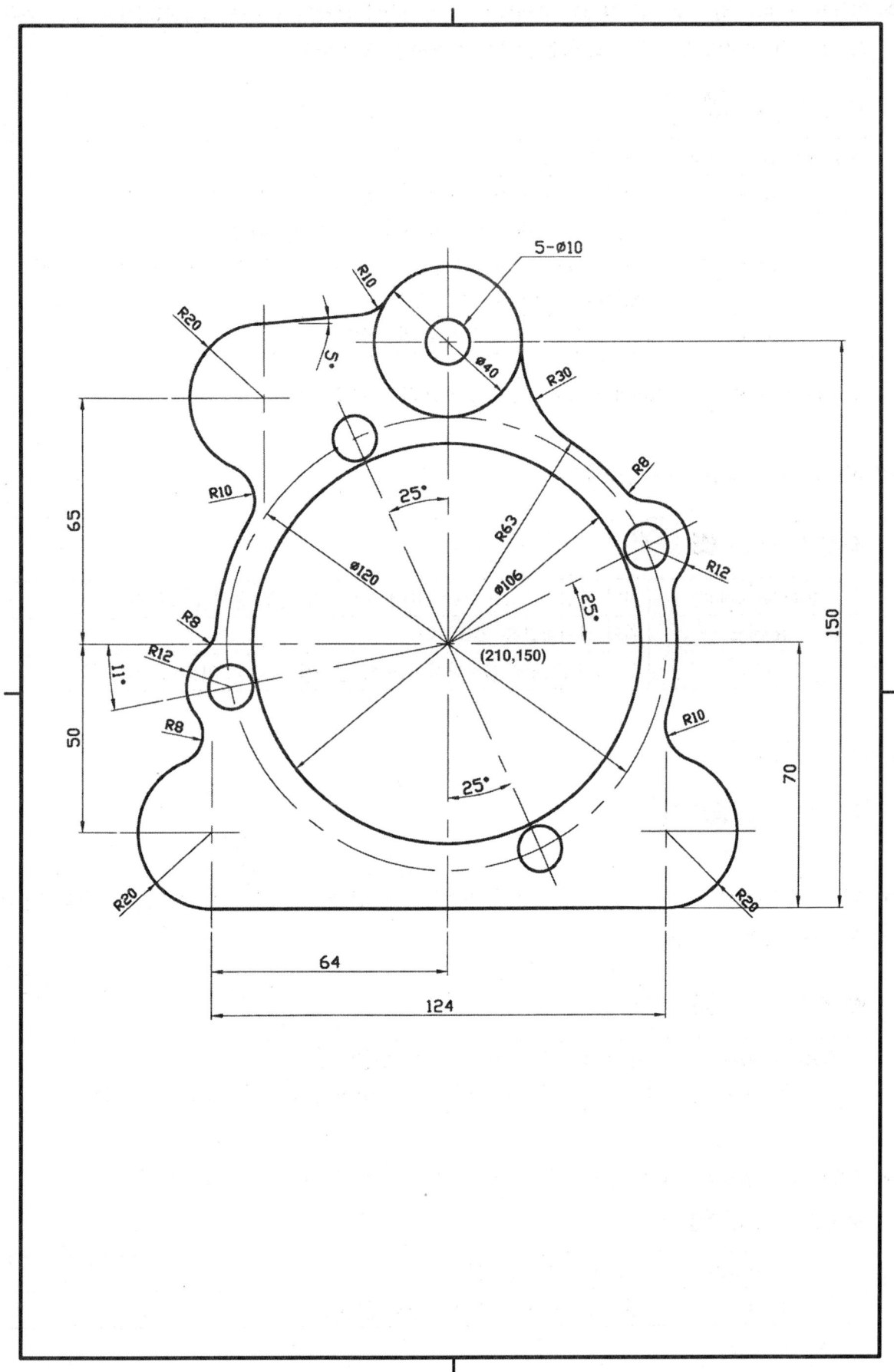

▶ 명령어 : Trim [TR] : Trim은 경계를 선택하고 그 경계선에 교차되어 있는 대상물(필요치 않은 부위)의 어느 한 방향의 부분을 정확하게 잘라서 제거하는 명령이다.

◆ 형식 : trim ↵

⟨Select object to trim⟩	잘려 나갈 요소 선택
Project	대상물을 자를 때 사용하는 투영 모드를 선택한다.
Edge	Extend(연장해 자름)/No extend(연장 안 함) 모드를 따른다. (auto cad 사용자라면 한번쯤 이러한 경험을 했을 것이다. 분명 선택해 잘랐는데 선분이 끊어지는 현상)
Undo	가장 최근에 자른 요소를 취소한다.

♣ 예제에서 circle과 line의 trim시 Edge를 주의하며 사용하자!

▶ 명령어 : Circle [C] : 원을 생성시킨다.

◆ 형식 : circle ↵

⟨Center point⟩	원의 중심점 "Diameter/⟨Radius⟩ : "의 하부 옵션을 갖는다.
⟨Radius⟩	원의 반지름값을 입력한다.
TTR	두 개의 요소에 접하면서 입력된 반지름을 갖는 원을 그린다.

▶ 명령어 : Trim

◆ 형식 : trim ↵

▶ 명령어 : Offset [O] : 하나의 요소(한 객체)를 지정된 다른 공간으로 평행하게 복사한다. 이때 방향과 이동량이 같이 주어진다.

◆ 형식 : offset ↵

Offset distance or Trough	수직 이동복사 거리를 미리 입력한다. 사용자가 임의의 거리로 osnap을 이용하여 평행이동하여 복사시킨다.

▶ 명령어 : Osnap [OS] : 도면상에 존재하는 모든 객체로부터 특정지점을 찾는다.

◆ 형식 : osnap ↵

Intersection	요소의 교차점을 찾는다.
Center	원 또는 호, 타원의 중심점을 찾는다.

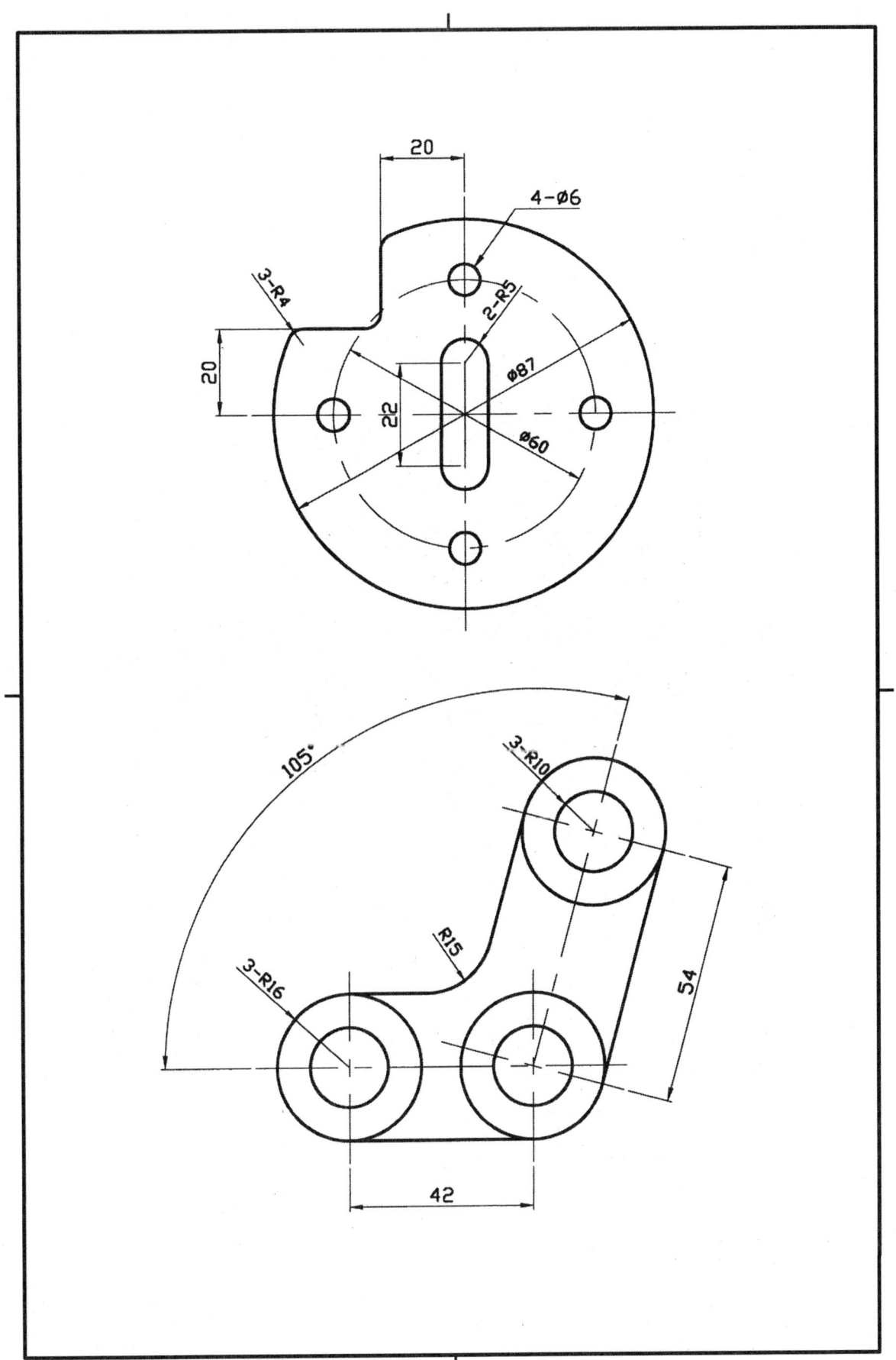

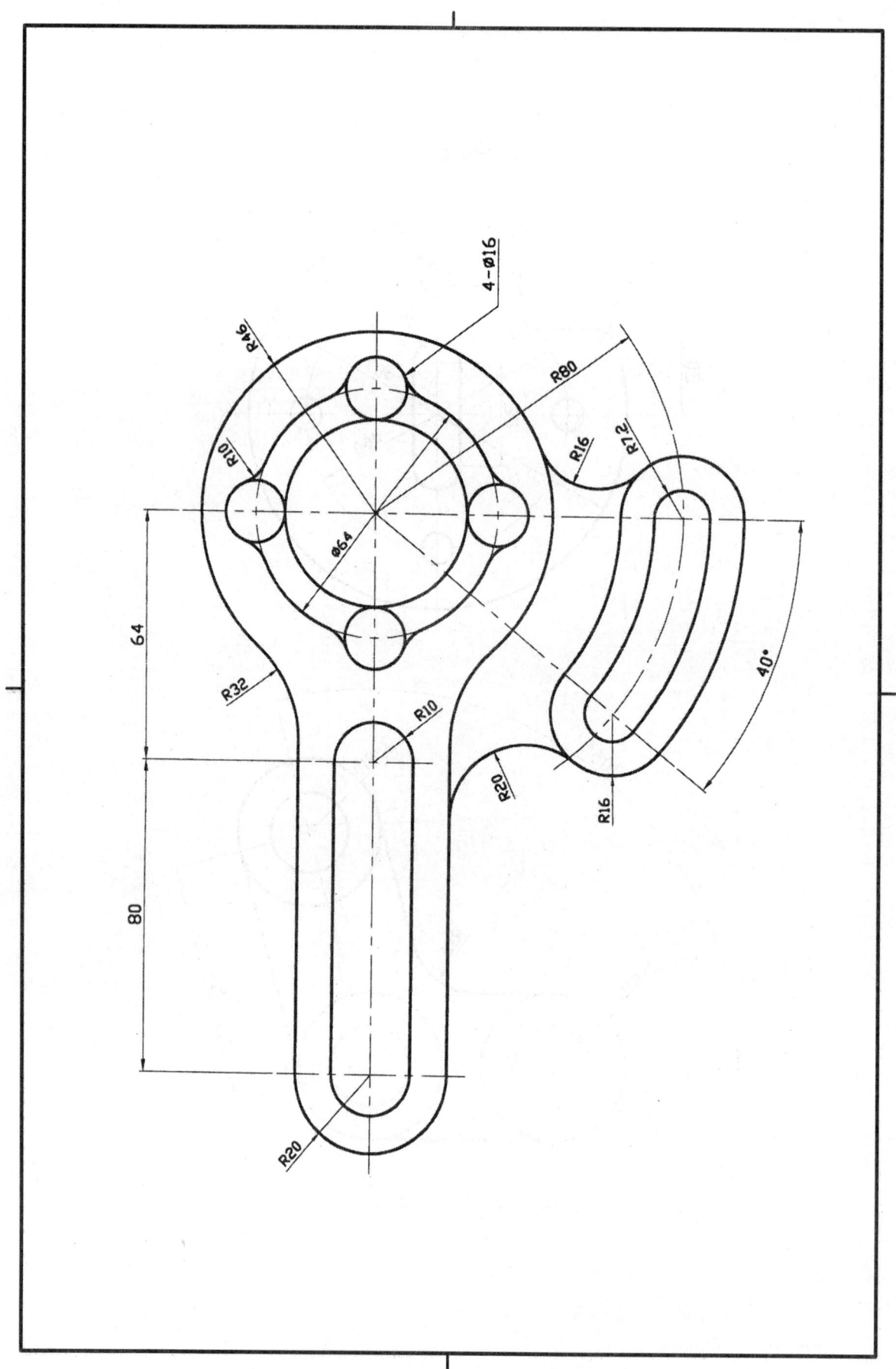

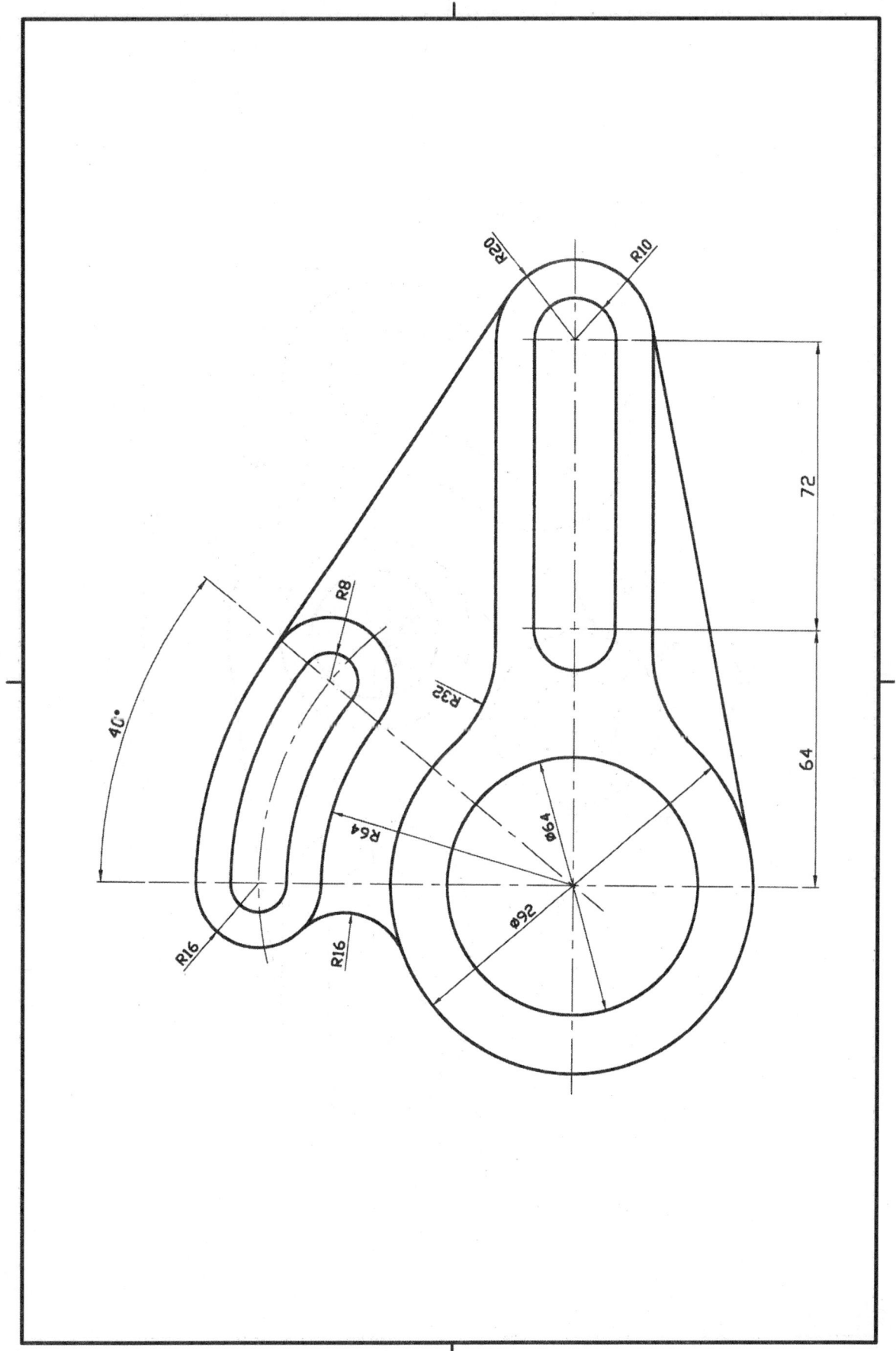

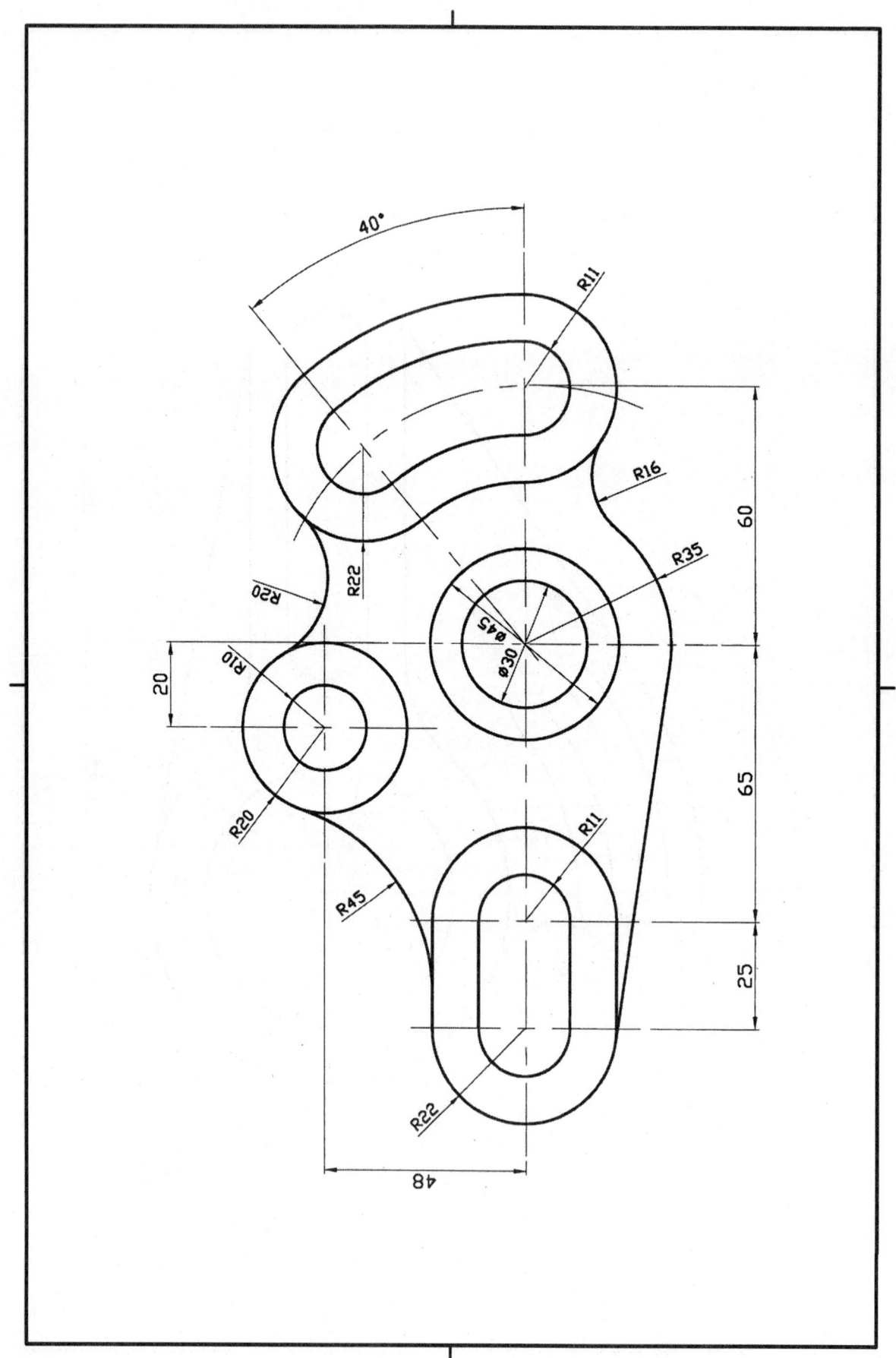

4-6 Arc(호 그리기)

▶ **명령어** : Arc : 3점을 지나는 호를 사용자가 임의로 지정하거나 osnap을 이용 또는 좌표계를 이용해서 정확하게 지정하여 호를 생성한다.

◆ 형식 : arc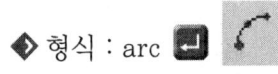

Start point	호의 시작점
Second point	호가 지나갈 두 번째 점
End point	호의 끝점
Angle	호의 시작점, 중심점, 끝점이 이루는 각
Length of chord	호의 시작점, 끝점의 직선거리(현)
Direction	호의 시작점에 대한 접선방향

- 시작점, 두 번째점, 끝점 입력으로 호 그리기(S-S-E)
- 시작점, 중심점, 끝점 입력으로 호 그리기(S-C-E)
- 시작점, 중심점, 중심각으로 호 그리기(S-C-A)
- 시작점, 중심점, 현의 길이로 호 그리기(S-C-L)
- 시작점, 호의 끝점, 시작점에서의 접선방향으로 호 그리기(S-E-D)
- 시작점, 호의 끝점, 호의 반지름으로 호 그리기(S-E-R)
- 시작점, 호의 끝점, 호의 각도로 호 그리기(S-E-A)
- 호의 중심점, 호의 시작점, 현의 길이로 호 그리기(C-S-L)
- 가장 최근에 입력된 좌표로부터 연속으로 호 그리기(ARC CONTINUE)
- 가장 최근에 입력된 좌표로부터 연속으로 선 그리기(LINE CONTINUE)

♣ 예제 그림에서는 'Arc' 명령의 'S-C-A', 'S-E-A', 'S-E-R', 'Line continue', 'Arc continue'와 'Line' 명령을 사용하여 그려보자!

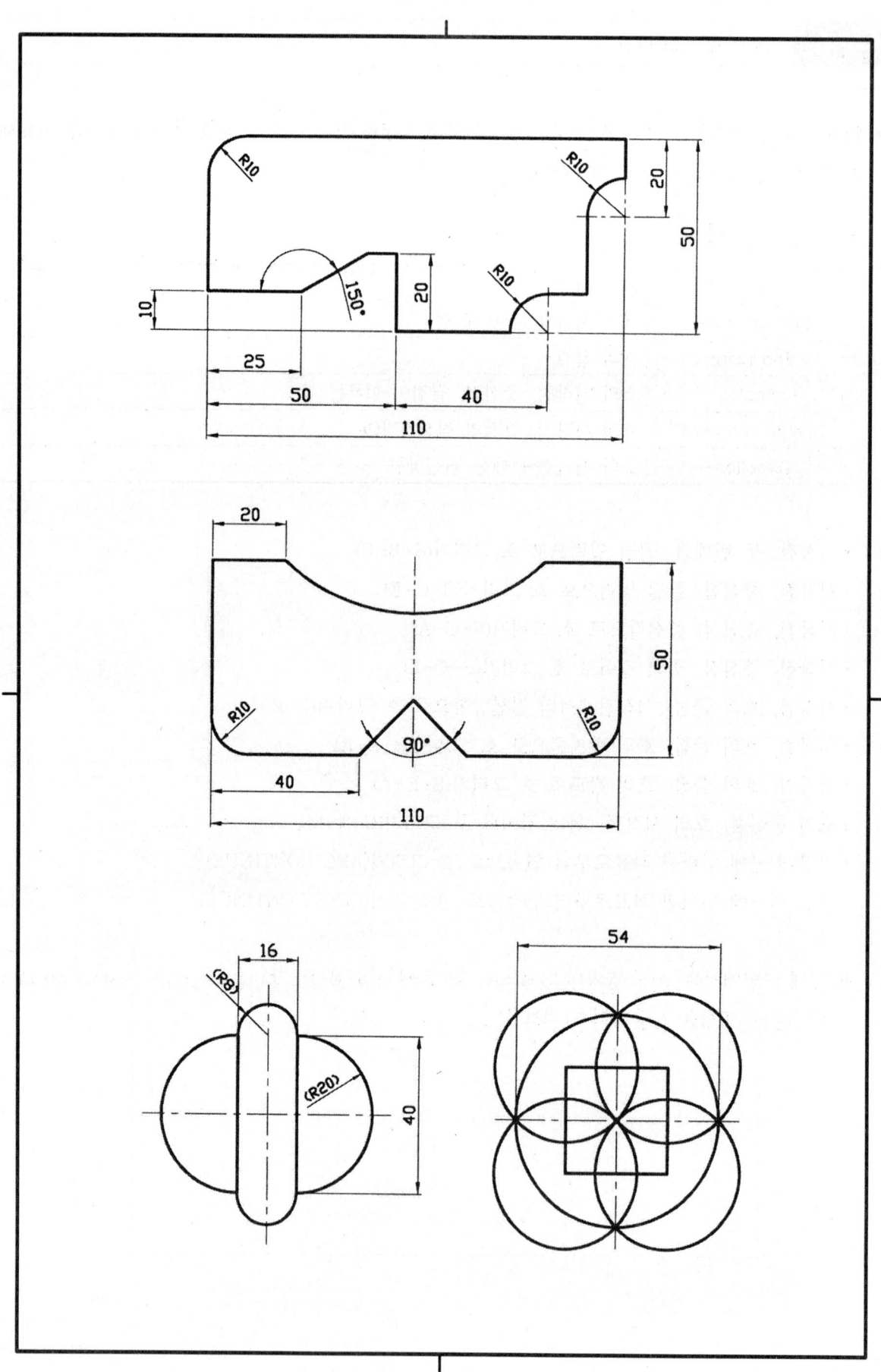

4-7 Xline

▶ 명령어 : Xline [XL](= Construction line) : 양방향의 무한대 선을 생성한다. 도면을 그릴 때 보조선으로 많이 사용된다.

◆ 형식 : xline

Specify a point	시작점. 시작점의 위치와 이것을 지나는 무한선을 그린다.
Hor	지정된 지점을 지나는 수평방향의 무한선을 그린다.
Ver	지정된 지점을 지나는 수직방향의 무한선을 그린다.
Ang	입력된 각도를 가진 무한선을 그린다.
Bisect	기준 정점을 지나며 미리 지정된 점과 나중 지정된 점에 대해 중간 각도로 무한선을 그린다.
Offset	기존의 선을 이용하여 지정된 값만큼 평행한 무한선을 생성한다.

▶ 명령어 : Osnap [OS] : 작업 화면 내의 도면을 가까이 보거나 멀리 보고자 할 때 적용된다.

◆ 형식 : osnap

INTersection	요소의 교차점을 찾는다.
PERpendicular	요소의 수직점을 찾는다.
CENter	원 또는 호, 타원의 중심점을 찾는다.
QUAdrant	원 또는 호, 타원의 정확한 사분점(0도, 90도, 180도, 270도)을 찾는다.

♣ 예제 그림에서는 'Xline' 명령의 옵션 'Ang'을 이용하여 'Line, Circle, Trim' 명령을 사용하여 그려보자!

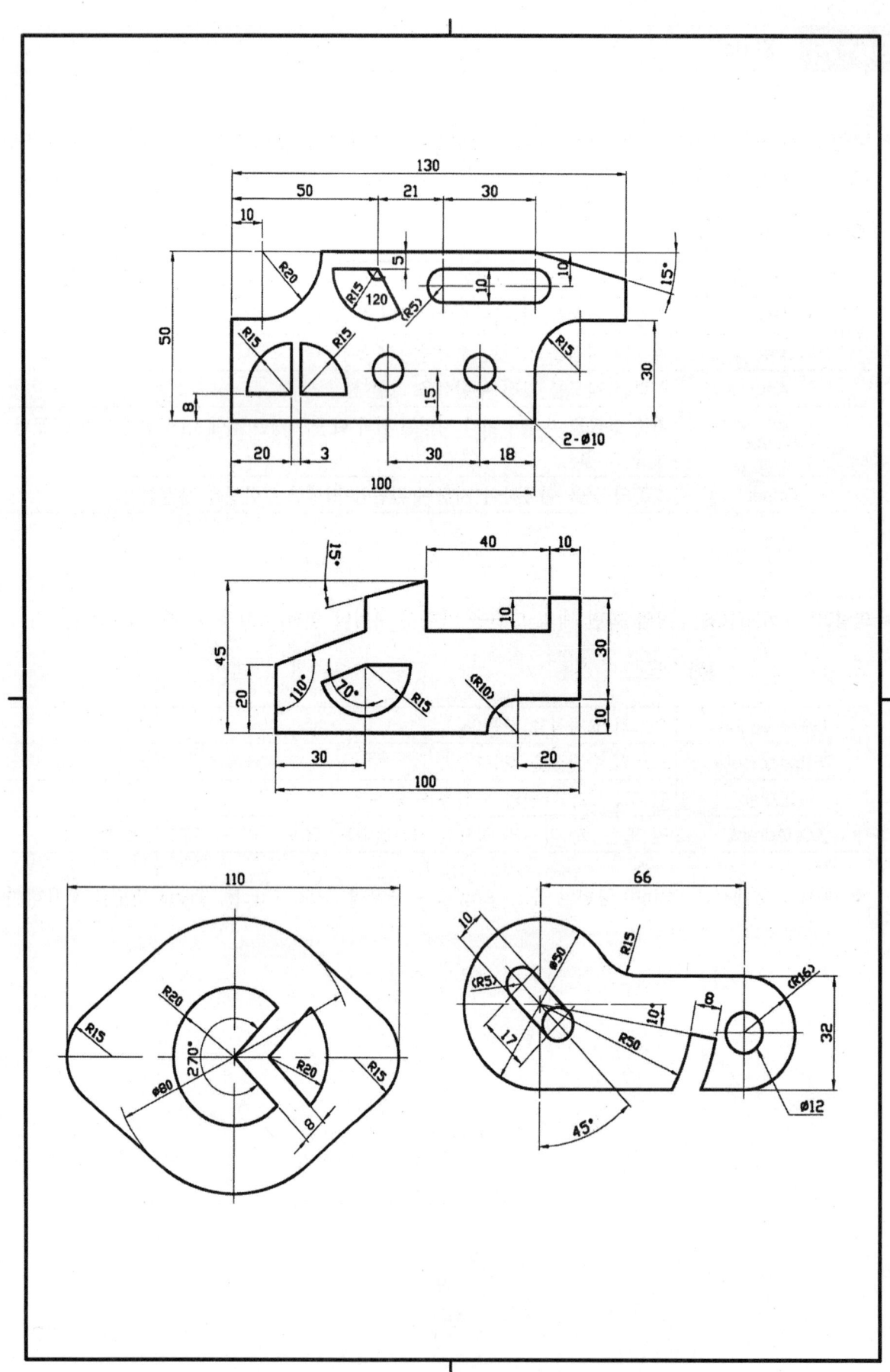

4-8 명령어 연습하기

▶ 명령어 : Circle [C] : 원을 생성시키는 명령어이다.

◆ 형식 : circle ↵

⟨Center point⟩	원의 중심점 "Diameter/⟨Radius⟩:"의 하부 옵션을 갖는다.
⟨Radius⟩	원의 반지름값을 입력한다.
TTR	두 개의 요소에 접하면서 입력된 반지름을 갖는 원을 그린다.

▶ 명령어 : Offset [O] : 원을 생성시키는 명령어이다.

◆ 형식 : offset ↵

Offset distance	수직 이동 복사 거리를 미리 입력한다.

▶ 명령어 : Circle [C] : Osnap [O] : 작업 화면 내의 도면을 가까이 보거나 멀리 보고자 할 때 적용된다.

◆ 형식 : osnap ↵

TANgent	도형 요소의 접점을 찾아 접선이나 접원을 그릴 수 있다.

❖ 예제 그림의 'Circle', 'Line' 명령과 함께 'Osnap'의 'TANgent' 옵션을 이용하여 "결과"에 나온 도형처럼 그려보자!

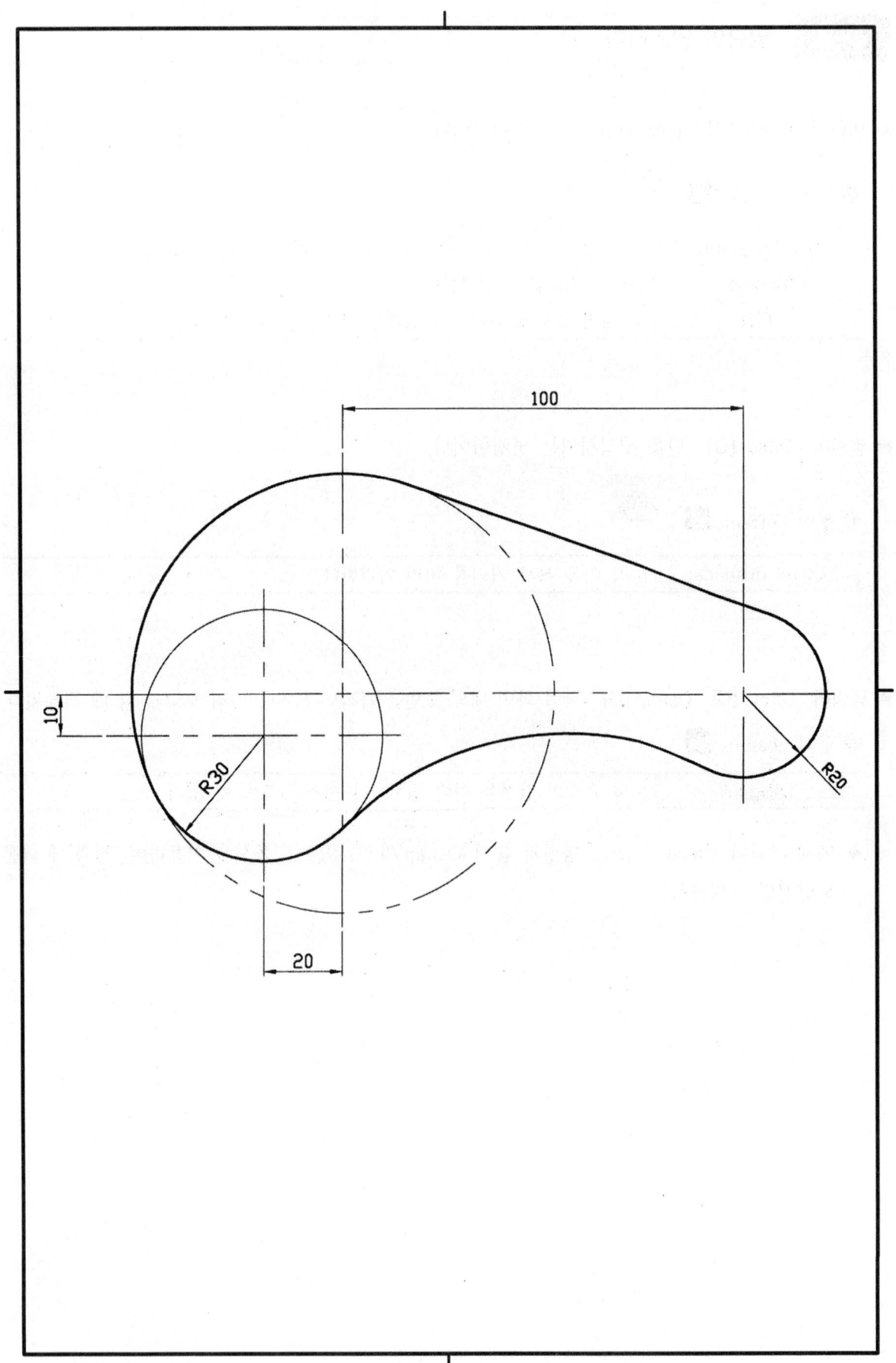

▶ 명령어 : Arc

◆ 형식 : arc ⏎

♣ 좌표계(상대좌표)를 이용해서 호를 생성하여 보자!
- 시작점, 중심점, 중심각으로 호 그리기(S-C-A)
- 가장 최근에 입력된 좌표로부터 연속으로 호 그리기(ARC CONTINUE)
- 가장 최근에 입력된 좌표로부터 연속으로 선 그리기(LINE CONTINUE)

♣ 예제 그림에서는 위에 명기한 3가지 'Arc'옵션과 'Line'명령을 이용하여 그려보자!

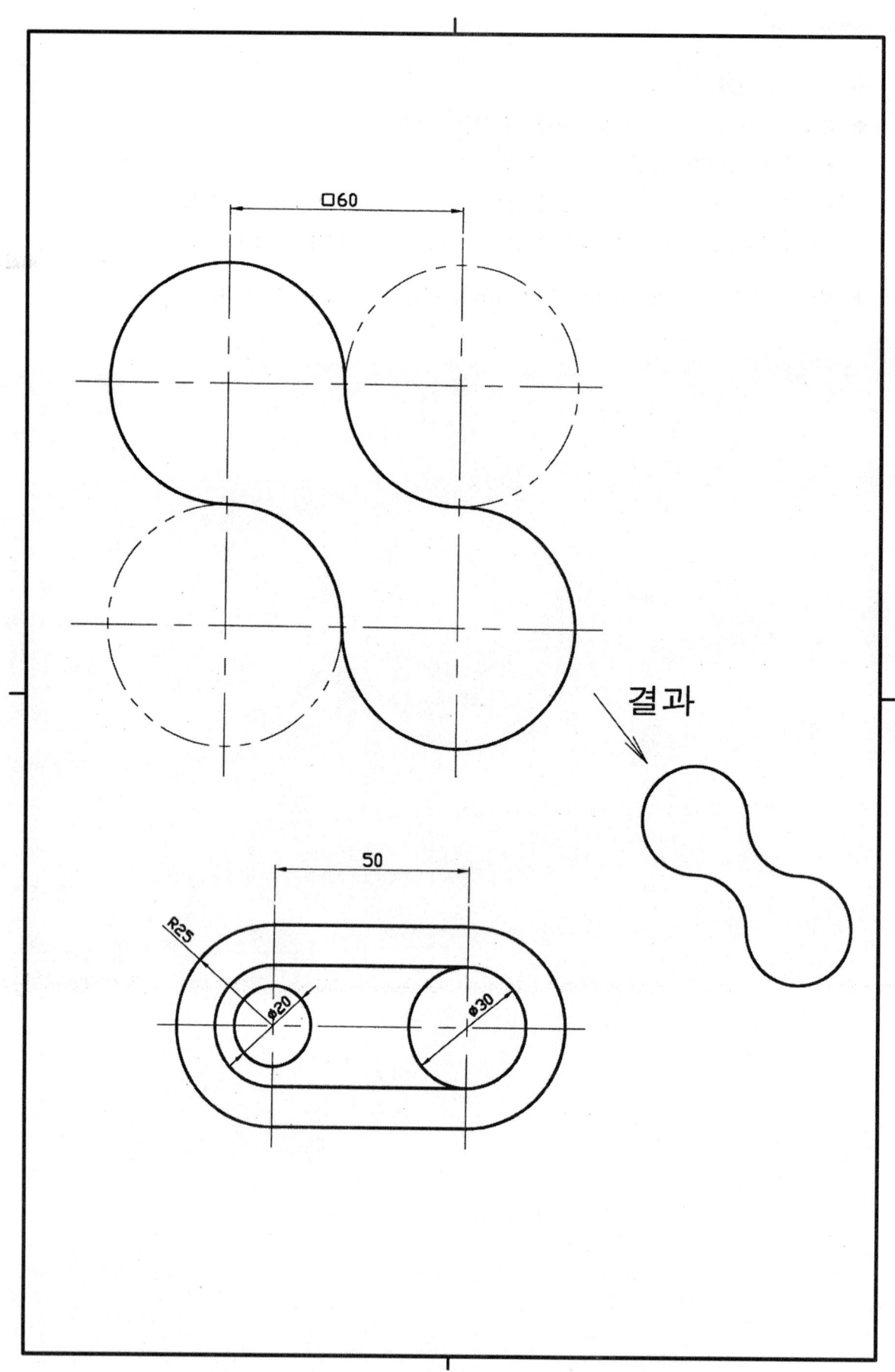

▶ 명령어 : Circle [C] : 원을 생성시키는 명령어이다.

◆ 형식 : circle

⟨Center point⟩	원의 중심점 "Diameter/⟨Radius⟩ : "의 하부 옵션을 갖는다.
⟨Radius⟩	원의 반지름값을 입력한다.
TTR	두 개의 요소에 접하면서 입력된 반지름을 갖는 원을 그린다.

▶ 명령어 : Trim [TR] : Trim은 경계를 선택하고 그 경계선에 교차되어 있는 대상물(필요치 않은 부위)의 어느 한 방향의 부분을 정확하게 잘라서 제거하는 명령이다.

◆ 형식 : trim

Select objects	자를 부분의 기준이 되는 요소를 마우스로 지정한다.
⟨Select object to trim⟩	잘려 나갈 요소 선택
Undo	가장 최근에 자른 요소를 취소한다.

▶ 명령어 : Line [L] : 생성될 선의 시작점과 끝점을 입력함으로써 두께가 없는 직선을 생성한다.

✤ 'Osnap'을 이용하여 직선을 그려보자.

▶ 명령어 : Osnap [OS]

◆ 형식 : osnap

TANgent	도형 요소의 접점을 찾아 접선이나 접원을 그릴 수 있다.
CENter	원 또는 호, 타원의 중심점을 찾는다.
QUAdrant	원 또는 호, 타원의 정확한 사분점(0도, 90도, 180도, 270도)을 찾는다.

✤ 예제 그림은 위에 명기한 명령어와 옵션만을 이용하여 그려보자!

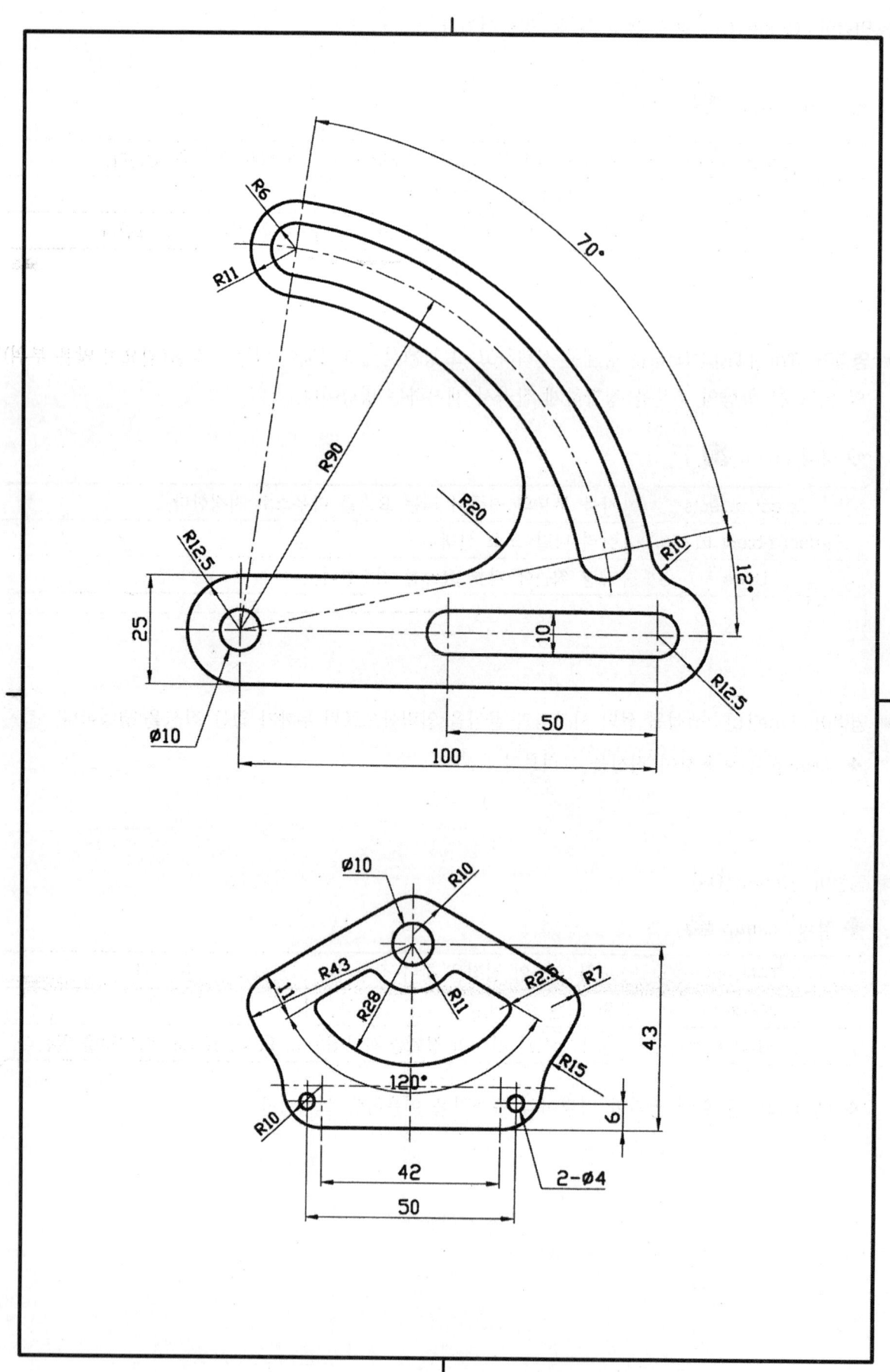

▶ 명령어 : Line [L] : 생성될 선의 시작점과 끝점을 입력함으로써 두께가 없는 직선을 생성한다.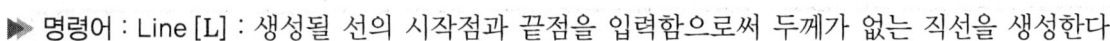

♣ 'Osnap'과 상대 극좌표를 이용하여 직선을 그려보자.

▶ 명령어 : Circle [C] : 원을 생성시키는 명령어이다.

◆ 형식 : circle ↵

⟨Center point⟩	원의 중심점 "Diameter/⟨Radius⟩:"의 하부 옵션을 갖는다.
⟨Radius⟩	원의 반지름값을 입력한다.

▶ 명령어 : Osnap [OS]

◆ 형식 : osnap ↵

INTersection	요소의 교차점을 찾는다.
CENter	원 또는 호, 타원의 중심점을 찾는다.
QUAdrant	원 또는 호, 타원의 정확한 사분점(0도, 90도, 180도, 270도)을 찾는다.

♣ 예제 그림은 위에 명기한 명령어와 옵션만을 이용하여 그려보자!

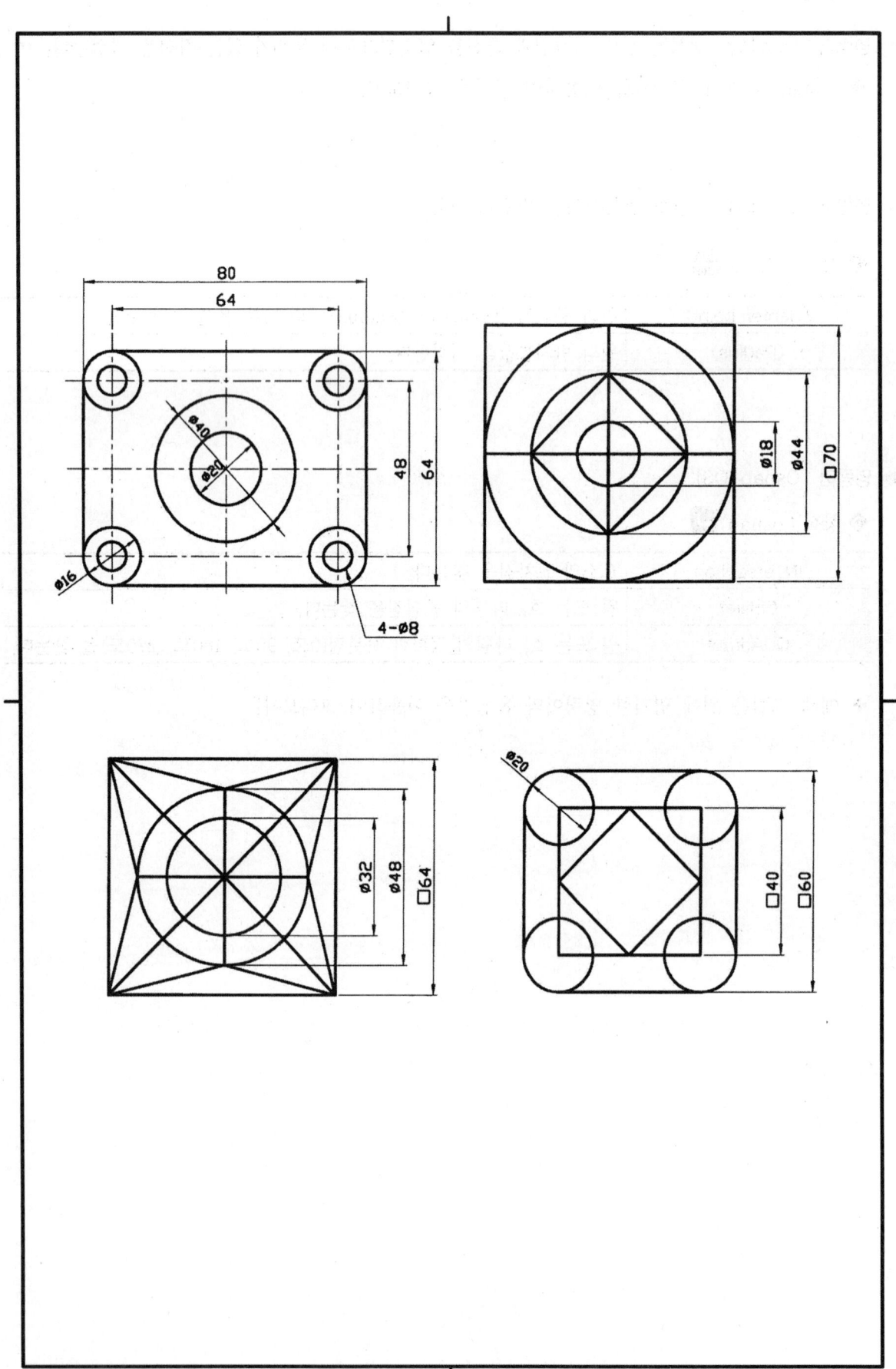

▶▶ 명령어 : Arc : 좌표계(상대좌표)를 이용해서 호를 생성하여 보자!

◆ 형식 : arc ↵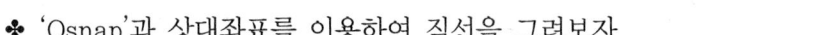

- 시작점, 중심점, 중심각으로 호 그리기(S-C-A)
- 시작점, 호의 끝점, 호의 반지름으로 호 그리기(S-E-R)

▶▶ 명령어 : Line [L] : 생성될 선의 시작점과 끝점을 입력함으로써 두께가 없는 직선을 생성한다.

♣ 'Osnap'과 상대좌표를 이용하여 직선을 그려보자.

▶▶ 명령어 : Osnap [OS]

◆ 형식 : osnap ↵

| ENDpoint | 선 또는 호의 끝점을 찾는다. |

♣ 예제 그림은 위에 명기한 명령어와 옵션만을 이용하여 그려보자!

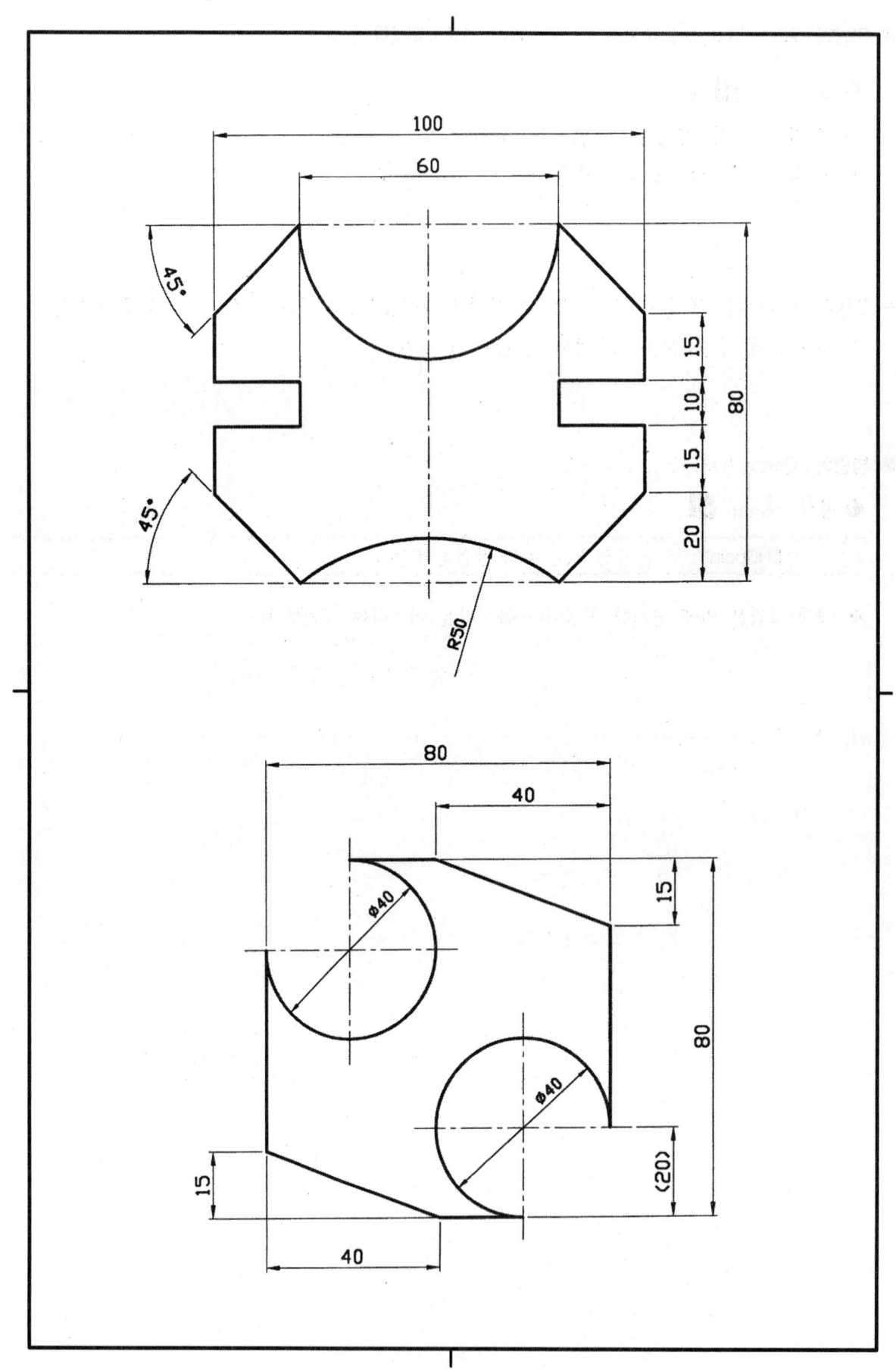

▶ 명령어 : Circle [C] : 원을 생성시키는 명령어이다.

◆ 형식 : circle ⏎

⟨Center point⟩	원의 중심점 "Diameter/⟨Radius⟩ : "의 하부 옵션을 갖는다.
⟨Radius⟩	원의 반지름값을 입력한다.
TTR	두 개의 요소에 접하면서 입력된 반지름을 갖는 원을 그린다.

▶ 명령어 : Line [L] : 생성될 선의 시작점과 끝점을 입력함으로써 두께가 없는 직선을 생성한다.
♣ 상대좌표와 'Osnap'을 이용하여 직선을 그려보자.

▶ 명령어 : Trim [TR] : Trim은 경계를 선택하고 그 경계선에 교차되어 있는 대상물(필요치 않은 부위)의 어느 한 방향의 부분을 정확하게 잘라서 제거하는 명령이다.

◆ 형식 : trim ⏎

Select objects	자를 부분의 기준이 되는 요소를 마우스로 지정한다.
⟨Select object to trim⟩	잘려나갈 요소 선택
Undo	가장 최근에 자른 요소를 취소한다.

▶ 명령어 : Osnap [OS]

◆ 형식 : osnap ⏎

ENDpoint	선 또는 호의 끝점을 찾는다.
INTersection	요소의 교차점을 찾는다.
CENter	원 또는 호, 타원의 중심점을 찾는다.
QUAdrant	원 또는 호, 타원의 정확한 사분점(0도, 90도, 180도, 270도)을 찾는다.

♣ 예제 그림은 위에 명기한 명령어와 옵션만을 이용하여 그려보자!

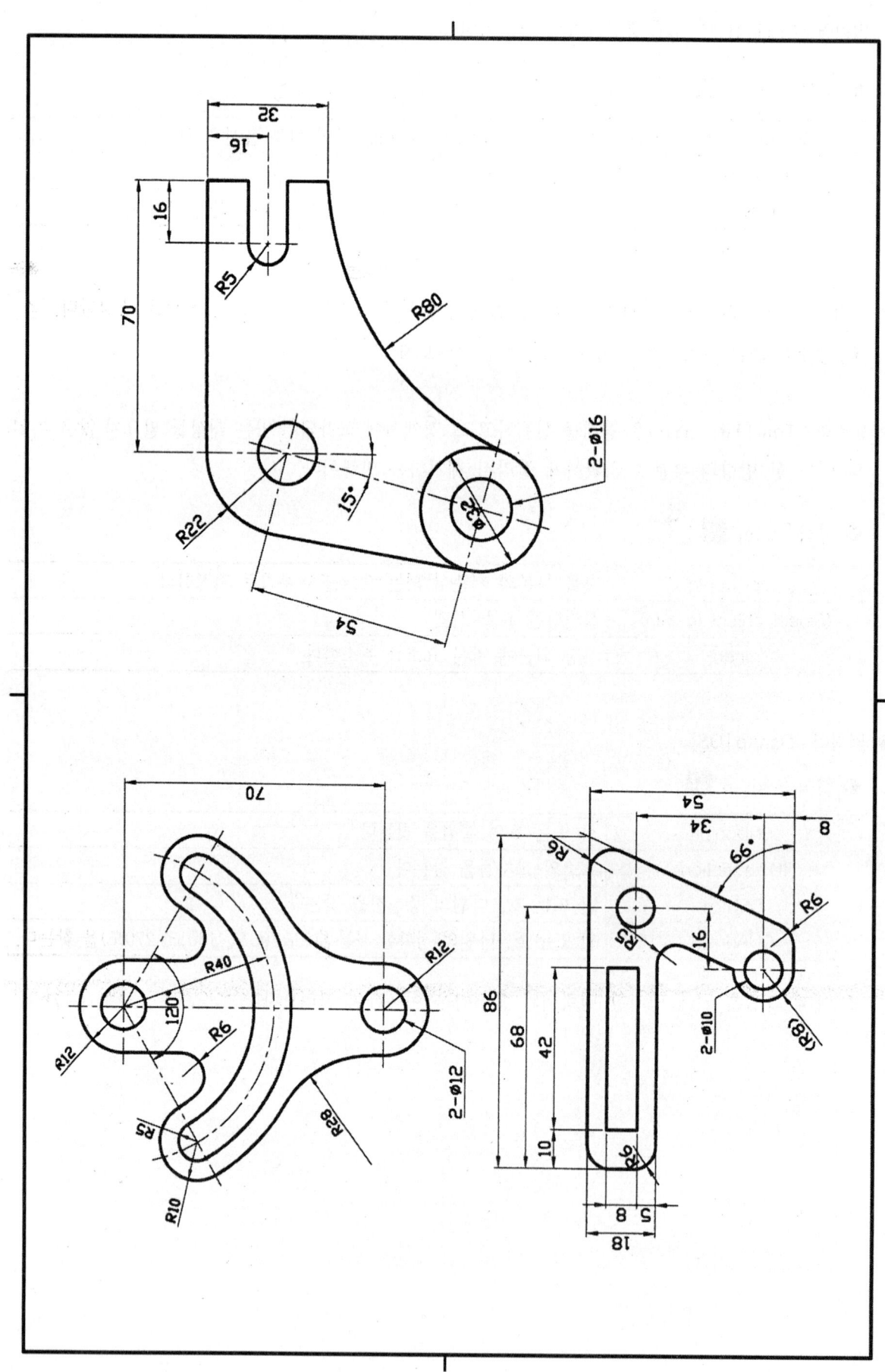

▶▶ 명령어 : Line [L] : 생성될 선의 시작점과 끝점을 입력함으로써 두께가 없는 직선을 생성한다.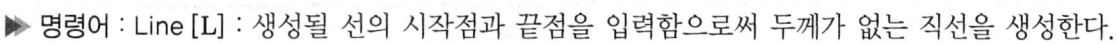

♣ 상대좌표와 'Osnap'을 이용하여 직선을 그려보자.

▶▶ 명령어 : Circle [C] : 원을 생성시키는 명령어이다.

◆ 형식 : circle ↵

〈Center point〉	원의 중심점 "Diameter/〈Radius〉:"의 하부 옵션을 갖는다.
〈Radius〉	원의 반지름값을 입력한다.
TTR	두 개의 요소에 접하면서 입력된 반지름을 갖는 원을 그린다.

▶▶ 명령어 : Trim [TR] : Trim은 경계를 선택하고 그 경계선에 교차되어 있는 대상물(필요치 않은 부위)의 어느 한 방향의 부분을 정확하게 잘라서 제거하는 명령이다.

◆ 형식 : trim ↵

Select objects	자를 부분의 기준이 되는 요소를 마우스로 지정한다.
〈Select object to trim〉	잘려나갈 요소 선택
Undo	가장 최근에 자른 요소를 취소한다.

▶▶ 명령어 : Osnap [OS]

◆ 형식 : osnap ↵

ENDpoint	선 또는 호의 끝점을 찾는다.
INTersection	요소의 교차점을 찾는다.
CENter	원 또는 호, 타원의 중심점을 찾는다.
QUAdrant	원 또는 호, 타원의 정확한 사분점(0도, 90도, 180도, 270도)을 찾는다.

♣ 예제 그림은 위에 명기한 명령어와 옵션만을 이용하여 그려보자!

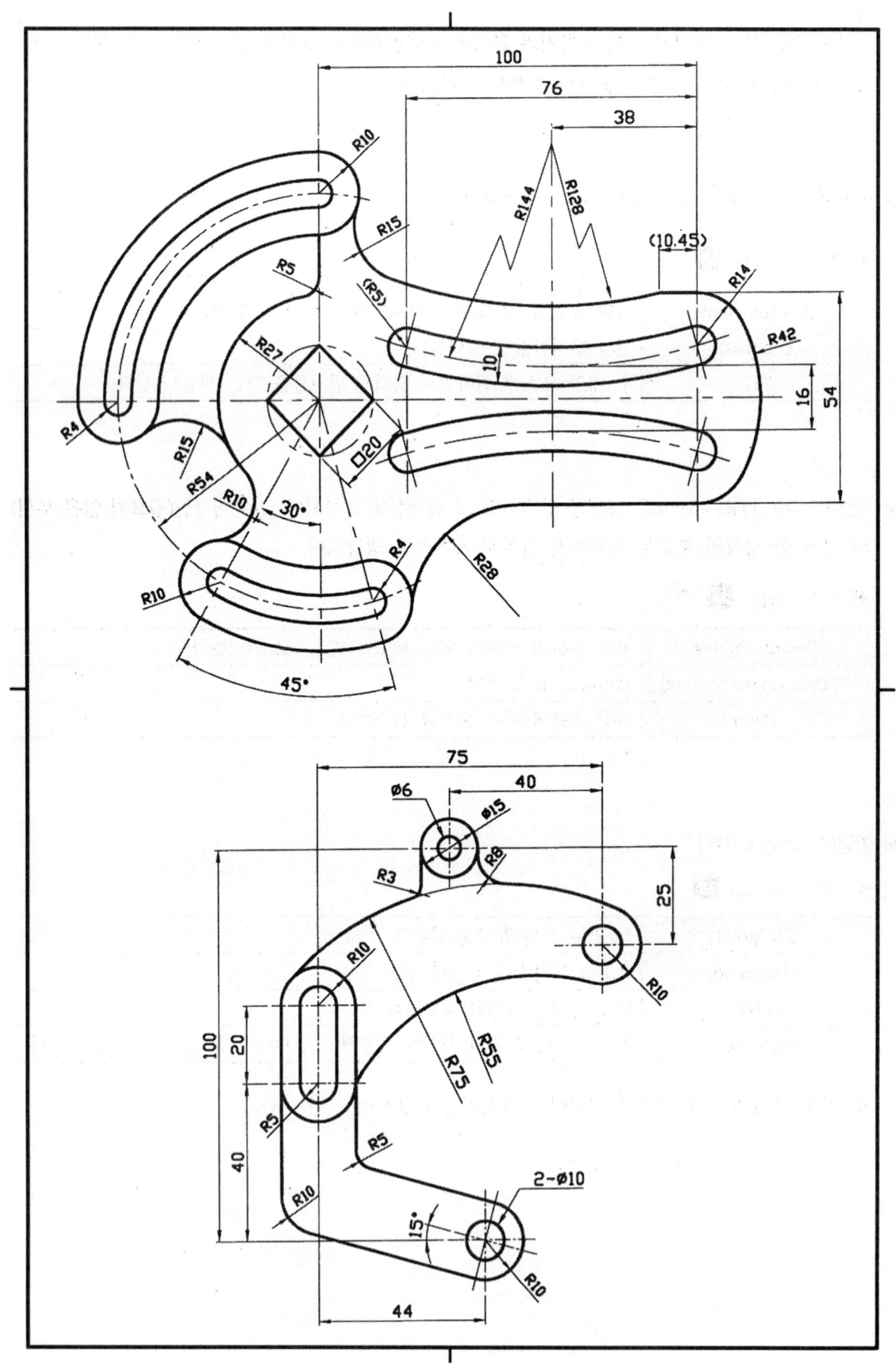

▶ 명령어 : Line [L] : 생성될 선의 시작점과 끝점을 입력함으로써 두께가 없는 직선을 생성한다.
  ✤ 상대좌표와 상대극좌표 또는 'Osnap'을 이용하여 직선을 그려보자.

▶ 명령어 : Circle [C] : 원을 생성시키는 명령어이다.
  ◆ 형식 : circle ⏎

Select objects	자를 부분의 기준이 되는 요소를 마우스로 지정한다.
〈Select object to trim〉	잘려나갈 요소 선택

▶ 명령어 : Trim [TR] : Trim은 경계를 선택하고 그 경계선에 교차되어 있는 대상물(필요치 않은 부위)을 잘라서 제거하는 명령이다.
  ◆ 형식 : trim ⏎

▶ 명령어 : Osnap [OS]
  ◆ 형식 : osnap ⏎

ENDpoint	선 또는 호의 끝점을 찾는다.
INTersection	요소의 교차점을 찾는다.
CENter	원 또는 호, 타원의 중심점을 찾는다.
QUAdrant	원 또는 호, 타원의 정확한 사분점(0도, 90도, 180도, 270도)을 찾는다.

✤ 예제 그림은 위에 명기한 명령어와 옵션만을 이용하여 그려보자!

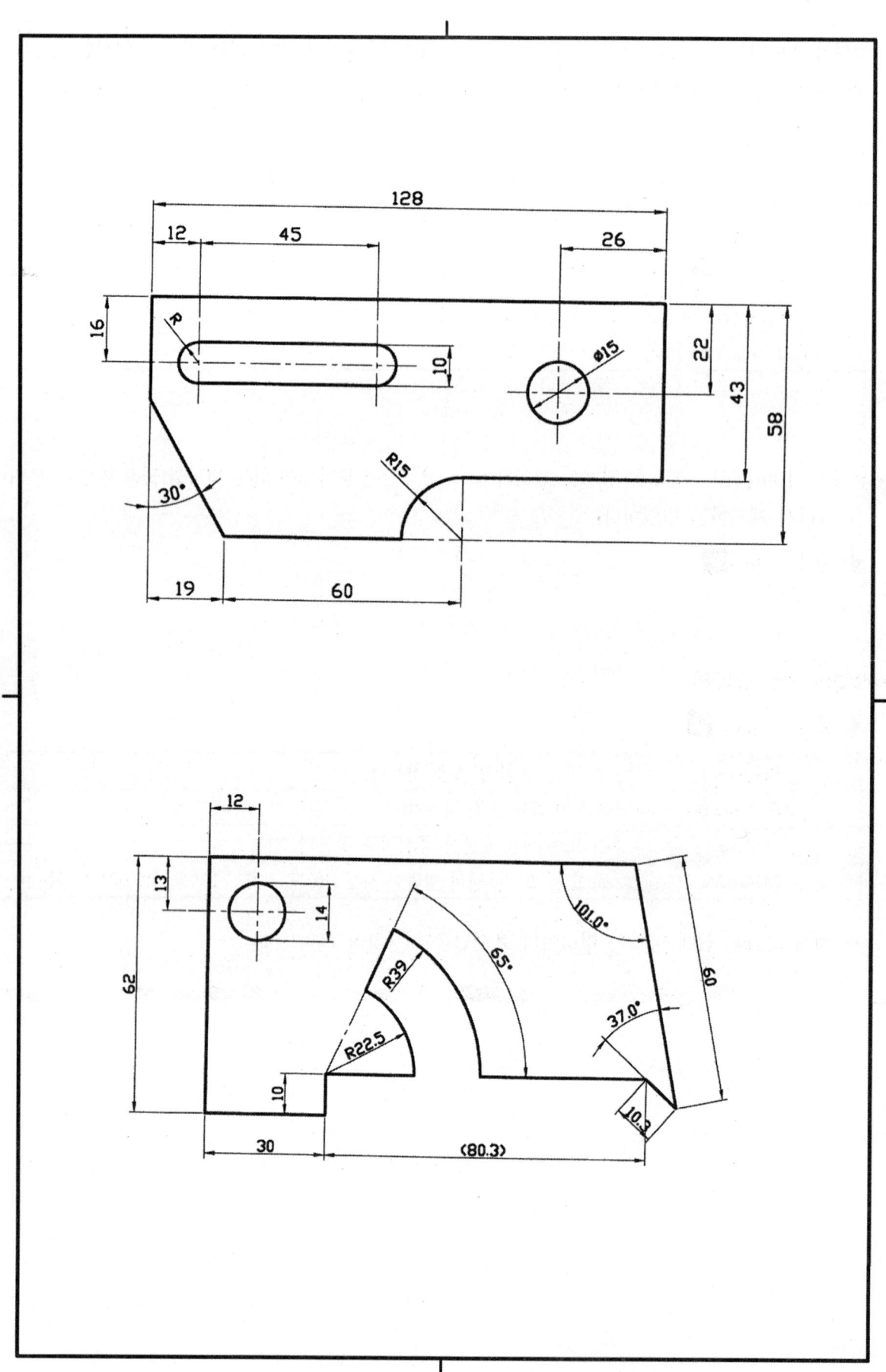

▶ 명령어 : circle [C] : 원을 생성시킨다.

◆ 형식 : circle ⏎

Center point	원의 중심점 "Diameter/〈Radius〉:"의 옵션을 갖는다.
Radius	원의 반지름을 말한다.
TTR	두 개의 요소에 접하면서 입력된 반지름을 갖는 원을 그린다(유의사항 선택의 방향성에 주의).
3p	3점을 통과하는 원을 그린다.

❖ 예제에서는 line 극좌표(이때 각도에 유의하자)와 circle의 3p와 2p 이용하여 완성하기
❖ 주의할 점 : 3p 이용시 접선을 사용해야 한다.

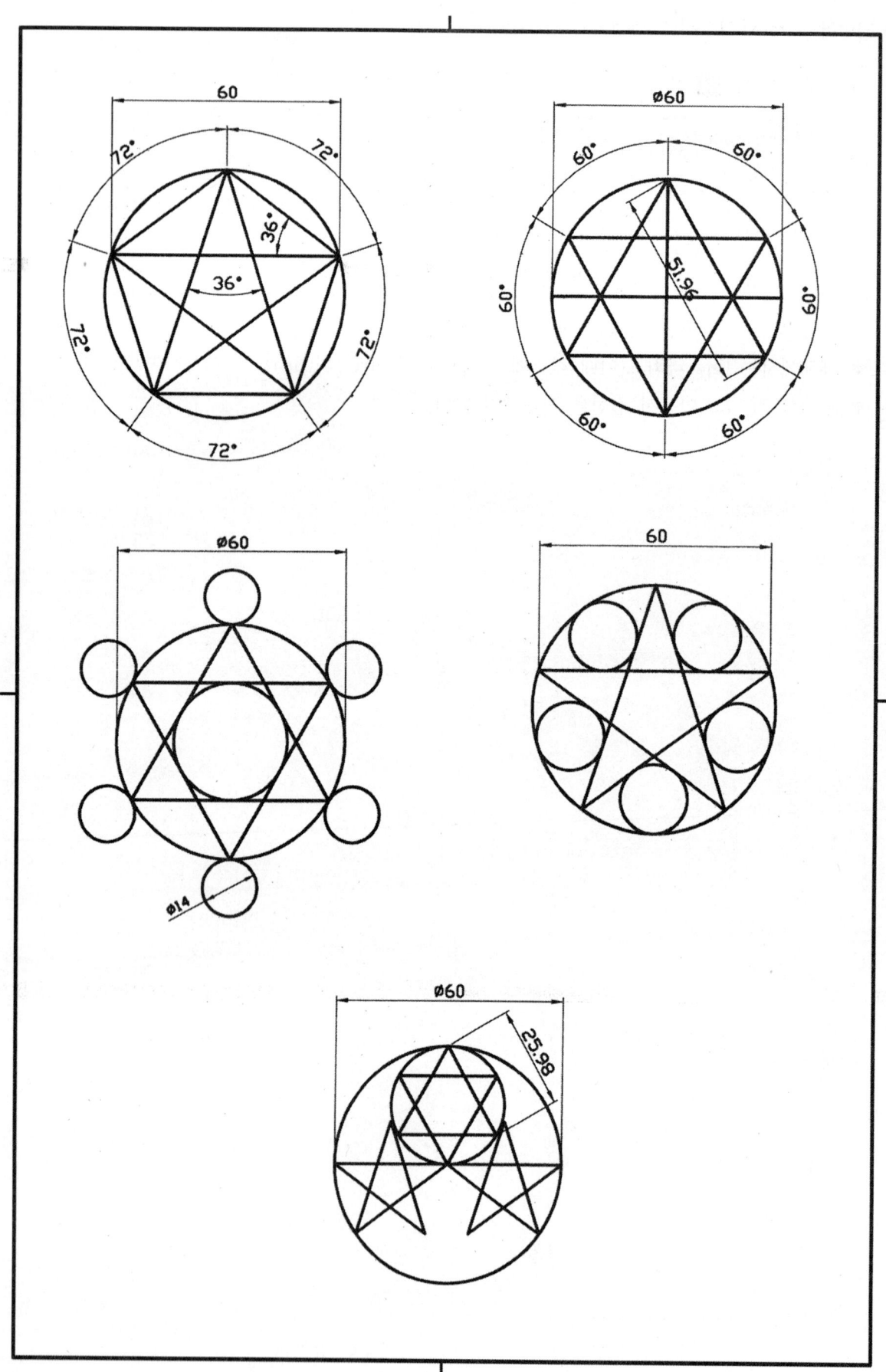

▶ 명령어 : Circle [C] : 원을 생성시킨다.

◆ 형식 : circle ⏎ ⊘

⟨Center point⟩	원의 중심점 "Diameter/⟨Radius⟩:"의 옵션을 갖는다.
⟨Radius⟩	원의 반지름을 말한다.
TTR	두 개의 요소에 접하면서 입력된 반지름을 갖는 원을 그린다.

✤ 위와 같은 Circle의 명령어 중 예제에서는 TTR이용에 주의하자!

▶ 명령어 : Trim [TR] : Trim은 경계를 선택하고 그 경계선에 교차되어 있는 대상물(필요치 않은 부위)의 어느 한 방향의 부분을 정확하게 잘라서 제거하는 명령이다.

▶ 명령어 : Line [L]
  ✤ 예제에서는 Circle과 Circle 사이의 선분 연결에 주의
  ✤ Trim시에는 잘라낼 선분을 정확히 구분할 것

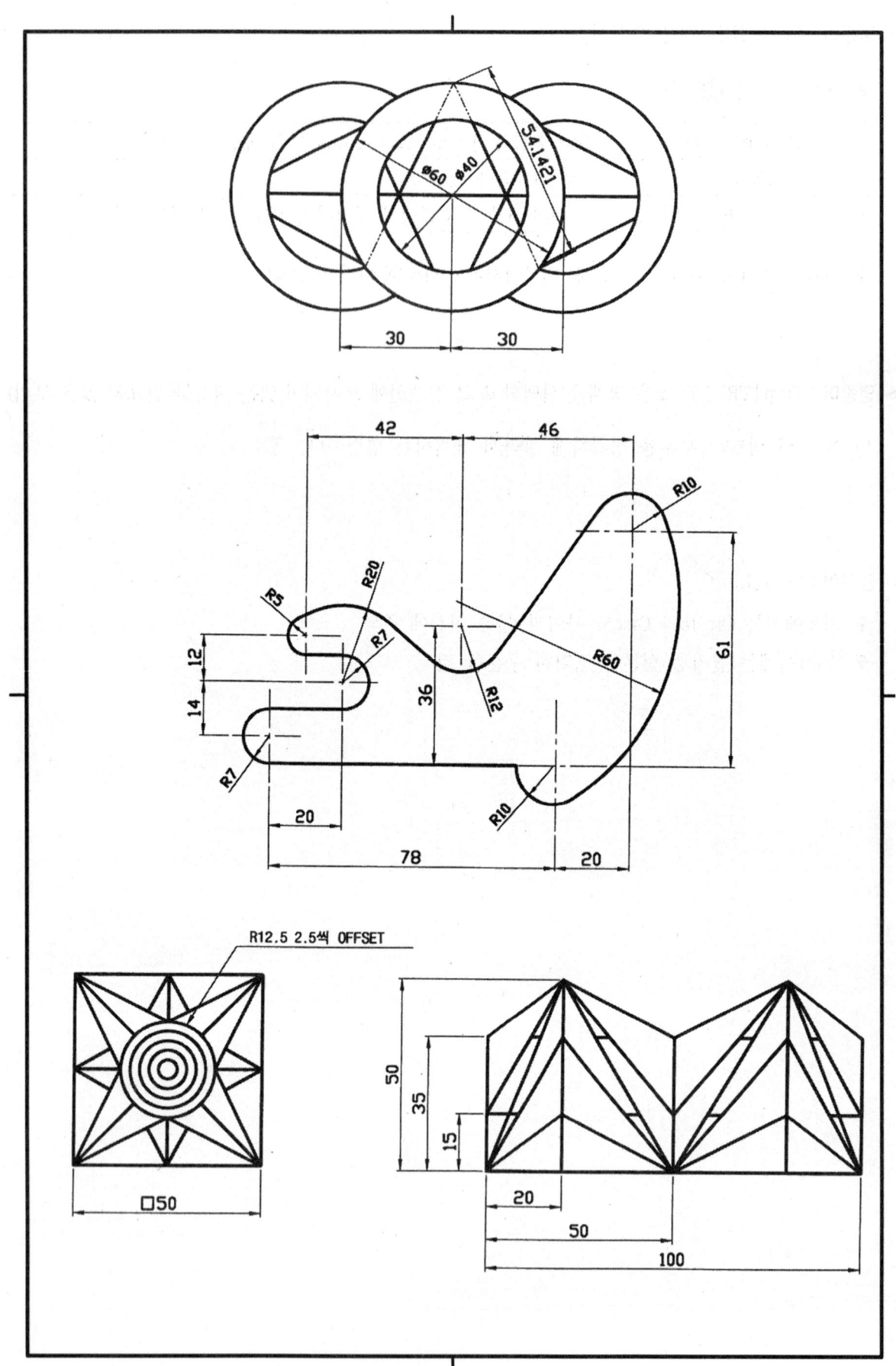

▶ 명령어 : Circle [C] : 원을 생성시킨다.
◆ 형식 : circle ⏎

Center point	원의 중심점 "Diameter/〈Radius〉:"의 옵션을 갖는다.
Radius	원의 반지름을 말한다.

▶ 명령어 : Trim [TR] : Trim은 경계를 선택하고 그 경계선에 교차되어 있는 대상물(필요치 않은 부위)의 어느 한 방향의 부분을 정확하게 잘라서 제거하는 명령이다.

▶ 명령어 : Line [L] : 생성될 선의 끝점을 입력함으로써 두께가 없는 직선을 생성한다.

▶ 명령어 : Offset [O] : 하나의 요소를 지정된 다른 공간으로 평행하게 복사한다.
♣ 도면의 거리값에 주의한다.

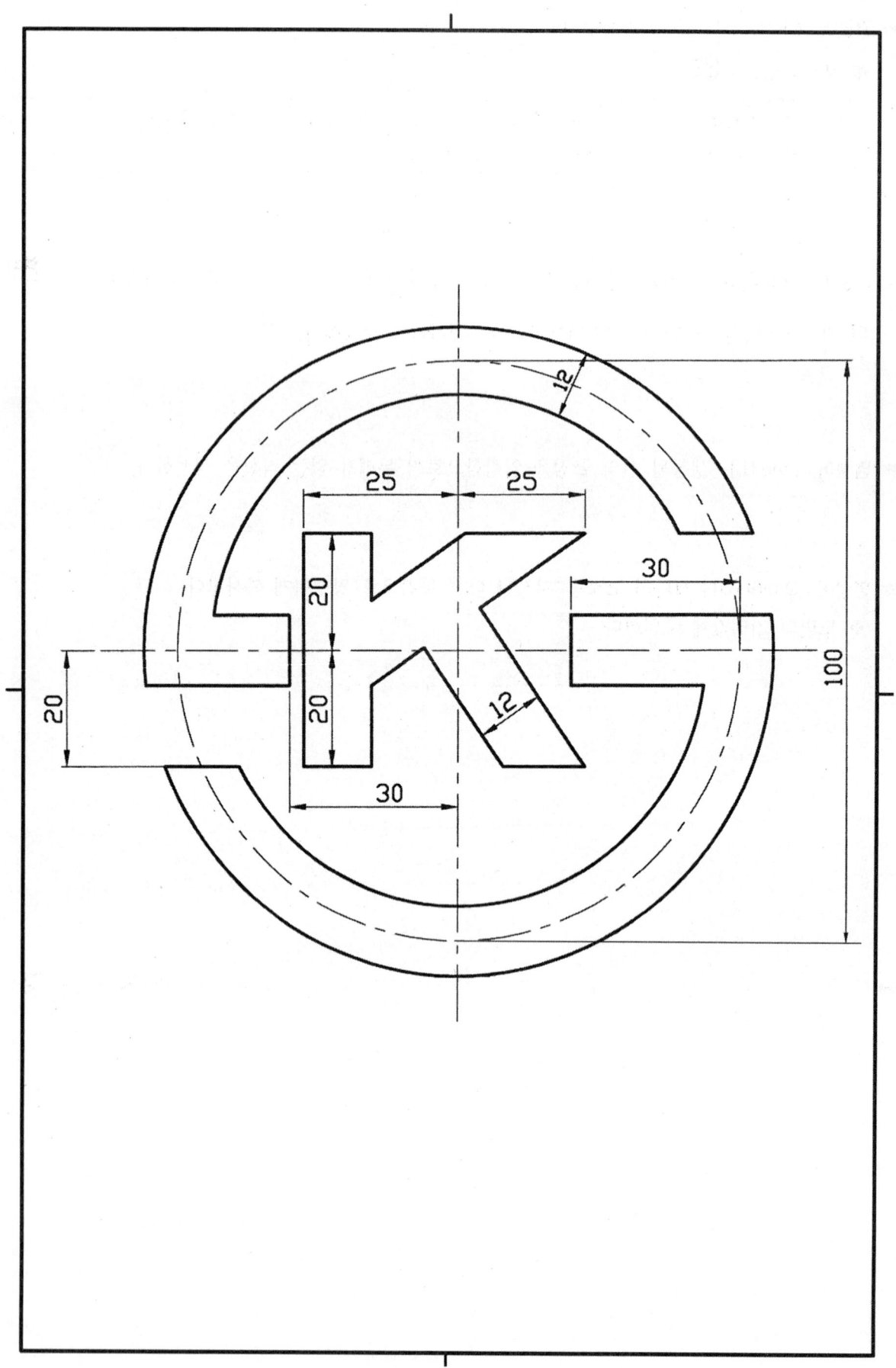

4-9 Polygon(다각형)

▶ 명령어 : Polygon [POL] : 정다각형 생성 명령어

◆ 형식 : polygon ⏎ ⬡

Number of sides ⟨4⟩	변의 개수
Edge/⟨Center of polygon⟩	다각형의 모서리와 다각형의 중심점을 말한다.
Inscribed in circle/Circumscribed about circle (I/C) ⟨I⟩ :	−Inscribed in circle 가상의 원에 내접하는 다각형 −가상의 원에 외접하는 다각형

♣ 각도에 주의하며 다각형을 만들자!

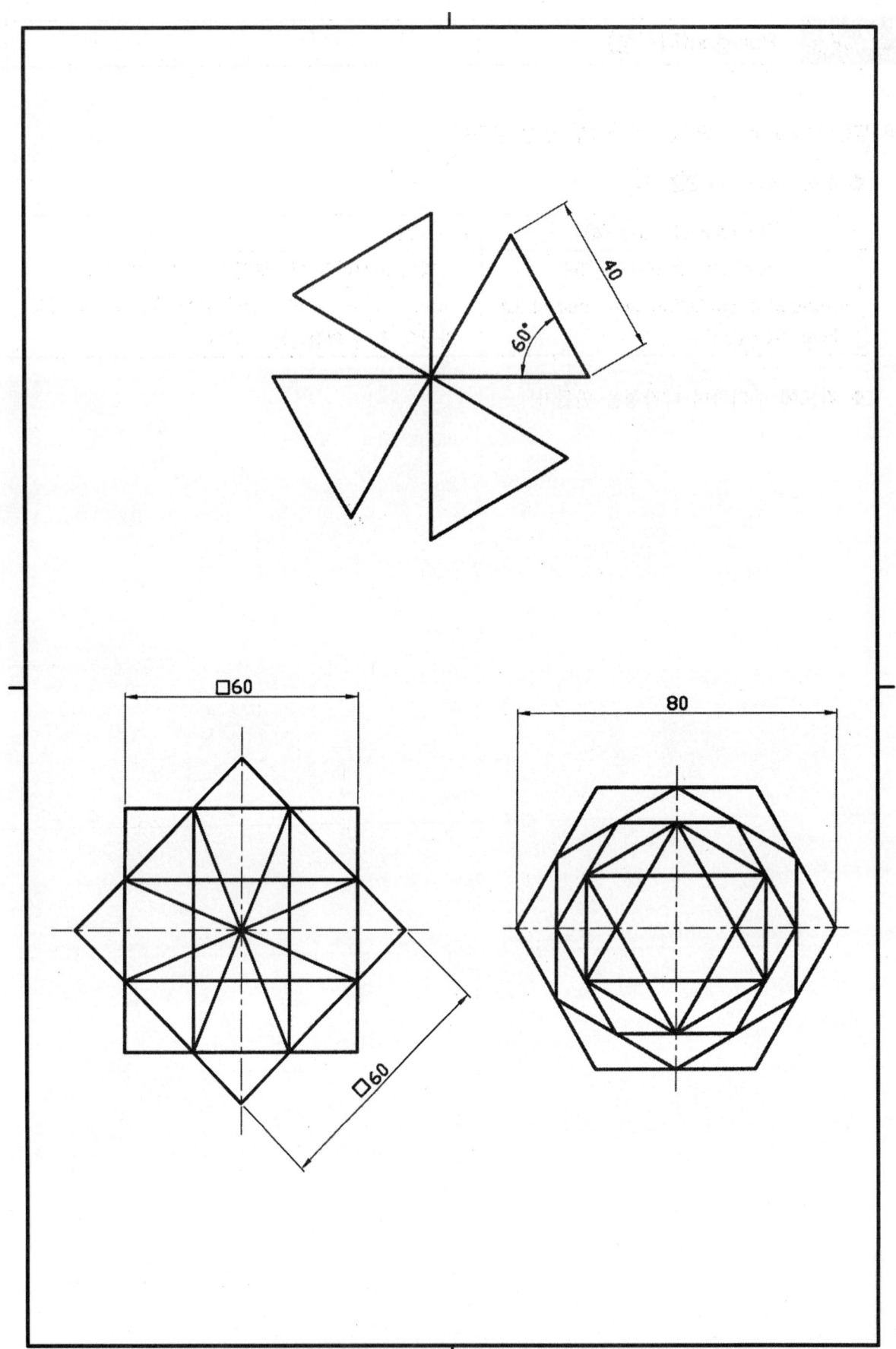

▶ 명령어 : Arc : 호를 생성한다.

◆ 형식 : arc ↵

♣ 3점을 지나는 호 : 임의 또는 정해진 점을 이용한 방법
- 시작점, 중심점, 끝점 입력으로 호 그리기(S-C-E)
- 시작점, 중심점, 중심각으로 호 그리기(S-C-A)
- 시작점, 중심점, 현의 길이로 호 그리기(S-C-L)
- 시작점, 호의 끝점, 시작점에서의 접선방향으로 호 그리기(S-E-D)
- 시작점, 호의 끝점, 호의 반지름으로 호 그리기(S-E-R)
- 시작점, 호의 끝점, 호의 각도로 호 그리기(S-E-A)
- 호의 중심점, 호의 시작점, 현의 길이로 호 그리기(C-S-L)
- 가장 최근에 입력된 좌표로부터 연속으로 호 그리기(ARC CONTINUE)
- 가장 최근에 입력된 좌표로부터 연속으로 선 그리기(LINE CONTINUE)

▶ 명령어 : Line [L] : 생성될 선의 끝점을 입력함으로써 두께가 없는 직선을 생성한다.

♣ 상대좌표와 상대극좌표 이용

▶ 명령어 : Offset [O] : 하나의 요소를 지정된 다른 공간으로 평행하게 복사한다.

♣ 도면의 거리값에 주의한다.

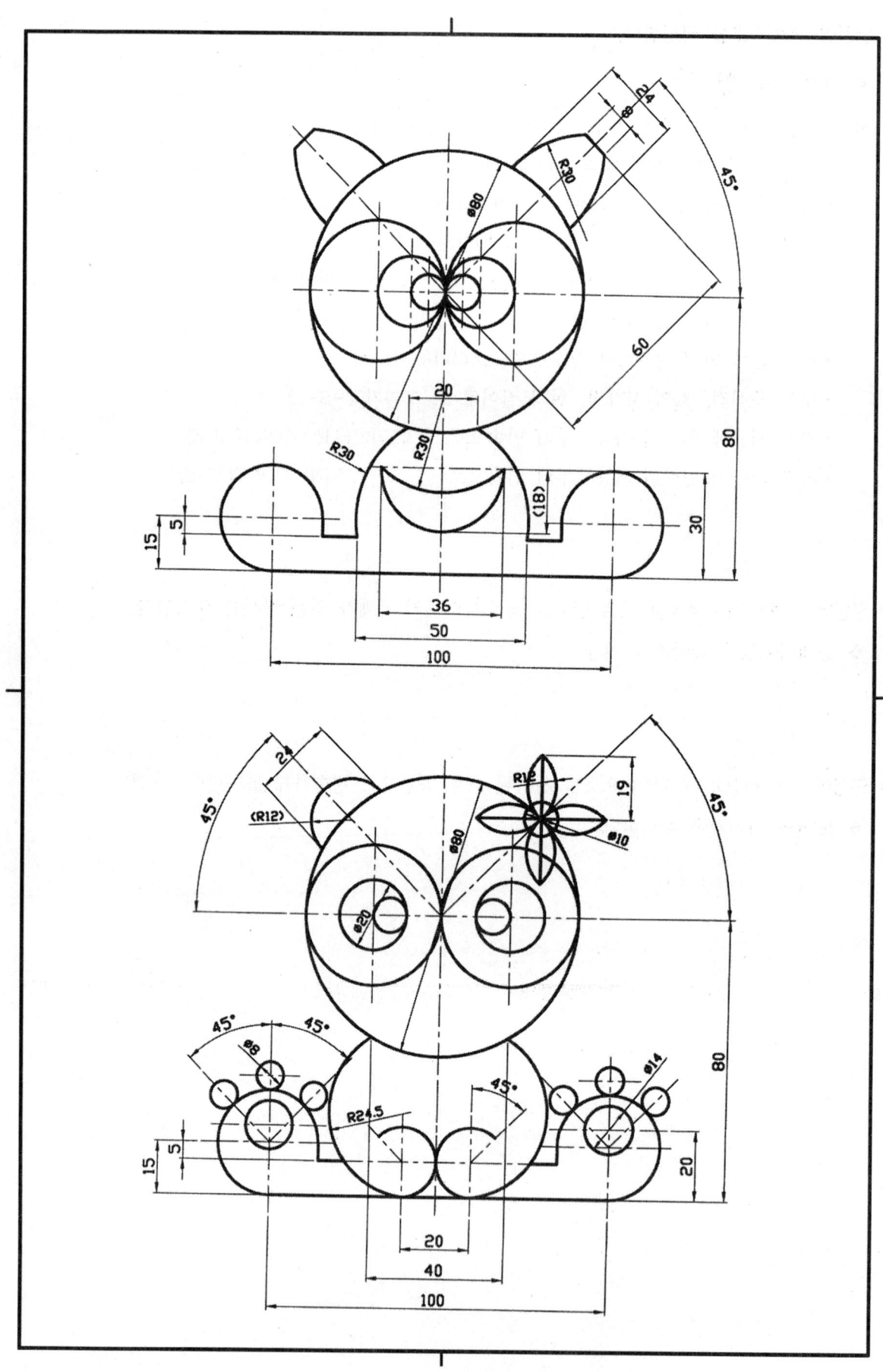

▶ 명령어 : Polygon [POL] : 정다각형 생성 명령어

◆ 형식 : polygon

Number of sides ⟨4⟩	변의 개수
Edge/⟨Center of polygon⟩	다각형의 모서리와 다각형의 중심점을 말한다.
Inscribed in circle/Circumscribed about circle(I/C) ⟨I⟩ :	-Inscribed in circle 가상의 원에 내접하는 다각형 -가상의 원에 외접하는 다각형

▶ 명령어 : Circle [C] : 원을 생성시킨다.

◆ 형식 : circle

⟨Center point⟩	원의 중심점 "Diameter/⟨Radius⟩ : "의 옵션을 갖는다.
⟨Radius⟩	원의 반지름을 말한다.
TTR	두 개의 요소에 접하면서 입력된 반지름을 갖는 원을 그린다.
2P	2점을 이용한 원 그리기

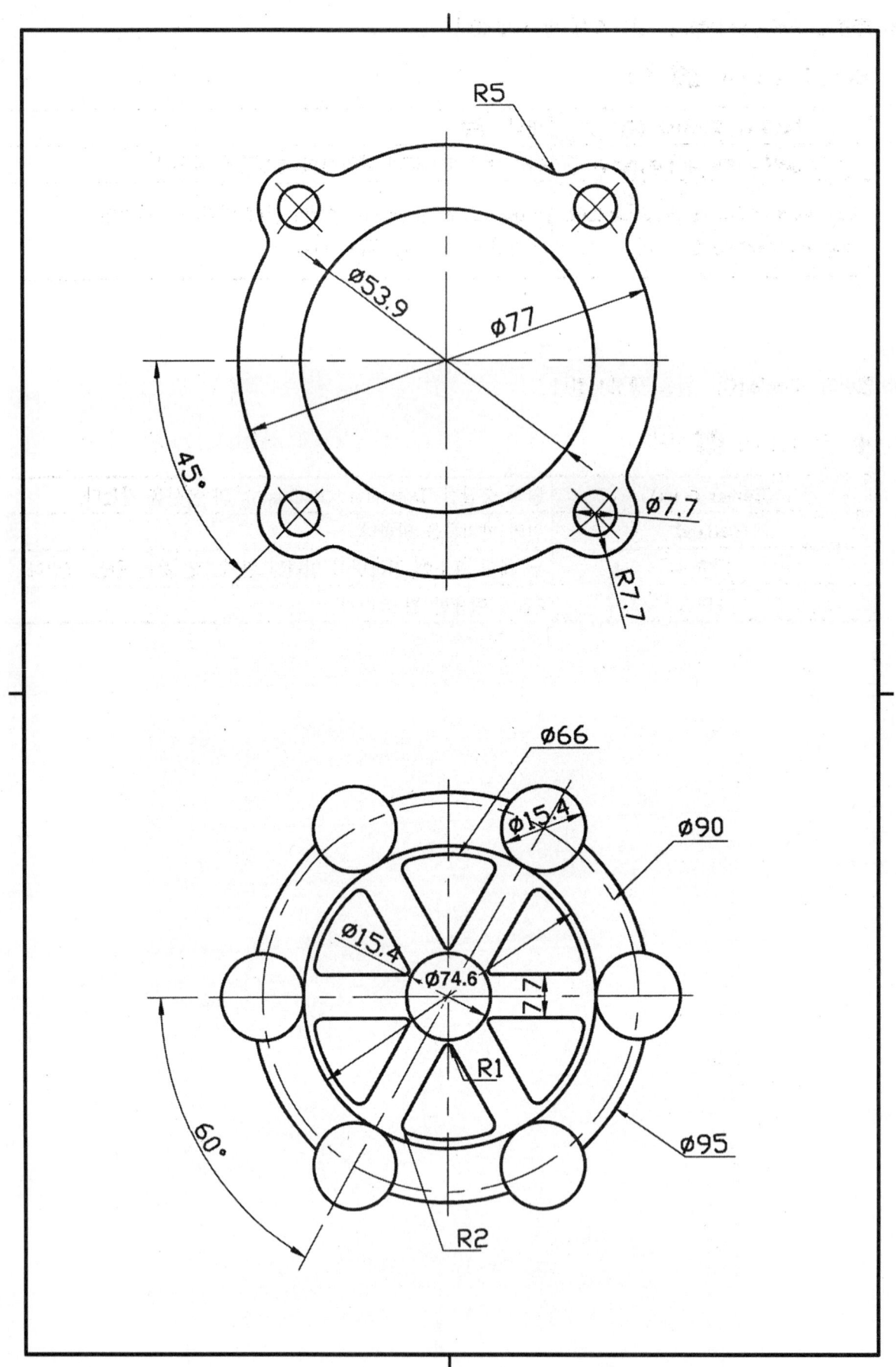

4-10 Array(배열)

▶ 명령어 : Array [AR] : 하나 또는 다수의 요소를 배열한다.

◆ 형식 : array ↵ 品

✤ 선택된 대상물들을 사각(Rectangular) 또는 원형(Polar)으로 지정하는 개수만큼을 균일한 간격 및 각도로 배열하는 효율적인 다중 복사명령으로 사각 배열시에는 행, 열의 수와 간격을 지정해 주어야 하고 원형 배열에는 중심점과 개수 그리고 각도와 회전 복사여부를 설정한다.

Rectangular or Polar array (〈R〉/ P) : R ↵

Rectangular	선택된 요소를 행과 열로 배열시킨다(사각배열).

Number of rows(---) 〈1〉 : 3 ↵ (열의 개수)
Number of columns(|||) 〈1〉 : 5 ↵ (칸의 개수)
Unit cell or distance between rows(---) : 4(열의 거리)
(Unit cell : 2개의 포인트를 입력함으로써 열과 칸의 간격을 지정)
(distance between rows : 거리값을 수치로 직접 입력)
Distance between columns(|||) : 5 ↵ (칸의 거리)
Rectangular or Polar array(〈R〉/P) : P ↵

Polar	선택된 요소를 기준점을 중심으로 배열한다(원형배열).

Base / 〈Specify center point of array〉: ↵
- Base : 구심점을 기준으로 배열될 요소의 기준점
- Specify center point of array : 요소를 배열시킬 구심점

▶ 명령어 : Circle [C] : 원을 생성시킨다.

◆ 형식 : circle ↵ ⊘

〈Center point〉	원의 중심점 "Diameter/〈Radius〉: "의 옵션을 갖는다.
〈Radius〉	원의 반지름을 말한다.
TTR	두 개의 요소에 접하면서 입력된 반지름을 갖는 원을 그린다.
2P	2점을 이용한 원 그리기

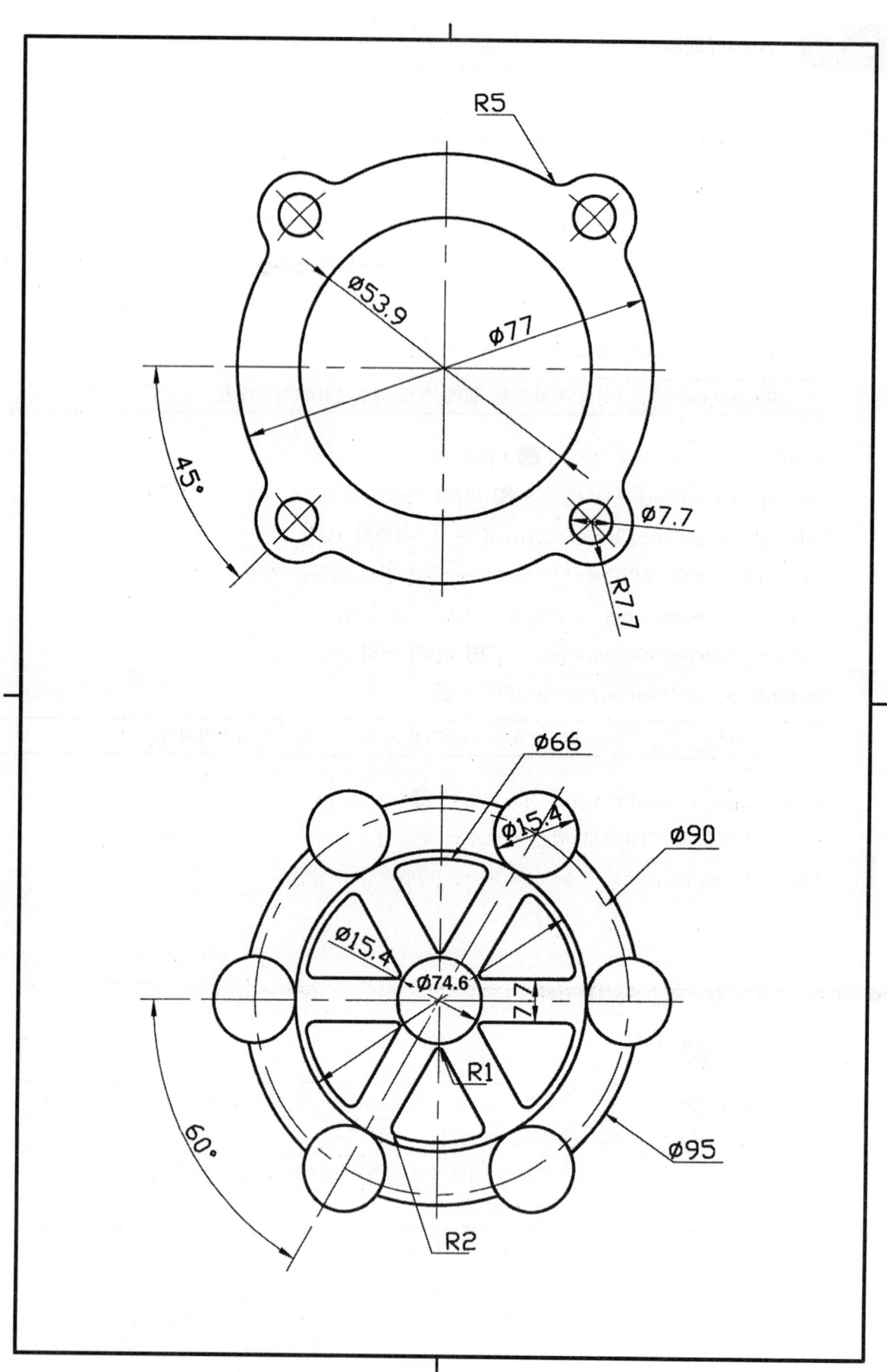

▶▶ 명령어 : Array [AR] : 하나 또는 다수의 요소를 배열한다.

❖ 선택된 대상물들을 사각(Rectangular) 또는 원형(Polar)으로 지정하는 개수만큼을 균일한 간격 및 각도로 배열하는 효율적인 다중 복사명령으로 사각 배열시에는 행, 열의 수와 간격을 지정해 주어야 하고 원형 배열에는 중심점과 개수 그리고 각도와 회전복사 여부를 설정한다(base 선택에 주의하자).

▶▶ 명령어 : Circle [C] : 원을 생성시킨다.

▶▶ 명령어 : Trim [TR] : Trim은 경계를 선택하고 그 경계선에 교차되어 있는 대상물(필요치 않은 부위)의 어느 한 방향의 부분을 정확하게 잘라서 제거하는 명령이다.

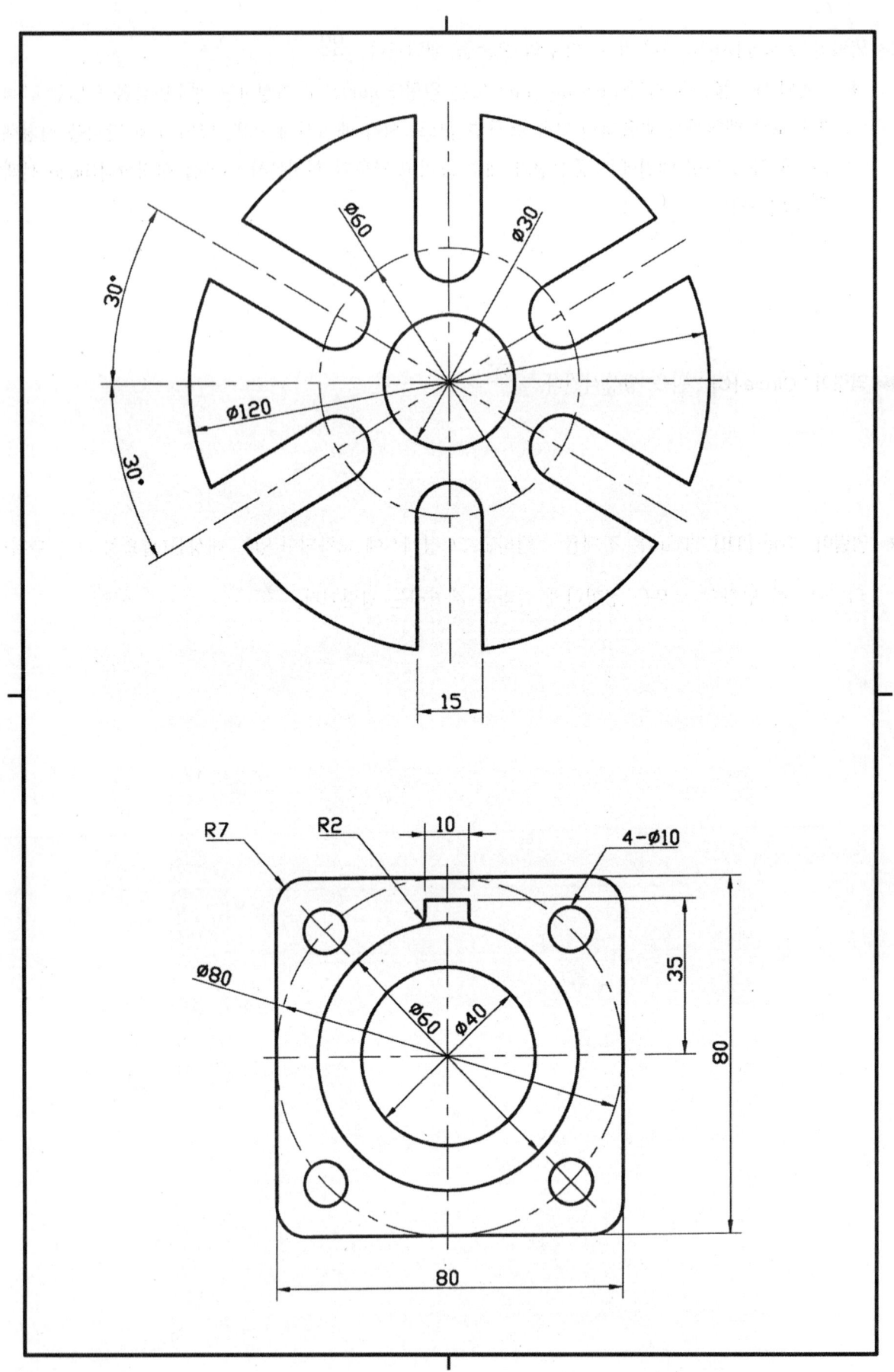

▶ 명령어 : Trim [TR] : Trim은 경계를 선택하고 그 경계선에 교차되어 있는 대상물(필요치 않은 부위)의 어느 한 방향의 부분을 정확하게 잘라서 제거하는 명령이다.

♣ 트림시 회전체의 선택에 유의하자!

▶ 명령어 : Array [AR] : 하나 또는 다수의 요소를 배열한다.

♣ 선택된 대상물들을 사각(Rectangular) 또는 원형(Polar)으로 지정하는 개수만큼을 균일한 간격 및 각도로 배열하는 효율적인 다중 복사명령으로 사각 배열시에는 행, 열의 수와 간격을 지정해 주어야 하고 원형 배열에는 중심점과 개수 그리고 각도와 회전복사 여부를 설정한다.

▶ 명령어 : Circle [C] : 원을 생성시킨다.

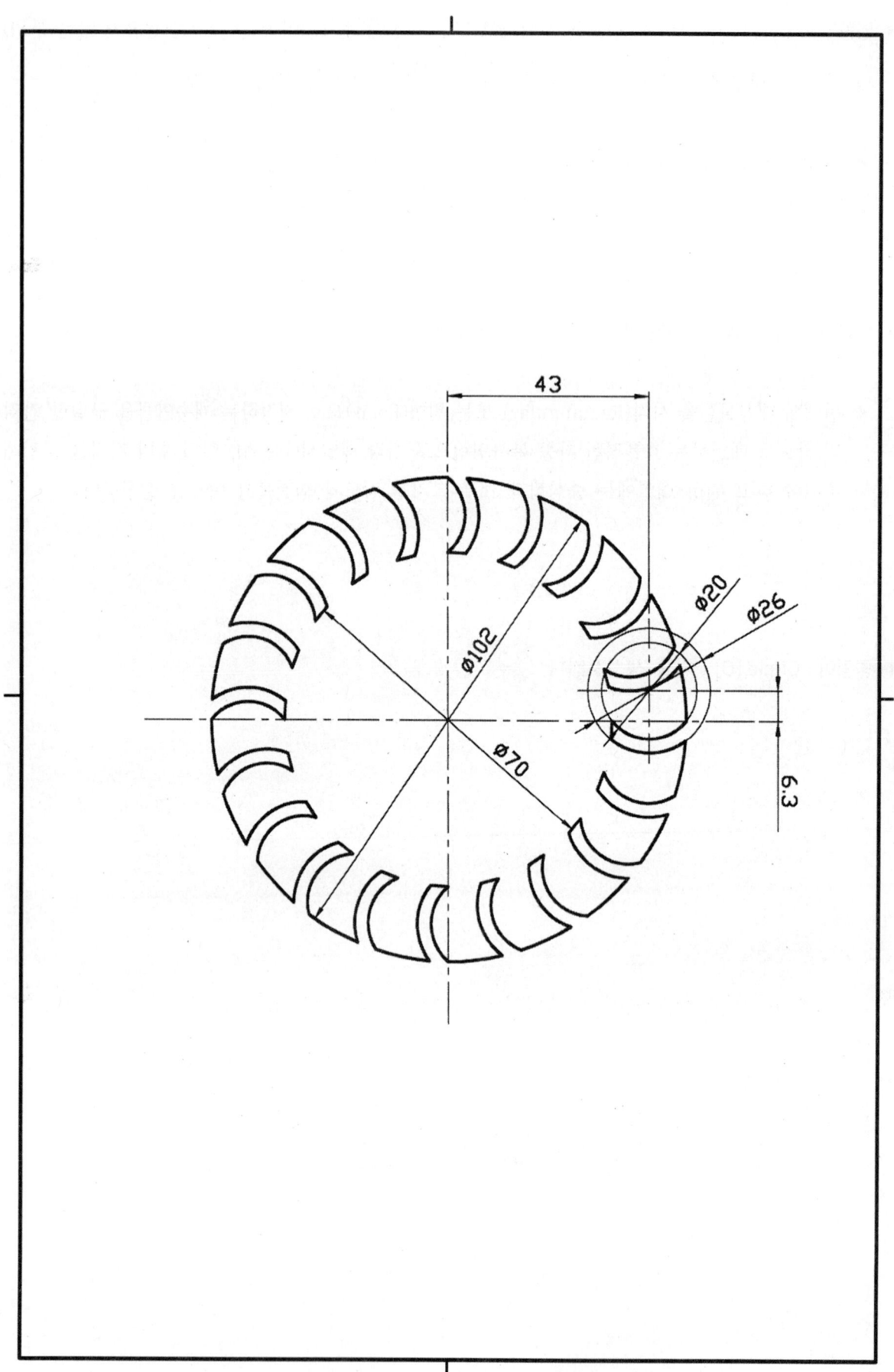

▶ 명령어 : Arc : 호를 생성한다.
  ◆ 형식 : arc ↵
  ✤ 시작점, 호의 끝점, 호의 반지름으로 호 그리기(S-E-R)
    • arc 선택시 방향성에 주의하자!

▶ 명령어 : Trim [TR] : Trim은 경계를 선택하고 그 경계선에 교차되어 있는 대상물(필요치 않은 부위)의 어느 한 방향의 부분을 정확하게 잘라서 제거하는 명령이다.
  ◆ 형식 : zoom ↵
    • 트림시 회전체의 선택에 유의하자!

▶ 명령어 : Array [AR] : 하나 또는 다수의 요소를 배열한다.
  ✤ 선택된 대상물들을 사각(Rectangular) 또는 원형(Polar)으로 지정하는 개수만큼을 균일한 간격 및 각도로 배열하는 효율적인 다중 복사명령으로 사각 배열시에는 행, 열의 수와 간격을 지정해 주어야 하고 원형 배열에는 중심점과 개수 그리고 각도와 회전복사 여부를 설정한다.

▶ 명령어 : Circle [C] : 원을 생성시킨다.

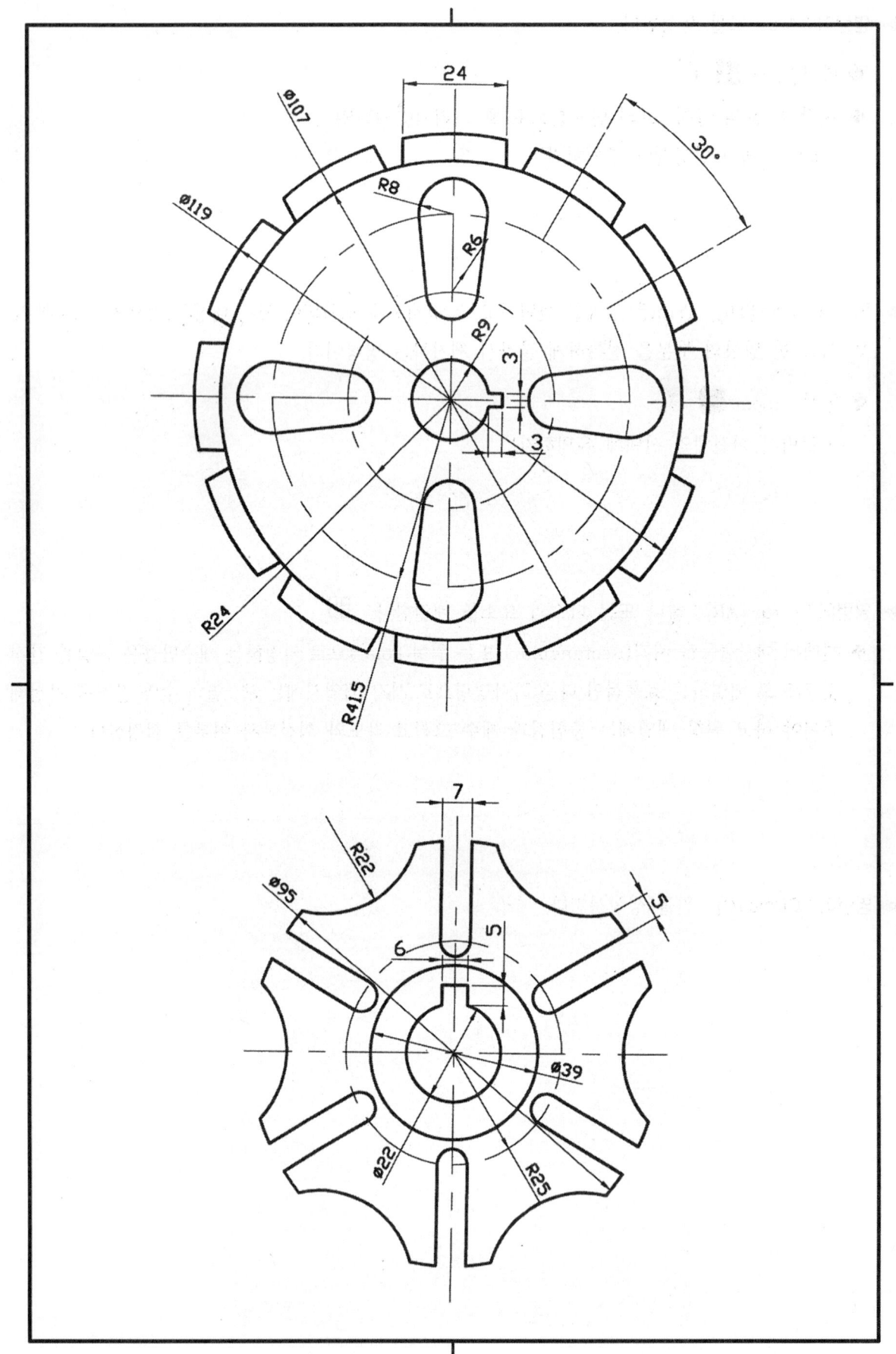

4-11 Text(글자)

▶ 명령어 : Dtext [DT] : 줄 단위의 글자를 생성한다.

◆ 형식 : dtext ↵

[Start point of text]	글자가 쓰기 시작될 위치를 지정한다.
height	글자의 높이를 입력한다. 마우스로도 지정할 수 있다.
rotation angle of text	글자를 쓰는 방향의 각도를 기입한다.
[Justify]	글자의 정렬 방법을 설정한 후 글자를 기입한다.

✿ AutoCAD의 기본 글꼴은 'txt.shx'로 확장자가 '.shx'인 모든 글꼴은 수학체이기 때문에 한글은 지원하지 않는다. 한글을 사용하고자 할 때에는 'style' 명령에서 글꼴을 '트루타입(TT)' 글꼴로 선택하여야 한다.

▶ 명령어 : Style [ST] : 사용하고자 하는 글꼴을 지정한다.

◆ 형식 : style ↵

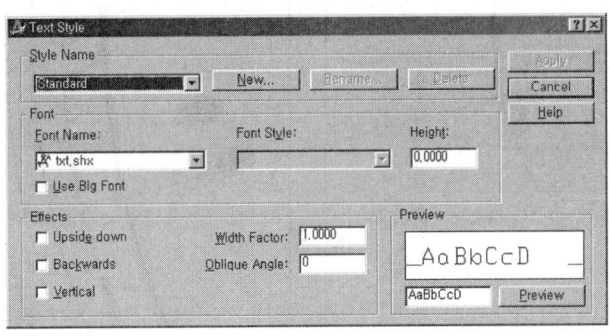

Style Name	글자 스타일 이름을 새로 추가하거나 삭제, 이름 변경시 사용된다.
Font	글꼴을 선택하거나 미리 글자의 높이를 지정할 수 있다.
Effects	선택된 글꼴에 대해 다양한 효과를 준다(자간, 글자 기울기 등).

✿ AutoCAD 작업영역에 이미 다른 글꼴을 사용하였다면 글꼴 선택시 'Style Name'도 추가해 주어야 이미 사용된 다른 글자에 대해 바꾼 글꼴이 영향을 주지 않는다.

▶ 명령어 : Osnap [OS]

◆ 형식 : osnap ↵

ENDpoint	선 또는 호의 끝점을 찾는다.
INTersection	요소의 교차점을 찾는다.
CENter	원 또는 호, 타원의 중심점을 찾는다.

✿ 예제 그림은 위에 명기한 명령어와 'Line, Circle, Array(polar), Trim' 명령을 이용하여 그려보자!

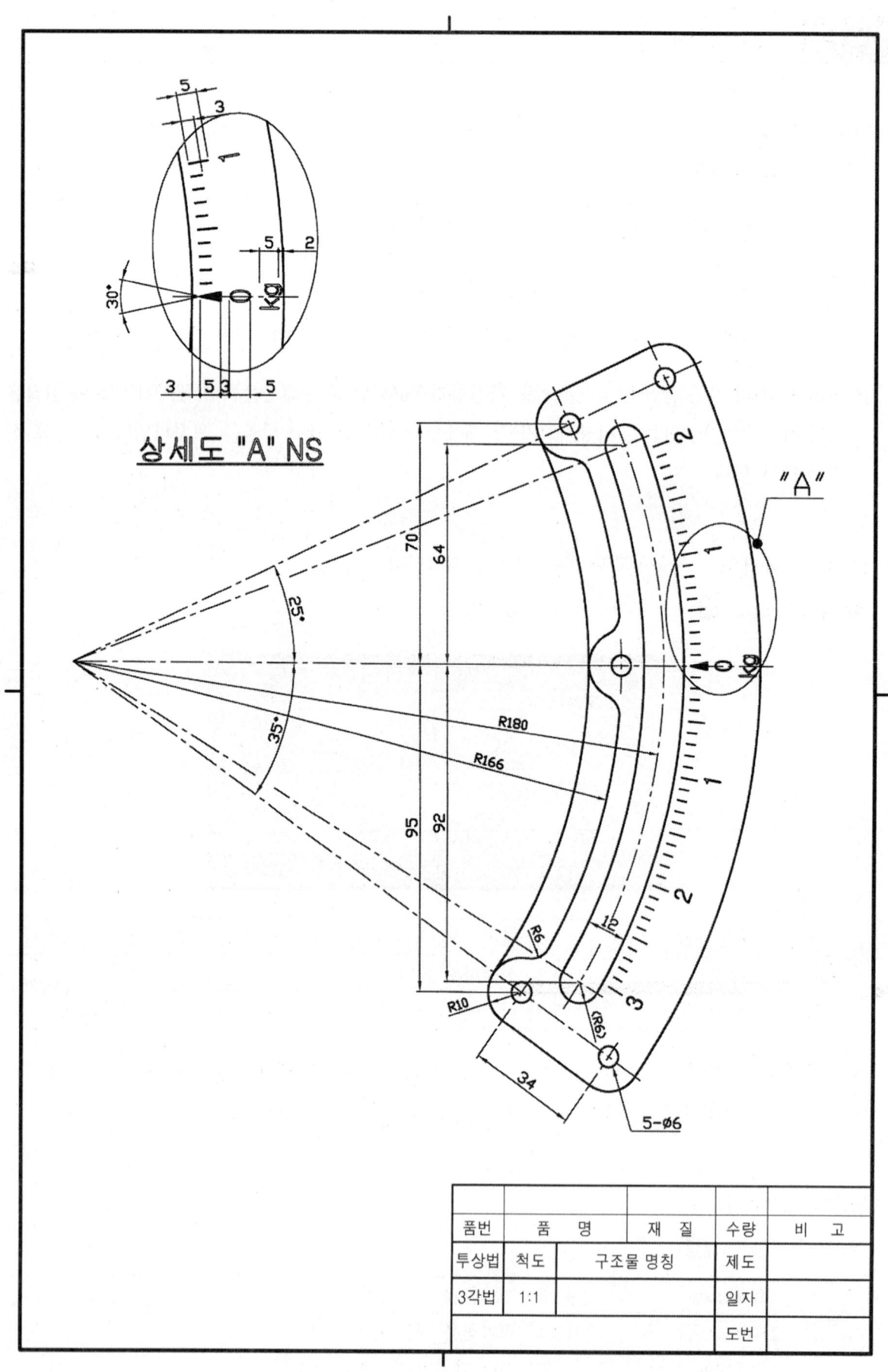

▶ 명령어 : Array [AR] : 하나 또는 다수의 요소를 배열한다.

◆ 형식 : array ↵ 🔠

✤ 선택된 대상물들을 사각(Rectangular) 또는 원형(Polar)으로 지정하는 개수만큼을 균일한 간격 및 각도로 배열하는 효율적인 다중 복사명령으로 사각 배열시에는 행, 열의 수와 간격을 지정해 주어야 하고 원형 배열에는 중심점과 개수 그리고 각도와 회전복사 여부를 설정한다.

Rectangular	선택된 요소를 행과 열로 배열시킨다(사각 배열).
Polar	선택된 요소를 기준 점을 중심으로 배열한다(원형 배열).

▶ 명령어 : Fillet [F] : 2개의 선, 호 또는 원의 교차부분을 정의된 반지름만큼 부드럽게 처리한다.

◆ 형식 : fillet ↵ 🅵

✤ Fillet은 각진 모서리를 라운딩하는 명령으로 두 대상물의 교차점으로부터 입력되어지는 반지름의 값을 가진 호를 생성한다.

Select first object	라운딩할 대상을 선택한다.
Polyline	폴리라인 요소의 모서리를 한번에 라운딩한다.
Radius	라운딩될 반지름을 정한다.
Trim/No trim	라운딩하고 남은 부분을 잘라낼지 남길지 지정한다.

▶ 명령어 : Osnap [OS]

◆ 형식 : osnap ↵

ENDpoint	선 또는 호의 끝점을 찾는다.
INTersection	요소의 교차점을 찾는다.
CENter	원 또는 호, 타원의 중심점을 찾는다.
TANgent	도형 요소의 접점을 찾아 접선이나 접원을 그릴 수 있다.

✤ 예제 그림은 위에 명기한 명령어와 'Line, Circle, Offset, Trim' 명령을 이용하여 그려보자!

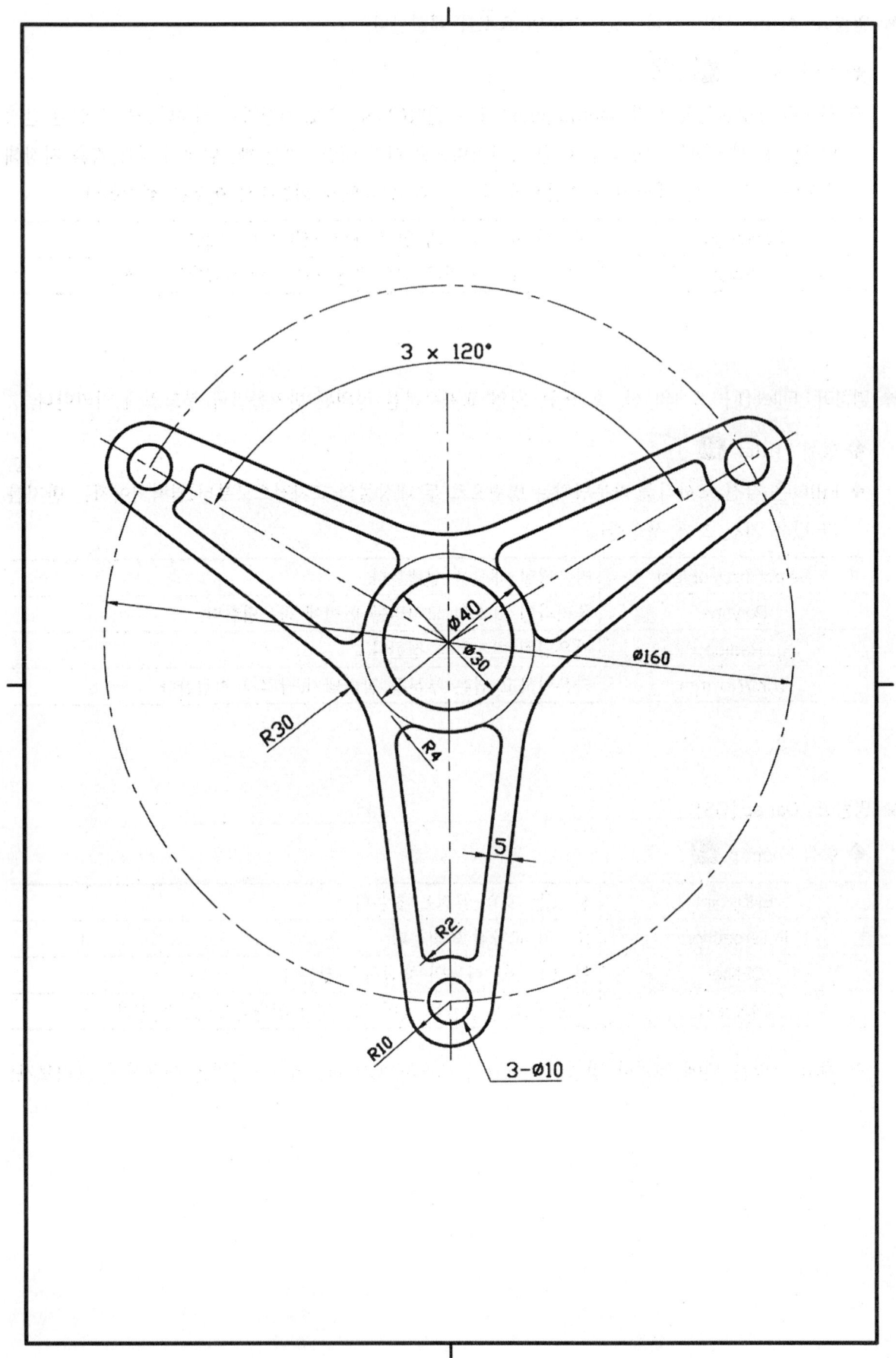

▶ 명령어 : Fillet [F] : 2개의 선, 호 또는 원의 교차부분을 정의된 반지름만큼 부드럽게 처리한다.

◆ 형식 : fillet ⏎

Select first object	라운딩할 대상을 선택한다.
Radius	라운딩될 반지름을 정한다.
Trim/No trim	라운딩하고 남은 부분을 잘라낼지 남길지 지정한다.

▶ 명령어 : Array [AR] : 하나 또는 다수의 요소를 배열한다.

◆ 형식 : array ⏎

✤ 선택된 대상물들을 원형(Polar)으로 지정하는 개수만큼을 균일한 간격 및 각도로 배열하는 효율적인 다중 복사명령으로 중심점과 개수 그리고 각도와 회전복사 여부를 설정한다.

Polar	선택된 요소를 기준점을 중심으로 배열한다(원형 배열).

▶ 명령어 : Osnap [OS]

◆ 형식 : osnap ⏎

ENDpoint	선 또는 호의 끝점을 찾는다.
INTersection	요소의 교차점을 찾는다.
CENter	원 또는 호, 타원의 중심점을 찾는다.

✤ 예제 그림은 위에 명기한 명령어와 'Line, Circle, Offset, Trim' 명령을 이용하여 그려보자!

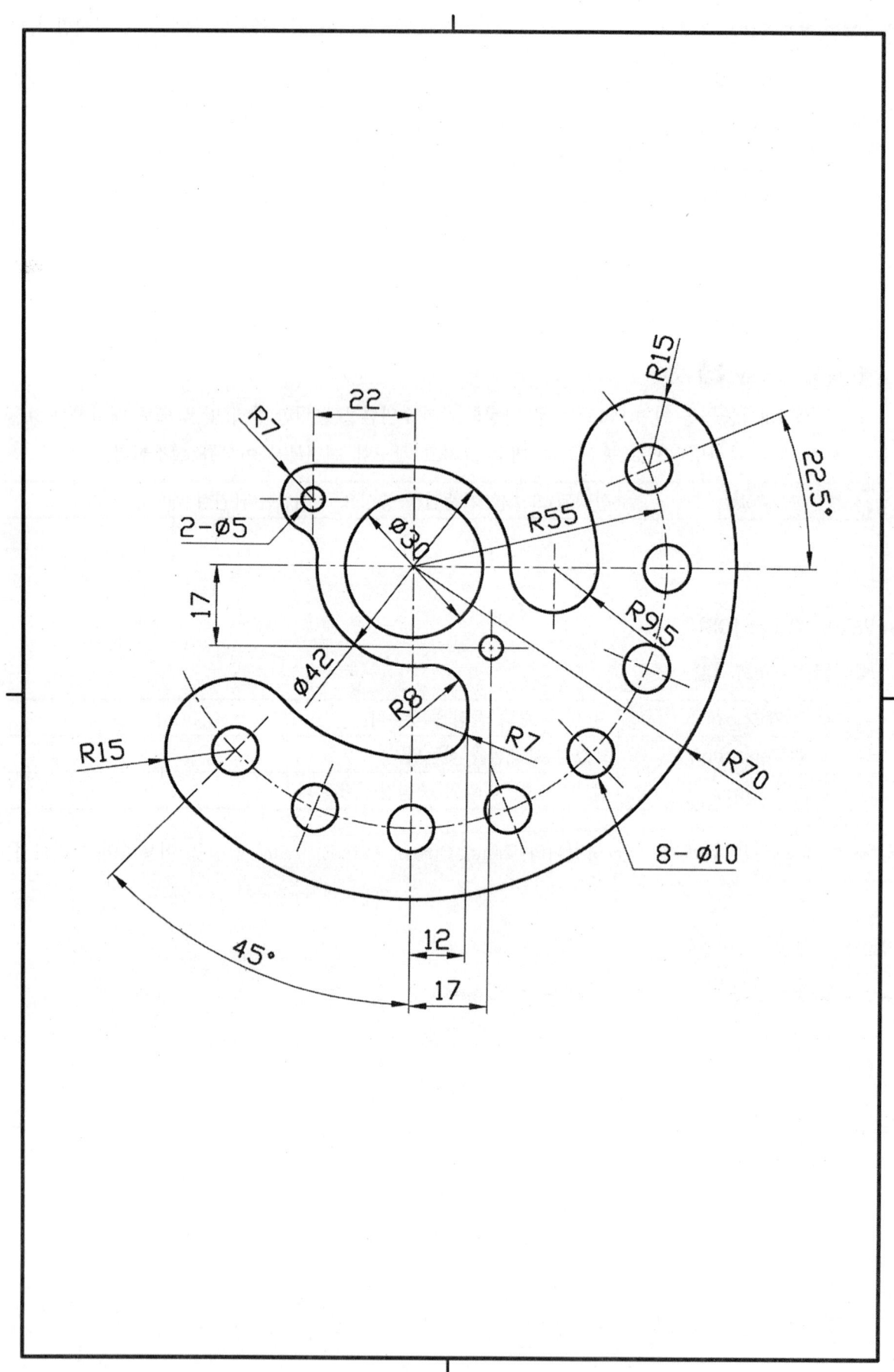

4-12 선의 종류

▶ 명령어 : Linetype [LT] : 선의 형태(종류)를 지정한다.

  ◆ 형식 : linetype ↵

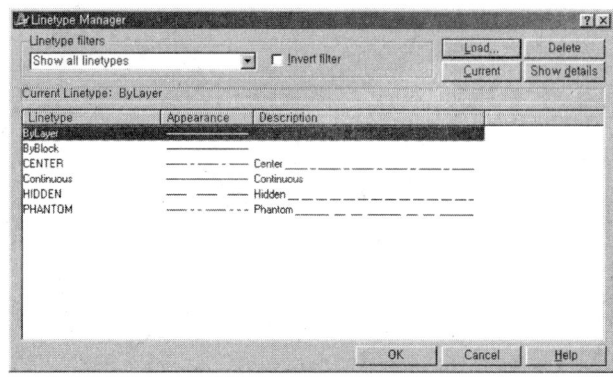

❖ 선의 형태는 실선, 파선(= 은선), 쇄선으로 구성이 되어 있으므로 사용자는 앞으로 생성될 요소에 특정 선 형태를 명명하여 마음대로 선의 형태를 지정할 수 있다.

❖ 기존에 이미 생성되어 있는 요소는 'change' 명령이나 'chprop' 명령으로 선 형태를 수정할 수 있다.

Load	AutoCAD에서 정의된 선을 불러들인다. 현재 선 형태 표시영역에 없는 선들을 불러온다.
Delete	대화상자에 불러들인 선을 삭제한다. 기본값으로 설정된 'ByLayer, ByBlock, Continuous'는 삭제할 수 없고 'Load' 한 선 중 현재 작업에 사용 중인 선 형태도 삭제를 못한다.
Current	현재 사용하고자 하는 선 형태를 지정한다.
Show details	상세 대화상자(선의 이름, 축척 등을 나타내며 변경할 수도 있다.)

❖ "LTSCALE" 명령을 사용하여 현재 도면에 사용된 선의 비율을 전체적으로 조정한다.

▶ 명령어 : Chprop : 개체의 특성 바꾸기. 'change' 명령과 비슷한 명령어로 선택된 요소의 특성만을 수정한다.

  ◆ 형식 : chprop ↵

Color	선택된 요소의 색상 변경
LAyer	선택된 요소의 layer 변경(단, layer가 존재하여야 한다.)
LType	선택된 요소의 선 형태 지정
ltScale	선의 간격 지정
LWeight	선택된 요소의 선의 굵기값을 입력
Thickness	3차원에서 사용하는 것으로 z축 방향으로 지정한 값만큼 돌출

❖ 예제 그림은 'Line, Circle, Array, Offset, Trim, Osnap' 명령어와 위에 명기한 명령어를 이용하여 도형의 외곽선과 선의 형태를 지정하여 도형의 중심선도 표기하자.

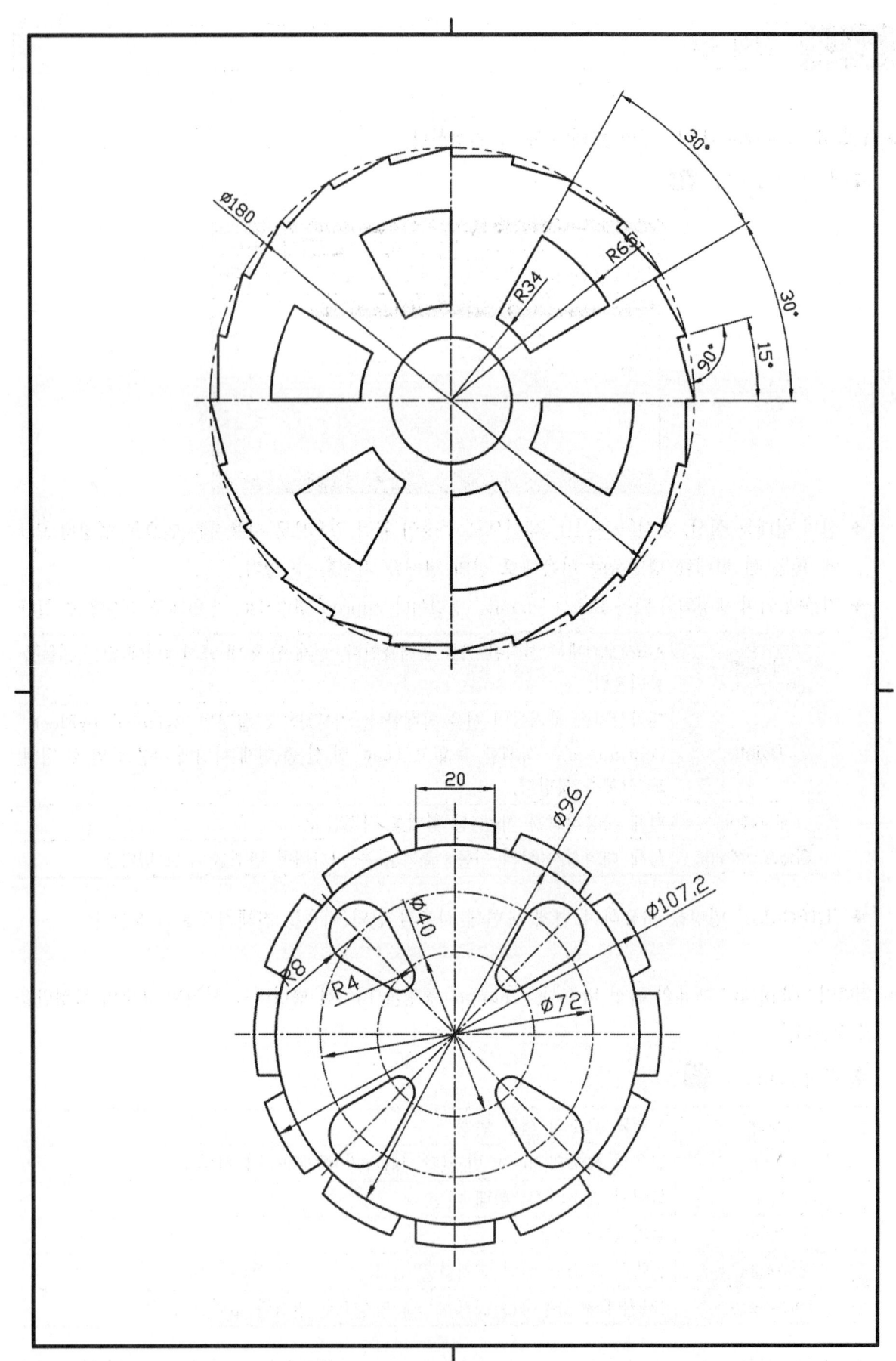

▶▶ 명령어 : Properties [PR](= DDchprop, DDmodify) : 대화상자를 이용한 개체의 특성 바꾸기

◆ 형식 : properties ↵

✣ 선택된 요소의 색상, 선 형태, 선의 간격, 선의 굵기값 등을 변경한다.

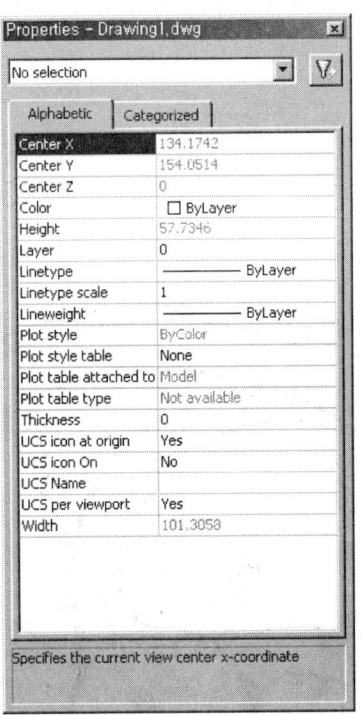

▶▶ 명령어 : Color [COL](= DDcolor) : 객체들의 색상 지정을 선택한다.

◆ 형식 : color ↵

✣ 복잡한 도면일수록 요소들을 특성별로 다른 색을 지정하여 구분할 필요가 있다.

✣ 이렇게 서로 다른 색으로 구분된 요소는 도면 출력시 서로 다른 두께의 선을 지정받을 수 있게 된다.

✣ 'color' 명령은 생성될 요소가 현재 설정되어 있는 layer의 색을 따라가지 않고 사용자가 지정한 색을 따라가도록 한다.

✣ 기존에 이미 생성되어 있는 요소는 'change' 명령이나 'chprop' 명령으로 색상을 수정할 수 있다.

✣ 객체에 색상 지정시 'Standard Colors'의 색상만을 지정하는 것이 좋다. 왜냐하면 각각의 색상마다 번호가 매겨져 있어서 프린터로 도면 출력시 사용자가 원하지 않는 굵기의 선으로 출력될 경우가 많기 때문이다.

✣ 예제 그림은 'Line, Circle, Array, Offset, Trim, Osnap' 명령어와 위에 명기한 명령어를 이용하여 도형의 외곽선과 선의 형태, 색상을 지정하여 도형의 중심선도 표기하자(참고로 자격증 시험장에서는 대체적으로 외곽선은 연두색, 중심선은 적색을 사용한다).

제4장 DRAW(2D) 185

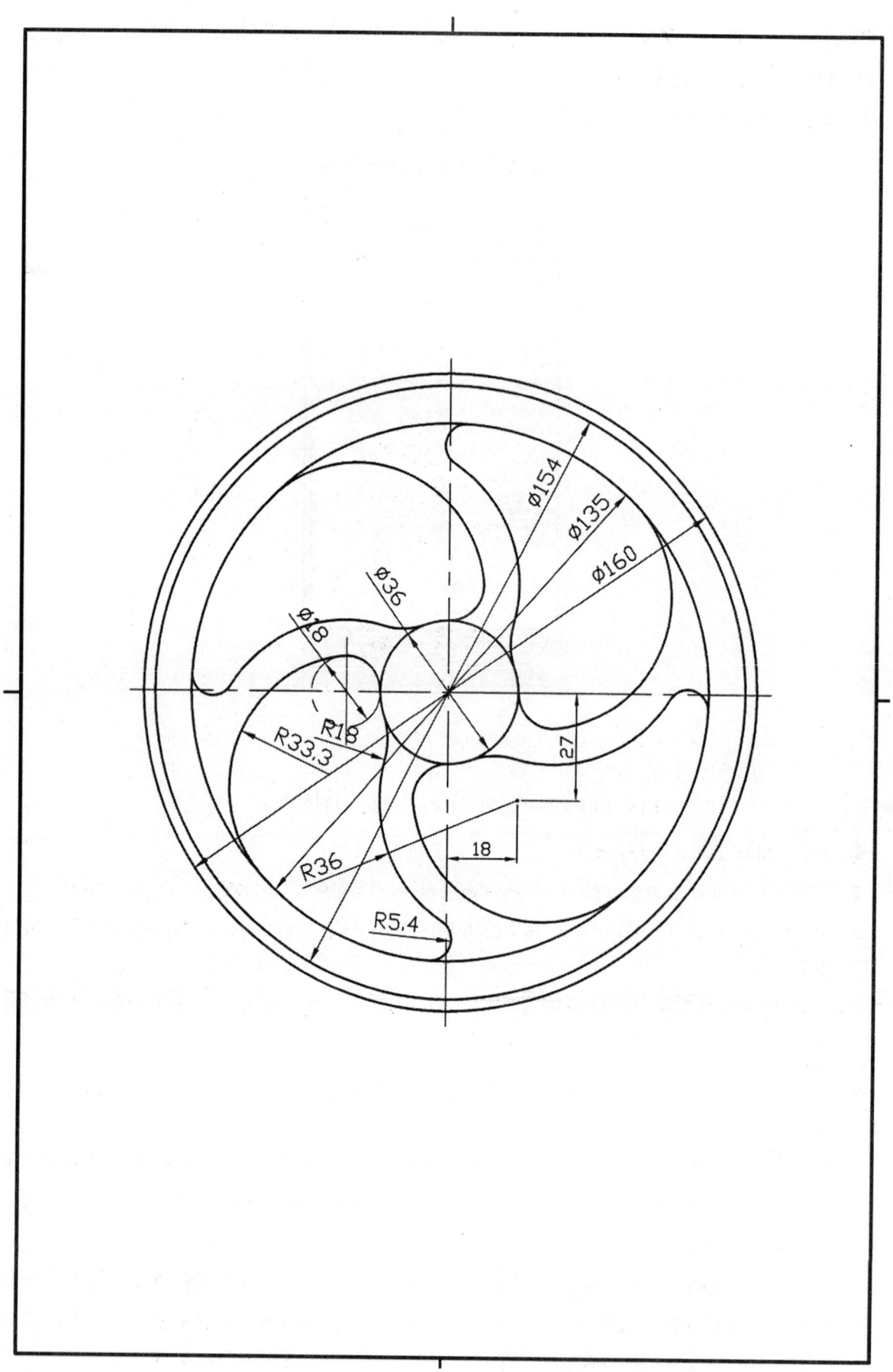

▶ 명령어 : Polygon [POL] : 정다각형 생성 명령어로 최소 3각형에서부터 1024각형까지 생성할 수 있다.

◆ 형식 : polygon ⏎ ⬠

Enter number of sides	정다각형 변의 개수를 지정
Edge	한 변의 길이로 정다각형을 정의
Center of polygon	다각형의 중심점을 지정
Inscribed in circle	정다각형의 꼭지점으로 정의(원의 내접한 다각형 정의)
Circumscribed about circle	정다각형의 한 변의 중심으로 정의(원의 외접한 다각형의 정의)

❖ 각도에 주의하며 다각형을 만들자! 상대좌표나 상대극좌표를 사용하여 사용자가 원하는 방향으로 정다각형을 정의하여 보자!

▶ 명령어 : Bhatch [BH] : 여러 개의 다양한 요소들로 이루어진 영역의 내부에 무늬(단면)를 넣는다.

◆ 형식 : bhatch ⏎

pattern type	해치 형태에 대한 설정을 한다.
pick points	에워싸여진 영역으로부터 존재하는 요소의 영역을 정의한다.
Select Objects	해칭될 요소를 선택하여 선택된 요소의 내부 영역을 해칭한다.

❖ 자세한 내용은 뒤에서 설명하겠다.

▶ 명령어 : Osnap [OS]

◆ 형식 : osnap ⏎

ENDpoint	선 또는 호의 끝점을 찾는다.
INTersection	요소의 교차점을 찾는다.
CENter	원 또는 호, 타원의 중심점을 찾는다.

❖ 예제 그림은 위에 명기한 명령어와 'Line, Circle, Offset, Trim, Linetype, Color' 명령을 이용하여 그려보자!

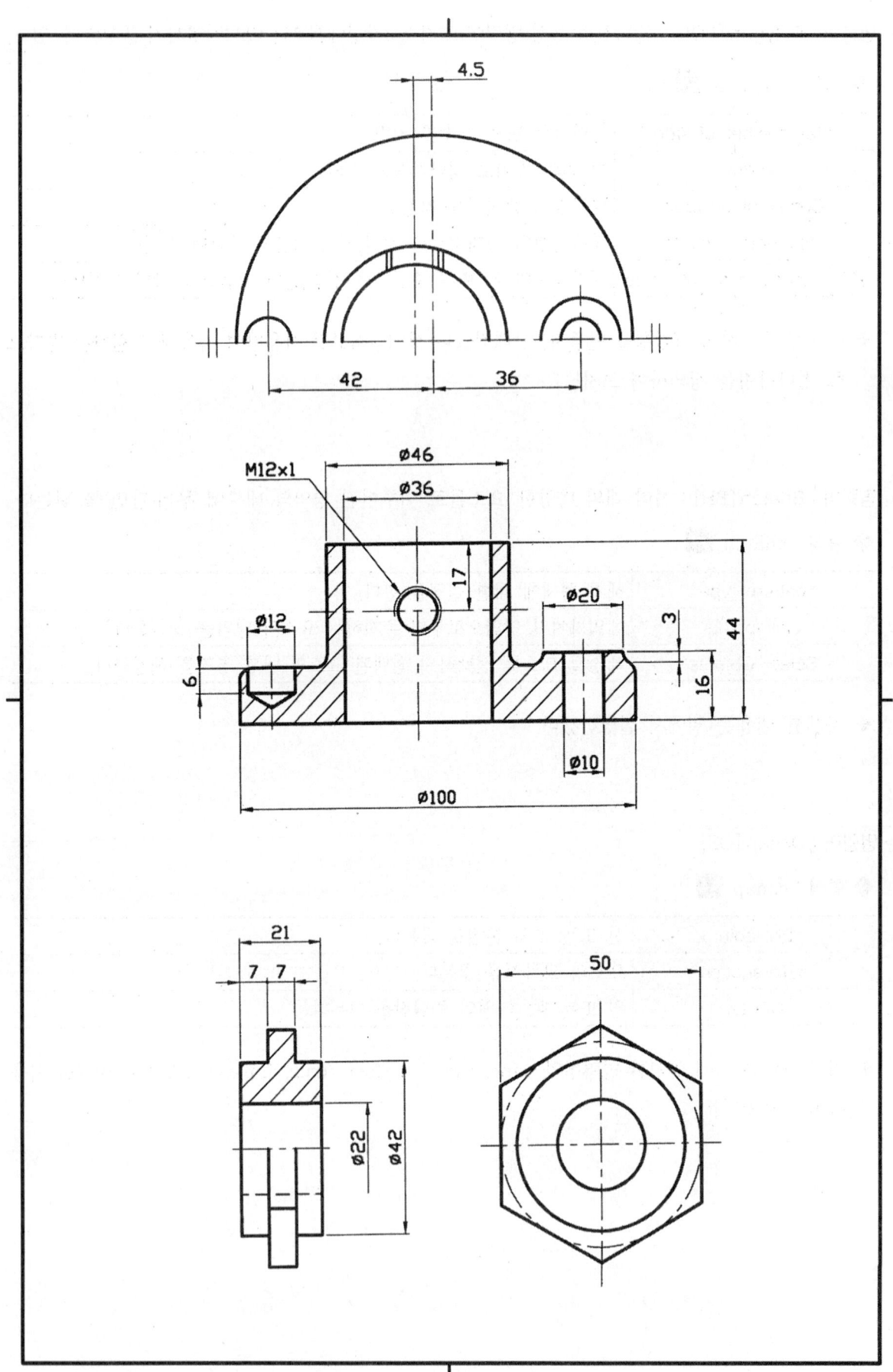

▶ 명령어 : Polygon [POL] : 정다각형 생성 명령어로 최소 3각형에서부터 1024각형까지 생성할 수 있다.

◆ 형식 : polygon ⏎ ◇

Enter number of sides	정다각형 변의 개수를 지정
Center of polygon	다각형의 중심점을 지정
Inscribed in circle	정다각형의 꼭지점으로 정의(원의 내접한 다각형 정의)

✤ 각도에 주의하며 다각형을 만들자! 상대좌표나 상대극좌표를 사용하여 사용자가 원하는 방향으로 정다각형을 정의하여 보자!

▶ 명령어 : Fillet [F] : 2개의 선, 호 또는 원의 교차부분을 정의된 반지름만큼 부드럽게 처리한다.

◆ 형식 : fillet ⏎ ⌐

Select first object	라운딩할 대상을 선택한다.
Radius	라운딩될 반지름을 정한다.
Trim/No trim	라운딩하고 남은 부분을 잘라낼지 남길지 지정한다.

▶ 명령어 : Osnap [OS]

◆ 형식 : osnap ⏎

ENDpoint	선 또는 호의 끝점을 찾는다.
INTersection	요소의 교차점을 찾는다.
CENter	원 또는 호, 타원의 중심점을 찾는다.
TANgent	도형 요소의 접점을 찾아 접선이나 접원을 그릴 수 있다.

✤ 예제 그림은 위에 명기한 명령어와 'Line, Circle, Offset, Trim, Linetype, Color' 명령을 이용하여 그려보자!

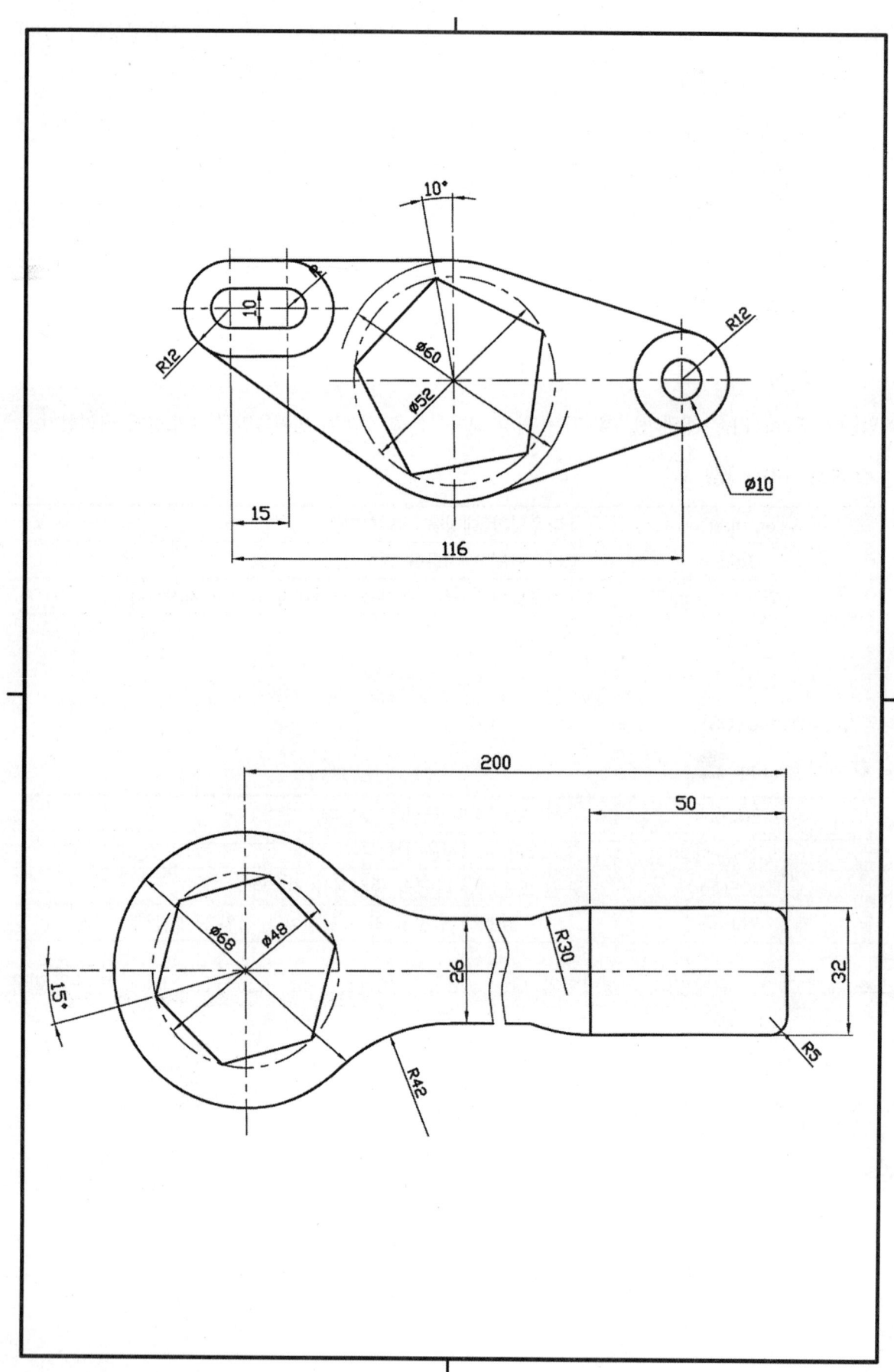

4-13 Spline(곡선 그리기)

▶ 명령어 : Spline [SPL] : 2차 또는 3차원의 곡선을 생성한다.

◆ 형식 : spline ↵ ～

Object pedit	명령에 의해서 spline처리된 polyline을 spline object로 변환시킨다.
Close	spline의 마지막 점에서 처음 점으로 spline곡선을 그리면서 닫는다.
Fit tolerance	spline 곡선을 입력된 점에서 지정된 만큼 떨어지게 한다.
start tangent	spline 곡선 시작점의 위치를 지정
end tangent	spline 곡선 끝점의 위치를 지정

▶ 명령어 : Xline [XL](= Construction line) : 양방향의 무한대 선을 생성한다. 도면을 그릴 때 보조선으로 많이 사용된다.

◆ 형식 : xline ↵ ↗

Ang	입력된 각도를 가진 무한선을 그린다.
Offset	기존의 선을 이용하여 지정된 값만큼 평행한 무한선을 생성한다.

▶ 명령어 : Move [M] : 선택된 대상물들의 원형 그대로를 원하는 위치로 좌표이동시키는 명령이다.

◆ 형식 : move ↵ ✥

♣ 하나 또는 다수의 요소의 위치를 바꾼다.
♣ 예제 그림은 위에 명기한 명령어와 'Line, Circle, Offset, Trim, Fillet, Linetype, Color' 명령을 이용하여 그려보자!

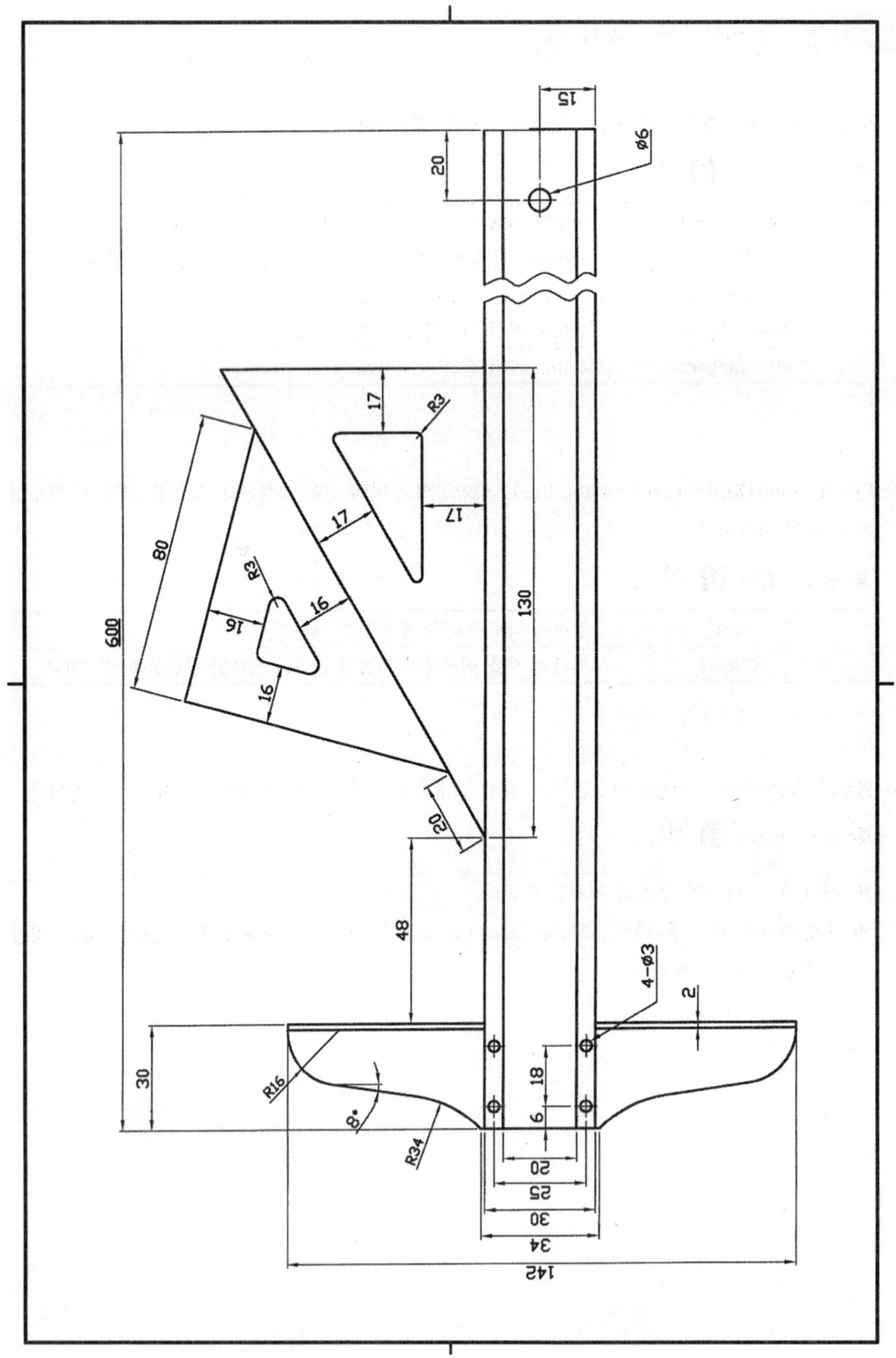

4-14 Break(절단)

▶ 명령어 : Break [BR] : 두 점을 이용해 선이나 원, 호를 절단한다.

◆ 형식 : break ⏎ ⎵

Select object	절단할 요소의 한 점을 선택
second break point	한 점을 선택한 요소에서 두 번째 점을 선택
[First point]	절단할 요소의 한 점을 선택시 다시 첫 번째 점을 재선택
@	가장 최근에 입력한 좌표를 재지정

▶ 명령어 : Dim : 치수기입을 하는 명령어

◆ 형식 : dim ⏎

✤ Command : 상태에서 입력시

DIM : HOR(HORIZ)	수평 치수기입
DIM : VER(VERTIAL)	수직 치수기입
DIM : ALI	정렬(경사진 변의 치수기입)
DIM : BAS(BASE)	병렬 치수기입
DIM : CON	직렬 치수기입
DIM : RAD	반지름 치수기입
DIM : DIA	지름 치수기입
DIM : ANG(ANGULAR)	각도 치수기입
DIM : LEA(LE)	지시선 치수기입

▶ 명령어 : Osnap [OS]

◆ 형식 : osnap ⏎

ENDpoint	선 또는 호의 끝점을 찾는다.
INTersection	요소의 교차점을 찾는다.
CENter	원 또는 호, 타원의 중심점을 찾는다.

✤ 예제 그림은 위에 명기한 명령어와 'Line, Circle, Offset, Trim, Fillet, Linetype, Color' 명령을 이용하여 그려보자!

▶▶ 명령어 : Ddim [D] : 치수환경을 설정하는 명령어

◆ 형식 : ddim ⏎ 🔧

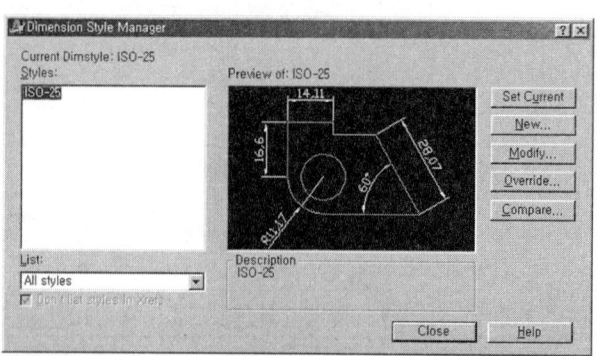

Set Current	Style 목록에 선택된 치수 유형을 현재 유형으로 설정
New...	새로운 치수 유형 작성
Modify...	현재 선택된 치수 유형 수정
Override...	치수 유형의 설정값을 임시적으로 재지정
Compare...	기존의 치수 유형과 새로이 생성된 유형의 변경값들을 화면상으로 출력하여 확인

▶▶ 명령어 : Dim : 치수기입을 하는 명령어

◆ 형식 : dim ⏎

◐ '선형 치수기입' 명령어

♣ Command : 상태에서 입력시

DIMLINEAR(DLI)	수평, 수직치수 기입
DIMALIGNED(DLI)	정렬(경사진 변의 치수기입)
DIMBASELINE(DBA)	병렬 치수기입
DIMCONTINUE(DCO)	직렬 치수기입

♣ Dim : 상태에서 입력시

DIM : HORIZ(HOR)	수평 치수기입
DIM : VERTIAL(VER)	수직 치수기입
DIM : ALI	정렬(경사진 변의 치수기입)
DIM : BAS(BASE)	병렬 치수기입
DIM : CON	직렬 치수기입
DIM : RAD	반지름 치수기입
DIM : OBL	이미 만들어 놓은 수평과 수직 치수기입에 기울기를 적용
DIM : ANGULAR(ANG)	각도 치수기입

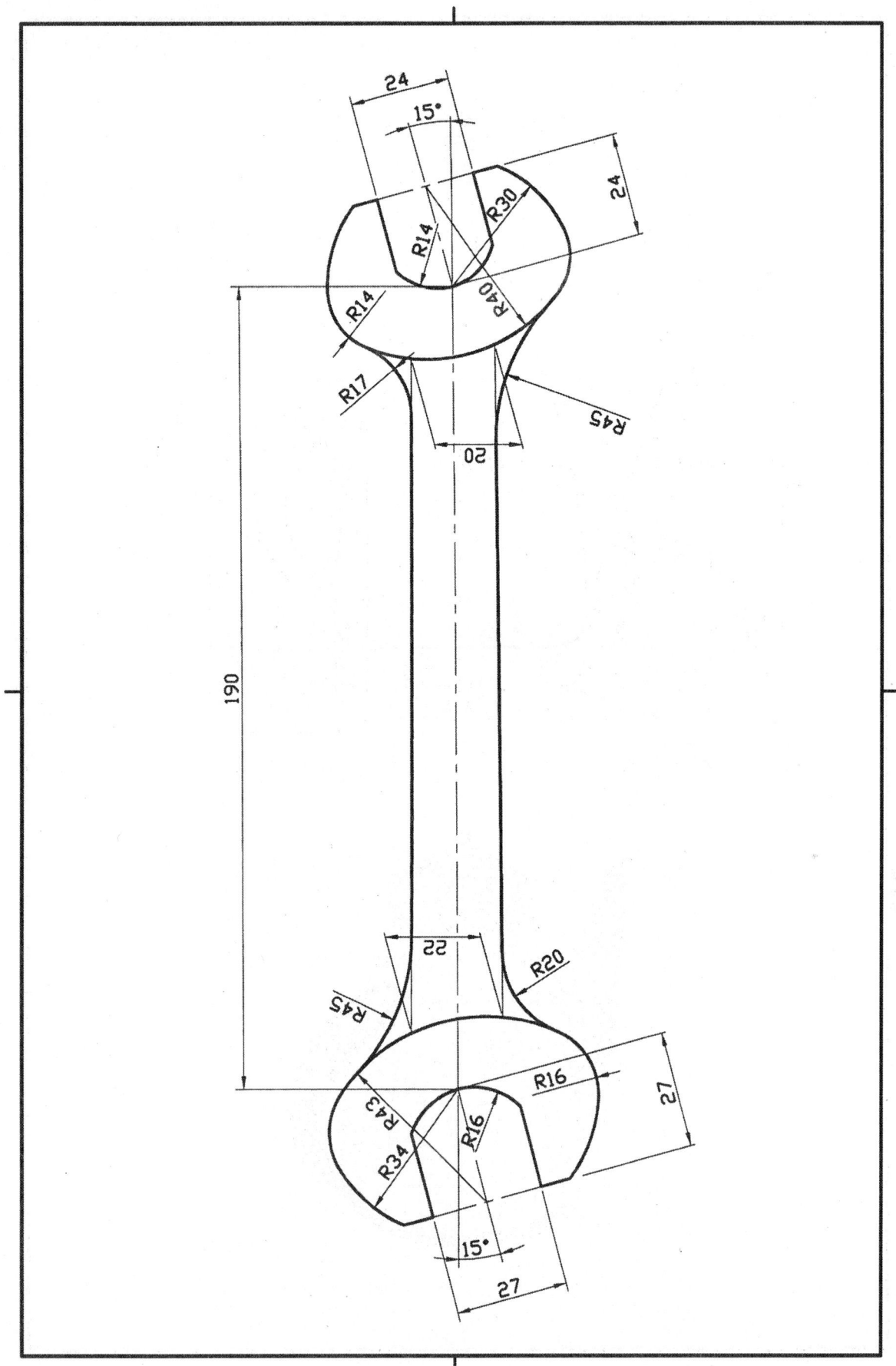

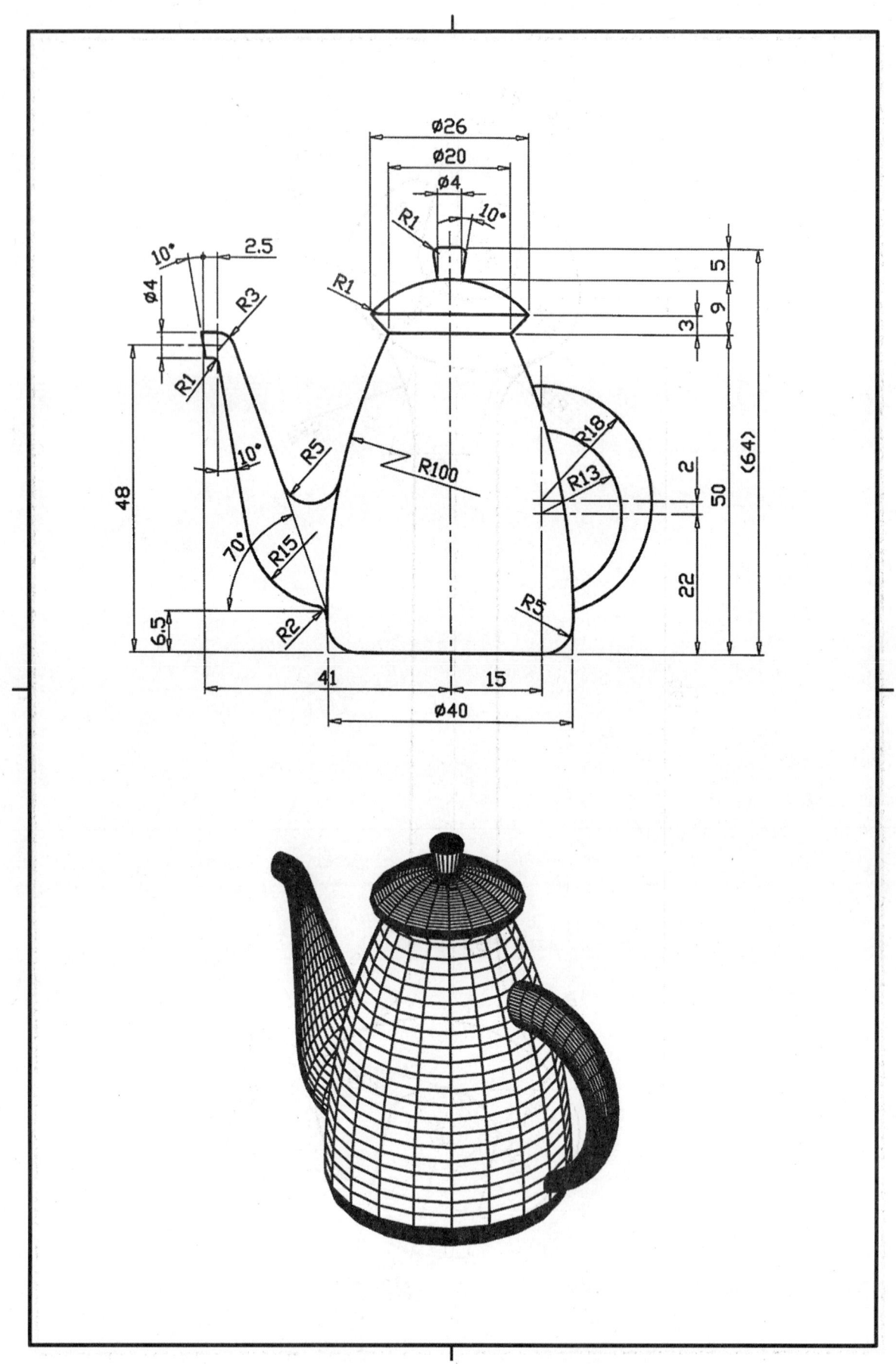

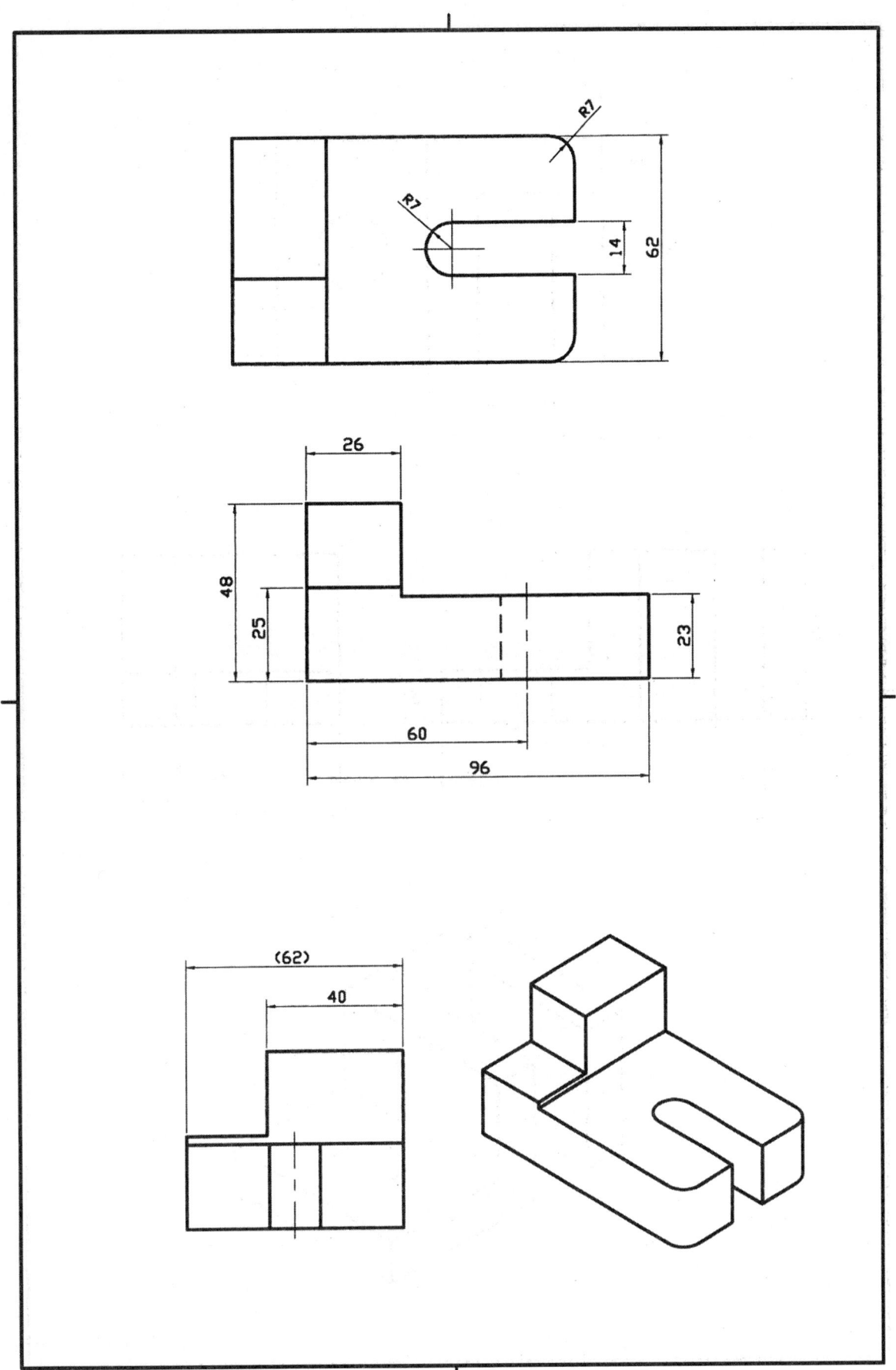

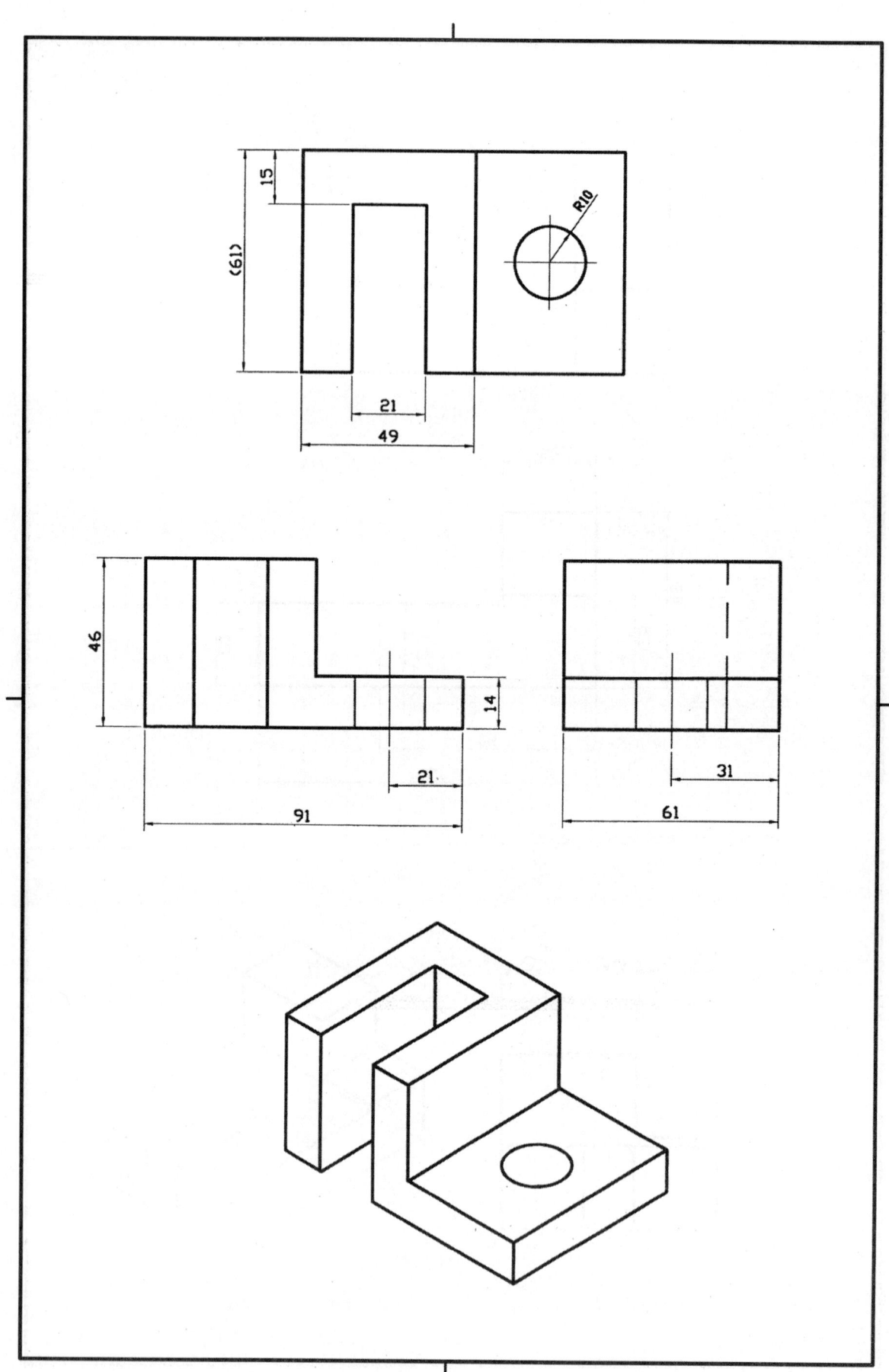

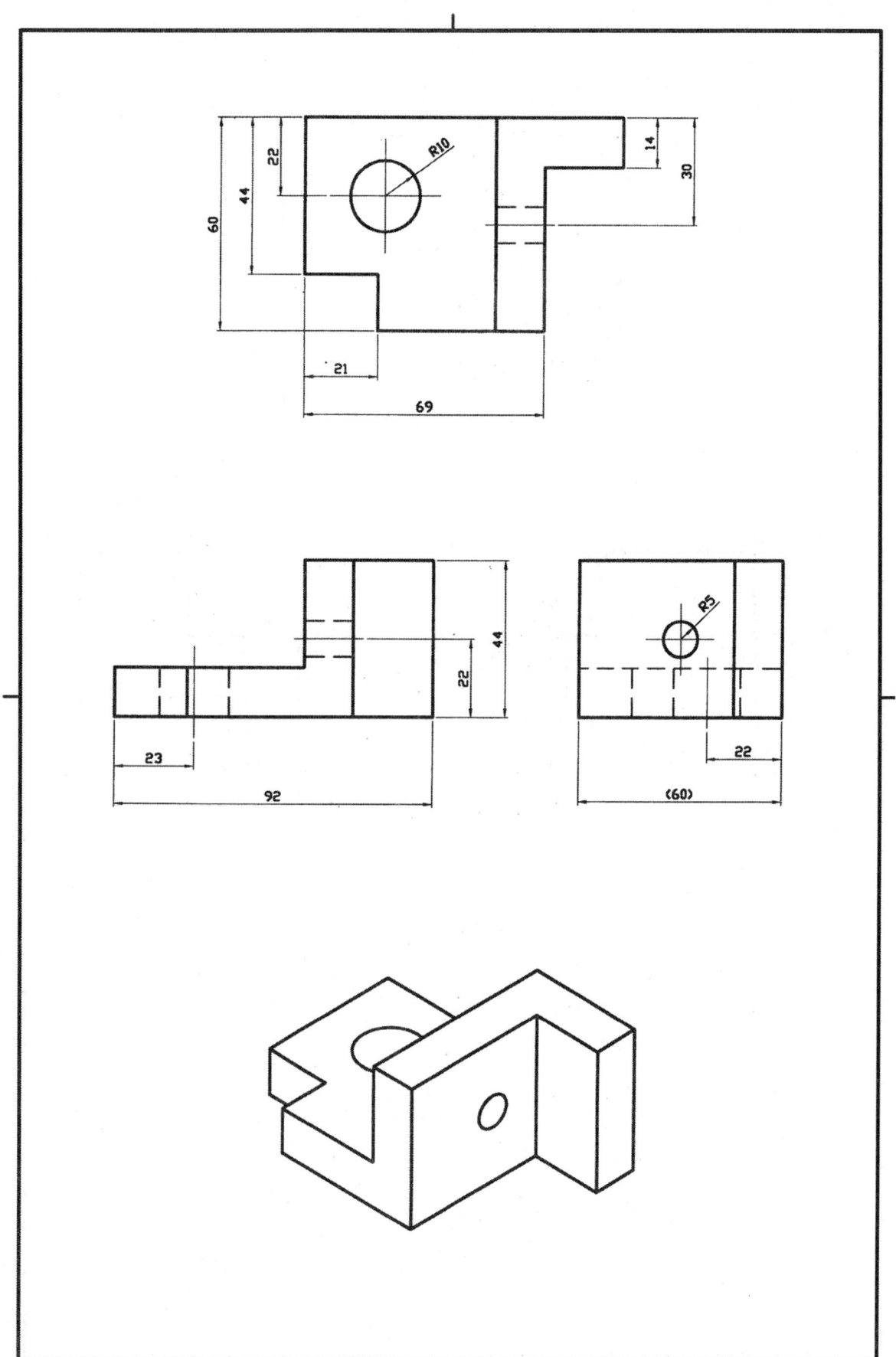

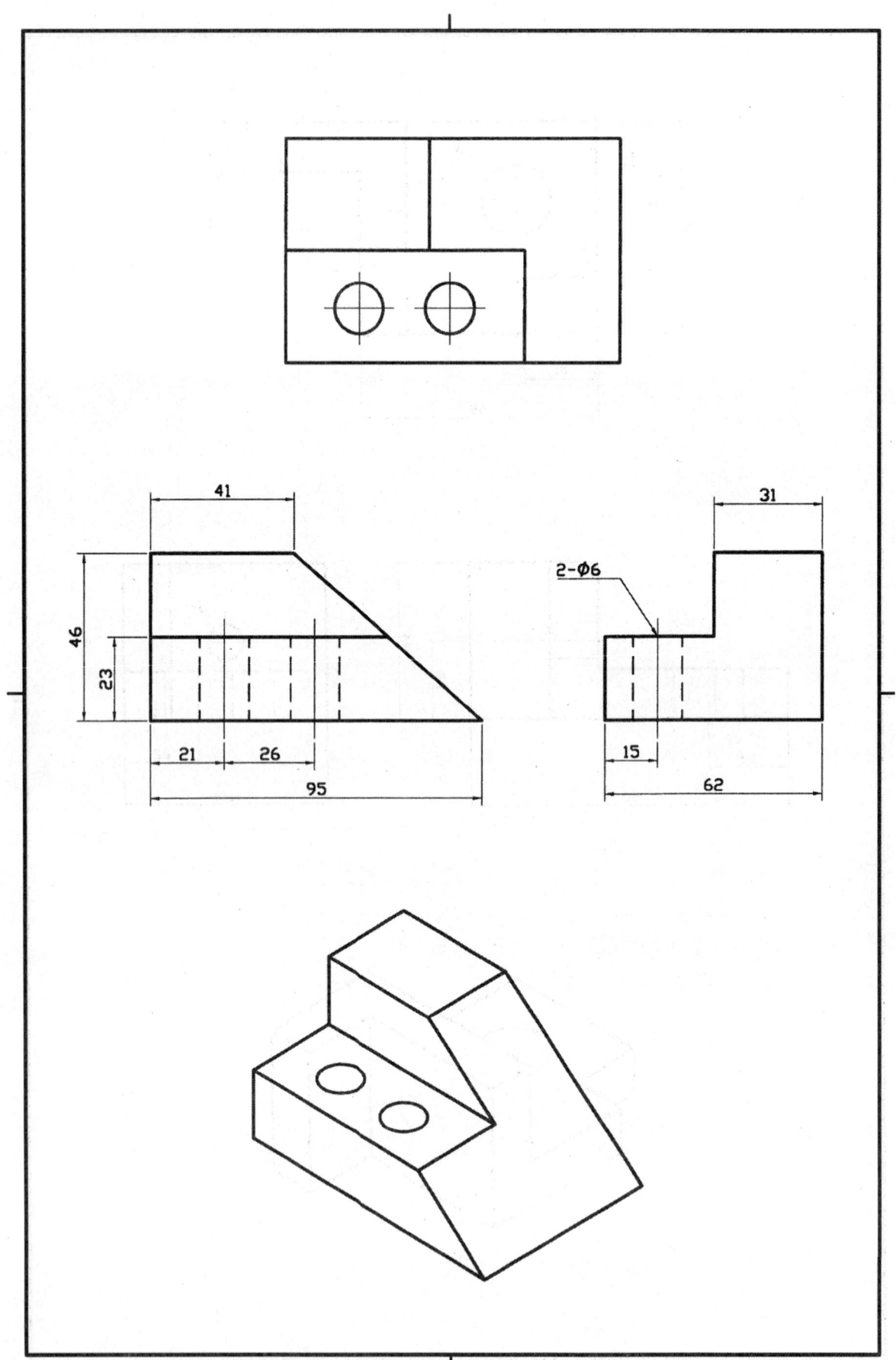

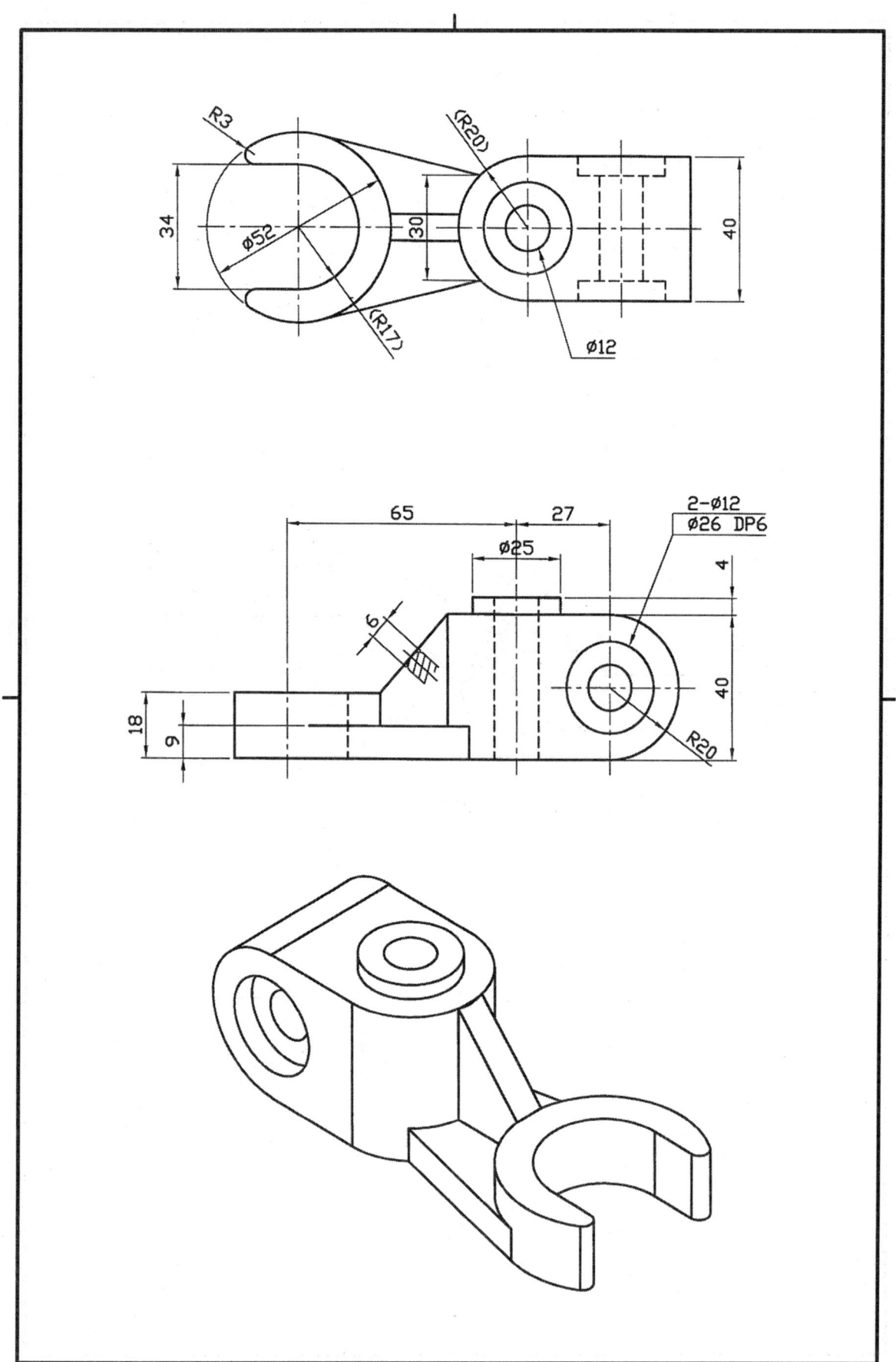

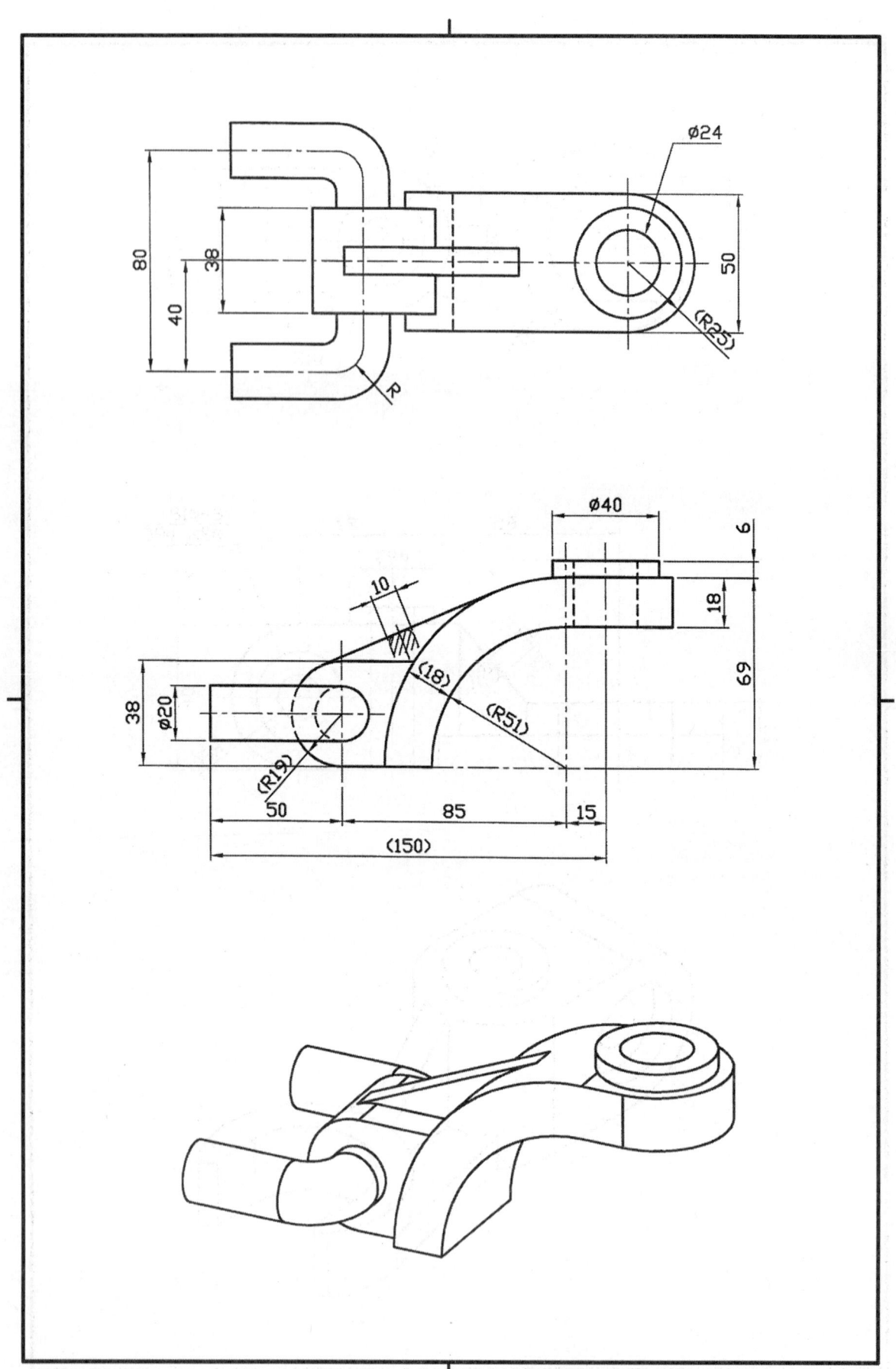

4-15 Hatch(해치)

▶ 명령어 : Hatch [H] : 여러 개의 다양한 요소들로 이루어진 영역의 내부에 무늬(단면)를 넣는다.

◆ 형식 : hatch ↵

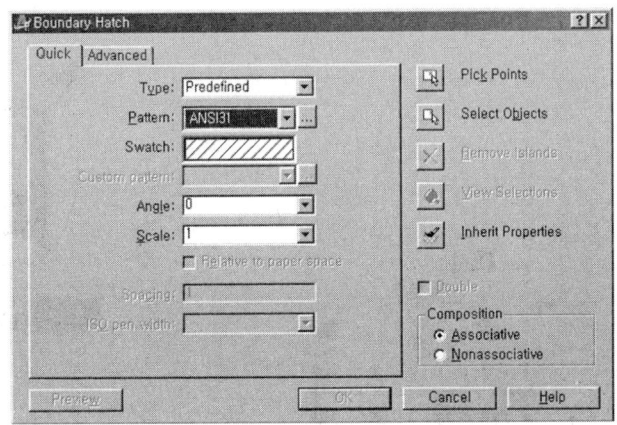

- [그림 hatdia]와 같이 설정 후 Pick Point 버튼을 클릭한다.
- Select internal point : 영역을 설정한다. 대화상자의 OK 버튼을 클릭한다.

❖ Pattern Type : 해치 모양에 관련된 영역

Predefined	AutoCAD에서 기본적으로 제공하는 ACAD.PAT파일에 정의된 해치 패턴을 선택
User-defind	사용자가 해칭선의 간격과 각도를 직접 입력
Custom	사용자가 필요한 해칭의 종류들을 만들어 사용할 수 있는데, 이때 파일명은 사용자가 붙이고 확장자는 ".PAT"로 지정

❖ Pattern type : 해치 형태에 대한 설정

Pattern	다양하게 다량으로 비축된 해칭 무늬 사용할 때 사용한다.
Pattern Properties	해치 형태의 특성을 조정한다.
ISO Pen Width	선택된 펜폭에 기초한 ISO와 관련된 hatch모양의 크기를 제어한다. 이 옵션은 predefined에서 ISO hatch pattern이 선택되었을 때만 사용가능하다.
Pattern	Predefined 버튼이 활성화되어 있을 때 미리 정의된 해치모양을 이름으로 선택한다.
Custom Pattern	Pattern Type에서 Custom이 선택되었을 때 사용가능한 Option으로 사용자가 미리 정의한 *.pat file 이름을 지정한다.
Scale	비축되어진 무늬를 선택한 경우 선택한 무늬의 크기를 조정한다.
Angle	무늬의 기울임 각도를 제어한다.
Spacing	사용자 정의(User defined)에 의한 해칭일 경우 선과 선 사이의 간격지정

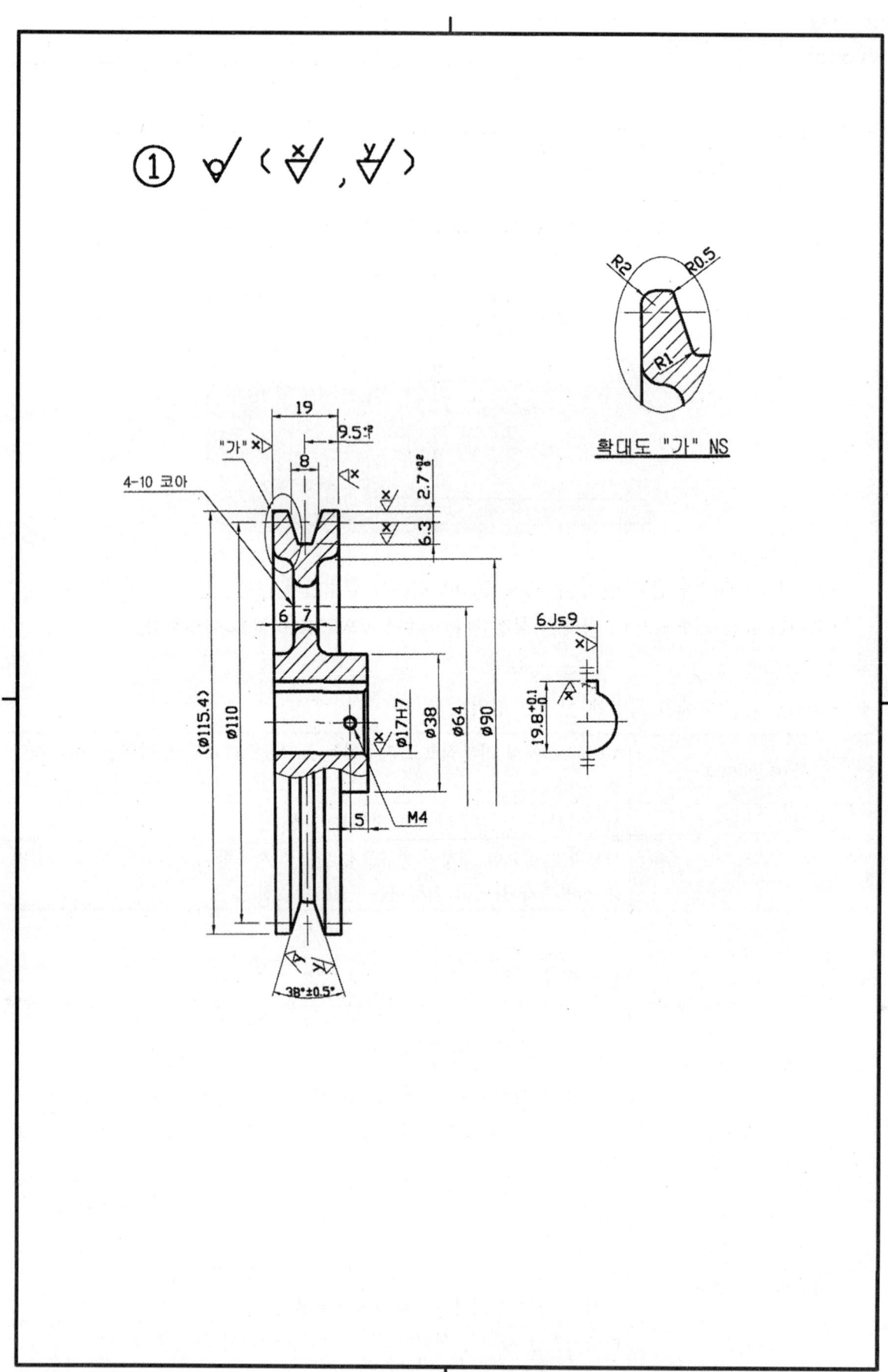

♣ Pattern Type : 아이콘을 이용하여 비축되어진 무늬의 목록을 보고 고르기

Double	사용자 정의 패턴인 경우 복선으로 해칭한다.
Boundary	정의된 경계영역의 형태를 제어한다.
pick points	에워싸여진 영역으로부터 존재하는 요소의 영역을 정의한다.
Select internal point	해칭될 내부영역을 클릭한다.
Select internal point	해칭될 내부영역을 클릭하거나, u 또는 ⏎를 입력한다. u 또는 undo를 입력시 가장 최근에 선택된 영역은 취소된다.
Select Objects	해칭될 요소를 선택하여 선택된 요소의 내부 영역을 해칭한다.
Remove Islands	pick point option에 의하여 정의된 경계영역 내에 요소가 있을 경우 그 요소의 경계영역을 삭제한다. 그 외의 다른 경계선은 제거할 수 없다.
Preview Hatch	해칭 결과를 미리 보여준다.
Inherit Properties	도면상에 존재하는 hatch 형태를 불러온다.
Attributes	해치 Object의 속성을 정의한다.
Associative	해치 Object가 하나의 Object로 인식된다.
Explode	해치 Object가 개개의 요소로 인식된다.

4-16 치수기입

▶ 명령어 : Dim : 치수기입을 하는 명령어

◆ 형식 : dim ↵

DIMLINEAR(DLI)	수평, 수직치수 기입
DIMALIGNED(DLI)	정렬(경사진 변의 치수기입)
DIMBASELINE(DBA)	병렬 치수기입
DIMCONTINUE(DCO)	직렬 치수기입
DIM : HORIZ(HOR)	수평 치수기입
DIM : VERTIAL(VER)	수직 치수기입
DIM : ROTATED(ROT)	ROTATE 각만큼의 치수기입
DIM : ANGULAR(ANG)	각도 치수기입
DIM : DIAMETER(DIA)	지름 치수기입
DIM : RADIUS(RAD)	반지름 치수기입
DIM : LEADER(LEA)	인출선(지시선) 치수기입

❖ 예제에서는 직렬, 정렬과 각도이용 치수기입에 유의

▶ 명령어 : Array [AR] : 하나 또는 다수의 요소를 배열한다.

❖ 선택된 대상물들을 사각(Rectangular) 또는 원형(Polar)으로 지정하는 개수만큼을 균일한 간격 및 각도로 배열하는 효율적인 다중 복사명령으로 사각 배열시에는 행, 열의 수와 간격을 지정해 주어야 하고 원형 배열에는 중심점과 개수 그리고 각도와 회전 복사여부를 설정한다(예제에서는 Polar로 설정하자).

▶ 명령어 : Chamfer [CHA] : 두 개의 교차된 선을 교차점으로부터 지정한 거리만큼 모따기한다.

◆ 형식 : chamfer ↵

❖ Chamfer는 각이진 모서리를 모따기하는 명령으로 두 대상물의 교차점으로부터 입력되어지는 두 변의 길이로 실행되는데 각 거리값은 먼저 선택되는 대상이 첫 번째 거리값이 지정되고 후에 선택되어지는 대상이 두 번째 거리값이 입력받게 된다.

chamfer ↵

(TRIM mode) Current chamfer Dist1 = 1.0000, Dist2 = 2.0000

polyline/Distance/Angle/Trim/Method/〈Select first line〉: d ↵

〈Select first line〉	모따기할 대상을 선택한다.
polyline	폴리라인의 요소를 한번에 모따기한다.
Distance	첫 번째 거리값과 두 번째 거리값을 정한다.
Angle	모따기를 거리와 각도로 할 수 있다.
Trim	모따기하고 남은 부분을 남길지 잘라낼지 지정한다.
Method	Distance로 모따기할지 Angle로 모따기할지를 결정한다.

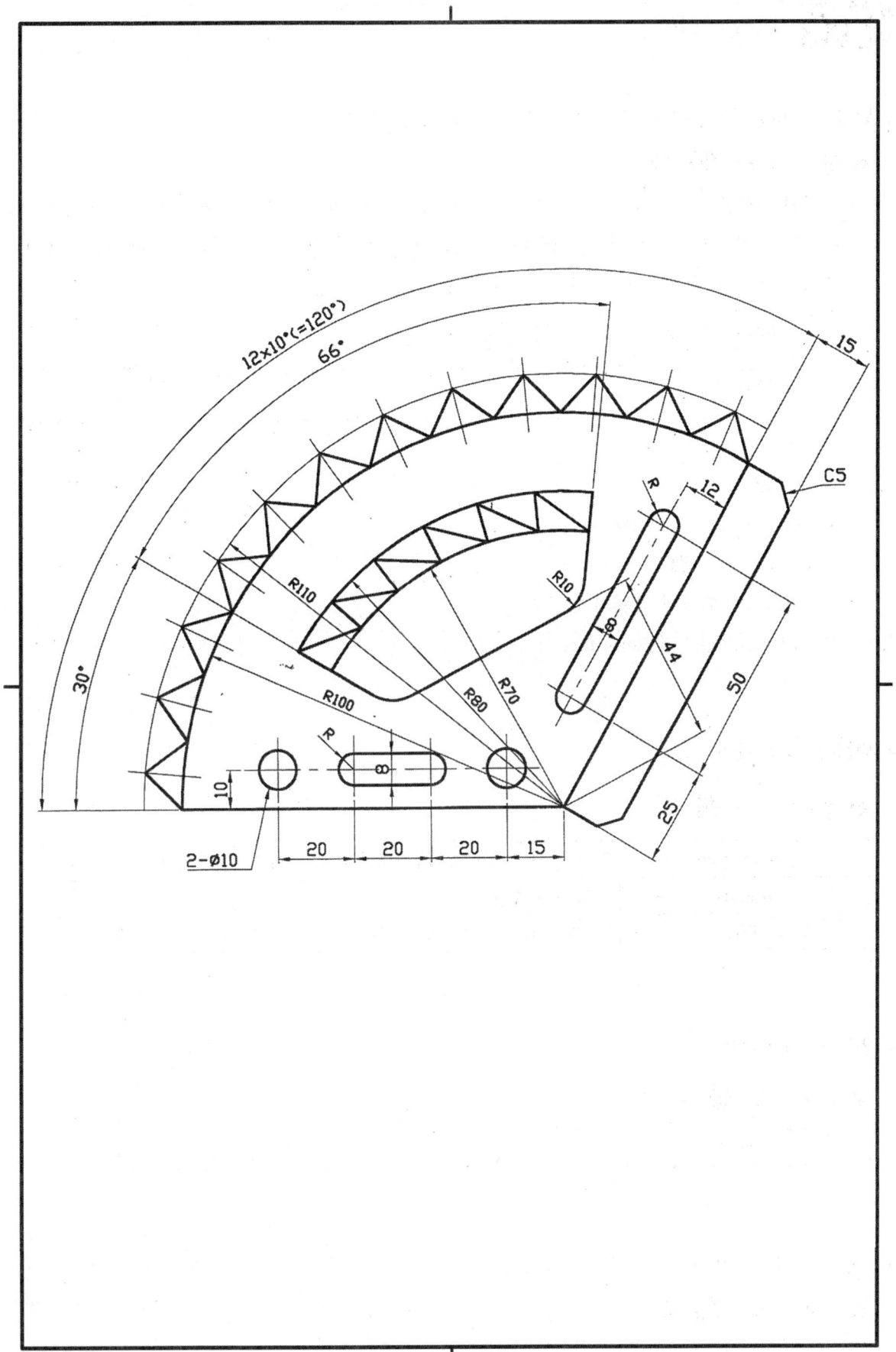

4-17 Rotate(회전)

▶ 명령어 : Rotate [RO] : 하나 또는 다수의 요소를 회전시킨다.

◆ 형식 : rotate ⏎ ⟳

✤ 선택된 대상물들을 기준점에서 원하는 각도로 회전시킬 수 있는 명령으로 각도의 입력방법에는 현재의 위치가 0도가 되어 각도의 양 만큼을 회전시키는 상대각도와 현재의 위치에 기준각을 주고 새로운 각을 입력하여 회전시키는 절대 각도가 있다.

⟨Rotation angle⟩	값을 입력한 만큼 요소가 회전된다.
Reference	참조각도를 이용하여 입력된 각도에서 참조각도를 뺀 만큼만 요소를 회전시킨다.

rotate ⏎
Select objects : 객체선택
Select objects : ⏎
Base point : 회전될 객체의 기준점
⟨Rotation angle⟩ / Reference :

▶ 명령어 : Circle [C]

◆ 형식 : circle ⏎ ⊘

Center point	원의 중심점 "Diameter/⟨Radius⟩ : "의 옵션을 갖는다.
Radius	원의 반지름을 말한다.
TTR	두 개의 요소에 접하면서 입력된 반지름을 갖는 원을 그린다.

▶ 명령어 : Trim [TR]

◆ 형식 : trim ⏎ ✁

Edge	Extend(연장해 자름)/No extend(연장 안 함)모드를 따른다.

▶ 명령어 : Offset [O] : 작업 화면 내의 도면을 가까이 보거나 멀리 보고자 할 때 적용된다.

◆ 형식 : offset ⏎ ⊜

Offset distance or Trough	수직 이동복사 거리를 미리 입력한다. 사용자가 임의의 거리로 수직 이동 복사한다.

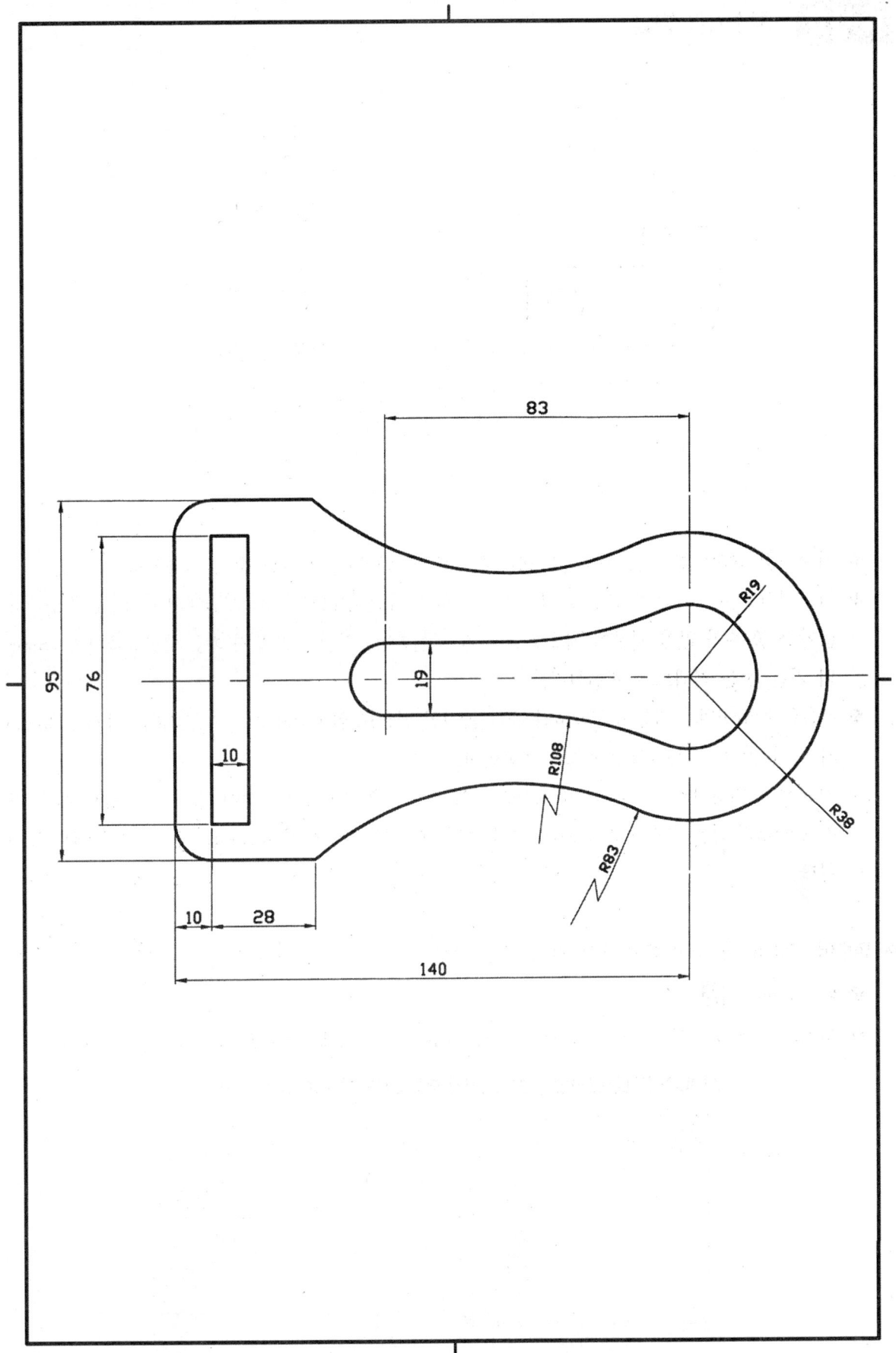

4-18 치수기입 방법

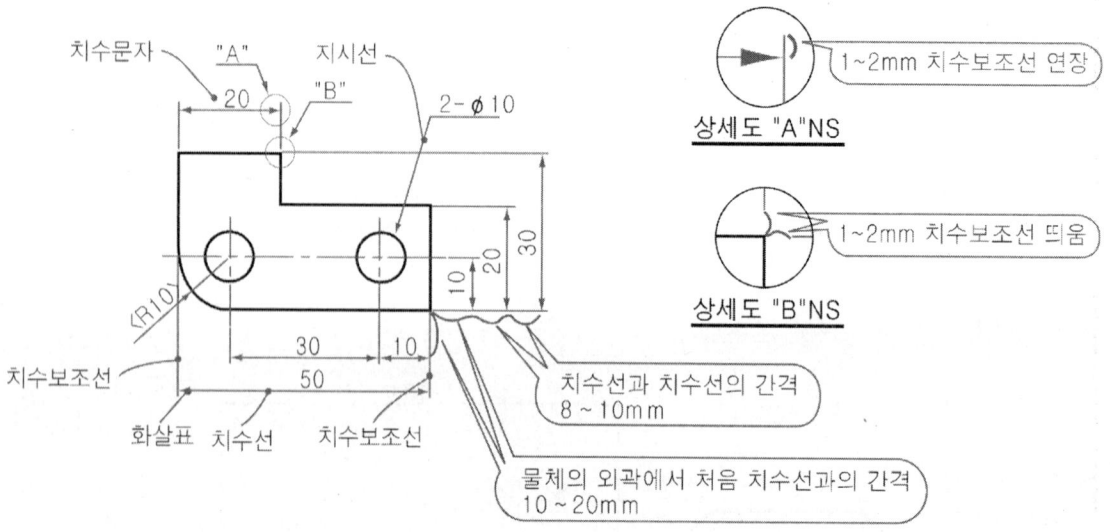

* 치수기입시에는 치수선, 치수 보조선, 치수문자, 화살표, 지시선 등이 사용된다.
* 치수선과 치수보조선의 선의 굵기는 0.25mm 이하인 선으로 AutoCAD에서는 "Line"명령어에 굵기를 줄 수가 없기 때문에 색으로 굵기를 표현한다. 일반적으로 자격증 시험장에서 0.25mm 의 가는 선은 적색으로 표현한다.
* 치수문자의 선의 굵기는 0.35mm인 중간 굵기인 선으로 일반적으로 자격증 시험장에서 0.35mm 의 중간 굵기의 선은 노란색으로 표현한다.
* 치수선은 외형선으로부터 약 10~20mm 띄어서 긋고, 계속 치수선이 병렬로 기입될 때는 약 8~10mm의 같은 간격으로 긋는다. 치수선의 양 끝부분에 기호(화살표)를 붙여 그 한계를 표시한다.

▶ 명령어 : Ddim [D] : AutoCAD에서 치수 환경 설정

◆ 형식 : ddim ↵

* AutoCAD에서 기본적으로 제공되는 환경을 수정하기 위해 "Modify..." 버튼을 클릭한다.

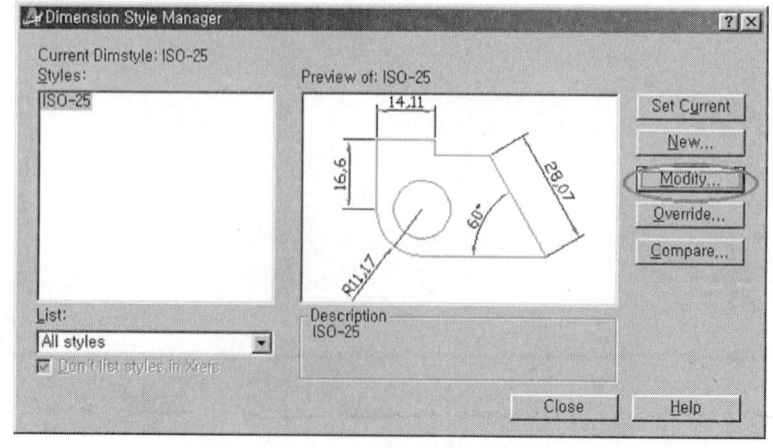

❖ "Lines and Arrows"에서 'Dimension Lines(치수선)'란의 색상과 'Extension Lines(치수보조선)'란의 색상을 적색으로 변경한다.

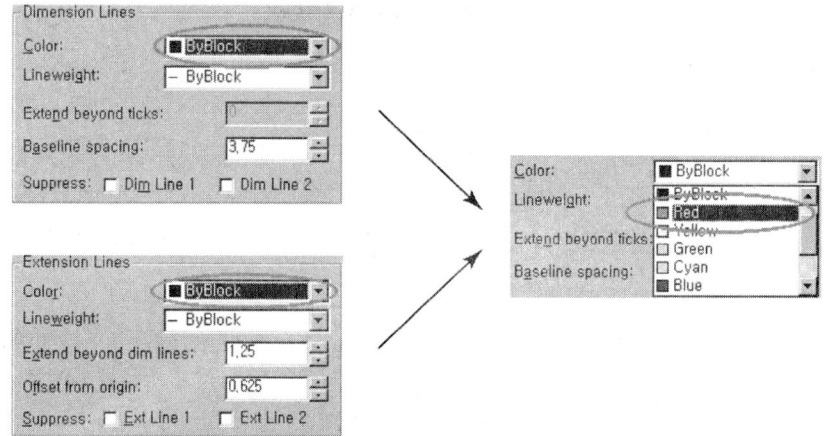

❖ "Lines and Arrows"에서 'Extension Lines(치수보조선)'란의 'Extend beyond dim lines', 'Offset from origin'의 수치를 "1mm"로 변경한다.

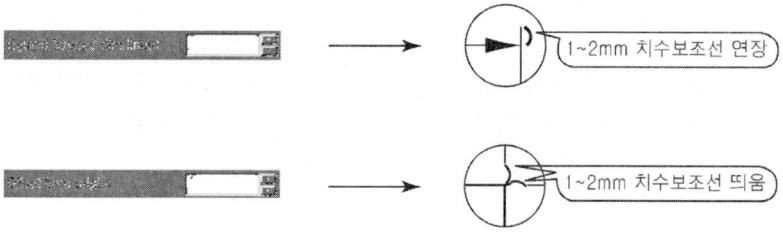

❖ "Lines and Arrows"에서 'Arrowheads(화살표)'란의 'Arrow size' 수치를 "2.5~3mm"로 변경한다.

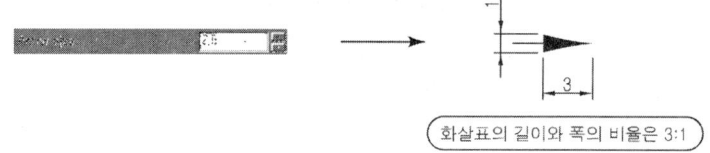

❖ "Text"에서 'Text Appearance'란의 'Text color'의 색상을 노란색으로 변경한다.

❖ "Text"에서 'Text Appearance'란의 'Text height'의 문자 높이를 "2.5~3mm"로 변경한다.

❖ "Text"에서 'Text Placement'란의 'Vertical'를 "Above"나 "JIS"로 변경한다.

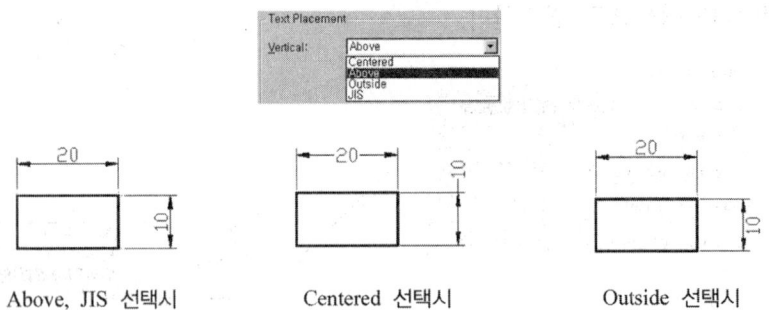

❖ "Text"에서 'Text Alignment'란의 'Aligned with dimension line'을 선택한다.

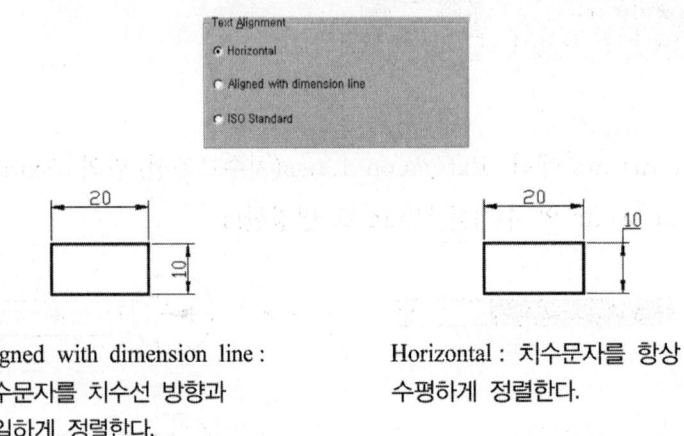

❖ Fit에서 원이나 호를 치수 기입하기 위해서는 'Fit Options'란에서 'Arrows'나 'Text'를 선택한다.

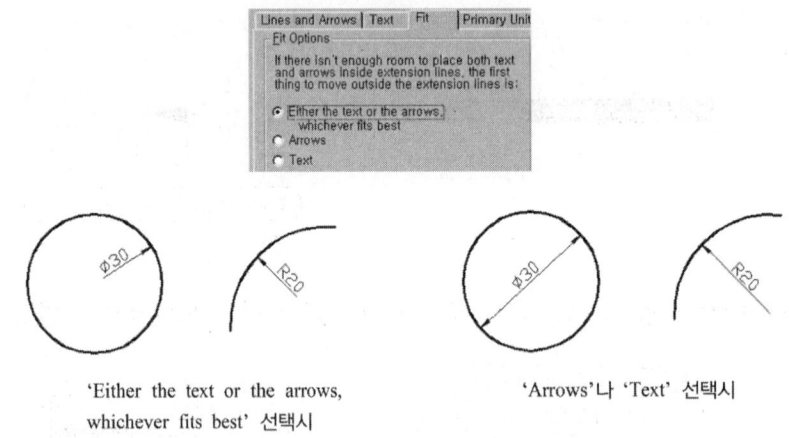

❖ Fit 수정시에는 반듯이 "DDIM" 시작시 'New...(신규 치수 유형 작성)'로 선택해서 적용해야 기존의 다른 치수에 영향을 주지 않고 치수 기입을 할 수 있다.

▶ 명령어 : Dim : 치수기입을 하는 명령어

◆ 형식 : dim ↵

DIMLINEAR(DLI)	수평, 수직 치수기입
DIM : HORIZ(HOR)	수평 치수기입
DIM : VERTIAL(VER)	수직 치수기입
DIM : ANGULAR(ANG)	각도 치수기입
DIM : DIMETER(DIA)	지름 치수기입
DIM : RADIUS(RAD)	반지름 치수기입

▶ 명령어 : Array [AR]　　▶ 명령어 : Circle [C]　　▶ 명령어 : Trim [TR]

▶ 일반공차

✤ 치수기입시 축과 구멍 끼워맞춤에 적용하는 일반공차를 입력하는 방법

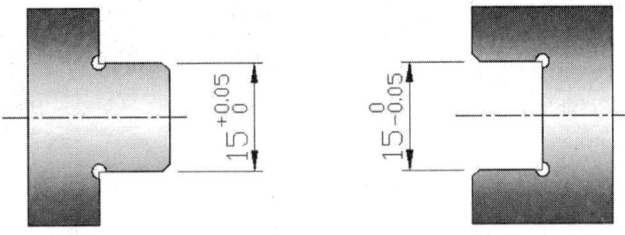

치수기입시 나오는 옵션 중에 "Mtext"을 이용하거나 이미 치수기입이 되어 있는 상태라면 "DDedit" (단축키 : ed)을 사용하여 Mtext 대화상자로 들어간다.

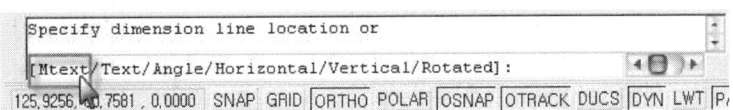

❶ 다음과 같이 입력한다.	❷ 공차 부분만 블록을 만든다.	❸ "Stack"을 선택한다.
15+0.05^ 0]	15+0.05^ 0	

❹ 만들어진 일반공차를 선택하여 크기를 "2.5mm" 색상을 흰색이나 적색(굵기 : 0.25mm)으로 편집하여 주면 완성이 된다.

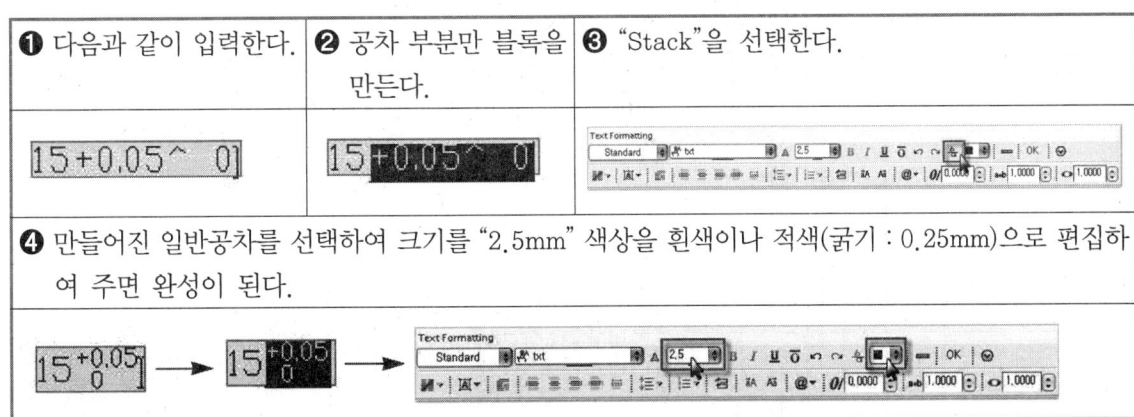

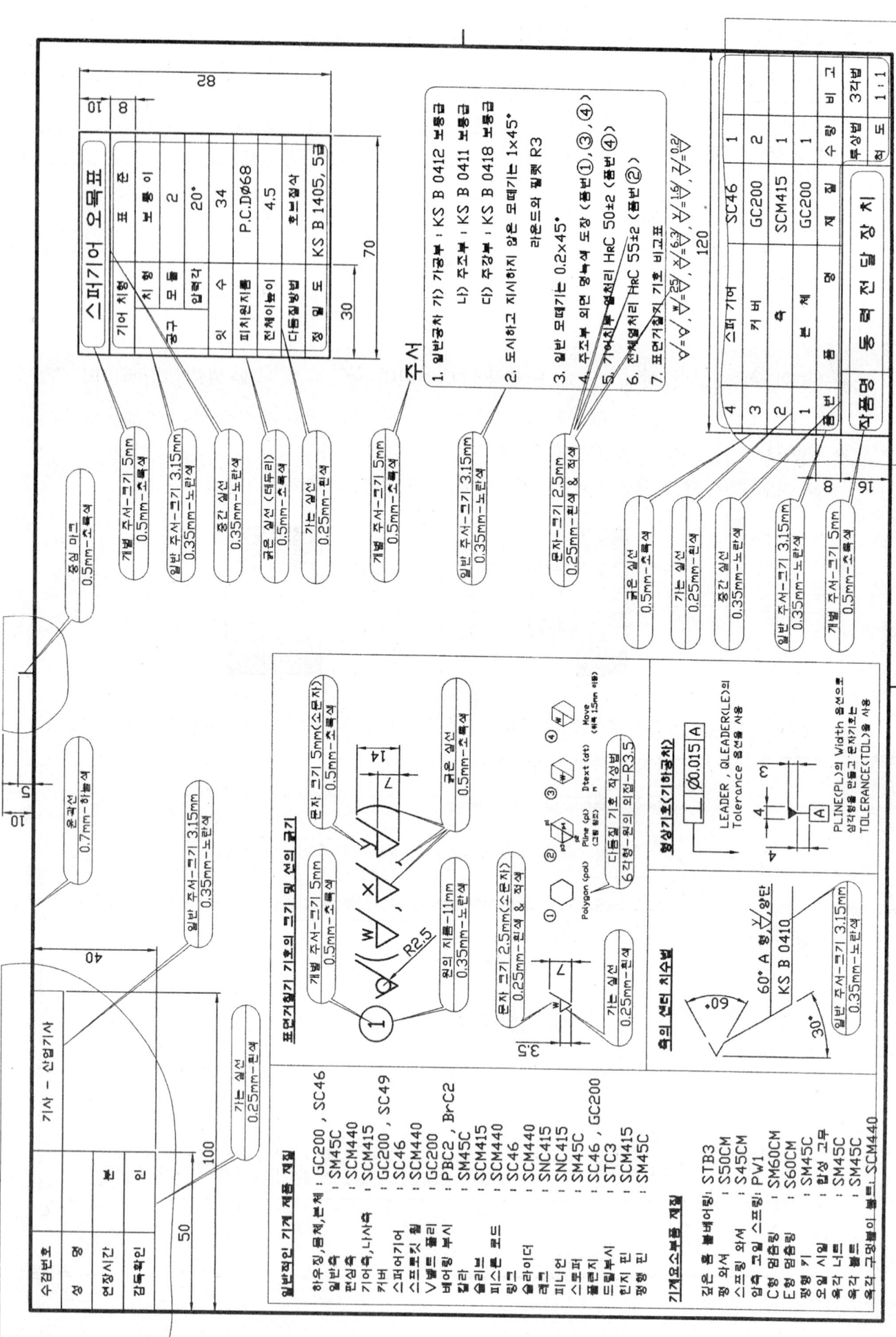

❖ 다음 방법들은 도면을 작성하면서 출력할 수 있게 하였으므로 따라하기로 하여 출력하여 확인하십시오.

참조1 AutoCAD에서 레이어(layer) 설정하는 방법(A2, A3, A4인 경우)

▶ 명령어 : Layer [LA] : 도면층을 설정시키는 명령어이다.
  ◆ 형식 : layer ↵   단축키 : la ↵

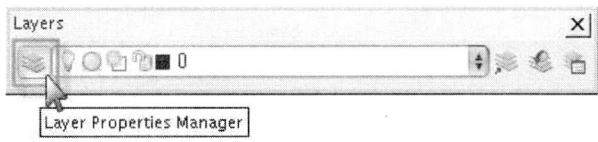

❖ 아래와 같이 설정하여 도면을 그리고 출력시 색상에 선가중치(굵기)를 주어 출력한다.

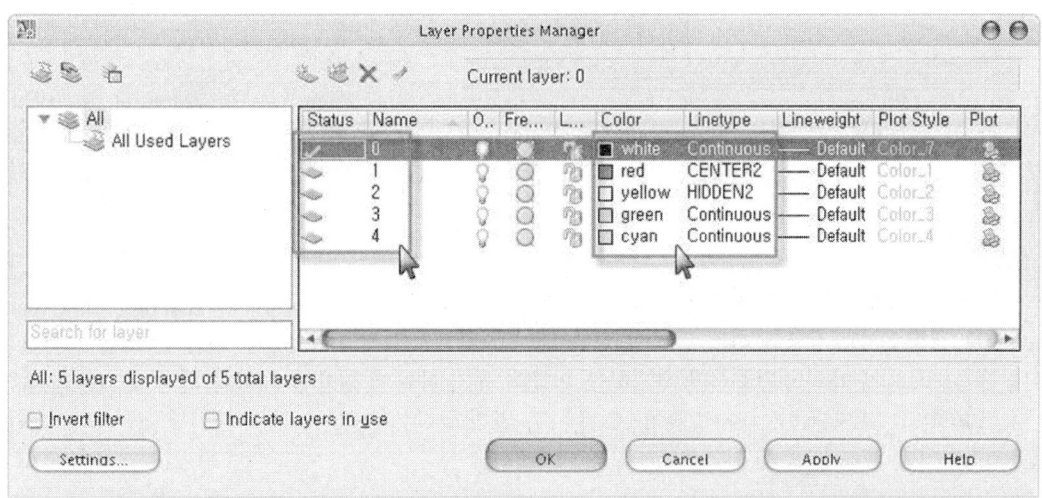

> **Tip**
> 가상선(가는이점쇄선 : PHANTOM2)은 기사 시험시 사용빈도가 극히 적기 때문에 따로 레이어를 만들 필요가 없으며 필요할 때마다 해당 요소를 편집하면 된다. PROPERTIES명령어, Ctrl+1, 해당 도형요소를 더블클릭하여 편집할 수가 있다.

참조2 스타일(style) 설정하는 방법(A2, A3, A4인 경우)

▶ 명령어 : Style [ST] : 문자 유형(글꼴)을 설정시키는 명령어이다.
  ◆ 형식 : style ↵   단축키 : st ↵

❖ 아래와 같이 설정을 한다.

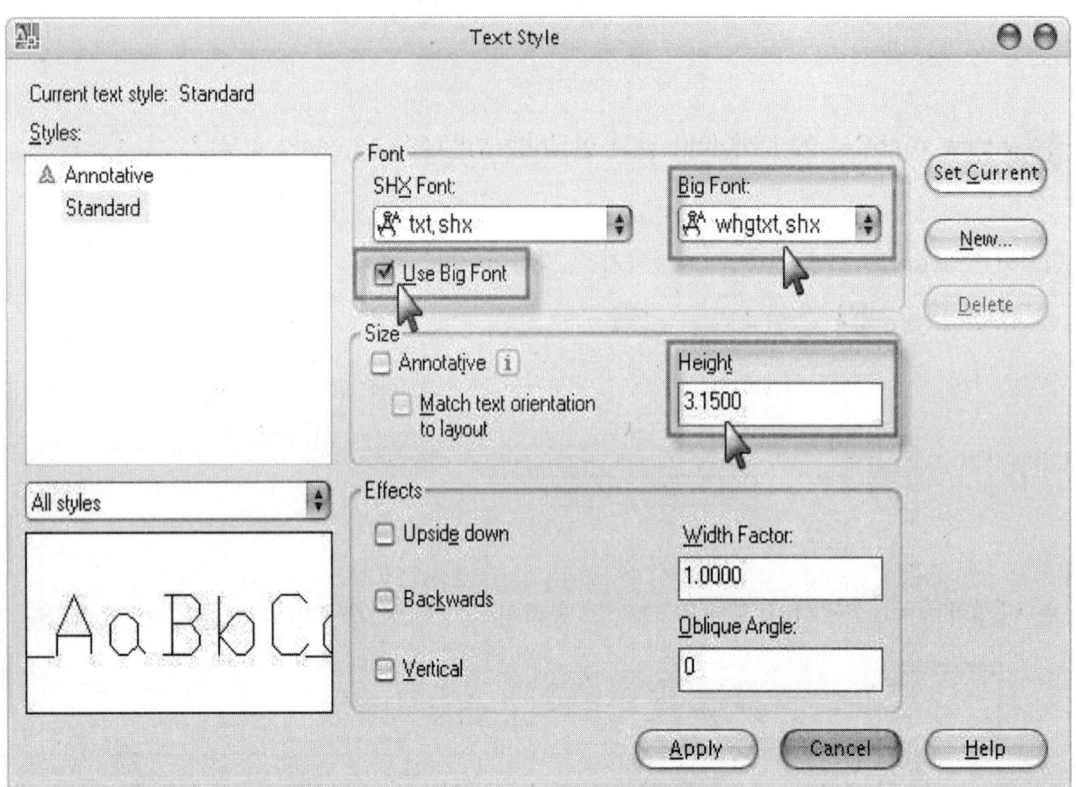

> **Tip**
> 치수문자나 일반주서는 기사 시험시 문자 높이를 3.15mm(굵기는 0.35mm)로 설정해야 하며 제목(title) 줄이나 개별주서는 강조를 하기 위해 문자높이를 5mm(굵기는 0.5mm)로 해야 한다. 도면 전체로 보았을 때 제목(title) 줄이나 개별주서가 차지하는 비중이 적기 때문에 필요할 때마다 해당 요소를 편집하면 된다. PROPERTIES(단축키 PR)명령어, Ctrl+1로 편집할 수가 있다.

참조 3 치수 유형(dimstyle) 설정하는 방법(A2, A3, A4인 경우)

▶ 명령어 : Dimstyle [DIMSTY] : 치수 유형을 설정시키는 명령어이다.

◆ 형식 : dimstyle ↵   단축키 : d ↵   ddim ↵   dst ↵

✤ 아래와 같이 설정을 한다.

❶
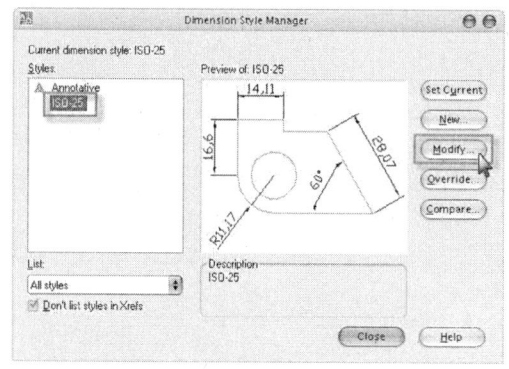

❷
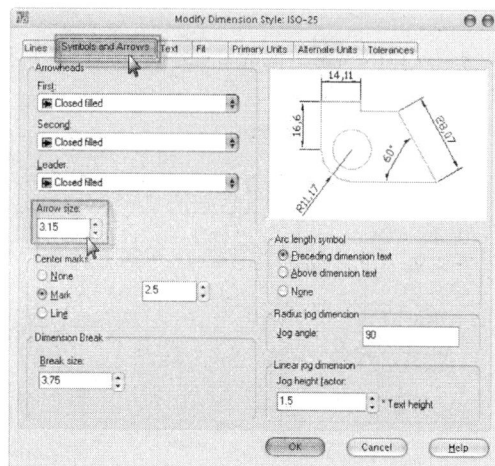

❸
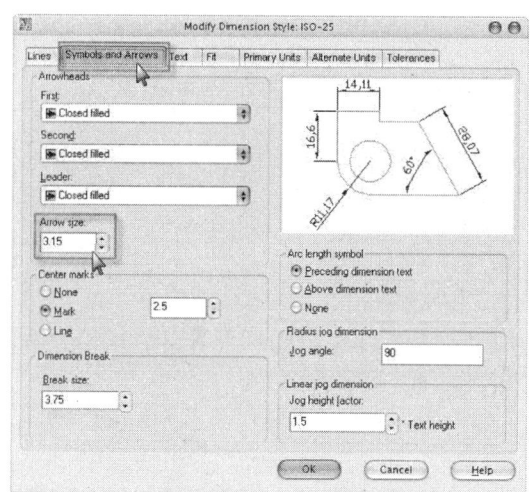

❹
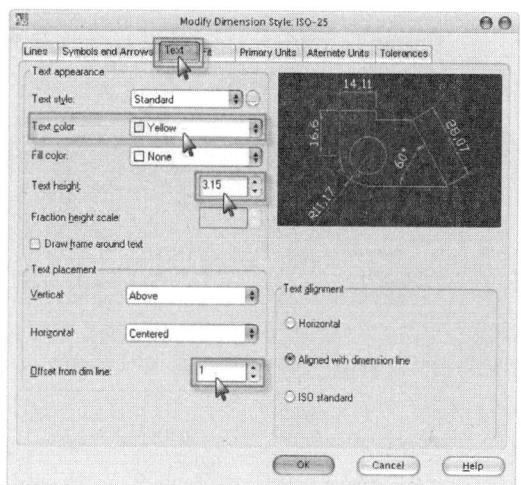

❺
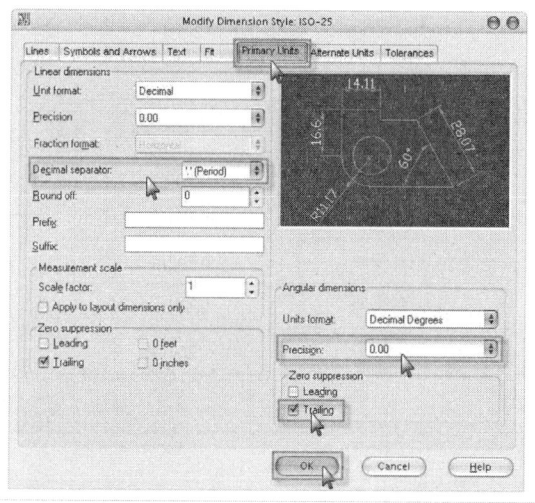

❶ 치수 유형(ISO-25) 편집
❷ 치수선, 치수보조선 설정
❸ 치수 화살표 설정
❹ 치수 문자 설정
❺ 선형 치수, 각도 치수 단위 설정

자세한 내용은 본문에서 다루도록 하겠다.

 참조 4 출력(plot) 설정하는 방법(A2, A3, A4인 경우)

▶ 명령어 : Plot : 프린터 환경을 설정하고 출력시키는 명령어이다.

◆ 형식 : plot ↵   print ↵   단축키 : Ctrl+P

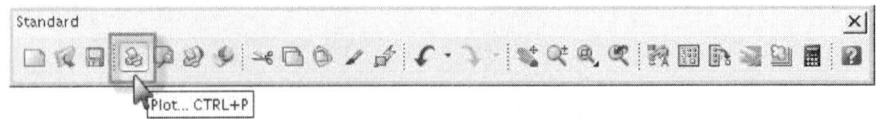

❖ 아래와 같이 설정을 한다.

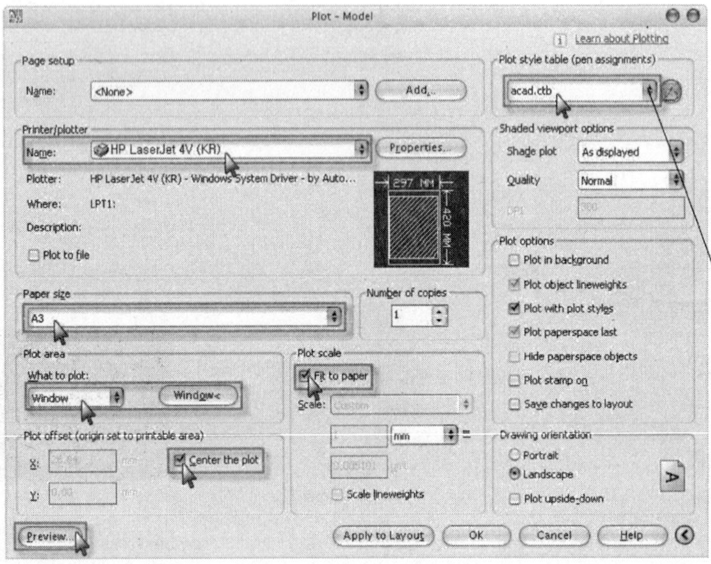

편집(Edit)창으로 들어간다.

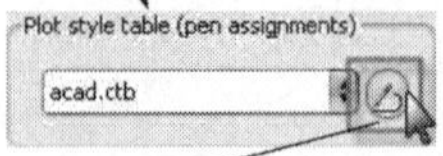

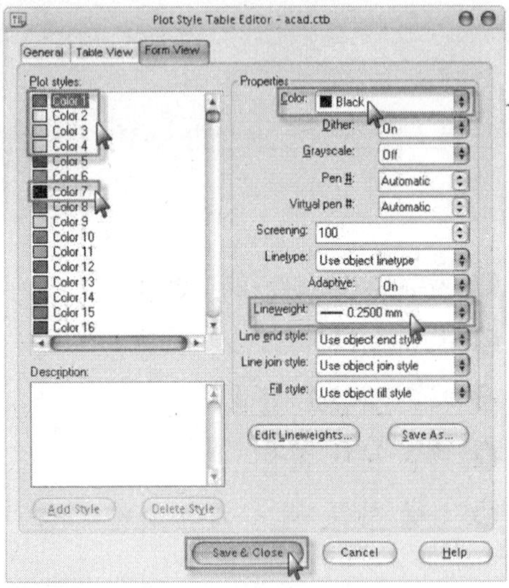

Plot styles	Lineweight
Color 1 (빨강색)	0.25mm
Color 2 (노란색)	0.35mm
Color 3 (초록색)	0.5mm
Color 4 (하늘색)	0.7mm
Color 7 (흰 색)	0.25mm

> **Tip**
> Color 7은 CAD의 작업화면 색상에 따라 흰색과 검정색으로 변한다. 기본적으로 작업화면 색상이 검정이기 때문에 Color 7은 흰색이 된다. 만약 OPTION에서 작업화면 색상을 흰색으로 변경하였다면 Color 7은 검정색이 된다.

 PLOT 환경을 모두 설정하였다면 미리보기(Preview)하여 설정 상태를 확인한다. 이때 미리보기 화면이 희미하게 나오거나 Color로 나오면 잘못 설정한 것이다. 미리보기 화면의 도면이 흑백으로 정확한 굵기로 표시되어야지만 출력이 올바르게 된다.

▶ Properties의 Color를 "Use Object color"로 설정한 경우 예

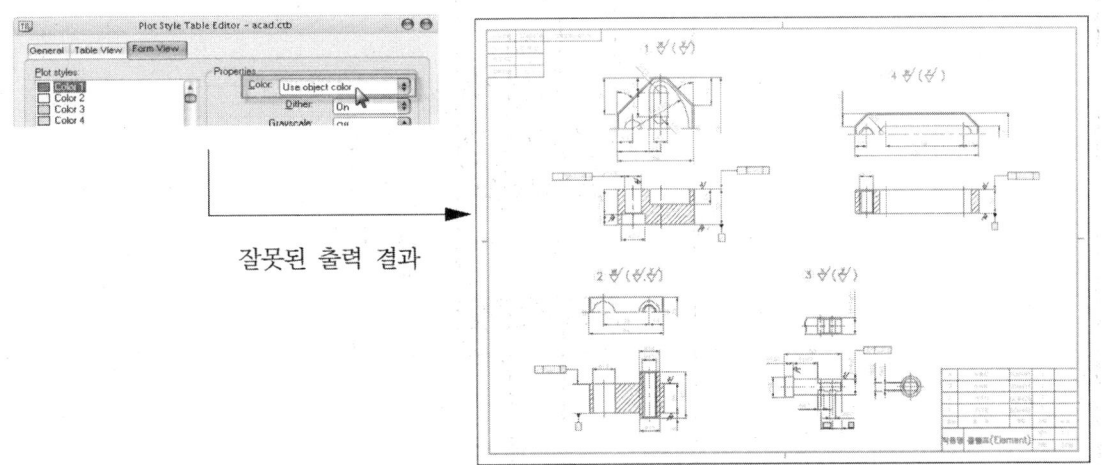

잘못된 출력 결과

▶ Properties의 Color를 "Black"으로 설정한 경우 예

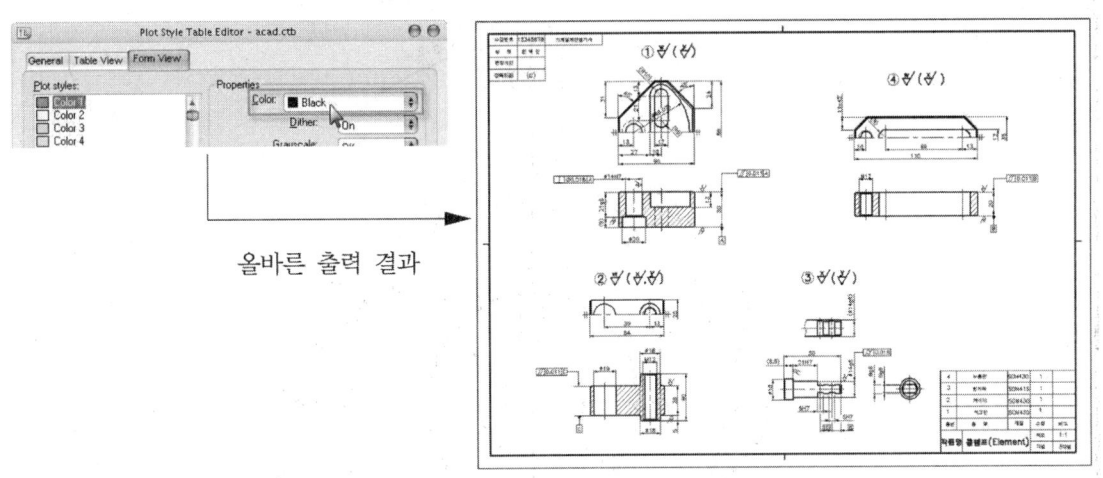

올바른 출력 결과

> **Tip**
> Color 1을 선택하고 Shift키를 누른 상태에서 Color 7을 선택하고 Properties의 Color를 "Black"으로 선택하면 신속하게 변경할 수가 있다.

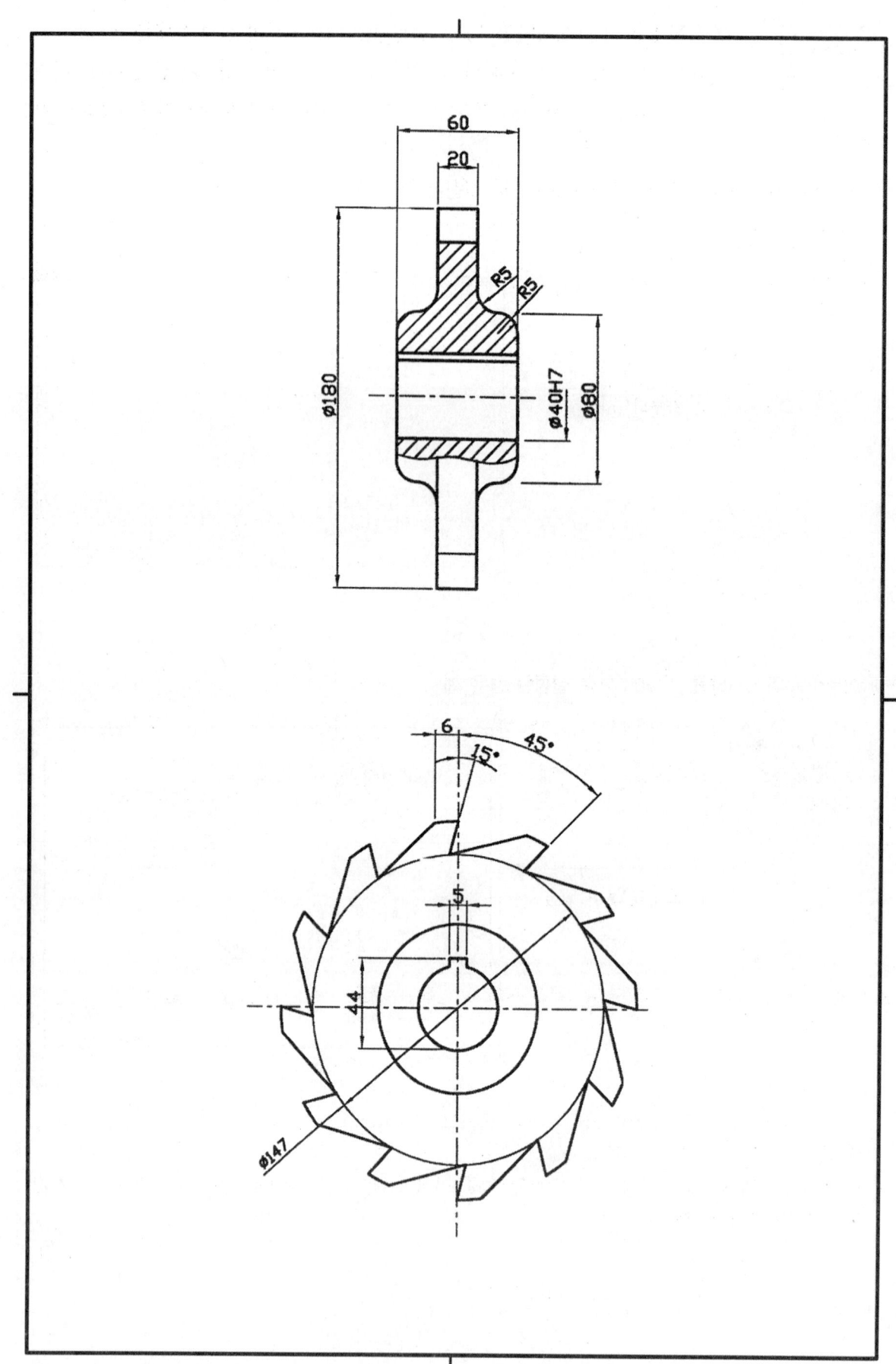

▶ 명령어 : Rotate [RO] : 하나 또는 다수의 요소를 회전시킨다.

◆ 형식 : rotate ⏎ ↻

✤ 선택된 대상물들을 기준점에서 원하는 각도로 회전시킬 수 있는 명령으로 각도의 입력방법에는 현재의 위치가 0도가 되어 각도의 양 만큼을 회전시키는 상대각도와 현재의 위치에 기준각을 주고 새로운 각을 입력하여 회전시키는 절대 각도가 있다.

⟨Rotation angle⟩	값을 입력한 만큼 요소가 회전된다.
Reference	참조각도를 이용하여 입력된 각도에서 참조각도를 뺀 만큼만 요소를 회전시킨다.

rotate ⏎
Select objects : 객체선택
Select objects : ⏎
Base point : 회전될 객체의 기준점
⟨Rotation angle⟩ / Reference :

✤ 예제에서는 Reference에 유의하자!

▶ 명령어 : Circle [C]

▶ 명령어 : Trim [TR]

▶ 명령어 : Offset [O]

▶ 명령어 : Dim : 치수기입을 하는 명령어

◆ 형식 : dim ⏎

DIMLINEAR(DLI)	수평, 수직 치수기입
DIMALIGNED(DLI)	정렬(경사진 변의 치수기입)
DIMBASELINE(DBA)	병렬 치수기입
DIM : DIMETER(DIA)	지름 치수기입
DIM : RADIUS(RAD)	반지름 치수기입
DIM : LEADER(LEA)	인출선(지시선) 치수기입

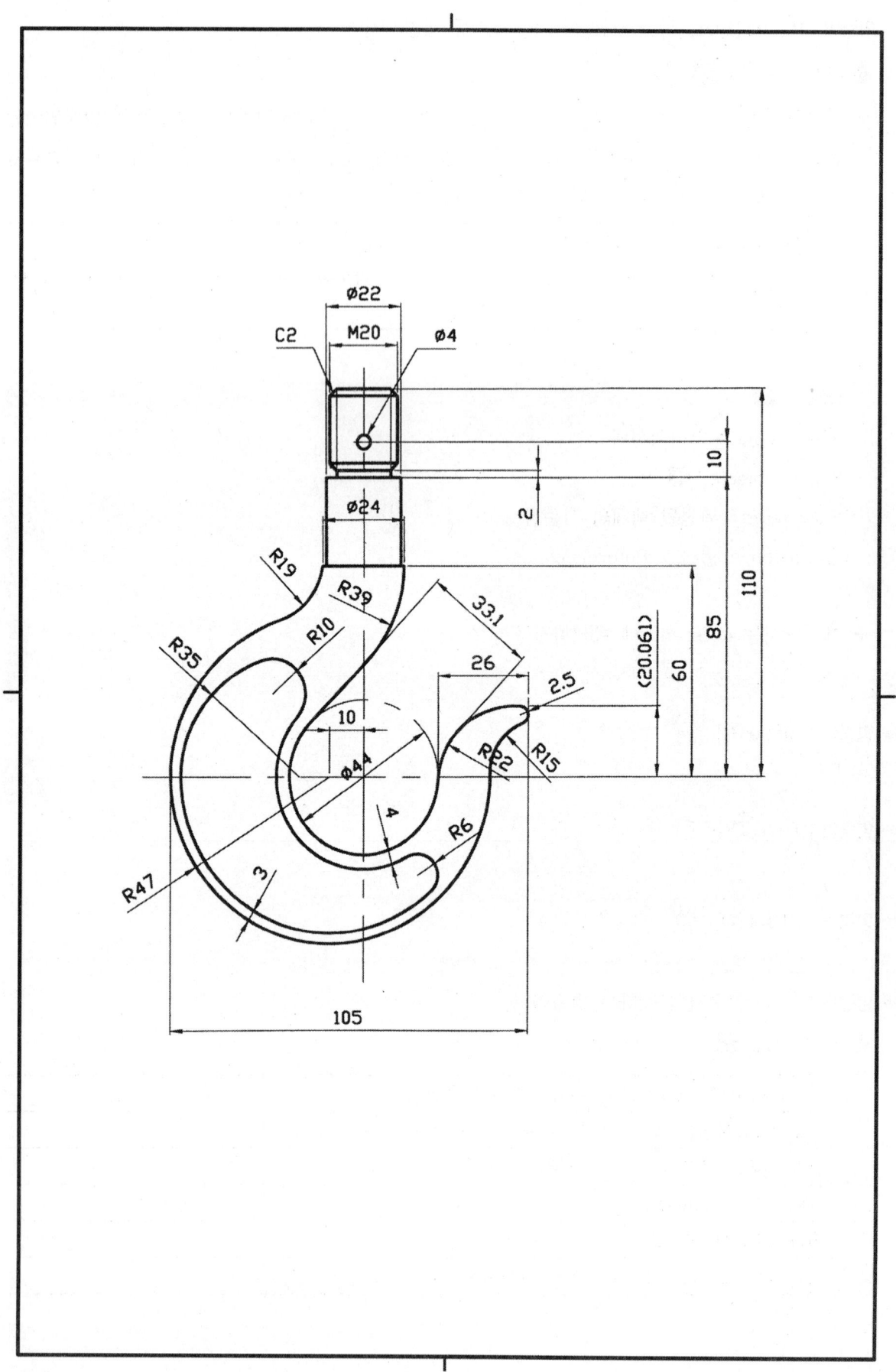

▶ 명령어 : Mirror [MI] : 하나 또는 다수의 요소를 특정 축을 기준으로 대칭 또는 복사시킨다.

◆ 형식 : mirror ⏎ 🪞

✤ 지정된 두 점을 축으로 하여 선택된 대상물들을 반사시키는 명령으로 원본에 대한 반사 복제와 반사 이동을 시킬 수 있는데 이때 대상물이 문자(Text)일 경우에는 변수 Mirrtext ⟨0=off⟩과 ⟨1=on⟩의 조정으로 뒤집어 반사하거나 정상으로 반사시킬 수 있다.

mirror ⏎
Select objects : 선택(대칭축의 원본 object)
Select objects : ⏎
First point of mirror line : 입력(대칭축의 첫 번째 끝점)
Second point : 입력(대칭축의 두 번째 끝점)
Delete old objects? ⟨N⟩ : ⏎
("y" 입력시 원본 object는 자동으로 삭제된다.)
("n" 입력시 원본 object는 그대로 남게 된다.)

▶ 명령어 : Dim : 치수기입을 하는 명령어

◆ 형식 : dim ⏎

DIMLINEAR(DLI)	수평, 수직 치수기입
DIMALIGNED(DLI)	정렬(경사진 변의 치수기입)
DIMCONTINUE(DCO)	직렬 치수기입
DIM : HORIZ(HOR)	수평 치수기입
DIM : VERTIAL(VER)	수직 치수기입
DIM : ANGULAR(ANG)	각도 치수기입
DIM : DIMETER(DIA)	지름 치수기입
DIM : RADIUS(RAD)	반지름 치수기입

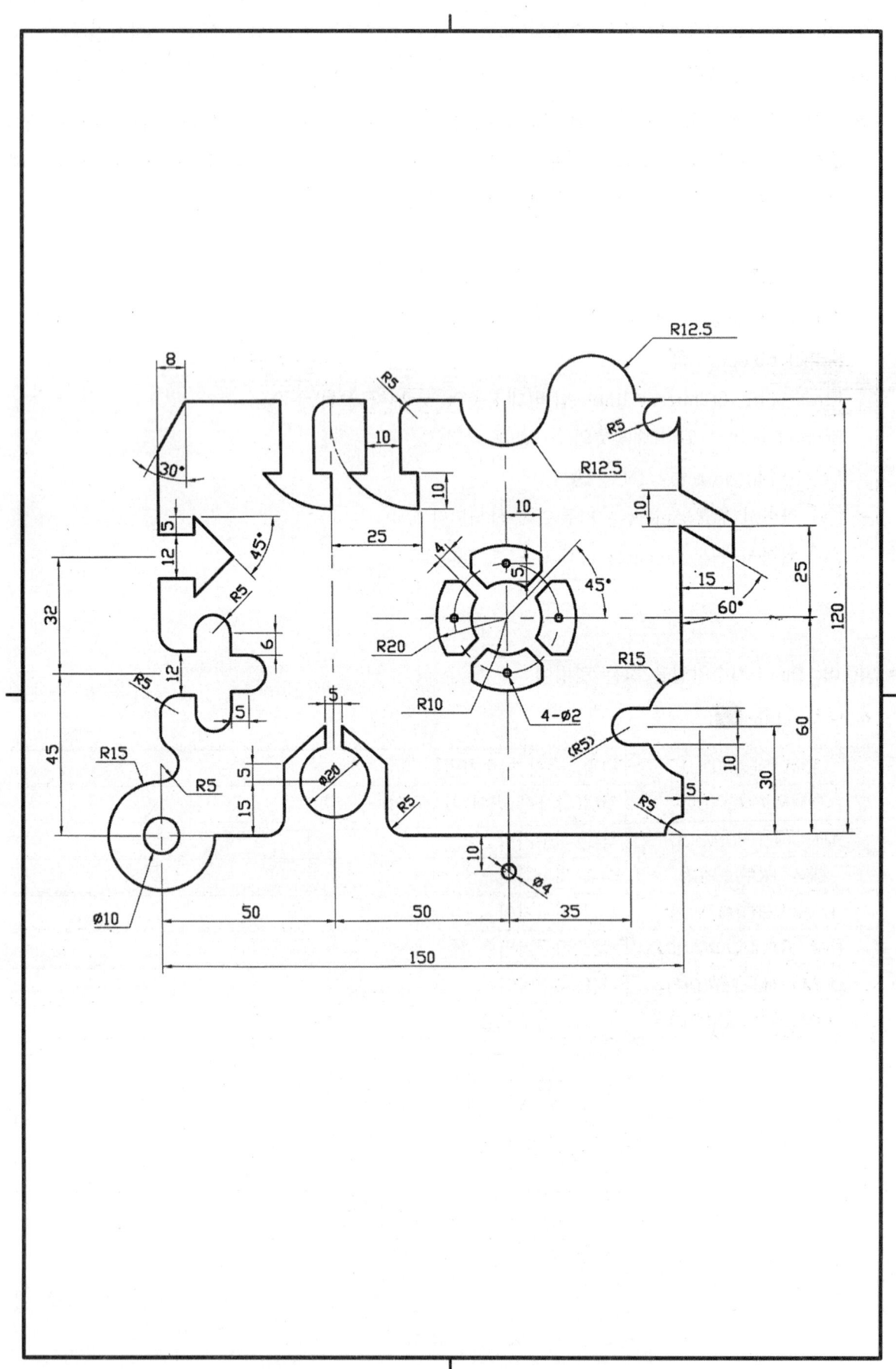

▶ 명령어 : Xline [XL](= Construction line) : 양방향의 무한대 선을 생성한다. 도면을 그릴 때 보조선으로 많이 사용된다.

◆ 형식 : xline ⏎ ✎

Ang	입력된 각도를 가진 무한선을 그린다.
Offset	기존의 선을 이용하여 지정된 값만큼 평행한 무한선을 생성한다.

▶ 명령어 : Trim [TR] : Trim은 경계를 선택하고 그 경계선에 교차되어 있는 대상물(필요치 않은 부위)의 어느 한 방향의 부분을 정확하게 잘라서 제거하는 명령이다.

◆ 형식 : trim ⏎ ✎

Select objects	자를 부분의 기준이 되는 요소를 마우스로 지정한다.
〈Select object to trim〉	잘려나갈 요소 선택
Undo	가장 최근에 자른 요소를 취소한다.

▶ 명령어 : Dim

◆ 형식 : dim ⏎

♣ Command : 상태에서 입력시

DIM : HOR(HORIZ)	수평 치수기입
DIM : VER(VERTIAL)	수직 치수기입
DIM : ALI	정렬(경사진 변의 치수기입)
DIM : RAD	반지름 치수기입
DIM : DIA	지름 치수기입
DIM : ANG(ANGULAR)	각도 치수기입
DIM : LEA(LE)	지시선 치수기입

▶ 명령어 : Osnap [OS]

◆ 형식 : osnap ⏎

ENDpoint	선 또는 호의 끝점을 찾는다.
INTersection	요소의 교차점을 찾는다.

♣ 예제 그림은 위에 명기한 명령어와 'Line, Circle, Offset, Fillet, Linetype, Color' 명령을 이용하여 그려보자!

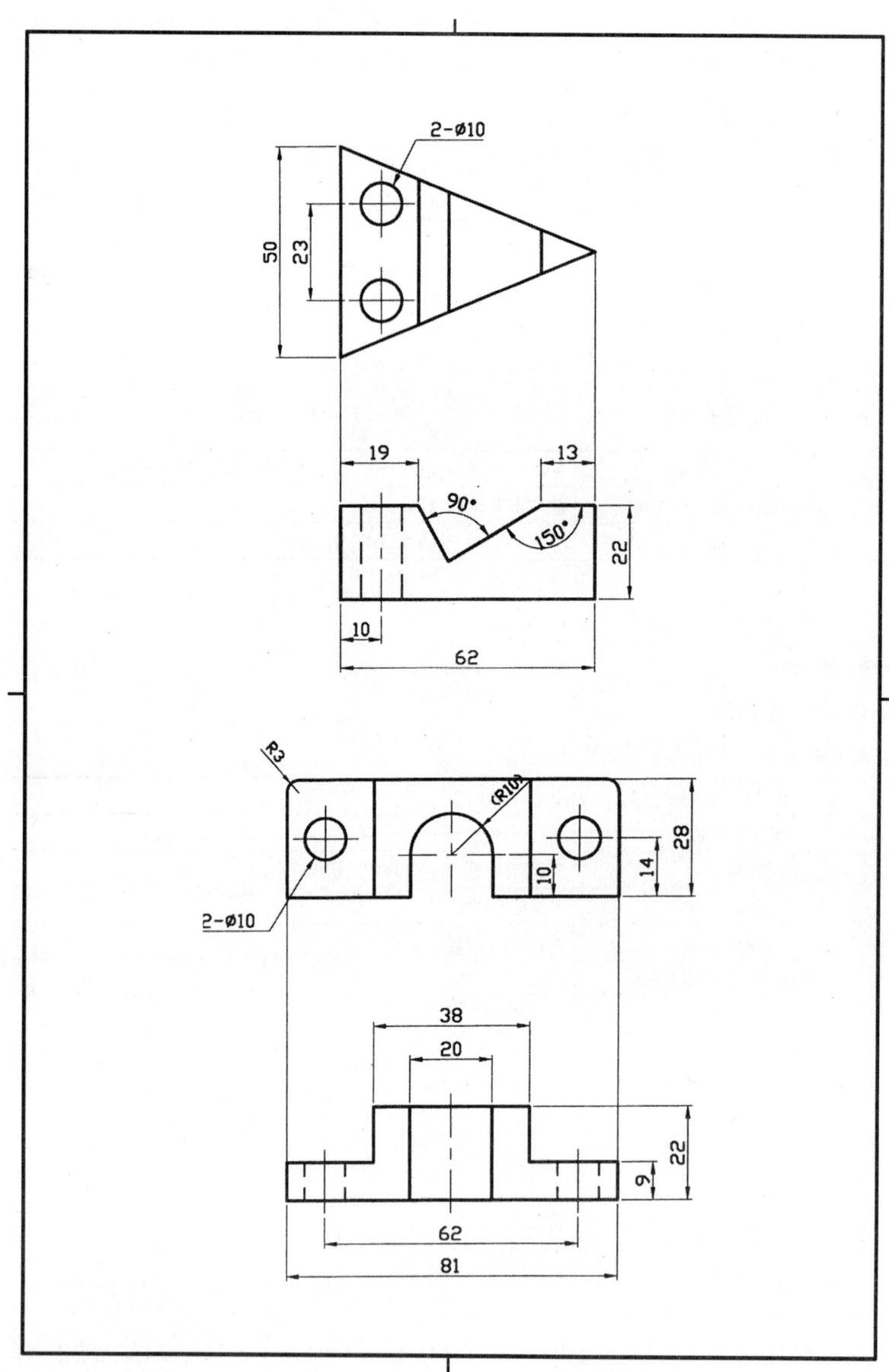

4-19 LAYER(계층)

▶ 명령어 : Layer [LA] : 도면층을 생성한다. layer로 작성한 도면은 편집 및 수정을 쉽게 할 수가 있고, 또한 도면을 효율적으로 관리할 수가 있다.

◆ 형식 : layer ↵

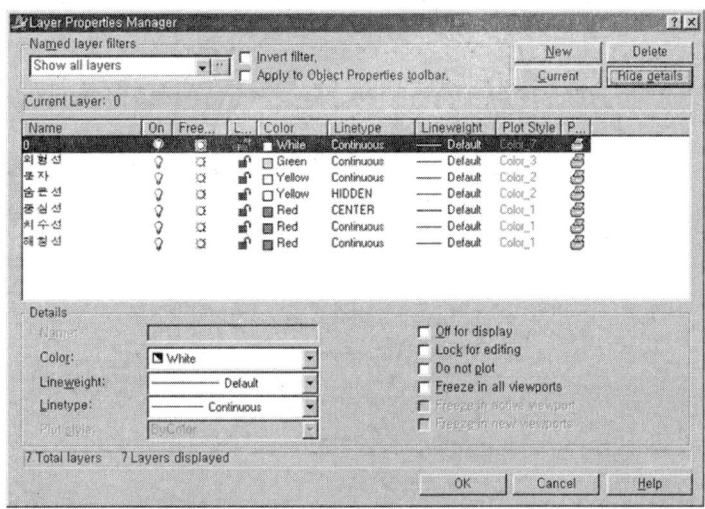

New	새로운 도면층을 생성한다.
Delete	'New'로 만들어 놓은 도면층을 선택적으로 삭제한다. 기본값으로 설정된 '0'은 삭제할 수 없고 'New'로 생성된 도면층 중 현재 작업에 사용 중인 도면층도 삭제를 할 수 없다.
Current	현재 사용하고자 하는 도면층을 지정한다.
Show details	상세 대화상자(도면층의 이름, 색상, 선의 굵기, 선의 종류 등 여러 가지 속성을 수정할 수 있다.)

❖ 왼쪽 그림처럼 "Layer"를 정의한 후 레이어를 이용하여 예제도면을 그려보자. 레이어를 이용하지 않아도 도면을 작성하는데 문제는 없지만 설비 도면처럼 배관들이 여러 방향으로 연결되어 있는 복잡한 도면에서는 레이어를 사용하는게 효율적이다. 이점이 많은 명령어이므로 꼭 숙지하기 바란다.

▶ 명령어 : Dim

◆ 형식 : dim ↵

DIM : TEDIT	치수보조선과 치수문자의 위치를 재지정하는 편집 명령어

❖ 예제 그림은 위에 명기한 명령어와 지금까지 배운 "DRAW(그리기)" 명령어와 "MODIFY(편집)" 명령어, "DIM(치수기입)" 명령어를 사용하여 그려보자!

❖ 기계 부품에서의 끼워맞춤공차와 다듬질 기호, 기하공차의 표기 방법에 대해서는 뒷부분을 참조하기 바란다.

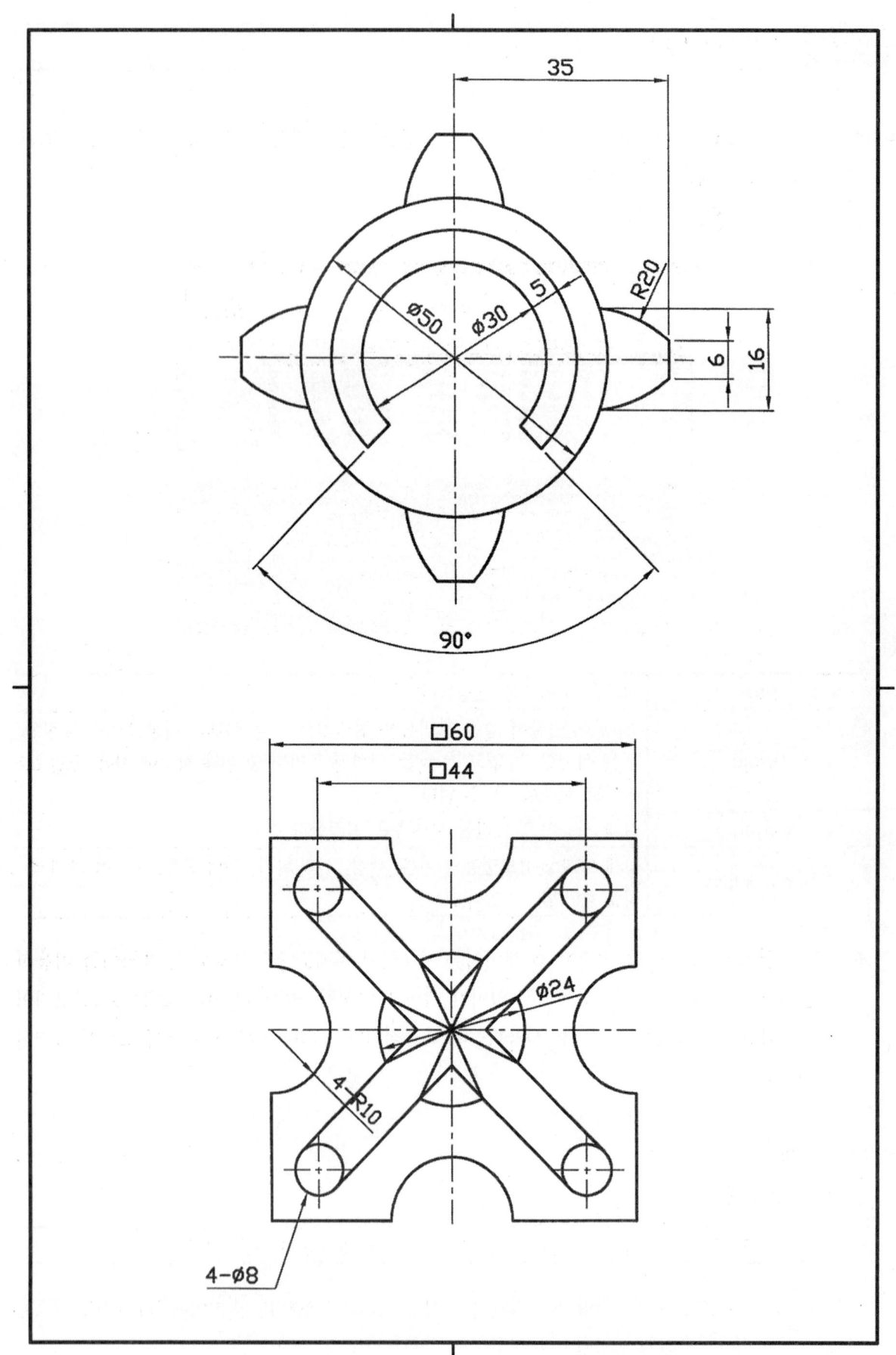

▶ 명령어 : Dim : 치수기입을 하는 명령어

◆ 형식 : dim ↵

DIM : OBL	미리 작성된 치수기입의 치수보조선에 경사각을 주는 편집 명령어 테이퍼(Taper) 진 곳에 많이 사용되는 명령어이다.
DIM : UP	"DDIM" 명령어를 수정하거나 치수변수를 변경하였을 경우 특정부분의 치수만 현재 설정된 값으로 업그레이드시키고자 할 때 적용된다.

✤ 치수선과 치수보조선의 한쪽 부분을 나오게 않게 하기 위해서는 아래 그림 "DDIM" 명령어에 있는 'Lines and Arrows'의 'Suppress'에서 억제하고자 하는 해당 부분을 체크하고 치수기입을 하거나 미리 적용된 치수에는 "UP" 명령어를 사용하여 변경하면 된다.

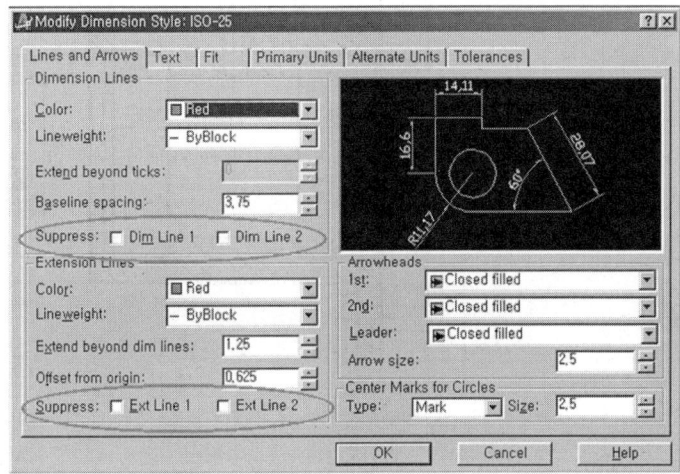

✤ 예제 그림은 위에 명기한 명령어와 지금까지 배운 "DRAW(그리기)" 명령어와 "MODIFY(편집)" 명령어, "DIM(치수기입)" 명령어를 사용하여 그려보자!

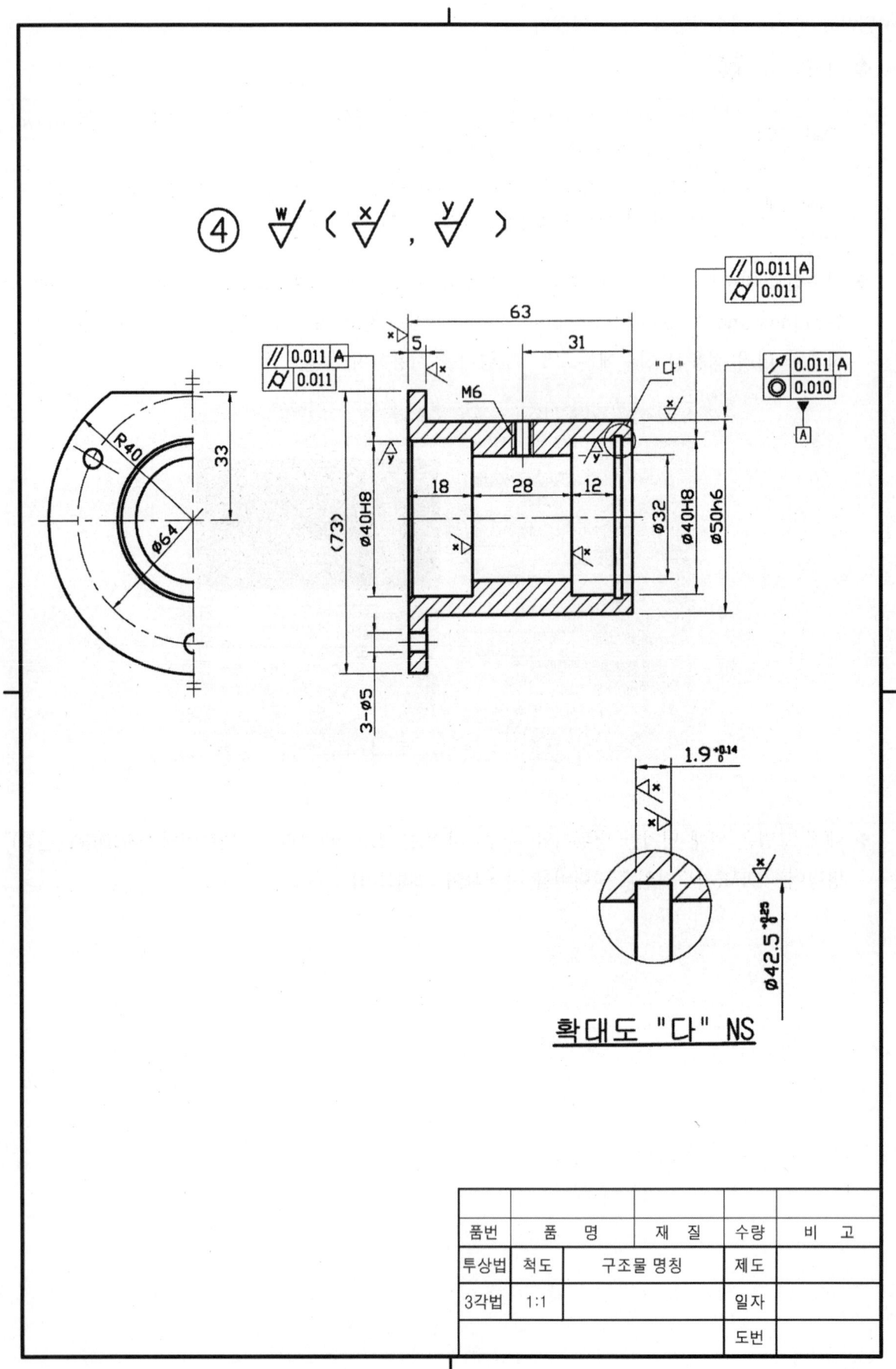

▶ 명령어 : Bhatch [BH] : 여러 개의 다양한 요소들로 이루어진 영역의 내부에 무늬(단면)를 넣는다.

◆ 형식 : bhatch ↵

pattern type	해치 형태에 대한 설정을 한다.
pick points	에워싸여진 영역으로부터 존재하는 요소의 영역을 정의한다.
Select Objects	해칭될 요소를 선택하여 선택된 요소의 내부 영역을 해칭한다.

▶ 명령어 : Spline [SPL] : 2차 또는 3차원의 곡선을 생성한다.

◆ 형식 : Spline ↵ ～

start tangent	spline곡선 시작점의 위치를 지정
end tangent	spline곡선 끝점의 위치를 지정

▶ 명령어 : Osnap [OS]

◆ 형식 : osnap ↵

ENDpoint	선 또는 호의 끝점을 찾는다.
INTersection	요소의 교차점을 찾는다.

❖ 예제 그림은 위에 명기한 명령어와 지금까지 배운 "DRAW(그리기)" 명령어와 "MODIFY(편집)" 명령어, "DIM(치수기입)" 명령어를 사용하여 그려보자!

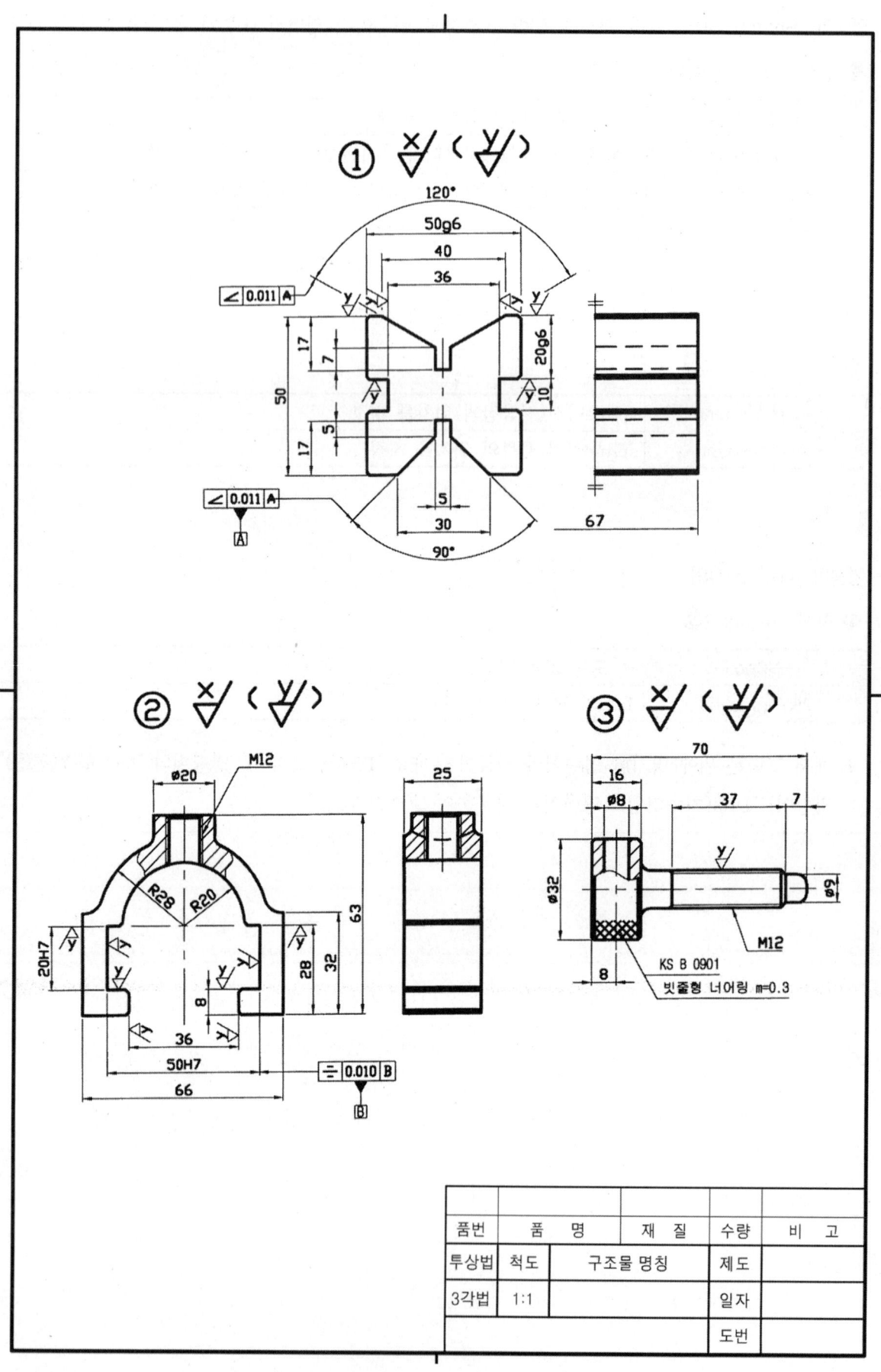

4-20 축척 및 배척

▶ 명령어 : Scale [SC] : 한 개 또는 여러 개의 도형요소 크기를 조절한다.

◆ 형식 : scale ↵ □

❖ 선택된 대상물들을 기준점에서 좌표계를 이용하여 x, y, z 모든 방향으로 균일한 비율의 축척(축소)이나 배척(확대)으로 크기를 변환시킬 수 있는 명령이다.

Scale factor	배율로 요소의 크기를 확대, 축소한다.
Reference	원래의 요소의 크기를 참조하여 결과크기로 수정한다.

❖ 척도 적용 (예)
- 배척 2 : 1 – 현재 도면을 기준으로 2배 확대시킨 경우
- 현척(=실척) 1 : 1 – 현재 도면과 실제 도형요소의 크기가 같은 경우
- 축척 1 : 2 – 현재 도면을 기준으로 2배 축소시킨 경우

$$\underset{\text{(도면에서의 물체크기)}}{1} : \underset{\text{(실제 물체의 크기)}}{2}$$

❖ AutoCAD에서는 현재 도면을 2배로 축소시킬 경우 "Scale factor=0.5" 또는 "Scale factor=1/2"로 사용하면 된다.

▶ 명령어 : Osnap [OS]

◆ 형식 : osnap ↵

ENDpoint	선 또는 호의 끝점을 찾는다.
INTersection	요소의 교차점을 찾는다.

❖ 예제 그림은 위에 명기한 명령어와 LAYER명령어를 사용하여 지금까지 배운 "DRAW(그리기)" 명령어와 "MODIFY(편집)" 명령어, "DIM(치수기입)" 명령어를 사용하여 그려보자!

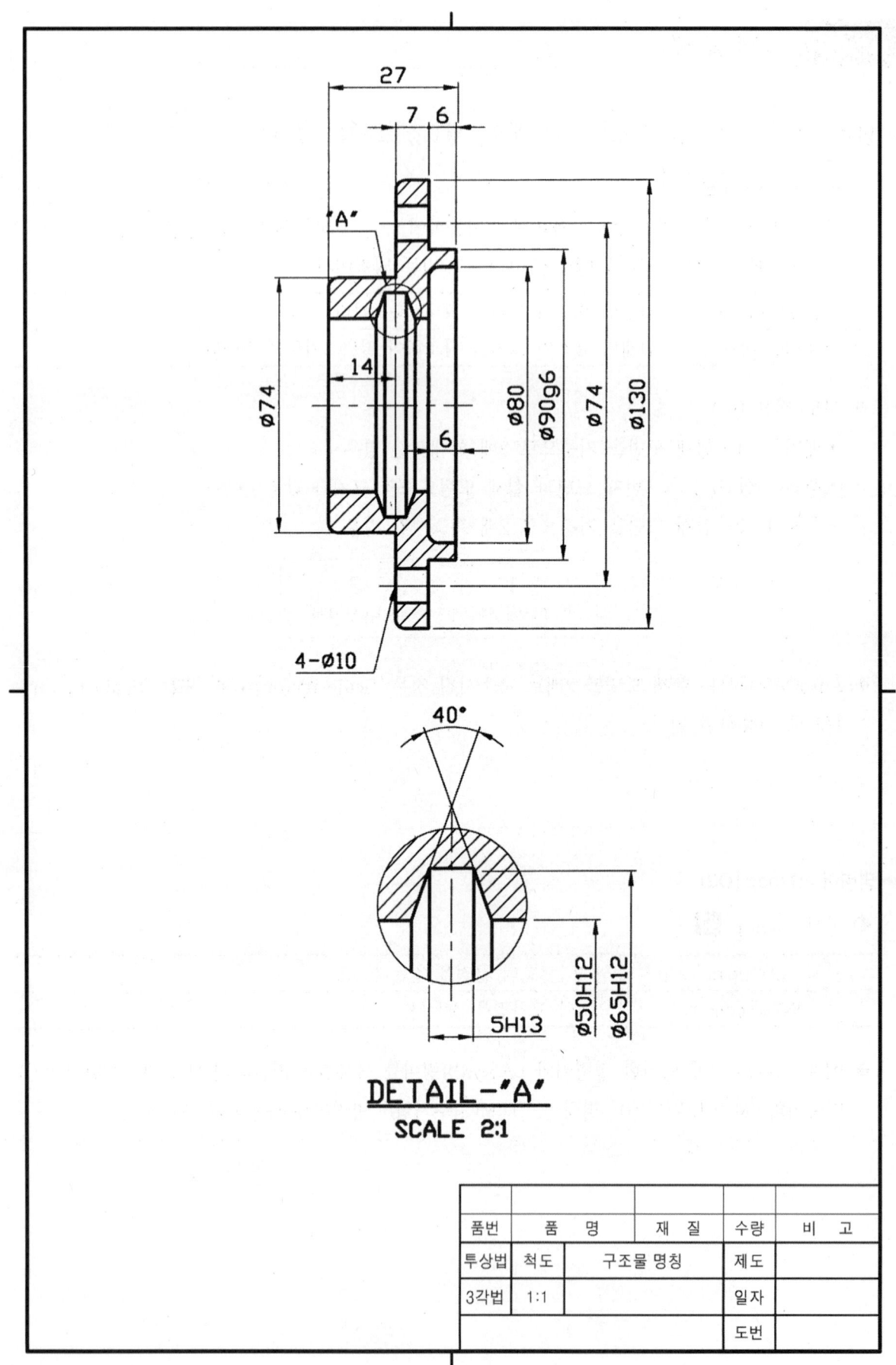

DETAIL-"A"
SCALE 2:1

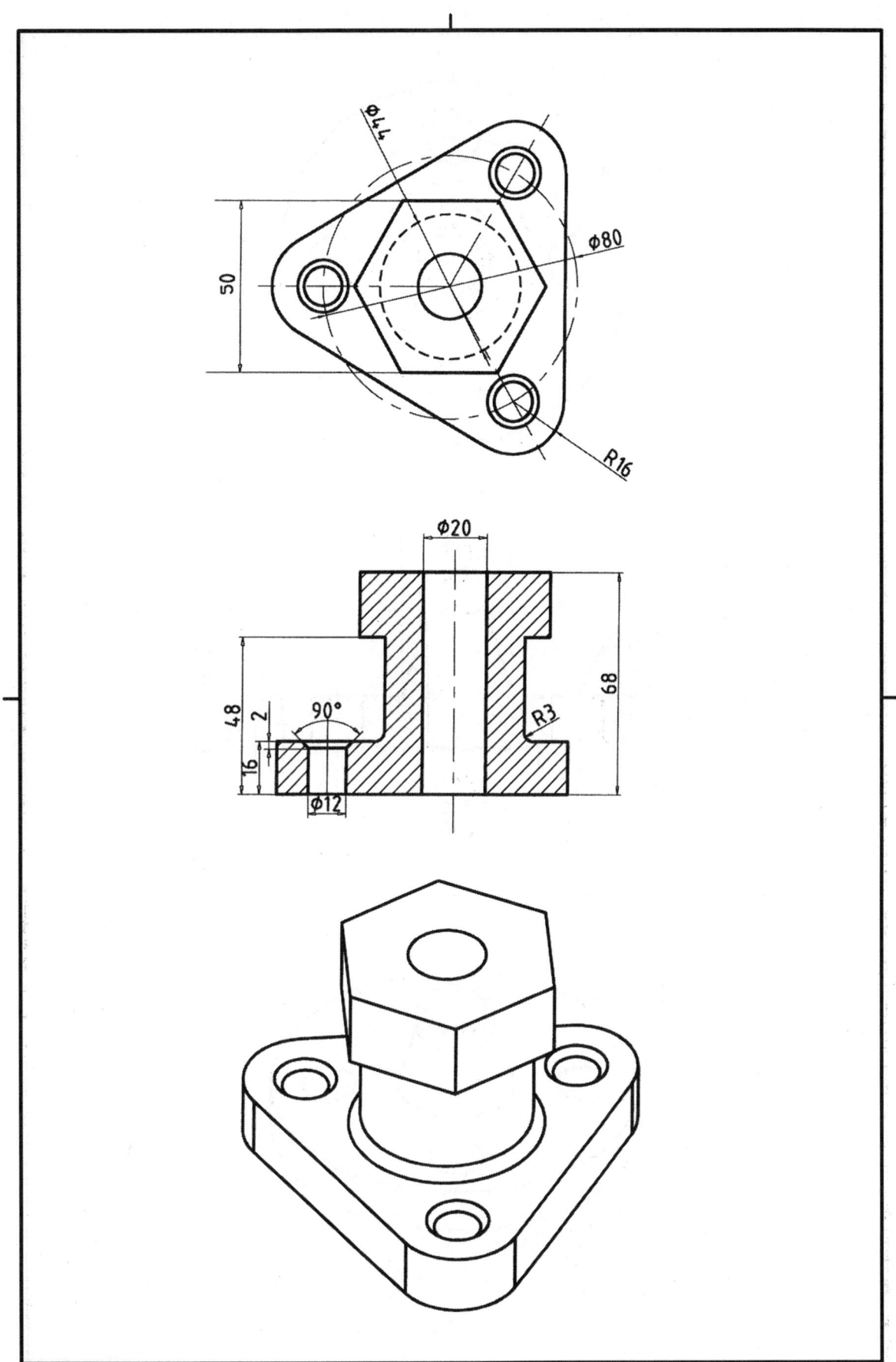

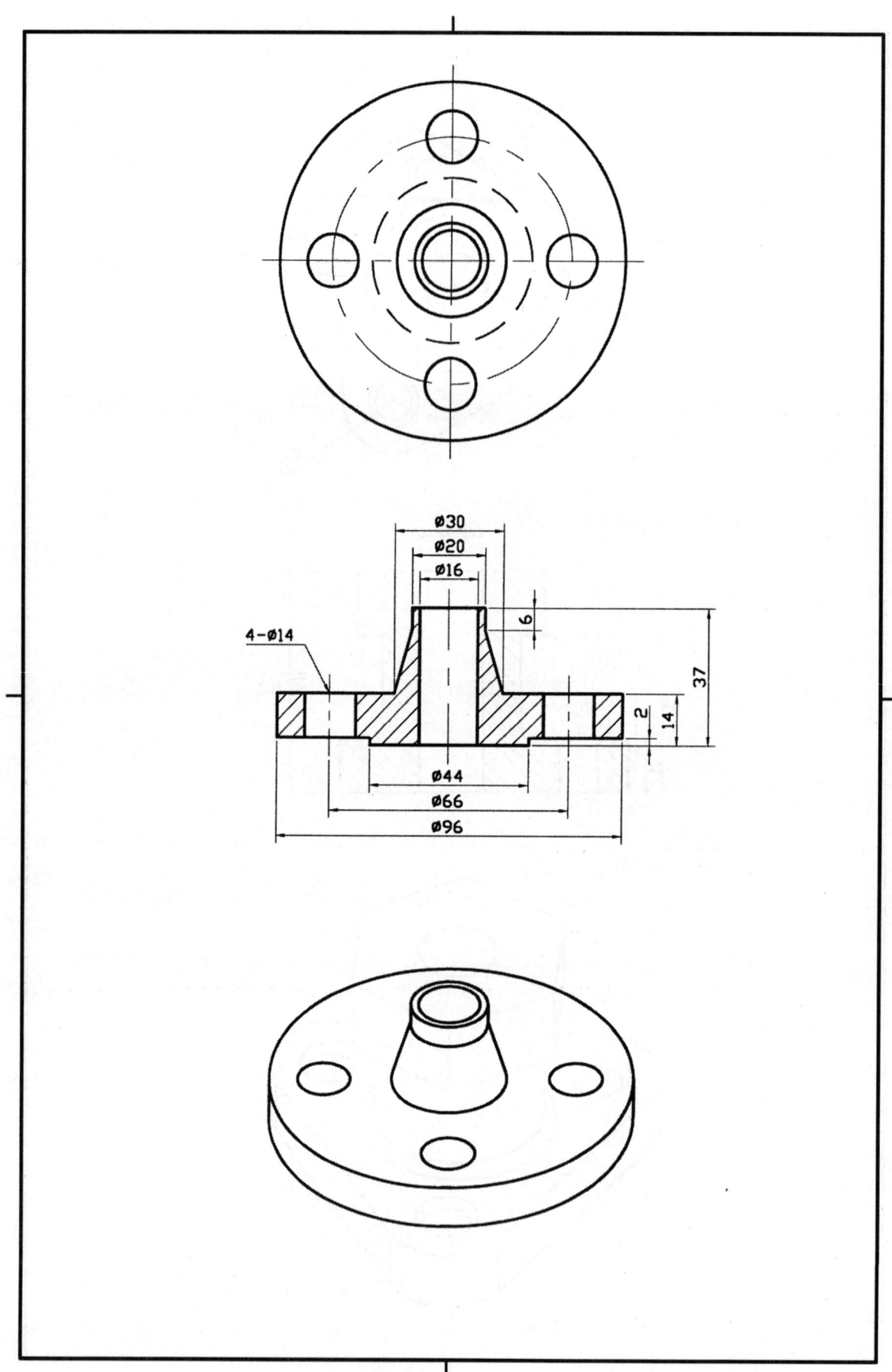

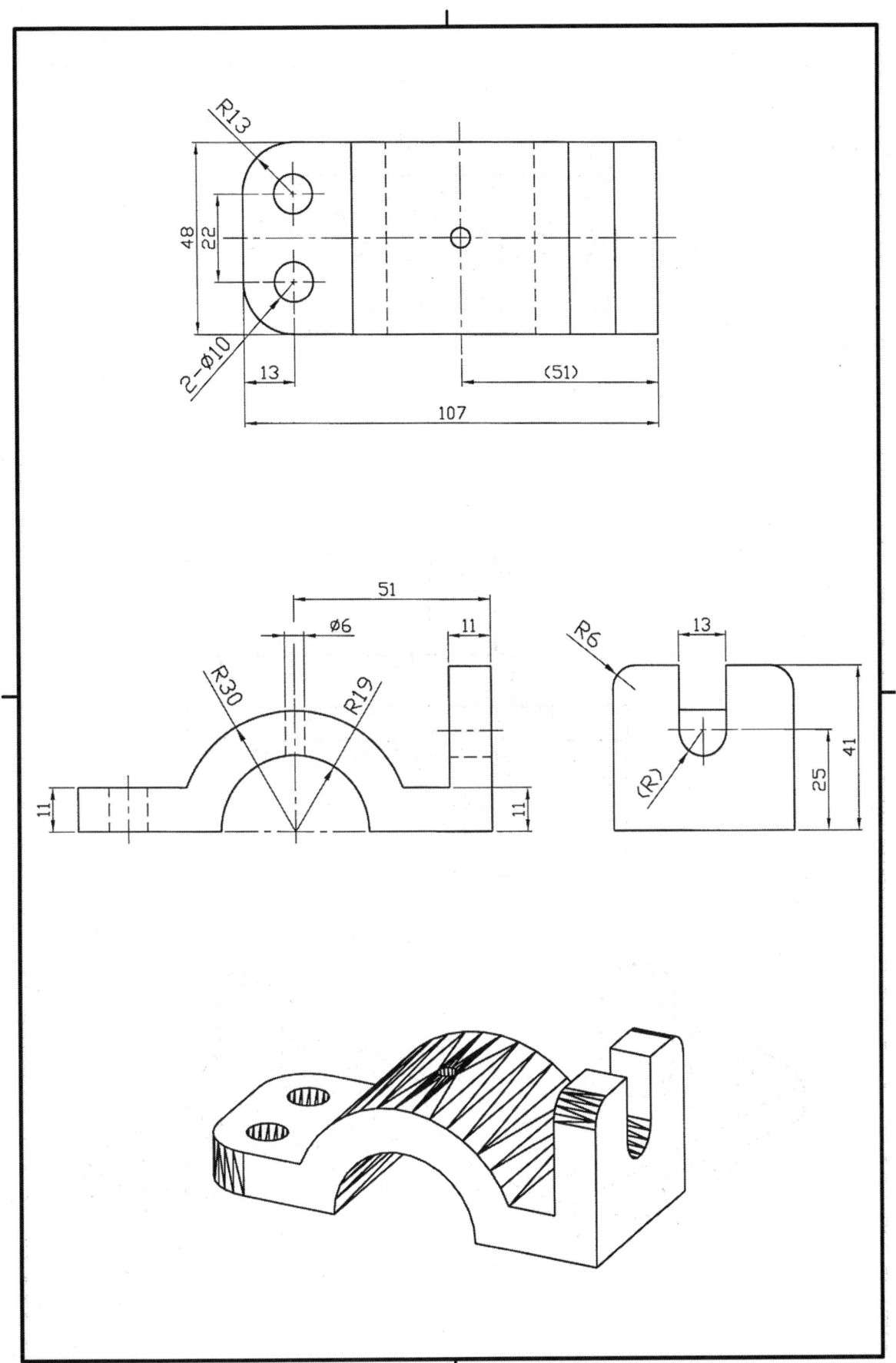

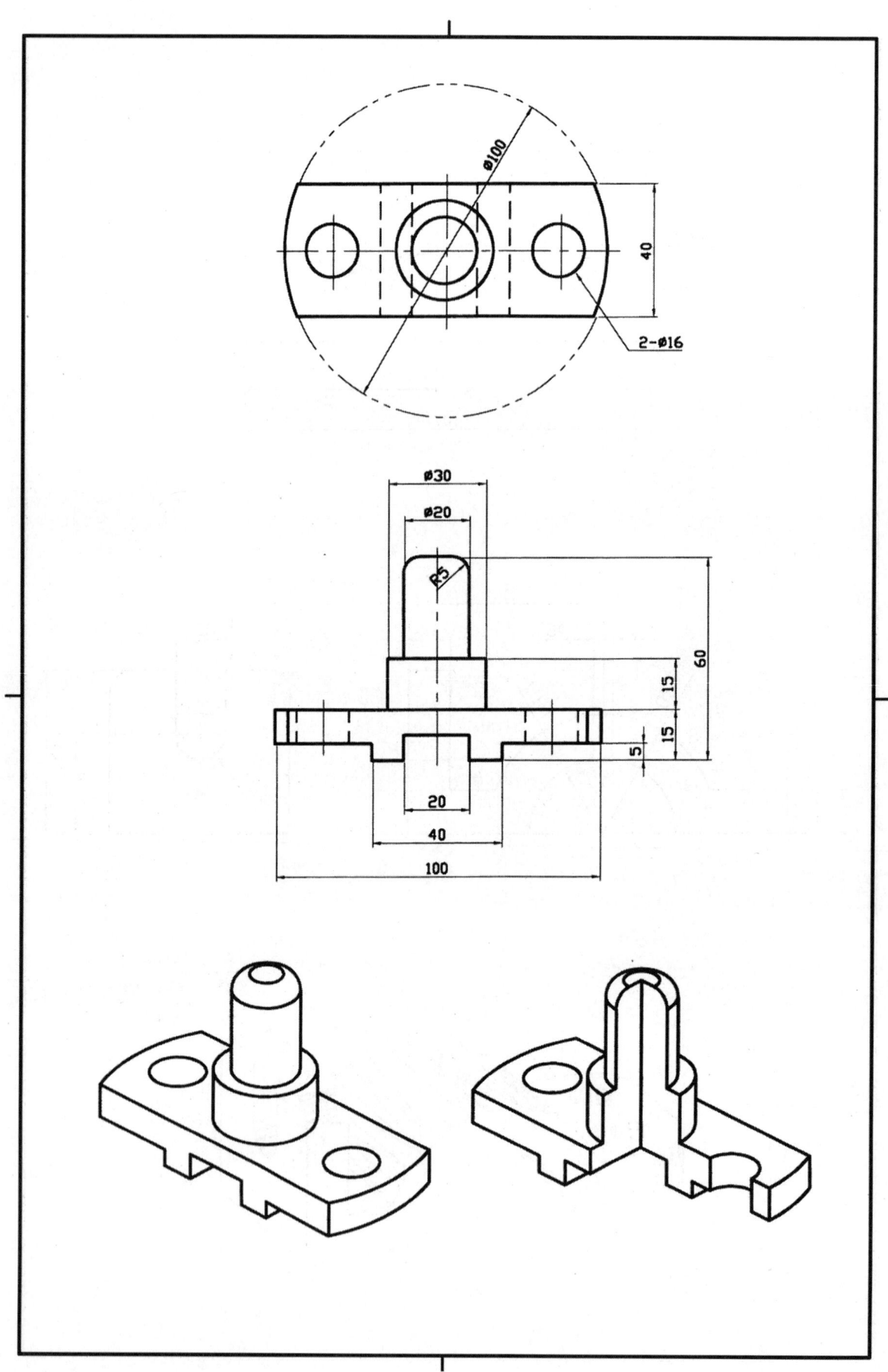

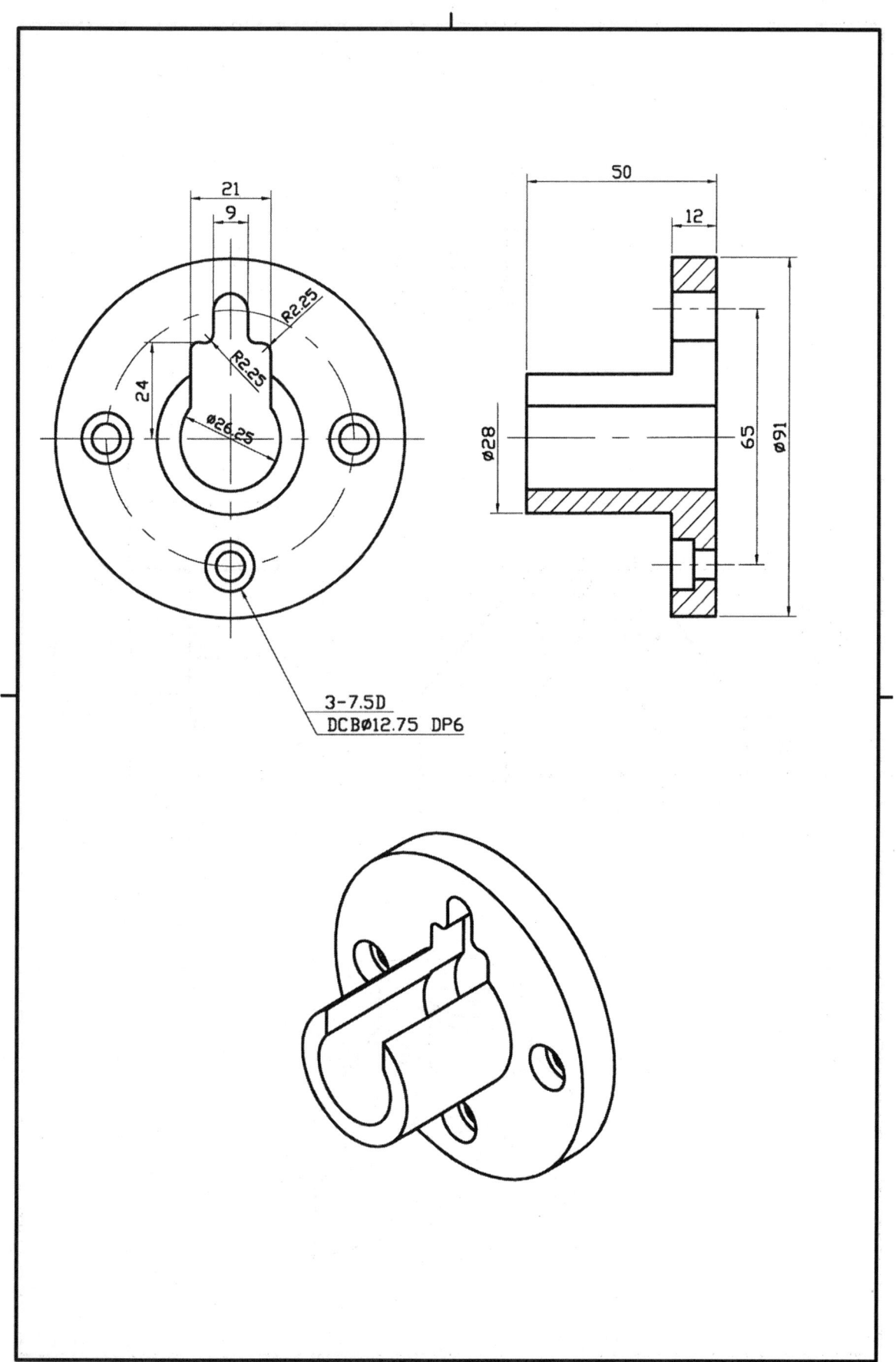

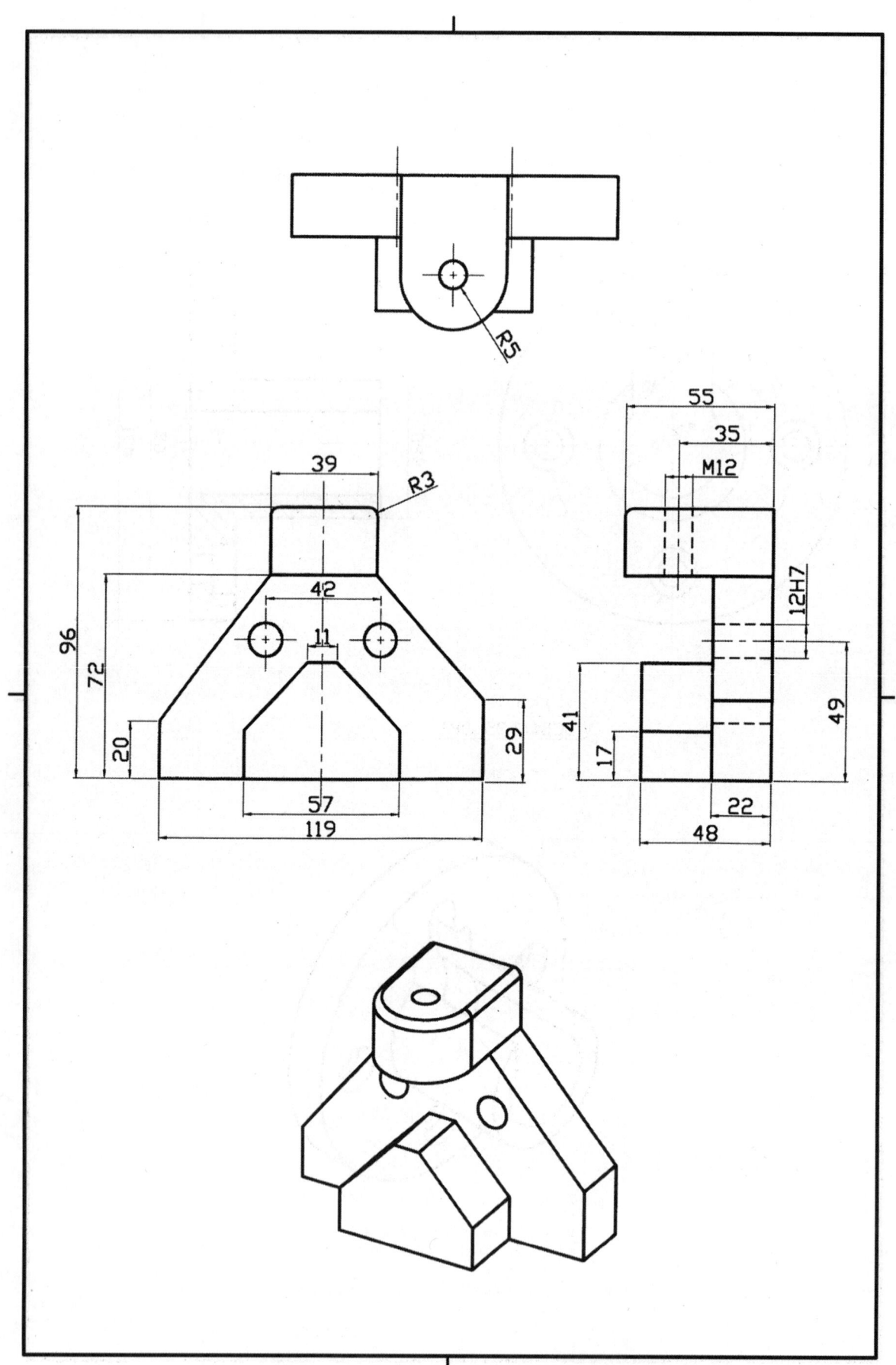

4-21 나사산 그리는 방법

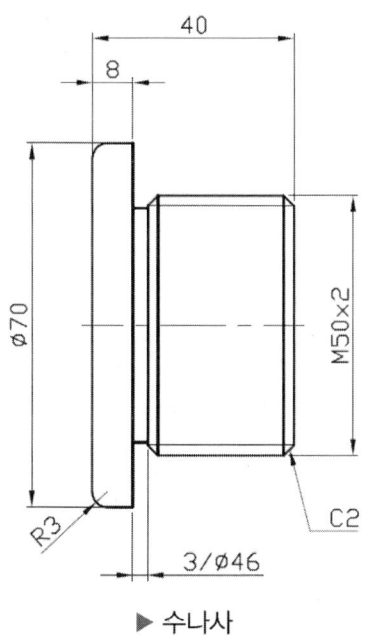
▶ 수나사

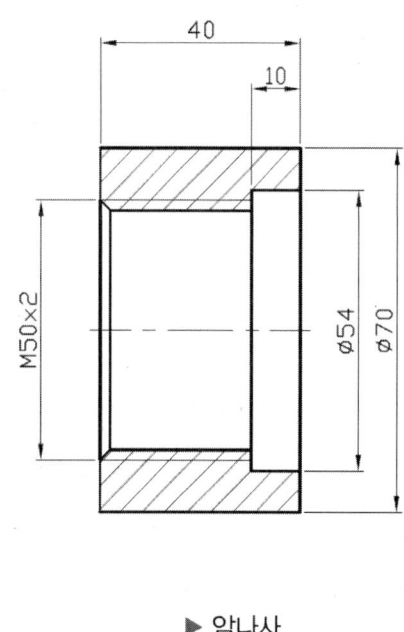
▶ 암나사

나사산을 만들기 앞서 위 그림을 참조하여 '정면'에 스케치를 완성 후 '회전 보스/베이스 '로 수나사와 암나사 외형을 아래 그림과 같이 완성한다.

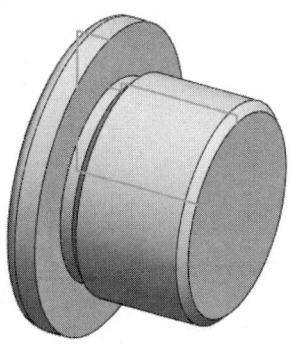

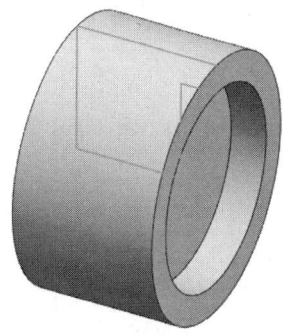

(1) **수나사 만들기**

① FeatureManager 디자인 트리 [정면] 선택 → 스케치 ✏ 선택

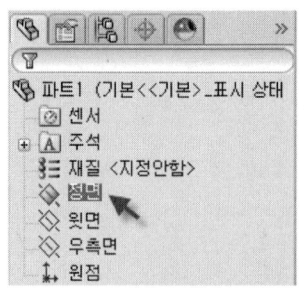

다각형 ⬡ 선택 → 면의 수 # '3' 입력 → 아래 그림과 같이 오른쪽의 위쪽 빈 공간에 대략적인 크기로 역삼각형을 스케치 → 삼각형의 윗쪽 선을 선택한 후 ― 수평(H) 구속조건을 부가 → Ctrl키를 누른 상태에서 다각형 중심과 원통 모서리를 선택한 후 ⚲ 일치(D) 구속조건을 부가

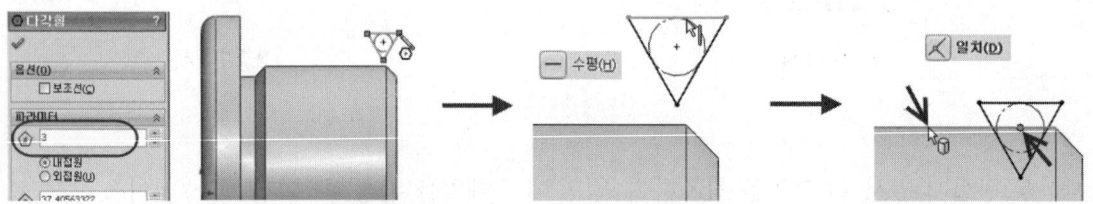

Ctrl키를 누른 상태에서 삼각형 아래 꼭지점과 모따기 모서리선을 선택한 후 ⚲ 일치(D) 구속조건을 부가 → 지능형 치수◇로 아래 그림과 같이 치수기입(1mm) → 꼭지점이나 변을 드래그(Drag)하여 삼각형 크기를 적당히 조절

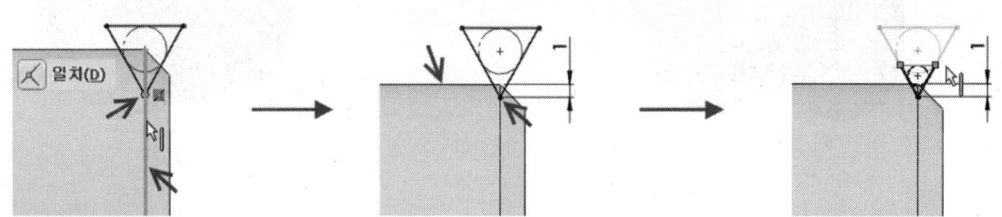

→ 중심선 으로 원점을 클릭한 후 수평선을 아래 그림과 같이 스케치

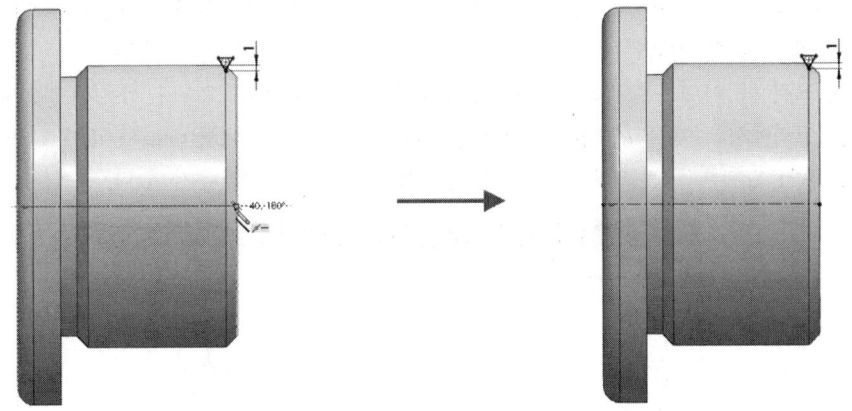

② 등각보기 (Ctrl+7)를 선택 → 회전 컷 선택 → 블라인드 형태, 각도(360도) → 확인

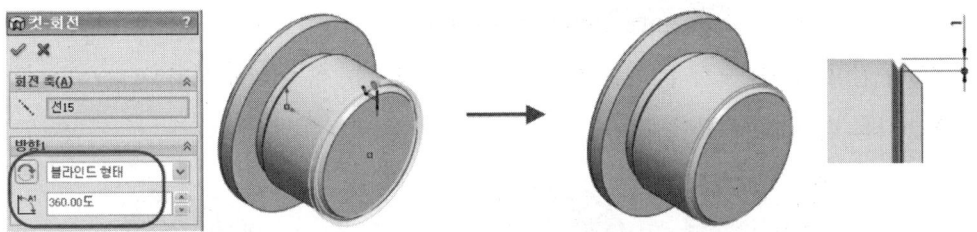

③ 선형 패턴 선택 → 빠른 보기 도구모음에서 '임시축 보기'를 클릭 → 패턴 방향(임시축 선택-반대 방향 을 클릭하여 왼쪽으로 방향을 변경), 간격 (1mm), 인스턴스 수 (27개), 패턴할 피처에서 작업 ②의 '컷-회전'을 선택 → 확인

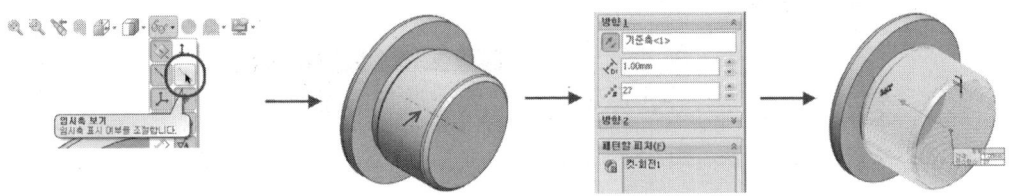

④ 빠른 보기 도구모음에서 '임시축 보기'를 클릭하여 해제

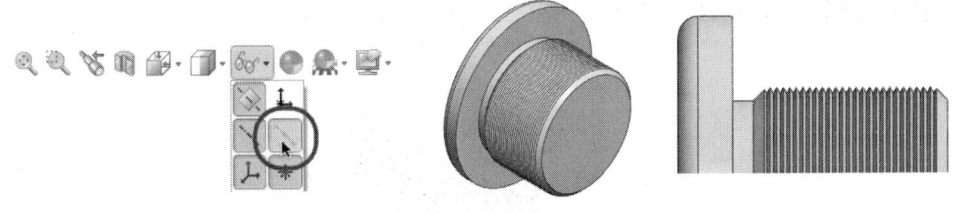

> **Tip**
>
> 간단하게 나사산을 표현하는 방법으로 음영나사산을 사용할 수가 있다. 방법은 다음과 같다.
>
> ① 나사산 표시 ∪를 선택한다.
>
> 나사산 표시 ∪ 아이콘은 기본 화면에 없기 때문에 메뉴바에서 '도구 – 사용자 정의'에 들어가 '명령' 탭 카테고리에서 '주석'을 선택하여 오른쪽에 나열된 아이콘 중에서 나사산 표시 ∪ 아이콘을 드래그(Drag)하여 임의의 다른 아이콘 위치에 추가해 주어야 사용할 수가 있다.
>
>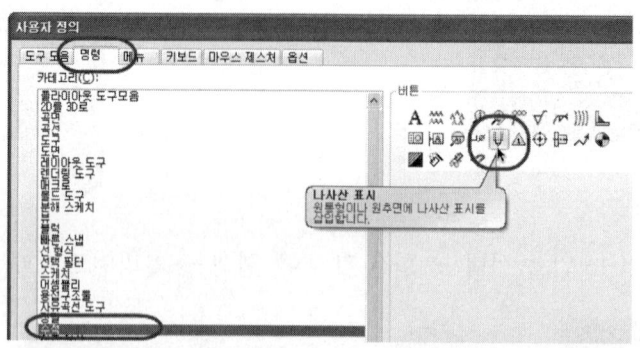
>
> ② 그림과 같이 모따기 모서리 1개를 선택 → 표준 규격(KS), 유형(기계 나사산), 크기(M48×3), 마침 조건(다음 면까지) → 확인 ✓
>
>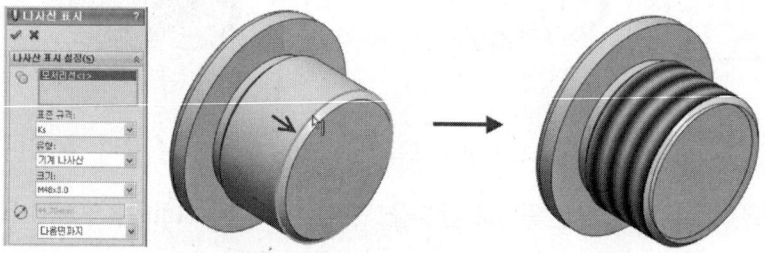
>
> ※ 나사산 표시를 하고 나사산에 음영을 표시하기 위해서는 FeatureManager 디자인 트리의 '주석'에서 마우스 우 클릭시 나오는 '세부 사항...'에 들어가 '주석 속성' 대화창에서 '음영 나사산'을 체크해 주어야 한다.
>
>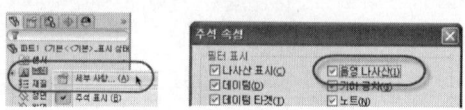

(2) 암나사 만들기

① 그림과 같이 우측의 안쪽 면을 선택 → 스케치 ✎ 선택

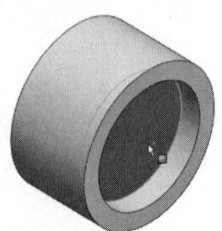

② 우측면 ⬜(Ctrl+4)를 선택 → 원 ⊙ 선택 → 원점을 클릭하여 적당한 크기로 원을 스케치 → 지능형 치수 ◇로 치수기입(50mm)

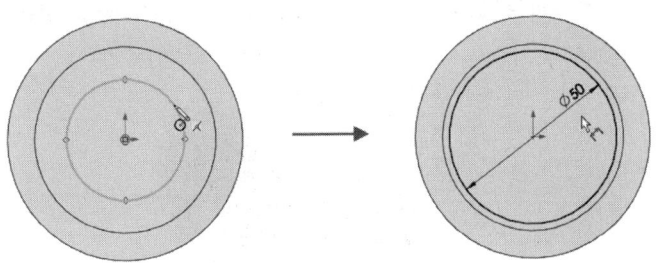

③ 등각보기 ◻(Ctrl+7)를 선택 → 돌출 컷 ▦ 선택 → 방향 1 : 블라인드 형태, 깊이 ⬇(1mm), 구배 ◩ (60도) → 방향 2 : 블라인드 형태, 깊이 ⬇ (1mm), 구배 ◩ (60도) → 확인 ✔

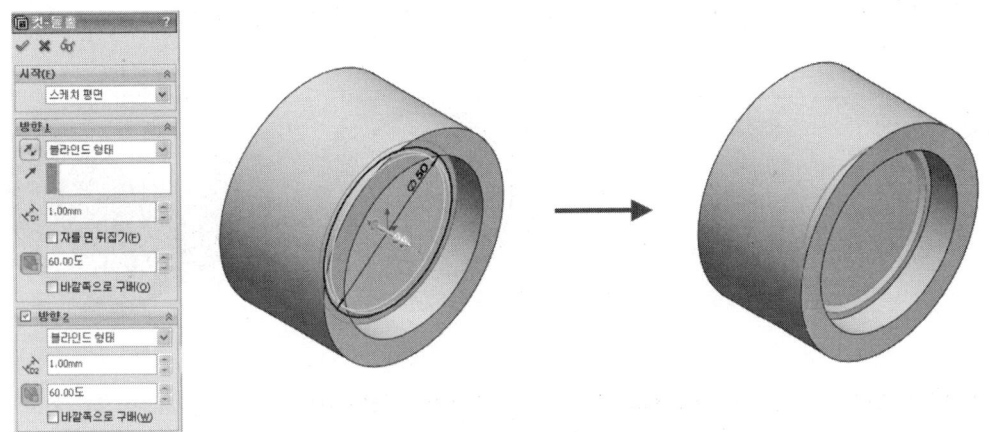

④ 선형 패턴 ⠿ 선택 → 빠른 보기 도구모음에서 '임시축 보기'를 클릭 → 패턴 방향(임시축) 선택, 간격 ⬇ (1mm), 인스턴스 수 ⁂ (31개), 패턴할 피처에서 작업 ③의 '컷-돌출'을 선택 → 확인 ✔

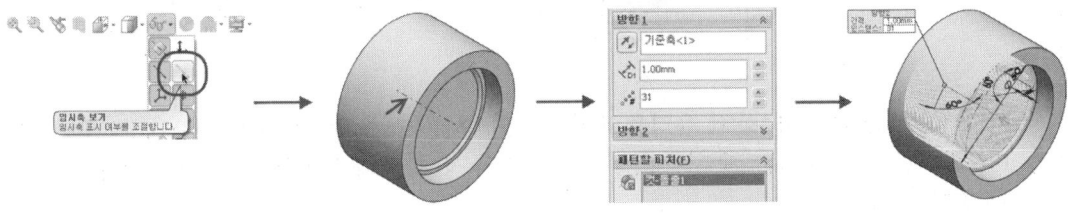

⑤ 빠른 보기 도구모음에서 '임시축 보기'를 클릭하여 해제

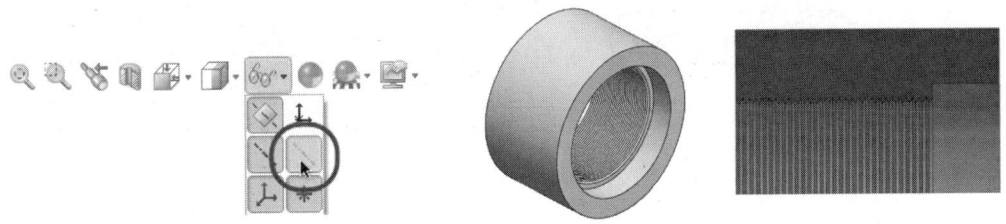

> **Tip**
>
> 간단하게 나사산을 표현하는 방법으로 음영나사산을 사용할 수가 있다. 방법은 다음과 같다.
>
> ① 우선 아래 그림과 같이 파트의 우측 안쪽 면을 선택 → 스케치 ✏ 선택
>
>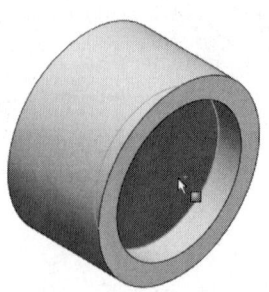
>
> ② 우측면 ⊟ (Ctrl+4)를 선택 → 원 ⊙ 선택 → 원점을 클릭하여 적당한 크기로 원을 스케치 → 지능형 치수 ◇ 로 치수기입(50mm) → 돌출 컷 ▣ 선택 → 마침 조건 : 관통 → 확인 ✓
>
>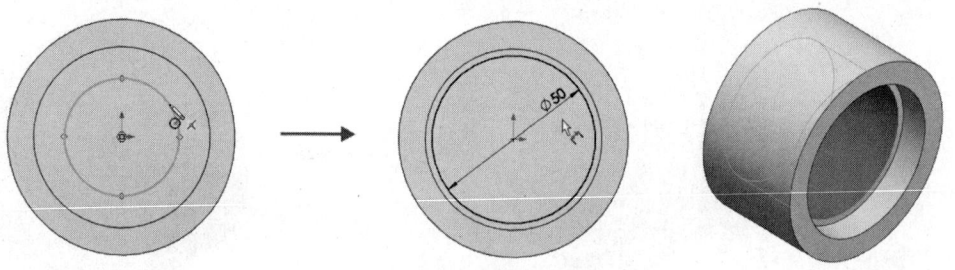
>
> ③ 나사산 표시 ∪ 를 선택 → 그림과 같이 안쪽 모서리 1개를 선택 → 표준 규격 (없음), 작은 지름 ⊘ (51mm) → 마침조건(다음 면까지) → 확인 ✓
>
>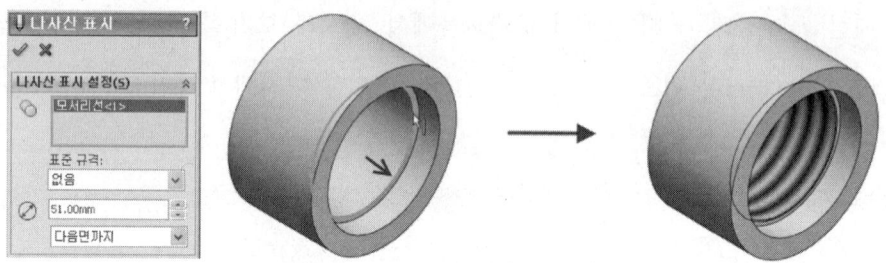
>
> ※ 나사산 표시를 하고 나사산에 음영을 표시하기 위해서는 FeatureManager 디자인 트리의 '주석'에서 마우스 우 클릭시 나오는 '세부 사항…'에 들어가 '주석 속성' 대화창에서 '음영 나사산'을 체크해 주어야 한다.
>
>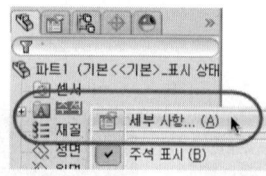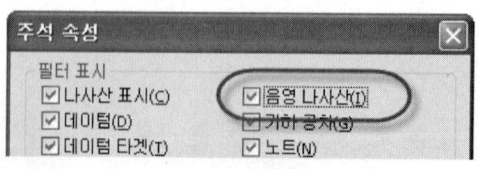

4-22 스퍼어 기어 작성법

▶ 아래 요목표에 주어진 수치에 맞게 스퍼어 기어를 그려보자.

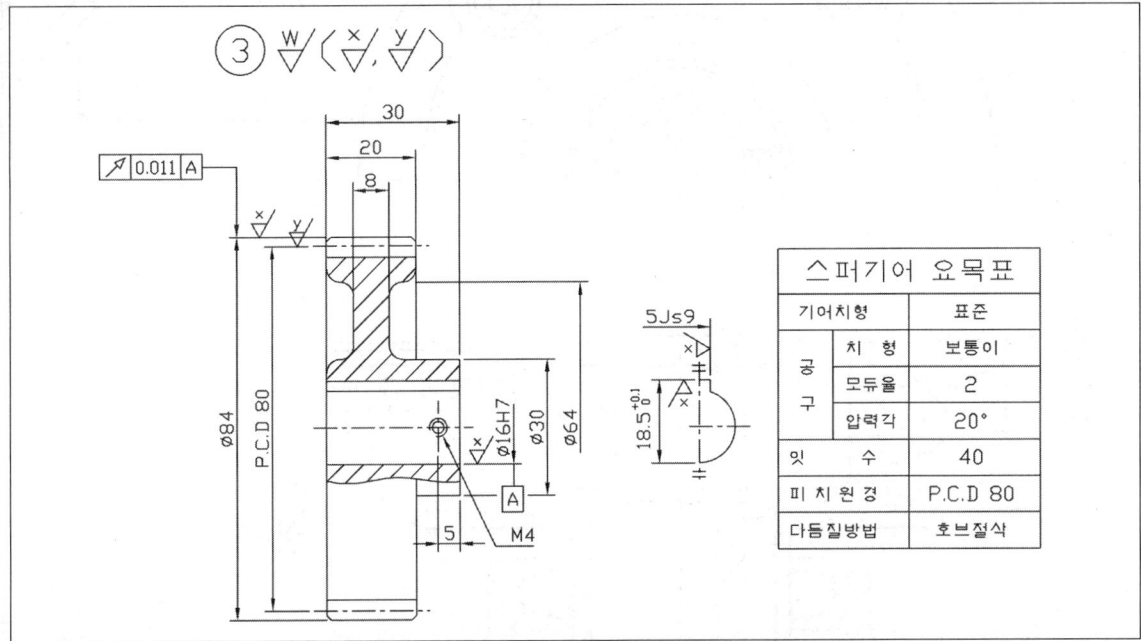

1. 생성될 원의 중심선을 그린 다음 이끝원, 피치원, 이뿌리원을 투상도의 치수기입이나 요목표 치수에 맞게 그린다.

   [이끝원 = 지름 84mm, 피치원 = 지름 80mm, 이뿌리원 = 지름 75mm]

> **참고 이뿌리원 계산**
> - 전체 이높이 = 2.25 × M(모듈)
> - 이뿌리원 = 이끝원−(전체 이높이×2) = 84−(4.5×2) = 75mm

4-23 조립도 이해하기 (1)

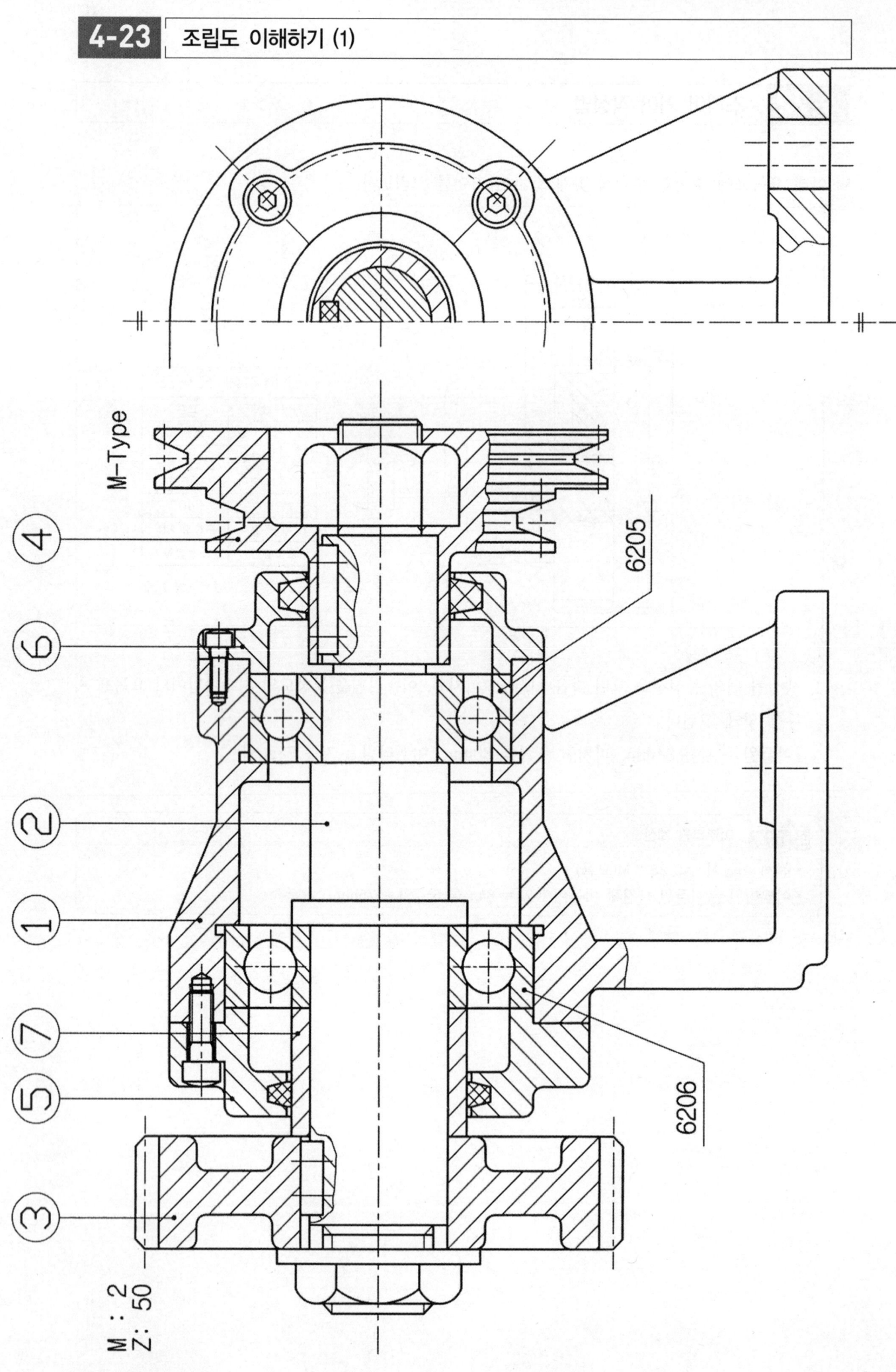

※ 앞의 조립도를 측정하여 빈 칸을 기입하시오. 〈답은 뒤에 있음〉

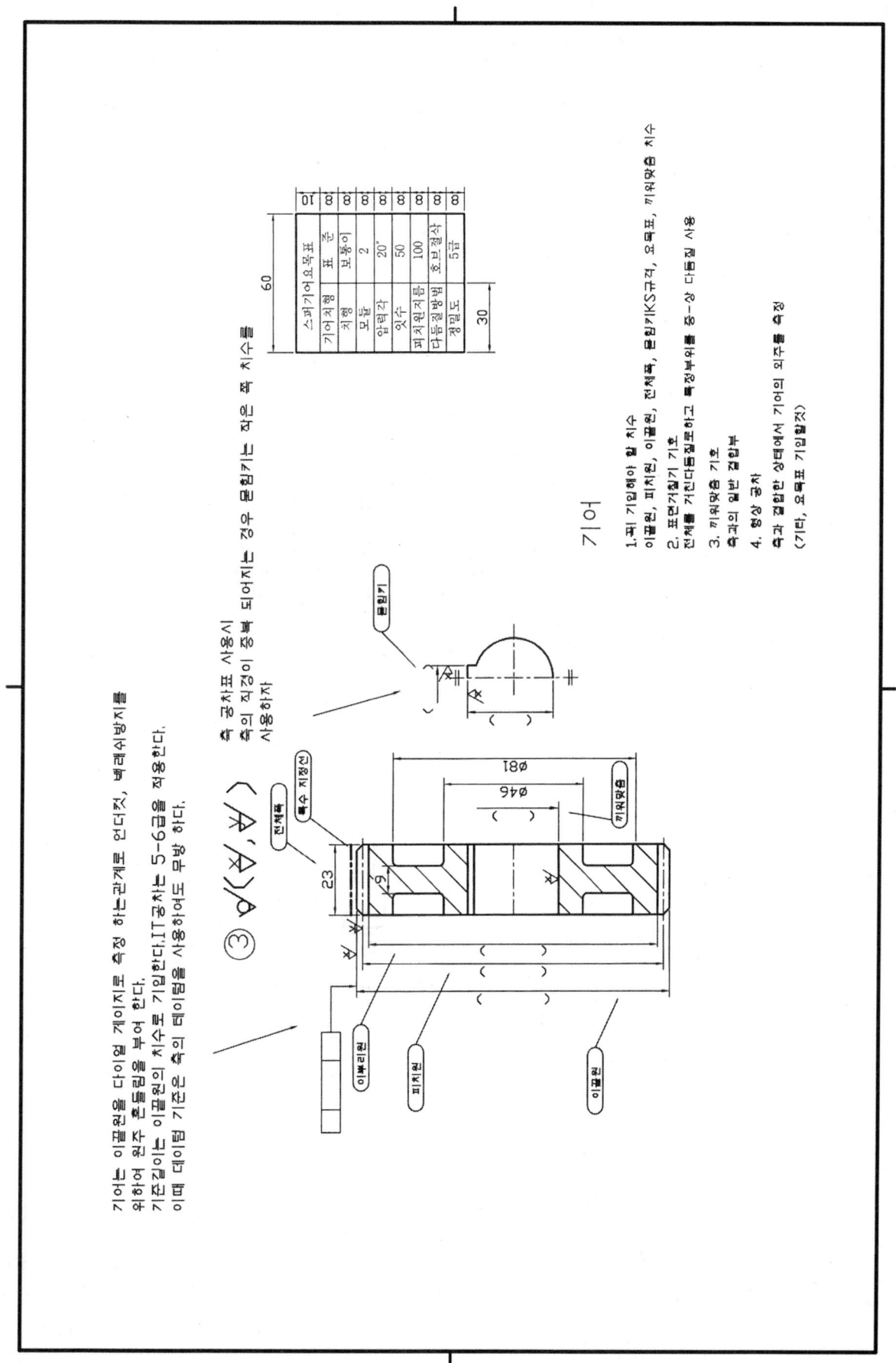

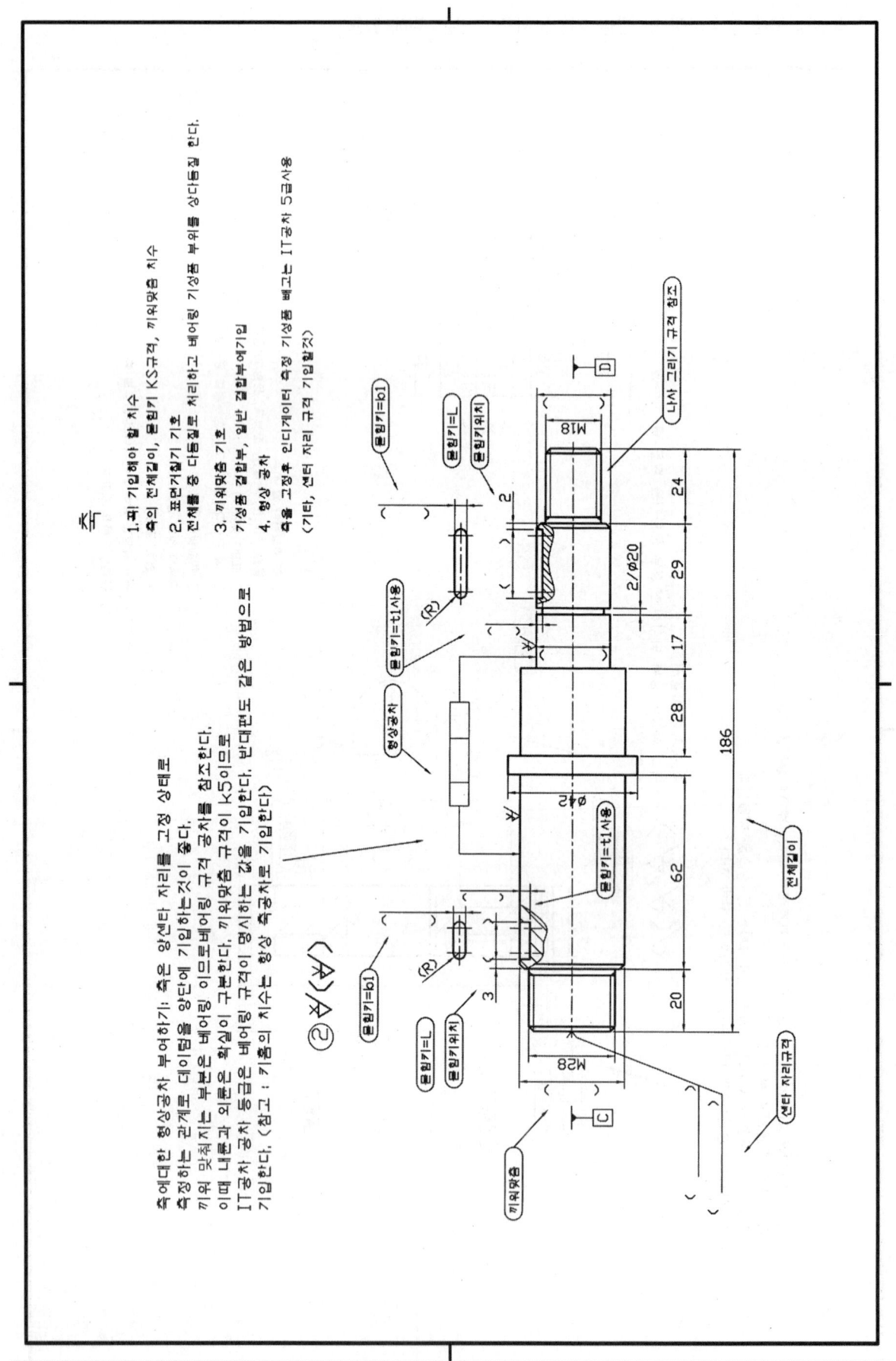

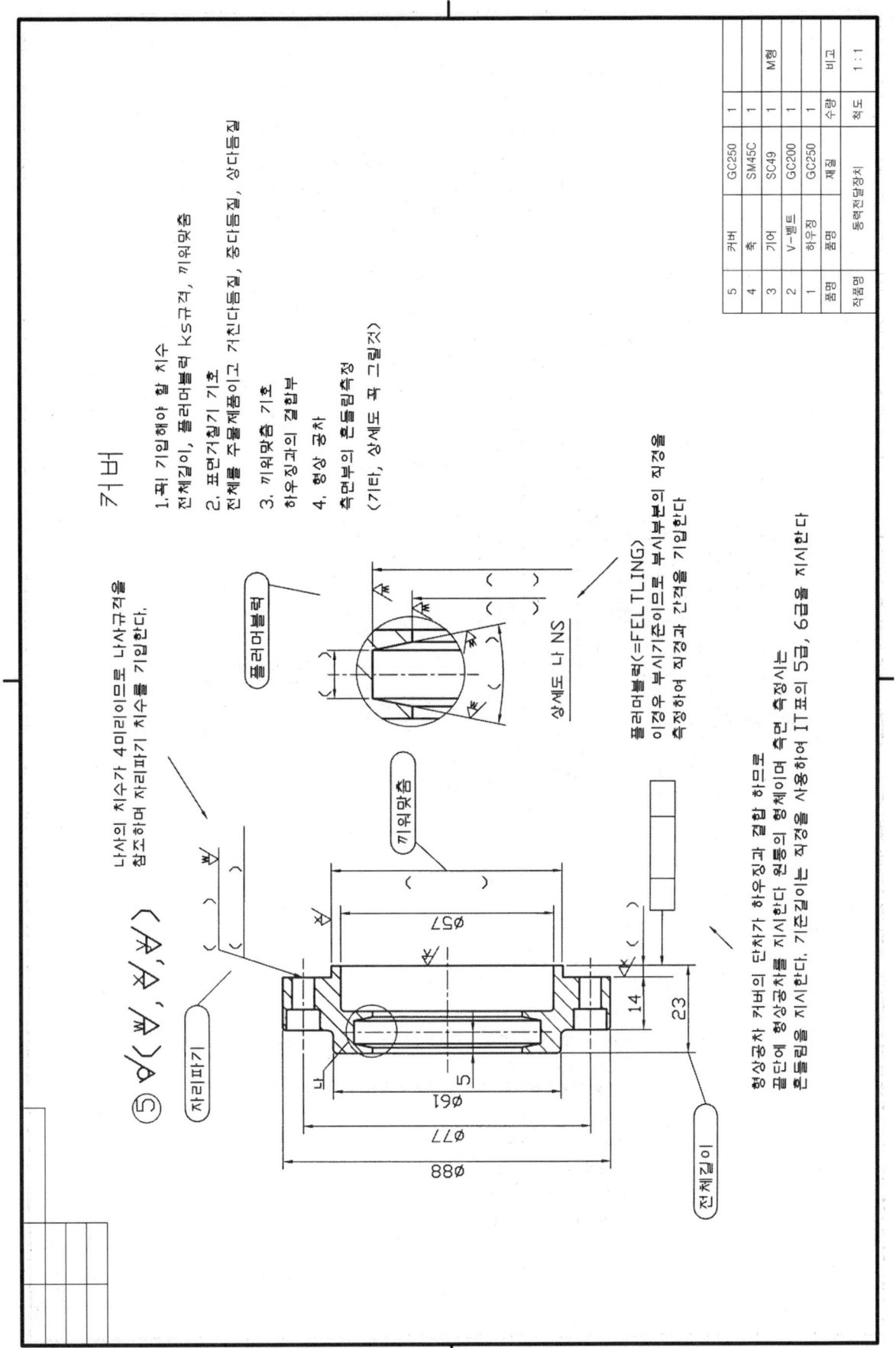

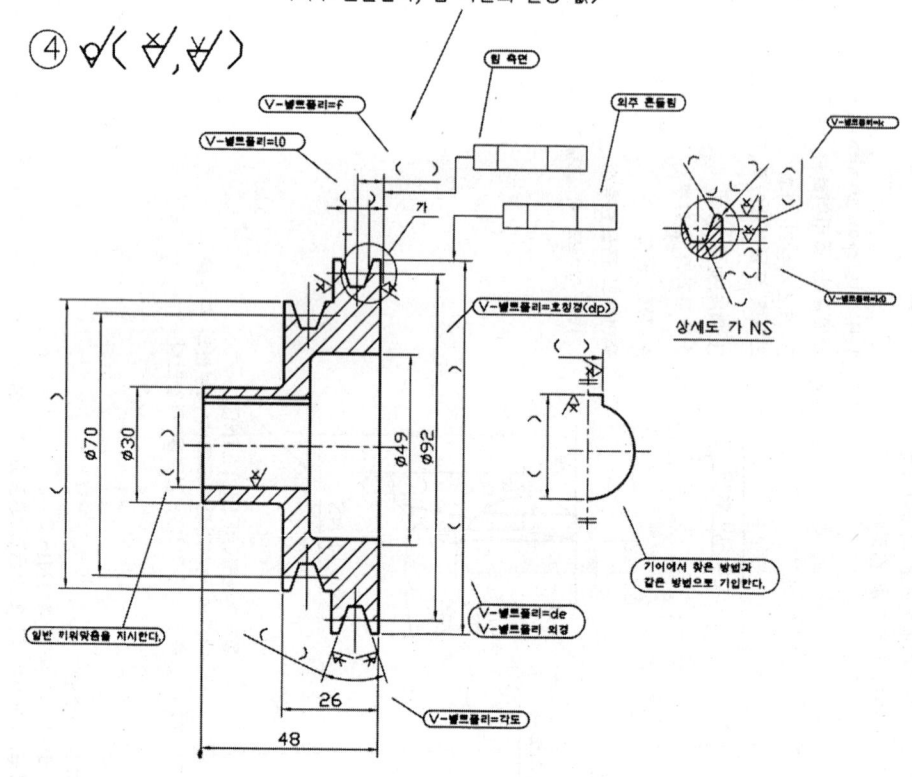

V-벨트풀리

1. 꼭 기입해야 할 치수
M형 V-벨트풀리 주요 KS규격, 전체길이, 끼워맞춤치수
2. 표면거칠기 기호
전체를 주물제품이고 나머진 규격에 명시 되어지는 대로 기입한다
3. 끼워맞춤 기호
축과의 일반 결합부
4. 형상 공차
규격에서 명시 하고 있다.
(기타, 상세도 꼭 그릴것)

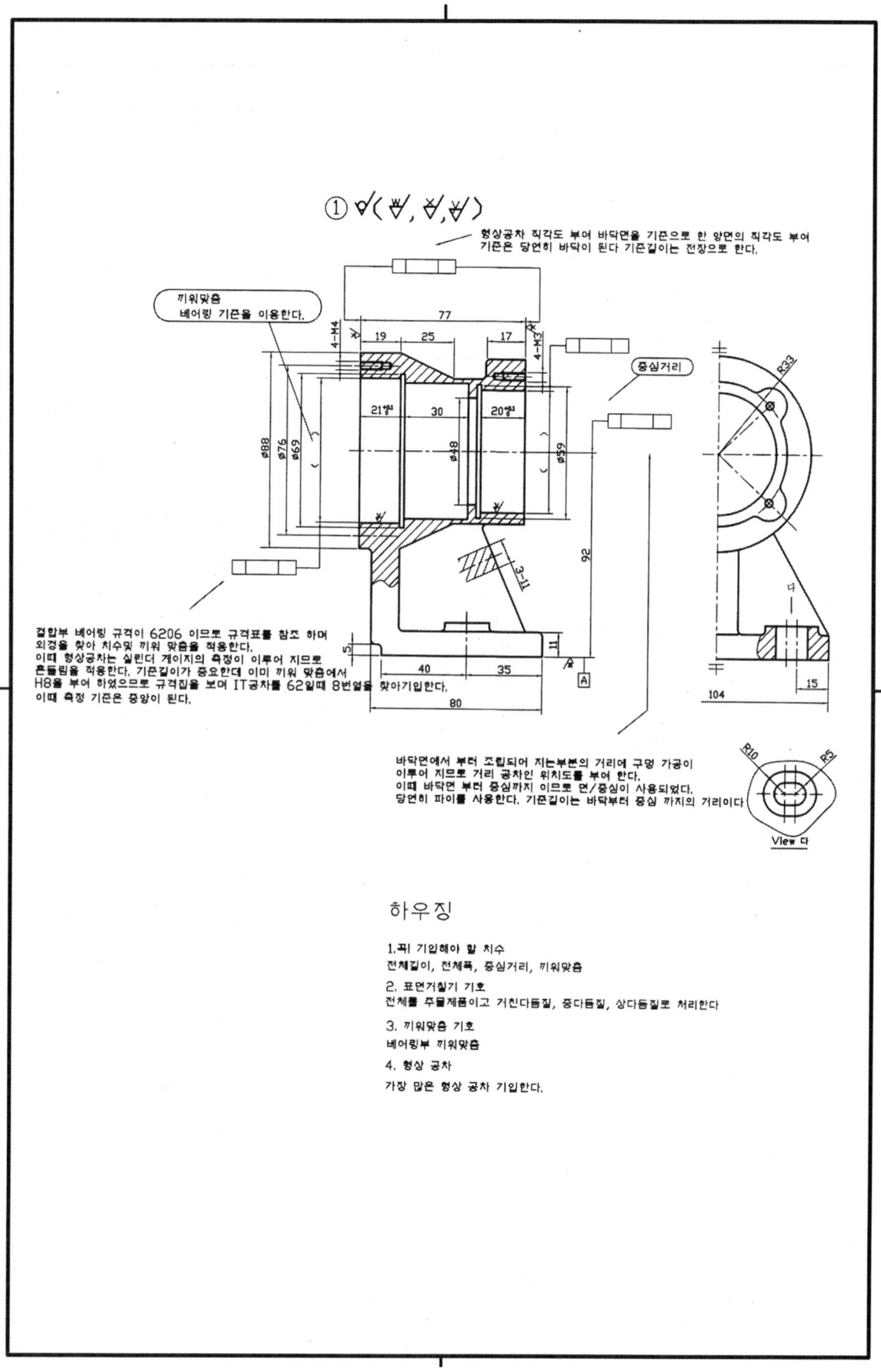

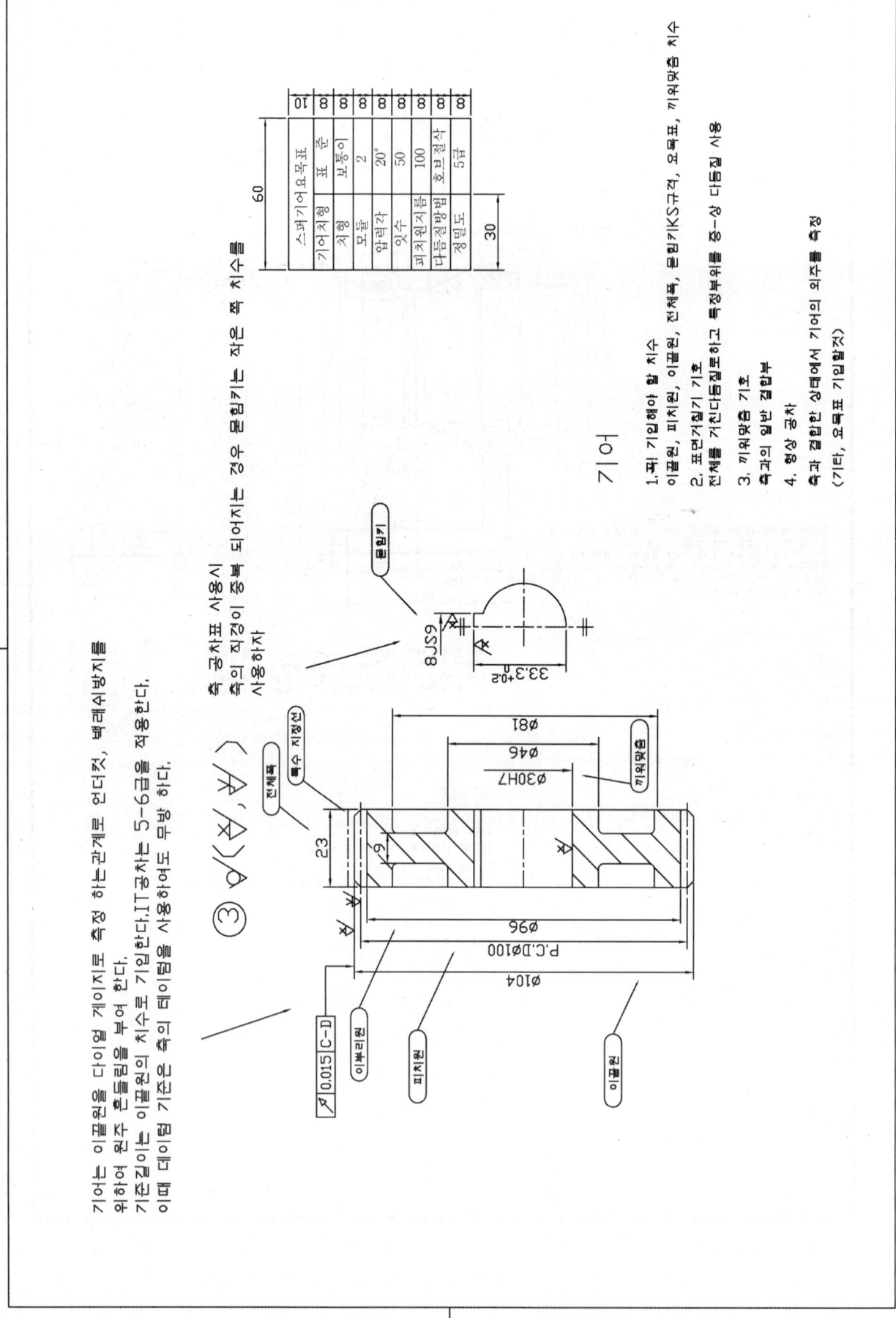

기어는 이끝원을 다이얼 게이지로 측정 하는 관계로 언더컷, 배래싸방지를
위하여 원주 흔들림을 부여 한다.
기준길이는 이끌원의 치수로 기입한다. IT공차는 5~6급을 적용한다.
이때 데이텀 기준은 축의 데이텀을 사용하여도 무방 하다.

축 공차표 사용시
축의 직경이 중복 되어지는 경우 문합기는 작은 쪽 치수를
사용하지

스퍼기어요목표		
기어치형	표준	
	치형	보통이
	모듈	2
	압력각	20°
잇수		50
피치원지름		100
다듬질방법		호브절삭
정밀도		5급

기어

1. 꼭 기입해야 할 치수
   이끌원, 피치원, 이끌원, 전체폭, 문합카KS규격, 요목표, 키워맞춤 치수
2. 표면거칠기 기호
   전체를 거친다듬질로하고 특정부위를 중~상 다듬질 사용
3. 키워맞춤 기호
   축과의 일반 결합부
4. 형상 공차
   축과 결합한 상태에서 기어의 외주를 측정
   (기타, 요목표 기입합것)

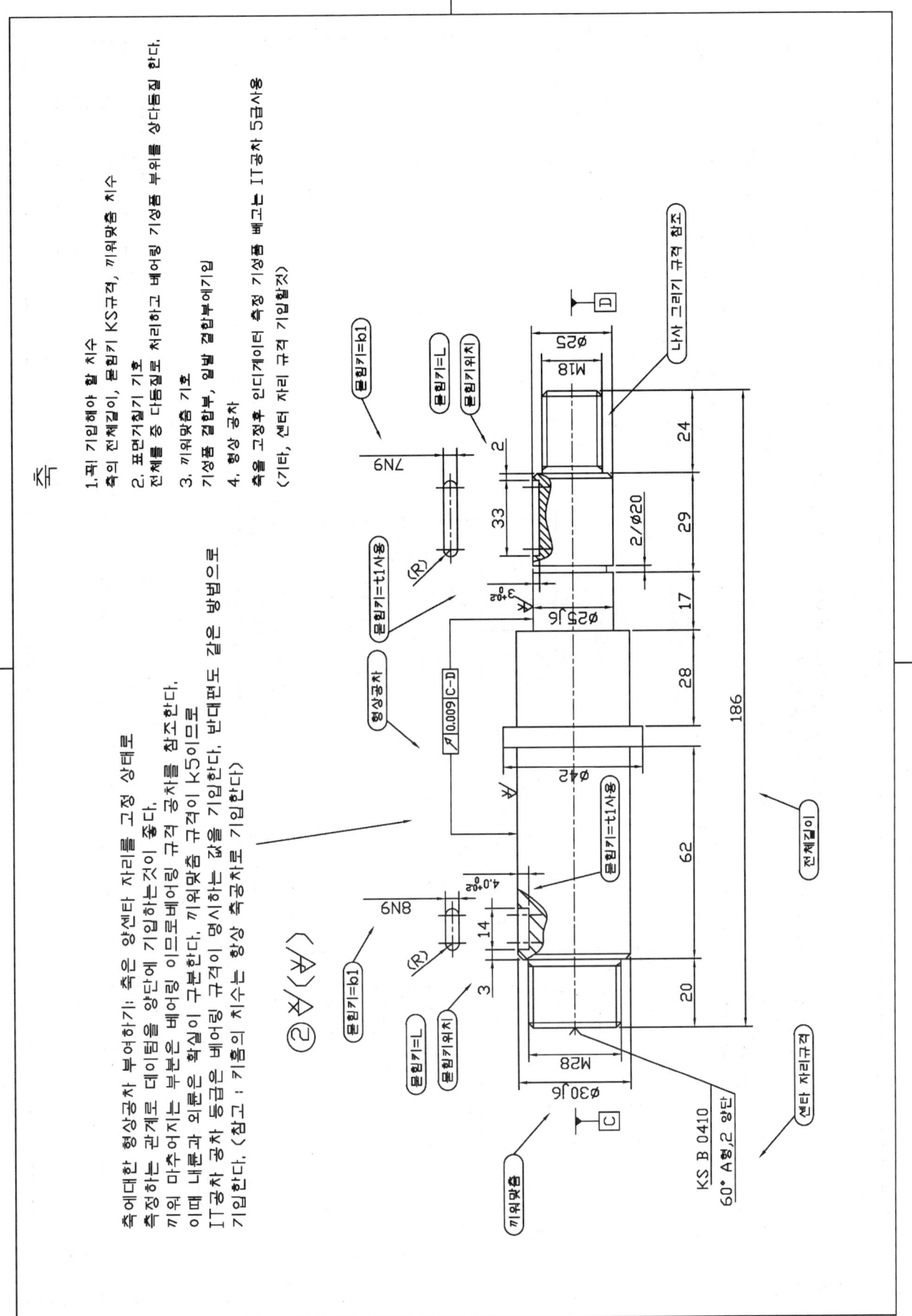

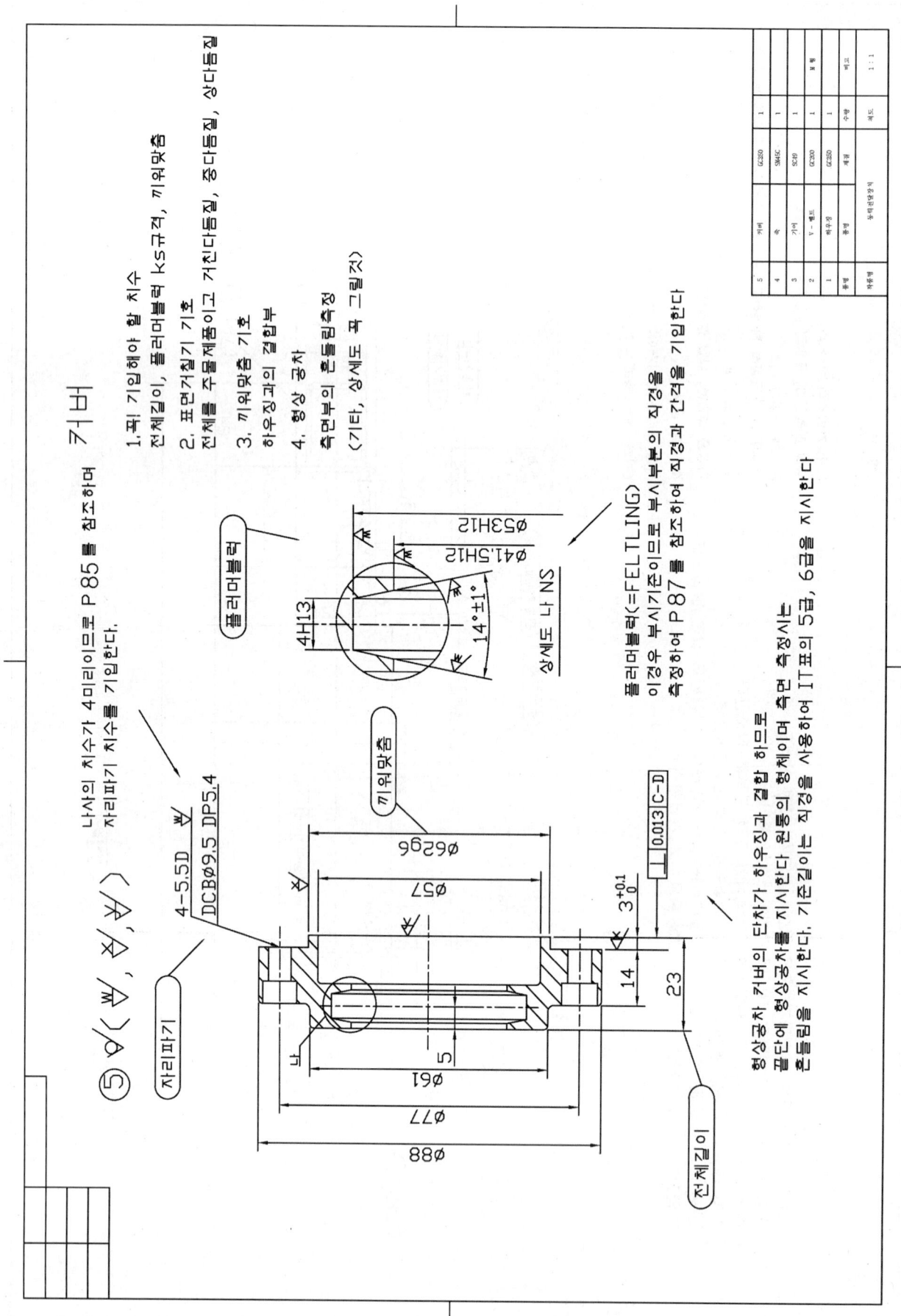

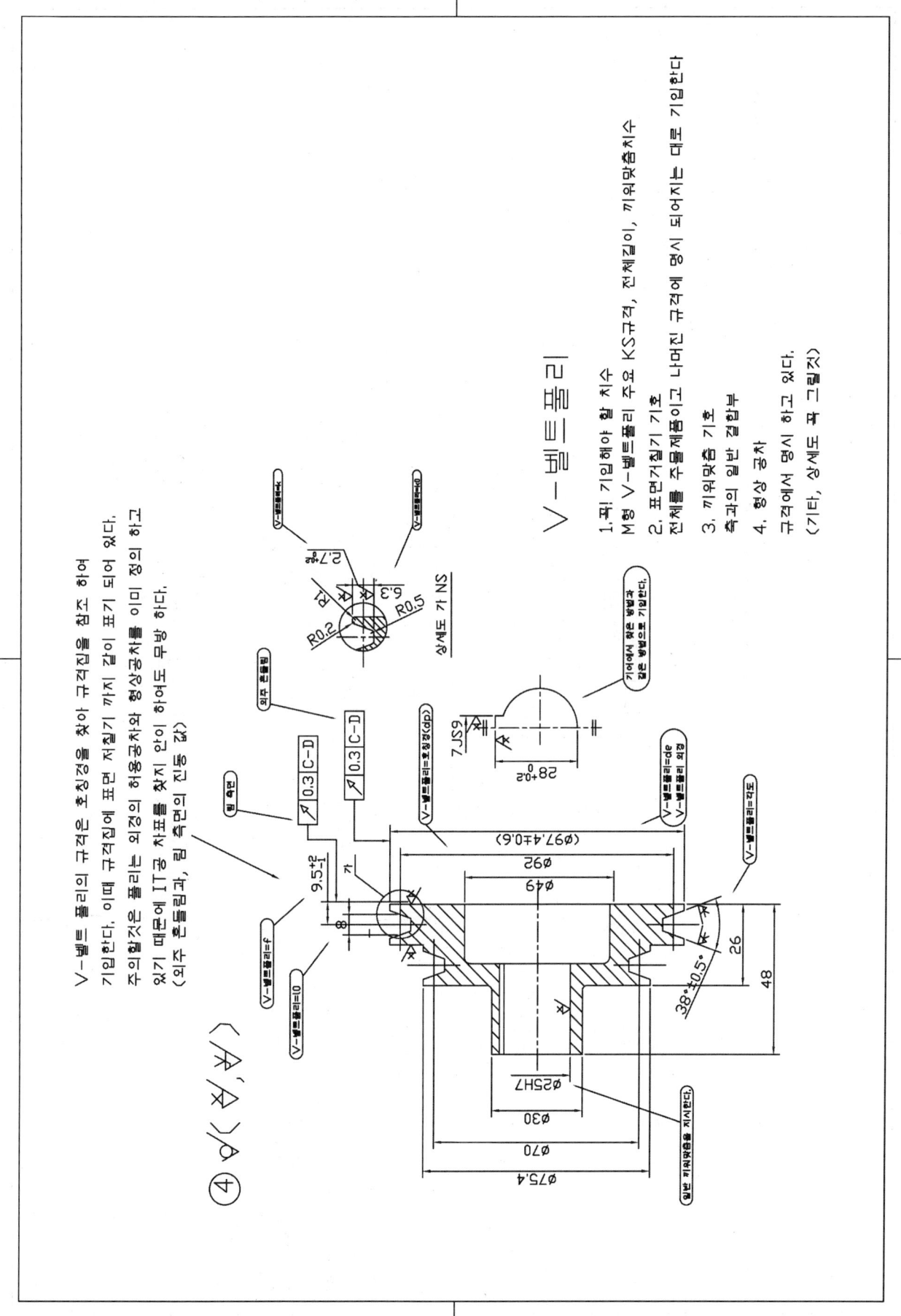

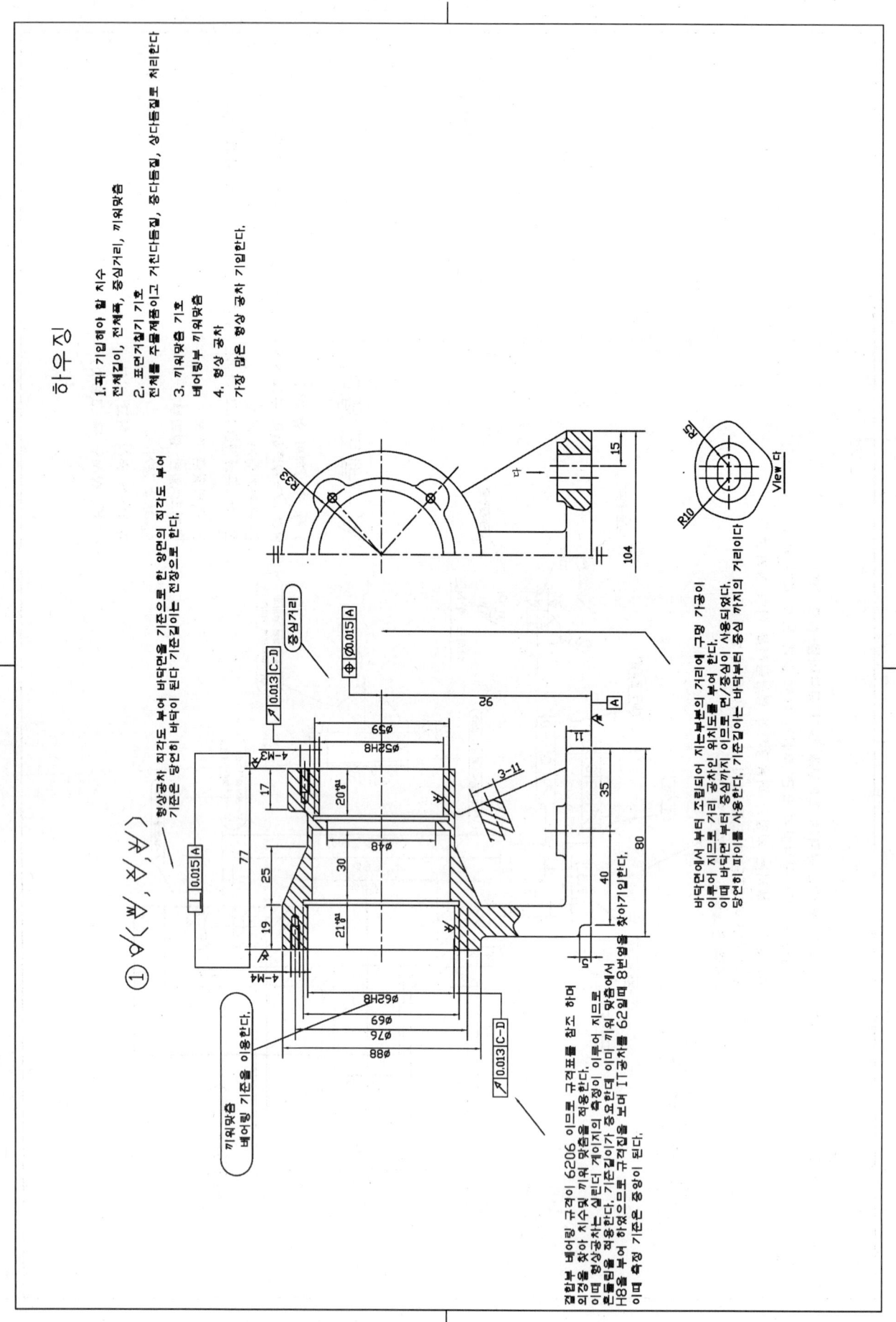

4-24 조립도 이해하기 (2)

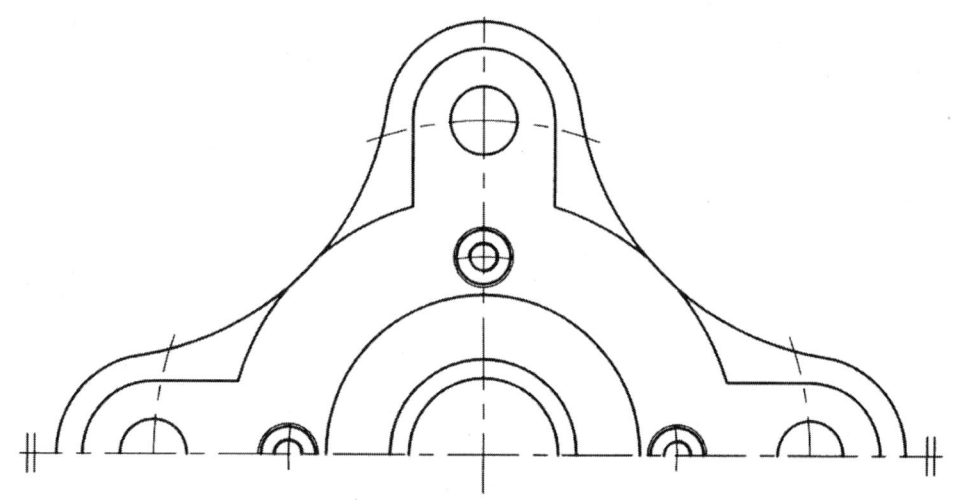

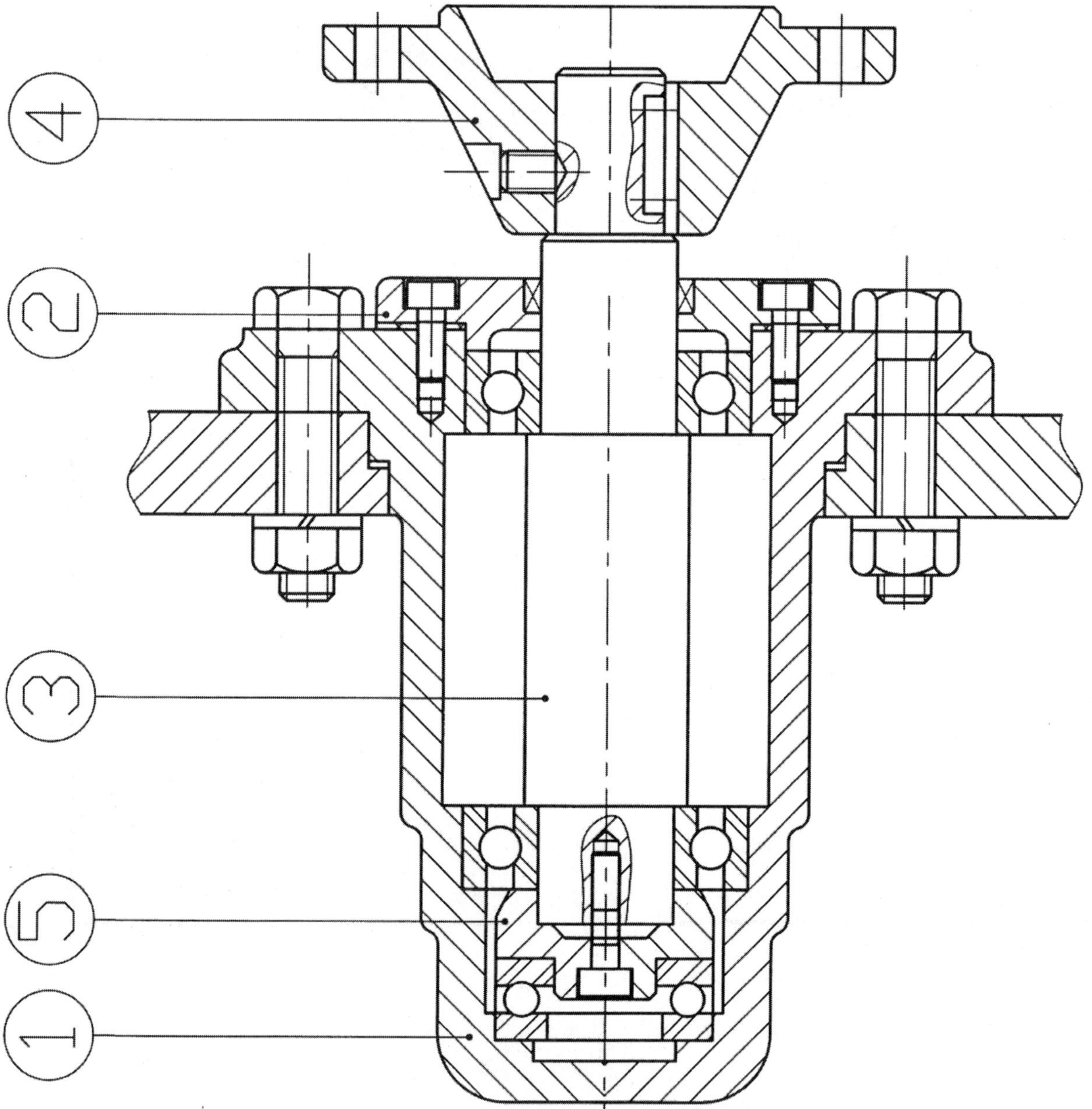

조립 등각 투상도

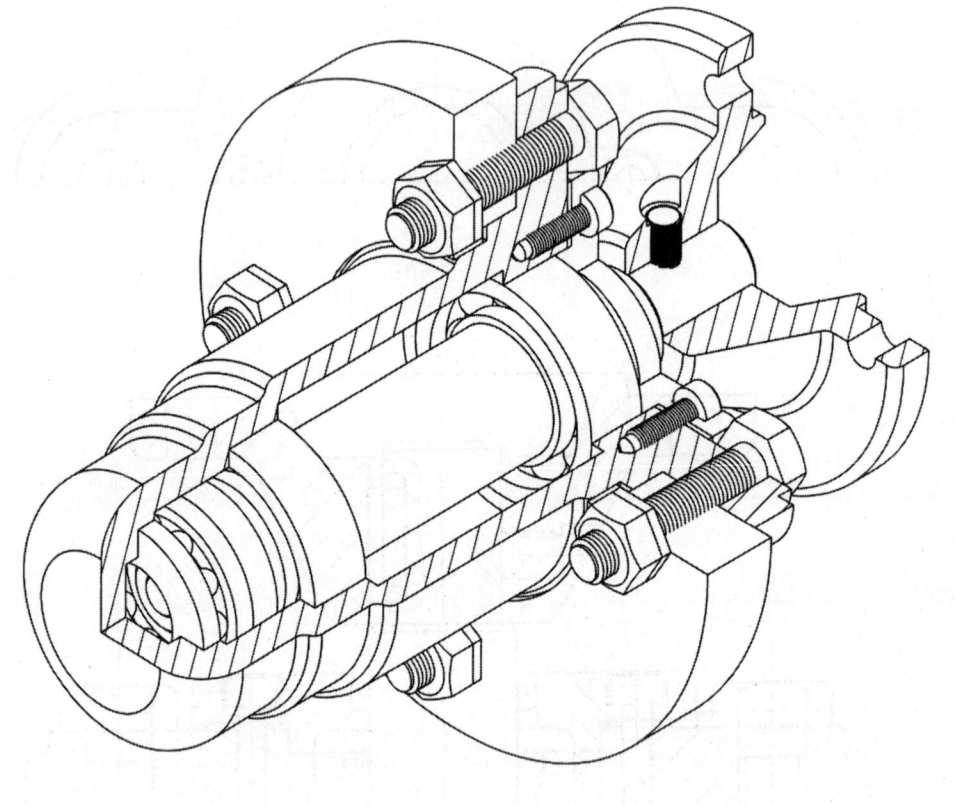

피벗 베어링 하우징의 조립 등각 투상도

부품의 조립 순서 이해하기

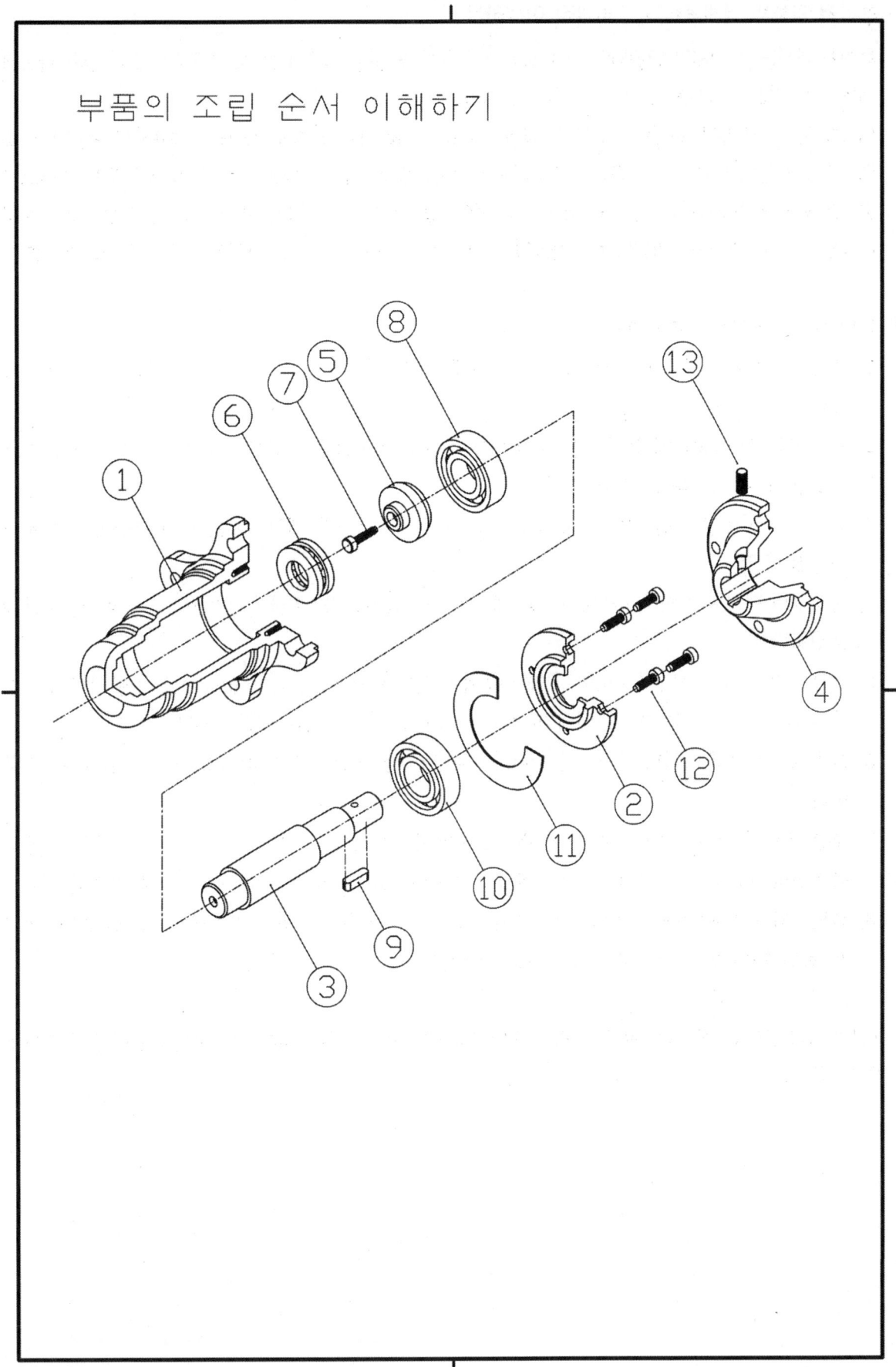

▶ **주어진 과제의 설계목적과 조립과정 이해하기**

주어진 과제는, 플랜지와 연결되어 기계 장치에서 수직 축 방향으로 가해지는 스러스트를(하중을) 감당해 내면서 회전할 수 있도록 한 보조 장치의 설계이다.

이 설계는, 기계 장치 중에서도 수직 축 방향으로 힘이 가해지는 부분에 응용되는 설계로서, 스러스트 볼 베어링을 사용하고, 수평의 하중은 테이퍼 롤러 베어링을 사용한다. 약한 하중은 볼 베어링과, 스러스트 볼 베어링을 같이 사용하는 경우와 앵귤러 볼 베어링을 사용한다. 따라서, 이 과제의 경우에는 순수 수직 하중을 받으며, 축 직각 방향으로는 하중을 받지 않는데 사용하는 보조 장치라는 것을 을 알 수 있다.

❖ **피벗 베어링 하우징의 부품 분해 설명**

1. 품번 1의 베어링 하우징(Bearing housing)에 품번 6의 단열 스러스트 볼 베어링(Single thrust ball bearing)을 조립한다.
2. 품번 3의 축(Bhaft)에 품번 8의 볼 베어링(Ball bearing)을 조립하고 품번 5의 어댑터 슬리브(Adapter sleeve)를 조립한다.
3. 품번 7의 6각 구멍 볼트(Bolt of hex. socket head)를 6각 렌치(hex. bar wrench)를 이용해 조립을 한다.
4. 품번 2의 베어링 커버(Bearing cover)에 오일 실(oil seal)을 끼우고, 개스킷(gasket) 품번 11을 조립한다.
5. 부분 조립된 품번 3의 축(Shaft)을 품번 1의 베어링 하우징(Bearing housing)의 안지름 부분으로 끼우고 단열스러스트 볼 베어링(Single thrust ball bearing)에 끼운다.
6. 그리고 품번 1의 베어링 하우징과 품번 3의 축 사이로 품번 8의 볼 베어링(Ball bearing)을 조립한다.
7. 부분 조립된 품번 2의 베어링 커버 품번 1의 베어링 하우징에 끼우고, 품번 12의 6각 구멍 붙이 볼트(Bolt of hex. socket head) 4개를 6각 렌치(hex. bar wrench)를 이용해 조립을 한다.
8. 품번 3의 축(Shaft)에 품번 9의 묻힘키를 키(Key)에 삽입하고, 품번 4의 플랜지(Flange)를 끼워서 품번 13의 멈춤 나사(Set screw)로 고정한다.

(위의 과정대로 조립을 완성 한다. 조립 과정이 이해되었다면 도면을 세부적으로 완성하는데 많은 도움을 줄 것이다.)

▶ 베어링 하우징(bearing housing)의 부품 도면과 모델링 등각 투상도 이해하기

❖ 베어링 하우징(Bearing housing)으로서, 안지름 부분에 스러스트 베어링으로 수직의 축방향 하중을 흡수하도록 하고, 양쪽에 간격을 두고 볼 베어링이 설치되게 하여 축 직각 방향의 중심을 잡아서 회전하도록 하는 역학을 하며, 수직으로 다른 장치에 설치된다.

투상도는, 원형의 모양으로 도시되는 쪽을 반 투상으로 정면도로 선택하고, 바깥지름을 모양을 기준으로 하여 옆으로 누운 상태로 놓아 반 단면 우측면도의 2면도로 배열한다. 그러나 주어진 과제의 상태로 정면도와 좌측면도의 2면도로 배열하여도 무방하다. 주조로(GC250)소재를 선택하고 주로 선반 가공과 드릴링, 태핑 가공을 하고난 뒤 도색 처리를 한다.

스러스트 볼 베어링의 자리에 구멍과 측면 및 볼 베어링, 바깥지름 및 바깥지름 측면은 동심도와 흔들림도 기호 중에 선택하여 기입한다.

IT 규격 공차는 끼워맞춤으로 지정한 등급을 사용한다.

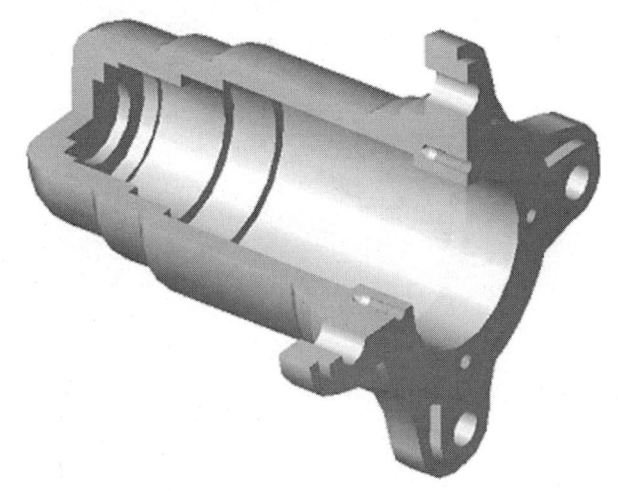

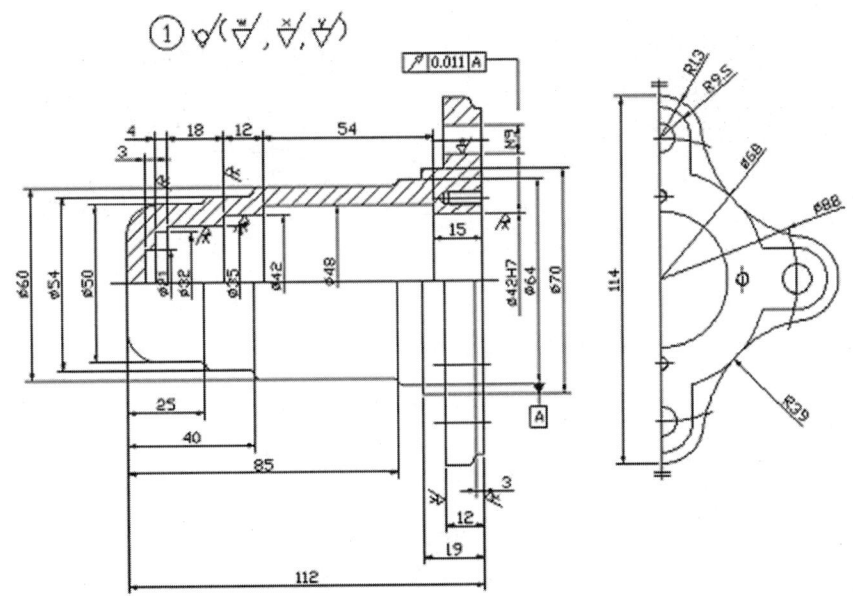

▶ 축(Shaft)의 부품 도면과 모델링 등각 투상도 이해하기

❖ 축(Shaft)으로서, 축 방향의 수직 하중과 축 직각 방향의 하중을 플랜지로부터 흡수하여 받쳐주는 역할을 한다. 투상도는 주어진 과제의 모습대로 길이 방향으로 누운 상태로 주 투상도(우측면도)로 도시하고 그 아래에 키 홈을 국부투상도로 도시한다.

철강봉재(SM45C)를 소재로 하여 선반과 밀링가공을 하며 표면경화를 하여 연마로 완성하는 것이 좋다. 어댑터 슬리브와 닿는 축 끝 면은 축 중심에서 직각도를 같도록 흔들림도 기호를 표기하고, 각각 베어링 안지름과 결합하는 바깥지름 부분 및 플랜지 안지름과 결합하는 바깥지름에 데이터북을 참고하여 끼워맞춤 공차 기호를 기입한다. IT공차는 베어링 등급을 사용한다.

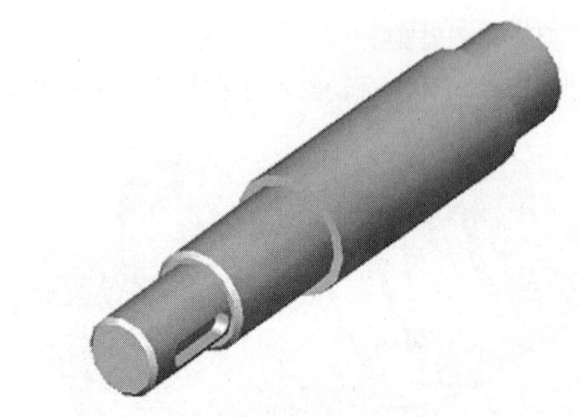

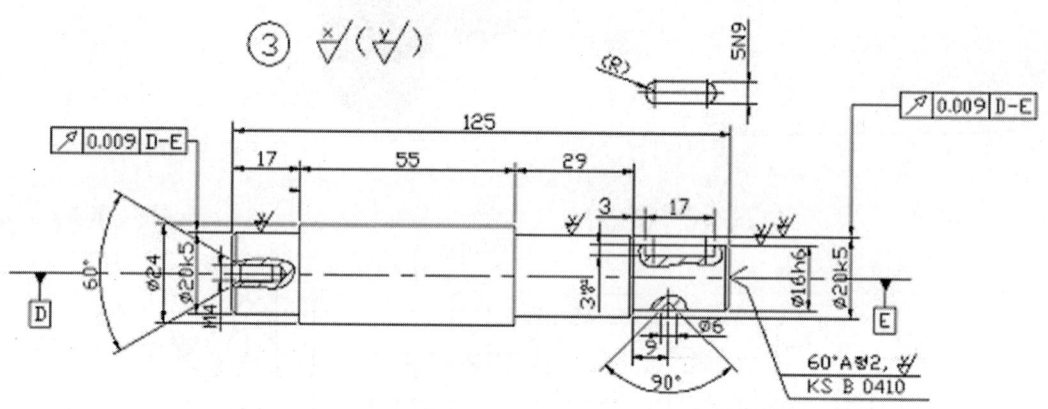

▶ 베어링 커버(Bearing cover)의 부품 도면과 모델링 등각 투상도 이해하기

❖ 베어링 커버(Bearing cover)로서, 베어링 하우징에 조립해서 개스킷과 오일 실이 축과 미끄럼 접촉을 할 때 오일이 새어 나오지 못하게 하거나 이물질이 들어가지 못하도록 하면서 베어링을 받혀 주며 축이 회전을 할 때 흔들리지 않도록 하고, 회전력과 하중을 축 끝에 플랜지로 받아들이는 역할도 한다. 투상도는, 부분 단면을 한 우측면도의 1면도로 도시하며, 축과 조립하는 안지름 부분과 플랜지 바깥지름은 중간 끼워맞춤 기호를 하여야 하고 동심이 규제되어야 하며, 바깥지름 측면은 안지름 중심과 직각도를 규제하기 위한 흔들림도 기호를 규제한다. 이때 형상공차는 오일실 규격인 H8을 등급에서 기입한다(GC250).

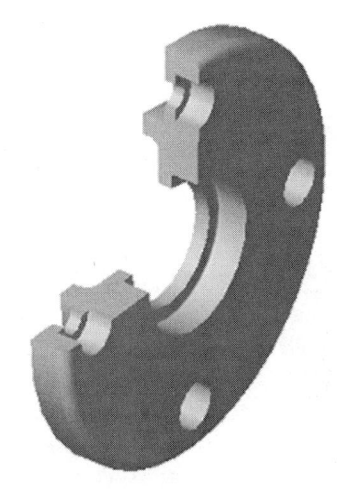

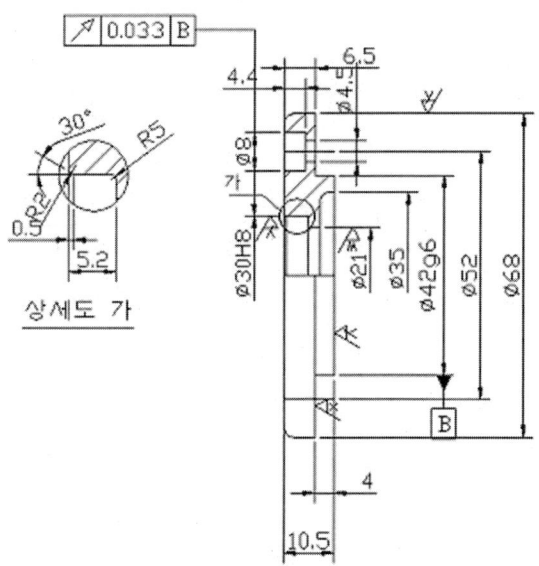

▶ 플랜지(Flange)의 부품 도면과 모델링 등각 투상도 이해하기

❖ 플랜지(flange)로서, 축 끝에 고정되어 수직 방향의 하중과 축 직각 방향의 회전력을 스러스트 베어링과 볼 베어링에 전달한다.

투상도는, 정면도의 선택을 생략하고 키 홈을 국부 투상을 하되 부분 단면을 한 주 투상도(우측면도)로 도시하고, 주조로 소재를 마련하여 선반, 밀링, 태핑, 등의 가공을 하며, 도색처리를 한다(GC250).

형상 공차는 따로 지시하지 않겠다.

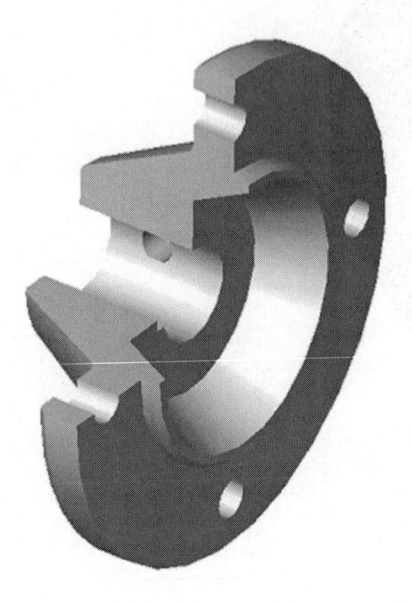
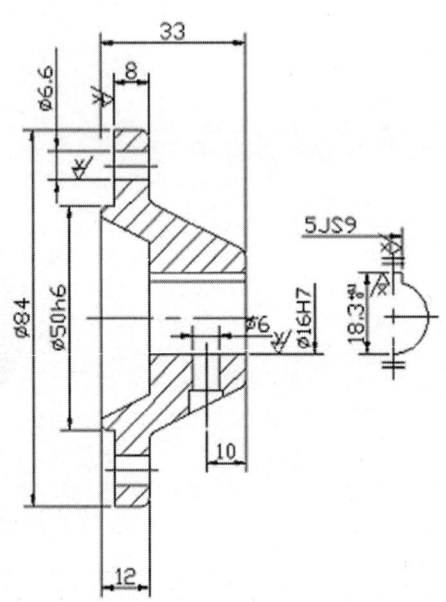

▶ 어댑터 슬리브(Adapter sleeve)의 부품 도면과 모델링 등각 투상도 이해하기

❖ 어댑터 슬리브(Adapter sleeve)로서, 축으로부터 받은 하중과 회전력을 스러스트 베어링에 전달하여 그 스러스트를 소멸시키는 중간 역할을 한다. 투상도는, 정면도의 선택을 생략하고 한쪽 단면도를 한 우측면도를 도시하며 철강재의 소재를 선반가공을 하며 열처리를 하지 않아도 좋다 (SM45C). 베어링과 축 끝부분은 끼워맞춤 공차는 일반 끼워맞춤을 사용하고 형상 공차는 끼워맞춤을 사용한 곳에 IT등급을 사용한다.

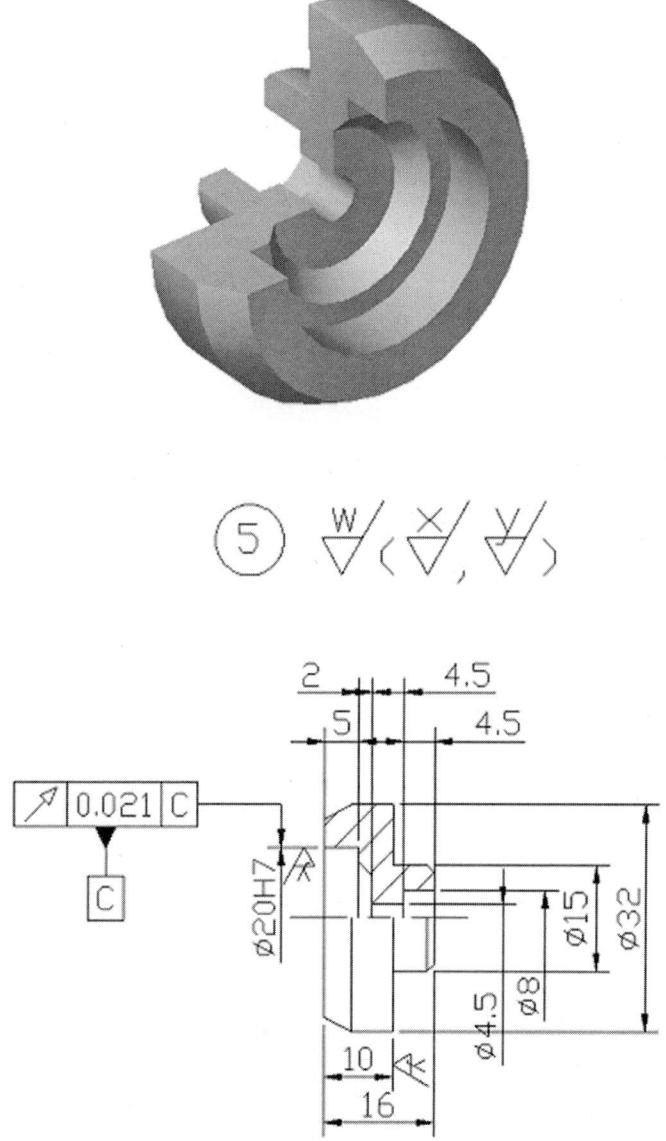

기계 제도 실무

CHAPTER 05

PLOT 명령문

기계 제도 실무

Chapter 05 | PLOT 명령문

❖ AutoCAD는 인쇄 명령시 다음과 같은 대화상자가 나타난다. 이 대화상자와 부대화상자를 이용해 도면을 출력할 수 있다. CMDDIA가 0으로 되어있다면 대화상자 대신에 인쇄 명령이 문답식으로 나열된다.

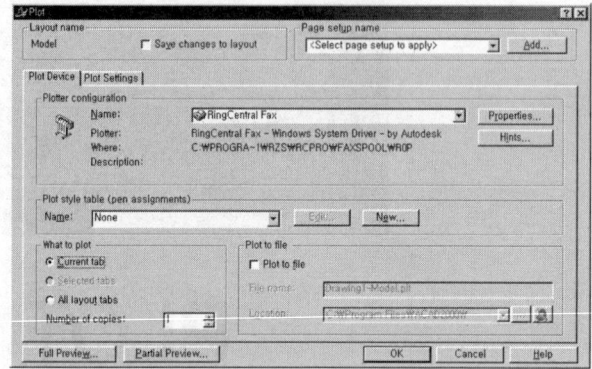

❖ 항상 출력의 편이를 위해 CMDDIA가 1이 되도록 설정하면 편하게 대화상자를 이용할 수 있다.

❖ 플롯 장치 설정 : Windows에 설치된 플롯을 설정할 수 있다.

❖ Properties... 특성 : 선택한 플롯 장치의 설정을 변경할 수 있다.

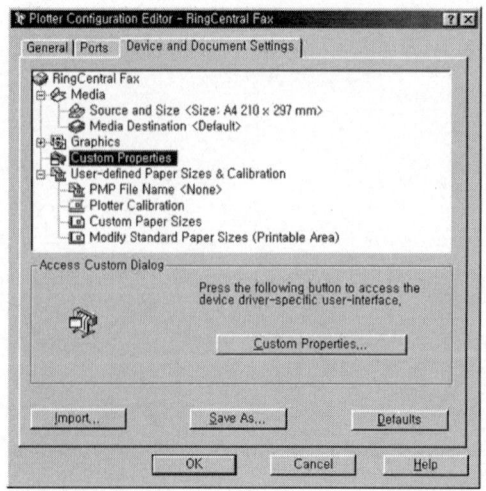

❖ **Edit...** 출력하고자 하는 펜 선택
❖ 각 객체들의 색상들은 각기 다른 펜, 선의 형태, 속도, 펜의 폭으로 출력할 수 있다.

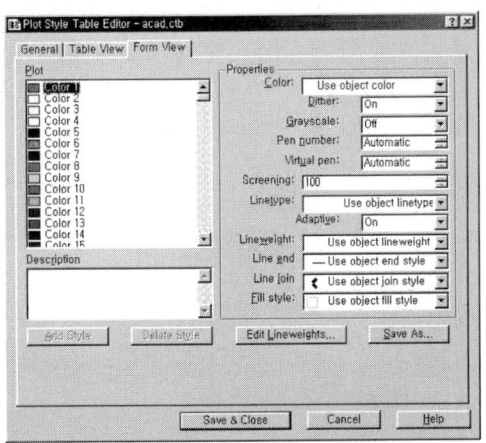

❖ Plot Setting탭(배치 설정)

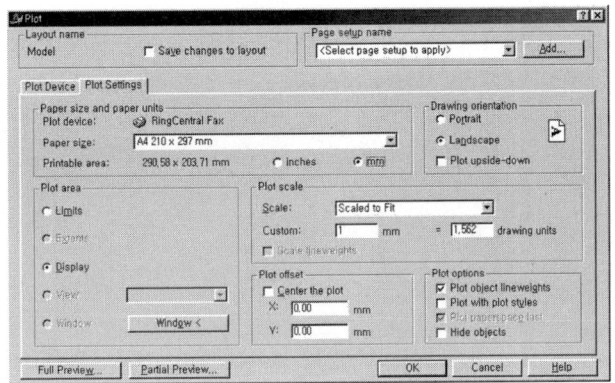

❖ 용지 크기 및 용지 단위 : 각종 용지의 크기 및 단위를 설정할 수 있다.

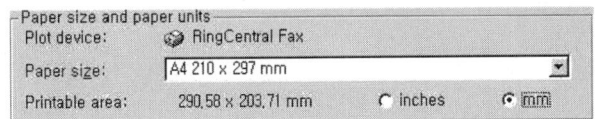

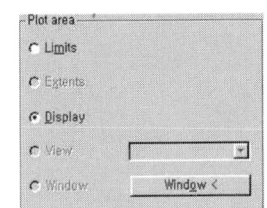

- Limits : 용지 설정 한계에 맞게 출력한다.
- Extents : 도면의 모든 요소를 플롯 영역에 꽉 차게 출력한다.
- Display : 화면에 표시되는 요소를 출력한다.
- View : 미리 저장된 뷰를 인쇄하거나 출력한다.
- Windows : 사용자가 임의로 정의할 수 있다.

❖ Plot의 축척 : 도면을 출력하고자 할 때 정확한 축척을 지정하거나 용지의 크기를 맞게 조절할 수 있다.

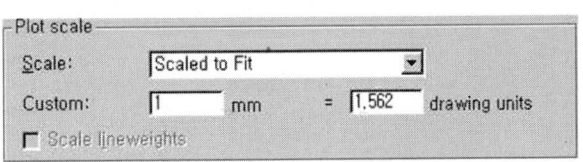

기계 제도 실무

CHAPTER 06

국가기술자격검정 채점 기준

기계 제도 실무

Chapter 06 국가기술자격검정 채점 기준

6-1 국가기술자격검정 채점 기준표 〈추정〉

주요항목	세부항목	항목 번호	항목별 채점 방법	배점
투상법	투상의 누락	1	필요한 부분의 투상이 누락된 곳 1개소당 2점 감점, 없으면 배점 만점	10
치수기입	투상선의 위치불량	2	투상선의 위치불량 1개소당 2점 감점, 없으면 배점 만점	8
	지정된 부품치수의 기입누락 및 틀림	3	치수기입 누락 또는 틀린 경우, 1개소당 5점 감점, 없으면 배점 만점	15
	치수기입법의 불량	4	치수기입 불량 1개소당 2점 감점, 없으면 배점 만점	10
척도	척도	5	척도가 틀린 부품이 한 개소라도 있으면 0점, 없으면 배점 만점	6
다듬질기호 및 형상공차	표면거칠기 기호의 기입누락 및 틀림	6	표면거칠기 기호 기입 누락 및 틀린 경우 1개소당 5점 감점, 없으면 배점 만점(형상공차도 같다)	25
선 및 문자	선의 용도	7	제도 통칙과 틀린 곳 1개소당 2점 감점, 없으면 배점 만점, 외형선은 굵은 실선(0.5mm) 치수선은 가는 실선(0.25mm)	6
	문자 및 숫자	8	제도 통칙과 틀린 곳 1개소당 2점 감점, 없으면 배점 만점	6
도면배치 및 부품란	부품의 구분 및 배치	9	각 부품의 구분이 확실히 나타나고 도면 전체 균형이 맞으면 배점 만점, 문자는 중간선(0.35mm)	6
	부품란	10	부품 누락 또는 재질 사용이 틀린 경우 1개소당 2점 감점, 없으면 배점 만점	8
계		1-10		100

6-2 국가기술자격검정 실기시험문제

1. 요구사항

(3D 모델링도 및 2D 부품 공작도 작성하기)

1) CAD용 패키지 프로그램을 이용하여 지급된 도면의 ③번 부품을 3차원(3D) 모델링도를 작성하고 동일부품을 3각법으로 2차원(2D) 부품 공작용 도면을 기계제도 관련 규정으로 A3용지 1매에 작성하시오. 단, 모델링도는 아이소매트릭(isometric) 또는 솔리드(solid) 형상 중 어느 것으로 그려도 무방하다.

2) CAD 패키지 프로그램을 이용, 지급된 도면의 ①, ②, ⑥번 부품을 3각법으로 2차원(2D) 부품 공작용 도면을 기계제도 관련 규정으로 A3용지 1매에 작성하시오.

3) 각 부품의 기능을 정확히 이해하고 도면에 주어진 치수와 규격을 데이터 북을 활용하여 부품도에 필요한 치수 및 각종 공차(기하공차 포함)와 표면의 결 기호 등 가공도면에 필요한 모든 사항을 결정하여 제도하시오.

4) 요구 부품을 A3용지 2매에 작성 출력한 후 디스켓에 저장한 후 본인이 출력한 도면과 함께 제출하시오. (모델링도 제도한 후 3각법으로 2차원(2D) 부품 공작용 부품 도면과 2차원(2D) 부품 공작용 부품만 그리는 도면을 A3용지 각 1매에 작성하는 것을 원칙으로 하나, 2차원(2D) 부품 공작용 부품만 그리는 부품 도면이 A3용지 1매로는 부족할 경우에는 3차원(3D) 모델링도를 제도하는 용지에 도면 배치에 적합한 요구부품 중 하나를 제도하여도 무방하다.)

5) 각법을 3각법으로 하고, 용지의 크기는 A3(298×420)를 사용한다.

6) 척도는 지급된 용지(A2) 내에 부품도의 배치가 적당하도록 KS규격에서 정한 임의값 중에서 선택하여 사용한다(단, 이 경우 수검자가 정한 척도와 도면의 내용은 일치해야 함).

2. 수검자 유의사항

1) 미리 작성된 part program 또는 block은 일체 사용을 금한다.
2) 시험 중 봉인을 훼손하거나 디스켓을 주고받는 행위는 부정행위로 처리하며 시험 종료 후 하디디스크에서 작업내용을 삭제해야 한다.
3) 출력물을 확인하여 동일 작품이 발견될 경우 모두 부정행위로 처리한다.
4) 만일의 기계고장으로 인한 자료손실을 방지하기 위하여 20분에 1회씩 저장(save)한다.
5) 제도작업에 필요한 data book은 열람할 수 있으나, 출제문제의 해답 및 투상도와 관련된 설명이나, 투상도가 수록되어 있는 노트 및 서적은 열람하지 못한다.
6) 문제는 비번호(등번호) 기재 후 반드시 제출한다.
7) 도면의 한계(Limits)와 선의 굵기와 문자의 크기를 구분하기 위한 색상을 다음과 같이 정한다.
8) 장비조작 미숙으로 파손 및 고장을 일으킬 염려가 있거나 출력 시간이 30분을 초과할 경우는 감독위원 합의하에 실격시킨다.
9) 도면에서 표시되지 않은 규격은 data book에서 가장 적당한 것을 선정하여 해당 규격으로 제도한다.

10) 표준시간 내에 작품을 제출하여야 감점이 없으며, 연장시간 사용시 허용 연장시간 범위 내에서 매 10분마다 2점씩을 감점한다.

11) 도면에 아래 양식에 맞추어 좌측상단 A부에 수검번호, 성명을 우측하단 B부에는 표제란과 부품란을 작성하고, A부에 감독위원 확인을 받아야 하며, 안전수칙을 준수하여야 한다.

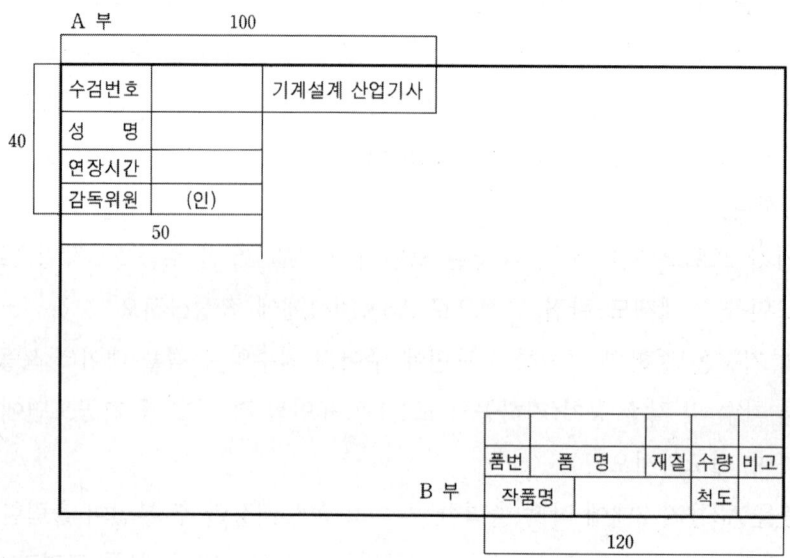

12) 문제는 비번호(등번호) 기재 후 반드시 제출한다.

6-3 국가기술자격검정 실기시험문제

1. 요구사항

1) 주어진 도면에 부품(1, 2, 3)을 CAD프로그램을 이용하여 도면 작업한 후 지급된 용지규격에 맞게 본인이 직접 흑백으로 출력하여 디스켓과 함께 제출한다.
2) 과제의 기능과 동작을 정확히 이해하여 투상도, 치수, 치수공차 및 끼워맞춤, 공차기호, 기하공차 기호, 표면거칠기 기호 등 부품제작에 필요한 모든 사항을 기입한다.
3) 각법을 3각법으로 하고, 용지의 크기는 A2(594×420)를 사용한다.
4) 척도는 지급된 용지(A2) 내에 부품도의 배치가 적당하도록 KS규격에서 정한 임의값 중에서 선택하여 사용한다(단, 이 경우 수검자가 정한 척도와 도면의 내용은 일치해야 함).

2. 수검자 유의사항

1) 미리 작성된 part program 또는 block은 일체 사용을 금한다.
2) 시험 중 봉인을 훼손하거나 디스켓을 주고받는 행위는 부정행위로 처리하며 시험 종료 후 하디디스크에서 작업내용을 삭제해야 한다.
3) 출력물을 확인하여 동일 작품이 발견될 경우 모두 부정행위로 처리한다.
4) 만일의 기계고장으로 인한 자료손실을 방지하기 위하여 20분에 1회씩 저장(save)한다.
5) 제도작업에 필요한 data.book은 열람할 수 있으나, 출제문제의 해답 및 투상도와 관련된 설명이나, 투상도가 수록되어 있는 노트 및 서적은 열람하지 못한다.
6) 도면의 한계(Limits)와 선의 굵기와 문자의 크기를 구분하기 위한 색상을 다음과 같이 정한다.
   가) 도면의 한계설정(Limits)
      a와 b의 도면의 한계선(도면의 가장자리 선)은 출력되지 않도록 한다.

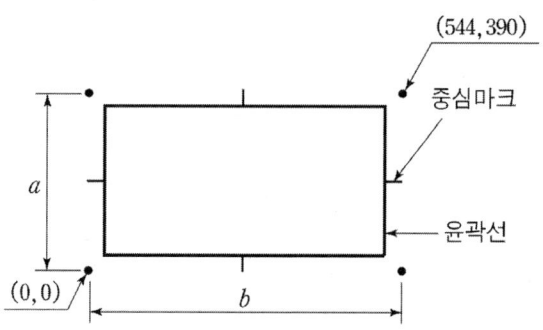

나) 선굵기 구분을 위한 색상

선굵기	문자크기	색상(color)	용 도
0.7mm	7.0mm	하늘색(Cyan)	윤곽선
0.5mm	5.0mm	초록색(Green)	외형선, 개별주서 등
0.35mm	3.5mm	노란색(Yellow)	숨은선, 치수문자, 일반주시 등
0.25mm	2.5mm	흰색(White), 빨강(Red)	해치, 치수선, 치수보조선, 중심선 등

7) 장비조작 미숙으로 파손 및 고장을 일으킬 염려가 있거나 출력 1시간이 30분을 초과할 경우는 감독위원 합의하에 실격시킨다.
8) 도면에서 표시되지 않은 규격은 규격집에서 가장 적당한 것을 선정하여 해당 규격으로 제도한다.
9) 다음 사항에 해당하는 작품은 채점하지 않고 불합격 처리한다.
   가) 시험시간 내에 1부품이라도 투상도가 미완성된 작품
   나) 요구사항을 준수하지 않은 작품
   다) 주어진 각법을 준수하지 않은 작품
   라) 끼워맞춤 공차 기호, 기하공차 기호, 표면거칠기 기호 등을 도면에 기입하지 않아 기계제도 기본 지식이 없이 완성된 작품
10) 표준시간 내에 작품을 제출하여야 감점이 없으며, 연장시간 사용시 허용 연장시간 범위 내에서 매 10분마다 5점씩을 감점한다.
11) 도면에 아래 양식에 맞추어 좌측상단 A부에 수검번호, 성명을 우측하단 B부에는 표제란과 부품란을 작성하고, A부에 감독위원 확인을 받아야 하며, 안전수칙을 준수하여야 한다.
12) 문제는 비번호(등번호) 기재 후 반드시 제출한다.

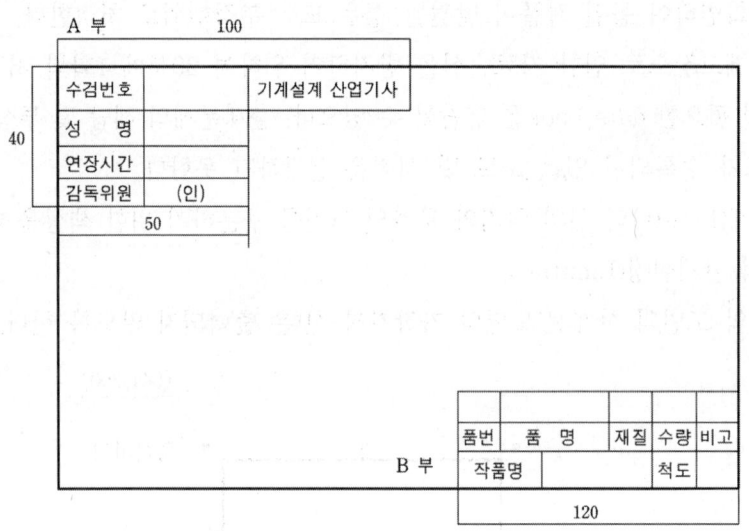

기계 제도 실무

CHAPTER 07

국가기술자격검정 예상실기시험문제 및 해답

기계 제도 실무

Chapter 07 | 국가기술자격검정 예상실기시험문제 및 해답

7-1 예상문제 (1)

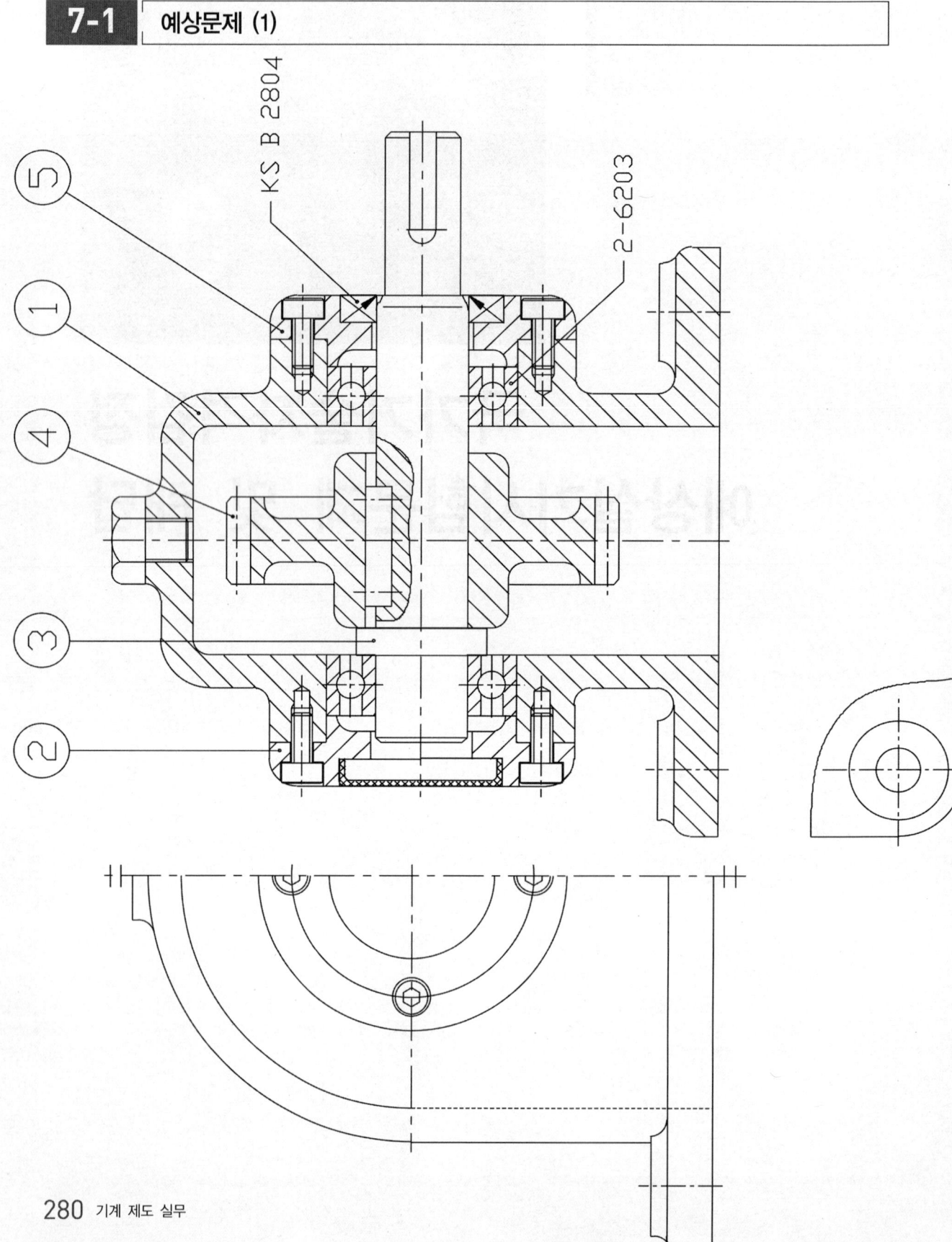

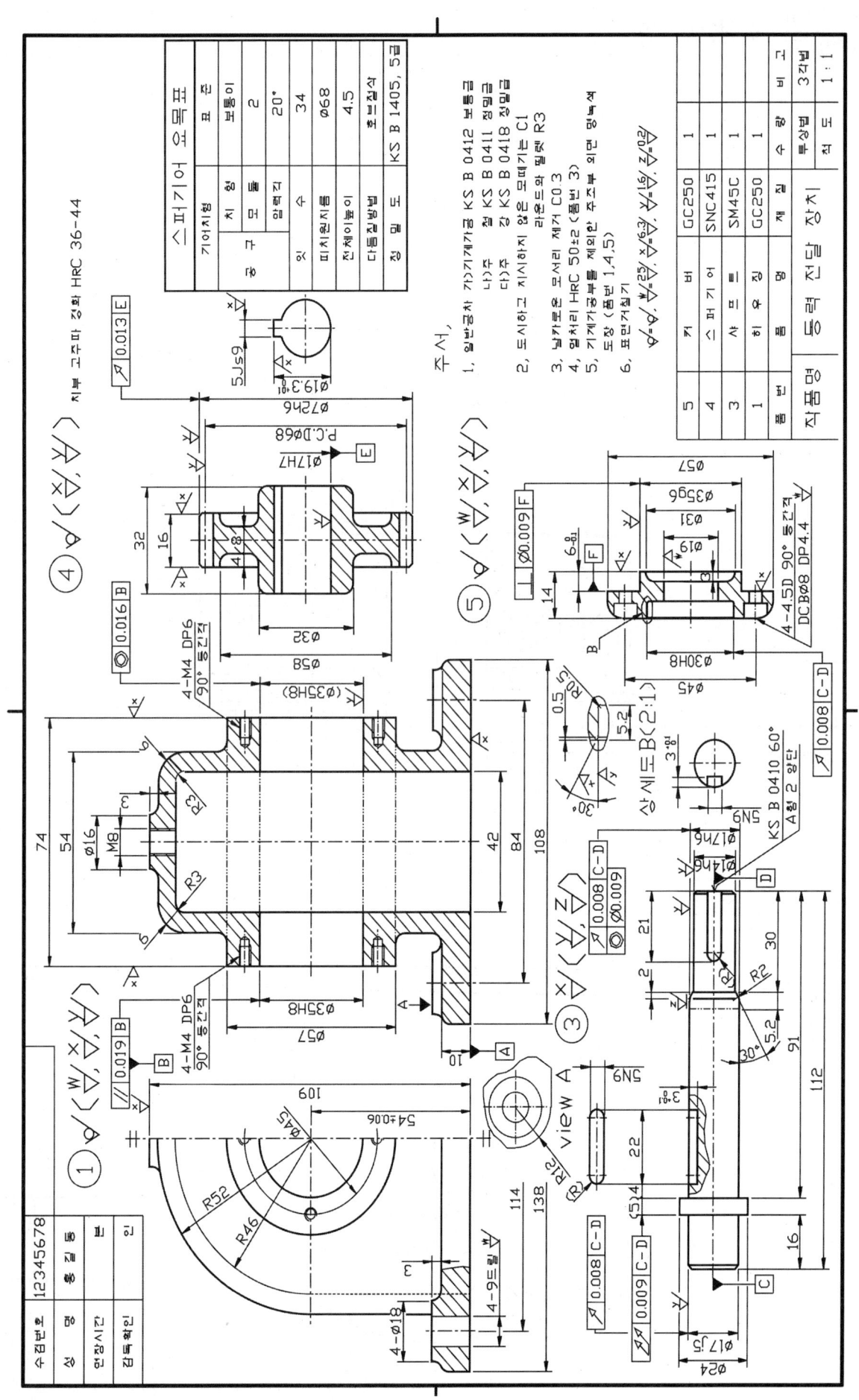

7-2 예상문제 (2)

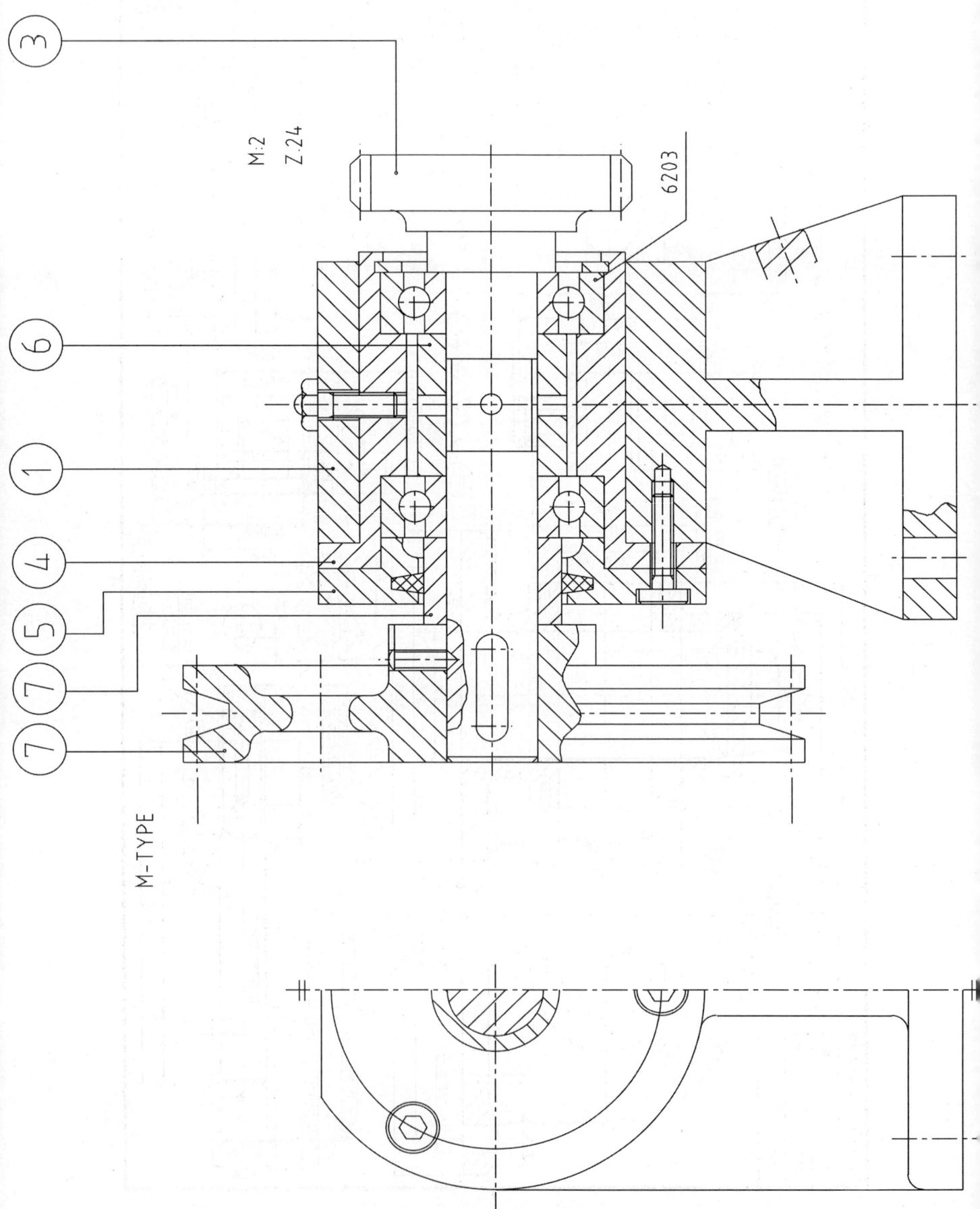

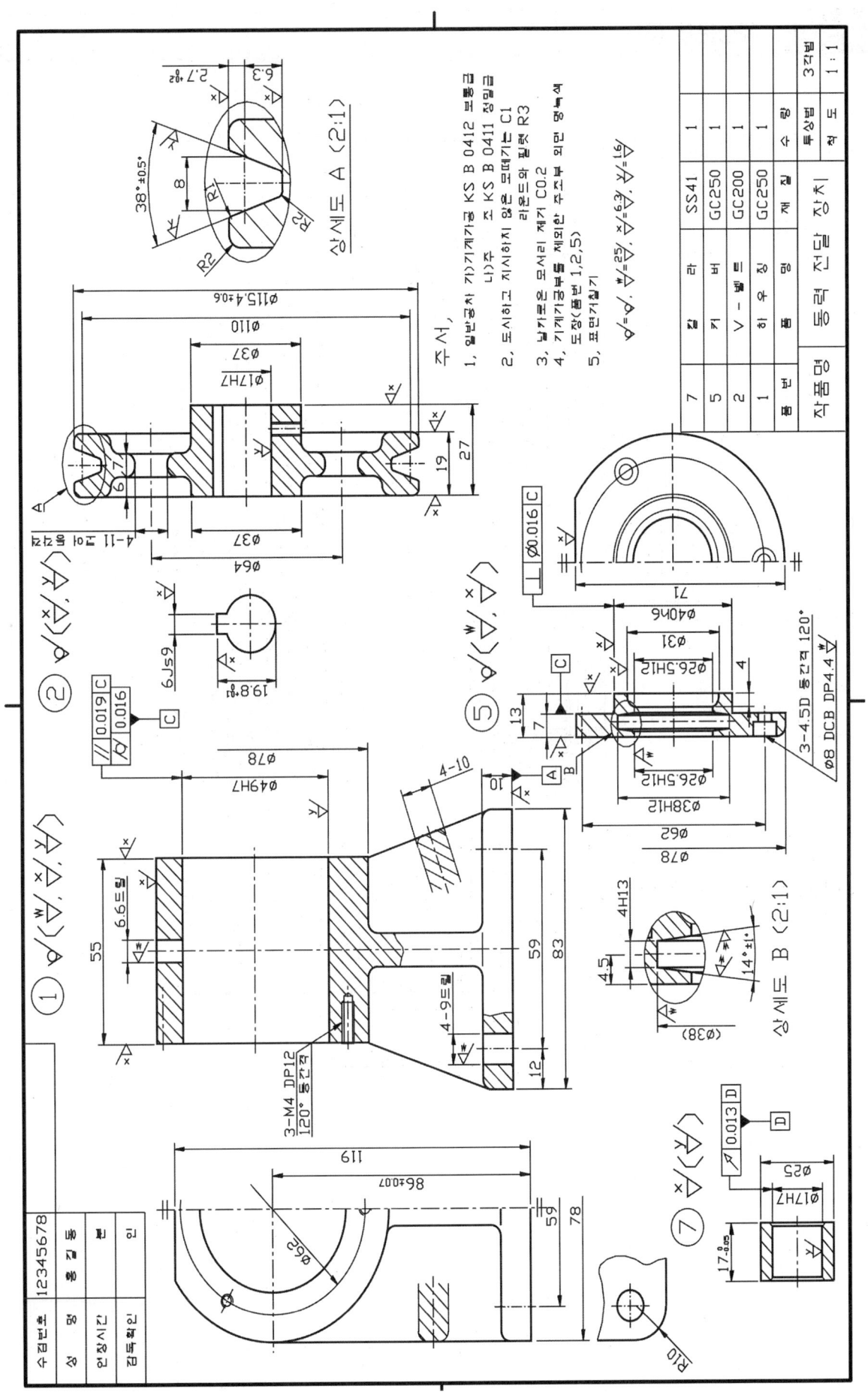

7-3 예상문제 (3)

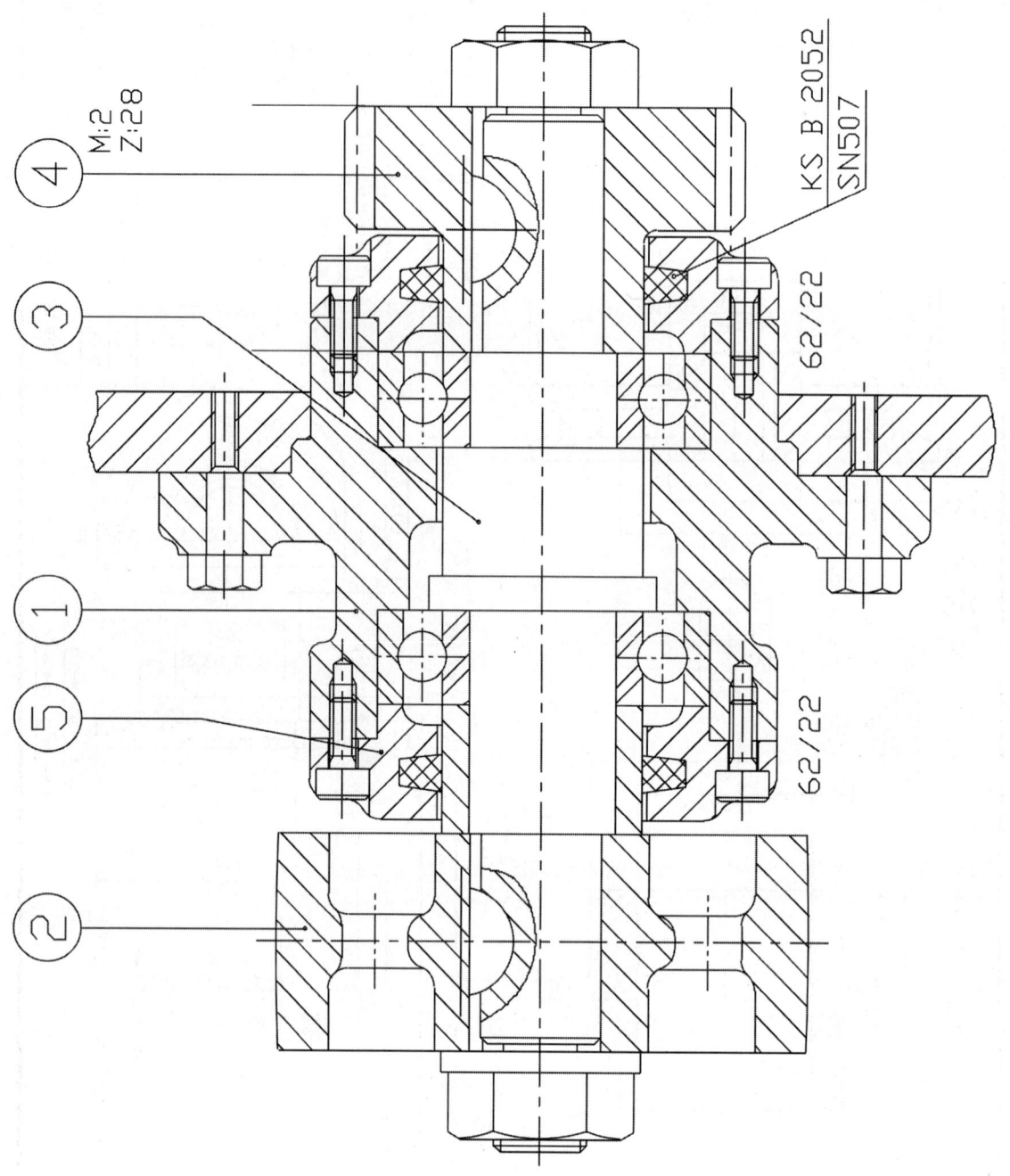

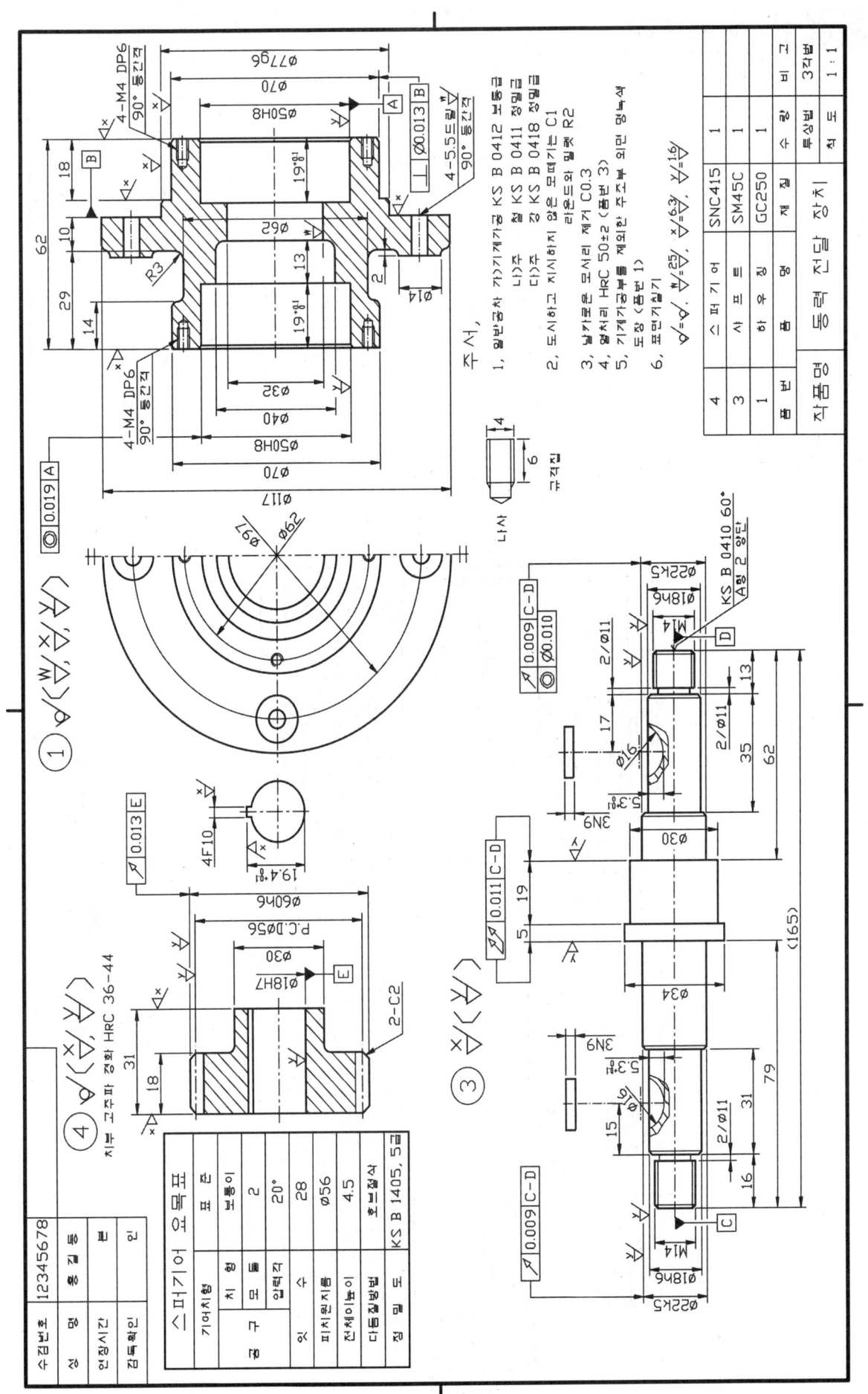

7-4 예상문제 (4)

표준시간 3시간, 연장20분, 매10분마다 5점 감점
단면처리 ① ② ③ ④ ⑤

A Type

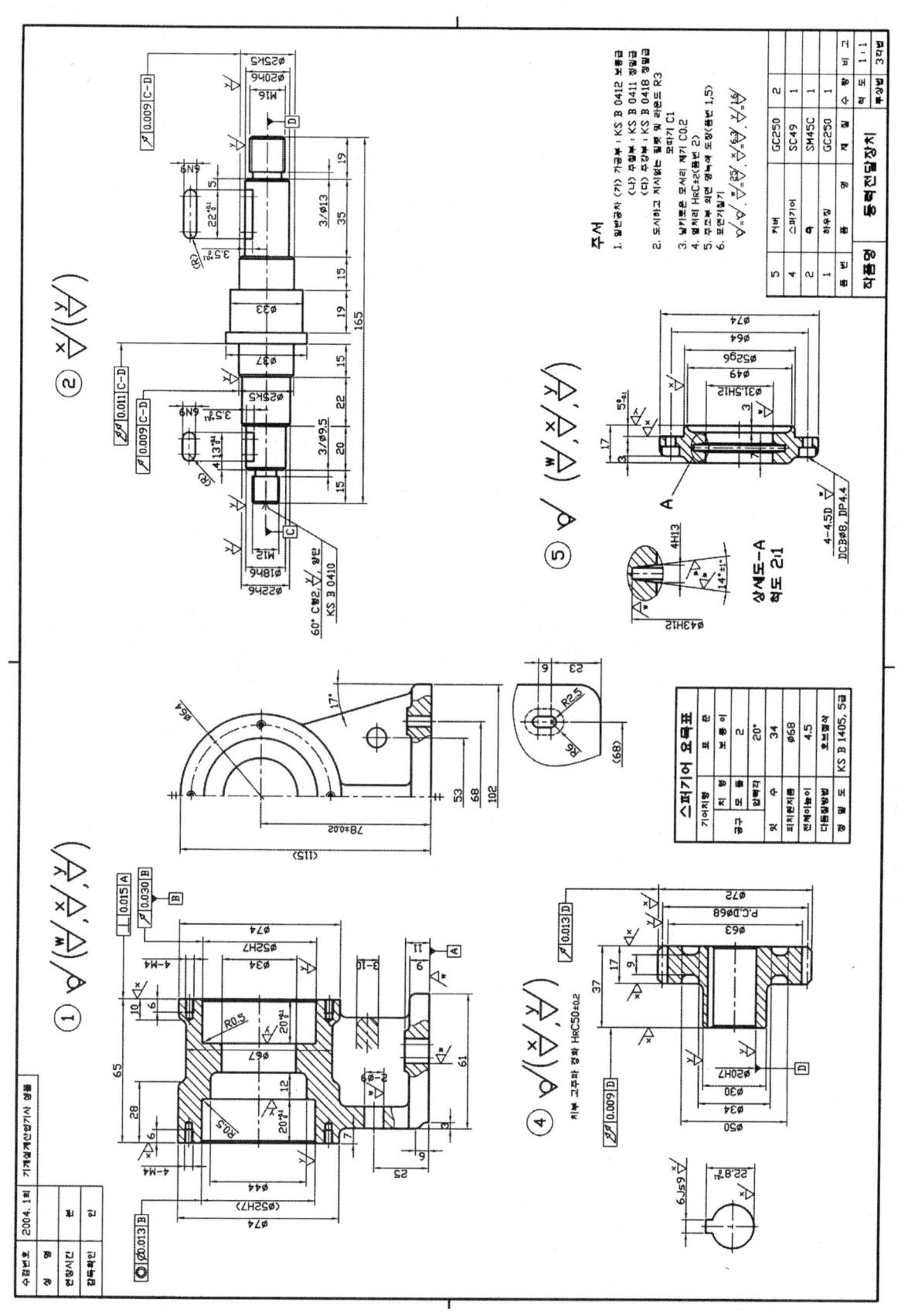

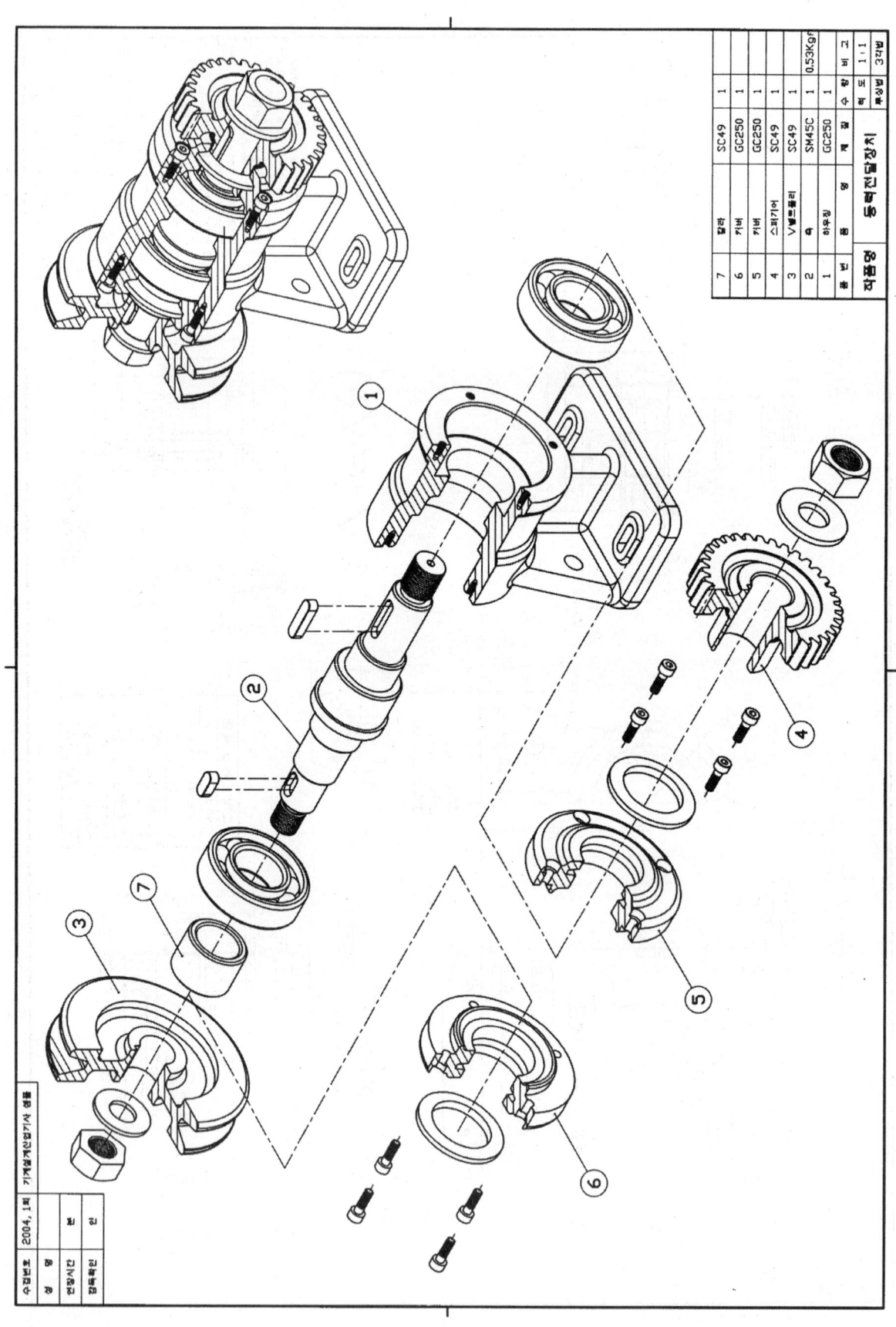

7-5 예상문제 (5)

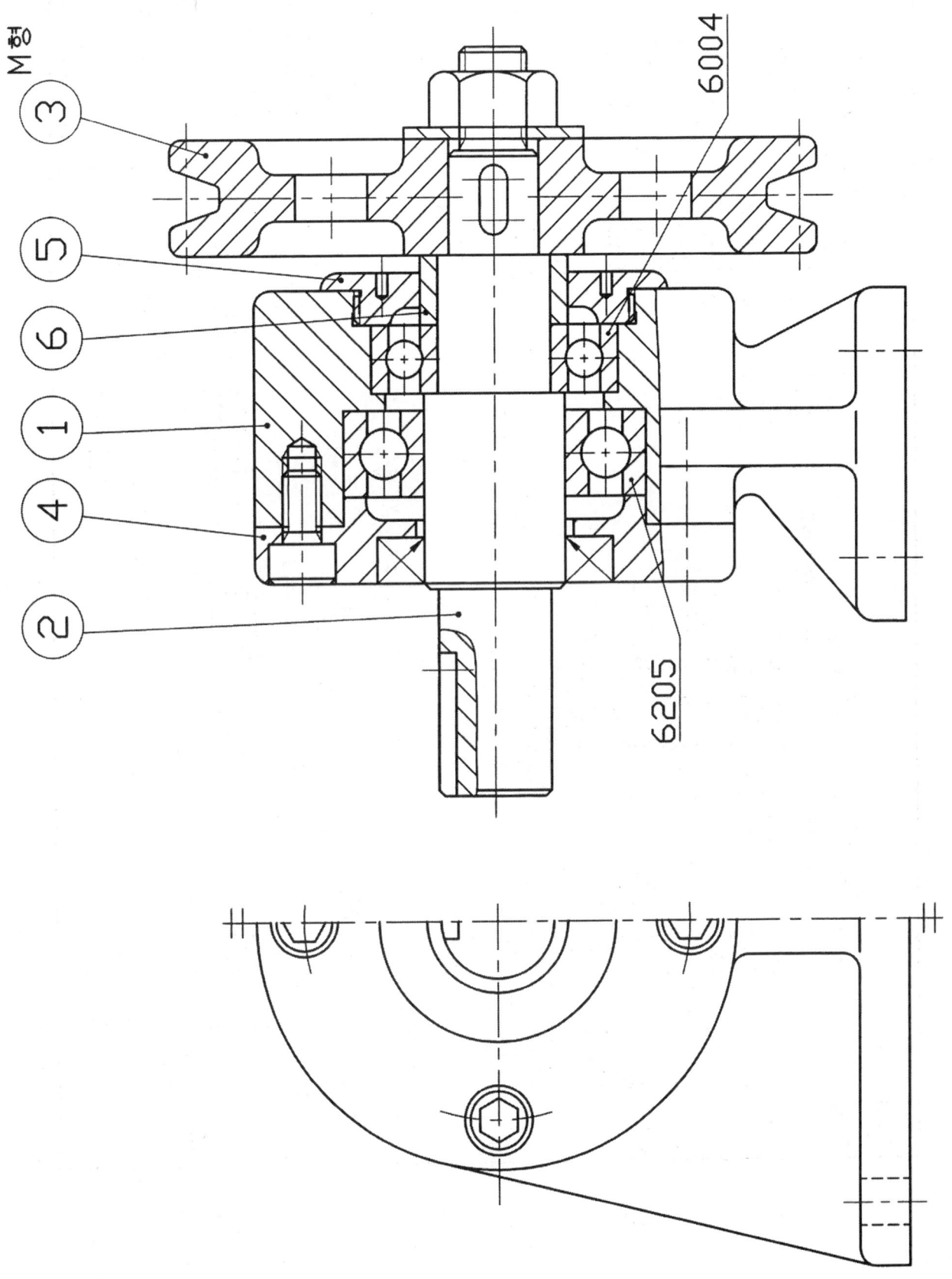

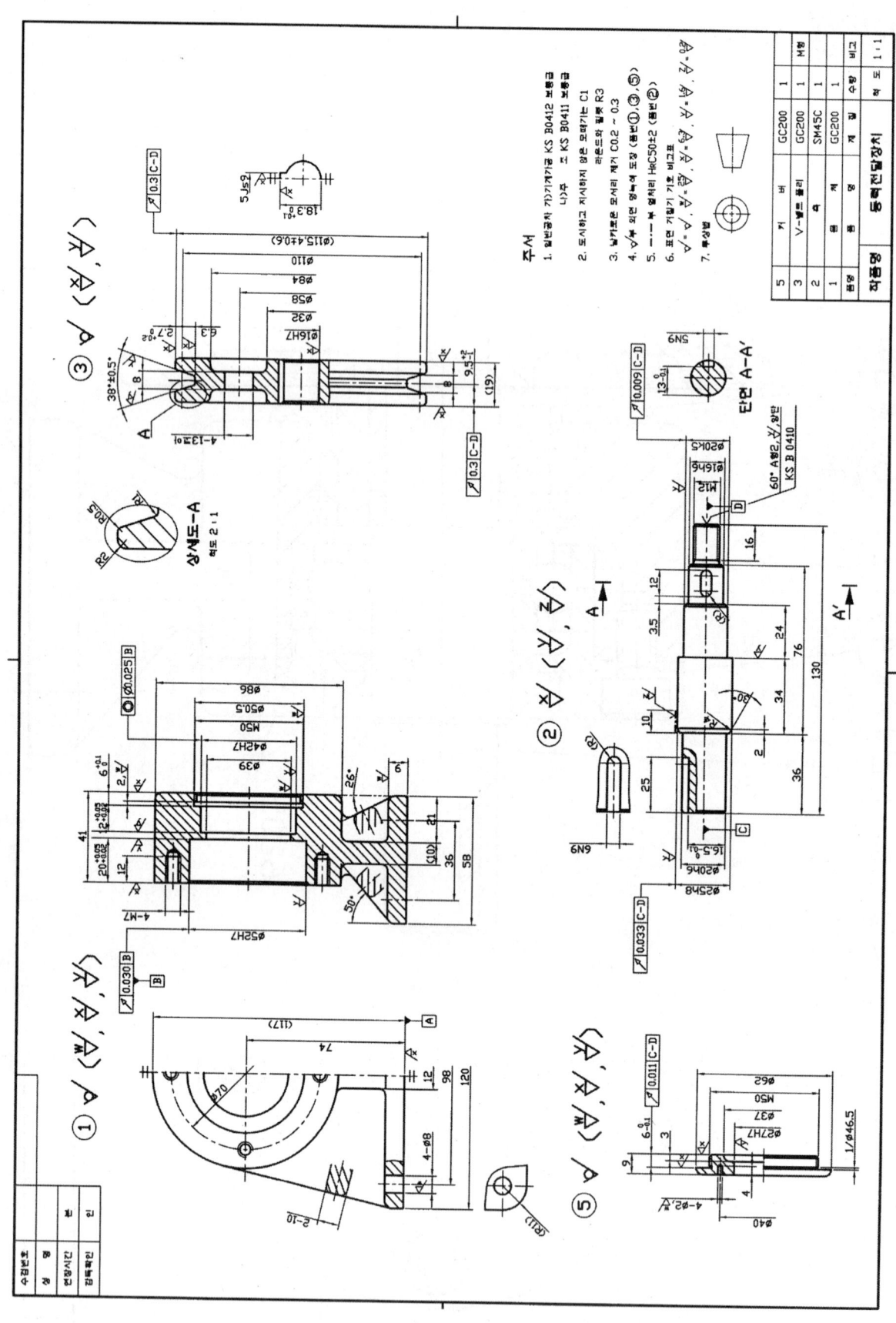

7-6 예상문제 (6)

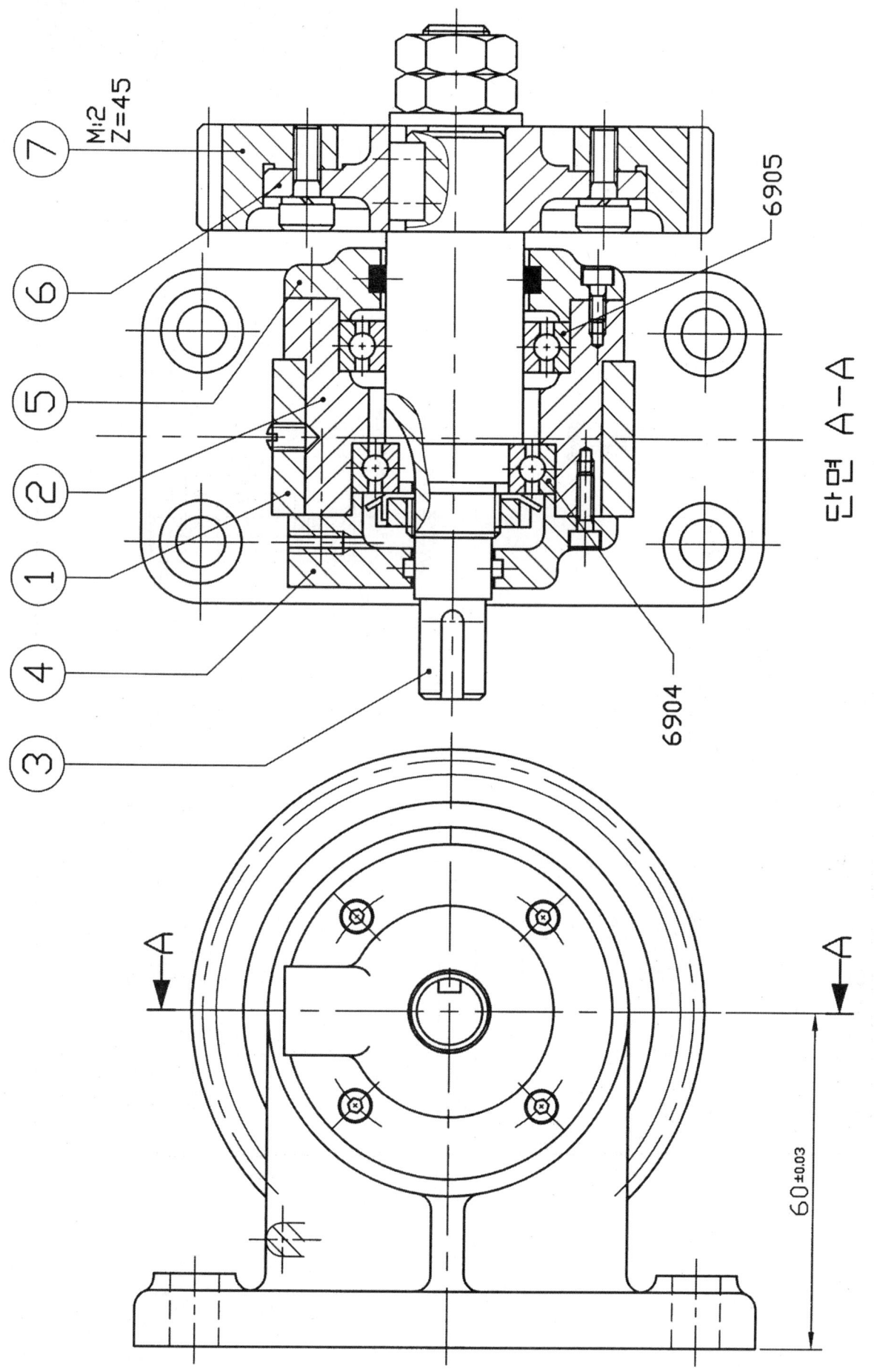

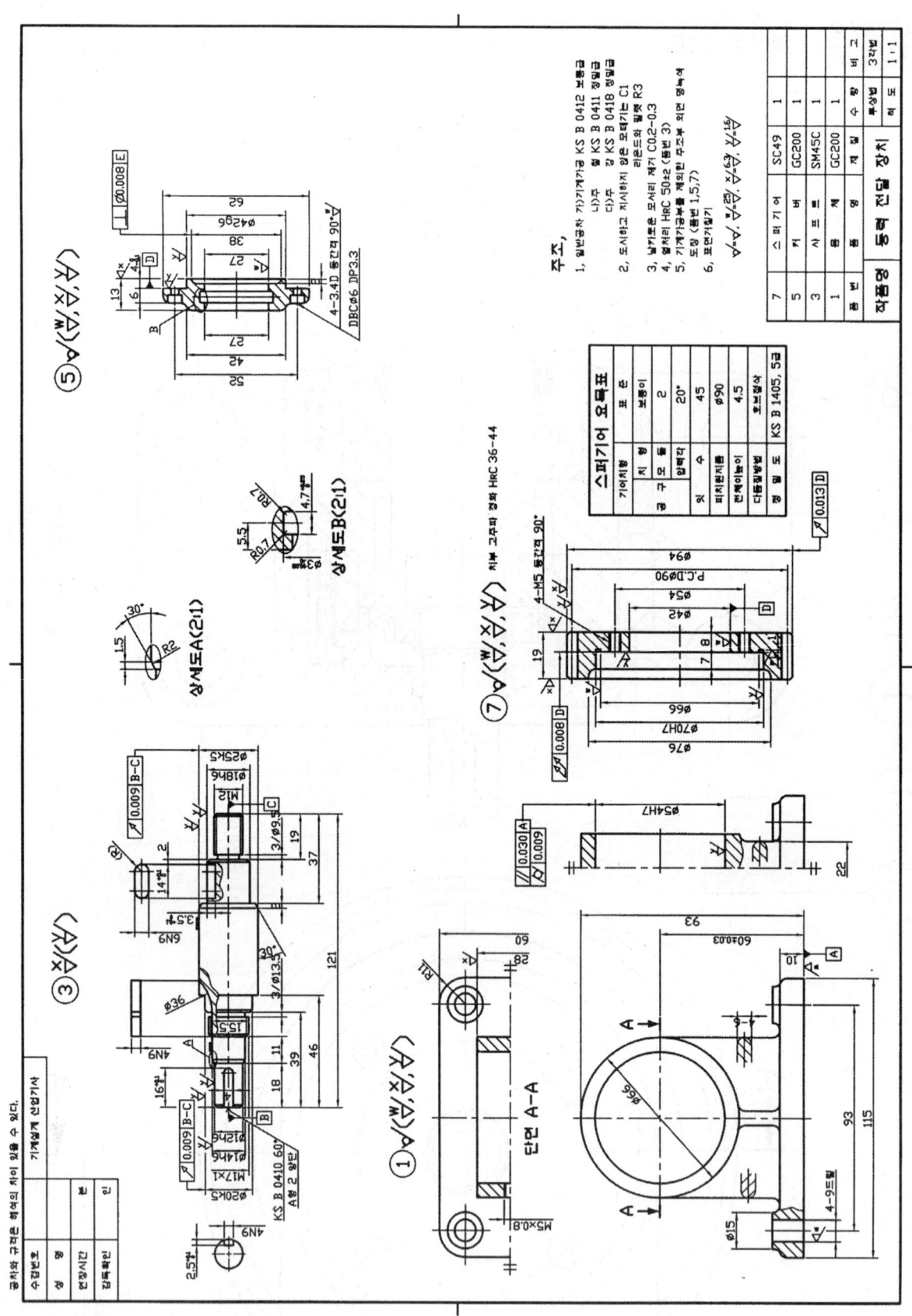

7-7 예상문제 (7)

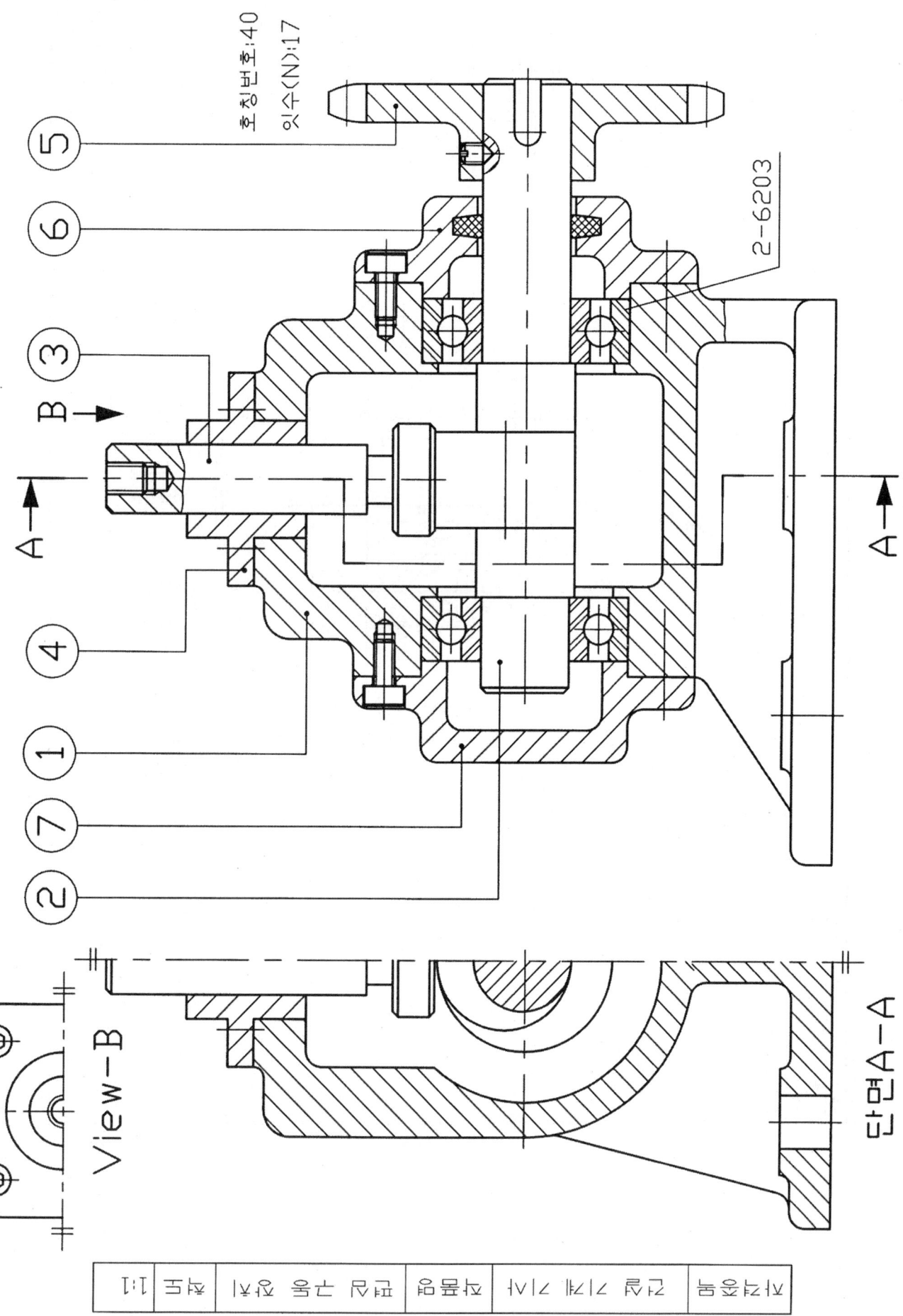

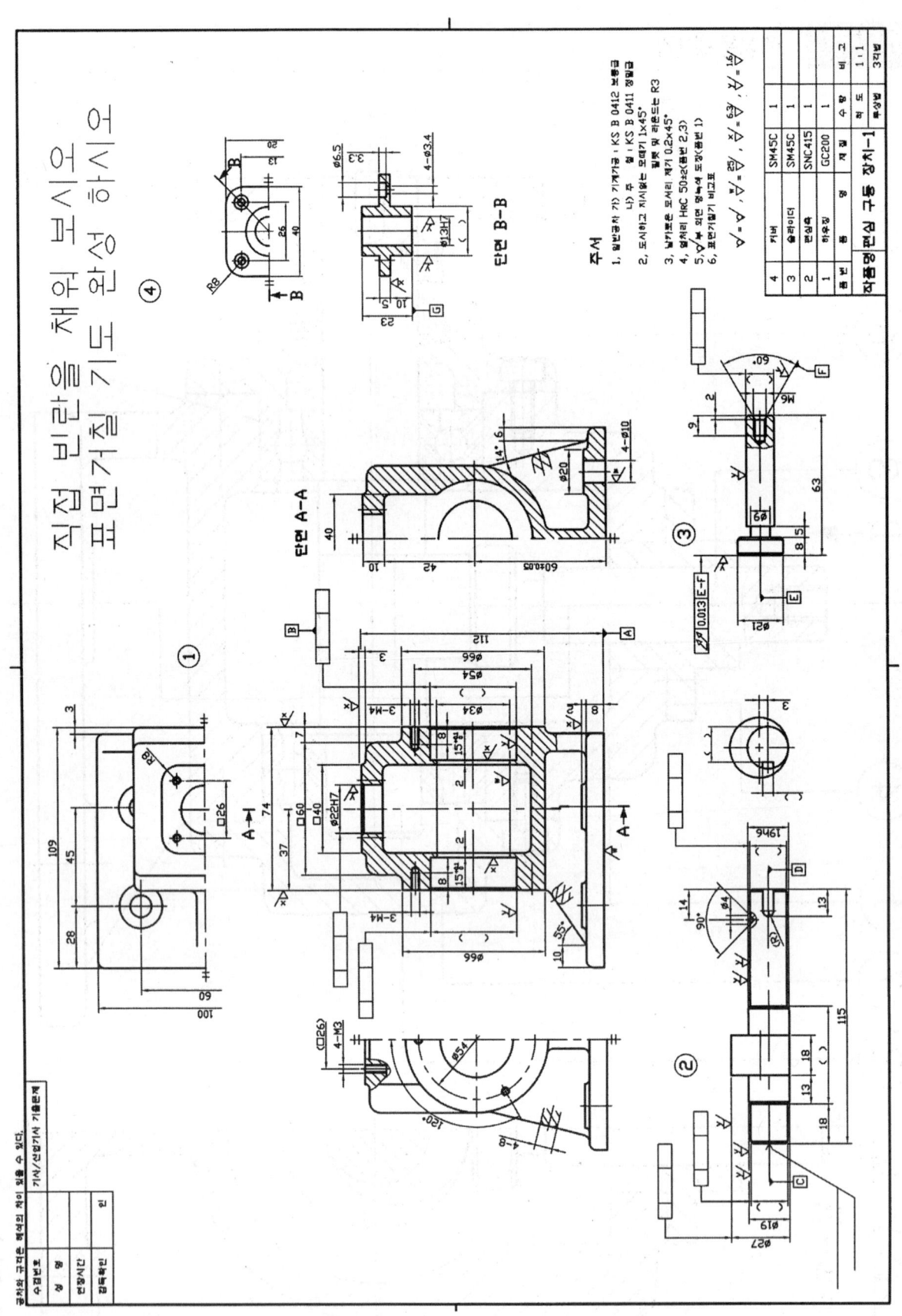

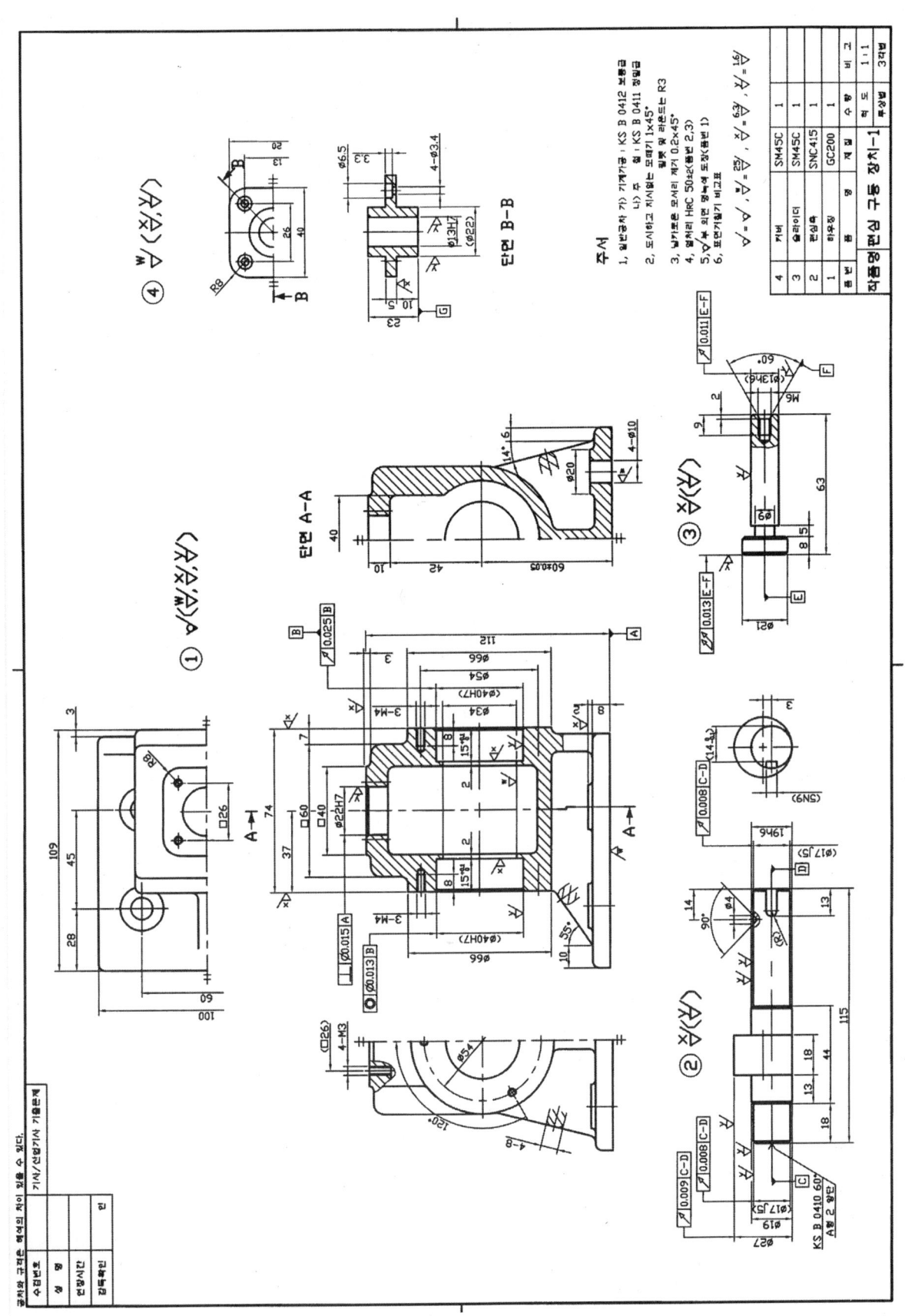

기계 제도 실무

CHAPTER 08

SolidWorks를 사용한 동력전달장치 모델링 & AutoCAD 도면화 작업

기계 제도 실무

Chapter 08 | SolidWorks를 사용한 동력전달장치 모델링 & AutoCAD 도면화 작업

SolidWorks 시작하기

파트는 SolidWorks프로그램에서 사용되는 기본적인 블록을 말하며 어셈블리는 파트나 하위 어셈블리와 같은 기타 어셈블리를 포함하여 이루어진다.

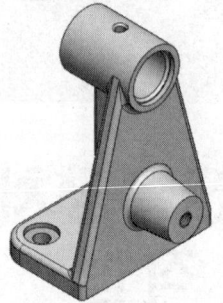

SolidWorks 3D 파트

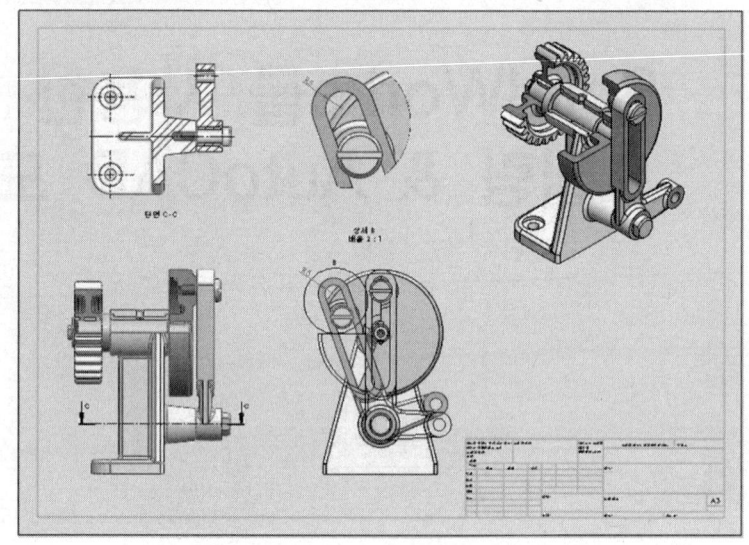

3D 모델로부터 생성한 SolidWorks 2D 도면

SolidWorks 3D 어셈블리

 바탕화면의 SolidWorks를 실행하여 새 문서를 클릭하면 아래 그림과 같이 'SolidWorks 새 문서' 대화창이 뜬다.

초보 모드

기본적인 작업환경에서 파트, 어셈블리, 도면 작업을 할 수가 있다.

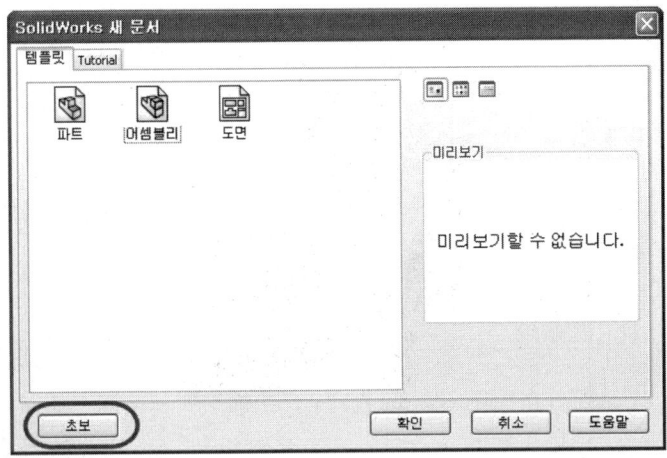

고급 모드

기본적인 작업환경뿐만 아니라 사용자의 작업 스타일에 맞게 폼(Form)을 만들어 사용할 수가 있다.

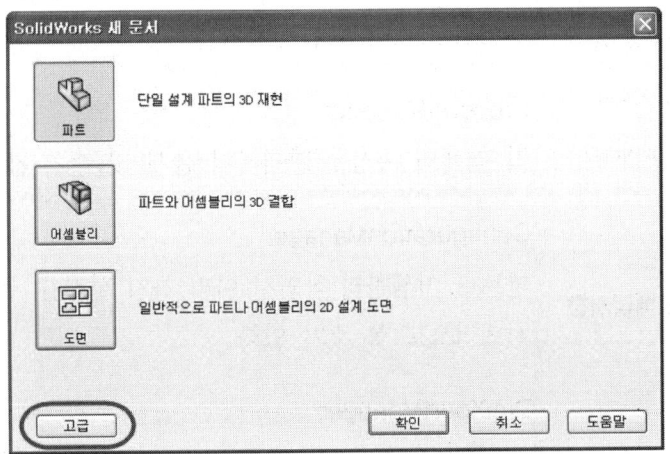

사용자 인터페이스

SolidWorks의 화면 구성은 다음 그림과 같이 윈도우 기반을 바탕으로 이루어져 있다.

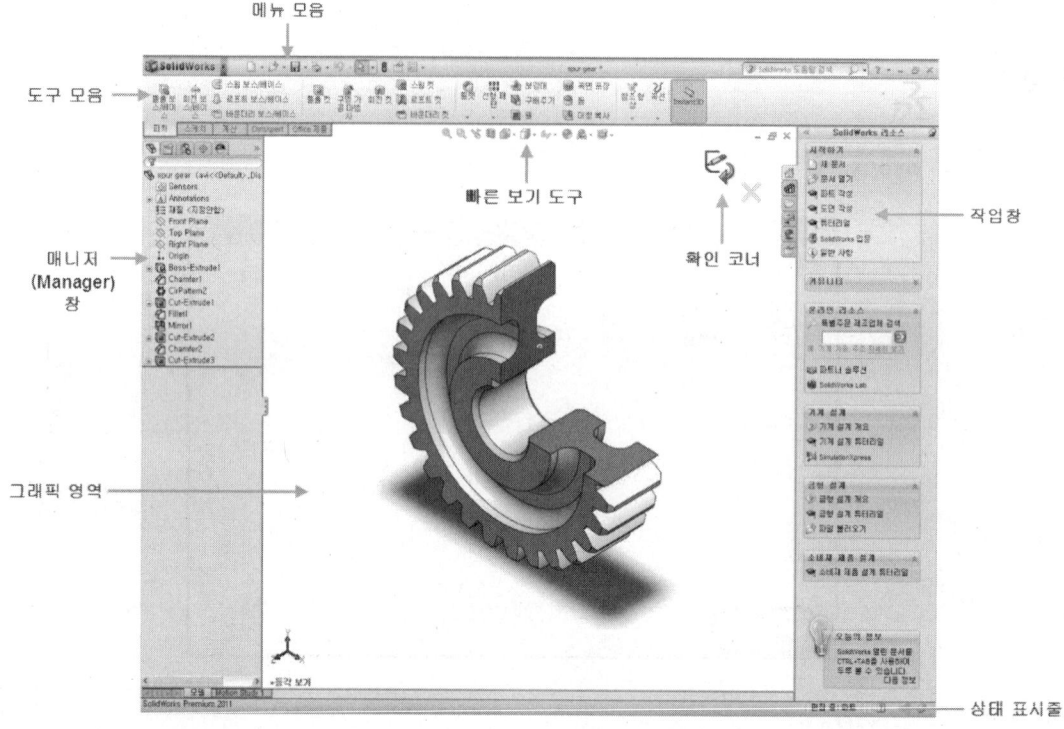

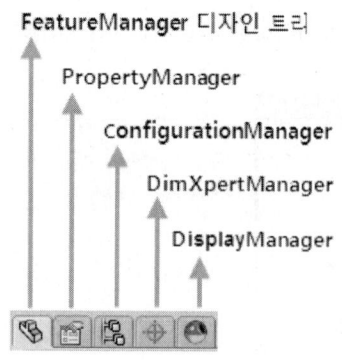

왼쪽 구역 창 상단에 있는 매니저창

FeatureManager 디자인 트리
파트나 어셈블리에서 생성된 특징 형상의 정보를 관리하는 곳으로써 작업한 내용을 한눈에 확인할 수가 있는 히스토리창이다.

PropertyManager
각 객체의 속성을 관리하며 옵션 및 수치 값을 입력할 수 있다.

ConfigurationManager
파트나 어셈블리 작업시 여러 가지 설정을 추가하거나 필요한 것만 선택적으로 볼 수가 있다.

DimXpertManager
파트용 DimXpert로 정의된 치수와 공차 피처가 나열되며 도면에 치수와 공차를 불러올 수도 있다.

DisplayManager
현재 모델에 적용된 색상, 매핑, 재질, 데칼, 조명, 화면, 카메라가 표시되며 항목을 추가, 편집 및 삭제할 수 있다.

명령어 입력 방법

SolidWorks에서는 기본 도구모음과 신속하게 모델링하기 위해 바로가기 바나 상황별 도구 모음을 지원한다.

도구 모음

모델링을 하기 위한 기본적인 도구모음이 개별적인 그룹으로 나열되어 있다.

CommandManager

그룹별 도구 모음을 탭으로 이동해가며 사용할 수가 있어 작업화면을 효율적으로 사용할 수가 있다.

바로가기 바

작업 상태에 따라 다르게 표시되는 아이콘들로 바로가기 키를 사용하기 위해서는 키보드의 S키를 누른다.

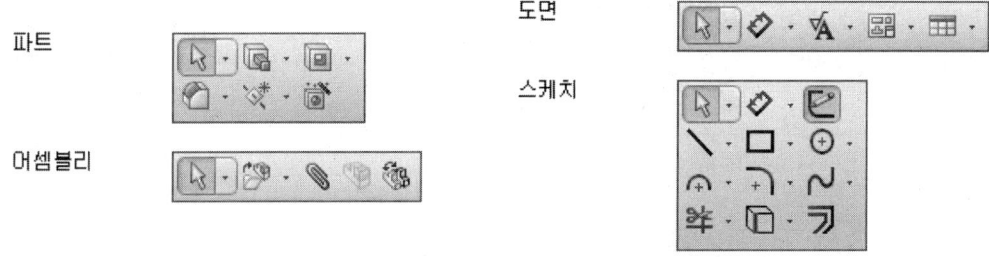

상황별 도구 모음

그래픽 영역 또는 FeatureManager디자인 트리의 항목을 선택하면 상황별도구 모음이 표시가 되어 신속한 작업을 할 수가 있다.

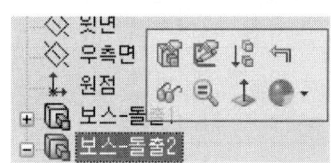

SolidWorks에서 마우스와 키보드를 사용한 뷰(View) 변경과 기본적인 단축키를 사용하면 좀 더 편리하게 모델링 작업을 수행할 수가 있다.

마우스의 기능

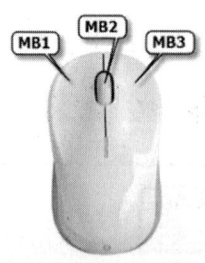

MB1	메뉴 및 도구 등 각종 개체들을 선택
MB2	화면 확대/축소, 화면 회전, 전체 보기 하거나 키보드의 Shift나 Ctrl, 그리고 Alt키와 조합으로 모델의 뷰를 변경
MB3	상황별로 바로가기 메뉴(Pop-up Menu)를 사용할 수가 있다. SolidWorks 2011부터는 MB3에 마우스 제스처 기능이 추가되었다.
Shift+MB2	실시간적으로 화면을 확대/축소
Ctrl+MB2	화면의 중심을 이동
Alt+MB2	현재 화면을 회전축으로 하여 모델을 회전

키보드의 기능

Ctrl+방향키	화면 중심 이동
Shift+→	모델을 중심으로 오른쪽으로 90°씩 회전
Shift+←	모델을 중심으로 왼쪽으로 90°씩 회전
Alt+→	모델의 중심을 기준으로 반시계방향으로 15°씩 회전
Alt+←	모델의 중심을 기준으로 시계방향으로 15°씩 회전

일반적으로 사용되는 단축키

확대	Shift+Z
축소	Z
전체 보기	F
뷰 방향 메뉴	스페이스바
방금 실행한 명령 반복	Enter
모델 재생성	Ctrl+B
화면 다시 그리기	Ctrl+R
실행 취소	Ctrl+Z

용어 설명

SolidWorks에서 모델링 작업시 표시되는 여러 가지 형태의 용어나 솔리드 작업 기반에 대한 내용을 설명한다.

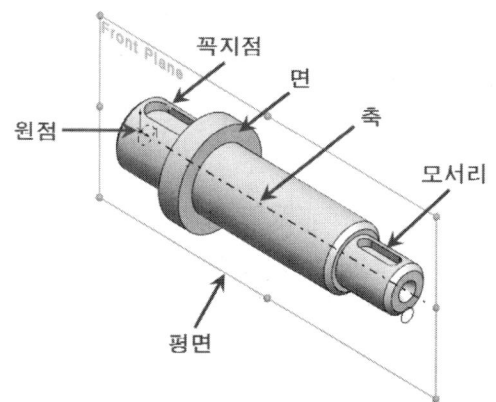

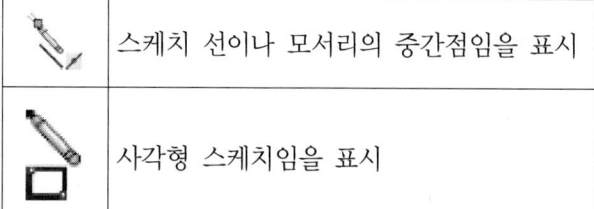

특징형상 기반 설계(Feature Based Design) : 특징형상, 즉 피처를 상호간에 붙이거나 또는 자르는 방법을 통해 3차원 형상을 구축하는 기법을 말하며 스케치 피처와 논스케치 피처로 이루어져 있다.

            스케치   베이스 피처   보스 피처

관계 기반 설계(Rational Based Design) : 완성된 모델링에서 해당 스케치를 수정했을 때 관련되는 피처와 파트가 자동적으로 수정되는 것을 말한다.

1. 구속조건으로 관계 부가

   Property Manager창의 구속조건부가항목 사용하여 모델링 형상을 완성할 수가 있다.

2. 지능형 치수 ◇ 를 이용하여 관계 부가

   지능형 치수를 사용하여 모델링의 정확한 크기를 정의할 수가 있다.

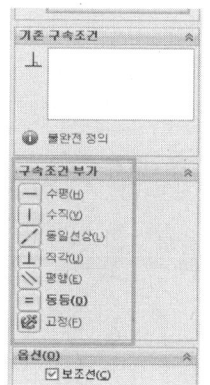
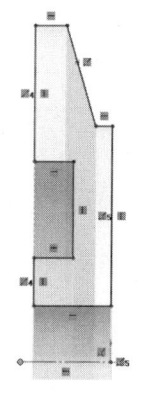
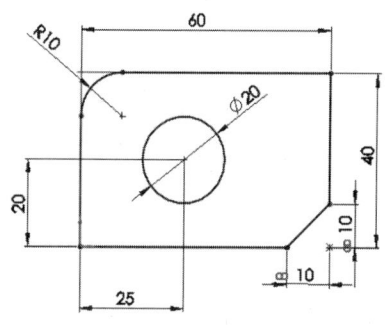

스케치 정의

스케치의 요소 상태를 색깔로서 완전 정의, 불완전 정의, 초과 정의 등으로 표시해주기 때문에 문제가 있는 스케치의 특정 부분을 쉽게 확인할 수가 있다.

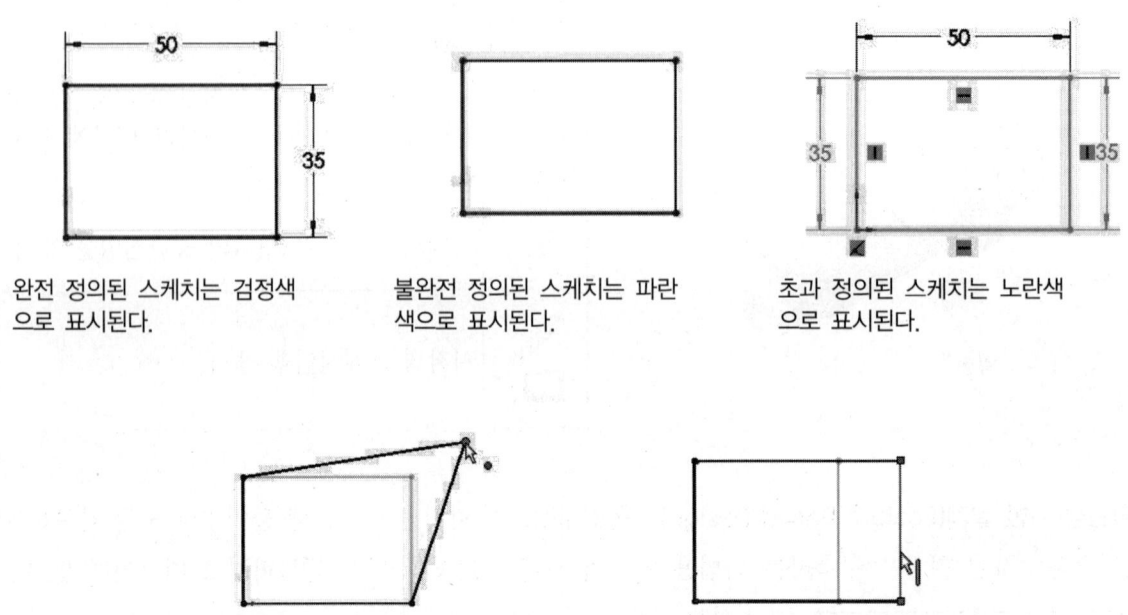

불완전 정의된 스케치 요소는 스케치에 고정되어 있지 않기 때문에 마우스로 끌어 스케치 형상을 임으로 변경할 수가 있다.

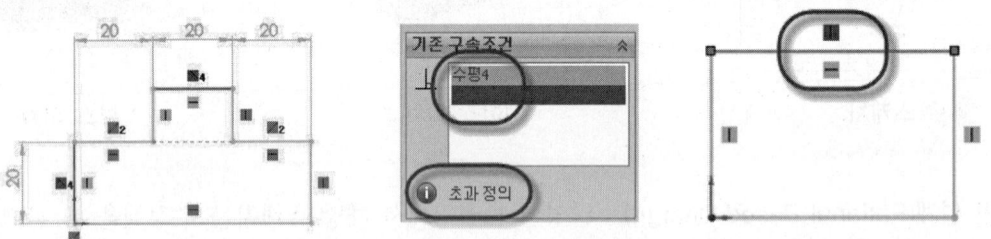

초과 정의된 스케치에는 중복 치수나 충돌되는 구속조건이 포함되어 있다는 것을 표현해 주는 것으로서 초과 정의된 치수나 구속조건을 삭제함으로써 해결할 수가 있다.

이외에도 오류가 있는 요소는 댕글링(삭제되거나 미해결된 요소를 참조하는 치수나 구속조건)은 갈색, 미해결은 분홍색, 타당치 않음은 빨강색, 고동색으로 표시된다.

| 작품명 : 동력 전달 장치 | 척도 1:1 |

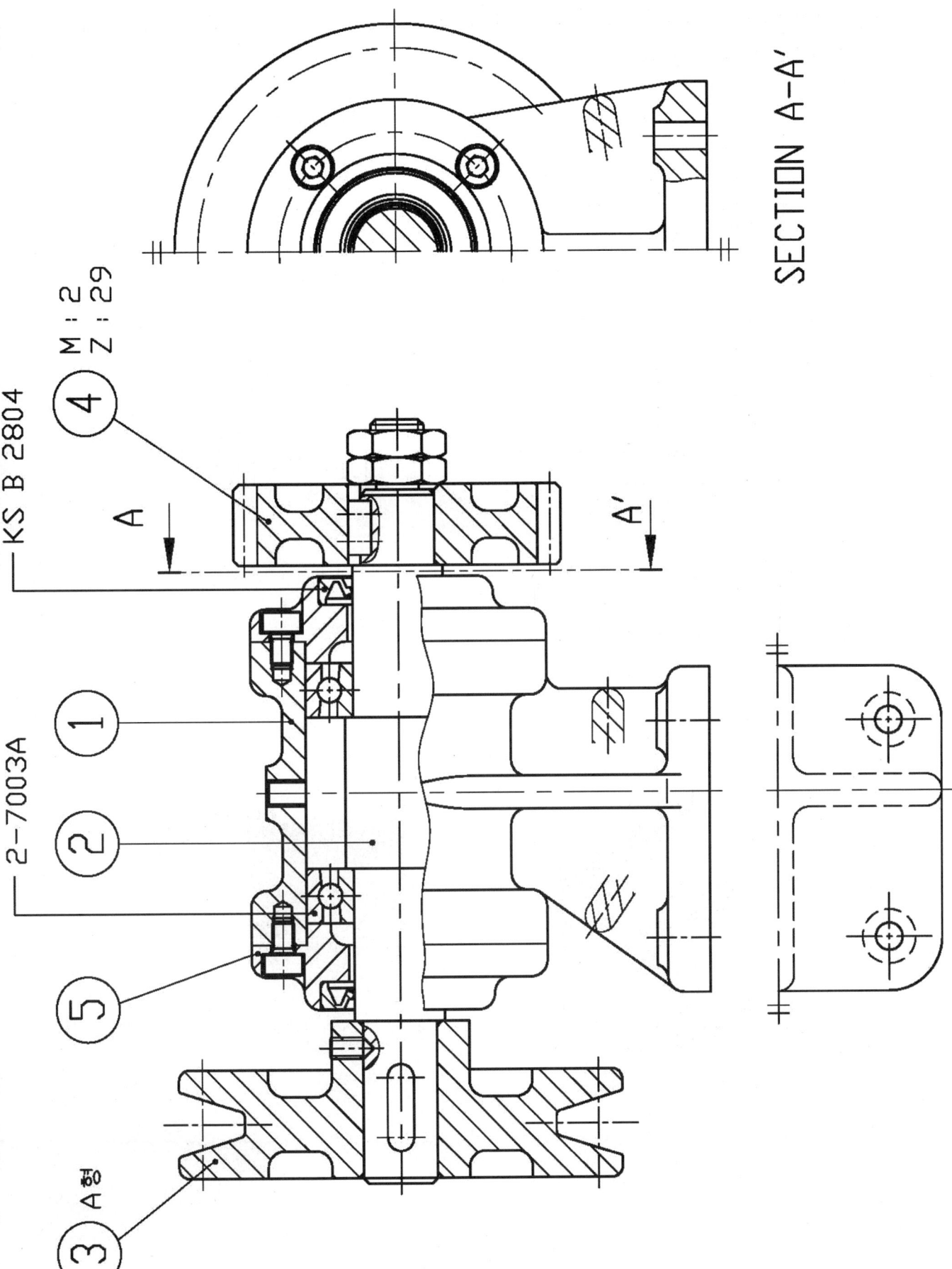

STEP 1 본체(BODY) 모델링하기

본체를 모델링하는 방법은 바닥(Base) 부분을 먼저 만들고 리브(Rib)와 회전체를 만들고 나서 나머지 부분을 완성하는 순으로 작업한다.

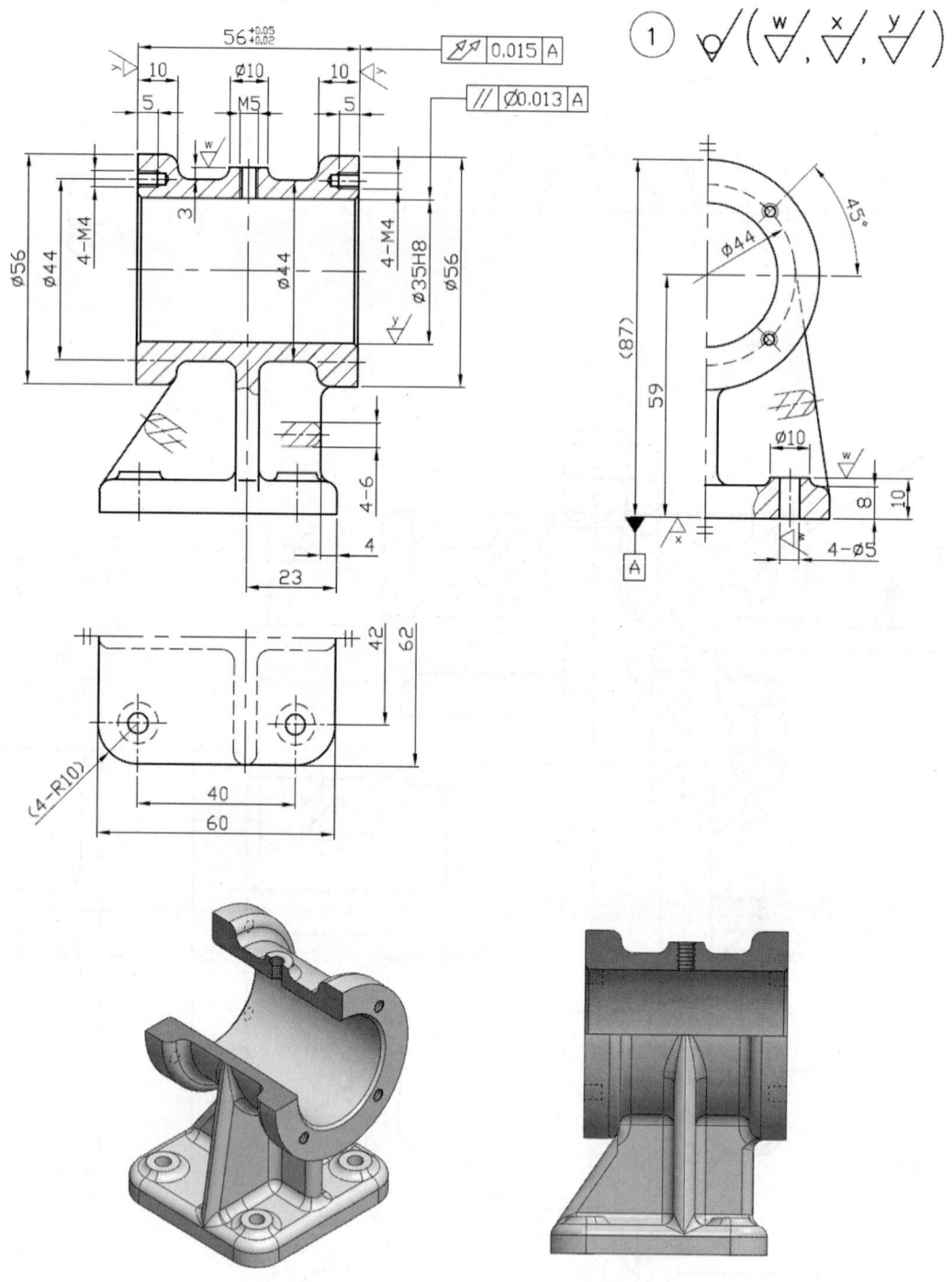

>> 네비게이터 navigator

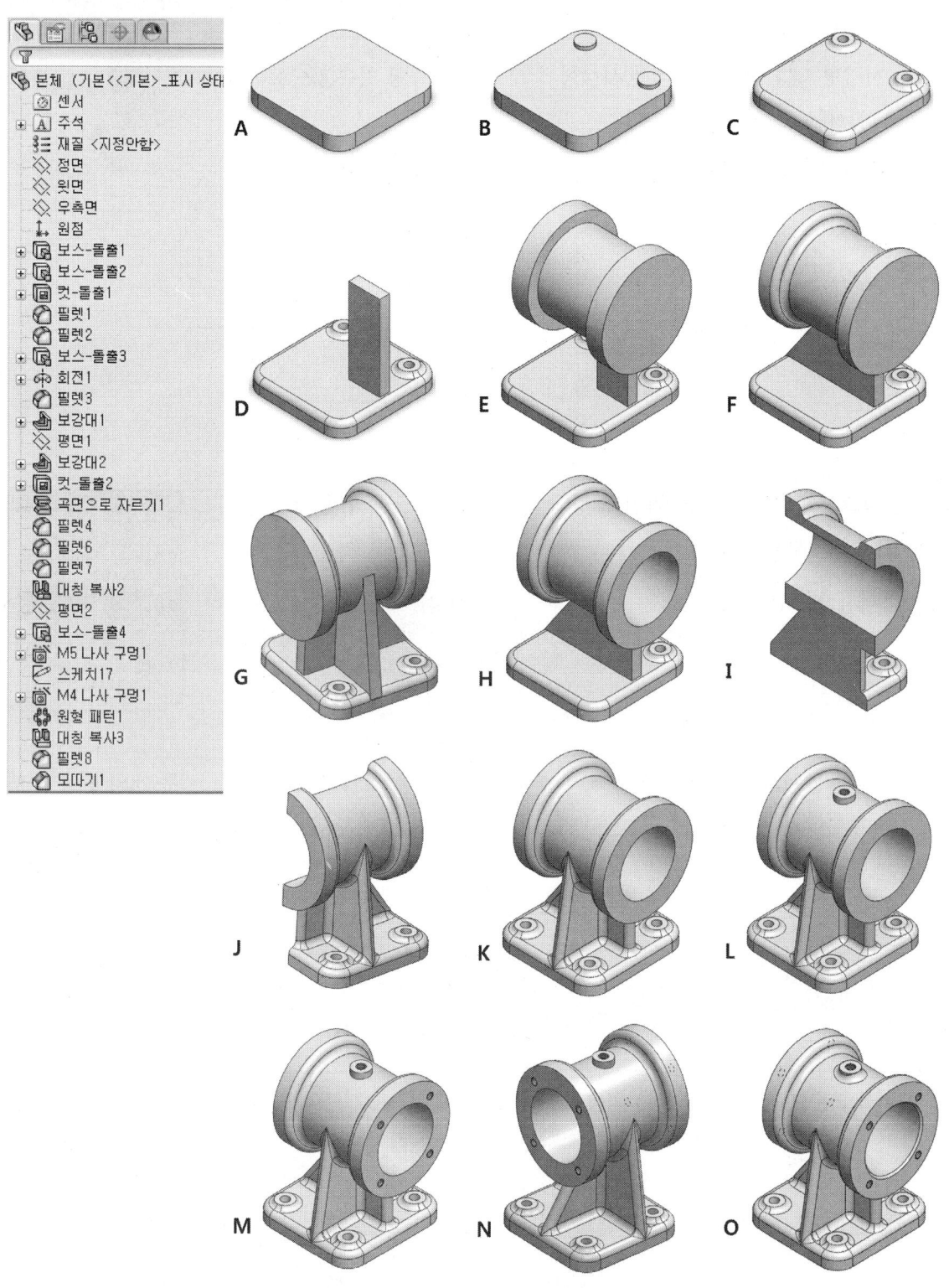

* 지금부터 본체를 네비게이터(Navigator) 나열 순서대로 모델링하는 방법을 배워보도록 하겠다.

① FeatureManager 디자인 트리 [윗면] 선택 → 스케치 선택

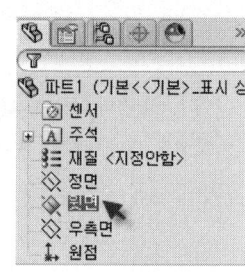

중심 사각형 선택 → 원점에 사각형 스케치 → 지능형 치수 로 가로 (60mm), 세로(62mm) 치수기입

스케치 필렛 → 반지름(10mm) 입력 후 4군데 모서리 선택 → 확인

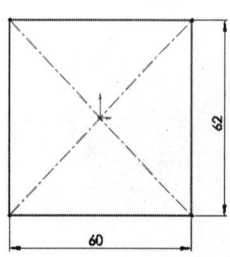 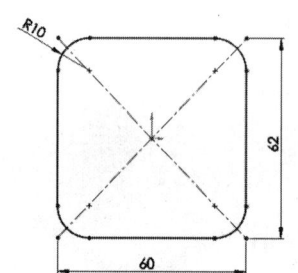

② 돌출 보스/베이스 → 블라인드 형태, 깊이 (8mm) → 확인
③ 베이스 상단 부분을 선택 후
    → 스케치 선택

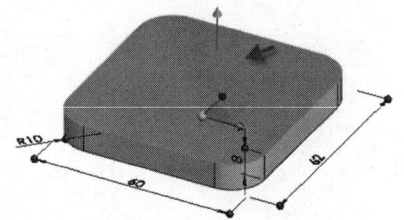 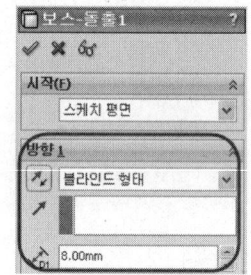

원 으로 베이스 윗쪽 모서리 두 곳의 중심에 동심으로 원을 스케치한 후 → 두 개의 원을 선택한 후 → 동등(Q) 구속조건 부가 → 지능형 치수 로 한 개의 원에 (10mm) 치수기입

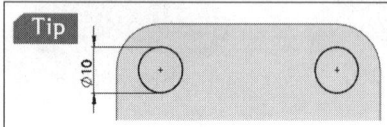

'동등'구속조건을 부가하기 위해선 우선 1개의 원을 선택 후 그 다음 원은 키보드의 Ctrl(컨트롤)을 누른 상태에서 선택해야 한다.

모서리 라운드 중심에 동심으로 원을 그리는 2가지 방법

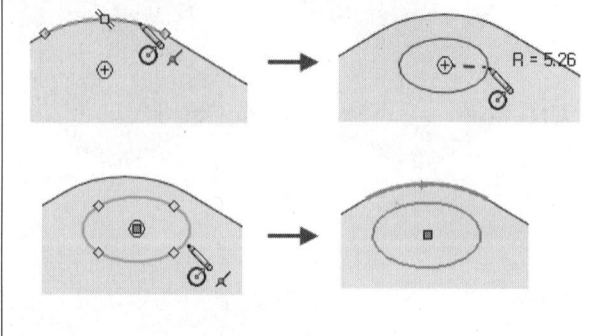

커서를 1초 이상 모서리 라운드에 위치시키면 해당 라운드에 적용할 수가 있는 여러 스냅이 나타나며 그 중에 중심을 선택 후 도형을 스케치하면 된다.
원을 임의의 위치에 적당한 크기로 스케치한 후 모서리 라운드와 원을 선택한 다음 Property Manager창에서 동심(N) 구속조건을 부가하면 된다.

④ 돌출 보스/베이스 → 블라인드 형태, 깊이 (2mm) → 확인

⑤ 2mm 돌출된 상단면을 선택 후 → 스케치 선택

원 을 동심으로 스케치한 후 → 두 개의 원을 선택한 후 → 동등(N) 구속조건 부가 → 지능형 치수 로 한 개의 원에 (5mm) 치수기입

⑥ 돌출 컷 → 다음까지 → 확인

⑦ a. 필렛 → 반경 (3mm) → 베이스 상단 모서리
선택 → 확인

b. 필렛 → 작업 ④에서 돌출된 내측 모서리 2개소 선택 → 확인

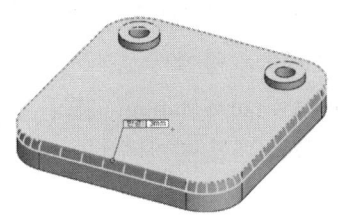 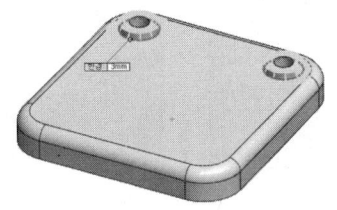

⑧ 베이스 상단 부분을 선택 후 → 스케치 선택

중심 사각형 선택 → 아래 그림과 같이 스케치 → 사각형 중심과 원점에 수평(H) 구속조건 부가 → 지능형 치수 로 아래 그림과 같이 치수기입

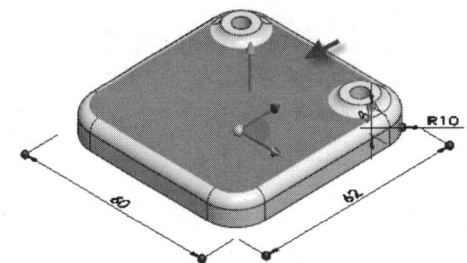

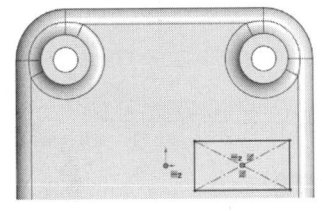 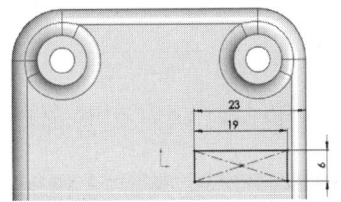

⑨ 돌출 보스/베이스 → 블라인드 형태, 깊이(51mm) → 확인

⑩ 작업 ⑨에서 돌출된 상단면을 선택 후
→ 스케치 선택

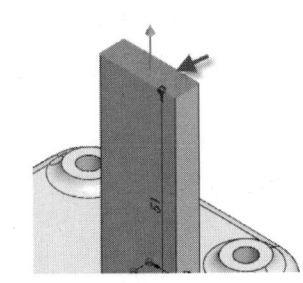 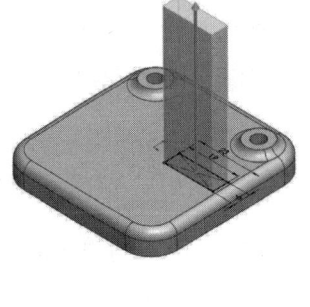

선 \ 선택 → 아래 그림과 같이 스케치 → 양쪽 10mm 구간에 = 동등(Q) 과 / 동일선상(L) 구속조건 부가 → 지능형 치수◇로 아래 그림과 같이 치수기입

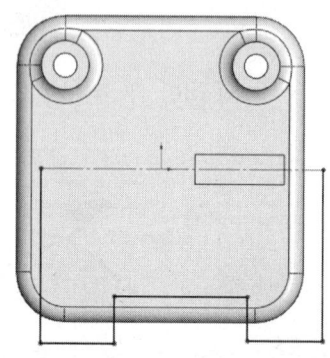
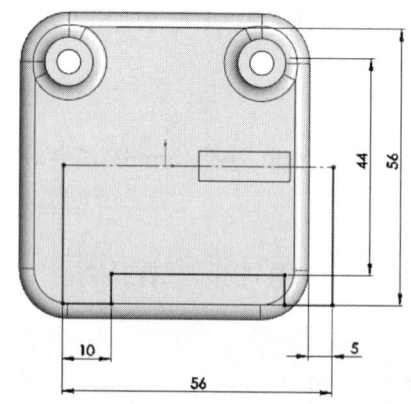

회전시키기 위해 회전축을 정의하는 2가지 방법

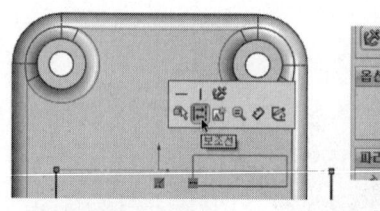
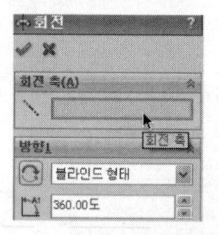
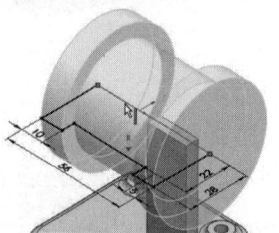

보조선으로 변경할 선을 클릭시 나타나는 상황별 도구모음 중에서 보조선을 선택하거나 아니면 PropertyManager창의 옵션 항목에서 보조선을 선택할 수가 있다.

보조선 없이 회전시킬 수도 있다. 보조선이 없을 경우에는 회전 보스/베이스 선택 후 PropertyManager창이 열린 상태에서 회전축이 될 직선을 마우스로 지정하여 주면 된다.

Tip 회전을 시킬 경우에는 가급적 보조선을 사용하는 것이 편리하다. 보조선이 있을 경우에 한해서만 지능형 치수◇를 사용하여 지름 치수기입을 할 수가 있다. 보조선이 없을 경우에는 반지름으로만 치수기입이 가능하다.

⑪ 회전 보스/베이스 → 다음과 같은 메시지가 뜨면 예(Y)를 클릭

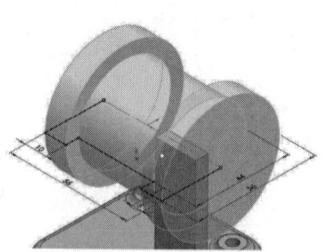

Tip 보조선을 회전축으로 사용하면 위 메시지가 표시된다.

→ 블라인드 형태, 각도(360도) → 확인 ✓

필렛 → 반경(3mm) → 회전체 모서리 4개소 선택 → 확인 ✓

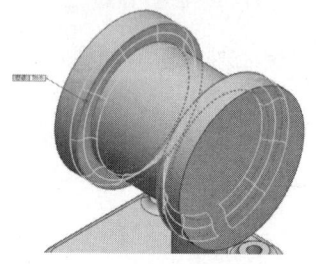
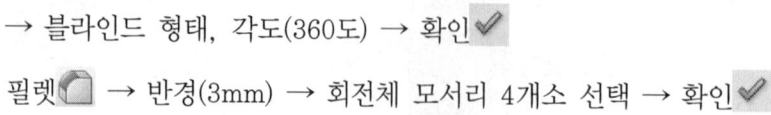

⑫ FeatureManager 디자인 트리 [정면] 선택 → 스케치 선택

선 선택 → 우선 왼쪽 그림과 같이 스케치 → 탄젠트(A)와 일치(D) 구속조건 부가 → 아래 그림과 같이 수직선을 그린다.

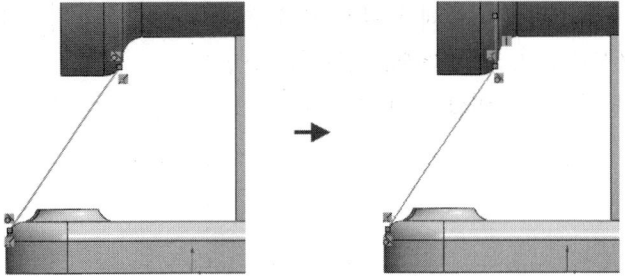

Tip 탄젠트(A)는 선과 물체 모서리선을 선택하고 일치(D)는 선의 끝점과 물체 모서리선을 선택해야만 사용할 수가 있다.

⑬ 보강대 → 두께 (양면), (6mm) → 확인

 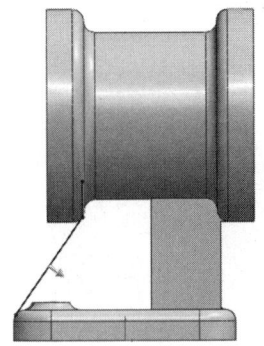 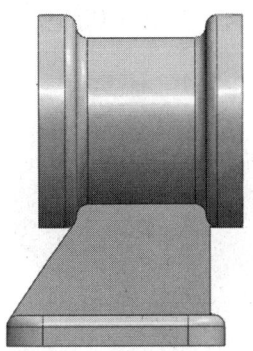

⑭ 참조 형상 의 기준면 → 베이스의 오른쪽 측면 선택 → 오프셋 거리 23mm, 뒤집기 → 확인

기준면으로 생성된 평면1 선택 후 → 스케치 선택

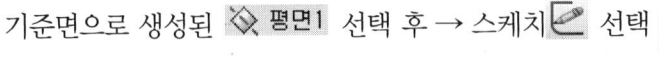
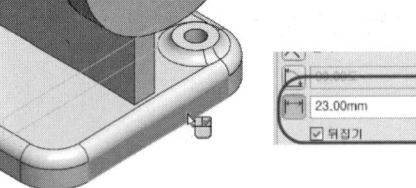

표시 유형 에서 실선 표시 선택 후 → 선 선택 → 아래 그림과 같이 선을 그려 구속조건 부가

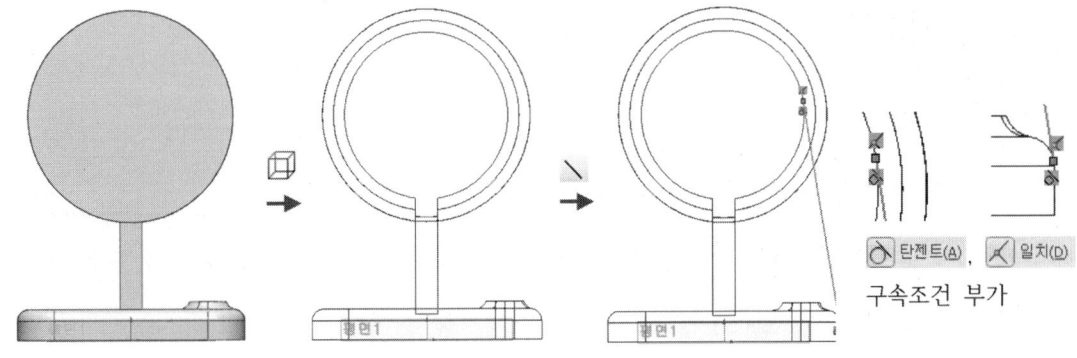

탄젠트(A), 일치(D)
구속조건 부가

빠른도구모음		
 그래픽영역 상단 중앙에 있는 메뉴로 화면 뷰 설정에 대한 여러 가지 조건 (전체보기, 영역 확대, 이전 뷰, 단면도 등)을 부여할 수가 있다.	표시 유형 조건	뷰 방향 설정 조건 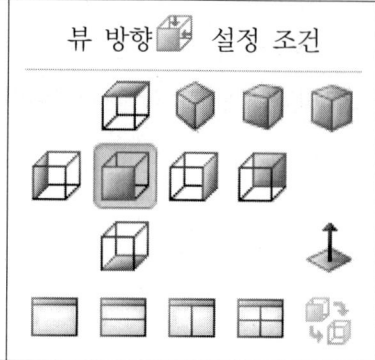

Tip 뷰 방향 설정은 빠른도구모음보다는 키보드 '스페이스바'를 클릭시 나타나는 메뉴가 더 편하다.

Tip 기준면으로 생성된 ◇ 평면1 은 평면1을 선택하면 나타나는 상황별
도구모음의 숨기기 로 숨겨주어야 작업이 편리하다.

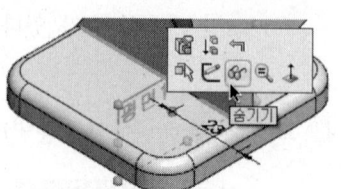

⑮ 보강대 → 두께 (양면), (6mm) → 확인

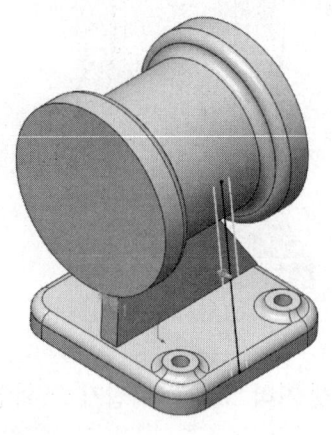 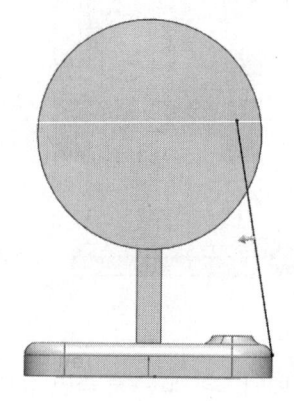 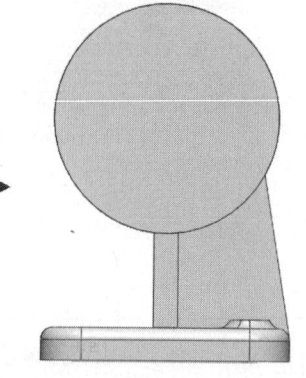

⑯ 회전체 앞부분의 면을 선택 후 → 스케치 선택

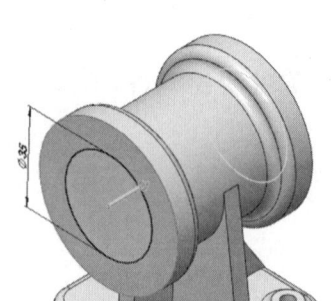

원 을 동심으로 스케치한 후 → 지능형 치수 로 (35mm) 치수기입

⑰ 돌출 컷 → 다음까지 → 확인

⑱ FeatureManager 디자인 트리 [정면] 선택 후 → 곡면으로 자르기 → 컷 뒤집기 로 자르고자 하는 왼쪽 방향 지정 → 확인

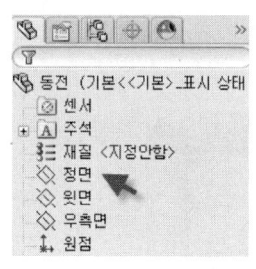
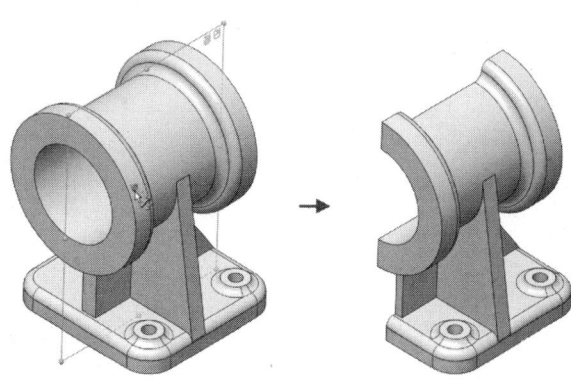

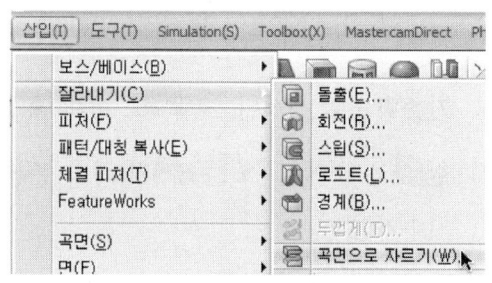

> **Tip** 곡면으로 자르기 아이콘이 없을 경우에는 메뉴 바의 '삽입/잘라내기/곡면으로 자르기'를 사용한다.

> **Tip** 물체의 절반을 절단하는 이유는 필렛작업이 편리하며 반복되는 작업 시간을 단축할 수가 있고 시스템 메모리 관리도 할 수가 있어 유용하기 때문이다.

필렛 → 반경(3mm) → 6개 모서리 선택(A그림 참조) → 확인

필렛 → 반경(3mm) → 1개 모서리 선택(B그림 참조) → 확인

필렛 → 반경(3mm) → 4개 모서리 선택(C그림 참조) → 확인

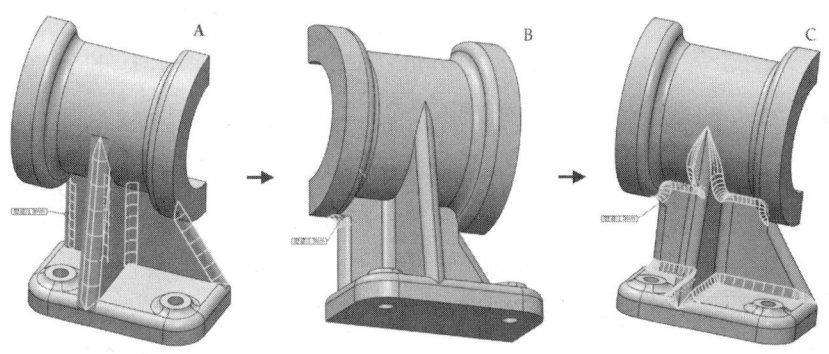

⑲ 절단면을 선택 → 대칭 복사 → '대칭 복사할 바디'클릭 후 물체 선택 → 확인

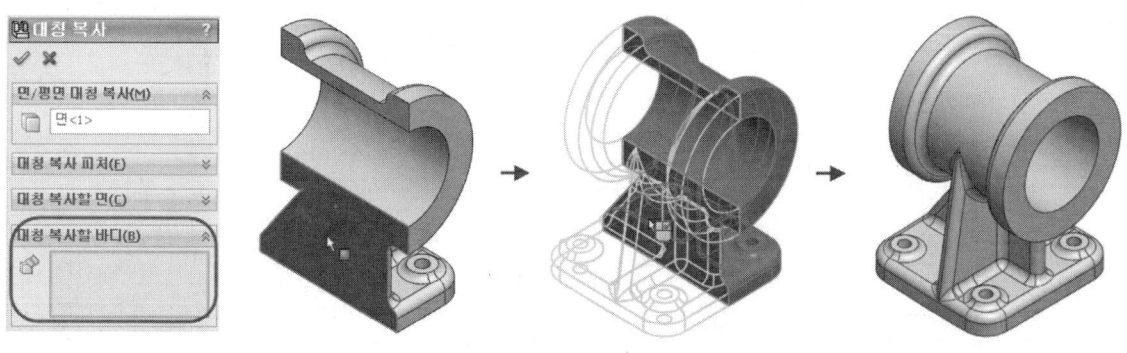

⑳ FeatureManager 디자인 트리 [윗면] 선택 후 → 참조 형상 의 기준면 → 오프셋 거리 84mm → 확인

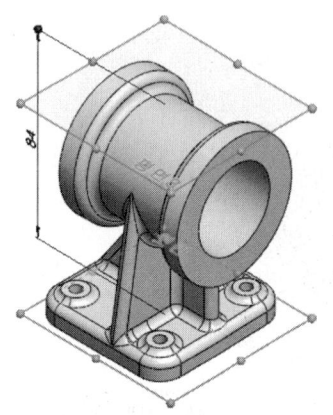
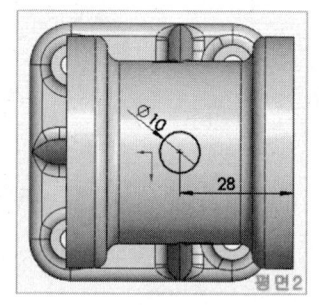

기준면으로 생성된 평면2 선택 후 → 스케치 선택

원을 스케치 → 수평(H) 원의 중심과 원점 구속조건 부가 → 지능형 치수로 그림과 같이 치수기입

㉑ 돌출 보스/베이스 → 마침 조건 : 다음까지, 반대 방향 설정 → 확인

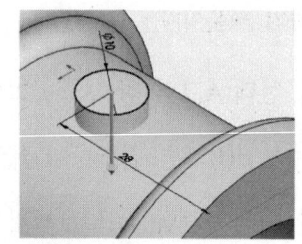
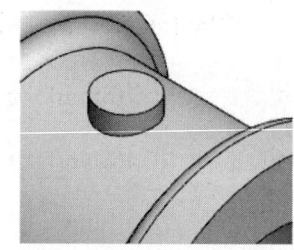

㉒ 구멍 가공 마법사 → 구멍 유형 : 직선 탭, 크기 : M5, 마침 조건 : 다음까지, 옵션 : 나사산 표시, 바깥쪽 카운터싱크 체크 해제 → 위치 탭 클릭

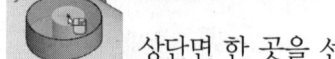

→ 탭 구멍을 내기 위해 작업 ㉑에서 돌출된 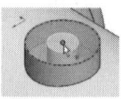 상단면 한 곳을 선택

→ 키보드 Esc를 한번 누름(포인트 선택을 종료) → 동심(N) 포인트와 돌출

된 모서리에 구속조건 부가 → 확인 → 확인

> Tip 탭 구멍을 만들고 오른쪽 그림과 같이 나사산에 음영을 표시하기 위해서는 FeatureManager 디자인 트리의 '주석'에서 우클릭시 나오는 '세부 사항…'에 들어가 '주석 속성' 대화창에서 '음영 나사산'을 체크해 주어야 한다.

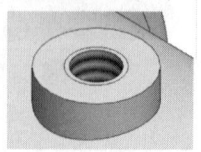

※ 음영 표시가 안 나타날 경우 '세부 사항…' 밑에 '주석 표시'가 체크되어 있나 확인하시기 바란다.

㉓ 회전체 앞부분의 면을 선택 후
→ 스케치 선택

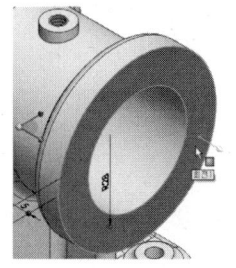 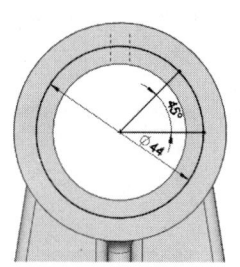

→ 원 과 선 을 이용하여 오른쪽 그림과 같이 스케치 → 지능형 치수 로 치수기입 → 확인

㉔ 구멍 가공 마법사 → 작업 ㉒항목과 동일한 조건에 크기 : M4, 마침 조건 : 블라인드 형태, 나사산 : 5mm → 위치 탭 클릭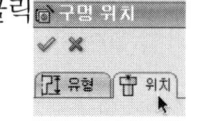

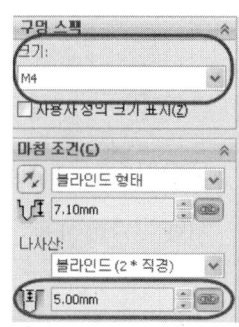

→ 스케치 면 임의의 위치에 포인트 클릭 → 키보드 Esc를 한번 누름(포인트 선택을 종료)

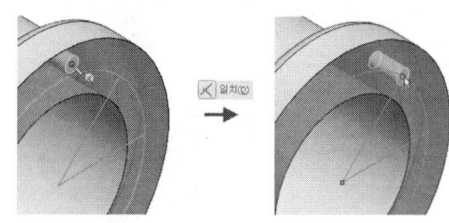

Tip 탭 구멍 완성 후 스케치는 스케치를 우클릭하여 상황별 도구모음의 숨기기 로 숨겨준다.

→ 일치(D) 탭 포인트와 45°선 끝점에 구속조건 부가 → 확인 → 확인

㉕ 원형 패턴 → '패턴할 피처'에서 M4 구멍 선택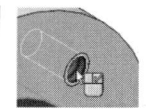

'패턴 축' 란을 클릭한 후 회전 중심축이 되는 안쪽 원통면(35mm)을 선택한다.

→ 인스턴스 수 : 4개

→ 확인

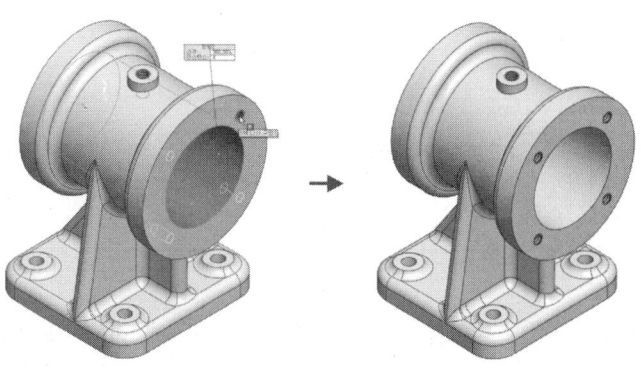

제8장 SolidWorks를 사용한 동력전달장치 모델링 & AutoCAD 도면화 작업

㉖ FeatureManager 디자인 트리상에서 ◇ 평면1 (⑭번 작업)선택 → 대칭 복사 → '대칭 복사 피처'에서 원형 패턴(작업 ㉕)을 선택 → 확인 ✔

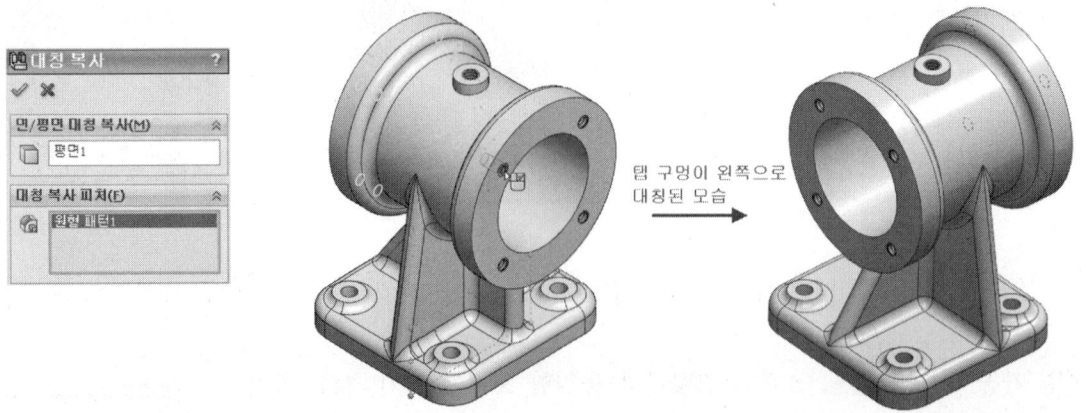

㉗ 필렛 → 반경(3mm) → 작업 ㉑에서 돌출된 내측 모서리 선택 → 확인 ✔

모따기 → 거리(1mm), 각도(45°) → 작업 ⑰의 원통 양끝 모서리 2개소 선택 → 확인 ✔

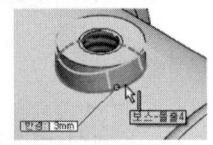

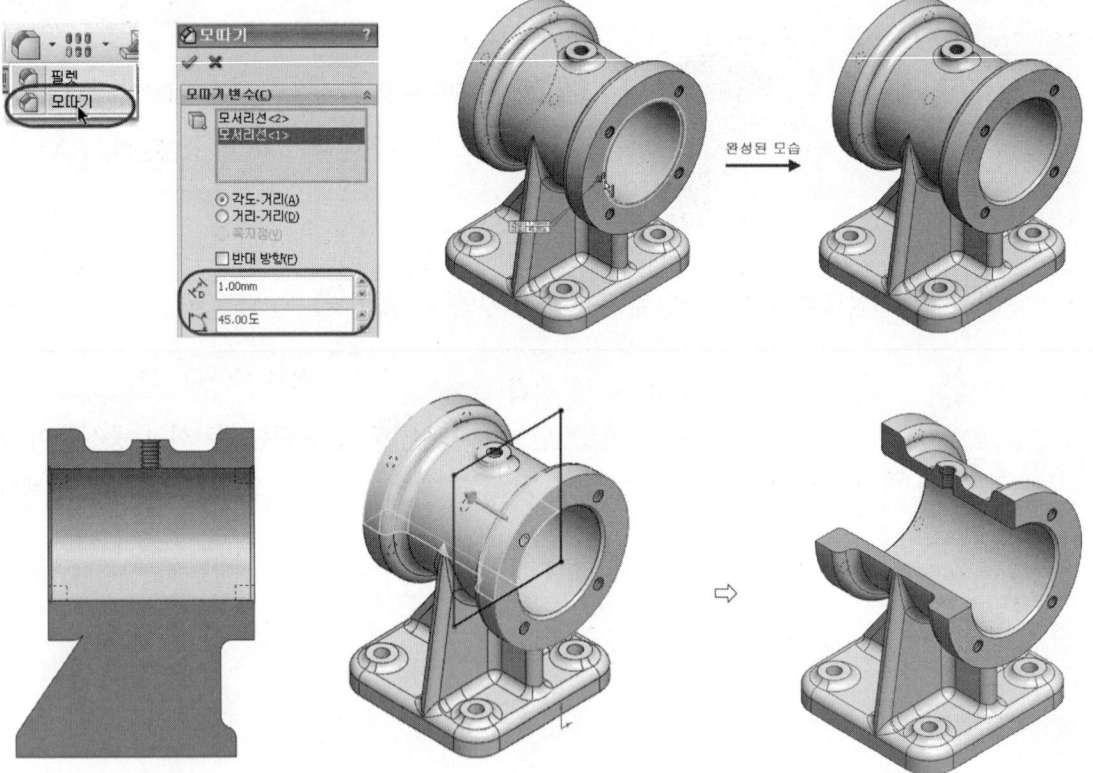

코너 사각형 으로 스케치한 후 돌출 컷 으로 절단하여 단면도를 표시하여 3차원 등각도에 사용한다.

단면도 로 정면을 기준면으로 해서 자른 모습이다.

※ 기계기사 종목 수검 시에는 3차원 등각도에 단면 표시를 하지 않는다.

㉘ 메뉴바의 '파일 / 저장'을 클릭하여 '동력전달장치' 폴더를 만들고 '본체'라고 명명하고 저장한다.

Tip '저장' 단축키는 Ctrl+S이다.

 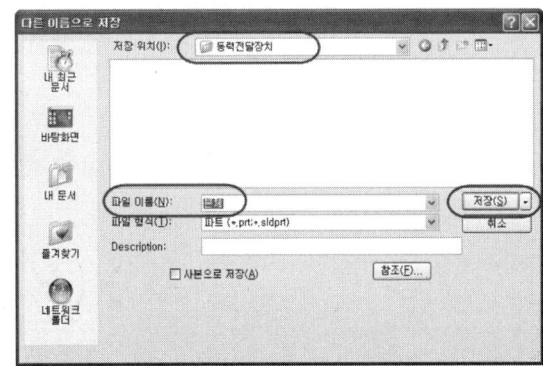

STEP 2 | 축(SHAFT) 모델링하기

축을 모델링하는 방법은 회전체를 먼저 완성한 다음 키홈, 나사 등을 완성하는 순으로 작업한다.

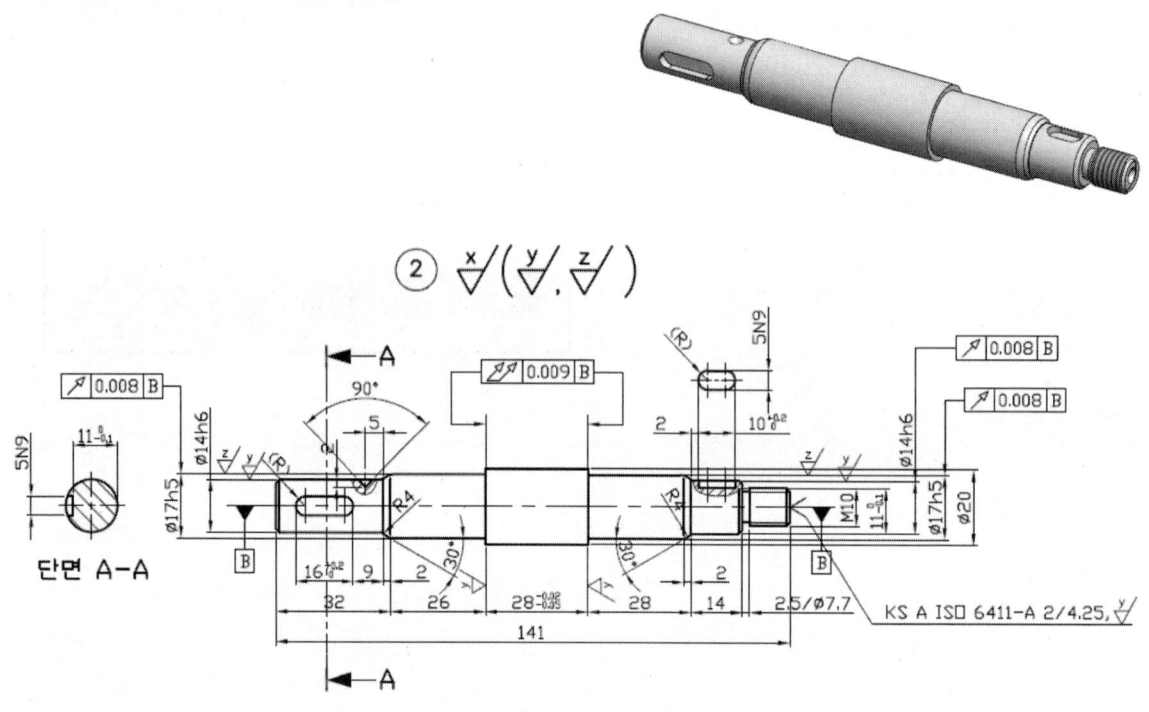

>> 네비게이터 navigator

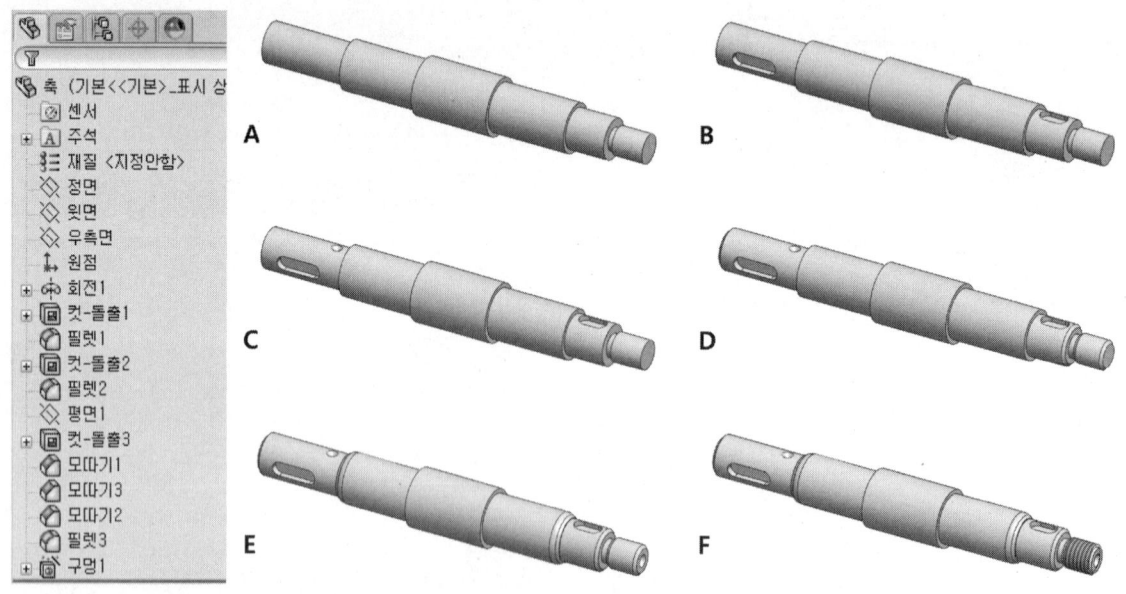

* 지금부터 축을 네비게이터(Navigator) 나열 순서대로 모델링하는
방법을 배워보도록 하겠다.

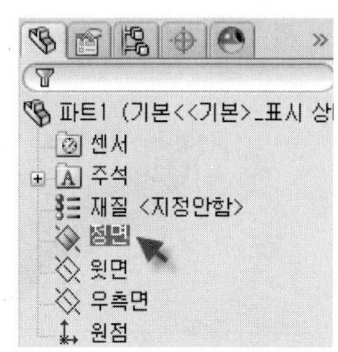

① FeatureManager 디자인 트리 [정면] 선택 → 스케치 선택

선 선택 → 아래 그림과 같이 스케치 → 지능형 치수 로 치수
기입

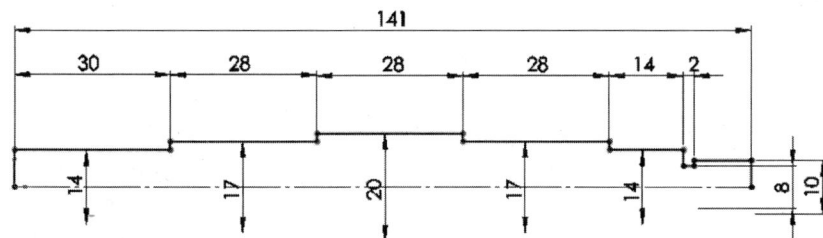

스케치 작성시 스케치 피드백의 활용

수직 피드백, 수평 피드백   수평 피드백과 수직 피드백을 사용하여 스케치를 하면
수평(H), 수직(V) 구속조건이 자동으로 부가되므로 편리하다.

② 회전 보스/베이스 → 블라인드 형태, 각도(360도) → 확인

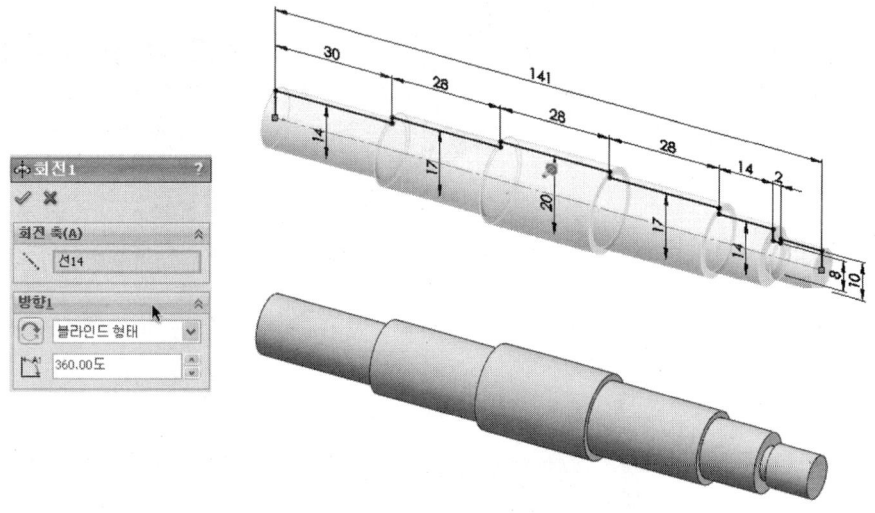

③ FeatureManager 디자인 트리 [윗면] 선택 → 스케치 선택

코너 사각형 선택 → 그림과 같이 스케치 → 지능형 치수 로 치수기입

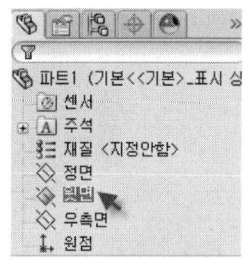

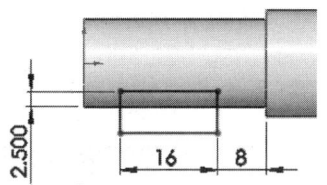

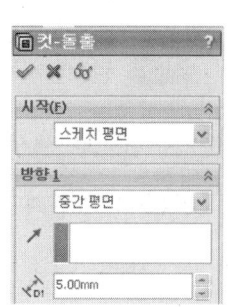

④ 돌출 컷 → 마침 조건 : 중간 평면, 깊이 : 5mm → 확인

필렛 → 반경(2.5mm) → 키홈 라운드가 될 모서리 4개소 선택 → 확인

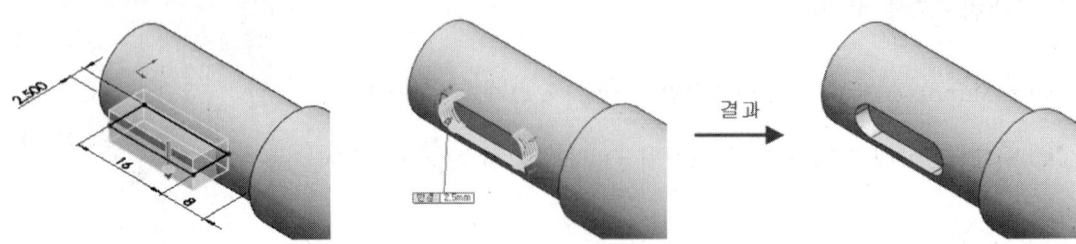

⑤ FeatureManager 디자인 트리 [정면] 선택 → 스케치 선택

코너 사각형 선택 → 그림과 같이 스케치 → 지능형 치수로 치수기입

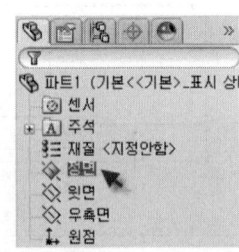

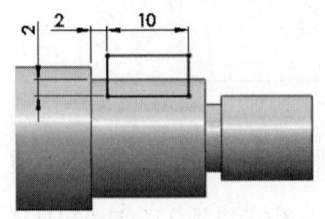

⑥ 돌출 컷 → 마침 조건 : 중간 평면, 깊이 : 5mm → 확인

필렛 → 반경(2.5mm) → 키홈 라운드가 될 모서리 4개소 선택 → 확인

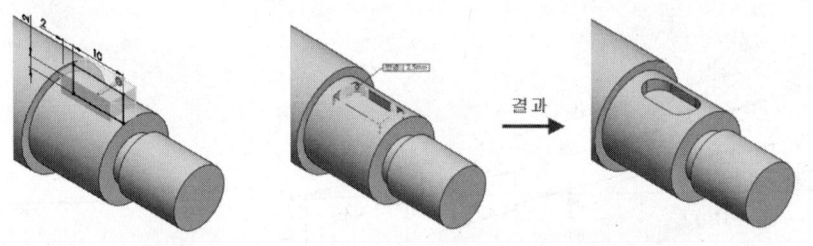

⑦ FeatureManager 디자인 트리 [정면] 선택 → 키보드 Ctrl 누른 상태에서
축 왼쪽 키홈이 있는 면 선택 → 참조 형상의 기준면 → 확인

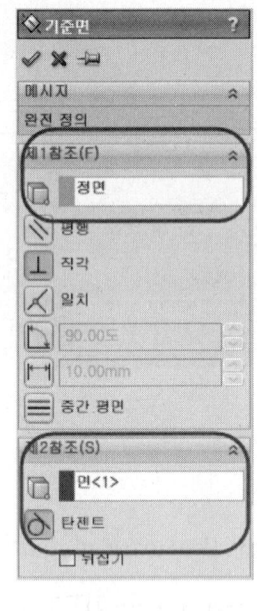

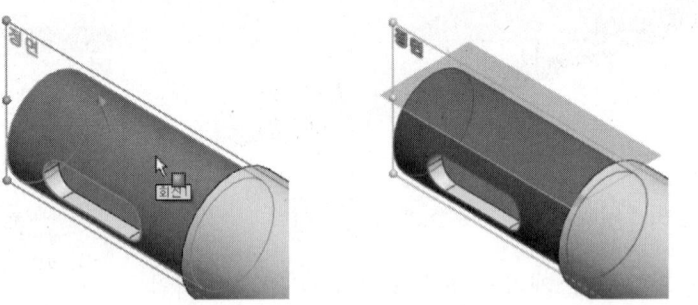

Tip 원통면 상단에 스케치면을 만들고자 할 경우 작업⑦과 같은 방법을 이용하면 편리하다.

⑧ 기준면으로 생성된 평면1 선택 후 → 스케치 선택

원을 그림과 같이 스케치한 후 → 원의 중심점과 원점에

수평(H) 구속조건 부가 → 지능형 치수로 치수기입

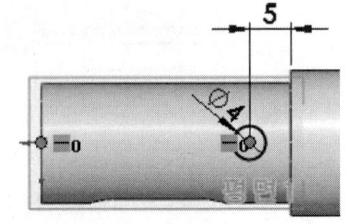

⑨ 돌출 컷 → 마침 조건 : 블라인드 형태, 깊이 : 대략적으로 10mm, 구배각도 : 45° → 확인

숨기기 로 '평면1'을 숨긴 상태

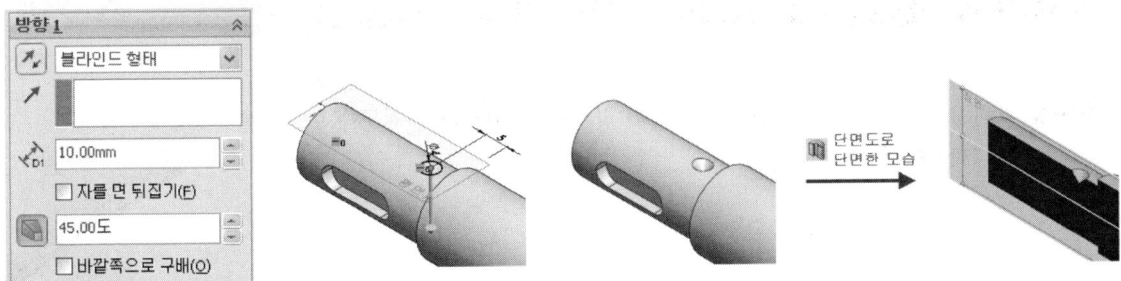

⑩ 모따기 → 거리(1mm), 각도(45°) → 모서리 3개소 선택 → 확인

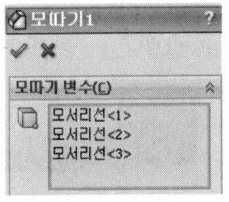

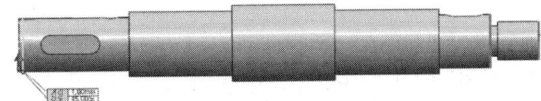 

⑪ 모따기 → 거리(1mm), 각도(30°) → 오른쪽 나사 부분 모서리 1개소 선택 → 확인

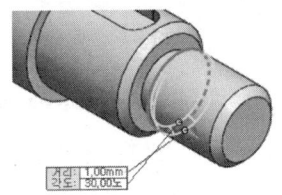 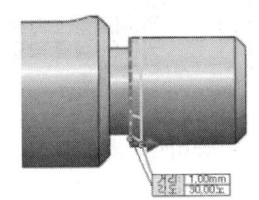

Tip 거리 1mm를 축 길이 방향으로 반듯이 맞추어 주어야 하기 때문에 화살표를 클릭하여 가로방향을 향하도록 해야 한다.

⑫ 나사산 표시 → 오른쪽 끝 모따기 모서리 1개소 선택 → 표준 규격 : KS, 크기 : M10 → 확인

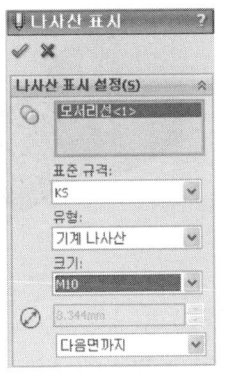 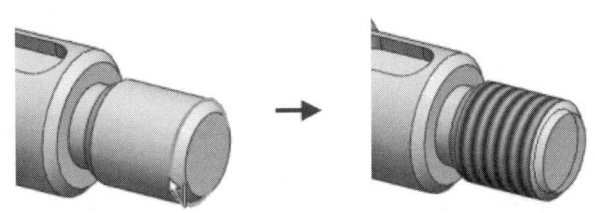

Tip 나사 음영 표시는 FeatureManager 디자인 트리의 '주석'에서 우클릭시 나오는 '세부 사항...'에 들어가 '주석 속성'대화창에서 '음영 나사산'을 체크해주어야 한다.

나사산 표시 아이콘을 불러오기

기본적으로 나사산표시아이콘이 화면에 없기 때문에 '사용자 정의'에서 불러와야 한다.

메뉴바의 '도구 / 사용자 정의'를 클릭하여 '명령'탭에서 '카테고리'의 '주석'을 클릭하면 오른쪽에 나열된 아이콘 중에 '나사산 표시' 아이콘을 찾아 마우스로 드래그하여 적당한 도구모음에 넣어서 사용한다.

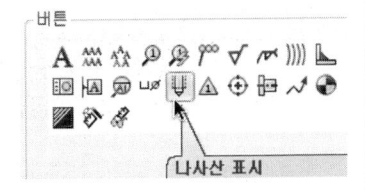

⑬ 모따기 → 거리(2mm), 각도(30°) → 오일 시일 삽입 모서리 2개소 선택 → 확인

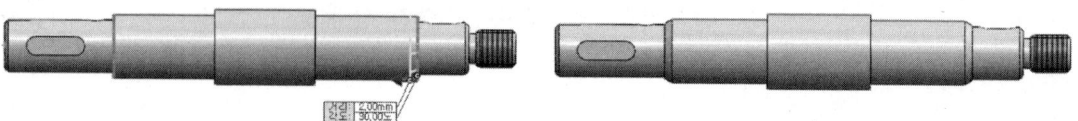

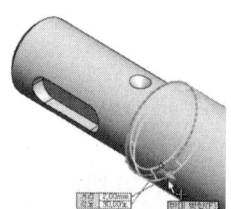

Tip 거리 2mm를 축 길이 방향으로 반듯이 맞추어 주어야 하기 때문에 화살표를 클릭하여야 한다.

⑭ 필렛 → 반경(4mm) → 오일 시일 삽입 모따기 상단 모서리 2개소 선택 → 확인

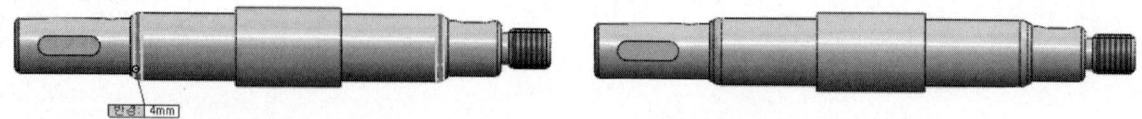

⑮ 구멍 가공 마법사 → 구멍 유형 : 이전 버전용 구멍-카운터싱크 드릴

단면 치수 :

값	치수
2	지름
4	깊이
4.25	카운터-싱크 지름
60	카운터-싱크 각도
118도	드릴 각도

→ 위치 탭으로 이동하여 '3D Sketch'를 클릭 후

→ 축의 양쪽 끝면 임의의 위치에 포인트 클릭

→ 키보드 Esc를 한번 누름(포인트 선택을 종료)

→ 동심(N) 포인트와 원통 모서리에 구속조건 부가

→ 확인 → 확인

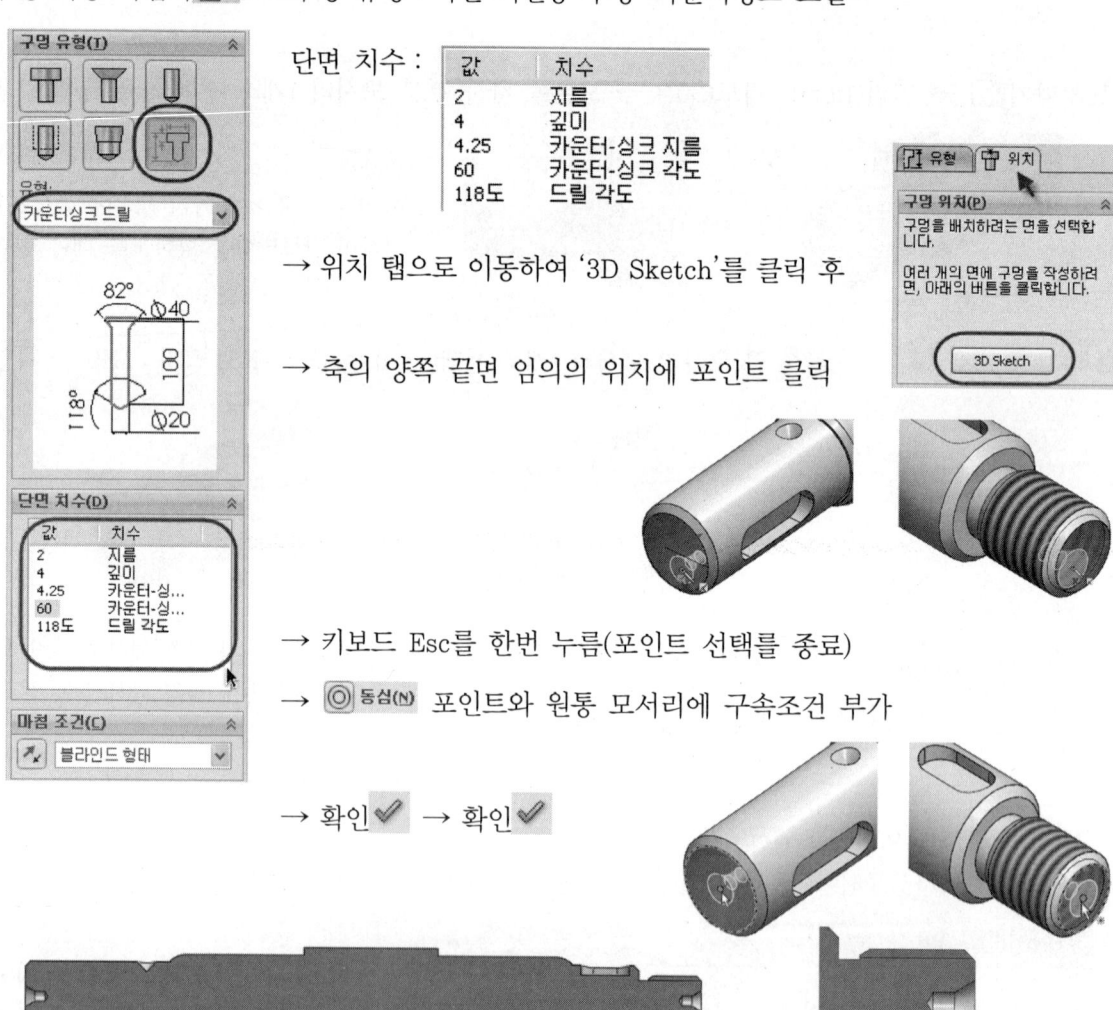

단면도 로 정면을 기준면으로 해서 자른 모습이다.   센터 구멍 작업

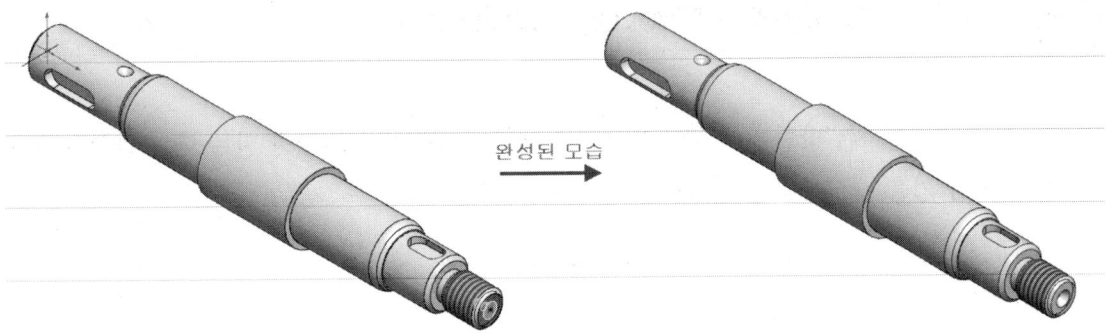

완성된 모습

⑯ 메뉴바의 '파일 / 저장'을 클릭하여 '동력전달장치' 폴더에 '축'으로 파일 이름을 명명하고 저장한다.

Tip '저장' 단축키는 Ctrl+S이다.

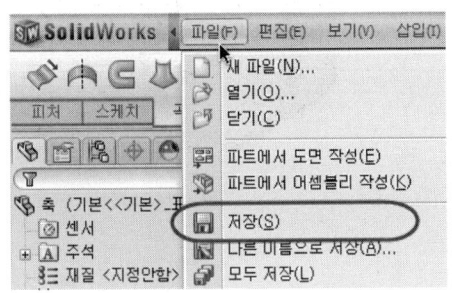
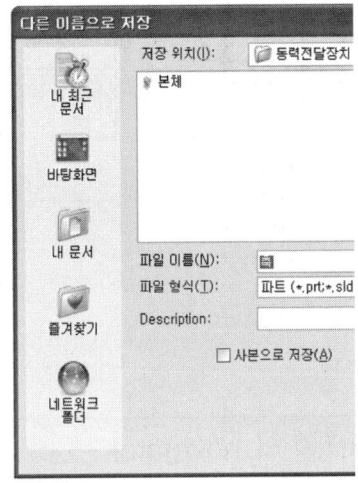

STEP 3 | V-벨트 풀리(V-BELT PULLEY) 모델링하기

V-벨트 풀리를 모델링하는 방법은 대칭인 부품이기 때문에 회전체를 절반만 만든 다음 완성한 후 대칭 복사하여 나머지 키홈, 나사 등을 완성하는 순으로 작업한다.

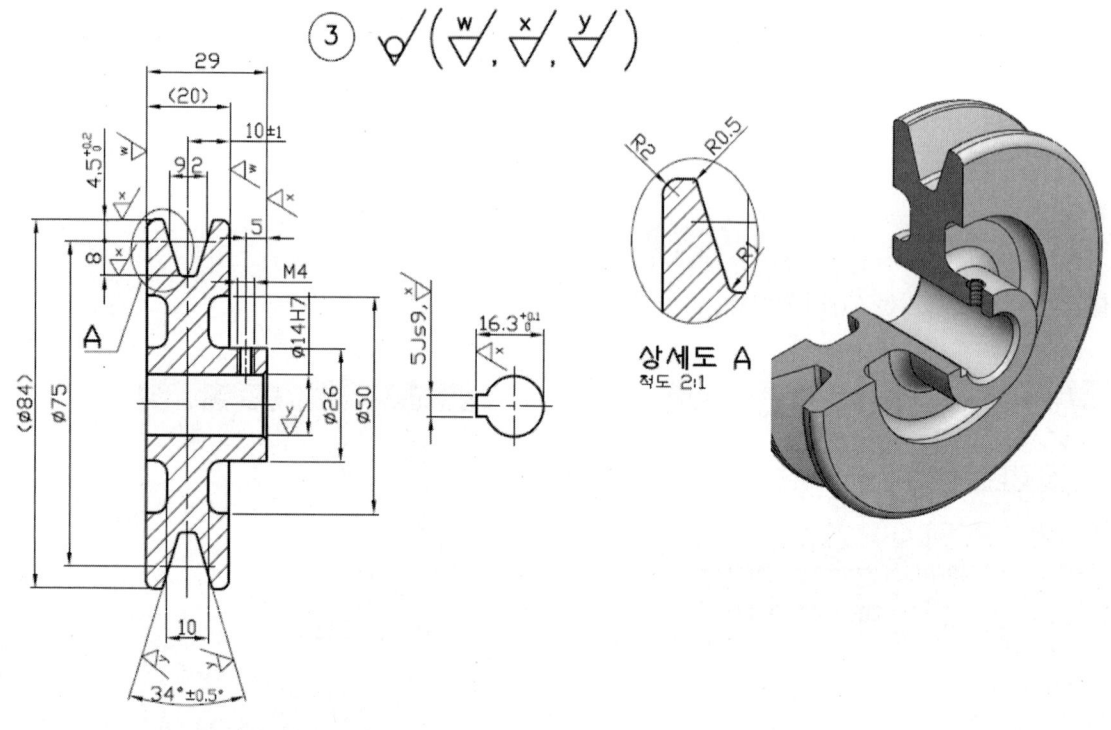

>> 네비게이터 navigator

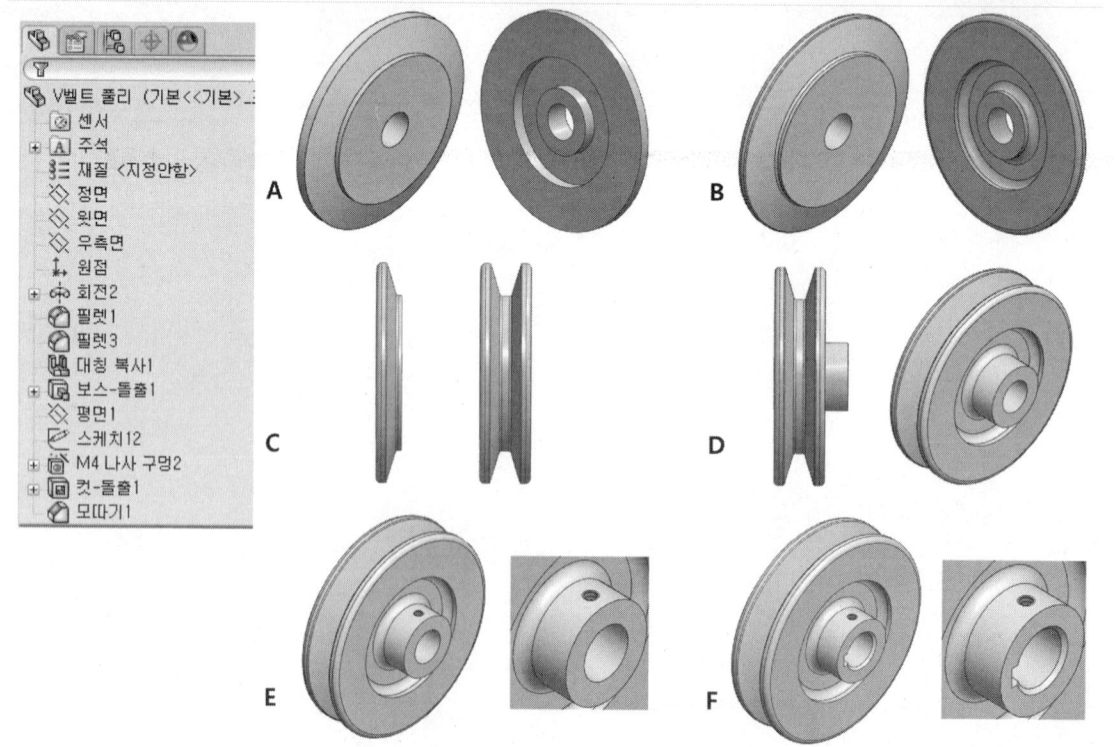

* 지금부터 V-벨트 풀리를 네비게이터(Navigator) 나열 순서대로 모델링하는 방법을 배워보도록 하겠다.

① FeatureManager 디자인 트리 [정면] 선택 → 스케치 선택
중심선 선택 → 원점을 클릭하고 수평으로 스케치 → 선 선택
→ 아래 그림과 같이 스케치

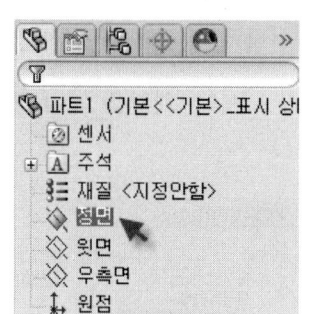

중심선 이 아닌 선 으로 그린 후 보조선으로 바꿔어 사용해도 된다.

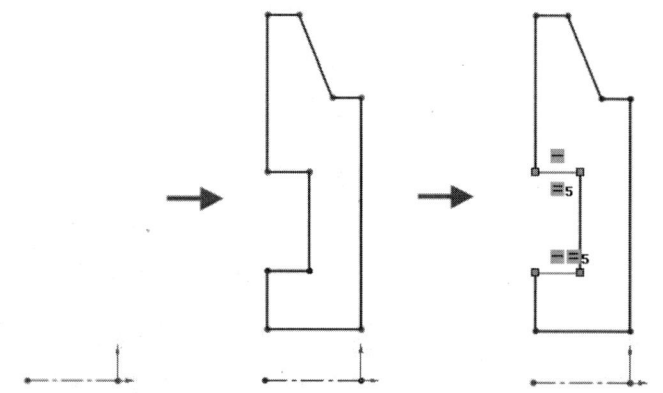

Tip 스케치한 후 왼쪽 내측 부분의 수평선 2개를 선택하여 동등(Q) 구속조건을 부가한다.

점 선택 → 경사선 임의의 위치에 점 생성 → 지능형 치수 로 아래 그림과 같이 치수기입

Tip 절대 경사선 중간점에 점 을 찍으면 안된다. 일치(D) 구속조건이 표시될 때 찍어야 나중에 4.6mm 치수기입을 할 수가 있다.

② 회전 보스/베이스 → 블라인드 형태, 각도(360도) → 확인

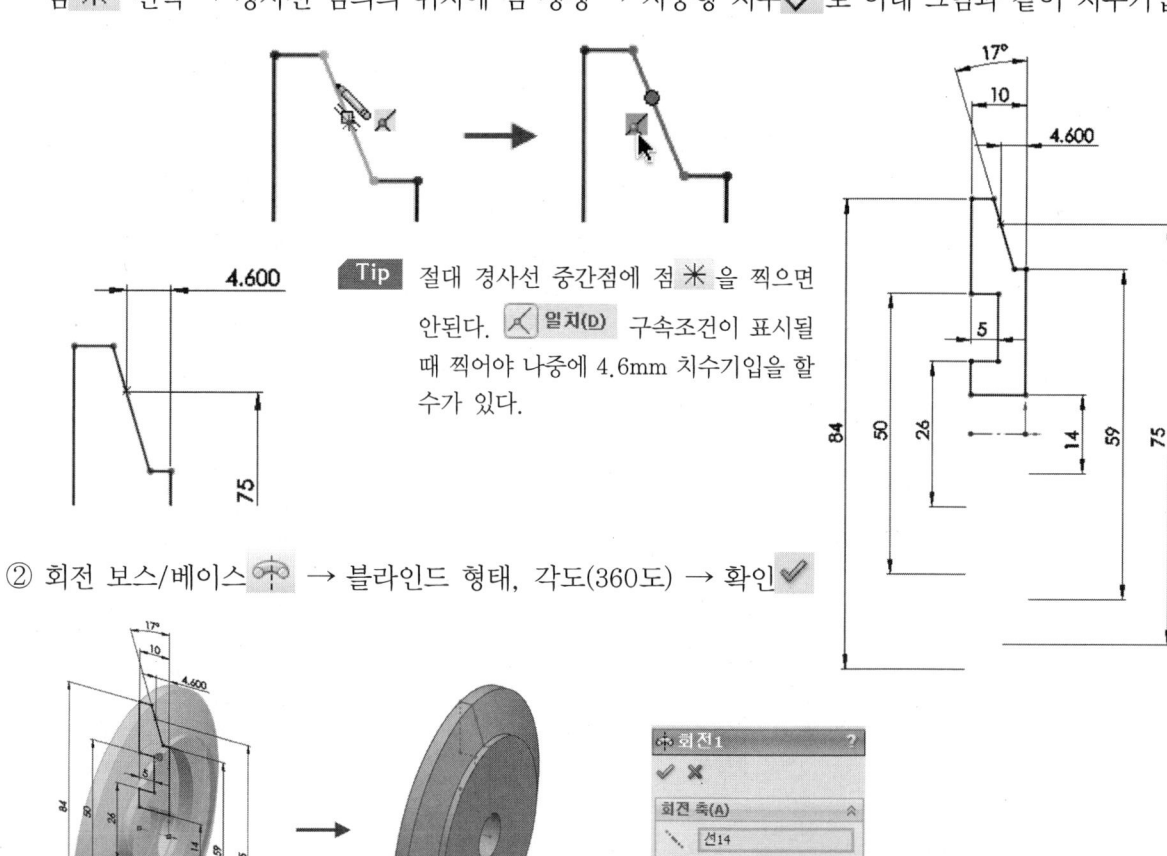

제8장 SolidWorks를 사용한 동력전달장치 모델링 & AutoCAD 도면화 작업 325

③ 필렛 → 반경(3mm) → 왼쪽 내측 면 1개소 선택 → 확인

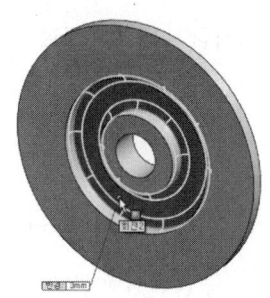

필렛 → '다중 반경 필렛' 체크 → 아래 그림과 같이 3개소 모서리 반경을 각각 입력 → 확인

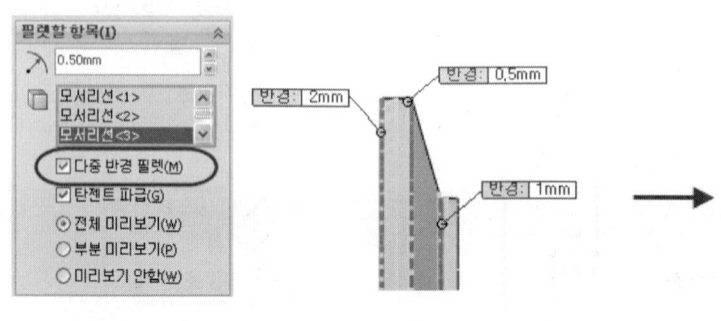

Tip 다중 반경 필렛을 체크하면 필렛 반경값을 하나의 작업으로 모두 다르게 입력할 수가 있다.

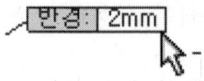 모서리 선택시 표시되는 라벨의 값을 마우스로 클릭하여 값을 변경한다.

④ 오른쪽면을 선택 → 대칭 복사 → '대칭 복사할 바디' 클릭 후 물체 선택 → 확인

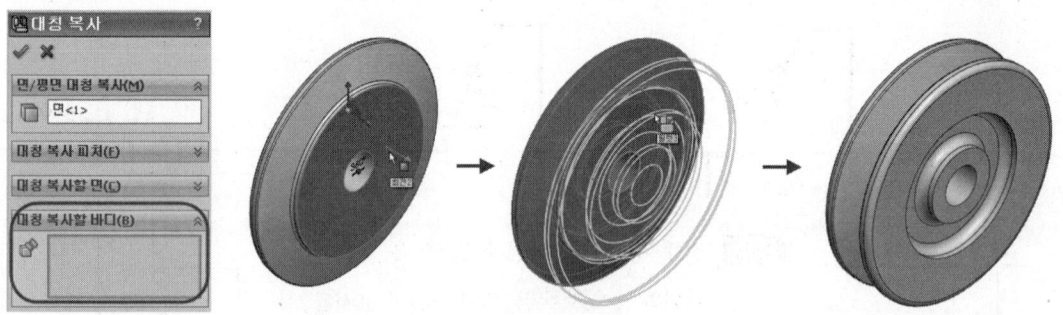

⑤ 오른쪽면을 선택 → 스케치 선택

→ 요소 변환 선택 → 오른쪽 안쪽 모서리 2개소 선택 → 확인

돌출 보스/베이스 → 블라인드 형태, 깊이(9mm) → 확인

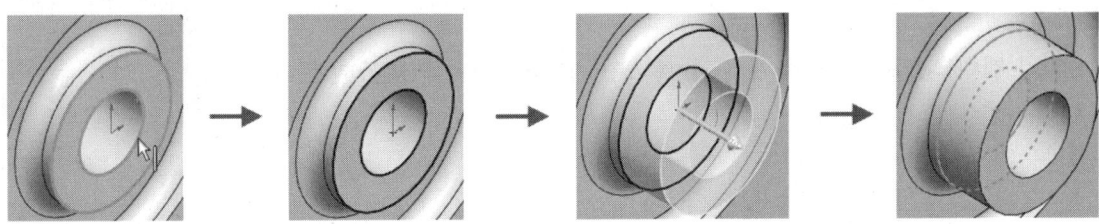

> **Tip** 요소 변환 시 면을 선택하고 곧장 확인 버튼을 누르면 선택면의 외곽라인만 변환이 된다.
> 만약 내측라인 모두를 한꺼번에 선택하고 싶다면 요소 변환을 먼저 클릭하고 면을 선택한 후 내측라인 한 개만 선택하면 '루프' 처리가 되어 연결된 모든 내측라인을 변환시킬 수가 있다.

⑥ FeatureManager 디자인 트리 [정면] 선택 → 키보드 Ctrl 누른 상태에서 오른쪽 바깥쪽면 선택
→ 참조 형상의 기준면 → 확인

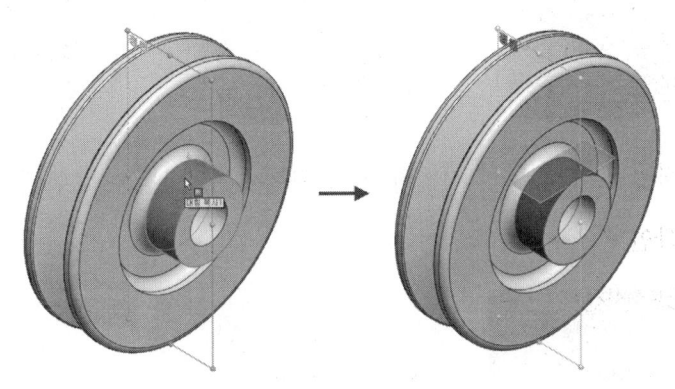

> **Tip** 만약 생성될 평면이 원통 밑에 표시될 경우에는 Property Manager창의 '뒤집기'를 체크하여 방향을 변경할 수가 있다.

⑦ 기준면으로 생성된 평면1 선택 → 스케치 선택

점 선택 → 오른쪽 바깥쪽면 상단의 임의의 위치에 1개소 생성 → 원점과 점에 수평(H) 구속조건 부가 → 지능형 치수로 그림과 같이 5mm 치수기입 → 확인

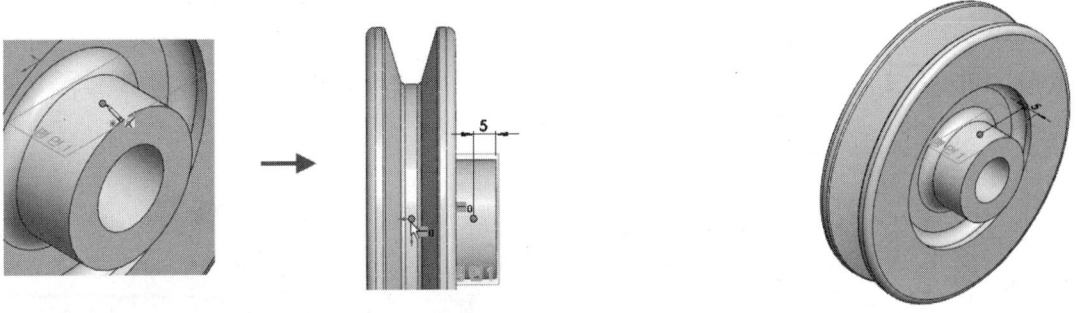

> **Tip** 수평(H) 구속조건을 주기 위해서는 Ctrl+5를 눌러 윗면에서 바라본 상태에서 부가하여야 한다.

숨기기로 평면1을 숨겨 점만 보이게 한다.

⑧ 구멍 가공 마법사 → 구멍 유형 : 직선 탭, 크기 : M4, 마침 조건 : 다음까지

→ 위치 탭의 '3D Sketch' 클릭 후 → 원통면 임의의 위치에 포인트 클릭

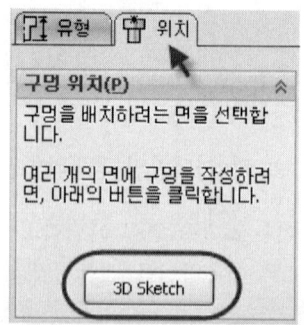

→ 키보드 Esc를 한번 누름(포인트 선택을 종료)

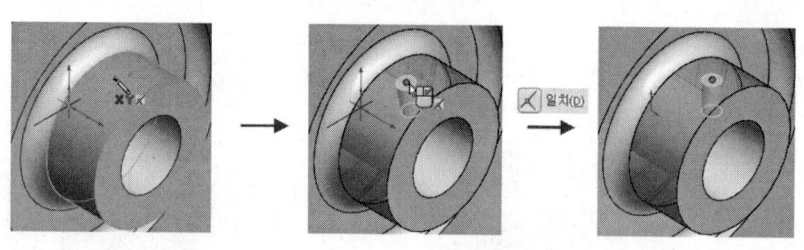

→ 작업 ⑦에서 미리 작업한 점과 구멍 가공 마법사의 점에 일치(D) 구속조건 부가

→ 확인 → 확인

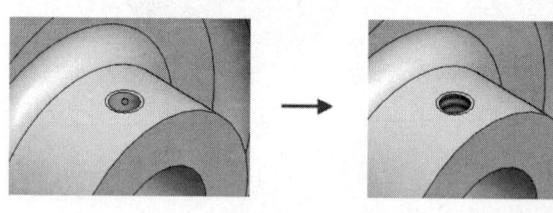

Tip 나사 음영 표시는 FeatureManager 디자인 트리의 '주석'에서 우클릭시 나오는 '세부 사항…'에 들어가 '주석 속성' 대화창에서 '음영 나사산'을 체크해 주어야 표시된다.

점을 선택하여 숨기기로 숨긴다.

⑨ 그림과 같이 보스의 오른쪽면을 선택
→ 스케치 선택

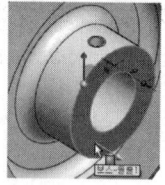

Tip 면을 선택하고 표준보기방향 도구모음에서 (우측면)를 클릭해서 바라보아야 스케치를 하기가 수월해진다.
[단축키 : Ctrl+4]

→ 중심 사각형 선택 → 그림과 같이 스케치 → 사각형 중심과 원점 수평(H) 구속조건 부가

→ 지능형 치수로 그림과 같이 치수기입

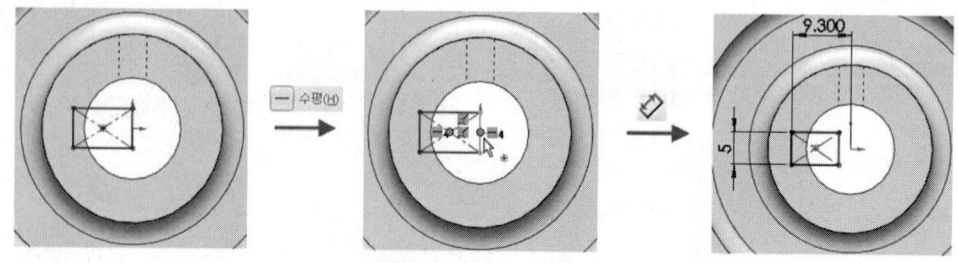

원의 사분점을 이용한 지능형 치수 기입 방법

보통 원통 모서리를 선택하여 지능형 치수기입시에는 원의 중심에서부터 치수가 기입된다.
원통 모서리 사분점을 이용하여 지능형 치수기입하고자 할 경우에는 키보드 Shift를 누른 상태에서 기입하고자 하는 원의 사분점 부분을 선택하면 된다.

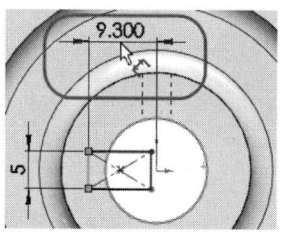
Shift키를 안 누른 상태

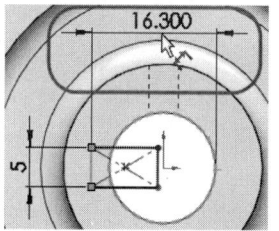
Shift키를 누른 상태

⑩ 돌출 컷 → 마침 조건 : 다음까지 → 확인

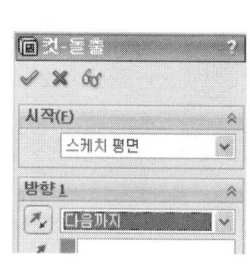
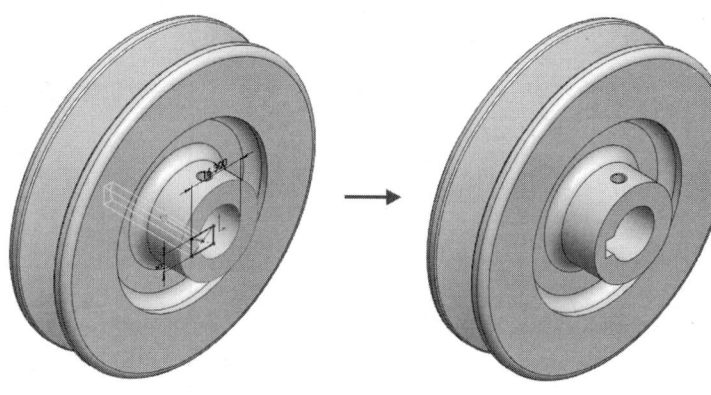

⑪ 모따기 → 거리(1mm), 각도(45°) → 양쪽 구멍 모서리 2개소 선택 → 확인

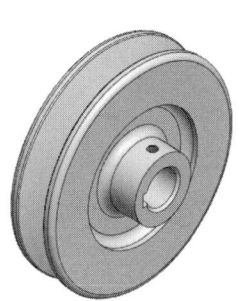

완성된 모습

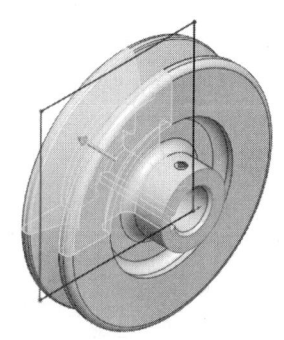

코너 사각형 으로 스케치한 후 돌출 컷 으로 절단하여 단면도를 표시하여 3차원 등각도에 사용한다.

※ 기계기사 종목 수검시에는 3차원 등각도에 단면 표시를 하지 않는다.

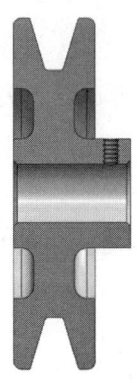 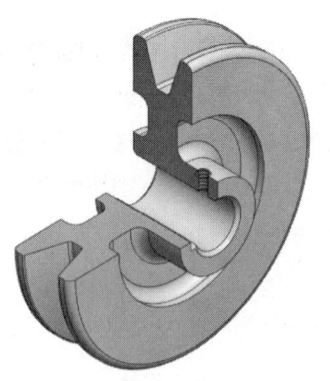

단면도 로 정면을 기준면으로 해서 자른 모습이다.

돌출 컷 으로 절단한 모습이다.

⑫ 메뉴바의 '파일 / 저장'을 클릭하여 '동력전달장치' 폴더에 'V벨트 풀리'로 파일 이름을 명명하고 저장한다.

Tip '저장' 단축키는 Ctrl+S이다.

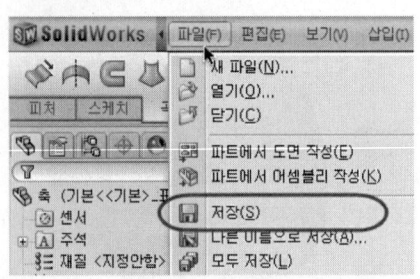 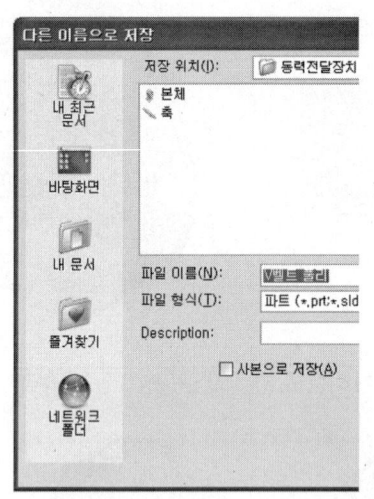

STEP 4 | 스퍼 기어(SPUR GEAR) 모델링하기

스퍼 기어를 모델링하는 방법은 기어 이 1개를 만든 다음 개수만큼 회전시켜 기어 형태를 먼저 완성한 다음 키홈 등을 작업한다.

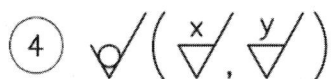

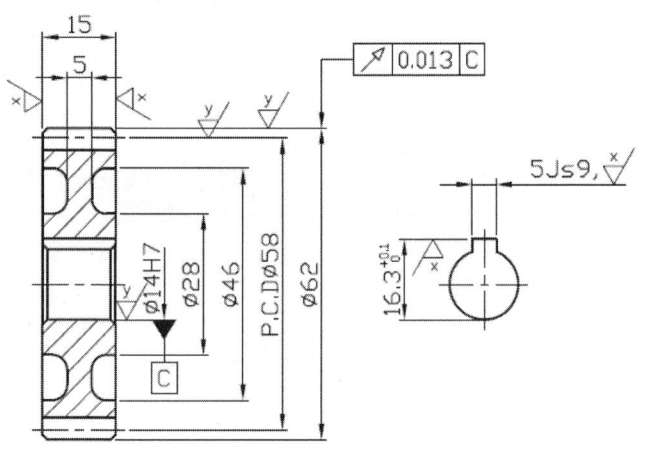

스퍼기어 요목표		
기어치형		표준
공 구	치 형	보통이
	모 듈	2
	압력각	20°
잇 수		29
피치원지름		P.C.DØ58
전체이높이		4.5
다듬질방법		호브절삭
정 밀 도		KS B 1405, 5급

>> 네비게이터 navigator

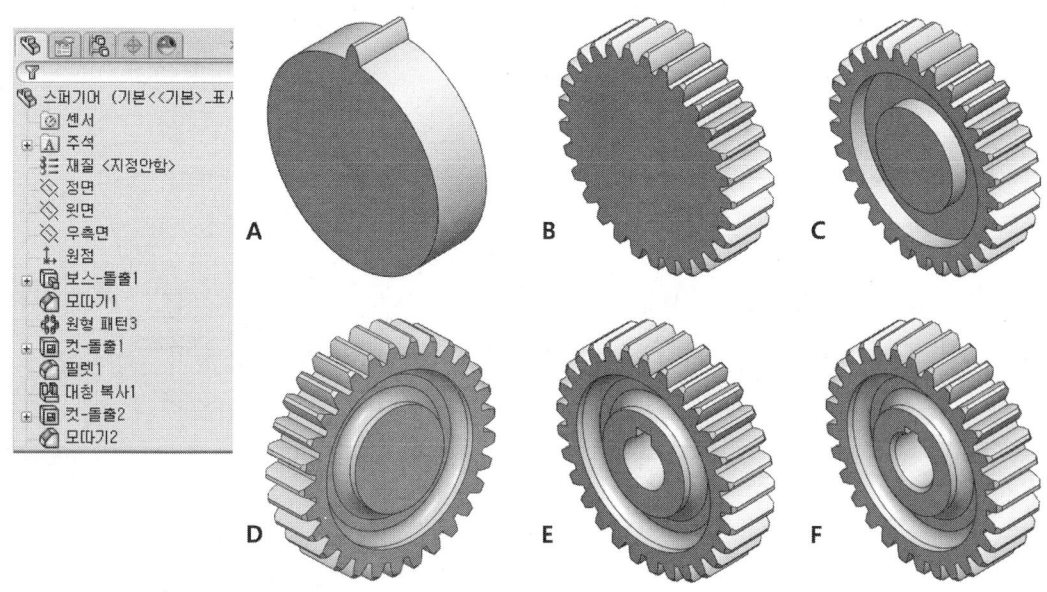

* 지금부터 스퍼 기어를 네비게이터(Navigator) 나열 순서대로 모델링하는 방법을 배워보도록 하겠다.

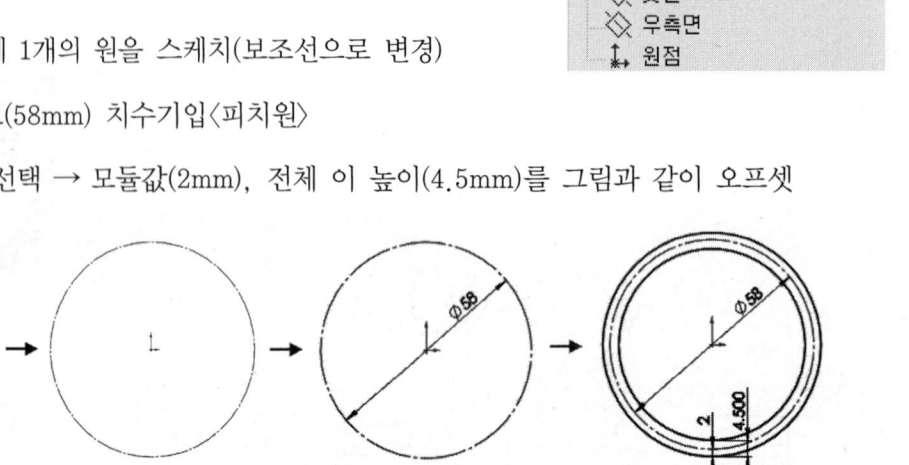

① FeatureManager 디자인 트리 [정면] 선택

　→ 스케치 선택

　원 선택 → 원점에 1개의 원을 스케치(보조선으로 변경)

　→ 지능형 치수로(58mm) 치수기입〈피치원〉

　→ 요소 오프셋 선택 → 모듈값(2mm), 전체 이 높이(4.5mm)를 그림과 같이 오프셋

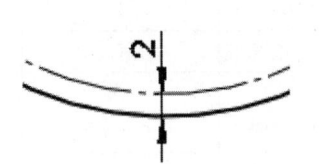
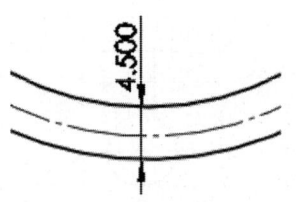
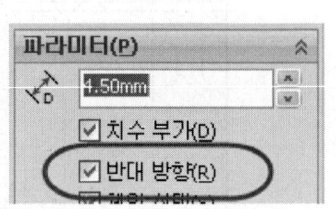

　　58mm 바깥쪽으로 오프셋　　2mm 오프셋된 원을 선택 안쪽으로 오프셋
　　　　　　　　　　　　　　　　　(오프셋 조건창에서 반대방향 체크)

② 원 선택 → 피치원 아래에 1개의 원을 스케치(보조선으로 변경) → 중심선 선택 → 원점에 수직선과 임의의 선을 수직선 오른쪽에 스케치 → 점 선택 → 피치원과 대각선의 교차된 곳을 교점으로 선택하여 점을 한 개 생성

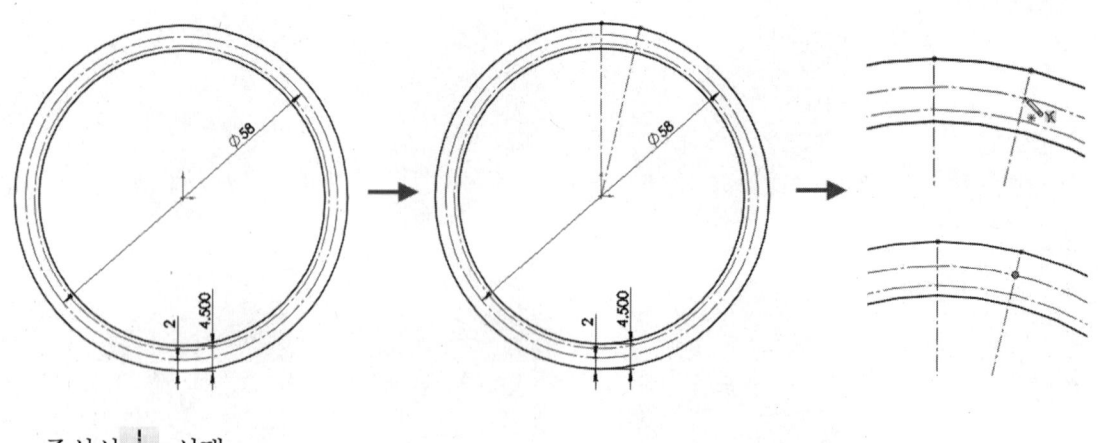

　→ 중심선 선택

→ 반듯이 오른쪽 그림과 같은 방향으로 스케치한 후 방금 찍은
  점과 스케치한 중심선에 일치(D) 구속조건 부가

③ 지능형 치수 로 '90°/잇수(29)' = (3.1°), 압력각(20°) 치수기입

→ 3점호 로 아래 그림처럼 호를 스케치한 후 호와 대각선에
  탄젠트(A), 호와 점과 일치(D) 구속조건 부가

→ 호의 중심점과 기초원에 일치(D) 구속조건 부가

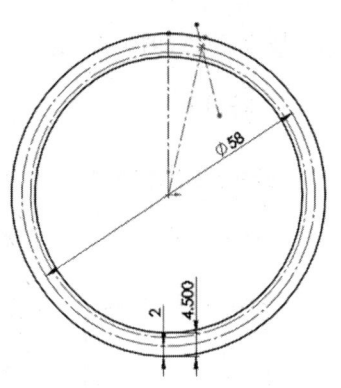

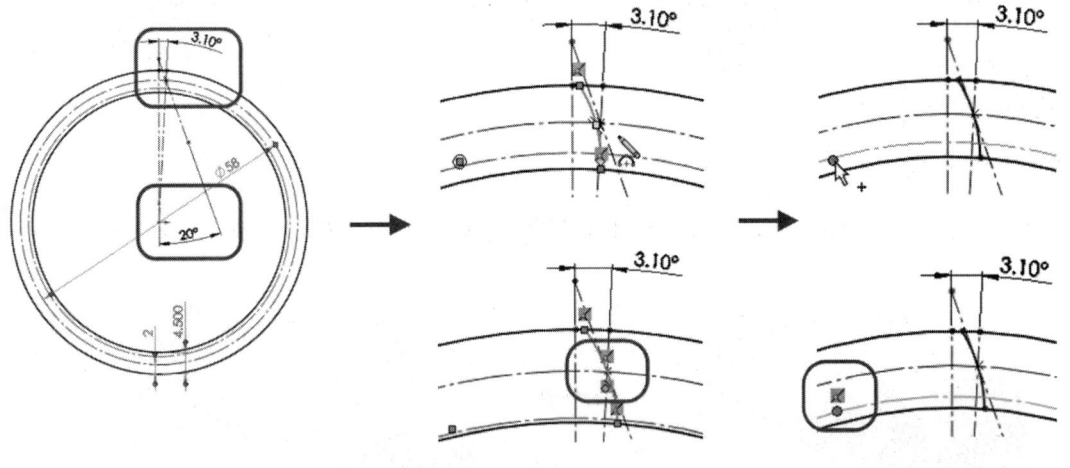

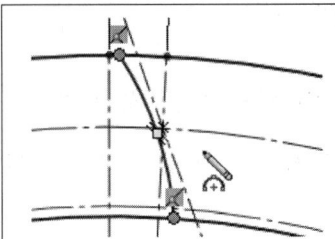
3점호 사용은 양쪽끝
먼저 찍고 중간을 나중에
찍어야 한다.

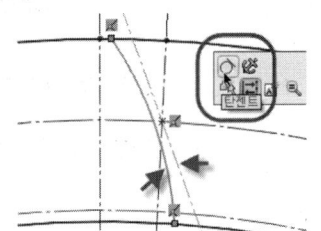
2개의 도형을 지정하여 탄젠
트 구속조건을 부가한다.

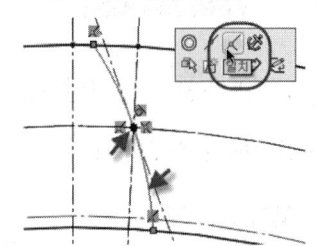
호와 점에 일치 구속조건을
부가한다.

④ 지능형 치수 로 R9(전체 이 높이 4.5×2) 치수기입

→ 호와 수직 중심선을 선택 → 요소 대칭 복사 선택

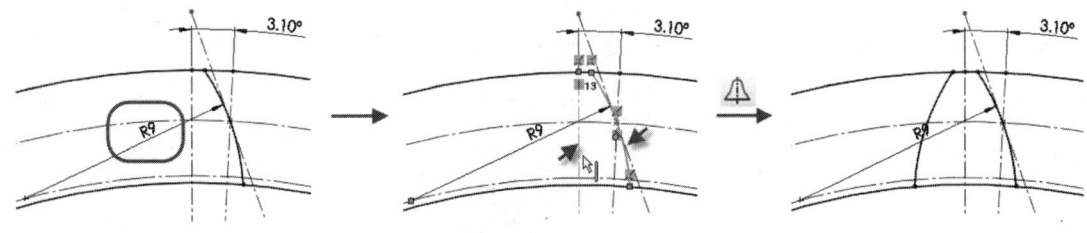

⑤ 돌출 보스/베이스 → 선택 프로파일 : 돌출할 2개소 영역을 클릭 → 중간 평면, 깊이(15mm) → 확인

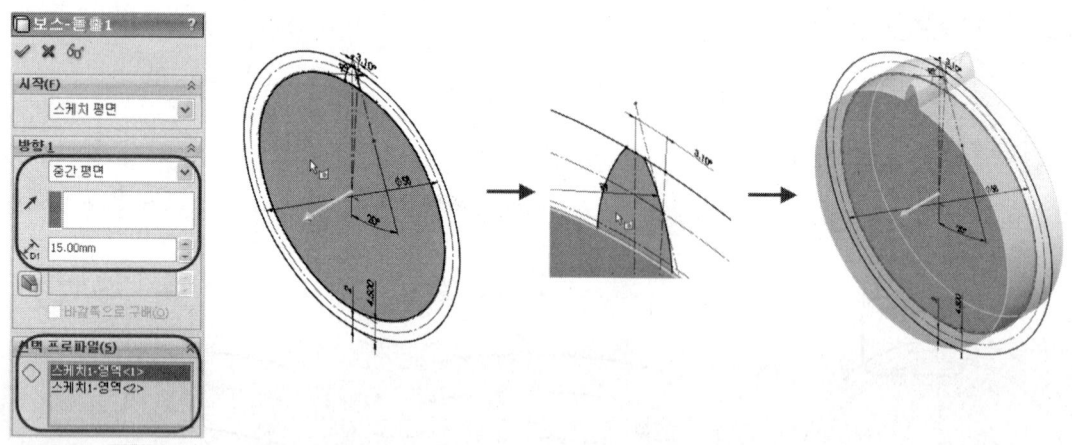

⑥ 모따기 → 거리(1mm), 각도(45°) → 기어 이의 양쪽 모서리 2개소 선택 → 확인

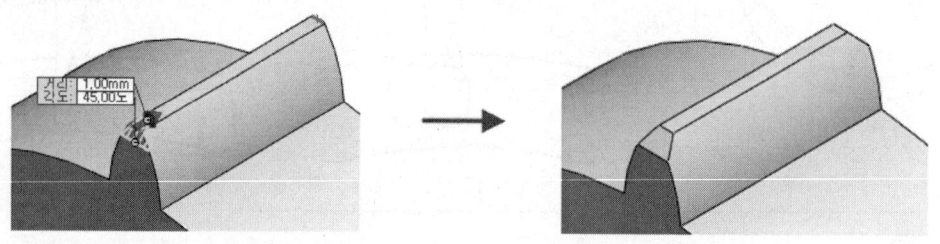

⑦ 원형 패턴 → '패턴 축' 란을 클릭하여 회전축이 되는 원통면을 선택 → 인스턴스 수 : 29개 → '패턴할 피처'를 클릭하고 작업 ⑤, ⑥을 선택 → 확인

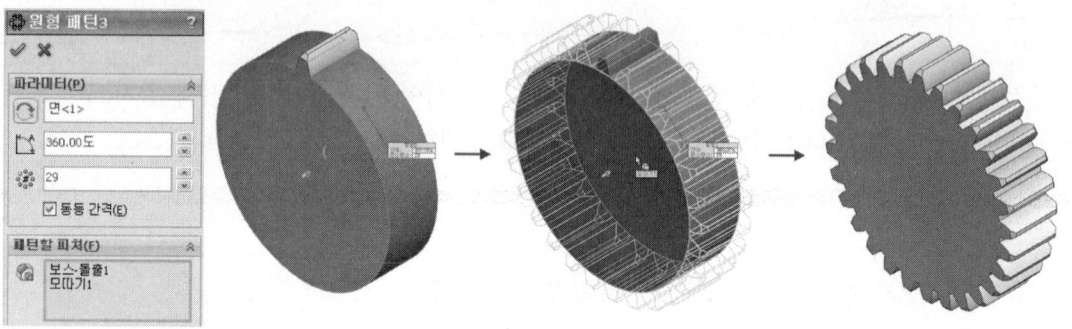

⑧ 스퍼기어의 정면을 선택

→ 스케치 선택

→ 원 선택

→ 원점에 2개의 원을 스케치

 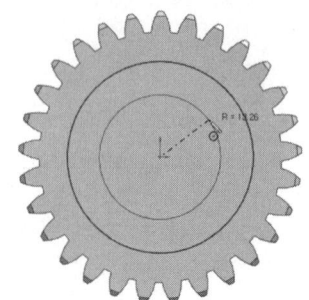

→ 지능형 치수 로 치수기입 → 돌출 컷 → 마침 조건 : 블라인드 형태, 깊이 : 5mm → 확인

필렛 → 반경(3mm) → 왼쪽 내측 면 1개소 선택 → 확인

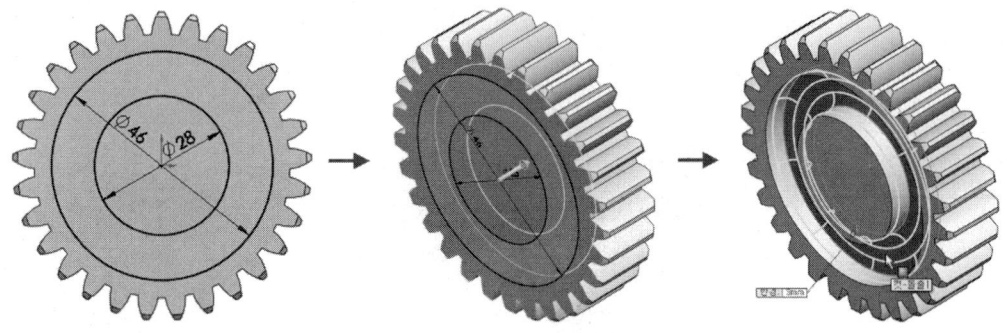

⑨ FeatureManager 디자인 트리 [정면] 선택 → 대칭 복사 → '대칭 복사 피처'에 작업 ⑧을 선택 → 확인

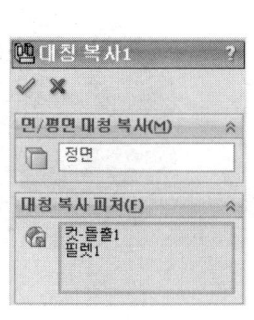  

⑩ 스퍼기어의 정면을 선택
   → 스케치 선택

Tip 면을 선택하고 표준 보기 방향 도구 모음에서 (정면)을 클릭해서 바라보아야 스케치를 하기가 수월해진다.
[단축키 : Ctrl+1]

→ 원 선택 → 원점에 원을 스케치

중심 사각형 선택 → 그림과 같이 스케치 → 사각형 중심과 원점 수직(V) 구속조건 부가 → 지능형 치수 로 그림과 같이 치수기입

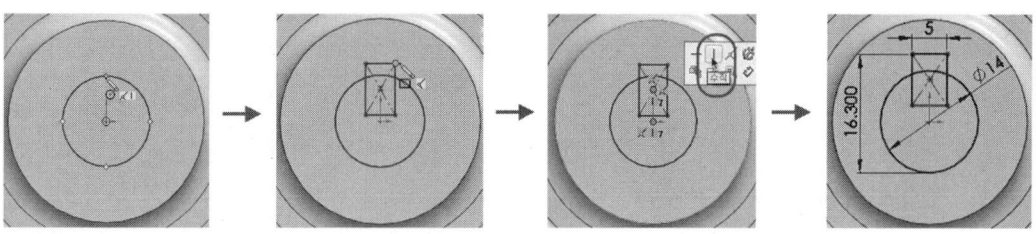

⑪ 돌출 컷 → 선택 프로파일 : 컷할 3개소 영역을 클릭, 마침 조건 : 다음까지 → 확인

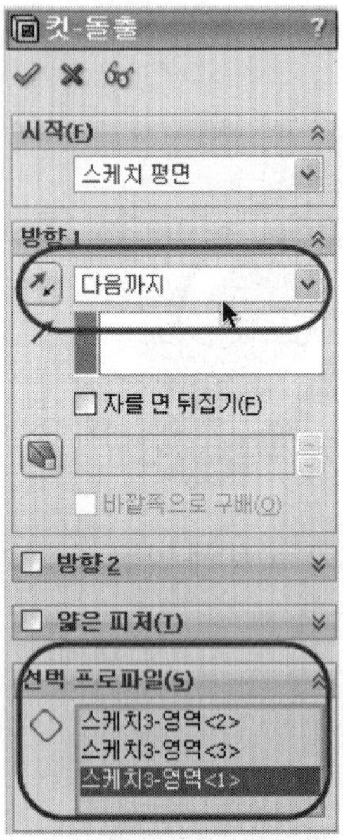

⑫ 모따기 → 거리(1mm), 각도(45°)
　→ 양쪽 구멍 모서리 2개소를 선택 → 확인

우측면을 기준으로 단면도　　돌출 컷 으로 절단

⑬ 메뉴바의 '파일 / 저장'을 클릭하여 '동력전달장치'폴더에 '스퍼기어'로 파일 이름을 명명하고 저장한다.

　Tip '저장' 단축키는 Ctrl+S이다.

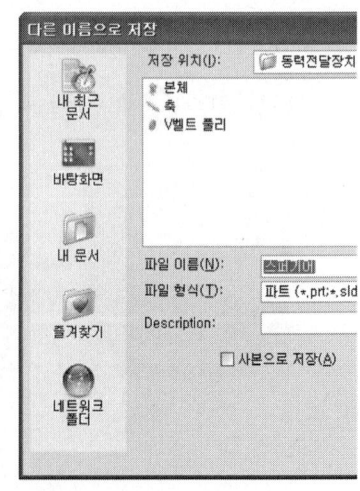

336 기계 제도 실무

STEP 5 | 커버(COVER) 모델링하기

커버를 모델링하는 방법은 회전체를 먼저 완성한 다음 외부의 모서리에 필렛을 한 후 카운터보링 등을 작업한다.

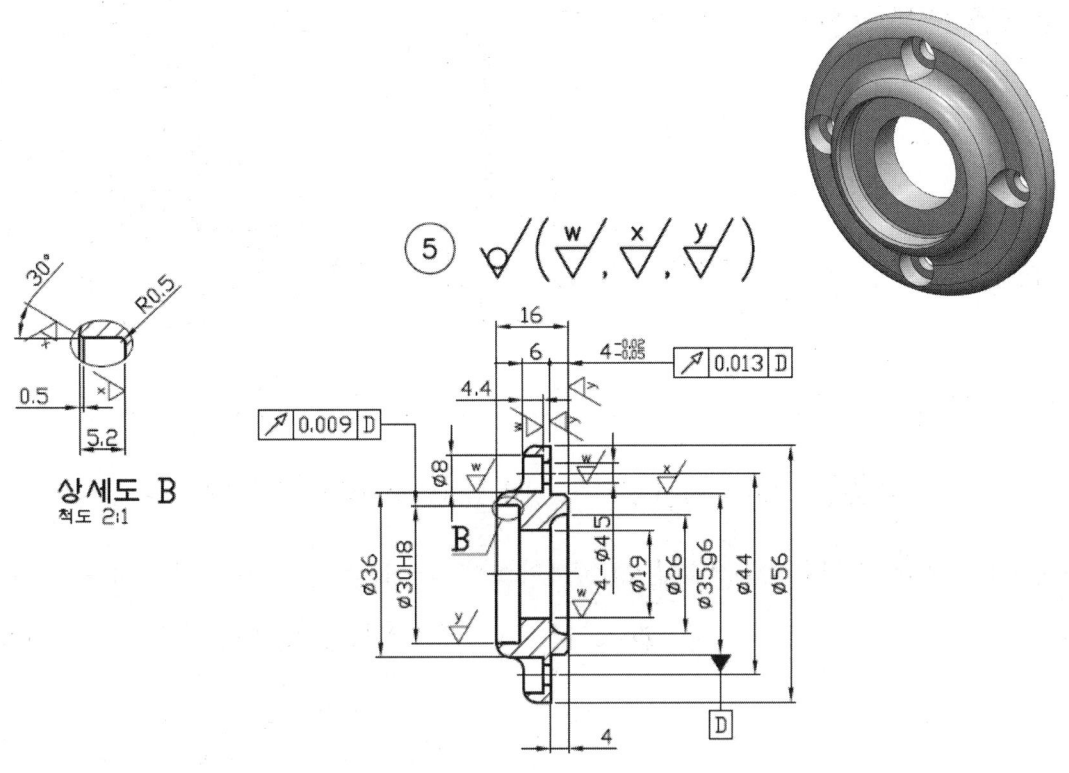

>> 네비게이터 navigator

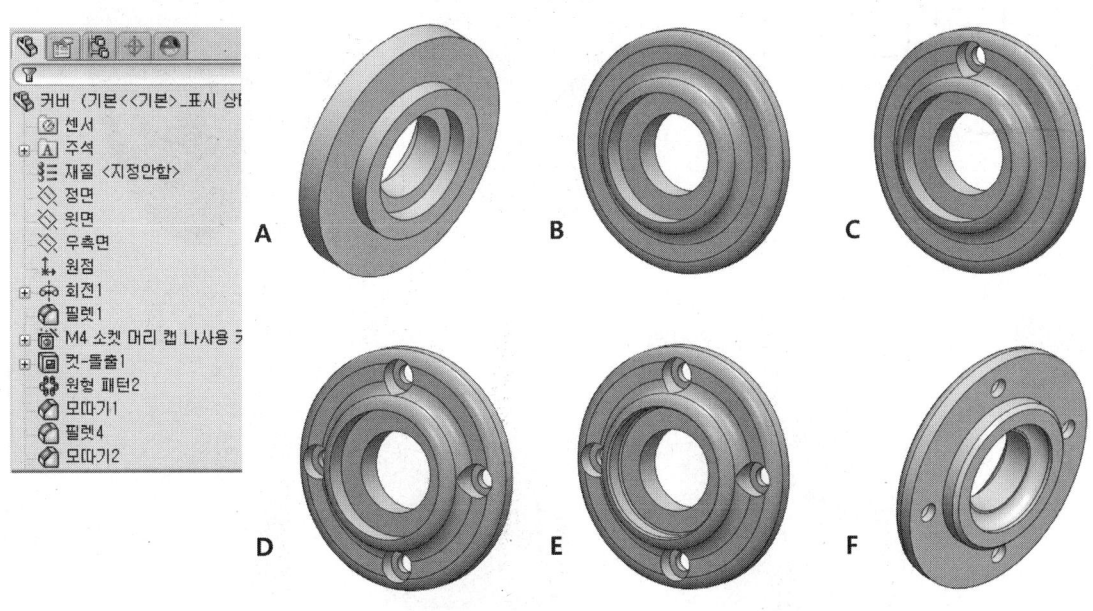

* 지금부터 커버를 네비게이터(Navigator) 나열 순서대로 모델링하는 방법을 배워보도록 하겠다.

① FeatureManager 디자인 트리 [정면] 선택

　→ 스케치 선택

　→ 중심선 선택 → 원점을 클릭하고 수평으로 대략적인 크기로 스케치

　→ 선 선택 → 아래 그림과 같이 스케치

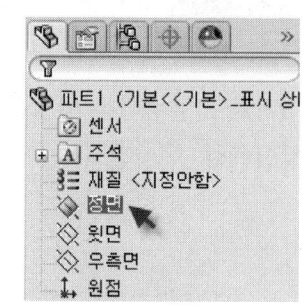

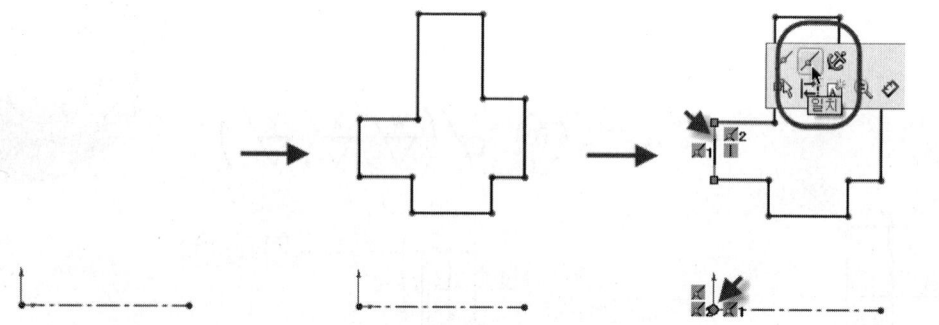

Tip 스케치한 후 왼쪽끝 수직선과 원점을 선택하여 일치(D) 구속조건을 부가한다.

② 지능형 치수로 치수기입 → 회전 보스/베이스 → 블라인드 형태, 각도(360도) → 확인

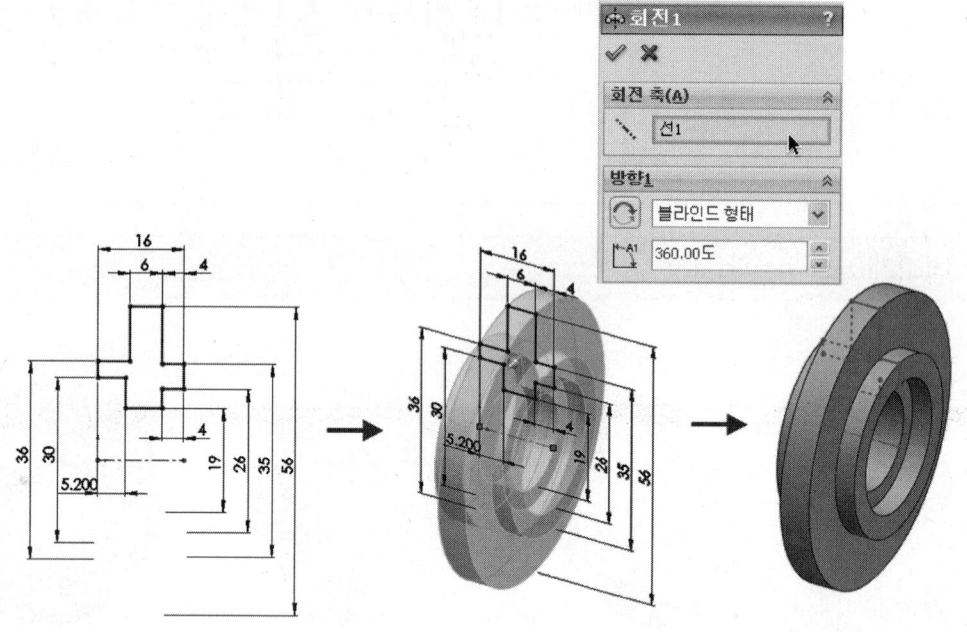

③ 필렛 → 반경(3mm) → 왼쪽 모서리 3개소 선택 → 확인

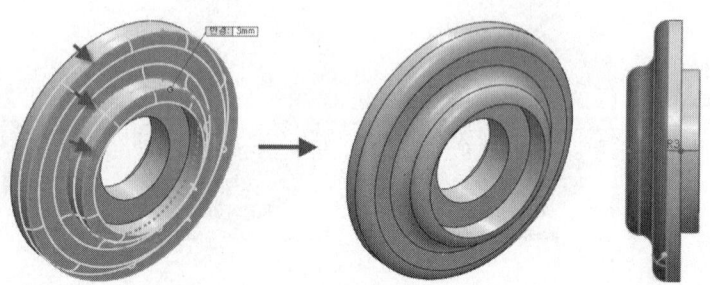

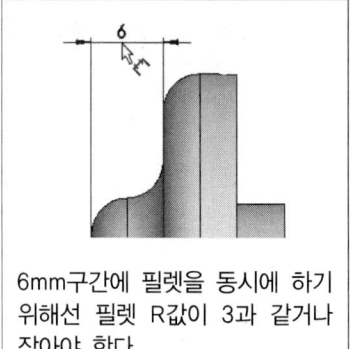

6mm구간에 필렛을 동시에 하기 위해선 필렛 R값이 3과 같거나 작아야 한다.

Tip 한번에 필렛이 안될 경우에는 필렛 작업을 한 개의 모서리마다 개별적으로 해 주어야 필렛이 된다.

④ 구멍 가공 마법사 → 구멍 유형 : 카운터보어, 표준 규격 : KS, 크기 : M4, 마침 조건 : 다음까지 옵션항목은 모두 체크 해제한다.

→ 위치 탭으로 이동 → 카운터보어가 생성될 왼쪽면의 위쪽을 마우스로 클릭

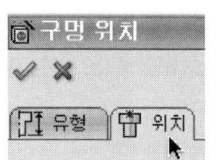 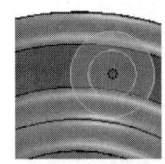 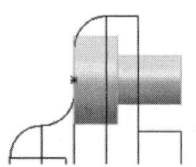

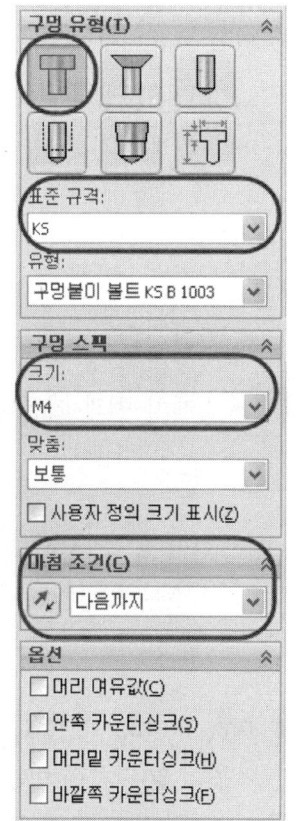

→ 키보드 Esc를 한번 누름(포인트 선택을 종료)

→ 원점과 구멍 포인트에 수직(V) 구속조건 부가

표준보기방향도구 모음에서 (좌측면)을 클릭한다. [단축키 : Ctrl+3]
Tip 원점에 포인트를 구속하기 위해선 꼭 구멍 가공 마법사가 생성된 면으로 바라보아야 한다.

→ 지능형 치수 로(22mm) 치수기입 → 확인 → 확인

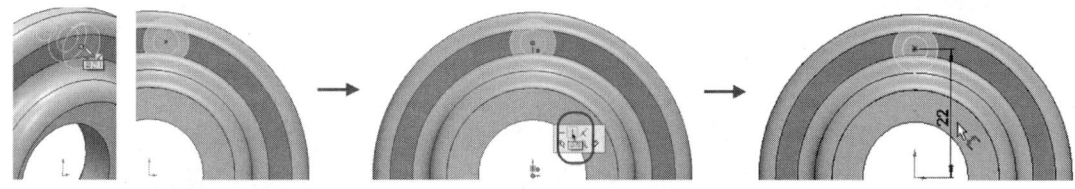

원점으로부터 구멍 가공 마법사 작업시 알아두기

❶ 구멍이 생성될 특정면을 먼저 마우스 포인트로 클릭하고 '구멍 가공 마법사'아이콘을 선택하면 그 위치에 바로 구멍이 만들어져 원점으로부터 구속조건을 부여하기가 편리하다.

❷ 특정 포인트 클릭 없이 '구멍 가공 마법사'에 들어가 위치 탭으로 들어갈 경우에만 '3DSketch'가 표시되며 '3D Sketch'버튼을 클릭 후 포인트를 지정할 경우에는 원점을 기준으로 한 구속이 안되므로 3D Sketch로 구멍 가공 마법사를 작업시에는 미리 구속될 위치에 스케치를 작업한 후에 '구멍 가공 마법사'를 사용하여 '3D Sketch'포인트를 기작성된 스케치를 바탕으로 구속시켜야 한다.

❸ 특정 포인트 클릭 없이 '구멍 가공 마법사'에 들어가 위치 탭에서 곧장 구멍이 생성될 특정위치를 클릭하면 ❶작업과 같은 방법으로 구속조건을 부여할 수가 있다.

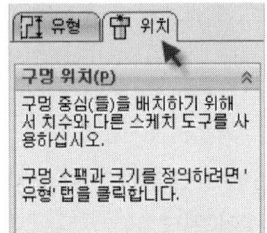 ❶ 작업시 상태   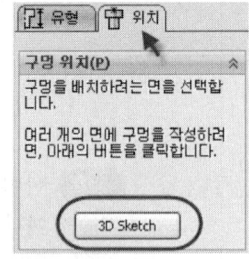 ❷❸ 작업시 상태

⑤ 왼쪽 카운터보어 작업한 면을 선택

→ 스케치

→ 선택원 선택 → 1개의 원을 그림과 같이 스케치

→ 스케치 원과 카운터보어 구멍 선택한 후 동일원(R) 구속조건 부가

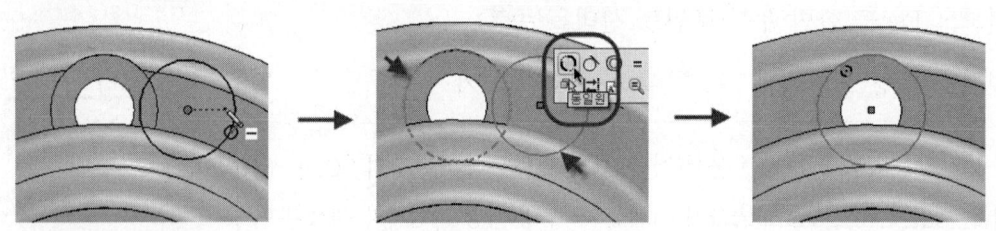

⑥ 돌출 컷 → 마침 조건 : 다음까지, 반대 방향을 클릭 → 확인

마우스 휠(가운데 버튼)을 누른 상태에서 움직여 커버의 왼쪽이 보이도록 회전시켜 돌출 방향을 확인한 후 돌출 컷의 확인 버튼을 클릭한다.

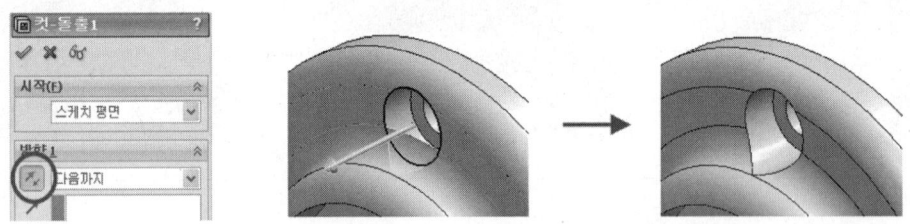

Tip 카운터보어 구멍을 먼저 만들고 필렛을 나중에 하면 제대로 필렛 모양이 않나오기 때문에 구멍 작업을 나중에 하다 보니 작업 ⑥이 꼭 필요하다.

⑦ FeatureManager 디자인 트리창에서 'M4 소켓 머리 캡 나사용 카운터보어'와 '컷-돌출'을 선택

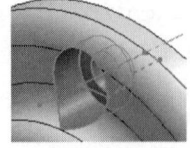

Tip Ctrl키를 누른 상태에서 선택해야 두 개의 피처를 선택할 수가 있다.

원형 패턴 → '패턴 축' 상태에서 커버 바깥지름 면을 선택

인스턴스 수 : 4개 → 확인

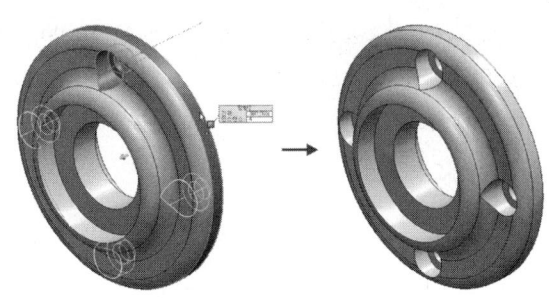

⑧ 모따기 → 거리(0.75mm), 각도(30°) → 그림과 같이 모서리 선택 후 화살표 방향을 길이방향으로 맞춤 → 확인

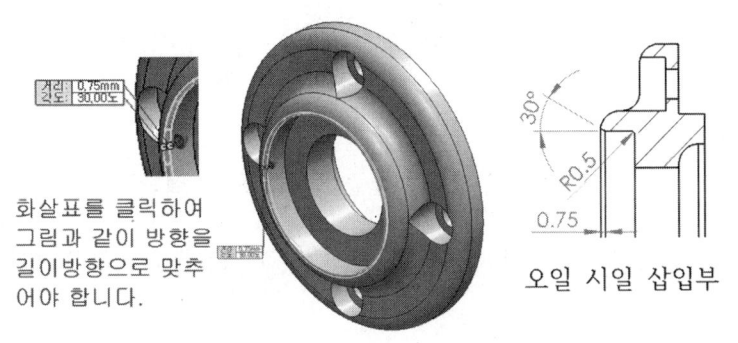

⑨ 필렛 → '다중 반경 필렛' 체크 → 아래 그림과 같이 왼쪽(R0.5)과 오른쪽(R3) 각각 1개소 모서리 반경을 입력 → 확인

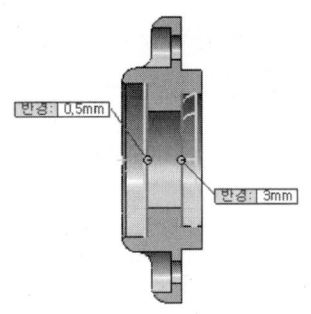

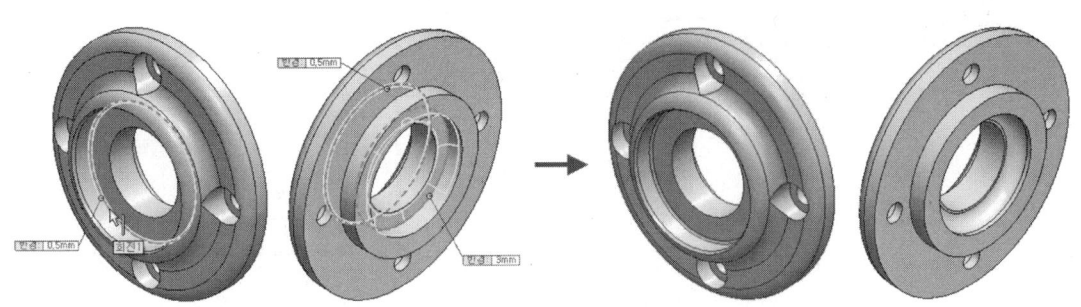

⑩ 모따기 → 거리(1mm), 각도(45°)
→ 그림과 같이 오른쪽 끝단 모서리 1개소 선택
→ 확인

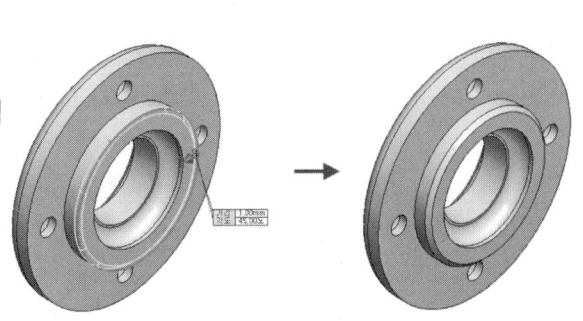

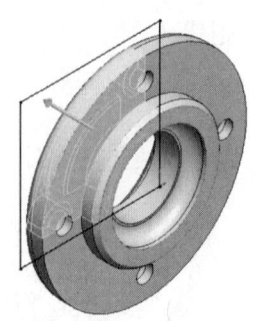
코너 사각형 □으로 스케치한 후 돌출 컷 ▣으로 절단하여 단면도를 표시하여 3차원 등각도에 사용한다.

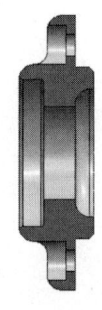   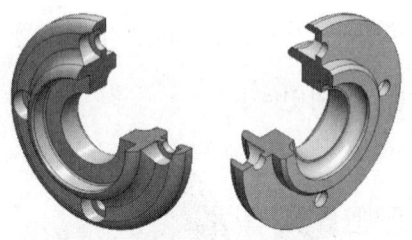

정면을 기준으로 단면도   돌출 컷 ▣으로 절단

⑪ 메뉴바의 '파일 / 저장'을 클릭하여 '동력전달장치'폴더에 '커버'로 파일 이름을 명명하고 저장한다.

  Tip '저장' 단축키는 Ctrl+S이다.

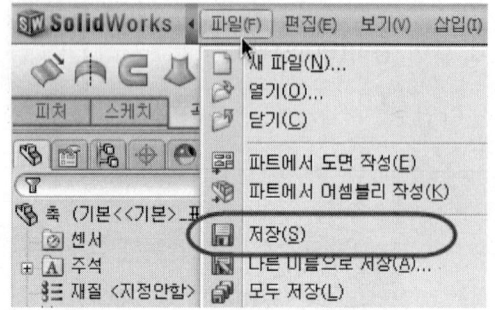   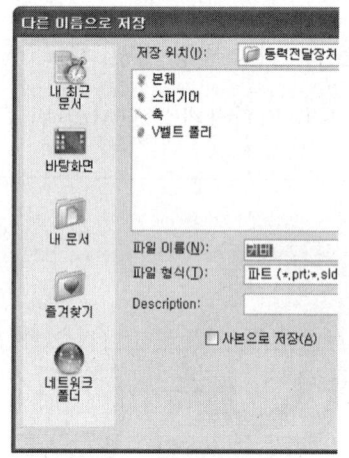

도면화 작업

SolidWorks에서 아래 그림과 같이 3차원 모델링 제품을 도면화하는 작업을 배워보도록 하겠다.

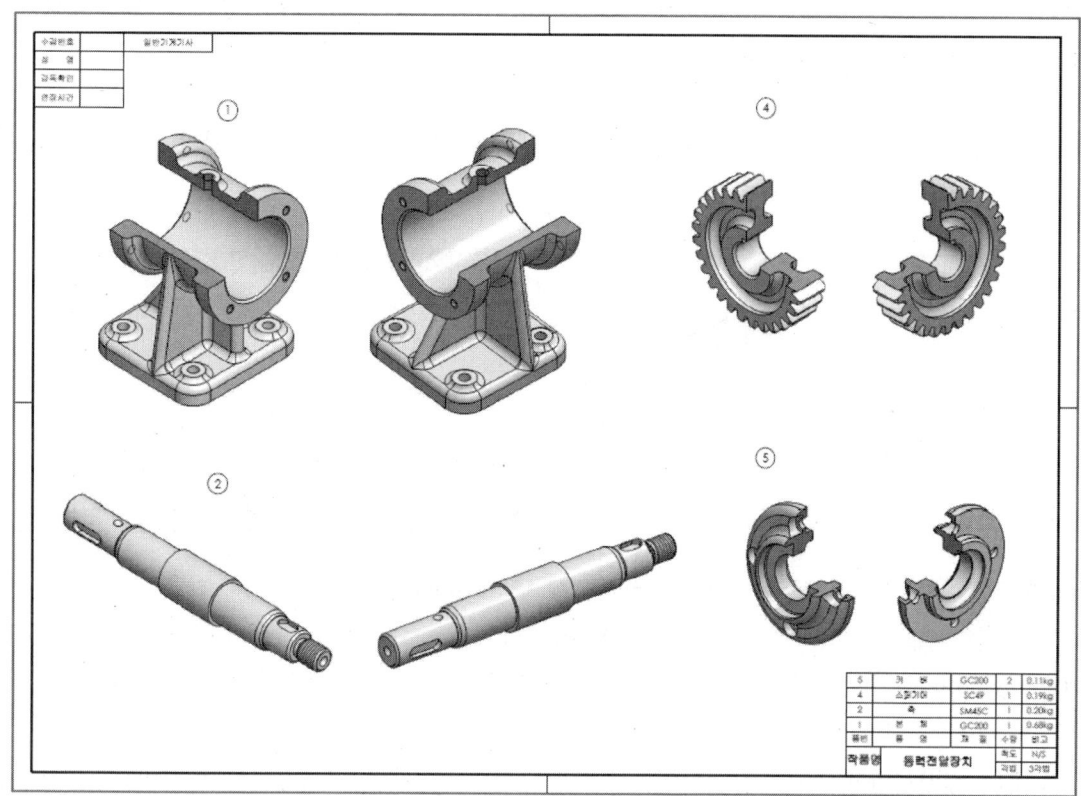

솔리드 모델링 후 형상이 잘 나타나도록 1개의 부품에 2곳의 방향에서 바라다본 등각투상도로 나타내야 한다.

축 종류를 뺀 나머지 부품들은 한쪽 단면(1/4단면)으로 나타내야 하며 렌더링(음영) 처리를 안할 경우에는 단면에 해칭 처리를 해주어야 한다.

도면의 크기는 A2로 출력은 A3로 하며 부품들의 척도는 NS(none scale)로 실물의 형상과 배치를 고려하여 적당한 크기로 정하면 된다.

※ 기계기사 종목 수검시에는 3차원 등각도에 단면 표시를 하지 않으며 각 부품들의 중량도 구할 필요가 없다.

STEP 1 윤곽선과 표제란 등 만들기

우선적으로 윤곽선과 중심마크 그리고 수검란과 표제란 및 부품란을 작성한 후 3차원 모델링을 배치해야 한다. 가급적 AutoCAD에서 만든 윤곽선 등을 SolidWorks로 불러들여 사용하는 것이 효과적이지만 여기에서는 SolidWorks에서 만들어 사용하는 것을 배워 보겠다.

① **새문서**를 열어 **템플릿** 탭에서 **도면**을 선택하고 **시트 형식/크기** 대화상자에서 시트 크기를 A2로 입력한 후 **확인** 버튼을 누른다.

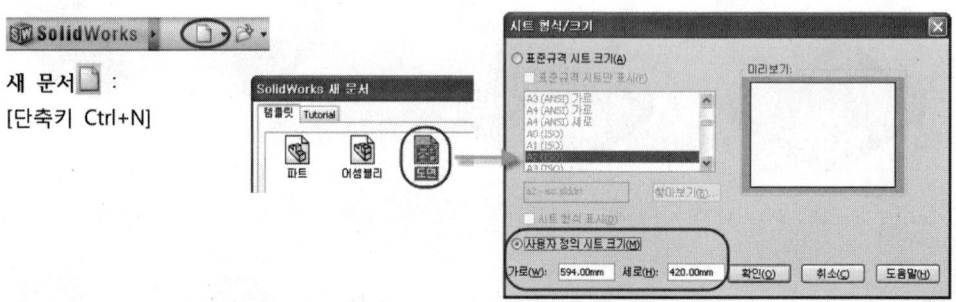

Tip 도면 용지의 크기 A2는 가로가 594mm, 세로가 420mm이다.

② PropertyManager창의 **시트1**이나 오른쪽 화면작업 시트지에서 마우스 오른쪽 버튼을 눌러 **속성**을 클릭한다.

시트 속성 대화상자에서 배율은 1 : 1로 투상법 유형은 **제3각법**을 체크하고 **확인**버튼을 클릭한다.

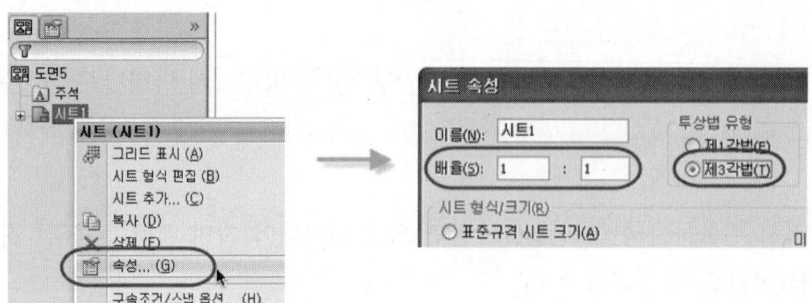

③ 정확한 윤곽선을 만들기 위해서 메뉴바의 **도구-애드인**을 선택하여 대화창에서 SolidWorks 2D Emulator을 체크해서 SolidWorks 작업 화면 아래에 명령어 입력줄(Command:)을 띄운다.

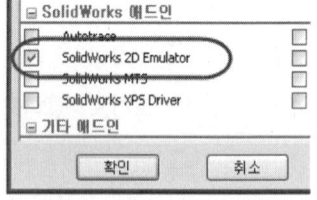

SolidWorks 작업화면 아래에 명령어(Command)입력창이 그림과 같이 표시된다.

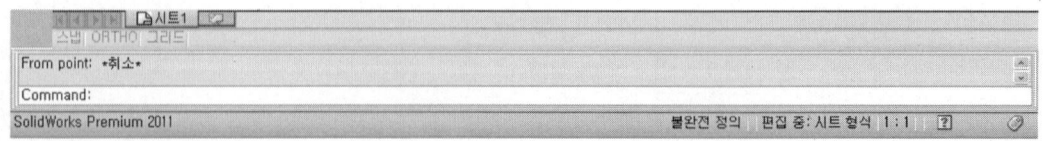

SolidWorks 2D Emulator는 AutoCAD의 Command명령어 입력줄과 같으며 AutoCAD처럼 직접 명령어를 입력하여 스케치를 한다.

④ 시트지에서 마우스 오른쪽 버튼을 눌러 **시트 형식 편집**을 클릭한다.

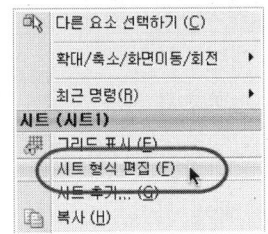

시트 형식 편집에 들어가면 화면 오른쪽 상단에 그림과 같은 확인 코너가 표시된다.

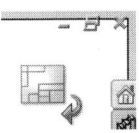

> Tip   도면화 작업시 기본FORM(윤곽선, 표제란, 부품란 등)은 꼭 시트 형식 편집에 들어가 작업하는 것이 좋다.

⑤ 명령어 입력줄(Command:)에 그림과 같이 입력하여 윤곽선을 생성한다.

```
Command: rec
Chamfer/Fillet/<First corner>: 10,10
Other corner: 584,410
```

변경되는 것을 방지하기 위해 스케치한 윤곽선을 모두 선택하여 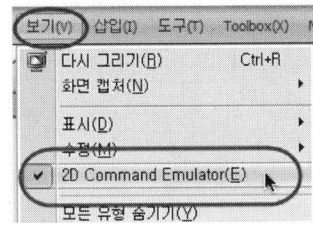으로 구속조건을 부가한다.

더 이상 명령어(Command)입력창이 필요가 없으므로 메뉴바의 [보기-2D Command Emulator]를 체크 해제시켜 명령어(Command)입력창을 닫는다.

⑥ 스케치의 **선** 을 클릭하여 윤곽선 중간점에 4개소에 중심마크를 스케치한다.

지능형 치수 로 (10mm) 치수기입 → 10mm치수에서 마우스 우측버튼을 눌러 **숨기기**를 클릭하여 치수를 숨긴다.

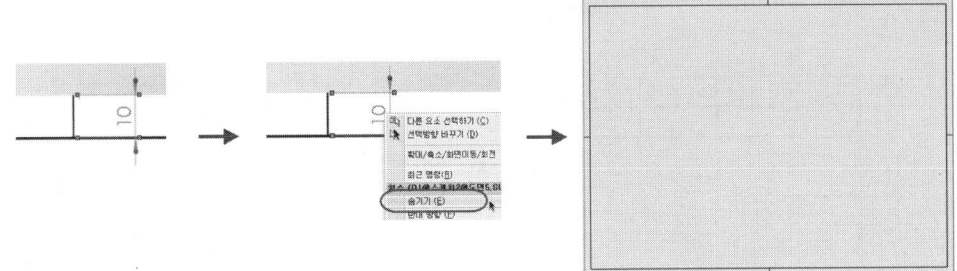

> Tip   중심마크 4개소 중 한개만 5mm 치수기입하고 나머지는 선은 = 동등(Q) 구속조건을 부가할 수 있다.

⑦ 윤곽선은 0.7mm, 중심마크는 0.5mm이므로 윤곽선과 중심마크 선을 각자 선택한 후 선 두께 를 0.7mm로 윤곽선을 부여하고 0.5mm로 중심마크를 부여한다.

선형식 툴바의 **선두께**를 사용하여 선굵기를 조절한다.

■ 선 굵기와 문자, 숫자 크기 구분

분류	굵기	문자 크기	용도
굵은선	0.5mm	5mm	부품번호, 외형선, 개별주서 등
중간선	0.35mm	3.5mm	숨은선, 치수문자, 일반주서 등
가는선	0.25mm	2.5mm	해칭, 치수선, 치수보조선, 중심선 등

※ 3차원 투상도는 외형선과 부품번호를 모두 **가는선**(0.18mm)으로 표시해야 한다.

⑧ 먼저 왼쪽 상단에 수검란을 만들기 위해 왼쪽 상단을 확대한다.

스케치의 선 으로 그림과 같이 수평선을 그린 후 **지능형 치수** 로 치수 기입한다.

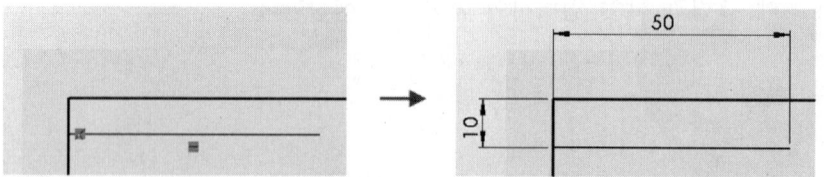

⑨ 선형 스케치 패턴 → 50mm선을 선택 → 간격 : 10mm, 인스턴스 수 : 4, 각도 : 270° → 확인

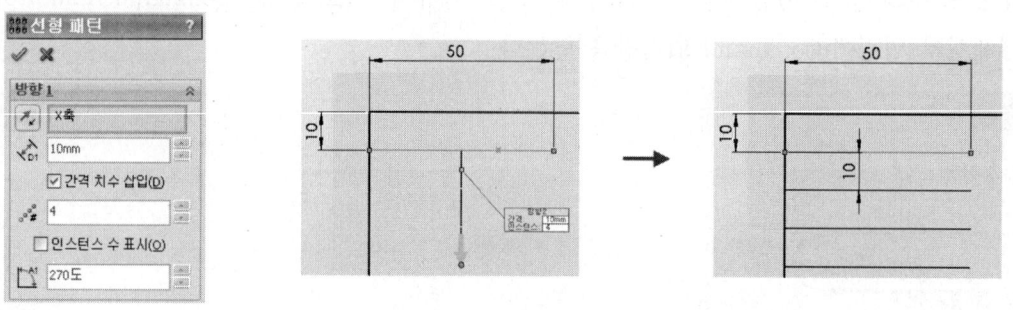

Tip 선형 패턴 조건창에서 간격 치수 삽입을 체크하면 패턴 완료시 패턴 사이에 치수가 추가되어 자동으로 구속이 되어 고정이 된다.

⑩ 스케치의 **선** 과 **지능형 치수** 로 그림과 같이 수검란을 완성한 후 치수를 모두 숨기고 나서 수검란 선을 모두 선택하고 선 두께 를 (0.18mm)로 부여한다.

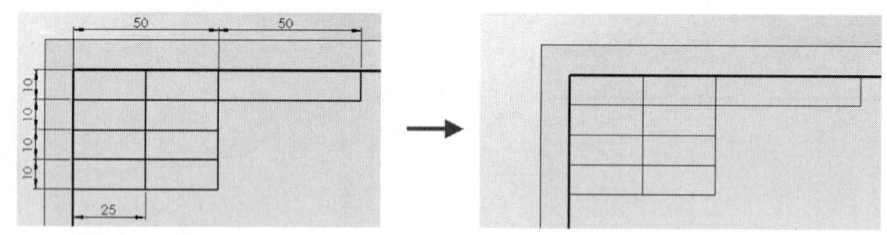

선 두께를 0.18로 적용된 상태

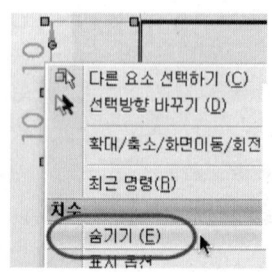

치수구속이 끝났으면 꼭 치수를 숨겨주어야 한다.

숨길 치수에서 마우스 오른쪽 버튼을 눌러 메뉴에서 **숨기기**를 클릭한다.

Tip 치수를 지우면 구속이 해제가 되어 스케치가 변경이 된다.

⑪ 표제란과 부품란을 만들기 위해 오른쪽 하단을 확대한다. 작업 ⑧, ⑨ 방법으로 그림과 같이 **선**
과 **지능형 치수**를 사용하여 표제란과 부품란을 완성하고 치수를 모두 숨긴다.

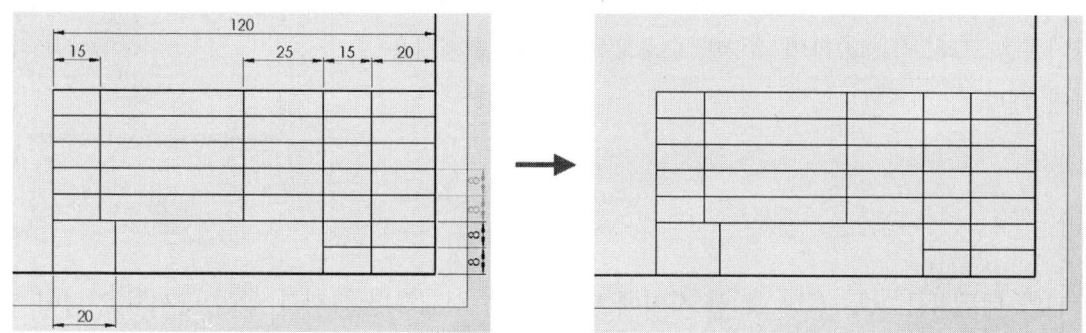

> **Tip** 작업 ⑪에서 120mm선을 선형 패턴 시 간격(8mm), 인스턴스 수(7), 각도(90°)이다.

표제란과 부품란의 선 두께는 다음과 같이 설정해야 한다.

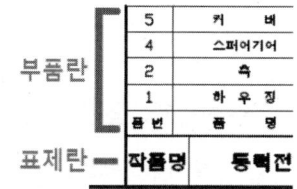

우선 표제란과 부품란의 모든 선을 선택하고 (0.18mm)로 부여하고 2곳
의 선의 두께를 그림과 같이 다르게 설정해야 한다.

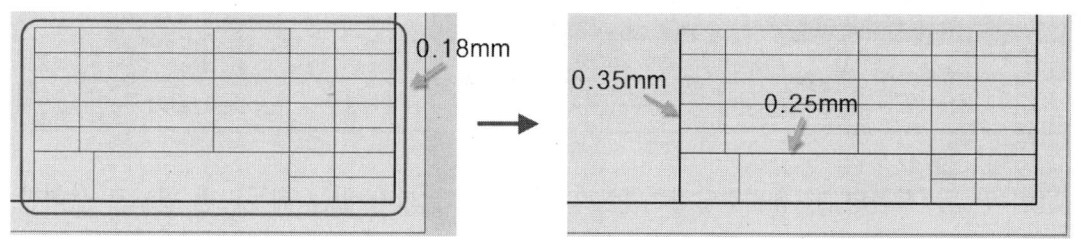

⑫ 노트 **A** 로 수검란과 표제란 및 부품란을 그림과 같이
기입한다.
글자 위치는 정확하게 할 필요는 없다.

글꼴 : Century Gothic
크기 : 3.5mm

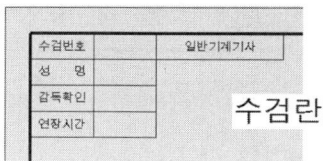

시험시 수검번호와 수검자 성명도 입력해야 하며 시험 종목도 정확
히 기재해야 한다. 현재 시험 종목은 일반기계기사 시험에 응시했
다는 가정하에 입력하였다.

자격증 시험시 일반적으로 4개의 부품
만을 그리기 때문에 4개의 부품들만 나
열하였다.

노트를 작성 후 깔끔한 정렬을 하기 위해 **선 사이에 맞춤** 아이콘을 사용해야 한다.

> **Tip** **선 사이에 맞춤** 아이콘은 기본 **맞춤** 툴바에는 해당 아이콘이 없기 때문에 [도구-사용자 정의-명
> 령]의 **카테고리**의 '정렬'을 선택하여 아이콘을 불어와야 사용이 가능하다.

메뉴바의 [도구-사용자 정의-명령]에서 **선 사이에 맞춤**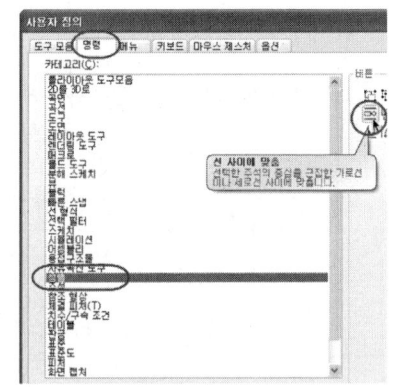 아이콘을 드래그(Drag)하여 적당한 도구모음에 집어넣어 사용하면 된다.

글씨와 테두리를 모두 선택 후 선 **사이에 맞춤**을 선택하면 그림과 같이 글씨가 정렬이 된다.

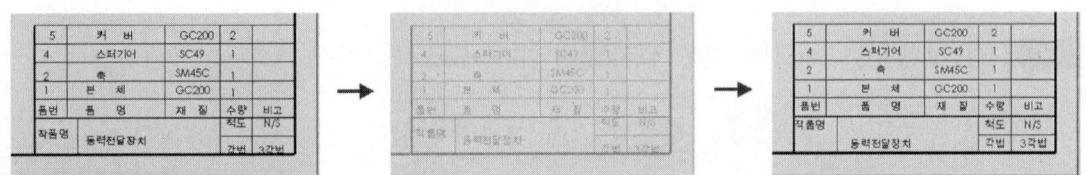

'작품명'과 '동력전달장치'의 문자 크기는 5mm, 선 두께는 0.35mm로 변경해 주어야 한다.
글자를 더블클릭하면 나타나는 **서식툴바**에서 문자 크기를 5mm, **굵게 B**를 체크한다.

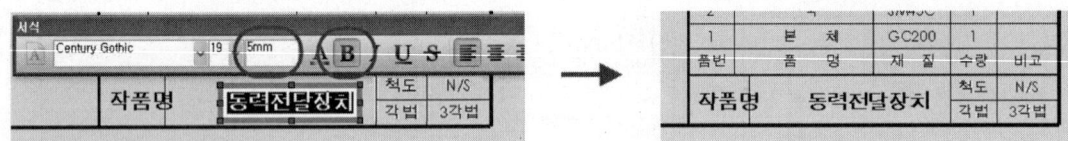

⑬ 정렬이 안 된 '작품명'과 '동력전달장치'는 그림과 같이 글씨가 있는 테두리만 별도로 선택한 다음 **선 사이에 맞춤**을 선택하면 된다.

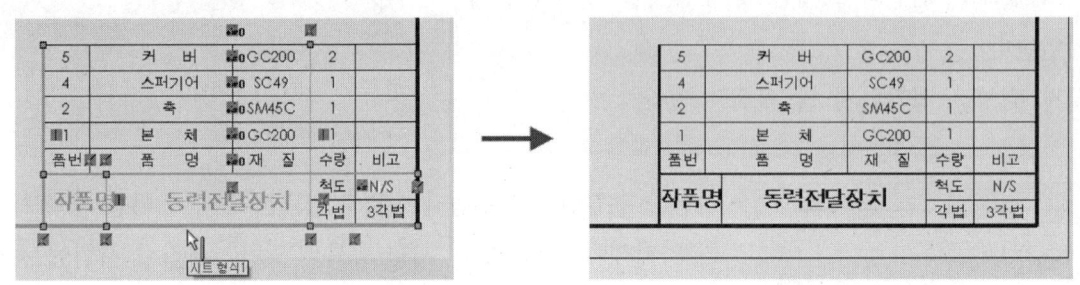

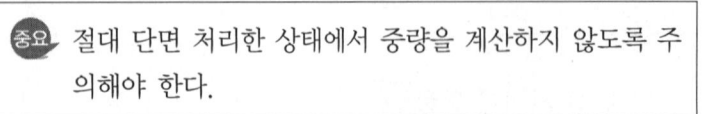 2개 이상의 도형을 선택하고자 할 때는 Ctrl키를 누른 상태에서 선택해야 한다.

⑭ 3차원 모델링인 경우 부품란의 '비고'에는 모델링한 모든 부품의 중량을 계산하여 기입하여야 한다. 단, 기계기사 시험 종목을 응시하는 수검자는 이 부분을 건너뛰고 다음 부분을 학습해도 된다.

중량(=물성치)을 알아내기 위해 '본체'를 **열기**로 불러온다.

> 중요 절대 단면 처리한 상태에서 중량을 계산하지 않도록 주의해야 한다.

▶ **열기** : 단축키 Ctrl+O
▶ Ctrl+Tab (모델이 이미 열려 있을 경우에만 사용)

모델이 완전한 형상에서 중량을 계산해야 하기 때문에 그림과 같이 단면이 처리된 상태라면 잠시 단면을 해제하고 중량을 계산한다.

FeatureManager 디자인 트리에서 2가지 방법을 사용하여 단면을 잠시 해제시킬 수가 있다.

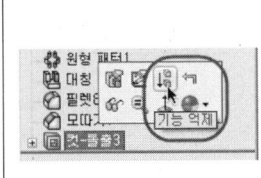
방법1) 기능억제
단면에 사용된 피처(컷-돌출)를 클릭시 기능억제 아이콘이 표시된다.

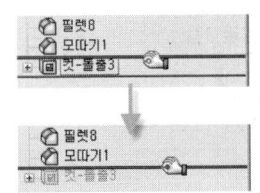
방법2) 핸들사용
컷-돌출 밑의 파랑선을 핸들이라고 부르며 핸들을 드래그(Drag)하여 컷-돌출 위로 올려놓는다.

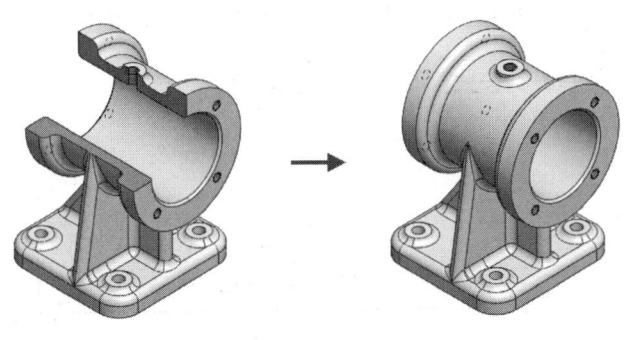

단면 되어 있는 원래 상태로 되돌아오기 위해서는 **기능 억제 해제**를 하거나 **핸들**을 해제시킬 피처 밑으로 드래그하여 내려놓으면 된다.

> **Tip** SolidWorks에서 단면처리를 도면 에서 할 수가 있지만 2차원 형상만 가능하기 때문에 등각도(입체도)에 단면을 표현하기 위해서는 미리 파트에서 절단하여 사용하여야 한다.

⑮ 물성치 아이콘을 선택하거나 메뉴바의 [도구-물성치]를 선택한다.

물성치 대화창에서 '**옵션**'을 선택
→ '**물성치/단면 속성 옵션**'창에서 단위, 재질 속성, 정확도를 변경

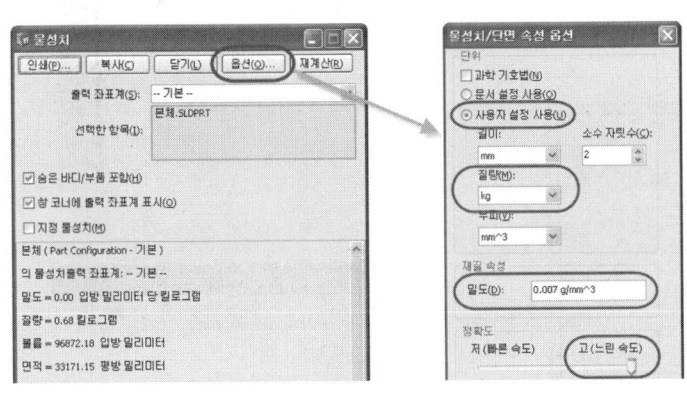

단위 : 사용자 설정 사용 질량-kg
재질 속성 : 밀도-$0.007g/mm^3$
정확도 : 바(bar)를 오른쪽 끝으로 옮겨서고(느린 속도)를 사용

시험시 비중이 주어지며 비중이 7로 주어졌을 때를 가정하에 중량을 계산하였다.

> **Tip** 비중이 7로 주어졌다면 밀도는 $7g/cm^3$이지만 '재질 속성'이란 단위가 g/mm^3이기 때문에 밀도값을 비중/1000으로 계산해서 0.007로 입력해야 한다.

'물성치/단면 속성 옵션'창을 위와 같이 변경 후 확인을 누르면 '물성치'창에서 질량(중량)을 다음과 같이 확인할 수가 있다.

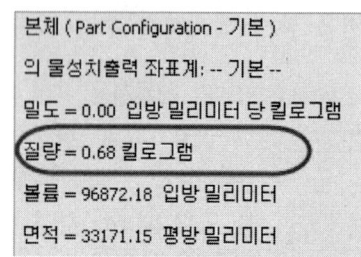

'본체'의 중량이 0.68kg으로 계산되었다.

계산된 값을 **비고**란에 단위와 함께 노트 **A**로 입력한다.

⑯ 다른 부품들(축, 스퍼기어, 커버)도 작업 ⑭, ⑮ 방법으로 중량을 구해 **비고**란에 입력한 후 입력된 글씨와 주위의 테두리선을 선택하고 **선 사이에 맞춤**○○으로 정렬하여 준다.

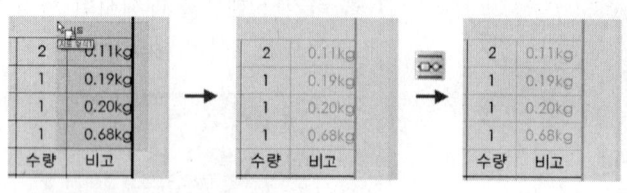

Tip 마우스를 오른쪽에서부터 왼쪽으로 대각선 방향으로 클릭을 하거나 드래그(Drag)하여 범위를 지정하면 한꺼번에 글씨와 주위의 테두리선을 선택할 수가 있어서 정렬이 수월해진다.

⑰ 시트지에서 마우스 오른쪽 버튼을 눌러 **시트 편집**을 클릭하거나 화면 오른쪽 상단에 있는 확인 코너의 아이콘을 클릭하여 시트 편집을 완료한다.

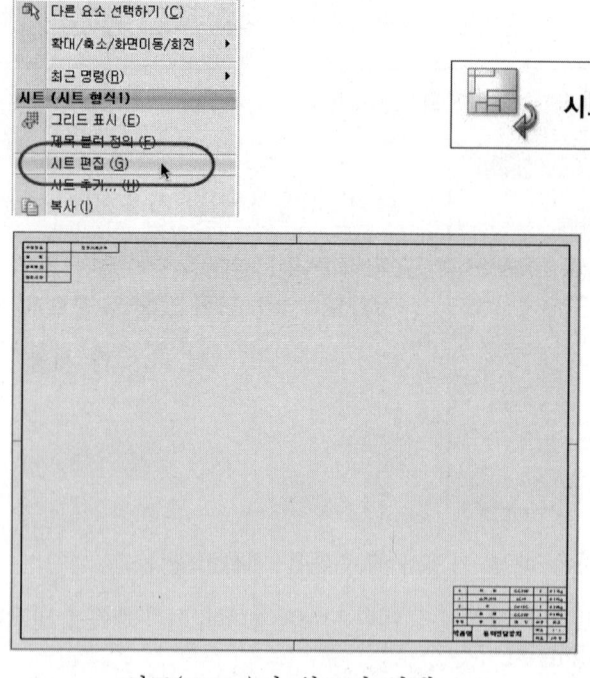

시트(sheet)가 완료된 상태

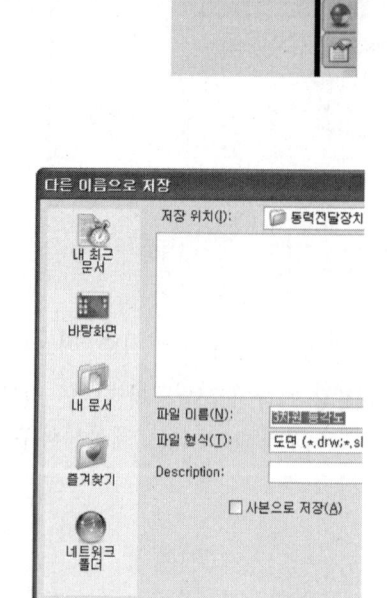

⑱ 메뉴바의 '파일 / 저장'를 클릭하여 '동력전달장치'폴더에 '3차원 등각도'로 파일 이름을 명명하고 저장한다.

STEP 2   시트지에 등각투상도 배치하기

축을 뺀 나머지 부품들은 한쪽 단면(1/4단면)을 해서 등각투상도를 배치해야 하기 때문에 파트에서 꼭 돌출 컷으로 단면을 한 후에 시트지에 등각투상도로 배치해야 한다.

① **열기**를 선택하여 '본체'를 불러온다.

▶ **열기** : 단축키 Ctrl+O
▶ Ctrl+Tab (모델이 이미 열려 있을 경우에만 사용)

키보드의 스페이스바를 눌러 뷰 방향 메뉴에서 **등각보기**를 더블클릭하여 등각으로 바라본다.

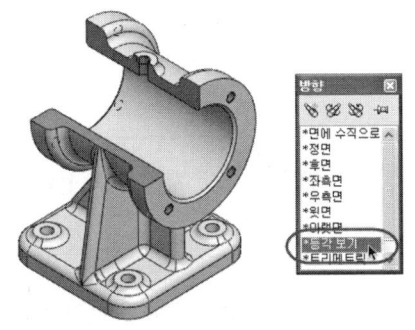

② 마우스 가운데 버튼(휠)을 움직여 아래 그림과 같은 방향으로 회전시킨 후 키보드의 스페이스바를 눌러 **새 뷰**를 클릭하여 뷰 이름을 '본체2'라고 쓰고 확인을 누르면 방향 메뉴에 현재 뷰가 등록된다.

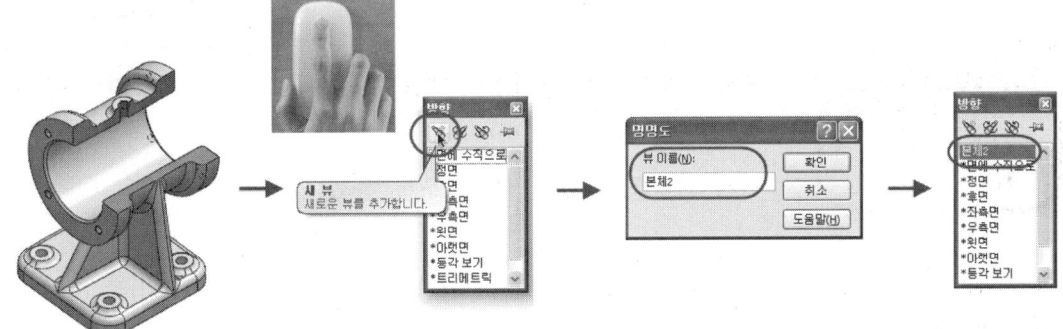

한 개의 부품에 각각 2곳에서 바라본 등각도를 배치해야 하기 때문에 반대쪽 등각투상도를 나타내기 위해 작업 ②를 해야 한다.

③ 나머지 부품들(축, 스퍼기어, 커버)도 작업 ①, ②와 같이 반대쪽 등각도를 방향 메뉴에 추가하여 준다.

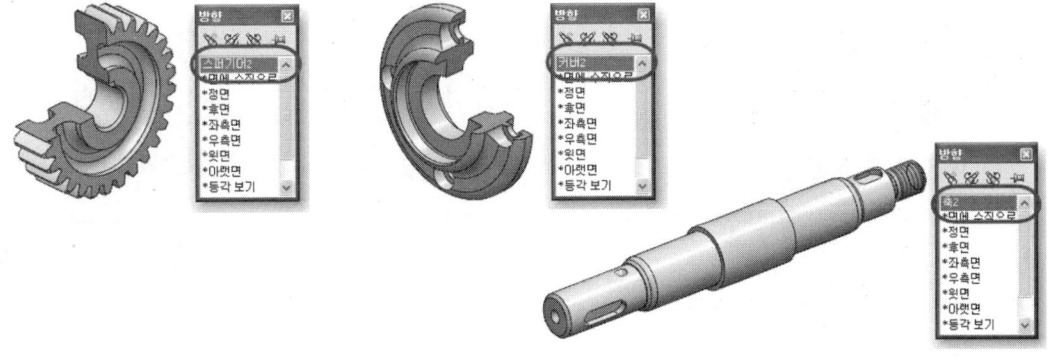

부품마다 각각의 반대쪽 등각도를 방향 메뉴에 추가한 후 가급적 **저장**(Ctrl+S)을 하길 권장한다.

④ 열기를 도면 시트지인 '3차원 등각도'를 불러온다.

　Tip 모델이 이미 열려 있을 경우에는 Ctrl+Tab 사용하여 불러온다.

⑤ 뷰 레이아웃 탭에서 **모델 뷰**를 선택한다.

　문서 열기 항목에서 '본체'를 더블클릭하면 다음 창으로 넘어가며 그림과 같이 설정[표준 보기 : 등각 보기, 표시 유형 : 모서리 표시 음영, 배율 : 1.4 : 1]한 후 시트지 상단 왼쪽 적당한 위치에 클릭하여 본체 등각도를 배치 → 확인

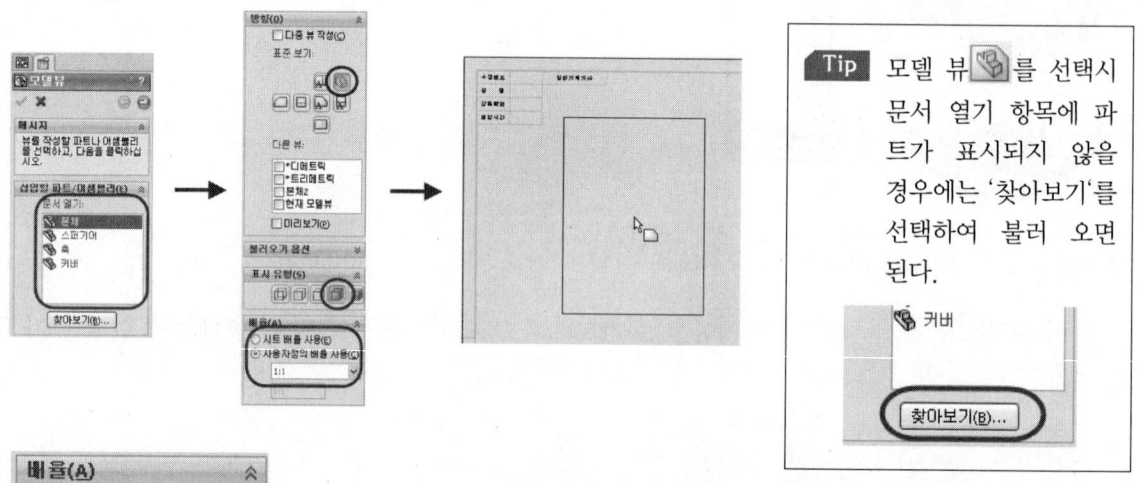

배율 항목에서 '사용자정의 배율 사용'을 체크하고 **사용자 지정**으로 하여 적당한 배율을 입력한다.
여기서는 (1.4 : 1)로 지정하도록 하겠다.

⑥ 작업 ⑤에서 배치한 본체를 선택하고 Ctrl+C(복사하기)한 다음 Ctrl+V(붙여넣기)를 하면 그림과 같이 바로 밑에 똑같은 본체 한 개가 복사된다.
복사된 본체를 마우스로 드래그하여 적당히 오른쪽에 배치하여 준다.

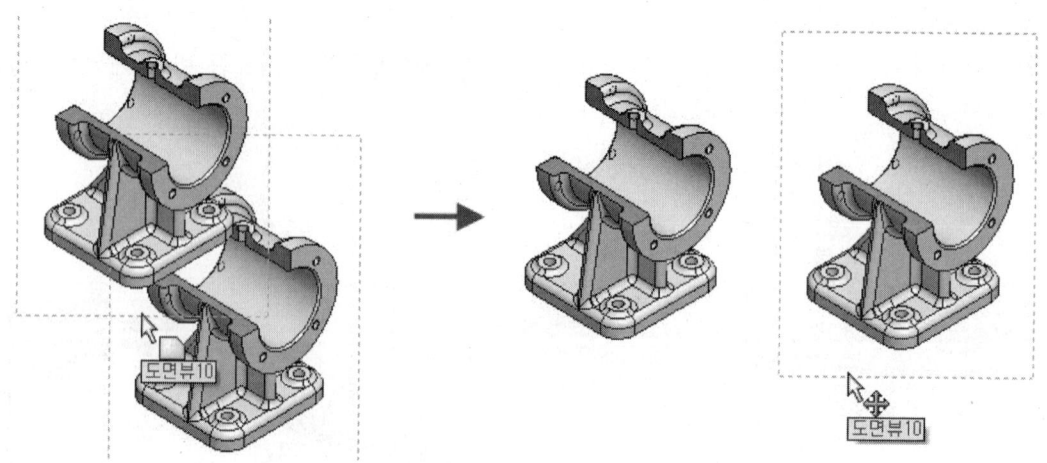

다시 복사된 본체를 선택하고 PropertyManager창의 옵션 항목의 **다른 뷰:**에서 '**본체2**'를 체크한다.

 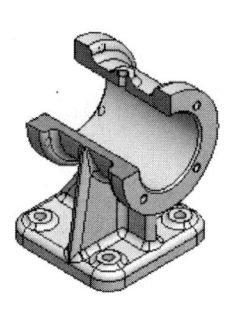 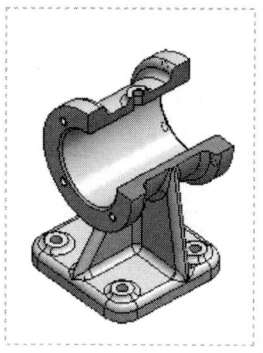

SolidWorks화면 왼쪽 상단에 있는 **옵션** 아이콘

PropertyManager창   완성된 등각도

⑦ 나머지 부품들(축, 스퍼기어, 커버)도 작업 ⑤, ⑥과 같은 방법으로 그림과 같이 배치한다.

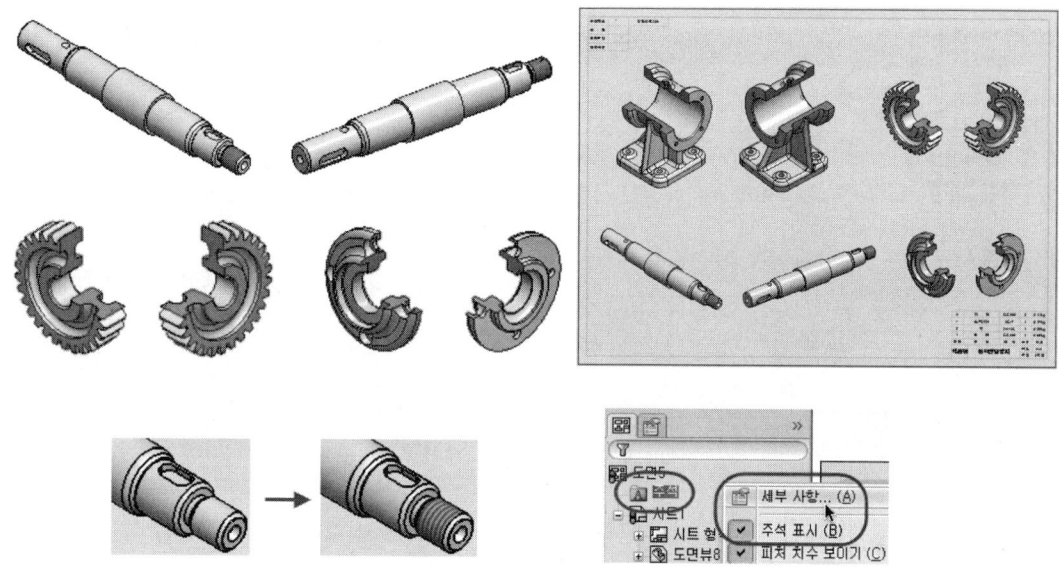

PropertyManager의 '주석'에서 오른쪽 버튼을 눌러 '세부 사항'을 클릭하여 '**음영 나사산**'을 체크하여야 나사산이 표시된다.

아주 쉬운 등각 투상도 방향 설정하는 또다른 방법

작업 ④, ⑤를 실행한 후 물체를 선택하고 Ctrl+C(복사하기), Ctrl+V(붙여넣기) 하고나서 복사된 물체를 마우스로 드래그하여 적당히 오른쪽에 배치하여 준다. 솔리드웍스 그래픽 영역 상단 중앙에 있는 빠른 보기 도구에서 **3D 도면뷰**를 클릭하여 물체를 선택하면 선택된 물체에서만 3차원적으로 회전시킬 수가 있다.

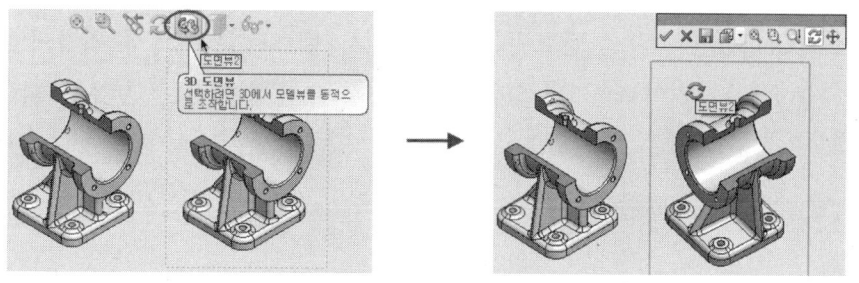

제8장 SolidWorks를 사용한 동력전달장치 모델링 & AutoCAD 도면화 작업

> Tip 3D 도면뷰는 SolidWorks2010 버전 이상부터 사용이 가능하며 그 전까지의 버전은 회전은 되었지만 회전시킨 상태로 저장할 수가 없다.

등각 투상도를 모두 배치하였다면 마지막으로 각각의 부품마다 품번을 기재해야 한다.

⑧ 품번을 기재하기 위해 '옵션'에 들어가 크기를 먼저 설정해야 한다.

옵션 [도구-옵션]

→ '문서 속성'탭에서 '주석'의 '부품 번호'를 클릭 → '글꼴'버튼을 클릭

→ '글꼴 선택'대화창에서 높이 : 단위(5mm)를 입력하고 확인 클릭 → '단일 부품 번호'항목에서 크기를 '사용자정의 크기'를 선택하고 (11mm)를 입력하고 확인을 클릭하여 옵션 창을 닫는다.

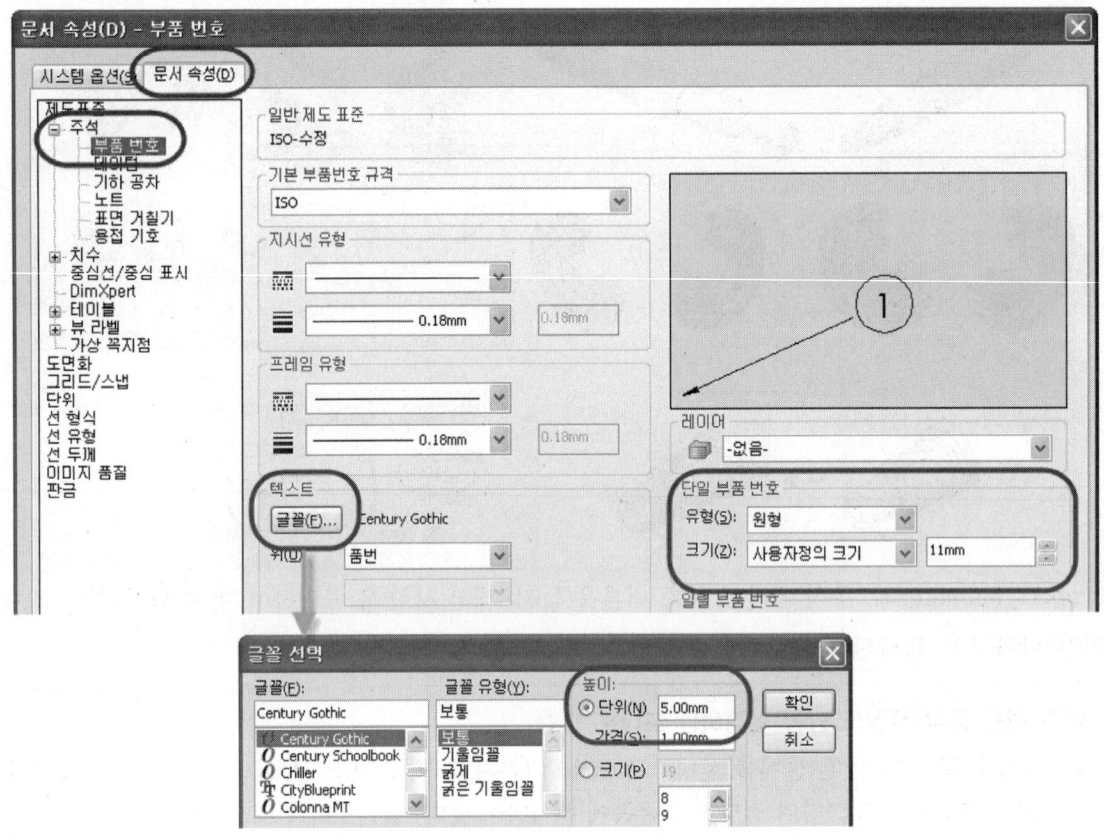

⑨ **부품 번호** 선택

→ PropertyManager창의 '부품 번호 문자:' 항목에서 **텍스트**로 선택 후 각각의 부품마다의 품번(본체 1, 축 2, 스퍼기어 4, 커버 5)을 입력하면서 부품 위에 부품 번호를 달아준다.

→ 확인

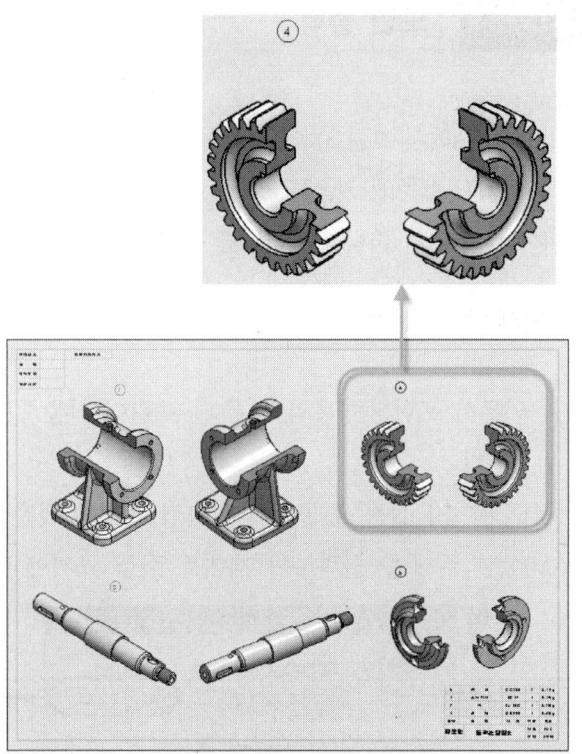

STEP 3 — 도면 출력

SolidWorks에서 그린 3차원 도면을 AutoCAD로 불러와 출력을 하면 렌더링(음영)된 상태가 아닌 형태로 프린터가 되기 때문에 가급적 3차원 모델링 도면은 SolidWorks에서 출력하는 것을 권장한다.
SolidWorks에서 출력하는 방법을 배워보도록 하겠다.

① **인쇄**를 선택하면 다음과 같은 대화창이 표시된다.

▶ **인쇄** : 단축키 Ctrl+P

→ '문서 프린터'항목의 '이름'은 프린터 기종으로 자격증 검정 장소에 맞는 프린터 기종을 선택해야 한다.
→ '페이지 설정'을 클릭하여 그림(용지에 맞춤, 고해상도, A3, 흑백, 가로방향)과 같이 설정한다.
→ '선 두께'를 클릭하여 제대로 시험 규격에 맞게 굵기가 설정되어 있는지 확인한다.

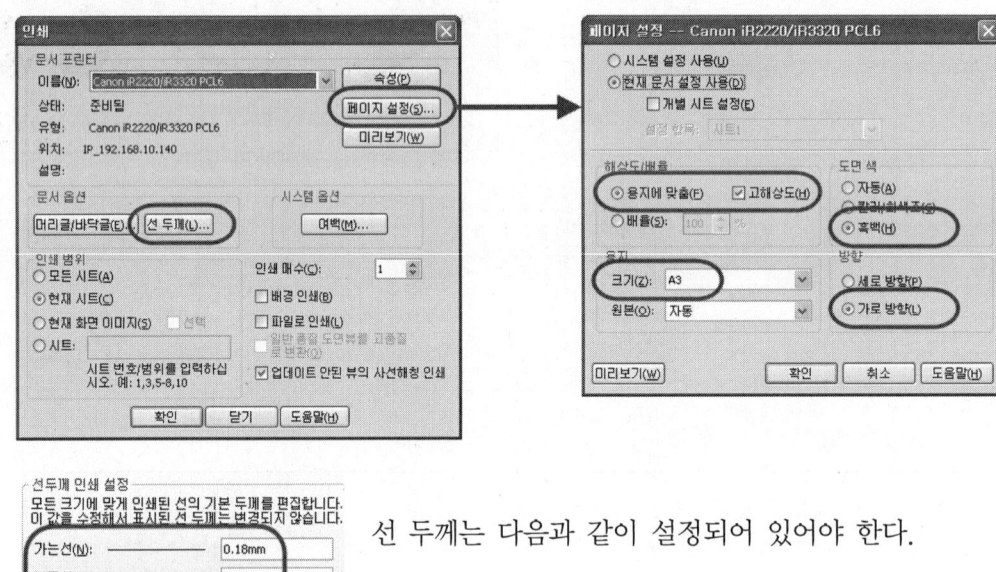

선 두께는 다음과 같이 설정되어 있어야 한다.

② 인쇄 전에 '미리보기'를 클릭하여 출력 상태를 점검한다.

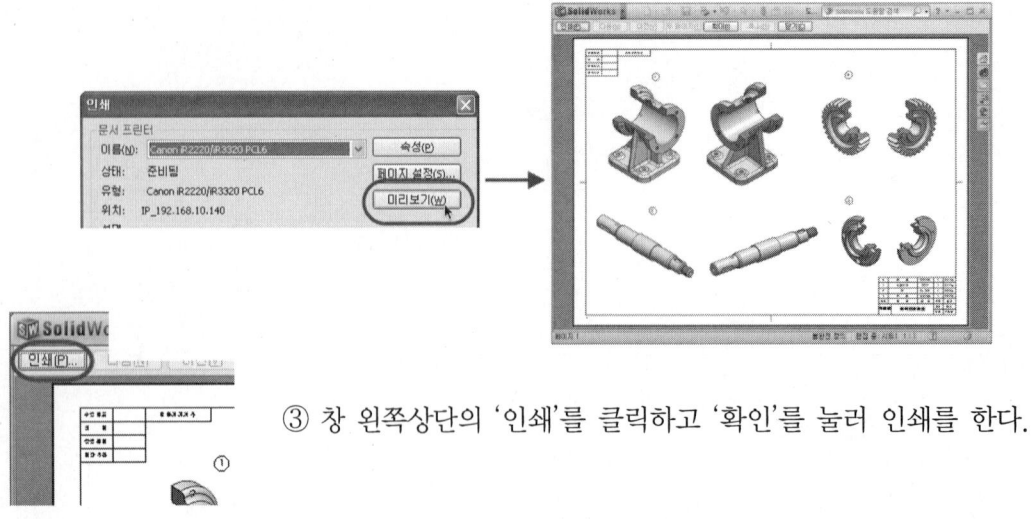

③ 창 왼쪽상단의 '인쇄'를 클릭하고 '확인'를 눌러 인쇄를 한다.

자격증 시험시 인쇄물과 파일도 제출해야 한다. 단, SolidWorks의 자체 파일로 저장해서 파일을 제출할 경우 다른 소프트웨어와 파일교환이 안돼 감점 요인이 된다. 그렇다고 AutoCAD파일인 dwg나 dxf로 저장해서 제출해도 안된다. 왜냐하면 AutoCAD파일로 저장시 음영처리(렌더링)가 없어지기 때문에 그것도 감점 요인이 된다.

해결 방법은 PDF파일로 저장하면 모든 문제가 해결된다.

> **Tip** 수검장에서 USB를 나눠주며 파일이름은 절대 아무 이름을 쓰면 안된다. 꼭 비번호가 들어가며 감독원이 지시하는 방법대로 저장해야만 한다.

④ **다른 이름으로 저장**을 선택한다.
메뉴바 [파일-다른 이름으로 저장]

⑤ 다른 이름으로 저장 창에서 '저장 위치'를 인식된 USB드라이브를 지정해 주고 '파일이름'은 감독원이 지정해준 이름으로 입력하고 '파일 형식'을 Adobe Portable Document Format (*.pdf)으로 변경 후 저장한다.

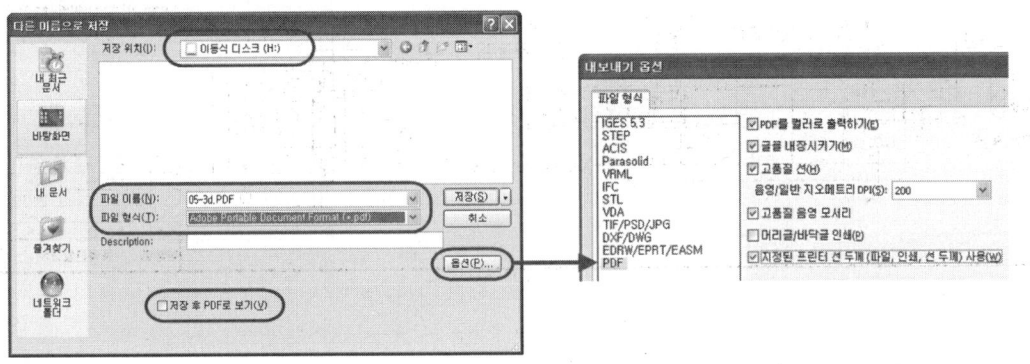

'옵션'에서 그림과 같이 PDF 저장 조건을 설정한 후 저장해야 한다.

파일 형식 :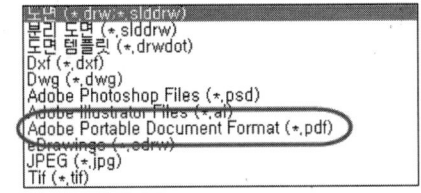

> **Tip** 저장 전 ☑저장 후 PDF로 보기(V)를 체크하고 저장하면 저장된 화면 결과를 확인할 수가 있다. 단, Adobe Acrobat 소프트웨어가 컴퓨터상에 설치되어 있어야 한다.

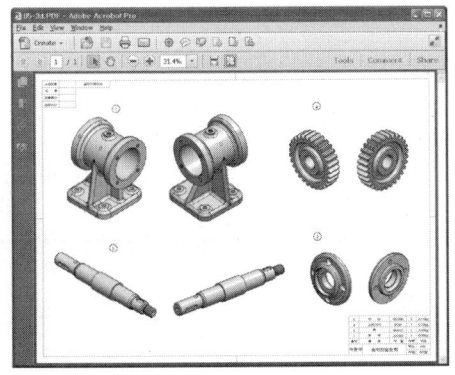

◀ Adobe Acrobat 소프트웨어에서 저장된 결과물의 최종 상태를 확인한다.

AutoCAD에서의 도면화 작업

SolidWorks에서 모델링한 제품을 AutoCAD로 보내 최종적으로 2차원 도면화하는 작업을 배워보도록 하겠다.

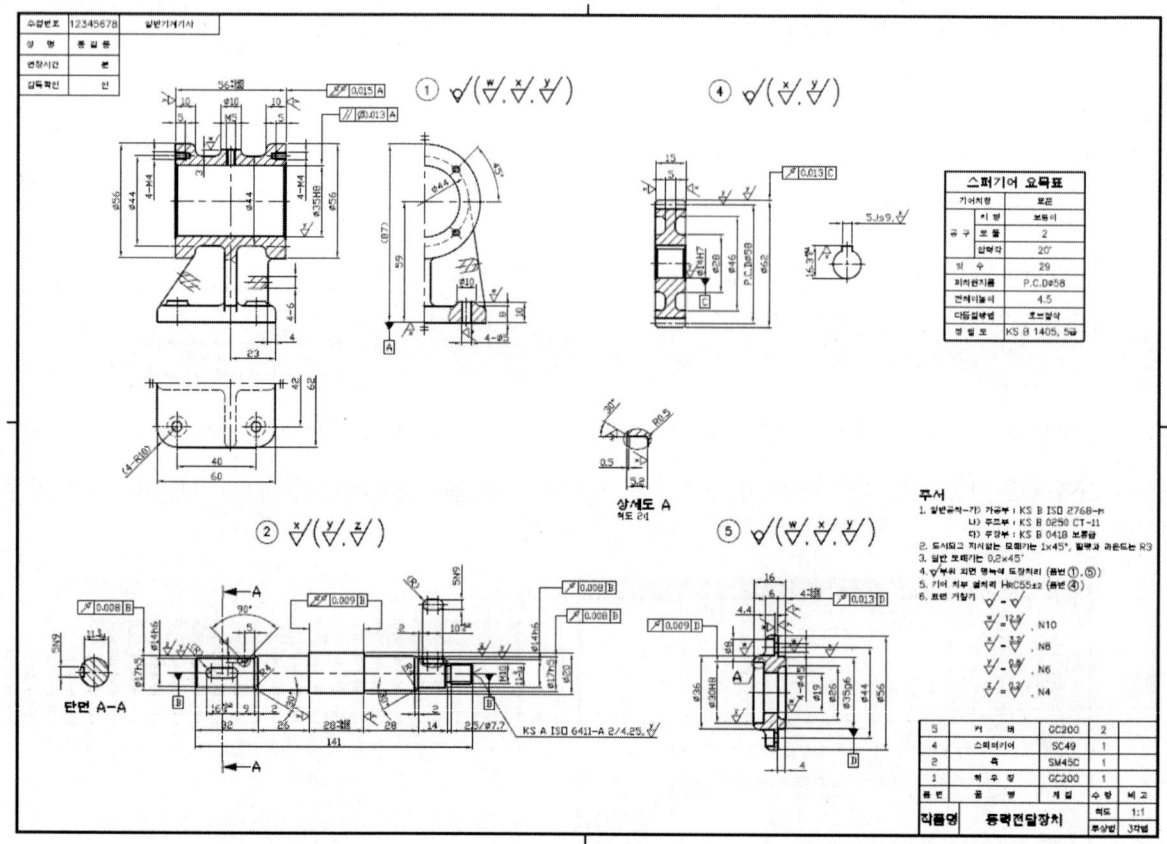

제3각법에 의해 A2크기 영역 내에 1:1로 제도해야 하며 부품의 기능과 동작을 정확히 이해하여 투상도, 치수, 치수공차와 끼워맞춤 공차, 표면거칠기 기호, 기하공차 기호 등 부품제작에 필요한 모든 사항을 기입하여 A3용지에 출력해야 한다.

STEP 1 | SolidWorks에서 AutoCAD로 보내기 위한 준비 단계

SolidWorks에서 작업한 모델링 부품을 AutoCAD로 보내기 위해서는 투상법과 단면도법을 정확히 이해한 상태에서 SolidWorks에서 각각의 부품투상도 배치와 단면을 최대한 마무리한 상태로 AutoCAD로 내보내 최종적으로 작업하는 것이 좋다.

① 새 문서를 열어 **템플릿** 탭에서 **도면**을 선택하고 **시트 형식/크기** 대화상자에서 시트 크기를 A2로 입력한 후 **확인** 버튼을 누른다.

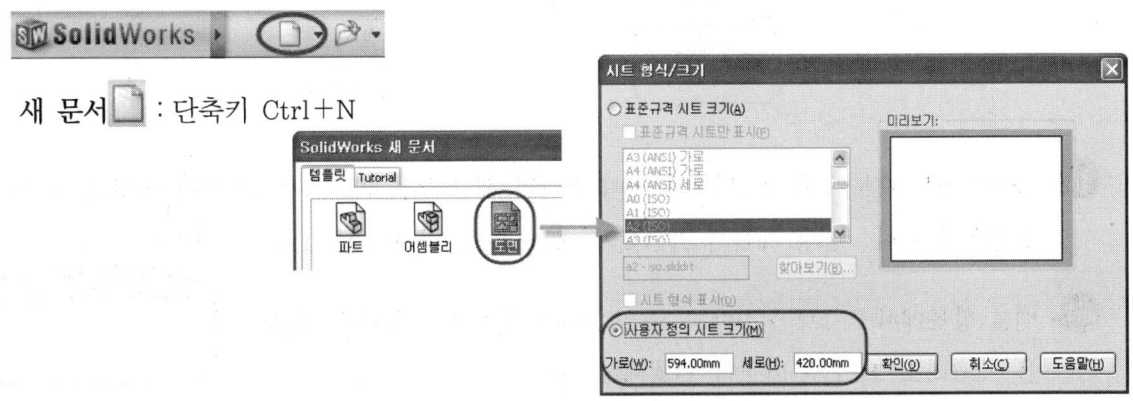

Tip 도면 용지의 크기 A2는 가로가 594mm, 세로가 420mm이다.

② PropertyManager창의 **시트1**이나 오른쪽 화면작업 시트지에서 마우스 오른쪽 버튼을 눌러 **속성**을 클릭한다.

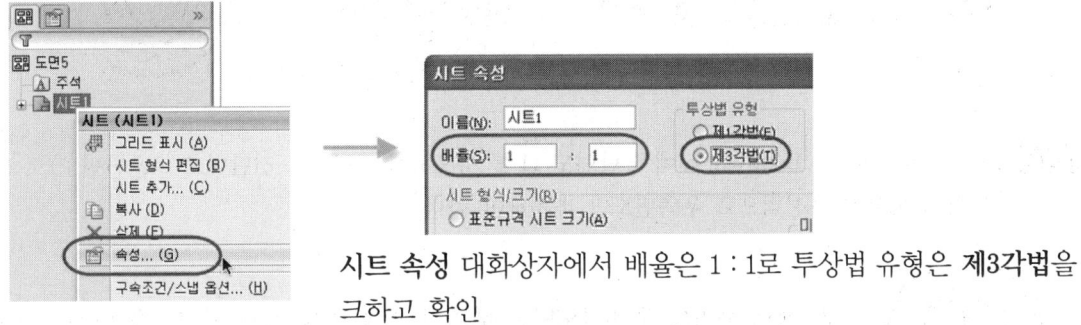

시트 속성 대화상자에서 배율은 1:1로 투상법 유형은 **제3각법**을 체크하고 확인

③ 뷰 레이아웃 탭에서 **모델 뷰**를 선택한다.
문서 열기 항목에서 '본체'를 더블 클릭한다.

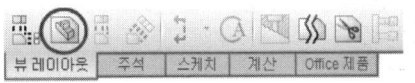

Tip 모델 뷰를 선택시 문서 열기 항목에 파트가 표시되지 않을 경우에는 '찾아보기'를 선택하여 불러오면 된다.

➡ 클릭하면 다음 창으로 넘어가며 그림과 같이 설정[표준 보기 : 정면, 표시 유형 : 은선 제거, 배율 : 1 : 1]한 후 시트지 상단 왼쪽 적당한 위치에 클릭하여 정면도를 배치하고 마우스를 오른쪽으로 끌어 우측면도, 마우스를 정면도 아래 방향으로 끌어 저면도를 배치한다.

→ 확인

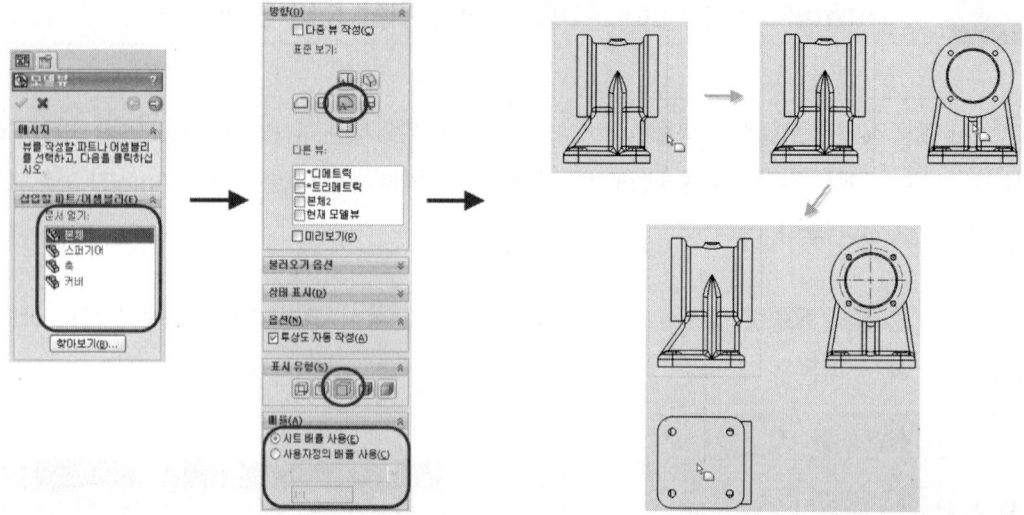

> 중요 등각투상도 때문에 한쪽단면도가 되어 있다면 해당 부품 파트를 열어 **기능 억제**를 한 후 불러와야 한다. [중량 계산시 작업했던 내용을 참조바란다.]

> 중요 배율 항목에서 1:1로 설정이 안된 경우에는 '사용자정의 배율 사용' 을 체크하고 '1:1'로 반듯이 선택해야 한다.

④ 다른 부품(축, 기어, 커버)들도 작업 ③과 같이 다음 그림과 같이 배치하여 준다.

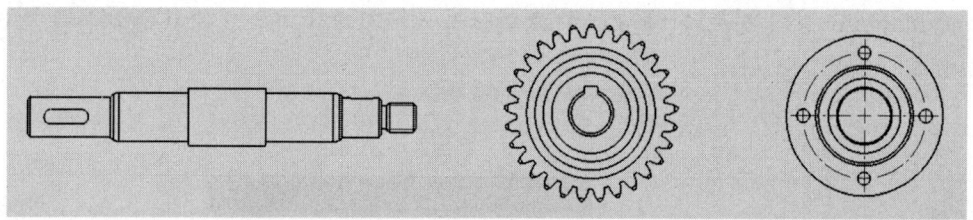

> Tip 스퍼기어나 커버는 SolidWorks에서 **단면도**를 사용하여 정면도를 전단면도(=온단면도)로 생성해야 하기 때문에 우선적으로 우측면도만 배치해야 한다.

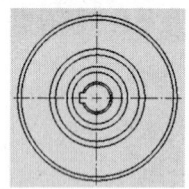

V-벨트 풀리도 우측면도만을 배치한 후 단면을 해서 정면도를 완성해야 한다.

⑤ **본체**를 2차원 도면법에 맞게 단면처리하기 위해 본체 부분만을 확대한다.

부분 단면도를 선택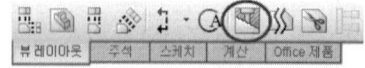

→ 마우스 포인터가 모양으로 변경이 되며, 아래 그림과 같이 본체 정면도에 스플라인을 폐구간 형태로 만들어 주어야 한다. → 정면도 원통 상단 모서리에 마우스를 위치시켜 마우스 포인터가 모양일 때 클릭하고 미리보기를 체크한다.

→ 확인

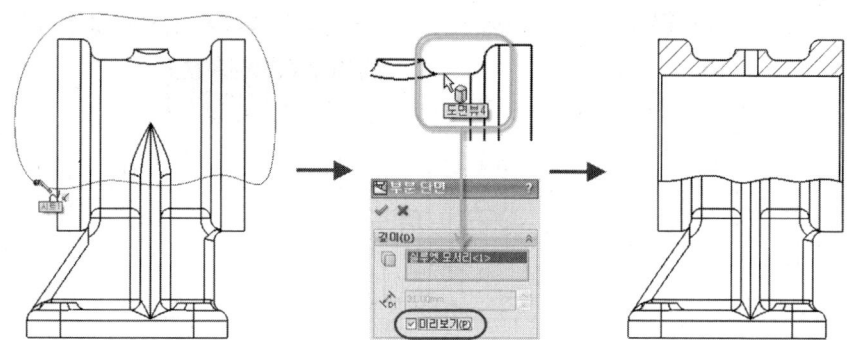

> **Tip** 포인터는 단면 깊이를 원통의 사분점을 이용하겠다는 의미이며 단면 깊이값을 직접 PropertyManager창에서 입력할 수도 있다.

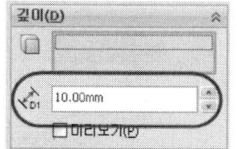

본체에 커버 결합시 사용되는 탭 구멍이 표시되어야 하지만 **경사 단면도** 사용시 본체의 리브(Rib)까지 절단되어 채점시 감점 요인이 되기 때문에 어쩔 수 없이 AutoCAD에서 탭 자리를 그려 주어야 한다.

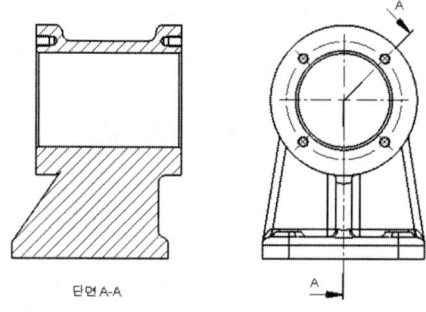

그림과 같이 탭을 표시하기 위해 단면을 하면 리브(Rib)가 단면이 되고 본체 중앙 상단 부위에 있는 윤활유 주입 탭 구멍도 없어지게 되어 잘못된 투상이 된다.

> **Tip** 리브(Rib)는 회전 단면도만 가능하며 회전 단면도는 AutoCAD에서 도시하는 것이 편하다.

⑥ 필요없는 모서리 부분의 접선을 숨겨주어야 하며 3가지 방법을 사용할 수가 있다.

> **Tip** 필렛을 하거나 라운드된 모서리 끝부분에 접선이 생기며 이 접선은 2차원 도면상에서는 필요없는 선이기 때문에 꼭 숨겨주어야 한다.

a. 정면도에서 마우스 오른쪽 클릭 후 '접선'의 '접선 숨기기'를 선택한다.

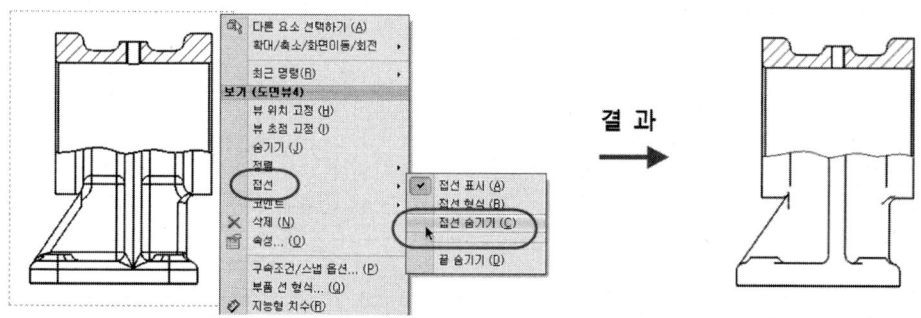

결과와 같이 필요한 선까지 모두 숨겨주기 때문에 본체 부품에는 나쁜 결과가 된다.

b. 접선 표시를 포함하여 도면의 모서리 표시를 좀더 세부적으로 제어하고자 한다면 **선 형식** 툴바의 **모서리 숨기기/표시**  를 클릭한 후 본체를 선택한다.

Tip 모서리 숨기기/표시 의 PropertyManager창 조건을 설정하여 접선을 숨긴다.

[SolidWorks 2010버전부터 추가된 기능이다.]

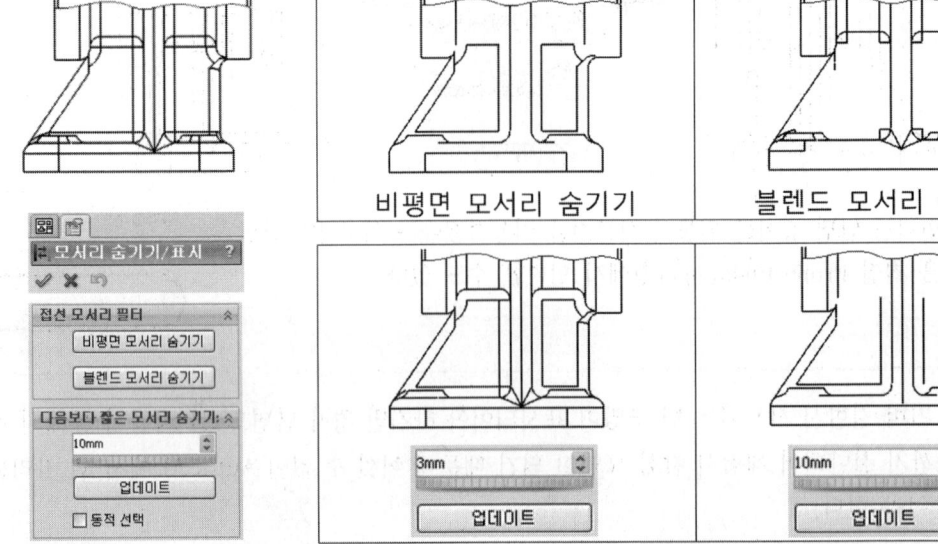

Tip 다음보다 짧은 모서리 숨기기 : 사용자가 지정한 길이보다 짧은 길이의 접선을 숨긴다.

c. 특정 부분의 접선을 숨기기 위해서는 해당 접선을 마우스 왼쪽이나 오른쪽으로 선택 후 나타나는 아이콘에서 **모서리 숨기기/표시** 버튼을 클릭한다.

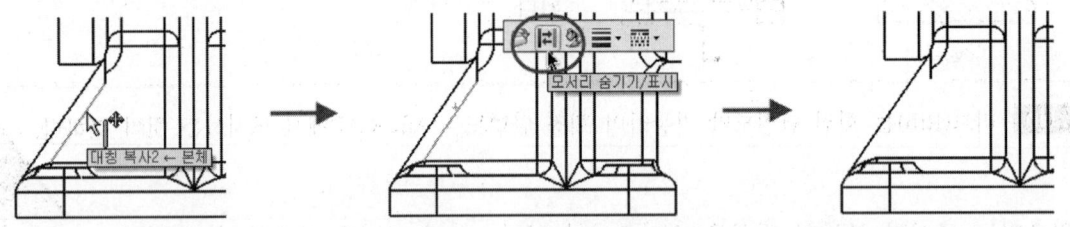

접선이 몇 개 안될 경우 사용하면 좋지만 본체처럼 접선이 많을 경우에는 불편하다.

Tip 3가지 방법을 적절히 사용하여 접선을 숨겨야 하겠지만 본체처럼 접선들이 복잡 다양하게 많을 경우에는 **선 형식** 툴바의 **모서리 숨기기/표시**의 '비평면 모서리 숨기기'와 '블렌드 모서리 숨기기'를 실행한 후 마우스 포인터로 한 개씩 숨기거나 보이게 하는 방법으로 완성한다.

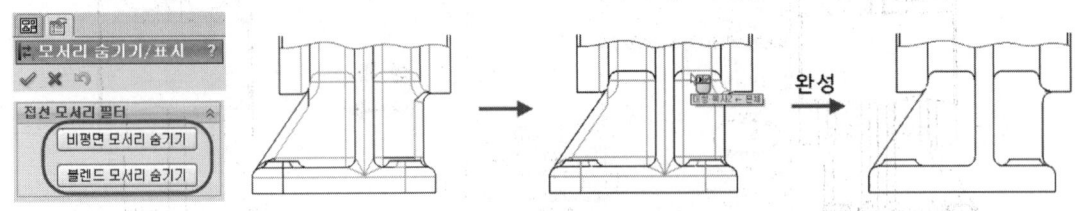

만약 이 방법도 불편하다면 그대로 AutoCAD로 보내서 필요없는 접선을 AutoCAD에서 지우는 것이 훨씬 수월한 작업이 될 수가 있다.

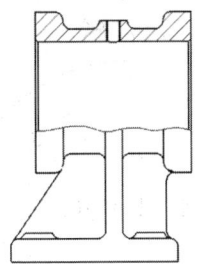
SolidWorks에서 본체 정면도의 접선을 모두 제거한 상태

⑦ 중심 표시⊕와 **중심선**을 사용하여 본체 정면도에 중심선을 추가한다.

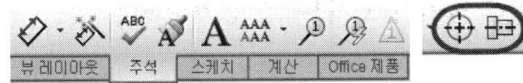

중심선으로 그림과 같이 위 아래 모서리를 선택하면 그 중간에 중심선이 생기며 마우스로 드래그하여 길이를 맞추어 준다.

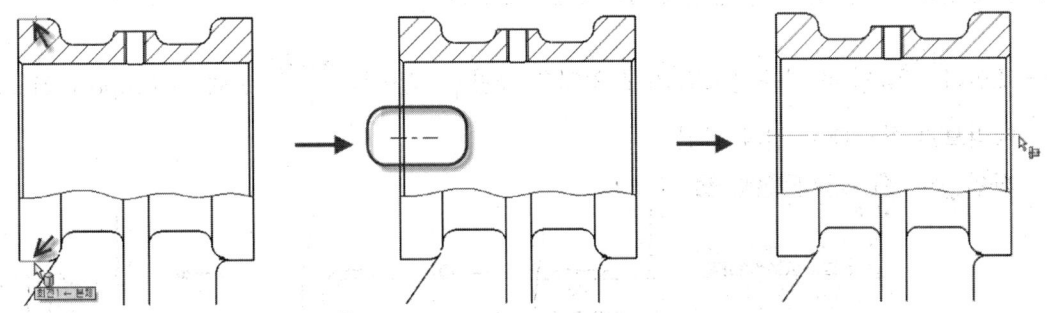

중심선으로 본체 정면도 다른 2곳에도 중심선을 추가한다.

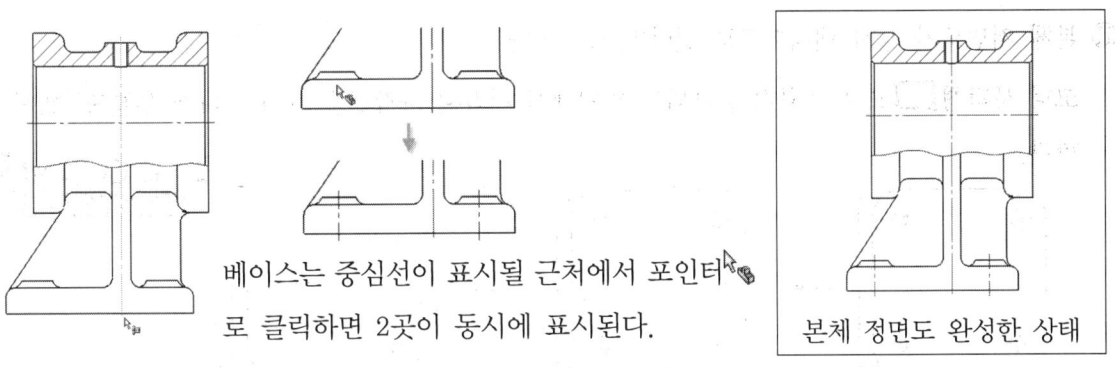

베이스는 중심선이 표시될 근처에서 포인터로 클릭하면 2곳이 동시에 표시된다.

본체 정면도 완성한 상태

⑧ 본체 우측면도가 좌우 대칭이므로 절반만 도시하여야 투상도 배치와 치수기입시 유리하다.

스케치의 **코너 사각형**□으로 절반만 보이게 될 오른쪽에 그림과 같이 그리고 뷰 레이아웃의 **부분도**를 선택하면 코너 사각형 테두리 안쪽 부분만 표시된다.

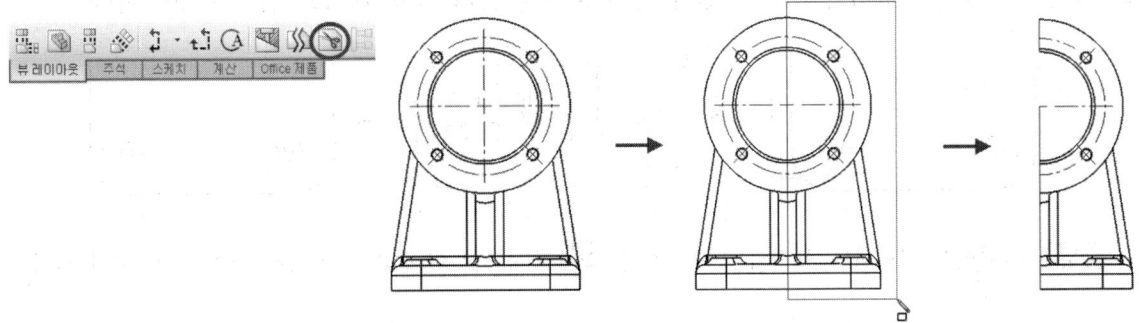

> **Tip** 절반만 도시할 경우에는 수직 중심선 양쪽 끝 부분에 대칭표시를 해야 하며 가급적 AutoCAD에서 표시하길 권장한다.

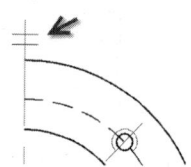

⑨ 앞의 내용을 참조하여 필요없는 접선을 숨기고 중심선을 추가하여 우측면도를 나타낸다.

가운데 수직 중심선은 스케치의 ┊중심선 으로 그려야 한다.

베어링 결합부 구멍의 바깥쪽에 모따기선도 **모서리 숨기기/표시**⇄로 숨겨주어야 한다.

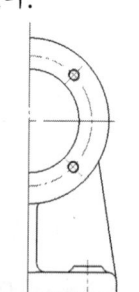

⑩ 본체 우측면도의 베이스 홀에 부분 단면도를 추가한다.

부분 단면도를 선택

→ 포인터 일 때 폐구간으로 자를 영역을 그림 → 깊이를 선택 → PropertyManager창 미리보기 체크해서 결과 확인

→ 확인 ✓

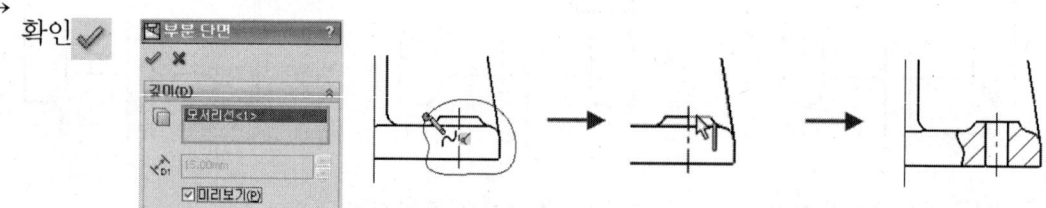

⑪ 본체 저면도가 상하 대칭이므로 절반만 도시한다.

코너 사각형으로 정확히 절반되는 위치에서 시작된 사각형을 그리고 나서 **부분도**를 클릭한다.

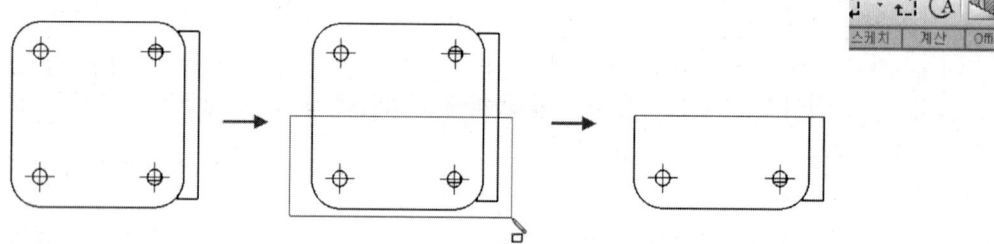

> **Tip** 대칭일 경우 절반만 도시할 때 제도법에 따라 우측면도는 오른쪽을 남기고 저면도는 아래부분을 남겨야 한다.

⑫ 저면도 투상시 필요없는 선을 그림과 같이 **모서리 숨기기/표시**⇄로 숨겨주어야 한다.

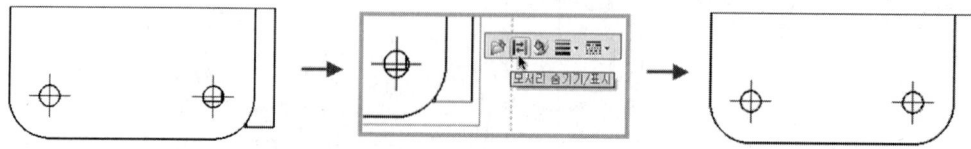

> **Tip** 숨길선을 클릭하면 표시되는 아이콘 중 ⇄를 선택하여 숨기거나 다시 보이게 할 수가 있다.

⑬ 스케치의 ┊ 중심선 을 사용하여 저면도에 중심선을 추가한다. 수직 중심선은 정면도의 중심선에 맞추어 그려준다.

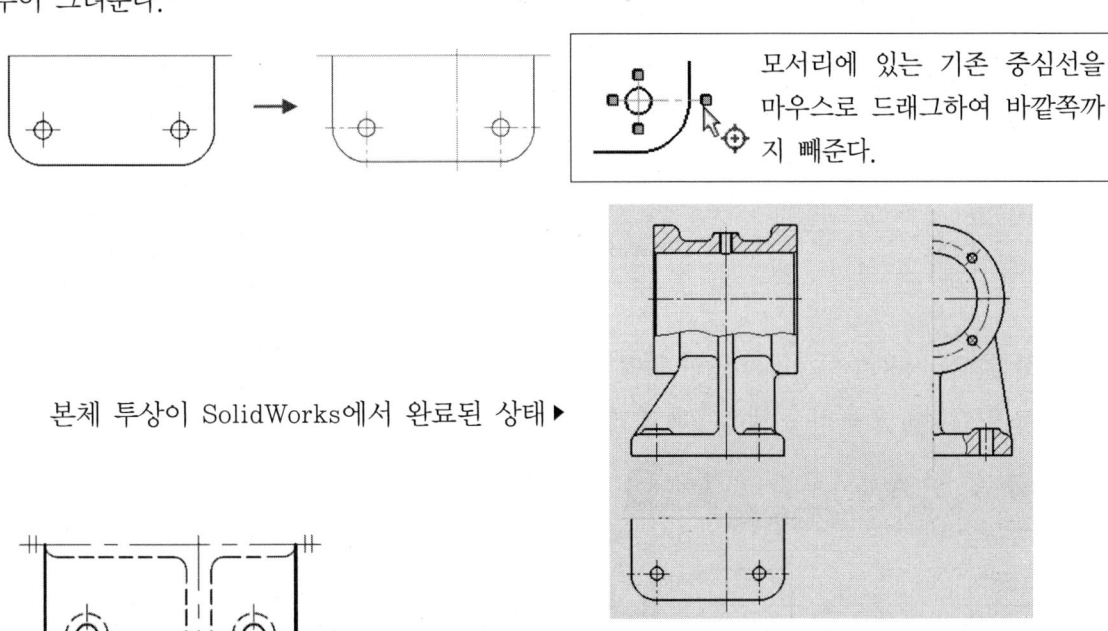

본체 투상이 SolidWorks에서 완료된 상태 ▶

> Tip 정면도의 탭 구멍이나 리브의 회전 단면, 우측면도의 숨은선 표시, 저면도의 숨은선 표시 등은 Auto-CAD에서 따로 추가하여 완성해야 한다.

⑭ 다음으로 축을 단면 처리한다. 축은 키 홈 부분에 키 홈이 보일 수 있도록 단면도 처리를 해 주어야 하며 더불어 멈춤나사 삽입 부위에도 부분 단면도를 해야 한다.

축의 오른쪽 키 홈에서 **부분 단면도**를 아래 그림과 같이 실행한다.

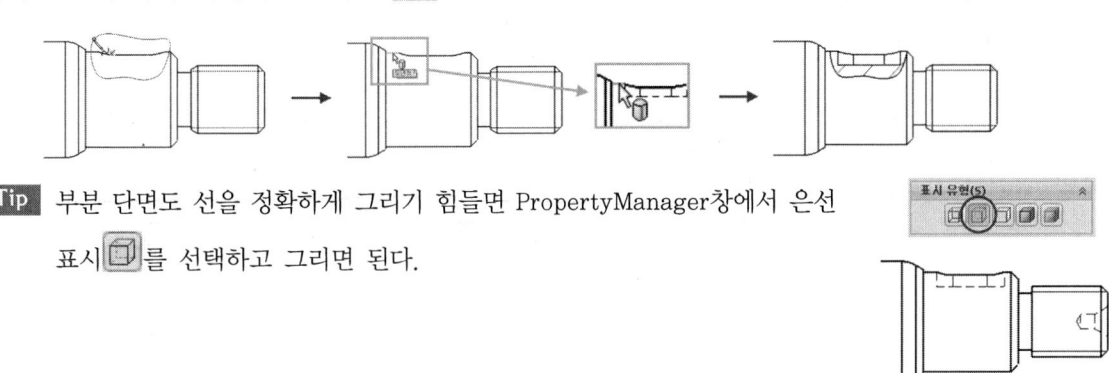

> Tip 부분 단면도 선을 정확하게 그리기 힘들면 PropertyManager창에서 은선 표시를 선택하고 그리면 된다.

⑮ 축 왼쪽 멈춤나사가 삽입될 노치 부분에 그림과 같이 **부분 단면도**를 실행한다.

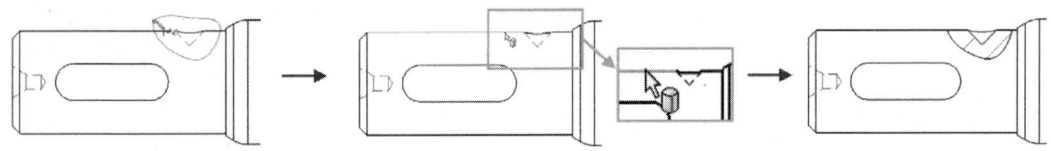

📎 선반의 심압대가 삽입되는 센터구멍은 2차원에서는 도시하지 않으니 부분 단면도 처리를 하면 안된다.

⑯ 축의 접선을 모두 숨겨 준다. 축에서 마우스 오른쪽 클릭 후 '접선'의 '접선 숨기기'를 선택하여 접선을 모두 숨겨야 한다. 은선을 표시하였다면 PropertyManager창에서 **은선 제거** 까지 선택한다.

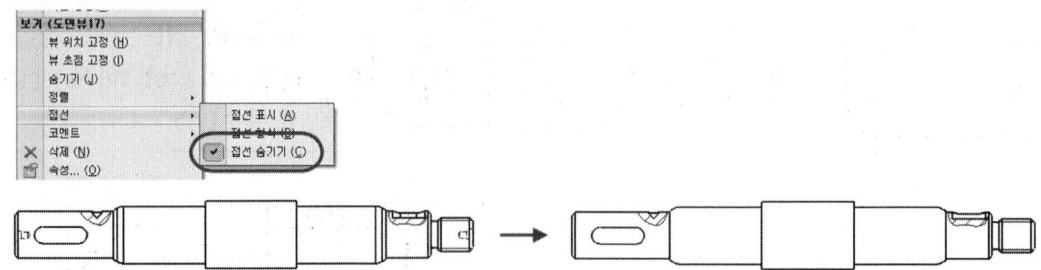

⑰ **중심선**을 사용하여 그림과 같이 축에 중심선을 추가한다. **중심선** 선택 후 그림과 같이 포인터시 클릭하면 축의 전체길이에 맞게 중심선이 추가된다.

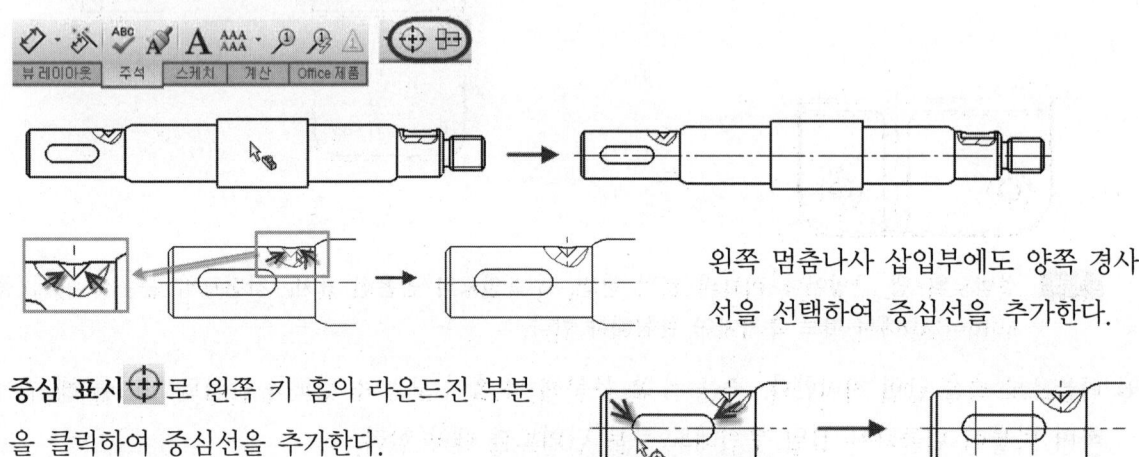

왼쪽 멈춤나사 삽입부에도 양쪽 경사선을 선택하여 중심선을 추가한다.

중심 표시로 왼쪽 키 홈의 라운드진 부분을 클릭하여 중심선을 추가한다.

⑱ **투상도**로 축에 평면도를 추가한다. **투상도**를 선택하고 축을 클릭한 후 마우스를 위로 올리면 평면도가 추가된다.

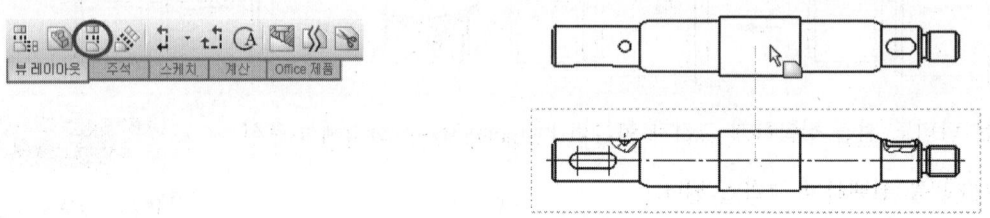

오른쪽 키 홈의 평면도를 나타내기 위한 작업을 수행하고자 평면도가 필요하다.

⑲ **코너 사각형**으로 축 평면도의 오른쪽 키 홈에 그림과 같이 사각형을 그리고 나서 **부분도**를 클릭한다.

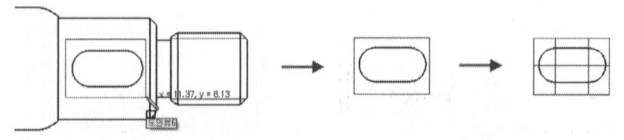

중심 표시로 키 홈에 중심선을 추가한다.
사각형 테두리는 AutoCAD에서 지워버려야 한다.

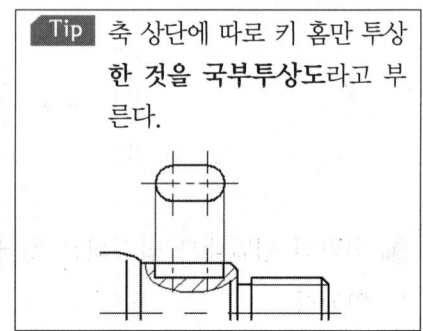

Tip 축 상단에 따로 키 홈만 투상한 것을 국부투상도라고 부른다.

 부분도 를 잘못한 경우에는 **왼쪽** PropertyManager창 에서 오른쪽 버튼을 클릭 후 부분도의 편집이나 제거를 통해 수정할 수가 있다.

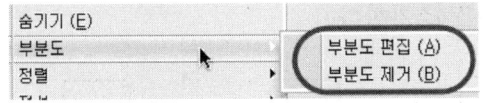

⑳ 축의 왼쪽에 있는 키 홈 부위의 깊이를 나타내기 위해 절단하여 좌측면도를 도시해야 한다. **단면도** 를 선택하고 그림과 같이 수직으로 절단선을 그린 다음 마우스를 왼쪽으로 옮겨 적당한 위치에 단면도를 배치한다.

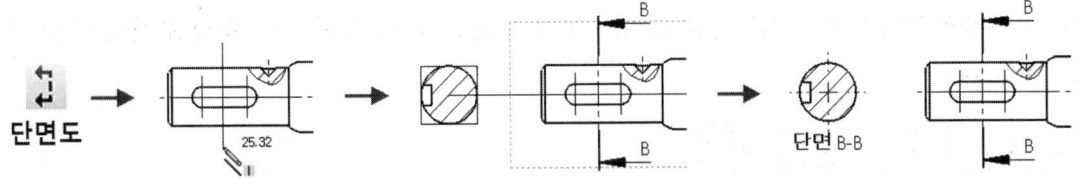

중심 표시 ⊕로 단면 B-B에 중심선을 추가한다.

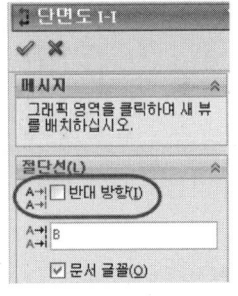

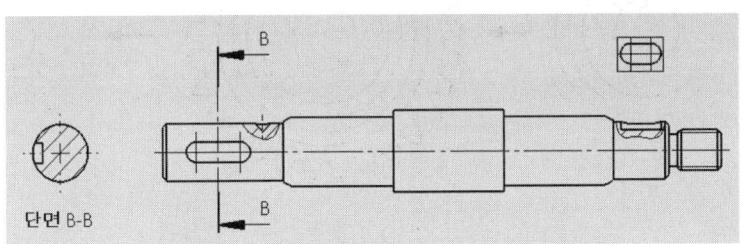

PropertyManager창의 '반대 방향'으로 단면 방향을 변경할 수가 있다.

축 투상이 SolidWorks에서 완료된 상태 ▲

㉑ 다음으로 스퍼기어를 투상하겠다. **단면도**를 선택하고 그림과 같이 정확히 절반으로 수직 절단선을 그린 다음 마우스를 왼쪽으로 옮겨 적당한 위치에 정면도가 될 단면도를 배치한다.

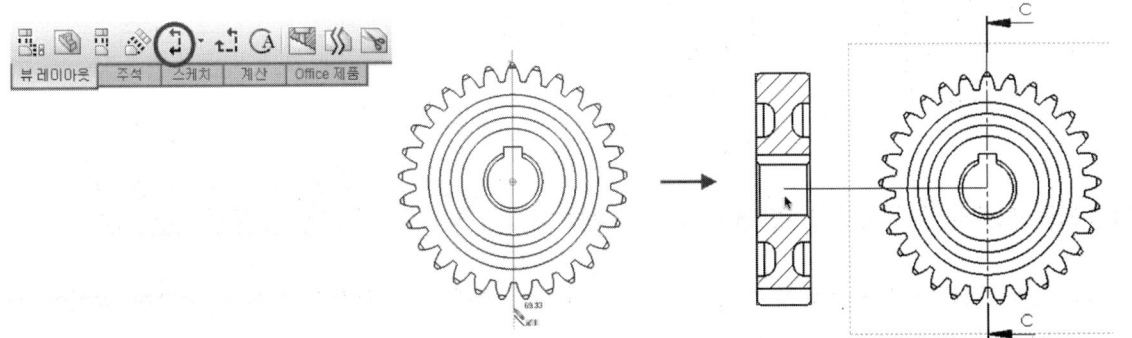

Tip 절대 기어의 이를 단면하면 안된다. 그러나 SolidWorks에서는 단면이 되기 때문에 꼭 AutoCAD에서 단면된 이를 단면이 없도록 수정을 해주어야 감점이 안된다.

㉒ 스퍼기어의 접선을 모두 숨겨 준다. 스퍼기어에서 마우스 오른쪽 클릭 후 '접선'의 '접선 숨기기'를 선택하여 접선을 모두 숨긴다.

중심선 을 사용하여 그림과 같이 스퍼기어에 중심선을 추가한다.

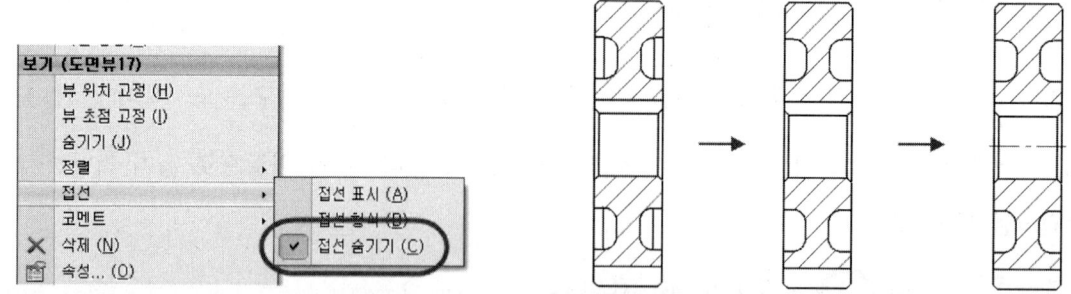

㉓ 스퍼기어 측면도 구멍의 바깥선 모따기선을 **모서리 숨기기/표시** 로 숨기고 **코너 사각형** 으로 키 홈 부위에 그림과 같이 사각형을 그리고 나서 **부분도** 를 클릭한다. **중심 표시** 로 중심선을 추가한다.

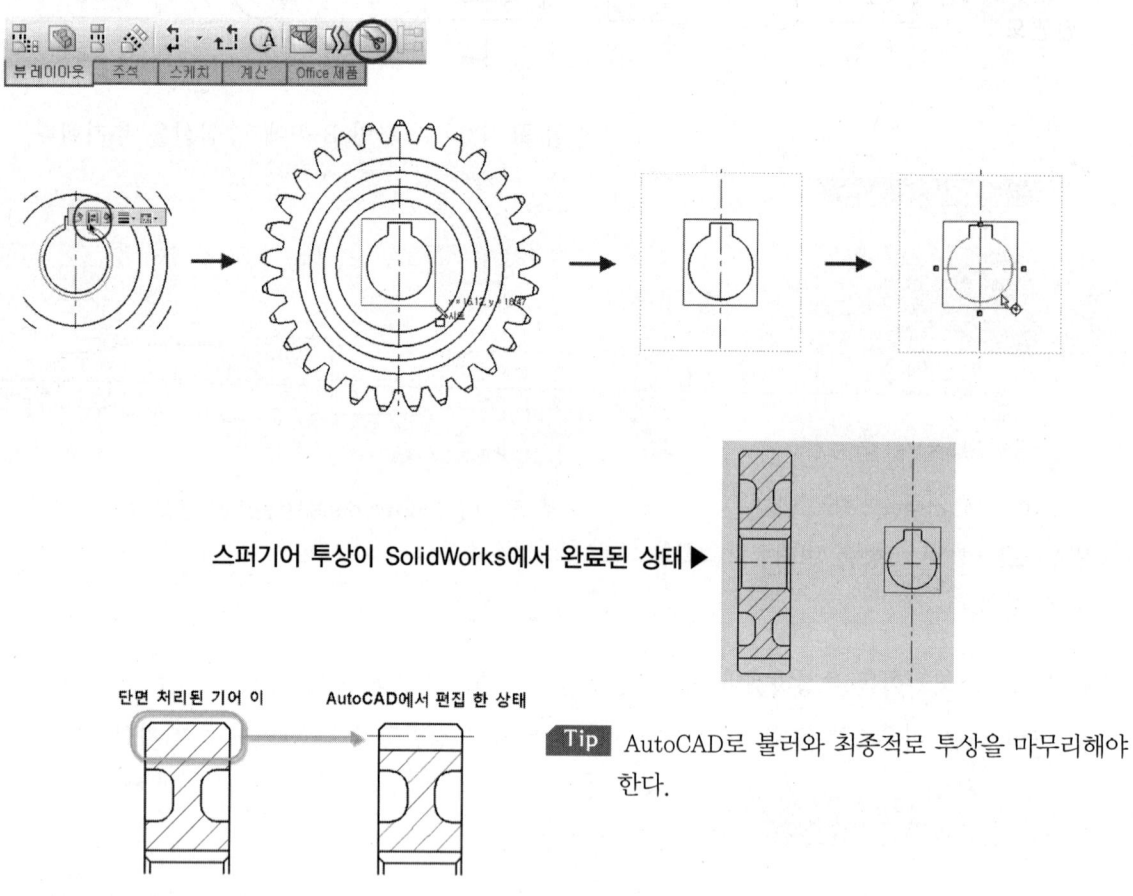

◀ 스퍼기어 투상이 SolidWorks에서 완료된 상태

Tip AutoCAD로 불러와 최종적으로 투상을 마무리해야 한다.

㉔ 다음으로 커버를 투상하겠다. **단면도** 를 선택한다.

그림과 같이 정확히 절반으로 수직 절단선을 그린 다음 마우스를 왼쪽으로 옮겨 적당한 위치에 정면도가 될 단면도를 배치한다. 제도법에 의해 본체에 삽입되는 부위가 오른쪽에 배치되어 있어야 하므로 '반대 방향'으로 절단 방향을 변경해야 한다.

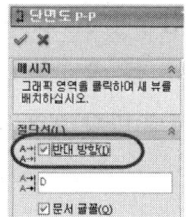
PropertyManager창의 '반대 방향'으로 단면 방향을 변경할 수가 있다.

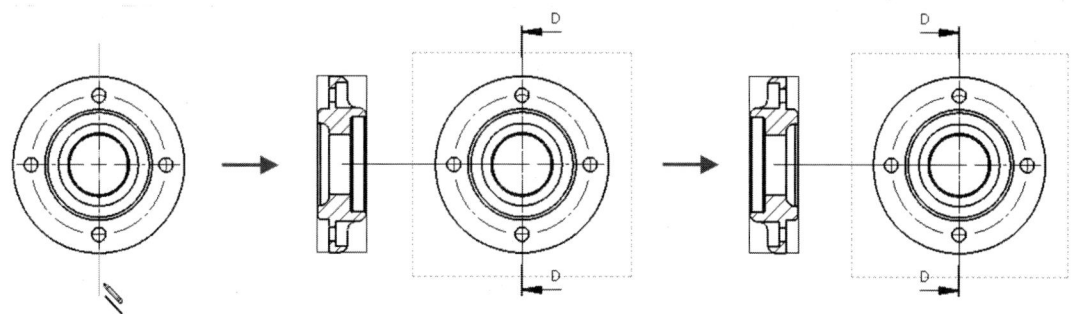

㉕ 커버 단면도에서 마우스 오른쪽 클릭 후 '접선'의 '접선 숨기기'를 선택하여 접선을 모두 숨긴다. 그리고 **중심선**을 사용하여 그림과 같이 중심선을 추가하고 길이에 맞추어 주기 위해 중심선을 마우스로 드래그하여 준다.

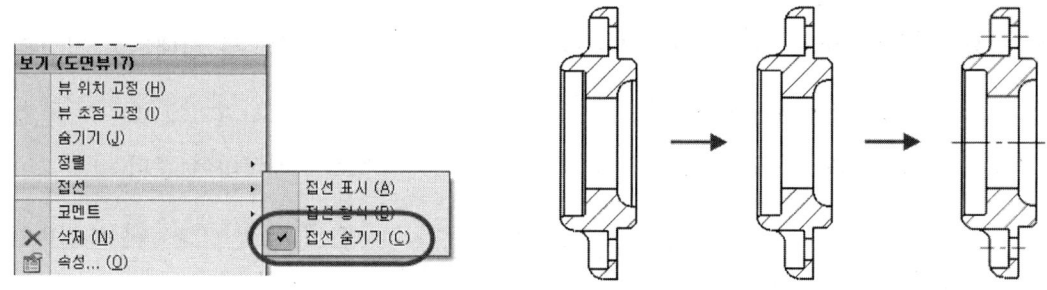

㉖ 커버에 상세도를 추가한다. 스케치의 **타원**으로 그림과 같이 스케치한 후 '뷰 레이아웃' 탭에서 **상세도**를 선택하고 PropertyManager창에 조건을 부여하고 적당한 위치에 클릭한다.

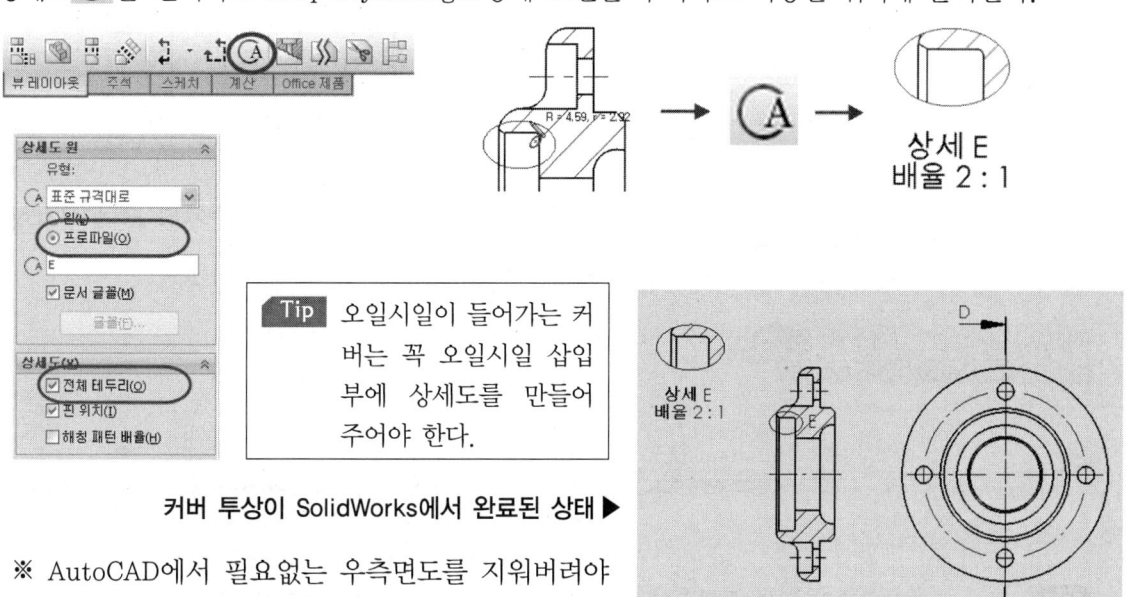

Tip 오일시일이 들어가는 커버는 꼭 오일시일 삽입부에 상세도를 만들어 주어야 한다.

▶ **커버 투상이 SolidWorks에서 완료된 상태** ◀

※ AutoCAD에서 필요없는 우측면도를 지워버려야 한다.

제8장 SolidWorks를 사용한 동력전달장치 모델링 & AutoCAD 도면화 작업 369

㉗ 별도로 V-벨리 풀리도 투상하도록 하겠다. **단면도** 를 선택하고 그림과 같이 정확히 절반으로 수직 절단선을 그린 다음 마우스를 왼쪽으로 옮겨 적당한 위치에 정면도가 될 단면도를 배치한다. 제도법에 의해 가운데 튀어나온 부위(Boss)가 오른쪽에 배치되어 있어야 하므로 '반대 방향'으로 절단 방향을 변경해야 한다.

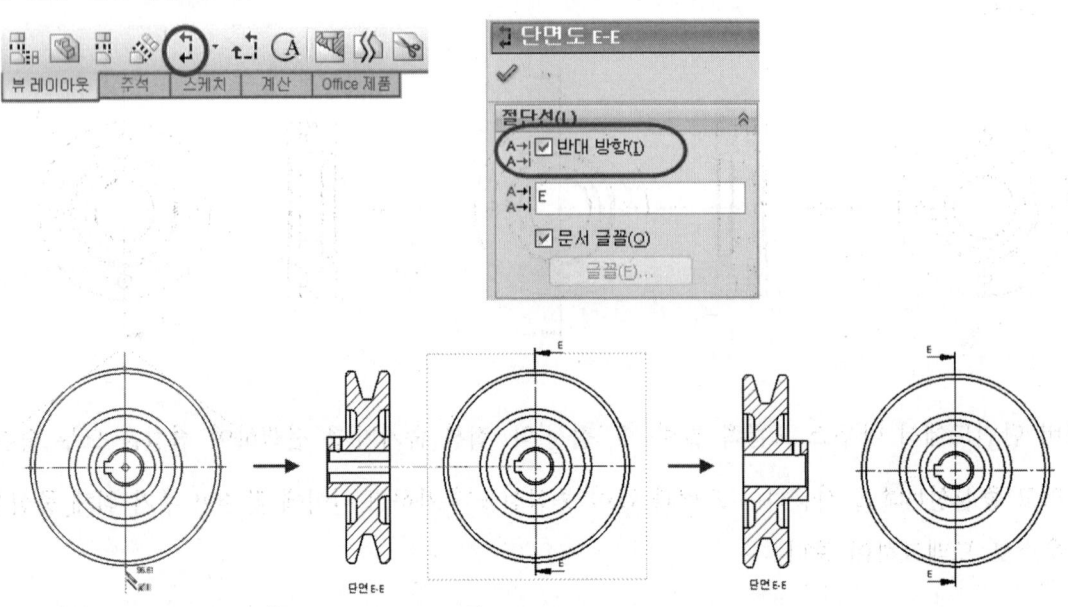

㉘ V-벨트 풀리 단면도에서 마우스 오른쪽 클릭 후 '접선'의 '접선 숨기기'를 선택하여 접선을 모두 숨긴다. 그리고 **중심선** 을 사용하여 그림과 같이 중심선을 추가하고 길이에 맞추어 주기 위해 중심선을 추가하고 길이에 맞추어 주기 위해 중심선을 마우스로 드래그하여 준다.

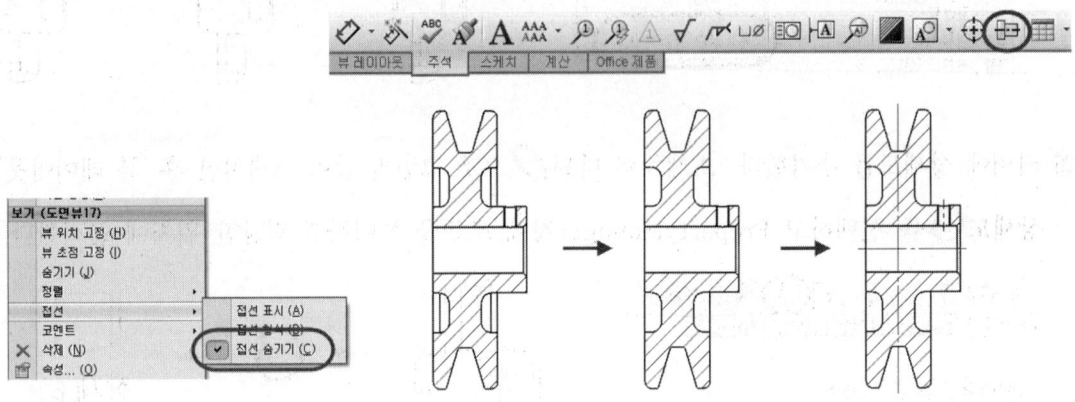

㉙ V-벨트 풀리 측면도 구멍의 바깥선 모따기선을 **모서리 숨기기/표시** 로 숨기고 **코너 사각형** 으로 키 홈 부위에 그림과 같이 사각형을 그리고 나서 **부분도** 를 클릭한다.

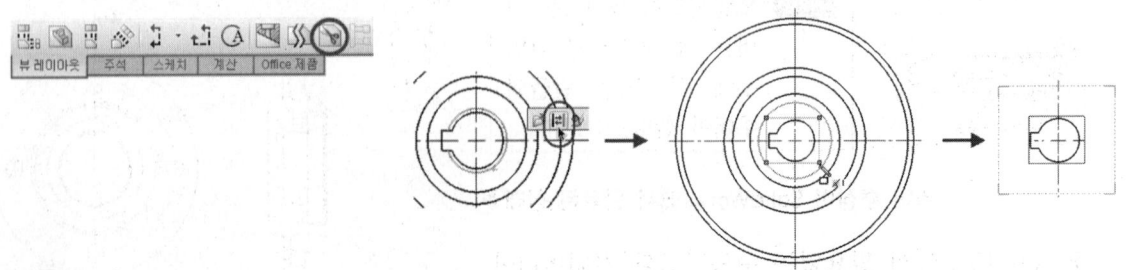

> **Tip** AutoCAD로 불러와 국부 투상도의 필요없는 부분을 지워서 마무리해야 한다.

㉚ V-벨트 풀리에 상세도를 추가한다. 스케치의 **타원** 으로 그림과 같이 스케치 한 후 '뷰 레이아웃' 탭에서 **상세도** 를 선택하고 PropertyManager창에 조건을 부여하고 적당한 위치에 클릭한다.

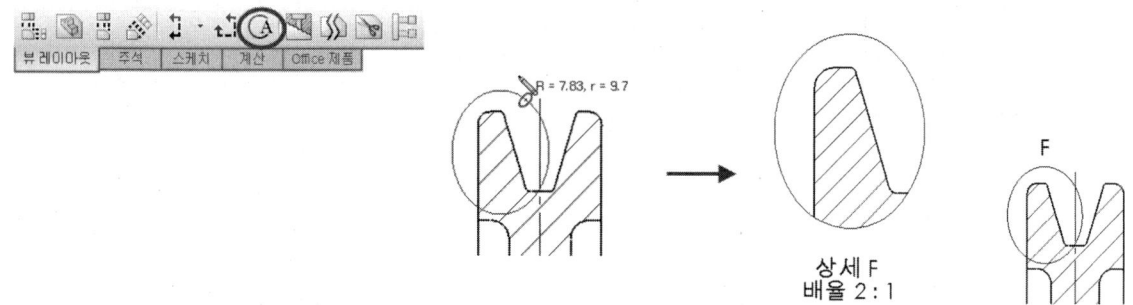

V-벨트 풀리 모서리의 필렛 R값이 모두 다르기 때문에 반지름 치수기입을 하기위해 상세도가 필요하다.

◀ V-벨트 풀리 투상이 SolidWorks에서 완료된 상태 ▶

㉛ 모든 투상이 완료되었기 때문에 저장을 하겠다. AutoCAD로 내보내기 위해서는 다음과 같이 저장을 하여야 한다.

다른 이름으로 저장 을 선택한다.
메뉴바 : [파일-다른 이름으로 저장]

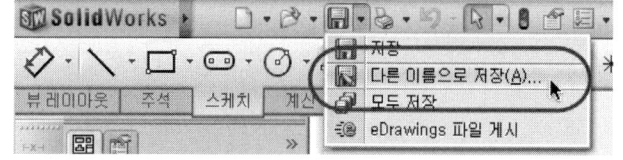

㉜ 다른 이름으로 저장 창에서 '파일 이름'은 '투상도'라고 입력하고 '파일 형식'에서 AutoCAD파일 확장자인 DWG나 DXF로 변경한 후 저장을 한다.

> **Tip** AutoCAD로 불러와서 사용할 파일임으로 파일 이름은 아무 이름을 부여해도 상관이 없다.

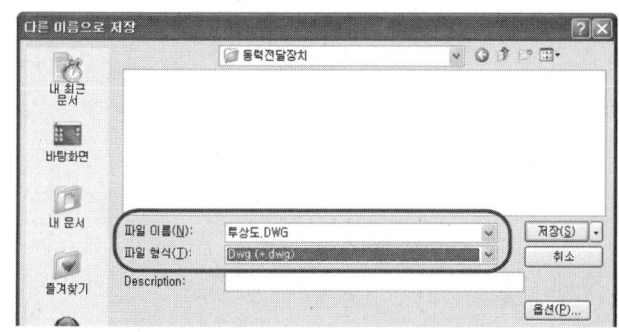 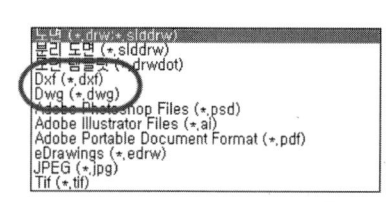

AutoCAD파일 확장자 Dwg나 Dxf를 선택

> **Tip** DWG파일은 AutoCAD Drawing File(도면파일)이며, DXF파일은 도면 파일의 2진 또는 ASCII로 응용 프로그램 간에 도면 데이터를 공유하는데 사용하므로 둘 중 하나로 저장하면 된다.

제8장 SolidWorks를 사용한 동력전달장치 모델링 & AutoCAD 도면화 작업

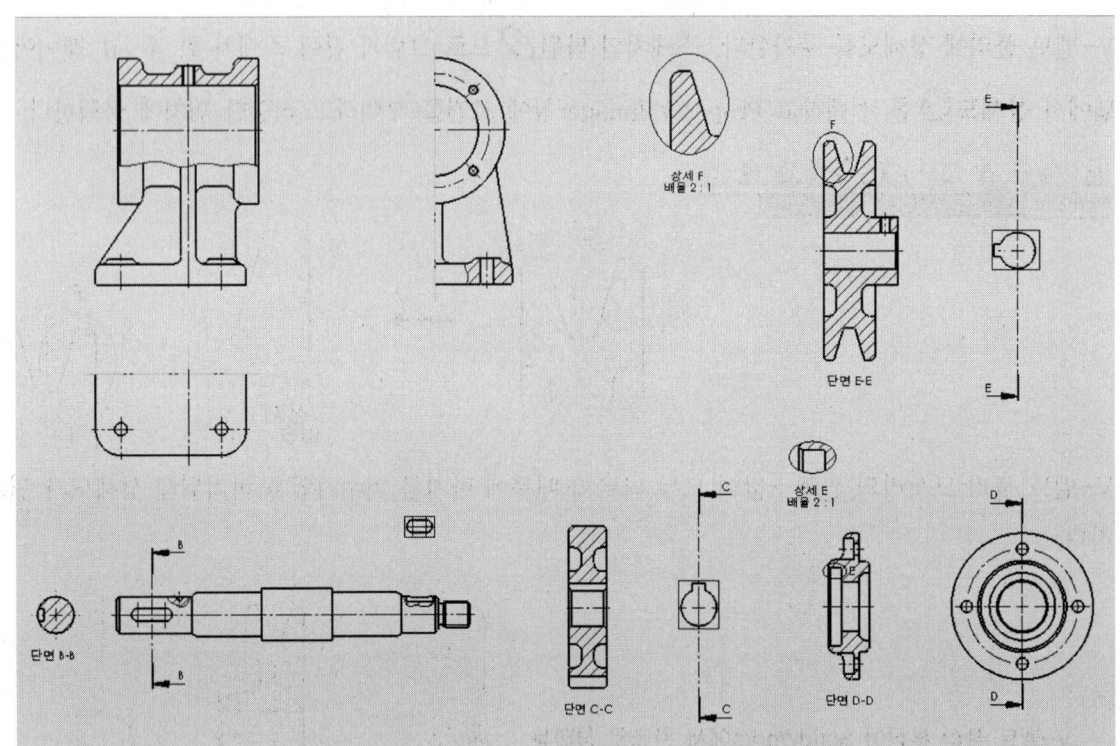

|모든 부품들의 투상이 SolidWorks에서 완료된 상태|

> **Tip** 위 그림처럼 최대한 SolidWorks에서 투상과 단면 그리고 상세도를 만든 다음 AutoCAD로 내보내고 KS제도법에 맞게 AutoCAD에서 필요없는 형상은 지우고 필요한 형상은 수정하거나 추가하여 완성해야 한다.

STEP 2   AutoCAD에서 투상도의 수정 및 편집

SolidWorks에서 도면화 작업시 KS제도법에 맞지 않는 불필요한 형상이 존재하는데 이것을 AutoCAD로 불러와 수정해서 2차원 도면을 완성해야 한다.

① 바탕화면의 AutoCAD를 아이콘을 더블클릭하여 AutoCAD를 실행한다.

② Command명령창에 'OPEN'를 입력하여 SolidWorks에서 저장한 '투상도.dwg'를 불러온다.

　📂 : 파일 열기 [단축키 : Ctrl+O]

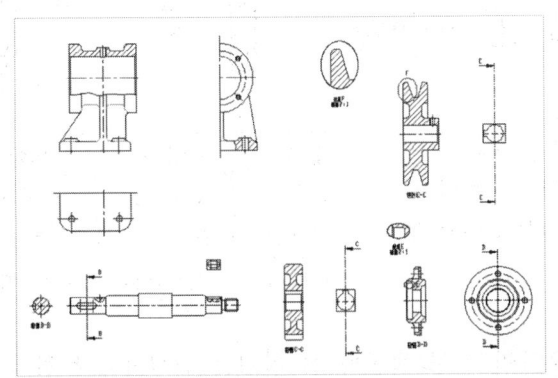
부품만 투상한 후 불러온 화면

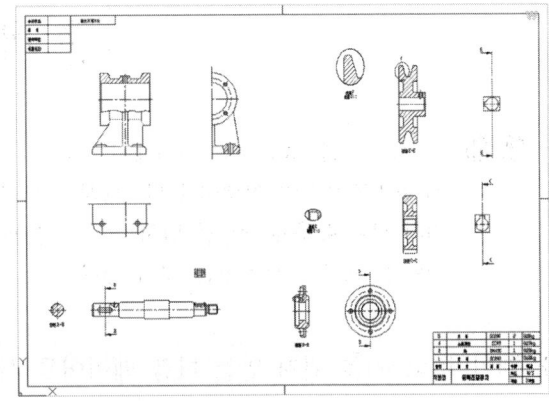
윤곽선과 표제란 등과 같이 불러온 화면

> **Tip**   SolidWorks에서 3차원 도면화 작업시 윤곽선과 표제란 등을 만들었다면 그 안에 2차원 도면화 작업을 함께 하여 AutoCAD로 불러오는 것이 수검시간을 줄일 수 있는 방법이다.

③ 우선 각각의 부품마다 필요 없는 형상을 지우겠다. 그림과 같이 필요 없는 부분을 지워준다.

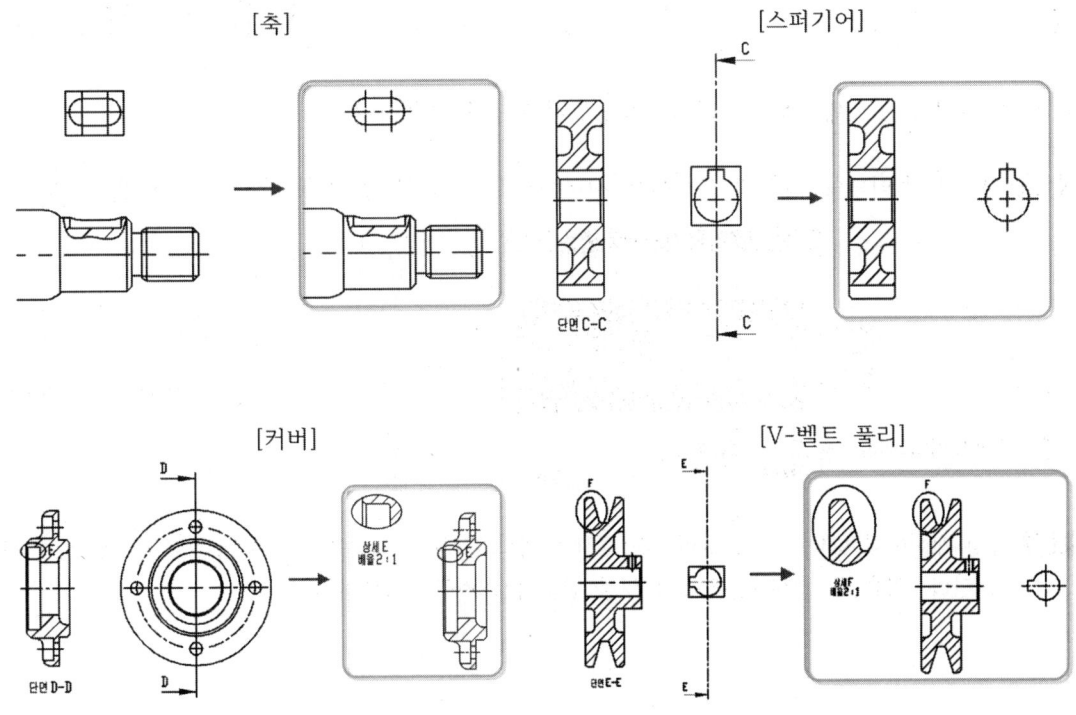

제8장 SolidWorks를 사용한 동력전달장치 모델링 & AutoCAD 도면화 작업

> **Tip** 중심선인 일점쇄선이 안보일 경우에는 지우고 중심선을 다시 그려 'PROPERTIES(단축키 PR 또는 Ctrl+1)'의 'Linetype scale'항목에서 중심선의 비율을 따로 조절해야 한다.

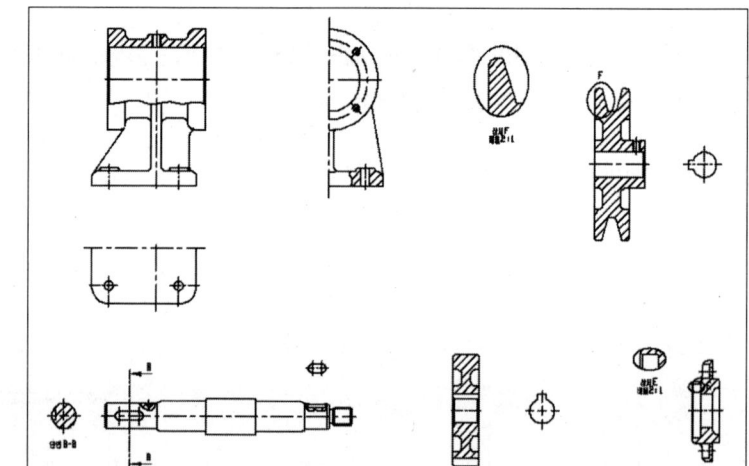

◀ AutoCAD에서 필요없는 형상을 모두 제거한 상태

> **Tip** 타 소프트웨어(SolidWorks)에서 불러온 도면은 모든 선의 색상이 기본값인 흰색이 된다. 그래서 선의 색상이 선의 굵기와 같기 때문에 색상을 먼저 변경해 주어야 하며, 이때 레이어(Layer)를 사용하는 것이 좋다.

분류	굵기	색상
굵은선	0.35mm	초록색
중간선	0.25mm	노란색
가는선	0.18mm	흰색, 빨강

④ 레이어(layer)를 먼저 만든 다음 레이어를 사용하여 선의 색상과 선 형식을 변경하고자 한다.
Command명령창에 '**LAYER**'를 입력 [단축키 : LA]

레이어 대화창에 ![아이콘]를 클릭하여 3개(외형선, 중심선, 숨은선)의 레이어를 그림과 같이 만든다.

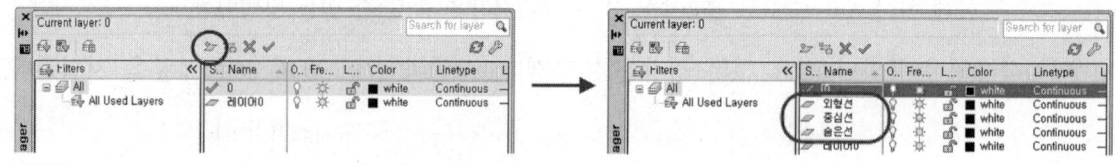

![아이콘] New Layer : 새로운 레이어를 만들고자 할 때 사용한다.

생성된 3개의 레이어에 각각의 색상(외형선-초록색, 중심선-빨강색, 숨은선-노란색)을 부여한다.

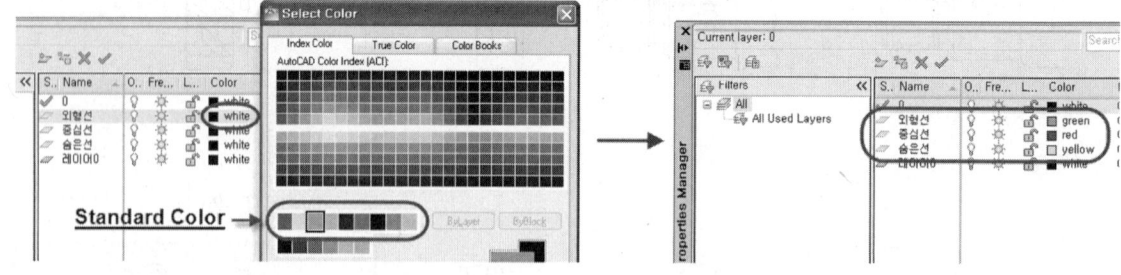

> **Tip** 해당 레이어의 색상 부위를 클릭하면 색상 팔레트가 나타나며 꼭 'StandardColor'의 색상만을 사용해야 한다. 이유는 색상마다 고유의 색상 번호가 존재하기 때문이다.

이제 마지막으로 각각의 레이어에 선 형식(외형선-실선, 중심선-일점쇄선, 숨은선-파선)을 부여한다.

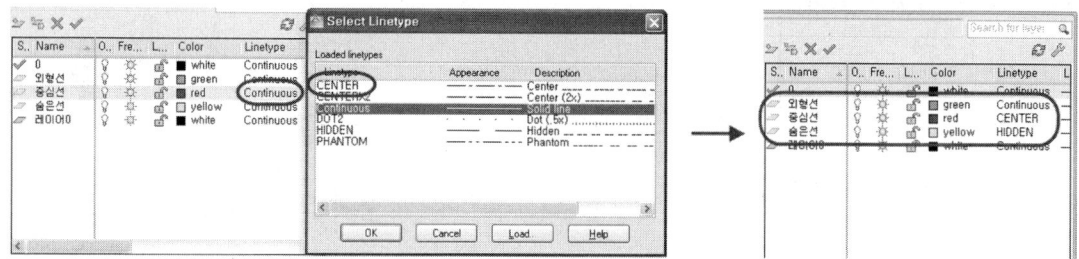

외형선은 Continuous 그대로 사용하며 중심선은 CENTER, 숨은선은 HIDDEN으로 변경하여 준다. 적용된 선 유형(CENTER, HIDDEN)의 비율이 너무 클 경우에는 Command명령창에 'LTSCALE' [단축키 : LTS]를 입력하여 비율을 낮추어 사용하면 된다.

Tip 현재 Select Linetype창의 선 유형들은 SolidWorks에서 적용된 유형들이 AutoCAD로 불러오면서 들어온 것으로 다른 유형을 원할 때는 해당창의 'Load...'버튼을 클릭하여 원하는 유형을 불러와 적용하면 된다.

레이어 작업이 완료되었으므로 레이어창을 닫는다.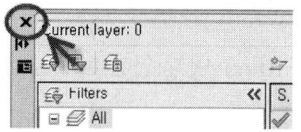

⑤ SolidWork에서 불러온 도형들을 작업 ④에서 만든 각각의 레이어로 분류하는 작업을 하겠다. Command명령창에 'FILTER'를 입력 [단축키 : FI]

'Add Selected Object<'를 클릭하고 도면의 부품에서 아무 외형선 한 개를 선택하여 준다.

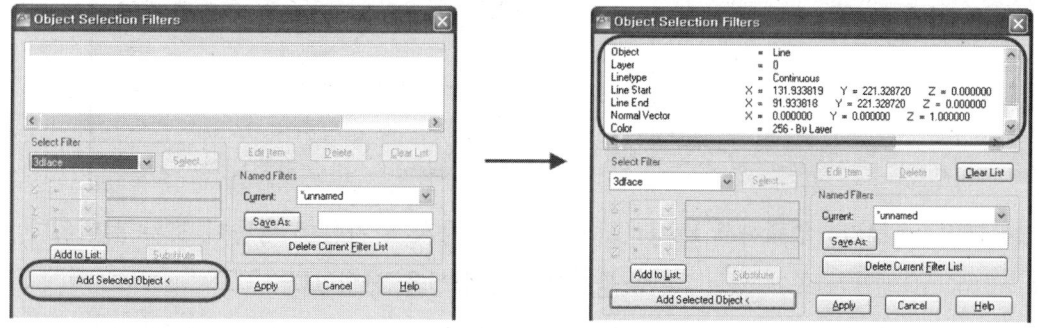

Tip 필터(Filter) 명령을 사용하여 선택하고 싶은 도형들을 한꺼번에 손쉽게 선택할 수가 있다.
'Add Selected Object<'로 특정 도형을 선택하면 선택된 도형의 모든 정보들이 해당창 LIST 안에 나열된다.

LIST 안에 나열된 정보 중에 필요한 정보만을 오른쪽 그림과 같이 남기고 나머지는 지워버린다.

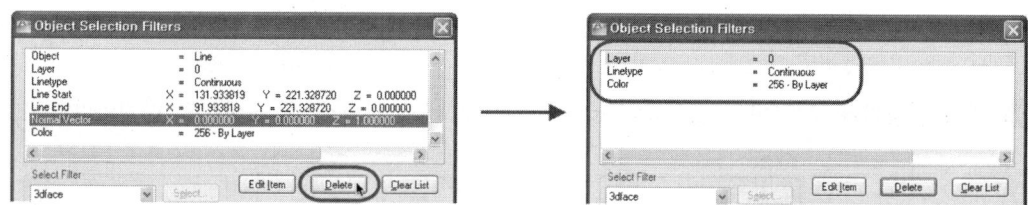

LIST 안에 다른 값들이 들어 있으면 원하는 도형만을 선택할 수가 없기 때문에 필요없는 데이터는 Delete를 클릭하여 지워야 한다.

Apply를 클릭 → 'ALL' 입력하고 Enter(LIST 안의 내용과 일치한 도형들이 모두 선택된다.) → Enter

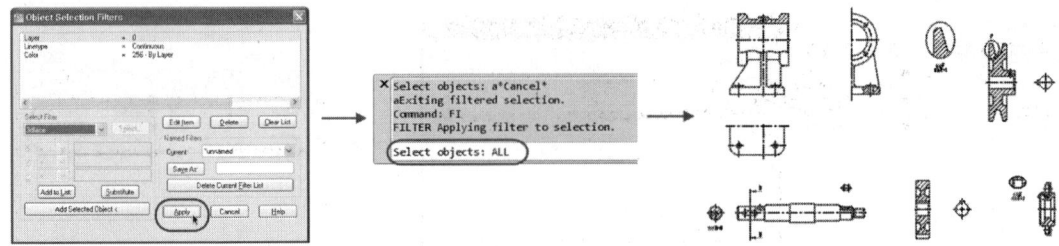

AutoCAD화면 위쪽에 있는 Layer툴바에서 **외형선**을 선택한다.

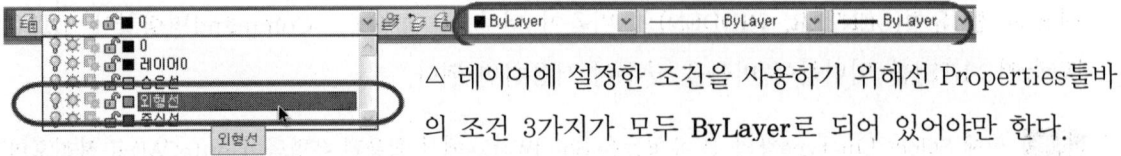

△ 레이어에 설정한 조건을 사용하기 위해선 Properties툴바의 조건 3가지가 모두 **ByLayer**로 되어 있어야만 한다.

필터(Filter) 명령으로 선택된 모든 도형들이 레이어 도면층인 '외형선'의 속성으로 모두 변경된 것을 화면상에서 확인할 수가 있다.

⑥ 이번에는 필터(Filter) 명령으로 화면상에서 중심선을 모두 선택하여 레이어 도면층인 '중심선'으로 변경하도록 한다.

Command명령창에 '**FILTER**'를 입력하고 '**Clear List**' 클릭하여 기존에 내용을 모두 지워 버린 후 '**Add Selected Object <**'를 클릭하고 도면에서 중심선 한 개를 선택하여 LIST 안에 나열된 정보 중에 필요한 정보만을 오른쪽 그림과 같이 남기고 나머지는 지워버린다.

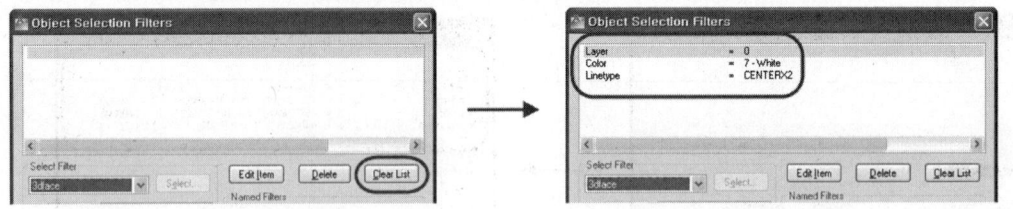

Apply를 클릭 → 'ALL' 입력하고 Enter(LIST 안의 내용과 일치한 도형들이 모두 선택된다.) → Enter AutoCAD화면 위쪽에 있는 Layer툴바에서 **중심선**을 선택한다.

레이어 도면층인 '중심선'의 속성으로 대부분 변경된 것을 화면상에서 확인할 수가 있다.

Tip 레이어 변경시 꼭 오른쪽에 있는 Properties툴바의 3가지 조건 모두 ByLayer로 되어 있는지 확인해야 한다.

Tip 중심선 필터가 모두 안될 경우에는 밑의 조건으로 다시 필터한 후 레이어를 변경한다.

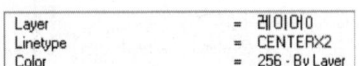

필터(Filter) 명령을 사용하더라도 정확히 원하는 도형만을 선택하는 것은 쉽지가 않기 때문에 위와 같이 해도 변경이 안되는 도형들은 개별적으로 변경해 주어야 한다.

개별적으로 도형의 속성을 변경시 'MATCHPROP'[단축키 : MA]명령을 사용하여 변경하면 편리하다.

Command명령창에 'MATCHPROP'입력 후 적용하고자 하는 속성을 가진 도형을 먼저 선택한 후 커서 모양 일 때 적용시킬 도형들을 선택하면 된다.

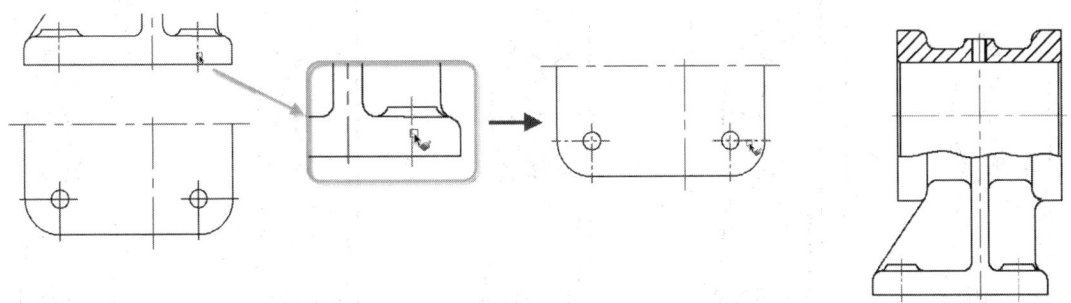

⑦ 각각의 부품마다 다음 그림과 같이 수정해야 한다.

a. 본체 정면도를 먼저 수정하겠다.

해칭선을 지우고 탭(M4)구멍을 아래 그림과 같이 스케치한 후 반대쪽(오른쪽)으로 대칭하고 나서 해칭으로 마무리를 한다.

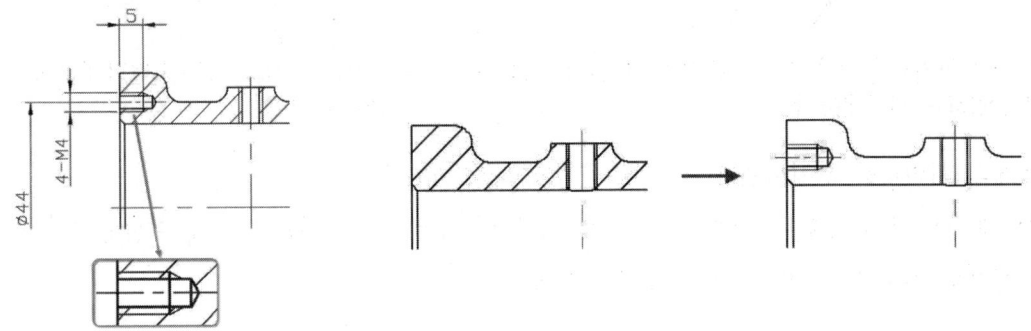

가운데 윤활유 주입구 탭(M5)구멍의 바깥선을 가는선(빨강색)으로 변경해야 한다.

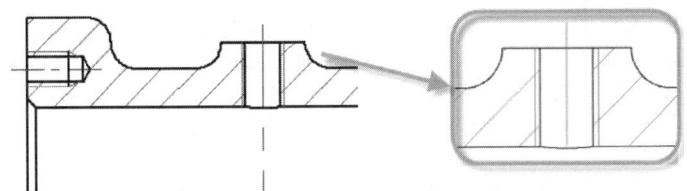

부분단면도의 파단선을 가는선(빨강색)으로 변경하고 리브(Rib)에 회전단면도를 추가하고 가운데 리브와 베이스 부분과 접하는 곳에 접선 처리로 마무리해야 한다.

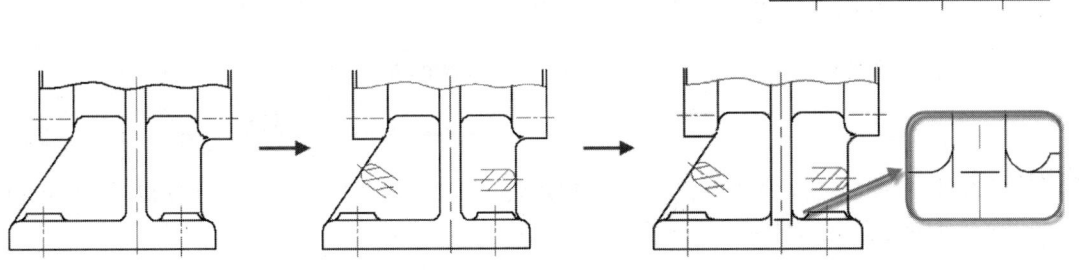

b. 본체의 우측면도를 수정하겠다.

바디와 연결된 리브를 숨은선으로 나타내주어야 하며 해칭과 파단선, 탭의 골지름을 가는선(빨간색)으로 변경해 준다. 리브에 회전단면도를 추가하고 수직 중심선 위 아래에 대칭표시를 해 주어야 한다.

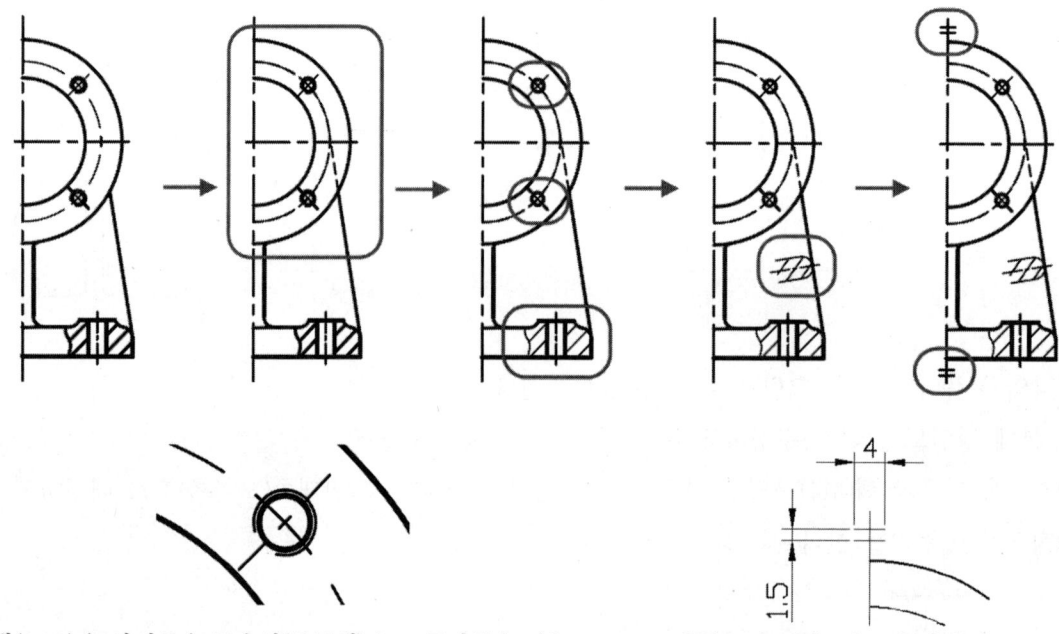

탭(TAP)은 안지름은 굵은선(초록색)으로 골지름은 가는선(빨간색)으로 나타내야 한다.

대칭표시 선은 가는선(빨간색)으로 해야 한다.

c. 본체의 저면도를 수정하겠다.

저면도에 레이어 도면층인 '숨은선'으로 리브와 볼트 머리가 안장되는 구멍에 은선을 추가해 주고 수평 중심선 좌·우에 대칭표시를 해 주어야 한다.

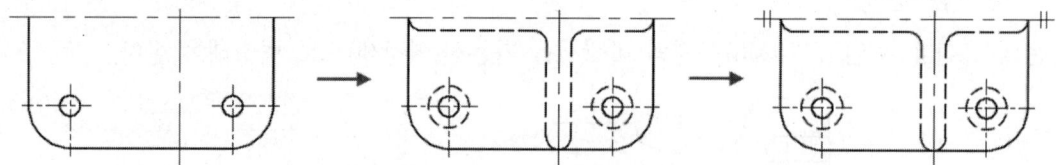

d. 축을 수정하겠다.

좌측 단면 해칭과 부분단면의 파단선과 해칭을 가는선(빨간색)으로 변경하고 글자의 크기를 5mm로 굵기는 굵은색(초록색)으로 변경한다.

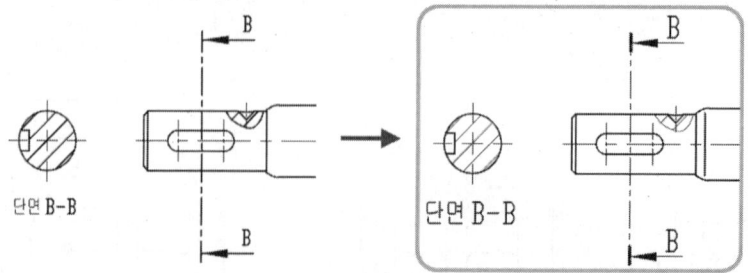

> Tip 글자의 크기는 수정할 글자를 선택 후 'PROPERTIES(단축키 PR 또는 Ctrl+1)'의 'Text height' 항목에서 변경할 크기 값을 입력하면 된다.

우측의 부분단면의 파단선과 해칭을 가는선(빨간색)으로 변경하고 키홈에 중심선을 추가하고 키 홈 국부투상도와 정면도 키 홈을 잇는 보조선(빨간색)을 그린다. 수나사 골지름을 가는선(빨간색)으로 변경하고 오일 시일이 삽입되는 30°모따기 구간에 접선(초록색)을 추가한다.

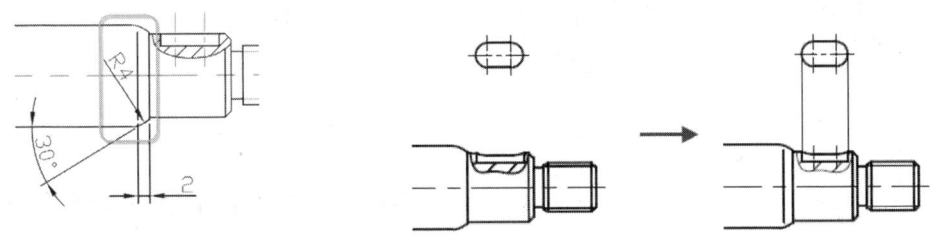

오일 시일 삽입부의 접선을
표시한 상태이다.

e. 스퍼기어를 수정하겠다.

단면 처리된 기어 위쪽 이를 그린 다음 트림으로 해칭선을 자른다. 기어 피치원(중심선)을 추가하고 나서 해칭을 가는선(빨간색)으로 변경한다.

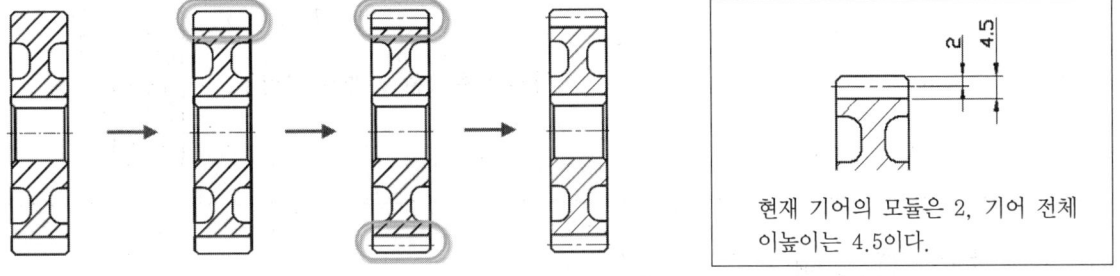

현재 기어의 모듈은 2, 기어 전체 이높이는 4.5이다.

Tip 해칭을 트림하는 것은 AutoCAD버전 2006 이상에서만 가능하다. 해칭이 수정이 안될 경우에는 지우고 다시 해칭을 해야 한다.

f. 커버를 수정하겠다.

상세 테두리선과 해칭선을 모두 가는선(빨간색)으로 변경하고 지시선으로 다시 E를 표시한 다음 '배율 2 : 1'을 뺀 나머지 문자 크기를 5, 색상은 초록색으로 변경한다. '배율 2 : 1'의 문자 크기는 그대로 하고 노란색으로 변경해야 한다.

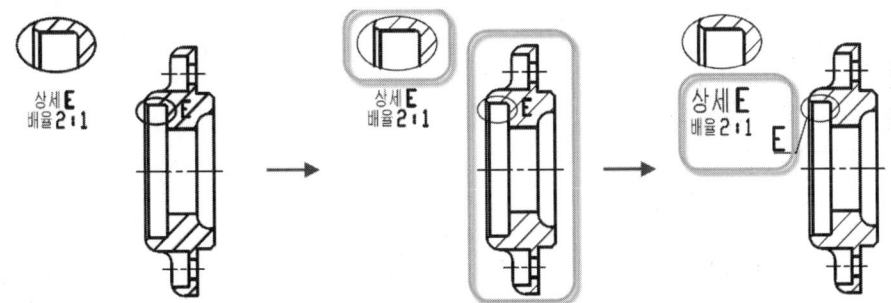

Tip 지시선 명령어 **LEADER** [단축키 : LEAD]로 상세부를 지시해야 하며 지시선 앞의 화살표는 없애야 한다.

g. V-벨트 풀리를 수정하겠다.

상세 테두리선과 해칭선을 모두 가는선(빨간색)으로 변경하고 지시선으로 다시 F를 표시한 다음 '배율 2 : 1'을 뺀 나머지 문자 크기를 5, 색상은 초록색으로 변경한다. '배율 2 : 1'의 문자 크기는 그대로 하고 노란색으로 변경해야 하며 피치원 지름 중심선과 수직 중심선을 추가해야 한다.

멈춤나사 삽입부의 탭 구멍의 골지름을 가는 선(빨간색)으로 변경해야 한다.

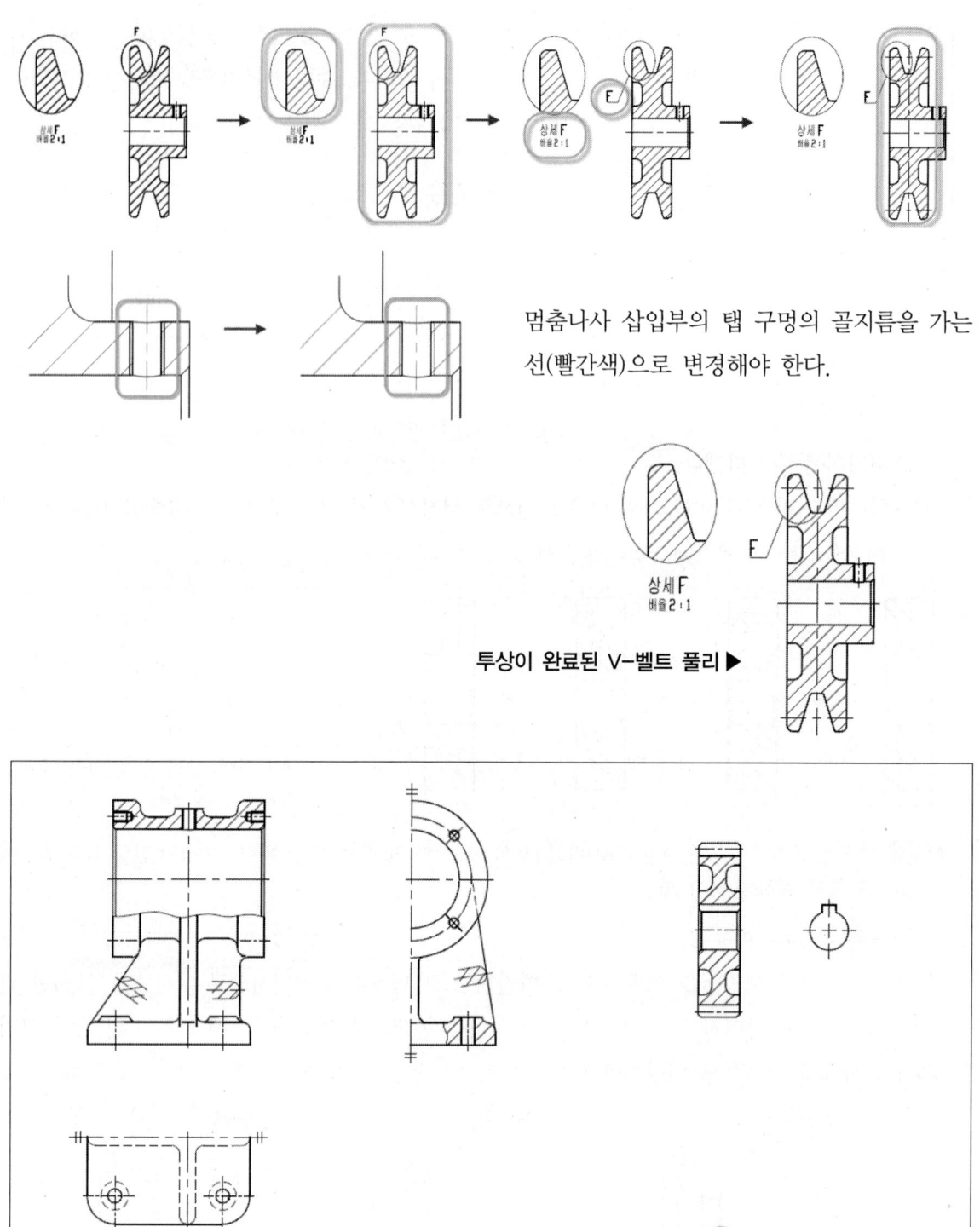

투상이 완료된 V-벨트 풀리 ▶

AutoCAD에서 모든 투상의 편집이 완성되었다.

STEP 3 | 완성된 투상도에 치수 기입하기

치수 기입을 하면서 부품 간의 결합되는 부위에 KS규격에 알맞는 끼워맞춤 공차와 일반 공차를 기입해야 하며 KS규격에 없는 것들은 자격증 시험시 일반적으로 적용되는 범위의 공차를 기입해야 한다.

치수 기입 전에 치수환경이 먼저 설정되어 있어야 한다.

a. 현재 치수 유형이 기본값인 'ISO-25'로 설정되어 있으며 이 유형을 KS제도법에 맞게 편집하기 위해 'Modify...'버튼을 클릭한다.

Command명령창에 'DIMSTYLE'를 입력 [단축키 : DDIM 또는 D]

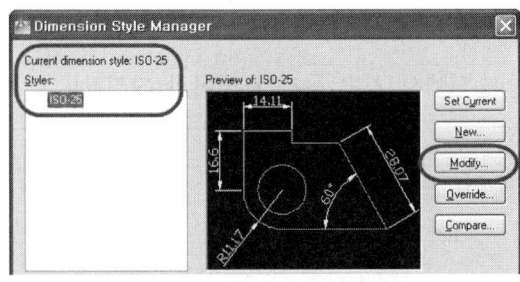

Tip 기본 치수 유형이 미터 단위에서는 'ISO-25'로 설정되어 있다.
'Standard'로 유형이 나온다면 AutoCAD 실행시 인치 단위로 도면을 열었기 때문이다.

b. 'Lines'탭에서 오른쪽 그림과 같이 조건을 부여해야 한다.

'Dimension lines(치수선)'의 조건 -

    Color : Red(빨간색)

    Baseline spacing : 8mm

'Extension lines(치수 보조선)'의 조건 -

    Color : Red(빨간색)

    Extend beyond dim lines : 1mm

    Offset from origin : 1mm

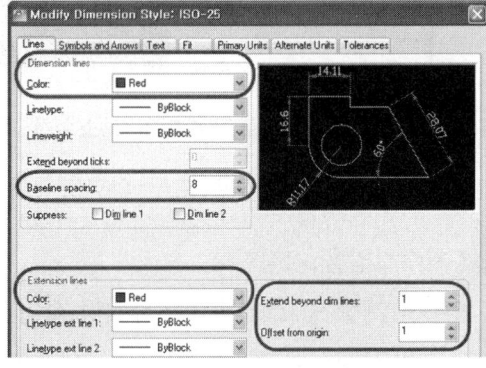

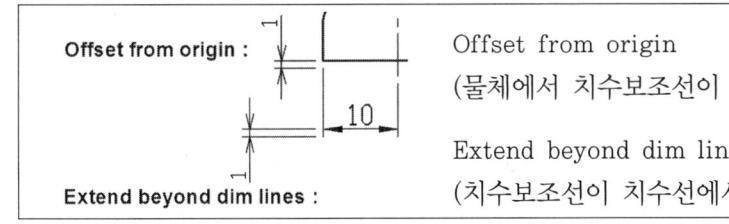

Offset from origin
(물체에서 치수보조선이 떨어진 거리값)

Extend beyond dim lines
(치수보조선이 치수선에서 연장되어 나온 거리값)

c. 'Symbols and Arrows'탭에서 왼쪽 그림과 같이 조건을 부여한다.

'Arrow size(치수 화살표 크기)' : 3.15mm

d. 'Text'탭에서 오른쪽 그림과 같이 조건을 부여해야 한다.

'Text appearance(문자 형태)'의 조건 –
    Text color : Yellow(노란색)
    Text height : 3.15mm

'Text placement(문자 배치)'의 조건 –
    Offset from dim line : 1mm

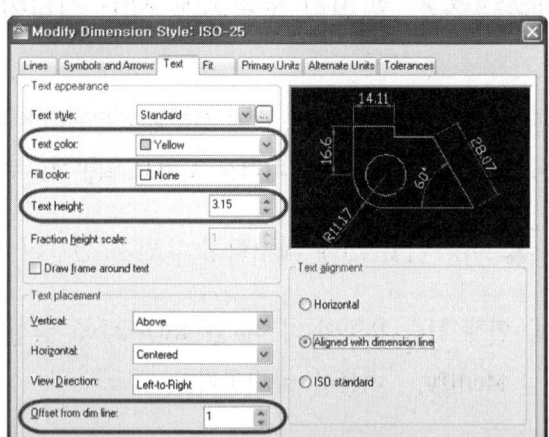

> **Tip** STYLE [단축키 : ST]에 미리 치수 문자 높이(3.15)를 입력하였다면 'Text'탭의 'Text height'항목에 높이값을 입력할 수가 없다.

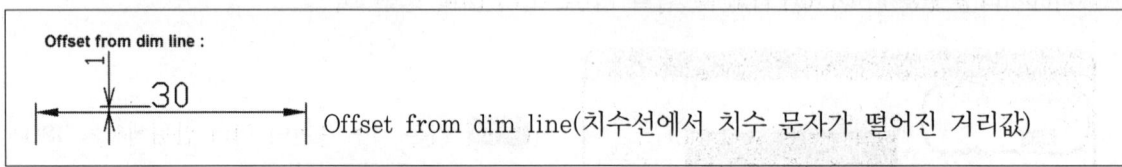

e. 'Primary Units'탭에서 왼쪽 그림과 같이 조건을 부여한다.

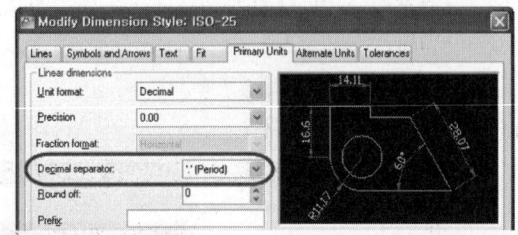

'Decimal separator(소숫점 자리표시)' : '.'(Period)

> **Tip** 실수(實數)로 치수기입시 소수점 자리에 콤마(Comma)가 아닌 마침표(Period)가 찍혀야 한다.

치수기입 환경설정을 모두 완료하였다. 'OK'버튼을 클릭하여 DIMSTYLE창을 닫는다.

① 치수기입을 시작한다.

우선 가장 중요한 부분이 베어링 삽입부이기 때문에 수검 도면에 베어링 계열번호를 확인하고 KS 규격집에서 베어링의 '안지름×바깥지름×폭'치수를 찾는다.

KS규격집 '24. 앵귤러 볼 베어링' 항목

수검 도면의 앵귤러 볼 베어링의 계열번호가 7003A 임으로 [안지름 17 × 바깥지름 35 × 폭 10]이다.

| 호칭 번호 | 치수 | | | | |
(70계열)	d	D	B	r	r₁
7000A	10	26	8	0.3	0.15
7001A	12	28	8	0.3	0.15
7002A	15	32	9	0.3	0.15
7003A	17	35	10	0.3	0.15
7004A	20	42	12	0.6	0.3

> **Tip** 2012년부터는 자격증 시험시 모든 KS규격집을 수검장에 가지고 갈수가 없으며 수검장 컴퓨터에 PDF파일로 저장되어 있어 그것을 보고 규격을 찾아 치수기입을 해야 한다.

② 베어링과 연관된 부품들에 대한 치수기입을 하겠다.

DIMLINEAR [단축키 : DLI] – 수평 및 수직 치수 기입만 가능하다.

[본체]

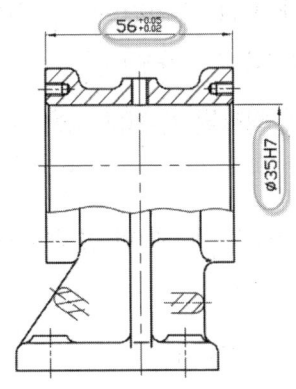

해설) 베어링 삽입부에 베어링 바깥지름인 '∅35'가 기입되어야 하며 외륜 정지 하중임으로 'H7' 끼워 맞춤 공차가 들어간다.

KS규격집 '32. 베어링의 끼워 맞춤' 항목

하우징 구멍 공차		
외륜 정지 하중	모든 종류의 하중	H7
외륜 회전 하중	보통하중 또는 중하중	N7

몸통 길이 치수는 '56'으로 축(28mm)+베어링 폭(10mm-2개)+커버 결합부(4mm-2개)가 들어가기 때문이다. 또한 윤활유가 밖으로 새지 않게 완전 밀봉시키기 위해 '$^{+0.05}_{+0.02}$' 일반 공차가 들어간다.

- **Tip** ∅35H7은 본체가 부분단면도임으로 밑부분이 보이지 않기 때문에 치수기입을 하고 나서 EXPLODE[단축키 : X]시키고 아래쪽의 치수보조선과 화살표를 지워주어야 한다.
- **Tip** $56^{+0.05}_{+0.02}$ 치수의 $^{+0.05}_{+0.02}$ 공차는 수검시 적용되는 일반 공차로 $^{+0.05}_{+0.02}$가 아닌 다른 공차값으로도 기입할 수 있으며, 단 꼭 +값 공차만을 적용해야 한다.

[축]

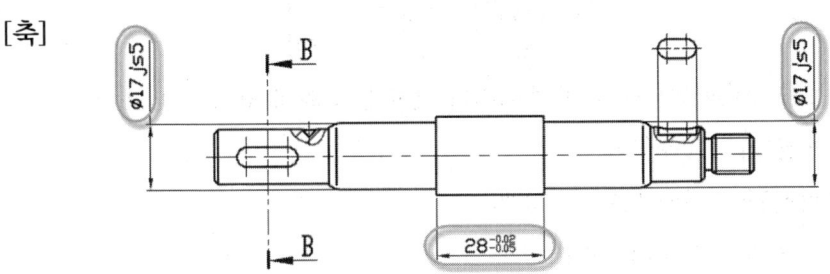

해설) 베어링 삽입부에 베어링 안지름인 '∅17'이 기입되어야 하며 축경이 ∅18 이하임으로 'js5' 끼워 맞춤 공차가 들어간다.

KS규격집 '32. 베어링의 끼워 맞춤' 항목

내륜회전 하중 또는 방향 부정 하중(보통 하중)			
볼 베어링	원통, 테이퍼 롤러 베어링	자동조심 롤러 베어링	허용차 등급
축 지름			
18 이하	-	-	js5
18 초과 100 이하	40 이하	40 이하	k5

$28^{-0.02}_{-0.05}$ 치수는 본체의 몸통 길이 치수 $56^{+0.05}_{+0.02}$과 연관된 치수(56-20-8=28)임으로 중요 치수가 된다.

윤활유가 밖으로 새지 않게 완전 밀봉시키기 위해 '$^{-0.02}_{-0.05}$' 일반 공차가 들어간다.

비유하자면 $56^{+0.05}_{+0.02}$은 바구니가 되며 그 안에 들어 있는 축(28mm)과 커버(4mm)는 바구니 안에 들어가기 위해서 바구니보다 작아야 하기 때문에 꼭 -값 공차가 적용되는 것이다.

- **Tip** (56-20-8=28)에서 20은 베어링 폭 2개이며 8은 커버의 결합부 4mm로 양쪽에 2개의 커버가 있어 8이 된다.
- **Tip** $28^{-0.02}_{-0.05}$ 치수의 $^{-0.02}_{-0.05}$ 공차는 수검시 적용되는 일반 공차로 $^{-0.02}_{-0.05}$가 아닌 다른 공차값으로도 기입할 수 있으며, 단 꼭 -값 공차만을 적용해야 한다.

[커버]

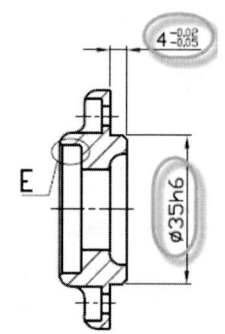

해설) 베어링 바깥지름 삽입부에 같이 결합되는 부분에 'Ø35'가 기입되어야 하며 결합부이기 때문에 공차는 'h6'으로 중간 끼워맞춤이 적용된다.

$4_{-0.05}^{-0.02}$ 치수는 본체의 몸통 길이 치수 $56_{+0.02}^{+0.05}$ 과 연관된 치수(56−20−28=8)임으로 중요 치수가 된다.

윤활유가 밖으로 새지 않게 완전 밀봉시키기 위해 '$_{-0.05}^{-0.02}$' 일반 공차가 들어간다.

Tip (56−20−28=8)에서 8은 커버의 결합부 4mm로 양쪽에 2개의 커버가 있기 때문이다.

③ 스퍼기어의 중요 치수를 기입하겠다.

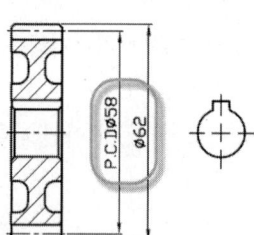

스퍼기어 요목표	
기어 치형	표준
공구	모 듈	2
	치 형	보통이
	압력각	20°
전체이높이	4.5
피치원지름	P.C.DØ58
잇 수	29
다듬질방법	호브절삭
정 밀 도	KS B ISO 1328-1, 4급

해설) 수검시 스퍼기어의 '모듈(M)'과 '잇수(Z)'가 주어진다. (현재 도면의 M : 2, Z : 29)

피치원 지름(Ø58) = 모듈(2) × 잇수(29)

이끝원 지름(Ø62) = 피치원(Ø58) + 모듈(2 × 2개)

전체 이 높이(4.5) = 모듈(2) × 2.25(※ 상수)

기어의 피치원 지름 치수 앞에는 꼭 대문자로 'P.C.D(Pitch Center Diameter)'라고 표기해야 한다. 기어들은 꼭 요목표를 도면에 표기해야 하며 **KS규격집 '49. 기어 요목표'**에 형식이 나와 있으므로 수검시 참조하면 된다.

다음은 스퍼기어와 축, 두 부품 간에 연관된 치수기입을 하겠다.

가장 중요한 부위는 두 부품 간의 결합부 기준치수이며 평행 키(key) 홈 또한 중요 치수에 해당한다.

[스퍼기어]

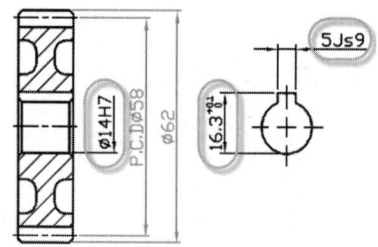

해설) 축과 결합되는 구멍을 스케일로 실척하여 'Ø14'가 기입되었으며 결합부 구멍이기 때문에 일반적인 구멍공차 'H7' 끼워맞춤 공차가 들어간다.

KS규격에서 키홈의 'b2'을 찾아 키홈 폭 '5'를 끼워맞춤 공차는 'Js9'를 기입하였다.

KS규격의 키홈의 높이 't2'값인 '2.3'에 구멍 지름(Ø14)를 더해 '16.3'을 기입하고 공차 '$_{0}^{+0.1}$'를 규격에서 찾아서 기입한다.

Tip 구멍을 스케일로 실척하여 나온 값이 예를 들어 Ø12라면 KS규격에서 '적용하는 축 지름 d'의 범위가 '10~12'와 '12~17'로 두 개가 겹치는데 이때는 가급적 **낮은 범위** '10~12'에서 찾아서 사용하는 것이 좋다.

[축]

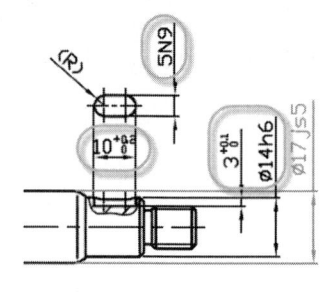

KS규격집 '21. 평행키(키홈)' 항목

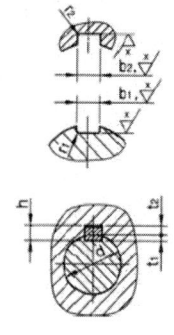

해설) 스퍼기어와 결합되는 축경이 'Ø14'이며 그 축경에 일반적인 중간 끼워맞춤인 'h6'이 적용된다. KS규격에서 키홈의 'b1'을 찾아 키홈 폭 '5'를 끼워맞춤 공차는 'N9'를 기입하였다. KS규격의 키홈의 깊이 't1'값인 '3.0'과 공차 '$^{+0.1}_{0}$'를 규격에서 찾아서 기입한다.

Tip 축의 키 홈 길이 '10'은 스케일로 실척해서 나온 값이며 공차는 시험시 적용되는 일반 공차로 '$^{+0.2}_{0}$'을 무조건 기입한다.

Tip DIMRADIUS [단축키 : DRA] - 원호의 반지름 치수를 기입한다.

④ 축과 V-벨트 풀리, 두 부품 간에 연관된 치수기입을 하겠다.
가장 중요한 부위는 두 부품 간의 결합부 기준치수이며 평행 키(key) 홈 또한 중요 치수에 해당한다.

Tip '단면 B-B'로 단면도가 있는 경우에는 키홈의 폭 치수 (5N9)를 가급적 단면도에 기입해야 한다.

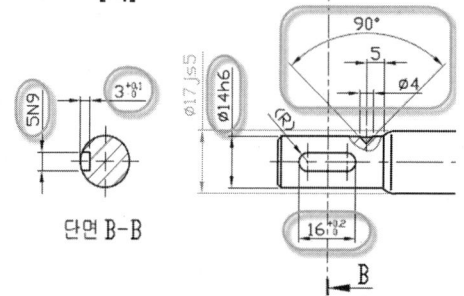

해설) V-벨트 풀리와 결합되는 축경을 스케일로 실척하여 'Ø14'가 나왔으니 키홈의 치수와 공차값을 작업 ③과 똑같이 기입하면 된다. V-벨트 풀리를 축에 고정시킬 때 사용하는 멈춤나사 안착부의 치수 'Ø4'는 멈춤나사를 스케일로 실척하여 나온 'M4'와 같게 적용하며 스케일로 실척한 거리값 '5'를 V-벨트 풀리에도 같게 기입해 주어야 된다.
멈춤나사의 뾰족한 부분이 안착되는 곳의 각도는 무조건 '90°'로 기입되어야 한다.

Tip DIMANGULAR [단P축키 : DAN] - 각도 치수를 기입한다.

[V-벨트 풀리]

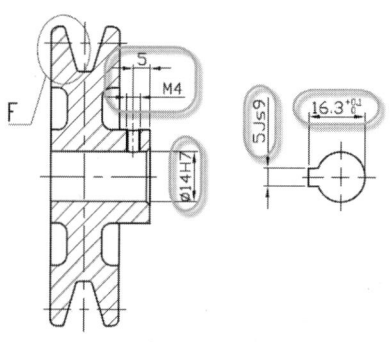

해설) 축과 결합되는 V-벨트 풀리의 구멍 기준치수를 'Ø14'로 정확히 일치해야 하며 키홈의 치수와 공차값을 작업③을 참조하여 똑같이 기입해야 한다.
멈춤나사가 체결되는 탭 구멍의 치수 'M4', '5'가 결합되는 축과 정확히 일치해야만 한다.

> **Tip** 축과 결합되어 동력을 전달하는 부품들은 그 둘 간의 결합부에 중간 끼워맞춤을 사용해야 한다.
> 중간 끼워맞춤일 때 구멍은 'H7'이며 축은 'h6'을 기입해야 한다.

⑤ V-벨트 풀리의 거의 모든 부분 치수를 KS규격집에서 찾아 기입해야 한다.

KS규격집에서 V-벨트 풀리의 규격을 찾기 위해선 두 가지를 미리 알고 있어야 한다. V-벨트 풀리의 호칭지름과 형별(Type)로 호칭지름은 도면상에 안 주어졌을 경우에는 직접 스케일로 실척하면 되고 형별은 수검 도면의 V-벨트 풀리 품번 옆에 기재되어 있다.

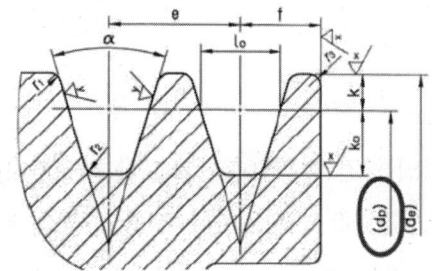

그림에서 '(dp)'가 호칭 지름(=피치원 지름)으로 이곳을 스케일로 실척하여 그 지름값을 기입해야 하며 나머지 부분들을 KS규격집에서 찾아서 치수 기입해야 한다.

> **Tip** 호칭 지름이 수검 도면상에 주어진 경우에는 그대로 그 치수를 기입하면 된다. 만약 형별(Type)이 안주어졌다면 일반적으로 'M형'을 사용하면 된다.

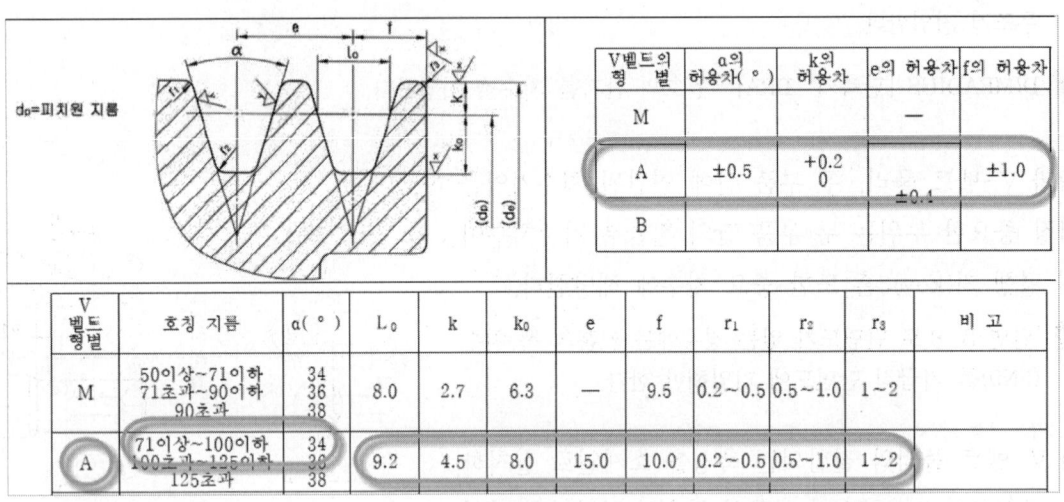

수검 도면의 형별(Type)은 'A'형이며 호칭 지름은 스케일로 실척해서 'Ø75'가 나왔다.

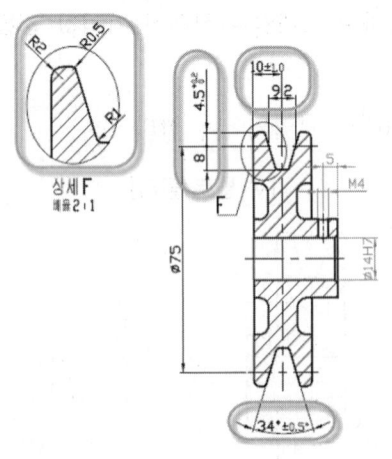

해설) A형에 호칭 지름이 Ø75이므로 각도는 '34°'이며 공차는 '±0.5°'이다. 나머지 부분도 지금과 같이 KS규격에서 찾아 치수 기입을 해야 하며 그 중 다음 3가지 'α, k, f'는 꼭 공차값도 KS규격에서 찾아 기입해야 한다.

'r1, r2, r3'는 상세도(상세F)에 치수 기입해야 보기가 좋으며 가급적 최대 R값을 적용한다.

> **Tip** KS규격에서 'e'값은 V-벨트 풀리가 단열이 아닌 복열일 때 적용하는 것으로 현재 수검 도면의 V-벨트 풀리는 단열이므로 'e'값이 필요가 없다.

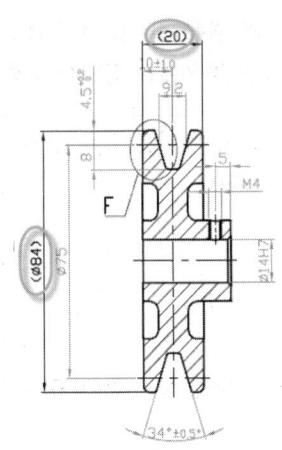

해설) V-벨트 풀리에서 2가지 치수는 KS규격에서 찾은 치수를 바탕으로 계산해서 기입해야 한다.

그 중요한 2가지가 바깥지름과 풀리의 폭 치수이다.

바깥지름(∅84) = 호칭 지름(∅75) + k값(4.5×2개)

폭(20) = f값(10) × 양쪽(2)

바깥지름과 폭 치수기입을 한 후에 꼭 치수값에 소괄호 '( )'를 붙여 주어야 하며 그 이유는 기존의 치수값과 중복이 되기 때문이다.

Tip 치수 기입시 중복치수는 피해야 하며 부득이하게 중복치수를 할 경우에는 참고치수로 만들어 주어야 한다. 치수 문자에 소괄호 '( )'를 하면 '참고치수'가 되므로 중복치수가 되질 않는다.

⑥ 오일 실과 연관된 부품들의 치수 기입을 하겠다.

[커버]

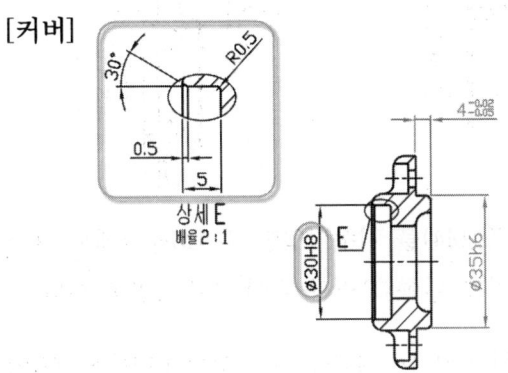

KS규격집 '32. 오일 실' 항목

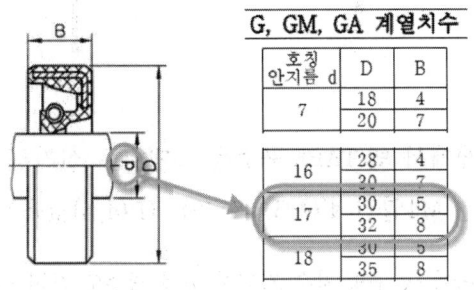

Tip 수검시 오일 실은 G계열만을 사용하며 바깥지름(D)과 폭(B) 값을 작은 값으로 찾아 치수 기입한다.

해설) 오일 실 안지름과 접촉되는 축경(∅7)을 먼저 찾는 다음 KS규격에서 바깥지름(D)과 폭(B)값을 찾아 커버에 치수 기입을 해야 한다. 오일 실 바깥지름과 결합되는 커버에 '∅30' 치수를 기입하고 'H8'끼워맞춤 공차를 적용한다.

상세도 치수에서 '5'는 오일 실 폭(B)이며 '0.5'는 '**오일실 폭(5) × 0.1 = 0.5**'로 계산해서 기입해야 한다. 각도 '30°'와 'R0.5'는 오일 실 상세도에 그대로 적용해서 기입하면 된다.

[축]

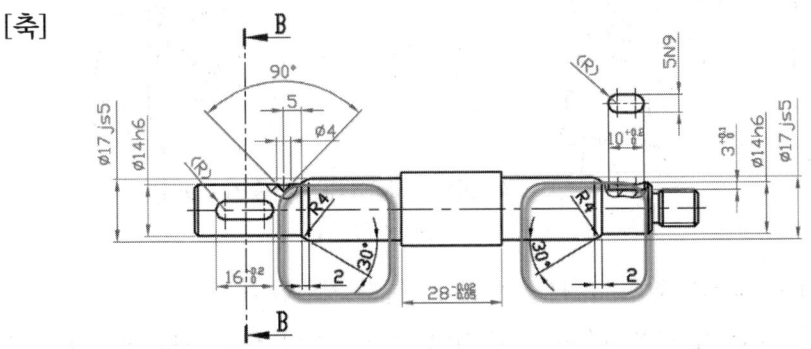

해설) 오일 실 안지름 부위가 축과 접촉하여 밀봉을 해 주므로 축에 오일 실 결합시 오일 실이 파손되는 것을 방지하기 위해 오일 실이 결합되는 축경 부위에 그림과 같이 모따기를 해야 한다.

치수 기입은 그림과 같이 각도 '30°, R4, 2'를 그대로 기입하면 된다.

> **Tip** 오일 실 바깥지름과 결합되는 커버 구멍의 끼워맞춤은 'H8'이며 오일 실 안지름과 결합되는 축의 끼워맞춤은 'h8'이다. 그러나 현재 축경 Ø17에 베어링도 결합되기 때문에 공차가 중복된 경우에는 정밀한 부품의 공차를 우선적으로 적용한다.

> **Tip** 오일 실의 용도는 본체 안에 부품들의 마찰을 최소화하기 위해 윤활유를 집어넣는데 그 윤활유가 구동부 쪽 부품들의 틈새로 새지 않게 하기 위한 부품으로 재질은 합성 고무로 되어 있다.

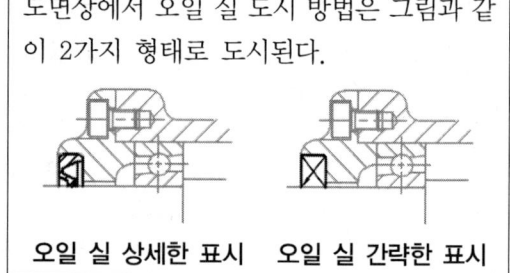

도면상에서 오일 실 도시 방법은 그림과 같이 2가지 형태로 도시된다.

오일 실 상세한 표시 오일 실 간략한 표시

⑦ 본체와 커버의 연관된 치수 기입을 하겠다.

우선 탭(TAP) 구멍과 연관된 커버의 깊은 자리파기 부분을 KS규격에서 찾아 치수기입을 하겠다.

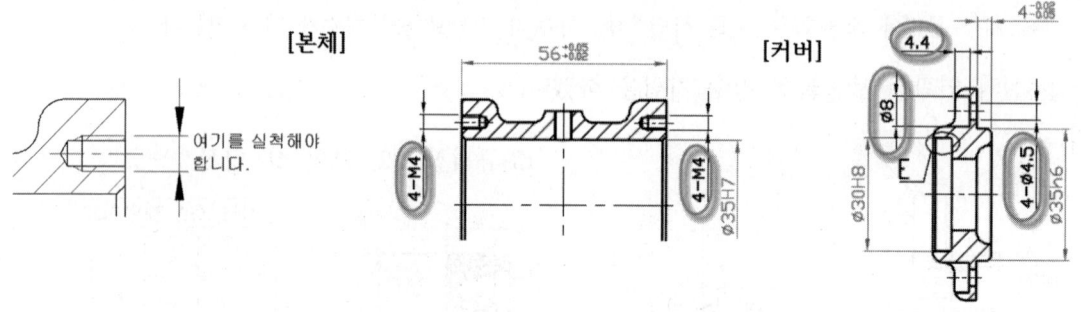

해설) 본체에서 탭(TAP) 구멍을 스케일로 실척하여 나온 값(M4)을 치수기입한 후 KS규격에서 나사호칭 M4열의 d´(4.5), D´(8), H″(4.4)값을 찾아 커버에 왼쪽 그림과 같이 치수기입을 한다.

> **Tip** 본체에 탭 구멍 치수 기입시 구멍 개수도 같이 써주어야 하며 커버가 개별적으로 결합되기 때문에 양쪽에 따라 치수기입을 해 주어야 한다.

> **Tip** 커버에 깊은 자리파기 치수 기입시 Ø4.5구멍에만 구멍 개수를 같이 써 주어야 한다. 실제 제품 가공시 제일 먼저 가공하는 부분에만 개수를 입력해 주어야 하기 때문이다.

본체와 커버의 나머지 연관된 치수를 기입하겠다.

[본체]

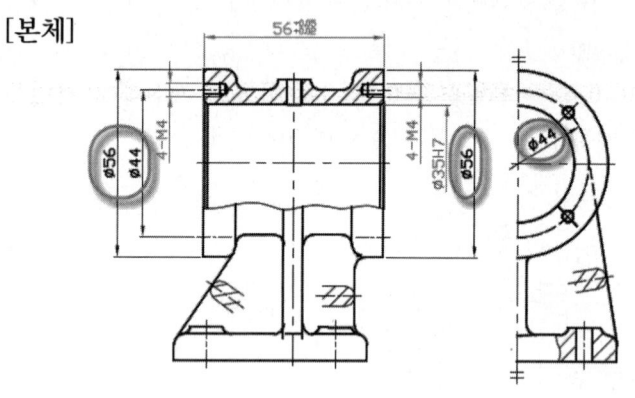

> **Tip** 측면도에 피치원 지름 치수기입시 반듯이 치수선이 피치원 중심보다 더 밖으로 연장되게 해야 한다.

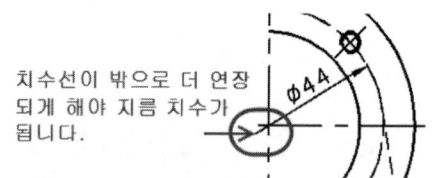

치수선이 밖으로 더 연장되게 해야 지름 치수가 됩니다.

※ **DIMDIAMETER [단축키 : DDI]**
 — 지름 치수기입

해설) 본체에서 스케일로 실척하여 그림과 같이 'Ø44', 'Ø56'을 치수 기입한다.

커버가 개별적으로 결합되기 때문에 양쪽에 따라 치수기입을 해 주어야 하며 구멍 피치원 지름(Ø44)는 측면도가 있을 경우에는 꼭 측면도에 지름치수(Ø)로 치수 기입해야 한다.

[커버]

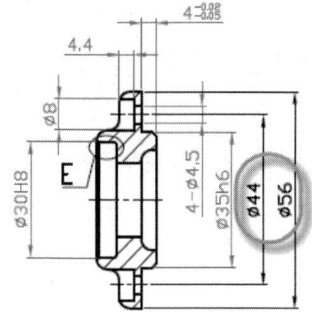

해설) 본체에서 스케일로 실척한 'Ø44', 'Ø56' 2개의 치수가 커버와 동일하게 맞아 떨어져야 한다.

부품 간의 연관된 치수들은 수검시 아주 중요한 채점 포인트가 되므로 빠지거나 틀리지 않게 주의해야 한다.

⑧ 모든 부품 간의 연관된 치수가 끝났다. 다음으로는 부품마다의 개별적인 치수기입을 하여 치수를 완성하겠다.

[본체]

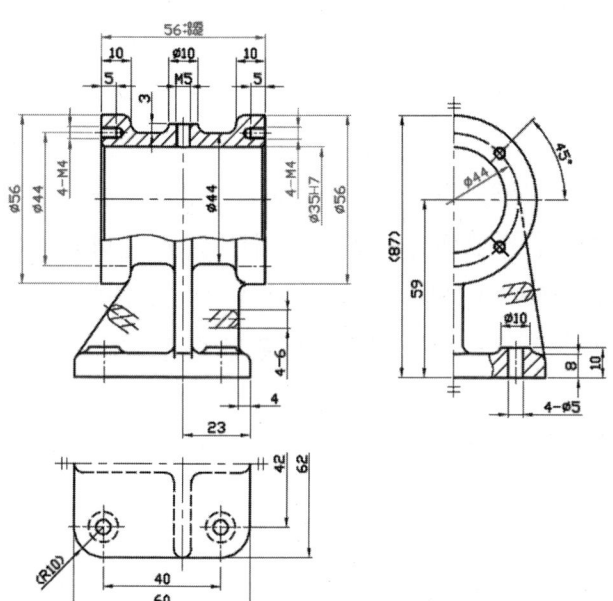

Tip 부품들의 전체길이와 전체높이도 중요치수이므로 빠짐없이 기입하도록 한다.

DIMLINEAR [단축키 : DLI]
- 수평 및 수직 치수기입

DIMRADIUS [단축키 : DRA]
- 원호 반지름 치수기입

DIMDIAMETER [단축키 : DDI]
- 원호 지름 치수기입

DIMANGULAR [단축키 : DAN]
- 각도 치수기입

해설) 전체 높이 '87'은 우측면도 치수 '59', 정면도 치수 'Ø56'과 중복이 되므로 참고치수(87)로 해야 된다. 저면도의 'R10'도 저면도 치수 '40'과 '60' 그리고 '42', '62'와 중복이 되므로 참고치수 (R10)로 처리해야 한다.

[축]

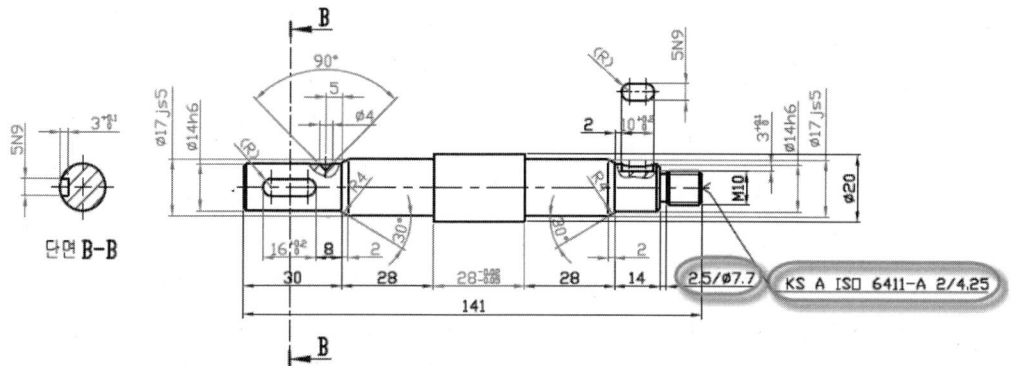

※ **LEADER [단축키 : LEAD]** - 지시선을 기입한다.

해설) 축 길이 방향 치수기입을 빠짐없이 해 주어야 하며 축을 가공하는 공작기계가 선반이기 때문에 센터 구멍에 대한 치수('KS A ISO 6411-A 2/4.25')를 축 크기에 상관없이 그대로 기입해야 한다. '2.5/∅7.7'치수는 릴리프홈에 대한 치수로 용도는 나사를 가공시 바이트(공구)가 축과 충돌(간섭)하는 것을 방지하기 위해 나사 가공 전에 홈을 파내는 것이다. 원래는 나사의 크기에 따라 KS규격에서 찾아 치수를 기입해야 하나 수검장에서 배포하는 KS규격에는 릴리프홈이 없기 때문에 필자가 정한대로 기입하길 바란다.

Tip 나사 호칭경을 스케일로 실척을 해서 호칭경에 맞는 릴리프홈을 다음표에서 찾아 적용하면 된다.

릴리프홈	홈폭	홈지름
M6	1.6	∅4.4
M8	2	∅6
M10	2.5	∅7.7
M12	3	∅9.4

※ 릴리프홈 치수는 홈 폭과 홈 지름을 따라 기입하기 않고 같이 기입해야 한다.
예) 2.5/∅.77

[스퍼기어]

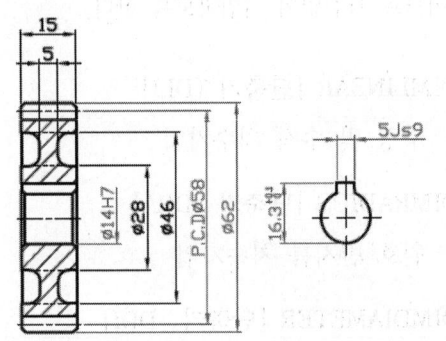

해설) 치수 '∅28, ∅46' 부위는 스퍼기어 중량을 줄이기 위해 공간을 만든 부분으로 꼭 지름치수로 입력해야 한다. 간혹 이 부분을 지름이 아닌 거리 치수로 기입하는 수검자도 있는데 그것은 완전 틀린 치수 기입법이다.

Tip 중량을 줄이기 위해 공간을 만든 부분이 두 곳이지만 치수기입을 한 곳만 했기 때문에 왼쪽, 오른쪽 직경이 같다는 표시로 '가상선'으로 연결해 주어야 한다. 단, 수검시 생략해도 점수에는 큰 영향이 없다.

[커버]

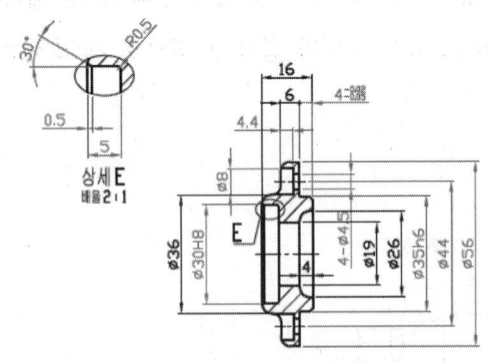

해설) 스퍼기어 나머지 치수는 그렇게 중요 포인트가 없지만 전체길이인 '16'은 꼭 기입해야 한다. 치수 '∅19, ∅26'부위는 동력전달장치를 작동시 베어링과 커버와 맞닿은 부분에 간섭을 없애기 위해 공간을 만든 곳이다.

Tip 치수 '6'과 '4$^{-0.02}_{-0.05}$'를 직렬로 치수기입시 치수선 화살표가 치수선 사이에 들어갈 수가 없어 겹치게 되는데 이때는 치수를 'EXPLODE'[X]시킨 후 겹치는 가운데 화살표를 지우고 'DONUT' [DO]으로 점을 찍어 주어야 한다. 이때 DONUT의 안지름은 0, 바깥지름은 1로 한다.

[V-벨트 풀리]

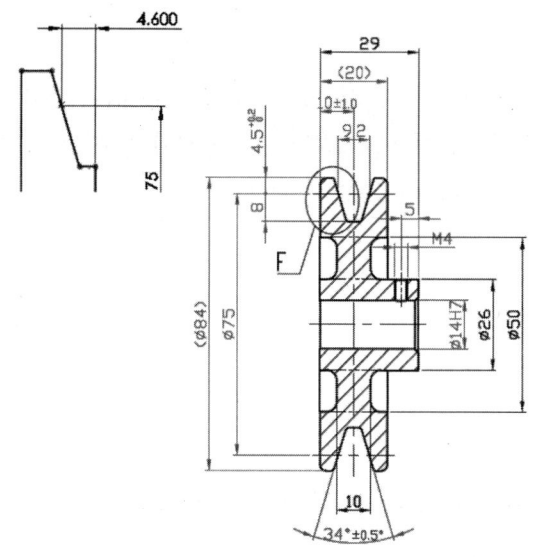

해설) 치수 'Ø26, Ø50'부위는 풀리의 중량을 줄이기 위해 공간을 만든 부분으로 꼭 지름치수로 입력해야 한다.

전체 길이 '29'는 꼭 기입해야 할 주요 치수임으로 누락되지 않게 주의해야 한다.

Tip 중량을 줄이기 위해 공간을 만든 부분이 두 곳이지만 치수기입을 한 곳만 했기 때문에 왼쪽, 오른쪽 직경이 같다는 표시로 '가상선'으로 연결해 주어야 한다. 단, 수검시 생략해도 점수에는 큰 영향이 없다.

※ AutoCAD에서 가상선은 LINETYPE [LT] 명령에서 **'PHANTOM2'**를 로드시켜 사용하면 된다.

이것으로써 모든 부품들의 치수기입이 완료되었다.

| STEP 4 | 완성된 치수에 표면 거칠기 기호 기입하기 |

부품들 표면의 매끄러운 정도(조도)를 나타내는 기호를 표면 거칠기 기호(다듬질 기호)라고 부르며 수검자가 각 부품들의 재질에 맞는 기호를 정확한 위치에 표기해야 한다. 각 부품들의 재질도 수검자가 시험 보기 전 미리 숙지하여 수검 도면의 제품 용도에 따라 적당한 재질을 부품란에 기입해야 한다.

🔍 표면 거칠기 기호 기입 전 알아 두어야 할 내용이다.

∀/ 주물 상태 : GC(회주철)나 SC(주강) 등의 재질을 갖는 부품에 전체적으로 적용된다.

ʷ∀/ 거친 다듬질 : 가공이 된 곳으로 중요 부품이 닿지 않는 면에 적용된다. **예** 볼트 자리 면 등

ˣ∀/ 중간 다듬질 : 부품 간의 접촉면이나 결합부에 적용되며 단 운동(마찰)이 없는 곳에만 적용된다.

ʸ∀/ 고운 다듬질 : 부품 간의 접촉이나 결합이 되어 운동(마찰)이 있는 부분에 적용된다.

ᶻ∀/ 정밀 다듬질 : 초정밀 부품에 적용되며 수검시에는 오일 실과 닿는 축경에만 적용된다.

Tip 고운 다듬질 ʸ∀/ 은 부품 간에 운동이 없는 정지면이라고 할지라도 결합되는 상대방 제품의 정밀도에 따라 적용할 수가 있다. **예** 베어링의 바깥지름, 안지름, 측면에 닿은 부분에 적용된다.

적용 **예** ① ∀/(ʷ∀/,ˣ∀/,ʸ∀/)

해설) 각각의 부품마다 품번 옆에 표면 거칠기 기호를 표기해야 하며 괄호 안에 있는 기호는 부분적으로 적용되는 기호들이기 때문에 1개라도 부품 안에 표기해야 하며 괄호 밖에 있는 ∀/ 는 전체에 적용되기 때문에 부품 안에는 절대 표기를 하면 안된다.

Tip 주물 제품들은 무조건 괄호 밖에 ∀/ 만 표기해야 한다.

5	커 버	GC200	2	
4	스퍼어기어	SC480	1	
2	축	SM45C	1	
1	본 체	GC200	1	
품 번	품 명	재 질	수 량	비 고
작품명	동력전달장치		척도	1:1
			투상법	3각법

해설) 부품란에 부품들의 재질을 수검자가 수검 도면의 제품 용도에 알맞은 재질을 기입해야 하며 이것을 바탕으로 각각의 부품들의 표면 거칠기 기호를 결정해야 한다.

Tip KS규격집 '50. **기계재료 기호(KSD)**' 항목의 재질을 참조하여 부품마다 적절한 재료를 적용하면 된다. 부품에 알맞은 재료라면 다른 재료 기호를 사용해도 무방하다.

위 내용을 숙지하고 다음으로 각각의 부품마다 표면 거칠기 기호를 표기하도록 하겠다.

① 본체에 표면 거칠기 기호를 표기하도록 하겠다.

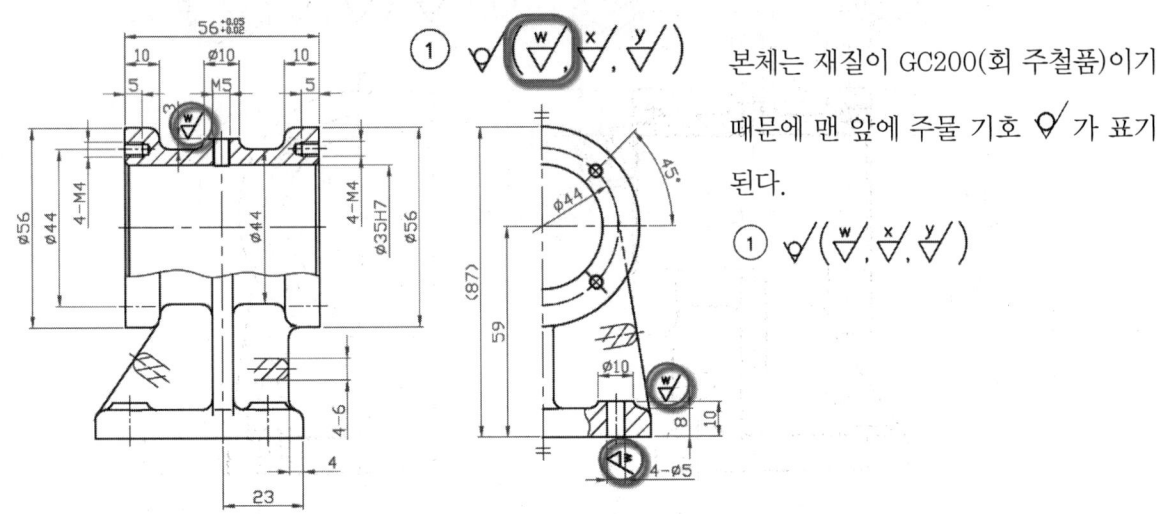

본체는 재질이 GC200(회 주철품)이기 때문에 맨 앞에 주물 기호 ◊/ 가 표기된다.

① ◊/(w/▽, x/▽, y/▽)

해설) w/▽ 기호는 볼트와 결합되는 구멍이나 볼트 머리가 닿는 면에 적용한다.

단, 탭(TAP) 구멍에는 절대 표면거칠기 기호를 표기할 수 없다. 이유는 다듬질은 우선적으로 제품을 가공하고 작업하는 후(後)작업이기 때문이며 탭(TAP)은 후작업을 할 수가 없다.

Tip 부품 안에 표기하는 다듬질 기호는 꼭 제품 가공 방향에 맞게 표기해야 한다. 외측 가공면은 바깥쪽에, 내측 가공면은 안쪽에 다듬질 기호를 표기해야 한다.

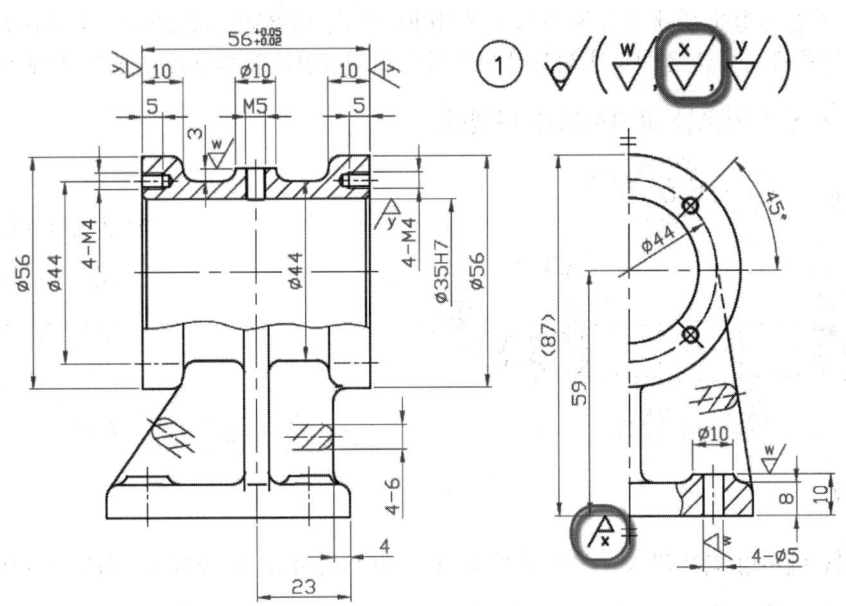

해설) x/▽ 기호는 본체를 작업장 바닥에 고정하고 사용하기 때문에 적용한다. 면과 면의 접촉부이므로 가공면이 울퉁불퉁하면 다른 부품에 동력을 전달시 진동에 의해 문제가 되므로 꼭 x/▽ 가 들어가야 한다.

Tip 다듬질 기호를 투상도에 부품 안에 표기시 우선적으로 치수 보조선에 표기해야 한다.
치수 보조선이 없을 경우에만 물체의 면에다 직접 표기하며 치수 보조선에도 물체의 면에도 표기할 수 없는 사항에서는 치수선에 표기할 수도 있다.

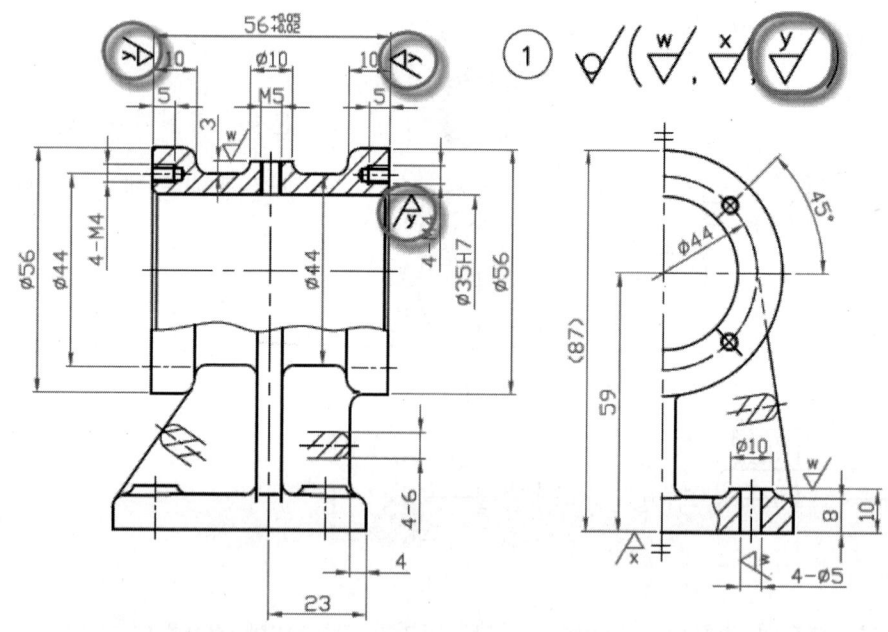

해설) ∀ 기호는 베어링 바깥지름 결합부의 구멍과 커버 측면의 접촉하는 양쪽면에 적용한다.

커버 측면과 접촉하는 면은 원래는 ˣ∀ 기호가 들어가야 하지만 윤활유가 밖으로 새지 않게 하기 위해선 완전 밀봉을 시켜야 하기 때문에 현재 본체의 커버 접촉부에는 ʸ∀ 가 들어가야 한다.

Tip 꼭 제품 가공 방향에 맞게 다듬질 기호를 표기해야 한다. 베어링이 결합되는 'Ø35H7'은 내측 구멍이기 때문에 안쪽에 공구를 집어넣어 다듬질해야 하므로 다듬질기호 방향이 안쪽을 향해 있어야 한다.

② 축에 표면 거칠기 기호를 표기하도록 하겠다.

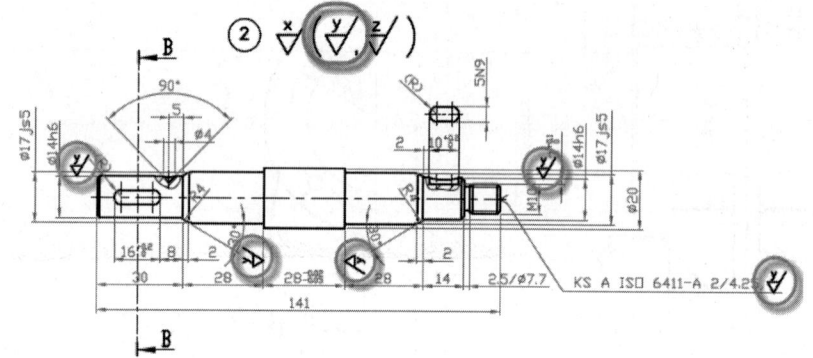

※ 센터에 다듬질 기호 표기 시 'KS A ISO 6411-A 2/4.25' 치수 뒤에 꼭 콤마(,)를 찍고 표기해야 한다.

해설) ∀ 기호를 베어링 측면과 닿는 면 양쪽에 표기해야 하며 왼쪽 끝에 V-벨트 풀리와 결합되는 축 경 그리고 오른쪽 끝 스퍼기어와 결합되는 축경에도 표기해야 한다. 또한 축 가공시 선반의 심압 대를 부분을 장착하는 센터(KS A ISO 6411-A 2/4.25)에도 표기되어야 한다.

축은 재질이 SM45C(기계구조용 탄소강재)이기 때문에 ∀ 기호가 절대 들어가지 않으며 가장 많이 가 공되는 다듬질 기호가 ˣ∀ 이므로 맨 앞에 표기된다.

② ˣ∀ (ʸ∀, ᶻ∀)

Tip 치수선이나 지시선에 다듬질 기호 표기시에는 콤마를 찍고 표기해야만 된다.

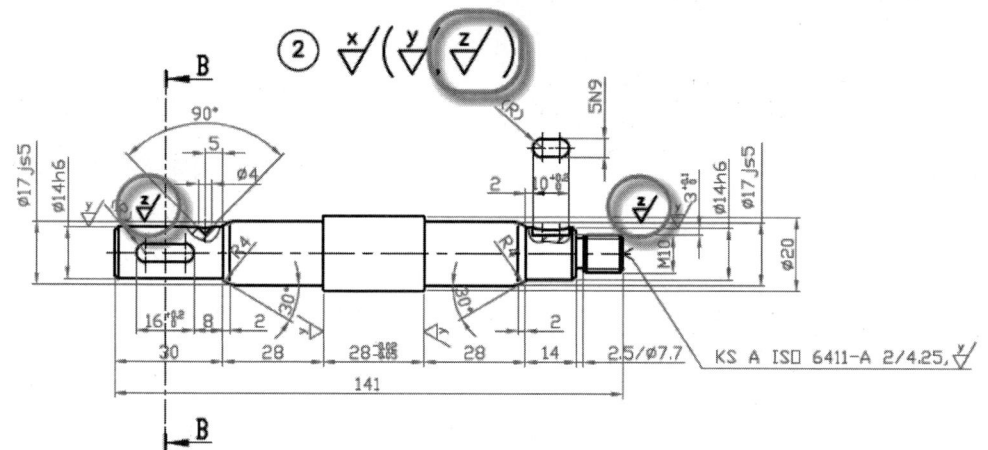

해설) ∠/ 기호를 베어링 안지름 결합부인 양쪽에 표기해야 한다. 원래는 베어링과 접촉하는 부품에는 ∨/ 가 표기되어야 하지만 오일 실도 같이 그 축경에 결합되기 때문에 다듬질 기호가 서로 중복됐을 때 우선순위가 정밀도가 높은 순임으로 ∠/ 가 표기되는 것이다.

Tip 수검시 오일 실이나 오일 링이 접촉되는 축경 부위(밀봉이 되면서 구동이 되기 때문에)에만 ∠/ 가 들어가므로 다른 부품에는 절대 ∠/ 를 사용하면 안된다.

③ 스퍼기어에 표면 거칠기 기호를 표기하도록 하겠다.

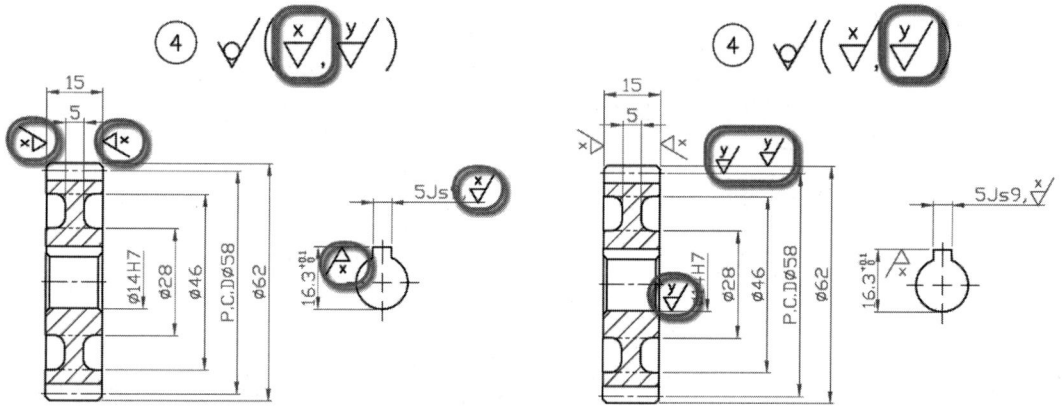

해설) 키홈 부위에 x/ 기호가 들어가며 기어 한쪽 측면이 축의 측면과 접촉이 되므로 그 부분도 표기된다. 원래는 스퍼기어 오른쪽 측면에는 너트가 닿기 때문에 w/ 기호가 표기되어야 하지만 스퍼기어 양쪽이 구분이 안돼 결합시 문제가 되기 때문에 정밀도 우선순위에 의해 x/ 가 표기되는 것이다. y/ 기호는 축과 결합되는 구멍에 표기되며 스퍼기어 피치원 지름과 이끝원 지름에도 표기되어야 한다. 실제 스퍼기어 구동시 이끝원은 접촉이 되질 않지만 기하공차를 적용하기 위해선 해당면의 조도가 매끄러워야 하기 때문에 예외로 y/ 기호가 표기되는 것이다.

스퍼기어의 재질이 SC480(탄소 주강품)이기 때문에 ∇/ 기호가 맨 앞에 표기된다.

④ ∇/(x/, y/)

Tip 키홈 치수 '5Js9'의 다듬질 기호는 치수 보조선 안쪽에 양쪽으로 들어가야 하지만 공간이 충분치 않으므로 치수선에 콤마를 찍고 표기해야 한다.

④ 커버에 표면 거칠기 기호를 표기하도록 하겠다.

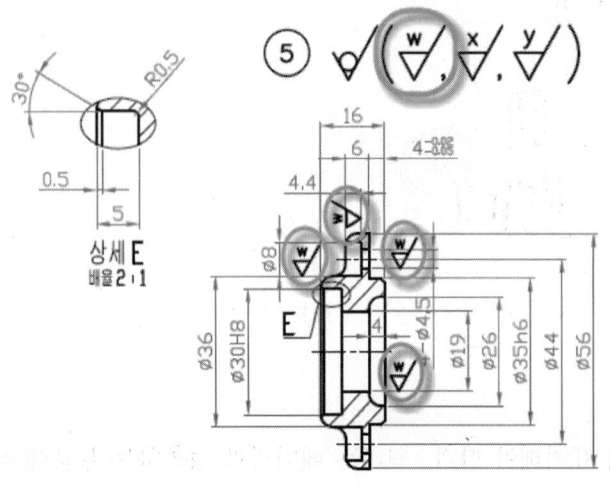

커버의 재질이 GC200(회 주철품)이기 때문에 맨 앞에 주물 기호 ∇가 표기된다.

⑤ ∇(W/∇, X/∇, Y/∇)

Tip 볼트(Bolt)와 관련된 구멍은 모두 W/∇가 표기된다. 왜냐하면 볼트가 삽입되는 구멍은 항상 볼트 크기보다 크게 가공되어 만들어지기 때문이다.

해설) W/∇ 기호는 볼트와 결합되는 구멍이나 볼트 머리가 닿는 면에 적용하기 때문에 깊은 자리파기 부위에 표기해야 한다. 구멍 'Ø19'는 축과 끼워맞춤이 아닌 그냥 축이 지나가는 구멍이므로 축과 전혀 닿지가 않기 때문에 W/∇ 기호가 표기되는 것이다.

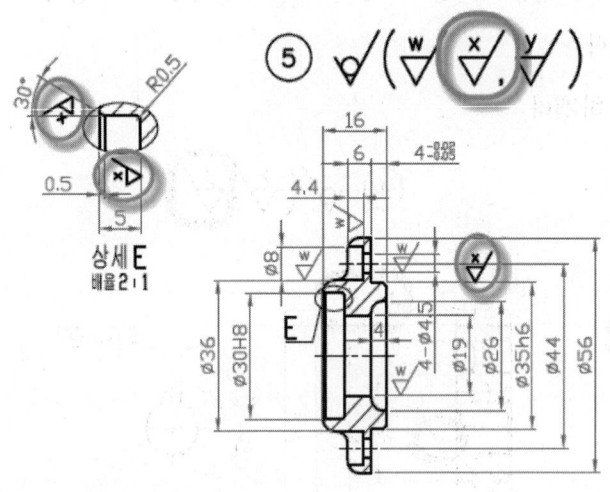

Tip 30° 경사진 곳에 다듬질 기호를 표기할 때는 COPY [CO]나 MOVE [M]로 X/∇ 기호를 보조선에 옮긴 다음 ROTATE [RO]로 회전시켜 경사진 보조선에 직각으로 표기해야 한다.

해설) X/∇ 기호는 오일 실 닿는 측면과 30° 경사진 곳에 들어가야 하기 때문에 상세도에 표기하는 것이 좋다. 커버의 'Ø35h6'부위가 본체에 결합되므로 X/∇ 기호가 표기된다.

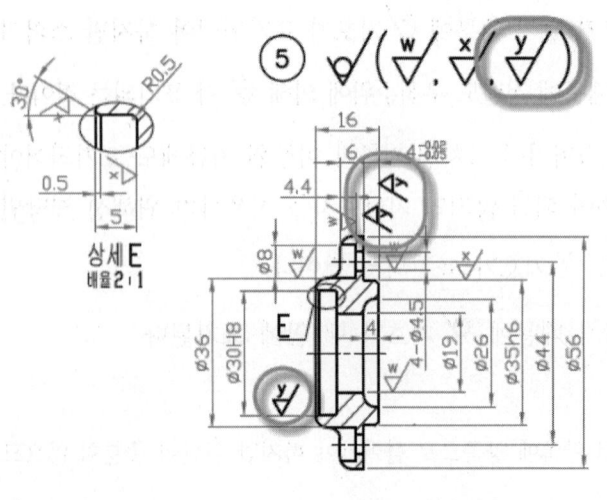

Tip 커버의 측면부는 구동부는 아니지만 밀봉을 하여 윤활유가 밖으로 새는 것을 방지하기 위해 접촉면의 거칠기가 Y/∇ 기호로 표기되어야 한다.

해설) ∀ 기호를 오일 실 바깥지름과 결합되는 구멍(∅30H8)에 표기하며 완전 밀봉하여 윤활유가 새는 것을 방지하기 위해 본체와 접촉되는 부분, 베어링과 접촉되는 부분인 커버 오른쪽 측면부에도 표기해야 한다.

⑤ V-벨트 풀리에 표면 거칠기 기호를 표기하도록 하겠다.

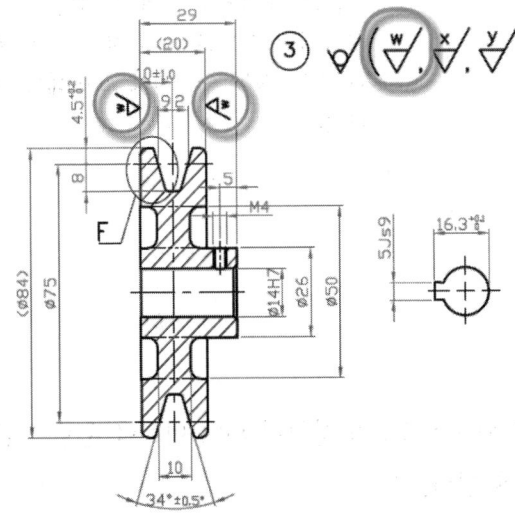

V-벨트 풀리는 GC200(회 주철품)의 재질이므로 맨 앞에 주물 기호 ⌀ 가 표기된다.

③ ∀(ʷ∀, ˣ∀, ʸ∀)

해설) ʷ∀ 기호는 V-벨트 풀리 양쪽 측면부에 다른 부품이 접촉되지는 않지만 기본적으로 표기되어야 한다.

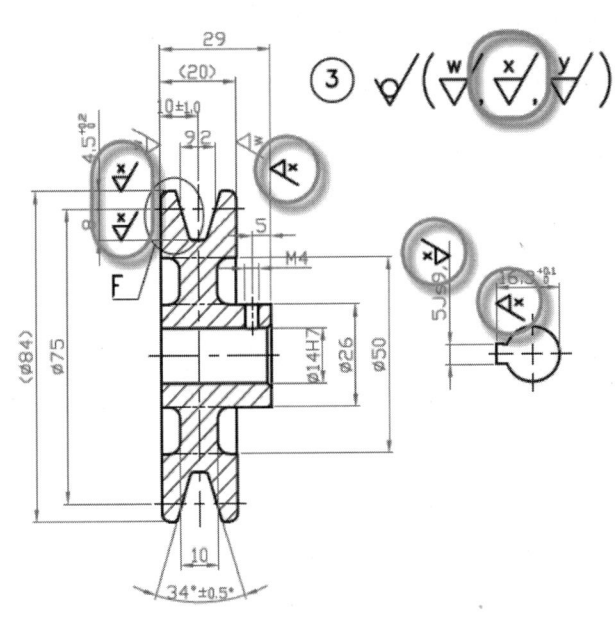

Tip 키홈 치수 '5Js9'의 다듬질 기호는 치수 보조선 안쪽에 양쪽으로 들어가야 하지만 공간이 충분치 않으므로 치수선에 콤마를 찍고 표기해야 한다.

해설) ˣ∀ 기호는 바깥지름(∅84)과 V홈 깊이(8)에 기본적으로 표기해야만 하며 풀리 오른쪽 측면이 축의 측면과 접촉되므로 그 곳도 표기가 되었다. 또한 키와 접촉되는 오른쪽 국부 투상도의 키홈 부위에도 ˣ∀ 가 표기된다.

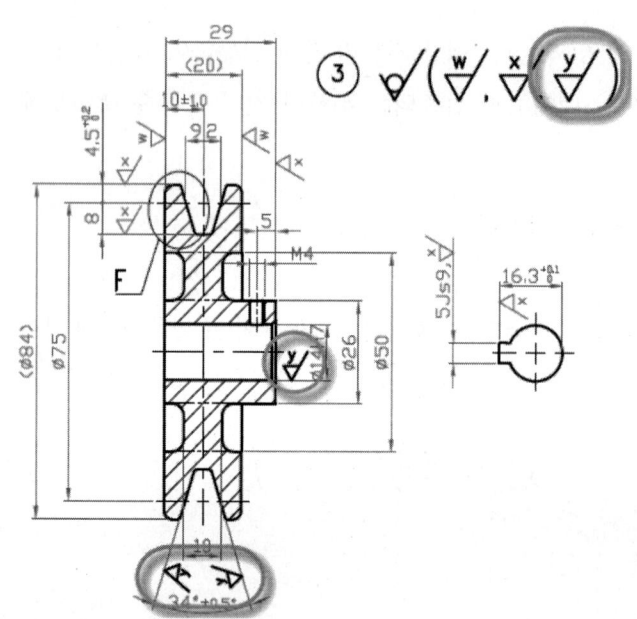

Tip 34° 경사진 곳에 다듬질 기호를 표기 할 때는 COPY [CO]나 MOVE [M]로 ∀ 기호를 보조선에 옮긴 다음 ROTATE [RO]로 회전시켜 경사진 보조선에 직각으로 표기되도록 해야 한다.
정확히 직각으로 표기 하는 것이 좋으나 어느 정도 근사하게 표현해도 무방하다.

해설) ∀ 기호는 축과 결합되는 구멍(∅14H7)에 표기가 되며 V벨트가 장착이 되어 미끄럼 운동이 일어나는 V홈($34°_{\pm 0.5°}$) 양쪽 부위에도 표기가 되어야 한다.

이것으로써 모든 부품들의 표면거칠기 기호(다듬질 기호)가 완료되었다.

STEP 5 │ 기하 공차(형상 기호) 기입하기

기계부품의 용도와 경제적이고 효율적인 생산성 등을 고려하여 기하공차를 기입함으로써 부품들 간의 간섭을 줄여 결합 부품 상호 간에 호환성을 증대시키고 결합 상태가 보증이 되므로 정확하고 정밀한 제품을 생산할 수가 있다.

💾 기하 공차를 기입 전 알아 두어야 할 내용이다.

기하 공차의 종류에는 모양 공차, 자세 공차, 위치 공차, 흔들림 공차가 있으며 적용하는 형체에 따라 단독 형체와 관련 형체로 나누어진다.

수검시 동력전달장치에서는 단독 형체의 **원통도공차** ⌔ 와 관련 형체의 **평행도(공차)** ∥, **직각도(공차)** ⊥, **동심도(공차)** ◎, **원주흔들림(공차)** ↗, **온흔들림(공차)** ↗↗ 만을 알고 있으면 된다.

> **Tip** 수검시 기하공차 기호를 한 개라도 기입하지 않았거나 아무런 관계도 없는 위치에 기입한 수검 도면은 채점대상에서 제외되므로 수검자는 이번 학습과정에서 정확히 숙달하여 기입하도록 노력해야 한다.

적용 예)

단독 형체일 때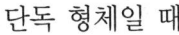
　　　　　　　　└ 공차값
　　　　　　└ 형상 기호

관련 형체일 때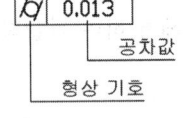
　　　　　　　　　└ 데이텀을 지시하는 문자 기호
　　　　　　　└ 공차값
　　　　　　└ 형상 기호

KS규격집 '3. IT공차' 항목

수검시 공차값은 IT 공차 5등급에서 찾아 기입해야 한다.

치수		등급	IT4 4급	IT5 5급
초과	이하			
-	3		3	4
3	6		4	5
6	10		4	6
10	18		5	8
18	30		6	9
30	50		7	11
50	80		8	13
80	120		10	15
120	180		12	18
180	250		14	20
250	315		16	23
315	400		18	25
400	500		20	27

단독 형체는 기준이 되는 데이텀이 필요가 없으며 관련 형체는 꼭 기준이 되는 데이텀이 있어야만 적용할 수가 있다.

> **Tip** KS규격집의 IT공차값은 단위가 'μm'이므로 수검도면의 기하 공차값은 'mm' 단위로 기입해야 한다.
> 예) $8\mu m = 0.008mm$

① 본체에 기하공차를 표기하도록 하겠다.

해설) 우선 제일 먼저 우측면도 베이스 바닥에 데이텀을 표기해야 한다.
세워져 있는 본체는 베이스 바닥에 데이텀을 표기하고 눕혀져 있는 본체는 베이스 측면에 데이텀을 표기해야 한다.

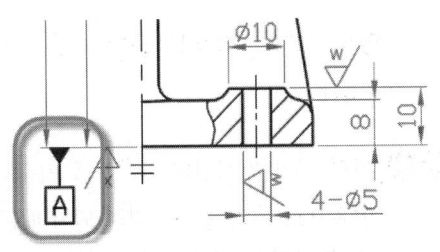

> **Tip** 기본적으로 데이텀을 전체 높이 치수가 있는 치수 보조선에 표기해야 하기 때문에 우측면도 베이스 바닥에 있는 치수보조선에 표기한다.

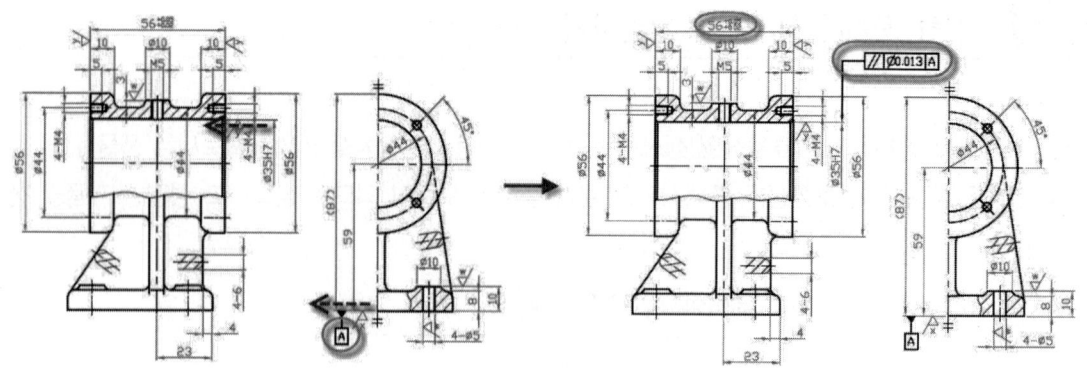

해설) 제일 중요한 베어링 결합부 구멍(∅35H7)이 데이텀 지시기호 A에 대해 평행하므로 **평행도(공차)** '//'가 적용되어야 하며 치수 '$56^{+0.05}_{+0.02}$' 길이 안에 평행이 이루어져야 하기 때문에 IT공차 5등급에서 찾아 기준치수가 50~80일 때 '13'임으로 공차값 '**0.013mm**'이 적용되었다. 또한 구멍임으로 공차역(0.013) 앞에 '∅'를 추가하여 정밀도를 높여 주어야 한다.

※ **LEADER** [단축키 : LEAD]나 **QLEADER** [단축키 : LE]명령을 사용하여 기하 공차를 표기할 수 있다.

Tip 형상 기호 선정시 꼭 치수보조선을 기준으로 수검자가 판단하여 기하 형상을 표기해야 한다.
기하 공차 표기시 지시선의 화살표를 치수선의 화살표와 일치하게 해야 하며 가급적 치수보조선에 직각으로 지시선을 표기해야 한다.

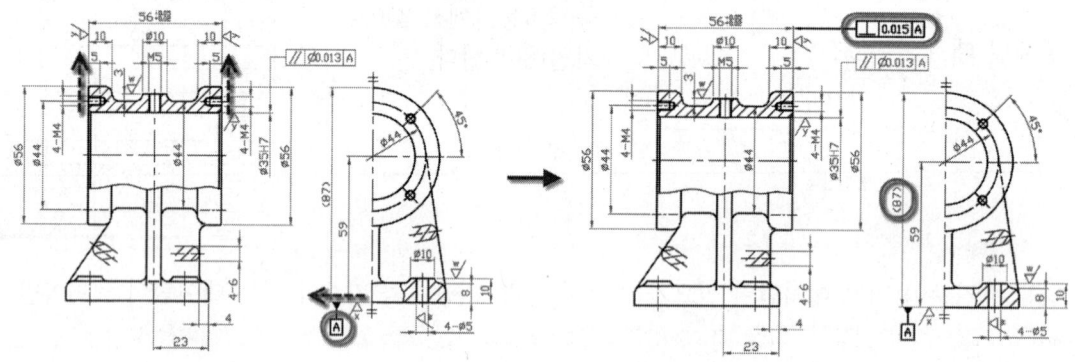

해설) 커버 측면과 접촉되는 본체의 치수 '$56^{+0.05}_{+0.02}$' 부분의 양쪽 측면이 데이텀 지시기호 A에 대해 수직하므로 **직각도(공차)** '⊥'가 적용되어야 하며 데이텀 A에서 수직이므로 전체 높이 치수 '87'이 기준치수로 IT공차 5등급에서 80~120 범위에 속하므로 '15'를 찾아 공차값 '**0.015mm**'가 적용되었다. 현재 **직각도(공차)** '⊥'가 측면에 적용되기 때문에 공차값 앞에 절대 '∅'를 추가하면 안된다.

Tip 기하 공차 지시선의 화살표를 치수선 화살표와 일치하게 표기하는 이유는 한쪽만 지시해도 해당 치수선 양쪽으로 기하 공차가 적용되기 때문이다. 그림에서 직각도 ⊥공차를 오른쪽에만 표기했지만 화살표 끝에 표기했기 때문에 왼쪽에도 같이 적용되는 원리이다.

Tip **평행도(공차)** '//'나 **직각도(공차)** '⊥'는 기입된 치수기입 문자에 ∅가 적용되어 있을 경우에만 기하공차값 앞에 '∅'를 표기해야 한다.

② 축에 대한 기하공차를 표기하도록 하겠다.

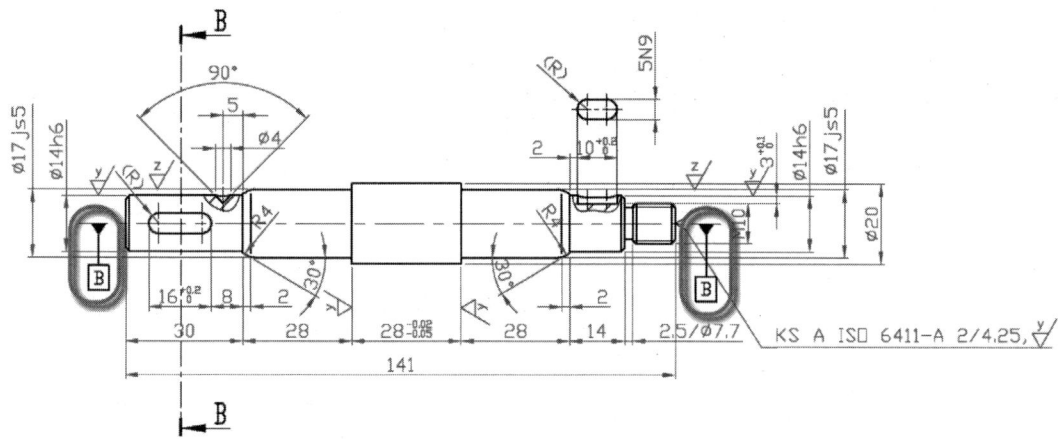

해설) 축은 데이텀을 축의 끝부분 중심에 양쪽으로 표기해야 한다.

왜냐하면 축을 선반에서 가공 후 기울기 측정을 축의 양끝을 센터에 고정한 후 측정을 하기 때문이다.

> **Tip** 대부분의 수검자들이 축의 데이텀을 치수기입을 모두한 후 치수 맨 뒤에 표기하는 데 그것은 안 좋은 방식이며 그림과 같이 치수선 간격을 더 띄어 축 부품에 가깝게 표기하는 것이 좋은 방식이다.

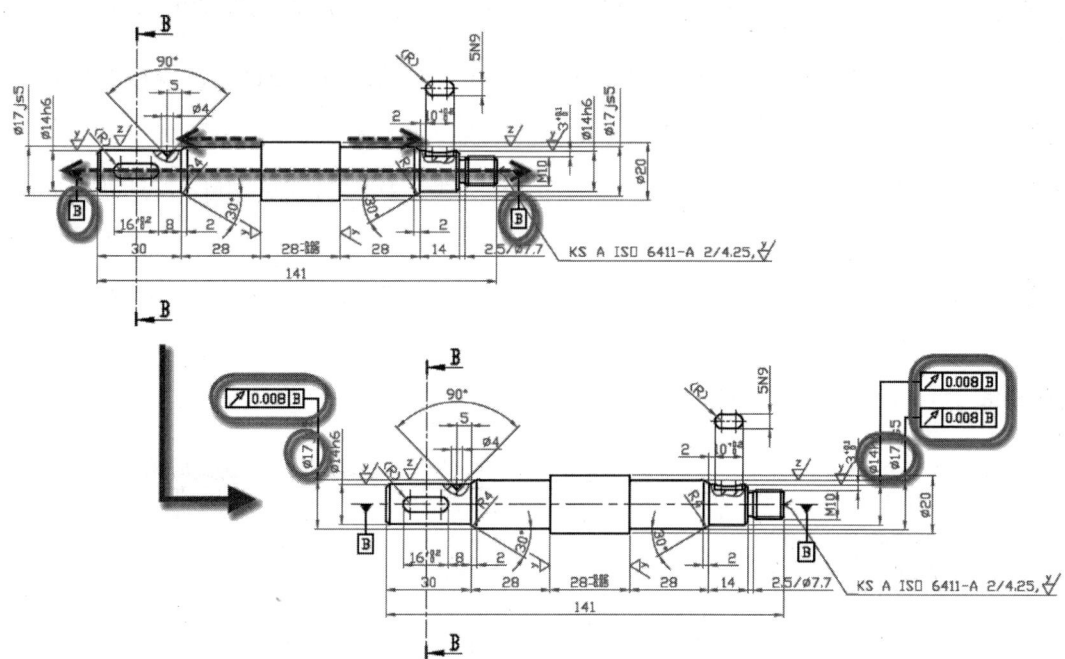

해설) 가장 중요한 베어링 결합부(∅17js5)가 데이텀 B를 기준으로 평행하지만 기하공차는 **평행도(공차) '∥'가 아닌 원주 흔들림(공차) '↗'**가 표기되어야 한다. 이유는 축은 중심보다는 축경 바깥지름의 기울기가 더 중요하기 때문이다. 같은 이유로 오른쪽 스퍼기어가 결합되는 축경(∅14h6)에도 **원주 흔들림(공차) '↗'**가 표기된다.

> **Tip** 흔들림 공차(↗, ↗↗)는 축 바깥지름 기울기를 측정하기 때문에 기하 공차값 앞에 절대 '∅'를 표기하면 안된다. 흔들림은 기준치수가 축경이므로 IT공차 5등급에서 10~18 범위에서 찾아 '8'이 되어 공차값이 '0.008 mm'로 적용되었다.

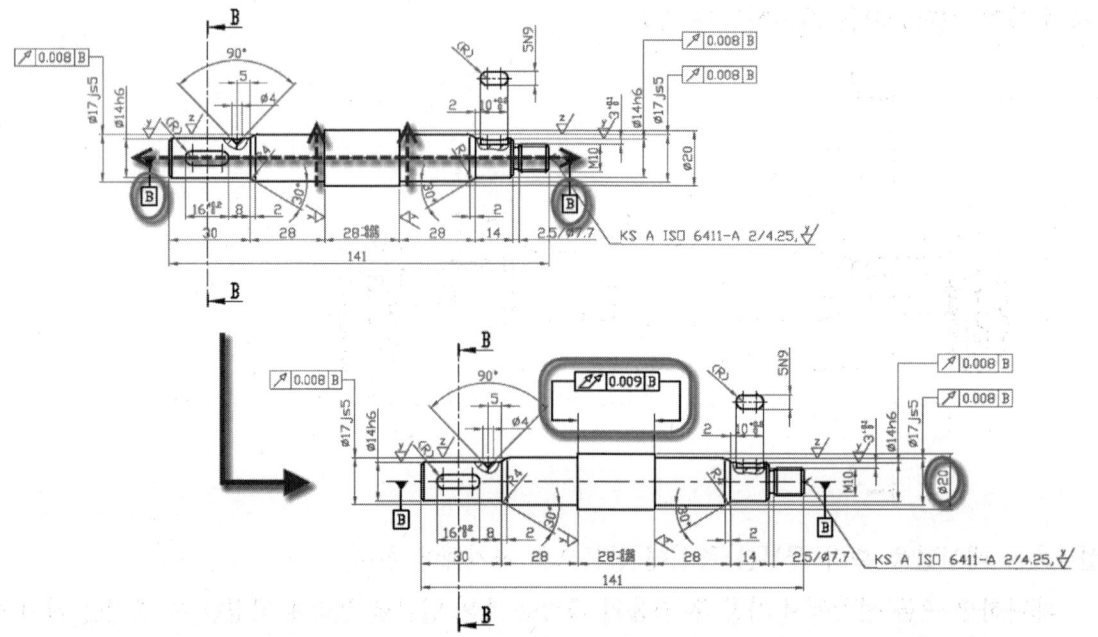

해설) 가장 중요한 베어링 측면이 접촉된 부위는 데이텀 B와 수직하므로 **직각도(공차)** '⊥'가 들어가야 하지만 축에서는 직각도보다 더 정밀한 기하 형체인 **온 흔들림(공차)** '⌰'이 표기되어야 한다. 베어링이 양쪽으로 접촉되기 때문에 양쪽으로 흔들림 공차를 적용해야 한다.

> **Tip** 일반적으로 **원주 흔들림(공차)** '↗'은 선 접촉으로 축경 지름부위에만 적용하며 **온 흔들림(공차)** '⌰'은 면 접촉으로 축의 측면 부위에만 적용한다.

> **Tip** 양쪽으로 기하 공차를 적용하기 위해선 '$28^{-0.02}_{-0.05}$' 치수선 화살표에 기입하면 편하겠지만 그림에서와 같이 다른 치수들과 직렬로 연결되어 있어서 치수선 화살표에 표기를 할 수가 없다. 부득이 한 경우에는 **온 흔들림(공차)** '⌰'을 그림과 같이 보조선(가는선)을 그려 양쪽으로 화살표를 빼서 기하 공차를 표기해야 한다.

③ 다음으로 스퍼기어에 기하공차를 표기하도록 하겠다.

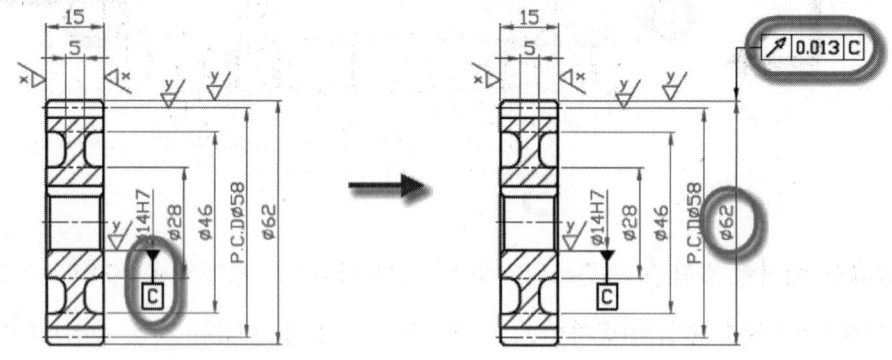

해설) 스퍼기어는 필히 데이텀을 축이 결합되는 구멍(∅14H7)에 표기해야 한다.

데이텀 C를 기준으로 이끝원에 **원주 흔들림(공차)** '↗'를 꼭 표기해야 하며 공차값은 기준치수가 ∅62임으로 IT공차 5등급의 50~80 범위 '13'값을 적용하여 '**0.013mm**'로 적용되었다.

> **Tip** 스퍼기어처럼 둥근 부품일 때 몇몇 수검자들이 데이텀을 축과 같이 중심에 표기하는데 완전히 틀린 표기 방식임으로 주의하기 바란다.

④ 커버에 대한 기하공차를 표기하도록 하겠다.

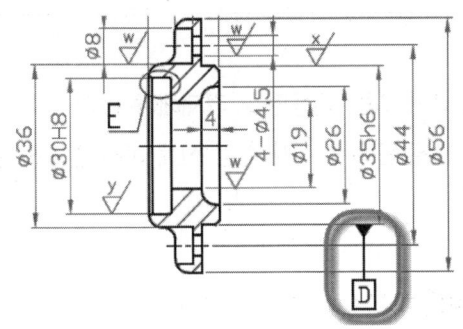

Tip 데이텀(datum)은 이론적으로 정확한 기하학적 기준이므로 부품들의 용도와 결합되는 원리를 수검자가 파악하여 정확한 위치에 표기해야만 한다.

해설) 커버의 데이텀 위치는 본체와 결합되는 부분(∅35h6)에 표기해야만 한다. 기하 공차는 부품들 상호 간의 호환성을 주는 곳에만 적용되어야 하기 때문에 상대 부품과 아무런 상관도 없는 곳에 주면 수검시 감점 대상이 된다.

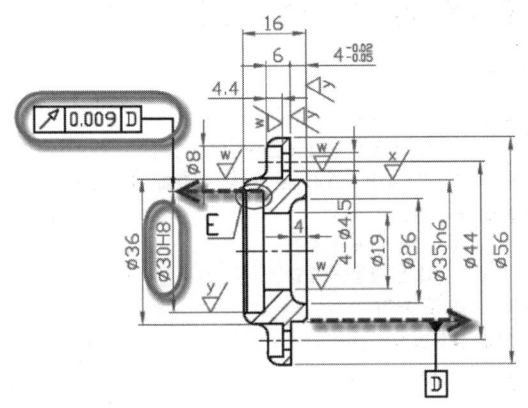

※ 수검시 베이링 못지않게 중요한 오일 실결합부에 꼭 기하 공차를 표기해야 한다는 것을 잊지 말아야 한다.

해설) 데이텀 D와 오일 실 결합부(∅30H8)가 평행하지만 형상 기호는 **평행도(공차)** '//'가 아닌 **원주 흔들림(공차)** '↗'이 표기되어야 한다. 이유는 오일 실은 구멍의 중심보다는 구멍경(∅30H8)의 기울기가 더 중요하기 때문이다. 그래야 윤활유가 외부로 유출되지 않게 밀봉할 수가 있다. 공차값은 흔들림의 기준치수가 ∅30임으로 IT공차 5등급의 18~30 범위 '9'값을 적용하여 '0.009mm'로 적용되었다.

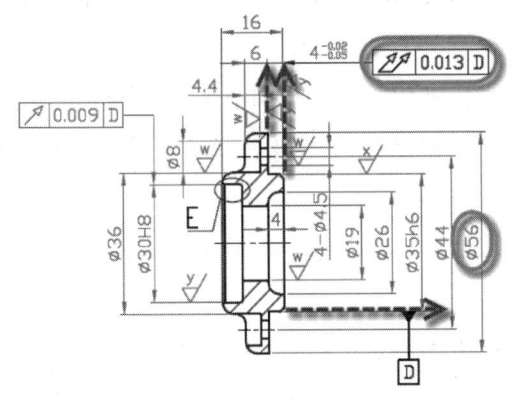

Tip 치수 '$4^{-0.02}_{-0.05}$'에 기하 공차를 표기하였기 때문에 공차값의 기준치수가 '∅44'와 '56'이 된다. 이럴 땐 **온 흔들림** 자체가 워낙 정밀하기 때문에 큰 값(∅56)을 기준치수로 적용하는 것이 좋다.

해설) 커버를 결합시 본체의 측면 및 베어링 측면에 접촉하는 커버의 오른쪽 면($4^{-0.02}_{-0.05}$)이 데이텀 D와 수직하므로 **직각도(공차)** '⊥'가 들어가야 하지만 완전 밀봉을 하기 위해 직각도보다 더 정밀한 기하 형체인 **온 흔들림(공차)** '⇗'이 표기되어야 한다. 공차값은 흔들림의 기준치수가 ∅56임으로 IT공차 5등급의 50~80 범위 '13'값을 적용하여 '0.013mm'로 적용되었다.

STEP 6 | 주서(NOTE) 작성하기

부품 표제란 위에 표기해야 하는 주서는 꼭 수검 도면과 관련되어 있는 내용만을 기재해야 한다.
KS규격집 '46. 주서 (예)' 항목을 주서 작성시 참조하고 없는 내용들은 수검자가 수검 전에 미리 암기하여 시험에 임해야 한다.

① 현재 도면의 주서 기재 내용과 **KS규격집** '46. 주서 (예)' 항목을 비교해 보겠다.

※ **MTEXT** [MT or T] : 문장 단위의 글자를 쓸 때 사용하면 편리하다.

현재 도면(동력전달장치)에 적용된 주서

주서
1. 일반공차-가) 가공부 : KS B ISO 2768-m
   나) 주조부 : KS B 0250 CT-11
   다) 주강부 : KS B 0418 보통급
2. 도시되고 지시없는 모떼기는 1×45°, 필렛과 라운드는 R3
3. 일반 모떼기는 0.2×45°
4. ∨부위 외면 명녹색 도장처리 (품번 ①, ⑤)
   내면 광명단 도장처리 (품번 ①, ⑤)
5. 기어 치부 열처리 HRC55±2 (품번 ④)
6. 표면 거칠기
   ∨ = ∨
   $\overset{w}{\vee}$ = $\overset{12.5}{\vee}$, N10
   $\overset{x}{\vee}$ = $\overset{3.2}{\vee}$, N8
   $\overset{y}{\vee}$ = $\overset{0.8}{\vee}$, N6
   $\overset{z}{\vee}$ = $\overset{0.2}{\vee}$, N4

KS규격집 '46. 주서 (예)' 항목

주서
1. 일반공차-가)가공부:KS B ISO 2768-m
   나)주조부:KS B 0250-CT11
2. 도시되고 지시없는 모떼기는 1×45° 필렛과 라운드는 R3
3. 일반 모떼기는 0.2×45°
4. ∨부위 외면 명녹색 도장
   내면 광명단 도장
5. 파커라이징 처리
6. 전체 열처리 HRC 50±2
7. 표면 거칠기
   ∨ = ∨
   $\overset{w}{\vee}$ = $\overset{12.5}{\vee}$, N10
   $\overset{x}{\vee}$ = $\overset{3.2}{\vee}$, N8
   $\overset{y}{\vee}$ = $\overset{0.8}{\vee}$, N6
   $\overset{z}{\vee}$ = $\overset{0.2}{\vee}$, N4

해설) 1번항 일반공차의 '가) 가공부'는 모든 도면에 필히 들어가며 '나) 주조부'는 부품재질이 GC200 **(회주철)**일 경우에만 표기되며 '다) 주강부'는 SC480(탄소 주강품)인 부품 재질이 있을 때 표기하므로 현재 도면의 스퍼기어 재질이기 때문에 꼭 표기해야 한다.

2번항과 3번항은 기본적으로 들어가며 4번항은 부품재질에 **GC200(회주철)**이 있을 경우에만 표기가 되므로 현재 도면에 꼭 표기해야 하며 5번항 '기어 치부 열처리'는 스퍼기어를 수검 도면에 그렸으면 반듯이 추가되어야 할 항목이다.

6번항 '표면 거칠기'는 부품에 적용된 기호들만 표기해야 하기 때문에 현재 도면은 모두 다 적용되어 표기되었다.

Tip 파커라이징(parkerizing)은 강의 표면에 인산염의 피막을 형성시켜 녹스는 것을 방지하는 방청작업으로 알루미늄, 구리, 황동과 같은 비철금속에는 사용할 수가 없으며 수검시 '바이스'나 '지그'부품 중 **SCM430(크롬 몰리브덴강)**의 재질을 갖는 부품이 있을 경우에만 표기한다.

Tip 2번항의 '필렛과 라운드는 R3' 대목은 수검 도면이 **클램프, 바이스, 지그**일 때는 주서에서 **빼야** 한다.
4번항과 5번항처럼 항목 맨 뒤에 해당 부품의 품번을 표기해 주는 것이 좋다.

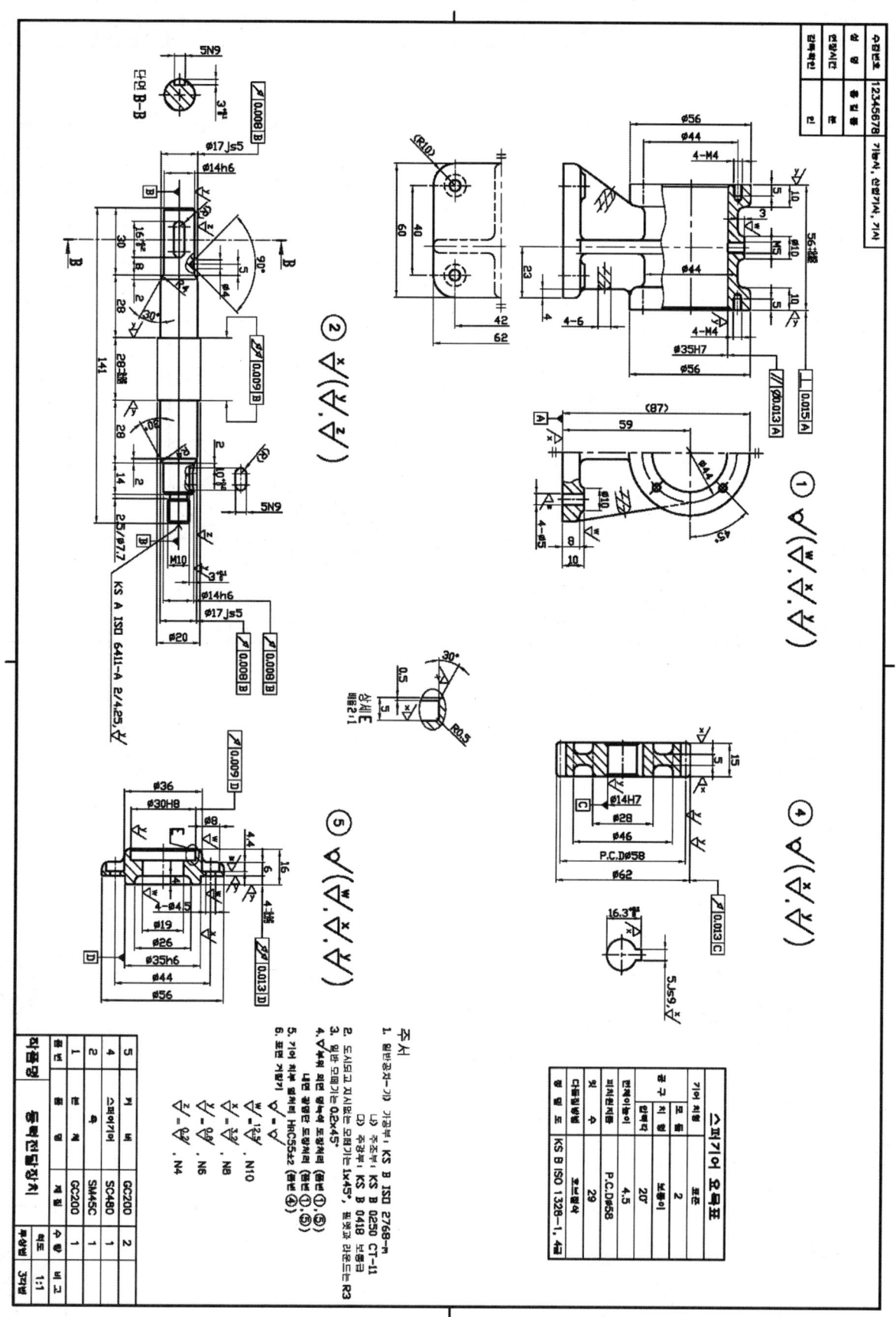

작품명 : 드릴 지그 | 척도 1:1

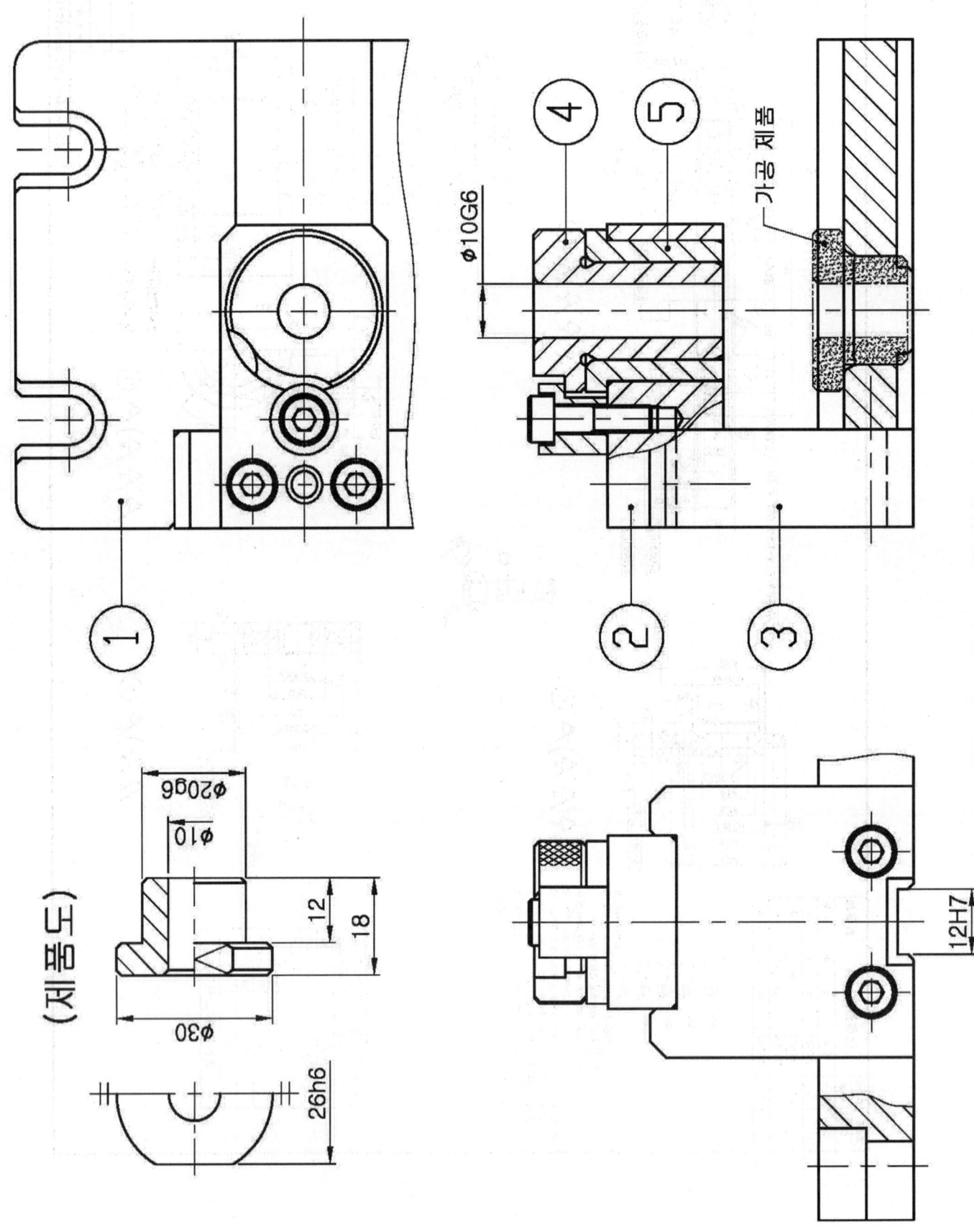

STEP 1 지그 판(JIG PLATE) 모델링하기

지그판을 모델링하는 방법은 대칭 방향으로 절반만 먼저 만들고 나서 대칭복사를 한 후 나머지 부분을 완성하는 순으로 작업한다.

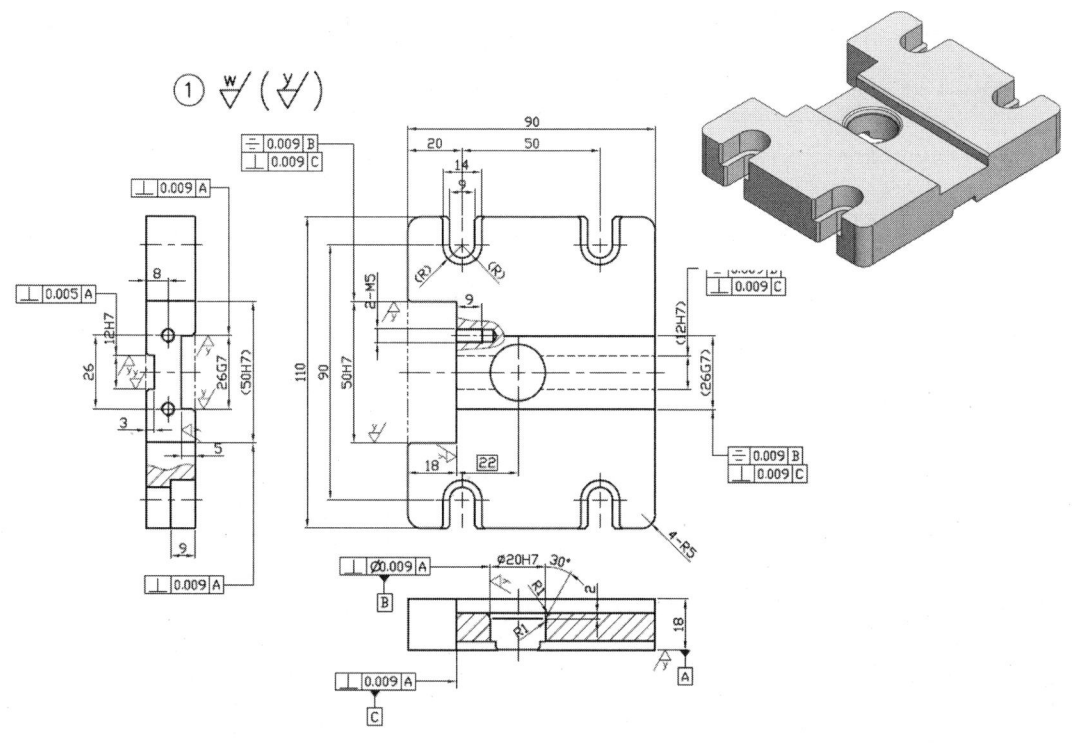

>> 네비게이터 navigator

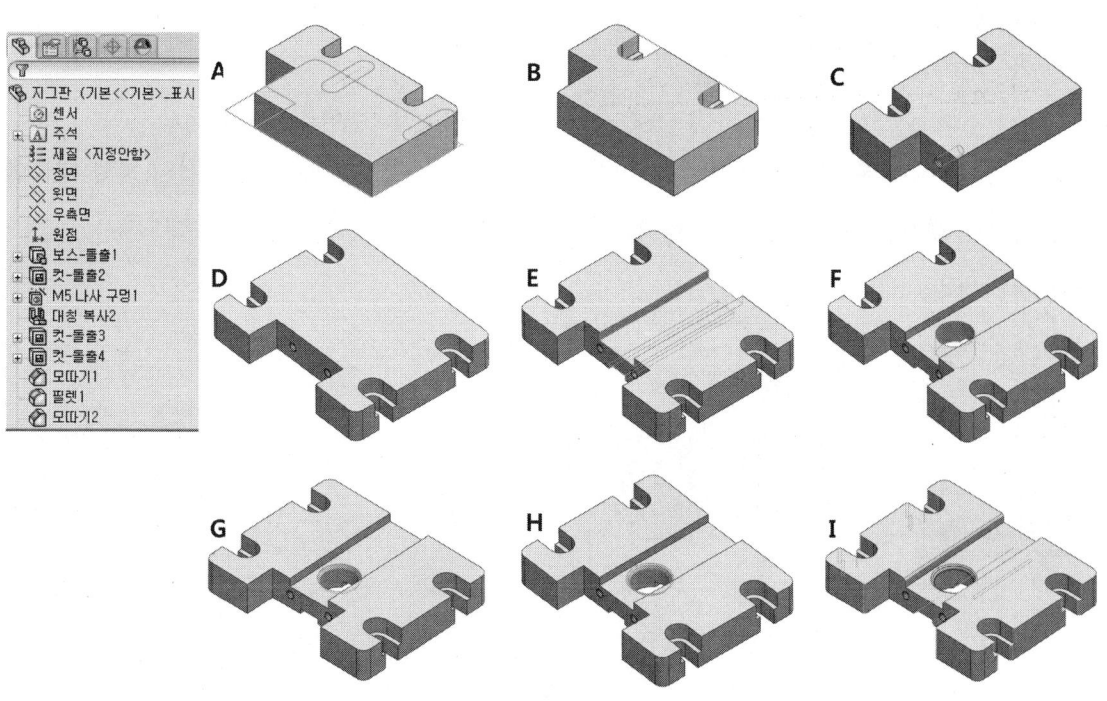

* 지금부터 지그 판을 네비게이터(Navigator) 나열 순서대로 모델링하는 방법을 배워보도록 하겠다.

① FeatureManager 디자인 트리 [윗면] 선택 → 스케치 선택

코너 사각형 선택 → 아래 그림과 같이 원점에 사각형 스케치 →

지능형 치수로 가로 (90mm), 세로 (55mm) 치수기입

다시 한 번 코너 사각형 선택 → 아래 그림과 같이 원점에 사각형 스케치 → 지능형 치수로 가로 (18mm), 세로 (25mm) 치수기입

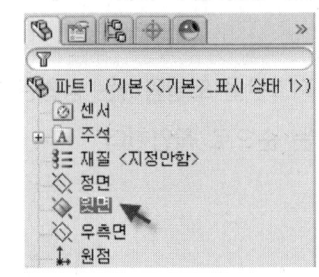

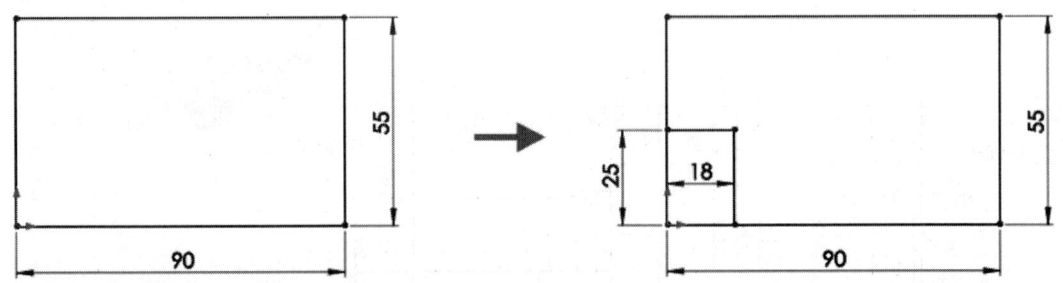

스케치 필렛 선택 → 반지름 (5mm) 입력 후 위쪽 2군데 모서리 선택 → 확인

중심점 직선 홈 선택 → 아래 오른쪽 그림과 같이 수평선 임의의 위치 2곳에 스케치 → 지능형 치수로 그림과 같이 총 6군데 치수기입(9mm, 10mm, 20mm, 50mm)

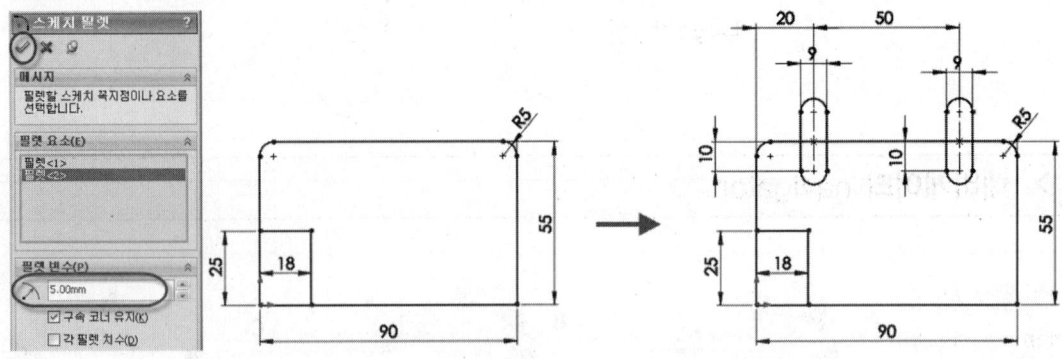

② 돌출 보스/베이스 선택 → 마우스 커서가 선택 프로파일 일 때 그림과 같이 도형 내를 선택 → 블라인드 형태, 깊이(18mm) → 확인

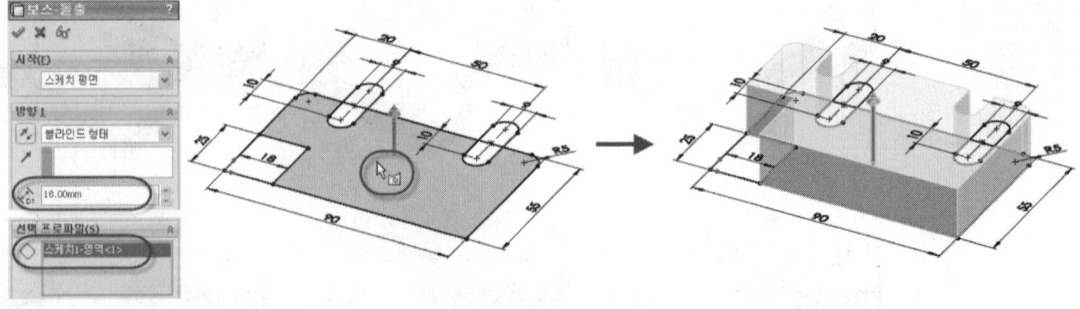

408 기계 제도 실무

③ 지그 판 상단 부분을 선택 후 → 스케치 선택 → 윗면 (Ctrl+5)을
선택해서 바라본다.

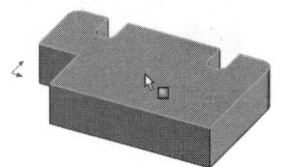

④ 요소 오프셋 으로 아래 왼쪽 그림과 같이 3개의 모서리를 선택
→ 오프셋 거리 (2.5mm), 그림과 같이 바깥쪽 방향으로 설정 →
똑같은 방법으로 오른쪽 부분도 2.5mm 오프셋시킨다.

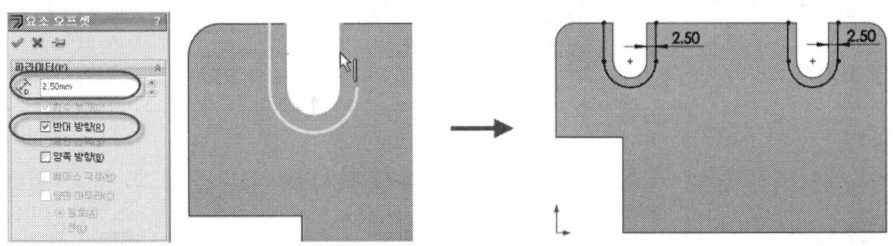

⑤ 선 을 선택 → 아래 그림과 같이 열린 도형 2곳을 닫아준다.

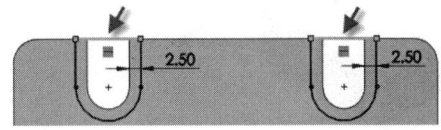

⑥ 돌출 컷 선택 → 등각보기 (Ctrl+7)를 선택하여 돌출 방향이 아래쪽인지 확인 → 블라인드
형태, 깊이(9mm) → 확인

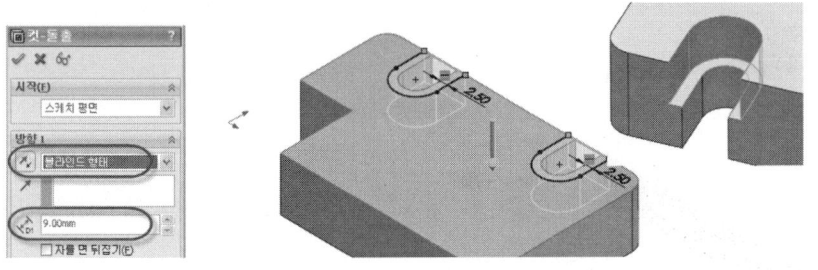

⑦ 구멍 가공 마법사 → 구멍 유형 : 직선 탭, 크기 : M5, 마침 조건 : 블라인드
형태, 탭 나사선 깊이 : 9mm → 옵션 : 나사산 표시 → 위치 탭 클릭

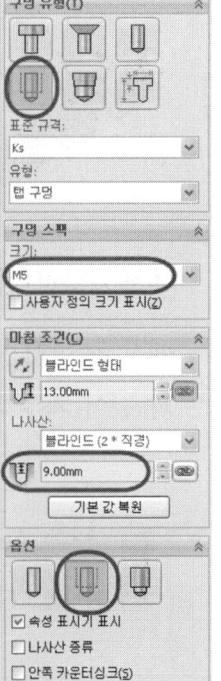

→ 좌측면 (Ctrl+3)을 선택한 후 아래 그림과 같은 임의의 위치에 포인트
클릭

→ 키보드 Esc 를 한번 누름(포인트 선택을 종료)

→ 지능형 치수 로 가로 (13mm), 세로 (8mm) 치수기입

→ 확인

> **Tip** 탭 구멍을 만들고 오른쪽 그림과 같이 나사산에 음영을 표시하기 위해서는 FeatureManager 디자인 트리의 '주석'에서 우클릭시 나오는 '세부 사항…'에 들어가 '주석 속성'대화창에서 '음영 나사산'을 체크해 주어야 한다.

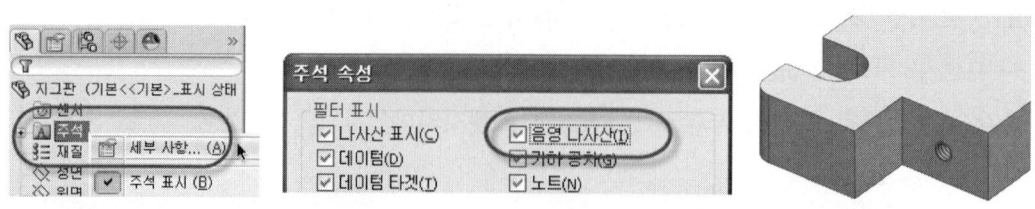

※ 음영 표시가 나타나지 않을 경우 '세부 사항…' 밑에 '주석 표시'가 체크되어 있나 확인하시기 바란다.

⑧ 그림과 같이 대칭면을 선택 → 대칭 복사 → '대칭 복사할 바디'클릭 후 물체 선택 → 확인

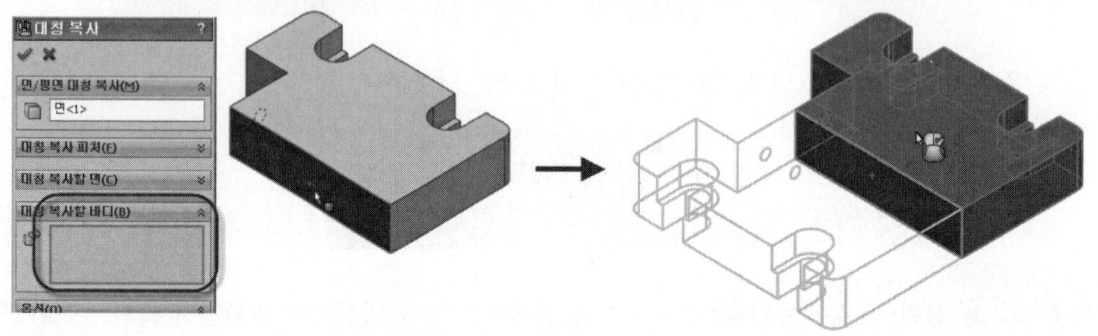

⑨ 그림과 같이 지그판 오른쪽 측면 선택 → 스케치 선택 → 우측면(Ctrl+4)을 선택

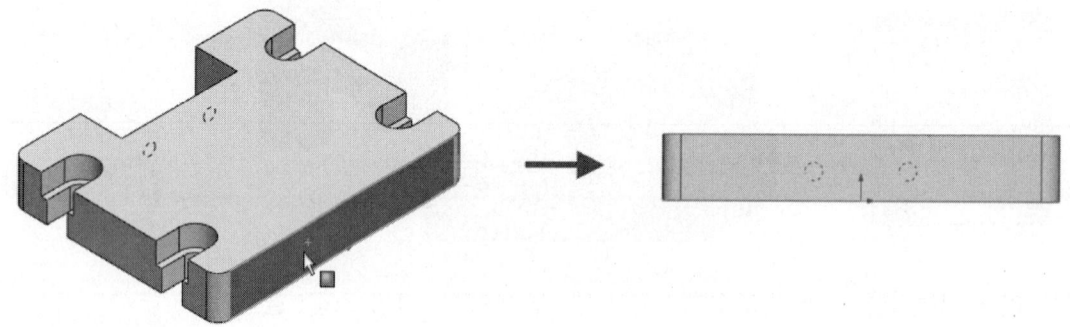

중심 사각형 선택 → 아래 그림과 같이 위쪽과 아래쪽에 사각형 스케치 → Ctrl 키를 누른 상태에서 위 아래 사각형 중심과 원점을 선택하고 수직(V) 구속조건 부가 → 지능형 치수로 그림과 같이 치수기입

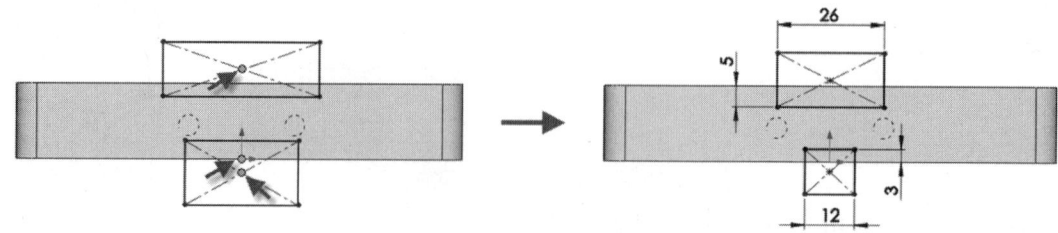

⑩ 등각보기(Ctrl+7)를 선택 → 돌출 컷 → 다음까지 → 확인

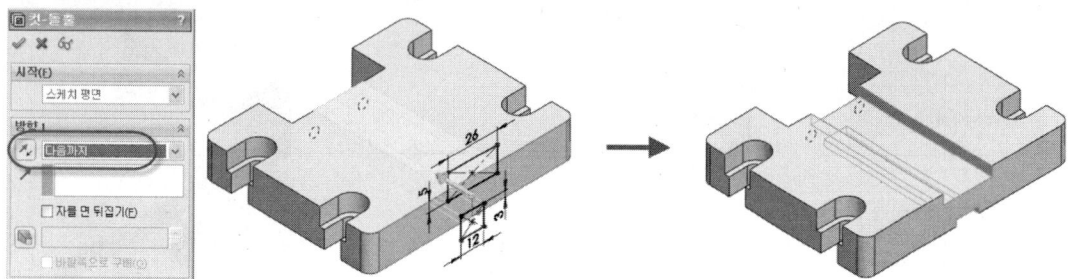

⑪ 그림과 같이 지그판 위쪽 면을 선택 → 스케치 선택 → 윗면(Ctrl+5)을 선택

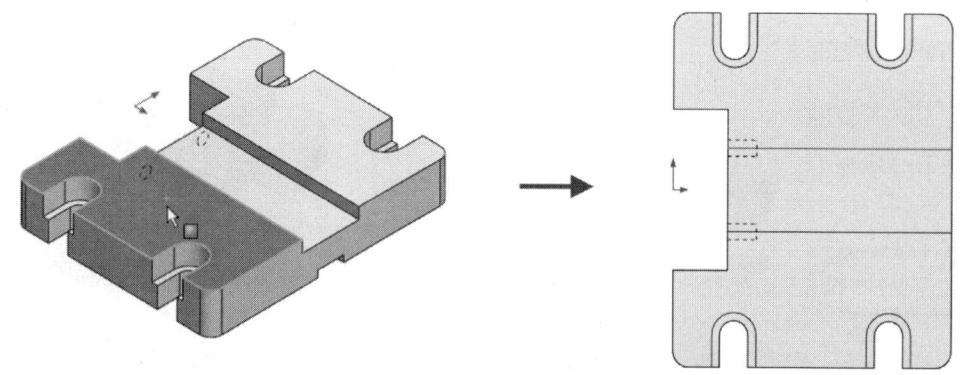

원 선택 → 아래 그림과 같은 위치에 1개의 원 스케치 → Ctrl 키를 누른 상태에서 원 중심과 원점을 선택하고 수평(H) 구속조건 부가 → 지능형 치수로 그림과 같이 거리 (40mm), 지름 (20mm) 치수기입

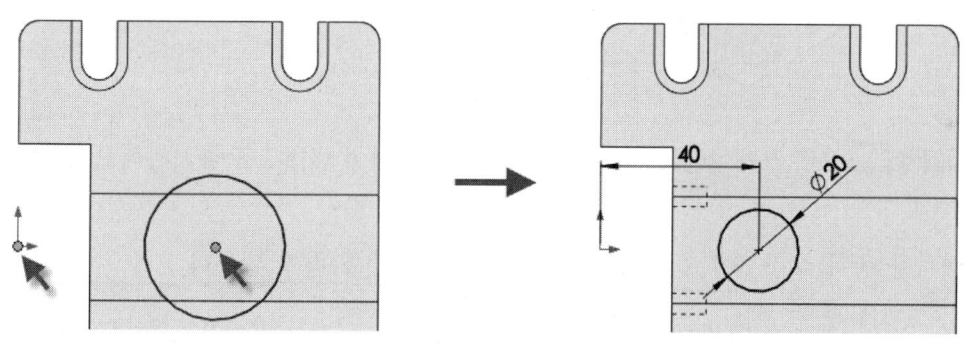

⑫ 등각보기(Ctrl+7)를 선택 → 돌출 컷 → 다음까지 → 확인

Tip 모따기 거리 2mm를 구멍 중심 길이 방향으로 반드시 맞추어 주어야 한다.

⑬ 모따기 → 거리(2mm), 각도(30°) → 구멍 상단 모서리 1개소 선택 → 확인

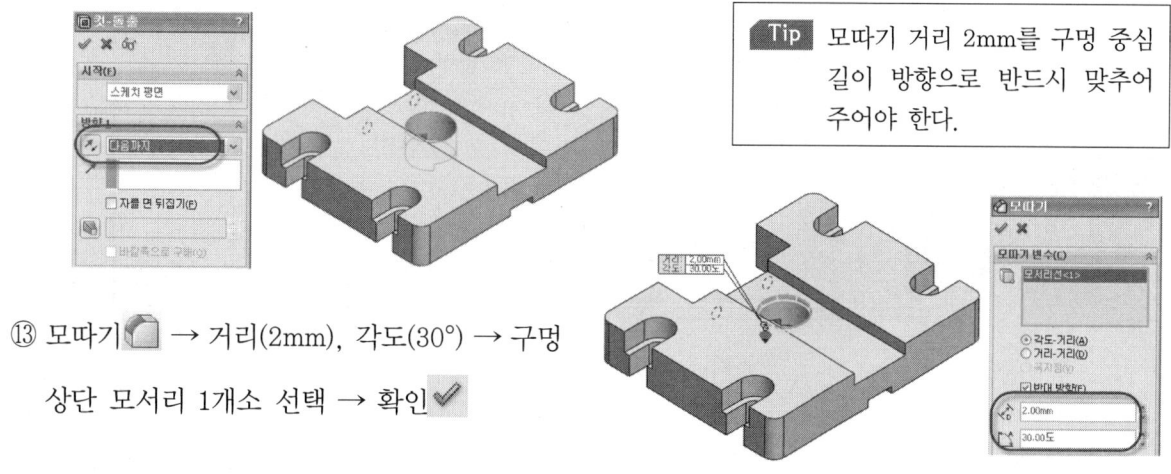

⑭ 필렛 → 반경(1mm) → 구멍 모따기 위 아래 모서리 2개소 선택 → 확인

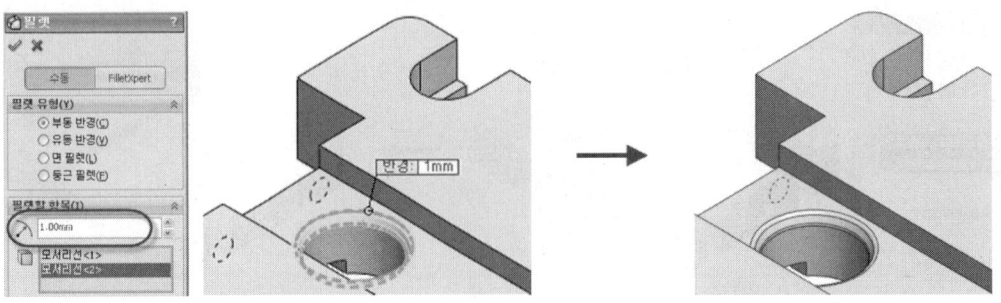

⑮ 모따기 → 거리(1mm), 각도(45°) → 아래 그림과 같이 모서리 24개소 선택 → 확인

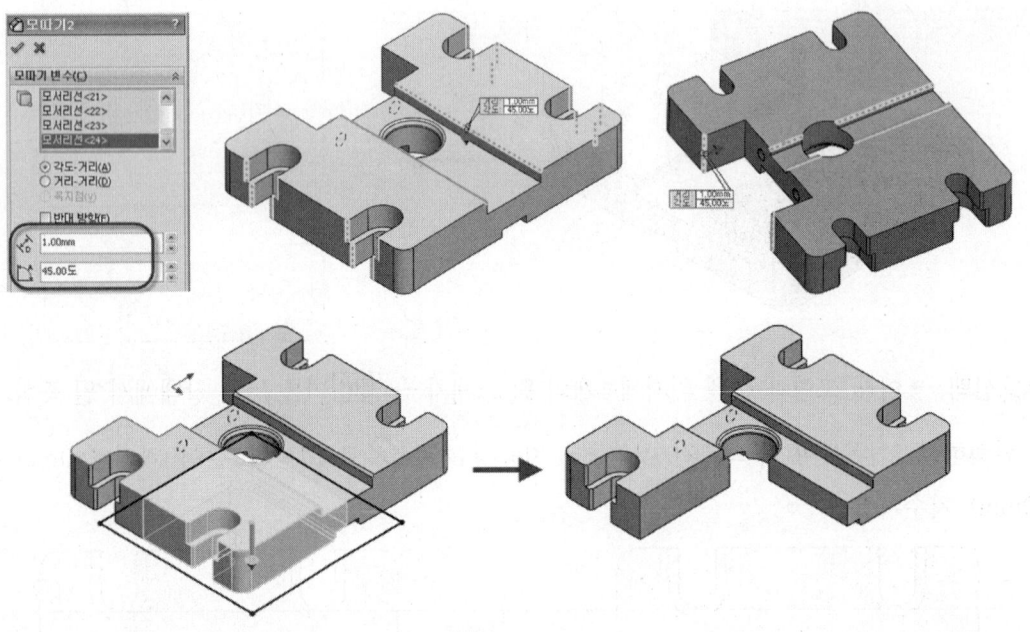

코너 사각형 으로 스케치한 후 돌출 컷 으로 절단하여 단면도를 표시하여 3차원 등각도에 사용한다.

※ 기계기사 종목 수검시에는 3차원 등각도에 단면 표시를 하지 않는다.

⑯ 메뉴바의 '파일/저장'을 클릭하여 '드릴지그'폴더를 만들고 '지그판'이라고 명명하고 저장한다.

   Tip '저장' 단축키는 Ctrl+S이다.

 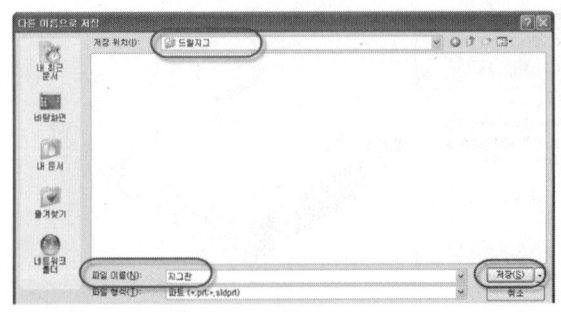

412 기계 제도 실무

STEP 2 | 부시 홀더(BUSH HOLDER) 모델링하기

부시 홀더를 모델링하는 방법은 몸체를 먼저 완성한 다음 홀작업 등을 완성하는 순으로 작업한다.

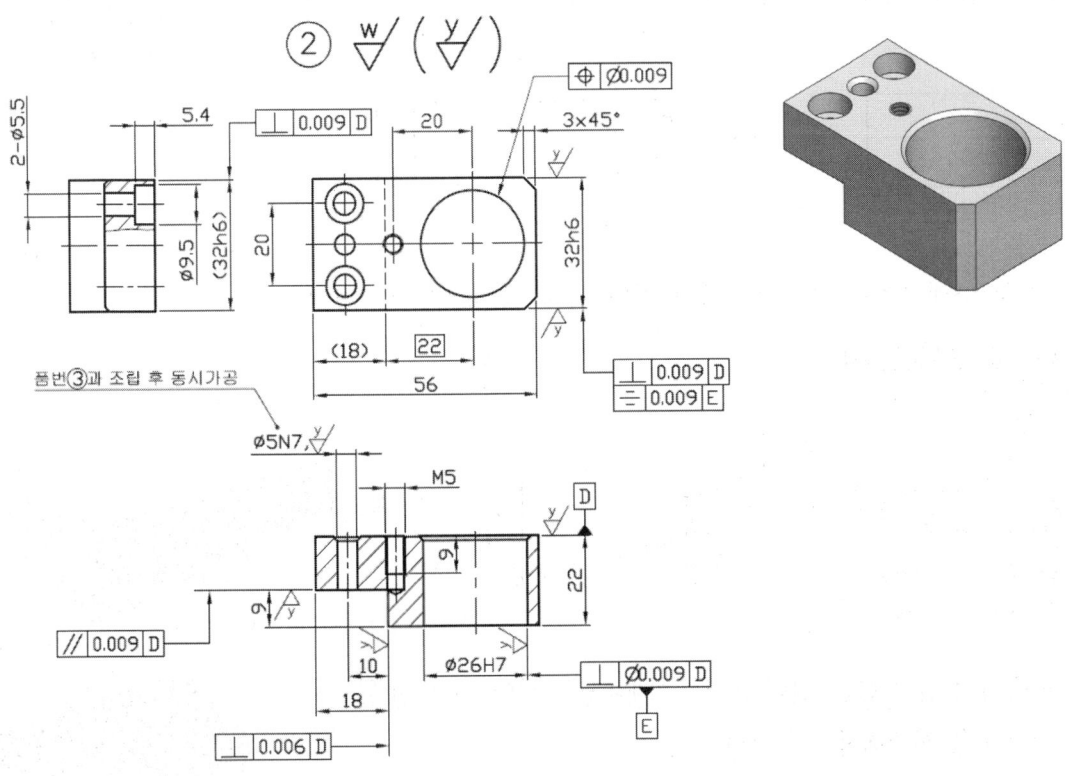

>> 네비게이터 navigator

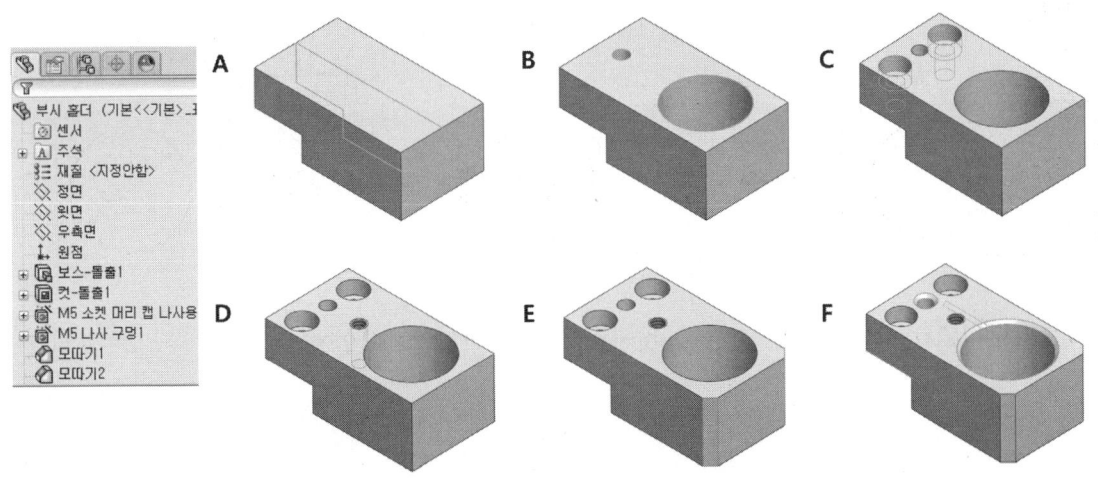

* 지금부터 부시홀더를 네비게이터(Navigator) 나열 순서대로 모델링하는 방법을 배워보도록 하겠다.

① FeatureManager 디자인 트리 [정면] 선택 → 스케치 선택
   선 선택 → 아래 그림과 같이 원점을 기준으로 스케치 → 지능형 치수
   로 치수기입하여 완전정의시킨다.

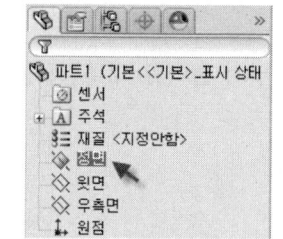

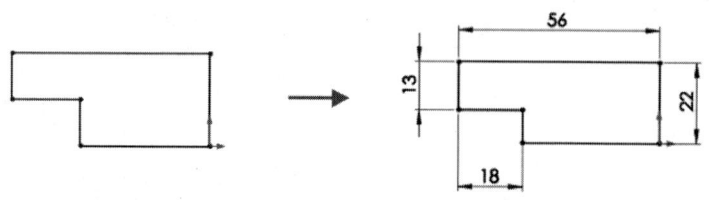

② 돌출 보스/베이스 선택 → 중간 평면, 깊이 (32mm) → 확인

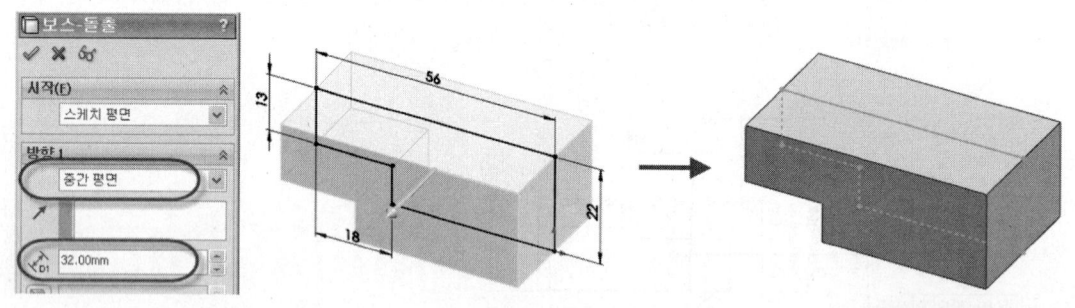

③ 부시홀더 상단 부분을 선택 후 → 스케치 선택 → 윗면
   (Ctrl+5)을 선택해서 바라본다.

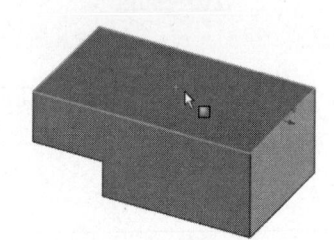

④ 원 선택 → 아래 그림과 같은 위치에 크기가 다른 2개의 원 스케치 → Ctrl 키를 누른 상태에서 원 중심과 원점을 선택하고 수평(H) 구속조건 부가 → 지능형 치수 로 치수기입하여 완전정의시킨다.

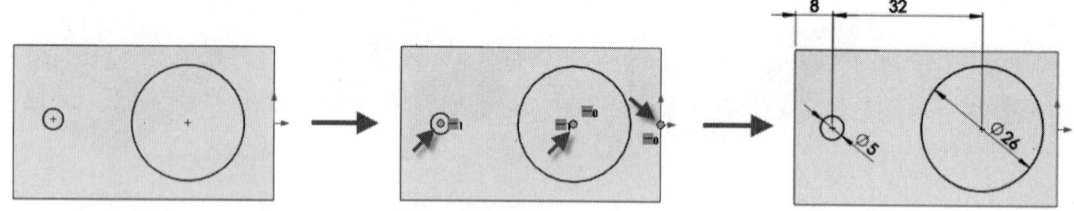

⑤ 등각보기 (Ctrl+7)를 선택 → 돌출 컷 → 다음까지 → 확인

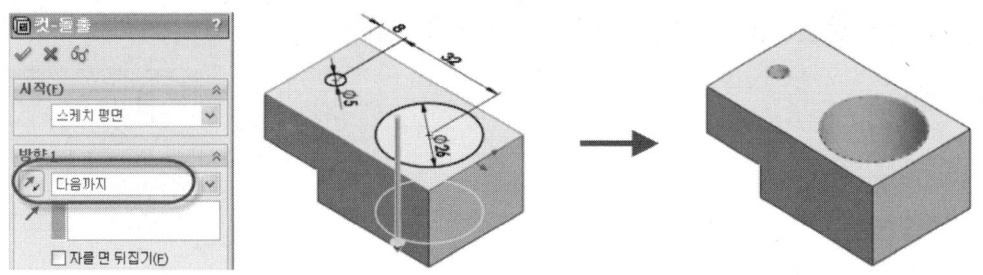

⑥ 구멍 가공 마법사 → 구멍 유형 : 카운터보어, 표준 규격 : KS, 크기 : M5, 마침 조건 : 다음까지, 옵션 항목은 모두 체크 해제한다. → 위치 탭으로 이동 → 카운터보어가 생성될 왼쪽면의 위 아래에 마우스 클릭

 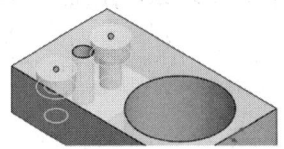

→ 키보드 Esc를 한번 누름 (포인트 선택을 종료)

→ 윗면 (Ctrl+5)을 선택

→ Ctrl 키를 누른 상태에서 구멍 포인트 2개를 선택하고 수직(V) 구속조건 부가

→ 지능형 치수로 치수기입하여 완전정의 시킨다.

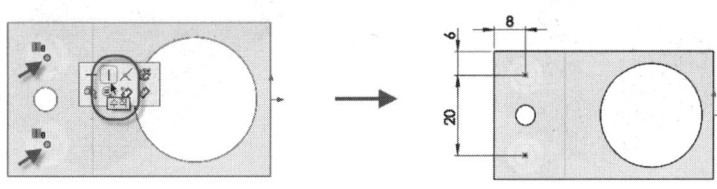

→ 확인

⑦ 다시 한 번 구멍 가공 마법사 선택 → 구멍 유형 : 직선 탭, 크기 : M5, 마침 조건 : 블라인드 형태, 탭 나사선 깊이 : 9mm → 옵션 : 나사산 표시 → 위치 탭 클릭 → 탭 구멍이 생성될 면에 그림과 같이 1개의 포인트 생성

 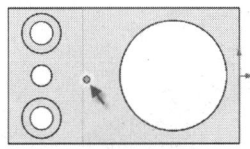

→ 키보드 Esc를 한번 누름(포인트 선택을 종료)

→ Ctrl키를 누른 상태에서 포인트와 원점을 선택하고 수평(H) 구속조건 부가

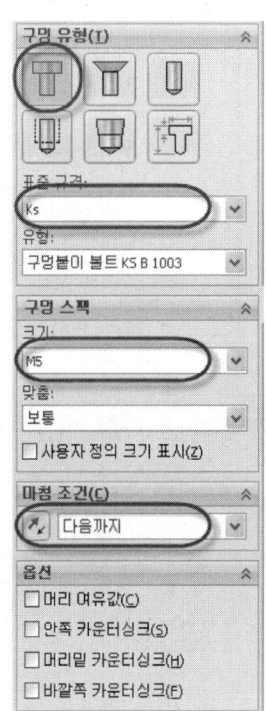
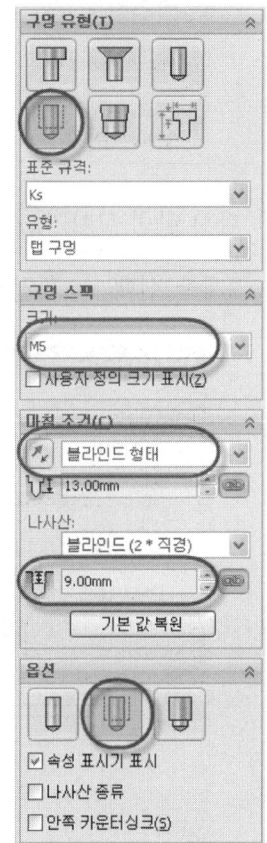

→ 지능형 치수 로 36mm 치수기입하여 완전정의시킨다.

→ 확인

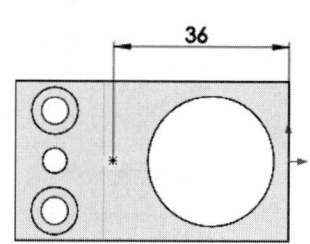

> **Tip** 탭 구멍을 만들고 오른쪽 그림과 같이 나사산에 음영을 표시하기 위해서는 FeatureManager 디자인 트리의 '주석'에서 우클릭시 나오는 '세부 사항…'에 들어가 '주석 속성'대화창에서 '음영 나사산'을 체크해 주어야 한다.
>
>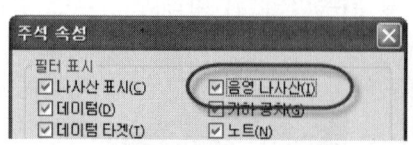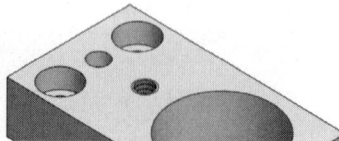
>
> ※ 음영 표시가 안 나타날 경우 '세부 사항…' 밑에 '주석 표시'가 체크되어 있나 확인하시기 바란다.

⑧ 등각보기 (Ctrl+7)를 선택 → 모따기 → 거리(3mm), 각도(45°) → 오른쪽 수직 모서리 2개소 선택 → 확인

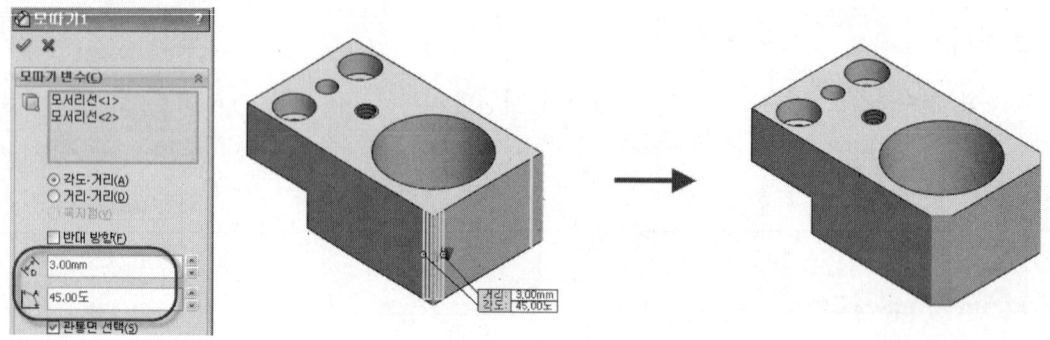

⑨ 다시 한번 모따기 선택 → 거리(1mm), 각도(45°) → 구멍 모서리 2개와 뒤집어서 결합부 모서리 2개를 선택 → 확인

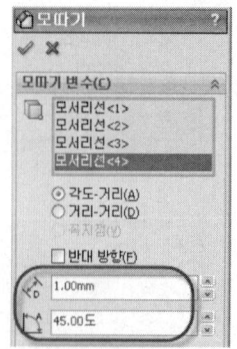 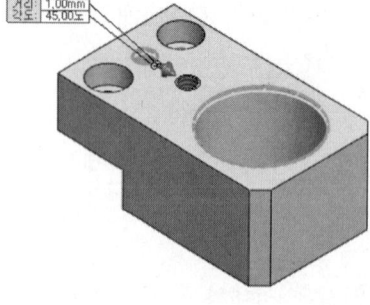 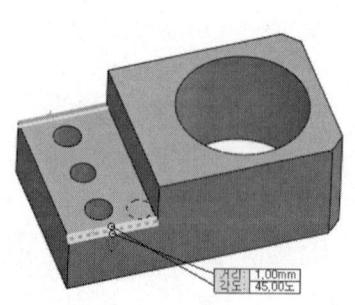

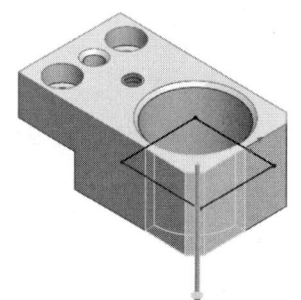
코너 사각형 ▭ 으로 스케치한 후 돌출 컷 으로 절단하여 단면도를 표시하여 3차원 등각도에 사용한다.

※ 기계기사 종목 수검시에는 3차원 등각도에 단면 표시를 하지 않는다.

⑩ 메뉴바의 '파일 / 저장'을 클릭하여 '드릴 지그'폴더에 '부시 홀더'로 파일 이름을 명명하고 저장한다.

Tip '저장' 단축키는 Ctrl+S이다.

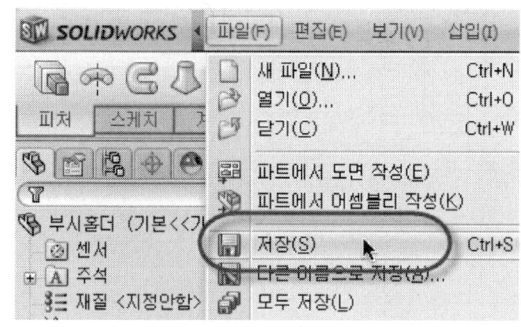
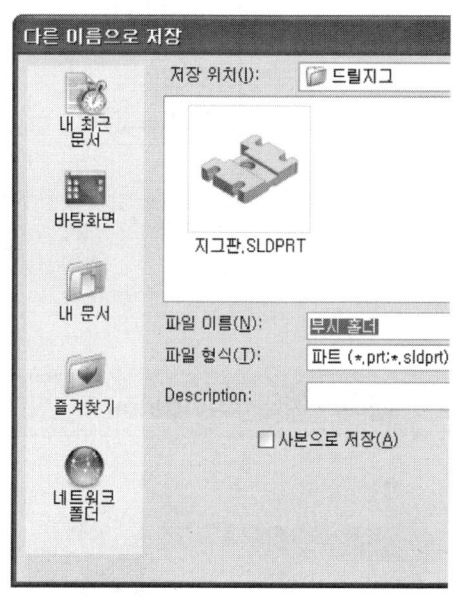

STEP 3 | 지지대(BRACKET) 모델링하기

지지대를 모델링하는 방법은 대칭 방향으로 절반만 먼저 만들고 나서 대칭복사를 한 후 나머지 홀작업과 모따기를 완성하는 순으로 작업한다.

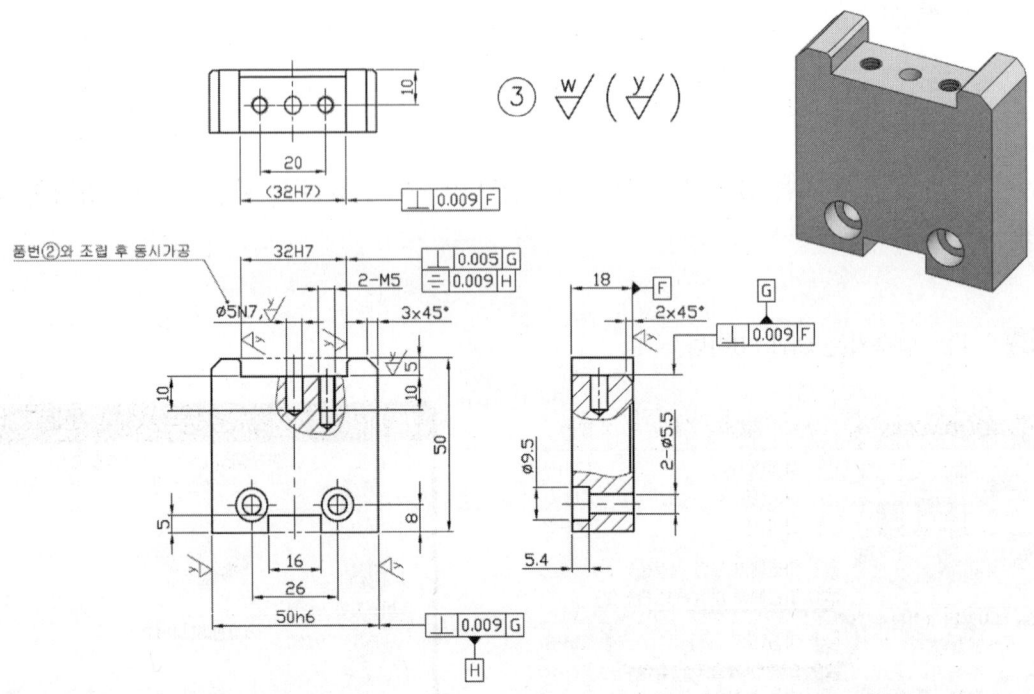

≫ 네비게이터 navigator

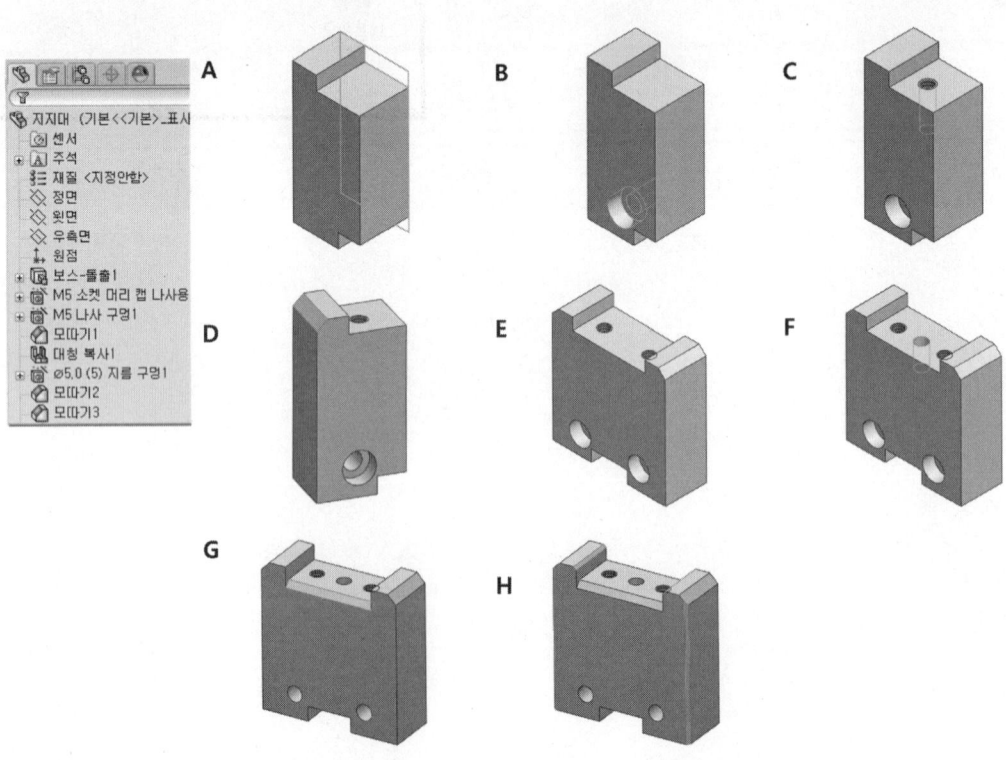

* 지금부터 지지대를 네비게이터(Navigator) 나열 순서대로 모델링하는 방법을 배워보도록 하겠다.

① FeatureManager 디자인 트리 [정면] 선택 → 스케치 선택

　코너 사각형 선택 → 아래 그림과 같이 원점에 사각형 스케치 → 지능형 치수로 가로 (25mm), 세로 (50mm) 치수기입

　코너 사각형 선택 → 아래 그림과 같이 원점에 사각형 스케치 → 지능형 치수로 가로 (8mm), 세로 (5mm) 치수기입

　코너 사각형 선택 → 아래 그림과 같이 위쪽 중간점을 기준으로 사각형 스케치 → 지능형 치수로 가로 (16mm), 세로 (5mm) 치수기입

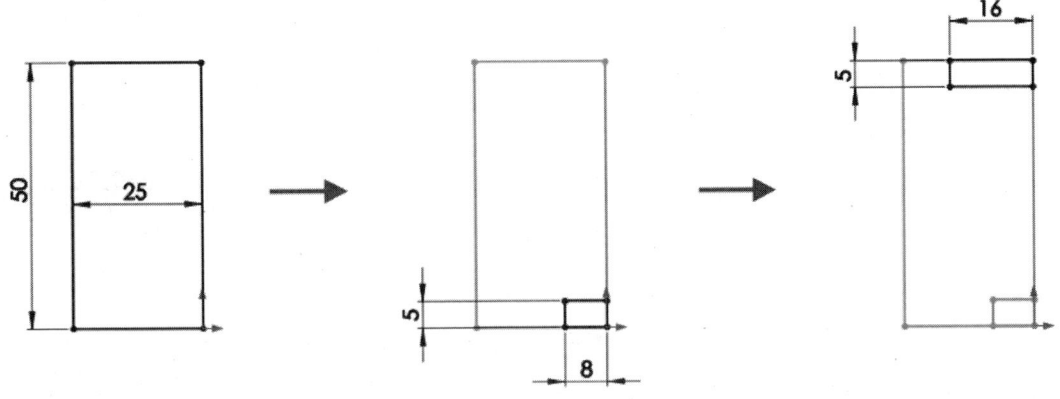

② 돌출 보스/베이스 선택 → 마우스 커서가 선택 프로파일 일 때 그림과 같이 도형 내를 선택 → 블라인드 형태, 깊이 (18mm) → 확인

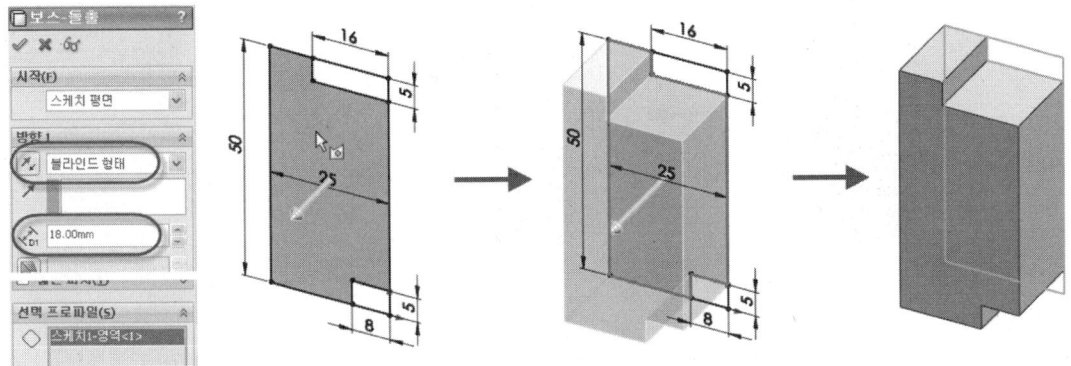

③ 구멍 가공 마법사 → 구멍 유형 : 카운터보어, 표준 규격 : KS, 크기 : M5, 마침 조건 : 다음까지, 옵션 항목은 모두 체크 해제한다. → 위치 탭으로 이동

→ 카운터보어가 생성될 앞쪽 면 아래에 포인트 1개소 클릭

→ 키보드 Esc를 한번 누름(포인트 선택을 종료)

→ 지능형 치수 로 가로(13mm), 세로(8mm)로 치수기입하여 완전정의시킨다.

→ 확인

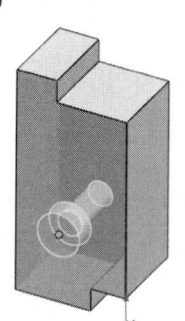
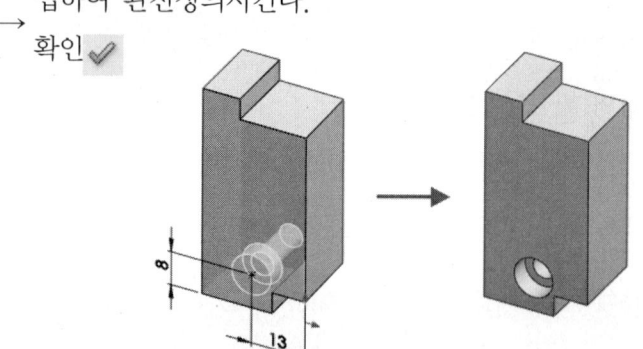
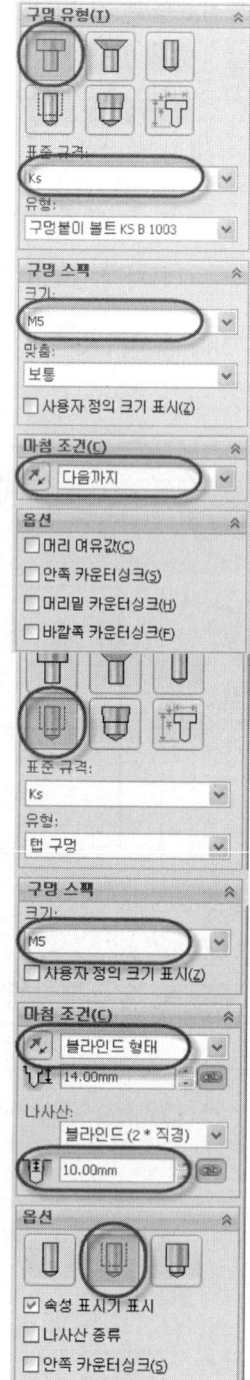

④ 다시 한번 구멍 가공 마법사 선택 → 구멍 유형 : 직선 탭, 크기 : M5, 마침 조건 : 블라인드 형태, 탭 나사선 깊이 : 10mm → 옵션 : 나사산 표시
→ 위치 탭 클릭

→ 아래 그림과 같이 탭 구멍이 생성될 상단 면에 포인트 1개소 클릭

→ 키보드 Esc를 한번 누름(포인트 선택을 종료)

→ 지능형 치수 로 가로(10mm), 세로(8mm)로 치수기입하여 완전정의시킨다.

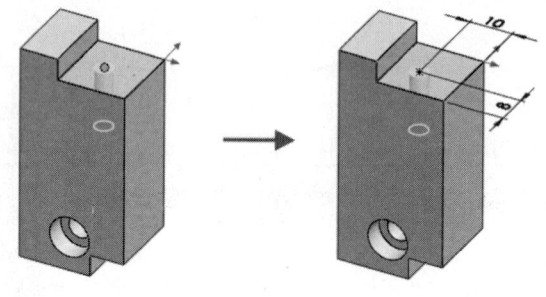

→ 확인

> **Tip** 탭 구멍을 만들고 오른쪽 그림과 같이 나사산에 음영을 표시하기 위해서는 FeatureManager 디자인 트리의 '주석'에서 우클릭시 나오는 '세부 사항…'에 들어가 '주석 속성'대화창에서 '음영 나사산'을 체크해 주어야 한다.
>
>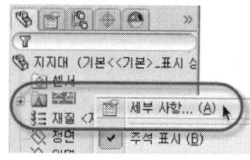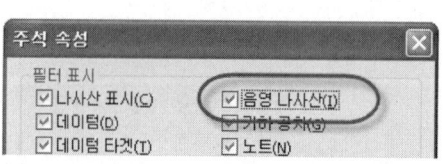
>
> ※ 음영 표시가 안 나타날 경우 '세부 사항…' 밑에 '주석 표시'가 체크되어 있나 확인하시기 바란다.

⑤ 모따기 → 거리(3mm), 각도(45°) → 그림과 같이 왼쪽 모서리 1개소 선택 → 확인

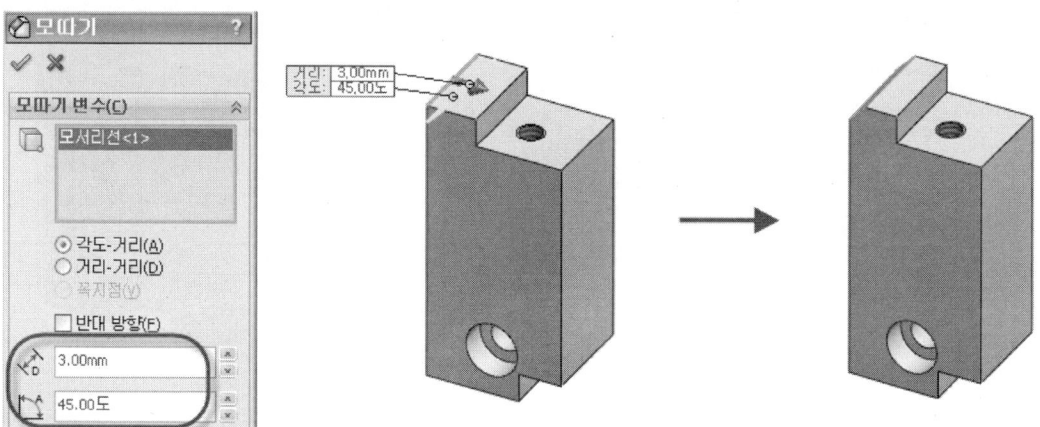

⑥ 그림과 같이 대칭면을 선택 → 대칭 복사 → '대칭 복사할 바디' 클릭 후 물체 선택 → 확인

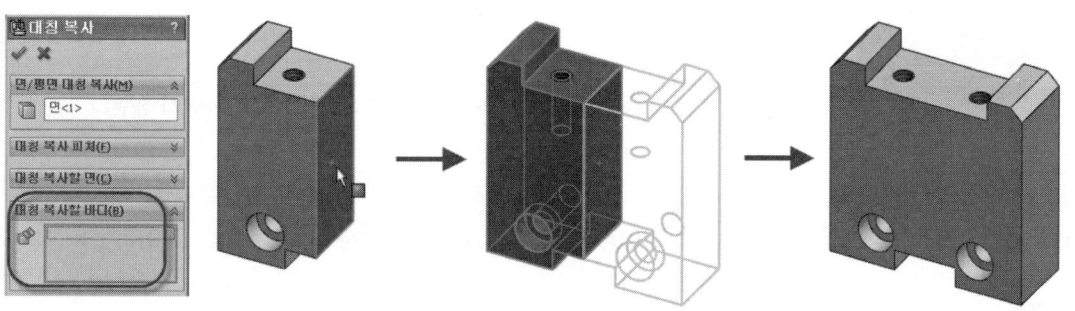

⑦ 구멍 가공 마법사 → 구멍 유형 : 구멍, 표준 규격 : KS, 크기 : ∅5, 마침 조건 : 블라인드 형태, 블라인드 구멍깊이 : 10mm, 옵션 항목은 모두 체크 해제한다.
→ 위치 탭으로 이동

→ 아래 그림과 같이 구멍이 생성될 상단면에 포인트 1개소 클릭
→ 키보드 Esc를 한번 누름(포인트 선택을 종료)
→ 지능형 치수로 가로(16mm), 세로(8mm)로 치수기입하여 완전정의 시킨다.

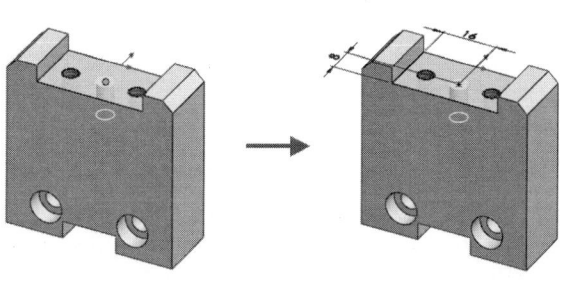
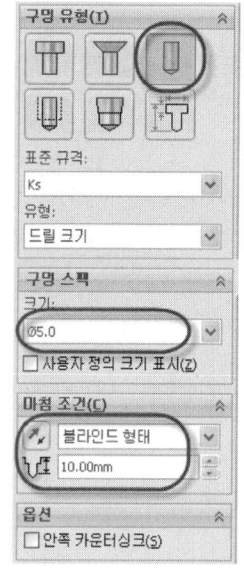

→ 확인

⑧ 모따기 → 거리(2mm), 각도(45°) → 그림과 같이 상단 오른쪽 모서리 1개소 선택 → 확인

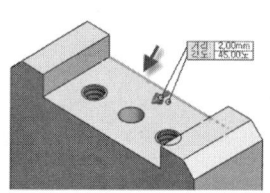

⑨ 모따기 → 거리(1mm), 각도(45°) → 그림과 같이 오른쪽면 수직 모서리 2개소 선택 → 확인

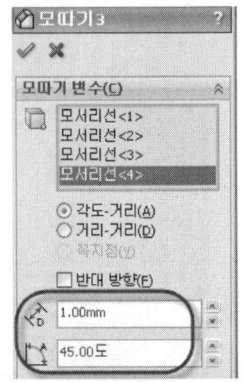 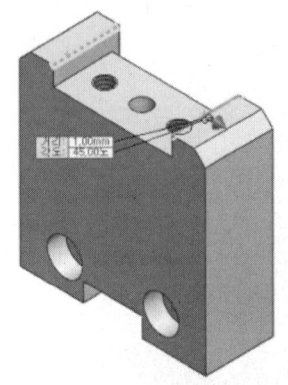 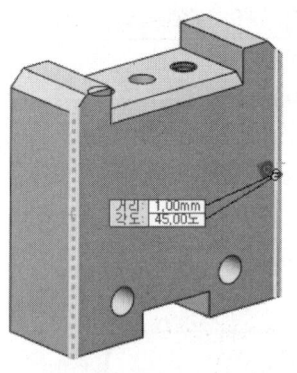

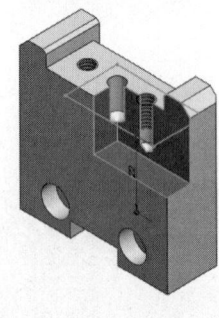 코너 사각형 으로 스케치한 후 돌출 컷 으로 절단하여 단면도를 표시하여 3차원 등각도에 사용한다.

※ 기계기사 종목 수검시에는 3차원 등각도에 단면 표시를 하지 않는다.

⑩ 메뉴바의 '파일 / 저장'을 클릭하여 '드릴 지그'폴더에 '지지대'로 파일 이름을 명명하고 저장한다.

　Tip　'저장' 단축키는 Ctrl+S이다.

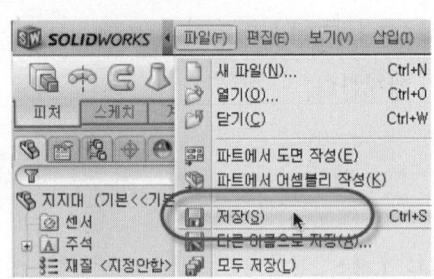 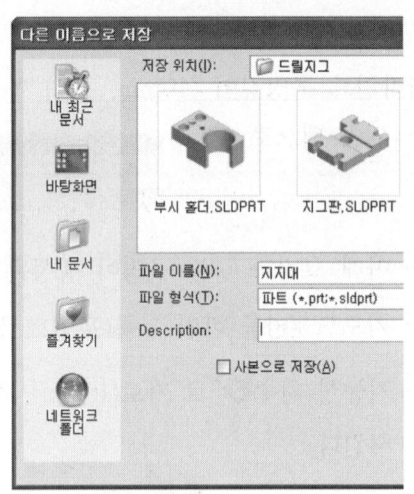

STEP 4 | 드릴 부시(DRILL BUSH) 모델링하기

드릴 부시를 모델링하는 방법은 회전체를 먼저 완성한 다음 나머지 컷-작업 등을 완성하는 순으로 작업한다.

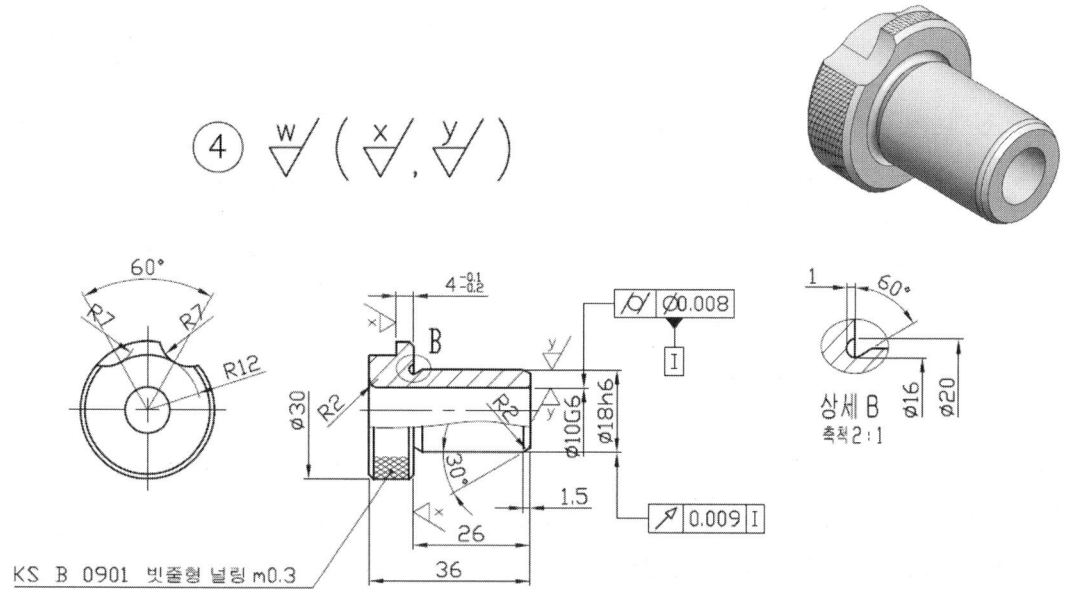

>> 네비게이터 navigator

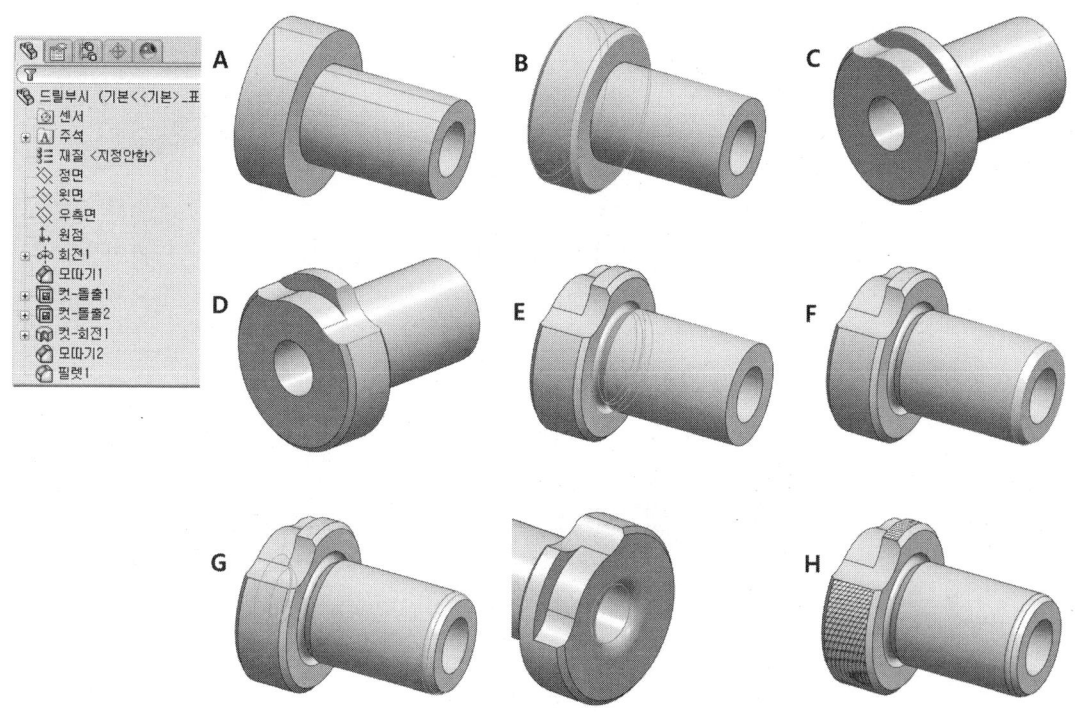

* 지금부터 드릴 부시를 네비게이터(Navigator) 나열 순서대로 모델링하는 방법을 배워보도록 하겠다.

① FeatureManager 디자인 트리 [정면] 선택 → 스케치 선택

중심선 선택 → 아래 그림과 같이 원점에 수평으로 스케치 → 지능형 치수로 선의 길이 (36mm) 치수기입

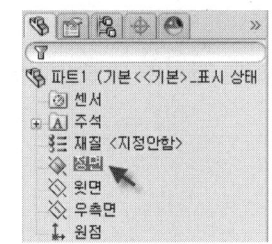

선 선택 → 아래 그림과 같이 대략적으로 중심선에 맞추어 스케치 지능형 치수로 아래 그림과 같이 치수기입하여 가급적 완전정의시킨다.

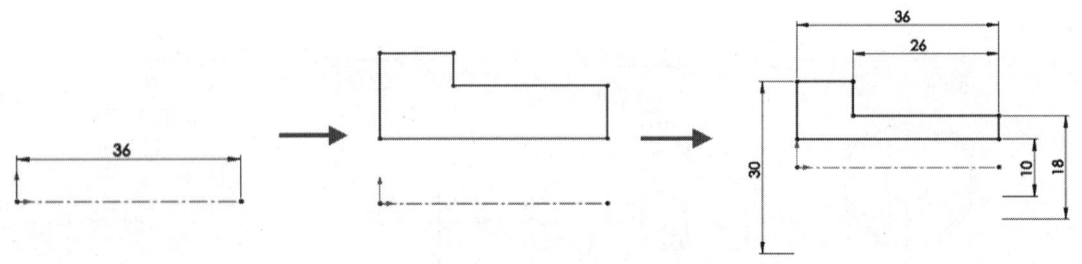

> **Tip** 회전을 시킬 경우에는 가급적 중심선(보조선)을 사용하는 것이 편리하다. 중심선이 있을 경우에 한해서만 지능형 치수를 사용하여 지름 치수기입을 할 수가 있다. 중심선이 없을 경우에는 반지름으로만 치수기입이 가능하다.

② 회전 보스/베이스 선택 → 블라인드 형태, 각도(360도) → 확인

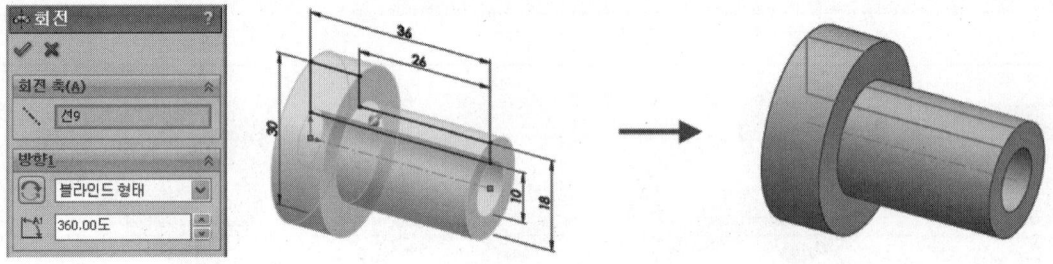

③ 모따기 → 거리(1mm), 각도(45°) → 그림과 같이 왼쪽 모서리 2개소 선택 → 확인

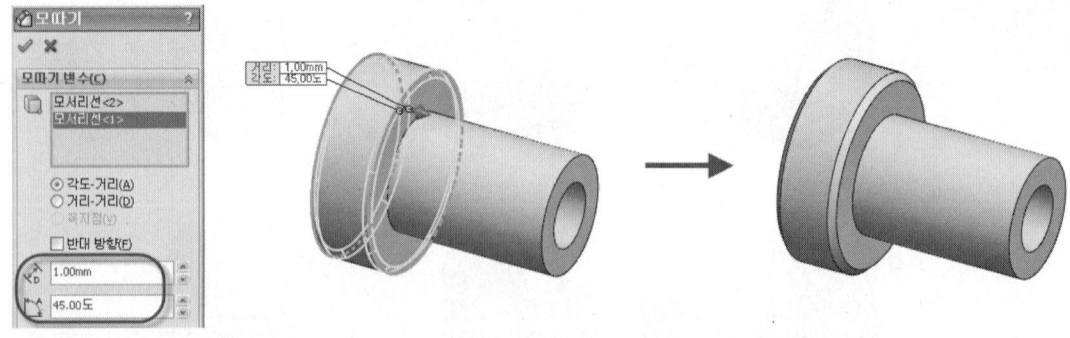

④ 좌측이 보이게 회전시켜 그림과 같이 좌측면을 선택 → 스케치 선택
   → 좌측면 (Ctrl+3)을 선택

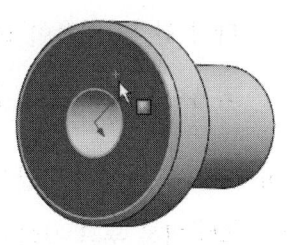

⑤ 원 선택 → 원점을 클릭한 후 아래 그림과 같이 대략적인 크기로 스케치

중심선 선택 → 원점을 클릭하여 수직선과 임의의 선을 그림과 같이 수직선 왼쪽과 오른쪽에 스케치(단, 왼쪽과 오른쪽 임의의 선은 그림과 같이 물체 밖으로 나오게 스케치해야 한다.)

지능형 치수 로 그림과 같이 치수기입

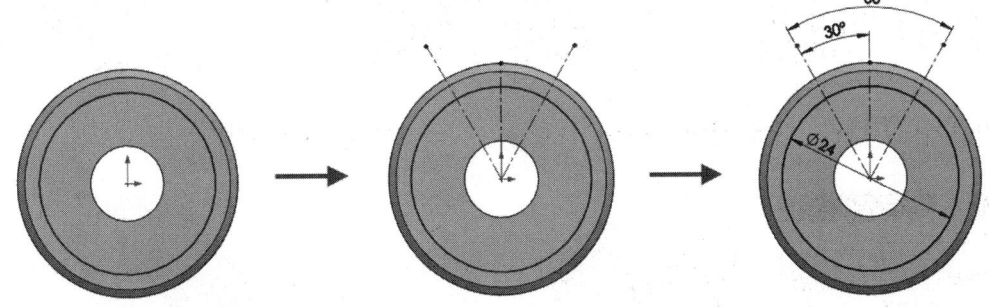

⑥ 원 선택 → 왼쪽 중심선 바깥쪽 끝점을 클릭한 후 원(∅4)과 중심선의 교차점을 클릭하여 스케치 → 같은 방법으로 오른쪽 중심선에도 원을 스케치

지능형 치수 로 그림과 같이 왼쪽과 오른쪽 원에 ∅4mm 치수기입하여 완전정의시킨다.

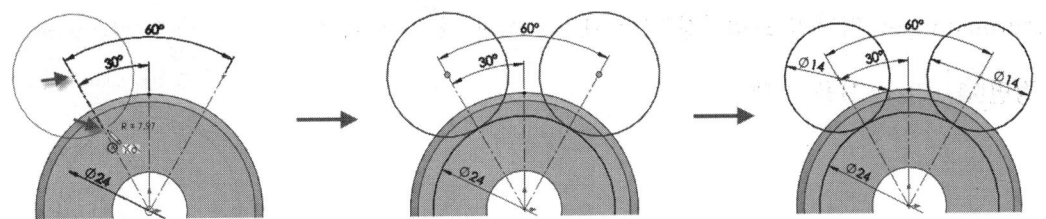

⑦ 아래 그림과 같이 물체 바깥쪽 모서리를 선택 → 요소 변환 을 선택

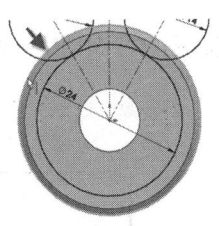

> **Tip** 요소 변환 명령을 먼저 선택하고 물체의 모서리를 나중에 선택하면 확인 을 클릭하여 명령을 종료해야 선택된 모서리가 스케치로 변환이 된다.

⑧ 돌출 컷 → 마우스 커서가 선택 프로파일 일 때 아래 그림과 같이 도형 내를 선택(6개소) → 등각보기 (Ctrl+7)를 선택 → 블라인드 형태, 깊이(6mm) → 확인

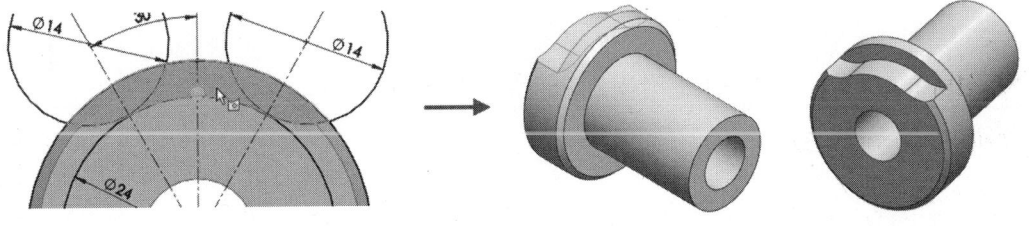

⑨ 다시 한 번 좌측이 보이게 회전시켜 좌측면을 선택 → 스케치 선택 →

　좌측면(Ctrl+3)을 선택

⑩ 원 선택 → 바깥쪽에 그림과 같이 대략적인 크기로 스케치

　Ctrl 키를 누른 상태에서 두 번째 그림처럼 원과 물체 오른쪽 모서리를 선택하고 동일원(R) 구속조건 부가

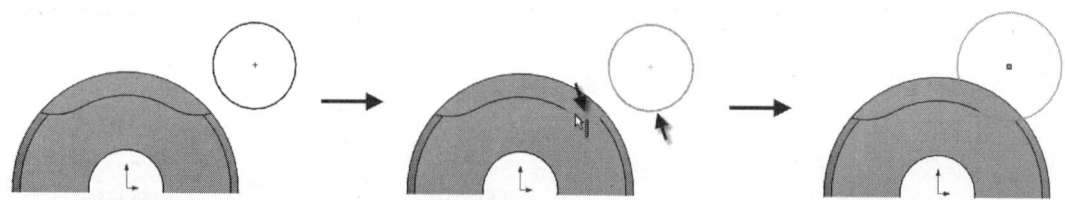

⑪ 등각보기(Ctrl+7)를 선택 → 돌출 컷 → 다음까지 → 확인

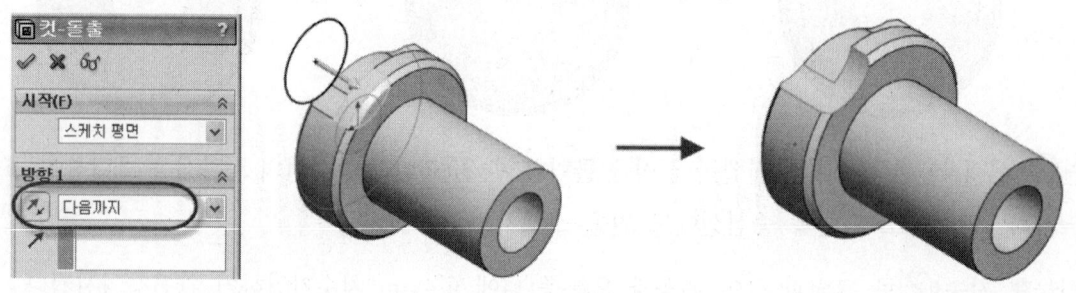

⑫ FeatureManager 디자인 트리 [정면] 선택 → 스케치 선택

　→ 정면(Ctrl+1)을 선택

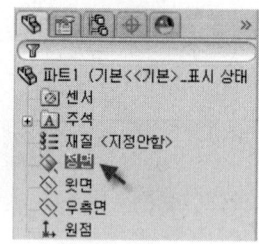

⑬ 원 선택 → 아래 그림과 같이 모서리에 정확히 중심을 클릭 후 대략적인 크기로 스케치

　지능형 치수로 ∅2mm 치수기입하여 완전정의시킨다.

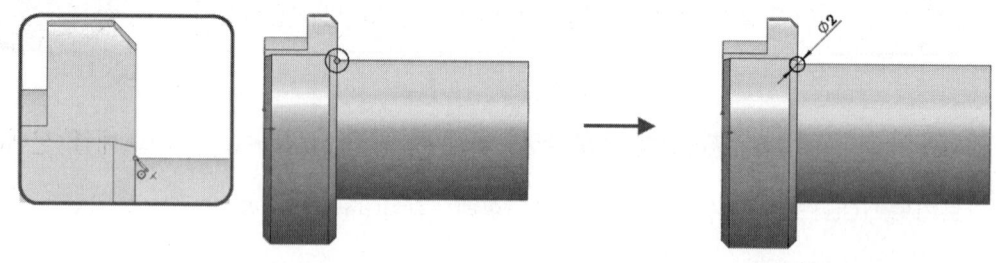

⑭ 선 선택 → 그림과 같이 원에 선을 그려 탄젠트(A)와

　일치(D) 구속조건 부가

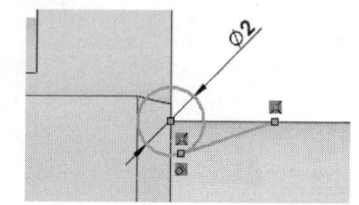

⑮ 지능형 치수 선택 → 그림과 같이 각도(30°) 치수기입

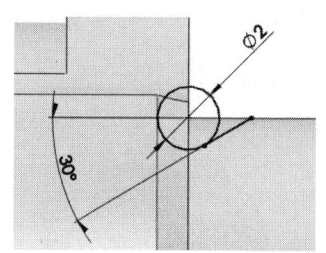

⑯ 선 선택 → 그림과 같이 임의의 선을 위에 그려 폐구간 형태로 만든다.

요소 잘라내기 선택 → 안쪽을 트림하여 완전한 폐구간 도형을 만든다.

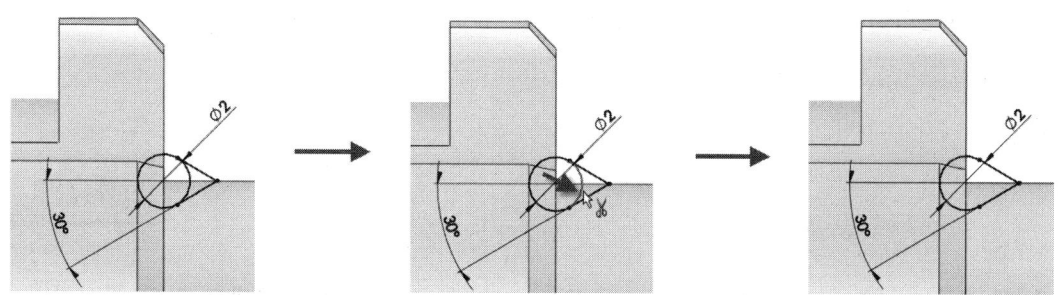

⑰ 중심선 선택 → 원점을 클릭하여 수평선을 아래 그림과 같이 스케치

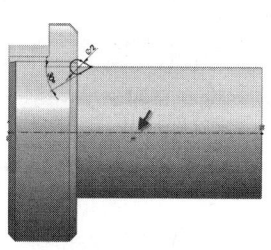

⑱ 등각보기 (Ctrl+7)를 선택 → 회전 컷 선택 → 블라인드 형태, 각도(360°) → 확인

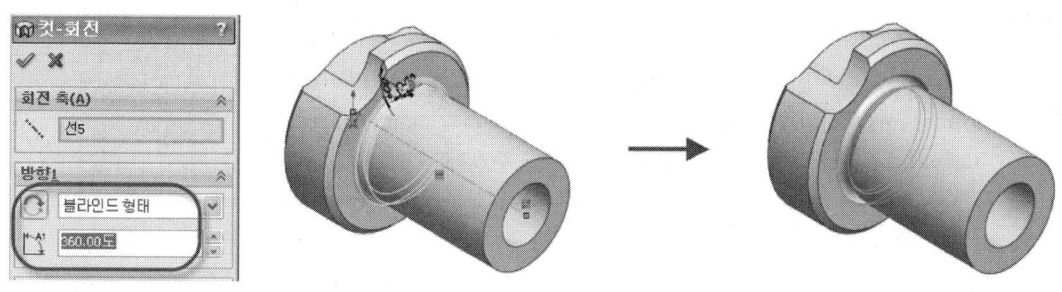

⑲ 모따기 → 거리(1.5mm), 각도(30°) → 오른쪽 바깥쪽 모서리 1개소 선택 → 확인

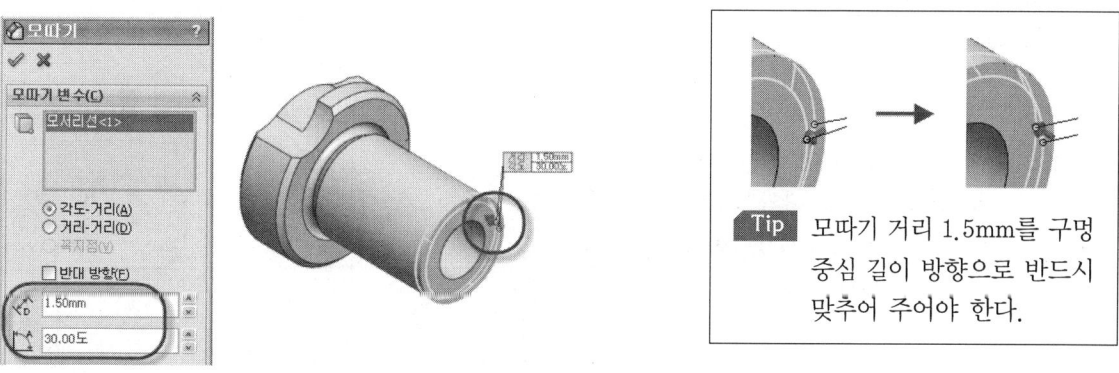

Tip 모따기 거리 1.5mm를 구멍 중심 길이 방향으로 반드시 맞추어 주어야 한다.

⑳ 필렛 → 반경(2mm) → 작업 ⑲ 모따기 위 모서리 1개와 안지름 왼쪽 모서리 1개를 선택 → 확인

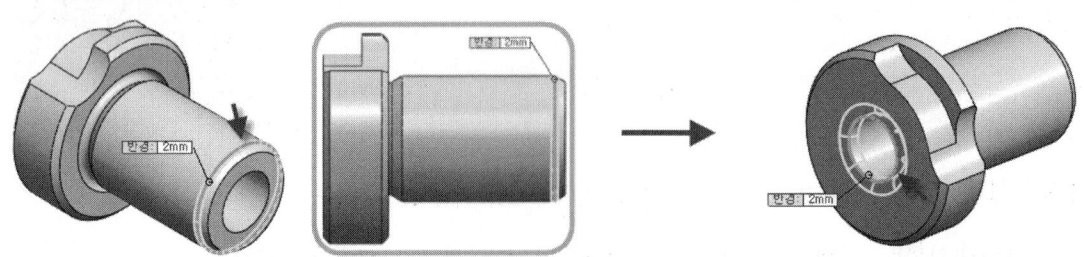

㉑ SolidWorks 화면 오른쪽 상단에 있는 '작업창'의 '표현, 화면 및 데칼 ' 를 선택

㉒ '표현(color) / legacy / metals / miscellaneous' 경로 안으로 차례대로 찾아 들어간다.

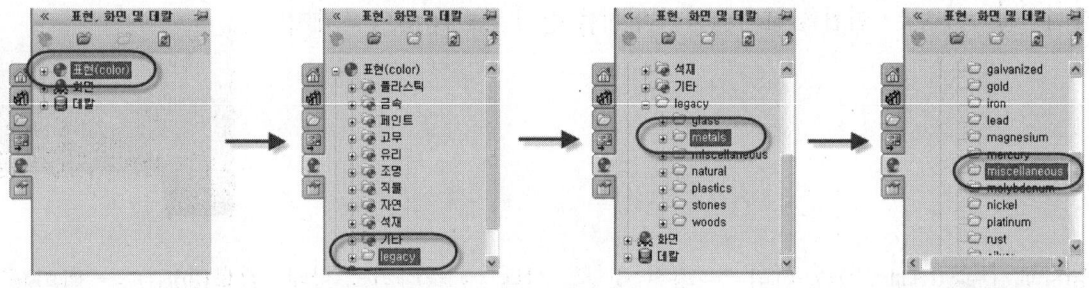

Tip 만약 legacy폴더가 없으면 '표현(색상)'을 선택하고 '파일 위치 추가 ' 버튼을 클릭하여 다음 경로[로컬디스크(C :)/ProgramFiles/SolidWorksCorp/SolidWorks/data/graphics/materials/legacy/miscellaneous]로 들어가 확인을 하여 재질 목록을 추가해야 한다.

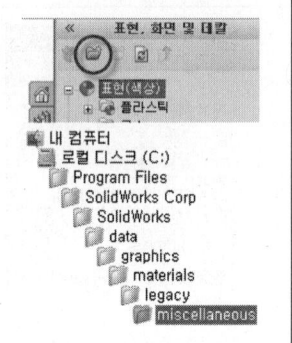

㉓ 작업 창 밑에 나타난 매핑 이미지 중 스크롤바를 내려서 'knurl small'를 찾는다.

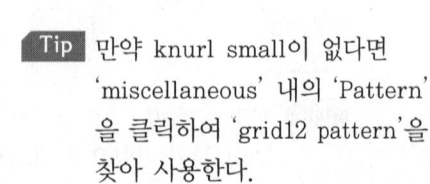

Tip 만약 knurl small이 없다면 'miscellaneous' 내의 'Pattern'을 클릭하여 'grid12 pattern'을 찾아 사용한다.

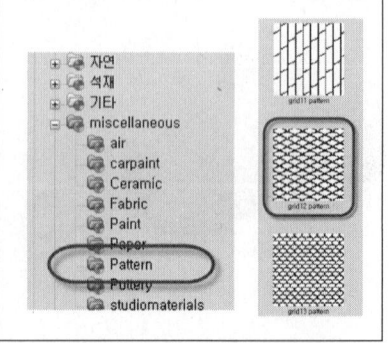
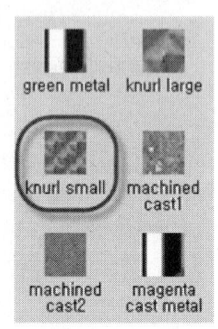

㉔ knurl small 또는 grid12 pattern 이미지를 마우스로 드래그하여 드릴부시 왼쪽 바깥지름(손잡이)에 떨어뜨린다. → 표시된 4가지 아이콘 중에서 면을 선택

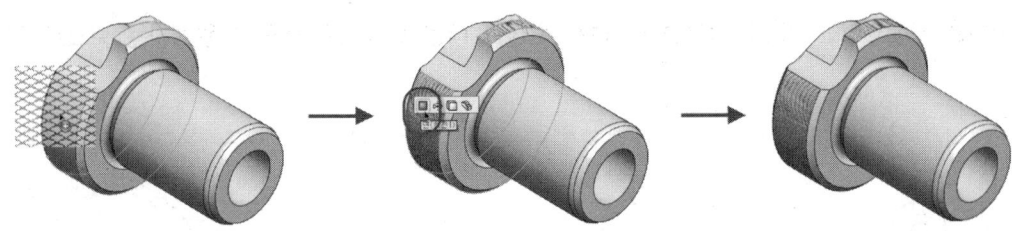

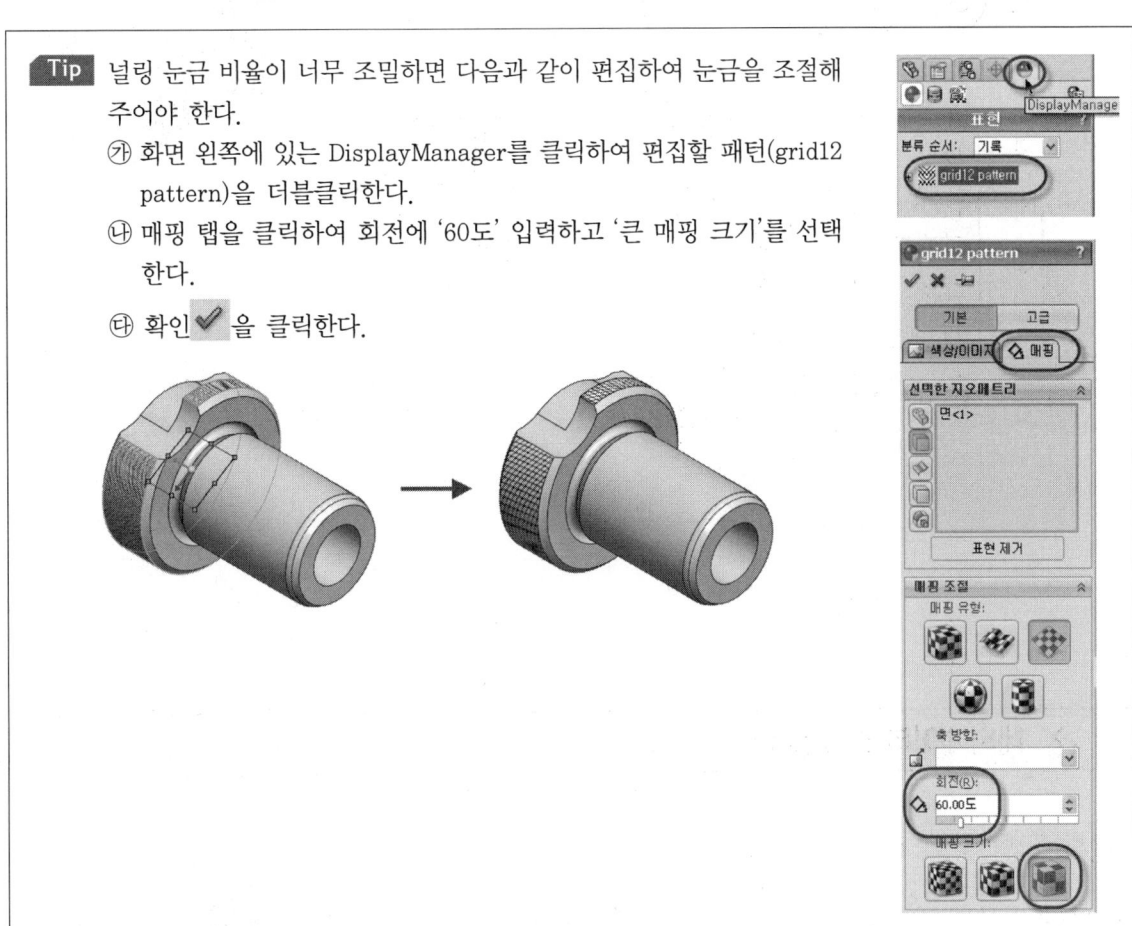

> **Tip** 널링 눈금 비율이 너무 조밀하면 다음과 같이 편집하여 눈금을 조절해 주어야 한다.
> ㉮ 화면 왼쪽에 있는 DisplayManager를 클릭하여 편집할 패턴(grid12 pattern)을 더블클릭한다.
> ㉯ 매핑 탭을 클릭하여 회전에 '60도' 입력하고 '큰 매핑 크기'를 선택한다.
> ㉰ 확인 ✔을 클릭한다.

㉕ 메뉴바의 '파일 / 저장'을 클릭하여 '드릴 지그'폴더에 '드릴부시'로 파일 이름을 명명하고 저장한다.

> **Tip** '저장' 단축키는 Ctrl+S이다.

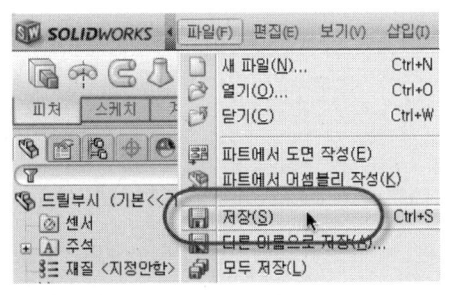

STEP 5 | 고정 라이너(FIXED LINER) 모델링하기

고정 라이너를 모델링하는 방법은 회전체를 먼저 완성한 다음 모따기와 필렛을 완성하는 순으로 작업한다.

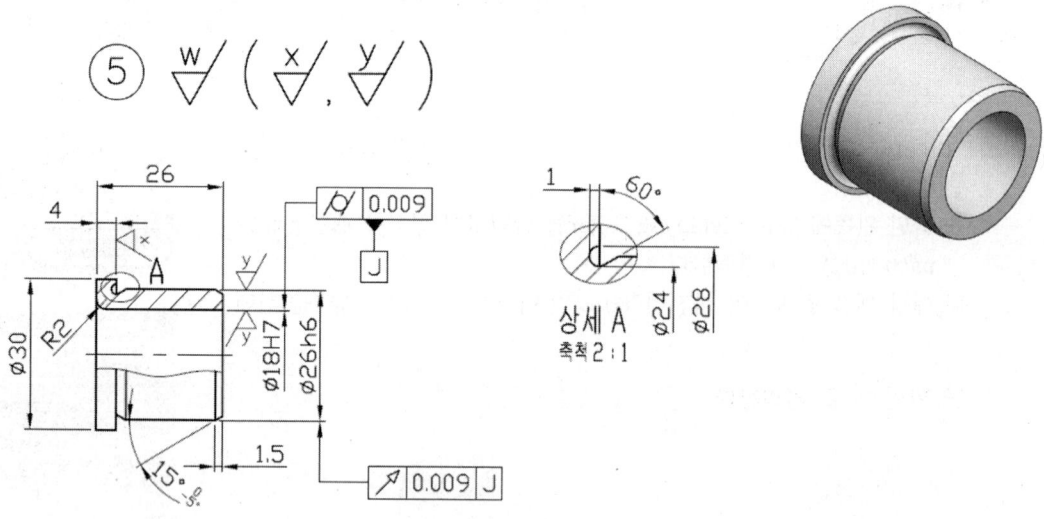

>> 네비게이터 navigator

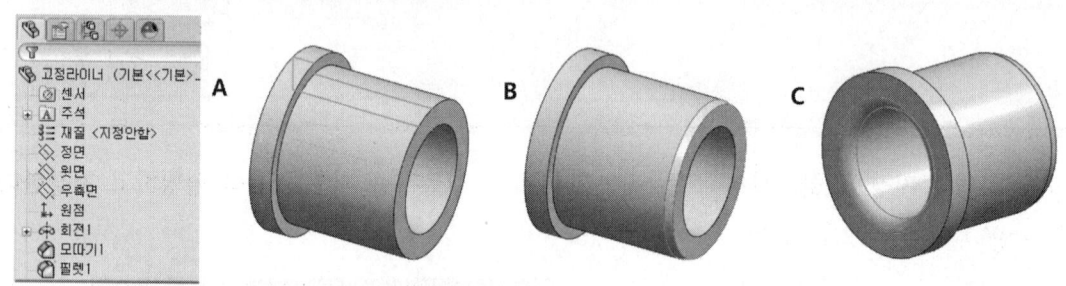

* 지금부터 고정 라이너를 네비게이터(Navigator) 나열 순서대로 모델링하는 방법을 배워보도록 하겠다.

① FeatureManager 디자인 트리 [정면] 선택 → 스케치 선택

중심선 선택 → 아래 그림과 같이 원점에 수평으로 스케치 → 지능형 치수로 선의 길이(26mm) 치수기입

선 선택 → 아래 그림과 같이 대략적으로 중심선에 맞추어 스케치

지능형 치수로 아래 그림과 같이 치수기입하여 가급적 완전정의시킨다.

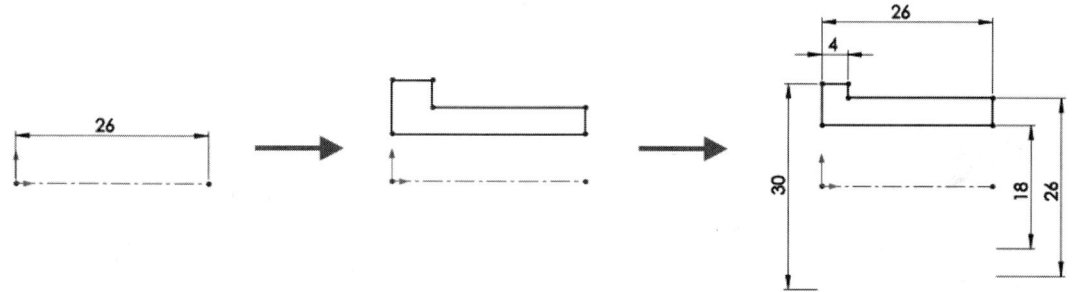

② 회전 보스/베이스 선택 → 블라인드 형태, 각도(360도) → 확인

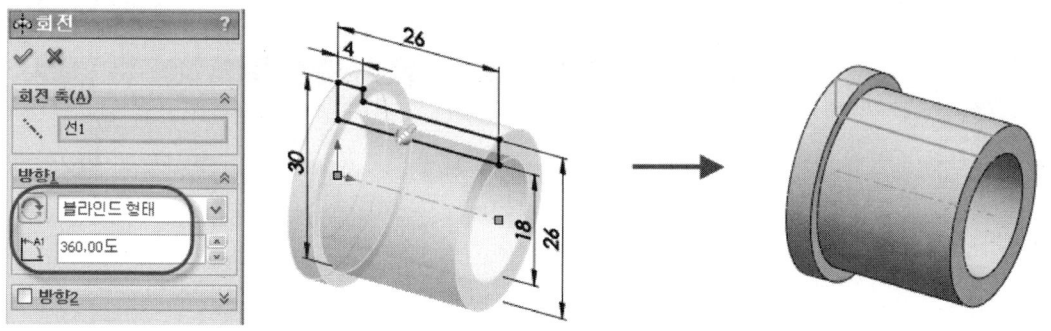

③ 모따기 → 거리(1.5mm), 각도(15°) → 오른쪽 바깥쪽 모서리 1개소 선택 → 확인

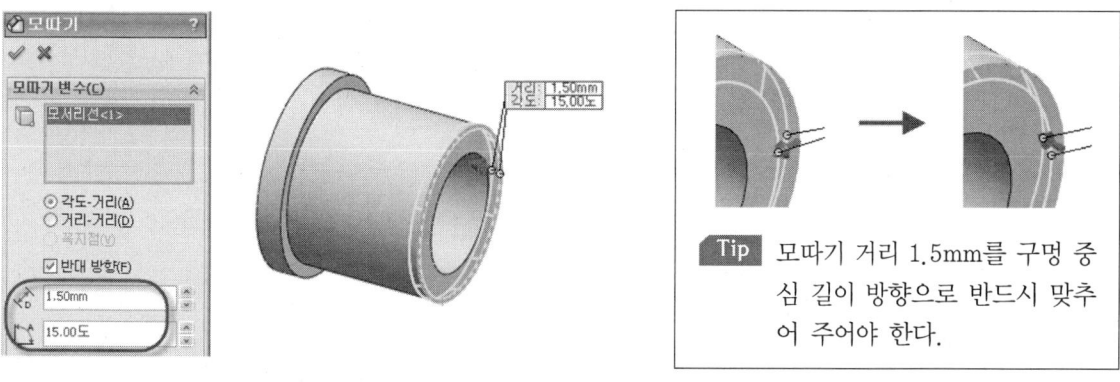

Tip 모따기 거리 1.5mm를 구멍 중심 길이 방향으로 반드시 맞추어 주어야 한다.

④ 필렛 → 반경(2mm) → 안지름 왼쪽 모서리 1개를 선택 → 확인

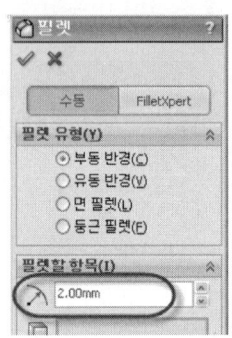
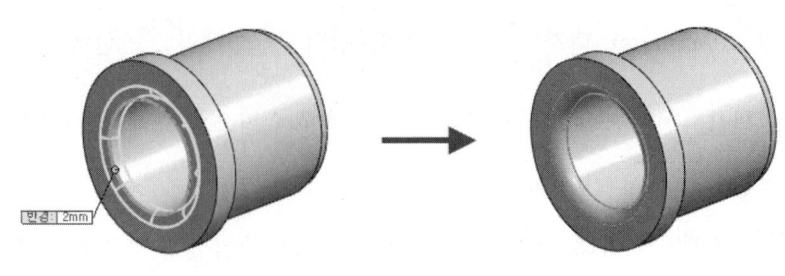

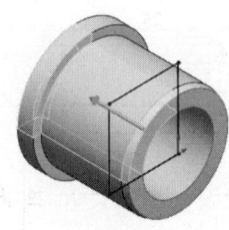

코너 사각형 □ 으로 스케치한 후 돌출 컷 으로 절단하여 단면도를 표시하여 3차원 등각도에 사용한다.

※ 기계기사 종목 수검시에는 3차원 등각도에 단면 표시를 하지 않는다.

⑤ 메뉴바의 '파일 / 저장'을 클릭하여 '드릴 지그'폴더에 '고정라이너'로 파일 이름을 명명하고 저장한다.

Tip '저장' 단축키는 Ctrl+S이다.

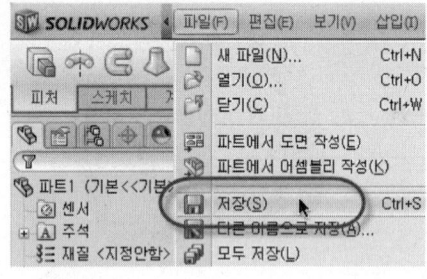
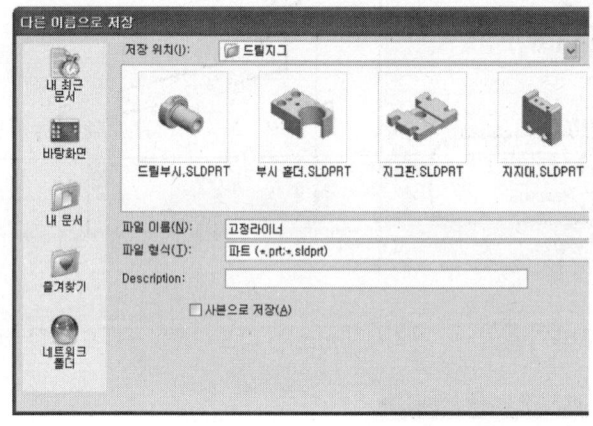

도면화 작업

SolidWorks에서 아래 그림과 같이 3차원 모델링 제품을 도면화하는 작업을 배워보도록 하겠다.

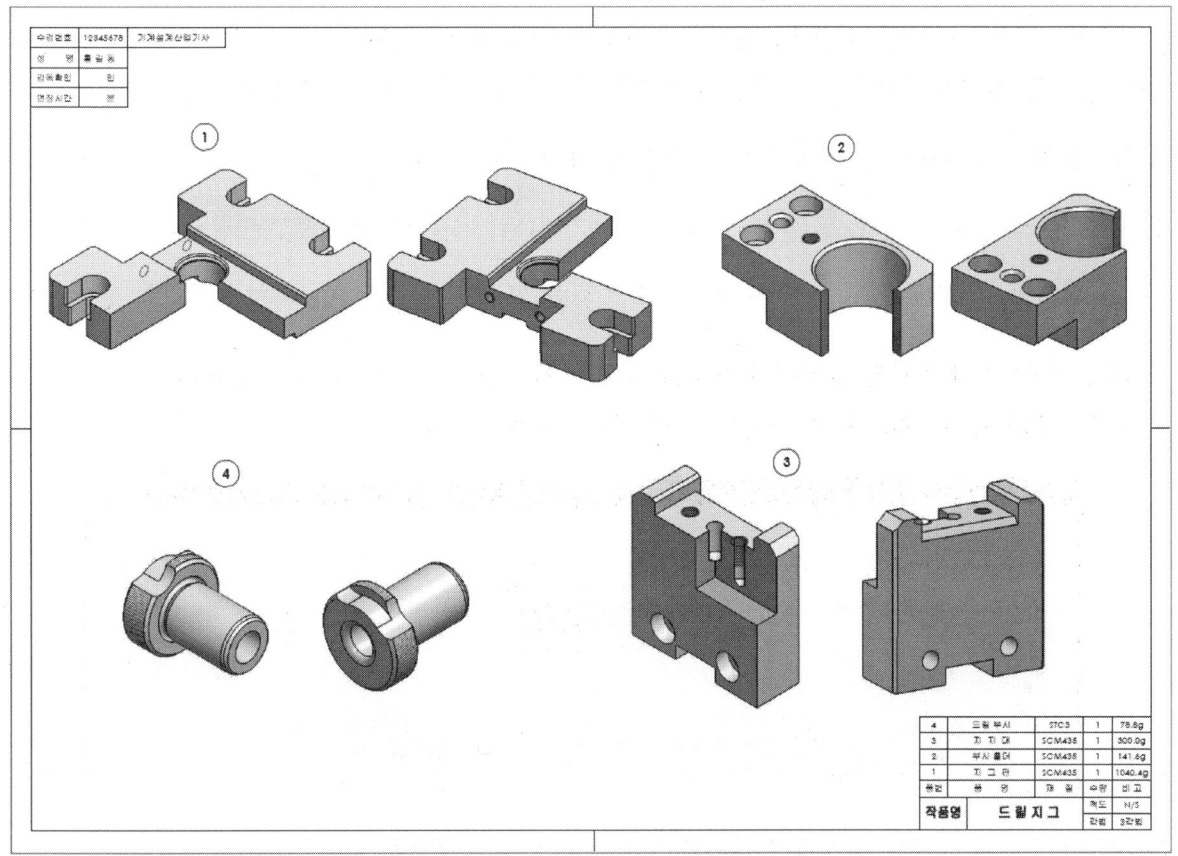

솔리드 모델링 후 형상이 잘 나타나도록 1개의 부품에 2곳의 방향에서 바라다본 등각투상도로 나타내야 한다.

축 종류를 뺀 나머지 부품들은 한쪽 단면(1/4단면)으로 나타내야 하며 렌더링(음영) 처리를 안할 경우에는 단면에 해칭 처리를 해주어야 한다.

도면의 크기는 A2로 출력은 A3로 하며 부품들의 척도는 NS(none scale)로 실물의 형상과 배치를 고려하여 적당한 크기로 정하면 된다.

※ 기계기사 종목 수검시에는 3차원 등각도에 단면 표시를 하지 않으며 각 부품들의 중량도 구할 필요가 없다.

STEP 1   부품 중량을 계산하여 표기하기

SolidWorks에서 윤곽선과 표제란 등을 만드는 작업은 '동력전달장치'에서 선수 학습을 하였기 때문에 그 부분을 참조하길 바라며 여기서는 부품들의 중량을 구해서 부품란에 표기하는 방법만 다시 배워보도록 하겠다. 단, 기계기사 시험 종목을 응시하는 수검자는 이 부분을 건너뛰고 다음 부분을 학습해도 된다.

중량(=물성치)을 알아내기 위해 먼저 '지그판'을 불러온다.

① 표준 도구모음에서 **열기**를 클릭한다. [단축키 : Ctrl+O]

    불러올 모델이 이미 SolidWorks상에 열려 있을 경우에는 Ctrl+Tab을 눌러 전환할 수가 있다.

② **열기** 대화상자에서 **파일 형식**에서 'SolidWorks 파일(*.sldprt; *.sldasm; *.slddrw)'을 선택한 후 나열된 모델링 중 '**지그판**'을 클릭하고 '**열기**'를 클릭한다.

③ 지그판이 단면 처리된 상태라면 단면된 상태를 잠시 보류시킨다.

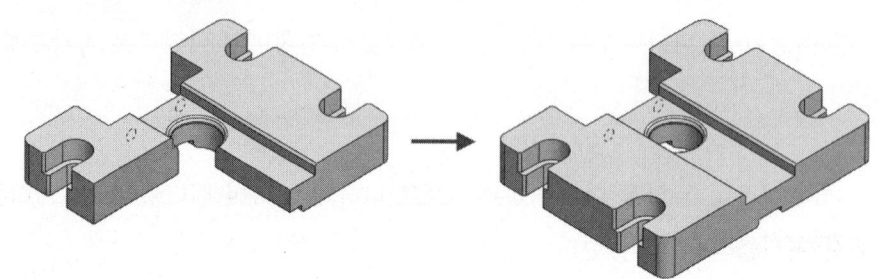

중요 절대 단면 처리한 상태에서 중량을 계산하지 않도록 주의를 해야 한다.

Tip   FeatureManager 디자인 트리에서 2가지 방법을 사용하여 단면을 잠시 해제시킬 수가 있다.

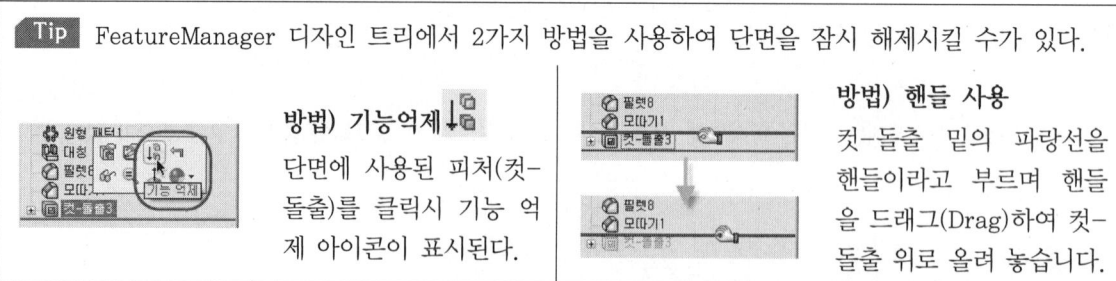

방법) 기능억제

단면에 사용된 피처(컷-돌출)를 클릭시 기능 억제 아이콘이 표시된다.

방법) 핸들 사용

컷-돌출 밑의 파랑선을 핸들이라고 부르며 핸들을 드래그(Drag)하여 컷-돌출 위로 올려 놓습니다.

④ 물성치 아이콘을 선택하거나 메뉴바의 [도구-물성치]를 선택한다. 물성치 대화창에서 '**옵션**'을 선택
    → '물성치/단면 속성 옵션'창에서 단위, 재질 속성, 정확도를 변경

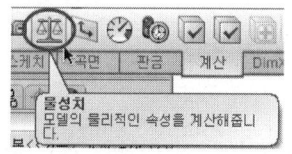

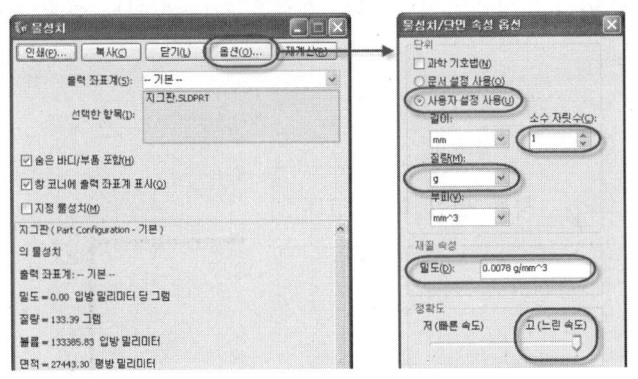

단위 : 사용자 설정 사용
　　　소수 자릿수−1
　　　질량−g
재질 속성 : 밀도−0.0078g/mm³
정확도 : 바(bar)를 오른쪽 끝으로
　　　　옮겨 '고(느린 속도)'를 사용

시험시 비중이 주어지며 비중이 **7.8**로 주어졌을 때를 가정하에 중량을 계산하였다.

Tip 비중이 7.8로 주어졌다면 밀도는 7.8g/cm³이지만 '재질 속성'이란 단위가 g/mm³기 때문에 밀도값을 **비중/1000**으로 계산해서 0.0078로 입력해야 한다.

'물성치/단면 속성 옵션' 창을 위와 같이 변경 후 확인을 누르면 '물성치' 창에서 질량(중량)을 다음과 같이 확인할 수가 있다.

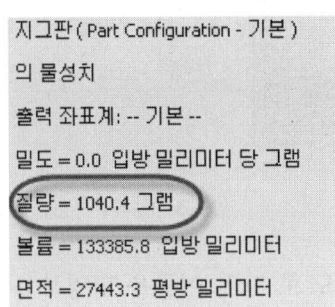

'지그판'의 중량이 1040.4g으로 계산되었다.

계산된 값을 **비고란**에 단위와 함께 노트**A**로 입력한다.

⑤ 다른 부품들(부시홀더, 지지대, 드릴부시, 고정라이너)도 작업 ①~④ 방법으로 중량을 구해 **비고란**에 입력한 후 입력된 글씨와 주위의 테두리선을 선택하고 **선 사이에 맞춤** ⊙⊙으로 정렬하여 준다.

Tip **선 사이에 맞춤** ⊙⊙ 아이콘은 기본 **맞춤** 툴바에는 해당 아이콘이 없기 때문에 [도구−사용자 정의−명령]의 **카테고리**의 '정렬'을 선택하여 ⊙⊙ 아이콘을 불어와야 사용이 가능하며 불러오는 방법은 선수 학습한 동력전달장치 부분을 참조하기 바란다.

Tip 마우스를 오른쪽에서부터 왼쪽으로 대각선 방향으로 클릭을 하거나 드래그(Drag)하여 범위를 지정하면 한꺼번에 글씨와 주위의 테두리선을 선택할 수가 있어서 정렬이 수월해진다.

Tip 일반적으로 자격증 수검시 3~4개의 부품만 도시하므로 현재 부품란에 4개의 부품만 표시하였으며 빠진 **고정라이너**의 중량은 **61.0g**이다.

⑥ 시트지에서 마우스 오른쪽 버튼을 눌러 **시트 편집**을 클릭하거나 화면 오른쪽 상단에 있는 확인 코너의 아이콘을 클릭하여 시트 편집을 완료한다.

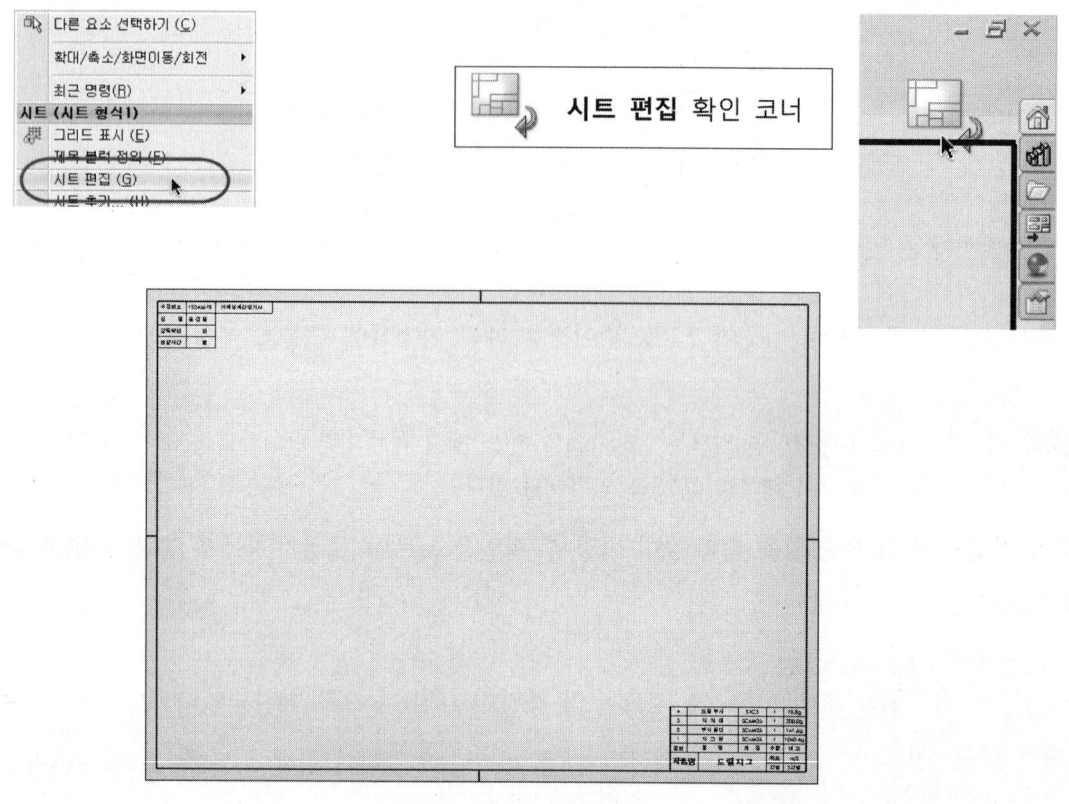

시트(sheet)가 완료된 상태

⑦ 메뉴바의 '파일 / 저장'을 클릭하여 '드릴지그'폴더에 '3차원 등각도'로 파일 이름을 명명하고 저장한다.

STEP 2 | 시트지에 등각투상도 배치하기

산업기사 시험(기사, 기능사는 제외)에서는 축을 뺀 나머지 부품들은 단면을 해서 등각투상도를 배치해야 하기 때문에 파트에서 꼭 돌출 컷 으로 단면을 한 후에 시트지에 등각투상도로 배치해야 한다.

여기서는 간단하게 시트지에서 등각 투상도 방향을 설정하는 방법만을 다루고자 하며 SolidWork 2010 버전 이상부터 사용이 가능한 작업임으로 2010이하 버전을 사용하는 수검자라면 앞에 선수 학습한 '동력전달장치'의 등각 투상도 배치하는 방법을 참고해야 한다.

① **열기** 를 클릭한다. [단축키 : Ctrl+O]
② 도면 시트(sheet)인 **3차원 등각도**를 불러온다.

불러올 시트가 이미 SolidWorks상에 열려 있을 경우에는 Ctrl+Tab을 눌러 전환할 수가 있다.

③ 뷰 레이아웃 탭에서 **모델 뷰** 를 선택한다.

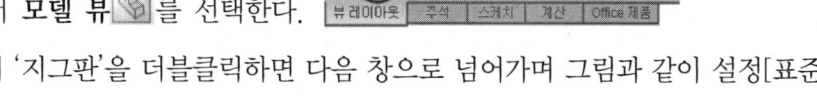

문서 열기 항목에서 '지그판'을 더블클릭하면 다음 창으로 넘어가며 그림과 같이 설정[표준 보기 : 등각 보기, 표시 유형 : 모서리 표시 음영, 배율 : 1.4 : 1]한 후 시트지 상단 왼쪽 적당한 위치에 클릭하여 지그판 등각도를 배치 → 확인

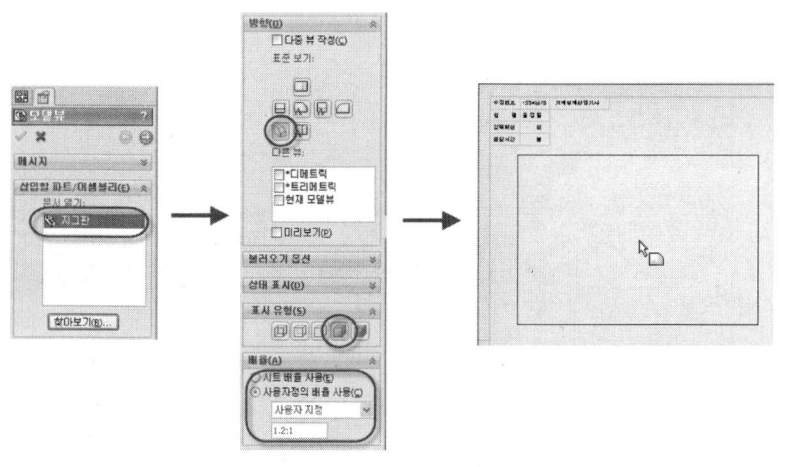

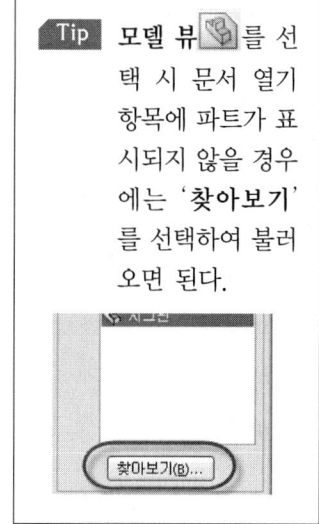

> Tip 모델 뷰 를 선택 시 문서 열기 항목에 파트가 표시되지 않을 경우에는 '**찾아보기**'를 선택하여 불러오면 된다.

배율 항목에서 '사용자정의 배율 사용'을 체크하고 '**사용자 지정**'으로 하여 적당한 배율을 입력한다.
여기서는 (**1.2 : 1**)로 지정하도록 하겠다.

※ 방금 학습한 방법으로 나머지 파트들도 시트지 안에 배치한다.

④ 시트지에 배치한 지그판을 선택하고 키보드의 Ctrl+C(복사하기)를 누른 다음 곧장 Ctrl+V(붙여넣기)를 누른다. 그림과 같이 바로 밑에 똑같은 지그판 한 개가 복사된다.

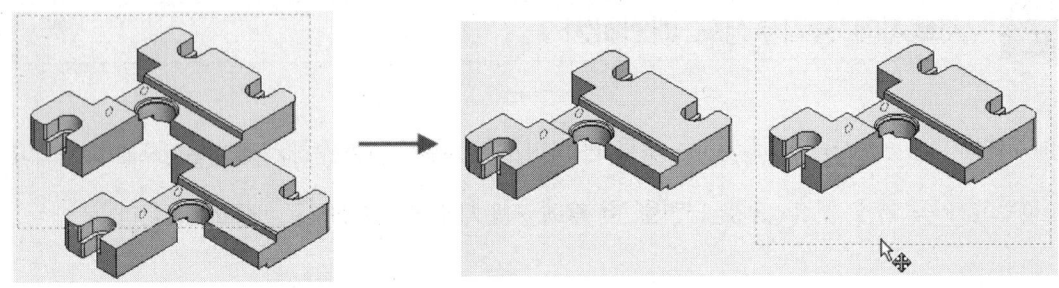

복사된 본체의 점선 테두리에 마우스를 갖다놓으면 포인터 모양이 변경이 되며, 이때 드래그(Drag)하여 적당히 원본 오른쪽에 배치하여 준다.

⑤ SolidWorks그래픽 영역 상단 중앙에 있는 **빠른 보기 도구**의 **3D 도면 뷰**를 클릭한다.

⑥ 오른쪽 복사본을 선택하면 선택된 물체에서만 시트지 안에서도 3차원적으로 **회전** 시킬 수가 있으며 아래 그림과 같은 방향으로 회전시켜 주어야 한다.

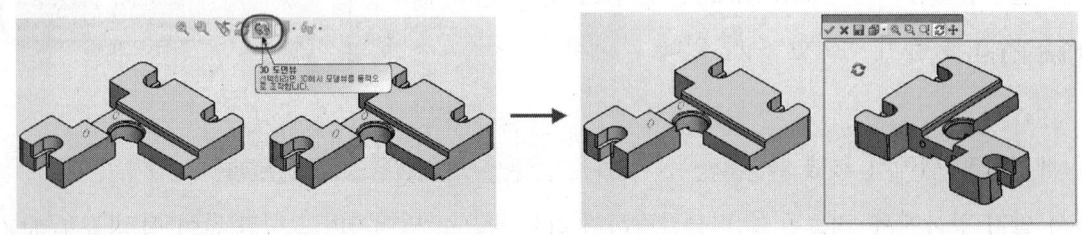

⑦ (확인)을 클릭한다.

※ 방금 학습한 방법으로 나머지 파트들도 회전시켜 주어야 하며 회전 방향은 아래 그림을 참고하기 바란다.

- 나머지 파트의 배율은 1.8 : 1로 적용하여 배치하였다.
- 나사가 있는 부품들을 배치 시에는 가급적 Property Manager창의 나사산 표시 항목의 **고품질**을 체크하길 바란다.

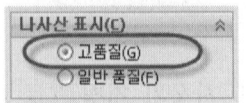

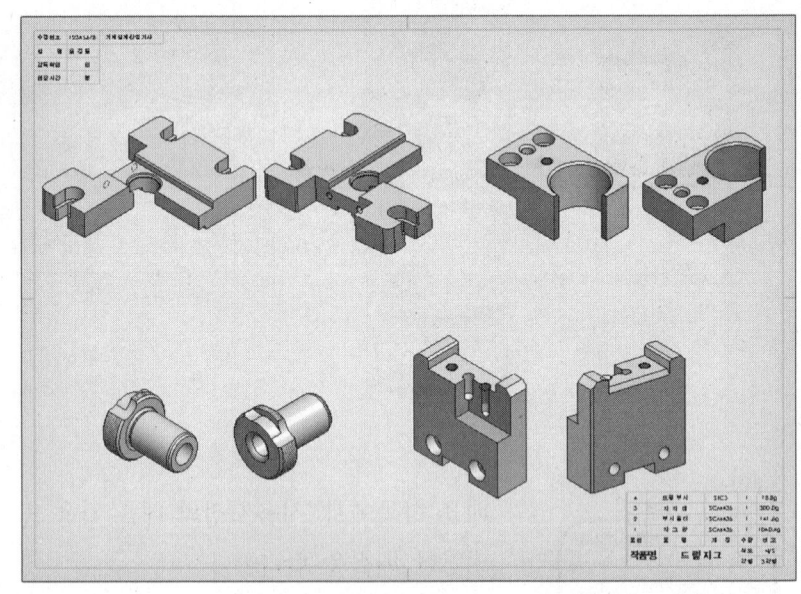

3차원 등각도에서 부품들의 척도는 NS(none scale)로 실물의 형상과 배치를 고려하여 적당한 크기로 정하면 된다.

⑧ '동력전달장치'에서 선수 학습한 내용을 참고하여 각각의 부품마다 품번을 아래 그림과 같이 기재해야 한다.

부품번호 선택

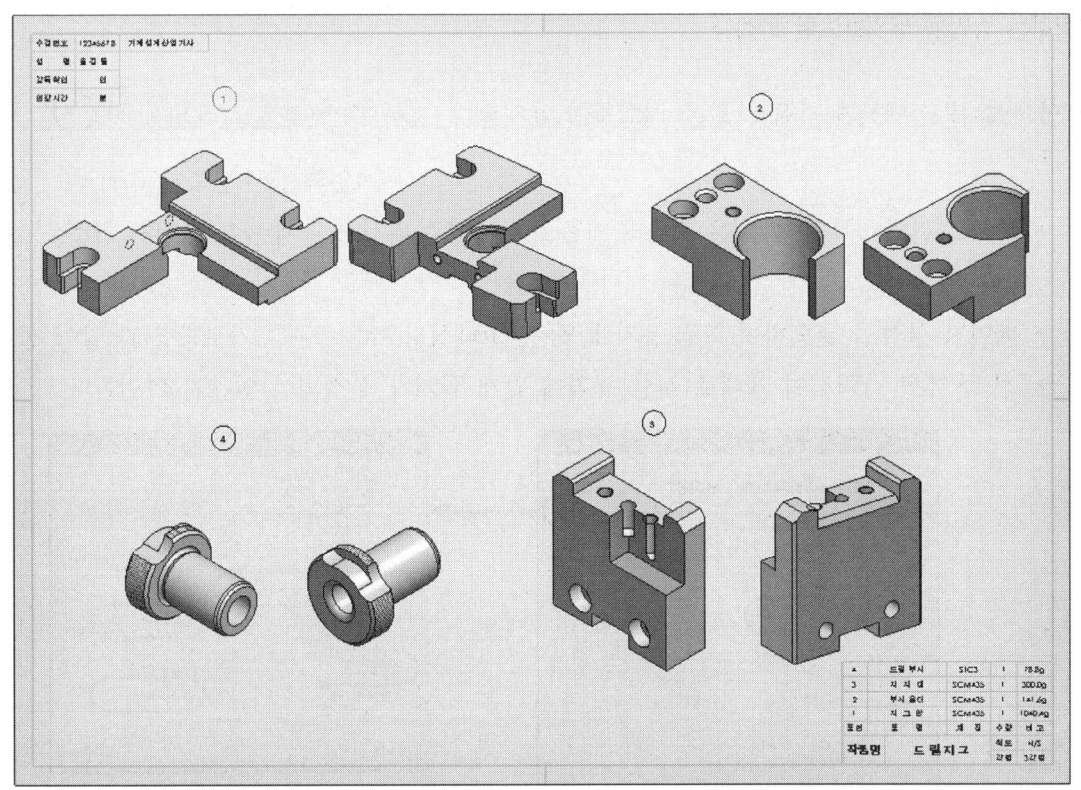

🔹 학습 내용을 참고하여 표준 도구모음에서 **옵션**의 부품 번호 작업환경을 먼저 설정한 후 주석 도구 모음의 **부품 번호**로 추가한다.

🔹 각 부품들의 품번은 지그판 ①, 부시홀더 ②, 지지대 ③, 드릴부시 ④이다.

STEP 3   도면 출력

SolidWorks에서 그린 3차원 도면을 AutoCAD로 불러와 출력을 하면 렌더링(음영)된 상태가 아닌 형태로 프린터가 되기 때문에 가급적 3차원 모델링 도면은 SolidWorks에서 출력하는 것을 권장한다. SolidWorks에서 출력하는 방법을 배워보도록 하겠다.

① **인쇄**를 선택하면 다음과 같은 대화창이 표시된다.

▶ **인쇄** : 단축키 Ctrl+P

→ '문서 프린터'항목의 '이름'은 프린터 기종으로 자격증 검정 장소에 맞는 프린터 기종을 선택해야 한다.
→ '페이지 설정'을 클릭하여 그림(용지에 맞춤, 고해상도, A3, 흑백, 가로방향)과 같이 설정한다.
→ '선 두께'를 클릭하여 제대로 시험 규격에 맞게 굵기가 설정되어 있는지 확인한다.

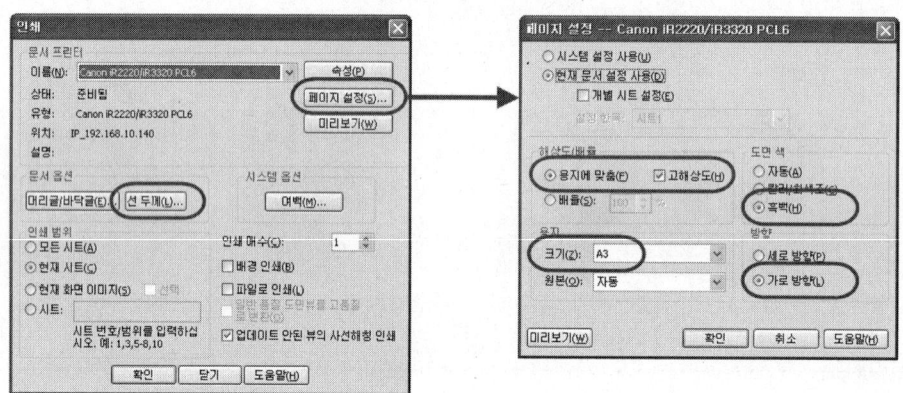

선 두께는 다음과 같이 설정되어 있어야 한다.

② 인쇄 전에 '미리보기'를 클릭하여 출력 상태를 점검한다.

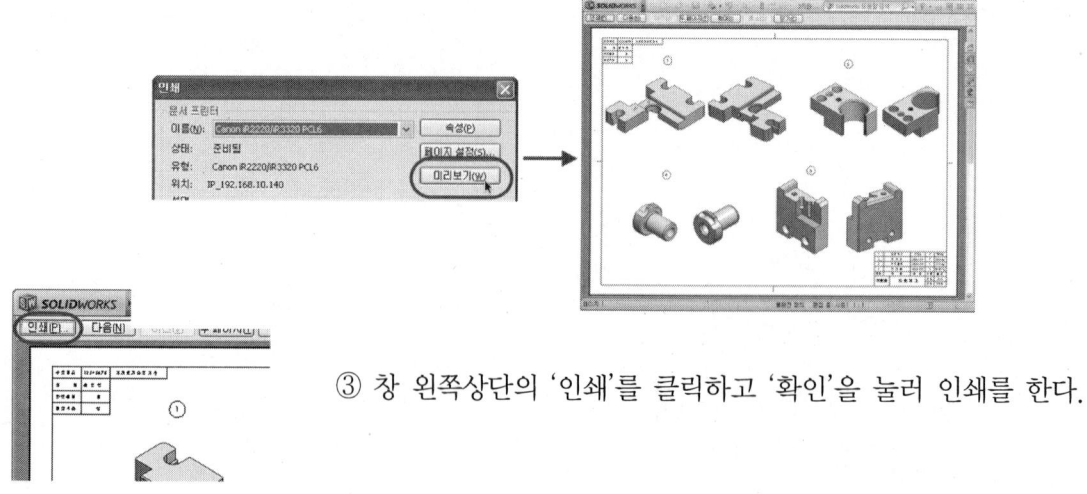

③ 창 왼쪽상단의 '인쇄'를 클릭하고 '확인'을 눌러 인쇄를 한다.

자격증 시험시 인쇄물과 파일도 제출해야 한다. 단, SolidWorks의 자체 파일로 저장해서 파일을 제출할 경우 다른 소프트웨어와 파일교환이 안돼 감점 요인이 된다. 그렇다고 AutoCAD파일인 dwg나 dxf로 저장해서 제출해도 안된다. 왜냐하면 AutoCAD파일로 저장시 음영처리(렌더링)가 없어지기 때문에 그것도 감점 요인이 된다. 해결 방법은 **PDF파일**로 저장하면 모든 문제가 해결된다.

> **Tip** 수검장에서 USB를 나눠주며 파일이름은 절대 아무 이름을 쓰면 안된다. 꼭 비번호가 들어가며 감독원이 지시하는 방법대로 저장해야만 한다.

④ **다른 이름으로 저장** 을 선택한다.
메뉴바 [파일-다른 이름으로 저장]

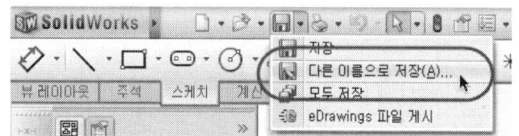

⑤ 다른 이름으로 저장 창에서 '저장 위치'를 인식된 USB드라이브를 지정해 주고 '파일이름'은 감독원이 지정해준 이름으로 입력하고 '파일 형식'을 <u>Adobe Portable Document Format (*.pdf)</u>으로 변경 후 저장한다.

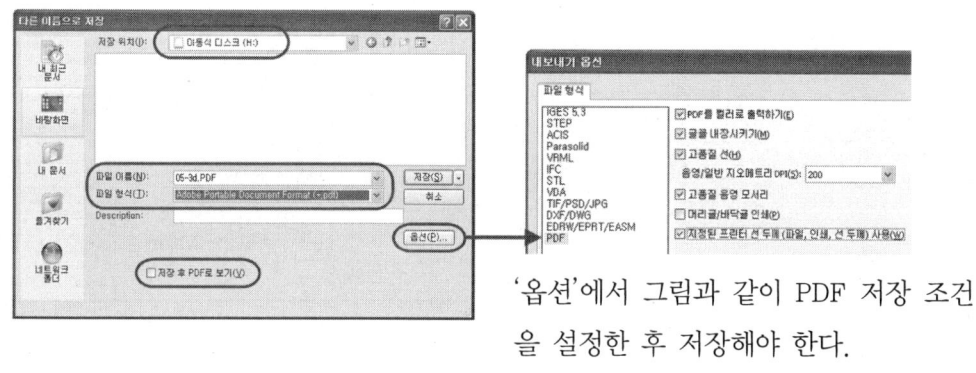

'옵션'에서 그림과 같이 PDF 저장 조건을 설정한 후 저장해야 한다.

파일형식: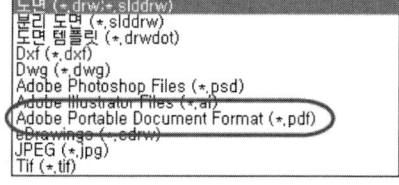

> **Tip** 저장 전 ☑저장 후 PDF로 보기(V) 를 체크하고 저장하면 저장된 화면 결과를 확인할 수가 있다.
> 단, Adobe Acrobat 소프트웨어가 컴퓨터상에 설치되어 있어야 한다.

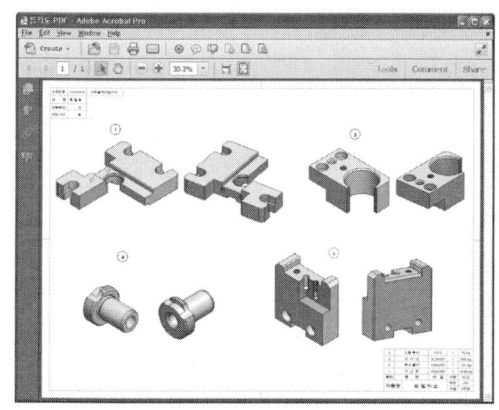

◀ Adobe Acrobat 소프트웨어에서 저장된 결과물의 최종상태를 확인한다.

AutoCAD에서의 도면화 작업

SolidWorks에서 모델링한 제품을 AutoCAD로 보내 최종적으로 2차원 도면화하는 작업을 배워보도록 하겠다.

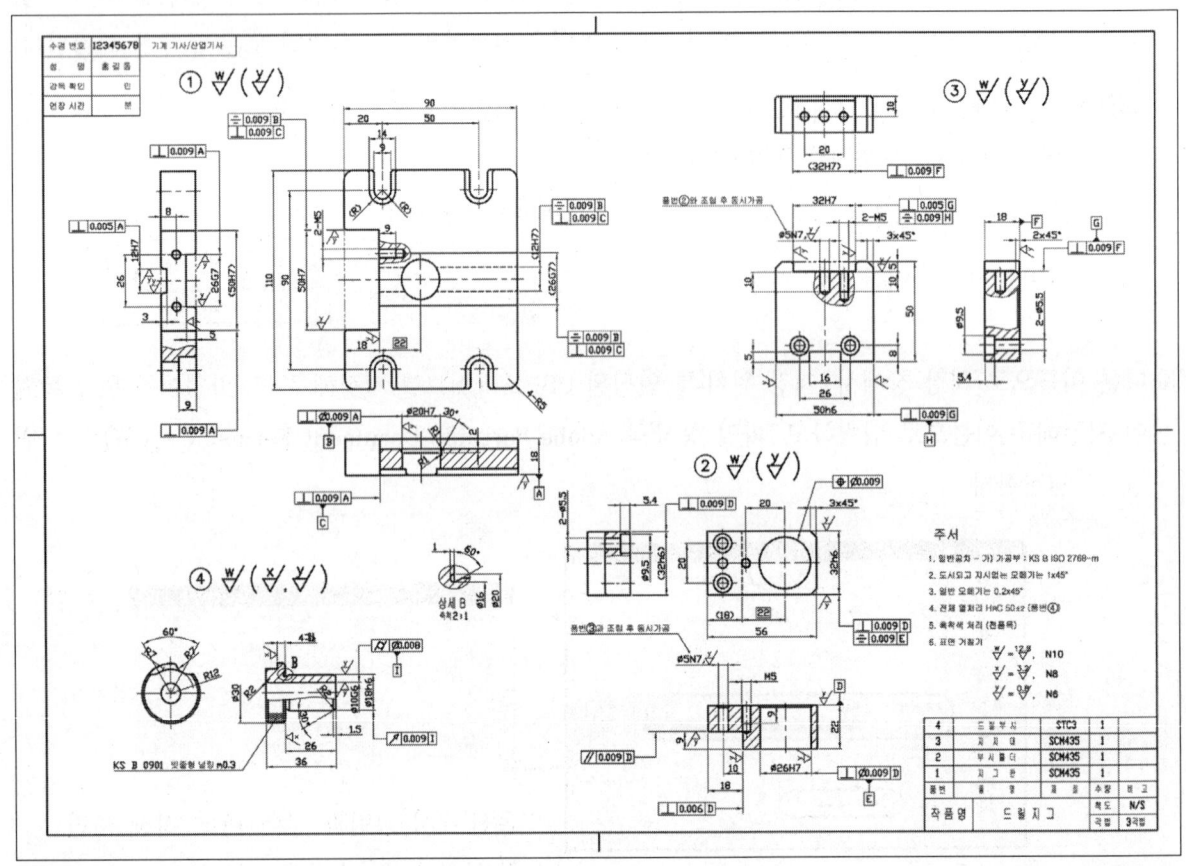

제3각법에 의해 A2크기 영역 내에 1:1로 제도해야 하며 부품의 기능과 동작을 정확히 이해하여 투상도, 치수, 치수공차와 끼워맞춤 공차, 표면거칠기 기호, 기하공차 기호 등 부품제작에 필요한 모든 사항을 기입하여 A3용지에 출력해야 한다.

STEP 1 | SolidWorks에서 AutoCAD로 보내기 위한 준비 단계

SolidWorks에서 작업한 모델링 부품을 AutoCAD로 보내기 위해서는 투상법과 단면도법을 정확히 이해한 상태에서 SolidWorks에서 각각의 부품투상도 배치와 단면을 최대한 마무리한 상태로 AutoCAD로 내보내 최종적으로 작업하는 것이 좋다.

① **새 문서**를 열어 **템플릿** 탭에서 **도면**을 선택하고 **시트 형식/크기** 대화상자에서 시트 크기를 A2로 입력한 후 **확인** 버튼을 누른다.

새 문서 : 단축키 Ctrl+N

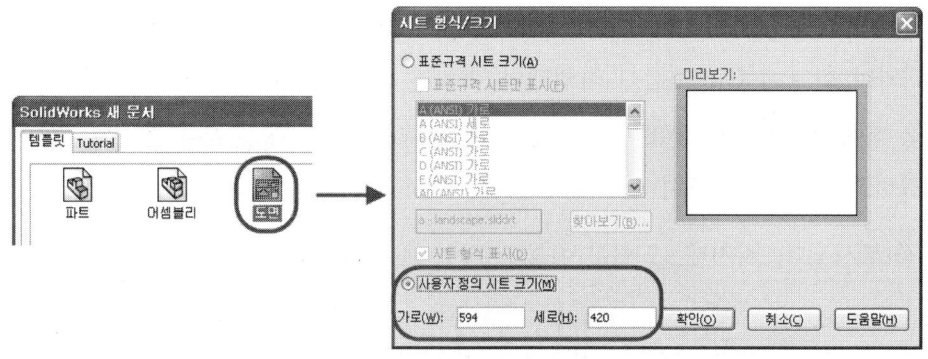

> **Tip** 도면 용지의 크기 A2는 가로가 594mm, 세로가 420mm이다.

② PropertyManager창의 **시트1**이나 오른쪽 화면작업 시트지에서 마우스 오른쪽 버튼을 눌러 **속성**을 클릭한다.

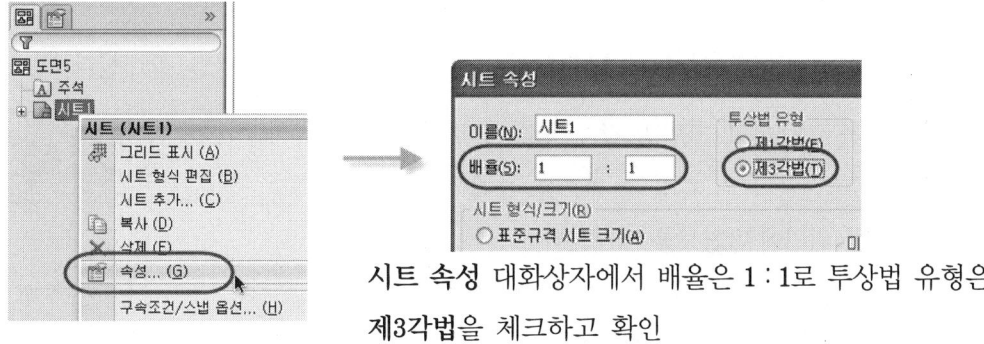

시트 속성 대화상자에서 배율은 1 : 1로 투상법 유형은 **제3각법**을 체크하고 확인

③ 뷰 레이아웃 탭에서 **모델 뷰**를 선택한다.

문서 열기 항목에서 '지그판'을 더블 클릭한다.

> **Tip** 모델 뷰를 선택시 문서 열기 항목에 파트가 표시되지 않을 경우에는 '찾아보기'를 선택하여 불러오면 된다.

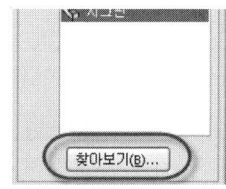

▶ 클릭하면 다음창으로 넘어가며 그림과 같이 설정[표준 보기 : 윗면, 표시 유형 : 은선 제거, 배율 : 1 : 1]한 후 시트지 상단 왼쪽 적당한 위치에 클릭하여 평면도를 배치하고 마우스를 왼쪽으로 끌어 좌측면도를 배치한다.

→ 확인

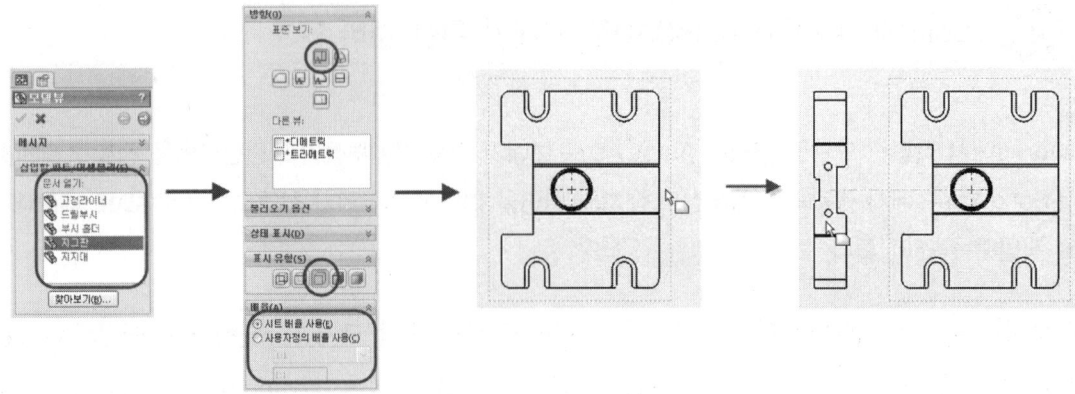

 중요 등각투상도 때문에 한쪽단면도가 되어 있다면 해당 부품 파트를 열어 **기능 억제**를 한 후 불러와야 한다. [중량 계산시 작업했던 내용을 참조바란다.]

 중요 배율 항목에서 1 : 1로 설정이 안된 경우에는 '사용자정의 배율 사용'을 체크하고 '1 : 1'로 반드시 선택해야 한다.

④ 다른 부품(부시홀더, 지지대, 드릴부시)들도 작업 ③과 같이 아래 그림과 같이 배치하여 준다.

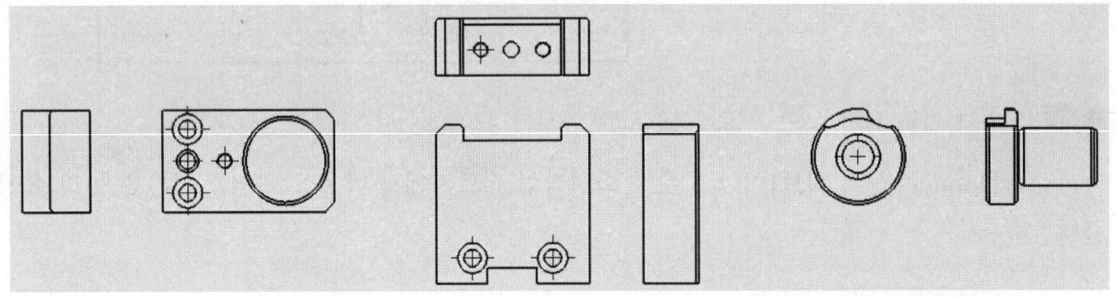

⑤ **지그판**을 2차원 도면법에 맞게 단면처리하기 위해 지그판 부분만을 확대한다.

단면도를 선택하고 그림과 같이 정확히 절반으로 수평 절단선을 그린 다음 마우스를 아래쪽으로 옮겨 적당한 위치에 단면도를 배치한다.

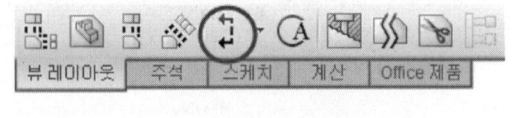

Tip 단면도 절단선을 스케치시 나타나는 PropertyManager창 항목에서 '반대 방향'을 체크하여 투상 방향을 맞추어 주어야 한다.

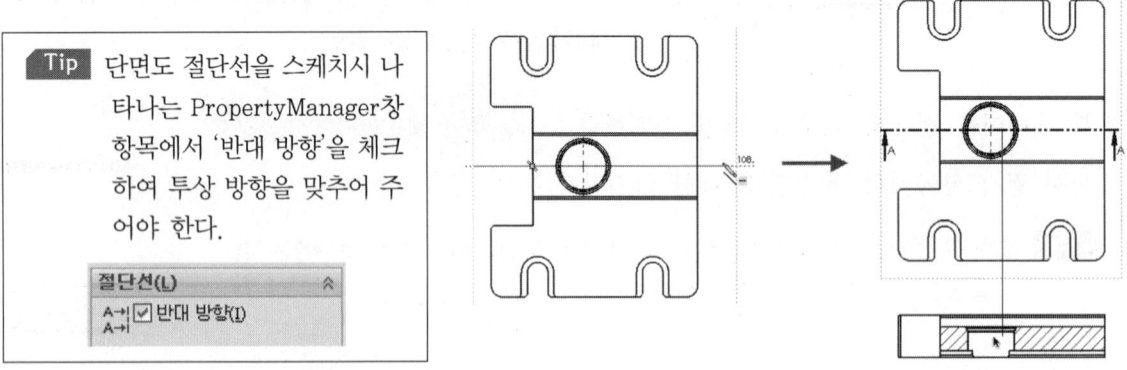

 지그판을 가공하는 공작기계가 수직 밀링이기 때문에 윗면에 배치한 투상이 정면도(주투상도)가 되므로 정면도를 기준으로 해서 좌측면도와 단면도(저면도)를 배치하였다.

⑥ 정면도와 단면도에서 마우스 오른쪽 클릭 후 '접선'의 '접선 숨기기'를 선택한다. 지그판 정면도와 단면도의 필요없는 모서리 부분의 접선을 숨겨주어야 한다.

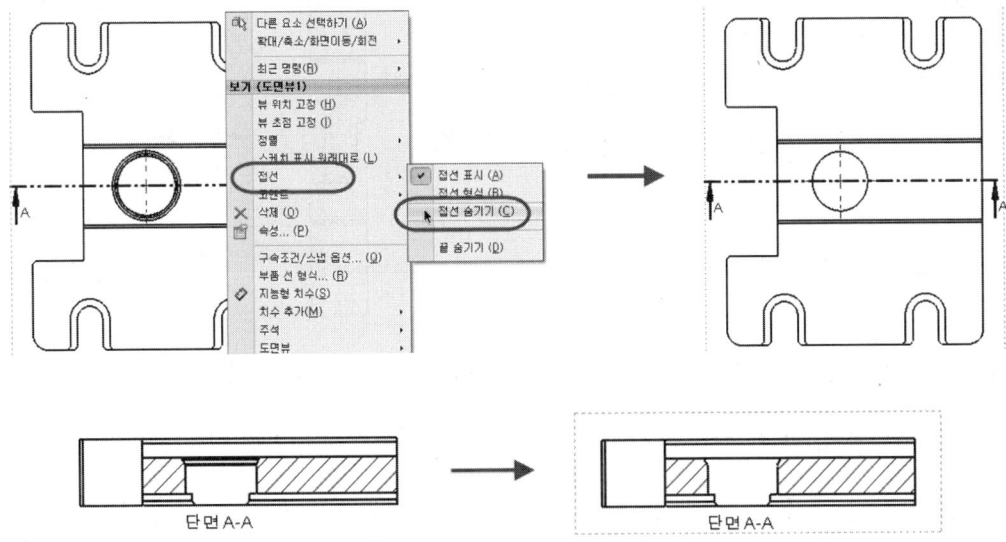

⑦ 정면도를 선택시 나타나는 화면 왼쪽 PropertyManager창의 '표시 유형'항목에서 '은선 표시 ▢'를 체크한다.

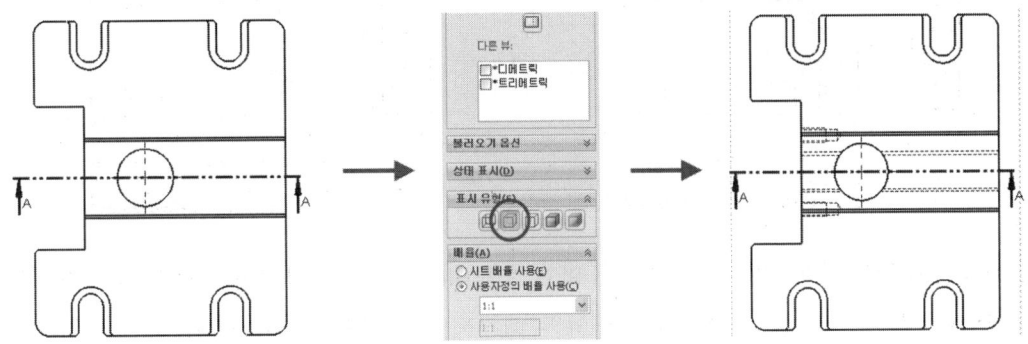

Tip 정면도에 은선 표시 ▢ 체크시 정면도에 종속이 되어 있는 측면도와 단면도에도 은선이 자동으로 표시 된다.

⑧ 지그판 정면도 왼쪽 윗부분에 있는 탭 구멍에 부분 단면도를 표시한다.

부분 단면도 를 선택

→ 포인터 일 때 폐구간으로 자를 영역을 그림 → 깊이를 선택 → PropertyManager창 미리보기 체크해서 결과 확인

→ 확인 ✓

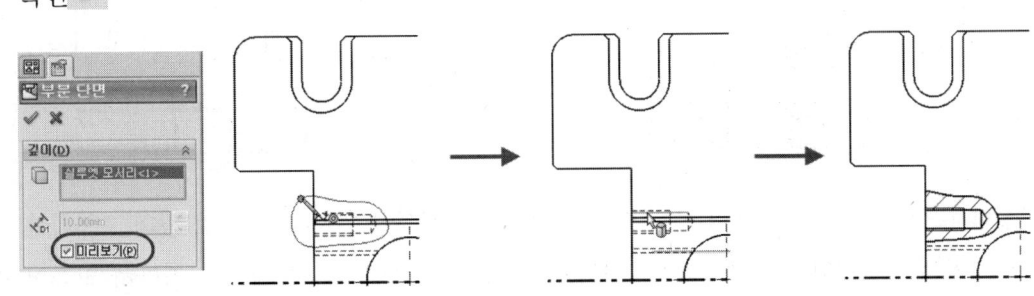

⑨ 작업 ⑧과 같이 좌측면도에도 아래 그림과 같이 부분 단면도를 표시한다.

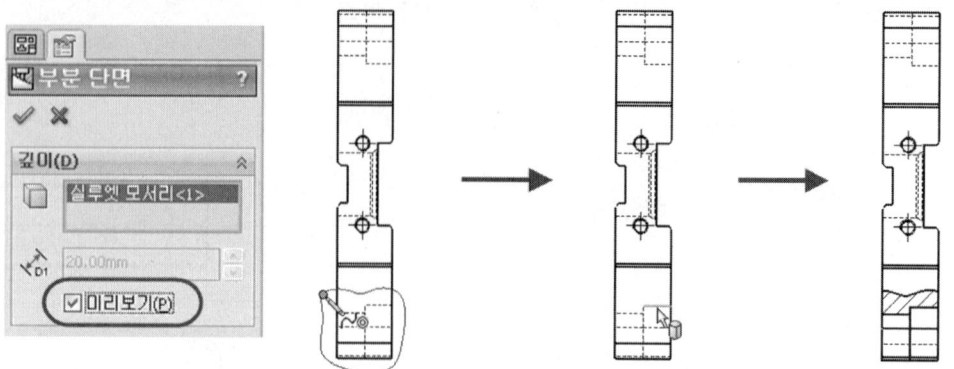

⑩ 좌측면도와 단면도를 선택시 나타나는 화면 왼쪽 PropertyManager창의 '표시 유형'항목에서 '은선 제거 '를 체크한다. 또한 좌측면도에서 마우스 오른쪽 클릭 후 '접선'의 '접선 숨기기'를 한다.

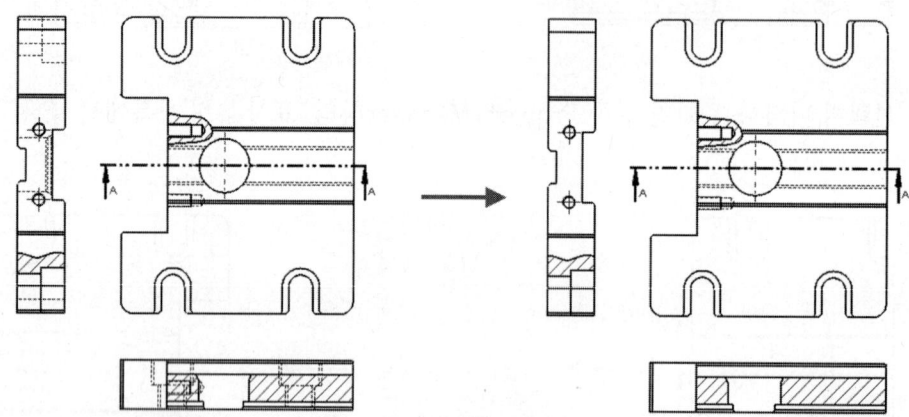

지그판 정면도(주투상도)의 숨은선은 바닥 홈부위(12H7)를 나타내기 위해서 꼭 있어야만 한다. 그러나 탭 구멍의 숨은선은 필요가 없기 때문에 나중에 AutoCAD에서 지워야 한다.

⑪ **중심 표시** 와 **중심선** 을 사용하여 지그판에 아래 그림과 같이 중심선을 추가한다.

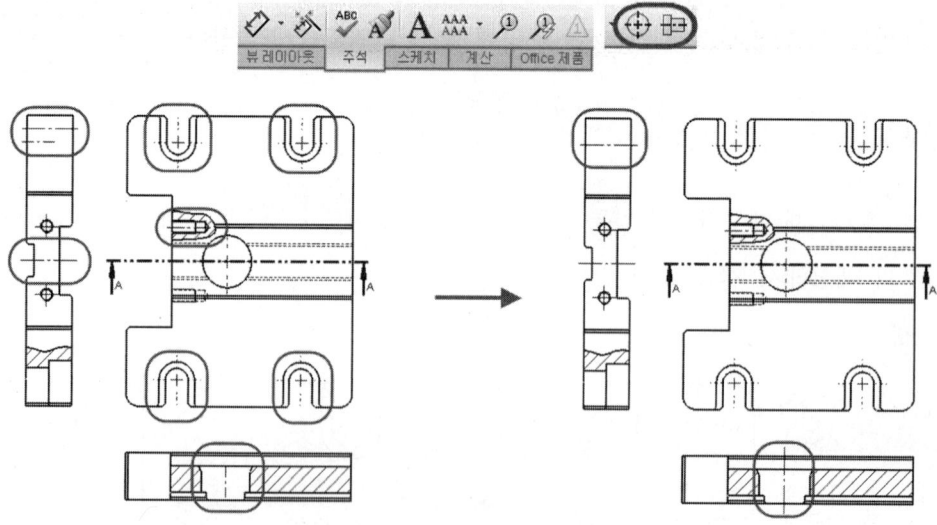

중심선 으로 클릭시 중심선이 생성이 안될 경우에는 생성될 위치의 도형 양 옆의 모서리를 선택하면 그 사이에 중심선이 생기며, 짧을 경우에는 마우스로 드래그하여 길이를 적당히 맞추어 준다.

> **Tip** 지그판 투상에 필요없는 단면 절단선이나 모따기 선 등은 AutoCAD에서 따로 편집하여 완성하도록 하겠다.

⑫ 다음으로 부시홀더를 단면처리하기 위해 부시홀더 부분만을 확대한다.

단면도 를 선택하고 그림과 같이 정확히 절반으로 수평 절단선을 그린 다음 마우스를 아래쪽으로 옮겨 적당한 위치에 단면도를 배치한다.

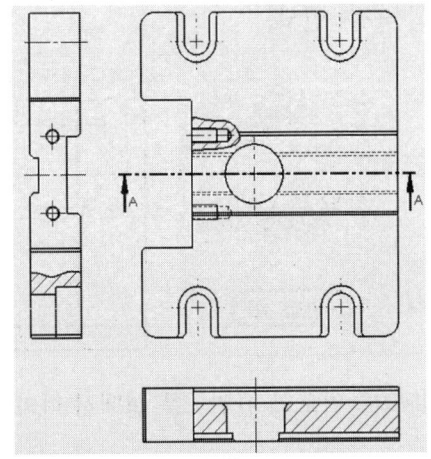
▲ 지그판 투상이 SolidWorks에서 완료된 상태

> **Tip** 단면도 절단선을 스케치시 나타나는 PropertyManager 창 항목에서 '반대 방향'을 체크하여 투상 방향을 맞추어 주어야 한다.

부시홀더를 가공하는 공작기계가 수직 밀링이기 때문에 윗면에 배치한 투상이 정면도(주투상도)가 되므로 정면도를 기준으로 해서 좌측면도와 단면도(저면도)를 배치하였다.

⑬ 정면도를 선택시 나타나는 화면 왼쪽 PropertyManager창의 '표시 유형'항목에서 '은선 표시 '를 체크한다.

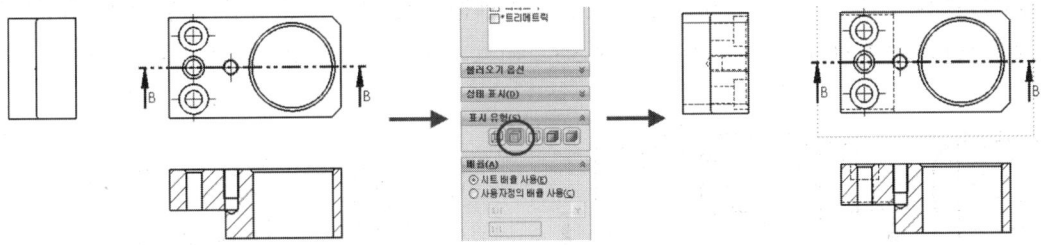

> **Tip** 정면도에 은선 표시 체크시 정면도에 종속이 되어 있는 측면도와 단면도에도 은선이 자동으로 표시된다.

⑭ 부시홀더 측면도 윗부분에 있는 자리파기 구멍에 부분 단면도를 표시한다.

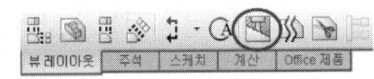

부분 단면도 을 선택

→ 포인터 일 때 폐구간으로 자를 영역을 그림 → 깊이 를 선택 → PropertyManager 창 미리보기 체크해서 결과 확인

→ 확인 ✓

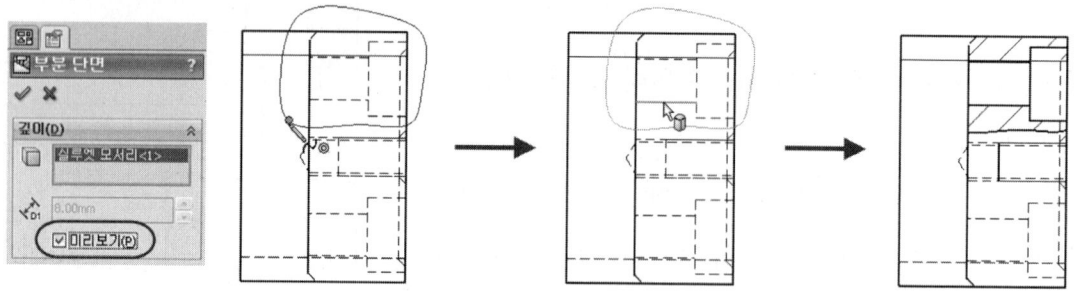

⑮ 좌측면도와 단면도를 선택시 나타나는 화면 왼쪽 PropertyManager창의 '표시 유형'항목에서 '은선 제거 ☐'를 체크한다.

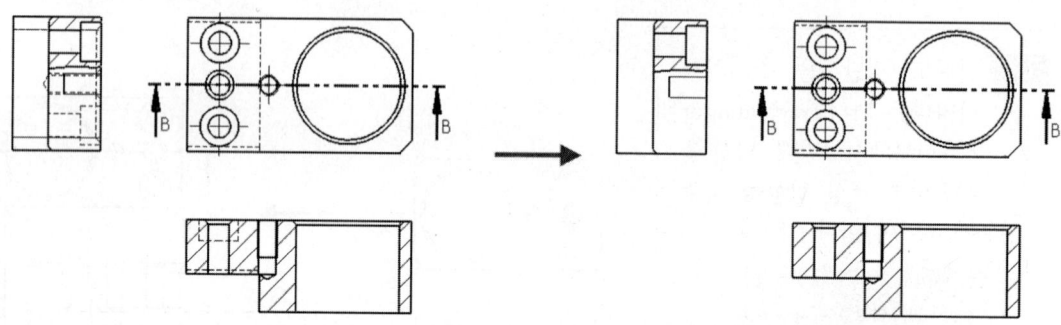

부시홀더 정면도(주투상도)의 숨은선은 단면도의 모서리 부분을 나타내기 위해서 나타내야 하며 좌측면도의 불필요한 선은 나중에 AutoCAD에서 지워야 한다.

⑯ **중심 표시**⊕와 **중심선**⊟을 사용하여 부시홀더에 아래 그림과 같이 중심선을 추가한다.

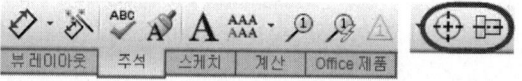

중심선⊟으로 클릭시 중심선이 생성이 안될 경우에는 생성될 위치의 도형 양 옆의 모서리를 선택하면 그 사이에 중심선이 생기며, 짧을 경우에는 마우스로 드래그하여 길이를 적당히 맞추어 준다.

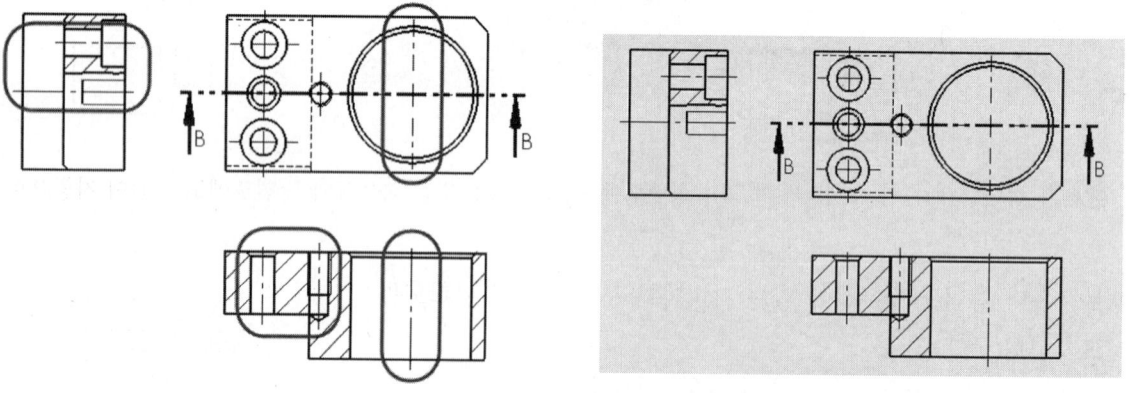

▲ 부시홀더 투상이 SolidWorks에서 완료된 상태

⑰ 다음으로 지지대를 단면처리하기 위해 지지대 부분만을 확대한다. 정면도를 선택시 나타나는 화면 왼쪽 PropertyManager창의 '표시 유형'항목에서 '은선 표시 ⊡'를 체크한다.

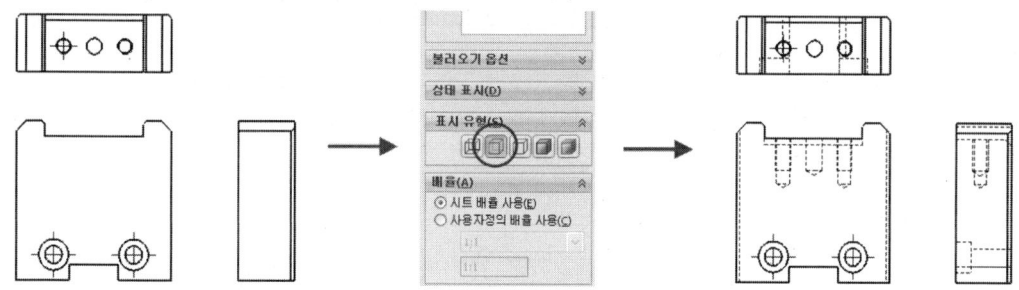

Tip 정면도에 은선 표시 ⊡ 체크시 정면도에 종속이 되어 있는 측면도와 평면도에도 은선이 자동으로 표시된다.

⑱ 지지대 정면도의 탭과 핀 구멍에 부분 단면도를 표시한다.

 부분 단면도 ▨을 선택

→ 포인터 ✎일 때 폐구간으로 자를 영역을 그림 → 깊이를 ↙🗇 선택 → PropertyManager 창 미리보기 체크해서 결과 확인

→ 확인 ✓

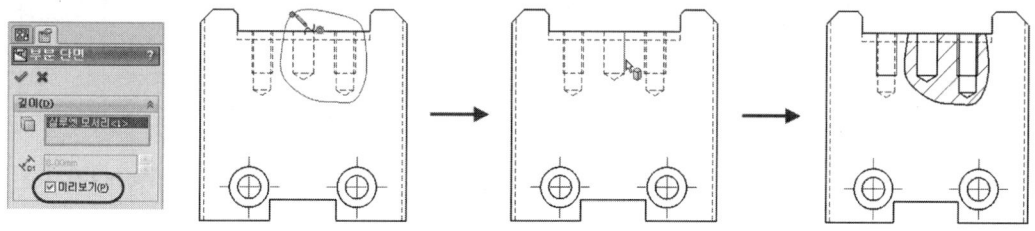

⑲ 지지대 측면도의 깊은 자리파기와 위쪽 구멍에도 아래 그림과 같이 부분 단면도를 표시한다.

부분 단면도 ▨을 선택

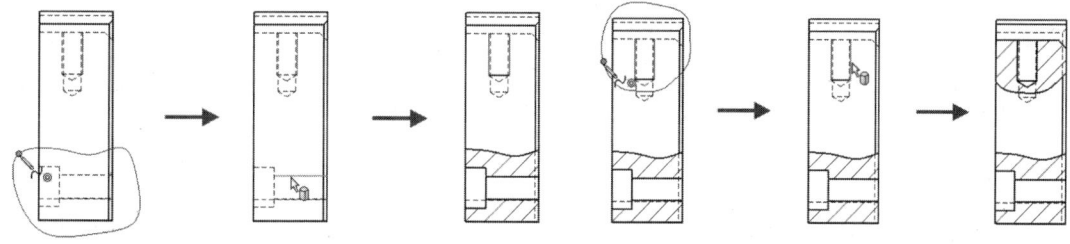

⑳ 지지대의 모든 투상도에 은선을 없애기 위해 정면도를 선택시 나타나는 화면 왼쪽 PropertyManager창의 '표시 유형'항목에서 '은선 제거 ⊡'를 체크한다.

Tip 파트를 도면화 작업시 처음으로 투상한 뷰에 다른 뷰들이 종이 되어 처음 투상도만 은선 제거를 하면 다른 뷰들도 동시에 은선이 제거된다.

㉑ **중심 표시**⊕와 **중심선**├┤을 사용하여 지지대에 아래 그림과 같이 중심선을 추가한다.

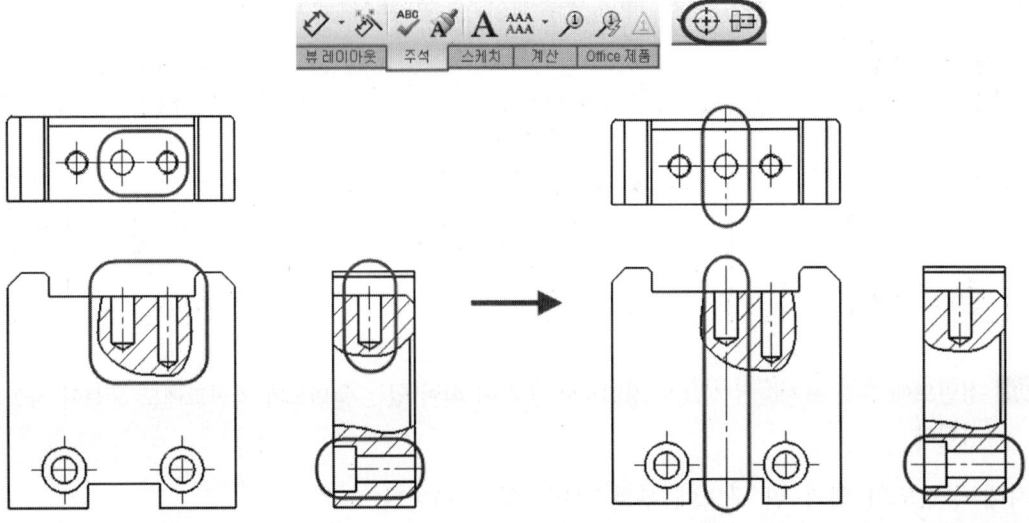

> **Tip** 중심선 ├┤으로 클릭시 중심선이 생성이 안될 경우에는 생성될 위치의 도형 양 옆의 모서리를 선택하면 그 사이에 중심선이 생기며, 짧을 경우에는 마우스로 드래그하여 길이를 적당히 맞추어 준다.

▲ 지지대 투상이 SolidWorks에서 완료된 상태

㉒ 다음으로 드릴부시를 단면처리하기 위해 드릴부시 부분만을 확대한다. 그리고 정면도와 측면도에서 마우스 오른쪽 클릭 후 '접선'의 '접선 숨기기'를 선택한다.

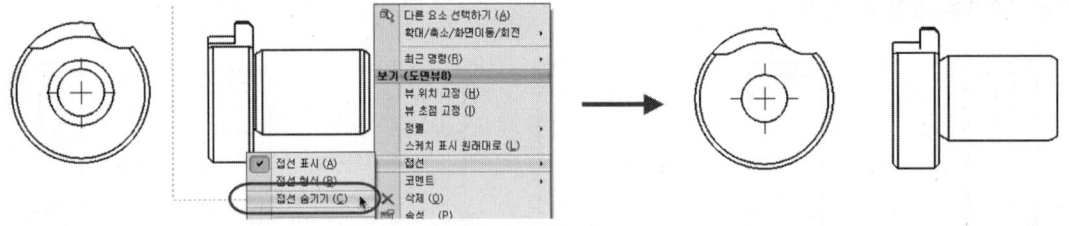

㉓ **중심선**├┤을 사용하여 드릴부시 정면도에 아래 그림과 같이 중심선을 추가한다. 측면도의 짧은 중심선은 마우스로 드래그하여 길이를 적당히 맞추어 준다.

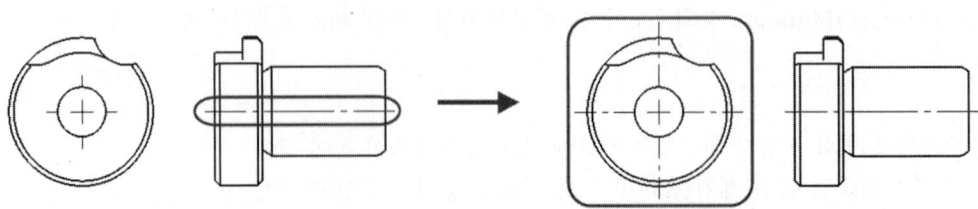

㉔ 드릴부시 정면도에 아래 그림과 같이 부분 단면도를 표시한다.

 부분 단면도 을 선택

→ 포인터 일 때 폐구간으로 자를 영역을 그림 → 깊이를 선택 → PropertyManager창 미리보기 체크해서 결과 확인

→ 확인

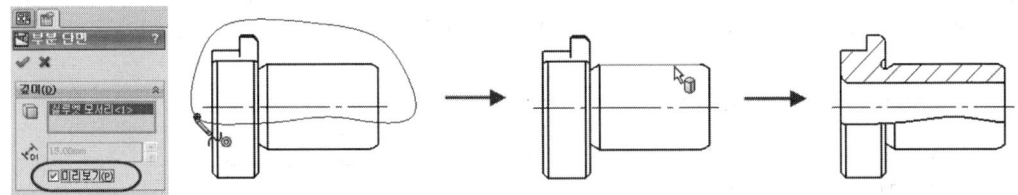

㉕ 드릴부시에 상세도를 추가한다. 스케치의 **타원** 으로 그림과 같이 스케치한 후 '뷰 레이아웃' 탭에서 **상세도** 를 선택하고 PropertyManager창에 조건을 부여하고 적당한 위치에 클릭한다.

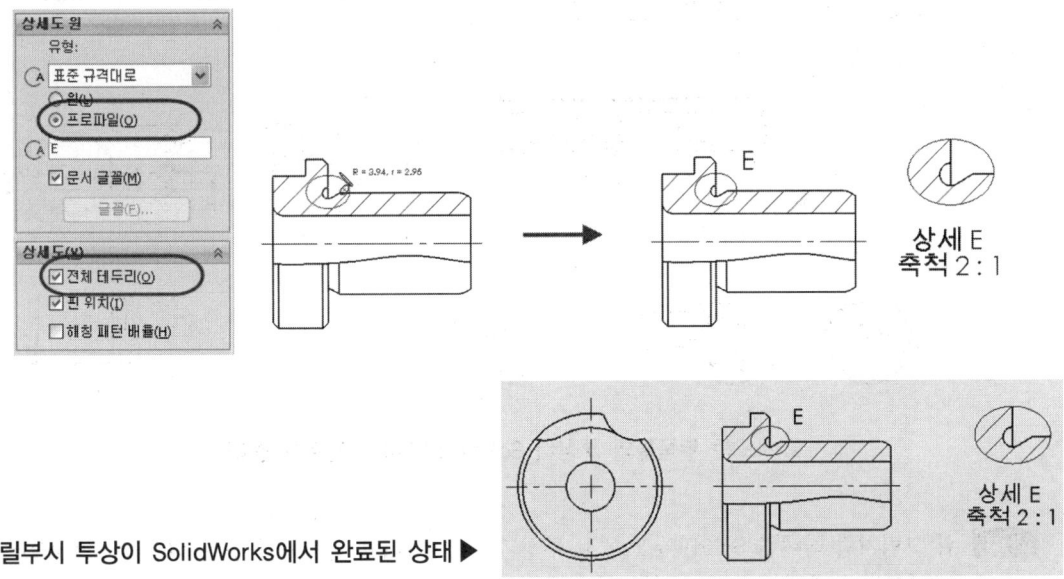

◀ 드릴부시 투상이 SolidWorks에서 완료된 상태 ▶

Tip 드릴부시 손잡이의 널링 부분은 AutoCAD에서 따로 추가하여 완성해야 한다.

㉖ 모든 투상이 완료되었기 때문에 저장을 하겠다. AutoCAD로 내보내기 위해서는 다음과 같이 저장을 하여야 한다.

다른 이름으로 저장 을 선택한다.

메뉴바 : [파일-다른 이름으로 저장]

㉗ 다른 이름으로 저장 창에서 '파일 이름'은 '투상도'라고 입력하고 '파일 형식'에서 AutoCAD파일 확장자인 DWG나 DXF로 변경한 후 저장을 한다.

Tip AutoCAD로 불러와서 사용할 파일임으로 파일 이름은 아무런 이름을 부여해도 상관이 없다.
AutoCAD파일 확장자 Dwg나 Dxf를 선택

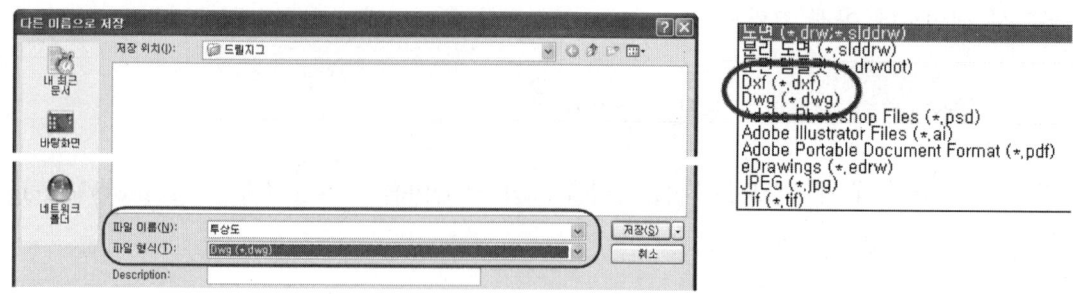

> **Tip** DWG파일은 AutoCAD Drawing File(도면파일)이며, DXF파일은 도면 파일의 2진 또는 ASCII로 응용 프로그램 간에 도면 데이터를 공유하는데 사용하므로 둘 중 하나로 저장하면 된다.

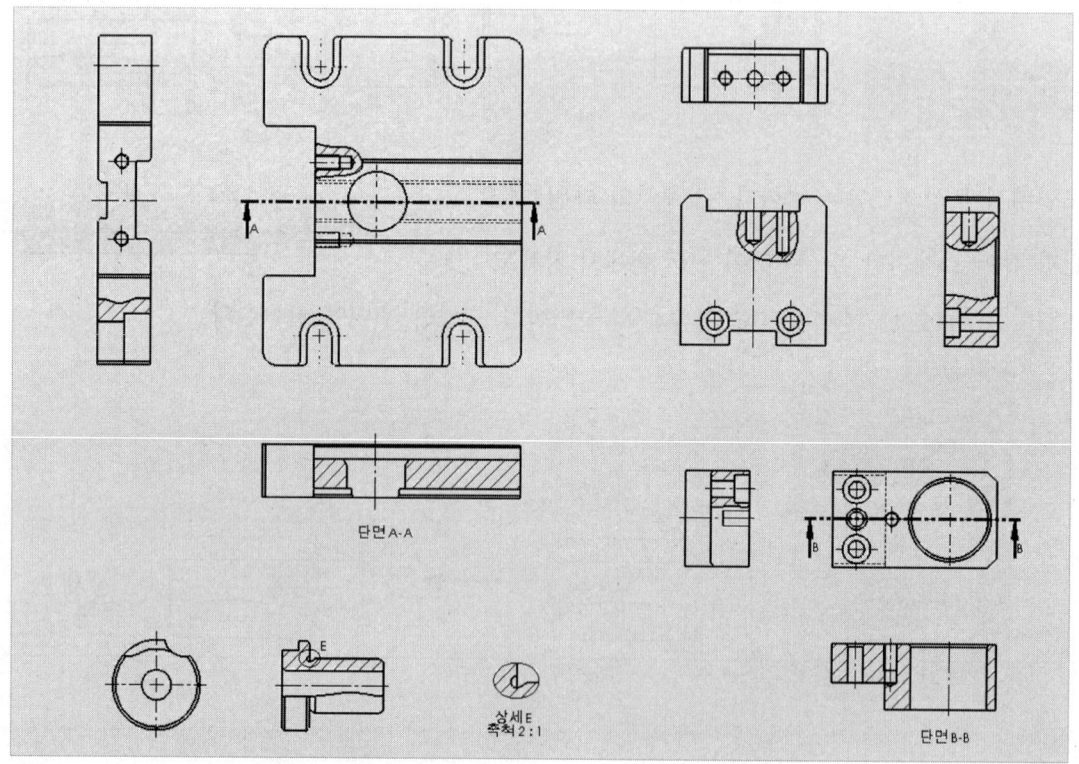

모든 부품들의 투상이 SolidWorks에서 완료된 상태

> **Tip** 위 그림처럼 최대한 SolidWorks에서 투상과 단면 그리고 상세도를 만든 다음 AutoCAD로 내보내고 KS제도법에 맞게 AutoCAD에서 필요없는 형상은 지우고 필요한 형상은 수정하거나 추가하여 완성해야 한다.

STEP 2 | AutoCAD에서 투상도의 수정 및 편집

SolidWorks에서 도면화 작업시 KS제도법에 맞지 않는 불필요한 형상이 존재하는데 이것을 AutoCAD로 불러와 수정해서 2차원 도면을 완성해야 한다.

① 바탕화면의 AutoCAD를 아이콘을 더블클릭하여 AutoCAD를 실행한다.
② Command명령창에 'OPEN'을 입력하여 SolidWorks에서 저장한 '투상도.dwg'를 불러온다.

> : 파일 열기 [단축키 : Ctrl+O]

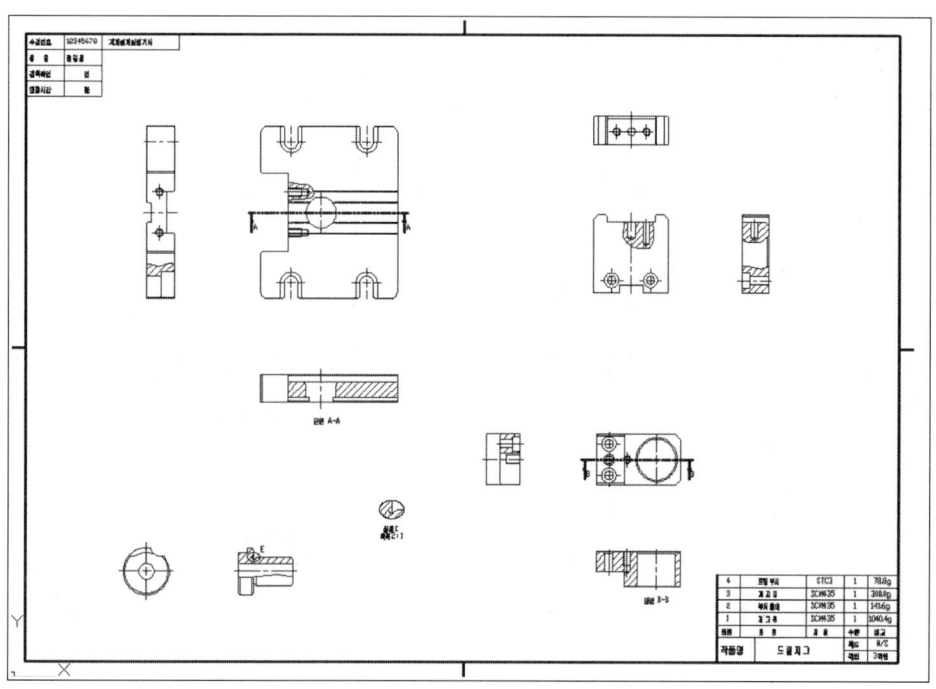

윤곽선과 표제란 등과 같이 불러온 화면

> **Tip** SolidWorks에서 3차원 도면화 작업시 윤곽선과 표제란 등을 만들었다면 그 안에 2차원 도면화 작업을 함께 하여 AutoCAD로 불러오는 것이 수검시간을 줄일 수 있는 방법이다.

③ 우선 각각의 부품마다 필요 없는 형상을 지우겠다. 그림과 같이 필요 없는 부분을 지워준다.

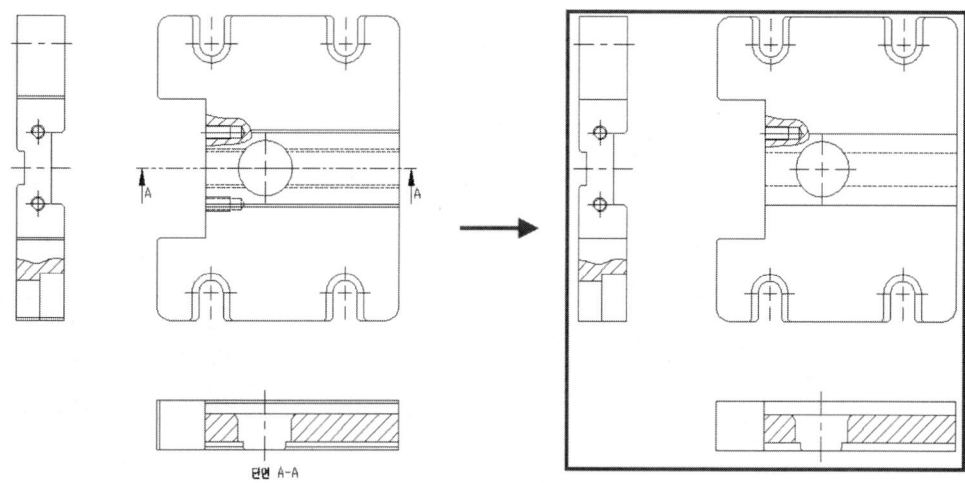

지그판 모따기선을 지울때는 반드시 바깥쪽 선을 선택하여 지워야 한다.

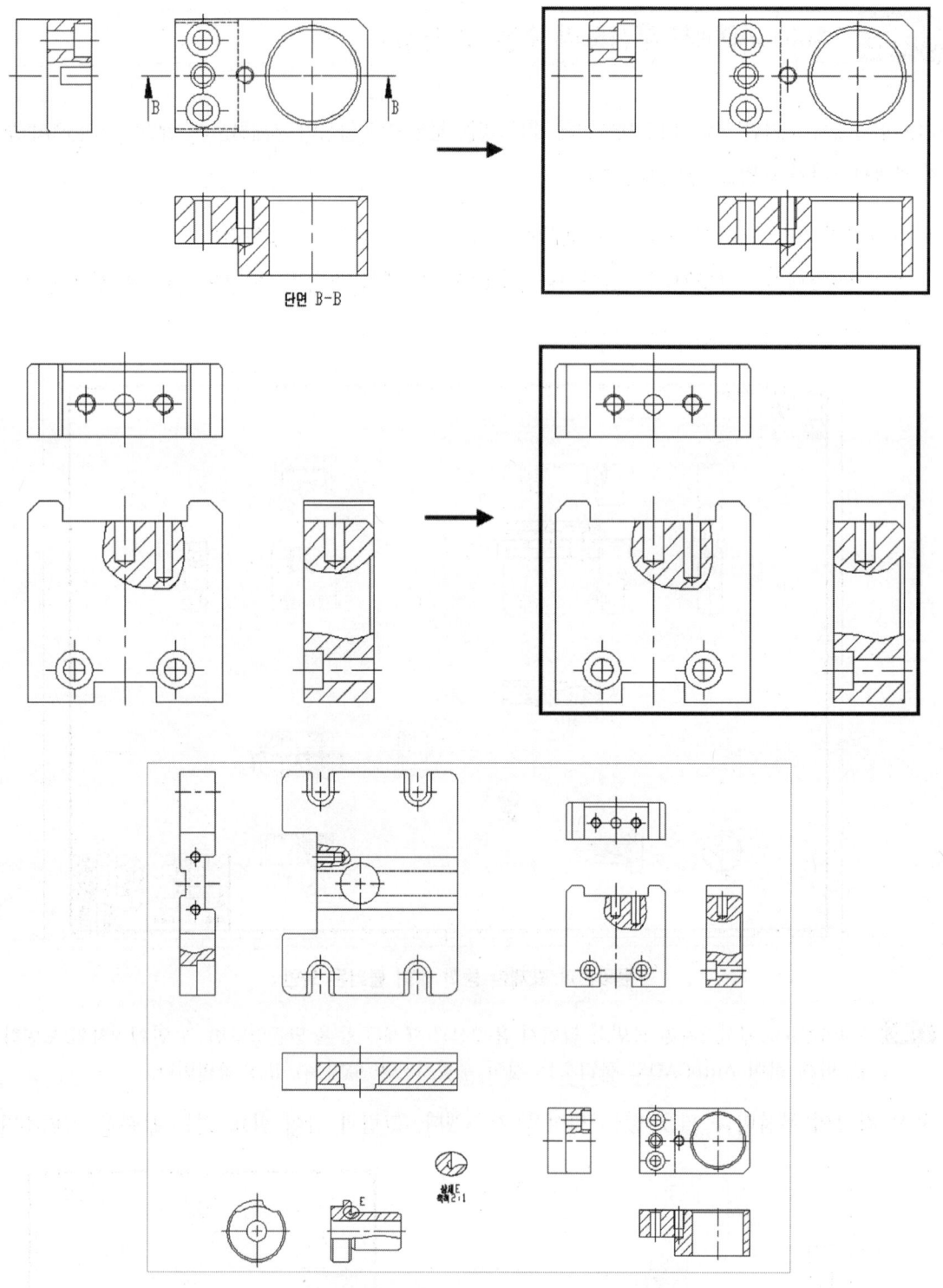

AutoCAD에서 필요없는 형상을 모두 제거한 상태

Tip 타 소프트웨어(SolidWorks)에서 불러온 도면은 모든 선의 색상이 기본값인 흰색이 된다. 그래서 선의 색상이 선의 굵기와 같기 때문에 색상을 먼저 변경해 주어야 하며, 이때 레이어(Layer)를 사용하는 것이 좋다.

분류	굵기	색상
굵은선	0.35mm	초록색
중간선	0.25mm	노란색
가는선	0.18mm	흰색, 빨강

④ 레이어(layer)를 먼저 만든 다음 레이어를 사용하여 선의 색상과 선 형식을 변경하고자 한다.
Command명령창에 'LAYER'를 입력 [단축키 : LA]

레이어 대화창에 를 클릭하여 3개(외형선, 중심선, 숨은선)의 레이어를 그림과 같이 만든다.

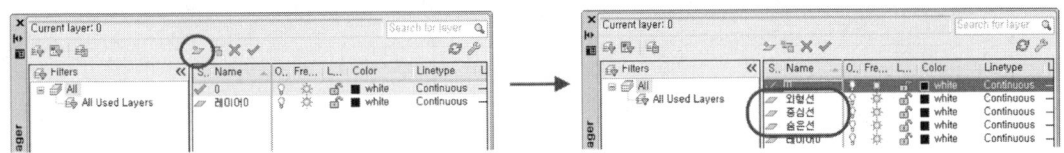

 New Layer : 새로운 레이어를 만들고자 할 때 사용한다.

생성된 3개의 레이어에 각각의 색상(외형선-초록색, 중심선-빨강색, 숨은선-노란색)을 부여한다.

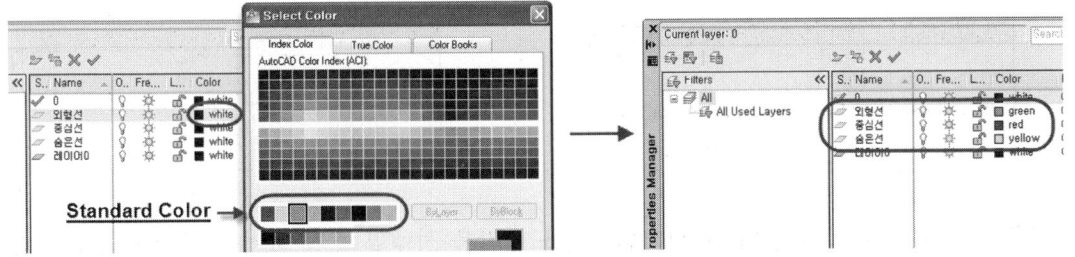

Tip 해당 레이어의 색상 부위를 클릭하면 색상 팔레트가 나타나며 꼭 'StandardColor'의 색상만을 사용해야 한다. 이유는 색상마다 고유의 색상 번호가 존재하기 때문이다.

이제 마지막으로 각각의 레이어에 선 형식(외형선-실선, 중심선-일점쇄선, 숨은선-파선)을 부여한다.

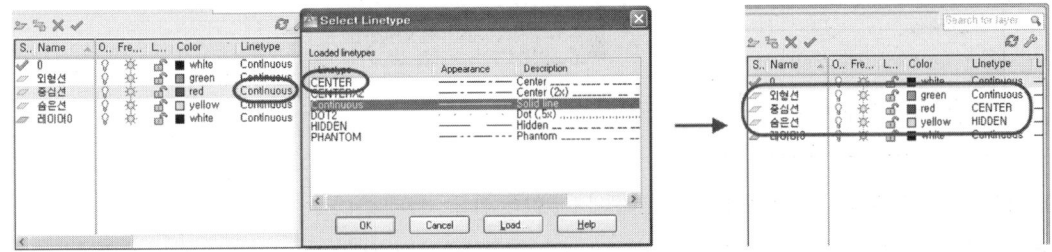

외형선은 Continuous 그대로 사용하며 중심선은 CENTER, 숨은선은 HIDDEN으로 변경하여 준다. 적용된 선 유형(CENTER, HIDDEN)의 비율이 너무 클 경우에는 Command명령창에 'LTSCALE' [단축키 : LTS]를 입력하여 비율을 낮추어 사용하면 된다.

Tip 현재 Select Linetype창의 선 유형들은 SolidWorks에서 적용된 유형들이 AutoCAD로 불러오면서 들어온 것으로 다른 유형을 원할 때는 해당창의 'Load…'버튼을 클릭하여 원하는 유형을 불러와 적용하면 된다.

레이어 작업이 완료되었으므로 레이어창을 닫습니다.

⑤ SolidWork에서 불러온 도형들을 작업 ④에서 만든 각각의 레이어로 분류하는 작업을 하겠다.
Command명령창에 'FILTER'를 입력 [단축키 : FI]
'Add Selected Object<'를 클릭하고 도면의 부품에서 아무런 외형선 한 개를 선택하여 준다.

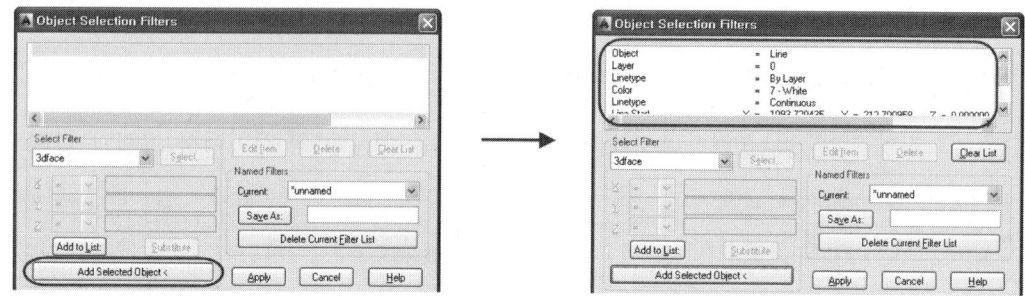

Tip 필터(Filter) 명령을 사용하여 선택하고 싶은 도형들을 한꺼번에 손쉽게 선택할 수가 있다. 'Add Selected Object<'로 특정 도형을 선택하면 선택된 도형의 모든 정보들이 해당창 LIST 안에 나열된다.

LIST 안에 나열된 정보 중에 필요한 정보만을 오른쪽 그림과 같이 남기고 나머지는 지워버린다.

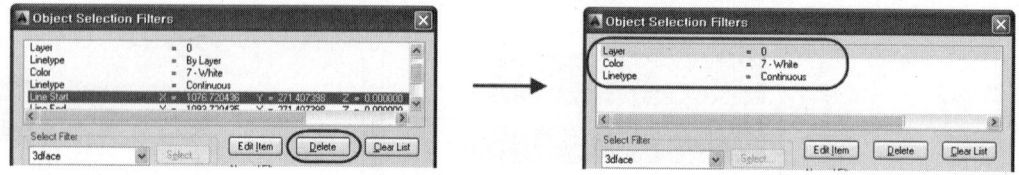

LIST 안에 다른 값들이 들어 있으면 원하는 도형만을 선택할 수가 없기 때문에 필요없는 데이터는 Delete를 클릭하여 지워야 한다.

Apply를 클릭 → 'ALL' 입력하고 Enter(LIST 안의 내용과 일치한 도형들이 모두 선택된다.) → Enter

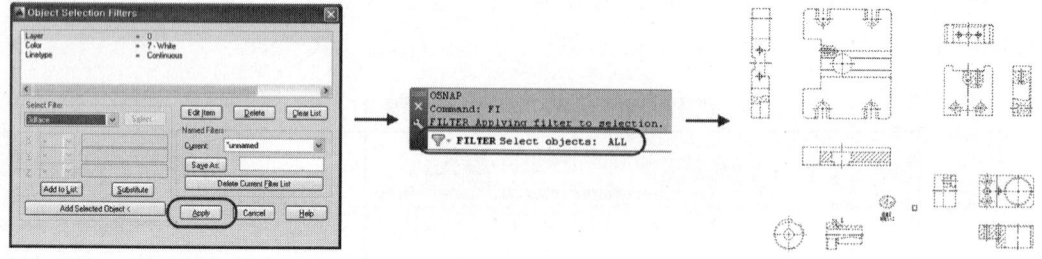

AutoCAD화면 위쪽에 있는 Layer툴바에서 **외형선**을 선택한다.

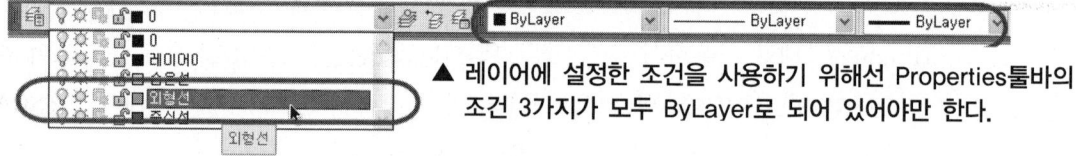

▲ 레이어에 설정한 조건을 사용하기 위해선 Properties툴바의 조건 3가지가 모두 ByLayer로 되어 있어야만 한다.

필터(Filter) 명령으로 선택된 모든 도형들이 레이어 도면층인 '외형선'의 속성으로 모두 변경된 것을 화면상에서 확인할 수가 있다.

⑥ 필터(Filter) 명령으로 작업 ⑤와 같이 나머지 '중심선'과 '숨은선'도 변경해 준다.

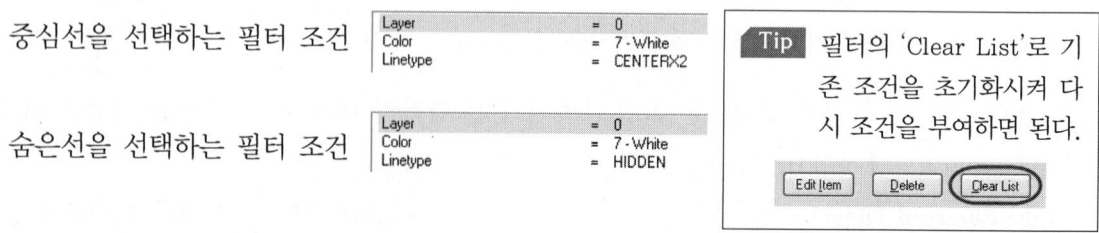

필터(Filter) 명령을 사용하더라도 정확히 원하는 도형만을 선택하는 것은 쉽지가 않기 때문에 변경이 안되는 도형들은 개별적으로 변경해 주어야 한다. 개별적으로 도형의 속성을 변경시 'MATCHPRO-P'[단축키 : MA] 명령을 사용하여 변경하면 편리하다.

Command명령창에 'MATCHPROP'입력 후 적용하고자 하는 속성을 가진 도형을 먼저 선택한 후 커서 모양일 때 적용시킬 도형들을 선택하면 된다.

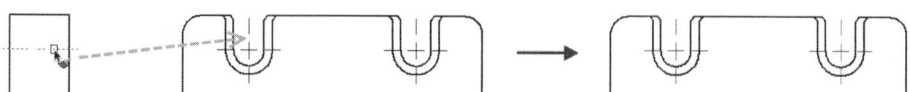

⑦ 각각의 부품마다 아래 그림과 같이 수정해야 한다.

[지그판]

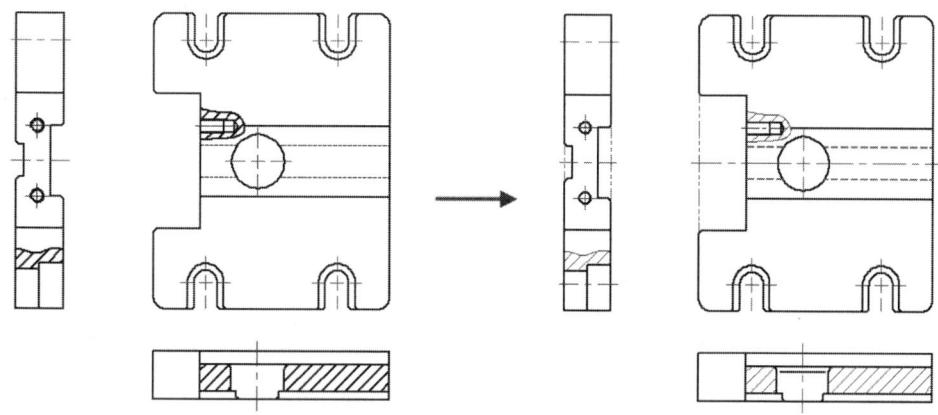

a. 해칭선과 파단선을 모두 가는선(빨강색)으로 변경해야 한다.
b. 정면도와 측면도에 가상선(가는 이점쇄선-PHANTOM-빨강색)을 추가한다. 가상선을 표기한 이유는 도형 양쪽의 높낮이가 같다는 것을 나타내는 것이다.
c. 단면도에 있는 구멍에 모따기 접선을 추가해야 한다.

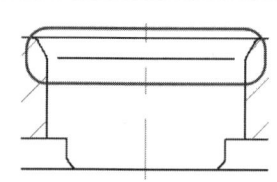 OFFSET[단축키 : O] 명령으로 '2'mm 옵셋시켜 트림으로 정리해야 한다. LENGTHEN[단축키 : LEN] 명령의 DElta옵션으로 '-1'mm 정도 양끝을 떨어뜨려줘야 한다. 이유는 모따기 모서리가 라운드진 접선 부위이기 때문이다.

d. 측면도와 정면도에 있는 탭 구멍의 바깥지름과 선을 가는선(빨강색)으로 반드시 변경해야만 한다.

정면도에 탭에는 불완전 나사부(30°)를 가는 선으로 추가해 주어야 한다.

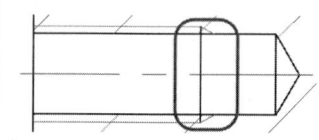 LINE[단축키 : L] 명령으로 '< 30'이나 '< -30'로 경사선을 그린 다음 TRIM[단축키 : TR] 명령으로 정리해야 한다.

[부시 홀더]

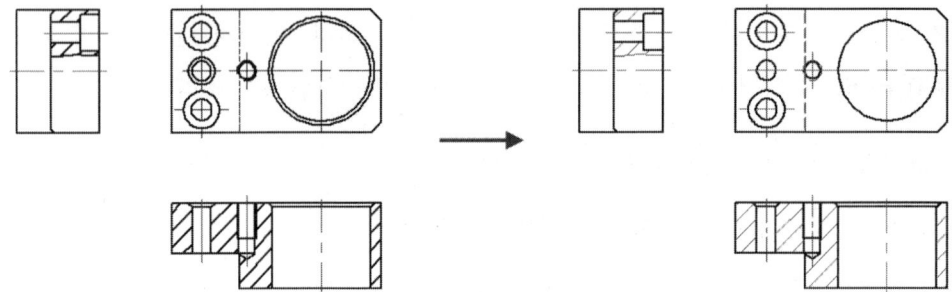

a. 해칭선과 파단선을 모두 가는선(빨강색)으로 변경해야 한다.
b. 앞서 지그판에서 설명한 부분을 참조하여 정면도와 단면도에 있는 탭 구멍의 바깥지름과 선을 가는선(빨강색)으로 변경해야 하며 단면도에 탭에는 불완전 나사부(30°)를 가는선으로 추가해 주어야 한다.
c. 정면도에 보이는 2곳의 모따기선은 2차원 도면화 작업시에는 필요가 없으므로 지워주어야 한다.

[지지대]

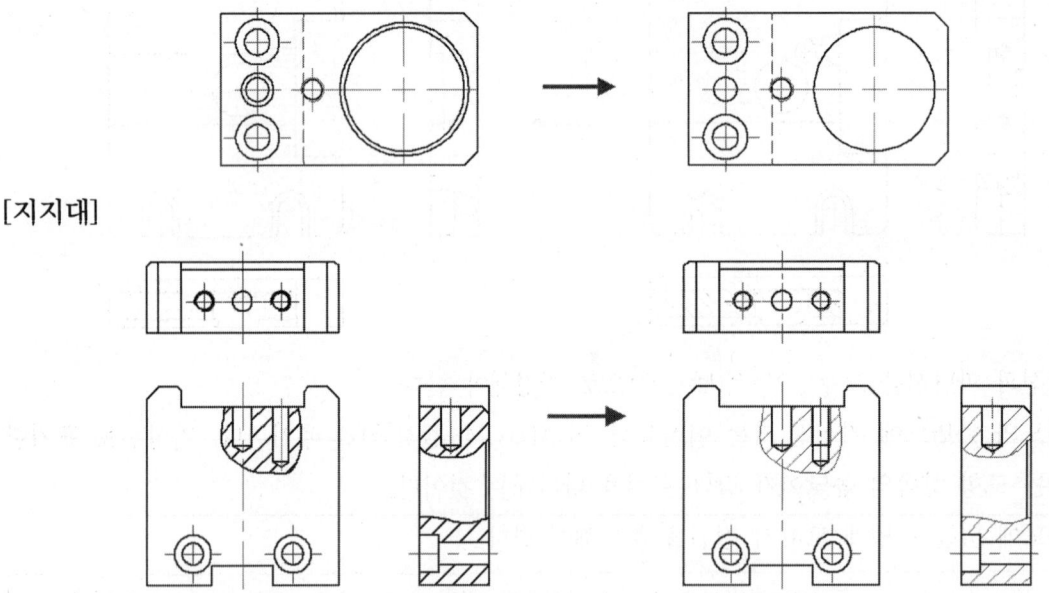

a. 해칭선과 파단선을 모두 가는선(빨강색)으로 변경해야 한다.
b. 앞서 지그판에서 설명한 부분을 참조하여 정면도에 표현이 제대로 이루어지지 않은 탭 구멍에 완전나사부(M5)와 불완전나사부(30°)를 추가해 주어야 한다.

완전나사부의 깊이는 10mm이다.

[드릴 부시]

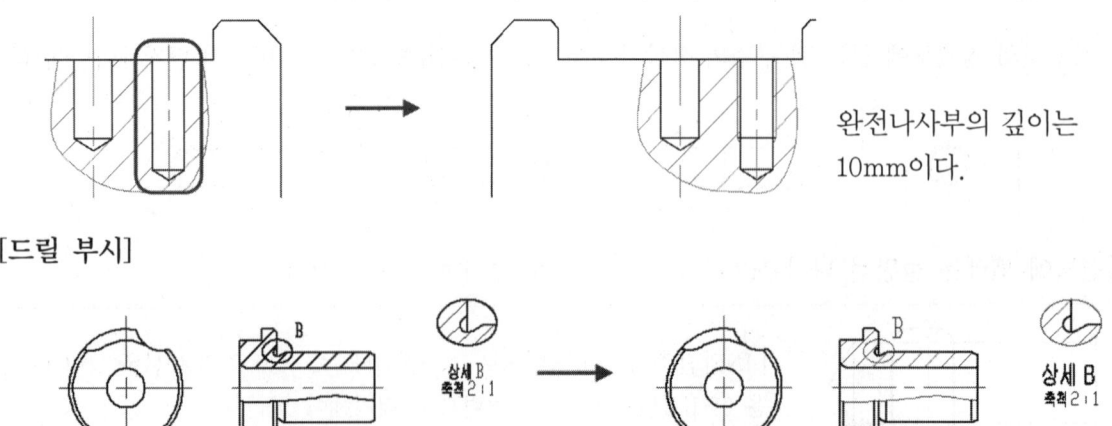

458 기계 제도 실무

a. 해칭선과 파단선을 모두 가는선(빨강색)으로 변경해야 한다.
b. 상세도의 타원을 가는선(빨강색)으로 변경하고 글자를 'EXPLODE[단축키 : X]'시킨 후 '상세B'와 'B'를 선택하여 'PROPERTIES[단축키 : PR 또는 Ctrl+1]'명령으로 'Text height'값을 '5'mm, 색상을 '초록색(굵은선)'으로 변경한다.
c. 정면도 오른쪽 끝부분에 '1.5'mm 거리로 'OFFSET[단축키 : O]'시켜 접선을 추가시킨다.
d. 정면도 왼쪽 손잡이에 널링을 표기한다.

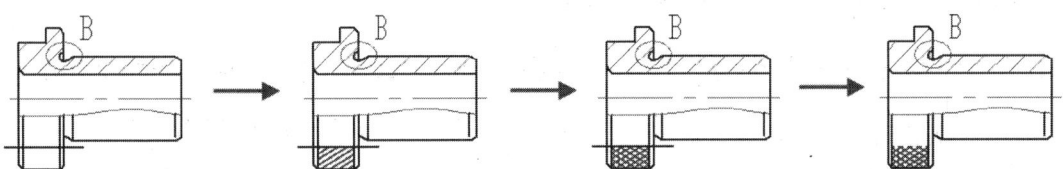

'LINE[단축키 : L]' 명령으로 손잡이 부위에 대략적으로 수평선을 그린 후 'BHATCH[단축키 : H]' 명령으로 가는선(빨강색)에 각도는 30°, 간격은 1mm로 하여 해칭을 한 후 다시 같은 명령으로 각도만 −30°로 다시 해칭하여 널링을 완성한 후 임으로 그린 수평선을 지운다.

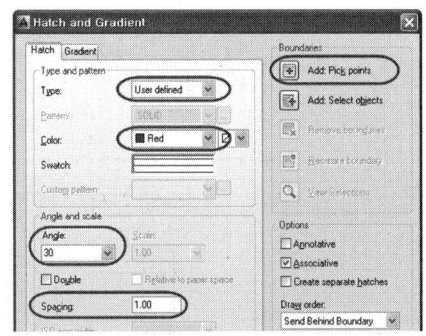

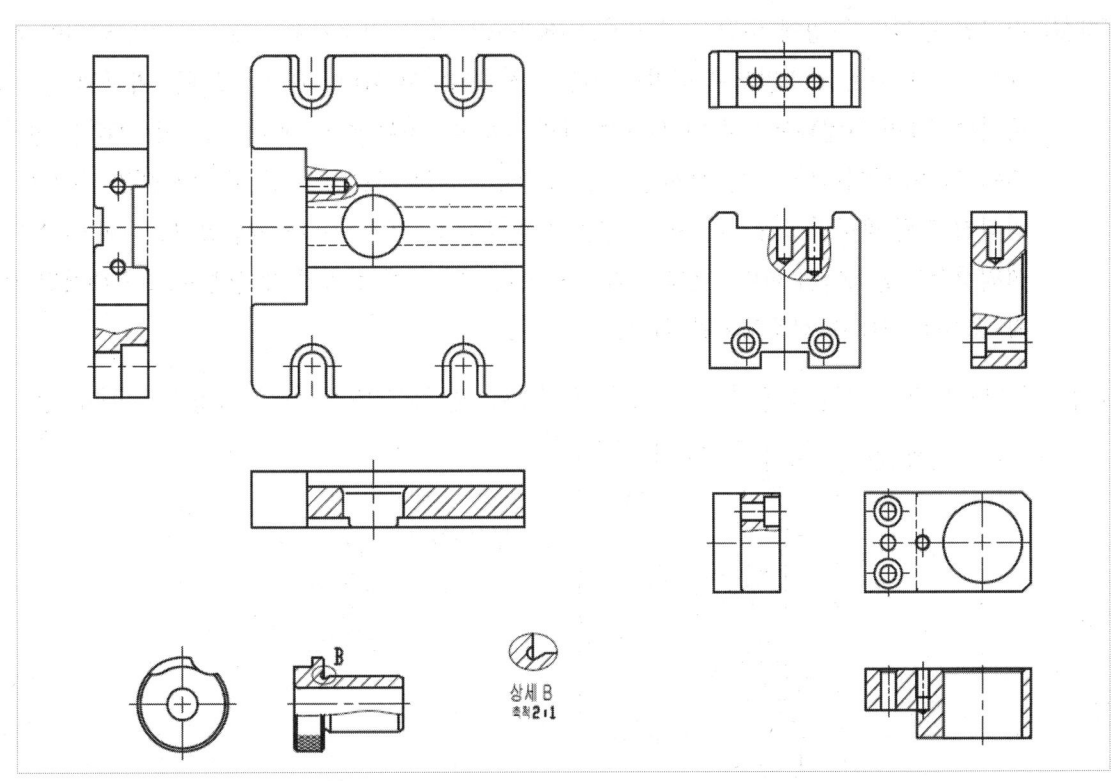

AutoCAD에서 모든 투상의 편집이 완성되었다.

STEP 3 | 완성된 투상도에 치수 기입하기

치수 기입을 하면서 부품 간의 결합되는 부위에 KS규격에 알맞는 끼워맞춤 공차와 일반 공차를 기입해야 하며 KS규격에 없는 것들은 자격증 시험시 일반적으로 적용되는 범위의 공차를 기입해야 한다.

치수 기입 전에 치수환경이 먼저 설정되어 있어야 한다. 앞서 학습한 동력전달장치에서 설정한 치수환경을 참조하여 DIMSTYLE [단축키 : D 또는 DDIM]를 설정한다.

1. 드릴 지그에서 제일 중요한 치수를 먼저 기입하겠다. 가장 중요한 부분임으로 정확히 숙지해야 한다.

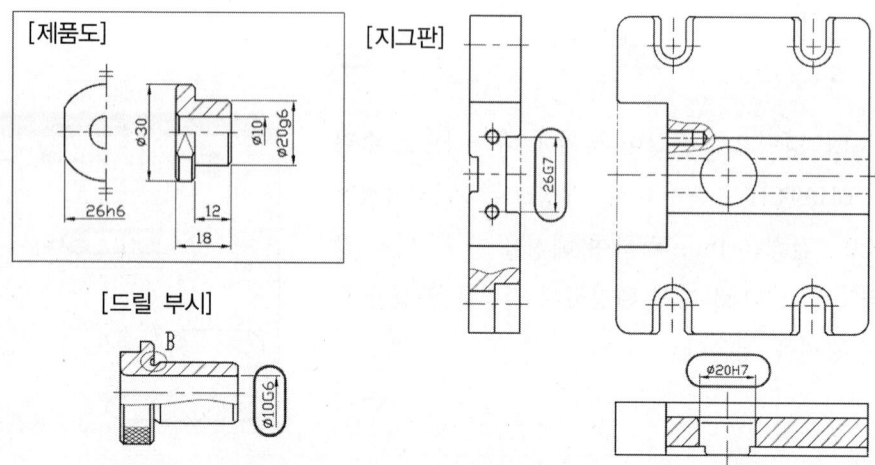

[해설] 지그판 단면도 구멍에 수검시 주어지는 제품도와 같은 기준치수 'Ø20'이 기입되어야 하며 제품과 결합되는 구멍임으로 공차는 'H7'이 적용되어야 한다. 좌측면도에는 제품과 같은 기준치수 '26'이 기입되어야 하며 제품을 쉽게 탈부착시켜야 하기 때문에 공차는 'G7'인 헐거움 끼워맞춤이 들어간다. 드릴 부시는 제품도에서 드릴로 가공될 구멍 치수와 같은 'Ø10'이 기입되며 드릴 공구가 드릴 부시에 간섭없이 원활하게 들어가기 위해서 공차는 'G6'인 헐거움 끼워맞춤이 들어가야 한다. 현재 수검도면에 치수가 주어져 있기 때문에 반드시 주어진 치수와 공차를 그대로 적용해야만 한다.

2. 다음 치수도 드릴 지그를 작동시 매우 중요한 치수에 해당되므로 반드시 기입되어야 한다.

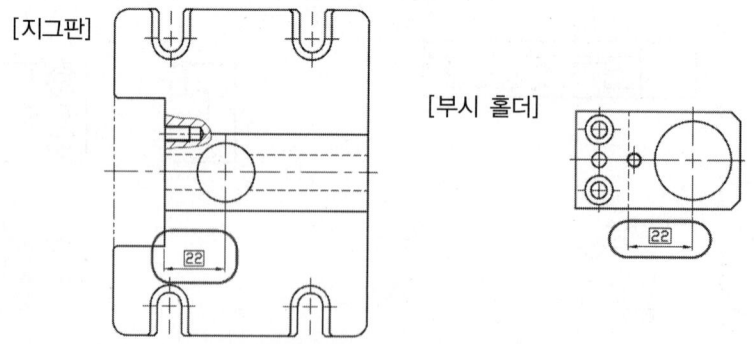

[해설] 2개의 부품(지그판, 부시 홀더)이 드릴 지그를 작동시 정확히 일치가 되어야 제품에 정확히 구멍을 드릴로 뚫을 수가 있기 때문에 그림과 같이 기입된 치수가 꼭 있어야 한다. 치수 '22'는 스케일로 실척한 치수로 치수문자에 사각형 테두리를 한 이유는 공차가 없는 **이론적으로 정확한 치수**임을 의미한 것으로써 사각형 테두리가 아닌 일반공차(+, −값)로 표기를 하면

2개의 부품을 실제가공시 기입된 공차 범위 안에서 제각각 다르게 가공이 되므로 작동시 문제가 된다. 그러므로 일반공차 대신 치수 문자에 사각형 테두리를 만들어 공차가 없는 **이론적으로 정확한 치수**임을 나타내며 나중에 기하공차의 **위치도**로 정밀하게 공차를 적용해야 한다.

이론적으로 정확한 치수를 나타내는 사각형 테두리를 표시하는 방법은 치수 변수인 DIMGAP을 사용하면 된다.

① Command명령어 입력줄에 DIMGAP를 입력한다.
② '-1'를 입력한다.
③ 이제부터 DIMLINEAR [단축키 : DLI]로 치수기입을 하면 치수에 테두리가 같이 표시된다.
④ 테두리가 없는 원래대로 치수기입을 하고자 할 경우에는 DIMGAP변수값을 다시 '1'로 변경하고 치수기입을 하면 된다.

3. 부시 홀더와 지지대, 두 부품 간의 연관된 치수를 기입하겠다.

드릴 지그를 작동시 두 부품 간의 정확한 위치를 맞춰주기 위해서 사용하는 맞춤핀 구멍이 무척 중요하다.

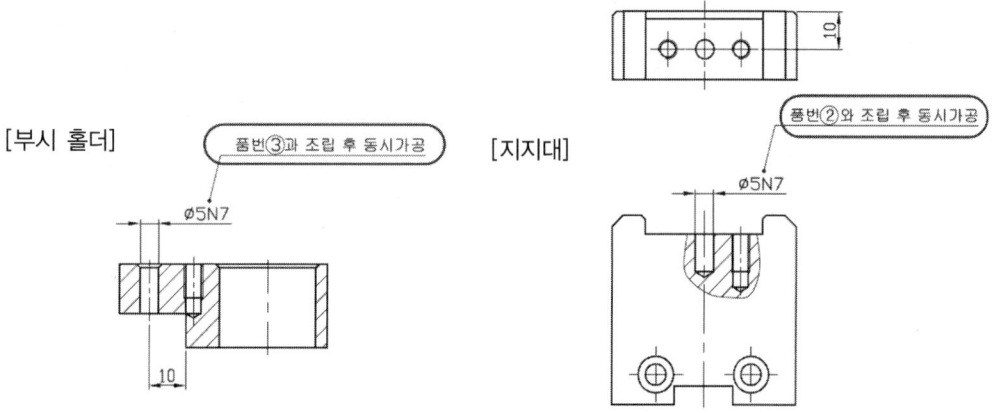

[해설] 핀 구멍 치수 'Ø5'와 길이 치수 '10'은 스케일로 실척해서 기입되며 반드시 부시 홀더와 지지대 두 부품에 기입되어 있어야 한다. 핀 구멍의 공차는 'N7'로 기입되어 핀 결합시 쉽게 빠지지 않도록 해야 한다. 또한 맞춤핀을 각각 부품마다 따로 가공하여 핀을 결합하는 것은 불량률이 많기 때문에 두 부품을 결합 후 한번에 가공해야만 한다. 그러기 위해선 그림과 같이 LEADER [단축키 : LEAD]명령으로 '**품번( )과 조립 후 동시가공**'이라고 반드시 표기해야만 한다.

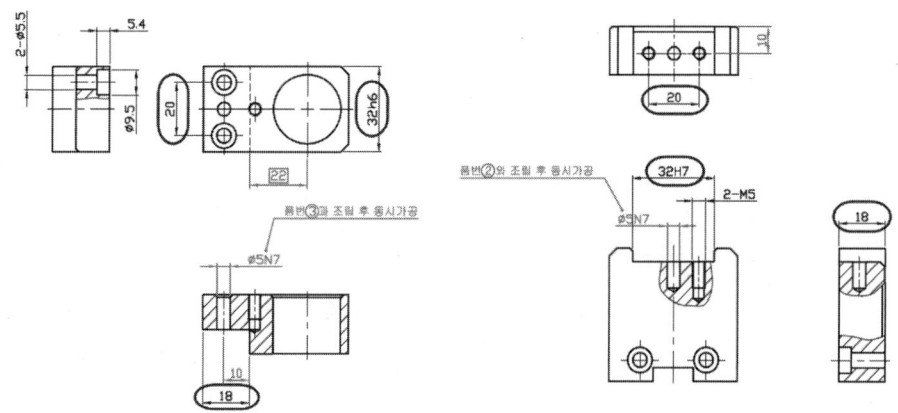

[해설] 치수 '20, 32, 18'을 스케일로 실척하여 두 부품에 일치하게 치수를 기입해야 한다. 치수 '32'는 부시홀더가 지지대에 끼워지는 방식임으로 지지대에는 구멍에 적용되는 'H7', 부시홀더에는 축에 적용되는 'h6'인 중간 끼워맞춤 공차를 기입해야만 한다. 또한 지지대에서 탭(TAP) 구멍을 스케일로 실척하여 나온 값(M5)을 치수기입한 후 KS규격에서 나사 호칭 M5열의 d´(5.5), D´(9.5), H˝(5.4)값을 찾아 부시홀더 좌측면도 깊은 자리파기에 치수기입을 한다.

> 깊은 자리파기 규격은 자격증 시험시 배포하는 KS규격집에 없을 경우도 있으므로 이때는 솔리드웍스에서 '구멍가공마법사'로 생성된 도면에서 있는 그대로 치수를 기입해도 문제가 없다.

4. 지그판과 지지대, 두 부품 간의 연관된 치수를 기입하겠다.

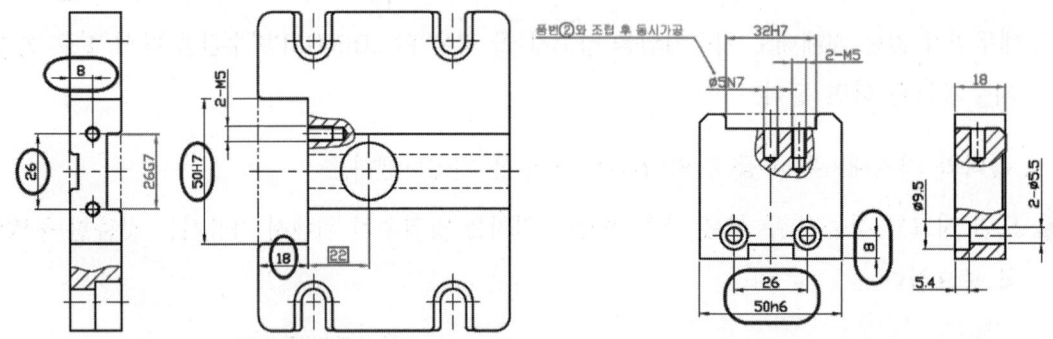

[해설] 치수 '50, 26, 8'을 스케일로 실척하여 두 부품에 일치하게 치수를 기입해야 한다. 치수 '50'은 지지대가 지그판에 끼워지는 방식임으로 지그판에는 구멍에 적용되는 'H7', 지지대에는 축에 적용되는 'h6'인 중간 끼워맞춤 공차를 기입해야만 한다. 또한 지그판의 탭(TAP) 구멍을 스케일로 실척하여 나온 값(M5)을 치수기입한 후 KS규격에서 나사 호칭 M5열의 d´(5.5), D´(9.5), H˝(5.4)값을 찾아 지대 우측면도 깊은 자리파기에 치수기입을 한다.

5. 드릴 부시에 꼭 기입되어야 할 치수를 알아보겠다.

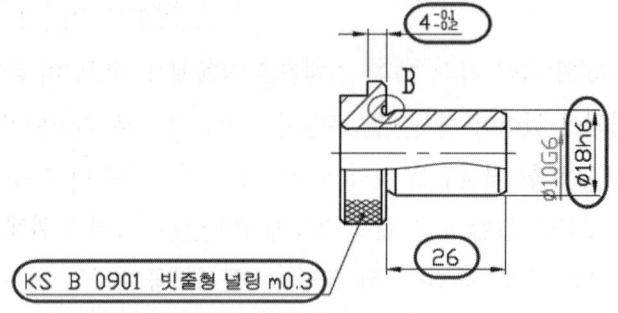

[해설] 치수 '18, 26, 4'를 스케일로 실척하여 기입하며 만약 품번 ⑤ '고정라이너'를 수검 도면에 포함했다면 치수 '18, 26'은 고정라이너와 일치하게 치수를 기입해야만 한다. 치수 '18'은 고정라이너에 끼워맞춤되고 축에 해당되므로 'Ø'와 중간 끼워맞춤 공차인 'h6'을 기입한다. 치수 '4'는 드릴부시를 고정하기 위해 필요한 높이로 스톱퍼(stopper)에 의한 탈착 방식임으로 일반공차인 '$^{-0.1}_{-0.2}$'를 기입해 주는 것이 좋다.

왼쪽 손잡이 널링이 적용된 부분에는 그림과 같이 꼭 'KS B 0901 빗줄형 널링 m0.3'을 수검 전 기본적으로 암기하여 LEADER [단축키 : LEAD]명령으로 기입해 주어야 한다.

6. 모든 부품 간의 연관된 치수가 끝났다. 다음으로는 부품마다의 개별적인 치수기입을 하여 치수를 완성하겠다.

[지그판]

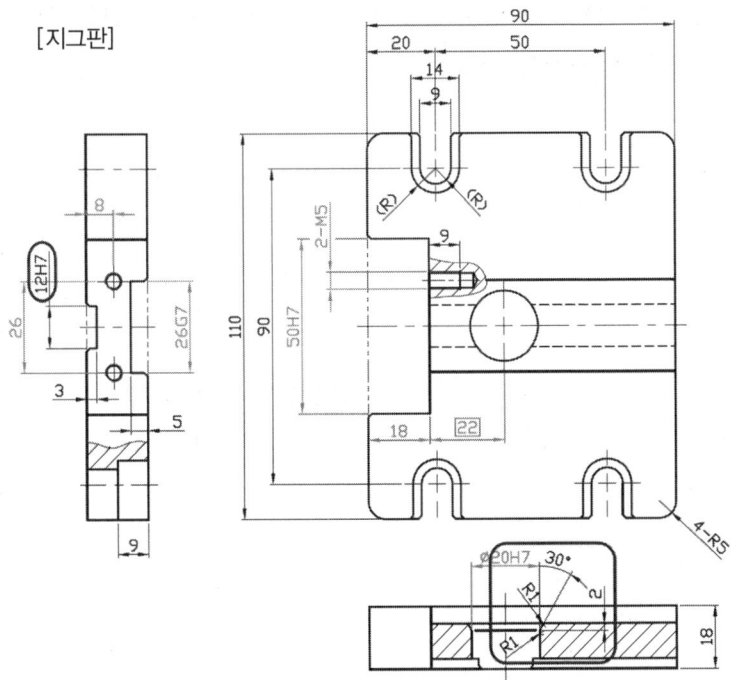

DIMLINEAR [단축키 : DLI]
- 수평 및 수직 치수기입

DIMRADIUS [단축키 : DRA]
- 원호 반지름 치수기입

DIMANGULAR [단축키 : DAN]
- 각도 치수기입

DIMDIAMETER [단축키 : DDI]
- 원호 지름 치수기입

Tip 부품들의 전체길이와 전체 높이도 중요치수이므로 빠짐없이 기입하도록 한다.

[해설] 치수 '12'는 드릴 지그를 사용시 테이블 바닥에 정확히 안착시키기 위한 곳임으로 구멍에 적용되는 'H7' 끼워맞춤 공차가 적용되어야 한다. 단면도 30° 모따기 부분은 실제로 가공할 공작물을 탈부착시킬 때 부드럽게 하기 위해 필요한 부분이므로 수검시 숙지하여 그대로 기입하길 바란다. 치수가 복잡함으로 동력전달장치의 오일실 결합부처럼 상세도를 만들어 치수를 적용하면 간결해진다.

[부시 홀더]

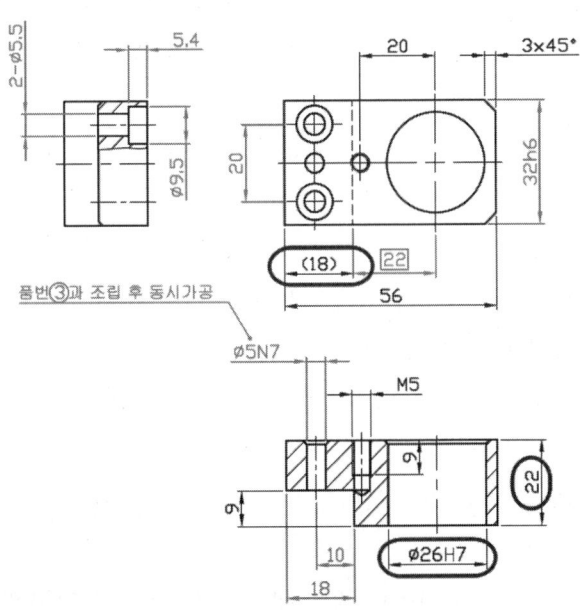

Tip 부품들의 전체길이와 전체 높이도 중요치수이므로 빠짐없이 기입하도록 한다.

Tip 특수 문자
° = %%D
∅ = %%C
± = %%P

[해설] 치수 '26'은 품번 ⑤인 '고정 라이너'가 결합되는 부분이며 구멍에 해당되므로 '∅'와 중간 끼워맞춤공차인 'H7'를 기입한다. 치수 '22'는 '고정 라이너'를 수검 도면에 포함했다면 고정 라

이너 전체길이와 일치하게 치수를 기입해야만 하며 또한 품번 ④인 '드릴 부시'의 길이에도 맞추어 주어야 하는 치수이다. 정면도 치수 '18'은 단면도에 기입했으므로 필요가 없지만 바로 옆 치수 '22'의 기준 치수가 필요로 하므로 기입되는 것이 좋지만 중복치수가 되므로 반드시 괄호'( )'를 붙여 참고치수로 만들어 주어야 한다.

[지지대]

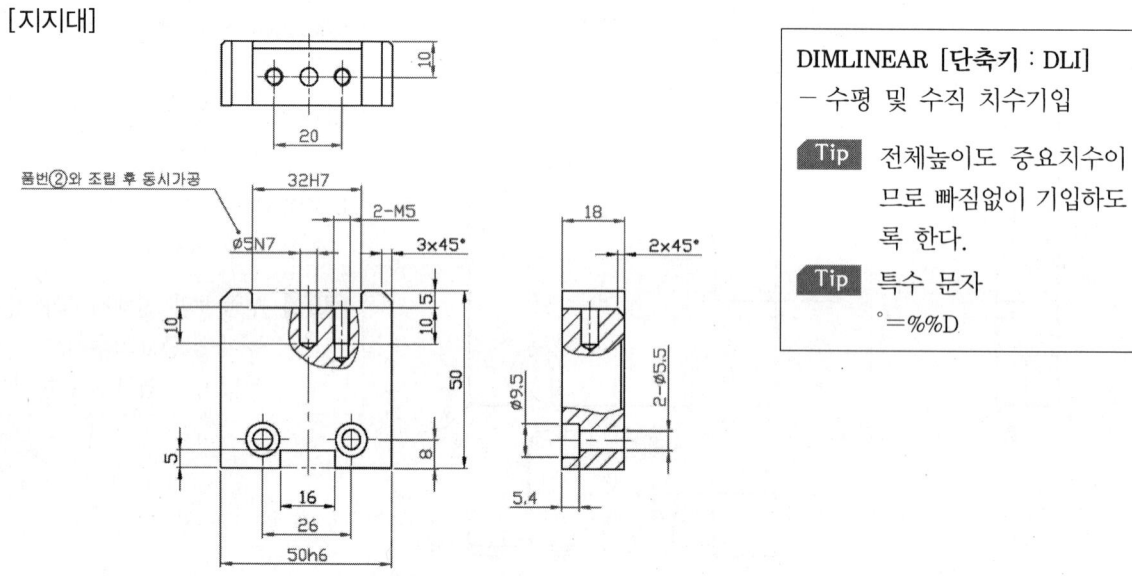

[해설] 나머지 모든 치수들을 스케일로 실척하여 기입한다. 모서리 모따기 치수는 '1x45°'보다 작거나 큰 것만 치수기입한다. 그 이유는 '주서'에 치수 기입이 안된 모따기는 '1x45°'라고 미리 크기를 정해 두었기 때문이다.

[드릴 부시]

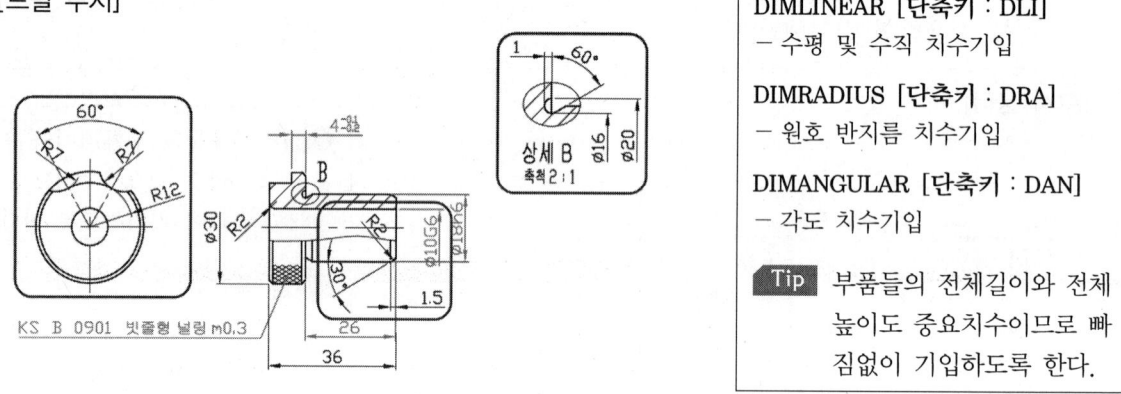

[해설] 그림과 같이 드릴 부시 좌측면도와 상세도에 스케일로 실척하여 치수 기입을 해주어야 한다. 상세도 부위가 있는 이유는 실제 공작기계에서 제품을 가공시 내측 모서리 부분은 절삭 공구에 의해 미세하게 라운드가 생겨 드릴 부시를 고정 라이너에 결합할 때 상대편 면과 면이 접촉이 안되므로 드릴 지그를 작동시 오차가 발생하게 된다. 그래서 미세한 라운드를 제거하기 위해 정밀한 제품일 경우에는 그림과 같이 내측 모서리를 따로 절삭해 주어야 하며 이런 가공 부위를 자유절삭(Free Cutting)이라고 부른다.

정면도의 치수 '1.5, R2, 30°'는 품번 ⑤인 '고정 라이너'에 드릴 부시를 초기에 끼워맞춤시 정확하고 부드럽게 결합될 수 있도록 만들어 주는 부위임으로 수검시 숙지하여 그림과 같이 그대로 치수를 기입해 주면 된다.

STEP 4 | 완성된 치수에 표면 거칠기 기호 기입하기

부품들 표면의 매끄러운 정도(조도)를 나타내는 기호를 표면 거칠기 기호(다듬질 기호)라고 부르며 수검자가 각 부품들의 재질에 맞는 기호를 정확한 위치에 표기해야 한다. 각 부품들의 재질도 수검자가 시험 보기 전 미리 숙지하여 수검 도면의 제품 용도에 따라 적당한 재질을 부품란에 기입해야 한다.

표면 거칠기 기호 기입 전 알아 두어야 할 내용과 거칠기 기호를 AutoCAD상에서 그리는 방법은 동력 전달장치에서 선수 학습한 내용을 참조하길 바란다.

KS규격집 '50. **기계재료 기호(KS D)**' 항목의 재질을 참조하여 부품마다 적절한 재료를 적용하면 된다.
부품에 알맞은 재료라면 다른 재료 기호를 사용해도 무방하다.

4	드 릴 부 시	STC3	1	
3	지 지 대	SCM435	1	
2	부 시 홀 더	SCM435	1	
1	지 그 판	SCM435	1	
품번	품 명	재 질	수 량	비 고
작품명	드 릴 지 그		척 도	N/S
			각 법	3각법

[해설] 부품란에 부품들의 재질을 수검자가 수검 도면의 제품 용도에 알맞은 재질을 기입해야 하며 이 것을 바탕으로 각각의 부품들의 표면 거칠기 기호를 결정해야 한다.

표면거칠기 기호를 도면상에 표기하는 방법을 배워보겠다.

① 지그판에 표면 거칠기 기호를 표기하도록 하겠다.

지그판은 재질이 SCM435(크롬 몰리브덴강)이기 때문에 지그판을 다듬질시 가장 많이 가공되는 다듬질 기호인 거친 다듬질 기호 ᵂ∇가 맨 앞에 표기된다.

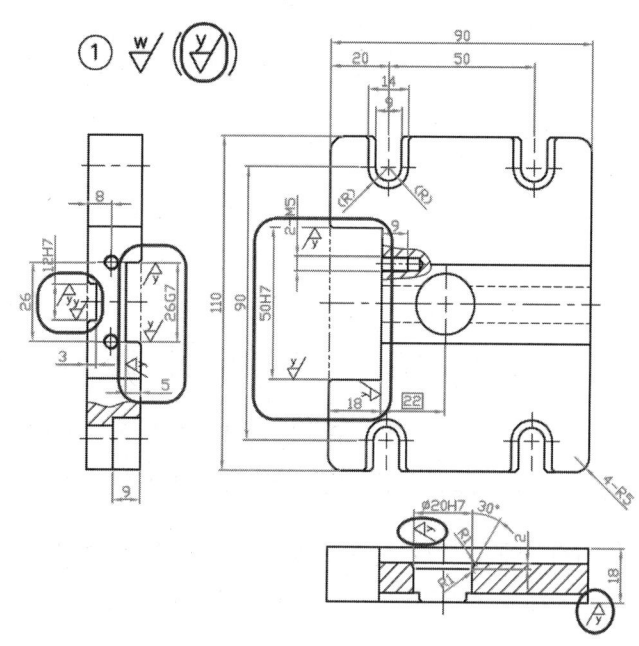

> Tip 부품 안에 표기하는 다듬질 기호는 꼭 제품 가공 방향에 맞게 표기해야 한다. 외측가공면은 바깥쪽에 내측 가공면은 안쪽에 다듬질기호를 표기해야 한다.
>
> Tip 다듬질 기호를 투상도에 부품 안에 표기시 우선적으로 치수 보조선에 표기해야 한다.
> 치수 보조선이 없을 경우에만 물체의 면에다 직접 표기한다.

[해설] ∀기호는 지그판의 바닥면과 가공할 제품을 안착시키는 홈 부위(26G7)와 구멍(∅20H7)에 반드시 기입되어야 한다. 그 이유는 지그판의 거의 모든 부분이 운동(마찰)이 없는 정지된 접촉면이지만 지그판에 제품을 정확히 물리기 위해선 평행과 직각이 정확히 이루어져야 하며 그러기 위해선 면의 조도 또한 중요하기 때문이다. 또한 지그판 바닥 홈 부위(12H7)를 테이블 돌출 부위에 끼워 평행해야 함으로 홈 측면 양쪽에도 기입되어야 한다.

> **Tip** 치수 '12H7', '26G7', '50H7'은 원통 형상(지름)의 치수가 아니기 때문에 반드시 양쪽에 다듬질 기호를 가공방향에 맞게 표기해야만 한다. 원통 형상(∅)인 경우에는 한쪽만 가공 방향에 맞게 표기해야만 한다.

② 부시 홀더에 표면 거칠기 기호를 표기하도록 하겠다.

부시 홀더도 지그판과 마찬가지로 재질이 SCM435(크롬 몰리브덴강)이기 때문에 가장 많이 가공되는 다듬질 기호인 거친 다듬질 기호 ʷ∀가 맨 앞에 표기된다.

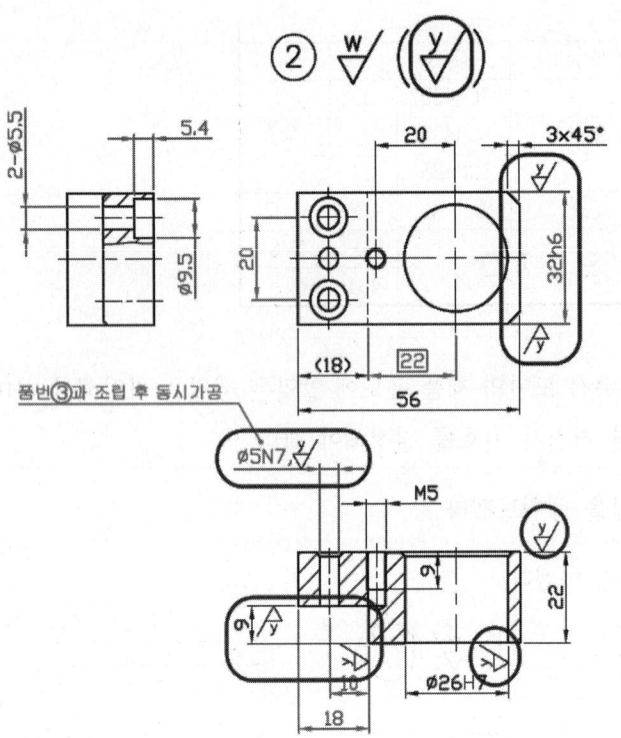

> **Tip** 핀 구멍(∅5N7)과 같이 다듬질 기호가 들어가는 공간이 충분치 않을 경우에는 이때만 예외적으로 치수선에 콤마를 찍고 다듬질 기호를 표기할 수 있다.
>
> **DDEDIT[단축키 : ED]**
> : 치수 문자 등 모든 문자를 편집한다.

[해설] ∀기호는 접촉부의 평행과 직각이 중요함으로 지지대에 접촉되어 체결되는 부시 홀더 왼쪽 아래 단차가 있는 부분과 양쪽 측면에 기입되며 핀(Pin)이 끼워지는 구멍(∅N7)에도 기입되어야 한다.

핀(Pin)의 용도는 맞춤핀으로 동력전달장치의 베어링과 같이 아주 정밀하기 때문에 반드시 ∀기호가 표기되어야 한다. 고정 라이너가 결합(∅26H7)되는 구멍과 고정 라이너 측면이 닿는 부시 홀더 윗면에도 표기되어야 한다.

③ 지지대에 표면 거칠기 기호를 표기하도록 하겠다.

지지대도 지그판과 마찬가지로 재질이 SCM435(크롬 몰리브덴강)이기 때문에 가장 많이 가공되는 다듬질 기호인 거친 다듬질 기호 ʷ∀가 맨 앞에 표기된다.

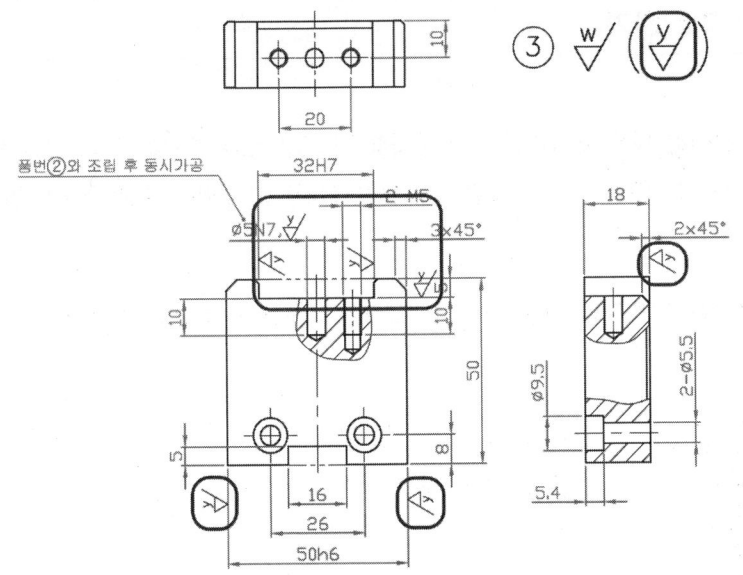

[해설] ∀ 기호는 접촉부의 평행과 직각이 중요함으로 지그판과 결합되는 지지대 아래쪽과 부시 홀더가 결합되는 지지대 위쪽 홈 부위 양쪽 측면에 기입되며 핀(Pin)이 끼워지는 구멍(∅5N7)에도 기입되어야 한다. 지지대 측면은 지그판과 부시 홀더가 닿는 오른쪽 측면쪽에만 ∀ 기호가 표기되어야 한다.

④ 드릴 부시에 표면 거칠기 기호를 표기하도록 하겠다.

드릴 부시는 재질이 STC3(탄소 공구강)이며 다듬질시 가장 많이 가공되는 다듬질 기호는 거친 다듬질 기호 ∀w가 된다.

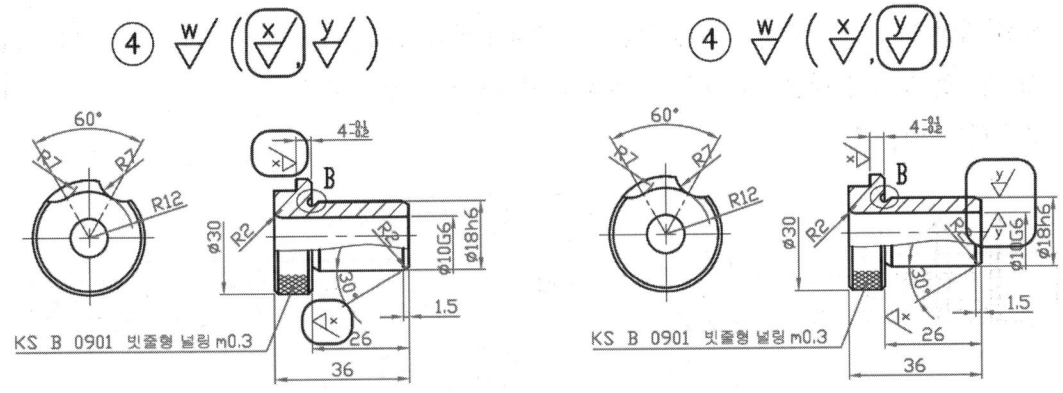

[해설] ∀x 기호는 일반적으로 운동이 없는 접촉부위에 들어가기 때문에 고정 라이너(품번 ⑤) 측면이 닿는 부분과 드릴 부시를 고정하기 위해 사용되는 스톱퍼가 닿는 면에 기입된다.

∀y 기호는 드릴 공구가 들어갔다 나오는 구멍(∅10G6)에 반드시 표기되어야 하며 '∅18h6' 외경에도 표기된다. '∅18h6' 외경은 고정 라이너(품번 ⑤)에 결합되어 운동이 없는 부분이지만 드릴 지그를 작동시 결합부의 평행과 직각이 매우 중요함으로 운동이나 마찰이 없어도 ∀y가 표기되어야 한다. 이것으로써 모든 부품들의 표면거칠기 기호(다듬질 기호)가 완료되었다.

STEP 5 | 기하 공차(형상 기호) 기입하기

기계부품의 용도와 경제적이고 효율적인 생산성 등을 고려하여 기하 공차를 기입함으로써 부품들 간의 간섭을 줄여 결합 부품 상호간에 호환성을 증대시키고 결합 상태가 보증이 되므로 정확하고 정밀한 제품을 생산할 수가 있다.

기하 공차를 기입 전 알아 두어야 할 내용은 동력전달장치에서 선수 학습한 내용을 참조하길 바란다.

KS규격집 'IT공차' 항목

치수 초과	등급 이하	IT4 4급	IT5 5급	IT6 6급
-	3	3	4	6
3	6	4	5	8
6	10	4	6	9
10	18	5	8	11
18	30	6	9	13
30	50	7	11	16
50	80	8	13	19
80	120	10	15	22
120	180	12	18	25
180	250	14	20	29
250	315	16	23	32
315	400	18	25	36
400	500	20	27	40

※ 수검시 공차값은 부품마다의 기준 치수를 학습하여 IT공차 5등급에서 찾아 기입해야 한다.

📘 KS규격집의 IT공차값은 단위가 'μm'이므로 수검 도면의 기하 공차값은 'mm' 단위로 기입해야 한다.
예 $5\mu m = 0.005mm$

① 지그판에 기하공차를 표기하도록 하겠다.

Tip 기본적으로 데이텀을 전체 높이 치수가 있는 치수 보조선에 표기해야 하기 때문에 단면도 바닥에 있는 치수보조선에 표기한다.

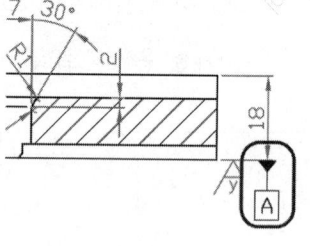

[해설] 우선 제일 먼저 지그판 바닥에 데이텀을 표기해야 한다. 드릴 지그를 테이블 위에 올려놓고 사용하기 때문에 지그판의 수평이 매우 중요하기 때문이다.

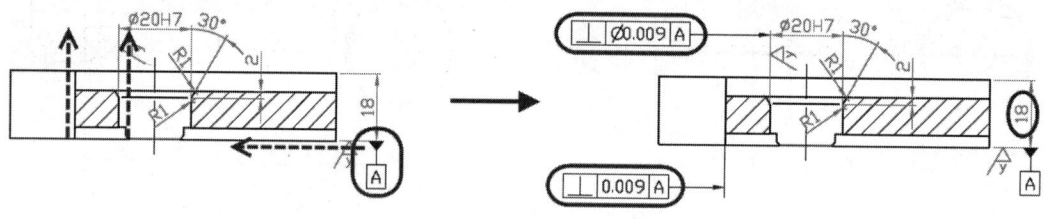

[해설] 치수 'Ø20H7' 구멍에 제품을 안착시켜 드릴 가공을 함으로 데이텀 지시기호 A에 대해 **직각도(공차) '⊥'**가 적용되어야 한다. 데이텀A에 수직임으로 전체 높이 치수 '18'이 기준치수가 되어 IT공차 5등급 18~30 범위의 공차값 '0.009mm'가 적용되었다. 또한 구멍임으로 공차역(0.009) 앞에 'Ø'를 추가하여 정밀도를 높여 주어야 한다.

지지대(품번 ③)가 결합되는 왼쪽 측면도 드릴 지그를 사용시 중요한 부분임으로 반드시 기하공차가 표기되어야 하며 데이텀A에 수직함으로 **직각도(공차) '⊥'**가 적용된다. 기준치수는 '18'임으로 공차값은 앞과 동일하게 '0.009mm'가 적용되며 측면에 적용되기 때문에 공차값 앞에 절대 'Ø'를 추가하면 안된다.

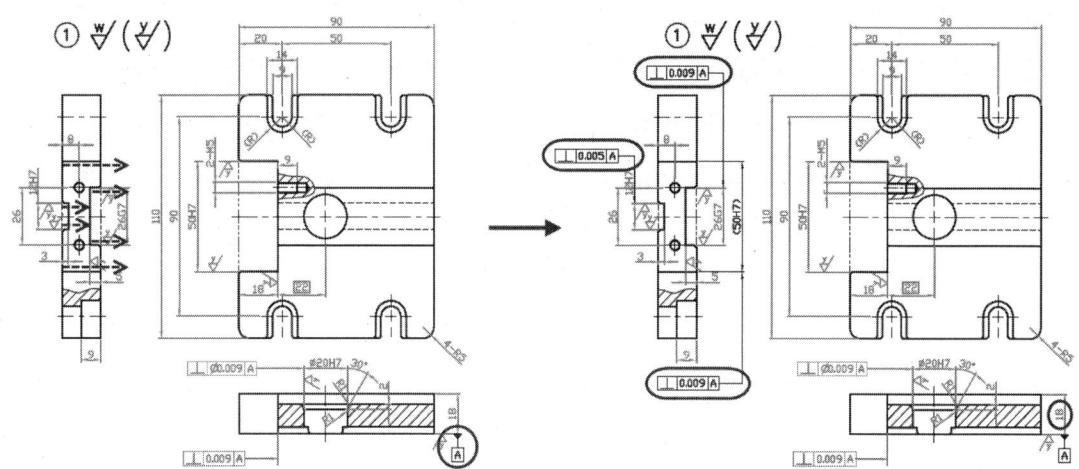

[해설] 제품을 안착시키는 홈 부위(26G7)와 품번 ③인 지지대가 결합되는 부위(50H7)에 반드시 기하공차가 표기되어야 하며 데이텀 지시기호 A에 대해 수직함으로 **직각도(공차)** '⊥'가 적용된다. 기준치수가 '18'임으로 공차는 '0.009mm'가 적용되며 측면에 적용되기 때문에 공차값 앞에 절대 'Ø'를 추가하면 안된다. 치수 '50H7'은 정면도에 미리 했기 때문에 측면도의 치수 '50H7'과 중복이 되므로 참고치수 '( )'를 한 후 기하공차를 표기해야만 한다.

치수 '12H7'은 테이블에 고정할 때 정밀하게 고정하기 위해 사용하는 부위임으로 기하공차가 표기된다. 데이텀 A에 대해 수직이며 기준치수가 '3mm'가 되므로 3~6 범위의 공차값 '0.005mm'의 **직각도(공차)** '⊥'가 적용되었다.

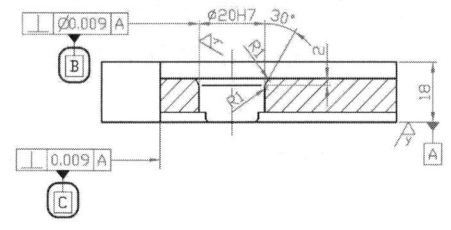

[해설] 드릴 지그의 사용 용도가 대량으로 신속하게 제품 정중앙에 정확히 구멍을 뚫기 위한 것임으로 데이텀(기준)을 1개만 정해서는 안된다.
왼쪽 그림과 같이 데이텀을 중요한 수직면에 한번 더 정해 기하공차를 좀더 자세히 표기해야만 한다.

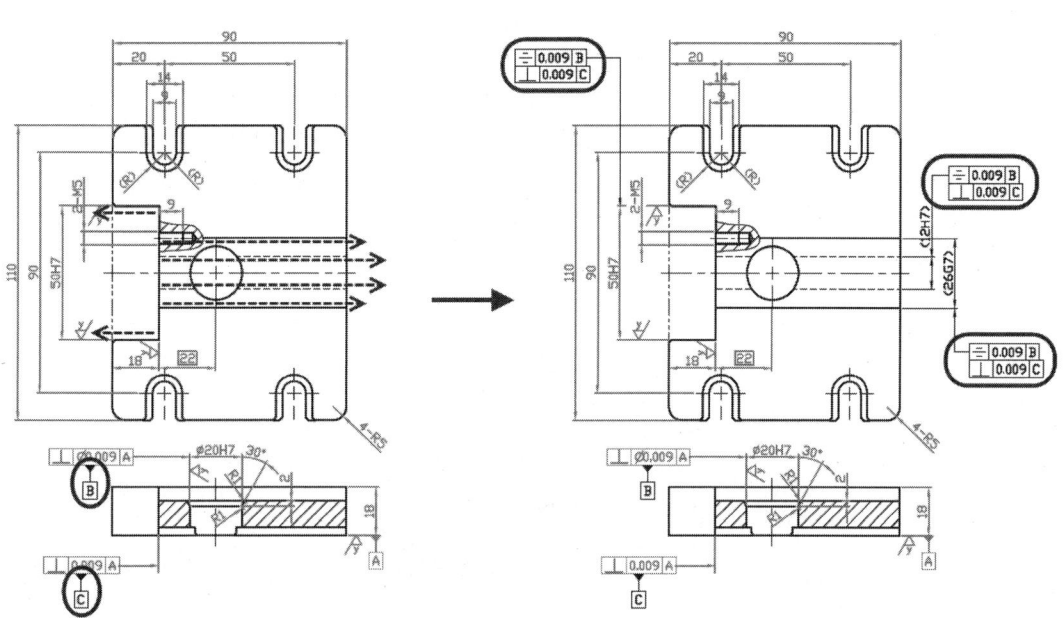

[해설] 제품을 안착시키는 치수 'Ø20H7' 구멍(데이텀B)에 대해 정면도에 있는 치수 '50H7'과 '26G7' 및 '12H7' 부위에 **대칭도(공차)** '⌯'가 반드시 기입되어야 한다. 데이텀C에 대해서는 3곳 모두 **직각도(공차)** '⊥'가 기입된다. 제품을 드릴 지그에 안착시켜 제품 정중앙에 정확히 구멍을 뚫기 위해서는 3곳의 직각과 대칭의 정도가 매우 중요하기 때문이며 치수 '26G7' 및 '12H7'은 좌측면도에서 미리 했기 때문에 측면도의 치수와 중복이 되므로 참고치수 '( )'를 한 후 기하공차를 표기해야만 한다.

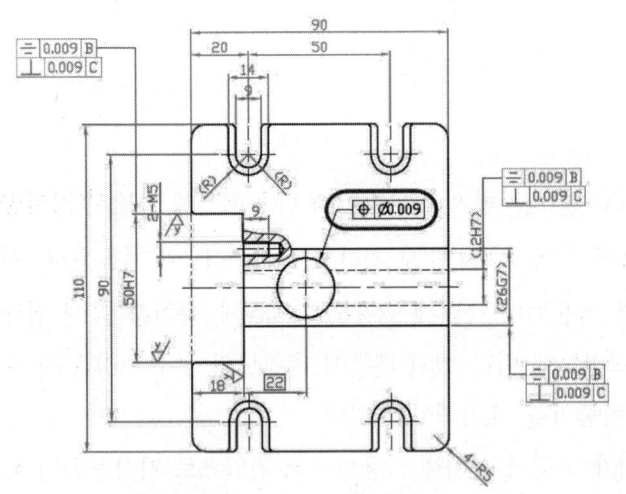

[해설] 드릴 지그를 사용시 제일 중요한 부분으로 제품을 안착시키는 구멍에 반드시 **위치도(공차)** '⌖'가 표기되어야 한다. 구멍 치수 'Ø26H7'이 기준치수가 되어 IT공차 5등급 18~30 범위의 공차값 '0.009mm'가 적용되었다. 또한 구멍임으로 공차역(0.009) 앞에 'Ø'를 추가하여 정밀도를 높여 주어야 한다.

② 다음으로 부시 홀더에 기하공차를 표기하도록 하겠다.

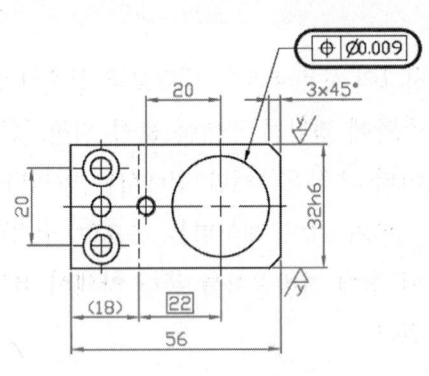

[해설] 드릴 지그를 사용시 제일 중요한 부분으로 고정 라이너(품번 ⑤)와 드릴 부시(품번 ④)를 결합시켜 드릴로 구멍 가공시 드릴 공구가 정확히 삽입되게 해야 함으로 반드시 **위치도(공차)** '⌖'가 표기되어야 한다. 구멍 치수 'Ø20H7'이 기준치수가 되어 IT공차 5등급 18~30 범위의 공차값 '0.009mm'가 적용되었다. 또한 구멍임으로 공차역(0.009) 앞에 'Ø'를 추가하여 정밀도를 높여 주어야 한다.

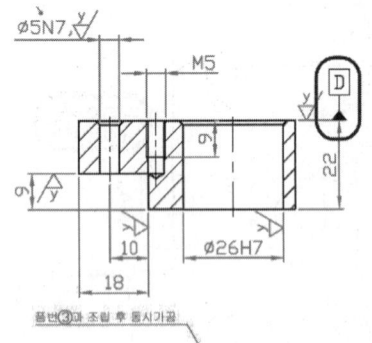

[해설] 부시 홀더 위쪽에 데이텀을 표기해야 한다. 부시 홀더 위쪽면은 고정 라이너(품번 ⑤)가 닿는 중요한 곳이기 때문이다.

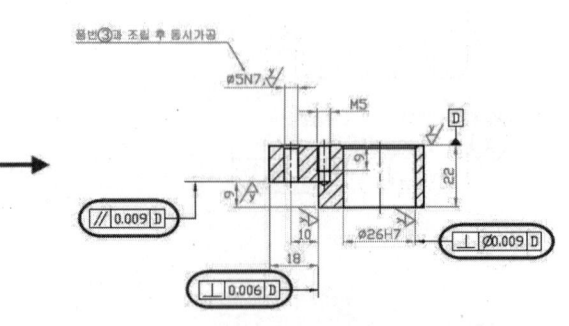

[해설] 고정 라이너(품번 ⑤)를 안착시키는 치수 'Ø26H7' 구멍이 데이텀D에 대해 수직이 되므로 **직각도(공차)** '⊥'가 적용된다. 기준치수는 높이 치수인 '22'가 되므로 공차값이 '0.009mm'가 적용되었으며 공차역(0.009) 앞에 'Ø'를 추가하여 정밀도를 높여 주어야 한다.

지지대(품번 ③)가 결합되는 왼쪽 부위에는 그림과 같이 데이텀D에 대해 **직각도(공차)** '⊥'와 **평행도(공차)** '∥'가 적용되어야 하며 기준치수는 각각 '9'와 '18'이 되므로 수직에는 '0.006', 평행에는 '0.009'가 공차값으로 적용된다.

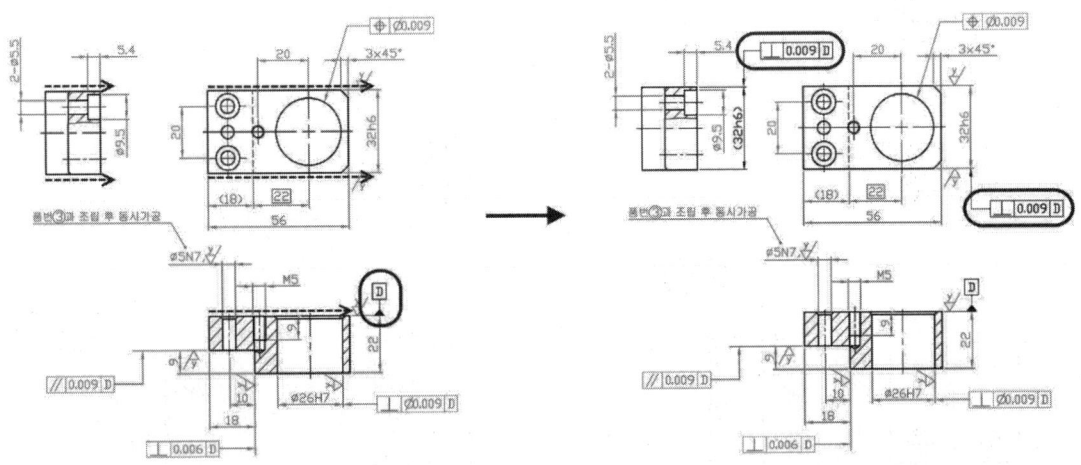

[해설] 지지대(품번 ③)가 결합되는 치수 '32h6'에 데이텀D에 대해 **직각도(공차)** '⊥'가 적용되어야 하며 기준치수가 데이텀에서의 높이 '22'가 되므로 '0.009'의 공차값이 적용된다. 좌측면도의 기하공차는 치수를 정면도에 미리 했기 때문에 중복이 되므로 참고치수 '( )'를 한 후 기하공차를 표기해야만 한다. 이러하듯 지그(JIG)쪽 부품들은 부품들 간의 직각이 무척 중요하기 때문에 결합부의 모든 면에 기하공차를 반드시 표기해야만 한다.

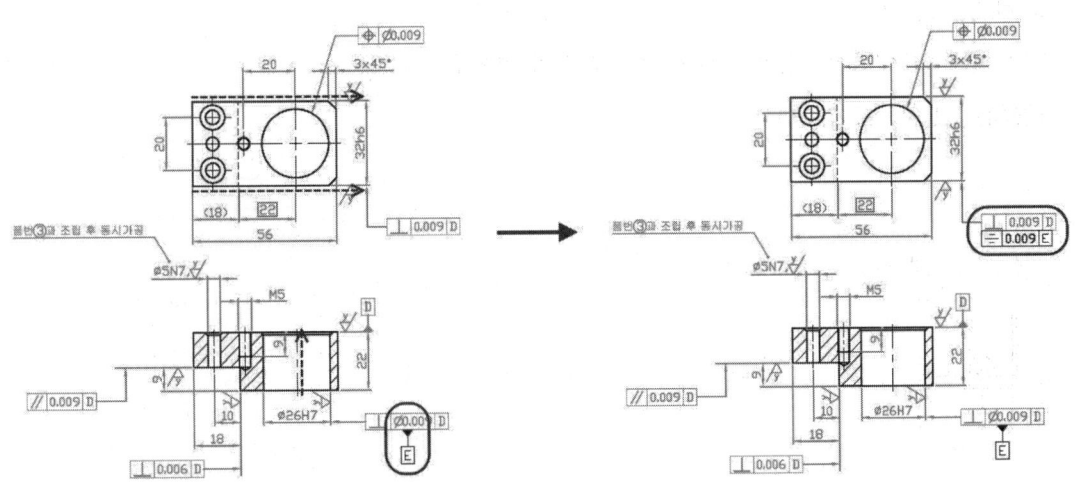

[해설] 제품에 드릴 가공시 중요한 구멍(Ø26H7) 치수에 기하공차 기입 기준이 되는 데이텀E를 표기한 후 치수 '32h6' 부위에 직각도 공차와 같이 **대칭도(공차)** '⌱'를 반드시 기입해야 한다. 대칭도 공차값은 직각도 공차와 같은 '0.009mm'를 기입한다.

드릴 지그를 사용시 신속하게 제품 정중앙에 정확히 구멍을 뚫기 위해서는 결합된 부품들 간의 좌우대칭도 무척 중요하다.

③ 다음으로 지지대에 기하공차를 표기하도록 하겠다.

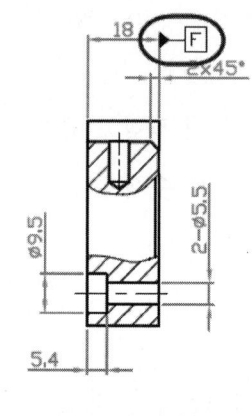

[해설] 지지대의 우측면도 오른쪽면에 데이텀을 표기해야 한다. 지지대를 가공시 사용되는 공작기계가 밀링이기 때문이다. 일반적으로 밀링에서 긴 부품을 가공시에는 테이블에 눕혀 가공을 한다.

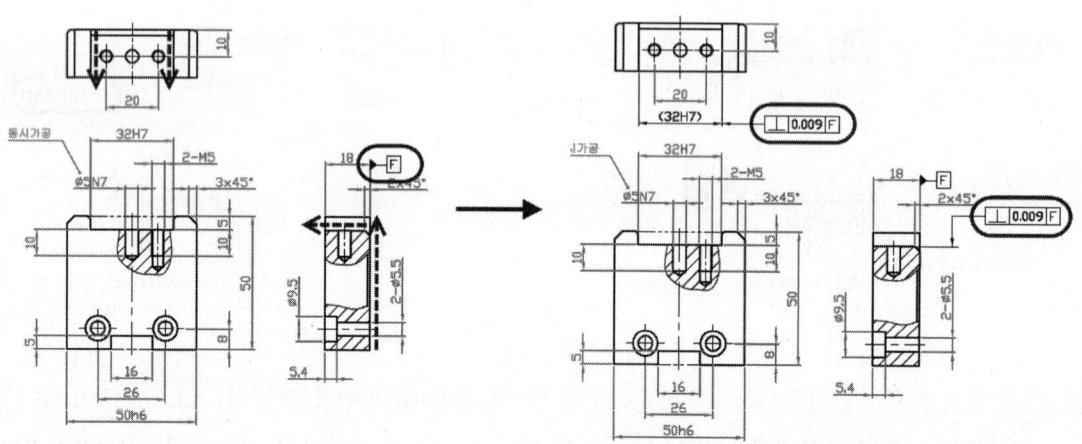

[해설] 부시 홀더(품번 ②)가 결합되는 치수 '32H7'에 데이텀F에 대해 **직각도(공차)** '⊥'가 적용되어야 하며 기준치수가 데이텀에서의 높이 '18'이 되므로 '0.009'의 공차값이 적용된다. 단, 기하공차 기입시 치수를 정면도에 미리 했기 때문에 중복이 되므로 참고치수 '( )'를 한 후 기하공차를 표기해야만 한다.

부시 홀더(품번②)가 결합시 닿는 우측면도의 접촉면에도 그림과 같이 보조선을 만든 후 **직각도 (공차)** '⊥'를 표기한다.

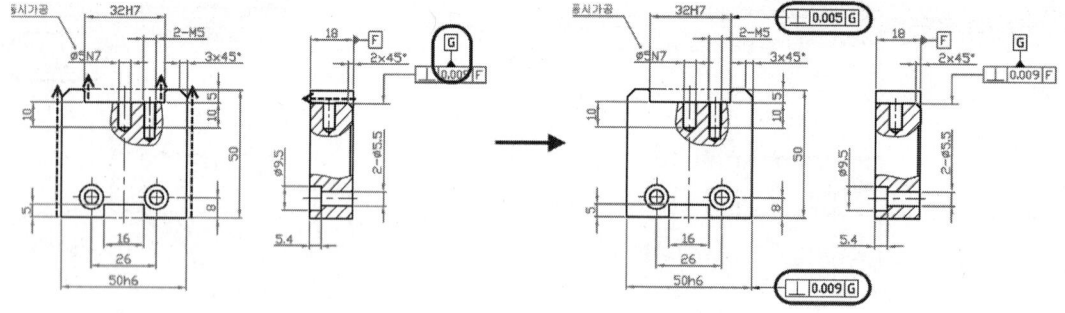

[해설] 그림과 같이 부시 홀더(품번 ②)가 결합되는 곳에 데이텀G로 기준을 설정한 후 치수 '50h6'과 '32H7'에 **직각도(공차)** '⊥'를 표기한다. 치수 '32H7'은 데이텀G에서 시작되는 높이 '5'가 기준치수가 되어 IT 공차 5등급 3~6 범위의 공차값 '0.005mm'가 적용되었다.

치수 '50h6'은 지지대 두께 '18'이 기준치수가 되어 IT공차 5등급 18~30 범위의 공차값 '0.009mm'가 적용되었다.

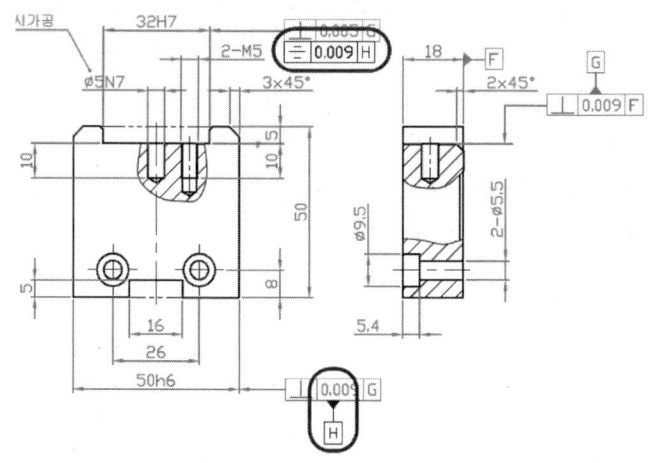

[해설] 그림과 같이 지그판(품번 ①)과 결합되는 치수 '50h6'에 데이텀H로 기준을 설정한 후 부시 홀더(품번 ②)가 결합되는 치수 '32H7'에 직각도 공차와 함께 **대칭도(공차)** '=='가 반드시 기입되어야 한다. 대칭도 공차값은 '0.009mm'가 적용된다.

④ 마지막으로 드릴 부시에 기하공차를 표기하도록 하겠다.

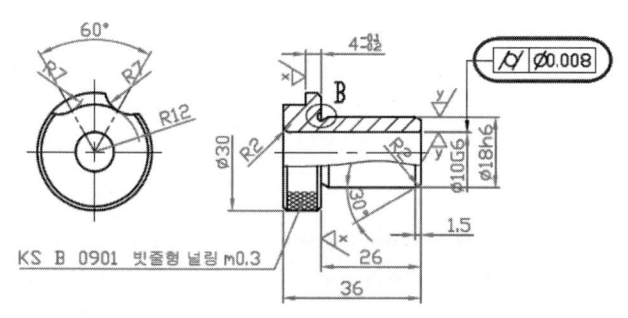

[해설] 드릴 공구의 안내면 역할을 하는 구멍인 치수 'Ø10G6'에 반드시 **원통도(공차)** '⌭'가 기입되어야 한다. 원통도는 'Ø10G6'이 기준치수가 되어 IT공차 5등급 10~18 범위의 공차값 '0.008mm'가 적용된다.

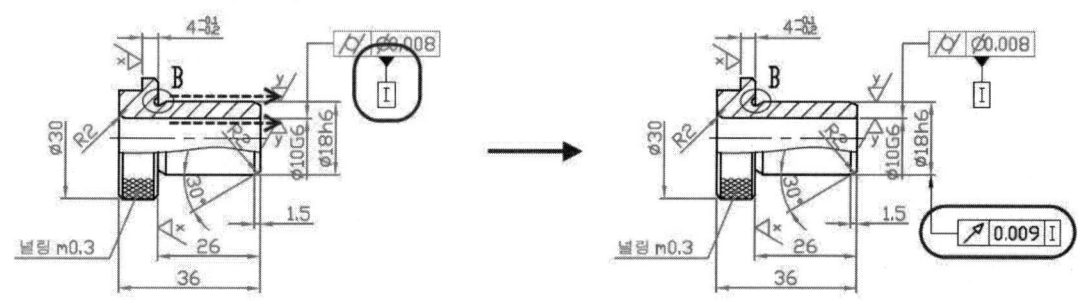

[해설] 드릴 부시 안지름에 적용된 원통도 공차에 데이텀 I 로 기준을 설정한 후 드릴 부시 바깥지름 치수 'Ø18h6'에 **원주 흔들림(공차)** '↗'를 기입해야 한다.

드릴 부시는 중심보다는 바깥지름의 기울기가 더욱 중요하기 때문에 필히 **원주 흔들림(↗)**공차를 표기해야만 하며 공차값은 기준치수가 'Ø18h6'임으로 IT공차 5등급의 18~30 범위인 공차값 '0.009mm'로 기입된다.

이것으로써 모든 부품들의 기하공차 표기가 완료되었다.

STEP 6 주서(NOTE) 작성하기

부품 표제란 위에 표기해야 하는 주서는 꼭 수검 도면과 관련되어 있는 내용만을 기재해야 한다.
KS규격집 '46. 주서 (예)' 항목을 주서 작성시 참조하고 없는 내용들은 수검자가 수검 전에 미리 숙지하여 시험에 임해야 한다.

① 현재 도면의 주서 기재 내용과 **KS규격집 '주서 (예)'** 항목을 비교해 보겠다.
   ※ MTEXT [MT or T] : 문장 단위의 글자를 쓸 때 사용하면 편리하다.

<u>현재 도면(드릴 지그)에 적용된 주서</u>

주서
1. 일반공차 - 가) 가공부 : KS B ISO 2768-m
2. 도시되고 지시없는 모떼기는 1x45°
3. 일반 모떼기는 0.2x45°
4. 전체 열처리 HRC 50±2 (품번 ④)
5. 흑착색 처리 (전품목)
6. 표면 거칠기
   $\overset{w}{\nabla} = \overset{12.5}{\nabla}$, N10
   $\overset{x}{\nabla} = \overset{3.2}{\nabla}$, N8
   $\overset{y}{\nabla} = \overset{0.8}{\nabla}$, N6

<u>KS규격집 '46. 주서 (예)' 항목</u>

주서
1. 일반공차-가)가공부:KS B ISO 2768-m
              나)주조부:KS B 0250-CT11
2. 도시되고 지시없는 모떼기는 1x45° 필렛과 라운드는 R3
3. 일반 모떼기는 0.2x45°
4. $\sqrt{}$ 부위 외면 명녹색 도장
           내면 광명단 도장
5. 파커라이징 처리
6. 전체 열처리 HRC 50±2
7. 표면 거칠기 $\sqrt{} = \sqrt{}$
   $\overset{w}{\nabla} = \overset{12.5}{\nabla}$, N10
   $\overset{x}{\nabla} = \overset{3.2}{\nabla}$, N8
   $\overset{y}{\nabla} = \overset{0.8}{\nabla}$, N6
   $\overset{z}{\nabla} = \overset{0.2}{\nabla}$, N4

[해설] 1번항 일반공차의 '가) 가공부'는 모든 도면에 필히 들어가며 '나) 주조부'는 부품재질이 GC200 **(회주철)**일 경우에만 표기되므로 현재 도면에서는 반드시 **빼야** 한다.

2번항과 3번항은 모든 부품에 기본적으로 들어가는 항목이다. 단, 2번항의 '필렛과 라운드는 R3' 대목은 수검 도면이 **클램프, 바이스, 지그**일 때는 필요가 없으므로 현재 주서에서는 **빼야** 한다.

4번항은 현재 수검 도면에서는 '드릴 부시(품번 ④)'에만 들어가야 한다. '드릴 부시'는 소모품으로 드릴 공구를 수없이 넣었다 빼다보면 안쪽이 쉽게 마모가 되기 때문에 다른 부품에 비해 강도가 높아야 함으로 열처리를 꼭 해주어야 한다.

5번항은 '흑착색(Black Fast) 처리'는 '파커라이징 처리'와 마찬가지로 부품에 방청작업(녹스는 것을 방지)을 하는 것으로 제품 표면에 흑색 피막 처리를 한다.

6번항 '표면 거칠기'는 부품에 적용된 기호들만 표기해야하기 때문에 현재 수검 도면에서 적용이 안된 $\sqrt{}$, $\overset{z}{\nabla}$ 기호 줄만 삭제하여 표기해야 한다.

> **Tip** 4번항과 5번항은 항목 맨 뒤에 해당 부품의 품번을 표기해 주어야 한다. 부품란에 표기된 모든 제품에 적용시에는 각각의 품번을 표기하는 것보다 5번항처럼 '전품목'이라고 표기하면 편하다.

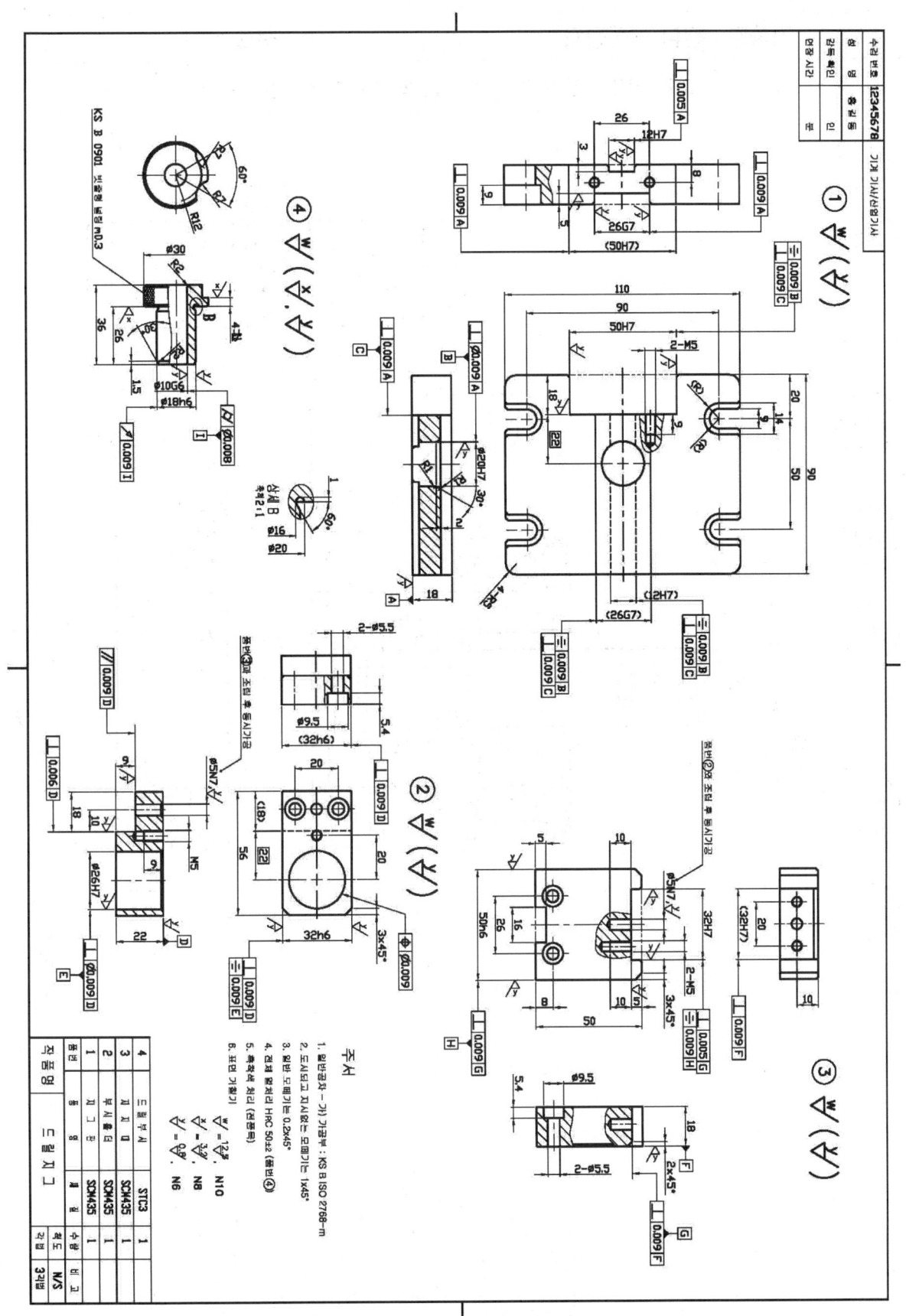

| 작품명 : 편심 구동장치 | 척도 1:1 |

⟨요구 부품⟩ 부품 번호 ①, ④, ⑤, ⑥, ⑦ ⟨표준 시간⟩ 5시간

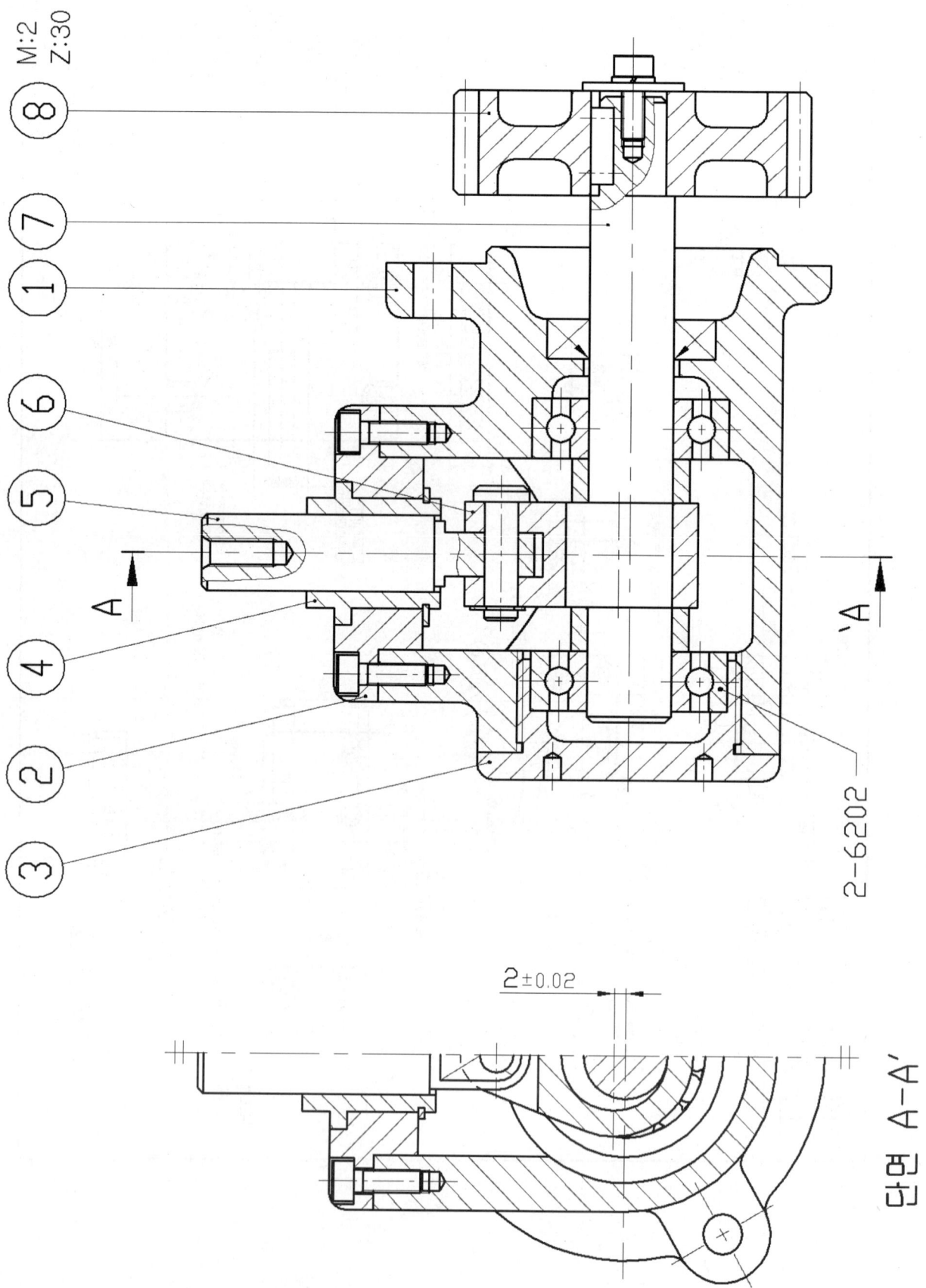

STEP 1 본체(BODY) 모델링하기 (1)

본체를 모델링하는 방법은 우측면에 원기둥을 먼저 만들고 나서 벽에 본체를 고정시키는 구멍이 있는 부분과 피스톤 로드가 결합되는 방향의 돌출 원기둥을 만들어 본체의 외관을 먼저 완성한 다음 나머지 본체 내부 구멍들을 완성하여 마무리하는 방법으로 모델링을 진행한다.

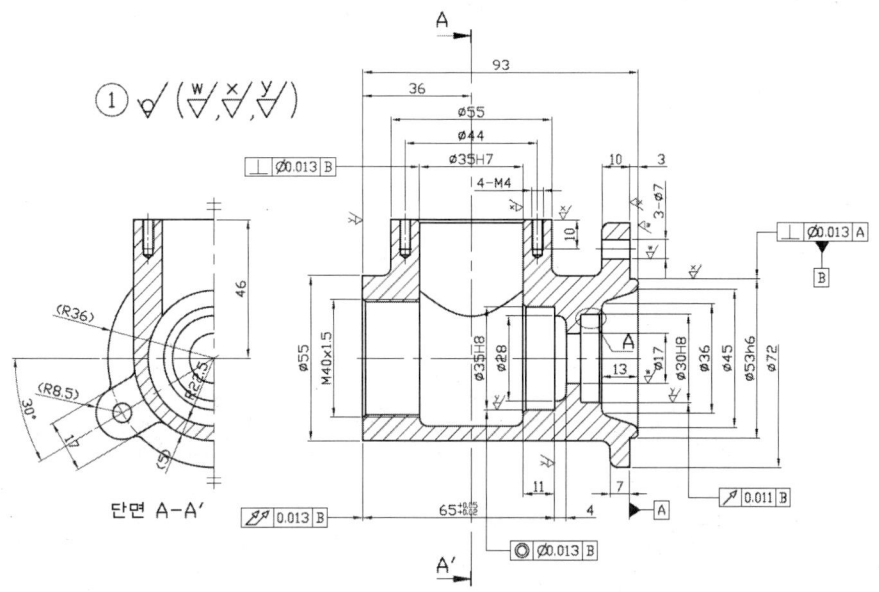

>> 네비게이터 navigator

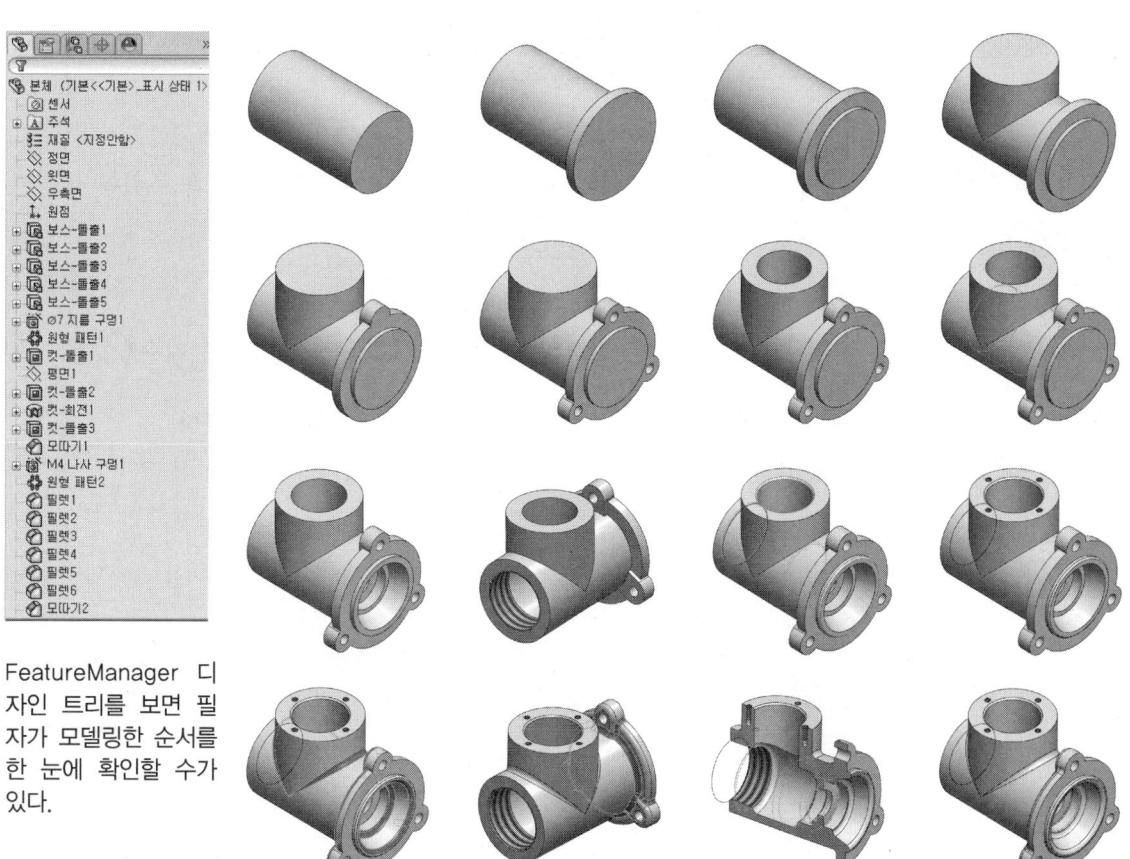

FeatureManager 디자인 트리를 보면 필자가 모델링한 순서를 한 눈에 확인할 수가 있다.

① 표준 도구모음에서 새문서를 클릭한다.(단축키 : Ctrl+N)

초보 모드 창　　　　고급 모드 창

새 문서 대화상자가 나타난다.

② 파트를 선택한 후 확인을 클릭한다.

③ FeatureManager 디자인 트리의 [우측면]을 선택하고 스케치 도구모음에서 스케치를 클릭한다.

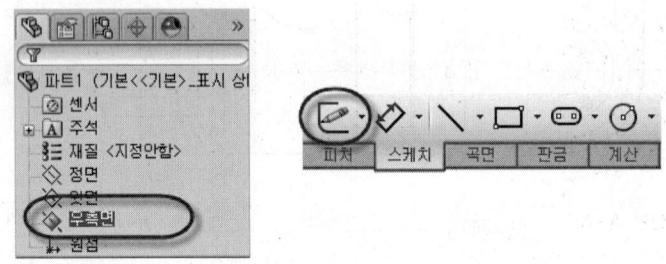

④ 스케치 도구모음에서 원을 클릭한 후 마우스를 원점으로 가져간다.

마우스 포인터 모양이 으로 바뀐다. (원의 중심과 원점 사이에 일치 구속 조건이 부여된다는 것을 의미한다.)

⑤ 클릭하여 원점에 원을 대략적인 크기로 스케치하고 스케치 도구모음에서 지능형 치수를 클릭한다. 마우스 포인터 모양이 으로 바뀝니다. 원의 지름을 '55'로 치수구속한다.

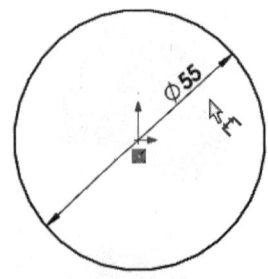

⑥ 피처 도구모음에서 돌출 보스/베이스를 클릭한다. 그래픽 영역의 도형을 바라보는 시점이 자동으로 등각 보기로 변경이 되면서 왼쪽 구역 창이 돌출 설정 옵션을 입력할 수 있는 Property Manager창으로 표시가 된다.

⑦ PropertyManager창의 방향1 아래에서

 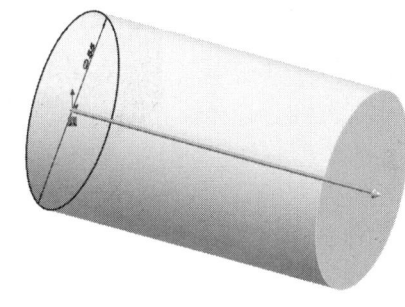

깊이를 지정하고 ENTER를 누르면 지정한 깊이로 정확하게 돌출 음영미리보기가 표시된다.

1. 마침 조건으로 블라인드 형태를 선택한다.
2. 깊이를 '90'으로 입력한다.

⑧ ✔(확인)을 클릭한다. 첫 피처가 완성이 되었으며 왼쪽에 있는 FeatureManager 디자인 트리창에 보스-돌출1이 표시된다.

⑨ 그림과 같이 원기둥 오른쪽 면을 선택하고 스케치 도구모음에서 스케치를 클릭한다.

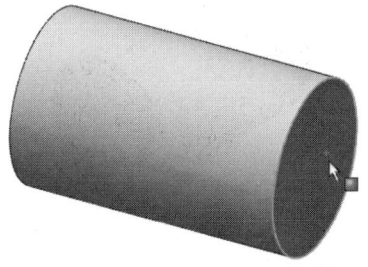

⑩ 표준 보기 방향 도구 모음에서 (우측면)를 클릭한다. (단축키 : Ctrl+4)

⑪ 스케치 도구모음에서 원을 클릭한다. 원점에 클릭하고 대략적인 크기로 원을 스케치한다.

⑫ 스케치 도구모음에서 지능형 치수를 클릭한다. 원의 지름을 '72'로 치수구속한다.

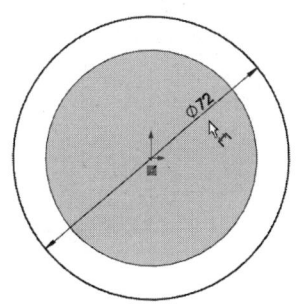

⑬ 표준 보기 방향 도구 모음에서 (등각보기)를 클릭한다. (단축키 : Ctrl+7)

⑭ 피처 도구모음에서 돌출 보스/베이스를 클릭한다.

⑮ PropertyManager창의 방향1 아래에서

 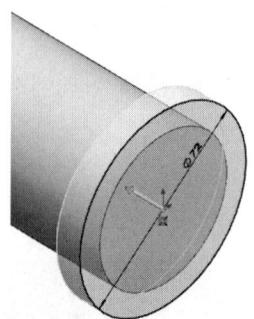

1. 마침 조건으로 블라인드 형태를 선택한다.
2. 깊이를 '7'로 입력한다.
3. 반대 방향 버튼을 클릭하여 왼쪽으로 돌출 방향을 변경한다.

⑯ (확인)을 클릭한다. 두 번째 피처가 완성이 되었으며 왼쪽에 있는 FeatureManager 디자인 트리 창에 보스-돌출2가 표시된다.

⑰ 다시 한번 원기둥 오른쪽 면을 선택하고 스케치 도구모음에서 스케치를 클릭한다.

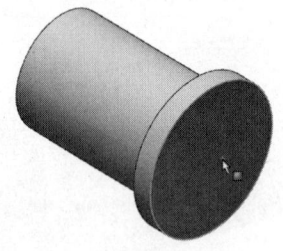

⑱ 표준 보기 방향 도구 모음에서 (우측면)를 클릭한다. (단축키 : Ctrl+4)

⑲ 스케치 도구모음에서 원을 클릭한다. 원점 에 클릭하고 대략적인 크기로 원을 스케치한다.

⑳ 스케치 도구모음에서 지능형 치수를 클릭한다. 원의 지름을 '53'으로 치수구속한다.

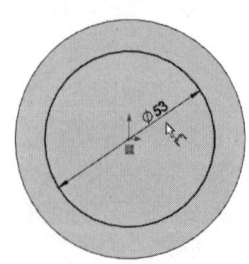

㉑ 표준 보기 방향 도구 모음에서 (등각보기)를 클릭한다. (단축키 : Ctrl+7)

㉒ 피처 도구모음에서 돌출 보스/베이스를 클릭한다.

㉓ PropertyManager창의 방향1 아래에서

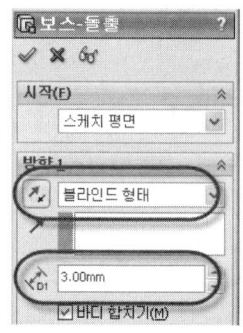 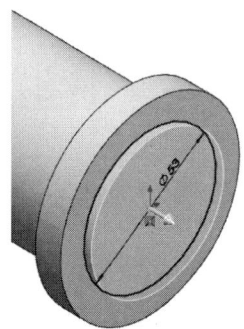

1. 마침 조건으로 블라인드 형태를 선택한다.
2. 깊이 를 '3'으로 입력한다.

㉔ (확인)을 클릭한다. 세 번째 피처가 완성이 되었으며 왼쪽에 있는 FeatureManager 디자인 트리 창에 보스-돌출3이 표시된다.

㉕ FeatureManager 디자인 트리의 [윗면]을 선택하고 스케치 도구모음에서 스케치를 클릭한다.

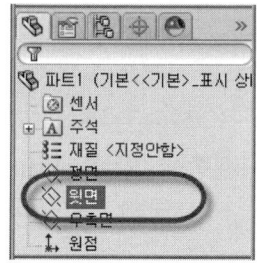 

㉖ 표준 보기 방향 도구 모음에서 (윗면)을 클릭한다. (단축키 : Ctrl+5)

㉗ 스케치 도구모음에서 원을 클릭한다.

㉘ 그림과 같은 위치에 대략적인 크기로 스케치를 한 후 ESC키를 한번 누르고나서 스케치한 원의 중심과 Ctrl키를 누른 상태에서 원점을 클릭한다.

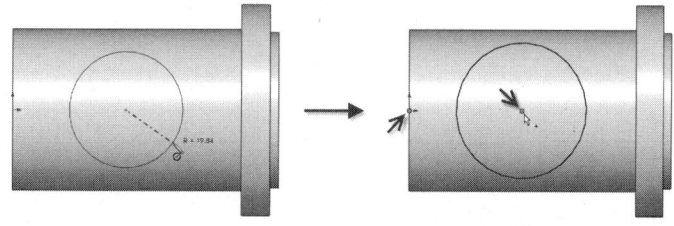

㉙ PropertyManager창의 구속조건 부가 아래에서
수평(H) 구속조건을 선택한다.

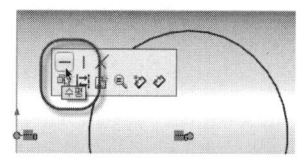

㉚ 스케치 도구모음에서 지능형 치수 를 클릭한다. 원의 지름을 '55', 왼쪽에서 떨어진 중심까지의 거리를 '36'으로 치수구속한다.

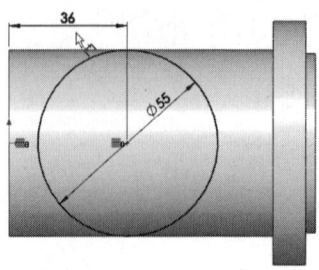

㉛ 피처 도구모음에서 돌출 보스/베이스 를 클릭한다.

㉜ 표준 보기 방향 도구 모음에서 (등각보기)를 클릭한다. (단축키 : Ctrl+7)

㉝ PropertyManager창의 방향1 아래에서

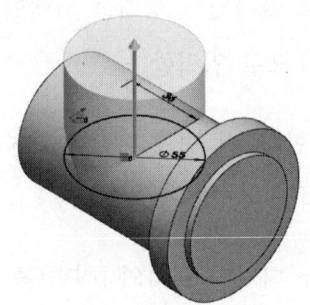

1. 마침 조건으로 블라인드 형태를 선택한다.
2. 깊이 를 '46'으로 입력한다.

㉞ (확인)을 클릭한다. 네 번째 피처가 완성이 되었으며 왼쪽에 있는 FeatureManager 디자인 트리 창에 보스-돌출4가 표시된다.

㉟ 그림과 같이 원기둥 오른쪽 면을 선택하고 스케치 도구모음에서 스케치 를 클릭한다.

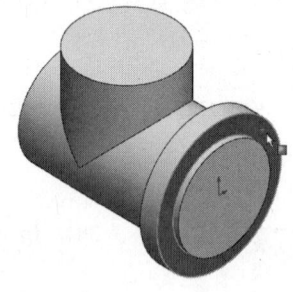

㊱ 표준 보기 방향 도구 모음에서 (우측면)를 클릭한다. (단축키 : Ctrl+4)

㊲ 스케치 도구모음에서 선 을 클릭한다.

㊳ 그림과 같이 윗쪽 대략적인 위치에 아래에서 위로 수직선을 스케치를 하고 곧장 키보드의 A키를 눌러 호로 전환하여 180도 호를 스케치한 후 다시 아래쪽으로 수직선을 스케치한 후 왼쪽 끝점에 선을 이어 붙여 폐구간을 만든 후 ESC키를 한번 눌러 명령을 종료한다.

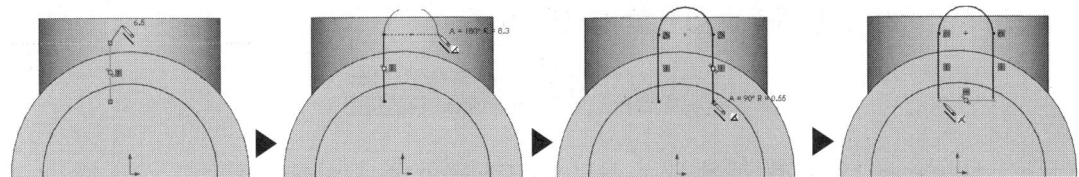

㊴ 3개의 점(호의 양끝점과 호의 중심)을 Ctrl키를 누른 상태에서 선택하고 ─ 수평(H) 구속조건을 부가한다. 그리고 다시 호의 중심과 원점을 Ctrl키를 누른 상태에서 선택하고 │ 수직(V) 구속조건을 부가해야 한다.

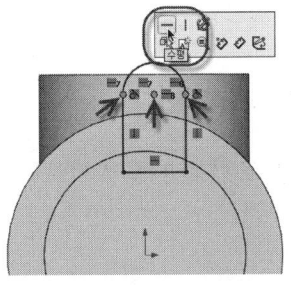 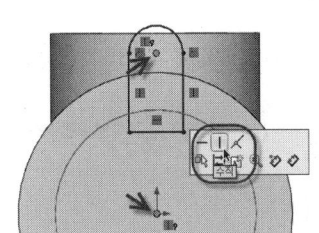

㊵ 스케치 도구모음에서 지능형 치수 ◇ 를 클릭한다. 오른쪽 그림과 같이 치수값('R8.5', '36', '20')을 입력한다.

　　치수 '36'은 호(R8.5)의 중심에서 원점까지의 거리이다.
　　치수 '20'은 임의의 값으로 대략적인 높이를 부여한 치수이다.

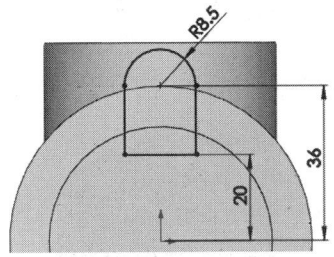

㊶ 피처 도구모음에서 돌출 보스/베이스 를 클릭한다.

㊷ 표준 보기 방향 도구 모음에서 (등각보기)를 클릭한다. (단축키 : Ctrl+7)

㊸ PropertyManager창의 방향1 아래에서
　1. 마침 조건으로 블라인드 형태를 선택한다.
　2. 깊이 를 '10'으로 입력한다.
　3. 반대 방향 버튼을 클릭하여 왼쪽으로 돌출방향을 변경한다.

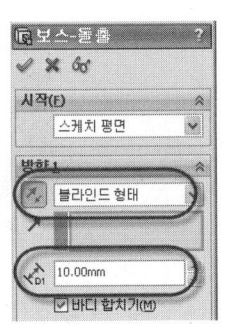 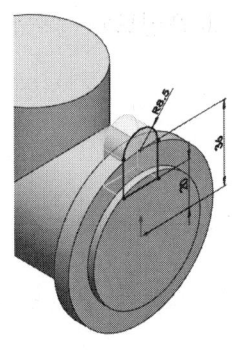

STEP 1   본체(BODY) 모델링하기 (2)

① 피처 도구모음에서 구멍 가공 마법사를 클릭한다.

② PropertyManager창의 유형 탭에 있는 구멍 유형과 구멍 스팩 아래에서 :

1. 구멍 유형으로 구멍 을 선택한다.

2. 표준 규격은 KS로 선택하고 유형은 드릴 크기로 선택한다.

3. 사용자 정의 크기 표시를 체크한다.

4. 관통 구멍 지름값에 '7'을 입력한다.

5. 마침 조건 아래에서 : 마침 조건을 다음까지로 선택한다.

③ PropertyManager창의 위치 탭을 선택한다.

④ 구멍을 내기 위해 그림과 같이 돌출된 상단면 한 곳을 클릭한다.

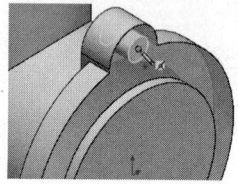

⑤ 키보드의 ESC키를 한번 눌러서 구멍 삽입을 종료한다.

⑥ 포인트와 돌출된 상단 모서리를 Ctrl키를 누른 상태에서 선택한 후 동심 구속조건을 부가한다.

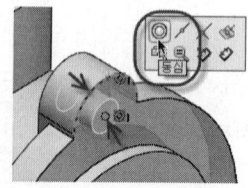

⑦ 그래픽 영역 빈공간을 마우스를 클릭하거나 을 클릭하여 형상 구속조건 부가 정의를 종료한다.

⑧ ✔(확인)을 클릭하여 구멍 가공 마법사 PropertyManager창을 닫는다. 왼쪽에 있는 Feature Manager 디자인 트리창에 ∅7 지름 구멍1이 표시된다.

⑨ 피처 도구모음에서 원형 패턴을 클릭한다.

⑩ PropertyManager창의 패턴할 피처 및 파라미터 아래에서 :

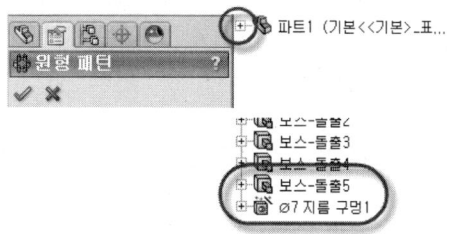

PropertyManager창 위 오른쪽에 있는 ⊞를 누르면 Feature-Manager 디자인 트리가 나타나며 여기에서 패턴할 피처인 '보스-돌출5'와 '∅7 지름 구멍1'를 선택한다.

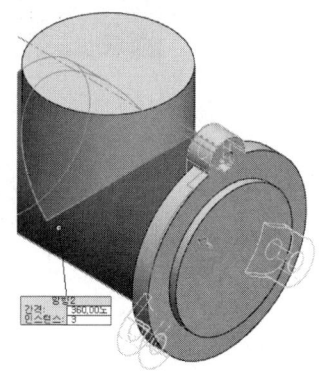

1. 패턴 축 ⟳ [   ] 란을 클릭한 후 회전 중심축이 되는 바깥쪽 원통면(∅55)을 선택한다.
2. 인스턴스 수 를 '3'개로 입력한다.
3. ☑동등 간격(E) 동등 간격을 체크한다.

⑪ ✔(확인)을 클릭한다. 아래에 있는 FeatureManager 디자인 트리창에 원형 패턴1이 표시된다.

⑫ 그림과 같이 원기둥 윗면을 선택하고 스케치 도구모음에서 스케치 를 클릭한다.

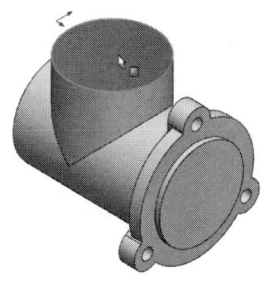

제8장 SolidWorks를 사용한 동력전달장치 모델링 & AutoCAD 도면화 작업 485

⑬ 표준 보기 방향 도구 모음에서 ⬜(윗면)을 클릭한다. (단축키 : Ctrl+5)

⑭ 스케치 도구모음에서 원⊙을 클릭한다.

⑮ 그림과 같은 위치에 대략적인 크기로 스케치를 한 후 ESC키를 한번 누르고나서 스케치한 원과 Ctrl 키를 누른 상태에서 상단 모서리를 클릭하여 ◎동심(N)구속조건을 부가한다.

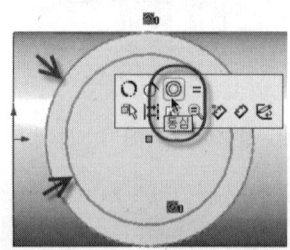

⑯ 스케치 도구모음에서 지능형 치수✏를 클릭한다. 원의 지름을 '35'로 치수구속한다.

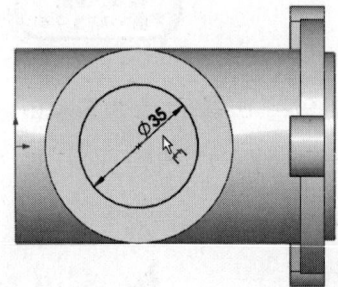

⑰ 표준 보기 방향 도구 모음에서 🔲(등각보기)를 클릭한다. (단축키 : Ctrl+7)

⑱ 피처 도구모음에서 돌출 컷🔲을 클릭한다.

⑲ PropertyManager창의 방향1 아래에서

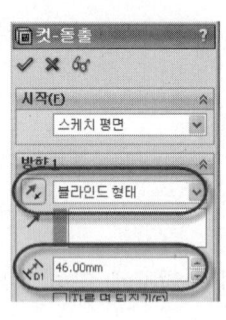 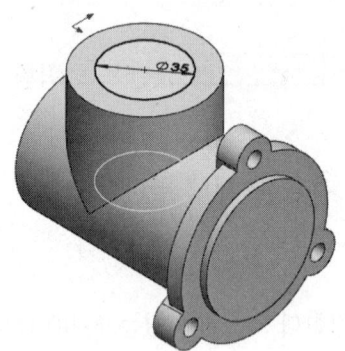

　1. 마침 조건으로 블라인드 형태를 선택한다.

　2. 깊이⟵를 '46'으로 입력한다.

⑳ ✔(확인)을 클릭한다. 일곱 번째 피처가 완성이 되었으며 왼쪽에 있는 FeatureManager 디자인 트리창에 컷-돌출1이 표시된다.

㉑ FeatureManager 디자인 트리에서 (우측면)을 선택한다.

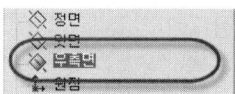

㉒ 피처 도구모음에서 참조 형상의 기준면을 클릭한다.

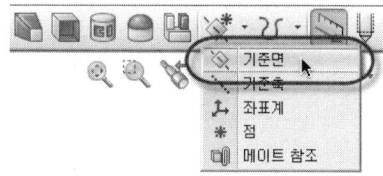

㉓ PropertyManager창의 제1참조 아래에서 오프셋 거리를 '36'으로 입력한다.

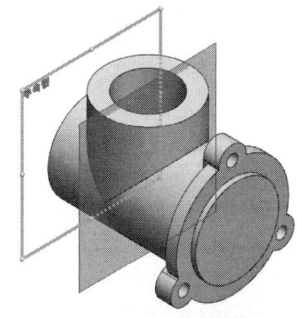

㉔ (확인)을 클릭한다. 왼쪽에 있는 FeatureManager 디자인 트리창에 평면1이 표시된다.

㉕ FeatureManager 디자인 트리에서 평면1를 선택한다. 스케치 도구모음에서 스케치를 클릭한다.

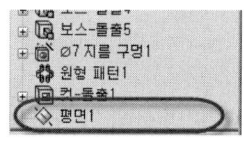

㉖ 표준 보기 방향 도구 모음에서 (우측면)을 클릭한다. (단축키 : Ctrl+4)

㉗ 스케치 도구모음에서 원을 클릭한다. 원점에 클릭하고 대략적인 크기로 원을 스케치한다.

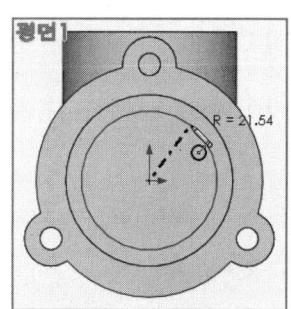

㉘ 스케치 도구모음에서 지능형 치수⌀를 클릭한다. 원의 지름을 '45'로 치수구속한다.

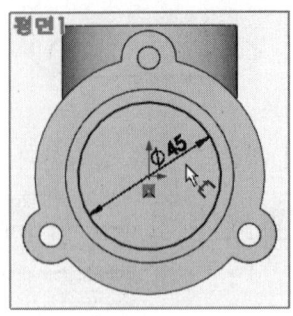

㉙ 표준 보기 방향 도구 모음에서 ▩(등각보기)를 클릭한다. (단축키 : Ctrl+7)

㉚ 피처 도구모음에서 돌출 컷▣을 클릭한다.

㉛ PropertyManager창의 방향1 아래에서 :

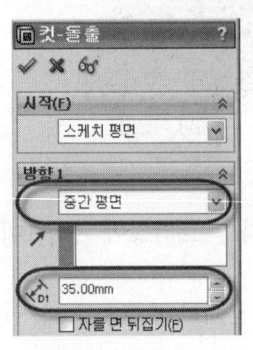 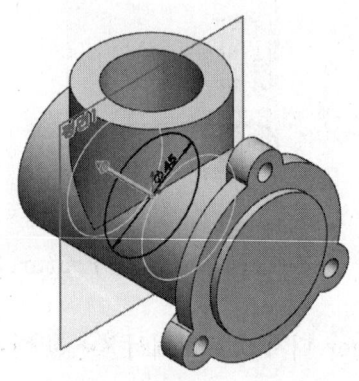

1. 마침 조건으로 중간 평면을 선택한다.
2. 깊이 ⇩를 '35'로 입력한다.

㉜ ✔(확인)을 클릭한다. 여덟 번째 피처가 완성이 되었으며 왼쪽에 있는 FeatureManager 디자인 트리창에 컷-돌출2가 표시된다.

㉝ 작업이 끝난 기준면으로 생성된 ◇ 평면1을 숨겨준다. FeatureManager 디자인 트리창에서 ◇ 평면1을 선택하거나 모델에 표시된 '평면1'을 클릭하면 나타나는 상황별 도구모음 중에 숨기기 👓로 숨겨준다.

㉞ FeatureManager 디자인 트리에서 [정면]를 선택한다. 스케치 도구모음에서 스케치✎를 클릭한다.

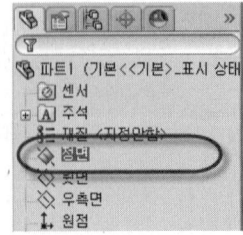

㉟ 표준 보기 방향 도구 모음에서 ⬜(정면)을 클릭한다. (단축키 : Ctrl+1)

보기 도구 모음에서 표시 유형⬜˙에서 실선 표시⬜를 선택한다.

㊱ 스케치 도구모음에서 선✏을 클릭한다. 그림과 같이 대략적으로 폐구간 형태로 스케치를 한다.

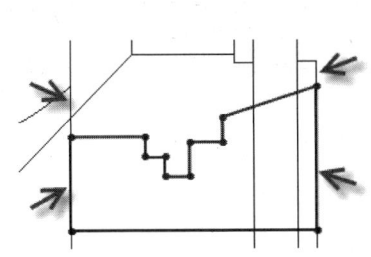 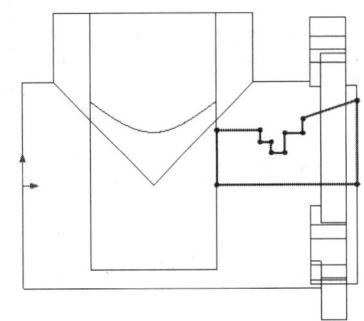

🔍 왼쪽 끝과 오른쪽 끝의 수직선을 정확히 물체의 모서리와 일치시켜 스케치를 해야 하며 만약 일치가 안 된 경우에는 ✏동일선상(L) 구속조건을 부가하여 일치시켜야 한다.

🔍 아래쪽 수평선은 원점과 정확히 일치해야 하며 만약 일치가 안된 경우에는 ✏일치(D) 구속조건을 부가하여야 한다.

회전시키는 축으로 사용할 수평선을 선택하여 보조선▦으로 변경한다.

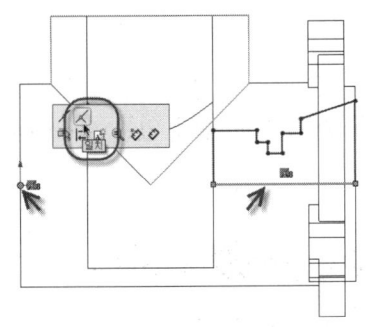 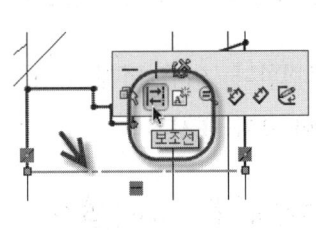

㊲ 스케치 도구모음에서 지능형 치수✏를 클릭한다. 아래 그림과 같이 지름 치수값('35', '28', '17', '30', '36', '45')을 입력한다. 지름 치수가 끝나면 길이 치수값('11', '4', '7.3', '13')을 빠짐없이 입력하여 스케치를 완전 정의(검정색)시켜야 한다.

🔍 지름 치수기입을 하기 위해서는 지능형 치수로 치수기입할 선과 보조선을 선택한 후 마우스 포인터의 위치를 보조선보다 먼 곳으로 위치시켜야 한다.

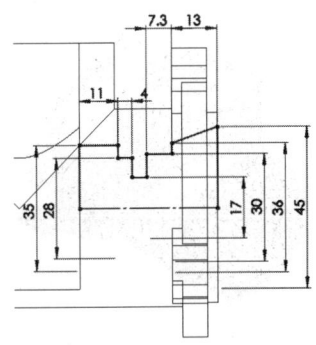

㊳ 피처 도구모음에서 회전 컷을 클릭한다.

닫힌 형태의 스케치에서 보조선으로 변경한 경우에는 다음과 같은 메시지가 표시된다. '예(Y)'를 클릭하여 닫힌 형태의 스케치로 자동으로 만들어 주어야 회전시킬 수가 있다.

㊴ 표준 보기 방향 도구 모음에서 (등각보기)를 클릭한다. (단축키 : Ctrl+7)

㊵ PropertyManager창의 방향1 아래에서 :

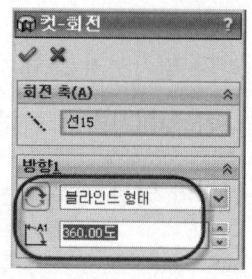 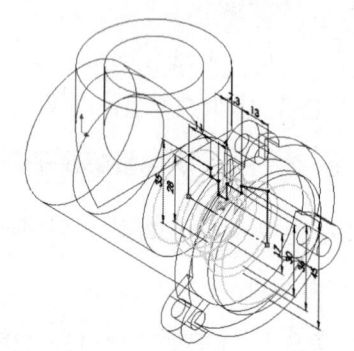

1. 회전 유형을 블라인드 형태로 선택한다.
2. 방향1의 각도를 '360'도로 입력한다.

㊶ (확인)을 클릭한다. 아홉 번째 피처가 완성이 되었으며 왼쪽에 있는 FeatureManager 디자인 트리창에 컷-회전1이 표시된다.

㊷ 보기 도구 모음에서 표시 유형 에서 모서리 표시 음영 을 선택한다.

마우스 휠(가운데 버튼)를 누른 상태에서 움직여 본체의 왼쪽 부분이 보이도록 회전시킨다.

㊸ 그림과 같이 본체 왼쪽면을 선택하고 스케치 도구모음에서 스케치를 클릭한다.

㊹ 표준 보기 방향 도구 모음에서 (좌측면)을 클릭한다. (단축키 : Ctrl+3)

㊺ 케치 도구모음에서 원을 클릭한다. 원점 에 클릭하고 대략적인 크기로 원을 스케치한다.

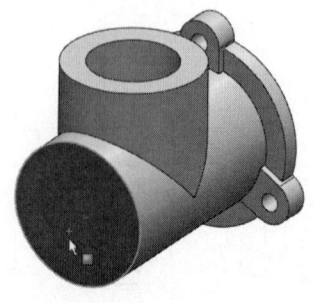

㊻ 스케치 도구모음에서 지능형 치수를 클릭한다. 원의 지름을 '38.5'로 치수구속한다.
(※ M40×1.5나사임으로 안지름은 나사 호칭경 40에서 나사 피치 1.5를 뺀 38.5가 된다.)

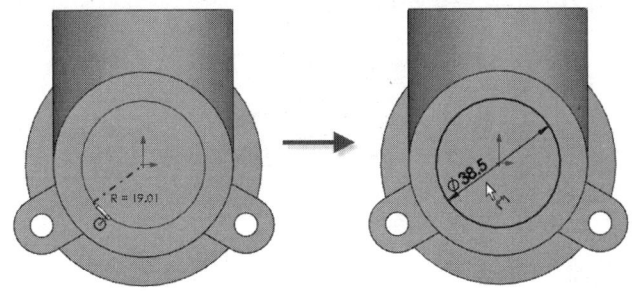

㊼ 피처 도구모음에서 돌출 컷을 클릭한다. 마우스 휠(가운데 버튼)을 누른 상태에서 움직여 본체의 왼쪽 부분이 보이도록 회전시킨다.

㊽ PropertyManager창의 방향1 아래에서 마침 조건으로 다음까지를 선택한다.

 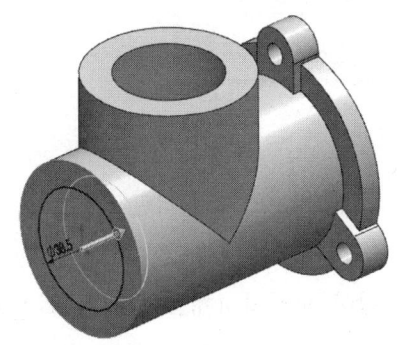

㊾ (확인)을 클릭한다. 열 번째 피처가 완성이 되었으며 왼쪽에 있는 FeatureManager 디자인 트리 창에 컷-돌출3이 표시된다.

STEP 1   본체(BODY) 모델링하기 (3)

① 피처 도구모음에서 모따기 를 클릭한다.

② PropertyManager창의 모따기 변수 아래에서

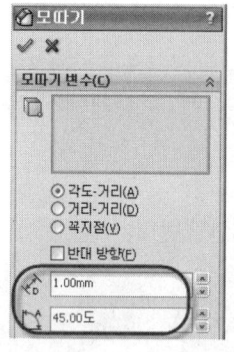 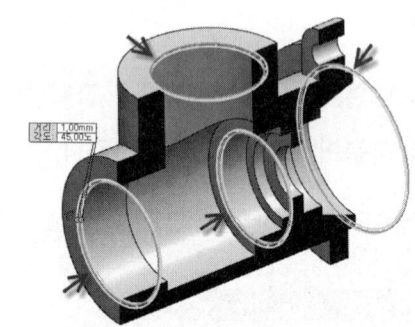

   1. 거리를 '1'로 입력한다.
   2. 각도를 '45'도로 입력한다.

③ 그림과 같이 모서리 4개를 물체를 회전해가면서 선택한다.

④ ✔(확인)을 클릭한다. 왼쪽에 있는 FeatureManager 디자인 트리창에 모따기1이 표시된다.

⑤ 선수 학습시 추가한 나사산 표시 를 클릭한다.

⑥ 나사산이 표시될 내경(38.5mm)의 바깥쪽 모서리 1개를 클릭한다.

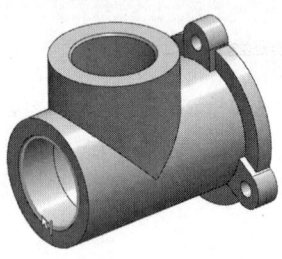

⑦ PropertyManager창의 나사산 표시 설정 아래에서 :

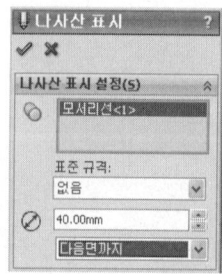 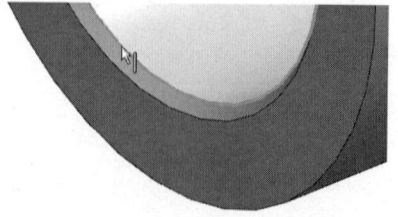

1. 표준 규격을 없음으로 선택한다.
2. ⌀작은 지름에 '40'을 입력한다.
3. 마침 조건을 다음면까지로 선택한다.

⑧ ✔(확인)을 클릭한다.

> **나사산 음영 표시**
>
> 탭 구멍을 만들고 나사산 음영을 표시하기 위해서는 FeatureManager 디자인 트리의 주석에서 마우스 오른쪽 버튼 클릭시 나오는 세부 사항…에 들어가 주석 속성창에서 음영 나사산을 체크해 주어야 한다.
>
>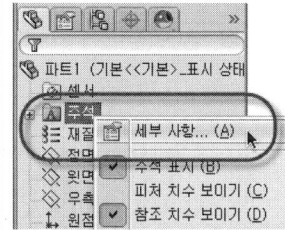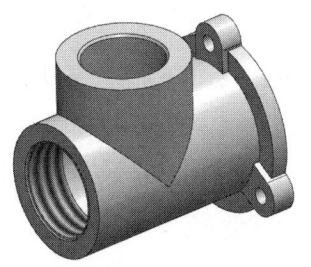
>
> 음영 표시가 안 나타날 경우에는 '세부 사항…' 밑에 주석 표시가 체크되어 있는지 확인해야 한다.

⑨ 피처 도구모음에서 구멍 가공 마법사 를 클릭한다.

⑩ PropertyManager창의 유형 탭에 있는 구멍 스팩, 마침조건, 옵션 아래에서 다음과 같이 선택한다.

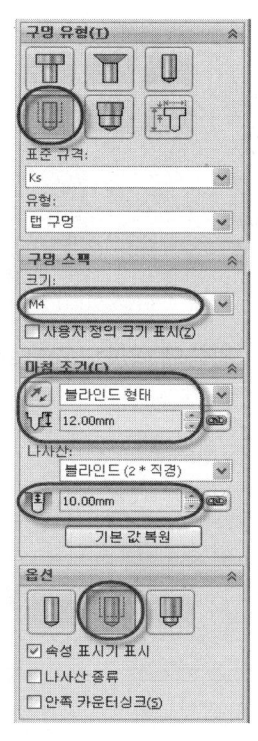

1. 크기는 M4로 한다.
2. 마침 조건을 블라인드 형태로 선택한다.
3. 블라인드 구멍 깊이 를 '12'로 입력한다.
4. 탭 나사선 깊이 를 '10'으로 입력한다.
5. 나사산 표시 를 선택한다.
6. 속성 표시기 표시만 체크하고 나머지 2개는 체크 해제한다.
7. PropertyManager창의 위치 탭을 선택한다.

⑪ 탭 구멍을 내기 위해 그림과 같이 돌출된 상단면 한 곳을 클릭한다.

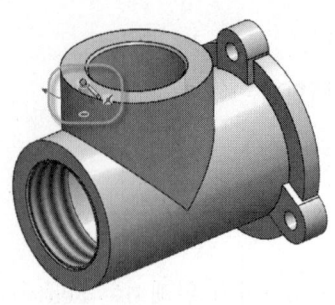

⑫ 키보드의 ESC키를 한번 눌러서 구멍 삽입을 종료한다.

⑬ PropertyManager창 위 오른쪽에 있는 ⊞를 누르면 Feature-Manager 디자인 트리가 나타나며 여기에서 [정면]을 클릭하고 Ctrl키를 누른 상태에서 물체상에 삽입된 포인트를 선택한 후 일치(D) 구속조건을 부가한다.

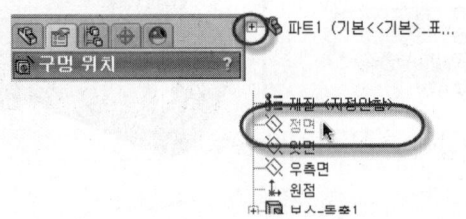 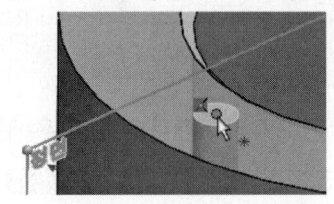

⑭ 표준 보기 방향 도구 모음에서 (윗면)을 클릭한다. (단축키 : Ctrl+5)

⑮ 스케치 도구모음에서 지능형 치수 를 클릭한다. 아래 그림과 같이 중심에서 포인트 거리 치수값 ('22')을 입력한다.

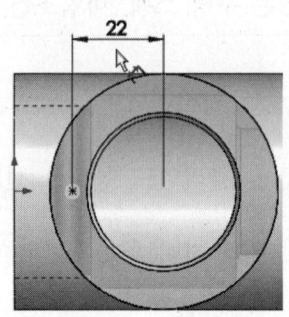

⑯ (확인)을 클릭하여 구멍 가공 마법사 PropertyManager창을 닫는다. 왼쪽에 있는 Feature Manager 디자인 트리창에 M4 나사 구멍1이 표시된다.

⑰ 피처 도구모음에서 원형 패턴 을 클릭한다.

⑱ PropertyManager창의 패턴할 피처 아래에서 PropertyManager창 위 오른쪽에 있는 ⊞를 누르면 Feature-Manager 디자인 트리가 나타나며 여기에서 패턴할 피처인 'M4 나사구멍1'을 선택한다.

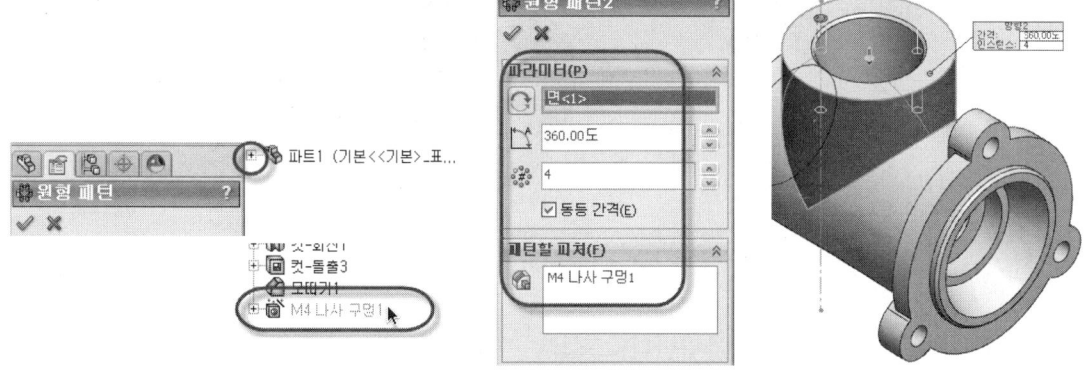

1. 패턴 축 🔘 [   ] 란을 클릭하고 🔲 (등각보기) (단축키 : Ctrl+7)를 한 후 회전 중심축이 되는 수직 원통면(∅55)을 선택한다.
2. 인스턴스 수 ❋ 를 '4'개로 입력한다.
3. ☑동등 간격(E) 동등 간격을 체크한다.

⑲ ✔(확인)을 클릭한다. 왼쪽에 있는 FeatureManager 디자인 트리창에 원형 패턴2가 표시된다.

⑳ 피처 도구모음에서 필렛🔲을 클릭한다.

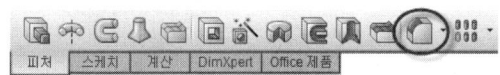

㉑ PropertyManager창의 필렛할 항목 아래에서 반경 ↗ 을 '3'으로 입력한다.

㉒ 아래 그림과 같이 현재 시점에서 보이는 모서리 4개를 선택한다.

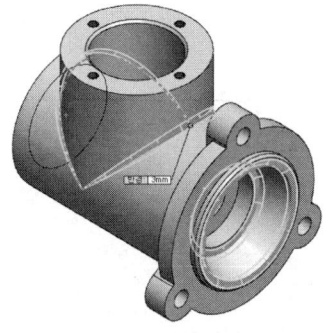

㉓ ✔(확인)을 클릭한다. 왼쪽에 있는 FeatureManager 디자인 트리창에 필렛1이 표시된다.

㉔ 피처 도구모음에서 필렛🔲을 클릭한다.

㉕ 그림과 같이 오른쪽 돌출 부위 6개 모서리를 선택한다. 모서리가 잘 보이는 쪽으로 마우스 휠(가운데 버튼)을 누른 상태에서 움직여 물체를 회전시켜가며 선택한다.

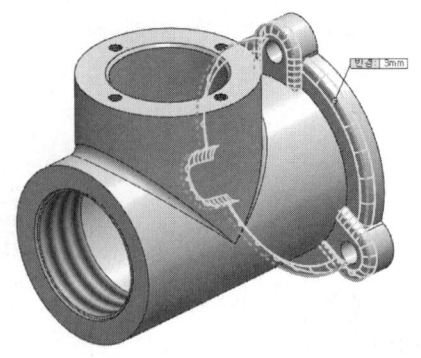

㉖ ✔(확인)을 클릭한다. 왼쪽에 있는 FeatureManager 디자인 트리창에 필렛2가 표시된다.

㉗ 피처 도구모음에서 필렛을 클릭한다.

㉘ 그림과 같이 오른쪽 돌출 코너 부위 6개 모서리를 선택한다. 모서리가 잘 보이는 쪽으로 마우스 휠(가운데 버튼)을 누른 상태에서 움직여 물체를 회전시켜가며 선택한다.

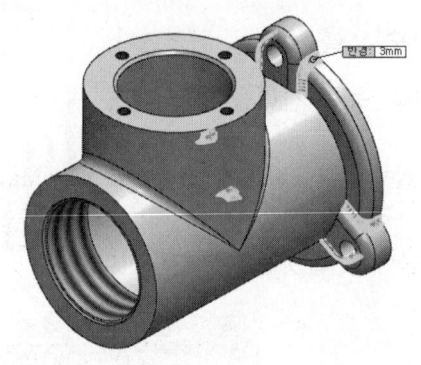

㉙ ✔(확인)을 클릭한다. 왼쪽에 있는 FeatureManager 디자인 트리창에 필렛3이 표시된다.

㉚ 피처 도구모음에서 필렛을 클릭한다.

㉛ 그림과 같이 1개의 모서리를 선택한다.

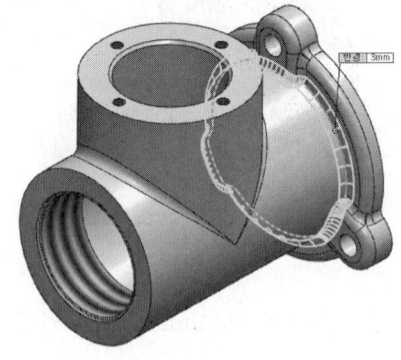

㉜ ✔(확인)을 클릭한다. 왼쪽에 있는 FeatureManager 디자인 트리창에 필렛4가 표시된다.

㉝ 피처 도구모음에서 필렛을 클릭한다.

㉞ 그림과 같이 본체 내부 모서리 3개를 선택한다.

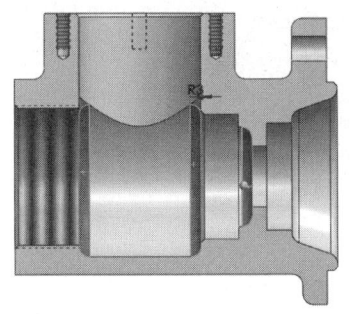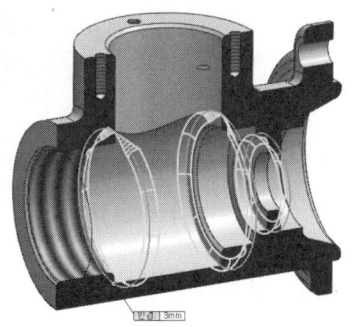

㉟ ✔(확인)을 클릭한다. 왼쪽에 있는 FeatureManager디자인 트리창에 필렛5가 표시된다.

㊱ 피처 도구모음에서 필렛을 클릭한다.

㊲ PropertyManager창의 필렛할 항목 아래에서 반경을 '0.5'로 입력한다.

㊳ 그림과 같이 오일 실 결합 구멍 내측 모서리 1개를 선택한다.

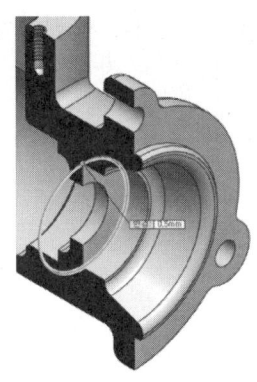

㊴ ✔(확인)을 클릭한다. 왼쪽에 있는 FeatureManager 디자인 트리창에 필렛6이 표시된다.

㊵ 피처 도구모음에서 모따기를 클릭한다.

㊶ PropertyManager창의 모따기 변수 아래에서 :

  1. 거리를 '0.7'로 입력한다.
  2. 각도를 '30'도로 입력한다.

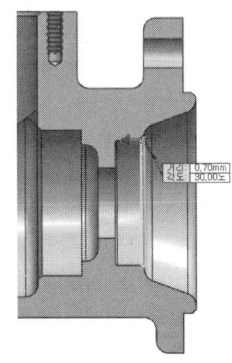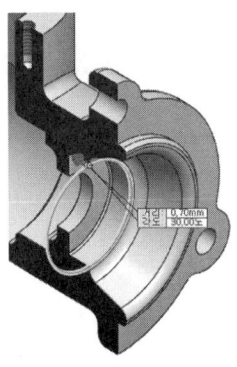

㊷ 위의 그림과 같이 오일 실 결합 구멍 모서리 1개를 선택한다. 거리 0.7mm를 길이 방향(X축)으로 반드시 맞추어 주어야 한다. 방향이 직경 방향(Y축)일 경우에는 분홍색 화살표를 클릭하거나 PropertyManager의 반대 방향을 체크하여 방향을 변경해야만 한다.

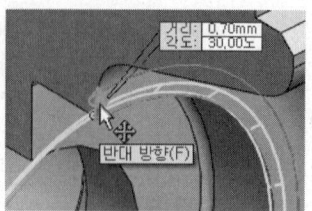

㊸ ✔(확인)을 클릭한다. 왼쪽에 있는 FeatureManager 디자인 트리창에 모따기2가 표시된다.

㊹ 메뉴 모음에서 저장🖫을 클릭하거나 메뉴바에서 '파일-저장'를 클릭한다. (단축키 : Ctrl+S)

㊺ 대화 상자에서 적당한 경로에 파트를 저장할 폴더를 만든다. 폴더명은 '편심구동장치'라고 명명한다.

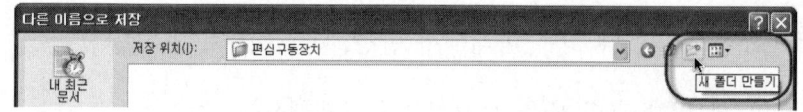

㊻ 파일 이름을 본체라고 명명하고 저장을 클릭한다. 파일 이름에 확장명 .sldprt가 추가되어 본체.sldprt로 저장된다.

STEP 2 | 피스톤 로드(PISTON ROD) 모델링하기 (1)

피스톤 로드를 모델링하는 가장 쉬운 방법은 선수 학습한 축을 모델링하는 것처럼 축 단면을 그린 다음 회전을 시키면 된다. 그러나 여기서는 다른 방식인 원을 그려 돌출하는 방식으로 모델링 작업을 진행하겠다.

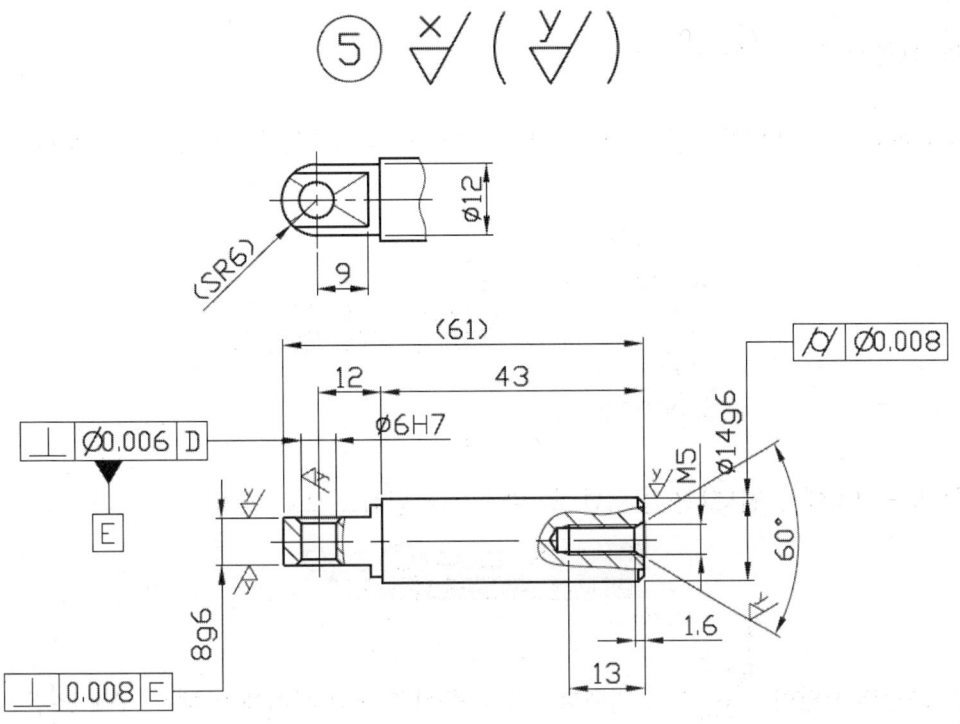

>> 네비게이터 navigator

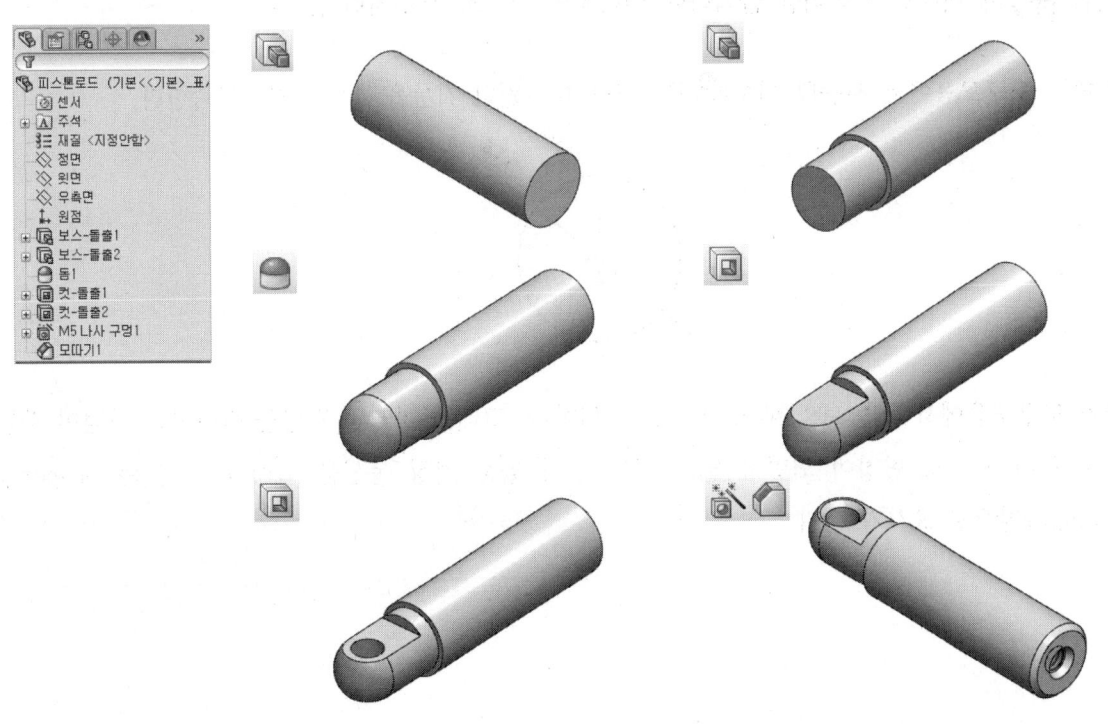

① 표준 도구모음에서 새문서를 클릭한다. (단축키 : Ctrl+N)

초보 모드 창   고급 모드 창

새 문서 대화상자가 나타난다.

② 파트를 선택한 후 확인을 클릭한다.

③ FeatureManager 디자인 트리의 [우측면]을 선택하고 스케치 도구모음에서 스케치를 클릭한다.

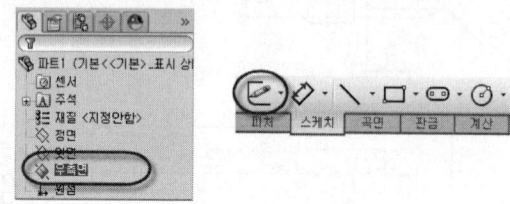

④ 스케치 도구모음에서 원을 클릭한 후 마우스를 원점으로 가져간다.

마우스 포인터 모양이 으로 바뀐다. (원의 중심과 원점 사이에 일치 구속 조건이 부여된다는 것을 의미한다.)

⑤ 원점에 마우스 포인터를 클릭하여 대략적인 크기로 스케치한다.

⑥ 스케치 도구모음에서 지능형 치수를 클릭한다. 원의 지름을 '14'로 치수구속한다.

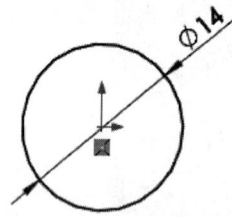

⑦ 피처 도구모음에서 돌출 보스/베이스를 클릭한다. 그래픽 영역의 도형을 바라보는 시점이 자동으로 등각 보기로 변경이 되면서 왼쪽 구역 창이 돌출 설정 옵션을 입력할 수 있는 Property Manager창으로 표시가 된다.

⑧ PropertyManager창의 방향1 아래에서

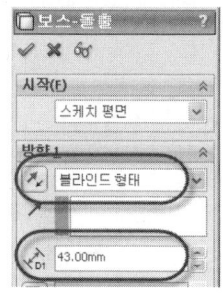 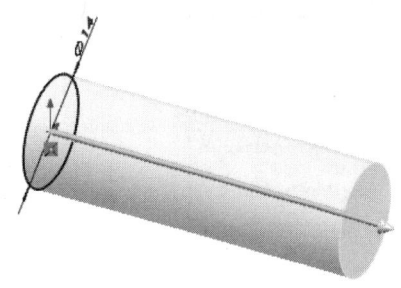

1. 마침 조건으로 블라인드 형태를 선택한다.
2. 깊이 를 '43'으로 입력한다.

⑨ (확인)을 클릭한다. 첫 피처가 완성이 되었으며 왼쪽에 있는 FeatureManager 디자인 트리창에 보스-돌출1이 표시된다.

　마우스 휠(가운데 버튼)을 누른 상태에서 움직여 왼쪽 부분이 보이도록 회전시킨다.

⑩ 그림과 같이 원통 왼쪽면을 선택하고 스케치 도구모음에서 스케치 를 클릭한다.

⑪ 표준 보기 방향 도구 모음에서 (좌측면)을 클릭한다. (단축키 : Ctrl+3)

⑫ 스케치 도구모음에서 원 을 클릭한다. 원점 에 클릭하고 대략적인 크기로 원을 스케치한다.

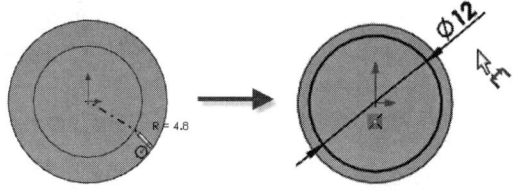

⑬ 스케치 도구모음에서 지능형 치수 를 클릭한다. 원의 지름을 '12'로 치수구속한다.

⑭ 표준 보기 방향 도구 모음에서 (등각보기)를 클릭한다. (단축키 : Ctrl+7)

⑮ 피처 도구모음에서 돌출 보스/베이스 를 클릭한다.

⑯ PropertyManager창의 방향1 아래에서

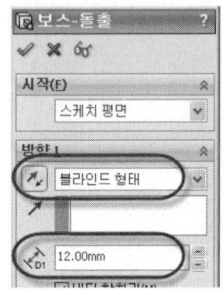 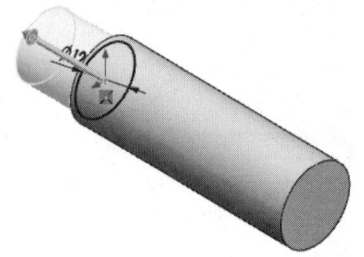

1. 마침 조건으로 블라인드 형태를 선택한다.
2. 깊이를 '12'로 입력한다.

⑰ ✔(확인)을 클릭한다. 두 번째 피처가 완성이 되었으며 왼쪽에 있는 FeatureManager 디자인 트리 창에 보스-돌출2가 표시된다.

⑱ 마우스로 물체를 회전시켜 방금 돌출시킨 원통 왼쪽면을 선택한다.

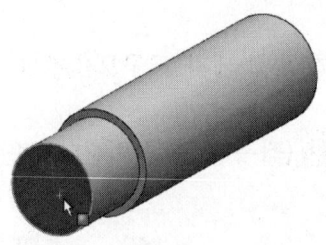

⑲ 피처 도구모음에서 돔을 클릭한다.

⑳ PropertyManager창의 파라미터 아래에서 거리를 '6'으로 입력한다.
（※ 여기서 6은 구의 반경이 된다.）

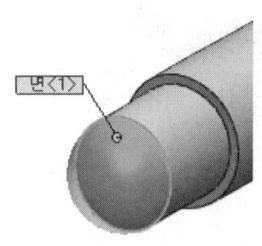 

㉑ ✔(확인)을 클릭한다. 세 번째 피처가 완성이 되었으며 왼쪽에 있는 FeatureManager 디자인 트리 창에 돔1이 표시된다.

㉒ FeatureManager 디자인 트리의 [정면]을 선택하고 스케치 도구모음에서 스케치를 클릭한다.

㉓ 표준 보기 방향 도구 모음에서 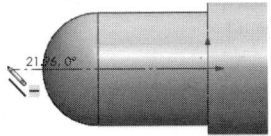(정면)을 클릭한다. (단축키 : Ctrl+1)

㉔ 스케치 도구모음에서 중심선 ┆을 클릭한다.

㉕ 원점을 먼저 클릭하고 그림과 같이 수평 방향으로 대략적인 길이로 중심선을 스케치한다.

㉖ 스케치 도구모음에서 코너 사각형 □을 클릭한다.

㉗ 그림과 같이 물체 중심선 위 왼쪽 부분에 사각형을 대략적인 크기로 스케치한다.

㉘ 드래그(Drag)하여 스케치한 사각형과 중심선을 모두 선택한다. 그 다음 스케치 도구모음에서 요소 대칭 복사 ⚠를 클릭한다.

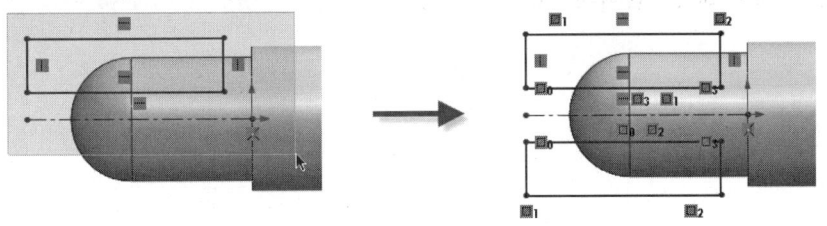

㉙ 스케치 도구모음에서 지능형 치수 ◇를 클릭한다. 오른쪽 그림과 같이 지름 치수값('8', '3')을 입력한다.

🔍 치수가 덜 기입되어 스케치가 불완전 정의(파란색)로 되었지만 이 상태에서 피처를 만들어도 전혀 문제가 없다.

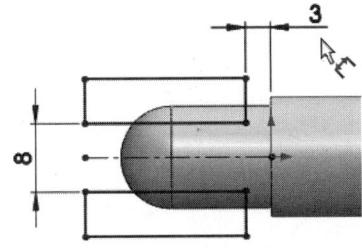

제8장 SolidWorks를 사용한 동력전달장치 모델링 & AutoCAD 도면화 작업

㉚ 표준 보기 방향 도구 모음에서 를 클릭한다. (단축키 : Ctrl+7)

㉛ 피처 도구모음에서 돌출 컷 ![]을 클릭한다.

㉜ PropertyManager창의 방향1 아래에서 :

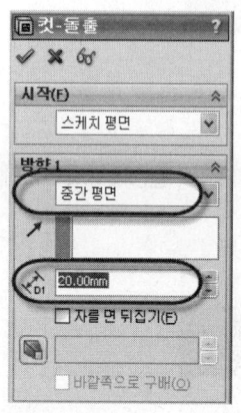 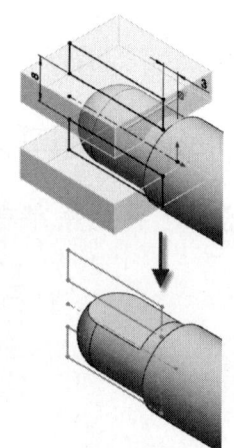

1. 마침 조건으로 중간 평면을 선택한다.
2. 깊이 를 '20'으로 입력한다.
   (※ 여기서 치수 20은 임의의 값이다.)

STEP 2 피스톤 로드(PISTON ROD) 모델링하기 (2)

① 그림과 같이 방금 작업한 컷-돌출된 평평한 윗면을 선택하고 스케치 도구모음에서 스케치 를 클릭한다.

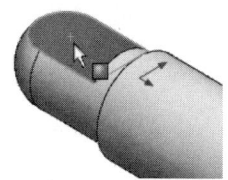

② 표준 보기 방향 도구 모음에서 (윗면)을 클릭한다. (단축키 : Ctrl+5)

③ 스케치 도구모음에서 원 을 클릭한다.

④ 그림과 같은 위치에 대략적인 크기로 스케치를 한 후 ESC키를 한번 누르고나서 스케치한 원과 Ctrl 키를 누른 상태에서 왼쪽 모서리를 클릭하여 동심(N) 구속조건을 부가한다.

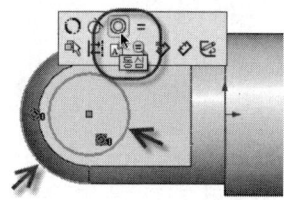

⑤ 케치 도구모음에서 지능형 치수 를 클릭한다. 원의 지름을 '6'으로 치수구속한다.

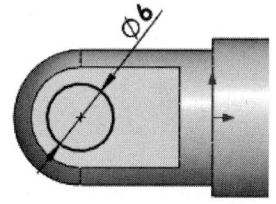

⑥ 표준 보기 방향 도구 모음에서 (등각보기)를 클릭한다. (단축키 : Ctrl+7)

⑦ 피처 도구모음에서 돌출 컷 을 클릭한다.

⑧ PropertyManager창의 방향1 아래에서 마침 조건으로 다음까지를 선택한다.

 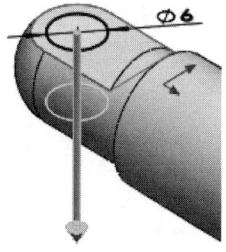

⑨ 피처도구모음에서 구멍가공마법사 를 클릭한다.

⑩ PropertyManager창의 유형 탭에 있는 구멍 유형, 마침조건, 옵션 아래에서

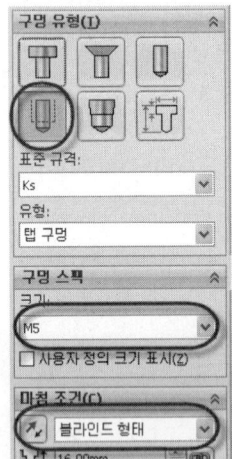

1. 구멍 유형으로 직선 탭 을 선택한다.
2. 표준 규격은 KS로 선택하고 유형은 탭 구멍으로 선택한다.
3. 구멍 스팩 아래에서 크기를 'M5'로 선택한다.
4. 마침 조건을 블라인드 형태로 선택한다.
5. 블라인드 구멍 깊이 를 '16'으로 입력한다.
6. 탭 나사산 깊이 를 '13'으로 입력한다.
7. 나사산 표시 를 선택한다.
8. 속성 표시기 표시를 체크한다.
9. 안쪽 카운터싱크를 체크한다.

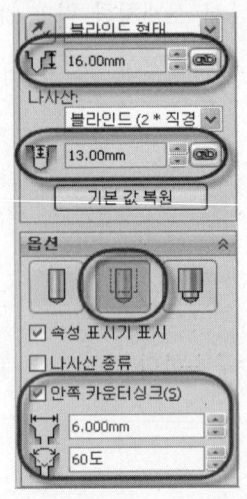

※ **탭 나사산 깊이** 값을 먼저 입력하고 **블라인드 구멍 깊이** 값을 입력하거나 **자동 계산** 을 체크해제해야 작업자가 입력한 값을 그대로 적용할 수가 있다.

• 안쪽 카운터싱크값을 다음과 같이 입력한다.
  가까운 쪽 카운터싱크 지름 을 '6'으로 입력한다.
  안쪽 카운터 싱크 각도 를 '60'도로 입력한다.

⑪ PropertyManager창의 위치 탭을 선택한다.

⑫ 탭 구멍을 내기 위해 그림과 같이 오른쪽 측면 한 곳을 클릭한다.

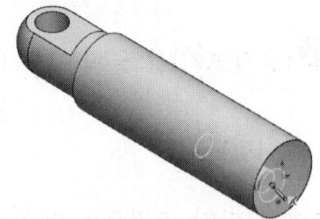

⑬ 키보드의 ESC키를 한번 눌러서 구멍 삽입을 종료한다.

⑭ 그림과 같이 포인트와 원통 모서리를 Ctrl키를 누른 상태에서 선택한 후 동심(N) 구속조건을 부가한다.

⑮ 그래픽 영역 빈공간을 마우스를 클릭하거나 ✔을 클릭하여 형상 구속 조건 부가 정의를 종료한다.

⑯ ✔(확인)을 클릭하여 구멍 가공 마법사 PropertyManager창을 닫는다. 왼쪽에 있는 Feature Manager 디자인 트리창에 M5 나사 구멍1이 표시된다.

> **나사산 음영 표시**
> 탭 구멍을 만들고 나사산 음영을 표시하기 위해서는 FeatureManager 디자인 트리의 **주석**에서 마우스 오른쪽 버튼 클릭시 나오는 **세부 사항...**에 들어가 **주석 속성**창에서 **음영 나사산**을 체크해 주어야 한다.
>
>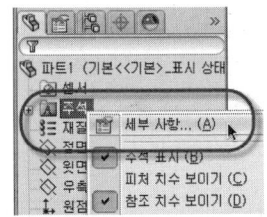
>
> * 음영 표시가 안나타날 경우에는 '세부 사항...'밑에 **주석 표시**가 체크되어 있는지 확인해야 한다.

⑰ 피처 도구모음에서 **모따기** 를 클릭한다.

⑱ PropertyManager창의 모따기 변수 아래에서

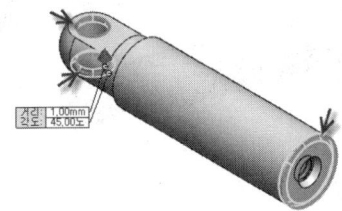

1. 거리를 '1'로 입력한다.
2. 각도를 '45'도로 입력한다.

⑲ 그림과 같이 구멍 모서리 2개와 오른쪽 끝단 모서리 1개를 선택한다. 왼쪽 구멍은 모서리가 아닌 구멍 면을 선택하면 자동으로 위 아래 모서리가 선택된다. 그리고 ✔확인을 클릭한다.

⑳ 메뉴 모음에서 저장을 클릭하거나 메뉴바에서 '파일-저장'을 클릭한다. (단축키 : Ctrl+S)

㉑ 대화 상자에서 적당한 경로에 파트를 저장할 폴더를 만든다. 폴더명은 '편심구동장치'라고 명명한다. 파일 이름을 피스톤로드라고 명명하고 저장을 클릭한다.

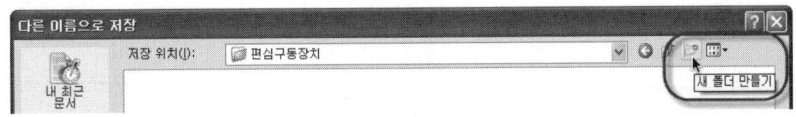

STEP 3 | 편심 축(ECCENTRIC SHAFT) 모델링하기 (1)

편심 축을 모델링하는 방법은 회전체를 먼저 완성한 다음 편심된 부분만 따로 회전시킨다. 그리고 나서 나머지 키홈, 탭 등을 완성하는 순으로 작업을 진행한다.

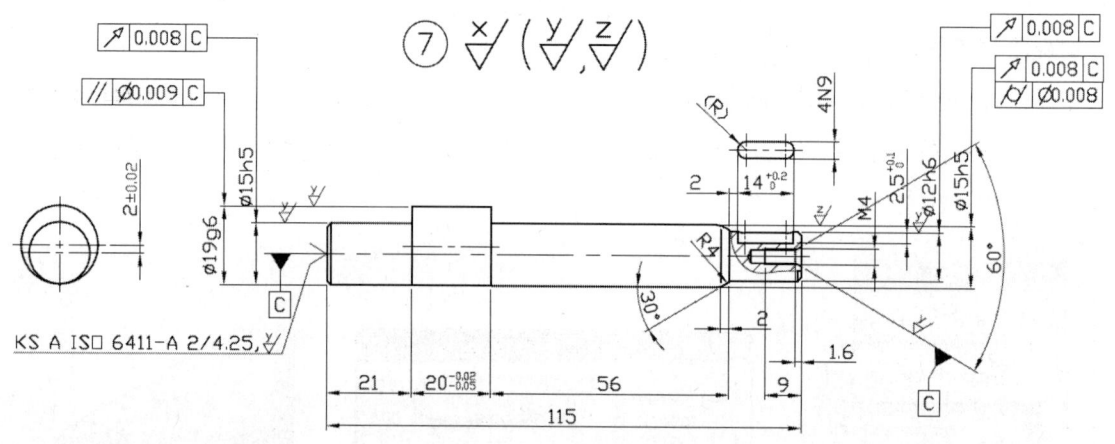

>> 네비게이터 navigator

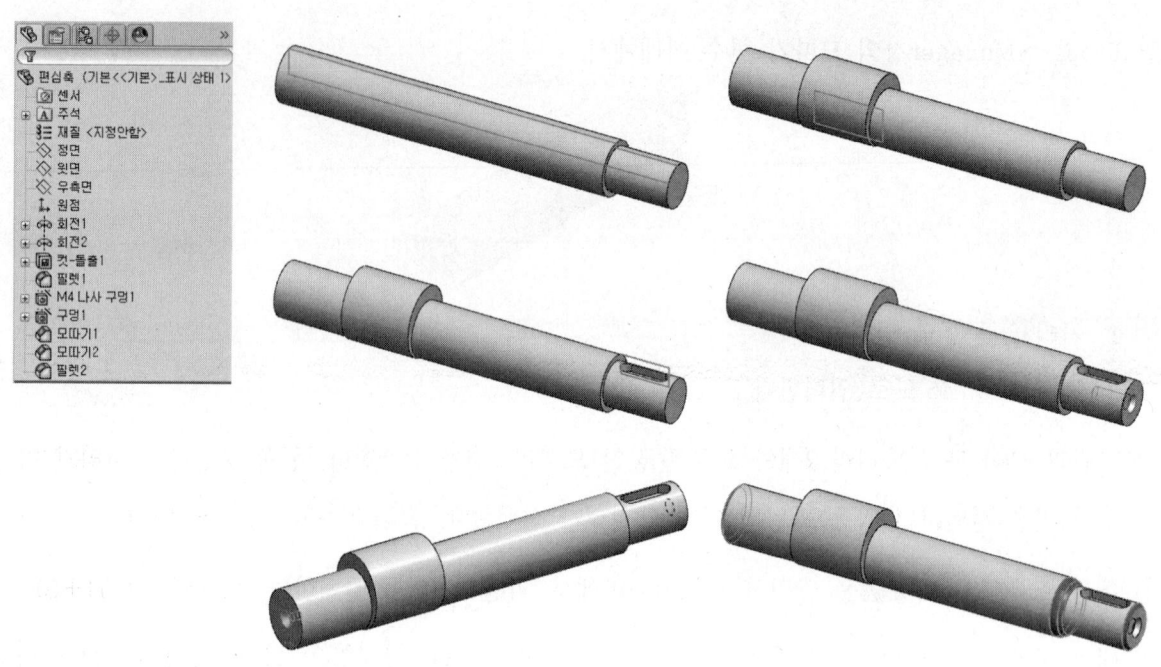

① 표준 도구모음에서 새 문서를 클릭한다. (단축키 : Ctrl+N)

초보 모드 창   고급 모드 창

새 문서 대화상자가 나타난다.

② 파트를 선택한 후 확인을 클릭한다.

③ FeatureManager 디자인 트리의 [정면]을 선택하고 스케치 도구모음에서 스케치 를 클릭한다.

④ 스케치 도구모음에서 선 을 클릭한 후 마우스 포인터를 원점으로 가져간다.

⑤ 클릭하여 그림과 같이 대략적으로 스케치한다. 대략적으로 스케치를 할 경우라도 어느 정도 부품 크기에 근접하게 스케치를 해야 치수 기입시 스케치가 꼬이지 않는다.

⑥ 회전시키는 축으로 사용할 원점에 있는 수평선을 선택하여 보조선으로 변경한다. 마우스 오른쪽 (왼쪽)버튼으로 클릭시 나타나는 '상황별 도구모음'에서 보조선을 선택한다.

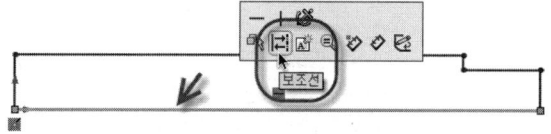

⑦ 스케치 도구모음에서 지능형 치수 를 클릭한다. 그림과 같이 치수값을 입력한다.
처음에는 스케치가 파란색이었지만 치수를 빠짐없이 모두 준 경우에는 검정색으로 변경이 되며 이 것은 완전 정의가 되었다는 것을 의미한다.

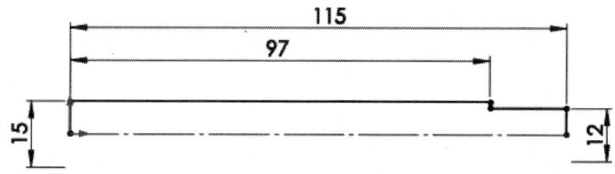

⑧ 피처 도구모음에서 회전 보스/베이스를 클릭한다. 가운데 수평선을 보조선으로 변경했기 때문에 다음과 같은 대화창이 뜬다.

'예(Y)'를 클릭하여 닫힌 형태의 스케치로 자동으로 만들어 주어야 회전시킬 수가 있다.

⑨ PropertyManager창의 방향1 아래에서 :

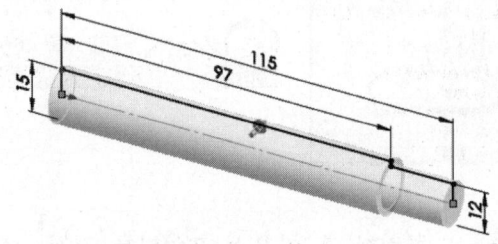

1. 회전 유형을 블라인드 형태로 선택한다.
2. 방향1의 각도를 '360'도로 입력한다.
3. (확인)을 클릭한다.

⑩ FeatureManager 디자인 트리에서 [정면]을 선택한다. 스케치 도구모음에서 스케치를 클릭한다.

⑪ 표준 보기 방향 도구 모음에서 (정면)을 클릭한다. (단축키 : Ctrl+1)

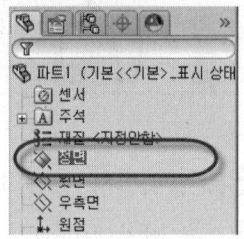

⑫ 스케치 도구모음에서 코너 사각형을 클릭한다.

⑬ 그림과 같은 위치에 사각형을 대략적인 크기로 스케치한다. 단, 축의 아래쪽 모서리에 반드시 일치 구속이 되도록 스케치해야만 한다.

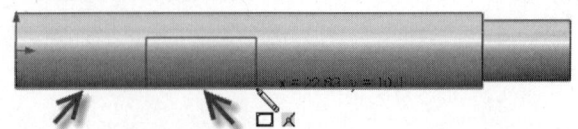

(※ 축 아래쪽 모서리에 꼭 일치 구속이 부가되도록 해야 한다.)

⑭ 회전축으로 사용할 사각형 위쪽 수평선을 선택하여 보조선 으로 변경한다. 마우스 오른쪽(왼쪽) 버튼으로 클릭시 나타나는 '상황별 도구모음'에서 보조선 을 선택한다.

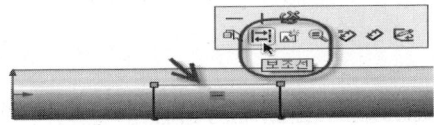

⑮ 스케치 도구모음에서 지능형 치수 를 클릭한다. 오른쪽 그림과 같이 길이 치수값('21', '20')을 입력한다. 지름 치수값('19')까지 빠짐없이 입력하여 스케치를 완전 정의(검정색)시켜야 한다.

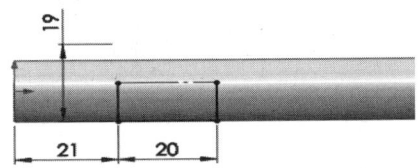

⑯ 피처 도구모음에서 회전 보스/베이스 를 클릭한다. '예(Y)'를 클릭하여 닫힌 형태의 스케치로 만들어 준다.

⑰ 표준 보기 방향 도구 모음에서 (등각보기)를 클릭한다. (단축키 : Ctrl+7)

⑱ PropertyManager창의 방향1 아래에서

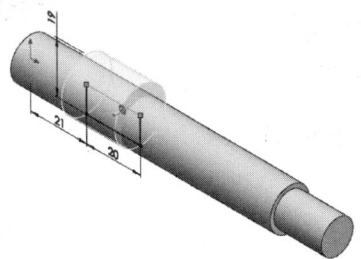

1. 회전 유형을 블라인드 형태로 선택한다.
2. 방향1의 각도 를 '360'도로 입력한다.
3. (확인)을 클릭한다.

⑲ FeatureManager 디자인 트리의 [정면]을 선택하고 스케치 도구모음에서 스케치 를 클릭한다.

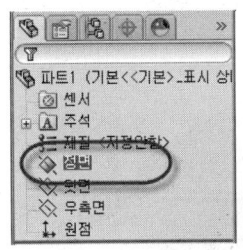

⑳ 표준 보기 방향 도구 모음에서 (정면)을 클릭한다. (단축키 : Ctrl+1)

㉑ 스케치 도구모음에서 코너 사각형을 클릭한다.

㉒ 축 오른쪽 끝 부분에 그림과 같이 대략적으로 스케치를 한다.

㉓ 스케치 도구모음에서 지능형 치수를 클릭한다. 그림과 같이 치수값('14', '2.5', '2')을 입력한다.

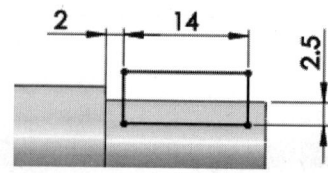

㉔ 표준 보기 방향 도구 모음에서 (등각보기)를 클릭한다. (단축키 : Ctrl+7)

㉕ 피처 도구모음에서 돌출 컷을 클릭한다.

㉖ PropertyManager창의 방향1 아래에서

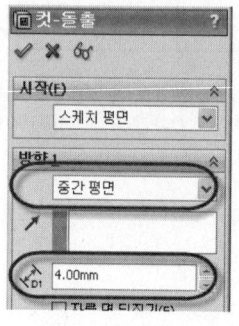
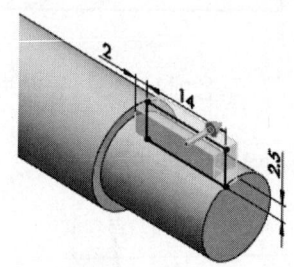

1. 마침 조건으로 중간 평면을 선택한다.
2. 깊이를 '4'로 입력한다.
3. (확인)을 클릭한다.

㉗ 피처 도구모음에서 필렛을 클릭한다.

㉘ PropertyManager창의 필렛할 항목 아래에서 반경을 '2'로 입력한다.

㉙ 물체를 회전시키면서 키홈 라운드가 될 모서리 4개를 그림과 같이 선택한다. 그리고 (확인)을 클릭한다.

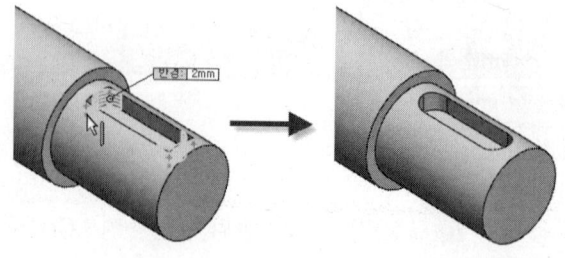

STEP 3   편심 축(ECCENTRIC SHAFT) 모델링하기 (2)

① 피처 도구모음에서 구멍 가공 마법사를 클릭한다.

② PropertyManager창의 유형 탭에 있는 구멍 유형, 구멍 스팩, 마침 조건, 옵션 아래에서 :

1. 구멍 유형으로 직선 탭을 선택한다.
2. 표준 규격은 KS로 선택하고 유형은 탭 구멍으로 선택한다.
3. 구멍 스팩 아래에서 : 크기를 'M4'로 선택한다.
4. 마침 조건을 블라인드 형태로 선택한다.
5. 블라인드 구멍 깊이를 '11'으로 입력한다.
6. 탭 나사산 깊이를 '9'로 입력한다.
7. 나사산 표시를 선택한다.
8. 속성 표시기 표시를 체크한다.
9. 안쪽 카운터싱크를 체크한다.

※ 탭 나사산 깊이 값을 먼저 입력하고 **블라인드 구멍 깊이** 값을 입력하거나 **자동 계산**을 체크 해제해야 작업자가 입력한 값을 그대로 적용할 수가 있다.

• 안쪽 카운터싱크값을 다음과 같이 입력한다.
  가까운 쪽 카운터싱크 지름을 '5'로 입력한다.
  안쪽 카운터 싱크 각도를 '60'도로 입력한다.

③ PropertyManager창의 위치 탭을 선택한다.

④ 탭 구멍을 내기 위해 그림과 같이 오른쪽 측면 한 곳을 클릭한다.

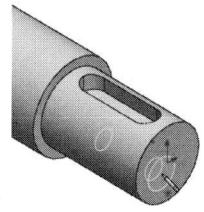

⑤ 키보드의 ESC키를 한번 눌러서 구멍 삽입을 종료한다.

⑥ 그림과 같이 포인트와 원통 모서리를 Ctrl키를 누른 상태에서 선택한 후 동심(N)구속조건을 부가한다.

⑦ 래픽 영역 빈공간을 마우스를 클릭하거나 ✔을 클릭하여 형상 구속조건 부가 정의를 종료한다.

⑧ ✔(확인)을 클릭하여 구멍 가공 마법사 PropertyManager창을 닫는다. 왼쪽에 있는 Feature Manager 디자인 트리창에 M4 나사 구멍1이 표시된다.

나사산 음영 표시

탭 구멍을 만들고 나사산 음영을 표시하기 위해서는 FeatureManager 디자인 트리의 **주석**에서 마우스 오른쪽 버튼 클릭시 나오는 **세부 사항…**에 들어가 **주석 속성**창에서 **음영 나사산**을 체크해 주어야 한다.

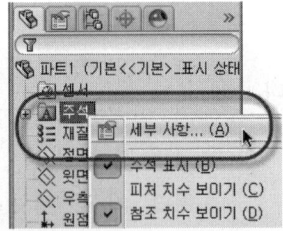 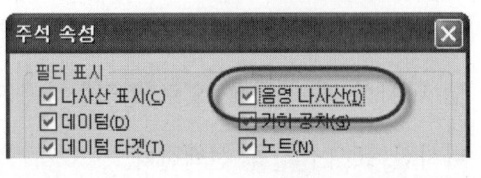 

＊음영 표시가 안나타날 경우에는 '세부 사항…' 밑에 **주석 표시**가 체크되어 있는지 확인해야 한다.

---

⑨ 다시 한번 피처 도구모음에서 구멍 가공 마법사를 클릭한다.

⑩ ropertyManager창의 유형 탭에 있는 구멍 유형 아래에서

    1. 구멍 유형으로 이전 버전용 구멍을 선택한다.

    2. 유형은 카운터싱크 드릴로 선택한다.

    3. 단면 치수 값을 그림과 같이 입력한다.
       단면 치수에 '깊이'값을 변경시에는 마침 조건이 '블라인드 형태'로 되어 있어야만 한다.

    4. 마침 조건을 블라인드 형태로 선택한다.

⑪ PropertyManager창의 위치 탭을 선택한다.

⑫ 센터 구멍을 내고자 하는 축의 왼쪽 끝 측면이 보이도록 축을 회전시켜 아래 그림과 같이 임의의 위치에 포인트를 클릭한다. 정확하게 구멍의 위치를 클릭할 필요는 없다.

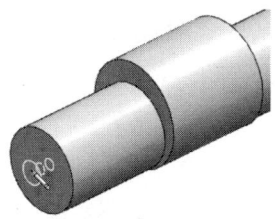

⑬ 키보드의 ESC키를 한번 눌러서 구멍 삽입을 종료한다.

⑭ 포인트와 축 원통 모서리를 Ctrl키를 누른 상태에서 선택한 후 ◎ 동심(N) 구속조건을 부가한다.

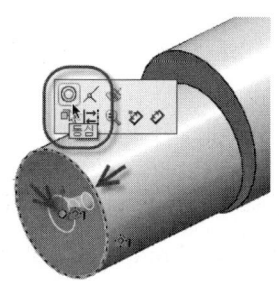

⑮ 그래픽 영역 빈 공간을 마우스를 클릭하거나 ✔을 클릭하여 형상 구속조건 부가 정의를 종료한다. 그리고 ✔(확인)을 클릭하여 구멍 가공 마법사 PropertyManager창을 닫는다.

⑯ 표준 보기 방향 도구 모음에서 ▢(등각보기)를 클릭한다. (단축키 : Ctrl+7)

⑰ 피처 도구모음에서 모따기 ▢를 클릭한다.

⑱ PropertyManager창의 모따기 변수 아래에서 :

1. 거리를 '1'로 입력한다.
2. 각도를 '45'도로 입력한다.

⑲ 그림과 같이 축의 양쪽 끝 모서리 2개를 선택한다.

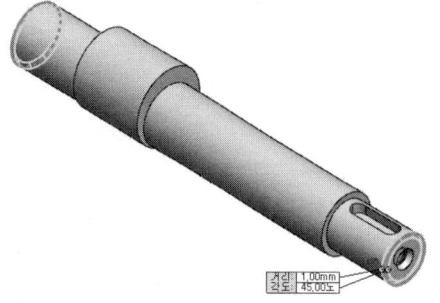

⑳ 오일 실 삽입 모서리 1개를 그림과 같이 선택한다. 거리 2mm를 길이 방향(X축)으로 반드시 맞추어 주어야 한다. 방향이 직경 방향(Y축)일 경우에는 분홍색 화살표를 클릭하거나 PropertyManager의 반대 방향을 체크하여 방향을 변경해야만 한다. 그리고 ✔(확인)을 클릭한다.

㉑ 피처 도구모음에서 필렛을 클릭한다.

㉒ PropertyManager창의 필렛할 항목 아래에서 반경을 '4'로 입력한다.

㉓ 오일 실 삽입 모따기 상단 모서리 1개를 그림과 같이 선택한다. 윤활유가 누유되는 것을 방지하는 오일 실 삽입부위에 해당되는 축경에는 꼭 2mm의 30° 모따기와 반경 4mm의 필렛 작업을 해주어야 한다. 그리고 ✔(확인)을 클릭하며, 축과 같은 분류의 부품은 3차원 등각도(입체도)를 표시할 때 절대 단면 처리를 하지 않는다.

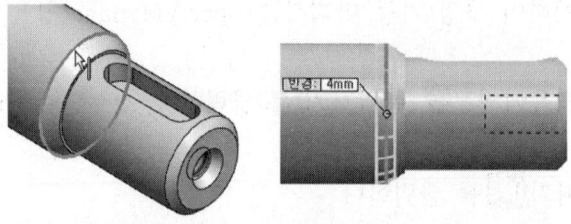

㉔ 메뉴 모음에서 저장을 클릭하거나 메뉴바에서 '파일-저장'을 클릭한다. (단축키 : Ctrl+S)

㉕ 대화 상자에서 적당한 경로에 파트를 저장할 폴더를 만든다. 폴더명은 '편심구동장치'라고 명명한다.

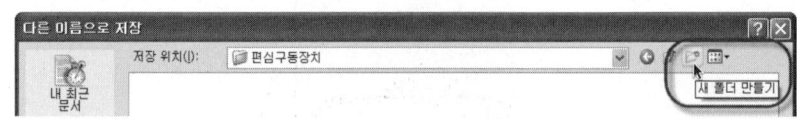

㉖ 파일 이름을 편심축이라고 명명하고 저장을 클릭한다. 파일 이름에 확장명 .sldprt가 추가되어 편심축.sldprt로 저장된다.

3차원 도면화 작업

여기서의 3차원 도면화 작업은 앞서 여러 수검도면으로 학습한 내용과 중복되기 때문에 생략하고 결과만 보여드리고자 한다. 독자분들이 결과를 보고 선수 학습한 내용을 참조하여 직접 3차원 도면화 작업을 하길 바란다.

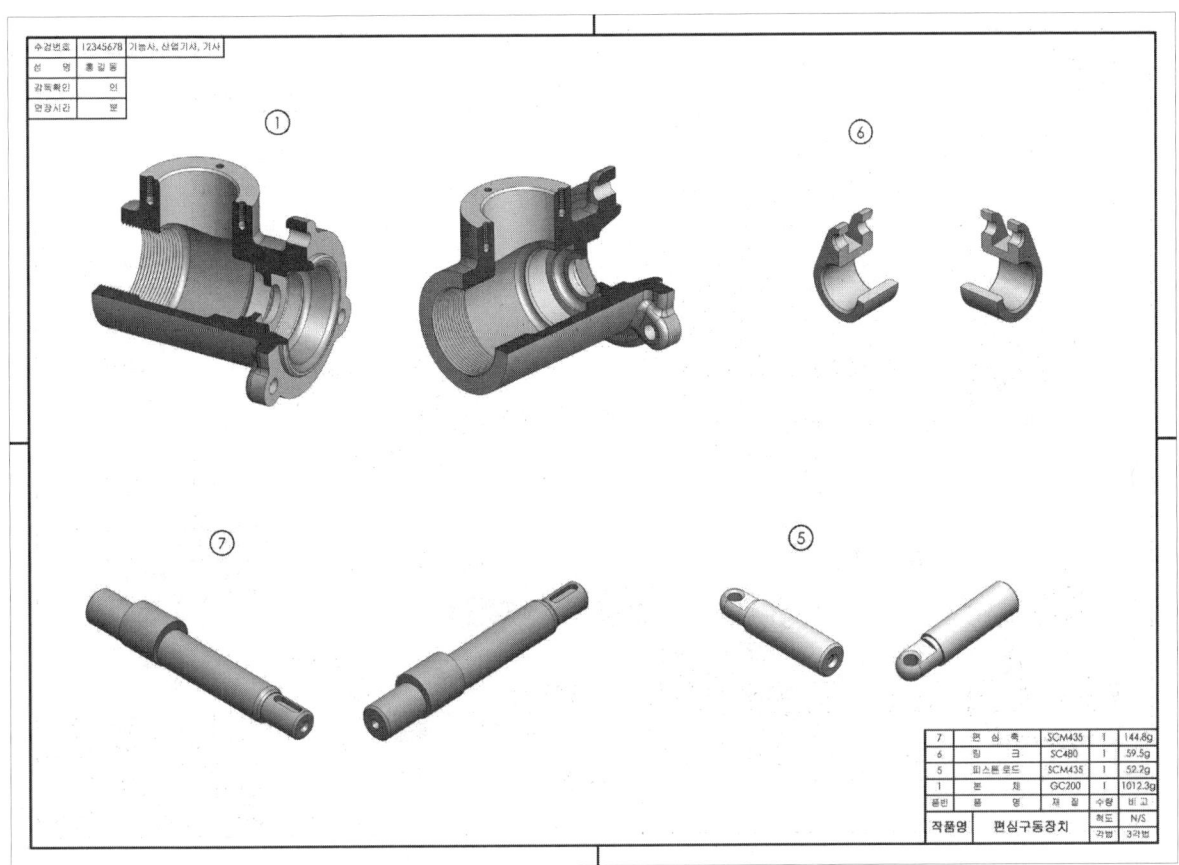

※ 수검시 기본적으로 4~5개의 부품 투상으로 출제가 되기 때문에 여기서는 4개 부품만 배치하겠다. (① 본체, ⑤ 피스톤 로드, ⑥ 링크, ⑦ 편심축)

기계 기사를 뺀 다른 종목들은 수검시 유인물에 비중이 주어지며 주어진 비중을 이용하여 부품들의 중량(kg 또는 g)을 구해서 부품란 비고란에 기입을 해주어야 한다. 단, 중량을 구할 때는 부품이 단면 상태가 아닌 반드시 완전한 형상에서 해야 한다.

7	편 심 축	SCM435	1	144.8g
6	링 크	SC480	1	59.5g
5	피스톤 로드	SCM435	1	52.2g
1	본 체	GC200	1	1012.3g
품번	품 명	재 질	수량	비 고
작품명	편심구동장치		척도	N/S
			각법	3각법

자격증 시험시 인쇄물과 파일도 제출해야 한다. 단, SolidWorks의 자체 파일로 저장해서 파일을 제출할 경우 다른 소프트웨어와 파일교환이 안되므로 문제가 된다. 앞서 학습한 내용을 참조하여 아크로벳 PDF파일로 저장하길 바란다.

2차원 도면화 작업

제3각법에 의해 A2크기 영역 내에 1 : 1로 제도해야 하며 부품의 기능과 동작을 정확히 이해하여 투상도, 치수, 일반공차와 끼워맞춤 공차, 표면거칠기 기호, 기하공차 기호 등 부품제작에 필요한 모든 사항을 기입하여 A3용지에 출력해야 한다.

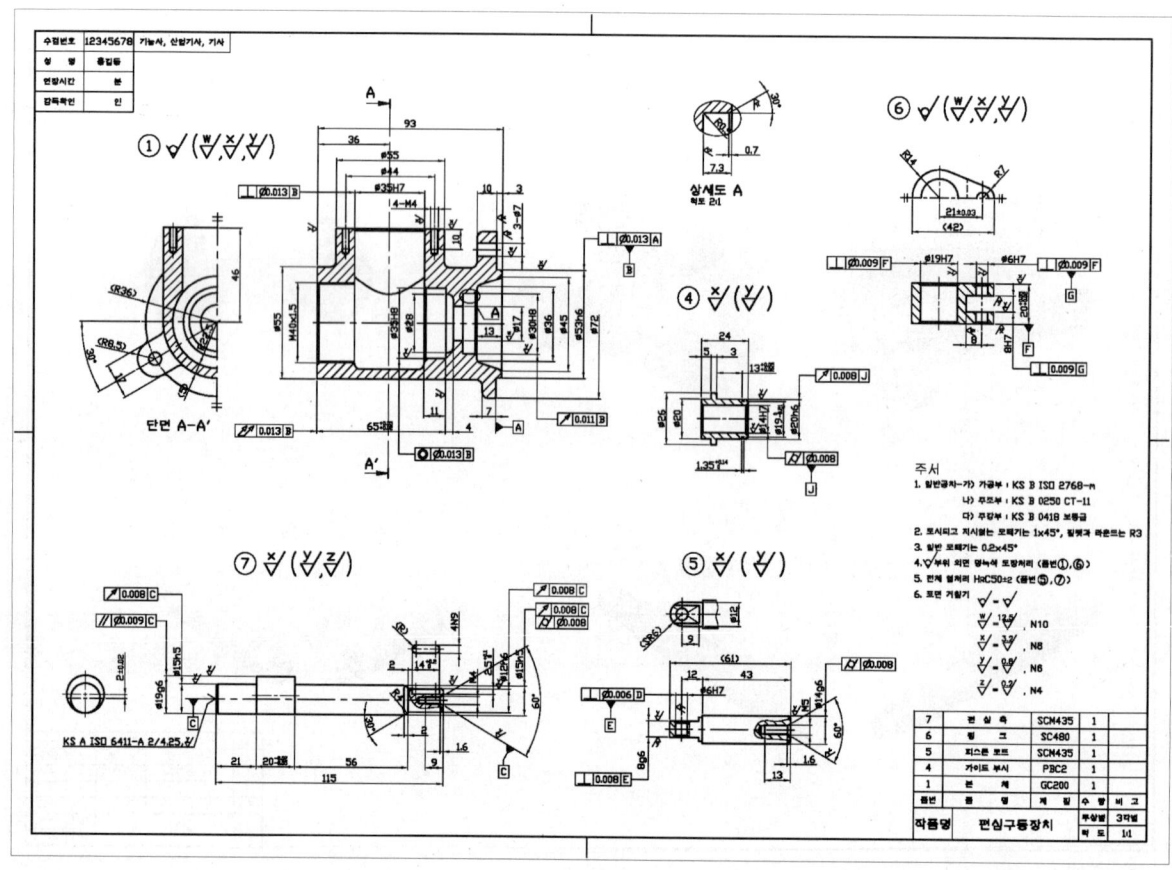

SolidWorks에서 모델링한 제품을 AutoCAD로 보내 최종적으로 2차원 도면화하는 작업을 배워보겠다.

STEP 1 | SolidWorks에서 AutoCAD로 보내기 위한 준비 단계

SolidWorks에서 작업한 모델링 부품을 AutoCAD로 보내기 위해서는 투상법과 단면도법을 정확히 이해하여 SolidWorks에서 각각의 부품투상도 배치와 단면을 미리 한 상태에서 AutoCAD로 보내는 것이 좋다.

① 표준 도구모음에서 새 문서 를 클릭한다.

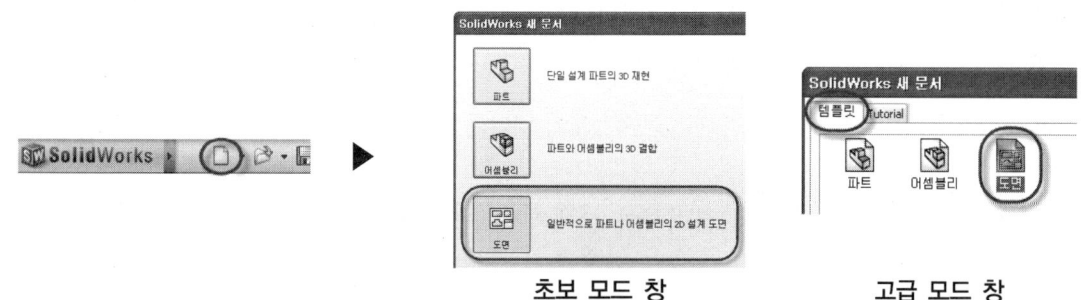

초보 모드 창   고급 모드 창

② 도면을 선택한 후 확인을 클릭한다.

③ 시트 형식/크기 대화상자에서 사용자 정의 시트 크기항목을 체크한다.

④ 시트 크기를 A2규격의 크기로 입력한 후 확인 버튼을 누른다. A2 규격은 가로 594mm에 세로 420mm이다.

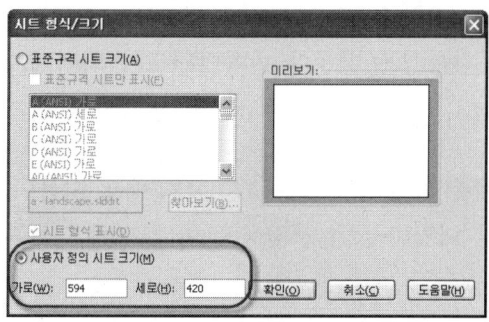

⑤ PropertyManager창의 시트1이나 그래픽 영역의 작업 시트지에서 마우스 오른쪽 버튼을 눌러 속성을 클릭한다. 시트 속성 대화상자에서 배율은 '1 : 1'로 투상법 유형은 '제3각법'을 체크하고 확인을 클릭한다.

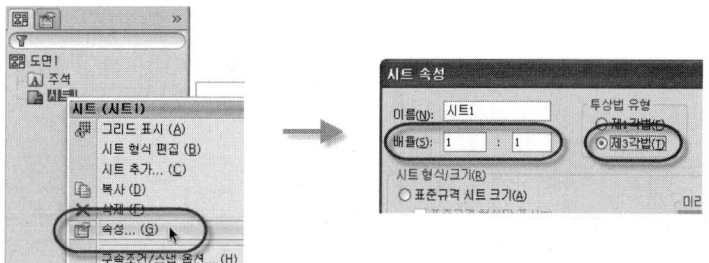

⑥ 도면 도구모음에서 모델 뷰 를 클릭한다.

⑦ 삽입할 파트/어셈블리 항목의 '본체'를 더블 클릭하거나 본체를 클릭하고 창 왼쪽 상단의 다음 을 클릭하여 다음 창으로 넘어 간다. 모델 뷰 를 선택 시 삽입할 파트/어셈블리 아래의 문서 열기 항목에 파트가 표시되지 않을 경우에는 '찾아보기'를 선택하여 불러와야 한다.

⑧ 다음 PropertyManager창에서

1. 방향의 표준 보기를 ' (윗면)'으로 클릭한다.
2. 표시 유형에서 ' (은선 제거)'를 클릭한다.
3. 배율을 시트 배율 사용으로 체크한다.

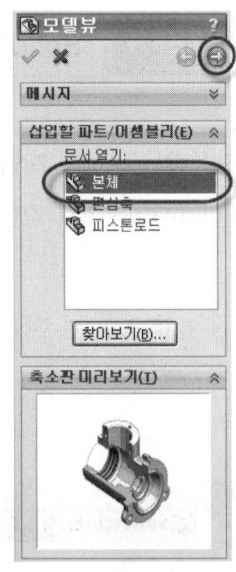

⑨ 시트지 상단 왼쪽 적당한 위치에 클릭하여 본체의 평면도만을 배치한다.

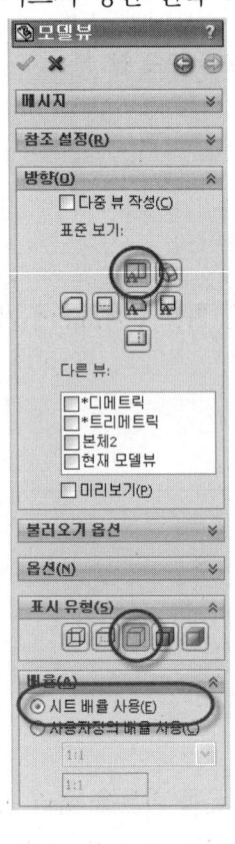

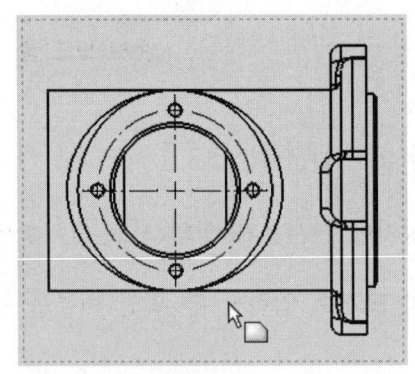

1. 등각투상도 때문에 한쪽단면도가 되어 있는 경우라면 해당 부품 파트를 열어 기능 억제 를 한 후 불러와야 한다.
2. 배율 항목에서 기본값인 시트 배율 사용이 1 : 1 경우에는 그대로 사용해도 되지만 1 : 1 설정이 안된 경우에는 사용자정의 배율 사용을 체크하고 반드시 '1 : 1'로 선택해야 한다.

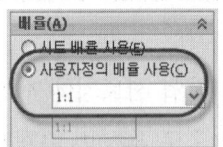

⑩ (확인)을 클릭하여 PropertyManager창을 닫는다.

⑪ 다른 부품(가이드 부시, 피스톤 로드, 링크, 편심축)들도 '작업 6번~작업 10번'과 같이 실행하여 아래 그림과 같이 시트지 적당한 위치에 배치하여 준다.

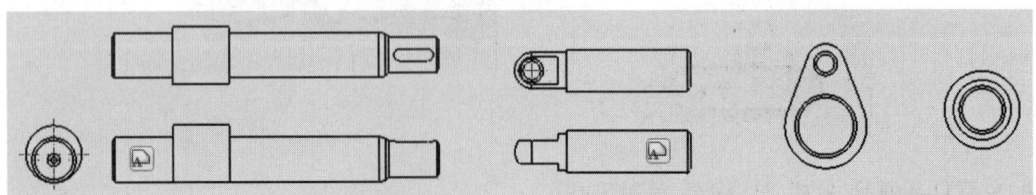

편심축은 을 배치한 후 마우스를 위쪽으로 끌어 평면도를 배치하고 또 마우스를 좌측으로 끌어 좌측면도를 배치해야 한다. 같은 방법으로 피스톤 로드도 을 배치 후 마우스를 위쪽으로 끌어 평면도를 배치한다. 나머지 링크와 가이드 부시는 독자가 직접 모델링한 방향을 기준으로 그림과 같이 배치해 주어야 한다. 링크와 가이드 부시는 SolidWorks에서 단면도 ![] 를 사용하여 정면도를 전단면도(=온단면도)로 생성해야 하기 때문에 우선적으로 윗 그림과 같이 배치하였다.

만약 편심축 배치시 평면도나 좌측면도를 배치하지 못했다면 도면 도구모음이나 뷰 레이아웃 매니저에서 투상도 ![] 를 사용하여 배치할 수가 있다.

⑫ 빠른 보기 도구의 영역 확대 ![] 로 '본체' 부분만을 확대한다.

⑬ 도면 도구모음에서 단면도 ![] 를 클릭한다.

⑭ 그림과 같이 정확히 절반으로 수평 절단선을 그린 다음 마우스를 아래쪽으로 옮겨 적당한 위치에 정면도가 될 단면도를 배치한다. 왼쪽 중간점 스냅에서 약간 바깥쪽으로 포인트를 떨어뜨려 수평으로 스케치하는 것이 좋다.

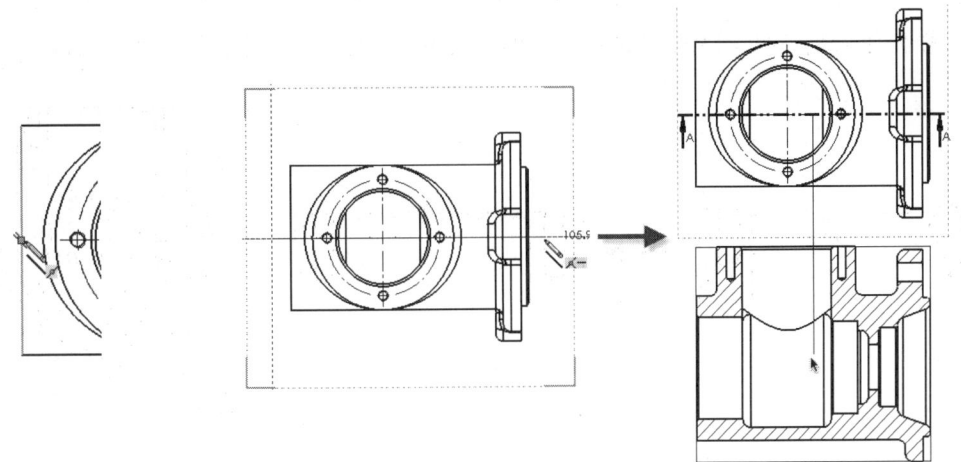

절단선을 정확히 스냅(중간점)에서부터 시작하였을 경우에는 다음과 같은 대화창이 뜬다. '예(Y)'를 클릭하여 계속 진행해도 문제가 생기지 않는다.

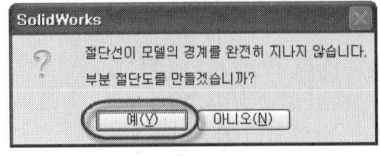

절단된 단면도가 거꾸로 나올 경우에는 절단선을 스케치하면 나타나는 PropertyManager창에서 '반대 방향'을 체크하여 절단된 방향을 변경할 수가 있다.

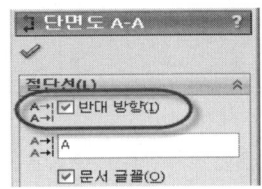

⑮ 도면 도구모음에서 단면도 를 클릭한다.

⑯ 이번에는 본체 정면도에서 그림과 같은 위치에 수직 절단선을 그린 다음 마우스를 왼쪽으로 옮겨 적당한 위치에 좌측면도가 될 단면도를 배치한다.

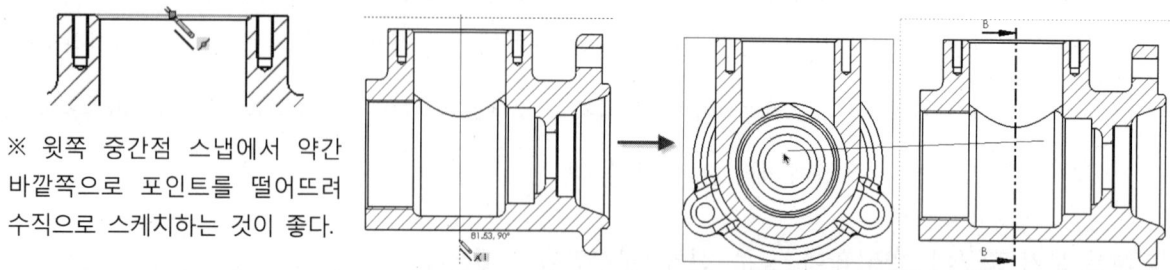

※ 윗쪽 중간점 스냅에서 약간 바깥쪽으로 포인트를 떨어뜨려 수직으로 스케치하는 것이 좋다.

절단된 단면도가 거꾸로 나올 경우에는 절단선을 스케치하면 나타나는 PropertyManager창에서 '반대 방향'을 체크하여 절단된 방향을 변경할 수가 있다.

⑰ 스케치 도구모음에서 코너 사각형 을 클릭한다.

⑱ 절반만 보이게 될 본체의 좌측면도 왼쪽에 그림과 같이 그린다. 정확히 절반에 스케치를 해야 하기 때문에 중간점 스냅에서 커서를 위쪽으로 약간 떨어뜨려 코너 사각형을 스케치한다.

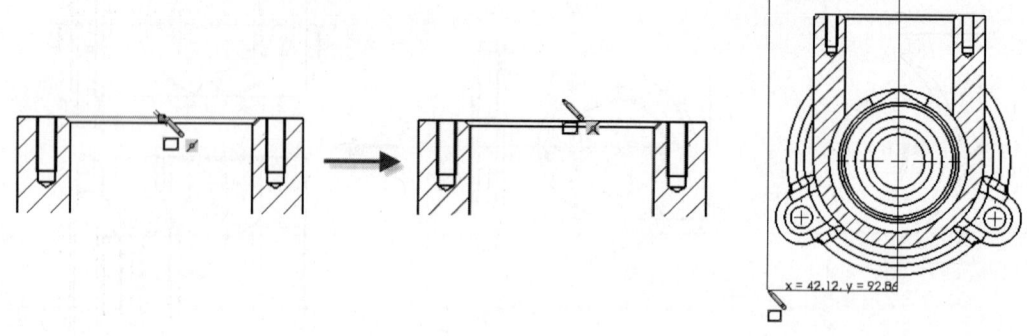

⑲ 도면 도구모음에서 부분도 를 클릭한다. 코너 사각형 테두리 안쪽 부분만 남게 된다. 본체 좌측 면도가 좌우 대칭이므로 절반만 도시하여야 투상도 배치와 치수기입시 유리하다.

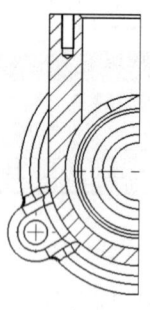

⑳ 정면도에서 마우스 오른쪽 클릭 후 접선의 접선 숨기기로 필요없는 접선은 숨겨준다.

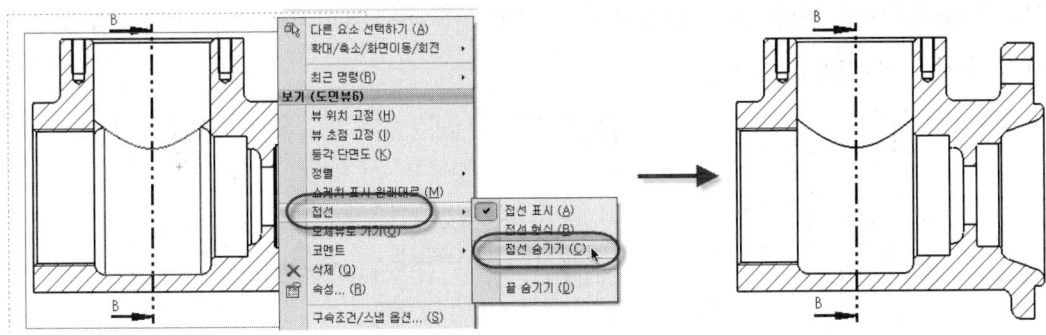

㉑ 선 형식 도구모음에서 모서리 숨기기/표시 를 클릭한다.

㉒ 접선을 숨길 대상인 본체의 좌측면도를 선택하면 모서리 숨기기/표시 PropertyManager창이 표시된다.

㉓ PropertyManager창의 접선 모서리 필터 항목 아래에서 :

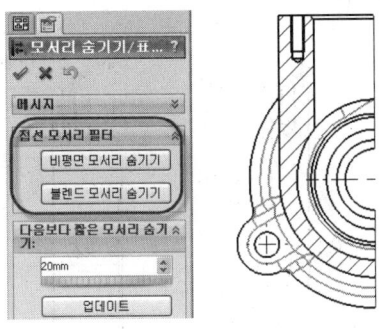

1. 비평면 모서리 숨기기 버튼을 클릭한다.
2. 블렌드 모서리 숨기기 버튼을 클릭한다.

※ 그림과 같이 숨겨질 모서리가 주황색으로 미리보기 된다. 그러나 문제는 필요한 모서리도 같이 숨겨져 없어지기 때문에 이럴 때는 마우스 커서로 남기고자 하는 모서리를 여러 번 클릭하여 주황색에서 다시 검정색으로 표시되게 해야 한다.

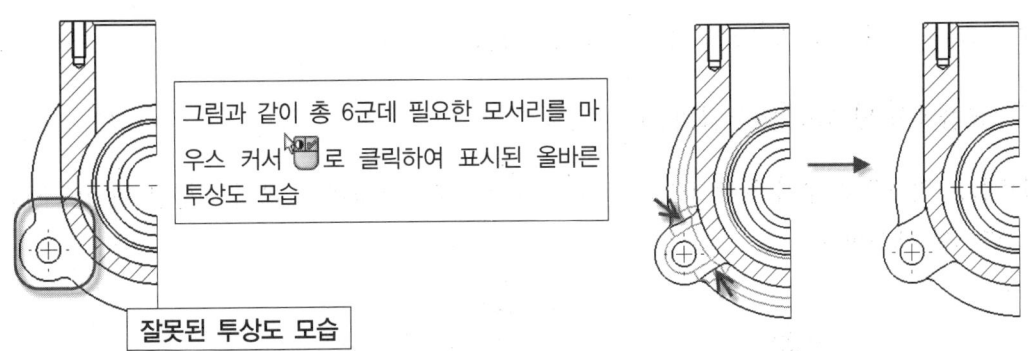

㉔ ✓(확인)을 클릭하거나 마우스 오른쪽 버튼을 클릭하여 모서리 숨기기/표시 PropertyManager창을 닫는다. 선 형식 도구 모음의 모서리 숨기기/표시 는 SolidWorks 2010버전부터 추가된 기능임으로 전 버전 소프트웨어를 사용할 경우에는 '20번'작업 처럼 접선을 모두 숨기거나 접선이 있는 상태로 AutoCAD로 불러와서 선을 따로 추가하거나 불필요한 접선을 지우는 것이 더 빠른 작업이 될 수가 있다.

㉕ 좌측면도 베어링 삽입부 구멍의 모따기 선과 필렛 작업으로 생긴 접선은 투상도 작업시 필요없는 선임으로 숨겨주어야 한다. 숨길 선을 마우스 왼쪽 버튼으로 클릭시 나타나는 상황별 도구모음 중 모서리 숨기기/표시 로 숨겨 준다.

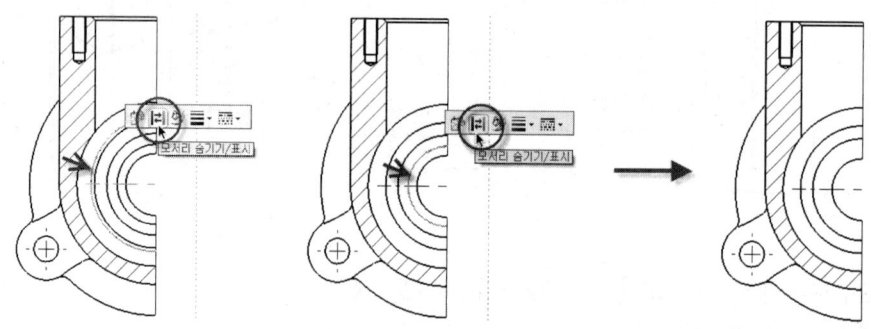

㉖ 주석 도구모음에서 중심선 을 클릭한다.

㉗ 그림과 같이 본체 정면도와 좌측면도에 중심선을 추가한다. 구멍 안을 클릭하거나 구멍 양쪽 선을 선택하여 중심선을 추가할 수가 있다.

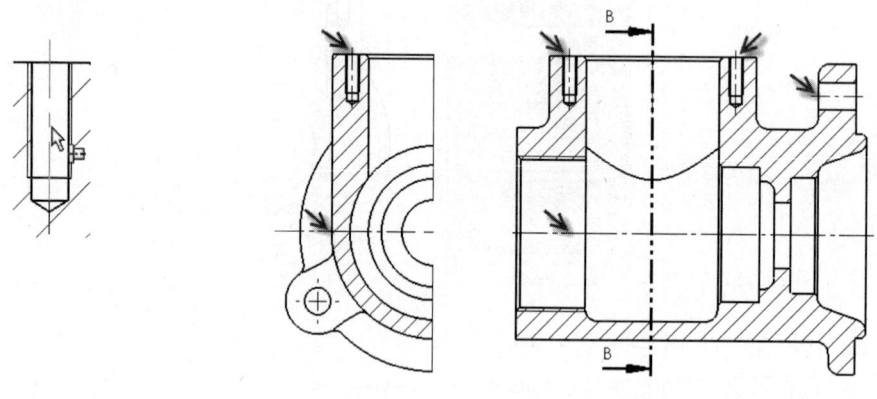

중심선 길이가 짧으면 생성된 중심선을 드래그(Drag)하여 길이를 맞추어 준다. 본체의 평면도는 2차원 도면화 작업시 필요가 없는 부분임으로 AutoCAD에서 지워야 한다.

㉘ 빠른 보기 도구의 영역 확대 로 가이드 부시 부분만을 확대한다.

㉙ 도면 도구모음에서 단면도 를 클릭한다.

㉚ 위쪽 사분점을 기준으로 수직 절단선을 그린 다음 마우스를 오른쪽으로 옮겨 적당한 위치에 정면도가 될 단면도를 배치한다.

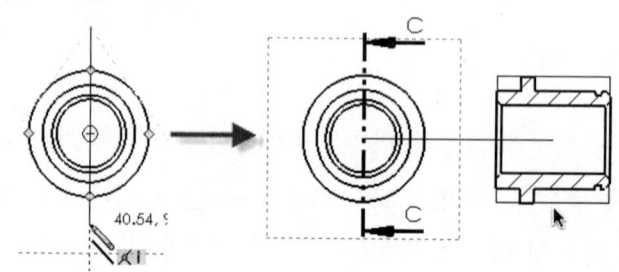

㉛ 주석 도구모음에서 중심선을 클릭하여 그림과 같이 정면도에만 중심선을 추가한다. 가이드 부시 측면도는 필요가 없으므로 AutoCAD에서 지워야 한다.

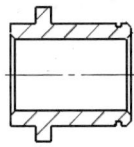

㉜ 빠른 보기 도구의 영역 확대로 피스톤 로드 부분만을 확대한다.

㉝ 도면 도구모음에서 부분 단면도를 클릭한다. 마우스 포인터가 모양으로 바뀐다.

㉞ 오른쪽 그림과 같이 피스톤 로드 정면도 왼쪽 부위에 폐구간 형태로 스케치한다.

닫힌 형태로 스케치가 완료됨과 동시에 부분 단면 Property -Manager창이 표시된다.

㉟ 평면도 안쪽 구멍 모서리를 클릭하고 PropertyManager창의 미리보기를 체크한다. 그리고 (확인)을 클릭하여 부분 단면 PropertyManager창을 닫는다.

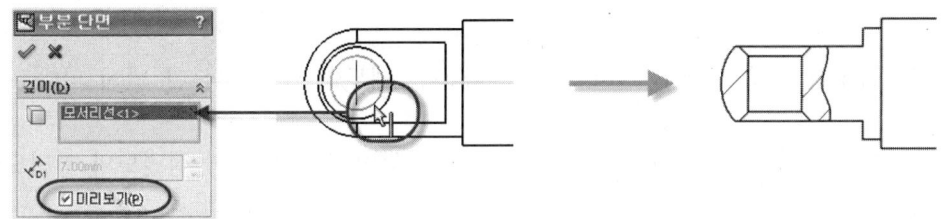

㊱ 다시 한번 도면 도구모음에서 부분 단면도를 클릭하여 이번에는 정면도 오른쪽 부위에 그림과 같이 폐구간 형태로 스케치한다.

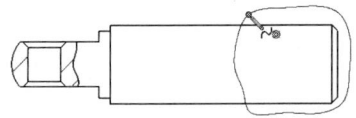

㊲ 정면도 원통 상단 모서리를 클릭하고 PropertyManager창의 미리보기를 체크한다. 가급적 도형을 선택하면 나타나는 보기 도구 모음에서 표시 유형에서 실선 표시를 선택하여 내부 위치를 확인하면서 부분 단면도를 스케치하는 것이 좋다. (확인)을 클릭하여 부분 단면 PropertyManager창을 닫는다.

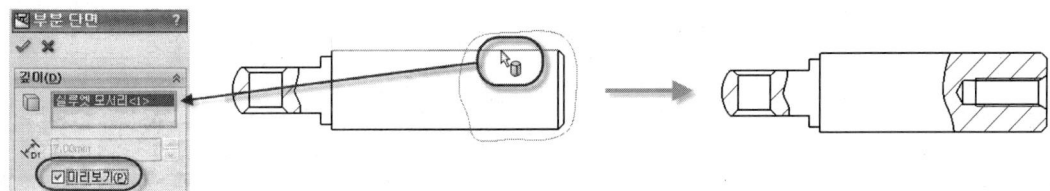

제8장 SolidWorks를 사용한 동력전달장치 모델링 & AutoCAD 도면화 작업 525

㊳ 평면도에서 마우스 오른쪽 클릭 후 접선의 접선 숨기기로 필요없는 접선은 숨겨준다.

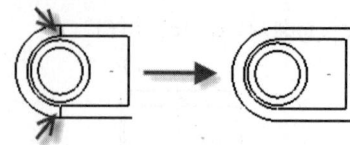

㊴ 평면도 구멍의 모따기 선은 필요없는 선임으로 숨겨주어야 한다. 숨길 선을 마우스 왼쪽 버튼으로 클릭시 나타나는 상황별 도구모음 중 모서리 숨기기/표시 로 숨겨준다.

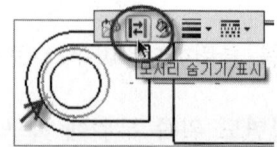

㊵ 스케치 도구모음에서 자유곡선 을 클릭한다.

㊶ 평면도를 부분투상도로 만들기 위해 그림과 같이 폐구간으로 스케치한다.

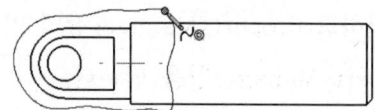

㊷ 도면 도구모음에서 부분도 를 클릭한다. 자유곡선 테두리 안쪽 부분만 남게 된다.

㊸ 주석 도구모음에서 중심선 과 중심 표시 를 클릭하여 그림과 같이 정면도와 평면도에 중심선을 추가한다.

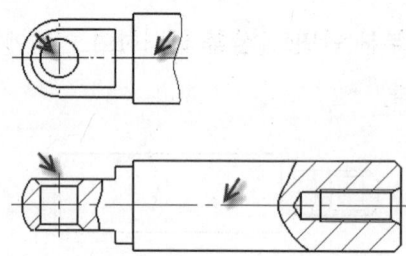

원통 부위를 클릭하여 중심선이 추가가 안될 경우에는 원통의 양쪽 선을 선택하여 중심선을 추가할 수가 있다. 중심선 길이가 짧으면 생성된 중심선을 드래그(Drag)하여 길이를 맞추어 준다.

㊹ 나머지 부품인 '링크'와 '편심축'은 학습한 내용을 참조하여 아래 그림과 같이 완성하길 바란다.

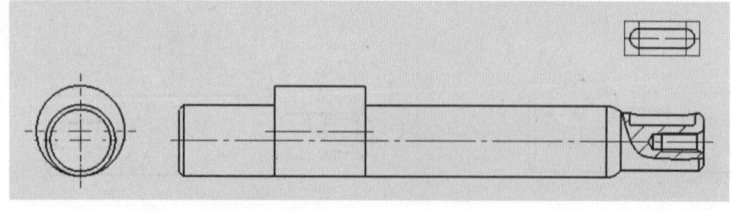 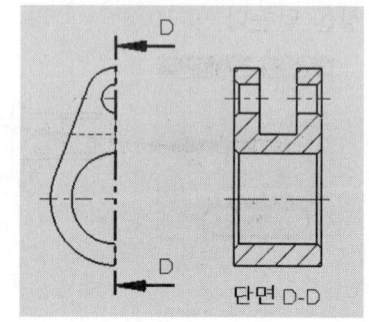

㊤ 표준 도구모음에서 다른 이름으로 저장을 클릭한다.

㊥ 다른 이름으로 저장 창에서 저장 위치를 편심구동장치 폴더로 지정해 준다.
파일이름을 '2d투상도' 파일 형식을 'Dxf'로 저장을 클릭한다.

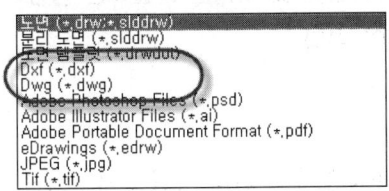

가급적 AutoCAD파일로 저장시 다른 이름으로 저장 창의 '옵션'버튼을 클릭하여 내보내기 옵션 항목 중 버전을 낮은 R2000~2002를 사용할 것을 권장한다.

STEP 2 | AutoCAD에서 투상도의 수정 및 편집

SolidWorks에서 도면화 작업시 KS제도법에 맞지 않는 불필요한 형상이 존재하는데 이것을 Auto-CAD로 불러와 수정해서 2차원 도면을 완성해야 한다.

① AutoCAD를 실행한다.

② Command명령어 입력줄에 OPEN을 입력한다. (단축키 : Ctrl+O)

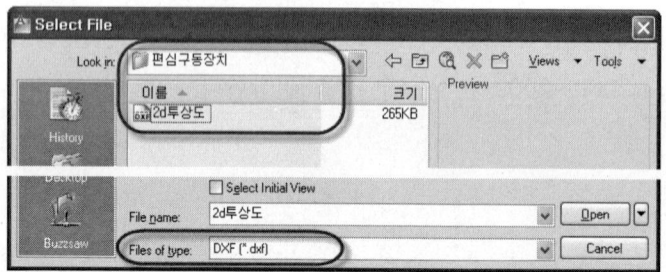

SolidWorks에서 파일 형식을 DXF로 저장했기 때문에 대화상자에 보이지 않는다. 대화상자 아래쪽에 있는 Files of type : 을 DXF(*.dxf)로 변경해주어야 저장된 파일이 나타난다.

③ Look in : 항목에서 편심구동장치 폴더가 아닌 경우에는 있는 위치로 찾아가야 한다.

④ SolidWorks에서 저장한 '2d투상도.dxf'를 불러온다.

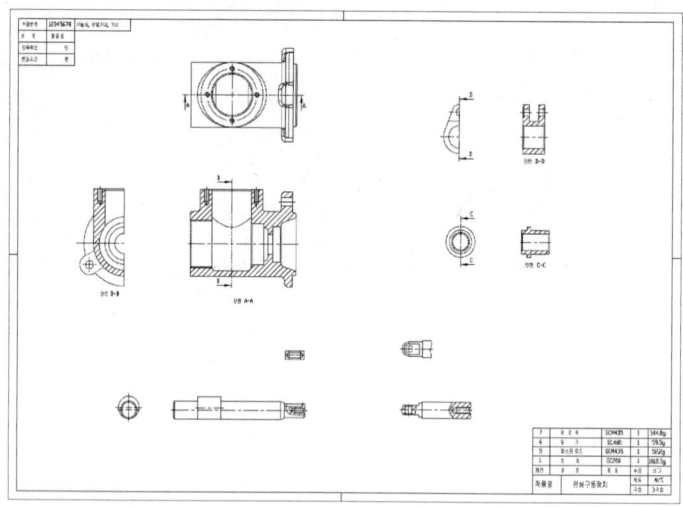

SolidWorks에서 3차원 도면화 작업시 윤곽선과 표제란 등을 만들었다면 그 안에 2차원 도면화 작업을 함께 하여 AutoCAD로 불러오는 것이 수검시간을 줄일 수 있는 방법이다.

⑤ 불러온 도면에서 우선적으로 각각의 부품마다 그림과 같이 필요 없는 형상을 지워준다. 필요없는 도형을 클릭하고 키보드의 Del키를 누르거나 ERASE(단축키 : E)를 입력하고 ENTER를 하여 지운다.

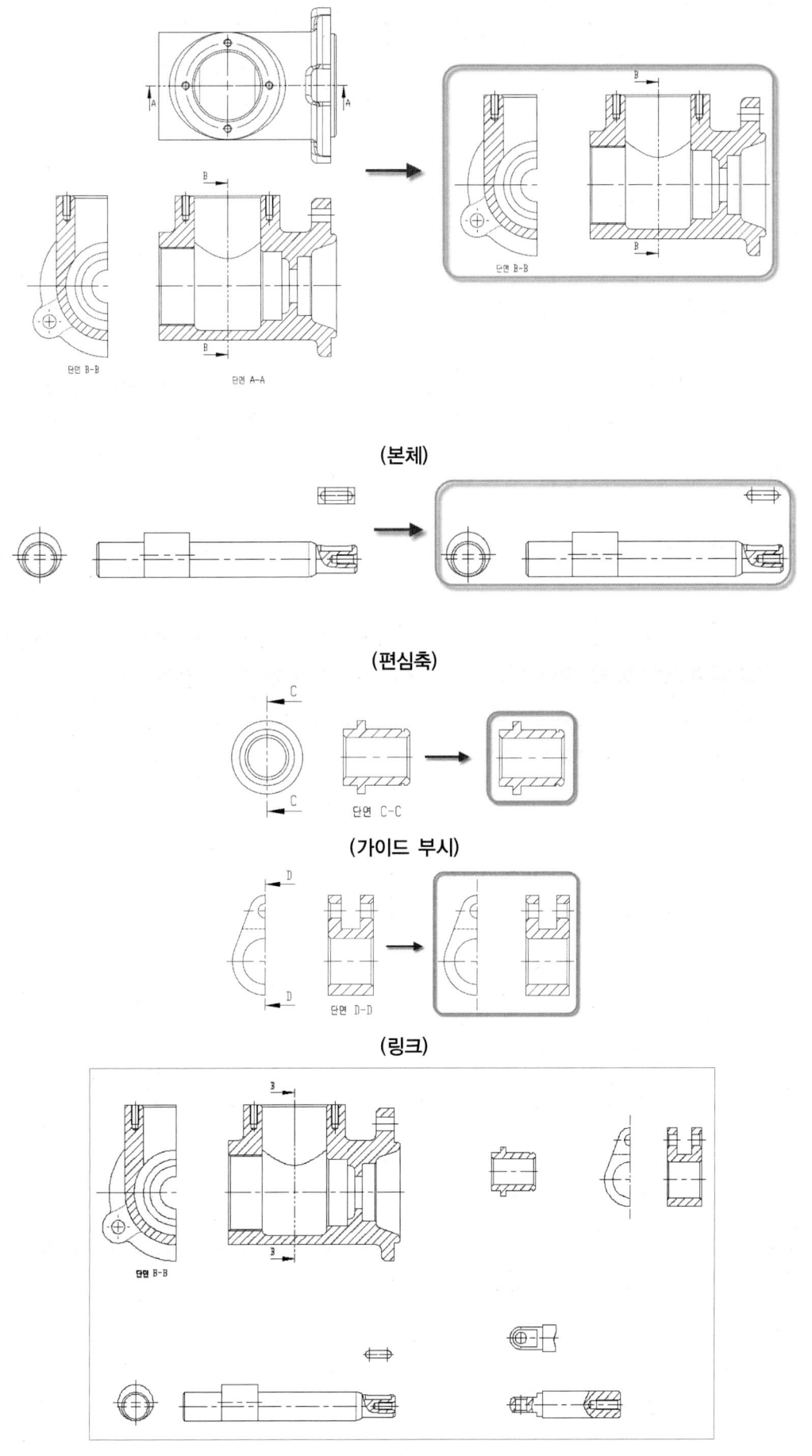

(본체)

(편심축)

(가이드 부시)

(링크)

(완성된 도면)

⑥ Command명령어 입력줄에 LAYER를 입력한다. (단축키 : LA)

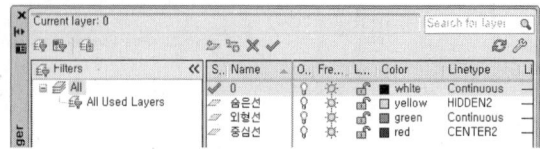

선수학습한 내용을 참조하여 3개(외형선-초록색, 숨은선-노란색, 중심선-빨간색)의 레이어를 만든다.

⑦ Command명령어 입력줄에 FILTER를 입력한다. (단축키 : FI)

⑧ 필터 대화상자에서 'Add Selected Object<'를 클릭하고 도면에서 아무 외형선 한 개를 선택하여 준다.

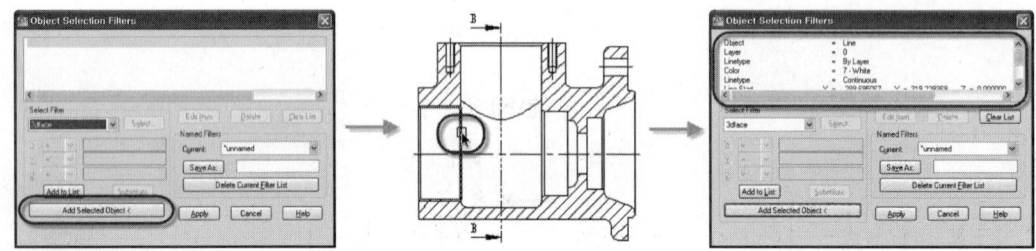

⑨ LIST 안에 나열된 정보 중에 필요한 정보만을 오른쪽과 같이 남기고 나머지는 지워버린다.

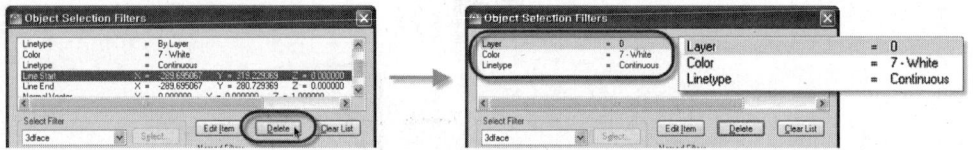

LIST 안에서 필요 없는 정보를 선택하고 해당창의 'Delete'버튼을 클릭하여 지운다.

⑩ Apply를 클릭하여 필터 대화상자를 닫는다. ALL 입력하고 ENTER, ENTER를 한다.

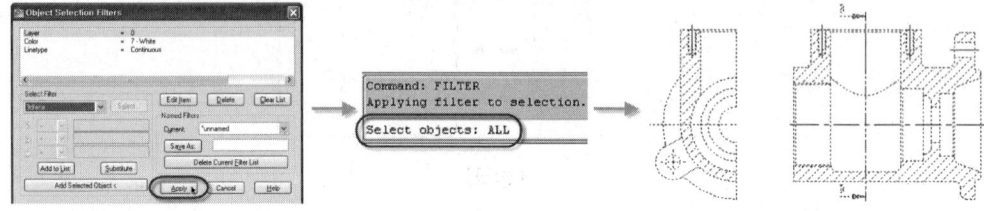

결과는 LIST 안의 내용과 일치한 도형들이 모두 선택되고 숨은선과 중심선만 선택에서 제외가 된다.

⑪ AutoCAD화면 위쪽에 있는 Layer툴바에서 외형선을 선택한다.

레이어에 설정된 조건을 사용하기 위해선 Properties툴바의 조건 3가지가 모두 ByLayer로 되어 있어야만 한다. 필터(Filter) 명령으로 선택된 모든 도형들이 레이어 도면층인 '외형선'의 속성으로 모두 변경된 것을 화면상에서 확인할 수가 있다.

⑫ Command명령어 입력줄에 FILTER를 입력한다. (단축키 : FI) 필터 대화상자에서 'Clear List'버튼을 눌러 기존에 내용을 모두 지워 버린 후 'Add Selected Objec-t<'를 클릭하고 도면에서 중심선 한 개를 선택하고 LIST 안에 나열된 정보 중에 필요한 정보만을 아래 그림과 같이 남기고 나머지는 'Delete'로 지워버린다.

⑬ Apply를 클릭하여 필터 대화상자를 닫는다. ALL 입력하고 ENTER, ENTER를 한 후 AutoCAD 화면 위쪽에 있는 Layer툴바에서 중심선을 선택한다.

레이어에 설정된 조건을 사용하기 위해선 Properties툴바의 조건 3가지가 모두 ByLayer로 되어 있어야만 한다. 필터(Filter) 명령으로 선택된 모든 도형들이 레이어 도면층인 '중심선'의 속성으로 모두 변경된 것을 화면상에서 확인할 수가 있다.

⑭ Command명령어 입력줄에 FILTER를 입력한다(단축키 : FI). 필터 대화상자에서 'Clear List'버튼을 눌러 기존에 내용을 모두 지워 버린 후 'Add Selected Objec-t<'를 클릭하고 도면에서 해칭선 한 개를 선택하고 LIST 안에 나열된 정보 중에 필요한 정보만을 아래 그림과 같이 남기고 나머지는 'Delete'로 지워버린다.

⑮ Apply를 클릭하여 필터 대화상자를 닫는다. ALL 입력하고 Enter, Enter를 한 후 AutoCAD 화면 위쪽에 있는 Properties툴바의 색상 선택항목에서 빨강색(가는선)을 선택한다.

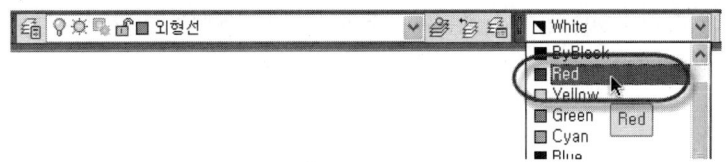

필터(Filter) 명령으로 선택된 모든 해칭선이 '빨강색'으로 변경된 것을 화면상에서 확인할 수가 있다. 필터(Filter) 명령으로 변경이 안된 외형선, 중심선, 해칭선, 파단선은 개별적으로 수정해 주어야 하며 이때 MATCHPROP(단축키 : MA)명령을 사용하면 편하다.

⑯ 변경이 안된 부분들을 다음과 같이 수정하여 투상도를 완성해야 한다.

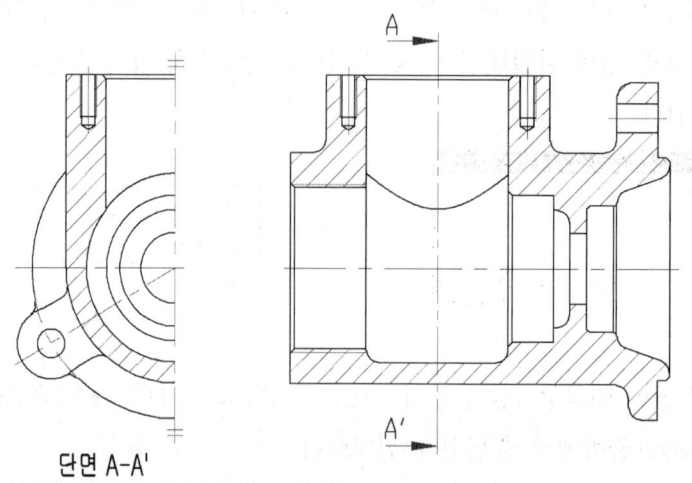

(본체)

탭(TAP)에 불완전 나사부를 추가시켜 주어야 하며 나사부(완전나사와 불완전 나사)를 모두 가는선(빨강색)으로 변경해 주어야 한다. 좌측면도 중심선을 그림과 같이 편집한 후 수직 중심선 위아래에 대칭표시(빨강색)를 추가해야 한다.

(본체 투상도 주요 부위 편집하는 방법)

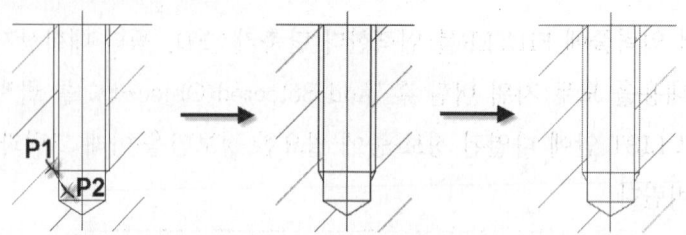

① 불완전 나사부 그리는 방법

Command명령어 입력줄에 LINE를 입력한다(단축키 : L). 그림과 같이 P1를 클릭한 후 '< -60'입력하고 ENTER를 하고 마우스를 움직이면 -60° 방향으로만 움직이며 이때 적당한 위치(P2)에 클릭한다. ENTER를 하여 LINE명령을 종료한다. TRIM(단축키 : TR)으로 필요없는 부분을 자르고 반대편으로 MIRROR(단축키 : MI)하여 완성한다. 또한 완전나사부와 불완전나사부의 직선을 선택하여 빨간색으로 변경해야 한다.

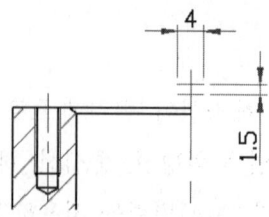

② 대칭 표시를 그리는 방법

RECTANGLE(단축키 : REC)로 빈 공간에 @4,1.5 사각형을 그린다.

MOVE(단축키 : M)로 사각형을 대칭이 되는 중심선에 NEArest(임의점)으로 이동시킨다. 색상을 빨간색(가는선)으로 변경한 후 EXPLODE(단축키 : X)로 사각형의 수직선 2개를 지운다.

COPY(단축키 : CO)로 반대편으로 복사하여 완성한다.

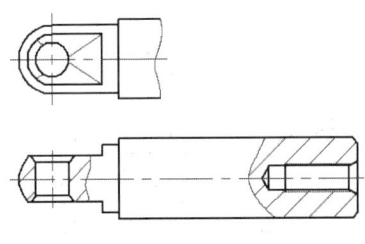

(피스톤 로드)

본체에서와 같이 탭(TAP)에 불완전 나사부를 추가시켜 주어야 하며 나사부(완전나사와 불완전나사)를 모두 가는선(빨강색)으로 변경해 주어야 한다. 부분단면도 파단선을 가는선(빨강색)으로 변경해 주어야 하며 평면도에 평평한 부분에 평면표시(가는선)를 해야 한다.

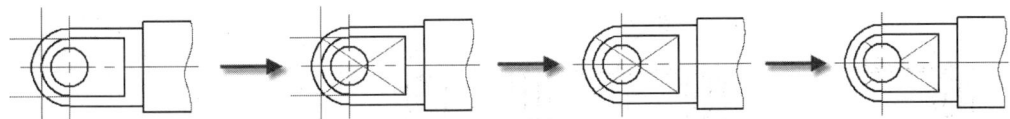

(피스톤 로드 평평한 부분에 평면표시하는 방법)

첫 번째 그림처럼 LINE(단축키 : L)으로 원의 사분점에 수평선과 수직선을 교차되게 그려준다. 두 번째 그림처럼 교차점에 대각선 2개를 그린다. Del키를 누르거나 ERASE(단축키 : E)로 수평선과 수직선을 지우고 나서 네 번째 그림처럼 TRIM(단축키 : TR)를 하고 대각선을 초록색으로 그렸다면 반드시 빨강색으로 변경해 주어야 한다.

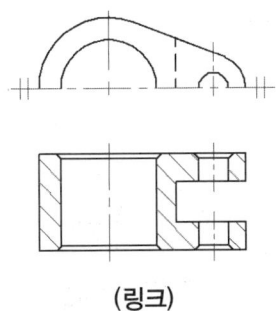

(링크)

가급적 링크는 왼쪽 그림처럼 ROTATE(단축키 : RO)로 회전시켜 주어야 하며 중심선을 그림과 같이 편집한 후 평면도 수평 중심선 양옆에 대칭표시(빨강색)를 추가해야 한다.

평면도의 숨은선은 레이어 도면층인 '숨은선'으로 속성을 변경해 주어야 한다.

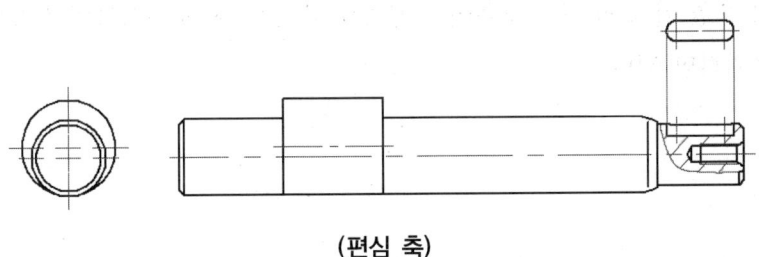

(편심 축)

탭(TAP)에 불완전나사부를 추가시켜 주어야 하며 나사부(완전나사와 불완전나사)를 모두 가는선(빨강색)으로 변경해 주어야 한다. 키홈에 중심선을 추가하고 가는실선(빨강색)으로 키홈의 양쪽 끝을 이어주어야 한다. 부분단면도의 파단선을 가는실선(빨강색)으로 변경해 주어야 하며 좌측면도의 센터 구멍은 2차원에서는 생략을 하므로 지워주어야 한다.

오일 실이 삽입되는 축 오른쪽 모따기 접선을 다음 그림과 같이 편집해 주어야 한다.

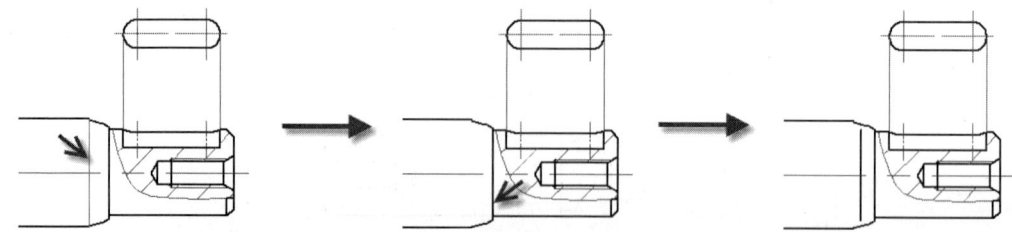

첫 번째 그림의 기존의 접선을 Del키를 누르거나 ERASE(단축키 : E)로 지우고 OFFSET(단축키 : O)으로 두 번째 그림의 수직선을 선택하여 왼쪽 방향으로 '2mm'를 옵셋시켜 세 번째 그림처럼 접선을 완성해야 한다.

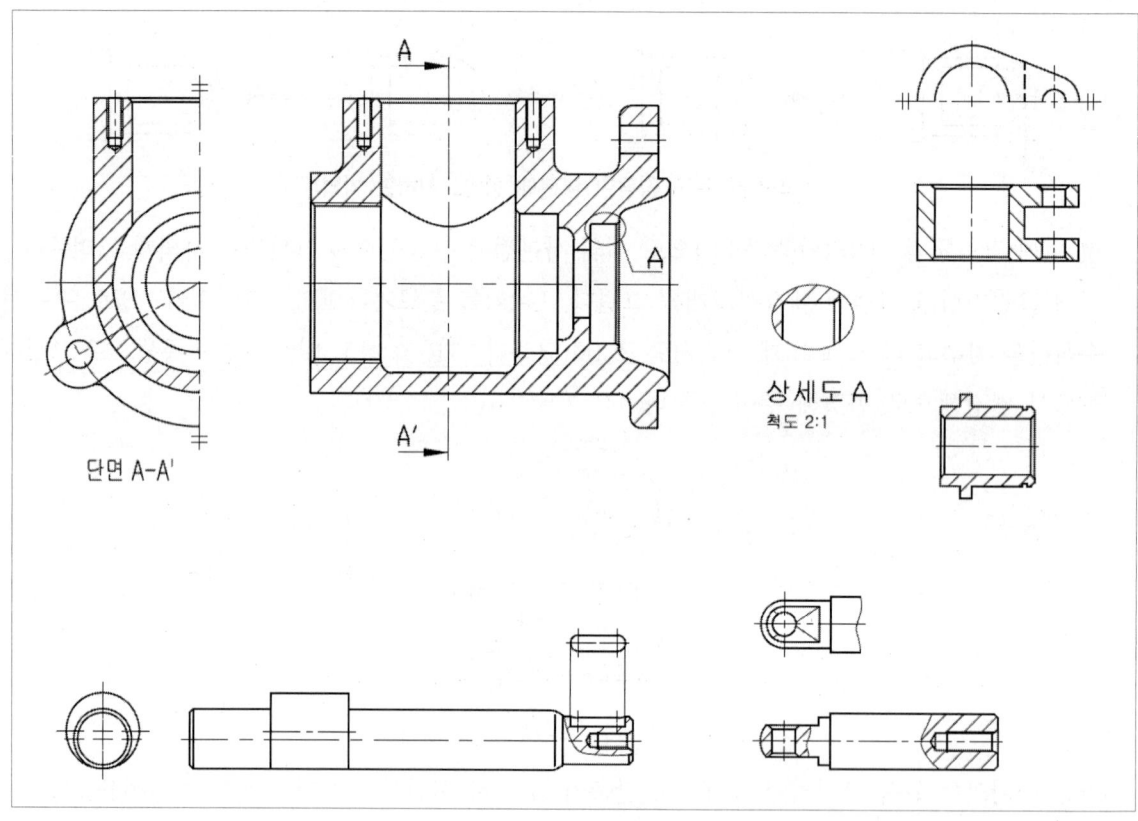

동력전달장치를 참조하여 본체의 오일 실 삽입부에 상세도를 추가해 주어야 한다. 스케치 도구모음의 타원으로 오일 실 삽입 구멍 부위에 스케치를 한 후 도면 도구모음의 상세도로 배율 2 : 1로 지정하여 추가하면 된다.

STEP 3   완성된 투상도에 치수 기입하기

치수 기입을 하면서 부품 간의 결합되는 부위에 KS규격에 알맞은 끼워맞춤 공차와 일반 공차를 기입해야 하며 KS규격에 없는 공차는 자격증 시험시 일반적으로 적용되는 범위의 공차를 기입해야 한다.

치수 기입 전에 치수환경이 먼저 설정되어 있어야 한다. 선수 학습한 동력전달장치에서 설정한 치수환경을 참조하여 DIMSTYLE(단축키 : D 또는 DDIM)를 설정한다.

① 치수기입시 가장 중요한 부분이 베어링 삽입부이기 때문에 수검 도면에서 베어링 계열번호를 확인하고 KS규격집에서 베어링의 안지름(d)×바깥지름(D)×폭(B) 치수를 찾는다. 수검 도면의 깊은 홈 볼 베어링의 계열번호가 6202임으로 (안지름 15 × 바깥지름 35 × 폭 11)이다.

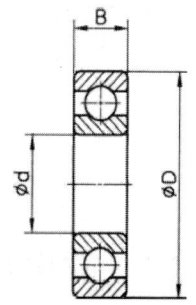

② 베어링과 연관된 부품들에 대한 치수기입을 하겠다.

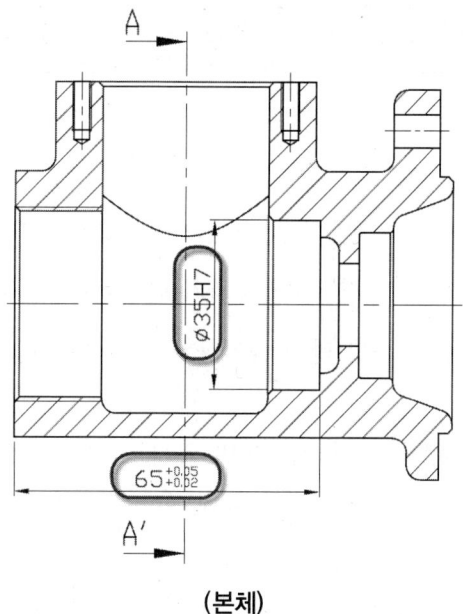

(본체)

가급적 치수기입은 레이어 0층을 활성화하여 기입하는 것이 좋다.

DIMLINEAR(단축키 : DLI) : 수평 및 수직 치수기입만 가능하다. 치수문자 앞에 ∅는 특수문자인 %%C를 입력하면 된다. 일반공차(허용한계 치수)를 AutoCAD에서 적용하는 방법은 선수 학습한 동력전달장치 부분을 참조하면 된다.

베어링 삽입부에 베어링 바깥지름인 '∅35'가 기입되어야 하며 외륜 정지 하중임으로 'H7' 끼워맞춤 공차가 들어간다.

하우징 구멍 공차		
외륜 정지 하중	모든 종류의 하중	H7
외륜 회전 하중	보통하중 또는 중하중	N7

길이 치수 '65'는 스케일로 실척하여 기입되었으며 일반 공차 '$^{+0.05}_{+0.02}$'가 들어간 이유는 윤활유가 밖으로 새지 않게 품번 3번(커버)과 완전 밀착시켜 밀봉시켜야 하는 중요치수이기 때문이다. 치수65 $^{+0.05}_{+0.02}$의 $^{+0.05}_{+0.02}$ 공차는 수검시 적용되는 일반 공차로 $^{+0.05}_{+0.02}$가 아닌 다른 공차값으로도 기입될 수가 있으며, 단 꼭 +값 공차만을 적용해야 한다.

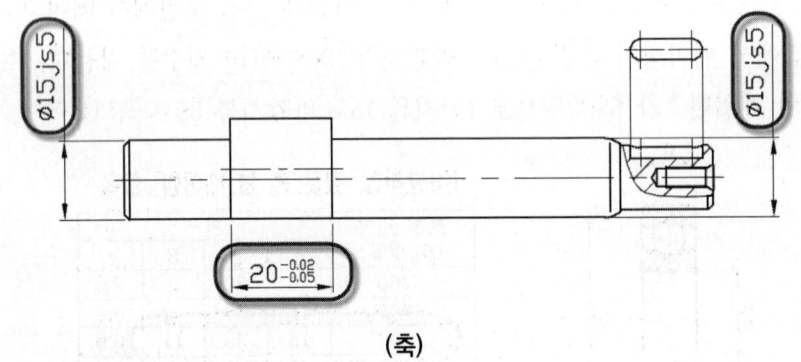

(축)

베어링 삽입부에 베어링 안지름인 'Ø15'가 기입되어야 하며 축경이 Ø18 이하임으로 'js5' 끼워맞춤 공차가 들어간다.

내륜회전 하중 또는 방향 부정 하중 (보통 하중)			
볼 베어링	원통, 테이퍼 롤러 베어링	자동조심 롤러 베어링	허용차 등급
축 지름			
18 이하	–	–	js5
18 초과 100 이하	40 이하	40 이하	k5

$20^{-0.02}_{-0.05}$치수는 본체의 길이 치수 $65^{+0.05}_{+0.02}$와 연관된 치수임으로 중요 치수가 된다. 윤활유가 밖으로 새지 않게 완전 밀봉시키기 위해 '$^{-0.02}_{-0.05}$' 일반 공차가 들어간다. 비유하자면 $65^{+0.05}_{+0.02}$는 바구니가 되며 그 안에 들어 있는 20mm는 바구니 안에 들어가기 위해서 바구니보다 작아야 하기 때문에 −값 공차가 적용되는 것이다.

$20^{-0.02}_{-0.05}$치수의 $^{-0.02}_{-0.05}$공차는 수검시 적용되는 일반 공차로 $^{-0.02}_{-0.05}$가 아닌 다른 공차값으로도 기입할 수가 있으며 단, 꼭 −값 공차만을 적용해야 한다.

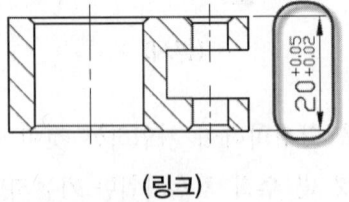

(링크)

편심 축의 치수 $20^{-0.02}_{-0.05}$부분과 정확히 맞아떨어져야 윤활유가 밖으로 새지 않게 완전 밀봉시킬 수가 있으므로 기준치수 '20mm'에 일반 공차 '$^{+0.05}_{+0.02}$'가 적용된다.

③ 베어링 못지않게 중요한 오일 실과 연관된 부품들의 치수기입을 하겠다.

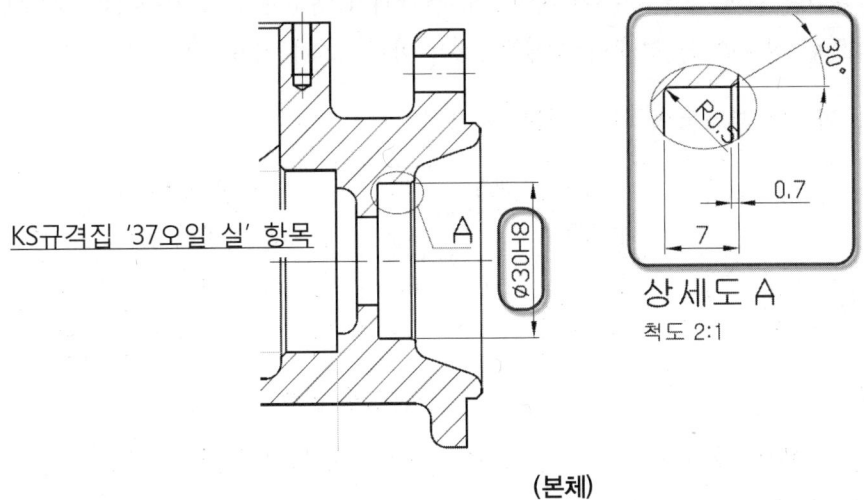

(본체)

오일 실 안지름과 접촉되는 축경(∅15)을 먼저 찾은 다음 KS규격에서 바깥지름(D)과 폭(B) 값을 찾아 본체 정면도와 상세도에 치수기입을 해야 한다. 오일 실 바깥지름과 결합되는 본체에 '∅30'치수를 기입하고 반드시 오일 실 바깥지름에 삽입되는 구멍에는 'H8'끼워맞춤 공차를 적용해야 한다. 상세도 치수에서 '7'은 오일 실 폭(B)이며 '0.7'은 '오일 실 폭(7)×0.1=0.7'로 계산해서 기입해야 한다. 각도 '30°'와 'R0.5'는 오일 실 크기에 상관없이 상세도에 그대로 적용해서 기입하면 된다.

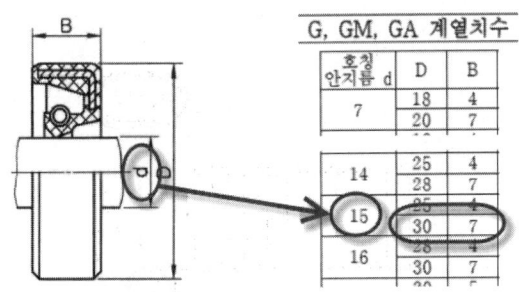

수검시 오일 실은 G계열만을 사용하며 바깥지름(D)과 폭(B) 값을 기본적으로 작은 값으로 찾아 치수기입을 해야 하지만 지금과 같이 수검 도면상에 크기와 비교하여 차이가 클 때는 큰 값을 적용해주어야 한다.

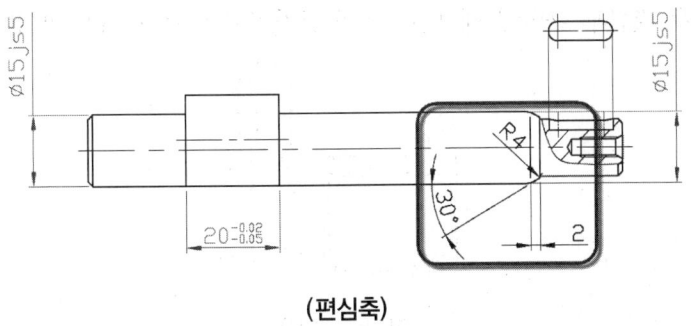

(편심축)

오일 실 안지름 부위가 축과 접촉하여 밀봉을 해주므로 축에 오일 실 결합시 오일 실이 파손되는 것을 방지하기 위해 오일 실이 결합되는 축경 부위에 그림과 같이 모따기와 필렛 처리를 해야 한다. 치수 기입은 그림과 같이 각도 '30°', R4, 2'를 그대로 기입하면 된다.

오일 실 바깥지름과 결합되는 커버 구멍의 끼워맞춤은 'H8'이며, 오일 실 안지름과 결합되는 축의 끼워맞춤은 'h8'이다. 그러나 현재 축경 Ø15에 베어링도 결합되기 때문에 공차가 중복된 경우에는 정밀한 공차를 우선적으로 적용한다. 그래서 축에는 h8이 아닌 js5가 적용되었다.

④ 다음은 피스톤 로드와 연관된 부품들의 치수기입을 하겠다.

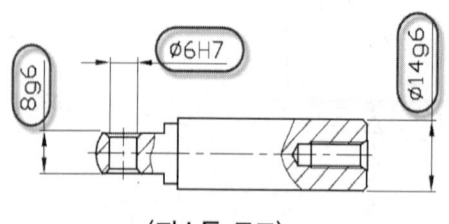

(피스톤 로드)

	구멍	축	적용하는 곳
헐거움		g6	운동과 마찰이 있는 결합부
중 간	H7	h6	정지나 고정된 모든 결합부
억 지		p6	탈선이 우려가 되는 결합부

(끼워맞춤 공차)

링크(품번 ⑥)와 결합되는 부분 2곳을 스케일로 실척하여 '8, Ø6'이 기입되었으며 구멍(Ø6)은 핀 결합부 임으로 일반적인 구멍공차 'H7' 끼워 맞춤 공차가 들어간다. 링크 안에 결합되는 치수(8)는 편심구동장치를 작동시킬 때 링크와 마찰 운동이 일어남으로 헐거움 끼워 맞춤 공차 'g6'이 적용된다. 가이드 부시(품번 ④)와 결합되는 축경을 스케일로 실척하여 'Ø14'가 기입되었으며 작동시 가이드 부시 안에서 미끄럼 운동(직선 운동)이 발생함으로 헐거움 끼워 맞춤 공차 'g6'이 적용된다.

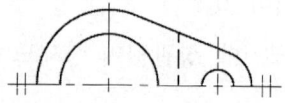

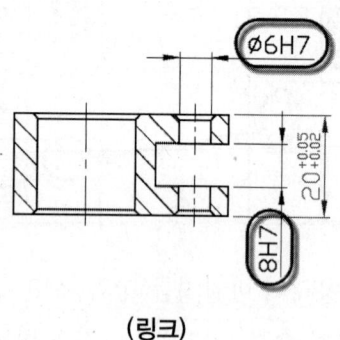

(링크)

피스톤 로드(품번 ⑤)와 결합되는 2곳의 기준치수(8, Ø6)가 정확히 그림과 같이 링크에서도 일치해야만 하며 2곳 모두 결합부 구멍에 해당됨으로 일반적인 구멍공차 'H7' 끼워맞춤 공차가 표기된다.

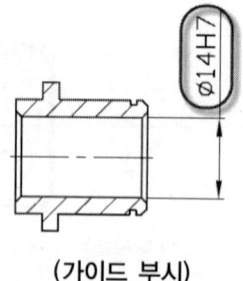

(가이드 부시)

피스톤 로드(품번 ⑤)와 결합되는 기준치수(Ø14)가 정확히 그림과 같이 가이드 부시에서도 일치해야만 하며 결합부 구멍이기 때문에 일반적인 구멍공차 'H7' 끼워맞춤 공차가 표기된다.

⑤ 편심 축과 링크, 두 부품 간에 연관된 치수기입을 하겠다.

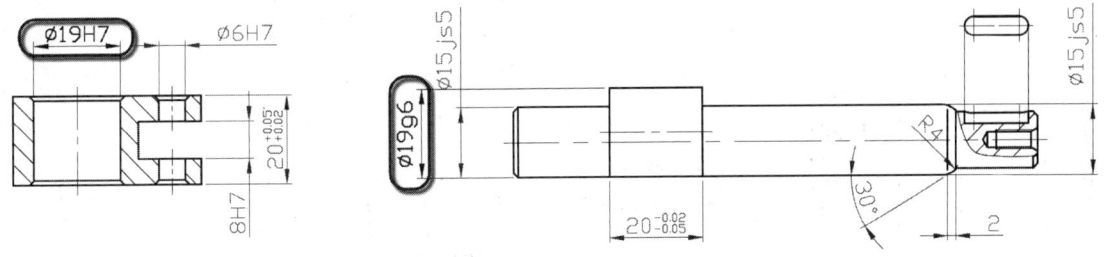

두 부품 간에 결합되는 곳을 스케일로 실척하여 'Ø19'가 기입되었으며 링크의 치수(Ø19)는 구멍 결합부임으로 일반적인 구멍공차 'H7' 끼워맞춤 공차가 들어가며 편심 축의 치수(Ø19)는 링크 안에 결합되어 편심구동장치를 작동시킬 때 서로간에 마찰 운동이 일어남으로 헐거움 끼워 맞춤 공차 'g6'이 적용된다.

⑥ 다음으로는 KS규격집 '21, 평행 키(키홈)'에서 찾아 기입해야 하는 부품들의 치수기입을 하겠다.

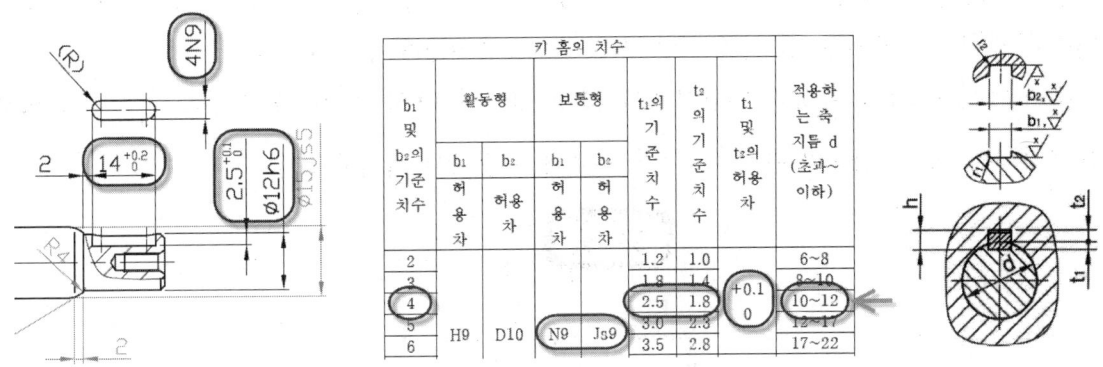

스퍼기어(품번 ⑧)와 결합되는 축경이 스케일로 실척하여 기준치수가 'Ø12'가 되었으며 그 축경에 일반적인 중간 끼워맞춤인 'h6'이 적용된다. KS규격 범위 10~12에서 키홈의 'b1'을 찾아 키홈 폭 '4'를 끼워맞춤 공차는 'N9'를 기입하였다. 같은 범위에서 키홈의 깊이 't1'값인 '2.5'와 공차 '$^{+0.1}_{0}$'를 규격에서 찾아서 기입한다.

스케일로 실척한 기준치수가 Ø12임으로 KS규격 범위 '10~12'와 '12~17' 두 곳에 걸쳐 겹쳐 있다. 이럴 경우에는 가급적 낮은 범위에 속한 값을 기준으로 적용한다.

축의 키 홈 길이 '14'는 스케일로 실척해서 나온 값이며 공차는 시험시 적용되는 일반 공차로 키 홈의 크기에 상관없이 '$^{+0.2}_{0}$'을 무조건 기입한다.

키 홈 국부투상도의 라운드진 곳에 반지름 치수기입을 해야 하며 '(R)'으로 변경해서 기입해야만 한다.
※ R치수 양쪽의 소괄호( )는 참고치수를 의미한다.

키 홈 국부투상도는 3차원 모델링하여 도면화시켰기 때문에 원호가 아닌 스플라인으로 되어 반지름 치수를 기입할 수가 없다. 이럴 때는 그 부분만 지우고 다시 그리든지 아니면 따로 옆에다가 똑같은 치수의 원을 그린 다음 치수기입 후 실제 도형에다 옮겨 사용해야만 한다.

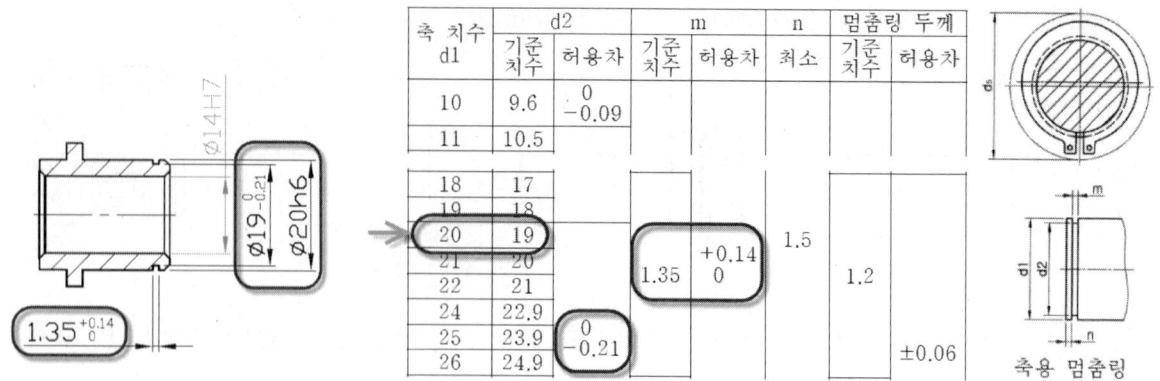

축 치수 d1	d2		m		n	멈춤링 두께	
	기준치수	허용차	기준치수	허용차	최소	기준치수	허용차
10	9.6	0 −0.09					
11	10.5						
18	17				1.5	1.2	±0.06
19	18						
20	19		1.35	+0.14 0			
21	20						
22	21						
24	22.9	0 −0.21					
25	23.9						
26	24.9						

편심구동장치를 작동시 커버(품번 ②)에서 가이드 부시가 이탈되는 것을 방지하기 위해 멈춤링(스냅링)을 사용한 것으로써 C형 멈춤링을 안장시키는 홈 부위를 KS규격에서 찾아 치수를 기입하여야 한다.

우선 커버(품번 ②)와 결합되는 축경을 스케일로 실척하여 기준치수가 'Ø20'이 되었으며 그 축경이 커버와 결합되는 부분임으로 일반적인 중간 끼워맞춤인 'h6'이 적용된다.

기준치수(d1)가 20mm임으로 KS규격에서 'd2'을 찾아 'Ø19'를 끼워맞춤 공차는 '$^{\ 0}_{-0.21}$'를 기입하였으며 홈 폭 'm'은 '1.35'와 공차 '$^{+0.14}_{\ 0}$'을 규격에서 찾아서 기입한다.

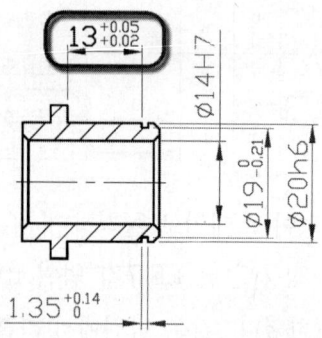

치수 '13'은 스케일로 실척하여 나온 치수이며 공차 '$^{+0.05}_{+0.02}$'를 기입한 이유는 커버(품번 ②)에 가이드 부시를 결합한 후 멈춤링을 안장시키기 위해 필수적으로 +값 공차가 나와야 하는 중요치수이기 때문이다.

⑦ 다음으로는 부품마다의 개별적인 치수기입을 하여 치수를 완성하겠다. 나머지 치수들은 대부분 스케일로 실척해서 기입되는 일반적인 치수들이며 몇 개는 연관된 치수도 있으니 유념해서 기입을 해야 한다.

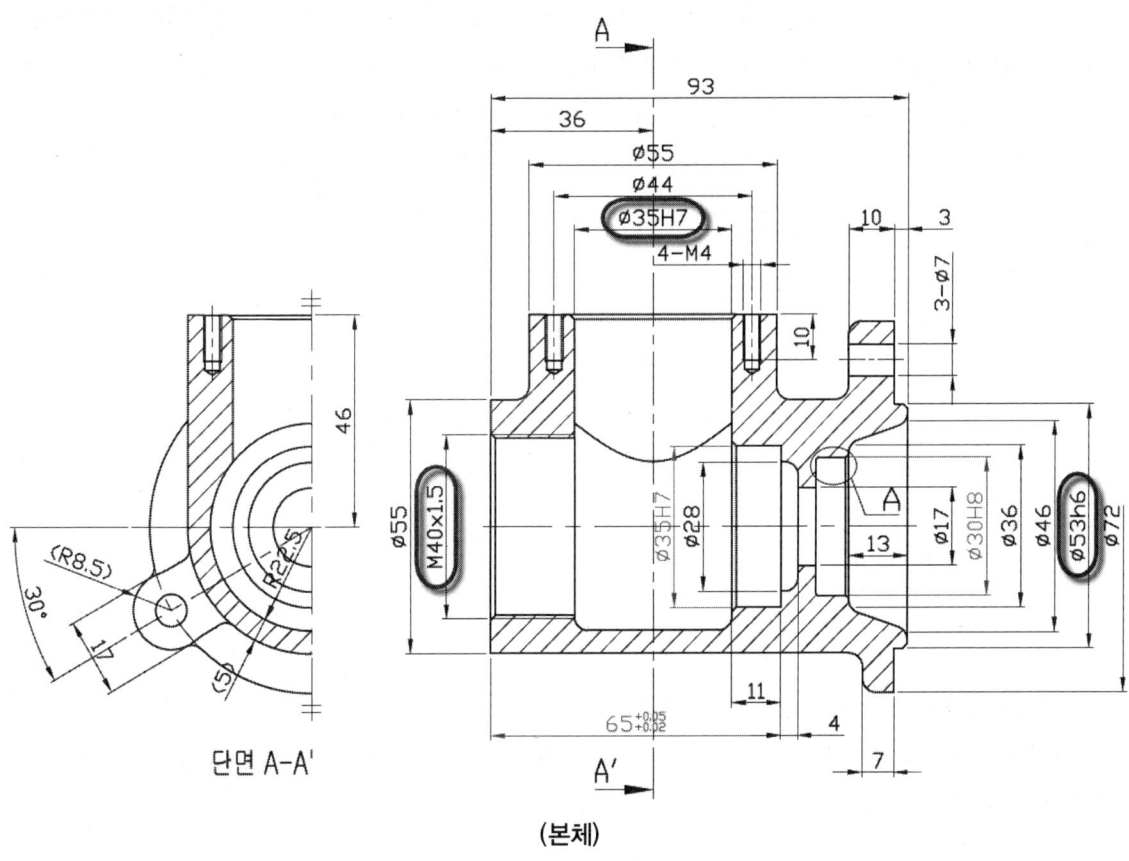

(본체)

치수 'Ø35H7'는 커버(품번 ②)와 결합되는 부분임으로 일반적인 구멍공차 'H7' 끼워맞춤 공차가 기입되어야 하며 'Ø35'는 스케일로 실척해야 한다.

치수 'Ø53h6'은 편심구동장치를 작동시 벽에 있는 구멍에 결합하여 고정시켜 사용하는 제품임으로 'Ø53'은 스케일로 실척하고 공차는 중간 끼워맞춤 'h6'을 적용시켜야 한다.

치수 'M40×1.5'는 미터 삼각 가는나사를 의미하는 것으로써 윤활유가 새는 것을 방지하기 위해 보통나사 보다는 나사산 사이가 조밀한 가는나사를 사용해야만 한다.

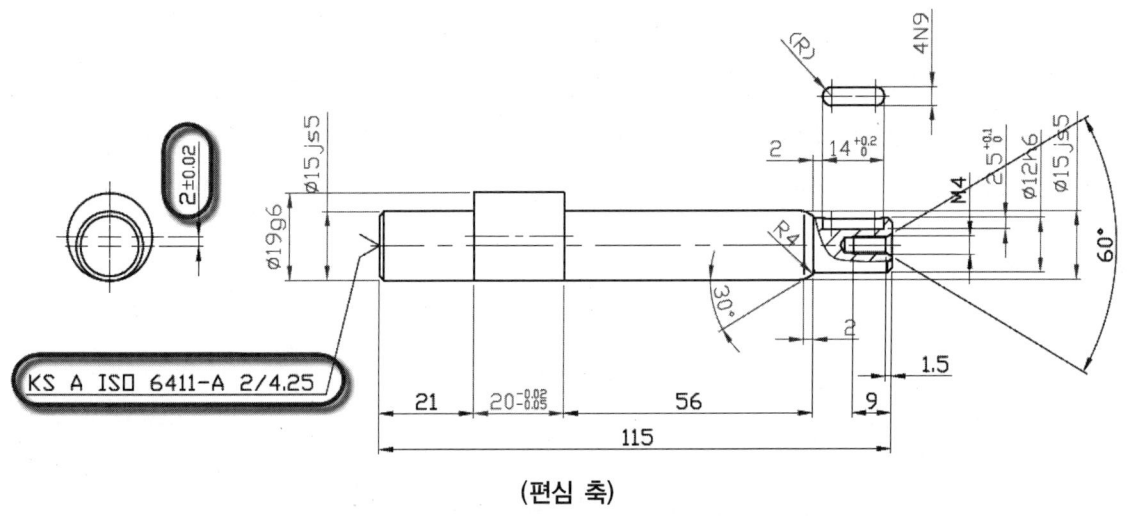

(편심 축)

치수 '2±0.02'는 편심된 중심거리 치수이기 때문에 중요치수에 해당되며 '2'는 스케일로 실척하고 공차 '±0.02'는 수검시 적용되는 범위의 공차임으로 그대로 적용하여 사용한다.

축의 오른쪽 끝에는 탭 구멍이 뚫어져 있기 때문에 탭 구멍에 직접 센터에 대한 치수를 기입하였으므로 축 왼쪽에 센터 구멍에 대한 규격 치수(KS A ISO 6411-A 2/4.25)를 기입해야 한다. 센터 구멍 치수 기입하는 방법은 선수학습한 동력전달장치 부분을 참조하길 바란다.

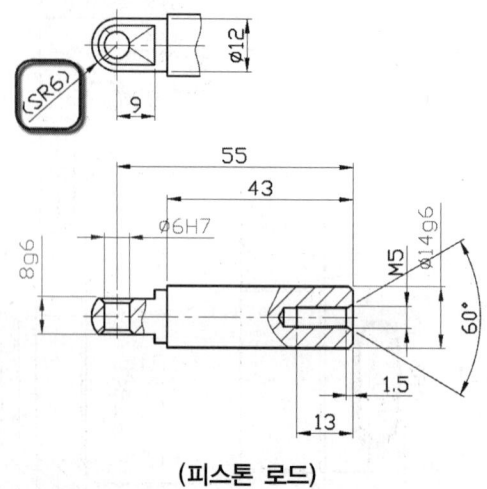

(피스톤 로드)

치수 '(SR6)'에 S는 구(Sphere)를 의미하므로 필히 기입되어야 하며 소괄호( )는 참고치수로 'Ø12'와 중복이 되는 치수이기 때문이다. 피스톤 로드도 축에 해당되므로 오른쪽 탭구멍에 센터에 대한 치수(1.5, 60°)를 기입해야만 한다.

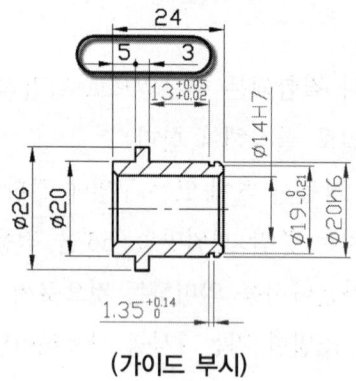

(가이드 부시)

가이드 부시의 치수(5, 3)는 직렬로 치수기입시 치수선 화살표가 치수선 사이에 들어갈 수가 없어 표기가 잘못된 화살표로 치수기입이 되는데 이때는 치수를 'EXPLODE[X]'시킨 후 잘못 표기된 가운데 화살표를 지우고 'DONUT[DO] : 안지름은 0, 바깥지름은 1'으로 점을 찍어 주어야 한다.

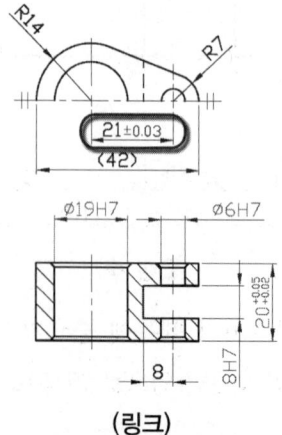

(링크)

링크의 치수 '21±0.03'은 구멍 간의 중심거리 치수이기 때문에 중요치수에 해당되므로 '21'은 스케일로 실척하고 공차 '±0.03'은 수검시 적용되는 범위의 공차임으로 그대로 적용하여 사용한다.

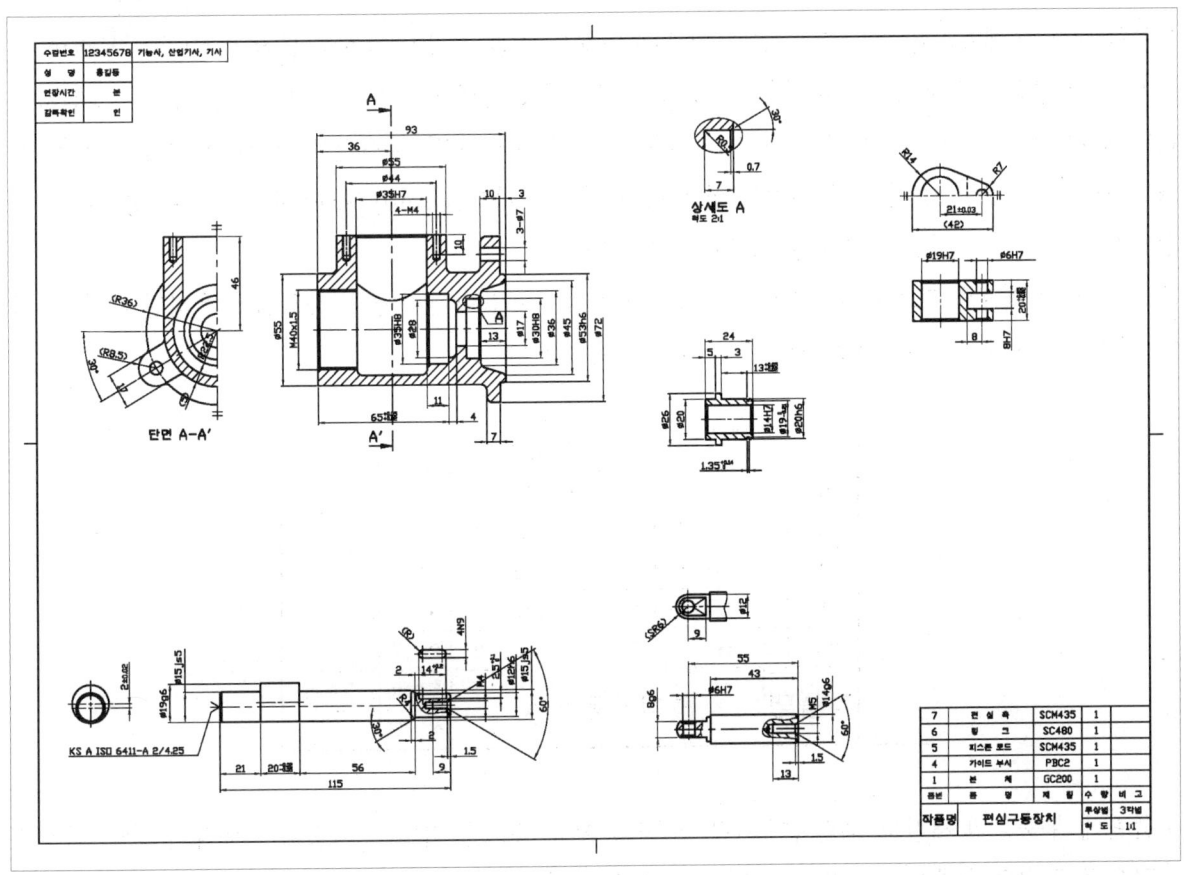

(완성된 도면)

| STEP 4 | 완성된 치수에 표면 거칠기 기호 기입하기 |

부품들 표면의 매끄러운 정도(조도)를 나타내는 기호를 표면 거칠기 기호(다듬질 기호)라고 부르며 수검자가 각 부품들의 재질에 맞는 기호를 정확한 위치에 표기해야 한다. 각 부품들의 재질도 수검자가 시험 보기 전 미리 숙지하여 수검 도면의 제품 용도에 따라 적당한 재질을 부품란에 기입해야 한다. 표면 거칠기 기호 기입 전 알아 두어야 할 내용과 거칠기 기호를 AutoCAD상에서 그리는 방법은 동력전달장치에서 선수 학습한 내용을 참조하길 바란다.

KS규격집 '**기계재료 기호 예시**' 항목의 재질을 참조하여 부품마다 적절한 재료을 적용하면 된다. 부품에 알맞은 재료라면 다른 재료 기호를 사용해도 무방하다.

7	편 심 축	SCM435	1	
6	링 크	SC480	1	
5	피스톤 로드	SCM435	1	
4	가이드 부시	PBC2	1	
1	본 체	GC200	1	
품번	품 명	재 질	수량	비 고
작품명	편심구동장치		투상법	3각법
			척 도	1:1

부품란에 부품들의 재질을 수검자가 수검 도면의 제품 용도에 알맞은 재질로 기입해야 하며 이것을 바탕으로 각각의 부품들의 표면 거칠기 기호를 결정해야 한다.

① 본체에 표면 거칠기 기호를 표기하도록 하겠다.

본체는 재질이 GC200(회 주철품)이기 때문에 맨 앞에 주물 기호▽가 표기된다.
ARRAY(배열)한 다듬질기호를 COPY[CO, CP]하여 NEArest 스냅으로 표기하면된다.

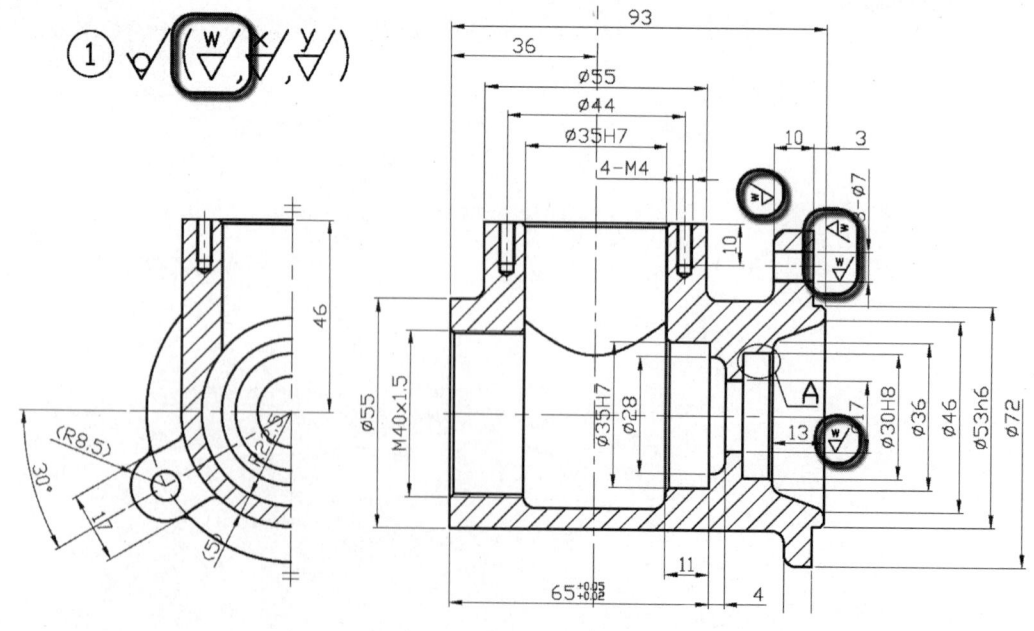

$\overset{w}{\triangledown}$기호는 볼트와 결합되는 구멍이나 볼트 머리가 닿는 면에 적용한다.

단, 탭(TAP) 구멍에는 절대 표면거칠기 기호를 표기할 수 없다. 이유는 다듬질은 우선적으로 제품을 가공하고 작업하는 후(後) 작업이기 때문이며 탭(TAP)은 후 작업을 할 수가 없다. 구멍 'Ø17'은 축이 구멍 안에 삽입은 되지만 축경이 'Ø15'로 접촉이 없으므로 $\overset{w}{\triangledown}$가 들어간다.

부품 안에 표기하는 표면 거칠기 기호는 꼭 제품 가공 방향에 맞게 표기해야 한다. 외측 가공면은 바깥쪽에 내측 가공면은 안쪽에 다듬질기호를 표기해야만 한다.

표면 거칠기 기호를 부품에 표기시 우선적으로 치수 보조선에 표기해야 한다. 치수 보조선이 없을 경우에 한해서만 물체의 면에다 직접 표기하며 치수 보조선에도 물체의 면에도 표기할 수 없는 상황에서는 치수선에 표기할 수도 있다.

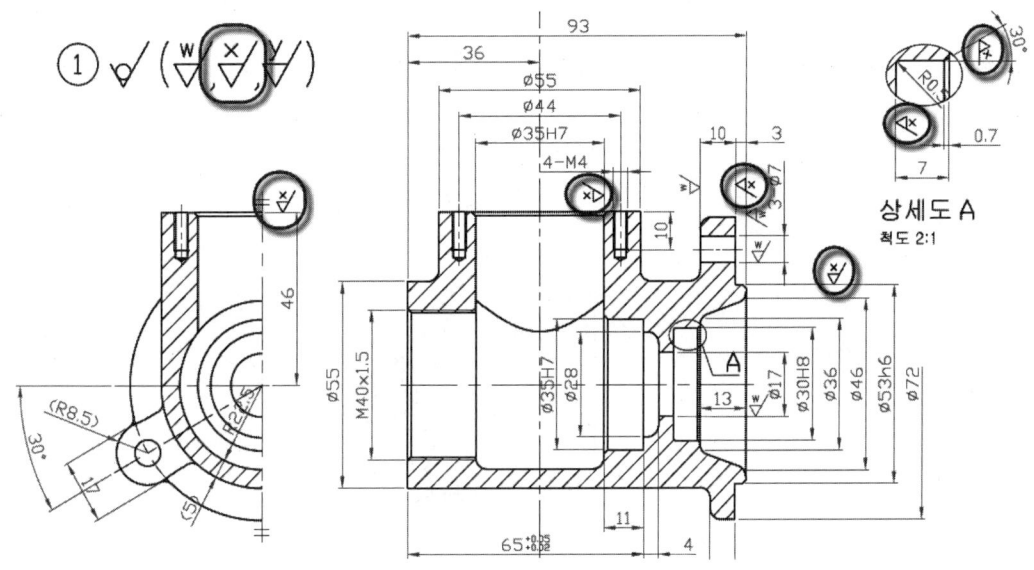

$\overset{x}{\triangledown}$기호는 면과 면의 결합부나 접촉부이면서 부품 간에 운동이 없는 정지된 면에 적용이 된다. 오일실이 닿는 측면과 30° 모따기 되어 있는 부분에도 $\overset{x}{\triangledown}$기호가 들어가야 하기 때문에 상세도에 표기하는 것이 좋다.

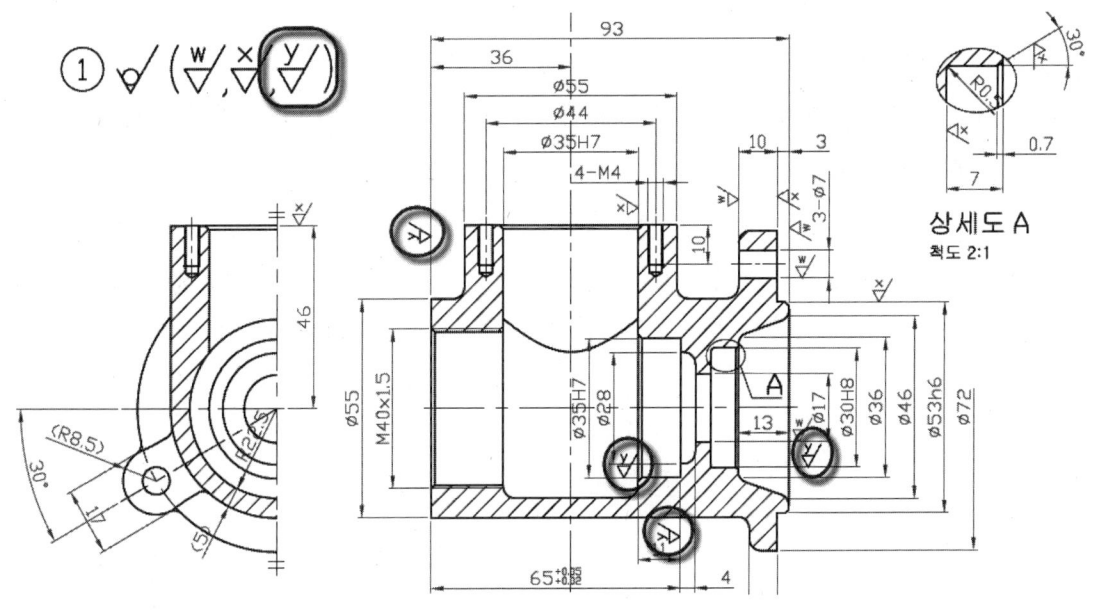

∀기호는 베어링 바깥지름 결합부의 구멍과 베어링이 닿는 측면에 반드시 표기해야 하며 오일 실 바깥지름과 결합되는 구멍(∅30H8)에도 완전 밀봉하여 윤활유가 새는 것을 방지하기 위해 필히 ∀가 적용되어야 한다. 왼쪽 커버(품번 ③) 측면과 접촉하는 면은 원래는 ∀기호가 들어가야 하지만 윤활유가 밖으로 새지 않게 하기 위해선 완전 밀봉을 시켜야 하기 때문에 커버 접촉부인 왼쪽 측면에도 ∀가 들어가야 한다.

② 가이드 부시에 표면 거칠기 기호를 표기하도록 하겠다.

가이드 부시는 재질이 비철금속인 PBC2(인청동)이며 주로 선반에서 가공하기 때문에 가장 많이 가공되는 다듬질 기호인 중간 다듬질 기호∀가 맨 앞에 표기된다.

다른 물체와 전혀 닿지가 않는 면은 ∀기호가 기입되어야 하겠지만 선반에서 제품을 가공시 기본적으로 면의 조도가 ∀기호 정도가 나오기 때문에 선반 가공 부품들은 ∀를 생략한다.

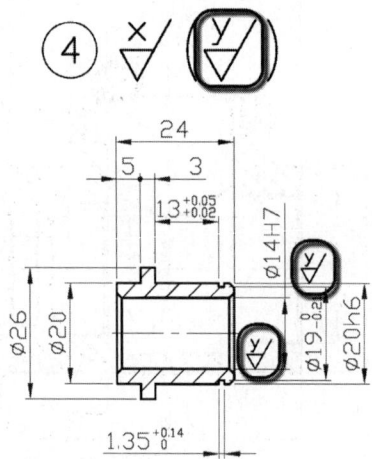

∀기호를 가이드 부시의 내·외경에 표기해야 한다. 부시의 내경은 미끄럼 운동이 일어나는 부분이며 외경은 커버(품번 ②)와 결합되어 고정되는 부분이지만 기하공차가 적용되어야 하기 때문에 외경에도 ∀가 들어가야 한다.

③ 피스톤 로드에 표면 거칠기 기호를 표기하도록 하겠다.

피스톤 로드는 재질이 SCM435(크롬몰리브덴강재)이며 주로 선반에서 가공하기 때문에 가장 많이 가공되는 다듬질 기호인 중간 다듬질 기호∀가 맨 앞에 표기된다.

60° 경사진 곳에 다듬질 기호를 표기할 때는 COPY[CO, CP]나 MOVE[M]로 ∀기호를 보조선에 옮긴 다음 ROTATE[RO]로 회전시켜 경사진 보조선에 직각으로 표기되도록 해야 한다. 정확히 직각으로 표기하는 것이 좋으나 어느 정도 근사하게 표현해도 무방하다.

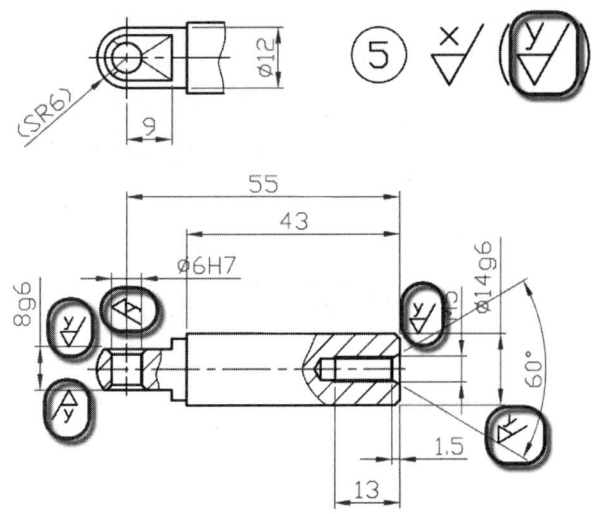

∨기호를 링크(품번 ⑥)와 결합되어 운동이 일어나는 치수 '8g6'의 위·아래와 구멍 'Ø6H7'에 표기해야 하며 가이드 부시(품번 ④)에 결합되어 미끄럼 운동이 일어나는 'Ø14g6'에도 표기해야 한다. 또한 축 가공시 선반의 심압대를 장착하는 센터 구멍(60°)에도 표기되어야 한다.

④ 링크에 표면 거칠기 기호를 표기하도록 하겠다.

링크는 재질이 SC480(탄소 주강품)이기 때문에 맨 앞에 주물 기호∨가 표기된다.

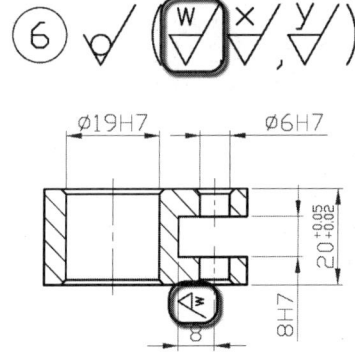

∨기호를 가공한 면이지만 상대 부품이 전혀 닿지 않는 면에 그림과 같이 적용한다.

가공된 면과 가공안된 면을 간단하게 구별하는 방법은 제품 모서리가 각이 졌는지 라운드가 있는지에 따라 판별할 수가 있다. 모서리가 라운드가 있으면 가공이 안된 면이며 라운드가 없는 면은 가공한 면을 의미한다.

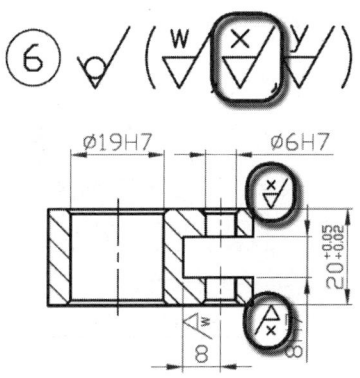

∀기호는 링크 양옆 측면에 칼라가 맞닿아 있으므로 위의 그림과 같이 링크 측면에 표기된다.

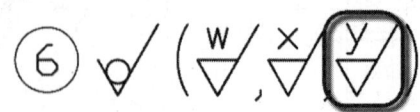

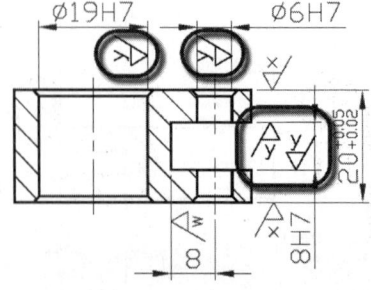

∀기호는 피스톤 로드(품번 ⑤)와 결합되어 운동이 일어나는 치수 '8H7'의 위·아래와 핀 구멍 'Ø6H7'에 표기해야 하며 편심 축(품번 ⑦)의 편심된 부분과 결합되는 구멍 'Ø19H7'에도 표기해야 한다.

⑤ 마지막으로 편심 축에 표면 거칠기 기호를 표기하도록 하겠다.

편심 축은 재질이 SCM435(크롬몰리브덴강재)이며 주로 선반에서 가공하기 때문에 가장 많이 가공되는 다듬질 기호인 중간 다듬질 기호∀가 맨 앞에 표기된다.

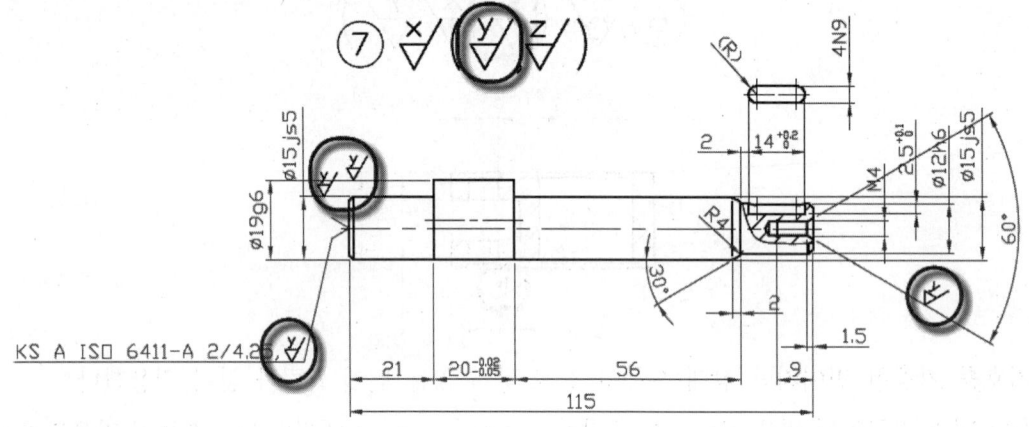

∀기호를 베어링 안지름과 결합되는 축경 'Ø15js5'와 편심된 지름 'Ø19g6'에 상대 부품과 운동이 일어남으로 표기해야 한다. 단, 오른쪽에 베어링과 결합되는 축경에는 오일 실이 함께 들어감으로 중복시 정밀한 것을 우선 순위로 하여 표기해야 함으로 ∀를 표기하면 안된다. 또한 축 가공시 선반의 심압대를 장착하는 센터 구멍 '60°'와 'KS A ISO 6411-A 2/4.25'에도 표기해야 한다.

'KS A ISO 6411-A 2/4.25'에 다듬질 기호를 표기시에는 치수 뒤에 꼭 콤마(,)를 찍고 표기해야 한다.

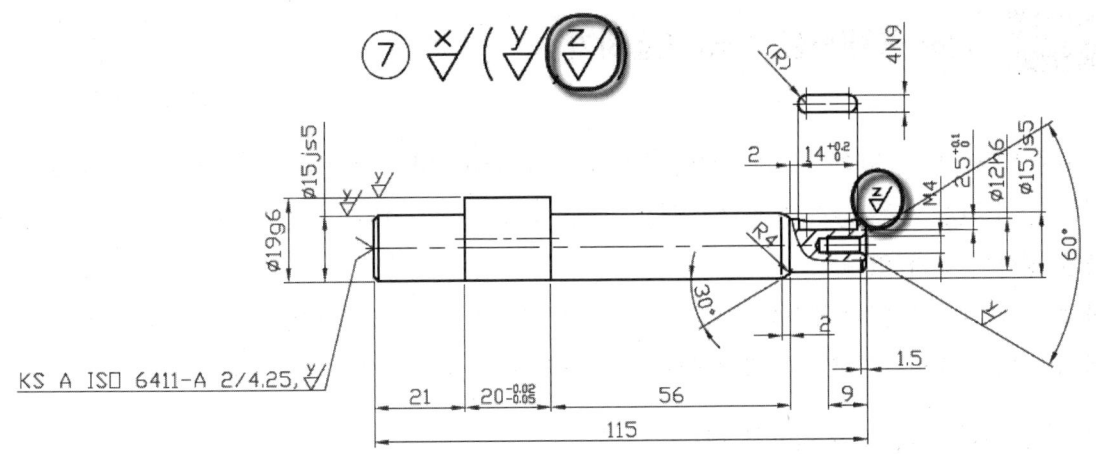

$\frac{Z}{\sqrt{}}$ 기호를 오일 실이 결합되는 오른쪽 축경 'Ø15js5'에만 표기해야 한다. 원래는 베어링과 접촉하는 부품에는 $\frac{Y}{\sqrt{}}$가 표기되어야 하지만 오일 실도 같이 그 축경에 결합되기 때문에 다듬질 기호가 서로 중복 됐을 때 우선 순위가 정밀도가 높은 순임으로 $\frac{Z}{\sqrt{}}$가 표기되는 것이다.

수검시 오일 실이나 O링이 접촉되는 축경 부위(밀봉이 되면서 구동이 되기 때문)에만 $\frac{Z}{\sqrt{}}$가 들어가므로 다른 부품에는 절대 $\frac{Z}{\sqrt{}}$를 사용하면 안된다.

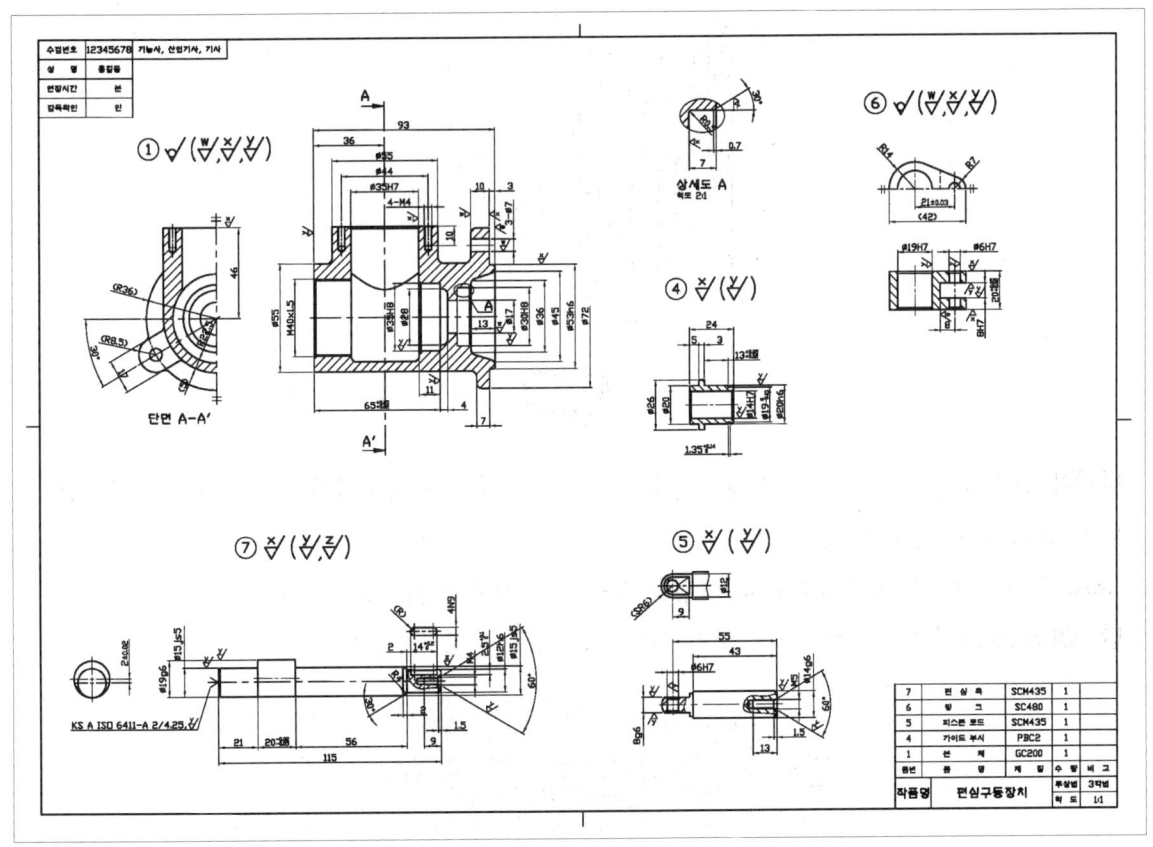

(완성된 도면)

STEP 5   기하 공차(형상 기호) 기입하기

기계부품의 용도와 경제적이고 효율적인 생산성 등을 고려하여 기하공차를 기입함으로써 부품들 간의 간섭을 줄여 결합 부품 상호 간에 호환성을 증대시키고 결합 상태가 보증이 되므로 정확하고 정밀한 제품을 생산할 수가 있다.

기하 공차를 기입 전 알아 두어야 할 내용과 데이텀(DATUM) 그리는 방법 및 형상기호를 AutoCAD상에서 입력하는 방법은 동력전달장치에서 선수 학습한 내용을 참조하길 바란다.

① 본체에 기하공차를 표기하도록 하겠다.

    우선 제일 먼저 데이텀(DATUM)을 정해야 한다. 데이텀(DATUM)이란 자세 공차, 위치 공차, 흔들림 공차의 편차(공차)값을 설정하기 위한 이론적으로 정확한 기하학적인 기준을 말한다.

    PLINE[단축키 : PL]과 TOLERANCE[단축키 : TOL]명령을 사용하여 데이텀을 그릴 수가 있다. 그리는 방법은 선수학습한 동력전달장치 부분을 참조하면 된다.

    데이텀을 지시하는 문자 기호는 '가나다' 순이나 '알파벳' 순으로 사용할 수가 있으며 알파벳 순서대로 표기할 때는 대문자만 가능하다.

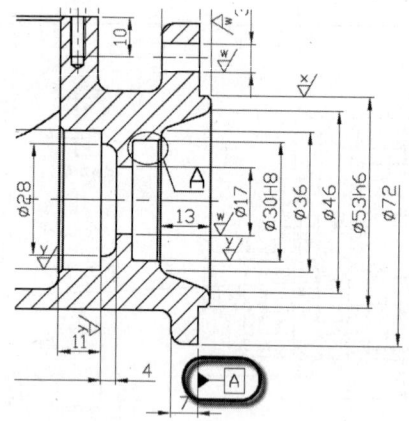

    바닥에 고정하는 것이 아니라 벽에 고정하여 편심구동장치를 작동시키는 구조임으로 데이텀을 그림과 같이 벽에 맞닿는 면에 표기해야 한다.

    LEADER(LEAD)나 QLEADER(LE)명령을 사용하여 기하공차를 표기한다.

    단, QLEADER명령을 사용시에는 제일 먼저 'Tolera-nce'로 세팅을 해야지만 사용할 수가 있다.

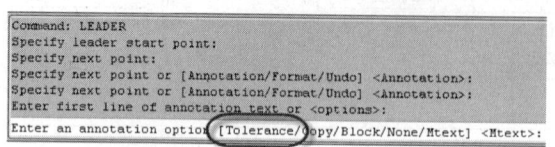

치수		등급	IT4 4급	IT5 5급	IT6 6급
초과	이하				
—	3		3	4	6
3	6		4	5	8
6	10		4	6	9
10	18		5	8	11
18	30		6	9	13
30	50		7	11	16

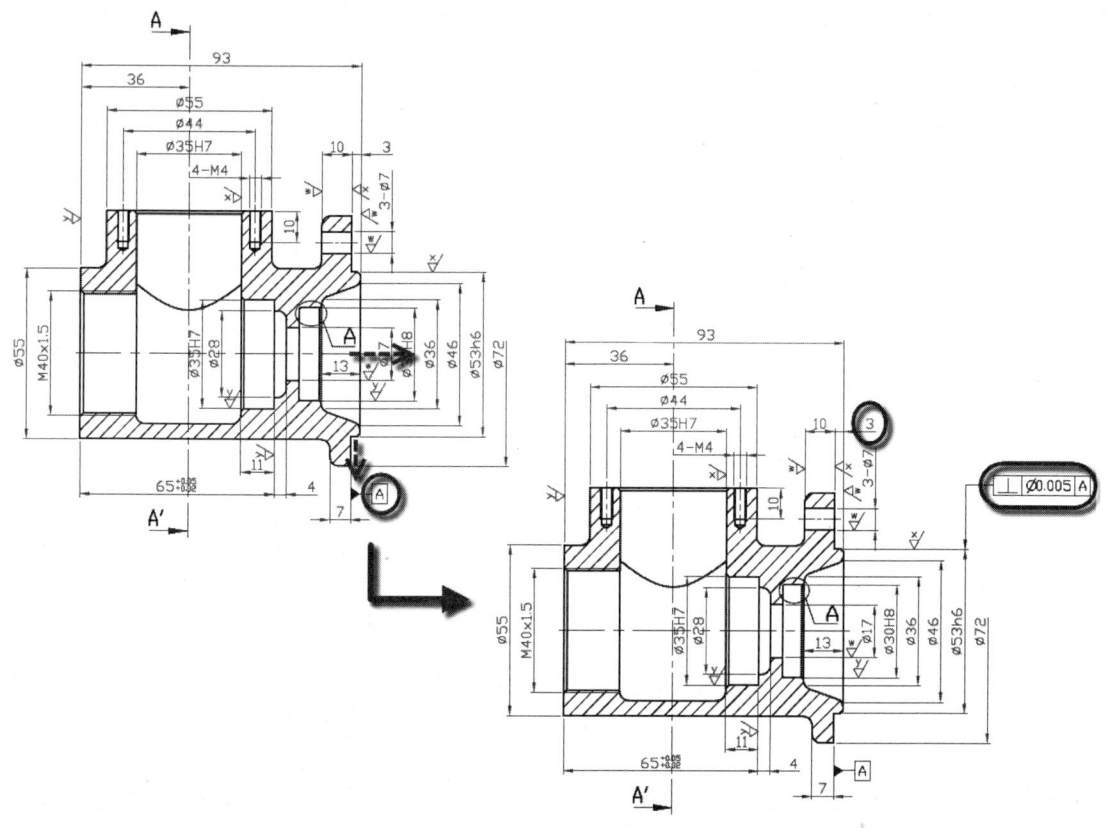

본체를 벽에 뚫어져 있는 구멍과 결합하여 고정시켜 사용한다. 끼워맞춤으로 결합되는 'Ø53h6' 부분이 데이텀 지시기호 A에 대해 수직하므로 직각도(⊥) 공차가 적용되어야 하며 데이텀A에서 수직이므로 치수 '3'이 기준치수로 IT공차 5등급에서 3~6 범위에서 '5'를 찾아 공차값 '0.005mm'가 적용되었다. 또한 구멍임으로 공차역(0.005) 앞에 'Ø'를 추가하여 정밀도를 높여 주어야 한다. 형상 기호 선정시 꼭 치수보조선을 기준으로 수검자가 판단하여 기하 형상을 표기해야 한다. 기하공차 표기시 지시선의 화살표를 치수선의 화살표와 일치하게 해야 하며 가급적 치수보조선에 직각으로 지시선을 표기해야 한다.

치수		IT4	IT5	IT6
초과	이하	4급	5급	6급
-	3	3	4	6
3	6	4	5	8
6	10	4	6	9
10	18	5	8	11
18	30	6	9	13
30	50	7	11	16
50	80	8	13	19
80	120	10	15	22

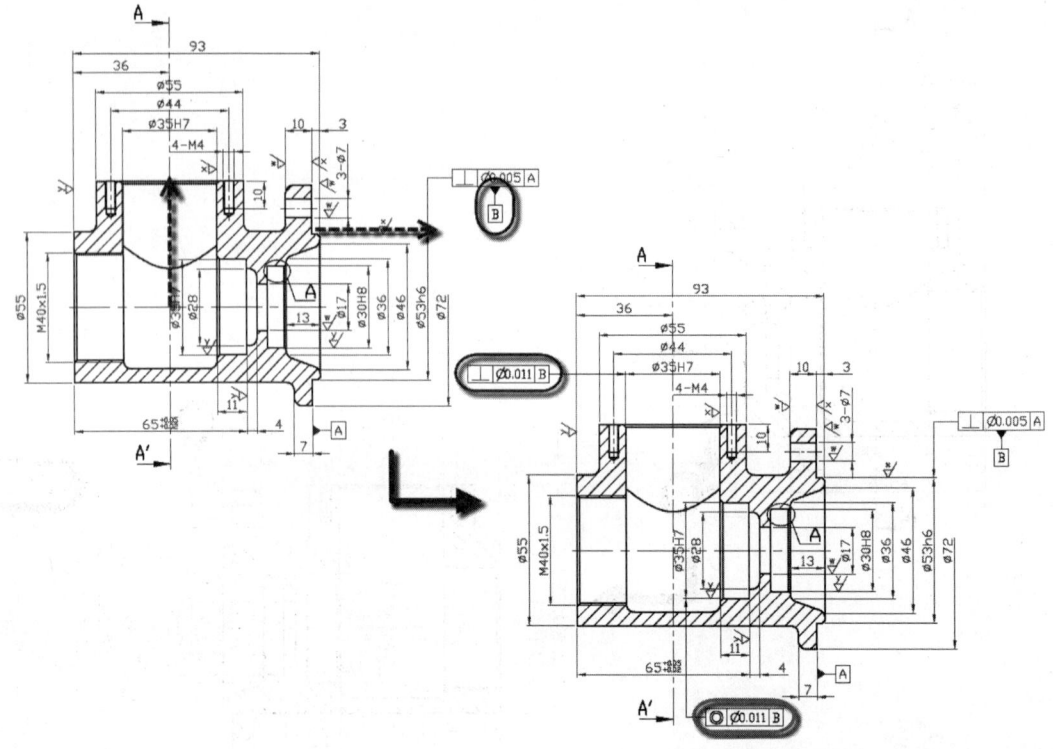

피스톤 로드(품번 ⑤)가 직선운동하는 곳의 치수 'Ø35H7'에 직각도(⊥) 공차를 부여하기 위해 벽과 결합되는 'Ø53h6'에 그림과 같이 새롭게 데이텀B를 만들어야 한다. 데이텀B에 대한 수직이므로 중심에서 상단까지의 치수 '46'이 기준치수가 되며 IT공차 5등급에서 30~50 범위에서 '11'를 찾아 공차값 '0.011mm'가 적용되었다. 또한 구멍임으로 공차역(0.011) 앞에 'Ø'를 추가하여 정밀도를 높여 주어야 한다.

또한 베어링이 바깥지름이 결합되는 구멍 'Ø35H7'에는 데이텀B에 대해 반드시 동심도(◎) 공차를 표기해야만 한다. 동심도 공차는 데이텀B가 적용된 치수 'Ø53h6'과 베어링 구멍 치수 'Ø35H7'의 중심 편차를 측정하는 것으로써 편심구동장치를 작동시킬 때 없어서는 안될 매우 중요한 형상기호가 된다. 기준치수는 'Ø53h6'과 'Ø35H7' 두 원 사이의 거리값인 '40'이 되며 IT공차 5등급에서 30~50 범위임으로 공차값 '0.011mm'가 적용되었다. 또한 구멍임으로 공차역(0.011) 앞에 'Ø'를 추가하여 정밀도를 높여 주어야 한다.

편심구동장치는 편심 축(품번 ⑦)의 회전 운동을 피스톤 로드(품번 ⑤)에 직선 운동으로 변경하여 전달해주므로 반드시 피스톤 로드가 운동하는 곳(Ø35H7)에 직각도(⊥) 공차가 표기되어야 하며 그러기 위해서는 데이텀B가 꼭 있어야만 한다. 왜냐하면 데이텀A에 대해서는 'Ø35H7'구멍이 직각이 아닌 평행이 되기 때문이다.

치수	등급	IT4 4급	IT5 5급	IT6 6급
초과	이하			
-	3	3	4	6
3	6	4	5	8
6	10	4	6	9
10	18	5	8	11
18	30	6	9	13
30	50	7	11	16
50	80	8	13	19
80	120	10	15	22

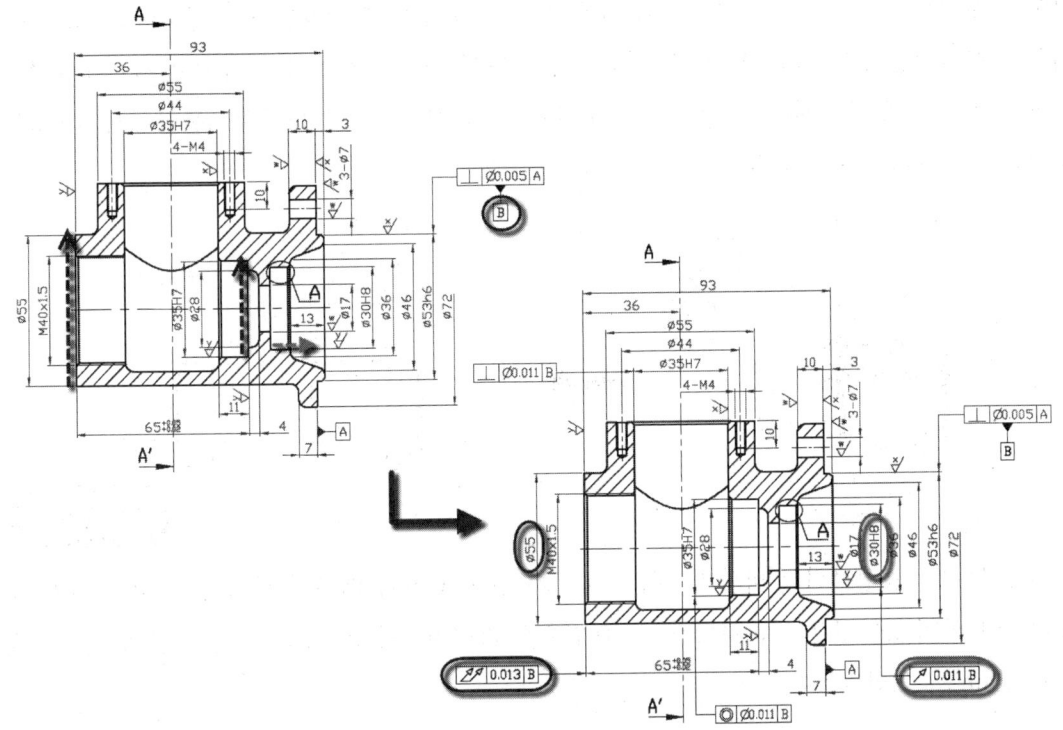

윤활유가 외부로 유출되는 것을 방지하기 위해 왼쪽과 오른쪽 구멍을 완전 밀봉을 시키기 위해서 그림과 같이 기하공차를 기입하여야만 한다. 오른쪽 오일 실이 결합되는 구멍(∅30H8)은 데이텀B에 대해 평행하지만 평행도공차(∥)가 아닌 원주 흔들림공차(↗)가 표기되어야 한다. 이유는 오일 실은 구멍의 중심보다는 구멍경(∅30H8)의 기울기가 더 중요하기 때문이다.

공차값은 흔들림의 기준치수가 '∅30'임으로 IT공차 5등급의 30~50 범위 '11'값을 적용하여 '0.011mm'로 적용되었다.

왼쪽은 커버(품번 ③)나 베어링이 닿는 측면이 데이텀B에 대해 수직하지만 직각도(⊥)공차가 아닌 더욱 정밀한 온 흔들림(⫽)공차가 표기되어야 한다. 기준치수가 '∅55'임으로 IT공차 5등급의 50~80 범위 '13'값을 적용하여 '0.013mm'로 적용되었다.

절대 흔들림(↗, ⫽)공차에는 공차값 앞에 '∅'를 붙일 수가 없다. 이유는 흔들림 공차는 구멍의 중심이 아닌 바깥지름 표면의 기울기를 측정하기 때문이다.

일반적으로 원주 흔들림(↗)공차는 선 접촉으로 축경 지름부위에 적용하고 온 흔들림(⫽)공차는 면 접촉으로 축의 측면 부위에 적용된다.

② 다음으로 가이드 부시에 기하공차를 표기하도록 하겠다.

원통 부품이면서 중심 부위에 구멍이 있는 경우에는 데이텀을 안쪽 지름에 표기해야 한다.

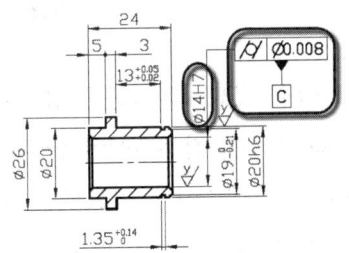

가이드 부시는 반드시 안쪽 지름(Ø14H7)에 원통도(⌭)공차를 적용한 후 그곳에 그림과 같이 데이텀을 적용해야만 한다. 피스톤 로드가 미끄럼 운동시 가이드 부시 안에서 마찰계수를 최소화하기 위해 원통도가 꼭 필요하다. 원통도의 기준치수가 'Ø14H7'임으로 IT공차 5등급에서 10~18범위의 공차값 '0.008mm'로 적용되었다.

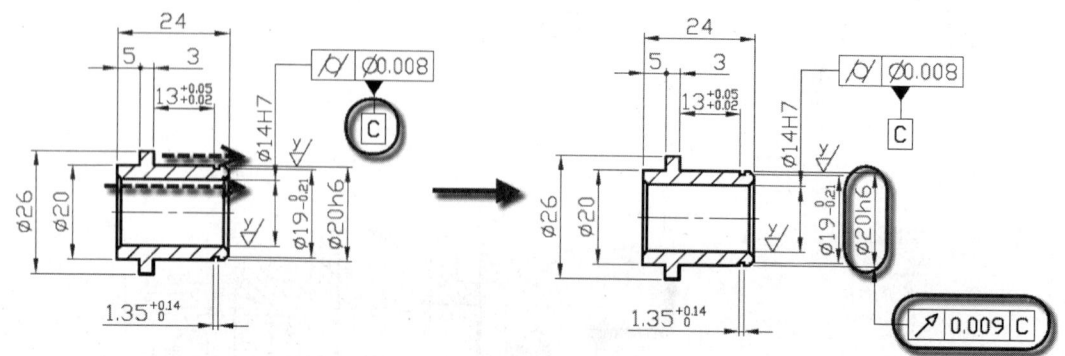

가이드 부시는 중심보다는 바깥지름의 기울기가 더 중요하기 때문에 필히 원주 흔들림(⌰) 공차를 표기해야 하며 공차값은 기준치수가 'Ø20'임으로 IT공차 5등급의 18~30 범위인 '9'값을 적용하여 '0.009mm'로 기입되었다.

③ 다음으로 피스톤 로드에 기하공차를 표기하도록 하겠다.

피스톤 로드도 가이드 부시와 마찬가지로 원통 바깥지름에 데이텀을 표기해야 한다.

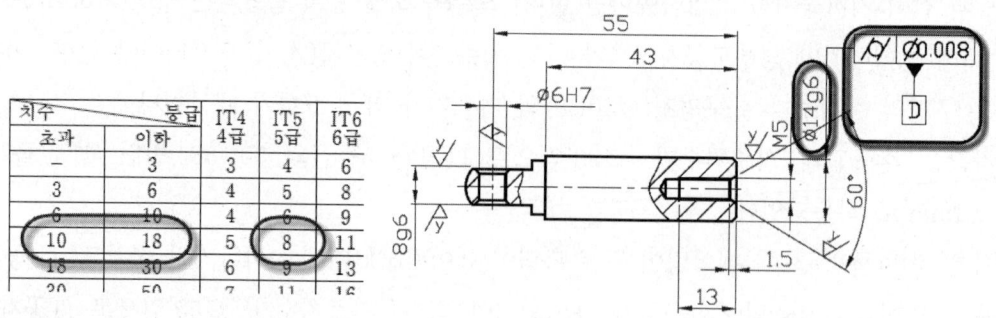

피스톤 로드가 가이드 부시(품번 ④) 안에서 미끄럼 운동이 일어나 닿는 면적이 많기 때문에 'Ø14g6'에 원통도(⌭)공차를 필히 적용해야 하며 그 다음 그림과 같이 데이텀을 적용한다. 원통도의 기준치수가 'Ø14'임으로 IT공차 5등급에서 10~18범위의 공차값 '0.008mm'로 적용되었다.

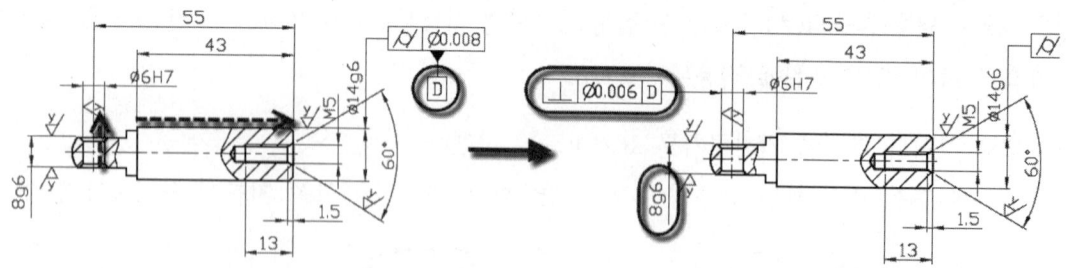

피스톤 로드와 링크(품번 ⑥)가 결합되어 고정되는 핀 구멍(Ø6H7)은 회전운동을 직선운동으로 변경시 정밀도에 영향을 미치므로 기하 편차를 정해주어야 한다. 데이텀D에 대해 'Ø6H7'구멍이 수직함으로 직각도(⊥) 공차를 부여하며 기준치수가 '8'임으로 IT공차 5등급의 6~10 범위인 '6'값을 적용하여 '0.006mm'로 기입되었다. 또한 구멍임으로 공차역(0.006) 앞에 'Ø'를 추가하여 정밀도를 높여 주어야 한다.

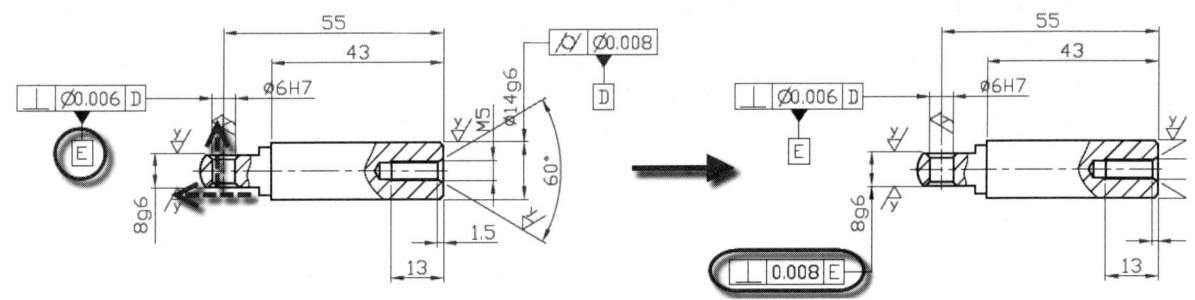

피스톤 로드와 링크(품번 ⑥)가 결합되어 편심구동장치를 작동시 마찰이 일어나는 부분이며 회전운동을 직선운동으로 변경시 정밀도에 영향을 미치므로 기하 편차가 필요하다. 데이텀D에는 '8g6'이 평행하지만 평행도 공차(//)보다는 기계를 작동시 직각도(⊥)가 더욱 중요하기 때문에 따로 그림과 같이 데이텀E를 만들어 직각도(⊥) 공차를 부여하여야만 한다. 평평한 부분의 길이가 '15'임으로 기준치수가 되어 IT공차 5등급의 10~18 범위인 '0.008mm'로 공차가 적용되었다.

④ 다음은 링크에 기하공차를 표기하도록 하겠다.

링크를 가공시 사용하는 공작기계가 밀링임으로 링크 측면에 데이텀을 표기해야 한다.

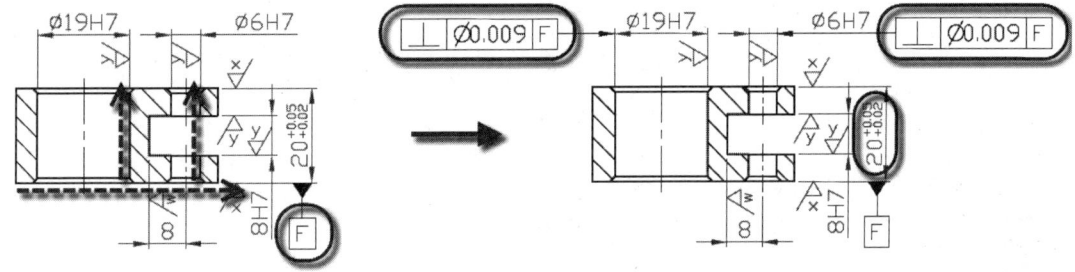

링크와 편심축(∅19H7), 링크와 피스톤 로드(∅6H7)가 결합되는 2개의 구멍이 회전운동을 직선운동으로 변경시 정밀도에 영향을 미치므로 기하 편차를 반드시 정해주어야 한다. 데이텀F에 대해 '∅19H7', '∅6H7' 구멍이 수직함으로 직각도(⊥) 공차를 부여하며 기준치수가 '20'임으로 IT공차 5등급의 18~30 범위인 '0.009mm'로 공차가 기입되었다. 또한 구멍임으로 공차역(0.009) 앞에 '∅'를 추가하여 정밀도를 높여 주어야 한다.

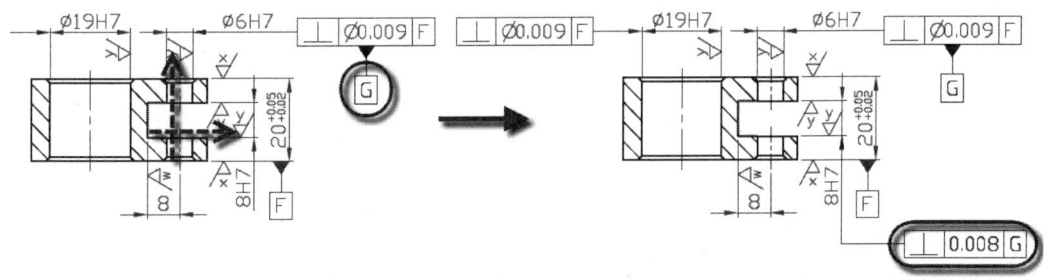

링크와 피스톤 로드(품번 ⑤)가 결합되어 편심구동장치를 작동시 마찰이 일어나는 부분이며 회전운동을 직선운동으로 변경시 정밀도에 영향을 미치므로 기하 편차가 필요하다.

데이텀F에는 '8H7'이 평행하지만 평행도 공차(//)보다는 기계를 작동시 직각도(⊥)가 더욱 중요하기 때문에 따로 그림과 같이 데이텀G를 만들어 직각도(⊥) 공차를 부여하여야만 한다. 평평한 부분의 길이가 '15'임으로 기준치수가 되어 IT공차 5등급의 10~18 범위인 '0.008mm'로 공차가 적용되었다.

⑤ 마지막으로 편심 축에 기하공차를 표기하도록 하겠다.

편심축 왼쪽에는 센터 구멍이 표시가 안되어 있으므로 중심선에 데이텀을 표기하며 편심축 오른쪽은 센터 구멍이 표시가 되어 있으므로 아래 그림과 같이 데이텀을 치수 60°의 치수보조선에 평행하게 표기해야만 한다.

편심축 왼쪽 부위와 같은 부위에 데이텀을 표시할 때 대부분의 수검자들이 치수기입을 모두한 후 치수 맨 뒤에 표기하는데 그것은 안좋은 방식이며 그림과 같이 처음 치수기입시 치수선 간격을 더 띄어 축 부품에 가깝게 표기하는 것이 옳은 방식이다.

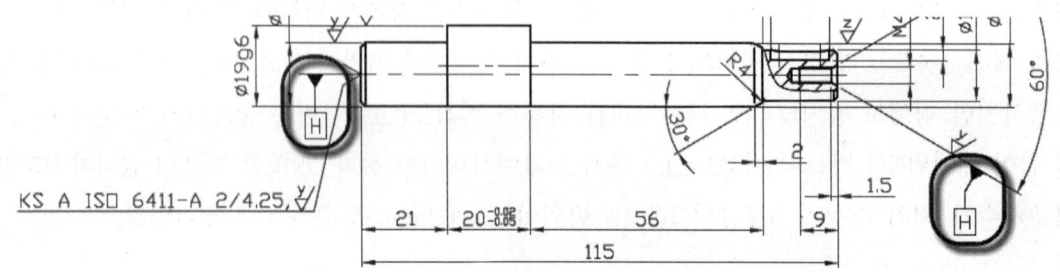

축은 데이텀을 축의 끝부분 중심에 양쪽으로 표기해야 한다. 왜냐하면 축을 선반에서 가공 후 기울기 측정을 축의 양끝을 센터에 고정한 후 측정하기 때문이다.

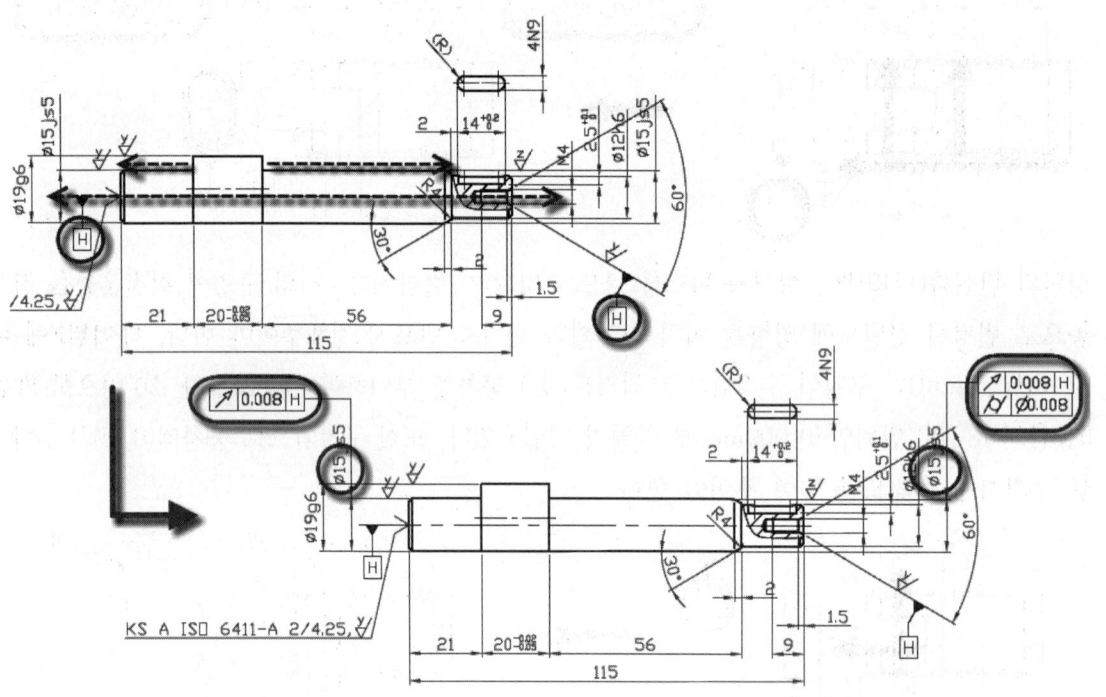

가장 중요한 베어링 결합부 왼쪽과 오른쪽 축경(Ø15jS5)이 데이텀H를 기준으로 평행하지만 기하공차는 평행도(//) 공차가 아닌 원주 흔들림(/) 공차가 표기되어야 한다. 이유는 축은 중심보다는 축경 바깥지름의 기울기가 더 중요하기 때문이다. 또한 오른쪽 축경(Ø15jS5)에는 2개(베어링과 오일 실)의 부품이 결합되므로 원통도(◯/)공차도 같이 표기해야 하며 원통도는 단독형체이기 때문에 데이텀을 표기하면 안된다.

흔들림 공차(/, //)는 축 바깥지름 기울기를 측정하기 때문에 기하 공차값 앞에 절대 'Ø'를 표기하면 안된다. 흔들림과 원통도의 기준치수가 'Ø15'이므로 IT공차 5등급에서 10~18 범위에서 찾아 공차값이 '0.008mm'로 적용되었다. 원통도는 공차역(0.008) 앞에 'Ø'를 추가해야 한다.

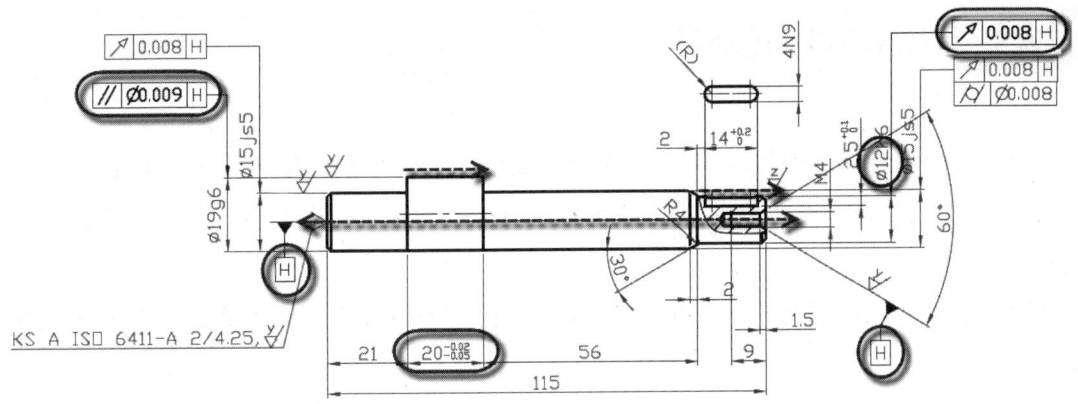

축에서 편심된 부분(∅19g6)에는 반드시 평행도(//) 공차가 적용이 되어야만 한다. 축경 바깥지름 기울기보다는 편심은 중심과 중심의 기울기가 더욱 중요하기 때문이다.

평행도의 기준치수가 '20'이므로 IT공차 5등급에서 18~30 범위에서 찾아 공차값이 '0.009mm'로 적용되며 공차역(0.009) 앞에 '∅'를 추가해야 한다. 오른쪽 축경(∅12h6)에는 스퍼기어(품번 ⑧)가 결합되므로 원주 흔들림(✓) 공차가 표기된다. 흔들림의 기준치수가 '12'이므로 IT공차 5등급에서 10~18 범위에서 찾아 공차값이 '0.008mm'로 적용되었다.

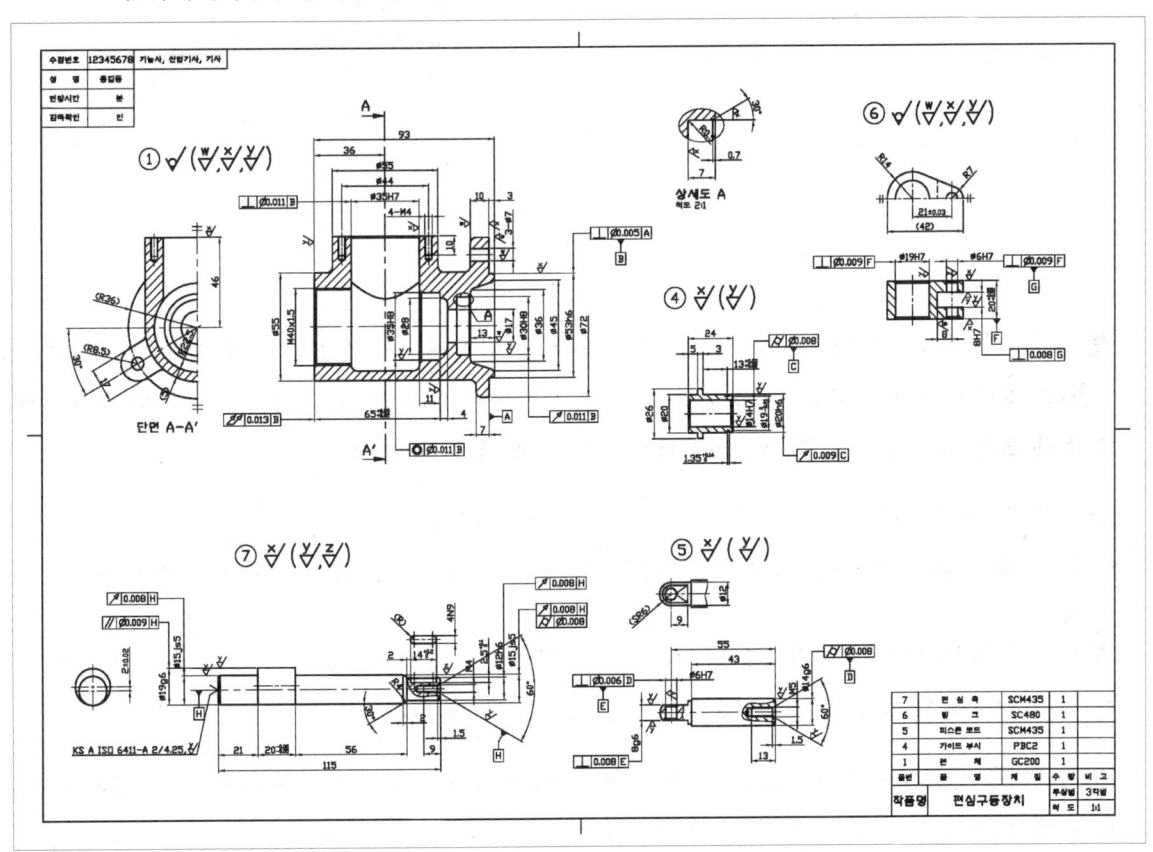

(완성된 도면)

STEP 6 | 주서(NOTE) 작성하기

부품 표제란 위에 표기해야 하는 주서는 꼭 수검 도면과 관련되어 있는 내용만을 기재해야 한다. KS규격집 '주서 (예)' 항목을 주서 작성시 참조하고 없는 내용들은 수검자가 수검 전에 미리 암기하여 시험에 임해야 한다.

주서(NOTE)를 AutoCAD상에서 입력하는 방법은 동력전달장치에서 선수 학습한 내용을 참조하길 바란다.

① 현재 도면의 주서 기재 내용과 KS규격집 '주서 (예)' 항목을 비교해 보겠다.

현재 도면(편심구동장치)에 적용된 주서

주서
1. 일반공차-가) 가공부 : KS B ISO 2768-m
   나) 주조부 : KS B 0250 CT-11
   다) 주강부 : KS B 0418 보통급
2. 도시되고 지시없는 모떼기는 1x45°, 필렛과 라운드는 R3
3. 일반 모떼기는 0.2x45°
4. ∇부위 외면 명녹색 도장처리 (품번①,⑥)
5. 전체 열처리 HRC50±2 (품번⑤,⑦)
6. 표면 거칠기 ∇ = ∇
   W/∇ = 12.5/∇ , N10
   X/∇ = 3.2/∇ , N8
   Y/∇ = 0.8/∇ , N6
   Z/∇ = 0.2/∇ , N4

KS규격집 '주서 (예)' 항목

주서
1. 일반공차-가)가공부:KS B ISO 2768-m
   나)주조부:KS B 0250-CT11
2. 도시되고 지시없는 모떼기는 1x45° 필렛과 라운드는 R3
3. 일반 모떼기는 0.2x45°
4. ∇부위 외면 명녹색 도장
   내면 광명단 도장
5. 파커라이징 처리
6. 전체 열처리 HRC 50±2
7. 표면 거칠기 ∇ = ∇
   W/∇ = 12.5/∇ , N10
   X/∇ = 3.2/∇ , N8
   Y/∇ = 0.8/∇ , N6
   Z/∇ = 0.2/∇ , N4

1번항 일반공차의 '가) 가공부'는 모든 도면에 필히 들어가며 '나) 주조부'는 부품재질이 GC200(회주철)일 경우에만 표기되며 '다) 주강부'는 SC480(탄소 주강품)인 부품 재질이 있을 때만 표기하므로 현재 도면에서 링크(품번 ⑥) 재질이기 때문에 꼭 표기해야 한다.

2번항과 3번항은 모든 부품에 기본적으로 들어가는 항목이다.

※ 단, 2번항의 '필렛과 라운드는 R3' 대목은 수검 도면이 클램프, 바이스, 지그일 때는 주서에서 빼야 한다.

4번항은 부품 재질이 GC200(회주철)이나 SC480(탄소 주강품)이 있을 경우 주물 부위에 녹스는 것을 방지하는 방청 작업임으로 현재 도면에는 꼭 표기해야 한다.

5번항 '전체 열처리'는 편심구동장치에서는 피스톤로드(품번 ⑤)와 편심축(품번 ⑦)에 강도를 높이기 위해서 반드시 추가되어야 할 항목이다.

6번항 '표면 거칠기'는 부품에 적용된 기호들만 표기해야 하기때문에 현재 도면에서는 모두 다 적용되어 표기되었다.

4번항과 5번항처럼 항목에 해당 부품의 품번을 표기해 주는 것이 좋다.

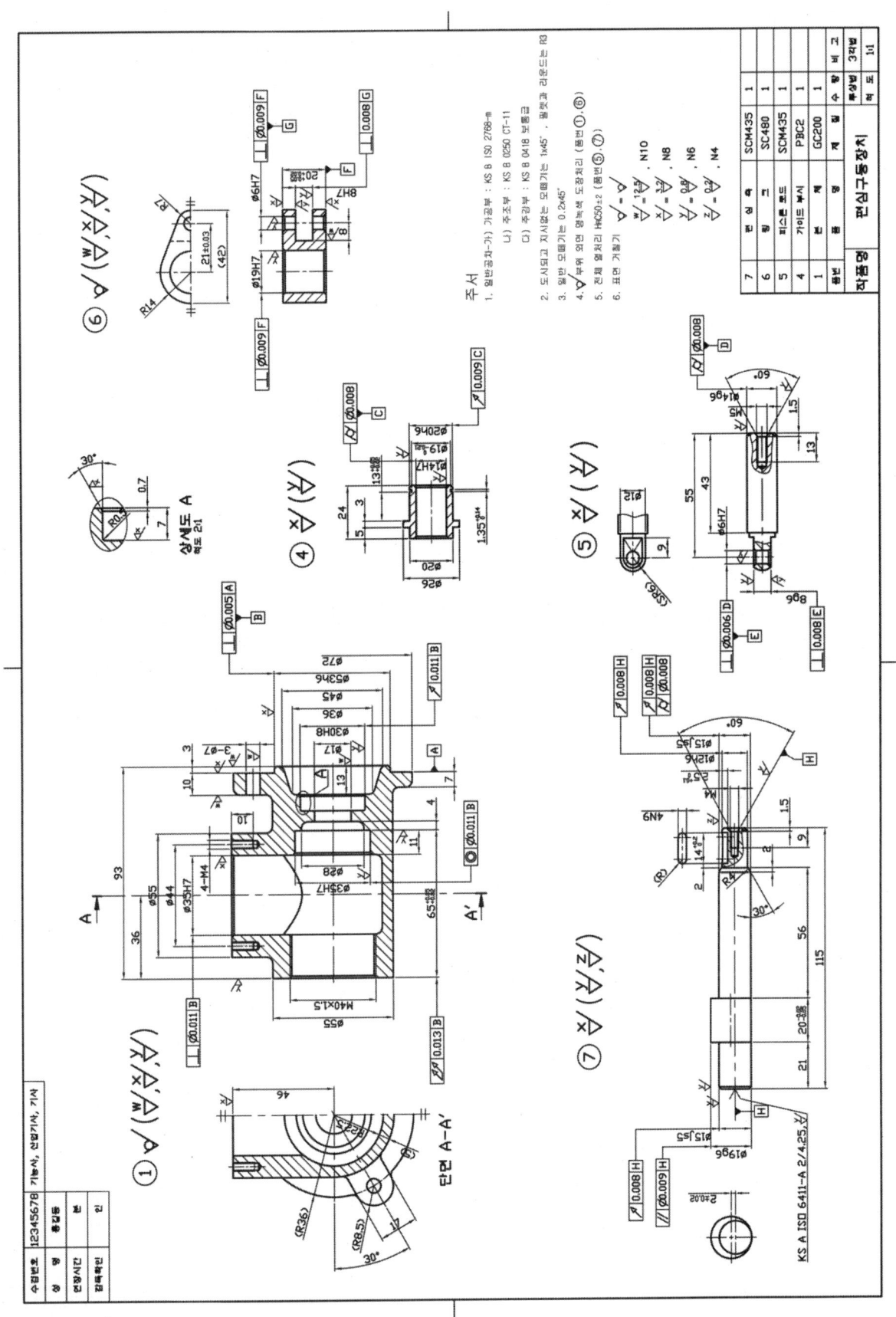

기계 제도 실무

Appendix

예제도면 및 해설

Appendix | 예제도면 및 해설

기계 제도 실무

예제도면 1 | 바이스

12	고정판	SM30C	1	
11	고정판	SM30C	1	
10	SET SCREW	SM30C	1	
9	육각구멍붙이볼트	SM30C	8	4 x 55
8	손잡이	SM30C	1	
7	포스트 고정봉	SM45C	2	
6	가이드 포스트	SCM440	1	
5	부시	SCM440	1	
4	나사축	SCM415	1	
3	조	SCM415	2	
2	이동조	SM45C	1	
1	고정조	SM45C	1	2 x 10
품번	품 명	재 질	수량	비 고
작품명	학상용 바이스		척도 각법	

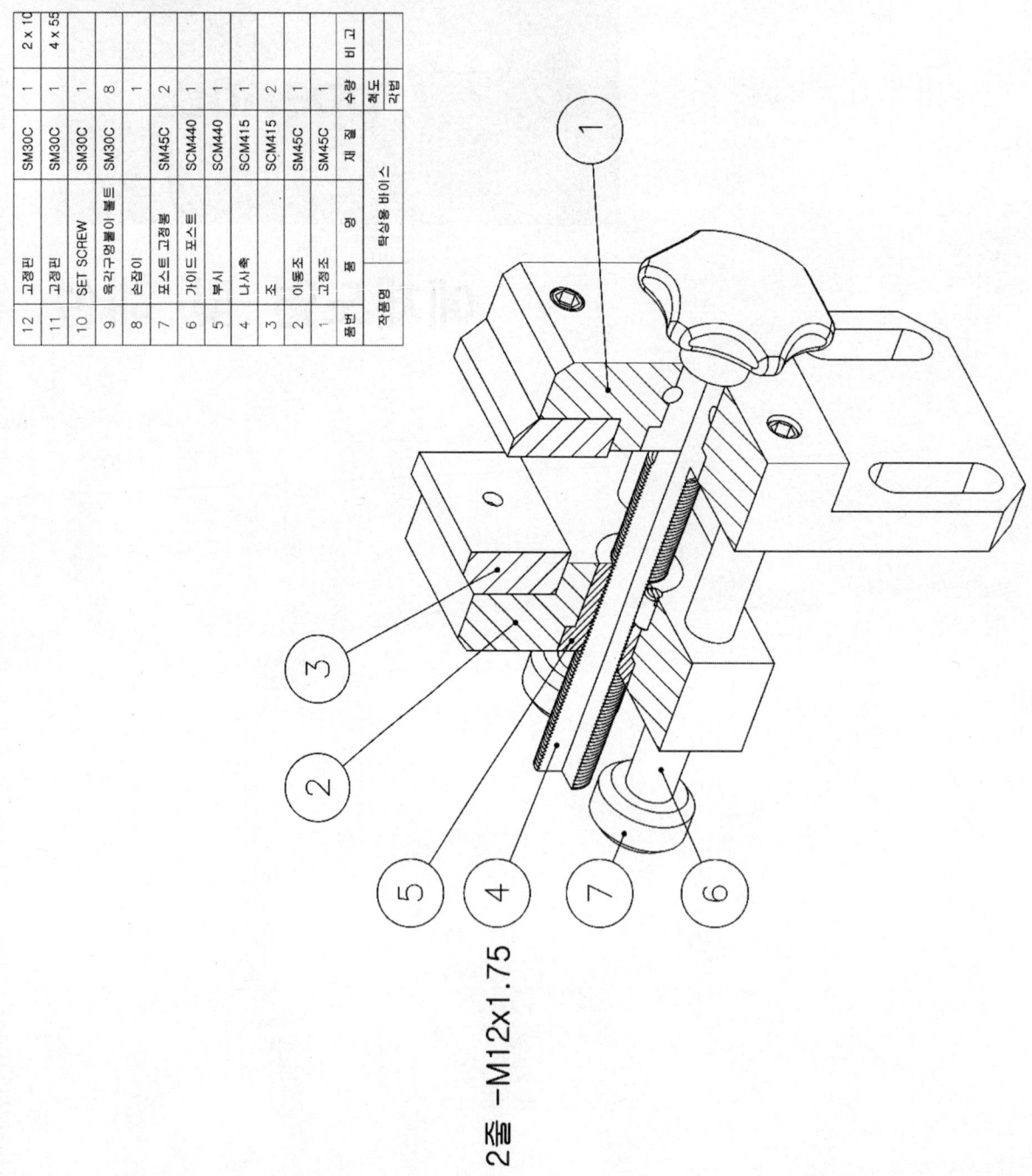

2줄 -M12x1.75

1. **구동원리**

    고정조(품번 ①) 고정시키고 손잡이를 돌리면 조(품번 ③)가 이동하여 고정하는 바이스이다.
    제품을 조임과 풀림을 위해 나사축(품번 ④)은 2줄 미터사다리꼴나사(Tr)를 사용한다.

2. **주요 부품 투상방법**

    (1) 품번 ①(정면도, 평면도, 측면도) SM45C

    　　나사축 고정을 위한 핀구멍에 유의(품번 ④와 조립후 가공할 것)

    　　가이드 포스트(품번 ⑥) 위치부분은 이론적인 치수(38) 명시

    (2) 품번 ②(정면도, 평면도, 측면도) SM45C

    　　부시(품번 ⑤)와 결합부분은 조립 후 Tap(M4) 작업할 것

    　　가이드포스트(품번 ⑥) 위치부분은 이론적인 치수(38) 명시

    (3) 품번 ③(정면도 측면도) SCM415

    (4) 품번 ④(정면도) SCM415

    　　리드나사축은 사다리꼴을 사용

    　　핀 구멍은 축기준식을 사용(∅2N7)

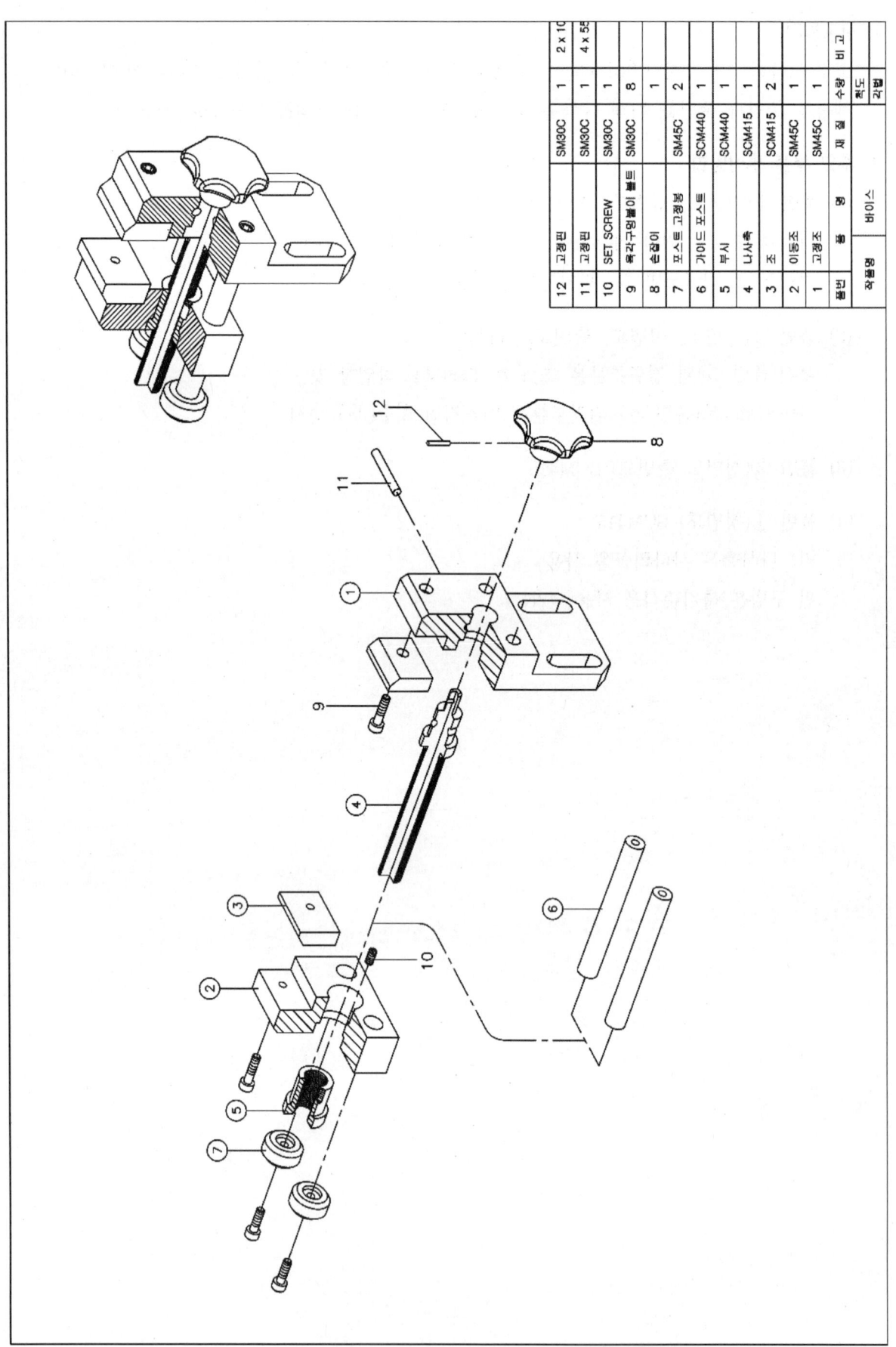

품번	품 명	재 질	수량	비 고
12	고정핀	SM30C	1	2 x 10
11	고정핀	SM30C	1	4 x 55
10	SET SCREW	SM30C	1	
9	육각구멍붙이 볼트	SM30C	8	
8	손잡이	SM45C	1	
7	포스트 고정봉	SM45C	2	
6	가이드 포스트	SCM440	1	
5	부시	SCM440	1	
4	나사축	SCM415	1	
3	조	SCM415	2	
2	이동조	SM45C	1	
1	고정조	SM45C	1	

작품명: 바이스

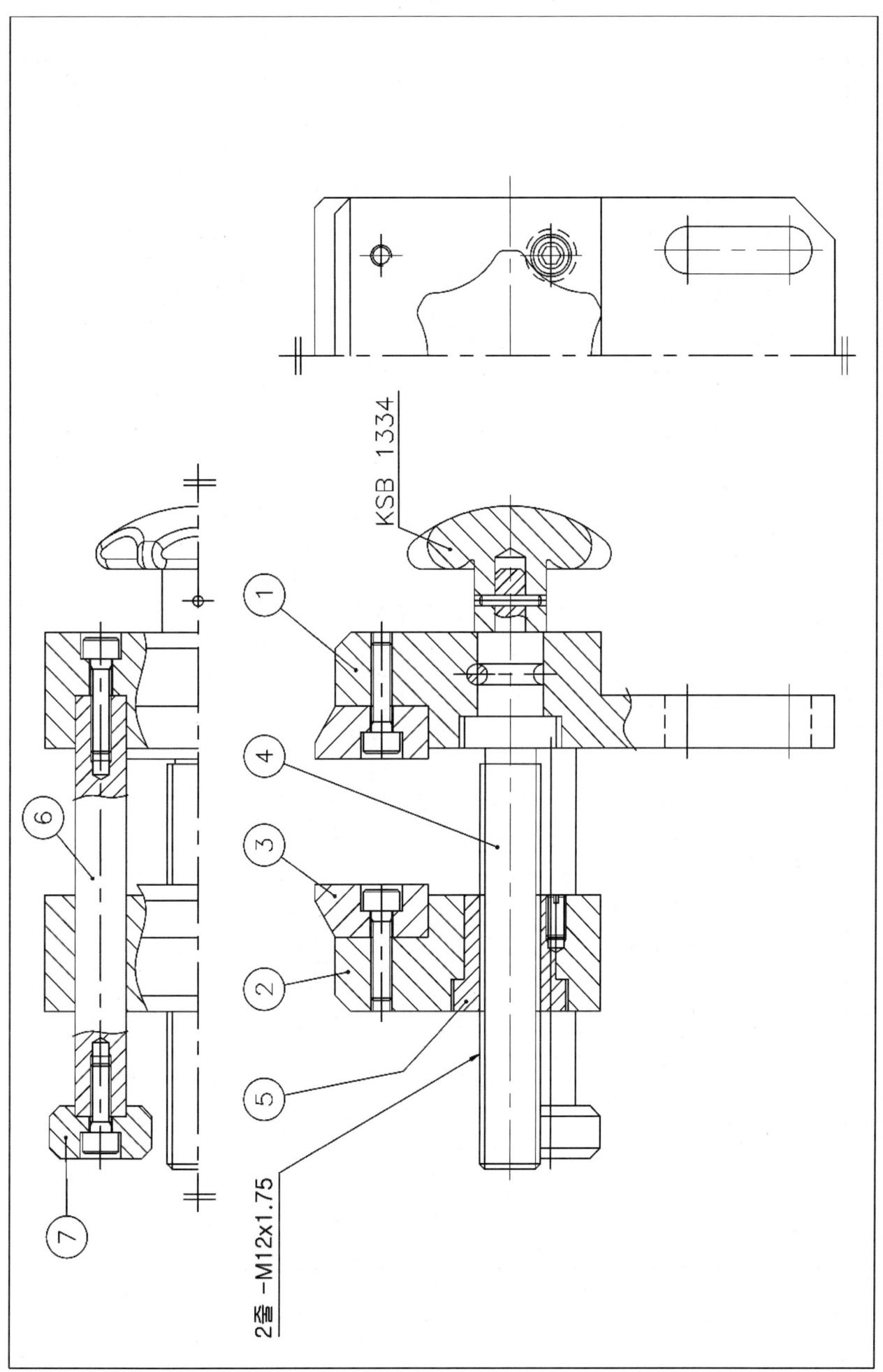

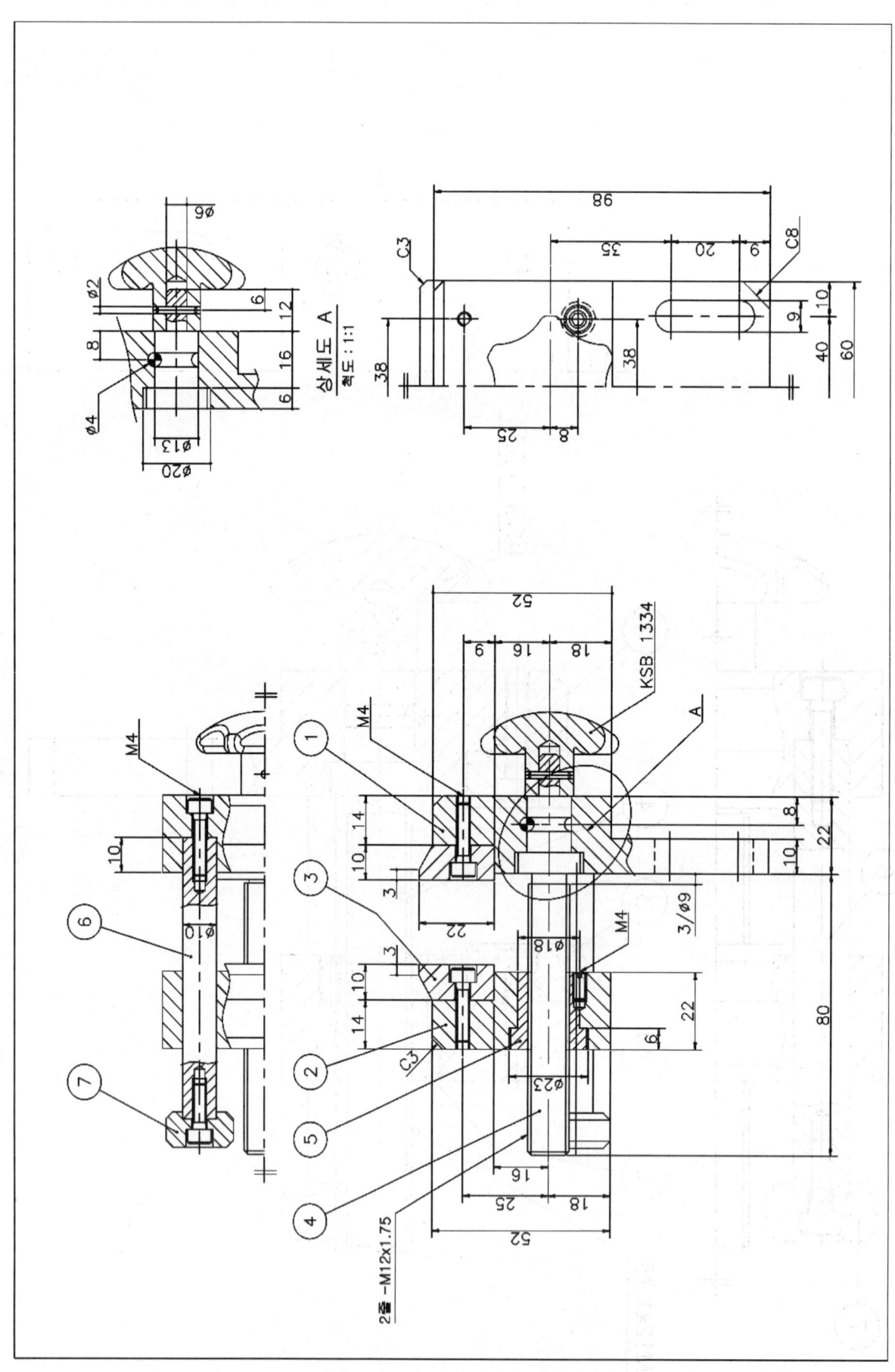

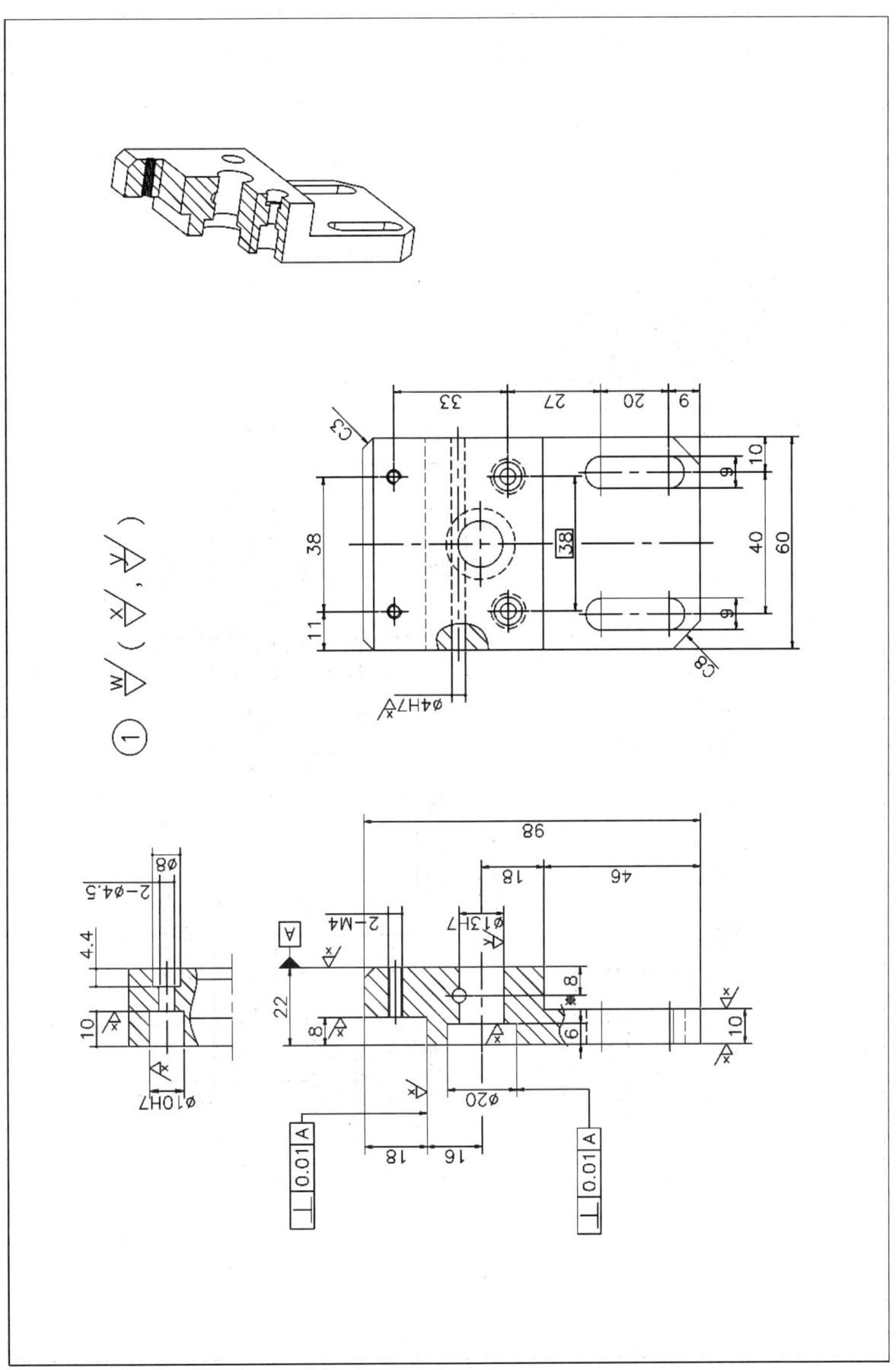

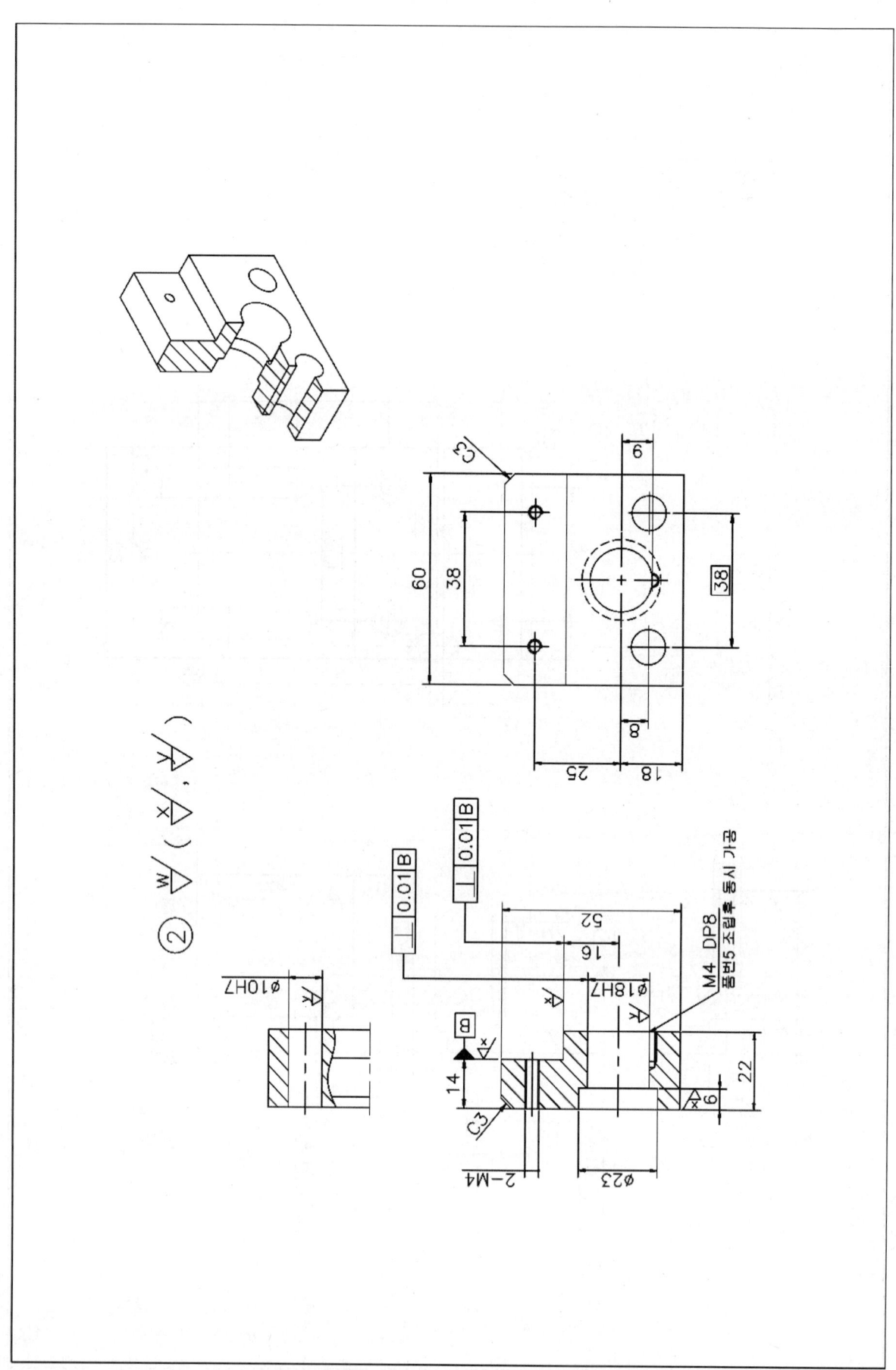

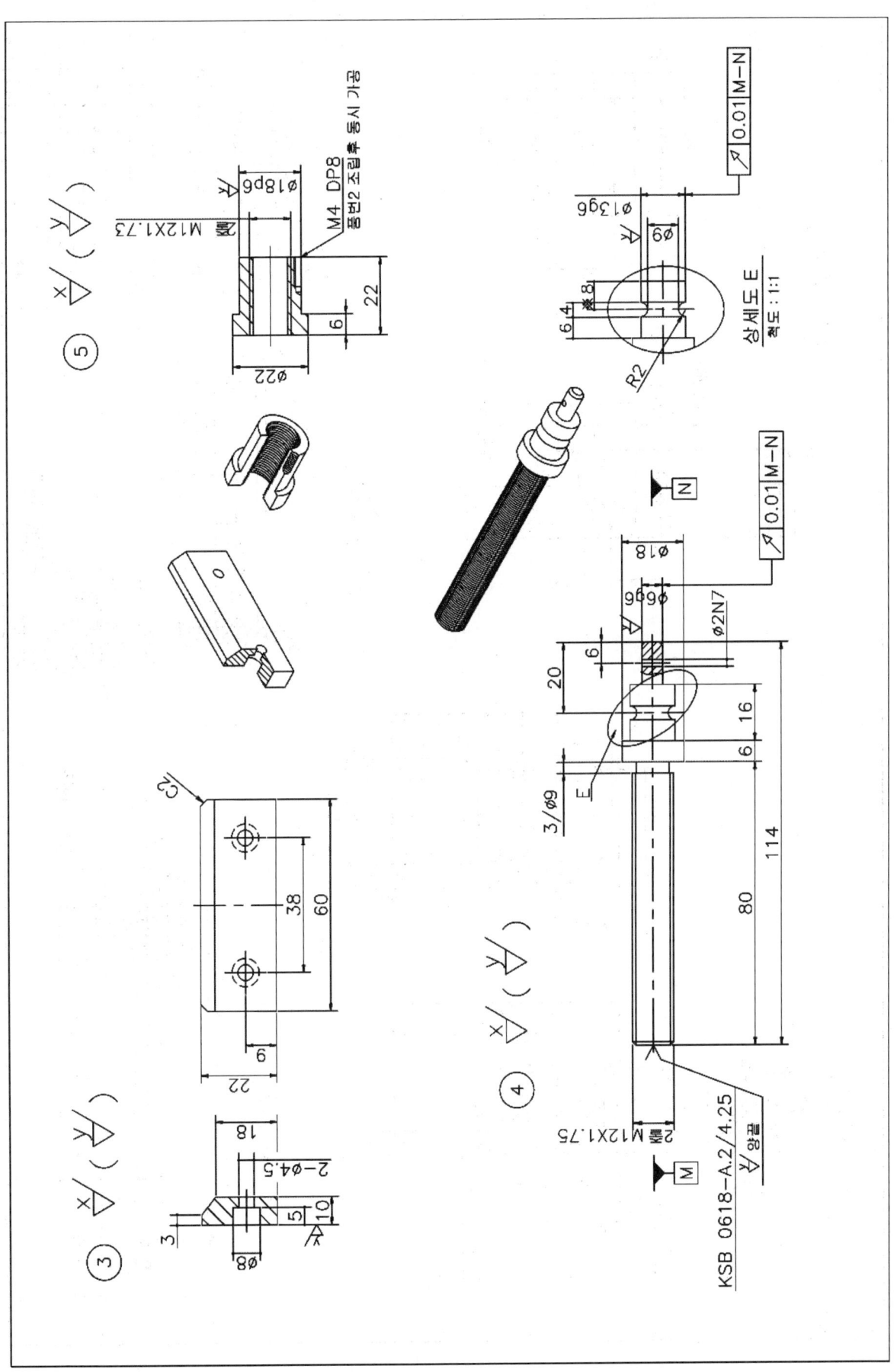

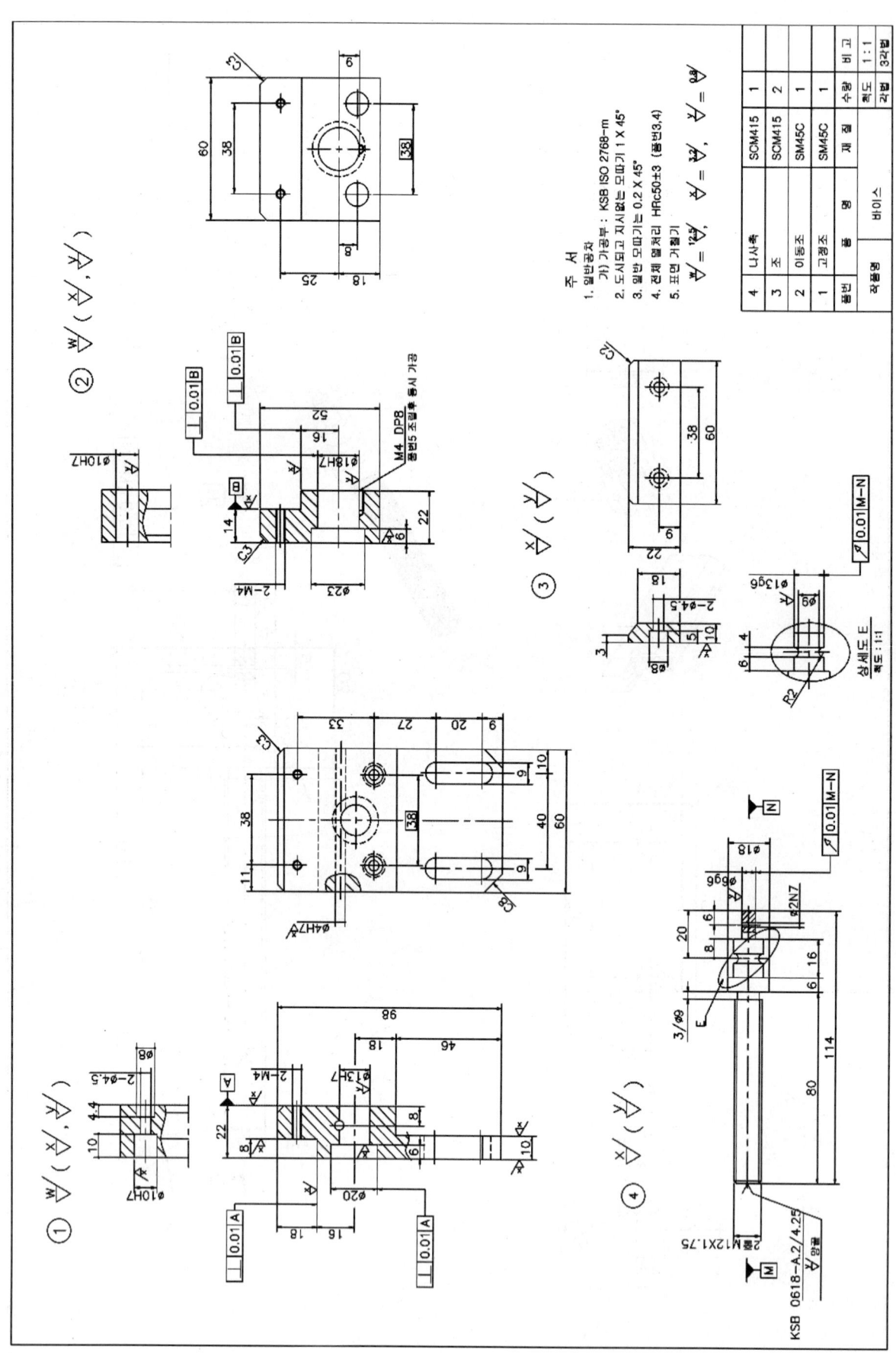

예제도면 2 래칫기어장치

9	C형 멈춤링		1	17
8	깊은홈볼베어링		2	6203
7	평행키		1	4x4x12
6	평행키		1	6x6 x16
5	칼라	SM45C	1	
4	핸들3종	SM20C	1	
3	래칫휠	SCM440	1	
2	축	SM45C	1	0.18Kg
1	몸체	GC200	1	0.67Kg
품번	품 명	재 질	수량	비 고
작품명	Racheat Gear 장치		척도	1 : 1

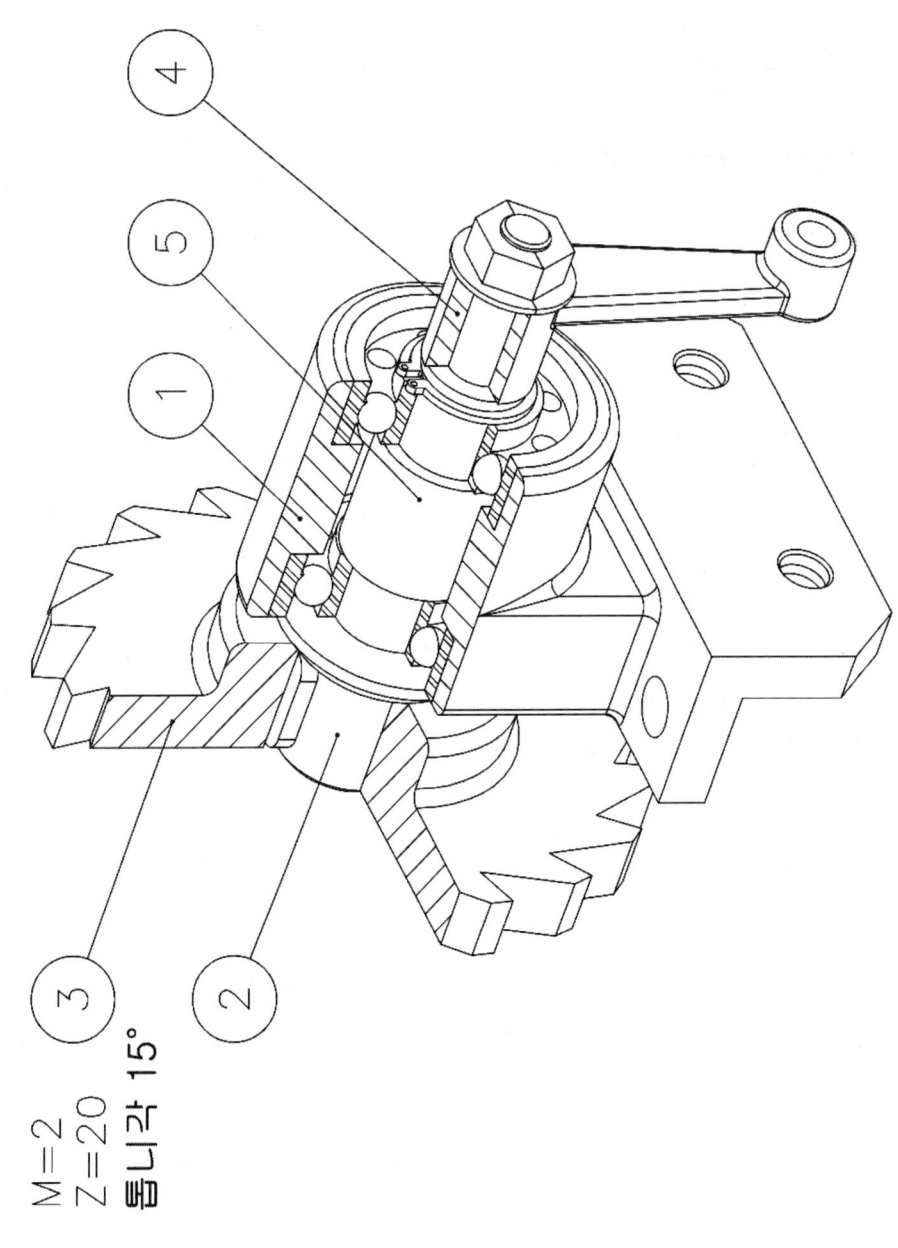

M=2
Z=20
물니각 15°

1. **구동원리**

    핸들(품번 ④)을 왼쪽으로 돌리면 래칫(품번 ③)에 의해 운동을 전달하지만, 오른쪽방향으로 회전시키면 운동을 전달하지 않는다.

2. **주요 부품 투상방법**

    (1) 품번 ①(정면도, 측면도) GC200

    칼라로 베이링을 잡아주고 있음(칼라 치수에 주의)

    (2) 품번 ②(정면도) SM45C

    (3) 품번 ③(정면도 측면도) SCM440(고주파 열처리가 가능한 재질)

    > **Tip**
    > - 이두께 $C=0.25p$, 이높이 $h=0.35p$
    > - 피치원 $D=MZ$, 이뿌리 두께 $S=0.5p$
    > - 원주피치 $p=\pi M$
    > - 톱니각(마찰각) $\rho=15°$

    (4) 품번 ⑤(정면도) SM45C

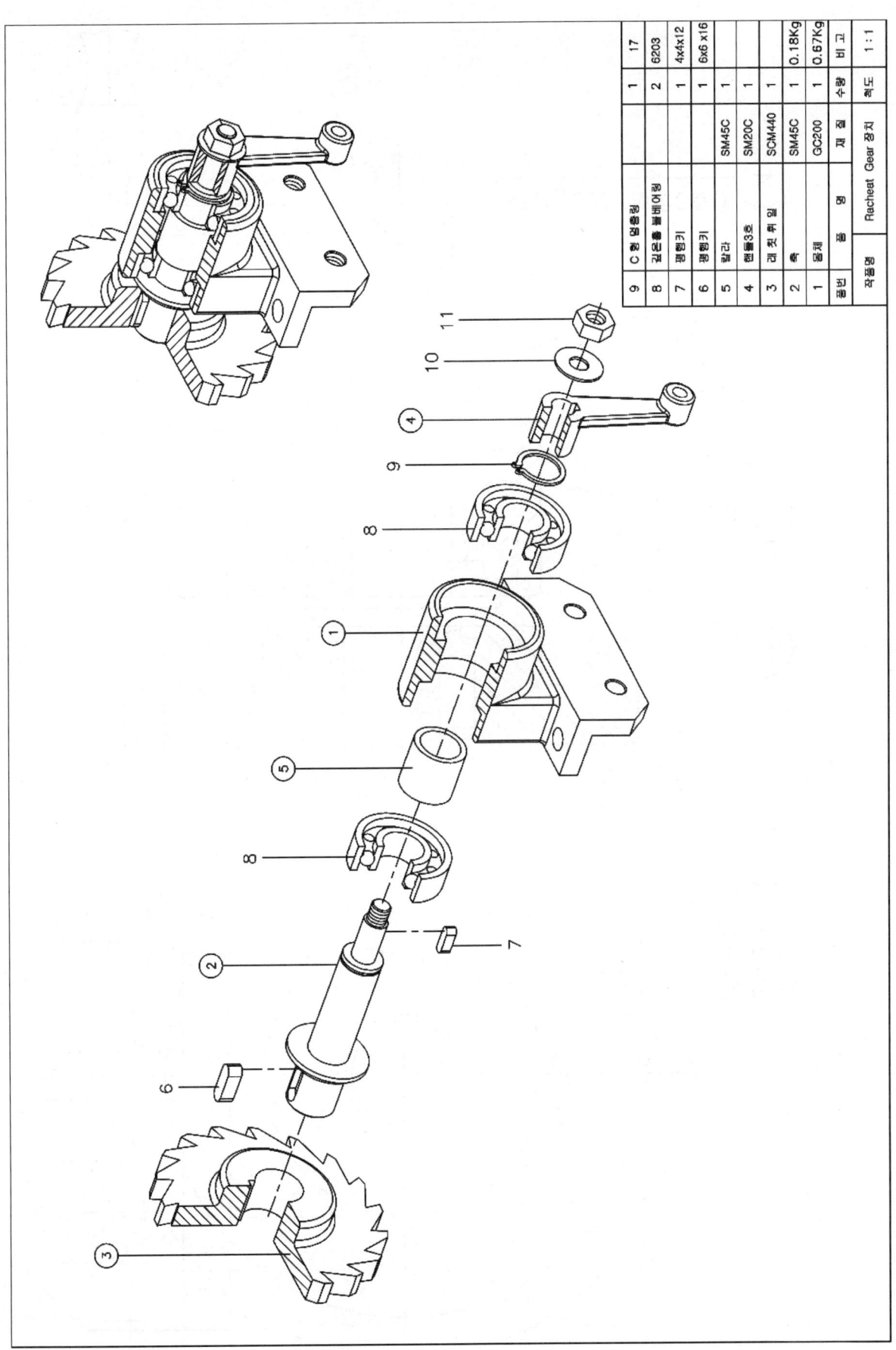

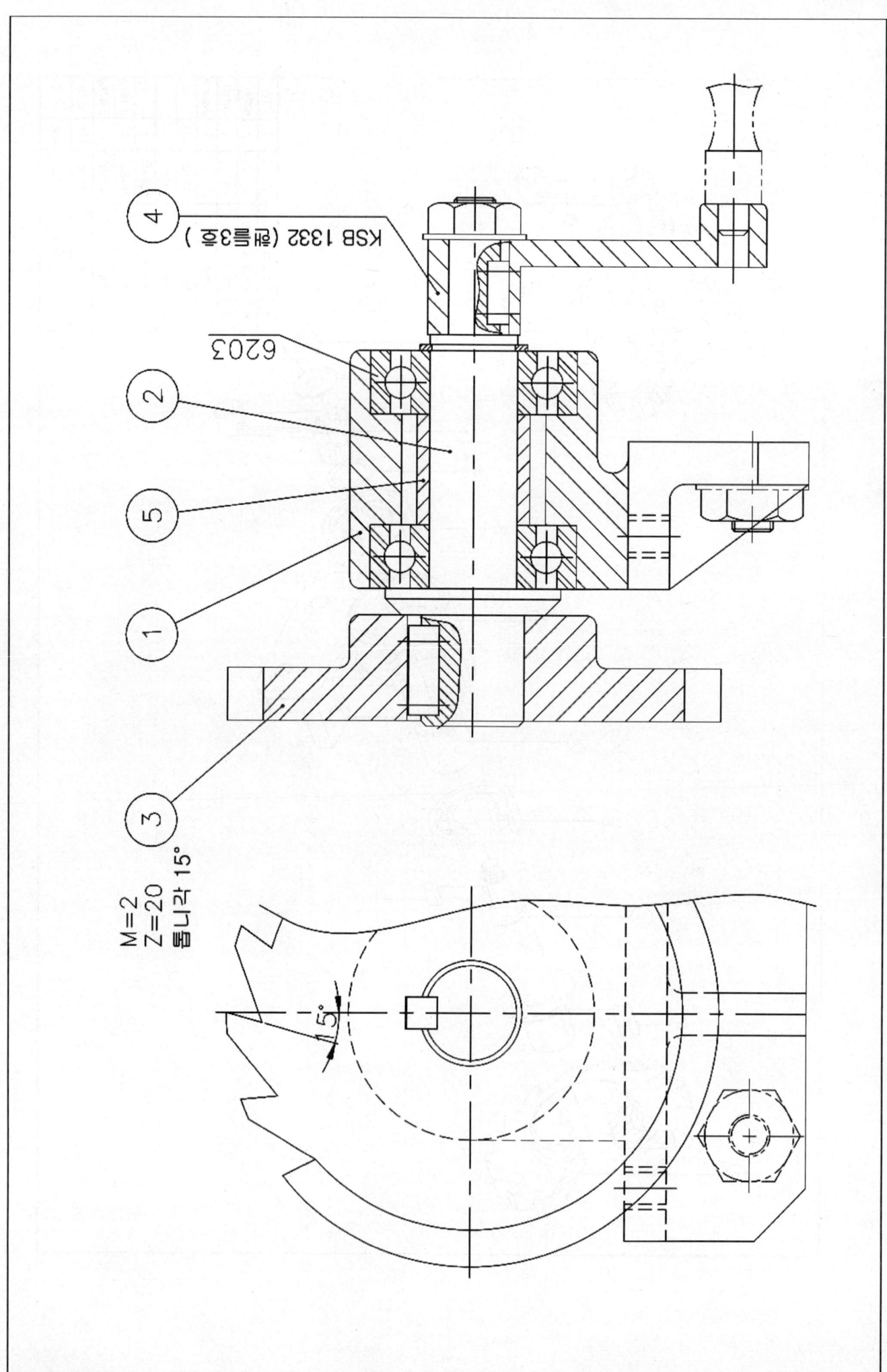

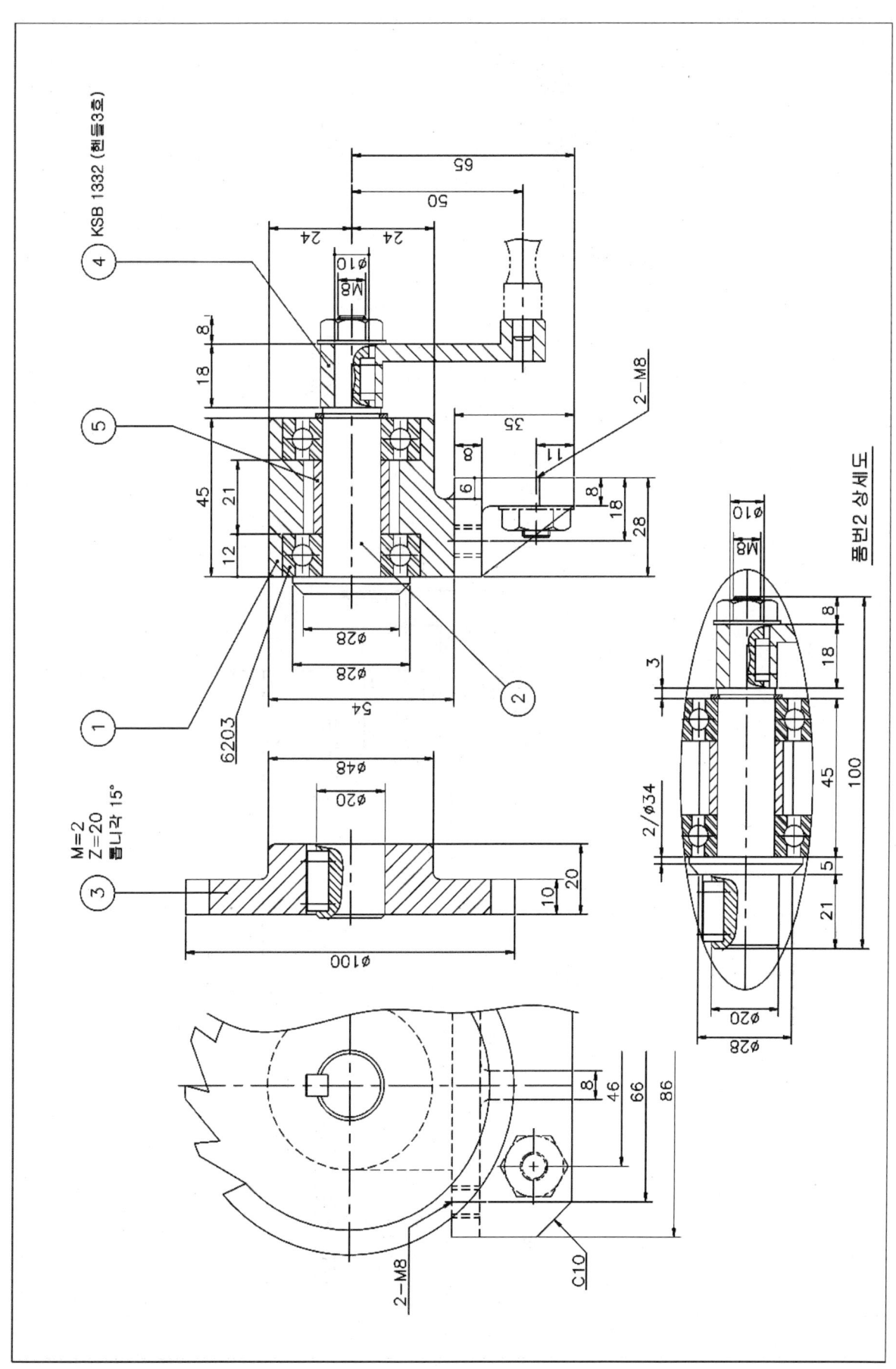

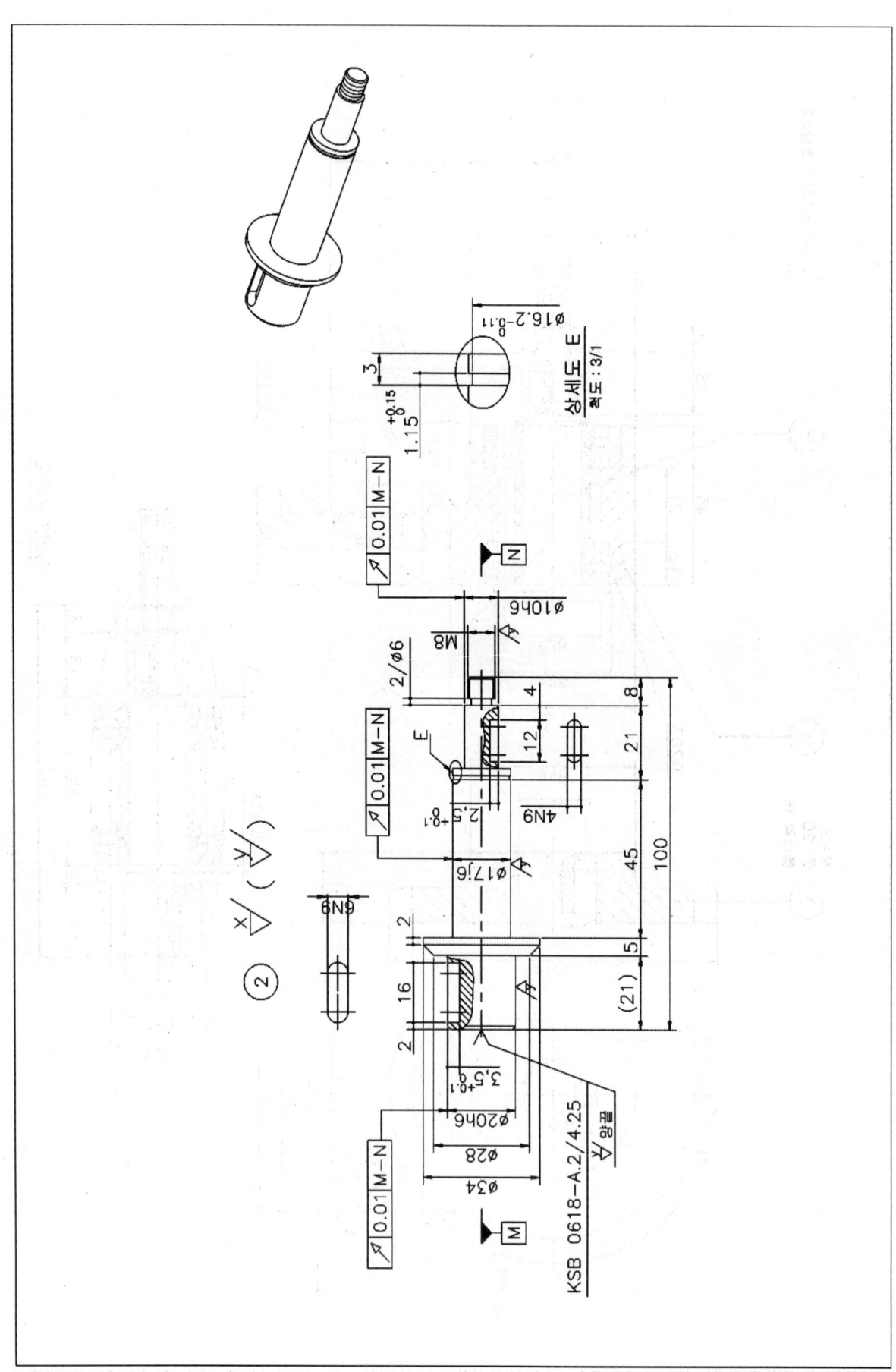

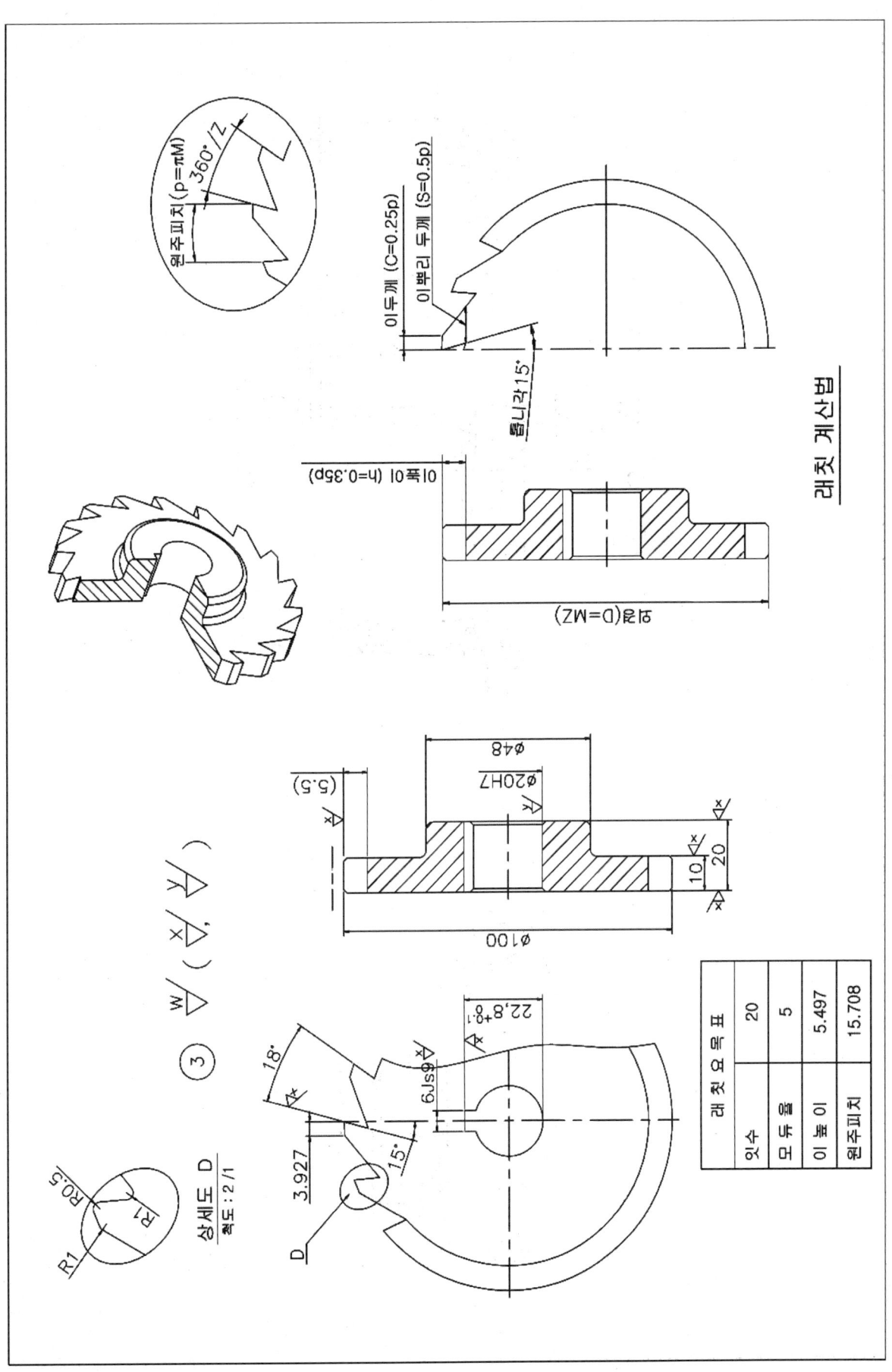

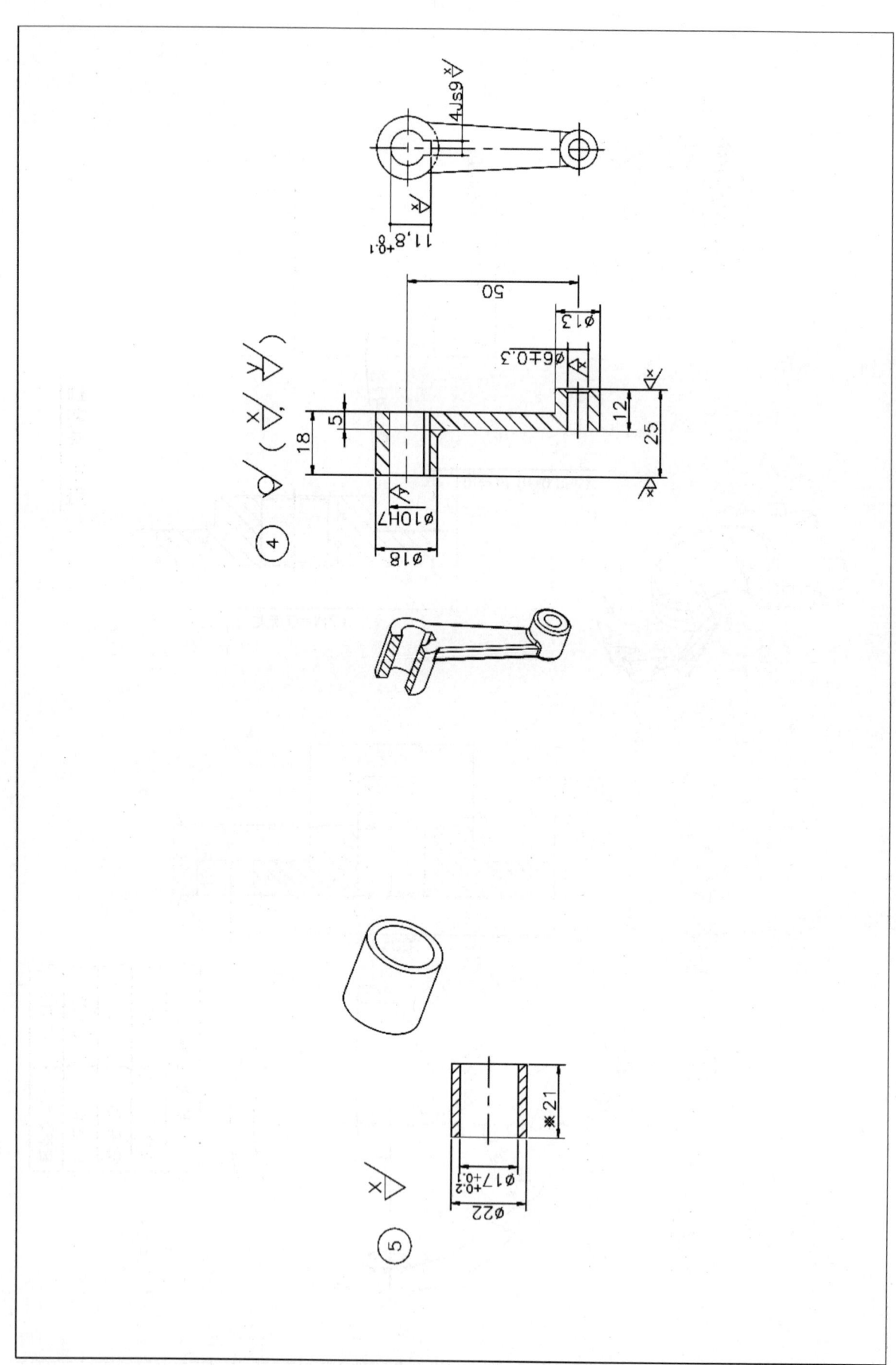

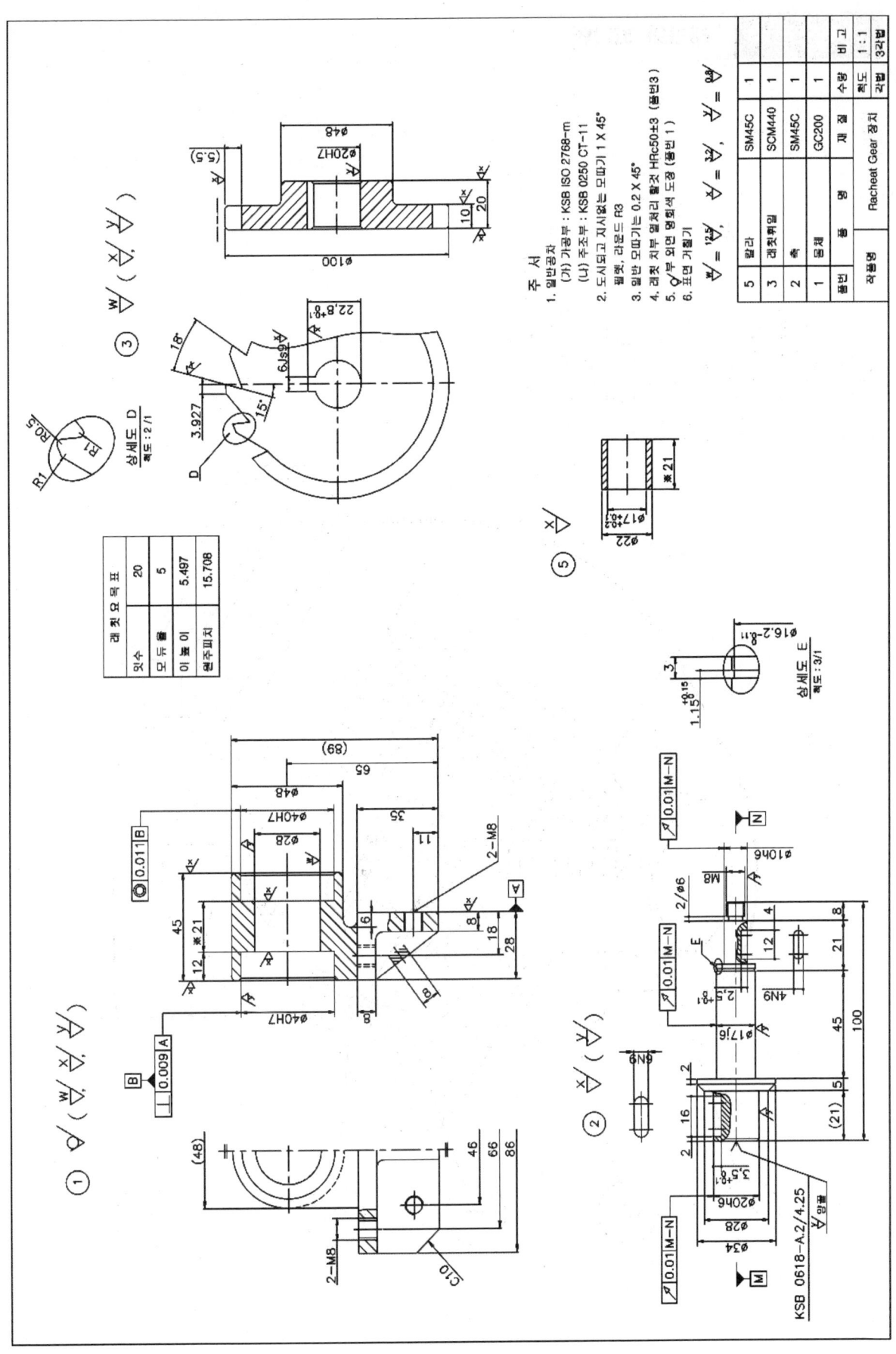

예제도면 3 | 래크와 피니언

품번	품명	재 질	수량	비 고
11	오일실		1	GM15
10	C형 멈춤링		1	
9	C형 멈춤링		1	
8	깊은홈볼베어링		1	6002
7	깊은홈볼베어링		1	6904
6	커버	GC200	1	
5	누름판	SM45C	1	
4	커버	SNC415F	1	
3	래크	GC200	1	
2	피니언축	SCM435	1	
1	몸체	GC200	1	
품번	품 명	재 질	수량	비 고
작품명	래크와 피니언		척도	
			투상	

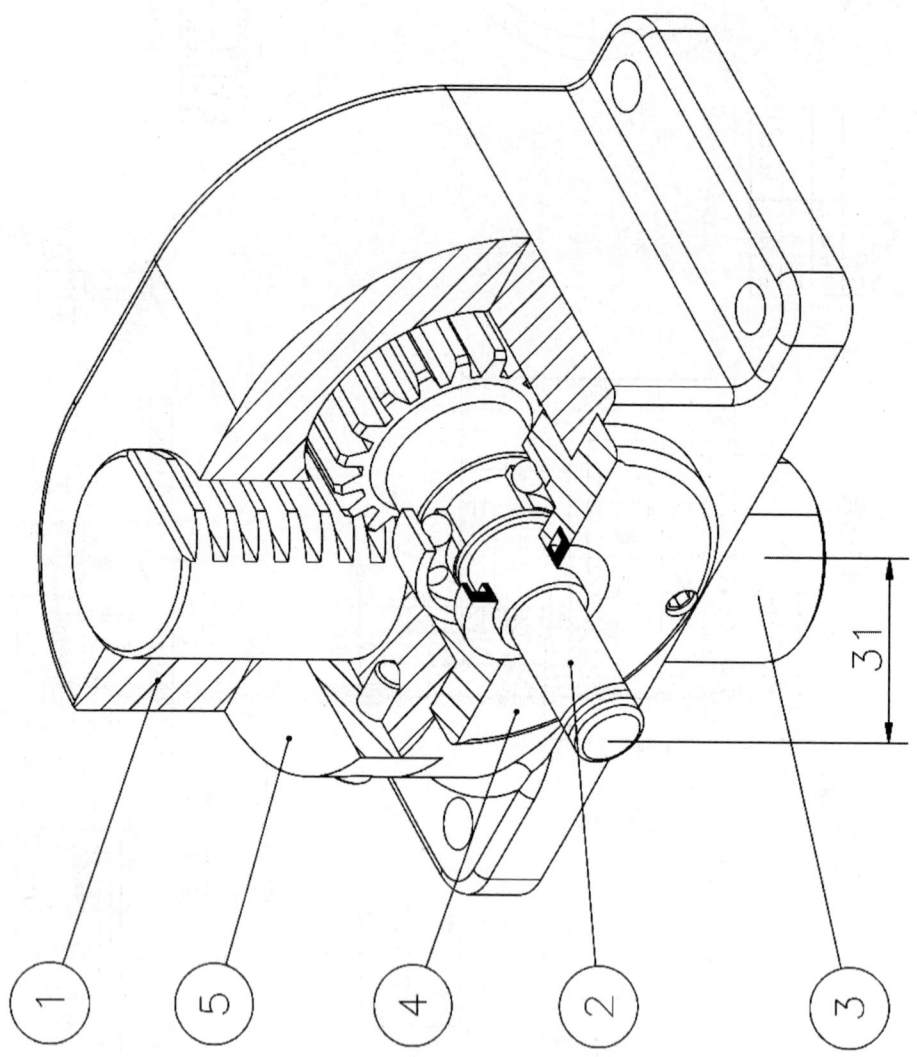

31

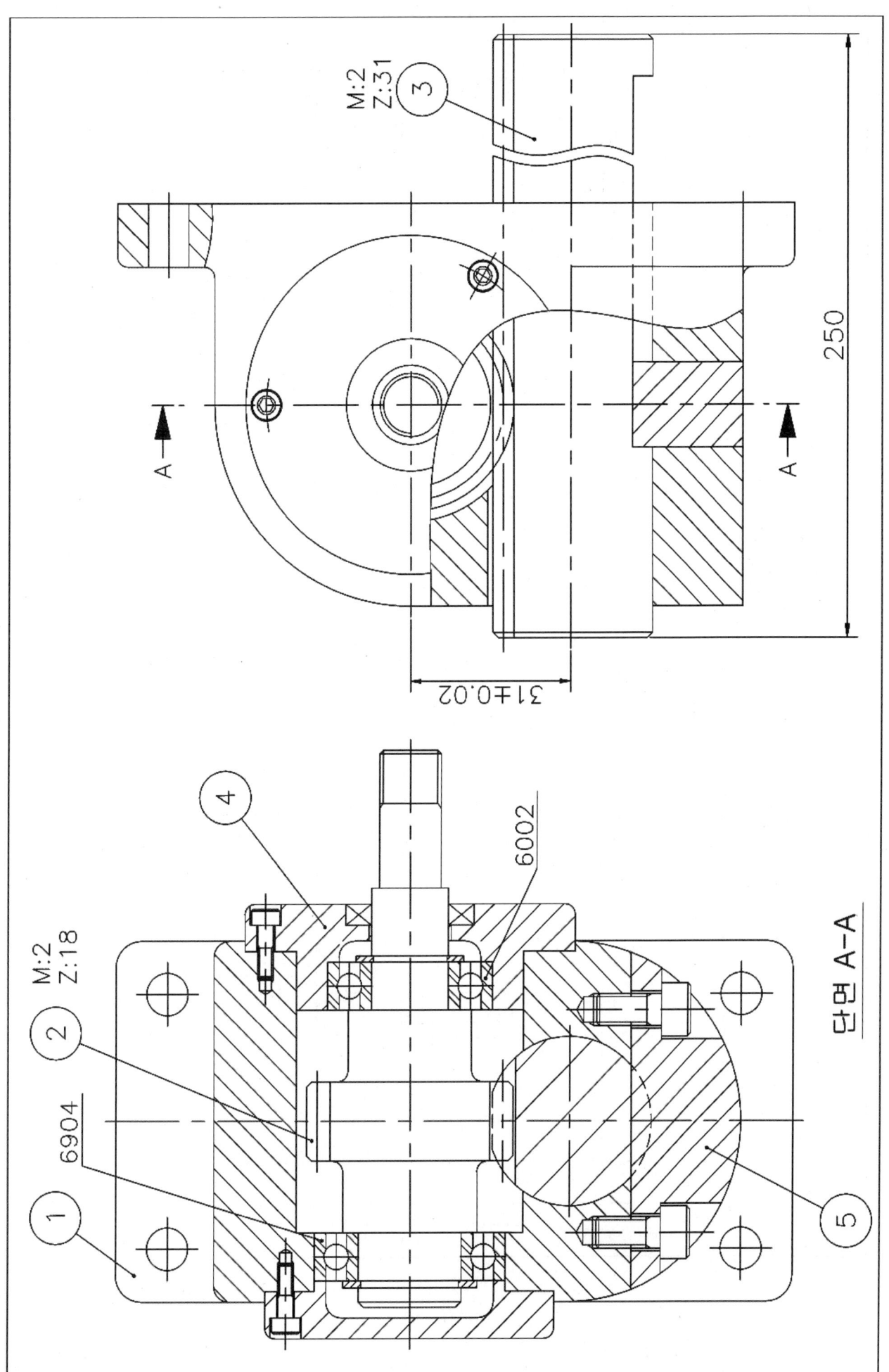

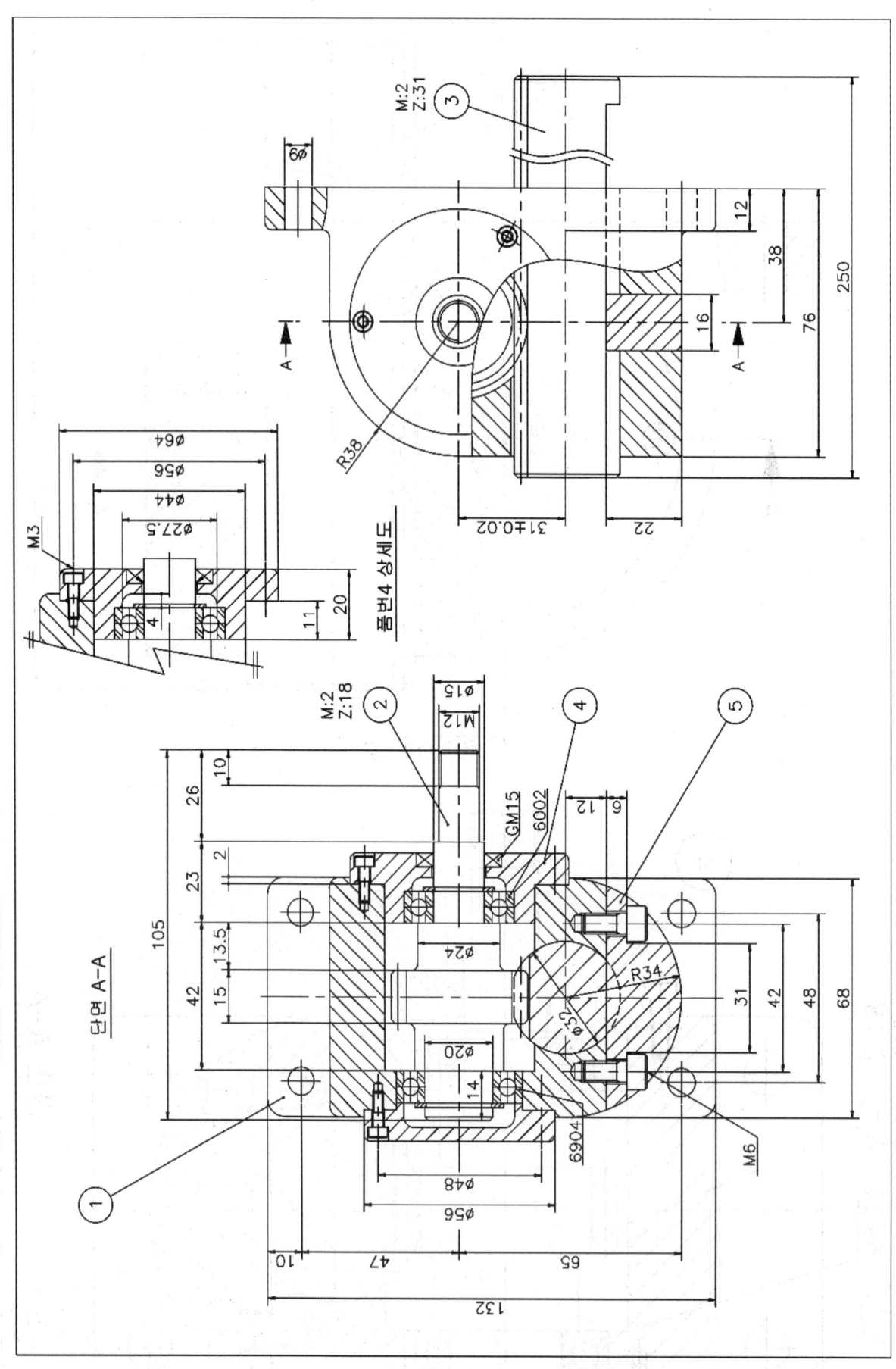

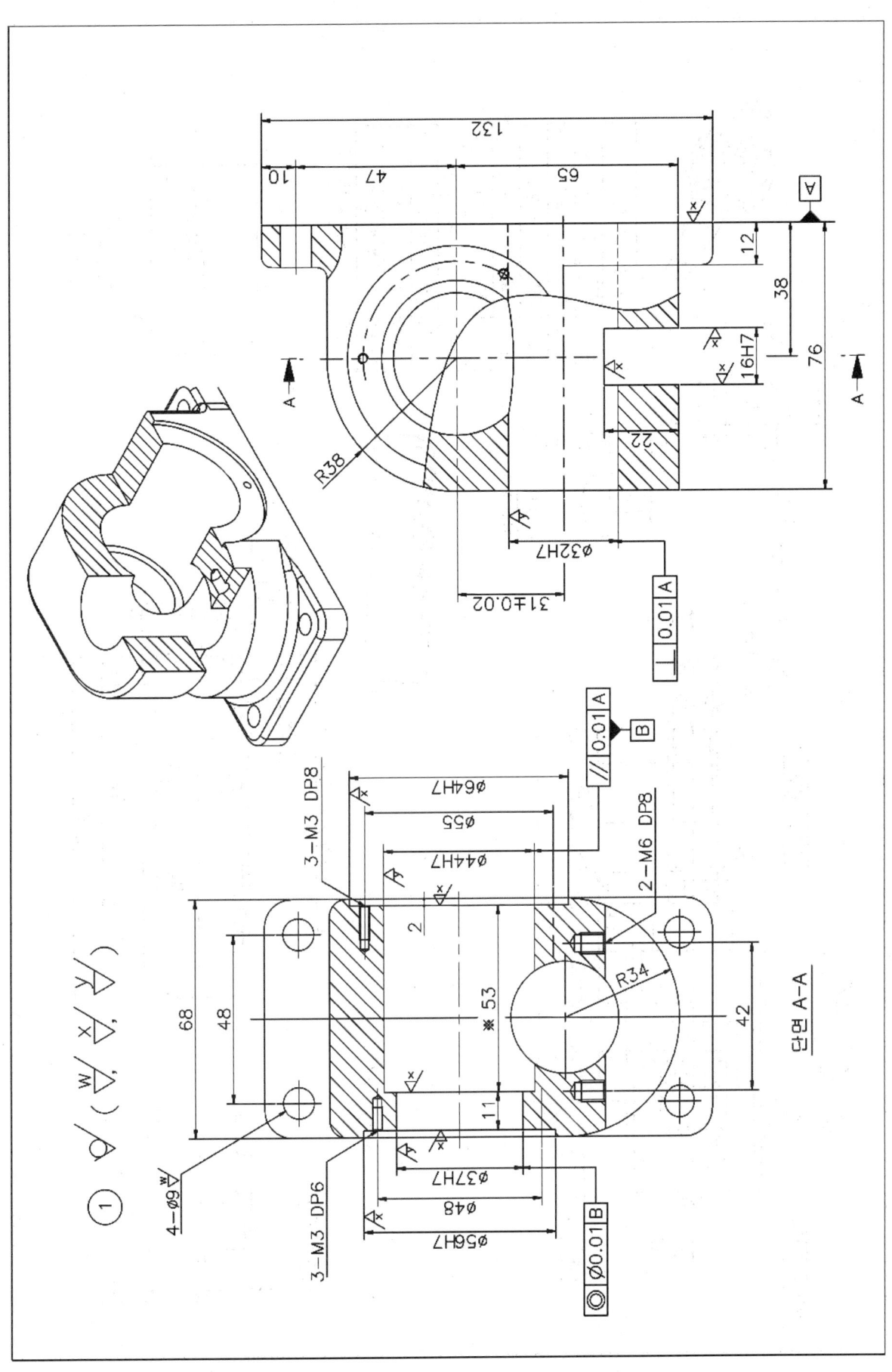

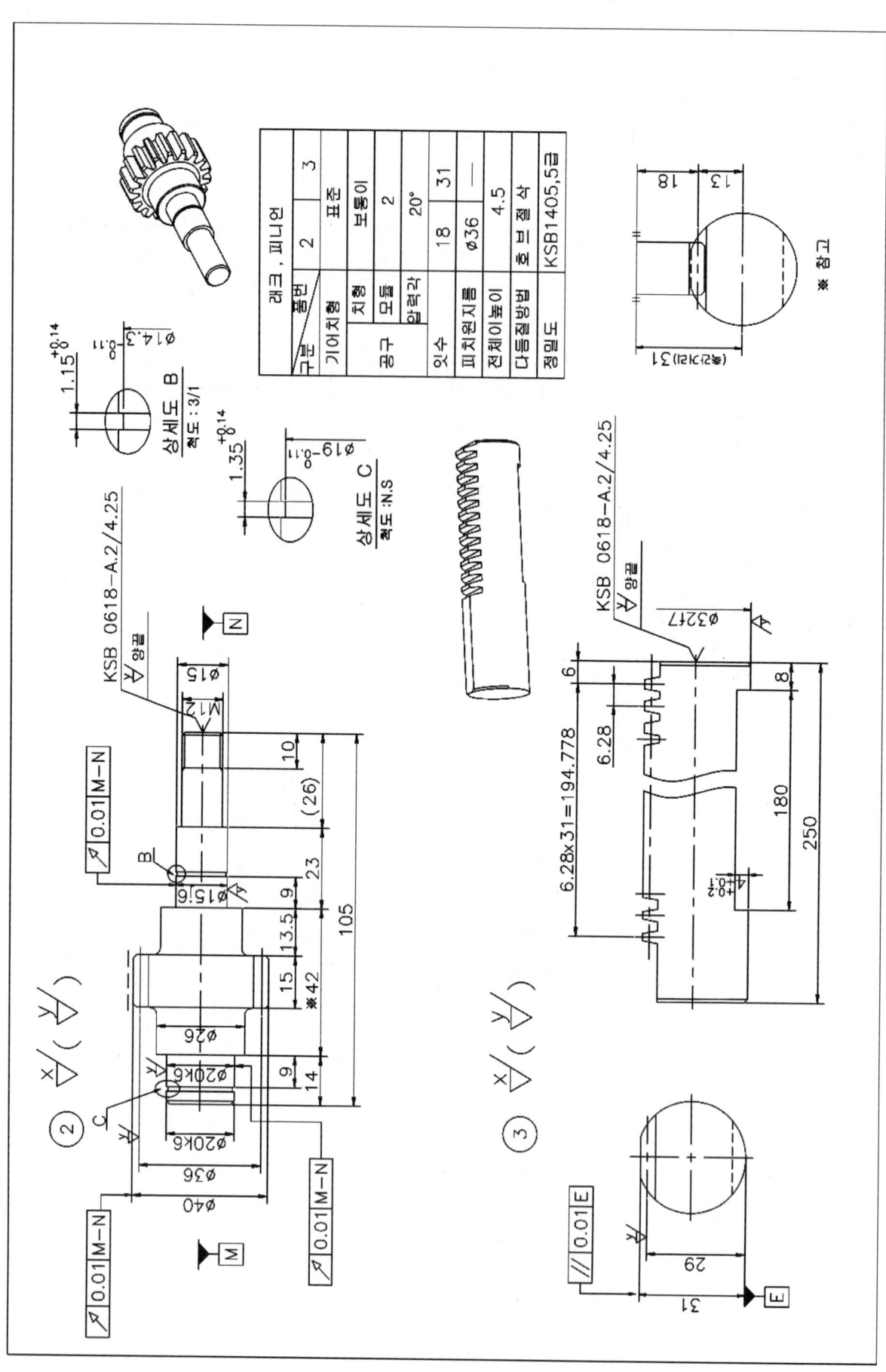

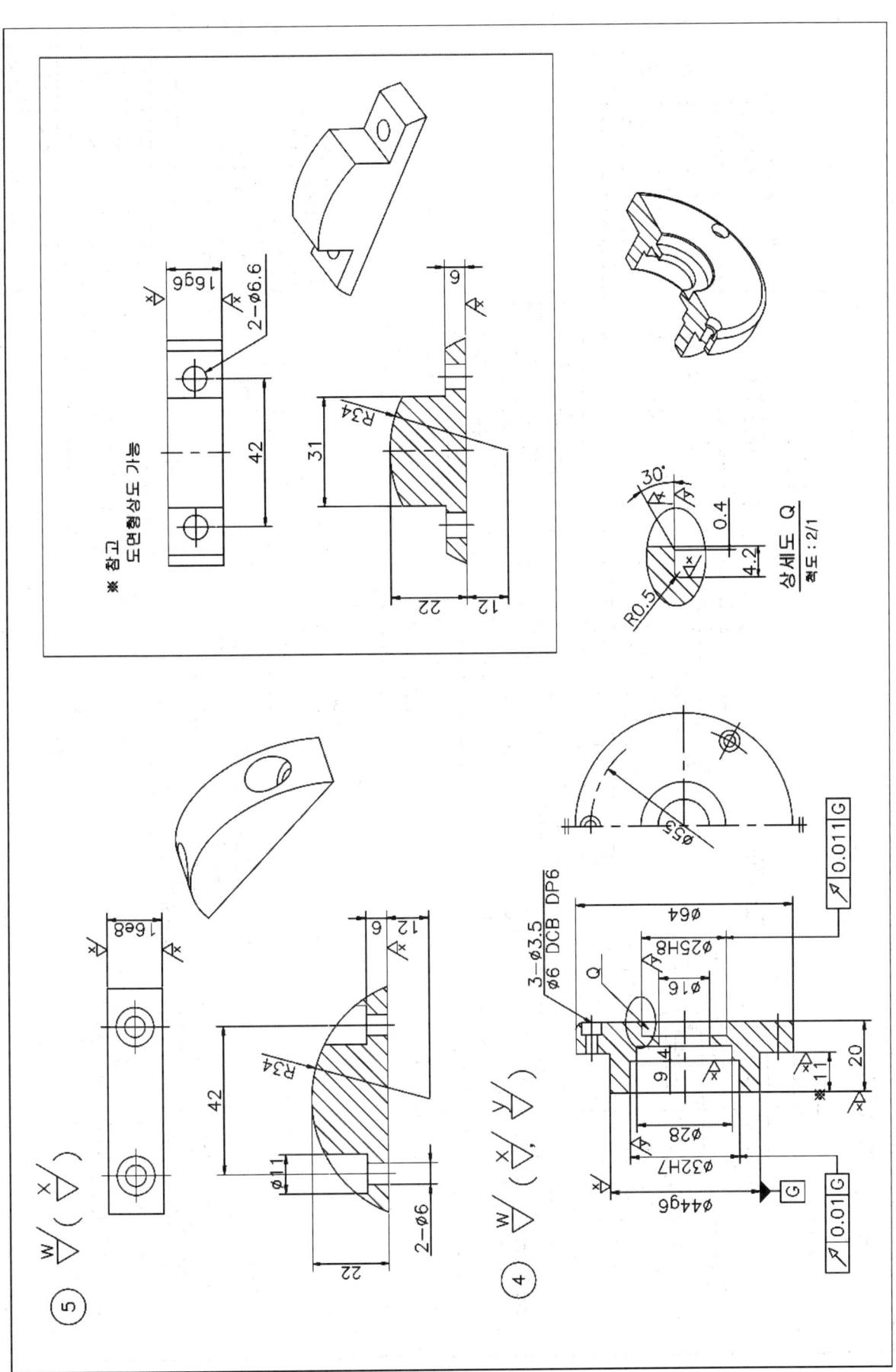

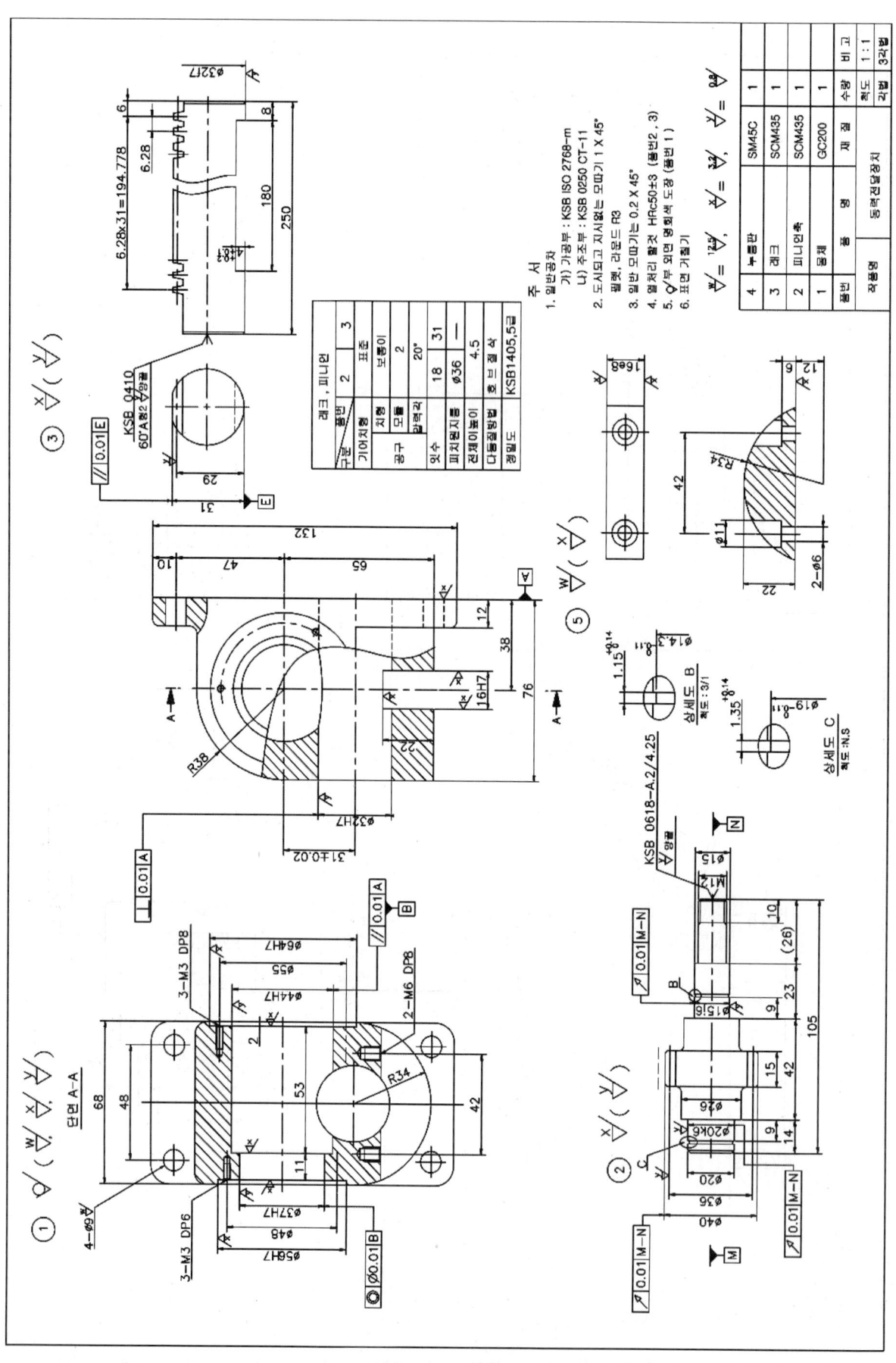

예제도면 4   펀칭머신(B)

9	펀치 다이	STS5	1	
8	가이드 부시	SM45C	1	
7	부싱 (RH)	C5102	1	
6	부싱 (LH)	C5102	1	
5	스퍼어 기어	SNC415F	1	
4	슬라이더	SCM440	1	
3	편심축	SCM415	1	
2	커버	GC250	1	
1	몸체	GC250	1	
품번	품 명	재 질	수량 척도 각법	비 고
작품명	펀칭머신			

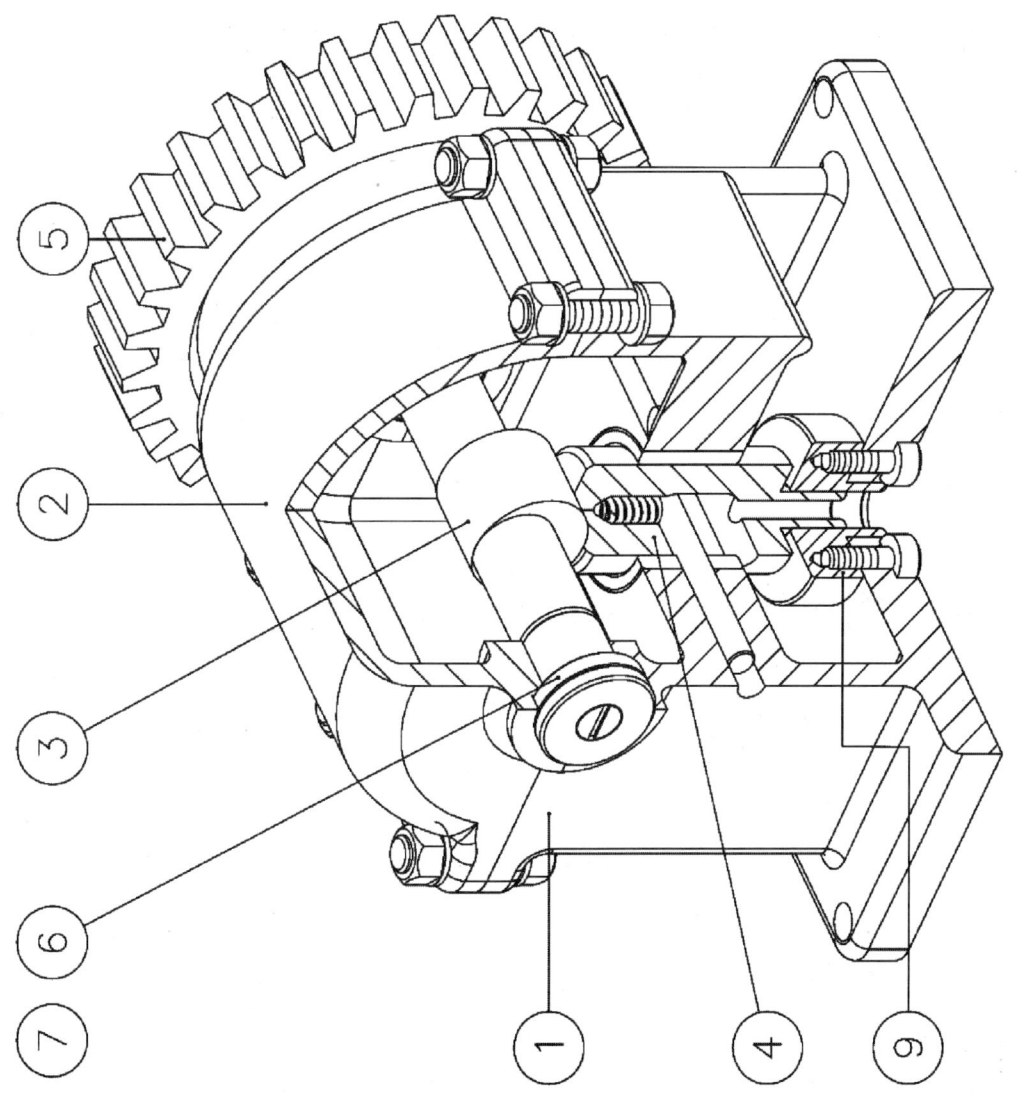

부록. 예제도면 및 해설

1. 구동원리

기어의 회전운동에 의해 편심축에 전달되면 편심량만큼(3mm) 슬라이더(품번 ④)의 상하 운동에 의해 다이에 고정된 제품을 펀칭(∅8)하게 된다.

2. 주요부품 투상방법

(1) 품번 ①(정면도, 평면도, 측면도) GC250

  리브부분 투상이 몹시 까다로우며, 치수 기입도 어렵다.
  바닥에 볼트 구멍수는 중앙에 4개, 바깥쪽 4개이다.

(2) 품번 ②(정면도, 평면도, 측면도) GC250

(3) 품번 ③(정면도, 측면도) 편심량 좌측면도

  기입 SCM415

(4) 품번 ⑦(정면도 측면도)

  조립을 위해서 가공 후 중심선 부분을 절단하는 분할형으로 할 것

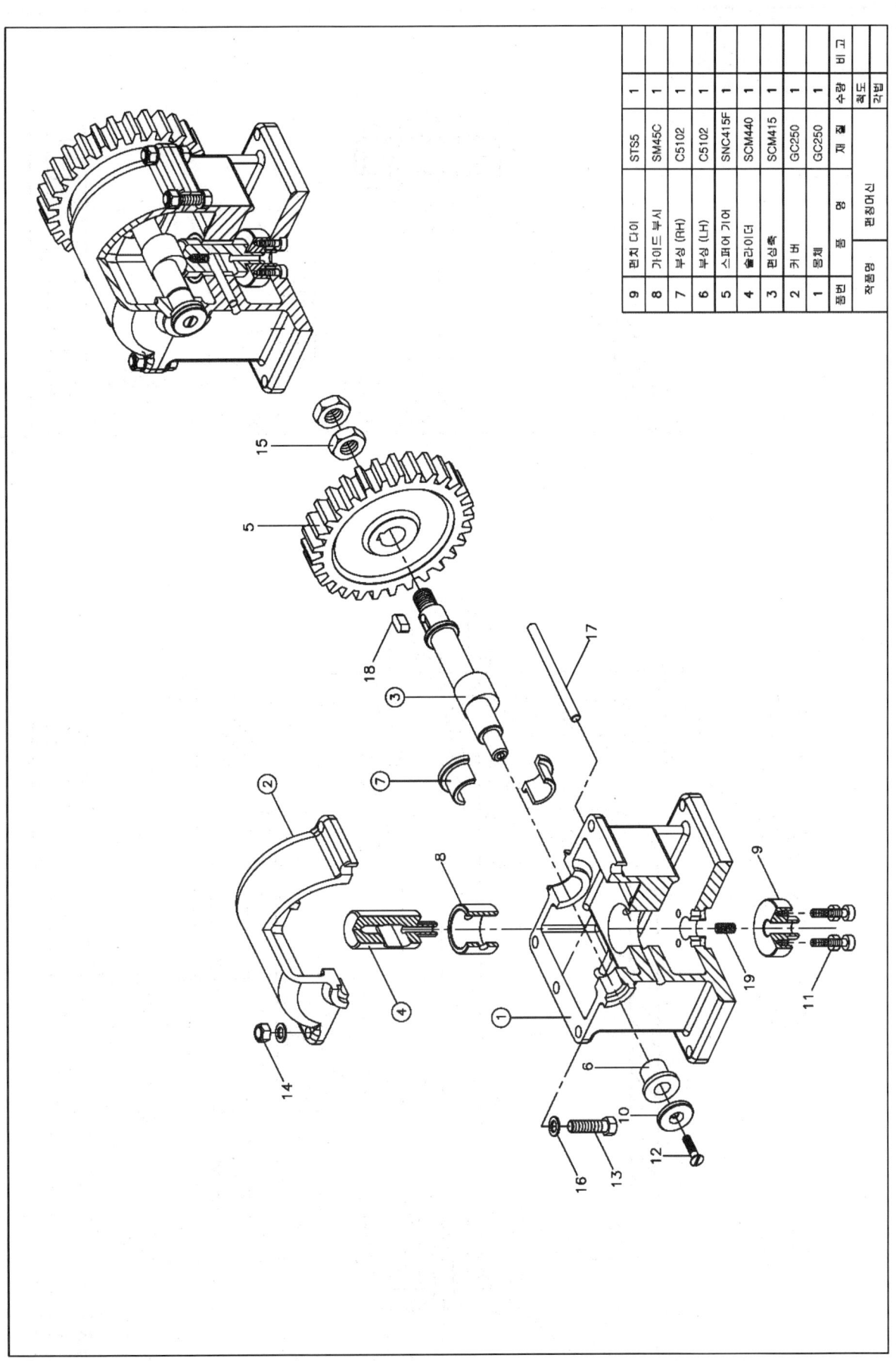

부록. 예제도면 및 해설 591

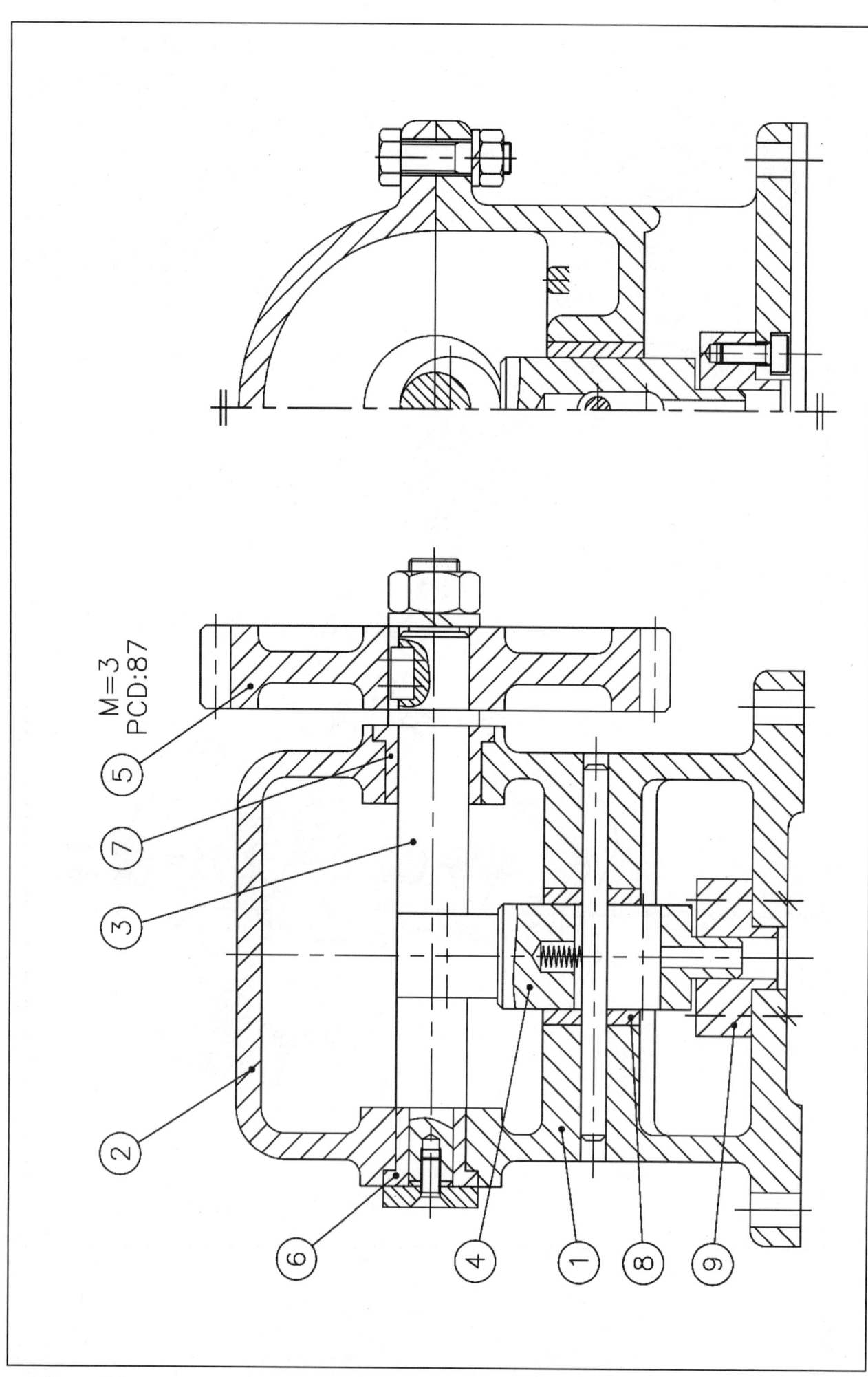

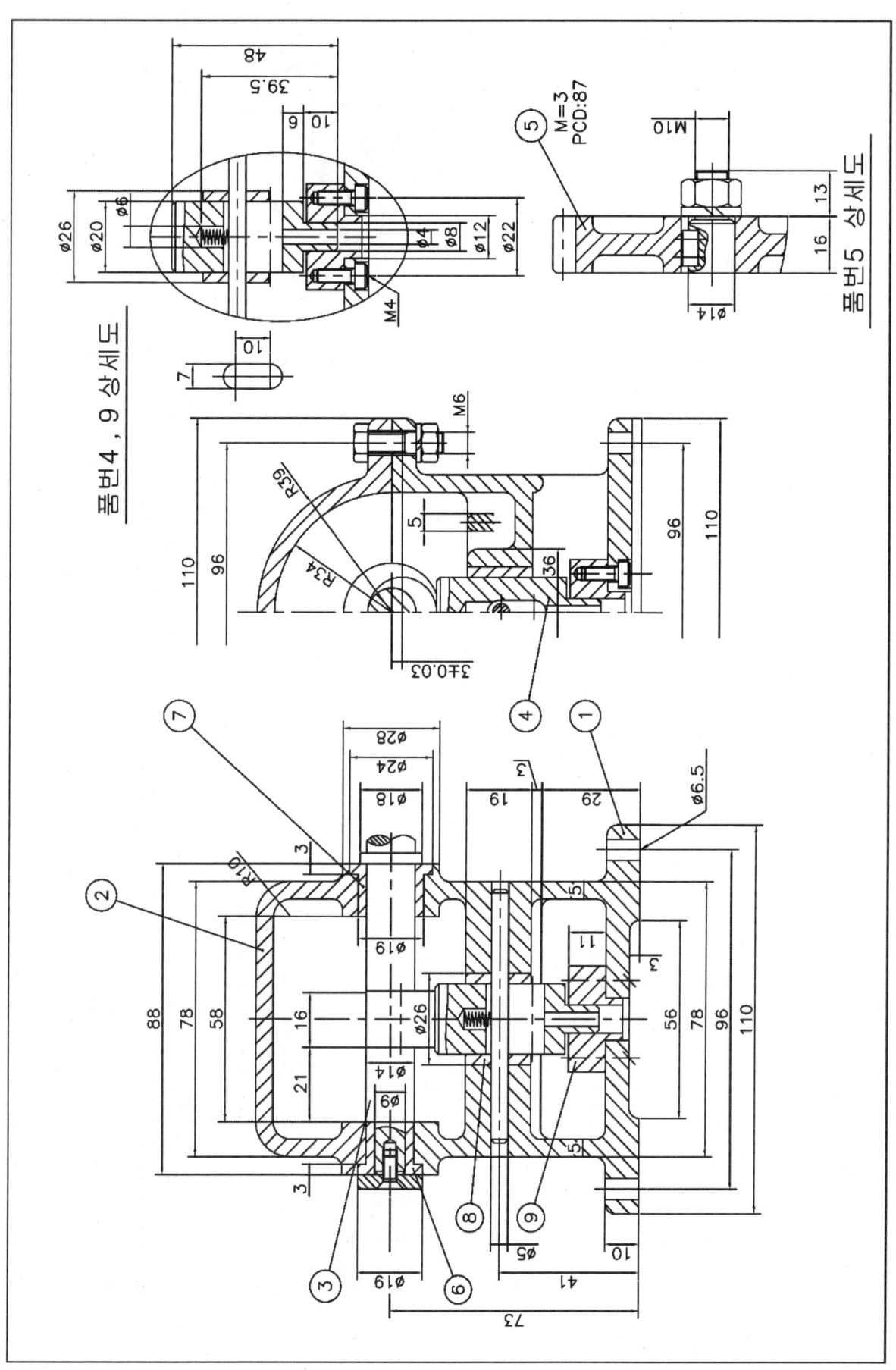

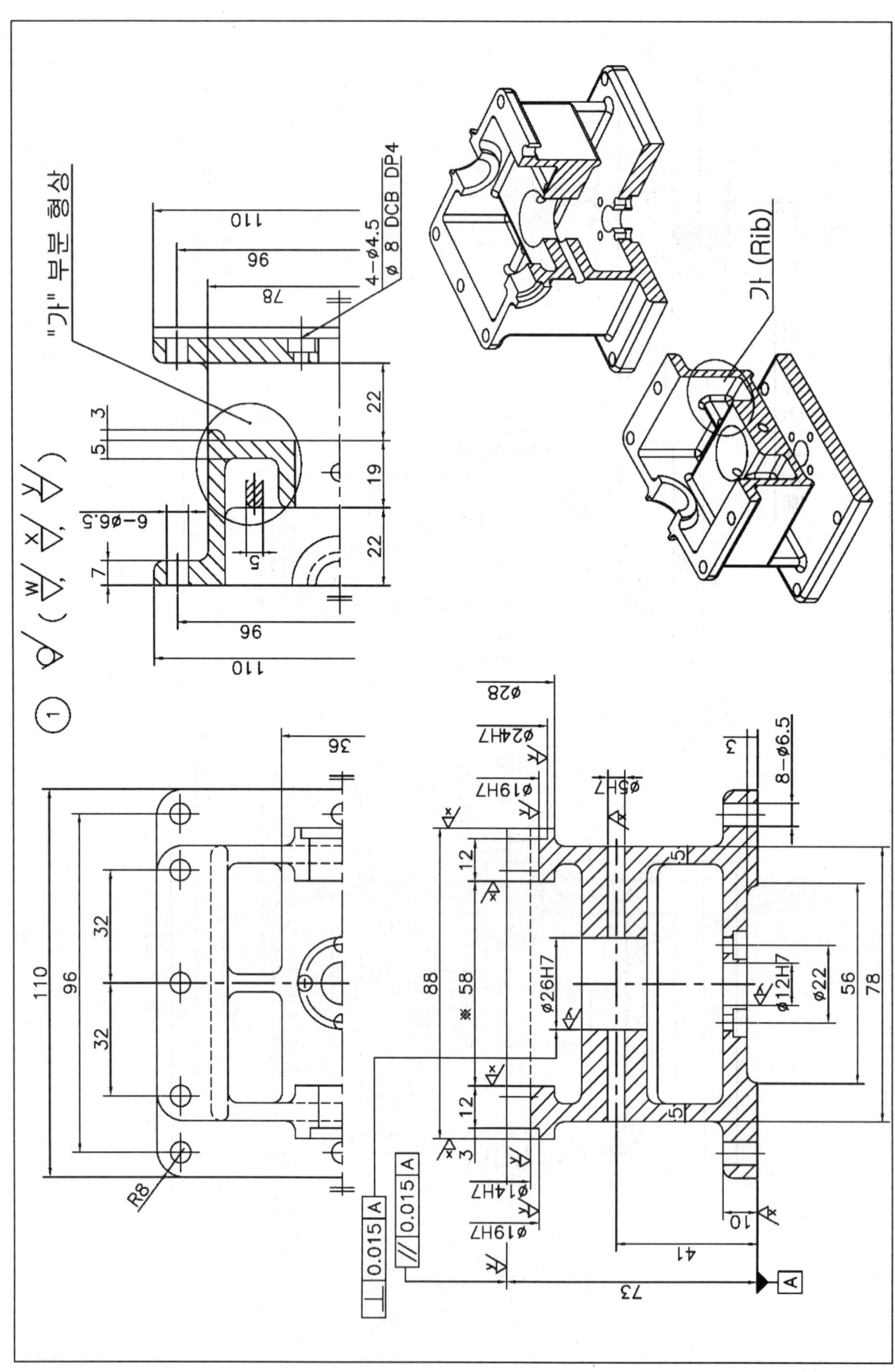

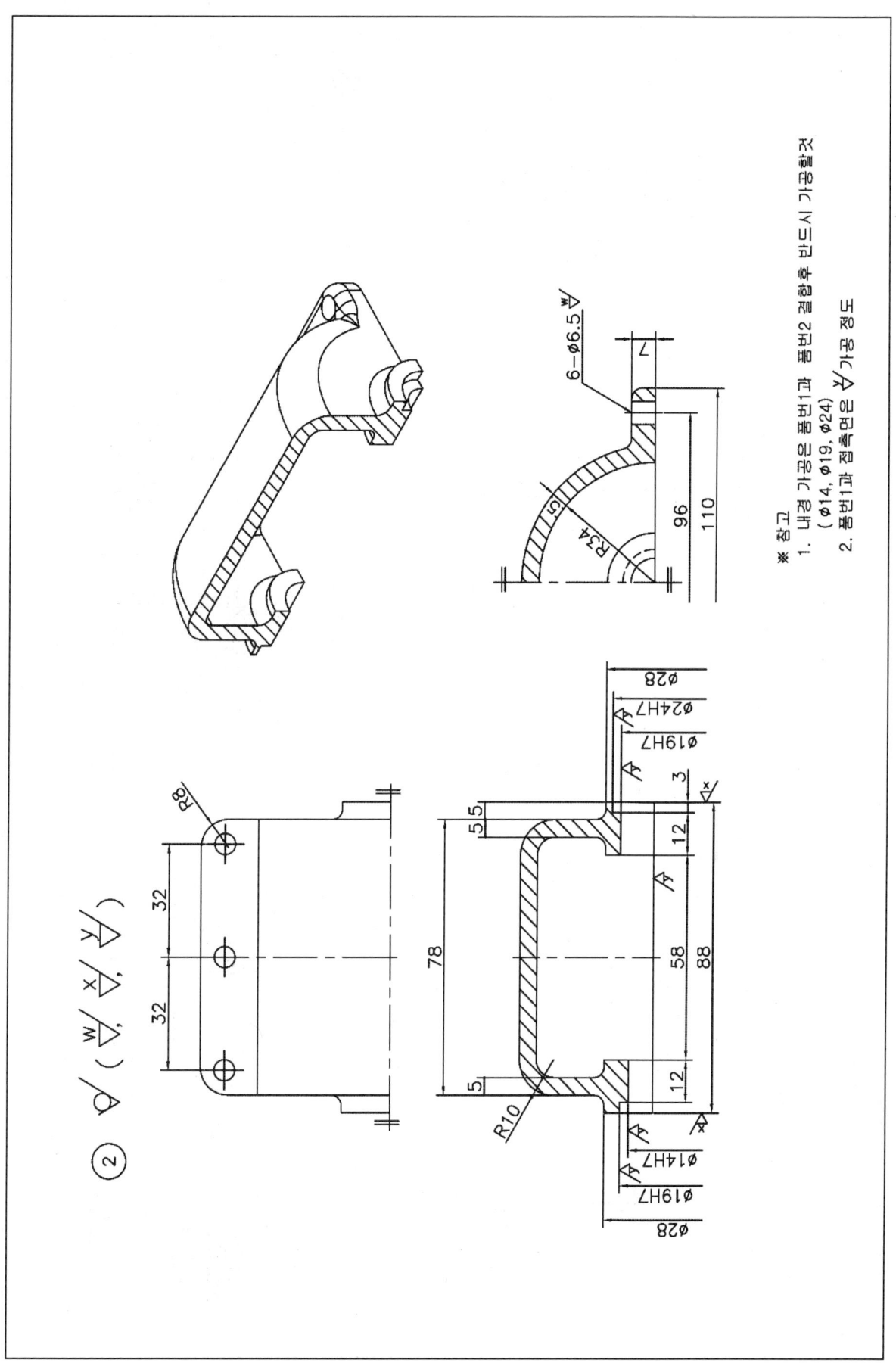

※ 참고
1. 내경 가공은 품번1과 품번2 결합 후 연삭 가공할 것
   (ø14, ø19, ø24)
2. 품번1과 접촉면 A을 연삭 가공할 것

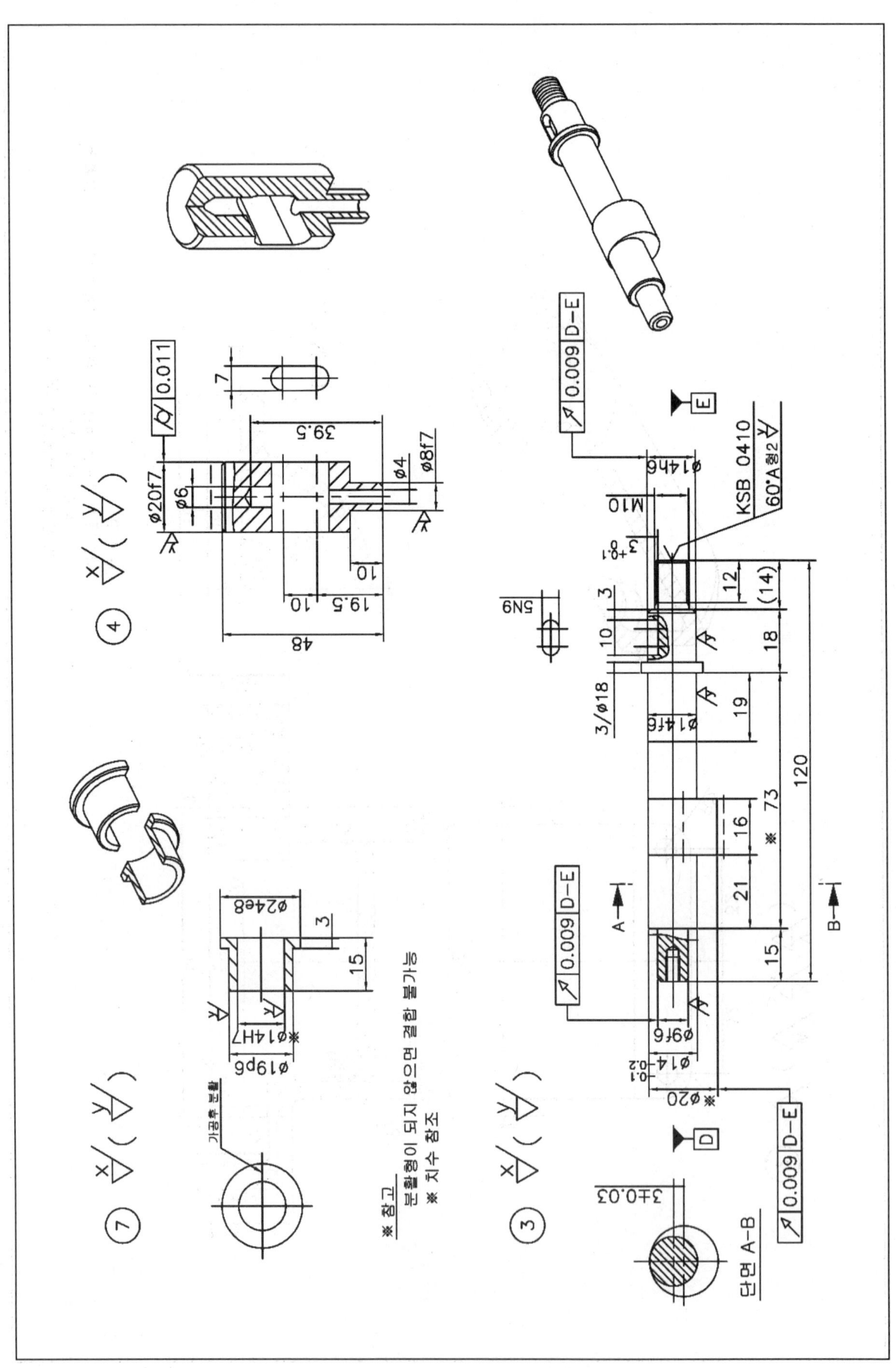

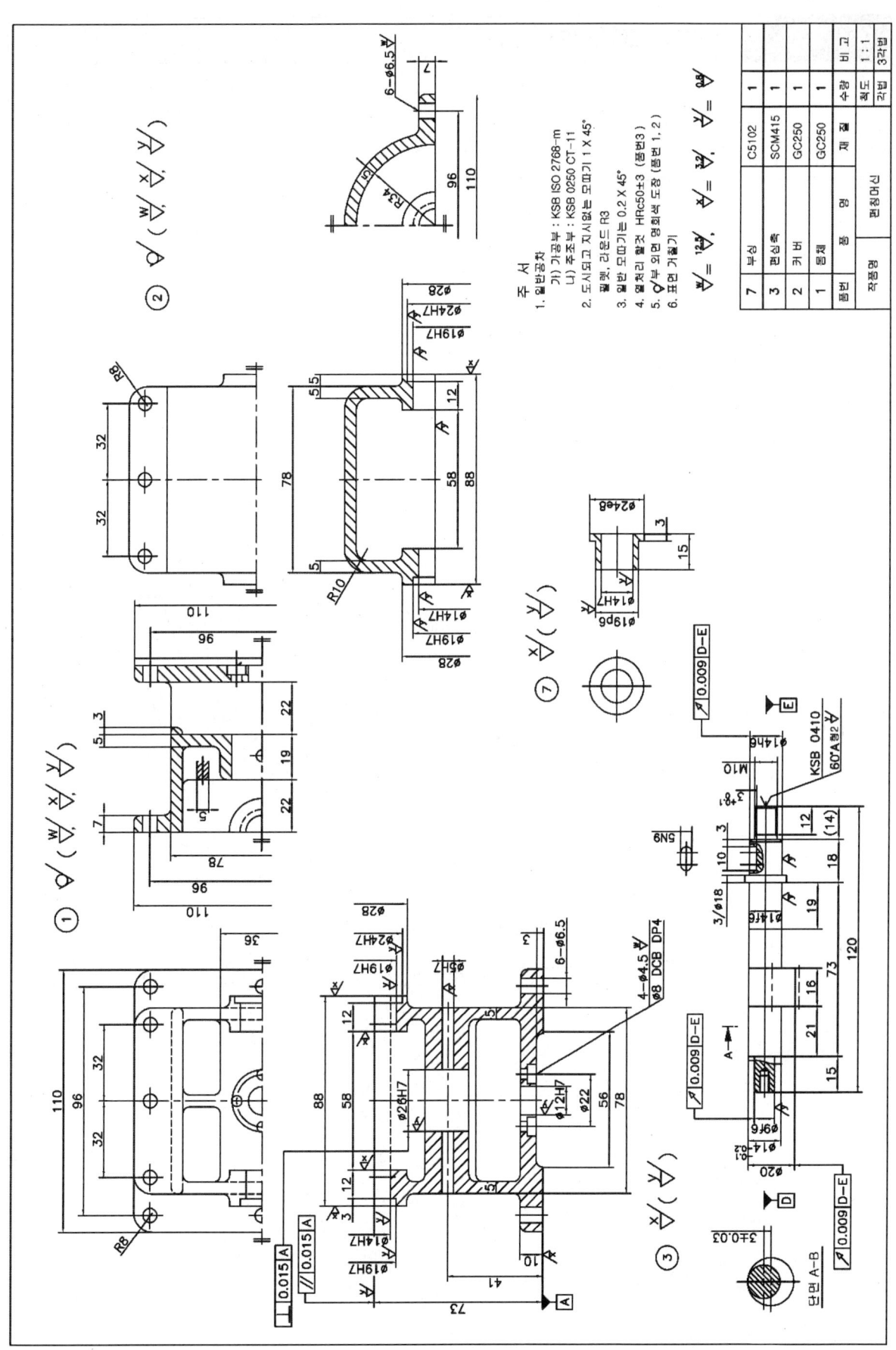

예제도면 5 — 공기압 클램프(F)

14	O 링			2	P34
13	O 링			1	P20
12	O 링			1	P16
11	스프링 와셔			2	
10	육각구멍붙이볼트			1	
9	E형 멈춤링			4	
8	핀			2	
7	작은판			2	
6	육각구멍붙이볼트			2	
5	핑거	SCM415		1	
4	피스톤	PBC2		1	
3	흔이스트 축	SCM430		1	
2	실린더 헤드	ALDC7		1	
1	실린더	ALDC7		1	
품번	품 명	재 질	수량	비 고
작품명	공기압 클램프		도척/각척	

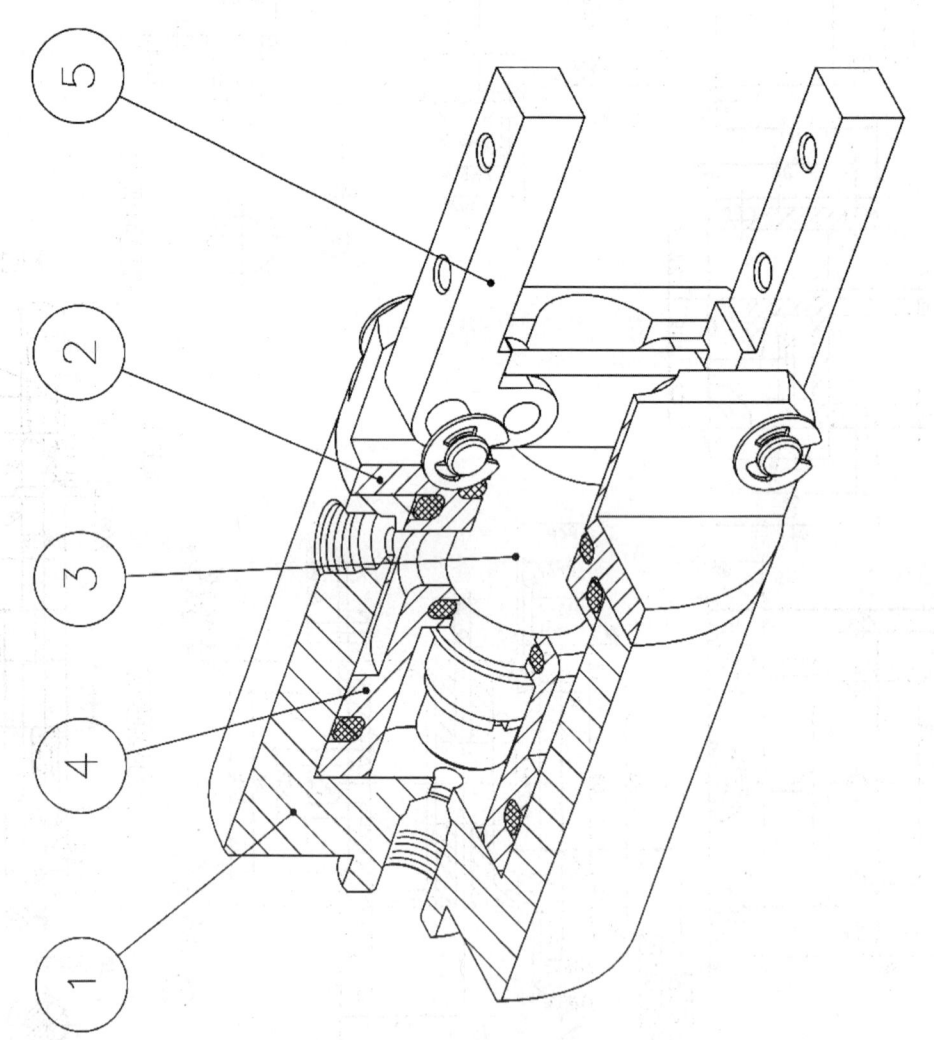

1. 구동원리

공기압축기에서 공급된 압축공기를 밸브제어에 의해서 전진과 후진이 가능하며, 자동화 생산라인에 설치하여 생산제품을 이동시키는 데 사용된다.

2. 주요 부품 투상방법

(1) 품번 ①(정면도, 측면도) ALDC7(알루미늄합금 다이케이스팅)
    (Rp 1/8 관용 암나사, Rc 1/16 관용 테이퍼 나사)
    알루미늄재질에서 Tap 깊이는 외경의 3~4배

(2) 품번 ②(정면도, 측면도) ALDC7(알루미늄합금 다이케이스팅)

(3) 품번 ③(정면도, 측면도) SCM430
    핑거(품번 ⑤)와 결합관계 고려할 것, 측면도 두께(5mm) 참조할 것
    조립을 쉽게 하기 위해 모따기 할 것

(4) 품번 ④(정면도) 인청동 주물(PBC2)

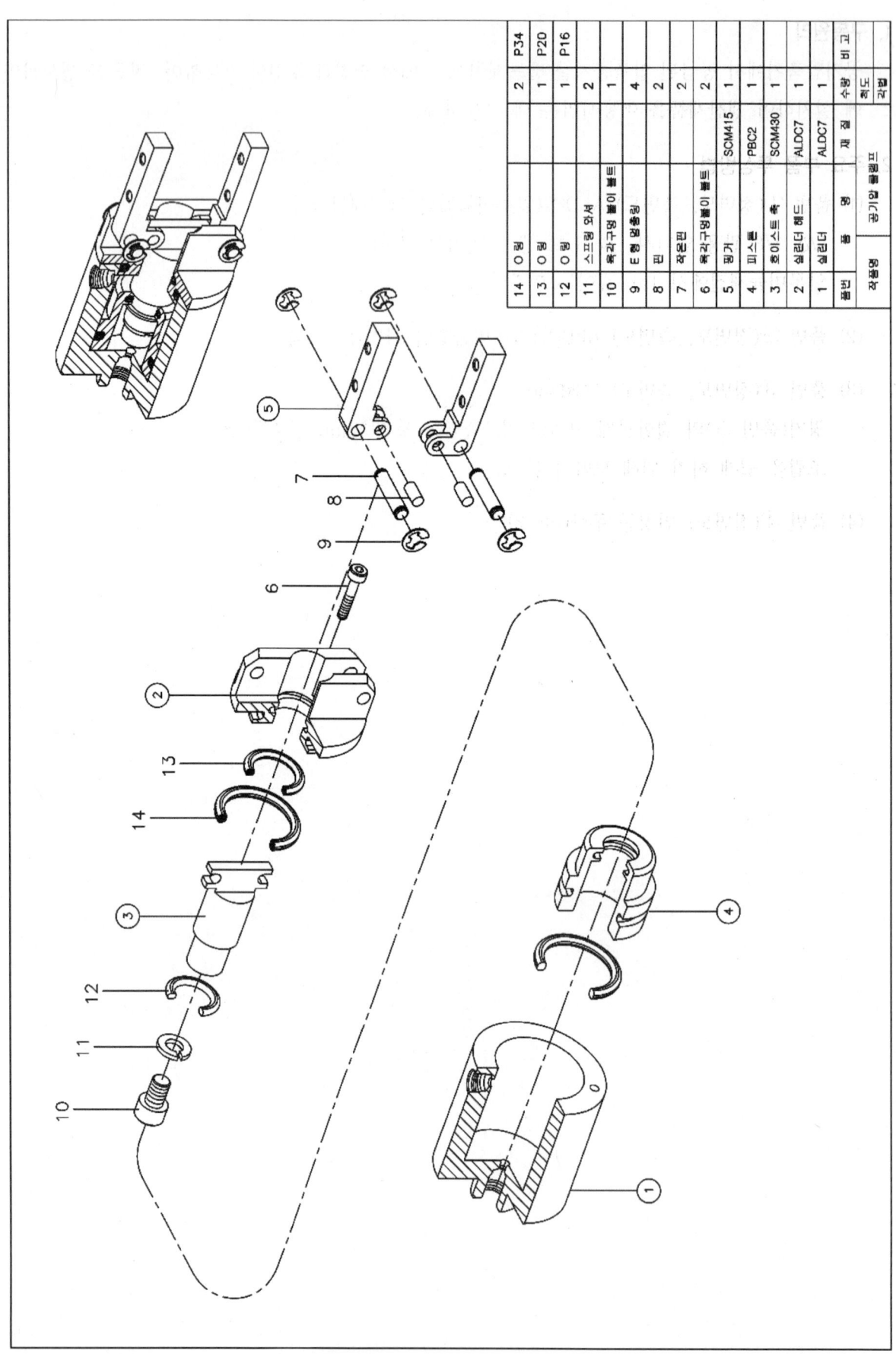

품번	품 명	재 질	수량	비 고
1	실린더	ALDC7	1	
2	실린더 헤드	ALDC7	1	
3	호이스트 축	SCM430	1	
4	피스톤	PBC2	1	
5	핑거	SCM415	1	
6	육각구멍붙이 볼트		2	
7	작은판		2	
8	핀		2	
9	E 형 멈춤링		4	
10	육각구멍붙이 볼트		1	
11	스프링 와셔		2	
12	O링		1	P16
13	O링		1	P20
14	O링		2	P34

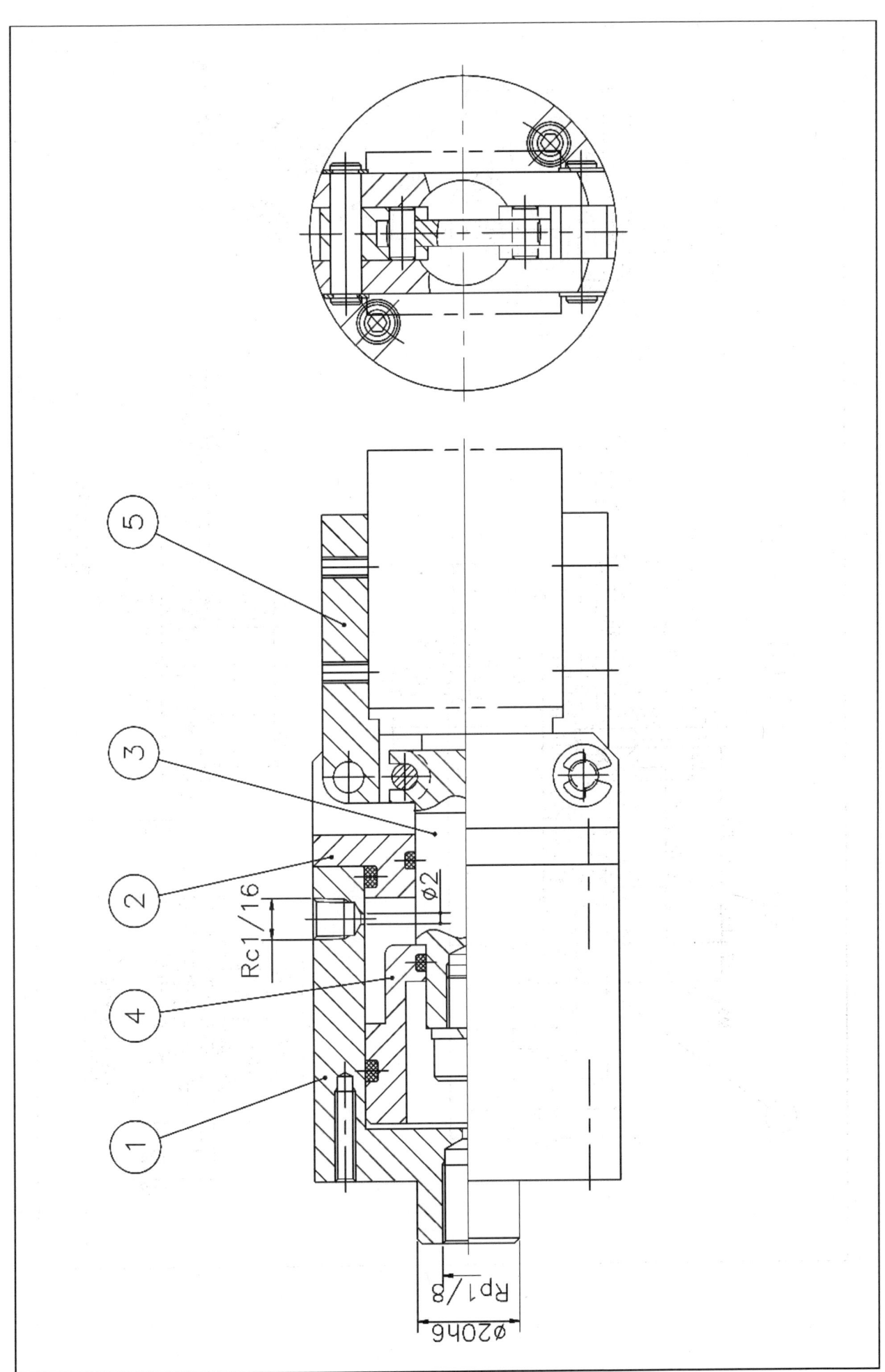

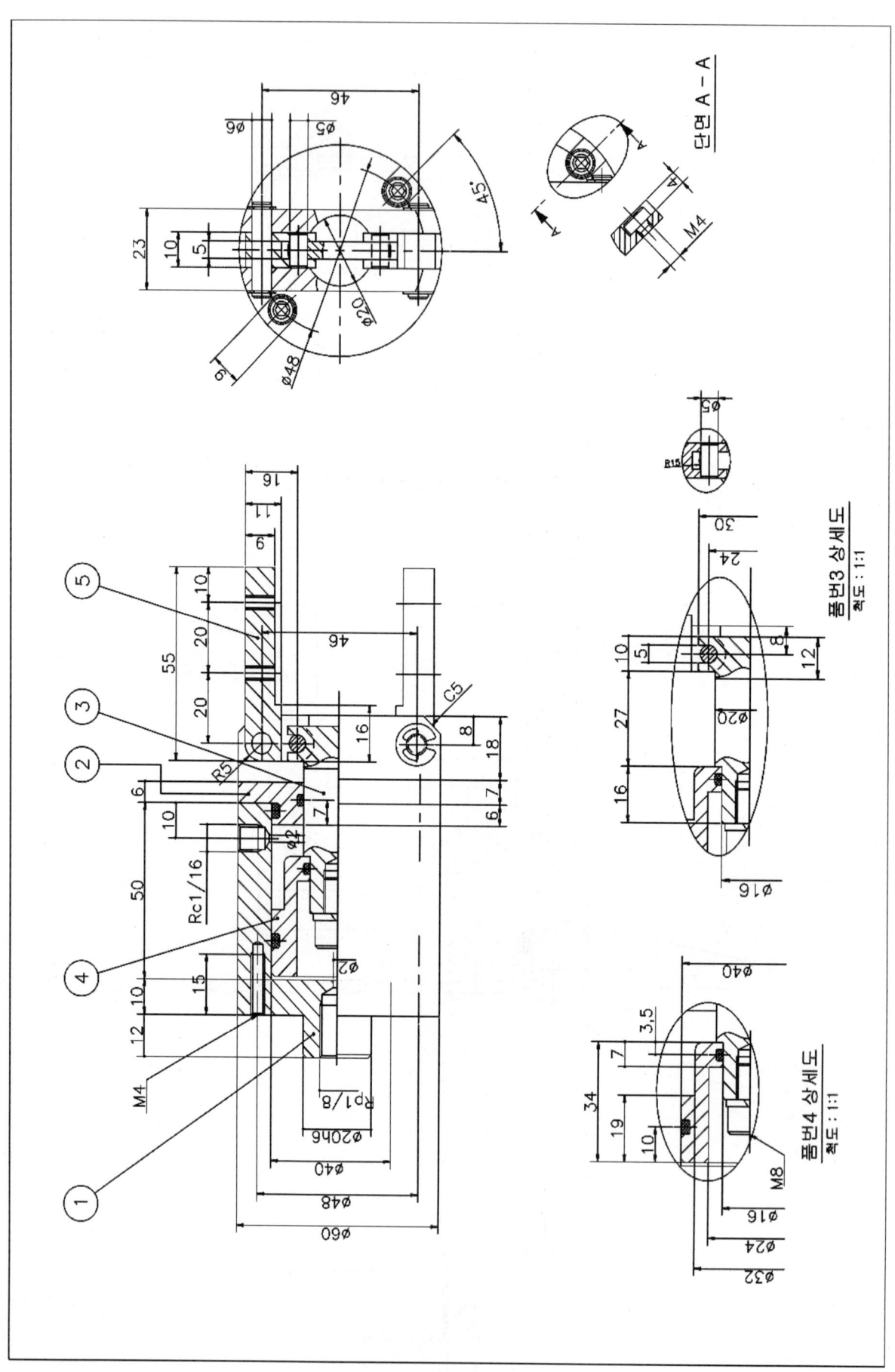

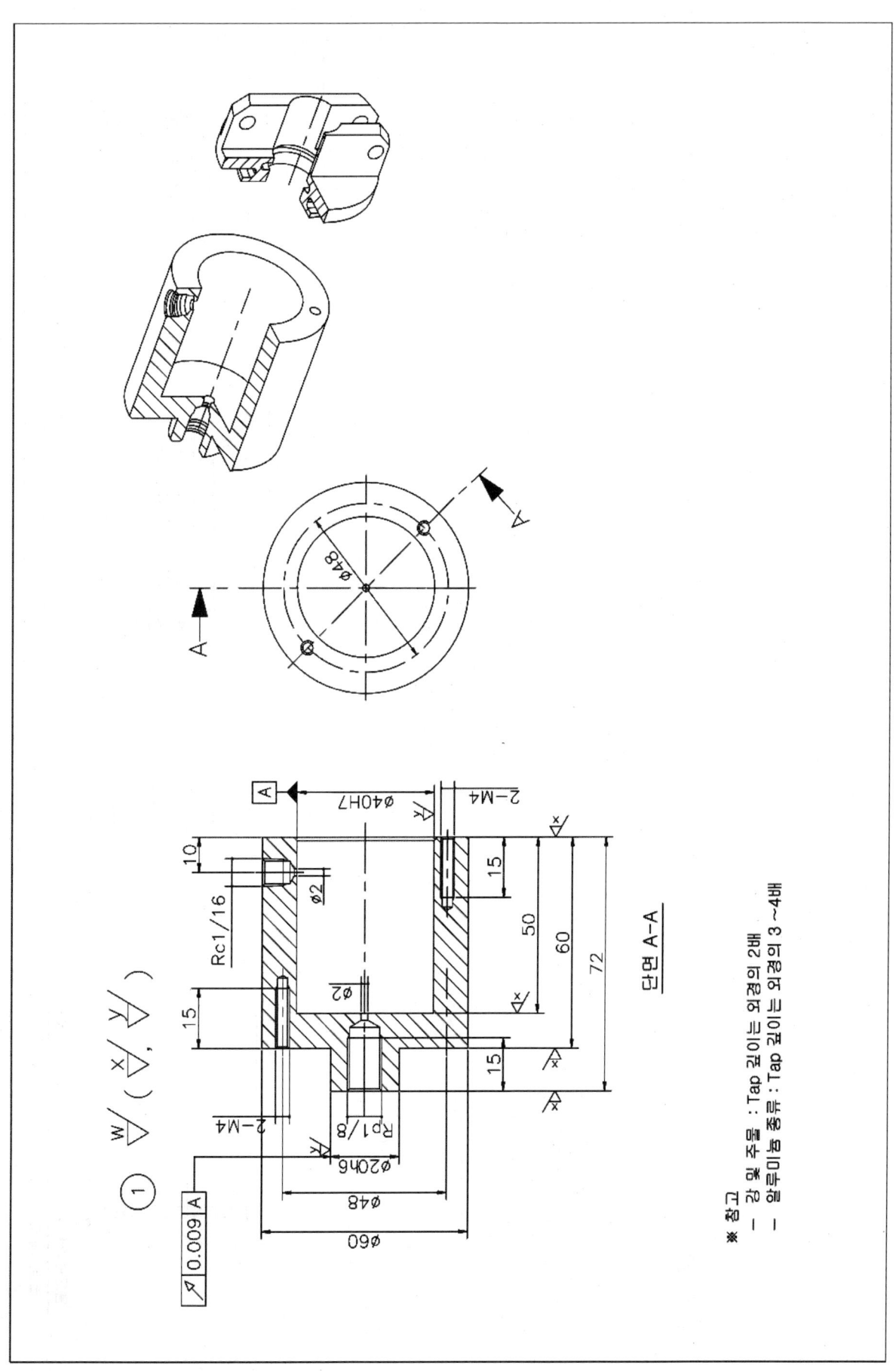

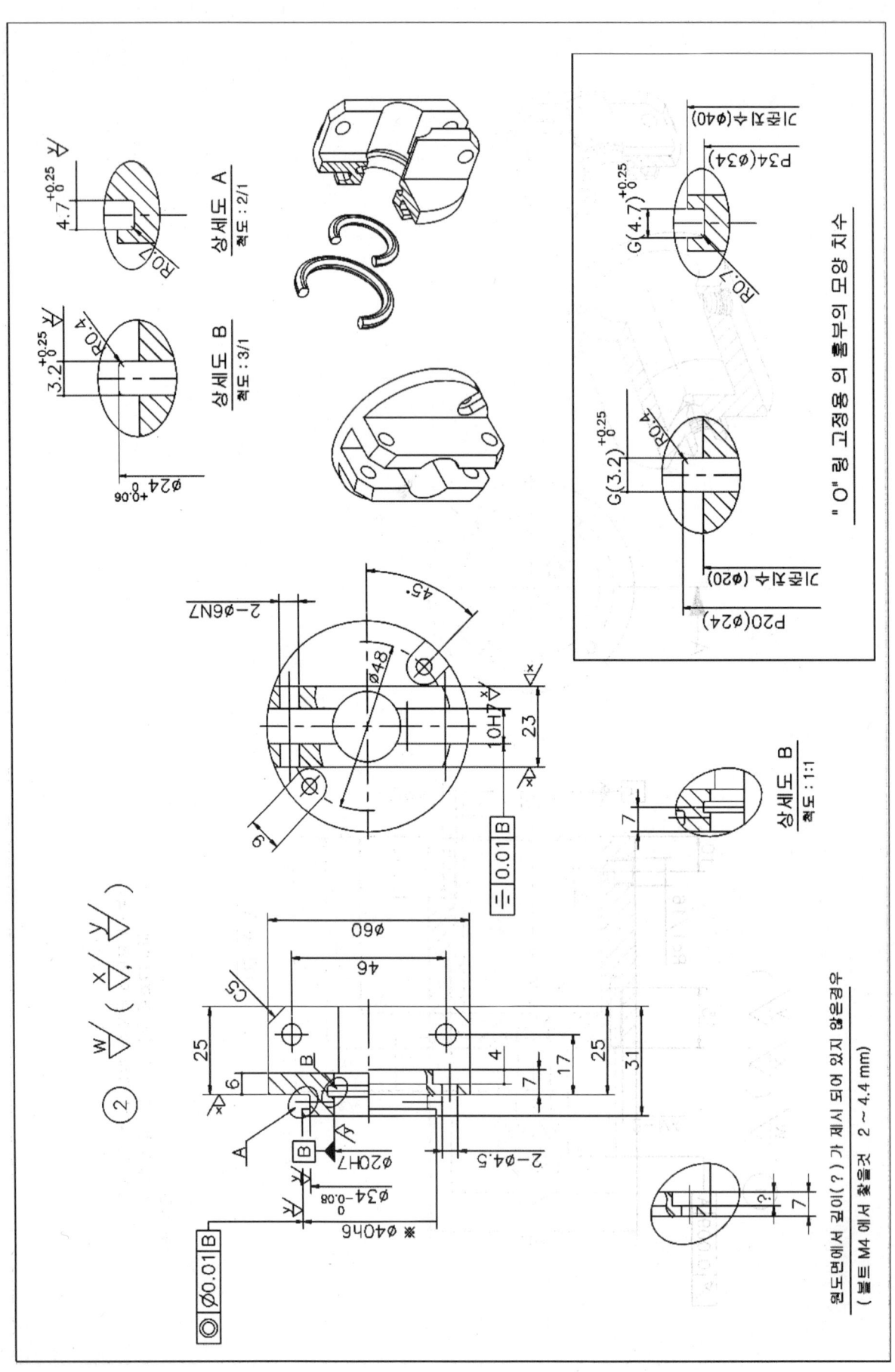

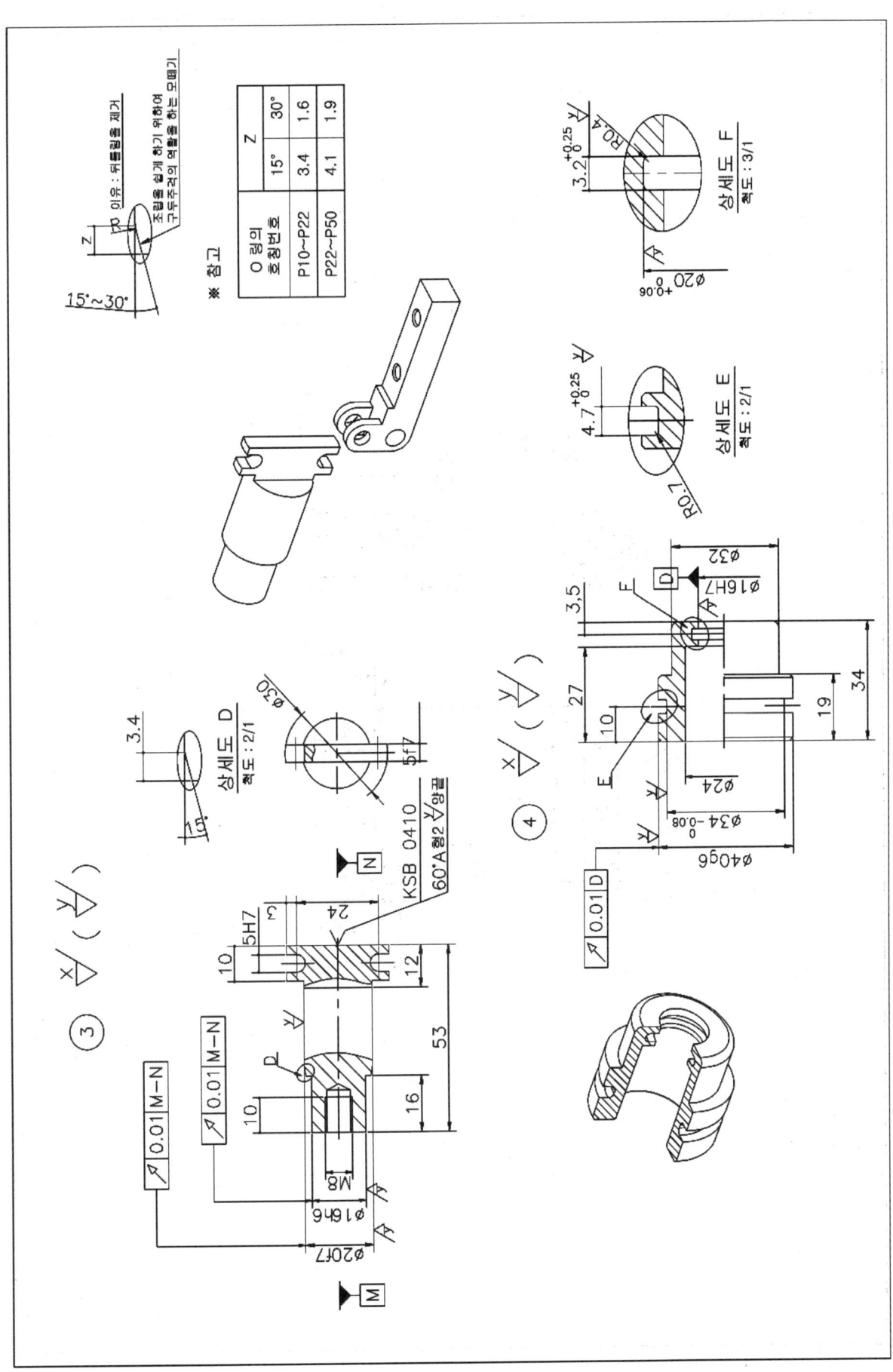

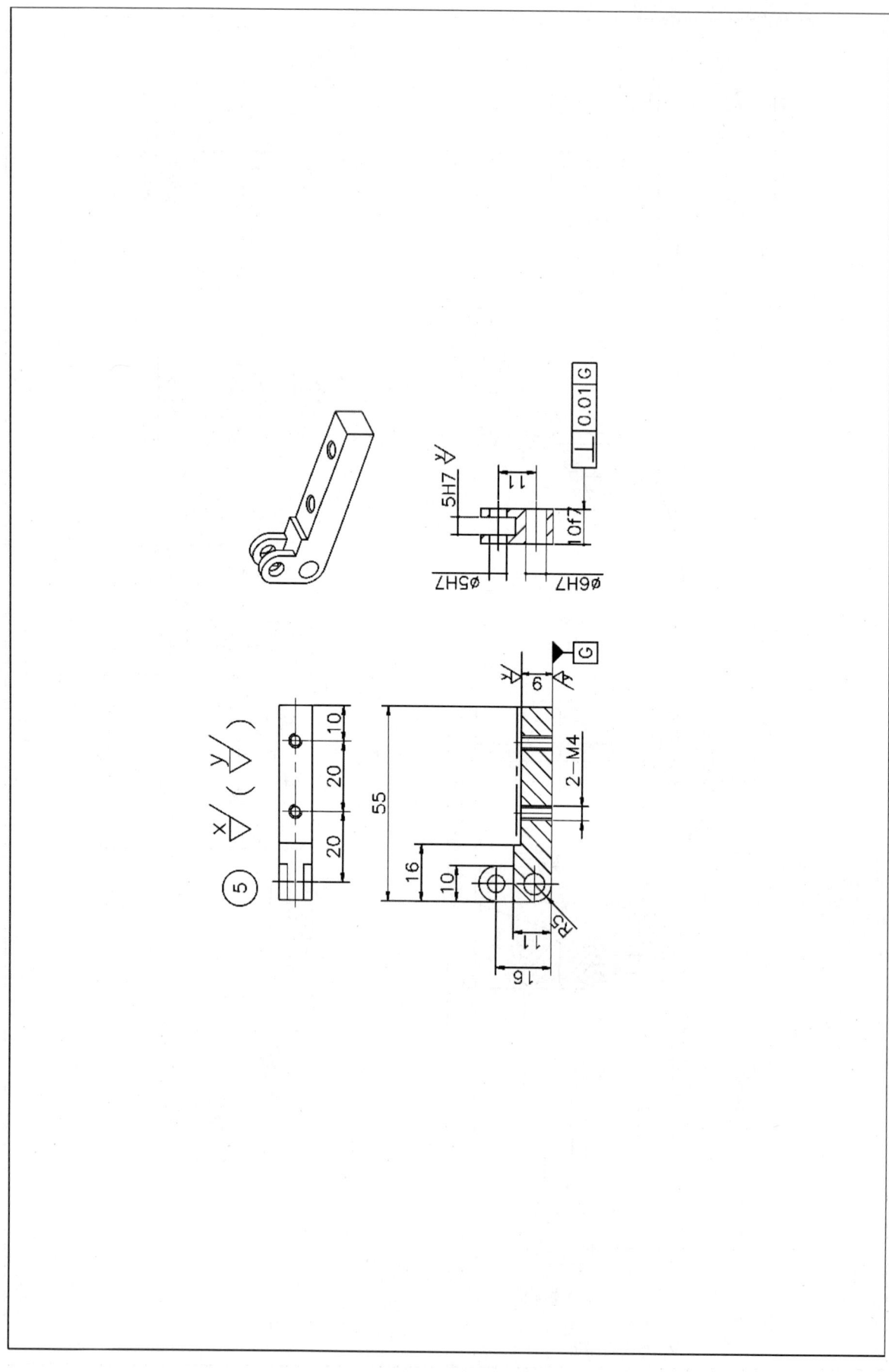

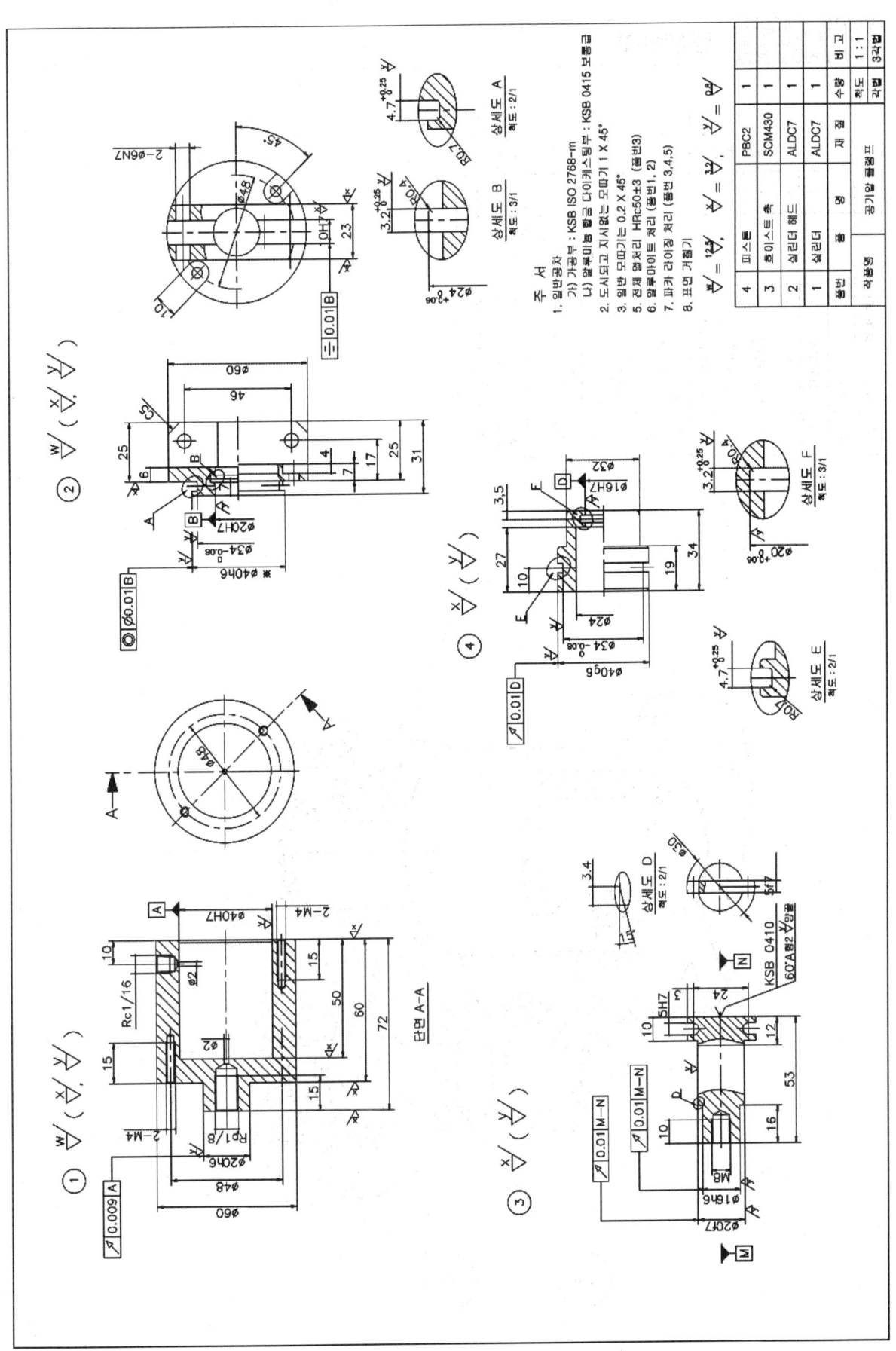

예제도면 6 — 텐션바(G)

품번	품명	재질	수량	비고
13	육각구멍붙이볼트		2	
12	평와셔		1	
11	스프링와셔		1	
10	육각너트		1	
9	C형 멈춤링		1	Ø7
8	C형 멈춤링		1	Ø35
7	깊은홈볼베어링		1	6003
6	부시		1	
5	축	SM45C	1	
4	브라켓트	GC200	1	
3	풀리	SM45C	1	
2	나사축	SM45C	1	
1	본체	GC200	1	
품번	품명	재질	수량	비고
작품명	TENSION BAR		척도	1:1

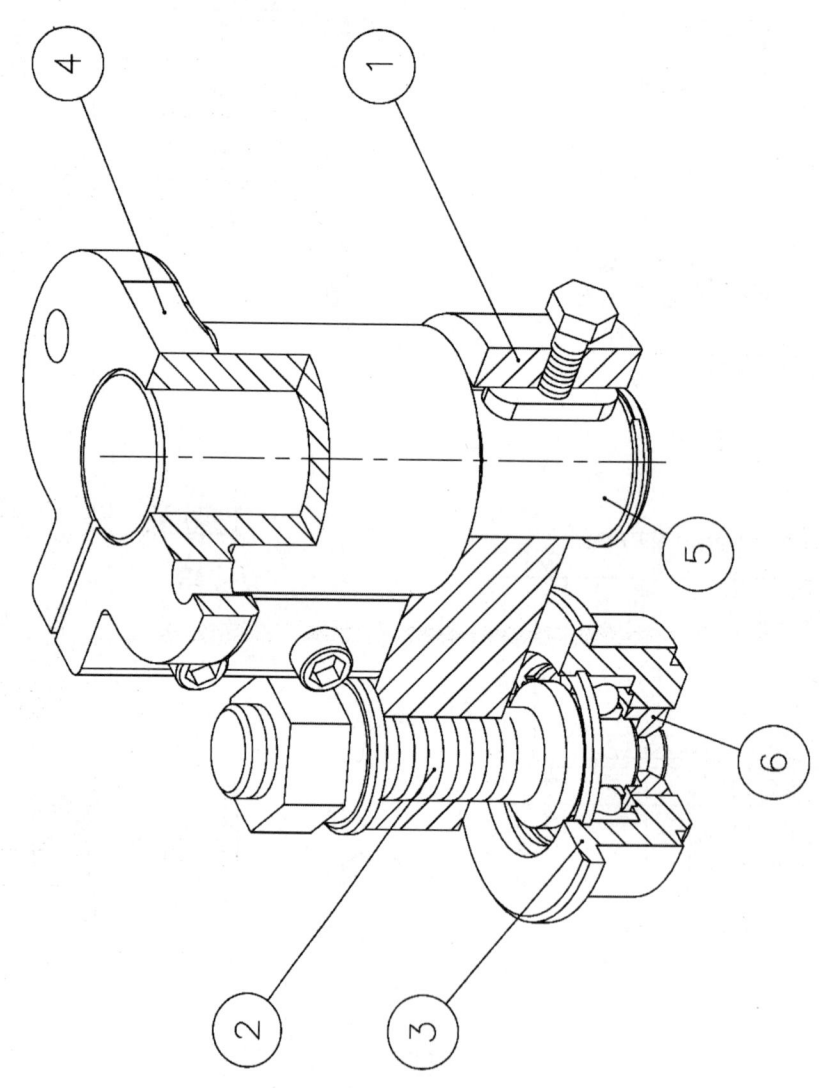

1. **구동원리**

   축의 회전운동이 본체(품번 ①)에 전달되어 휠(품번 ③)이 회전운동을 하게 된다.

2. **주요 부품 투상방법**

   (1) 품번 ①(정면도, 평면도) GC200

   (2) 품번 ②(정면도) SM45C, 베어링 6003

   (3) 품번 ③(정면도) SM45C

   (4) 품번 ④(정면도, 저면도, 단면도) GC200

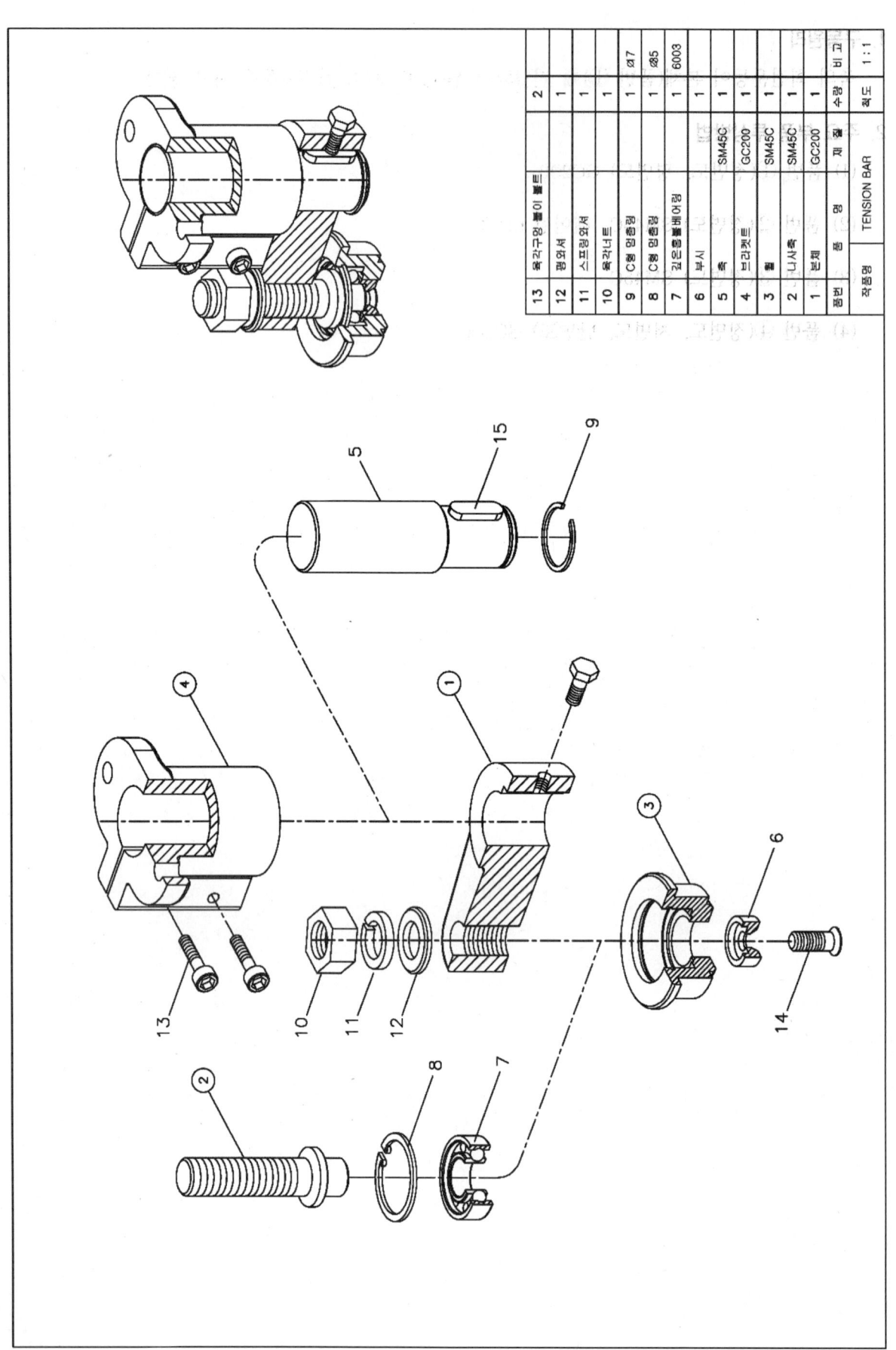

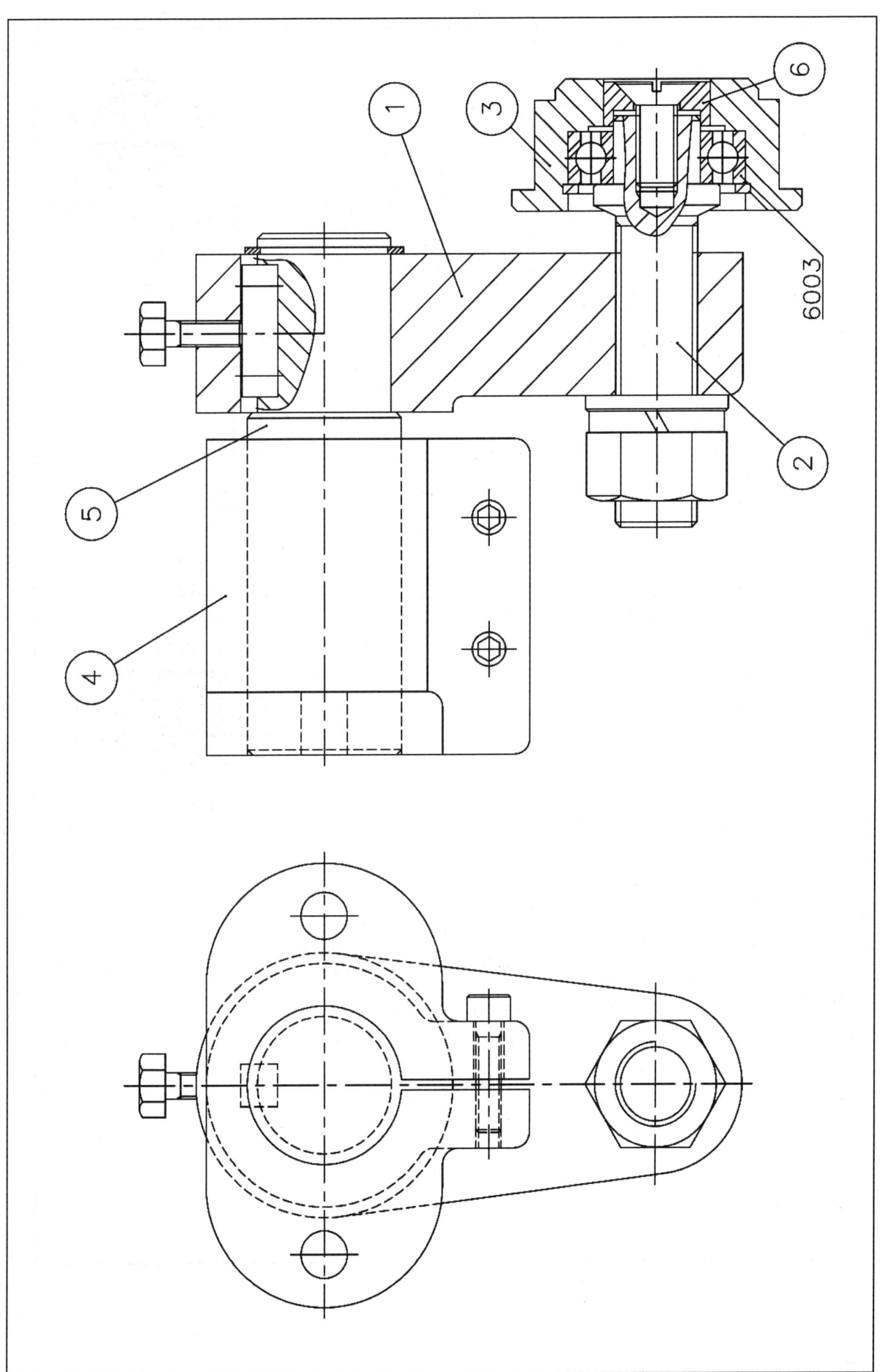

부록. 예제도면 및 해설 611

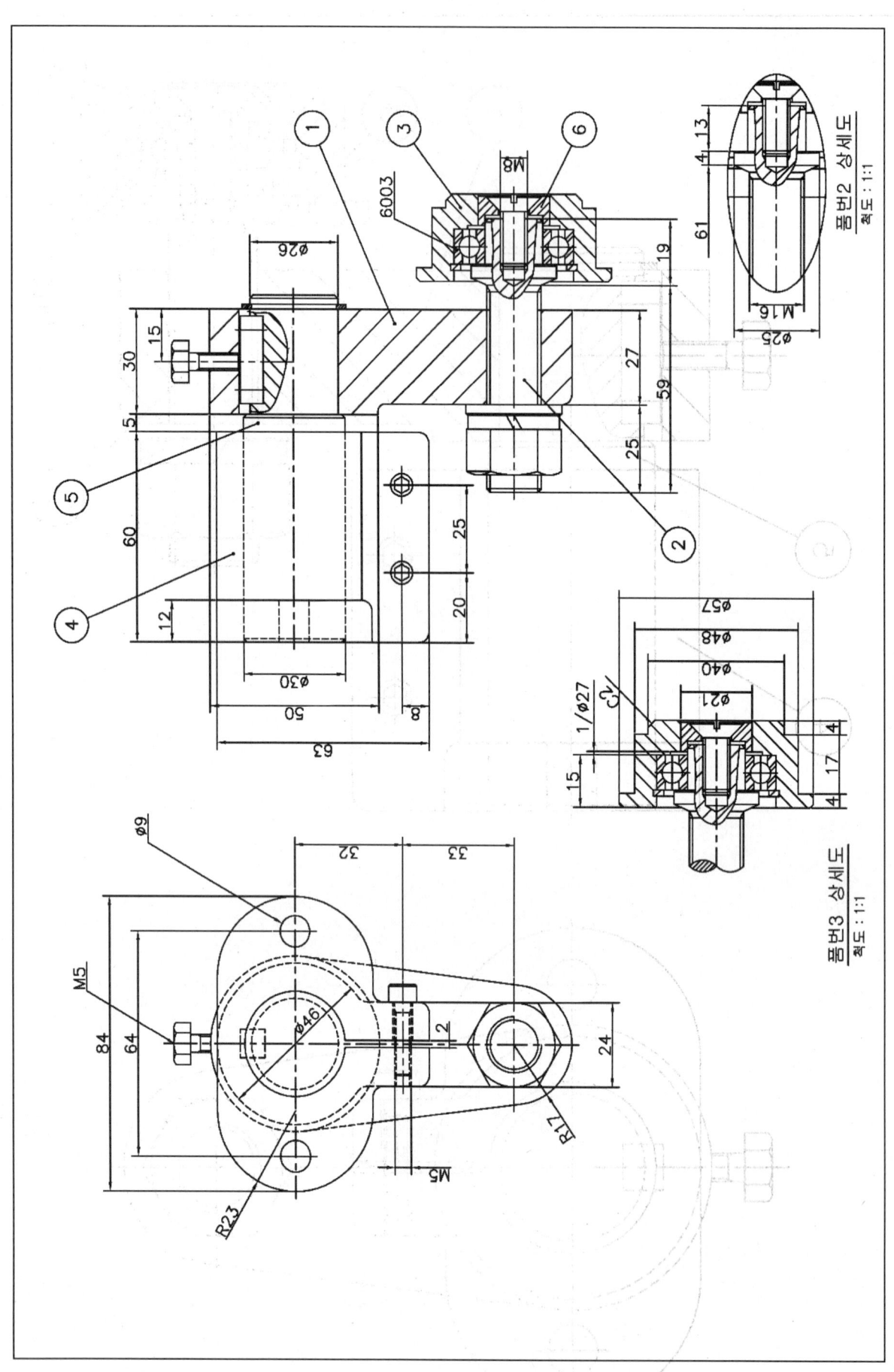

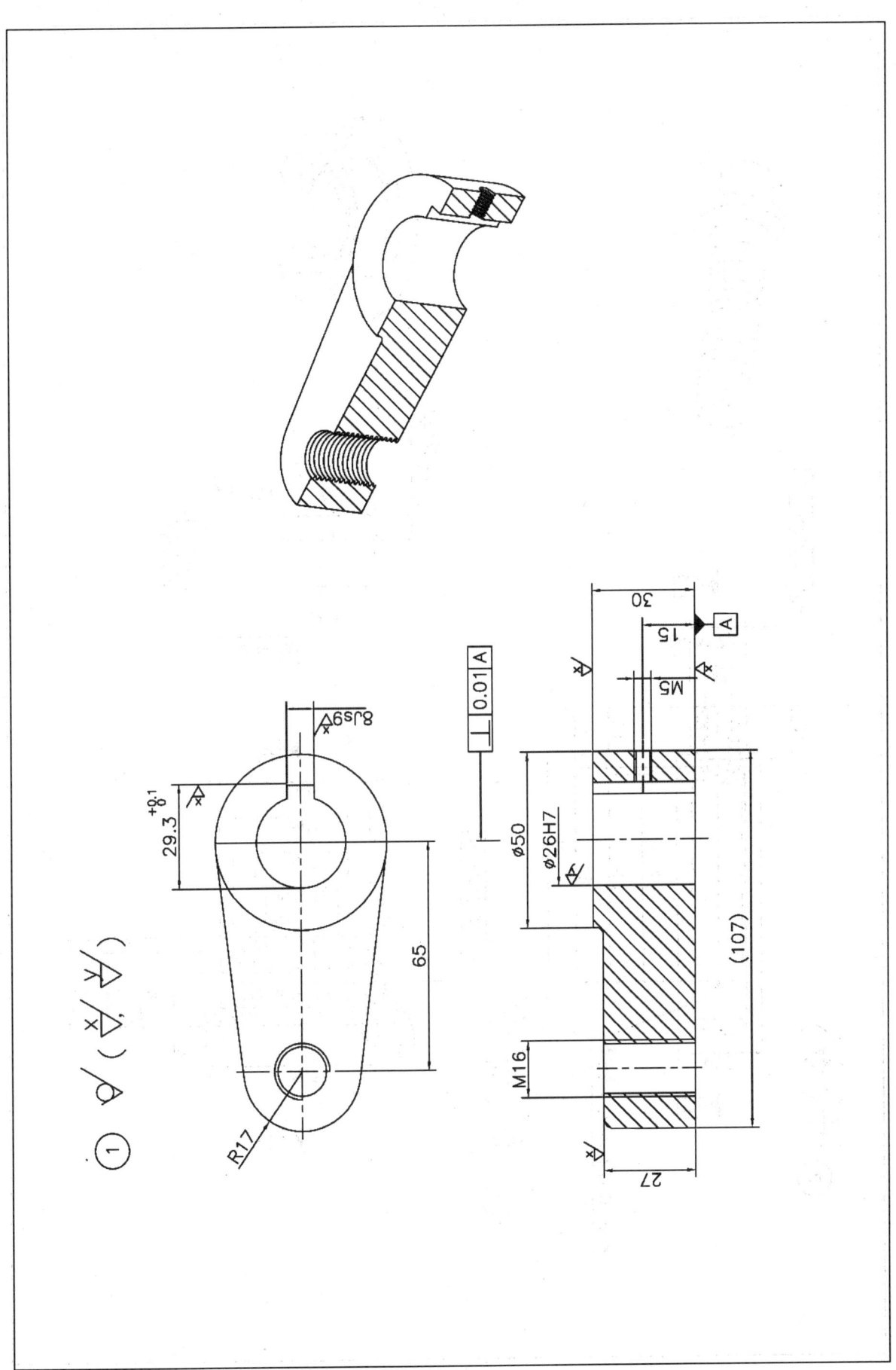

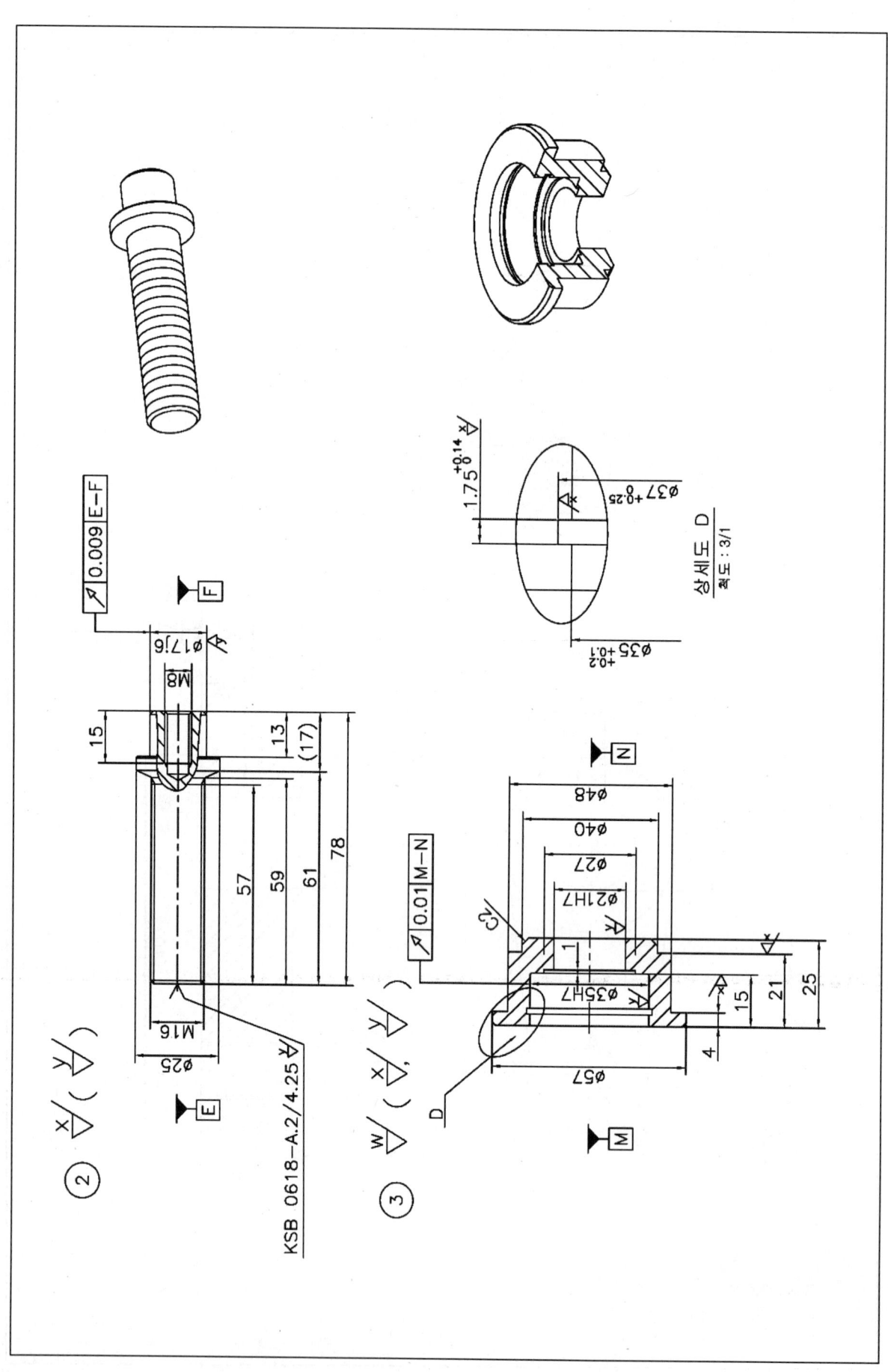

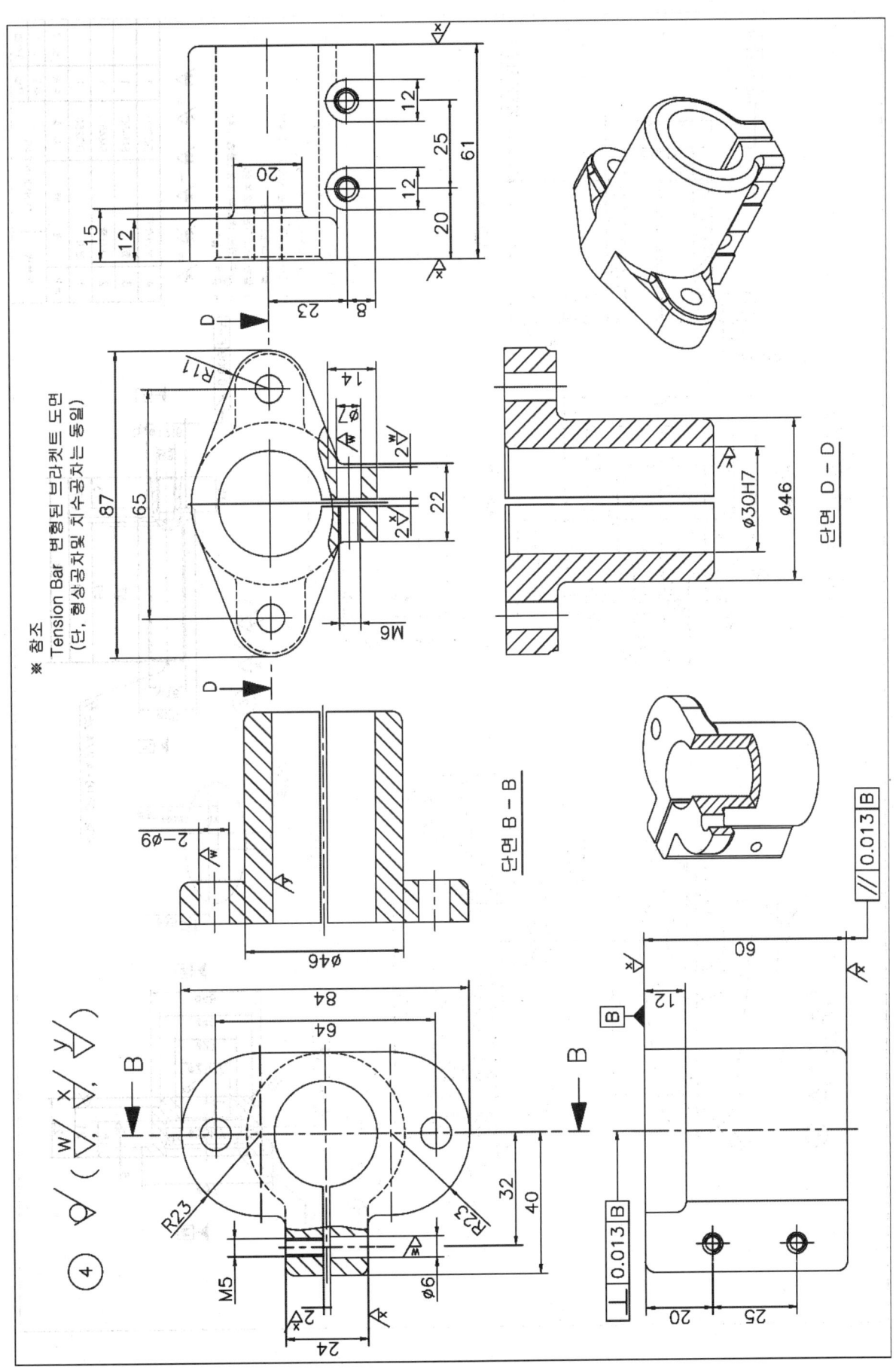

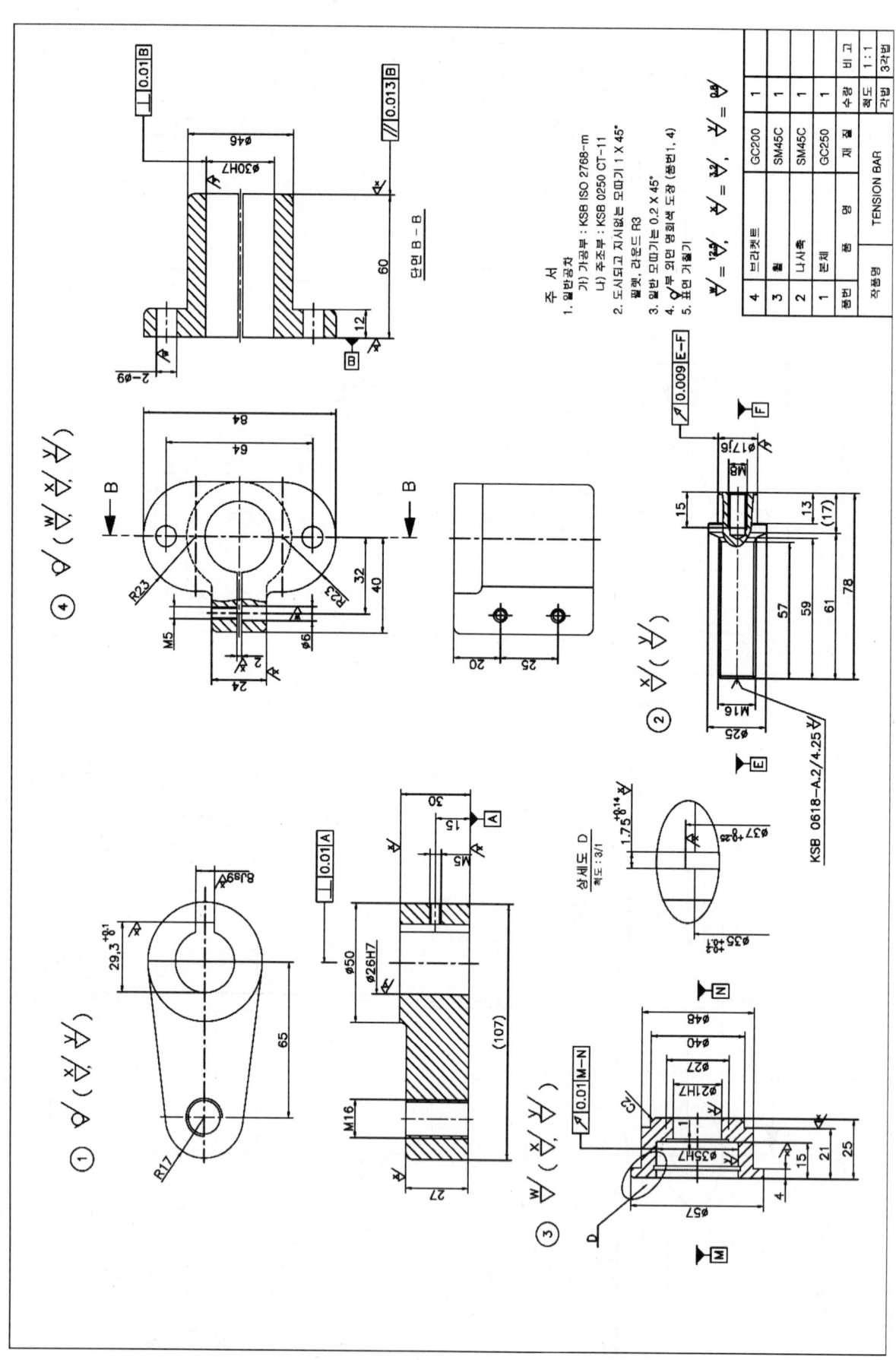

기계제도실무(SOLIDWORKS+AUTOCAD)
일 반 기 계 기 사
기계설계산업기사 **작업형 실기**

인 쇄 : 2022년 5월 11일	
발 행 : 2022년 5월 17일	저자와의
편저자 : 한홍걸	협의하에
발행인 : 강명임 · 박종윤	인지생략
발행처 : (주) 도서출판 미래가치	
등 록 : 제2011-000049호	
주 소 : 서울시 영등포구 선유로130 에이스하이테크시티3 511호	
전 화 : 02-6956-1510	
팩 스 : 02-6956-2265	

ⓒ 한홍걸, 2022 / ISBN 979-11-6773-149-4 93550
• 낙장이나 파본은 교환해 드립니다.
• 이 책의 무단 전재 또는 복제행위는 저작권법 제136조에 의거하여 처벌을 받게 됩니다.

정가 35,000 원